"十四五"国家重点出版物
出版规划项目

环境工程技术手册

Handbook on Wastewater
Treatment and Reuse
Technology

废水处理
及回用工程技术手册

（上册）

潘涛　骆坚平　郭行　主编

化学工业出版社

·北京·

内 容 简 介

本书系统、详实地介绍了普遍应用的或具有发展前景的各种废水处理与回用单元技术、典型行业废水污染综合防治技术以及具有代表性和指导意义的工程实施案例等内容。

本书分为两篇：上篇废水处理与回用单元技术，按物理处理、物化处理、化学处理、厌氧生物处理、传统活性污泥法、改良活性污泥法、生物膜法、膜分离处理、自然生物生态处理、生物脱氮除磷、化学除磷与磷回收、污泥处理与处置、臭气处理等工艺类别，分别介绍了各技术的功能原理、设计计算和设备装置等内容；下篇典型行业废水污染防治技术，基于行业废水类别，分别介绍了城镇污水、制浆造纸工业废水、化学原料和化学制品工业废水、石油工业废水、煤化工工业废水、纺织染整工业废水、钢铁工业废水、有色金属工业废水、机械加工工业废水、制药工业废水、医疗废水、食品加工废水、饮料酒制造废水、制革工业废水、畜禽养殖废水、垃圾渗滤液和循环冷却水，共十七类废水的来源、特点、趋势、综合治理方法与回用的典型工程案例。

本书可作为环境工程、市政工程等领域工程技术人员、设计人员和科研人员的工具书，也可供企业和行业相关管理人员参考，还可供高等学校环境工程、市政工程、生态工程及相关专业师生参阅。

图书在版编目（CIP）数据

废水处理及回用工程技术手册/潘涛，骆坚平，郭行
主编. —北京：化学工业出版社，2024.1
（环境工程技术手册）
ISBN 978-7-122-44210-9

Ⅰ.①废⋯　Ⅱ.①潘⋯ ②骆⋯ ③郭⋯　Ⅲ.①废水
处理-技术手册②废水综合利用-技术手册　Ⅳ.①
X703-62

中国国家版本馆 CIP 数据核字（2023）第 177274 号

责任编辑：左晨燕　刘兴春　卢萌萌
责任校对：宋　玮　　　　　　　　　　　装帧设计：王晓宇

出版发行：化学工业出版社（北京市东城区青年湖南街 13 号　邮政编码 100011）
印　　装：北京建宏印刷有限公司
787mm×1092mm　1/16　印张 102　字数 2666 千字　2024 年 8 月北京第 1 版第 1 次印刷

购书咨询：010-64518888　　　　　　　售后服务：010-64518899
网　　　址：http://www.cip.com.cn
凡购买本书，如有缺损质量问题，本社销售中心负责调换。

定　　价：598.00 元（上、下册）

《中华人民共和国国民经济和社会发展第十四个五年规划和 2035 年远景目标纲要》要求：深入打好污染防治攻坚战，建立健全环境治理体系，推进精准、科学、依法、系统治污，协同推进减污降碳，不断改善空气、水环境质量，有效管控土壤污染风险。当前，我国正处于加快发展方式绿色转型的关键时期，经过多年的努力，虽然我国的水环境治理已经取得了显著成效，但水环境保护面临的根源性、结构性、趋势性压力尚未根本缓解，与美丽中国建设目标要求还有不小差距，高耗水叠加高污染的发展方式尚未彻底转变，水环境和水生态遭破坏现象仍然较为普遍，水生态环境安全风险依然较为突出，污染治理体系和治理能力与发展需求仍不匹配。

我国作为制造业大国，工业行业门类齐全，新型工业化持续推进，原料和产品产量巨大，由此产生的各类废水及其特征污染物种类繁多、特性各异、处理难度大，工业水污染物排放压力还未明显缓解。同时，随着全社会环保意识的提升和经济发展观念的转变，国家环保政策和排放标准更加严格，废水排放和回用的要求今非昔比，这在废水处理与回用的技术水准、工艺要求、设计经验等方面提出了诸多新的问题和挑战。

编者认为，废水处理及回用工程涉及多学科多专业，是一项较为复杂的系统工程，因此，在同步跟踪国内外技术发展前沿的基础上，定期编写、出版内容权威、系统、实用的技术手册，是保障工程建设规范性、可靠性、先进性，提升水污染治理和水资源利用技术水平的重要手段。

本书在梳理、分析近年来国内外普遍采用的各类废水处理和回用工艺技术的基础上，从废水产生、废水处理、废水回用三个主要环节，针对制浆造纸、化学、煤化工、石油、纺织印染、钢铁与有色金属、机械加工、制药、食品加工、饮料酒精、皮革等重要的工业行业废水，以及城镇市政、医疗、畜禽养殖、垃圾渗滤液等对我国水环境质量影响较大的典型废水，系统阐述了各类废水的来源、性质及减少污染物产生的途径，详细介绍了物理分离、物化处理、膜处理、生物处理、生态处理等各类处理技术的特点和适用性、设计参数和计算方法，并提供了一定数量的工程案例。在编写的过程中，除了基于绿色发展的新理念，重视减污、降碳、资源化相融合之外，也尽可能吸纳了国内外废水处理技术研发和创新的最新成果。

本书可为规范我国典型行业废水排放的清洁生产、污染控制和再生水回用的工程建设提供经验和指导，也可为废水处理及回用相关领域的咨询、规划设计、技术研发提供支撑。

本书在编写过程中接受了诸多具有丰富水污染治理工程经验的专家和技术人员的大量有价值的指导和建议，在此对他们致以诚挚的感谢！

本书的内容涵盖面广，编写的时间和人力有限，难免存在未及修正的疏漏和不当之处，欢迎读者不吝指正。

编者
2023 年 11 月于北京

目录

上篇　废水处理与回用单元技术

第一章
物理处理

/002

第一节　筛除 ……………………………………………………… 002
　　一、原理和功能 …………………………………………………… 002
　　二、设备和装置 …………………………………………………… 002
　　三、格栅的设计计算 ……………………………………………… 006

第二节　沉淀池 …………………………………………………… 010
　　一、沉砂 …………………………………………………………… 010
　　二、沉淀 …………………………………………………………… 022
　　三、澄清 …………………………………………………………… 043

第三节　隔油 ……………………………………………………… 049
　　一、原理和功能 …………………………………………………… 049
　　二、设备和装置 …………………………………………………… 050
　　三、设计计算 ……………………………………………………… 059

第四节　离心分离 ………………………………………………… 062
　　一、原理和功能 …………………………………………………… 062
　　二、设备和装置 …………………………………………………… 063
　　三、设计计算 ……………………………………………………… 064

第五节　磁分离 …………………………………………………… 067
　　一、原理和功能 …………………………………………………… 067
　　二、装置和设备 …………………………………………………… 069
　　三、设计计算 ……………………………………………………… 071

第六节　吹脱汽提 ………………………………………………… 075
　　一、原理和功能 …………………………………………………… 075
　　二、设备和装置 …………………………………………………… 076
　　三、设计计算 ……………………………………………………… 079

第七节　蒸发结晶 ………………………………………………… 083
　　一、原理和功能 …………………………………………………… 083
　　二、设备和装置 …………………………………………………… 084
　　三、设计计算 ……………………………………………………… 089
　　四、热能利用和优化 ……………………………………………… 098

参考文献 …………………………………………………………… 099

第二章 物化处理 /100	第一节	调节均化	100
		一、原理和功能	100
		二、设备和装置	100
		三、设计计算	110
	第二节	混凝	115
		一、原理和功能	115
		二、混凝剂与助凝剂	115
		三、设备和装置	118
		四、设计计算	121
	第三节	气浮	131
		一、原理和功能	131
		二、设备和装置	131
		三、设计计算	137
	第四节	过滤	141
		一、原理和功能	141
		二、设备和装置	142
		三、设计计算	149
	第五节	吸附	158
		一、原理和功能	158
		二、设备和装置	162
		三、设计计算	163
		四、活性炭的再生	165
	第六节	离子交换	167
		一、原理和功能	167
		二、设备和装置	172
		三、设计计算	175
	参考文献		179
第三章 化学处理 /180	第一节	中和及 pH 控制	180
		一、原理和功能	180
		二、设备和装置	183
		三、设计计算	186
	第二节	化学沉淀	188
		一、原理和功能	188
		二、设备和装置	190
		三、设计计算	190
	第三节	氧化与还原	203
		一、原理和功能	203
		二、设备和装置	214
		三、设计计算	219
	第四节	电解	221
		一、原理和功能	221
		二、设备和装置	223
		三、设计计算	224
		四、电解法的应用	225

第五节　消毒 ·· 226
　　一、原理和功能 ·· 226
　　二、设备和装置 ·· 229
　　三、设计计算 ·· 232

参考文献 ·· 233

第四章
厌氧生物处理

234

第一节　原理和功能 ·· 234
　　一、厌氧生物处理的发展 ······························ 234
　　二、厌氧处理的基本原理 ······························ 234
　　三、厌氧工艺的控制条件 ······························ 235
第二节　水解酸化反应器 ···································· 237
　　一、原理和功能 ·· 237
　　二、设计计算 ·· 240
第三节　普通消化池和接触工艺 ······························ 243
　　一、原理和功能 ·· 243
　　二、设计计算 ·· 247
第四节　厌氧生物滤池和复合床反应器 ························ 251
　　一、原理和功能 ·· 251
　　二、设计计算 ·· 253
第五节　升流式厌氧污泥床反应器 ···························· 256
　　一、原理和功能 ·· 256
　　二、设计计算 ·· 260
第六节　厌氧流化床反应器 ·································· 268
　　一、原理和功能 ·· 268
　　二、设计计算 ·· 269
第七节　厌氧膨胀床反应器 ·································· 272
　　一、原理和功能 ·· 272
　　二、设计计算 ·· 274
第八节　沼气收集和利用 ···································· 283
　　一、沼气脱硫 ·· 284
　　二、沼气储存和安全设备 ······························ 285
　　三、沼气利用系统和装置 ······························ 286
　　四、系统设计要点 ······································ 287

参考文献 ·· 288

第五章
传统活性污泥法

289

第一节　基本原理 ·· 289
　　一、活性污泥法及活性污泥 ···························· 289
　　二、活性污泥的微生物及其生态学 ······················ 290
　　三、活性污泥反应的理论基础与反应动力学 ·············· 292
　　四、活性污泥反应的影响因素 ·························· 296
第二节　主要运行方式 ······································ 300
　　一、推流式活性污泥法 ································ 301
　　二、完全混合活性污泥法 ······························ 301
　　三、分段曝气活性污泥法 ······························ 302
　　四、吸附-再生活性污泥法 ······························ 303

五、延时曝气活性污泥法 ·················· 304
六、高负荷活性污泥法 ·················· 304
七、浅层曝气、深水曝气、深井曝气活性污泥法 ·········· 305
八、纯氧曝气活性污泥法 ·················· 306
第三节　曝气装置 ························ 307
一、原理和功能 ······················ 307
二、设备和装置 ······················ 311
三、曝气系统设计计算 ·················· 319
第四节　传统活性污泥法设计计算 ·············· 322
一、曝气池的设计计算 ·················· 322
二、二次沉淀池的设计计算 ················ 324
三、污泥回流系统的计算与设计 ·············· 325
参考文献 ···························· 329

第六章
改良活性污泥法
330

第一节　序批式活性污泥法 ·················· 330
一、原理和功能 ······················ 330
二、设备和装置 ······················ 332
三、设计计算 ························ 335
四、其他 SBR 变种 ···················· 356
第二节　氧化沟法 ························ 364
一、原理和功能 ······················ 364
二、设备和装置 ······················ 377
三、设计计算 ························ 382
第三节　AB 法 ·························· 390
一、原理和功能 ······················ 390
二、AB 活性污泥法工艺的运行控制 ············ 397
三、设计计算 ························ 398
第四节　投料活性污泥法 ·················· 402
一、原理和功能 ······················ 402
二、设备和装置 ······················ 408
三、设计计算 ························ 414
第五节　膜生物反应器 ···················· 420
一、原理与功能 ······················ 420
二、设备与装置 ······················ 432
三、设计计算 ························ 438
四、膜污染防治 ······················ 456
参考文献 ···························· 463

第七章
生物膜法
465

第一节　生物滤池 ························ 465
一、原理和功能 ······················ 465
二、设备和装置 ······················ 466
三、设计计算 ························ 469
第二节　生物转盘 ························ 472
一、原理和功能 ······················ 472
二、设备和装置 ······················ 473

　　　　　　　三、设计计算 ………………………………………………… 474

第三节　生物接触氧化法 ………………………………………… 480
　　　　　一、原理与功能 ………………………………………………… 480
　　　　　二、设备和装置 ………………………………………………… 485
　　　　　三、设计计算 …………………………………………………… 491

第四节　生物流化床 ……………………………………………… 496
　　　　　一、原理和功能 ………………………………………………… 496
　　　　　二、设备和装置 ………………………………………………… 501
　　　　　三、设计计算 …………………………………………………… 503

第五节　曝气生物滤池 …………………………………………… 505
　　　　　一、原理和功能 ………………………………………………… 505
　　　　　二、工艺单元和工艺流程 …………………………………… 516
　　　　　三、设计计算 …………………………………………………… 519
　　　　　四、主要设备与材料 ………………………………………… 529

第六节　生物活性炭滤池 ………………………………………… 542
　　　　　一、原理和功能 ………………………………………………… 542
　　　　　二、设备和装置 ………………………………………………… 544
　　　　　三、设计计算 …………………………………………………… 548

参考文献 ……………………………………………………………… 551

第八章
膜分离处理
552

第一节　微滤和超滤 ……………………………………………… 552
　　　　　一、原理和功能 ………………………………………………… 552
　　　　　二、设备和装置 ………………………………………………… 553
　　　　　三、设计计算 …………………………………………………… 556
　　　　　四、膜的清洗 …………………………………………………… 560

第二节　反渗透和纳滤 …………………………………………… 565
　　　　　一、原理和功能 ………………………………………………… 565
　　　　　二、设备和装置 ………………………………………………… 565
　　　　　三、设计计算 …………………………………………………… 568
　　　　　四、膜的清洗 …………………………………………………… 577

第三节　电渗析 …………………………………………………… 577
　　　　　一、原理和功能 ………………………………………………… 577
　　　　　二、设备和装置 ………………………………………………… 578
　　　　　三、设计计算 …………………………………………………… 579

第四节　正渗透 …………………………………………………… 586
　　　　　一、原理和功能 ………………………………………………… 586
　　　　　二、设备和装置 ………………………………………………… 587
　　　　　三、膜污染清洗 ………………………………………………… 589

参考文献 ……………………………………………………………… 590

第九章
自然生物处理
591

第一节　稳定塘 …………………………………………………… 591
　　　　　一、稳定塘类型及特点 …………………………………… 591
　　　　　二、稳定塘中的生物及生态系统 ……………………… 592
　　　　　三、稳定塘对污水的净化机理 ………………………… 598

四、稳定塘的影响因素 ……………………………………… 599
五、常见稳定塘工艺设计 ……………………………………… 601
六、运行管理 ……………………………………… 609
七、设计实例 ……………………………………… 609

第二节　土地处理系统 ……………………………………… 610
一、慢速渗滤处理系统 ……………………………………… 610
二、快速渗滤处理系统 ……………………………………… 617
三、地表漫流处理系统 ……………………………………… 622
四、工程应用案例 ……………………………………… 627

第三节　人工湿地 ……………………………………… 631
一、类型和特点 ……………………………………… 631
二、系统组成 ……………………………………… 634
三、污染物的去除和影响因素 ……………………………………… 635
四、工艺选择 ……………………………………… 636
五、工艺设计 ……………………………………… 637
六、运行管理 ……………………………………… 648
七、工程实例 ……………………………………… 649

参考文献 ……………………………………… 652

第十章
生物脱氮除磷
653

第一节　生物脱氮 ……………………………………… 653
一、原理和功能 ……………………………………… 653
二、设计计算 ……………………………………… 677

第二节　生物除磷 ……………………………………… 685
一、原理和功能 ……………………………………… 685
二、设计计算 ……………………………………… 693

参考文献 ……………………………………… 706

第十一章
化学除磷与
磷回收
707

第一节　废水中的磷和磷酸盐化学 ……………………………………… 707
一、水体中磷的来源和形态 ……………………………………… 707
二、磷酸盐化学 ……………………………………… 708
三、废水中磷的去除工艺比较 ……………………………………… 710

第二节　化学沉淀法除磷 ……………………………………… 711
一、基本原理 ……………………………………… 711
二、加药点和工艺流程 ……………………………………… 713
三、加药方法和加药量 ……………………………………… 715
四、除磷效果 ……………………………………… 716
五、设计计算 ……………………………………… 719

第三节　结晶法除磷 ……………………………………… 721
一、基本原理 ……………………………………… 721
二、结晶除磷反应器 ……………………………………… 727

第四节　磷的深度去除 ……………………………………… 732
一、化学除磷分离方法 ……………………………………… 732
二、深度除磷水质分级 ……………………………………… 753
三、深度除磷技术示范 ……………………………………… 754

第五节　磷回收 ······ 757
一、磷回收背景 ······ 757
二、磷回收方式 ······ 757
三、磷回收地点 ······ 758
四、磷回收技术与工艺 ······ 758

参考文献 ······ 763

第十二章
污泥处理与处置

764

第一节　概述 ······ 764
一、污泥水分组成 ······ 764
二、污泥的性质 ······ 764
三、一般污泥处理技术组合 ······ 769

第二节　污泥浓缩 ······ 770
一、重力浓缩 ······ 770
二、气浮浓缩 ······ 774
三、离心浓缩 ······ 776

第三节　污泥脱水 ······ 776
一、自然干化 ······ 776
二、真空过滤 ······ 779
三、压滤 ······ 780
四、离心脱水 ······ 782
五、污泥深度脱水技术 ······ 783

第四节　污泥消化 ······ 785
一、好氧消化 ······ 785
二、厌氧消化 ······ 791

第五节　污泥热干化 ······ 797
一、直接加热干化 ······ 798
二、间接加热干化 ······ 798

第六节　石灰稳定 ······ 798
一、原理与作用 ······ 798
二、石灰稳定工艺与系统组成 ······ 799
三、设计要点 ······ 800

第七节　污泥最终处置和利用 ······ 800
一、污泥土地利用及农用 ······ 801
二、污泥填埋 ······ 803
三、污泥焚烧 ······ 804
四、堆肥 ······ 807
五、综合利用 ······ 815

第八节　污泥处理处置污染防治最佳可行技术 ······ 816
一、概述 ······ 816
二、污泥预处理污染防治最佳可行技术 ······ 817
三、污泥厌氧消化污染防治最佳可行技术 ······ 818
四、污泥好氧发酵污染防治最佳可行技术 ······ 819
五、污泥土地利用污染防治最佳可行技术 ······ 821
六、污泥焚烧污染防治最佳可行技术 ······ 822

	第九节	污泥的应急处置与风险管理	824
		一、应急处置	824
		二、安全风险分析与管理	826
		三、环境风险分析与管理	827
	参考文献		827

第十三章 臭气处理 829	第一节	臭气来源及污染控制	829
		一、臭气来源	829
		二、臭气污染控制标准及评价方法	833
		三、臭气治理系统的基本设计程序及原则	839
		四、臭气集送系统	845
		五、臭气污染控制	857
	第二节	吸附法除臭	860
		一、原理和功能	860
		二、设备和装置	863
		三、设计计算	866
	第三节	化学洗涤法除臭	871
		一、原理和功能	871
		二、设备和装置	874
		三、设计计算	880
	第四节	生物除臭法	885
		一、原理和功能	885
		二、设备和装置	892
		三、设计计算	894
	第五节	天然植物液除臭	896
		一、原理和功能	896
		二、设备和装置	899
		三、设计计算	909
	第六节	离子法除臭	910
		一、原理和功能	910
		二、设备和装置	912
	第七节	其他除臭方法	915
		一、燃烧除臭法	915
		二、臭氧处理法	916
		三、稀释扩散法	917
		四、高级氧化除臭法	917
	参考文献		918

下篇 典型行业废水污染防治技术

第一章 城镇污水 920	第一节	概述	920
	第二节	城镇污水的特性	921
		一、城镇污水的来源	921
		二、城镇污水的水质	922

三、城镇污水的排放 ·· 923
四、城镇污水的处理程度 ·· 924
五、城镇污水处理厂的设计水量 ································ 924

第三节 城镇污水处理技术 ·· 924
一、城镇污水处理的主流技术 ···································· 924
二、技术的发展趋势 ·· 934

第四节 城镇污水的回用 ·· 936
一、回用现状 ··· 937
二、回用原则 ··· 938
三、回用技术 ··· 939

第五节 城镇污水处理典型案例 ···································· 941
一、实例一 ·· 941
二、实例二 ·· 944

参考文献 ·· 948

第二章
制浆造纸
工业废水

949

第一节 概述 ·· 949
一、废水污染现状 ··· 949
二、产业政策 ··· 951
三、污染控制政策、标准 ·· 952

第二节 生产工艺、产污环节及污染防治技术 ··············· 954
一、木材制浆工艺与污染物排放 ································ 954
二、非木材制浆工艺与污染物排放 ···························· 976
三、废纸制浆工艺与污染物排放 ································ 978
四、机制纸及纸板制造工艺与污染物排放 ··················· 982

第三节 污染预防技术 ·· 988
一、化学法制浆 ·· 988
二、化学机械法制浆 ·· 990
三、废纸制浆 ··· 991
四、机制纸及纸板制造 ··· 991

第四节 污染治理技术 ·· 992
一、处理工艺及污染物去除效果 ································ 992
二、废水回用 ··· 998

第五节 污染防治可行技术 ·· 999
一、化学法制浆 ·· 999
二、化学机械法制浆 ·· 1000
三、废纸制浆 ··· 1001
四、机制纸及纸板制造 ··· 1001

第六节 工程实例 ·· 1002
一、实例一 ·· 1002
二、实例二 ·· 1003

参考文献 ·· 1004

第三章 化学原料和 化学制品 工业废水 /1005	第一节	氮肥工业废水 …………………………………	1006
		一、生产工艺和废水来源 ………………………	1006
		二、清洁生产 ……………………………………	1007
		三、废水处理和利用 ……………………………	1013
		四、废水处理实例 ………………………………	1018
	第二节	磷肥工业废水 …………………………………	1019
		一、生产工艺和废水来源 ………………………	1019
		二、清洁生产 ……………………………………	1021
		三、废水处理和利用 ……………………………	1022
		四、废水处理实例 ………………………………	1024
	第三节	硫酸工业废水 …………………………………	1025
		一、生产工艺和废水来源 ………………………	1026
		二、清洁生产 ……………………………………	1026
		三、废水处理与利用 ……………………………	1027
		四、废水处理实例 ………………………………	1027
	第四节	氯碱工业废水 …………………………………	1028
		一、生产工艺与废水来源 ………………………	1028
		二、清洁生产 ……………………………………	1031
		三、废水处理和利用 ……………………………	1034
		四、废水处理实例 ………………………………	1036
	第五节	有机磷农药废水 ………………………………	1037
		一、生产工艺和废水来源 ………………………	1037
		二、清洁生产 ……………………………………	1038
		三、废水处理和利用 ……………………………	1041
		四、废水处理实例 ………………………………	1043
	第六节	染料工业废水 …………………………………	1045
		一、生产工艺和废水来源 ………………………	1046
		二、清洁生产 ……………………………………	1048
		三、废水处理和利用 ……………………………	1052
		四、废水处理实例 ………………………………	1056
	参考文献	…………………………………………………	1060
第四章 石油工业废水 /1061	第一节	概述 ……………………………………………	1061
		一、我国石油行业的现状 ………………………	1061
		二、石油行业的污染防治政策 …………………	1061
	第二节	石油开采工业废水 ……………………………	1063
		一、生产工艺与废水来源 ………………………	1063
		二、清洁生产 ……………………………………	1065
		三、废水处理与利用 ……………………………	1067
	第三节	石油炼制工业废水 ……………………………	1075
		一、生产工艺与废水来源 ………………………	1075
		二、清洁生产 ……………………………………	1076
		三、废水处理与利用 ……………………………	1079
	第四节	石油化工废水处理 ……………………………	1089
		一、生产工艺与废水来源 ………………………	1089

二、清洁生产 …………………………………………………… 1091
三、废水处理与利用 …………………………………………… 1091
参考文献 …………………………………………………………… 1096

第五章
煤化工工业废水

／1097

第一节　概述 ……………………………………………………… 1097
一、行业发展情况 ……………………………………………… 1097
二、产业政策 …………………………………………………… 1097
三、污染防治政策 ……………………………………………… 1098
第二节　炼焦工业废水 …………………………………………… 1099
一、生产工艺和废水来源 ……………………………………… 1099
二、清洁生产与污染防治技术 ………………………………… 1102
三、废水处理技术及利用 ……………………………………… 1105
第三节　新型煤化学工业废水 …………………………………… 1109
一、生产工艺和废水来源 ……………………………………… 1109
二、清洁生产与污染防治技术 ………………………………… 1114
三、废水处理技术及利用 ……………………………………… 1115
第四节　工程实例 ………………………………………………… 1117
一、实例一 ……………………………………………………… 1117
二、实例二 ……………………………………………………… 1119
参考文献 …………………………………………………………… 1120

第六章
纺织染整
工业废水

／1121

第一节　概述 ……………………………………………………… 1121
一、废水污染现状 ……………………………………………… 1121
二、产业政策 …………………………………………………… 1123
三、污染控制政策、标准 ……………………………………… 1123
四、污染防治技术分析 ………………………………………… 1124
第二节　棉纺染整工业废水 ……………………………………… 1125
一、废水来源及水质水量 ……………………………………… 1125
二、生产工艺 …………………………………………………… 1130
三、清洁生产与污染防治措施 ………………………………… 1132
四、处理技术及利用 …………………………………………… 1138
第三节　毛纺工业废水 …………………………………………… 1148
一、废水水量及水质 …………………………………………… 1148
二、生产工艺 …………………………………………………… 1149
三、清洁生产 …………………………………………………… 1150
四、处理技术及利用 …………………………………………… 1153
第四节　麻纺工业废水 …………………………………………… 1157
一、废水水量及水质 …………………………………………… 1157
二、生产工艺及废水来源 ……………………………………… 1158
三、清洁生产 …………………………………………………… 1159
四、处理技术及利用 …………………………………………… 1160
第五节　缫丝工业废水 …………………………………………… 1162
一、废水水质及水量 …………………………………………… 1162
二、生产工艺 …………………………………………………… 1163

三、清洁生产与污染防治措施 …………………………… 1163

四、废水处理与利用 ……………………………………… 1165

第六节　织造及成衣水洗废水 ……………………………… 1165

一、废水水质及水量 ……………………………………… 1165

二、生产工艺 ……………………………………………… 1166

第七节　工程实例 ………………………………………… 1167

一、实例一 ………………………………………………… 1167

二、实例二 ………………………………………………… 1168

三、实例三 ………………………………………………… 1169

参考文献 ………………………………………………… 1170

第七章
钢铁工业废水

1172

第一节　概述 ……………………………………………… 1172

一、废水污染现状 ………………………………………… 1172

二、产业政策 ……………………………………………… 1173

三、污染控制政策、标准 ………………………………… 1173

第二节　矿山废水 ………………………………………… 1173

一、生产工艺和废水来源 ………………………………… 1173

二、清洁生产与污染防治措施 …………………………… 1174

三、处理技术及利用 ……………………………………… 1175

第三节　炼铁废水 ………………………………………… 1178

一、生产工艺和废水来源 ………………………………… 1178

二、清洁生产与污染防治措施 …………………………… 1179

三、处理技术及利用 ……………………………………… 1181

第四节　炼钢废水 ………………………………………… 1189

一、生产工艺和废水来源 ………………………………… 1189

二、清洁生产与污染防治措施 …………………………… 1190

三、处理技术及利用 ……………………………………… 1196

第五节　轧钢厂废水 ……………………………………… 1201

一、生产工艺和废水来源 ………………………………… 1201

二、清洁生产与污染防治措施 …………………………… 1204

三、处理技术及利用 ……………………………………… 1206

第六节　工程实例 ………………………………………… 1210

一、实例一 ………………………………………………… 1210

二、实例二 ………………………………………………… 1211

三、实例三 ………………………………………………… 1211

参考文献 ………………………………………………… 1213

第八章
有色金属
工业废水

1214

第一节　概述 ……………………………………………… 1214

一、行业现状 ……………………………………………… 1214

二、产业政策 ……………………………………………… 1215

三、污染控制政策、标准 ………………………………… 1216

第二节　有色金属矿山废水 ……………………………… 1217

一、生产工艺与废水来源 ………………………………… 1217

二、清洁生产 ……………………………………………… 1219

三、废水处理与利用 …………………………………… 1220

第三节　有色金属冶炼工业废水 …………………………………… 1224
　　　　一、生产工艺与废水来源 …………………………………… 1224
　　　　二、清洁生产 …………………………………… 1227
　　　　三、废水处理与利用 …………………………………… 1228

第四节　工程实例 …………………………………… 1235
　　　　一、实例一 …………………………………… 1235
　　　　二、实例二 …………………………………… 1237
　　　　三、实例三 …………………………………… 1238

参考文献 …………………………………… 1241

第九章
机械加工
工业废水

1242

第一节　机械表面清洗废水 …………………………………… 1242
　　　　一、机械加工含油废水 …………………………………… 1242
　　　　二、冷轧表面清洗废水 …………………………………… 1251

第二节　电镀废水 …………………………………… 1257
　　　　一、概述 …………………………………… 1257
　　　　二、生产工艺和废水来源 …………………………………… 1258
　　　　三、清洁生产与污染防治措施 …………………………………… 1261
　　　　四、处理技术及利用 …………………………………… 1268
　　　　五、工程实例 …………………………………… 1285

参考文献 …………………………………… 1288

第十章
制药工业废水

1290

第一节　概述 …………………………………… 1290

第二节　中药类废水 …………………………………… 1291
　　　　一、概述 …………………………………… 1291
　　　　二、生产工艺和废水来源 …………………………………… 1292
　　　　三、清洁生产与污染过程控制 …………………………………… 1294
　　　　四、处理技术及利用 …………………………………… 1295
　　　　五、工程实例 …………………………………… 1295

第三节　发酵类废水 …………………………………… 1298
　　　　一、概述 …………………………………… 1298
　　　　二、生产工艺和废水来源 …………………………………… 1299
　　　　三、清洁生产与污染过程控制 …………………………………… 1306
　　　　四、处理技术及利用 …………………………………… 1307
　　　　五、工程实例 …………………………………… 1312

第四节　提取类废水 …………………………………… 1316
　　　　一、概述 …………………………………… 1316
　　　　二、生产工艺和废水来源 …………………………………… 1318
　　　　三、清洁生产与污染过程控制 …………………………………… 1319
　　　　四、处理技术及利用 …………………………………… 1320
　　　　五、工程实例 …………………………………… 1320

第五节　化学合成类废水 …………………………………… 1325
　　　　一、概述 …………………………………… 1325

二、生产工艺和废水来源 …………………… 1326
三、清洁生产与污染过程控制 …………… 1327
四、处理技术及利用 ………………………… 1327
五、工程实例 ………………………………… 1328

第六节　混装制剂类废水 …………………… 1329
一、概述 ……………………………………… 1329
二、生产工艺和废水来源 …………………… 1329
三、清洁生产与污染过程控制 …………… 1337
四、处理技术及利用 ………………………… 1337
五、工程实例 ………………………………… 1338

第七节　生物工程类废水 …………………… 1339
一、概述 ……………………………………… 1339
二、生产工艺和废水来源 …………………… 1339
三、清洁生产与污染过程控制 …………… 1343
四、处理技术及利用 ………………………… 1343
五、工程实例 ………………………………… 1344

参考文献 ………………………………………… 1346

第十一章
医疗废水
／1347

第一节　概述 …………………………………… 1347
一、行业情况及污染现状 …………………… 1347
二、产业政策 ………………………………… 1348
三、国内外相关要求及环境标准 ………… 1348

第二节　生产工艺和废水来源 ……………… 1350
一、废水来源及特点 ………………………… 1350
二、污染物种类分布 ………………………… 1351

第三节　清洁生产与污染控制措施 ………… 1351
一、能源和资源利用清洁生产 …………… 1351
二、产污过程清洁生产 ……………………… 1352

第四节　废水处理技术及利用 ……………… 1353
一、医疗废水处理方法 ……………………… 1353
二、医疗废水处理技术单元 ……………… 1355

第五节　工程实例 …………………………… 1359
一、实例一 …………………………………… 1359
二、实例二 …………………………………… 1360

参考文献 ………………………………………… 1362

第十二章
食品加工废水
／1363

第一节　食品加工废水简述 ………………… 1363
第二节　屠宰及肉类加工工业废水 ………… 1364
一、概述 ……………………………………… 1364
二、生产工艺和废水来源 …………………… 1365
三、清洁生产 ………………………………… 1369
四、废水处理与利用 ………………………… 1370
五、工程实例 ………………………………… 1378

第三节　油脂工业废水 ……………………… 1382

一、概述 …………………………… 1382

二、生产工艺和废水来源 …………………… 1383

三、清洁生产 …………………………… 1387

四、废水处理与利用 …………………… 1388

五、工程实例 …………………………… 1392

第四节 豆制品废水 …………………………… 1398

一、概述 …………………………… 1398

二、生产工艺和废水来源 …………………… 1399

三、清洁生产 …………………………… 1340

四、废水处理与利用 …………………… 1340

五、工程实例 …………………………… 1402

第五节 乳品工业废水 …………………………… 1404

一、概述 …………………………… 1404

二、生产工艺和废水来源 …………………… 1404

三、清洁生产与污染过程控制 …………… 1406

四、处理技术及利用 …………………… 1407

五、工程实例 …………………………… 1412

第六节 制糖工业废水 …………………………… 1413

一、概述 …………………………… 1413

二、生产工艺和废水来源 …………………… 1414

三、清洁生产与污染过程控制 …………… 1417

四、处理技术及利用 …………………… 1418

五、工程实例 …………………………… 1422

第七节 味精生产废水 …………………………… 1424

一、概述 …………………………… 1424

二、生产工艺和废水来源 …………………… 1425

三、清洁生产与污染过程控制 …………… 1428

四、处理技术及利用 …………………… 1429

五、工程实例 …………………………… 1431

第八节 淀粉工业废水 …………………………… 1433

一、概述 …………………………… 1433

二、生产工艺和废水来源 …………………… 1433

三、清洁生产与污染过程控制 …………… 1435

四、处理技术及利用 …………………… 1436

五、工程实例 …………………………… 1439

参考文献 …………………………… 1442

第十三章
饮料酒
制造废水

1444

第一节 啤酒制造业废水 …………………………… 1444

一、啤酒制造业概况 …………………… 1444

二、生产工艺和废水来源 …………………… 1446

三、清洁生产与污染防治措施 …………… 1449

四、处理技术及利用 …………………… 1453

五、工程实例 …………………………… 1465

第二节 白酒制造业废水 …………………………… 1468

一、概述 ··· 1468
二、生产工艺和废水来源 ······························· 1470
三、清洁生产与污染防治措施 ······················· 1477
四、处理技术及利用 ····································· 1480
五、工程实例 ·· 1485
第三节　葡萄酒与其他果类酒制造业废水 ············· 1488
一、概述 ·· 1488
二、生产工艺和废水来源 ······························· 1491
三、清洁生产与污染防治措施 ······················· 1494
四、处理技术及利用 ····································· 1496
五、工程实例 ·· 1497
参考文献 ··· 1498

第十四章
制革工业废水
／1499

第一节　制革及毛皮加工工业 ·························· 1499
一、概述 ·· 1499
二、生产工艺和废水来源 ······························· 1502
三、清洁生产与污染防治措施 ······················· 1507
四、处理技术及利用 ····································· 1516
第二节　合成革与人造革工业 ·························· 1520
一、概述 ·· 1520
二、生产工艺和废水来源 ······························· 1521
三、清洁生产与污染防治措施 ······················· 1523
四、处理技术及利用 ····································· 1529
五、制革废水处理设计注意事项 ···················· 1529
第三节　工程实例 ·· 1529
一、实例一 ··· 1529
二、实例二 ··· 1531
三、实例三 ··· 1534
参考文献 ··· 1536

第十五章
畜禽养殖废水
／1537

第一节　概述 ·· 1537
一、我国畜禽养殖业的特点与污染现状 ············ 1537
二、畜禽养殖业的产业政策 ·························· 1539
三、畜禽养殖业的污染防治政策及标准 ············ 1540
第二节　生产工艺和废水来源 ·························· 1541
一、生产工艺 ··· 1541
二、废水来源、水质 ····································· 1542
第三节　清洁生产与污染控制措施 ···················· 1542
一、减少粪尿中有机物含量 ·························· 1542
二、减少污水的排放量 ································· 1543
三、综合治理和循环利用 ······························· 1543
第四节　废水处理技术和利用 ·························· 1544
一、废水处理技术 ·· 1544
二、废水的回用 ·· 1546
第五节　工程实例 ·· 1547

　　　　　　　　　　　一、实例一 ·· 1547
　　　　　　　　　　　二、实例二 ·· 1549
　　　　　　　　　　　三、实例三 ·· 1551
　　　　　　　　参考文献 ·· 1552

第十六章　　　第一节　概述 ·· 1553
垃圾渗滤液　　　　　　一、垃圾渗滤液的污染现状 ························ 1553
　　　　　　　　　　　二、垃圾渗滤液的产业政策 ························ 1554
　　　　　　　　　　　三、污染控制政策及标准 ··························· 1554
　1553　　　第二节　废水来源及水量水质 ···························· 1555
　　　　　　　　　　　一、水量 ·· 1555
　　　　　　　　　　　二、水质 ·· 1556
　　　　　　第三节　处理技术及工艺 ································· 1559
　　　　　　　　　　　一、处理技术 ·· 1559
　　　　　　　　　　　二、处理工艺 ·· 1562
　　　　　　第四节　污染防治措施及资源化利用 ················ 1567
　　　　　　　　　　　一、污染防治措施 ······································ 1567
　　　　　　　　　　　二、资源化利用 ·· 1569
　　　　　　第五节　工程实例 ··· 1569
　　　　　　　　　　　一、实例一 ·· 1569
　　　　　　　　　　　二、实例二 ·· 1570
　　　　　　　　　　　三、实例三 ·· 1572
　　　　　　参考文献 ·· 1574

第十七章　　　第一节　概述 ·· 1576
循环冷却水　　　　　　一、冷却水应用的范围及行业 ················ 1576
　　　　　　　　　　　二、冷却水的循环利用 ··························· 1577
　1576　　　第二节　循环冷却水的特性 ······························ 1577
　　　　　　　　　　　一、循环冷却水的水源 ··························· 1577
　　　　　　　　　　　二、循环冷却水的水质 ··························· 1577
　　　　　　第三节　循环冷却水处理 ································· 1580
　　　　　　　　　　　一、腐蚀控制 ·· 1580
　　　　　　　　　　　二、结垢控制 ·· 1581
　　　　　　　　　　　三、微生物控制 ·· 1582
　　　　　　　　　　　四、循环冷却水旁滤处理 ······················ 1583
　　　　　　第四节　补充再生水处理 ································· 1583
　　　　　　　　　　　一、再生水水质 ·· 1583
　　　　　　　　　　　二、再生水处理 ·· 1583
　　　　　　第五节　工程实例 ··· 1584
　　　　　　　　　　　一、实例一 ·· 1584
　　　　　　　　　　　二、实例二 ·· 1584
　　　　　　参考文献 ·· 1586

废水处理与回用单元技术

Handbook on Wastewater Treatment and Reuse Technology　　　废水处理及回用工程技术手册

第一章
物理处理

第一节　筛除

一、原理和功能

当颗粒直径比流体流动通道尺寸大时会发生筛分。废水的筛分多指利用栅条构成的格栅和筛网截阻废水中的大块悬浮固体、漂浮物、纤维和固体颗粒物质，以避免堵塞后续管道和设备，保证后续处理工序正常有效运行。

二、设备和装置

（一）格栅

按格栅形状，可分为平面格栅和曲面格栅；按栅条间隙，可分为粗格栅（50～100mm）、中格栅（10～40mm）和细格栅（3～10mm）；按栅渣清除方式，可分为人工清除格栅、机械清除格栅和水力清除格栅。

人工清除格栅见图 1-1-1。机械清除格栅见图 1-1-2～图 1-1-7。

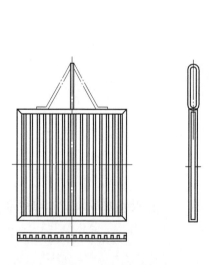

图 1-1-1　人工清除格栅

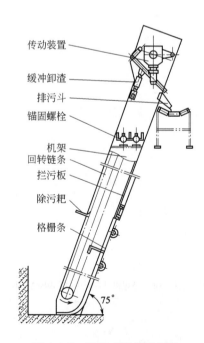

传动装置
缓冲卸渣
排污斗
锚固螺栓
机架
回转链条
拦污板
除污耙
格栅条

75°

图 1-1-2　链条式格栅除污机

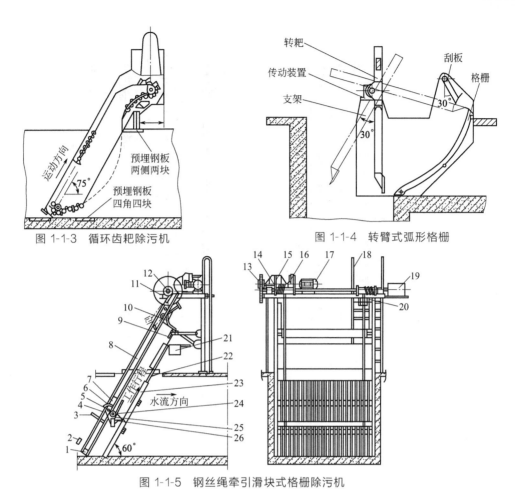

图 1-1-3　循环齿耙除污机

图 1-1-4　转臂式弧形格栅

图 1-1-5　钢丝绳牵引滑块式格栅除污机

1—滑块行程限位螺栓；2—除污耙自锁机构开锁撞块；3—除污耙自锁栓；4—耙臂；5—销轴；6—除污耙摆动限位板；7—滑块；8—滑块导轨；9—刮板；10—抬耙导轨；11—底座；12—卷筒轴；13—开式齿轮；14—卷筒；15—减速机；16—制动器；17—电动机；18—扶梯；19—限位器；20—松绳开关；21、22—上、下溜板；23—格栅；24—抬耙滚子；25—钢丝绳；26—耙齿板

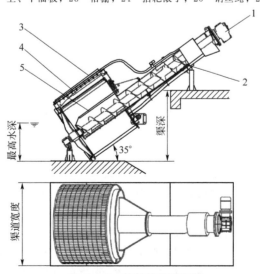

图 1-1-6　转鼓格栅除污机

1—传动机构；2—螺旋输送装置；3—冲洗装置；4—栅框总成；5—送渣框

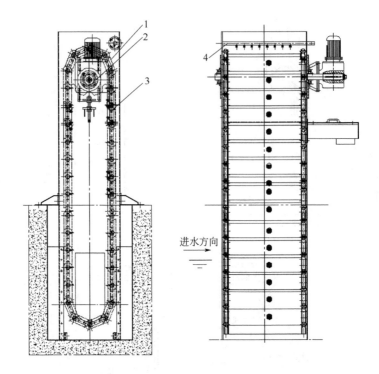

图 1-1-7　内进流孔板式格栅除污机
1—格栅主体；2—传动机构；3—网板链；4—冲洗装置

常用的机械格栅设备如下。

（1）链条式格栅除污机

见图 1-1-2。其工作原理是经传动装置带动格栅除污机上的两条回转链条循环转动，固定在链条上的除污耙在随链条循环转动的过程中将格栅条上截留的栅渣提升上来以后，由缓冲卸渣装置将除污耙上的栅渣刮下掉入排污斗排出。链条式格栅除污机适用于深度较浅的中小型污水处理厂。

（2）循环齿耙除污机

见图 1-1-3。该格栅的特点是无格栅条，格栅由许多小齿耙相互连接组成一个巨大的旋转面。其工作原理是经传动装置带动这个由小齿耙构成的旋转面循环转动，在小齿耙循环转动的过程中将截留的栅渣带出水面至格栅顶部。栅渣通过旋转面的运行轨迹变化完成卸渣的过程。循环齿耙除污机属细格栅，格栅间隙可做到 0.5～15mm，此类格栅适用于中小型污水处理厂。

（3）转臂式弧形格栅

见图 1-1-4。其工作原理是传动装置带动转耙旋转，将弧形格栅上截留的栅渣刮起，并用刮板把转耙上的栅渣去掉。转臂式弧形格栅是一种适用于小型污水处理厂的浅渠槽拦污设备。

（4）钢丝绳牵引滑块式格栅除污机

见图 1-1-5。其工作原理是传动装置带动两根钢丝绳牵引除渣耙，耙和滑块沿槽钢制的导轨移动，靠自重下移到低位后，耙的自锁栓碰开自锁撞块，除渣耙向下摆动，耙齿插入格栅间隙，然后由钢丝绳牵引向上移动，清除栅渣。除渣耙上移到一定位置后，抬耙导轨逐渐抬起，同时刮板自动将耙上的栅渣刮到栅渣槽中。此类格栅亦适用于中小型污水处理厂。

（5）转鼓格栅除污机

见图1-1-6。其工作原理是设备与水平面呈一定的角度，格栅安装在水渠中，污水从转鼓的端口流入鼓中，水通过转鼓侧面的栅缝流出，格栅将水中的悬浮物、漂浮物等截留在鼓中，转鼓以一定的速度旋转，鼓的上方有尼龙刷和冲洗水喷嘴，将栅渣清除并通过螺旋提升输出，栅渣经脱水和压榨后卸入容器或后续的运输装置。转鼓格栅的栅隙一般为0.5～5mm，该设备适用于高精度处理，适合间隙小、渠深较浅的废水处理场合。

（6）内进流孔板式格栅除污机

见图1-1-7。其工作原理是污水从设备中间流入，经过过滤孔板一次过滤后从设备两侧流出，期间固体栅渣被截获在孔板内侧，随着水位上升或者时间推移，栅渣将被间歇运动的网带提升至上部排渣区域，栅渣被冲洗系统冲洗至设备内部的集渣槽内，并在水流的冲洗下，通过溜槽进入栅渣压榨装置进行挤压压榨，脱水后等待进一步处理，该设备为新型固液分离设备，可以高效拦截水中各种形状的固体杂物，尤其是常规格栅难以拦截的扁平、长条形、纤维类栅渣，提高后续设备的工作效率，减少设备的维修保养次数。

（二）筛（网）

筛网设备按孔眼大小可分为粗筛网和细筛网；按工作方式可分为固定筛和旋转筛。见图1-1-8和图1-1-9。

常用的筛网设备如下。

（1）固定式筛网

又名水力筛，见图1-1-8。水力筛主体为由楔形钢棒经精密制成的不锈钢弧形或平面过滤筛面，待处理废水首先由进口管进入，经自调流槽溢流而下，由于筛网表面间隙小、平滑、背面间隙大，排水顺畅，不易阻塞；接着将漂浮物和固体悬浮物从抛物线式的细筛表面过滤出来，漂浮物和固体悬浮物慢慢自动滑下，落入集污车中，而污水则通过楔型细筛的筛隙流入水力格栅的底部，从出水口排出，从而达到固液分离的目的，进入污水治理的下一个环节，水力筛广泛适用于城

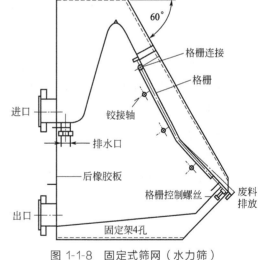

图1-1-8 固定式筛网（水力筛）

市污水和食品加工业、造纸业等工业污水处理工程。该设备是一种简单高效的设备，结构紧凑，没有活动部件，极少需要维护。

（2）旋转筒筛

见图1-1-9。其工作原理是污水经入口缓慢流入转筒内，由转筒下部筛网经过滤后排出，污物被截留在筛网内壁上，并随转筒旋转至水面以上。经刮渣设备刮渣及冲洗水冲洗后，被截留的污物掉在转筒中心处的收集槽内，再经出渣导槽排出。旋转筒筛适用于废水中含有大量纤维杂物的工业废水，如纺织、屠宰、造纸、酿酒、皮革加工和印染等工业生产排出的废水。

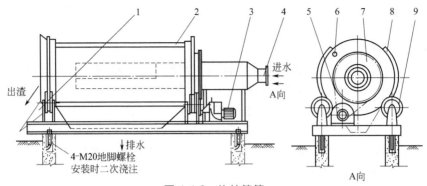

图 1-1-9　旋转筒筛

1—出渣导槽；2—过滤部分；3—驱动装置；4—进水管口；5—链条；
6—清洗管；7—链轮；8—防垢罩；9—导轮

三、格栅的设计计算

（一）格栅设计一般规定

1. 栅隙

① 水泵前格栅栅条间隙应根据水泵要求确定。

② 废水处理系统前格栅栅条间隙，应符合下列要求：最大间隙 40mm，其中人工清除 25～40mm，机械清除 16～25mm。废水处理厂亦可设置粗、细两道格栅，粗格栅栅条间隙 50～100mm。

③ 大型废水处理厂可设置粗、中、细三道格栅。

④ 如泵前格栅间隙不大于 25mm，废水处理系统前可不再设置格栅。

2. 栅渣

① 栅渣量与多种因素有关，在无当地运行资料时可以采用以下资料。

格栅间隙 16～25mm：$0.10～0.05m^3/10^3 m^3$（栅渣/废水）。

格栅间隙 30～50mm：$0.03～0.01m^3/10^3 m^3$（栅渣/废水）。

② 栅渣的含水率一般为 80%，密度约为 $960kg/m^3$。

③ 在大型废水处理厂或泵站前的大型格栅（每日栅渣量大于 $0.2m^3$），一般应采用机械清渣。

3. 其他参数

① 过栅流速一般采用 0.6～1.0m/s。

② 格栅前渠道内水流速度一般采用 0.4～0.9m/s。

③ 格栅倾角一般采用 45°～75°，小角度较省力，但占地面积大。

④ 通过格栅的水头损失与过栅流速相关，一般采用 0.08～0.15m。

4. 格栅设置

① 格栅有效过水面积按流速 0.6～1.0m/s 计算，但总宽度不应小于进水管渠宽度的 1.2 倍，与筛网串联使用时取 1.8 倍。格栅倾角 45°，筛网倾角 45°。单台格栅的工作宽度不超过 4m，超过应设多台机械格栅。机械格栅不宜少于 2 台，如为 1 台时应设人工清除格栅备用。

② 格栅间需设置工作平台，台面应高出栅前最高水位 0.5m。工作台上应设有安全和冲

洗设施。

③ 格栅间工作平台两侧过道宽度不应小于0.7m。工作台正面过道宽度：人工清除时不应小于1.2m；机械清除时不应小于1.5m。

④ 机械格栅的动力装置一般宜设在室内，或采取其他保护设备的措施。

⑤ 设置格栅装置的构筑物，必须考虑设有良好的通风设施。

⑥ 大中型格栅间内应安装吊运设备，以进行设备的检修和栅渣的日常清除。

（二）格栅的设计计算

1. 平面格栅设计计算

（1）栅槽宽度 B（m）

$$B=S(n-1)+bn \tag{1-1-1}$$

$$n=\frac{Q_{max}\sqrt{\sin\alpha}}{bhv}$$

式中，S 为栅条宽度，m；n 为栅条间隙数，个；b 为栅条间隙，m；Q_{max} 为最大设计流量，m^3/s；α 为格栅倾角，（°）；h 为栅前水深，m，不能高于来水管（渠）水深；v 为过栅流速，m/s。

（2）过栅水头损失 h_1（m）

$$h_1=h_0k \tag{1-1-2}$$

$$h_0=\xi\frac{v^2}{2g}\sin\alpha$$

式中，h_0 为计算水头损失，m；k 为系数，格栅堵塞时水头损失增大倍数，一般采用3；ξ 为阻力系数，与栅条断面形状有关，按表1-1-1阻力系数 ξ 计算公式计算；g 为重力加速度，$9.8m/s^2$。

表 1-1-1　阻力系数 ξ 计算公式

栅条断面形状	公式	说　　明	
锐边矩形			$\beta=2.42$
迎水面为半圆形的矩形			$\beta=1.83$
圆形	$\xi=\beta\left(\dfrac{S}{b}\right)^{\frac{4}{3}}$	形状系数	$\beta=1.79$
梯形			$\beta=2.00$
两头半圆的矩形			$\beta=1.67$
正方形	$\xi=\left(\dfrac{b+S}{\varepsilon b}-1\right)^2$	ε 为收缩系数，一般采用0.64	

（3）栅后槽总高 H（m）

$$H=h+h_1+h_2 \tag{1-1-3}$$

式中，h_2 为栅前渠道超高，m，一般采用0.3m。

（4）栅槽总长 L（m）

$$L=l_1+l_2+1.0+0.5+\frac{H_1}{\tan\alpha_1} \tag{1-1-4}$$

$$l_1=\frac{B-B_1}{2\tan\alpha_1}$$

$$l_2 = \frac{l_1}{2}$$

$$H_1 = h + h_2$$

式中，l_1 为进水渠道渐宽部分的长度，m；l_2 为栅槽与出水渠道连接处的渐窄部分长度；H_1 为栅前渠道深，m；B_1 为进水渠宽，m；α_1 为进水渠道渐宽部分的展开角度，(°)，一般可采用20°。

（5）每日栅渣量 W（m³）

$$W = \frac{86400 Q_{max} W_1}{1000 K_z} \tag{1-1-5}$$

式中，W_1 为栅渣量，m³/10³ m³ 废水，格栅间隙为 16～25mm 时 $W_1 = 0.10～0.05$m³/10³ m³ 废水，格栅间隙为 30～50mm 时 $W_1 = 0.03～0.01$m³/10³ m³ 废水；K_z 为城市生活污水流量总变化系数。

【例1-1-1】 已知某城市污水处理厂的最大设计废水量 $Q_{max} = 0.2$m³/s，总变化系数 $K_z = 1.50$，求格栅各部分尺寸。

解： 格栅计算尺寸见图1-1-10。

设栅前水深 $h = 0.4$m，过栅流速 $v = 0.9$m/s，栅条间隙宽度 $b = 0.021$m，格栅倾角 $\alpha = 60°$，栅条宽度 $S = 0.01$m，进水渠道宽 $B_1 = 0.65$m，进水渠道渐宽部分展开 $\alpha_1 = 20°$（进水渠道内的流速为 0.77m/s），栅条断面为锐边矩形断面，栅前渠道超高 $h_2 = 0.3$m，在格栅间隙 21mm 的情况下，设栅渣量为每 1000m³ 废水产 0.07m³。

① 栅条间隙数 n

$$n = \frac{Q_{max}\sqrt{\sin\alpha}}{bhv} = \frac{0.2\sqrt{\sin 60°}}{0.021 \times 0.4 \times 0.9} \approx 25 \text{（个）}$$

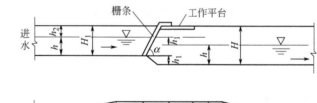

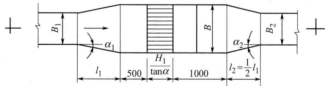

图 1-1-10 格栅计算尺寸（单位：mm）

② 栅槽宽度 B

$$B = S(n-1) + bn = 0.01 \times (25-1) + 0.021 \times 25 \approx 0.8 \text{（m）}$$

③ 进水渠道渐宽部分的长 l_1

$$l_1 = \frac{B - B_1}{2\tan\alpha_1} = \frac{0.8 - 0.65}{2\tan 20°} \approx 0.21 \text{（m）}$$

④ 栅槽与出水渠道连接处的渐窄部分长度 l_2

$$l_2 = \frac{l_1}{2} = \frac{0.21}{2} \approx 0.11 \ (\text{m})$$

⑤ 过栅水头损失 h_1

$$h_1 = k\beta\left(\frac{S}{b}\right)^{\frac{4}{3}}\frac{v^2}{2g}\sin\alpha = 3 \times 2.42 \times \left(\frac{0.01}{0.021}\right)^{\frac{4}{3}} \times \frac{0.9^2}{19.6}\sin60° \approx 0.097 \ (\text{m})$$

⑥ 栅后槽总高 H

$$H = h + h_1 + h_2 = 0.4 + 0.097 + 0.3 \approx 0.8 \ (\text{m})$$

⑦ 栅槽总长 L

$$L = l_1 + l_2 + 1.0 + 0.5 + \frac{H_1}{\tan\alpha} = 0.21 + 0.11 + 1.0 + 0.5 + \frac{0.4+0.3}{\tan60°} \approx 2.22 \ (\text{m})$$

⑧ 每日栅渣量 W

$$W = \frac{86400Q_{\max}W_1}{1000K_z} = \frac{86400 \times 0.2 \times 0.07}{1000 \times 1.50} \approx 0.8 \ (\text{m}^2) > 0.2 \ (\text{m}^2)$$

宜采用机械清渣。

2. 回转式格栅设计计算

(1) 栅槽宽度 B（m）

回转式格栅的栅槽宽度是根据设备的过流能力来确定的，一般选用时最大设计流量应为厂家标注过流能力的 80% 左右。

(2) 过栅水头损失 h_1（m）

$$h_1 = Ckv^2 \tag{1-1-6}$$

$$v = \frac{Q_{\max}}{B_1 h}$$

式中，C 为格栅倾角系数，取值参考表 1-1-2；k 为过栅水流系数，与格栅间隙和形状有关，取值参见表 1-1-3；$Q_{\max}$ 为最大设计流量，m^3/s；v 为过栅流速，m/s；B_1 为格栅净宽，m；h 为栅前水深，m。

表 1-1-2　格栅倾角系数

格栅倾角	45°	60°	75°	90°
C 值	1.0	1.118	1.235	1.354

表 1-1-3　过栅水流系数

栅条间隙/mm	1	3	6	10	15	30
k 值	0.91~1.17	0.40~0.55	0.32~0.41	0.50~0.60	0.31	0.29

3. 阶梯式格栅设计计算

$$B = \frac{a^2 Q_{\max}}{\pi v R^2 (h - 0.2)} + 0.25 \tag{1-1-7}$$

式中，B 为栅槽宽度，m；$Q_{\max}$ 为最大设计流量，m^3/s；v 为过栅流速，m/s；h 为栅前水深，m，不得高于来水管（渠）水深；R 为栅孔半径，m；a 为栅孔间距，m。

第二节　沉淀池

一、沉砂

（一）原理和功能

废水在迁移、流动和汇集过程中不可避免会混入泥砂。废水中的砂如果不预先沉降分离去除，就会影响后续处理设备的运行。泥砂最主要的危害是磨损水泵、污泥刮板，影响污泥脱水设备运行，堵塞管网，干扰甚至破坏后续处理过程。

沉砂池主要用于去除废水中粒径大于 0.2mm、密度大于 $2.65 \times 10^3 kg/m^3$ 的砂粒，以保护管道、阀门等设施免受磨损和阻塞。其工作原理是以重力分离为基础，故应将沉砂池的进水流速控制在只能使密度大的无机颗粒下沉，而有机悬浮颗粒则随废水流过，从而实现去除污水中砂粒、砾石等密度较大颗粒的目的。

沉砂池一般设在废水处理厂前端、泵站和沉淀池前，作用为保护水泵和管道免受磨损，保证后续工艺的正常运行，缩小污泥处理构筑物容积，提高污泥有机组分的含量，提高污泥作为肥料的价值等。

（二）设备和装置

沉砂池的类型，按池内水流方向的不同，可以分为平流式沉砂池、竖流式沉砂池、曝气沉砂池、涡流沉砂池等。

1. 平流式沉砂池

平流式沉砂池是常用池型，平面为长方形，废水在池内沿水平方向流动。平流式沉砂池由入流渠、出流渠、闸板、水流部分及砂斗组成，如图 1-1-11 所示。沉渣的排除方式有机械排砂和重力排砂。

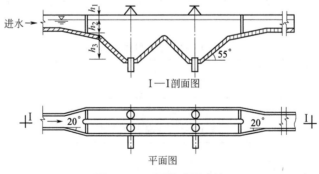

图 1-1-11　平流式沉砂池

2. 竖流式沉砂池

竖流式沉砂池平面通常是圆形，竖向呈柱状，底部砂斗为圆锥体。沉渣的排除方式为重力排砂，如图 1-1-12 所示。

3. 曝气沉砂池

普通平流沉砂池的缺点是沉砂中约含有 15% 的有机物，沉砂的后续处理难度加大。采用曝气沉砂池可以解决这一问题，使沉砂中的有机物含量低于 10%。曝气沉砂池通过调节曝气量控制废水的旋流速度，除砂效率稳定，受进水流量变化影响小，对废水有预曝气作用，如图 1-1-13 所示。

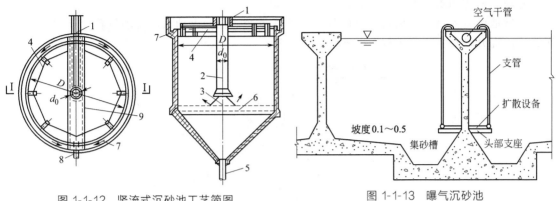

图 1-1-12　竖流式沉砂池工艺简图

图 1-1-13　曝气沉砂池

1—进水槽；2—中心管；3—反射板；4—挡板；5—排砂管；
6—缓冲层；7—集水槽；8—出水管；9—过桥

4. 涡流沉砂池

涡流沉砂池利用水力涡流，使泥砂和有机物分开，达到除砂的目的。废水沿切线方向进入圆形沉砂池，进入渠道末端设一跌水堰，使可能沉积于渠道底部的砂粒滑入沉砂池；池内还设有挡板，使水流及砂粒进入沉砂池时向池底流的同时加强附壁效应。在沉砂池中可设置调速的桨板，使池内的水流保持环流。通过桨板、挡板和进水水流组合，在沉砂池内产生螺旋状环流（见图 1-1-14），在重力的作用下，使砂粒沉下，并移向中心。由于水流断面不断减小，水流速度不断加快，最后沉砂落入砂斗；较轻的有机物在沉砂池的中部与砂粒分离。池内环流在池壁处向下，在池中则向上，加上桨板的作用，有机物在池中心向上升，随出水流入后续工艺。

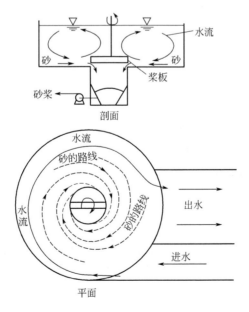

图 1-1-14　涡流沉砂池水砂流线

5. 钟式沉砂池

钟式沉砂池是圆形涡流沉砂池的一种，是利用机械力控制水流流态和流速，加速砂粒的沉淀并使有机物随水带走的沉砂装置。

沉砂池由流入口、流出口、沉砂区、砂斗、带变速箱的电动机、传动齿轮、压缩空气输送管、砂提升管和排砂管组成。钟式沉砂池构造见图 1-1-15。

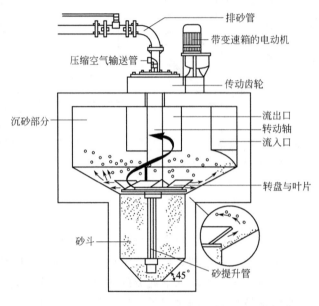

图 1-1-15　钟式沉砂池

6. 多尔沉砂池

多尔沉砂池属线形沉砂池，除砂机理类似于平流式沉砂池。

多尔沉砂池由废水进水口和整流器、贮砂池、出水溢流堰、刮砂机、排砂坑、洗砂机、有机物回流机和回流管以及排砂机组成。工艺构造见图 1-1-16。

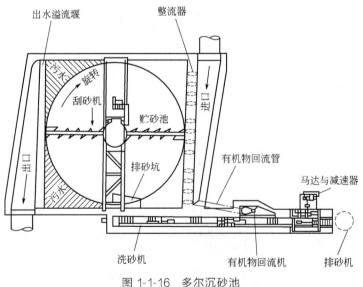

图 1-1-16　多尔沉砂池

（三）设计及计算

1. 沉砂池设计一般规定

（1）池型选择

对于一座理想的沉砂池，最好在去除所有的无机砂粒的同时，将砂粒表面附着的所有有机组分分离出来，以利于砂粒的最终处置。因此，在进行沉砂池设计时主要需考虑两方面问题：

① 如何通过合理的水力设计，使得尽可能多的砂粒得以沉降并以可靠、便捷的方式排出池外；

② 采用何种有效的方式，尽可能多地分离附着在砂粒上的有机物，将其送回到废水中。

平流式沉砂池采用分散性颗粒的沉淀理论设计，只有当废水在沉砂池中的运行时间等于或大于设计的砂粒沉降时间，才能够实现砂粒的截留。由于实际运行中进水的水量及含砂量的情况是不断变化的，甚至变化幅度很大。因此当进水波动较大时，平流式沉砂池的去除效果很难保证。平流式沉砂池本身不具备分离砂粒上有机物的能力，对于排出的砂粒必须进行专门的洗砂。

曝气沉砂池的特点是通过曝气形成水的旋流产生洗砂作用，以提高除砂效率及有机物分离效率。有研究表明，当处理小于 0.6mm 的砂粒时，曝气沉砂池有着明显的优越性。对 0.2～0.4mm 的砂粒，平流式沉砂池仅能截留 34%，而曝气沉砂池则有 66% 的截留效率，两者相差将近一倍。但对于大于 0.6mm 的砂粒，情况恰恰相反，平流式沉砂池的除砂效率要远大于曝气沉砂池。这种差异恰恰说明进水砂粒中的不同粒径级配对于不同沉砂池除砂效率的影响。只要旋流速度保持在 0.25～0.35m/s 范围内，即可获得良好的除砂效果。尽管水平流速因进水流量的波动差别很大，但只要上升流速保持不变，其旋流速度可维持在合适的范围之内。曝气沉砂池的这一特点，使得其具有良好的耐冲击性，对于流量波动较大的废水厂较为适用。

旋流沉砂池的特点是节省占地及土建费用、降低能耗、改善运行条件。但由于目前国内采用的旋流沉砂池多为国外产品，往往价格过高，其在土建造价上的节省通常会被抵消。

（2）设计流量

设计流量应按分期建设考虑：

① 当废水为自流进入时，应按每期的最大设计流量计算；

② 当废水为提升进入时，应按每期工作水泵的最大组合流量计算；

③ 在合流制处理系统中，应按降雨时的设计流量计算。

（3）除砂粒径

沉砂池按去除相对密度 2.65、粒径 0.2mm 以上的砂粒设计。

（4）沉砂量与砂斗设计

① 城市污水的沉砂量可按 15～30m³/10⁶m³（砂量/废水量）计算，其含水率为 60%，密度约为 1500kg/m³，合流制污水的沉砂量应根据实际情况确定；

② 砂斗容积应按照不大于 2d 的沉砂量计算，斗壁与水平面的倾角不应小于 55°。

（5）除砂方式

① 除砂一般宜采用机械方法，并设置贮砂池或晒砂场，采用人工排砂时，排砂管直径不应小于 200mm；

② 当采用重力排砂时，沉砂池和贮砂池应尽量靠近，以缩短排砂管的长度，并设排砂闸门于管的首端，使排砂管畅通和易于维护管理。

（6）沉砂池设置

① 城市污水处理厂一般应设置沉砂池；

② 沉砂池个数或分格数不应少于 2 个，并宜按并联设计，当废水量较少时，可考虑 1 格工作，1 格备用；

③ 沉砂池的超高不宜小于 0.3m。

2. 设计计算

（1）平流式沉砂池设计

① 设计参数

a. 废水在池内的最大流速为 0.3m/s，最小流速为 0.15m/s；

b. 最大流量时，废水在池内的停留时间不小于 30s，一般采用 30～60s；

c. 有效水深应不大于 1.2m，一般采用 0.25～1.0m，每格池宽不宜小于 0.6m；

d. 进水端应采取消能和整流措施；

e. 池底坡度一般为 0.01～0.02，当设置除砂设备时，可根据除砂设备的要求设计池底形状。

② 计算公式　在无砂粒沉降资料时，可按以下公式计算。

a. 池长 L（m）

$$L = vt \tag{1-1-8}$$

式中，v 为最大设计流量时的流速，m/s；t 为最大设计流量时的流行时间，s。

b. 水流断面面积 A（m²）

$$A = \frac{Q_{\max}}{v} \tag{1-1-9}$$

式中，$Q_{\max}$ 为最大设计流量，m³/s。

c. 池总宽 B（m）

$$B = \frac{A}{h_2} \tag{1-1-10}$$

式中，h_2 为设计有效水深，m。

d. 沉砂室所需容积 V（m³）

$$V = \frac{86400 Q_{\max} X t'}{K_z \times 10^6} \tag{1-1-11}$$

式中，X 为城市污水沉砂量，m³/10⁶ m³ 污水，一般采用 30m³/10⁶ m³ 污水；t' 为两次清除沉砂的间隔时间，d；K_z 为生活污水流量总变化系数，一般为 1.2～2.3。

e. 池总高 H（m）

$$H = h_1 + h_2 + h_3 \tag{1-1-12}$$

式中，h_1 为超高，m，一般采用 0.3～0.5m；h_3 为沉砂室高度，m。

f. 最小流速校核 $v_{\min}$（m/s）

$$v_{\min} = \frac{Q_{\min}}{n_i \omega_{\min}} \tag{1-1-13}$$

式中，$Q_{\min}$ 为最小流量，m³/s；n_i 为最小流量时工作的沉砂池数目，个；$\omega_{\min}$ 为最小流量时沉砂池中的水流断面面积，m²。

【例 1-1-2】已知某城市污水处理厂的最大设计流量 $Q_{\max} = 0.2$m³/s，最小设计流量为 0.1m³/s，总变化系数 $K_z = 1.50$，求沉砂池各部分尺寸（图 1-1-17）。

解：① 长度 L　设 $v = 0.25$m/s，$t = 30$s。

$$L = vt = 0.25 \times 30 = 7.5 \text{（m）}$$

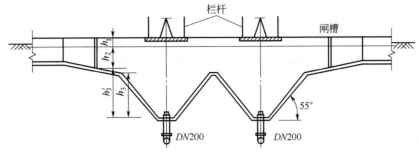

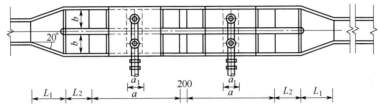

图 1-1-17 沉砂池各部分尺寸

② 水流断面面积 A

$$A=\frac{Q_{\max}}{v}=\frac{0.2}{0.25}=0.8 \ (\text{m}^2)$$

③ 池总宽度 B 设 $n=2$ 格，每格宽 $b=0.6\text{m}$。

$$B=nb=2\times0.6=1.2 \ (\text{m})$$

④ 有效水深 h_2

$$h_2=\frac{A}{B}=\frac{0.8}{1.2}=0.67 \ (\text{m})$$

⑤ 沉砂斗所需容积 V 设 $t'=2\text{d}$。

$$V=\frac{86400Q_{\max}Xt'}{K_z\times10^6}=\frac{86400\times0.2\times30\times2}{1.5\times10^6}=0.69 \ (\text{m}^3)$$

⑥ 每个沉砂斗容积 V_0 设每一分格有 2 个沉砂斗。

$$V_0=\frac{0.69}{2\times2}=0.17 \ (\text{m}^3)$$

⑦ 沉砂斗各部分尺寸 设斗底宽 $a_1=0.5\text{m}$，斗壁与水平面的倾角为 $55°$，$h_3'=0.35\text{m}$。
沉砂斗上口宽：

$$a=\frac{2h_3'}{\tan55°}+a_1=\frac{2\times0.35}{\tan55°}+0.5=1.0 \ (\text{m})$$

沉砂斗容积 V_0：

$$V_0=\frac{h_3'}{6}(2a^2+2aa_1+2a_1^2)=\frac{0.35}{6}(2\times1^2+2\times1\times0.5+2\times0.5^2)=0.2 \ (\text{m}^3) \ (\approx0.17\text{m}^3)$$

⑧ 沉砂室高度 h_3 采用重力排砂，设池底坡度为 0.06，坡向砂斗。沉砂室由两部分组成，一部分为砂斗，另一部分为沉砂池向沉砂斗的过渡部分，沉砂室的宽度 $L=2(L_2+a)+0.2$，其中 0.2 为两砂斗间隔壁厚。则

$$L_2=\frac{L-2a-0.2}{2}=\frac{7.5-1\times2-0.2}{2}=2.65 \ (\text{m})$$

$$h_3 = h_3' + 0.06L_2 = 0.35 + 0.06 \times 2.65 = 0.51 \ (\text{m})$$

⑨ 池总高度 H 设超高 $h_1 = 0.3\text{m}$。

$$H = h_1 + h_2 + h_3 = 0.3 + 0.67 + 0.51 = 1.48 \ (\text{m})$$

⑩ 验算最小流速 $v_{\min}$ 在最小流量时，只用一格工作（$n_1 = 1$）。

$$v_{\min} = \frac{Q_{\min}}{n_1 \omega_{\min}} = \frac{0.1}{1 \times 0.6 \times 0.67} = 0.25(\text{m/s}) > 0.15 \ (\text{m/s})$$

当有砂粒沉降资料时，可按以下公式计算。

a. 水面面积 A（m^2）

$$A = \frac{Q_{\max}}{u} \times 1000 \tag{1-1-14}$$

$$u = \sqrt{u_0^2 - \omega^2} \tag{1-1-15}$$

$$\omega = 0.05v \tag{1-1-16}$$

b. 过水断面面积 A'（m^2）

$$A' = \frac{Q_{\max}}{v} \times 1000 \tag{1-1-17}$$

c. 池总宽 B（m）

$$B = \frac{A'}{h_2} \tag{1-1-18}$$

d. 设计有效水深 h_2（m）

$$h_2 = \frac{uL}{v} \tag{1-1-19}$$

e. 池长 L（m）

$$L = \frac{A}{B} \tag{1-1-20}$$

f. 单个沉砂池宽 b（m）

$$b = \frac{B}{n} \tag{1-1-21}$$

式中，$Q_{\max}$ 为最大设计流量，m^3/s；u 为砂粒平均沉降速度，mm/s；ω 为水流垂直分速度，mm/s；u_0 为水温15℃时砂粒在静水压力下的沉降速度，mm/s，可按表1-1-4选用；v 为水平流速，mm/s；n 为沉砂池数目，个

表 1-1-4 u_0 值

砂粒径/mm	0.20	0.25	0.30	0.35	0.40	0.50
u_0/(mm/s)	18.7	24.2	29.7	35.1	40.7	51.6

【例 1-1-3】 已知某城市污水处理厂的最大设计流量 $Q_{\max} = 0.2\text{m}^3/\text{s}$，最小设计流量为 $0.1\text{m}^3/\text{s}$，总变化系数 $K_z = 1.50$（见图1-1-11），求沉砂池各部分尺寸。

解：在沉砂池中去除砂粒的最小粒径采用0.2mm，其 $u_0 = 18.7\text{mm/s}$。

水流垂直分速度：设 $v = 0.25\text{m/s}$，$\omega = 0.05v = 0.05 \times 0.25 \times 1000 = 12.5 \ (\text{mm/s})$。

① 砂粒平均沉降速度 u

$$u = \sqrt{u_0^2 - \omega^2} = \sqrt{18.7^2 - 12.5^2} = 13.9 \ (\text{mm/s})$$

② 水面面积 A

$$A = \frac{Q_{\max}}{u} \times 1000 = \frac{0.2}{13.9} \times 1000 = 14.4 \ (\text{m}^2)$$

③ 过水断面面积 A'

$$A' = \frac{Q_{\max}}{v} = \frac{0.2}{0.25} = 0.8 \ (\text{m}^2)$$

④ 池总宽 B 设 $n = 2$ 格，每格宽 $b = 0.6\text{m}$。

$$B = nb = 2 \times 0.6 = 1.2 \ (\text{m})$$

⑤ 池长 L

$$L = \frac{A}{B} = \frac{14.4}{1.2} = 12 \ (\text{m})$$

⑥ 有效水深 h_2

$$h_2 = \frac{uL}{v} = \frac{A'}{B} = \frac{0.8}{1.2} = 0.67 \ (\text{m})$$

⑦ 最大设计流量时的流行时间 t

$$t = \frac{h_2}{u} = \frac{0.67}{0.0139} = 48 \ (\text{s}) > 30 \ (\text{s})$$

沉砂室计算同上例。

（2）竖流式沉砂池设计

① 设计参数

a. 废水在池内的最大流速为 0.1m/s，最小流速为 0.02m/s；

b. 最大流量时，废水在池内的停留时间不小于 20s，一般为 $30 \sim 60\text{s}$；

c. 进水中心管最大流速为 0.3m/s。

② 计算公式 竖流式沉砂池的计算公式如下。

a. 中心管直径 d （m）

$$d = \sqrt{\frac{4Q_{\max}}{\pi v_1}} \tag{1-1-22}$$

式中，$Q_{\max}$ 为最大设计流量，m^3/s；v_1 为废水在中心管内流速，m/s。

b. 沉砂池直径 D （m）

$$D = \sqrt{\frac{4Q_{\max}(v_1 + v_2)}{\pi v_1 v_2}} \tag{1-1-23}$$

式中，v_2 为池内水流上升速度，m/s。

c. 水流部分高度 h_2 （m）

$$h_2 = v_2 t \tag{1-1-24}$$

式中，t 为最大流量时的流行时间，s。

d. 沉砂部分所需容积 V （m^3）

$$V = \frac{86400 Q_{\max} X t'}{K_z \times 10^6} \tag{1-1-25}$$

式中，X 为城市污水沉砂量，$\text{m}^3/10^6 \ \text{m}^3$ 污水，一般采用 $30\text{m}^3/10^6 \ \text{m}^3$ 污水；t' 为两次清除沉砂的间隔时间，d；K_z 为生活污水流量总变化系数。

e. 沉砂部分高度 h_4 （m）

$$h_4 = (R - r)\tan\alpha \tag{1-1-26}$$

式中，R 为沉砂池半径，m；r 为圆截锥部分下底半径，m；α 为截锥部分倾角，(°)。

f. 圆截锥部分实际容积 V_1（m^3）

$$V_1 = \frac{\pi h_4}{3}(R^2 + Rr + r^2) \tag{1-1-27}$$

式中，h_4 为沉砂池锥底部分高度，m。

g. 池总高度 H（m）

$$H = h_1 + h_2 + h_3 + h_4 \tag{1-1-28}$$

式中，h_1 为超高，m，一般取 0.3m；h_3 为中心管底至沉砂砂面的距离，m，一般采用 0.25m。

【例 1-1-4】 已知某城市污水处理厂的最大设计流量为 $Q_{max} = 0.2m^3/s$，竖流沉砂池中心管流速 $v_1 = 0.3m/s$，池内水流上升速度 $v_2 = 0.05m/s$，最大设计流量时的流行时间 $t = 20s$，总变化系数 $K_z = 1.50$，沉砂每两日清除一次，求沉砂池各部分尺寸。

解： 见图 1-1-18。

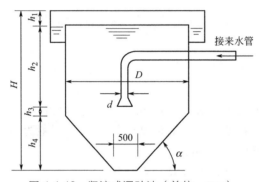

图 1-1-18 竖流式沉砂池（单位：mm）

① 中心管直径 d 设 $n = 2$，每格最大设计流量：

$$q_{max} = \frac{Q_{max}}{n} = \frac{0.2}{2} = 0.1 \text{（}m^3/s\text{）}$$

$$d = \sqrt{\frac{4q_{max}}{\pi v_1}} = \sqrt{\frac{4 \times 0.1}{\pi \times 0.3}} = 0.65 \text{（m）}$$

② 沉砂池直径 D

$$D = \sqrt{\frac{4q_{max}(v_1 + v_2)}{\pi v_1 v_2}} = \sqrt{\frac{4 \times 0.1 \times (0.3 + 0.05)}{\pi \times 0.3 \times 0.05}} = 1.72 \text{（m）}$$

③ 水流部分高度 h_2

$$h_2 = v_2 t = 0.05 \times 20 = 1 \text{（m）}$$

④ 沉砂部分所需容积 V

$$V = \frac{86400 Q_{max} X t'}{K_z \times 10^6} = \frac{86400 \times 0.2 \times 30 \times 2}{1.50 \times 10^6} = 0.69 \text{（}m^3\text{）}$$

⑤ 每个沉砂斗容积 V_0

$$V_0 = \frac{0.69}{2} = 0.35 \text{（}m^3\text{）}$$

⑥ 沉砂池锥底部分高度 h_4　设沉砂池底锥直径为 0.5m。则 $R=1.72/2=0.86m$，$r=0.5/2=0.25m$。

$$h_4=(R-r)\tan\alpha=(0.86-0.25)\tan55°=0.87（m）$$

⑦ 圆截锥部分实际容积 V_1

$$V_1=\frac{\pi h_4}{3}(R^2+Rr+r^2)=\frac{\pi\times0.87}{3}(0.86^2+0.86\times0.25+0.25^2)=0.93（m^3）>0.35（m^3）$$

⑧ 池总高度 H

$$H=h_1+h_2+h_3+h_4=0.3+1+0.25+0.87=2.42(m)$$

⑨ 排砂方法　采用重力排砂或水射器排砂。

（3）曝气沉砂池设计

① 设计参数

a. 流速。旋流速度范围一般为 0.25～0.3m/s；水平流速范围一般为 0.06～0.12m/s。

b. 停留时间。最大流量时停留时间为 1～3min；要求预曝气功能时停留时间为 10～30min。

c. 尺寸。沉砂池有效水深 2～3m，宽深比一般采用 1～2；沉砂池长宽比可达 5，当池长比池宽大很多时，应考虑设置横向挡板。

d. 曝气。废水的曝气量为 0.2m³ 空气/m³ 废水；空气扩散装置设在池的一侧，距池底约 0.6～0.9m，进气管应设置调节气量的阀门。

e. 注意事项

ⅰ. 沉砂池的形状应尽可能不产生偏流或死角，在集砂槽附近可安装纵向挡板。

ⅱ. 沉砂池的进口和出口布置，应防止发生短路，进水方向应与池中旋流方向一致，出水方向应与进水方向垂直，并宜考虑设置挡板。

ⅲ. 池内应考虑设消泡装置。

② 计算公式　曝气沉砂池的计算公式如下。

a. 沉砂池总有效容积 V（m³）

$$V=Q_{max}t\times60 \tag{1-1-29}$$

式中，Q_{max} 为最大设计流量，m³/s；t 为最大设计流量时的流行时间，min。

b. 水流断面面积 A（m²）

$$A=\frac{Q_{max}}{v_1} \tag{1-1-30}$$

式中，v_1 为最大设计流量时的水平流速，m/s，一般采用 0.06～0.12m/s。

c. 池总宽度 B（m）

$$B=\frac{A}{h_2} \tag{1-1-31}$$

式中，h_2 为设计有效水深，m。

d. 池长 L（m）

$$L=\frac{V}{A} \tag{1-1-32}$$

e. 每小时所需空气量 q

$$q=\alpha Q_{max}\times3600 \tag{1-1-33}$$

式中，α 为废水所需空气量，m³ 空气/m³ 废水，一般采用 0.2m³ 空气/m³ 废水。

【例 1-1-5】 已知某城市污水处理厂的最大设计流量为 $0.8\text{m}^3/\text{s}$，求曝气沉砂池的各部分尺寸。

解： 曝气沉砂池构造见图 1-1-13。

① 沉砂池总有效容积 V　设 $t=2\text{min}$。

$$V=Q_{max}t\times60=0.8\times2\times60=96\ (\text{m}^3)$$

② 水流断面面积 A　设 $v_1=0.1\text{m/s}$。

$$A=\frac{Q_{max}}{v_1}=\frac{0.8}{0.1}=8\ (\text{m}^2)$$

③ 池总宽度 B　设 $h_2=2\text{m}$。

$$B=\frac{A}{h_2}=\frac{8}{2}=4\ (\text{m})$$

④ 每格沉砂池宽度 b　设 $n=2$ 格。

$$b=\frac{B}{n}=\frac{4}{2}=2\ (\text{m})$$

⑤ 池长 L

$$L=\frac{V}{A}=\frac{96}{8}=12\ (\text{m})$$

⑥ 每小时所需空气量 q　设 $\alpha=0.2\text{m}^3$ 空气/m^3 废水。

$$q=\alpha Q_{max}\times3600=0.2\times0.8\times3600=576\ (\text{m}^3/\text{h})$$

沉砂室计算同平流式沉砂池。

（4）涡流沉砂池设计

① 设计参数

a. 沉砂池表面水力负荷约 $200\text{m}^3/(\text{m}^2\cdot\text{h})$，水力停留时间为 $20\sim30\text{s}$。

b. 最大流量时，停留时间不小于 20s，一般采用 $30\sim60\text{s}$。

c. 进水管最大流速为 0.3m/s。

d. 进水渠道直段长度应为渠宽的 7 倍，并且不小于 4.5m，以创造平稳的进水条件。

e. 进水渠道流速：在最大流量的 $40\%\sim80\%$ 情况下为 $0.6\sim0.9\text{m/s}$，在最小流量时大于 0.15m/s，但最大流量时不大于 1.2m/s。

f. 渠道应设在沉砂池上部以防扰动砂子，出水渠道与进水渠道的夹角大于 270°，以最大限度地延长水流在沉砂池内的停留时间，达到有效除砂的目的。

ⅰ. 出水渠道宽度为进水渠道的 2 倍，出水渠道的直线长度要相当于进水渠道的宽度。

ⅱ. 沉砂池前应设格栅，下游应设堰板或巴氏流量槽，以保持沉砂池内所需的水位。

② 计算公式　涡流沉砂池计算公式如下。

a. 进水管直径 d（m）

$$d=\sqrt{\frac{4Q_{max}}{\pi v_1}} \tag{1-1-34}$$

式中，v_1 为废水在中心管内流速，m/s；Q_{max} 为最大设计流量，m^3/s。

b. 沉砂池直径 D（m）

$$D=\sqrt{\frac{4Q_{max}(v_1+v_2)}{\pi v_1 v_2}} \tag{1-1-35}$$

式中，v_2 为池内水流上升速度，m/s。

c. 水流部分高度 h_2（m）

$$h_2 = v_2 t \tag{1-1-36}$$

式中，t 为最大流量时的流行时间，s。

d. 沉砂部分所需容积 V（m^3）

$$V = \frac{86400 Q_{max} X t'}{K_z \times 10^6} \tag{1-1-37}$$

式中，X 为城市污水沉砂量，$m^3/10^6 m^3$ 废水，一般采用 $30 m^3/10^6 m^3$ 废水；t' 为两次清除沉砂的间隔时间，d；K_z 为生活污水流量总变化系数。

e. 圆截锥部分实际容积 V_1（m^3）

$$V_1 = \frac{\pi h_4}{3}(R^2 + Rr + r^2) \tag{1-1-38}$$

式中，R 为沉砂池半径，m；r 为圆截锥部分下底半径，m；h_4 为沉砂池锥底部分高度，m。

f. 池总高度 H（m）

$$H = h_1 + h_2 + h_3 + h_4 \tag{1-1-39}$$

式中，h_1 为超高，m；h_3 为中心管底至沉砂砂面的距离，m，一般采用 0.25m。

（5）钟式沉砂池设计

钟式沉砂池的尺寸见图 1-1-19。

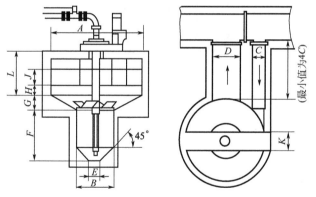

图 1-1-19 钟式沉砂池各部分尺寸

钟式沉砂池尺寸见表 1-1-5。

表 1-1-5　钟式沉砂池尺寸　　　　　　　　　　单位：m

流量/(L/s)	A	B	C	D	E	F	G	H	J	K	L
50	1.83	1.0	0.305	0.610	0.30	1.40	0.30	0.30	0.20	0.80	1.10
110	2.13	1.0	0.380	0.760	0.30	1.40	0.30	0.30	0.30	0.80	1.10
180	2.43	1.0	0.450	0.900	0.30	1.35	0.40	0.30	0.40	0.80	1.15
310	3.05	1.0	0.610	1.200	0.30	1.55	0.45	0.30	0.45	0.80	1.35
530	3.65	1.5	0.750	1.50	0.40	1.70	0.60	0.51	0.58	0.80	1.45
880	4.87	1.5	1.00	2.00	0.40	2.20	1.00	0.51	0.60	0.80	1.85
1320	5.48	1.5	1.10	2.20	0.40	2.20	1.00	0.61	0.63	0.80	1.85
1750	5.80	1.5	1.20	2.40	0.40	2.40	1.30	0.75	0.70	0.80	1.95
2200	6.10	1.5	1.20	2.40	0.40	2.40	1.30	0.89	0.75	0.80	1.95

（6）多尔沉砂池设计

① 沉砂池的面积 可查图 1-1-20。

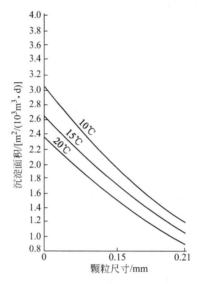

图 1-1-20 多尔沉砂池面积

② 沉砂池最大设计流速 最大设计流速为 0.3m/s。

③ 主要设计参数 多尔沉砂池设计参数见表 1-1-6。

表 1-1-6 多尔沉砂池设计参数

沉砂池直径/m		3.0	6.0	9.0	12.0
最大流量/(m³/s)	要求去除砂粒直径为 0.15mm	0.17	0.70	1.58	2.80
	要求去除砂粒直径为 0.21mm	0.11	0.45	1.02	1.81
沉砂池深度/m		1.1	1.2	1.4	1.5
最大设计流量时的水深/m		0.5	0.6	0.9	1.1
洗砂机宽度/m		0.4	0.4	0.7	0.7
洗砂机斜面长度/m		8.0	9.0	10.0	12.0

二、沉淀

（一）原理和功能

沉淀是利用重力沉降原理来去除废水中悬浮固体的工艺过程，处理设施是沉淀池。沉淀池是废水处理中应用最广泛的处理单元之一，可用于废水的预处理（初沉池）、生物处理中的活性污泥和污水分离（二沉池）、污水深度处理（深度处理沉淀池）和污泥重力浓缩（污泥浓缩池）等。

（二）设备和装置

沉淀池在废水处理中使用广泛。它的形式很多，按池内水流方向可分为平流式、竖流式和辐流式三种。此外还有斜板（管）沉淀池，这四种沉淀池的比较见表 1-1-7。按照其在工艺中所处的位置可以分为初次沉淀池和二次沉淀池。

表 1-1-7　不同沉淀池优缺点比较

名称	优点	缺点	适用情况
平流式沉淀池	沉淀效果好;对冲击负荷和温度变化适应性强;施工方便;平面布置紧凑,占地面积小	配水不易均匀;采用机械排泥时设备易腐蚀;采用多斗排泥时,排泥不易均匀,工作量大	适用于地下水位较高、地质条件较差的地区,大、中、小型废水处理厂均可使用
竖流式沉淀池	占地面积小;排泥方便,运行管理简单	深度大,施工困难;对冲击负荷和温度变化的适应能力较差;池径不宜过大,否则布水不均	主要适用于小型废水处理厂
辐流式沉淀池	沉淀池个数较少,比较经济,便于管理;机械排泥设备已定型,排泥较方便	池内水流不稳定,沉淀效果相对较差;排泥设备比较复杂,对运行管理要求较高;池体较大,对施工质量要求较高	适用于地下水位较高的地区以及大中型废水处理厂
斜板(管)沉淀池	沉淀效果好;占地面积小;排泥方便	易堵塞,不宜作为二次沉淀池,造价高	常用于废水处理厂的扩容改建,或在用地特别受限的废水处理厂中应用

1. 平流式沉淀池

废水从平流式沉淀池一端流入,水平方向流过沉淀池,从池的另一端流出。在池的进口底部处设贮泥斗,池底其他部位有坡度,倾向贮泥斗。平流式沉淀池平面呈矩形,一般由进水装置、出水装置、沉淀区、缓冲区、污泥区及排泥装置等组成。排泥方式有机械排泥和多斗排泥两种,机械排泥多采用链板式刮泥机(图 1-1-21)和桁车式刮泥机(图 1-1-22)。

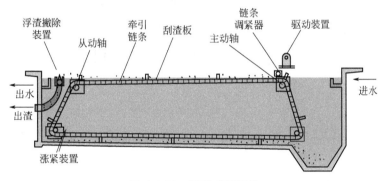

图 1-1-21　链板式刮泥机

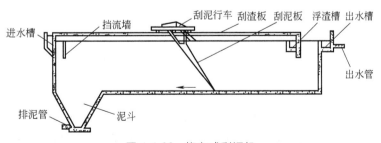

图 1-1-22　桁车式刮泥机

链板式刮泥机适用于平流沉淀池、隔油池的排泥、除渣除油。分为单、双列链条牵引式两种,多采用双列链式牵引形式。设备的牵引链上,每隔约 2m 装有刮板,通过链节结成环状，设备的驱动轴、从动轴等通过链轮驱动，与池底设置的导轨接触并缓慢移动，将池底污泥刮至池端污泥槽中，实现清除池内污泥的功能。

链板式刮泥机的特点：刮板移动速度可根据不同工艺要求（不产生污泥上浮或紊流）调节；由于链条、刮板的循环动作，使刮泥保持连续，故排泥效率较高；需要时，全塑料链板式刮泥机刮板可将池面的浮渣、浮油撇除。

桁车式刮泥机安装在矩形平流式沉淀池上。优点：a. 在工作进程中，浸没于水中的只有刮泥板及浮渣刮板，而在返程中全机都提出水面，给维修带来方便；b. 由于刮泥与刮渣都是单项运动，污泥在池底停留时间少，刮泥机的工作效率高。

缺点：运动复杂，因此故障率相对高些。

2. 竖流式沉淀池

竖流式沉淀池一般为圆形或方形，由中心进水管、出水装置、沉淀区、污泥区及排泥装置组成。沉淀区呈柱状，污泥斗呈截头倒锥体。图 1-1-23 为竖流式沉淀池构造简图。水由设在池中心的进水管自上而下进入池内，管下设伞形挡板使废水在池中均匀分布后沿整个过水断面缓慢上升，悬浮物沉降进入池底锥形沉泥斗中，澄清水从池四周沿周边溢流堰流出。堰前设挡板及浮渣槽以截留浮渣保证出水水质。池的一边靠池壁设排泥管，通过静水压将泥定期排出。

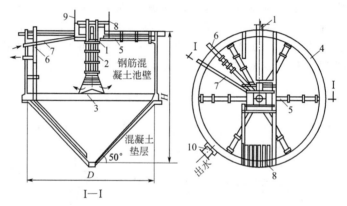

图 1-1-23　设有辐射式支渠的竖流式沉淀池构造

1—进水槽；2—中心管；3—反射板；4—集水槽；5—集水支架；6—排泥管；
7—浮渣管；8—木盖板；9—挡板；10—闸板

3. 辐流式沉淀池

辐流式沉淀池的池型多呈圆形，小型沉淀池有时亦采用正方形或多角形。按进出水的方式可分为中心进水周边出水、周边进水中心出水和周边进水周边出水三种形式。其中，中心进水周边出水辐流式沉淀池应用最为广泛。废水经中心进水口流入池内，在挡板的作用下，平稳均匀地流向周边出水堰。随着水流沿径向的流动，水流速度越来越小，利于悬浮颗粒的沉淀。近几年在实际工程中也有采用周边进水中心出水或周边进水周边出水的辐流式沉淀池。

圆形辐流式初次沉淀池使用回转式刮泥机，其结构简单，管理环节少，故障率低，有的二沉池也有应用。在辐流式浓缩池上运行的回转式刮泥机除了具有刮泥及防止污泥板结的作用之外，还利用很多纵向的栅条对池中的污泥进行搅拌，用以进行泥水分离。回转式刮泥机分为全跨式、半跨式、中心驱动式、周边驱动式。

回转式刮泥机桥架的一端与中心立柱上的旋转支座相接，另一端安装驱动装置和滚轮，桥架做回转运动，在其桥架下布置刮泥板，转一圈刮泥一次。这种形式称为半跨式，适于直径 30m 以下的中小型沉淀池。见图 1-1-24。

图 1-1-24 半跨式

具有横跨沉淀池直径的回转刮泥机工作桥，旋转桁架为对称的双臂式，刮泥板对称布置，这种形式称为全跨式。适于直径 30m 以上的沉淀池。刮泥机运转一周需 30～100min。见图 1-1-25。

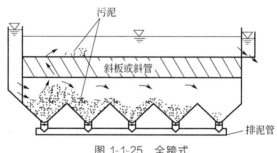

图 1-1-25 全跨式

中心驱动式回转刮泥机的桥架是固定的，驱动装置安装在中心，电机通过减速机使悬架转动。悬架的转动速度非常慢，减速比大，主轴的转矩也非常大。为了防止因刮板阻力太大引起超扭矩造成破坏，联轴器上都安装剪断销。刮泥板安装在悬架的下部，为了保证刮泥板与池底的距离并增加悬架的支承力，可以采用在刮泥板下安装尼龙支承轮的措施，双边式刮泥机还可以采取在中心立柱与两侧悬架臂之间对称安装拉杆（可调节）的措施。为了不使主轴转矩过大，单边式中心驱动回转刮泥机的最大回转直径一般不超过 30m，双边式中心驱动回转刮泥机的最大回转直径可以超过 40m。

周边驱动式回转刮泥机的桥架围绕中心轴转动，驱动装置安装在桥架的两端，这种刮泥机的刮板与桥架通过支架固定在一起，随桥架绕中心转动，完成刮泥任务，由于周边传动使刮泥机受力状况改善，其最大回转直径可达 60m。

周边驱动式回转刮泥机需要在池边的环形轨道上行驶，如果行走轮是钢轮，则需要设置环形钢轨；如果行走轮是胶轮，则需要一圈水平严整的环形池边。周边驱动式回转刮泥机的控制柜和驱动电机都安装在转动的桥架之上，与外界动力电缆和信号电缆的连接要靠集电环；集电环装在桥架的中心，动力电缆通过沉淀池下的预埋管从中心支座通向集电环箱，再由集电环箱引向控制柜。

4. 斜板（管）沉淀池

斜板（管）沉淀池是根据"浅层沉淀"理论，在沉淀池沉淀区放置与水平面成一定倾角

（通常为 60°）的斜板或蜂窝斜管组件，以提高沉淀效率的一种高效沉淀池。在沉降区域设置许多密集的斜管或斜板，使水中悬浮杂质在斜板或斜管中进行沉淀，水沿斜板或斜管上升流动，分离出的泥渣在重力作用下沿着斜板（管）向下滑至池底，再集中排出。这种沉淀池可以提高沉淀效率 50%～60%，在同一面积上可提高处理能力 3～5 倍。按水流与污泥的相对运动方向，斜板（管）沉淀池可分为异向流、同向流和侧向流 3 种。由于沉淀区设有斜板或斜管组件，因此，斜板（管）沉淀池的排泥只能依靠静水压力排出。见图 1-1-26。

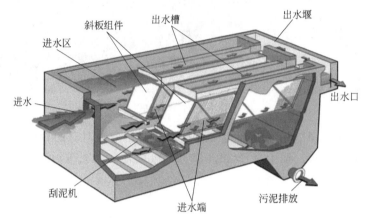

图 1-1-26　斜板（管）沉淀池原理

斜板（管）沉淀池优点是：a. 利用了层流原理，提高了沉淀池的处理能力；b. 缩短了颗粒沉降距离，从而缩短了沉淀时间；c. 增加了沉淀池的沉淀面积，从而提高了处理效率。

此类沉淀池需要斜管或斜板填料。

目前常用的斜管多为六角蜂窝斜管，材料多为乙丙共聚级塑料、玻璃钢（FRP）、聚氯乙烯（PVC）、聚乙烯（PE）、聚丙烯（PP）等。见图 1-1-27。

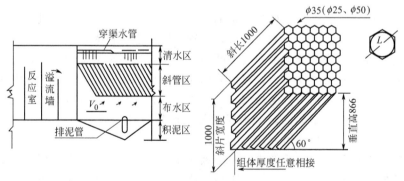

图 1-1-27　斜管填料（单位：mm）

斜板断面可为平行板，亦可为正弦波形板，材料与斜管类似，见图 1-1-28。

5. 迷宫式斜板沉淀池

迷宫式斜板沉淀池又称侧向流翼片斜板沉淀池，它是在常规沉淀池的理论基础上改进发展的一种新型、高效沉淀工艺，在沉淀效率上，它是平流式沉淀池的 40～50 倍，是普通斜板沉淀池的 5 倍，是斜管沉淀池的 2～3 倍，在停留时间上是斜板沉淀池停留时间的 1/30～1/10。迷宫斜板沉淀池和一般斜板沉淀池的差别是所用的斜板在垂直方向装有翼片，其特点就是在斜板和翼片之间形成了许多个相对独立的小沉淀区，改善了沉淀条件。当水流在池内

图 1-1-28 正弦波形板

流动时，主流层流区水中的悬浮颗粒在重力的作用下逐渐下沉，其水流状态和悬浮颗粒运动状态与斜板沉淀池内的情况一样。旋涡区内水中的悬浮颗粒被带入翼片之间的环流区，每经过一个翼片就可以截留一部分悬浮颗粒。进入环流区的悬浮颗粒，在环流的作用下，呈螺旋形运动并沿翼片槽下沉到池底。迷宫斜板沉淀池在实际工程中多采用侧流式，即水流为水平方向流动，悬浮颗粒沿翼片槽向下滑落。

翼片斜板一般是在长 1m、宽为 600mm、厚为 1.0～1.5mm 的聚氯乙烯平板上，安装 10～15 块高为 60mm 的翼片，翼片的间距为 60mm。安装时斜板倾角为 60°，斜板间距一般为 80～90mm。

（三）设计计算

1. 沉淀池设计的一般原则

（1）设计流量

沉淀池的设计流量应按分期建设考虑。

当废水为自流进入时，设计流量为每期的最大设计流量，当废水为提升进入时，设计流量为每期工作泵的最大组合流量；在合流制处理系统中，应按降水时的设计流量计算，沉淀时间不宜小于 30min。

（2）池（格）数

沉淀池的个数或分格数不应少于 2 个，并宜按并联系列设计。

（3）设计参数

城市污水的设计参数可参考表 1-1-8；工业废水由于差别较大，沉淀池的设计参数应根据试验结果或运行经验确定。

表 1-1-8 沉淀池设计参数

沉淀池类型		沉淀时间/h	表面水力负荷/[m³/(m²·h)]	污泥含水率/%	固体负荷/[kg/(m²·d)]	堰口负荷/[L/(s·m)]
初次沉淀池		1.0～2.5	1.2～2.0	95～97		≤2.9
二次沉淀池	活性污泥法后	2.0～5.0	0.6～1.0	99.2～99.6	≤150	≤1.7
	生物膜法后	1.5～4.0	1.0～1.5	96～98	≤150	≤1.7

（4）有效水深、超高及缓冲层

沉淀池的有效水深宜采用 2～4m，辐流式沉淀池指池边水深；超高至少采用 0.3m；缓冲层一般采用 0.3～0.5m。

（5）初次沉淀池

应设置撇渣设施。

（6）沉淀池的入口和出口

均应采取整流措施。

（7）污泥区容积及泥斗构造

初次沉淀池的污泥区容积宜按不大于 2d 的污泥量计算，采用机械排泥时，可按 4h 污泥量计算，二次沉淀池的污泥区容积宜按不大于 2h 的污泥量计算；污泥斗斜壁与水平的夹角，方斗宜为 60°，圆斗宜为 55°。

（8）污泥排放

采用机械排泥时可连续排泥或间歇排泥，不用机械排泥时，应每日排泥。对于多斗排泥的沉淀池，每个泥斗均应设单独的闸阀和排泥管。采用静水压力排泥时，静水压力分别为：初次沉淀池不小于 $1.5mH_2O$（$1mH_2O = 9.8kPa$），活性污泥法后的二次沉淀池不小于 $0.9mH_2O$，生物膜法后的二次沉淀池不小于 $1.2mH_2O$。排泥管直径不应小于 200mm。

（9）出水布置

为减轻堰的负荷，或为改善水质，可采用多槽沿程出水布置。

（10）阀门

当每组沉淀池有两个池以上时，为使每个池的入流量相同，应在入流口设置调节阀门，以调整流量。

2. 平流式沉淀池的设计与计算

（1）平流式沉淀池设计参数

① 沉淀池长宽比不小于 4，以 4~5 为宜；沉淀池长深比不小于 8，以 8~12 为宜；采用机械排泥时沉淀池宽度根据排泥设备确定。

② 池底坡度：采用机械刮泥时，不小于 0.005，一般为 0.01~0.02。

③ 按表面水力负荷计算时，应对水平流速进行校核。最大水平流速：初次沉淀池为 7mm/s；二次沉淀池为 5mm/s。

④ 为了保证进水在沉淀区内均匀分布，进水口应采取整流措施，一般有穿孔墙、挡流板、底孔等，如图 1-1-29 所示。

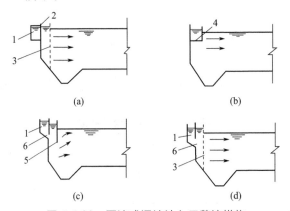

图 1-1-29 平流式沉淀池入口整流措施

1—进水槽；2—溢流堰；3—有孔整流墙；4—底孔；5—挡流板；6—淹没孔

⑤ 为保证出水均匀并保证池内水位，出水通常采用溢流堰式集水槽，集水槽的形式见图 1-1-30。溢流堰多采用锯齿形三角堰，出水水面宜位于齿高的 1/2 处，见图 1-1-31。堰板

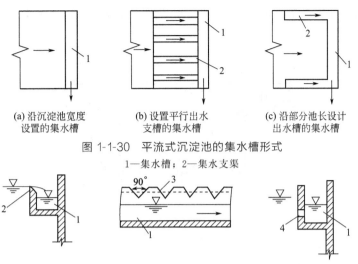

(a) 沿沉淀池宽度
设置的集水槽

(b) 设置平行出水
支槽的集水槽

(c) 沿部分池长设计
出水槽的集水槽

图 1-1-30 平流式沉淀池的集水槽形式

1—集水槽；2—集水支渠

(a) 自由堰式的出水堰

(b) 锯齿三角堰式的出水堰

(c) 出流孔口式的出水堰

图 1-1-31 平流式沉淀池的出水堰形式

1—集水槽；2—自由槽；3—锯齿三角堰；4—淹没孔口

高度应可以上下调整。

⑥ 进出水口处应设挡板，进口处一般为 $0.5 \sim 1.0$m，出口一般为 $0.25 \sim 0.5$m。挡板高出池内水面 $0.1 \sim 0.15$m。进口挡板水位淹没深度视沉淀池深度而定，不小于 0.25m，一般为 $0.5 \sim 1.0$m；出口挡板的淹没深度一般为 $0.3 \sim 0.4$m。

⑦ 在出水堰前应设置收集与排除浮渣的设施，一般采用可转动的排渣管或浮渣槽。当采用机械排泥时，可一并考虑。见图 1-1-32 和图 1-1-33。

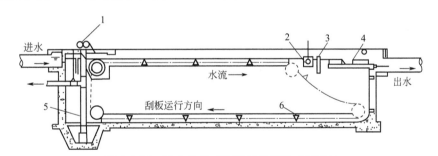

图 1-1-32 设有链带式刮泥机的平流式沉淀池

1—集液器驱动；2—浮渣槽；3—挡板；4—可调节的出水堰；5—排泥管；6—刮板

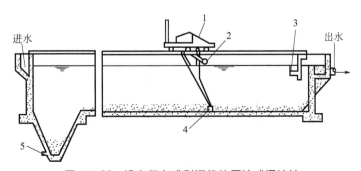

图 1-1-33 设有行车式刮泥机的平流式沉淀池

1—驱动装置；2—刮渣板；3—浮渣槽；4—刮泥板；5—排泥管

⑧ 当沉淀池采用多斗排泥时，污泥斗平面呈正方形或近似正方形的矩形，排数一般不宜多于两排。见图 1-1-34。

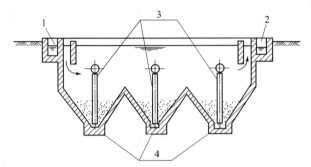

图 1-1-34　多斗式平流式沉淀池
1—进水槽；2—出水堰；3—排泥管；4—污泥斗

（2）平流式沉淀池计算公式

① 沉淀池总表面积 A（m^2）

$$A = \frac{Q_{\max}}{q'} \tag{1-1-40}$$

式中，$Q_{\max}$ 为沉淀池最大设计流量，m^3/h；q' 为表面水力负荷，$m^3/(m^2 \cdot h)$。

② 沉淀部分的有效水深 h_2（m）

$$h_2 = q't \tag{1-1-41}$$

式中，t 为沉淀时间，h；h_2 多采用 2～4m。

③ 沉淀部分有效容积 V'（m^3）

$$V' = Q_{\max}t \text{ 或 } V' = Ah_2 \tag{1-1-42}$$

④ 池长 L（m）

$$L = 3.6vt \tag{1-1-43}$$

式中，v 为最大设计流量时的水平流速，mm/s。

⑤ 沉淀池总宽度 B（m）

$$B = \frac{A}{L} \tag{1-1-44}$$

⑥ 沉淀池个数（分格数）n

$$n = \frac{B}{b} \tag{1-1-45}$$

式中，b 为每个沉淀池（分格）宽度，m。

⑦ 污泥部分所需容积 V（m^3）

$$V = \frac{SNt'}{1000} \tag{1-1-46}$$

式中，S 为每人每日污泥量，L/(人 · d)，一般采用 0.3～0.8L/(人 · d)；N 为设计人口，人；t' 为两次清除污泥的间隔时间，d。

如已知废水悬浮物浓度与去除率，污泥部分所需容积可按下式计算：

$$V = \frac{Q_{\max}(C_0 - C_1)t' \times 24}{\gamma(1 - \rho_0)} \tag{1-1-47}$$

式中，C_0、C_1 为进水与沉淀出水的悬浮物浓度，kg/m^3；ρ_0 为污泥含水率；γ 为污泥密度，kg/m^3，一般取 $1000kg/m^3$。

⑧ 污泥斗容积 V_1（m^3）

$$V_1 = \frac{1}{3} h_4''(A_1 + A_2 + \sqrt{A_1 A_2})\tag{1-1-48}$$

式中，A_1 为斗上口面积，m^2；A_2 为斗下口面积，m^2；h_4'' 为污泥斗高度，m。

⑨ 污泥斗以上梯形部分污泥容积 V_2（m^3）

$$V_2 = \frac{l_1 + l_2}{2} h_4' b\tag{1-1-49}$$

式中，l_1 为上底长，m；l_2 为下底长，m；h_4' 为梯形部分高度，m。

⑩ 沉淀池总高度 H（m）

$$H = h_1 + h_2 + h_3 + h_4\tag{1-1-50}$$

式中，h_1 为沉淀池的超高，m；h_3 为缓冲层的高度，m；h_4 为污泥部分高度，m。

【例 1-1-6】 已知某城市污水处理厂的最大设计流量 $Q_{max} = 2200m^3/h$，设计人口数 330000 人，采用链带式刮泥机，求平流式沉淀池的各部分尺寸。

解： 平流式沉淀池计算草图见图 1-1-35。

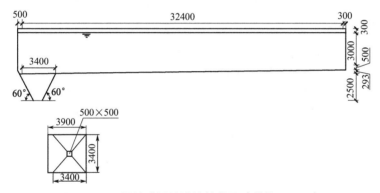

图 1-1-35　平流式沉淀池计算草图（单位：mm）

① 沉淀池总表面积　设表面水力负荷 $q' = 2m^3/(m^2 \cdot h)$。

$$A = \frac{Q_{max}}{q'} = \frac{2200}{2} = 1100 \quad (m^2)$$

② 沉淀部分的有效水深　设沉淀时间 $t = 1.5h$，有效水深：

$$h_2 = q't = 2 \times 1.5 = 3.0 \quad (m)$$

③ 沉淀部分有效容积

$$V' = Q_{max}t = 2200 \times 1.5 = 3300 \quad (m^3)$$

④ 池长　设最大设计流量时的水平流速 $v = 6mm/s$，沉淀池的长度：

$$L = 3.6vt = 3.6 \times 6 \times 1.5 = 32.4 \quad (m)$$

长深比

$$\frac{L}{h_2} = \frac{32.4}{3} = 10.8 > 8$$

长深比满足要求。

⑤ 沉淀池总宽度

$$B = \frac{A}{L} = \frac{1100}{32.4} \approx 34 \quad (m)$$

⑥ 沉淀池个数（或分格数）　设 10 个分格池，每个分格池宽：

$$b = \frac{B}{n} = \frac{34}{10} = 3.4 \ (\text{m})$$

长宽比

$$\frac{L}{b} = \frac{32.4}{3.4} = 9.53 > 4.0$$

长宽比满足要求。

⑦ 污泥部分所需容积　设 $t' = 4\text{h}$（机械排泥），$S = 0.5\text{L}/(\text{人} \cdot \text{d})$，污泥部分所需容积：

$$V = \frac{SNt'}{1000} = \frac{0.5 \times 330000 \times (4/24)}{1000} = 27.5 \ (\text{m}^3)$$

每个池子污泥部分所需容积：

$$V' = \frac{27.5}{10} = 2.75 \ (\text{m}^3)$$

⑧ 污泥斗容积　见图 1-1-35。

$$h''_4 = \frac{3.4 - 0.5}{2} \tan 60° = 2.5 \ (\text{m})$$

$$V_1 = \frac{1}{3} h''_4 (A_1 + A_2 + \sqrt{A_1 A_2})$$

$$= \frac{1}{3} \times 2.5 \times (0.5^2 + 3.4^2 + 0.5 \times 3.4)$$

$$= 11.26 \ (\text{m}^3)$$

⑨ 污泥斗以上梯形部分污泥容积　设池底坡度为 0.01，梯形部分高度：

$$h'_4 = (32.4 + 0.3 - 3.4) \times 0.01 = 0.293 \ (\text{m})$$

$$l_1 = 32.4 + 0.5 + 0.3 = 33.2 \ (\text{m})$$

$$l_2 = 3.4 \ (\text{m})$$

污泥斗以上部分污泥容积：

$$V_2 = \frac{l_1 + l_2}{2} h'_4 b = \frac{33.2 + 3.4}{2} \times 0.293 \times 3.4 = 18.23 \ (\text{m}^3)$$

污泥斗和梯形部分污泥容积：

$$V_1 + V_2 = 11.26 + 18.23 = 29.49 \ (\text{m}^3) > 2.75 \ (\text{m}^3)$$

⑩ 沉淀池总高度　设缓冲层高度 $h_3 = 0.5\text{m}$，超高 $h_1 = 0.3\text{m}$。

$$H = h_1 + h_2 + h_3 + h_4 = h_1 + h_2 + h_3 + (h'_4 + h''_4) = 6.6 \ (\text{m})$$

3. 竖流式沉淀池的设计与计算

（1）竖流式沉淀池设计参数

① 为了使水流在沉淀池内分布均匀，沉淀池直径（或正方形的一边）与有效水深之比值不大于 3，沉淀池直径不大于 8m，一般采用 4～7m，最大可达 10m。

② 中心管内流速不大于 30mm/s。

③ 中心管下口应设有喇叭口和反射板，反射板及中心管各部分尺寸关系见图 1-1-36。

反射板板底距泥面至少 0.30m；喇叭口直径及高度为中心管直径的 1.35 倍；反射板直径为喇叭口直径的 1.30 倍，反射板表面与水平面的倾角为 17°；中心管下端与反射板表面之间的缝隙高在 0.25～0.50m 范围内时，缝隙中废水流速，在初次沉淀池中不大于 20mm/s，在二次沉淀池中不大于 15mm/s。

④ 当沉淀池直径（或正方形一边）小于 7m 时，澄清废水沿周边流出；当沉淀池直径

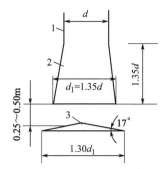

图 1-1-36 中心筒和反射板尺寸

1—中心管；2—喇叭口；3—反射板

大于等于 7m 时，应增设辐射集水支渠。

⑤ 排泥管下端距池底不大于 0.2m，管上端高出水面 0.4m 以上。

⑥ 浮渣挡板距集水槽 0.25～0.5m，高出水面 0.1～0.15m，淹没深度为 0.3～0.4m。

（2）竖流式沉淀池计算公式

① 中心管面积 A（m^2）

$$A = \frac{Q'_{\max}}{v_0} \tag{1-1-51}$$

式中，v_0 为中心管内流速，m/s；$Q'_{\max}$ 为每池最大设计流量，m^3/s。

② 中心管直径 d（m）

$$d = \sqrt{\frac{4A}{\pi}} \tag{1-1-52}$$

③ 中心管喇叭口与反射板之间的间隙高度 h_3（m）

$$h_3 = \frac{Q'_{\max}}{v_1 d_1 \pi} \tag{1-1-53}$$

式中，v_1 为废水由中心管喇叭口与反射板之间的间隙流出的速度，m/s；d_1 为喇叭口的直径，m。

④ 沉淀部分有效面积 A'（m^2）

$$A' = \frac{Q'_{\max}}{v} \tag{1-1-54}$$

式中，v 为废水在沉淀区上升的流速，m/s。

⑤ 沉淀池直径 D（m）

$$D = \sqrt{\frac{4(A + A')}{\pi}} \tag{1-1-55}$$

⑥ 沉淀部分有效水深 h_2（m）

$$h_2 = 3600 vt \tag{1-1-56}$$

式中，t 为沉淀时间，h。

⑦ 污泥部分所需容积 V（m^3）

$$V = \frac{SNt'}{1000} \tag{1-1-57}$$

式中，S 为每人每日污泥量，L/（人·d），一般采用 0.3～0.8L/（人·d）；N 为设计人口，人；t' 为两次清除污泥的间隔时间，d。

如已知污泥悬浮物浓度与去除率，污泥部分所需容积可按下式计算：

$$V = \frac{Q'_{max}(C_0 - C_1)t' \times 86400}{\gamma(1 - \rho_0)} \tag{1-1-58}$$

式中，C_0、C_1 分别为进水与沉淀出水的悬浮物浓度，kg/m^3；ρ_0 为污泥含水率；γ 为污泥密度，一般取 $1000kg/m^3$。

⑧ 圆截锥部分容积 V_2（m^3）

$$V_2 = \frac{\pi h_5}{3}(R^2 + Rr + r^2) \tag{1-1-59}$$

式中，R 为圆截锥上部半径，m；r 为圆截锥下部半径，m；h_5 为污泥室圆截锥部分的高度，m。

⑨ 沉淀池总高度 H（m）

$$H = h_1 + h_2 + h_3 + h_4 + h_5 \tag{1-1-60}$$

式中，h_1 为沉淀池的超高，m，一般取 0.3m；h_3 为中心管喇叭口与反射板之间的间隙高度，m；h_4 为缓冲层的高度，m，一般取 $0.3\sim0.5m$。

【例 1-1-7】 已知某城市设计人口 $N = 60000$ 人，设计最大废水量 $Q_{max} = 0.13m^3/s$。计算竖流式沉淀池的设计参数。

解： 设中心管内流速 $v_0 = 0.03m/s$，采用池数 $n = 4$。

① 中心管面积

$$Q'_{max} = \frac{Q_{max}}{n} = \frac{0.13}{4} = 0.0325 \ (m^3/s)$$

$$A = \frac{Q'_{max}}{v_0} = \frac{0.0325}{0.03} = 1.08 \ (m^2)$$

② 中心管直径

$$d = \sqrt{\frac{4A}{\pi}} = \sqrt{\frac{4 \times 1.08}{\pi}} = 1.17 \ (m)$$

③ 中心管喇叭口与反射板之间的间隙高度　设废水由中心管喇叭口与反射板之间的间隙流出的速度 $v_1 = 0.02m/s$，则中心管喇叭口与反射板之间的间隙高度：

$$d_1 = 1.35d = 1.35 \times 1.17 = 1.58 \ (m)$$

$$h_3 = \frac{Q'_{max}}{v_1 d_1 \pi} = \frac{0.0325}{0.02 \times 1.58 \times \pi} = 0.33 \ (m)$$

④ 沉淀部分有效面积　设表面水力负荷 $q' = 2.52m^3/(m^2 \cdot h)$，则上升流速：

$$v = 2.52m/h = 0.0007m/s$$

$$A' = \frac{Q'_{max}}{v} = \frac{0.0325}{0.0007} = 46.43 \ (m^2)$$

⑤ 沉淀池直径

$$D = \sqrt{\frac{4(A + A')}{\pi}} = \sqrt{\frac{4(1.08 + 46.43)}{\pi}} = 7.8 \ (m) < 8 \ (m)$$

⑥ 沉淀部分有效水深　设沉淀时间 $t = 1.5h$，有效水深：

$$h_2 = 3600vt = 3600 \times 0.0007 \times 1.5 = 3.78 \ (m)$$

径深比 $D/h_2 = 7.8/3.78 = 2.06 < 3$（符合要求）。

⑦ 污泥部分所需容积　设每人每日污泥量 $S = 0.5L/(\text{人} \cdot d)$，两次清除污泥的时间间

隔 $t'=2d$，污泥部分所需容积：

$$V=\frac{SNt'}{1000}=\frac{0.5\times 60000\times 2}{1000}=60\ (m^2)$$

每个沉淀池的污泥体积：

$$V_1=\frac{V}{n}=\frac{60}{4}=15\ (m^3)$$

⑧ 圆截锥部分容积　设圆截锥部分半径 $r=0.2m$，圆截锥侧壁倾角 55°，则圆截锥部分的高度：

$$h_5=(R-r)\tan\alpha=\left(\frac{7.8}{2}-0.2\right)\tan 55°=5.28\ (m)$$

圆截锥部分容积：

$$V_2=\frac{\pi h_5}{3}(R^2+Rr+r^2)=\frac{3.14\times 5.28}{3}(3.9^2+3.9\times 0.2+0.2^2)=88.59\ (m^3)>15\ (m^3)$$

⑨ 池子总高度　设沉淀池超高 $h_1=0.3m$，缓冲层高度 $h_4=0.3m$，则池子总高度：

$$H=h_1+h_2+h_3+h_4+h_5=0.3+3.78+0.33+0.3+5.28=9.99\ (m)$$

4. 辐流式沉淀池的设计与计算

（1）辐流式沉淀池的设计参数

① 池子直径（或正方形边长）与有效水深的比值，一般采用 6～12；池径不宜小于 16m。

② 池底坡度一般采用 0.05～0.1。

③ 进出水的布水方式如下。

a. 中心进水周边出水，见图 1-1-37。

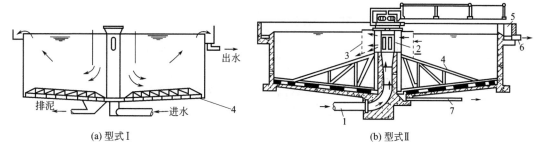

(a) 型式Ⅰ　　　　　　　　(b) 型式Ⅱ

图 1-1-37　中心进水的辐流式沉淀池

1—进水管；2—中心管；3—穿孔挡板；4—刮泥机；5—出水槽；6—出水管；7—排泥管

b. 周边进水中心出水，见图 1-1-38。

c. 周边进水周边出水，见图 1-1-39。

④ 中心进水口的周围应设置整流板，整流板上的开孔面积为过水断面（池子半径 1/2 处的水流断面）面积的 6%～20%。

⑤ 出水堰前应设浮渣挡板，被拦截的浮渣用刮渣板收集，并通过排渣管排出。

⑥ 一般采用机械刮泥，当沉淀池直径小于 20m 时，一般采用中心传动的刮泥机，当沉淀池直径大于 20m 时，一般采用周边传动的刮泥机。对于二次沉淀池，也可以采用刮吸泥机。刮泥机旋转速度一般为 1～3r/h，外周刮泥板的线速度不超过 3m/min，一般采用 1.5m/min。见图 1-1-40。

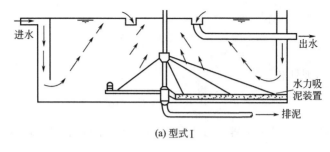

(a) 型式Ⅰ

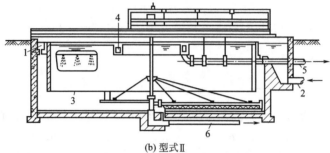

(b) 型式Ⅱ

图 1-1-38 周边进水中心出水的辐流式沉淀池

1—进水槽；2—进水管；3—挡板；4—出水槽；5—出水管；6—排泥管

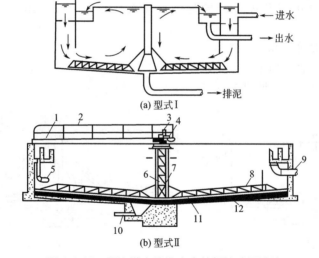

(a) 型式Ⅰ

(b) 型式Ⅱ

图 1-1-39 周边进水周边出水的辐流式沉淀池

1—过桥；2—栏杆；3—传动装置；4—转盘；5—进水下降管；6—中心支架；7—传动器罩；
8—桁架式耙架；9—出水管；10—排泥管；11—刮泥板；12—可调节的橡皮刮板

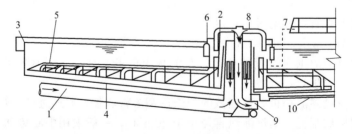

图 1-1-40 带有中央驱动装置的吸泥型辐流式沉淀池

1—进水管；2—挡板；3—堰板；4—刮板；5—吸泥管；6—冲洗管的空气升液器；
7—压缩空气入口；8—排泥虹吸管；9—污泥出口；10—放空管

⑦ 沉淀池直径较小（<20m）时，也可采用多斗排泥，如图 1-1-41 所示。

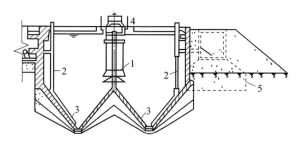

图 1-1-41　多斗排泥的辐流式沉淀池

1—中心管；2—污泥管；3—污泥斗；4—栏杆；5—砂垫

（2）辐流式沉淀池计算公式

① 中心进水辐流式沉淀池取半径 1/2 处的水流断面作为计算断面，设计计算公式如下所示。

a. 每座沉淀池沉淀部分水面面积 A（m^2）

$$A = \frac{Q_{\max}}{nq'} \tag{1-1-61}$$

式中，q' 为表面水力负荷，$m^3/(m^2 \cdot h)$；$Q_{\max}$ 为最大设计流量，m^3/h；n 为沉淀池座数，个。

b. 沉淀池直径 D（m）

$$D = \sqrt{\frac{4A}{\pi}} \tag{1-1-62}$$

c. 沉淀部分有效水深 h_2（m）

$$h_2 = q't \tag{1-1-63}$$

式中，t 为沉淀时间，h。

d. 沉淀部分有效容积 V'（m^3）

$$V' = \frac{Q_{\max}}{n}t \quad \text{或} \quad V' = Ah_2 \tag{1-1-64}$$

e. 污泥部分所需容积 V（m^3）

$$V = \frac{SNt'}{1000n} \tag{1-1-65}$$

式中，S 为每人每日污泥量，$L/(人 \cdot d)$，一般采用 $0.3 \sim 0.8 L/(人 \cdot d)$；$N$ 为设计人口，人；t' 为两次清除污泥的间隔时间，d。

如已知污泥悬浮物浓度与去除率，污泥部分所需容积可按下式计算：

$$V = \frac{Q_{\max}(C_0 - C_1)t' \times 24}{\gamma(1 - \rho_0)n} \tag{1-1-66}$$

式中，C_0、C_1 分别为进水与沉淀出水的悬浮物浓度，kg/m^3；ρ_0 为污泥含水率；γ 为污泥密度，kg/m^3，一般取 $1000kg/m^3$。

f. 污泥斗容积 V_1（m^3）

$$V_1 = \frac{\pi h_5}{3}(r_1^2 + r_1 r_2 + r_2^2) \tag{1-1-67}$$

式中，r_1 为污泥斗上部半径，m；r_2 为污泥斗下部半径，m；h_5 为污泥斗高度，m。

g. 污泥斗以上圆锥体部分污泥容积 V_2（m^3）

$$V_2 = \frac{\pi h_4}{3}(R^2 + Rr_1 + r_1^2) \tag{1-1-68}$$

式中，R 为污泥池半径，m；r_1 为污泥斗上部半径，m；h_4 为圆锥体高度，m。

h. 沉淀池总高度 H（m）

$$H = h_1 + h_2 + h_3 + h_4 + h_5 \tag{1-1-69}$$

式中，h_1 为沉淀池的超高，m，一般取 0.3m；h_3 为缓冲层的高度，m，一般取 0.3～0.5m。

【例 1-1-8】 某城市污水处理厂最大设计流量 $Q_{max} = 2000 m^3/h$，设计人口数 $N = 28$ 万人，采用机械刮泥，求辐流式沉淀池各部分尺寸。

解： 计算示意图见图 1-1-42。

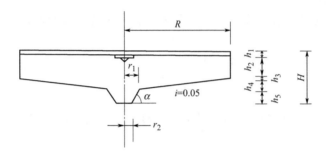

图 1-1-42 辐流式沉淀池计算示意

沉淀部分水面面积：设表面水力负荷 $q' = 2 m^3/(m^2 \cdot h)$，$n = 2$ 个。

$$A = \frac{Q_{max}}{nq'} = \frac{2000}{2 \times 2} = 500 \ (m^2)$$

沉淀池直径：

$$D = \sqrt{\frac{4A}{\pi}} = \sqrt{\frac{4 \times 500}{\pi}} = 25.23 \ (m)，取 D = 26m$$

沉淀部分有效水深：设 $t = 2.0h$。

$$h_2 = q't = 2 \times 2 = 4 \ (m)$$

沉淀部分有效容积：

$$V' = \frac{Q_{max}}{n}t = \frac{2000}{2} \times 2 = 2000 \ (m^3)$$

污泥部分所需的容积：设 $S = 0.5 L/(人 \cdot d)$，$t' = 4h$，

$$V = \frac{SNt'}{1000n} = \frac{0.5 \times 280000 \times 4}{1000 \times 2 \times 24} = 11.7 \ (m^3)$$

污泥斗容积：设 $r_1 = 1.5m$，$r_2 = 0.5m$，$\alpha = 60°$，则

$$h_5 = (r_1 - r_2)\tan\alpha = (1.5 - 0.5)\tan 60° = 1.73 \ (m)$$

$$V_1 = \frac{\pi h_5}{3}(r_1^2 + r_1 r_2 + r_2^2) = \frac{3.14 \times 1.73}{3}(1.5^2 + 1.5 \times 0.5 + 0.5^2) = 5.88 \ (m^3)$$

污泥斗以上圆锥体部分污泥容积：设池底径向坡度为 0.05，则

$$h_4 = (R - r_1) \times 0.05 = \left(\frac{26}{2} - 1.5\right) \times 0.05 = 0.58 \ (m)$$

$$V_2 = \frac{\pi h_4}{3}(R^2 + Rr_1 + r_1^2) = \frac{3.14 \times 0.58}{3}(13^2 + 13 \times 1.5 + 1.5^2) = 115.8(\text{m}^3)$$

污泥斗总容积：

$$V_1 + V_2 = 5.88 + 115.8 = 121.68\text{m}^3 > 11.7\text{m}^3$$

污泥池总高度：设 $h_1 = 0.3\text{m}$，$h_3 = 0.5\text{m}$。

$$H = h_1 + h_2 + h_3 + h_4 + h_5 = 0.3 + 4 + 0.5 + 0.58 + 1.73 = 7.11 \ (\text{m})$$

沉淀池池边高度：

$$H' = h_1 + h_2 + h_3 = 0.3 + 4 + 0.5 = 4.8 \ (\text{m})$$

径深比：

$$\frac{D}{h_2} = \frac{26}{4} = 6.5$$

径深比符合要求。

② 周边进水辐流沉淀池计算如下。

a. 沉淀部分水面面积 A（m²）

$$A = \frac{Q_{\max}}{nq'} \tag{1-1-70}$$

式中，q' 为表面水力负荷，m³/(m²·h)；$Q_{\max}$ 为最大设计流量，m³/h；n 为沉淀池座数，座。

b. 沉淀池直径 D（m）

$$D = \sqrt{\frac{4A}{\pi}} \tag{1-1-71}$$

式中，D 为沉淀池直径，m。

c. 校核堰口负荷 q_1' [L/(s·m)]

$$q_1' = \frac{Q_0}{3.6\pi D} \tag{1-1-72}$$

式中，Q_0 为单池设计流量，m³/h，$Q_0 = Q_{\max}/n$。

根据《室外排水设计标准》（GB 50014—2021）的规定，q_1' 不宜大于 1.7L/(m·s)。

d. 校核固体负荷 q_2' [kg/(m²·d)]

$$q_2' = \frac{(1+R)Q_0 N_{\text{w}} \times 24}{A} \tag{1-1-73}$$

式中，N_{w} 为混合液悬浮物浓度，kg/m³；R 为污泥回流比。

根据《室外排水设计标准》（GB 50014—2021）的规定，q_2' 应小于等于 150kg/(m²·d)。

e. 澄清区高度 h_2'（m）

$$h_2' = \frac{Q_0 t}{A} \tag{1-1-74}$$

式中，t 为澄清沉淀时间，h。

f. 污泥区高度 h_2''（m）

$$h_2'' = \frac{(1+R)Q_0 N_{\text{w}} t'}{0.5(N_{\text{w}} + C_{\text{u}})A} \tag{1-1-75}$$

式中，t' 为污泥停留时间，h；C_{u} 为底泥浓度，kg/m³。

g. 池边水深 h_2（m）

$$h_2 = h_2' + h_2'' + 0.3 \tag{1-1-76}$$

式中，0.3 为池边缓冲层高度，m。

h. 沉淀池总高度 H （m）

$$H = h_1 + h_2 + h_3 + h_4 \tag{1-1-77}$$

式中，h_1 为沉淀池超高，m；h_3 为池中心与池边落差，m；h_4 为污泥斗高度，m。

【例 1-1-9】 某城市污水处理厂设计流量 $Q_{max} = 3000 \text{m}^3/\text{h}$，曝气池混合液悬浮物浓度 $N_w = 3.5 \text{kg/m}^3$，回流污泥浓度 $C_u = 7.5 \text{kg/m}^3$，污泥回流比 $R = 0.7$，求周边进水二次沉淀池的各部分尺寸。

解： 计算示意见图 1-1-43。

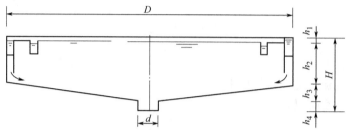

图 1-1-43　周边进水二次沉淀池计算示意

① 沉淀部分水面面积　设池数 $n = 2$ 个，表面水力负荷 $q' = 1 \text{m}^3/(\text{m}^2 \cdot \text{h})$。

$$A = \frac{Q_{max}}{nq'} = \frac{3000}{2 \times 1} = 1500 \text{（m}^2\text{）}$$

② 沉淀池直径

$$D = \sqrt{\frac{4A}{\pi}} = \sqrt{\frac{4 \times 1500}{3.14}} = 43.7 \text{（m），取 } D = 44\text{m}$$

③ 实际水面面积

$$A' = \frac{\pi D^2}{4} = \frac{3.14 \times 44^2}{4} = 1520 \text{（m}^2\text{）}$$

④ 实际表面水力负荷

$$q' = \frac{Q_{max}}{nA'} = \frac{3000}{2 \times 1520} = 0.99 \text{［m}^3/(\text{m}^2 \cdot \text{h})\text{］}$$

⑤ 单池设计流量

$$Q_0 = \frac{Q_{max}}{n} = \frac{3000}{2} = 1500 \text{（m}^3/\text{h）}$$

⑥ 校核堰口负荷（双侧堰出水）及固体负荷

$$q_1' = \frac{Q_0}{2 \times 3.6 \pi D} = \frac{1500}{2 \times 3.6 \times 3.14 \times 44}$$
$$= 1.51 \text{［L/(s} \cdot \text{m)］} < 1.7 \text{［L/(s} \cdot \text{m)］}$$

$$q_2' = \frac{(1+R)Q_0 N_w \times 24}{A'} = \frac{(1+0.7) \times 1500 \times 3.5 \times 24}{1520}$$
$$= 140.9 \text{［kg/(m}^2 \cdot \text{d)］} < 150 \text{［kg/(m}^2 \cdot \text{d)］}$$

符合要求。

⑦ 澄清区高度　设 $t = 1.5\text{h}$。

$$h_2' = \frac{Q_0 t}{A'} = \frac{1500 \times 1.5}{1520} = 1.48 \text{（m）}$$

⑧ 污泥区高度　设 $t'=1.5h$。

$$h_2''=\frac{(1+R)Q_0 N_w t'}{0.5(N_w+C_u)A'}=\frac{(1+0.7)\times 1500\times 3.5\times 1.5}{0.5\times(3.5+7.5)\times 1520}=1.60\ (m)$$

⑨ 池边水深

$$h_2=h_2'+h_2''+0.3=1.48+1.60+0.3=3.38\ (m)，取\ h_2=3.5m$$

⑩ 沉淀池高度　设池底坡度为 0.05，污泥斗直径 $d=3m$，池中心与池边落差 $h_3=0.05\times\frac{D-d}{2}=0.05\times\frac{44-3}{2}=1.0m$，超高 $h_1=0.5m$，污泥斗高度 $h_4=1.0m$。

$$H=h_1+h_2+h_3+h_4=0.5+3.5+1.0+1.0=6.0\ (m)$$

5. 斜板（管）沉淀池的设计与计算

（1）斜板（管）沉淀池设计参数

① 升流式异向流斜板（管）沉淀池的设计表面水力负荷，一般可比普通沉淀池的设计表面水力负荷提高 1 倍左右。对于二次沉淀池，应以固体负荷（一般在平均水力负荷及平均混合液浓度时）不大于 $190kg/(m^2\cdot d)$ 核算。

② 斜板垂直净距一般采用 $80\sim100mm$，斜管孔径一般采用 $50\sim80mm$。

③ 斜板（管）斜长一般采用 $1.0\sim1.2m$；斜板（管）区底部缓冲层高度一般采用 $0.5\sim1.0m$；斜板（管）上部水深一般采用 $0.5\sim1m$。

④ 斜板（管）倾角一般采用 $60°$。

⑤ 进水方式一般采用穿孔墙整流布水，出水方式一般采用多槽出水，在池面上增设几条平行的出水堰和集水槽，以改善出水水质，加大出水量。

⑥ 在池壁与斜板的间隙处应装设阻流板，以防止水流短路。斜板上缘宜向沉淀池进水端倾斜安装。

⑦ 斜板（管）沉淀池一般采用重力排泥。每日排泥次数至少 $1\sim2$ 次，或连续排泥。

⑧ 池内停留时间：初次沉淀池不超过 $30min$，二次沉淀池不超过 $60min$。

⑨ 斜板（管）应设斜板（管）冲洗措施。

（2）斜板（管）沉淀池计算公式

① 沉淀池水面面积 $A\ (m^2)$

$$A=\frac{Q_{max}}{0.91nq'}\tag{1-1-78}$$

式中，q' 为表面水力负荷，$m^3/(m^2\cdot h)$；Q_{max} 为最大设计流量，m^3/h；0.91 为斜板区面积利用系数；n 为池数，个。

② 沉淀池平面尺寸

圆形池直径 $D\ (m)$
$$D=\sqrt{\frac{4A}{\pi}}\tag{1-1-79}$$

方形池长 $L\ (m)$
$$L=\sqrt{A}\tag{1-1-80}$$

③ 池内停留时间 $t\ (min)$

$$t=\frac{60(h_2+h_3)}{q'}\tag{1-1-81}$$

式中，h_2 为斜板（管）区上部水深，m；h_3 为斜板（管）高度，m。

④ 污泥部分所需容积 $V\ (m^3)$

$$V=\frac{SNt'}{1000n}\tag{1-1-82}$$

式中，S 为每人每日污泥量，$L/(人 \cdot d)$，一般采用 $0.3 \sim 0.8 L/(人 \cdot d)$；$N$ 为设计人口，人；n 为沉淀池座数，座；t' 为两次清除污泥的间隔时间，d。

如已知污泥悬浮物浓度与去除率，污泥部分所需容积可按下式计算：

$$V = \frac{Q_{\max}(C_0 - C_1)t' \times 24}{\gamma(1 - \rho_0)n} \tag{1-1-83}$$

式中，C_0、C_1 分别为进水与沉淀出水的悬浮物浓度，kg/m^3；ρ_0 为污泥含水率；γ 为污泥密度，kg/m^3，一般取 $1000 kg/m^3$。

⑤ 污泥斗容积 V_1（m^3）

圆锥体
$$V_1 = \frac{\pi h_5}{3}(R^2 + Rr + r^2) \tag{1-1-84}$$

式中，R 为圆截锥上部半径，m；r 为圆截锥下部半径，m；h_5 为圆截锥部分的高度，m。

方锥体
$$V_1 = \frac{h_5}{3}(a^2 + aa_1 + a_1^2) \tag{1-1-85}$$

式中，a 为污泥斗上部边长，m；a_1 为污泥斗下部边长，m；h_5 为污泥斗高度，m。

⑥ 池子总高度 H（m）

$$H = h_1 + h_2 + h_3 + h_4 + h_5 \tag{1-1-86}$$

式中，h_1 为沉淀池的超高，m，一般取 0.3m；h_3 为中心管喇叭口与反射板之间的间隙高度，m；h_4 为缓冲层的高度，m，一般取 $0.6 \sim 1.2$m。

【例 1-1-10】 某城市污水处理厂的最大设计流量 $Q_{\max} = 960 m^3/h$，初次沉淀池采用升流式异向流斜管沉淀池，斜管斜长为 1m，斜管倾角为 $60°$，设计表面水力负荷 $q' = 4 m^3/(m^2 \cdot h)$，进水悬浮物浓度 $C_1 = 300 mg/L$，出水悬浮物浓度 $C_2 = 140 mg/L$，污泥含水率平均为 97%，求斜管沉淀池各部分尺寸。

解： 计算示意见图 1-1-44。

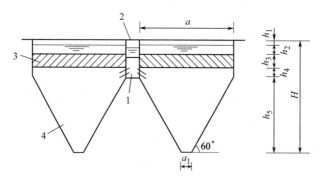

图 1-1-44　斜管沉淀池计算示意
1—进水槽；2—出水槽；3—斜管；4—污泥斗

① 池子水面面积　设 $n = 4$ 个。

$$A = \frac{Q_{\max}}{0.91nq'} = \frac{960}{0.91 \times 4 \times 4} = 66(m^2)$$

② 池子边长　设池子为方形池，则

$$L = \sqrt{A} = \sqrt{66} = 8.12(m)，取 L = 8.5m$$

③ 池内停留时间　设 $h_2 = 0.7$m，$h_3 = 1 \times \sin 60° = 0.866$（m）。

$$t=\frac{(h_2+h_3)\times60}{q'}=\frac{(0.7+0.866)\times60}{4}=23.5\ (\text{min})$$

④ 污泥部分所需容积 设 $t'=2\text{d}$。

$$V=\frac{Q_{\max}(C_0-C_1)t'\times24}{\gamma(1-\rho_0)n}=\frac{960(0.3-0.14)\times2\times24}{1000\times(1-97\%)\times4}=61.44\ (\text{m}^3)$$

⑤ 污泥斗容积 设污泥斗下部边长 $a_1=0.8\text{m}$。

$$h_5=\left(\frac{a}{2}-\frac{a_1}{2}\right)\tan60°=\left(\frac{8.5}{2}-\frac{0.8}{2}\right)\tan60°=6.67\ (\text{m})$$

$$V_1=\frac{h_5}{3}(a^2+aa_1+a_1^2)=\frac{6.67}{3}(8.5^2+8.5\times0.8+0.8^2)=177.2\ (\text{m}^3)>61.44\ (\text{m}^3)$$

⑥ 沉淀池总高度 设 $h_1=0.3\text{m}$，$h_4=0.744\text{m}$。

$$H=h_1+h_2+h_3+h_4+h_5=0.3+0.7+0.866+0.744+6.67=9.28\ (\text{m})$$

（3）迷宫斜板沉淀池设计与计算

迷宫斜板沉淀池的设计计算与普通斜板（管）沉淀池设计计算的方法基本一致，只是表面水力负荷的取值不同，同时应控制主流区的流速。迷宫斜板沉淀池的表面水力负荷一般为 $10\sim15\text{m}^3/(\text{m}^2\cdot\text{h})$，主流区的流速一般为 $20\sim30\text{mm/s}$。

三、澄清

（一）原理和功能

澄清池是一种将絮凝反应过程与澄清分离过程综合于一体的构筑物。

在澄清池中，沉泥被提升起来并使之处于均匀分布的悬浮状态，在池中形成高浓度的稳定活性泥渣层，该层悬浮物浓度约为 $3\sim10\text{g/L}$。原水在澄清池中由下向上流动，泥渣层由于重力作用可在上升水流中处于动态平衡状态。当原水通过活性污泥层时，利用接触絮凝原理，原水中的悬浮物便被活性污泥渣层阻留下来，使水获得澄清。清水在澄清池上部被收集。

泥渣悬浮层上升流速与泥渣的体积、浓度有关：

$$u'=u(1-C_V)^m \tag{1-1-87}$$

式中，u' 为泥渣悬浮层上升流速；u 为分散颗粒沉降速度；C_V 为体积浓度；m 为系数，无机粒子 $m=3$，絮凝颗粒 $m=4$。

因此，正确选用上升流速，保持良好的泥渣悬浮层，是澄清池取得较好处理效果的基本条件。

（二）设备和装置

澄清池的工作效率取决于泥渣悬浮层的活性与稳定性。泥渣悬浮层是在澄清池中加入较多的混凝剂，并适当降低负荷，经过一定时间运行后，逐级形成的。为使泥渣悬浮层始终保持絮凝活性，必须让泥渣层处于新陈代谢的状态，即一方面形成新的活性泥渣，另一方面排除老化了的泥渣。

澄清池基本上可分为泥渣悬浮澄清池、泥渣循环澄清池两类。

1. 泥渣悬浮澄清池

（1）悬浮澄清池

图 1-1-45 为悬浮澄清池流程图。原水由池底进入，靠向上的流速使絮凝体悬浮。因絮

凝作用悬浮层逐渐膨胀，当超过一定高度时，则通过排泥窗口自动排入泥渣浓缩室，压实后定期排出池外。进水量或水温发生变化会使悬浮层工作不稳定，现已很少采用。

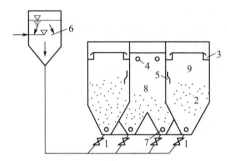

图 1-1-45　悬浮澄清池流程

1—穿孔配水管；2—泥渣悬浮层；3—穿孔集水槽；4—强制出水管；5—排泥窗口；
6—气水分离器；7—穿孔排泥管；8—浓缩室；9—澄清室

（2）脉冲澄清池

图 1-1-46 为脉冲澄清池。通过配水竖井向池内脉冲式间歇进水。在脉冲作用下，池内悬浮层一直周期性地处于膨胀和压缩状态，进行一上一下地运动。这种脉冲作用使悬浮层的工作稳定，端面上的浓度分布均匀，并加强颗粒的接触碰撞，改善混合絮凝的条件，从而提高了净水效果。

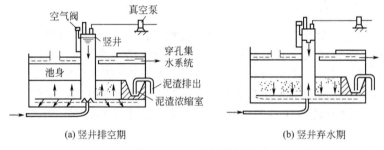

（a）竖井排空期　　　　　　　　　　　　　　（b）竖井弃水期

图 1-1-46　脉冲澄清池

2. 泥渣循环澄清池

（1）机械搅拌澄清池

机械搅拌澄清池是将混合、絮凝反应及沉淀工艺综合在一个池内，见图 1-1-47。池中心有一个转动叶轮，将原水和加入药剂同澄清区沉降下来的回流泥浆混合，促进较大絮体的形

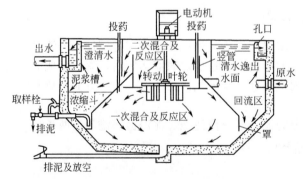

图 1-1-47　机械搅拌澄清池

成。泥浆回流量为进水量的 3～5 倍，可通过调节叶轮开启度来控制。为保持池内悬浮物浓度稳定，要排出多余的污泥，所以在池内设有 1～3 个泥渣浓缩斗。当池径较大或进水含砂量较高时，需装设机械刮泥机。该池的优点是：效率较高且比较稳定；对原水水质（如浊度、温度）和处理水量的变化适应性较强；操作运行比较方便；应用较广泛。

（2）水力循环澄清池

图 1-1-48 为水力循环澄清池。原水由底部进入池内，经喷嘴喷出。喷嘴上面为混合室、喉管和第一反应室。喷嘴和混合室组成一个射流器，喷嘴高速水流把池子锥形底部含有大量絮凝体的水吸进混合室内和进水掺和后，经第一反应室喇叭口溢流出来，进入第二反应室中。吸进去的流量称为回流，一般为进口流量的 2～4 倍。第一反应室和第二反应室构成了一个悬浮物区，第二反应室出水进入分离室，相当于进水量的清水向上流向出口，剩余流量则向下流动，经喷嘴吸入与进水混合，再重复上述水流过程。该池优点是：无须机械搅拌设备，运行管理较方便；锥底角度大，排泥效果好。缺点是：反应时间较短，造成运行上不够稳定，不能适用于大水量。

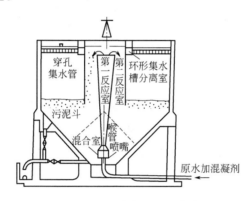

图 1-1-48　水力循环澄清池

（三）设计计算

1. 澄清池池型选择

见表 1-1-9。

表 1-1-9　各种澄清池的优缺点及适用条件

类型	优点	缺点	适用条件
机械搅拌澄清池	(1)单位面积产水量大,处理效率高 (2)处理效果较稳定,适应性强	(1)需机械搅拌设备 (2)维修较麻烦	(1)进水悬浮物含量<5.0g/L (2)适用于大、中型水厂
水力循环澄清池	(1)无机械搅拌设备 (2)构筑物较简单	(1)投药量较大 (2)消耗大的水头 (3)对水质、水温变化适应性差	(1)进水悬浮物含量<2g/L,短时间允许 5g/L (2)适用于中、小型水厂
脉冲澄清池	(1)混合充分,布水较均匀 (2)池深较浅,便于平流式沉淀池改造	(1)需要一套真空设备 (2)虹吸式水头损失较大,脉冲周期较难控制 (3)对水质、水量变化适应性较差 (4)操作管理要求较高	适用于大、中、小型水厂

续表

类型	优点	缺点	适用条件
悬浮澄清池（无穿孔底板）	(1)构造较简单 (2)能处理高浊度水（双层式加悬浮层底部开孔）	(1)需设气水分离器 (2)对水量、水温较敏感，处理效果不够稳定 (3)双层式池深较大	(1)进水悬浮物含量＜3g/L,宜用单池;进水悬浮物含量3～10g/L,宜用双池 (2)流量变化一般每小时≤10％,水温变化≤1℃

2. 澄清池设计

澄清池设计主要参数见表1-1-10。

表 1-1-10　澄清池设计技术参数

类型		清水区		悬浮层高度/m	总停留时间/h
		上升流速/(mm/s)	高度/m		
机械搅拌澄清池		0.8～1.1	1.5～2.0	—	1.2～1.5
水力循环澄清池		0.7～1.0	2.0～3.0	3～4(导流筒)	1.0～1.5
脉冲澄清池		0.7～1.0	1.5～2.0	1.5～2.0	1.0～1.3
悬浮澄清池	单层	0.7～1.0	2.0～2.5	2.0～2.5	0.33～0.5(悬浮层) 0.4～0.8(清水区)
	双层	0.6～0.9	2.0～2.5	2.0～2.5	—

3. 机械搅拌澄清池计算应考虑的数据

澄清池中各部分是相互牵制、相互影响的，计算往往不能一次完成，需在设计过程中做相应调整。

（1）原水进水管、配水槽

进水管流速一般在1m/s左右，进水管接入环形配水槽后向两侧环流配水，配水槽断面设计流量按1/2计算。配水槽和缝隙的流速均采用0.4m/s左右。

（2）反应室

水在池中总停留时间一般为1.2～1.5h。第一、第二反应室停留时间一般控制在20～30min。第二反应室计算流量为出水量的3～5倍（考虑回流）。第一反应室、第二反应室（包括导流室）和分离室的容积比一般控制在2∶1∶7。第二反应室和导流室的流速一般为40～60mm/s。

（3）分离室

上升流速一般采用0.8～1.1mm/s。当处理低温、低浊水时可采用0.7～0.9mm/s。

（4）集水槽

集水方式可选用淹没孔集水槽或三角堰集水槽。孔径为20～30mm，过孔流速为0.6m/s，集水槽中流速为0.4～0.6m/s，出水管流速为1.0m/s左右。

穿孔集水槽设计流量应考虑超载系数$\beta=1.2～1.5$。

（5）泥渣浓缩室

根据澄清池的大小，可设泥渣浓缩斗1～3个，泥渣斗容积约为澄清池容积的1％～4％，小型池可只用底部排泥。进水悬浮物含量＞1g/L或池径≥24m时，应设机械排泥装置。搅拌一般采用叶轮搅拌。叶轮提升流量为进水量的3～5倍。叶轮直径一般为第二反应室内径的0.7～0.8倍。叶轮外缘线速度为0.5～1.5m/s。

【例1-1-11】　某水厂供水量为800m³/h，进水悬浮物含量＜1000mg/L，出水悬浮物含量<10mg/L，决定采用机械搅拌澄清池，计算尺寸。

解：① 流量计算 水厂本身用水量占供水量的5%，采用两座池，每池设计流量 $Q=$ 800/2×1.05=420（m^3/h）或 0.1167m^3/s。

各部分设计流量见图1-1-49。

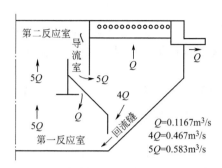

图 1-1-49 机械搅拌澄清池各部设计流量

② 澄清池面积

a. 第二反应室面积。该室为圆筒形，根据 $Q'=5Q=0.583m^3/s$，流速 $v=50mm/s$，算得面积为 11.7m^2，直径为 3.86m。考虑导流板所占体积及反应室壁厚，取第二反应室内径为 3.9m，外径为 4.0m。设第二反应室停留时间为 0.8min，按回流泥渣量 5Q 计，算得容积为 28m^3 和高度为 $H_1=2.39m$。

b. 导流室。流量为 $Q'=5Q=0.583m^3/s$，流速采用 50mm/s，算得面积为 11.7m^2，内径为 5.56m，外径为 5.66m。水流从第二反应室出口溢入导流室，算得周长为 12.56m，取溢流速度为 0.05m/s，得反应室壁顶以上水深为 0.93m。

c. 分离室。上升流速采用 1.1mm/s，按流量 $Q=0.1167m^3/s$，得环形面积 106m^2。澄清池总面积为（第二反应室、导流室、分离室之和）129.4m^2，内径为 12.8m，取内径 12.5m。

③ 澄清池高度 见图 1-1-50。

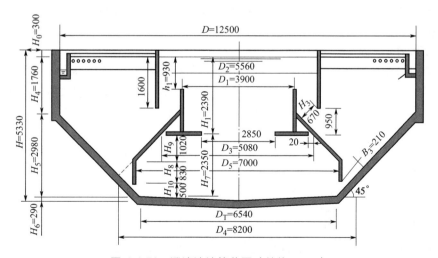

图 1-1-50 澄清池计算草图（单位：mm）

澄清池停留时间采取 1h，算得有效容积为 420m^3。考虑池结构所占体积 15m^3，则池总容积为 435m^3。筒体部分体积（筒形高取 $H_4=1.76m$）为 $V_1=\frac{\pi}{4}D^2H_4=216$（$m^3$），锥体

部分体积 $V_2=435-216=219$（m^3）。斜壁角度为 $45°$，根据截头圆柱体公式：$V_2=(R^2+Rr+r^2)\dfrac{\pi H_5}{3}$，将 $R=6.25m$、$V_2=219m^3$、$r=R-H_5$ 代入得 $H_5=2.98m$。池底直径 $D_T=12.5-2H_5\tan45°=6.54$（m），池底坡度为 5%，算得增加池深为 $0.29m$。超高取 $0.3m$。澄清池总高为 $5.33m$。

④ 第一反应室根据以上计算结果，按比例绘制澄清池的断面图。取伞形板坡度为 $45°$，使伞形板下侧的圆筒直径较池底直径稍大，以便泥渣回流时能从斜壁滑下到第一反应室。

⑤ 穿孔集水槽

a. 孔口布置。采用池臂环形集水槽和 8 条辐射式集水槽，后者两侧开孔，前者一侧开孔。设孔口中心线上的水头为 $0.05m$，所需孔口总面积：

$$\sum f=\frac{\beta Q}{\mu\sqrt{2gh}}=\frac{1.2\times0.1167}{0.62\sqrt{2\times9.81\times0.05}}=0.228\text{（}m^2\text{）}$$

选用孔直径为 $25mm$，单孔面积为 $4.91cm^2$，孔口总数 $n=2280/4.91=464$。假设环形集水槽所占宽度 $0.38m$，辐射槽所占宽度 $0.32m$。

$$八条辐射槽开孔部分长度=2\times8\times\left(\frac{12.5-5.66}{2}-0.38\right)=48.64\text{（m）}$$

环形槽开孔部分长度 $=\pi(12.5-2\times0.38)-8\times0.32=34.30$（m）

穿孔集水槽总长度 $=48.64+34.30=82.94$（m）

孔口间距 $=82.94/464=0.179$（m）

b. 集水槽断面尺寸。集水槽沿程流量逐渐增大，按槽的出口处最大流量计算断面尺寸。

$$每条辐射集水槽的开孔数=\frac{48.64}{8\times0.179}=34$$

$$孔口流速\ v=\frac{\beta Q}{\sum f}=\frac{1.2\times0.1167}{0.228}=0.61\text{（m/s）}$$

每槽计算流量 $q=0.61\times4.91\times10^{-4}\times34=0.0102$（$m^3/s$）

辐射槽的宽度 $B=0.9\times0.0102^{0.4}=0.14$（m），为施工方便取槽宽 $B=0.2m$。

考虑槽外超高 $0.1m$，孔口水头 $0.05m$，槽内跌落水头 $0.08m$，槽内水深 $0.15m$，则穿孔集水槽总高为 $0.38m$。

环形槽内水流从两个方向汇流至出口，槽内流量按 $Q_2=0.07m^3/s$ 计。环形槽宽度 $B=0.9\times0.07^{0.4}=0.31$（m）。环形槽起端水深 $H_0=B=0.31m$，辐射槽水流入环形槽应为自由跌水，跌落高度 $0.08m$，则环形槽高度 $H=0.31+0.08+0.38=0.77$（m）。

⑥ 搅拌设备

a. 提升叶轮。据经验，叶轮外径为第二反应池内径的 0.7 倍。$d=0.7D_1=0.7\times3.9=2.73$（m），取 $d=2.8m$。

叶轮外缘线速度采用 $v=0.5\sim1.5m/s$，则

$$叶轮转速\ n=\frac{60v}{\pi d}=\frac{60\times(0.5\sim1.5)}{3.14\times2.8}=3.4\sim10.2\text{（r/min）}$$

设提升水头为 $0.1m$，提升流量为 $0.583m^3/s$，取 $n=10r/min$。

$$比转速\ n_3=\frac{3.65n\sqrt{Q^T}}{H^{0.75}}=\frac{3.65\times10\times\sqrt{0.583}}{0.1^{0.75}}=157，当\ n_3=157\ 时，d/d_0=2，因此叶$$

轮内径 $d_0=1.4m$。

叶轮有八片桨板，径向辐射式布置见图 1-1-51，桨板应对称布置并便于拆装。

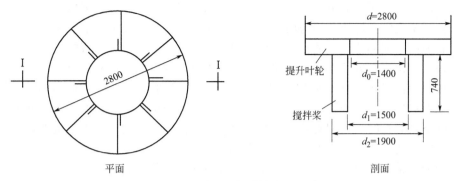

图 1-1-51 搅拌设备（单位：mm）

b. 搅拌桨。搅拌桨长度取第一反应室高度的 1/3，即 $1/3 \times 2.35 = 0.78$（m），桨板宽度取 0.2m。

桨板总面积 $= 8 \times 0.2 \times 0.78 = 1.248$（m^2）

第一反应室平均纵剖面面积 $= 1/2(D_3 + D_5)H_9 + D_5H_8 + 1/2(D_5 + D_T)H_{10} + 1/2 D_T H_6 = 16.3$（m^2），

桨板总面积占第一反应室截面积的 $\dfrac{1.248}{16.3} \times 100\% = 7.66\%$（要求 5%~10%）。桨板外缘线速度采用 1.0m/s，则桨板外缘直径 $d_2 = 60 \times 1/(3.14 \times 10) = 1.9$（m）。

桨板内缘直径 $d_1 = 1.9 - 0.2 \times 2 = 1.5$（m）。

c. 电动机功率。电动机功率按叶轮提升功率（N_1）确定。

$$N_1 = \frac{\rho Q' H}{102 \eta_1}$$

式中，ρ 为水的密度，1000kg/m^3；Q' 为提升流量，按 $5Q$ 计；η_1 为叶轮效率（取0.5）；H 为提升水头，按经验公式计算，$H = \left(\dfrac{nd}{87}\right)^2$。

经计算得：$H = 0.104$m，$N_1 = 1.19$kW。

传动功率 η' 按 60% 计，则电动机功率 $N = \dfrac{N_1}{\eta'} = \dfrac{1.19}{0.6} = 1.98$（kW）。

第三节 隔油

一、原理和功能

含油废水主要来源于石油、石油化工、钢铁、焦化、煤气发生站、机械加工等工业企业。肉类加工、牛奶加工、洗衣房、汽车修理车间等废水中都有很高的油脂含量。在一般的生活污水中，油脂占总有机质的 10%，每人每天产生的油脂可按 0.015kg 估算。

含油废水的含油量及其特征，随工业种类不同而异，同一种工业也因生产工艺流程、设备和操作条件等不同而相差较大。废水中所含油类，除重焦油的相对密度可达 1.1 以上外，其余的都小于 1。本节重点介绍含油相对密度小于 1 的废水的处理。

油类污染物按组成成分可分为两种：第一种包括动物和植物的脂肪，它是由不同链长的脂肪酸和甘油（丙三醇）之间形成的甘油三酸酯组成的。脂肪酸可以是饱和的或不饱和的。

物理性质，即是固体还是液体，主要是由脂肪酸的分子量决定。在这种情况下，脂肪与油之间的区别主要是纯学术性的，因为两者作为水的污染物，其意义本质上是相同的。第二种是原油或矿物油的液体部分。原油是烃类化合物的混合物，即全部是由直链或支链以及不同复杂程度的环形结构所组成的碳和氢的化合物。烃类化合物可以是饱和的或不饱和的。当石油用蒸馏法分馏时，就产生众所周知的汽油、煤油、电机油、苯、石蜡和纯净的矿物油等产品。这些分馏成分中没有一种可作食用或可利用作为高级植物和动物的养料。事实上，它们在许多情况下是有毒的。它们有遮盖细胞和组织的倾向，于是就妨碍了细胞吸收养料和排泄副产品的正常渗透性，但它们可被很多微生物所氧化。

废水中的油类按其存在形式可分为浮油、分散油、乳化油和溶解油四类。

① 浮油　这种油珠粒径较大，一般大于 $100\mu m$，易浮于水面，并且形成成片的油层，可以形象地称之为油脂膜，占总油量的比重较大（一般是 $60\%\sim80\%$），面积也较大，所以可以利用油水密度差和隔油池来分离。

② 分散油　油珠粒径一般为 $10\sim100\mu m$，以微小油珠悬浮于水中，因为其性质不稳定，通常静置一定时间后会形成浮油，特定环境下还可以转化成溶解油。

③ 乳化油　油珠粒径小于 $10\mu m$，一般为 $0.1\sim2\mu m$，往往因水中含有表面活性剂使油珠成为稳定的乳化液，性质稳定，较难分离。

④ 溶解油　油珠粒径比乳化油还小，有的可小到几纳米，是溶于水的油微粒，状态稳定，由于油品在水中的溶解度很小，所以溶解油所占比例一般在 0.5% 以下。

油类对环境的污染主要表现在对生态系统及自然环境（土壤、水体）的严重影响。流到水体中的浮油，形成油膜后会阻碍大气复氧，断绝水体氧的来源；而乳化油和溶解油，由于需氧微生物的作用，在分解过程中消耗水中溶解氧（生成 CO_2 和 H_2O），使水体形成缺氧状态，水体中二氧化碳浓度增高，使水体 pH 值降低到正常范围以下，以致鱼类和水生生物不能生存；含油废水流到土壤，由于土层对油污的吸附和过滤作用，也会在土壤中形成油膜，使空气难以透入，阻碍土壤微生物的增殖，破坏土层团粒结构；含油废水排入城市排水管道，对排水设备和城市污水处理厂都会造成影响，流入到生物处理构筑物的混合污水的含油浓度，通常不能大于 $30\sim50mg/L$，否则将影响活性污泥和生物膜的正常代谢过程。

二、设备和装置

废水中的油类存在形式不同，处理程度不同，采用的处理方法和装置也不同。除油设备可分为油水分离设备、撇油器、污油脱水设备。常用的油水分离设备包括隔油池、除油罐、混凝除油罐、粗粒化除油罐、聚结斜板除油罐、格雷维尔除油器、气浮除油装置等。

（一）油水分离设备

1. 隔油池

隔油池为自然上浮的油水分离装置，其类型较多，常用的有平流式隔油池、平行板式隔油池、斜板式隔油池、小型隔油池等。

（1）平流式隔油池

图 1-1-52 所示为传统的平流式隔油池，在我国使用较为广泛。废水从池的一端流入池内，从另一端流出。在隔油池中，由于流速降低，相对密度小于 1.0 而粒径较大的油珠上浮到水面上，相对密度大于 1.0 的杂质沉于池底。在出水一侧的水面上设集油管。集油管一般

用直径为 200～300mm 的钢管制成，沿其长度在管壁的一侧开有切口，集油管可以绕轴线转动，平时切口在水面上，当水面浮油达到一定厚度时，转动集油管，使切口浸入水面油层之下，油进入管内，再流到池外。

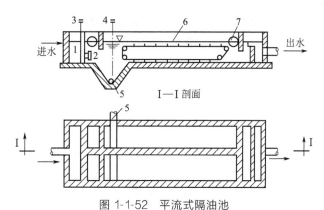

图 1-1-52　平流式隔油池

1—配水槽；2—进水孔；3—进水闸；4—排渣阀；5—排渣管；6—刮油刮泥机；7—集油管

　　大型隔油池还设置由钢丝绳或链条牵引的刮油刮泥设备。刮油刮泥机在池面上的刮板移动速度，取与池中水流速度相等，以减少对水流的影响。刮集到池前部污泥斗中的沉渣，通过排渣管适时排出。排渣管直径一般为 200mm。池底应有坡向污泥斗的 0.01～0.02 的坡度，污泥斗倾角为 45°。隔油池表面用盖板覆盖，以防火、防雨和保温。寒冷地区还应在池内设置加温管。由于刮泥机跨度规格的限制，隔油池每个格间的宽度一般为 6.0m、4.5m、3.0m、2.5m 和 2.0m。采用人工清除浮油时，每个格间的宽度不宜超过 3.0m。

　　这种隔油池的优点是：构造简单，便于运行管理，除油效果稳定。缺点是：池体大，占地面积多。

　　根据国内外的运行资料，这种隔油池可能去除的最小油珠粒径一般为 100～150μm。此时油珠的最大上浮速度不高于 0.9mm/s。

　　某炼油厂废水处理站使用这种类型的隔油池，停留时间为 90～120min，原废水中的含油量为 400～1000mg/L，出水在 150mg/L 以下，除油效果达 70% 以上。

　　（2）平行板式隔油池

　　其构造如图 1-1-53 所示，它是平流式隔油池的改良型。在平流式隔油池内沿水流方向安装数量较多的倾斜平板，这不仅增加了有效分离面积，也提高了整流效果。

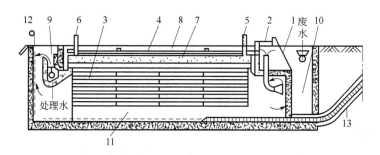

图 1-1-53　平行板式隔油池

1—格栅；2—浮渣箱；3—平行板；4—盖子；5—通气孔；6—通气孔及溢油管；7—油层；
8—净水；9—净水溢流管；10—沉砂室；11—泥渣室；12—卷扬机；13—吸泥软管

（3）斜板式隔油池

其构造如图 1-1-54 所示，它是平行板式隔油池的改良型。这种装置采用波纹形斜板，板间距 20～50mm，倾斜角为 45°。废水沿板面向下流动，从出水堰排出。水中油珠沿板的下表面向上流动，然后用集油管汇集排出。水中悬浮物沉到斜板上表面，滑下落入池底部经排泥管排出。实践表明，这种隔油池的油水分离效率较高，停留时间短，一般不大于30min，占地面积小。目前我国一些新建含油废水处理站多采用这种形式的隔油池。波纹斜板由聚酯玻璃钢制成。

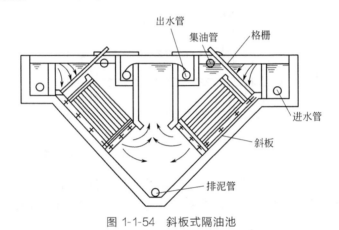

图 1-1-54　斜板式隔油池

上述 3 种隔油池的性能比较，见表 1-1-11。

表 1-1-11　平流式、平行板式、斜板式隔油池特性比较

项　　目	平流式	平行板式	斜板式
除油效率/%	60～70	70～80	70～80
占地面积(处理量相同时,相对大小)	1	1/2	1/3～1/4
可能除去的最小油滴粒径/μm	100～150	60	60
最小油滴的上浮速度/(mm/s)	0.9	0.2	0.2
分离油的去除方式	刮板及集油管集油	利用压差自动流入管内	集油管集油
泥渣除去方式	刮泥机将泥渣集中到泥渣斗	用移动式的吸泥软管或刮泥设备排除	重力排泥
平行板的清洗	没有	定期清洗	定期清洗
防火防臭措施	浮油与大气相通,有着火危险,臭气散发	表面为清水,不易着火,臭气也不多	有着火危险,臭气比较少
附属设备	刮油刮泥机	卷扬机、清洗设备及装平行板用的单轨吊车	没有
基建费	低	高	较低

（4）小型隔油池

用于处理小水量的含油废水，有多种池型，图 1-1-55 为常见的两种。前者用于公共食堂、汽车库及其他含有少量油脂的废水处理。这种形式已有标准图（S217-8-6）。池内水流流速一般为 0.002～0.01m/s，食用油废水一般不大于 0.005m/s，停留时间为 0.5～1.0min。废油和沉淀物定期人工清除。后者用于处理含汽油、柴油、煤油等的废水。废水经隔油后，再经焦炭过滤器进一步除油。池内设有浮子撇油器排除废油，浮子撇油器如图 1-1-56 所示。池内水平流速

为 0.002～0.01m/s，停留时间为 2～10min，排油周期一般为 5～7d。

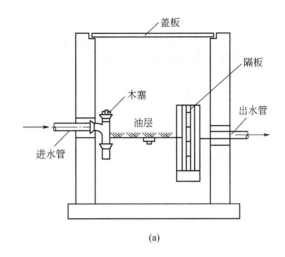

(a)

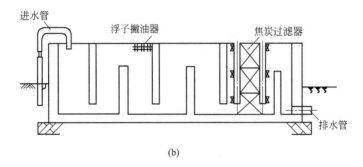

(b)

图 1-1-55　小型隔油池

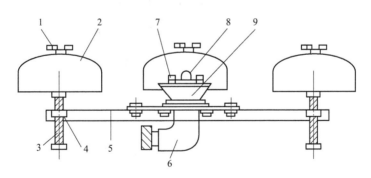

图 1-1-56　浮子撇油器
1—调整装置；2—浮子；3—调节螺栓；4—管座；5—浮子臂；
6—排油管；7—盖；8—柄；9—吸油口

2. 除油罐

除油罐为油田废水处理的主要除油装置。它可除去浮油和分散油，其构造如图 1-1-57 所示。含油废水通过进水管配水室的配水支管和配水头流入除油罐内，在罐内废水自上而下缓慢流动，靠油水的密度差进行油水分离，分离出的废油浮至水面，然后流入集油槽，经过出油管流出。废水则经集水头、集水干管、中心柱管和出水总管流出罐外。

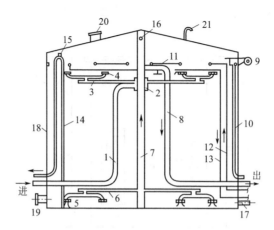

图 1-1-57　一次立式除油罐结构

1—进水管；2—配水室；3—配水支管；4—配水头；5—集水头；6—集水干管；7—中心柱管；
8—出水总管；9—集油槽；10—出油管；11—加热盘管；12—蒸汽管；13—回水管；
14—溢流管；15—通气管；16,21—通气孔；17—排污管；18—罐体；19—人孔；20—透光孔

为防止油层温度过低发生凝固现象，在油层部位及集油槽内均设有加热盘管，热源可用蒸汽或热水，见图 1-1-58。在罐内还设有 U 形溢流管，防止废水溢罐。为防止发生虹吸作用，在 U 形管顶和中心柱上部开个小孔。

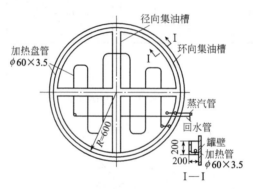

图 1-1-58　集油槽和加热盘管（单位：mm）

（1）配水和集水系统

为配水和集水均匀，常用以下两种方式。

① 穿孔管式　它是根据罐体的大小设若干条配水管和集水管。这种方式，孔眼易堵塞，造成短流，使废水在罐中的停留时间缩短，降低除油效果。

② 梅花点式　将配水或集水的喇叭口设计成梅花形。配水喇叭口朝上，集水喇叭口朝下，集水管与配水管错开布置，夹角呈 45°。这种方式（见图 1-1-59）不仅配水或集水比较均匀，而且不易堵塞，目前在油田广泛采用。

（2）出水方式

为控制出水的水质，出水系统常采用以下两种出水方式。

① 管式　如图 1-1-57 所示。为控制液面，出水经中心柱向上，至一定高度后，由出水管引至下部排出。按这种方式出水，出水管内水面至集油槽上沿的距离按下式计算：

$$h = (1 - \gamma_0 / \gamma_w) h_1 + \Delta h \tag{1-1-88}$$

式中，h 为出水管内水面至集油槽上沿的距离，m；γ_0 为污油的相对密度；γ_w 为水的

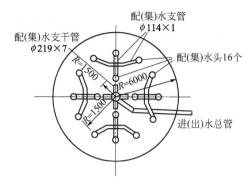

图 1-1-59　梅花点式（集）水系统（单位：mm）

相对密度；h_1 为油层厚度，m，一般取 $1～1.5$m；Δh 为出水管系统水头损失，m。

②槽式　如图 1-1-60 所示。出水水位可根据现场情况用可调堰进行调节，从而保证了油层的高度，目前各油田广泛采用。

除油罐内可加斜板或斜管，来提高分离效率，图 1-1-61 为斜板除油罐的示意图。容积 5000m^3 的除油罐，加斜板后，日处理废水量由原来的 20000m^3 提高到 40000m^3。

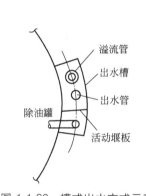

图 1-1-60　槽式出水方式示意

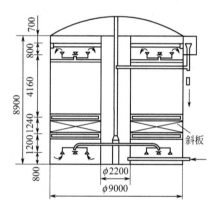

图 1-1-61　立式斜板除油罐示意（单位：mm）

3. 混凝除油罐

混凝除油罐亦称二次除油罐（见图 1-1-62）。它的结构和立式除油罐基本相同，不同的是罐中增加了一个反应筒，其主要作用是使废水与混凝剂在反应筒内进行充分反应，发挥混凝剂的混凝作用。

从图 1-1-62 可以看出，废水加入混凝剂（硫酸亚铁或氯化亚铁等）后，在管道内进行混合，然后经进水管以切线方向进入反应筒。在反应筒内废水旋流上升并发生反应之后，经上部配水管和喇叭口进入油水分离区。废水在分离区自上而下缓慢流动，在该流动过程中，反应生成的氢氧化亚铁和矾花，吸附废水中的乳化油和杂质，利用重力分离的原理使油珠片状物浮至水面，达到除油的目的。

该除油罐的主要设计参数是：反应时间一般 $8～10$min；停留时间一般 $3～4$h。

通常，一座 2000m^3 的混凝除油罐可处理 10000t/d 的废水。

4. 粗粒化除油罐

粗粒化除油罐用以去除废水中的细小油珠和乳化油（见图 1-1-63）。经前期治理后的废水进入粗粒化除油罐，由于粗粒化材料具有亲油疏水的特性，废水通过粗粒化材料时，细小油粒即附着在粗粒化材料的表面。随着废水不断地通过粗粒化材料，细小油粒便会聚附成较大的油珠，在浮力和水流的冲击下，增大的油珠脱离粗粒化材料而上浮，最后经出油管排水。

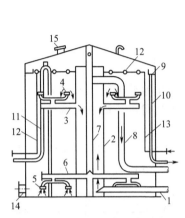

图 1-1-62　二次除油罐结构

1—进水管；2—反应筒；3—配水支管；4—配水头；
5—集水头；6—集水干管；7—中心柱管；8—出水总管；
9—集油槽；10—出油管；11—溢流管；
12—回水管；13—蒸汽管；14—人孔；15—透光孔

图 1-1-63　粗粒化除油罐结构

对于一个 300mm 厚的粗粒化材料层，其材料粒径的分布如表 1-1-12 所示。

表 1-1-12　粗粒化材料粒径分布

层　次	粗粒化材料粒径/mm	垫层厚度/mm
1	4～8	100
2	9～16	100
3	17～32	100

5. 聚结斜板除油罐

图 1-1-64 是苏联东方石油设计院设计的聚结斜板除油罐。它利用粗粒化材料和斜板的

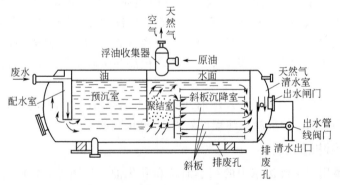

图 1-1-64　聚结斜板除油罐示意

双重除油作用进行废水治理。聚结区由 $d=7\sim12\text{mm}$、$\delta=0.6\text{m}$ 的粗粒化材料（蛇纹石或聚乙烯塑料）填充，负荷为 $25\sim80\text{m/h}$。斜板区间距为 $25\sim30\text{mm}$。废水在罐中总停留时间 1h，当进水含油为 $120\sim1400\text{mg/L}$ 时，出水含油量可降至 $5\sim10\text{mg/L}$。

6. 格雷维尔除油器

图 1-1-65 是美国格雷维尔除油器，它在美国加利福尼亚油田中使用。在进水 pH 值为 8.3、含油量为 $46\sim4600\text{mg/L}$ 时，可通过除油器中的亲油性粗粒化材料同时除去废水中的油和悬浮物，当粗粒化材料层堵塞时可用水反冲洗。废水经治理后，出水的含油量降到 5mg/L 以下，而废水在除油器中的停留时间仅为 $30\sim40\text{min}$。表 1-1-13 示出了格雷维尔除油器的治理效果。

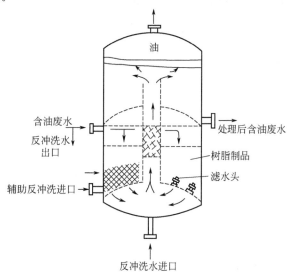

图 1-1-65 格雷维尔除油器示意

表 1-1-13 格雷维尔除油器除油效果

	进水平均含油量/(mg/L)	46.3	69	116	360	620	800	1100	2800
出水	平均含油量/(mg/L)	1.3	2.7	3.4	2.5	1.5	4.8	3.5	4.4
	平均去除率/%	97.2	96.1	97.1	99.3	99.8	99.4	99.7	99.8

聚结斜板除油罐和格雷维尔除油器这两种油田废水治理设备都是压力式的，废水可以靠剩余压力直接进入注水罐或经压力式过滤罐进入注水罐。污油不用依靠提升泵而直接进入原油集输系统，省去了污油罐和污油泵，从而使废水治理流程大为简化。

7. 气浮除油装置

气浮是一种去除油（脂）的常用方法。废水或一部分沉淀池出水用压缩空气加压到 $0.34\sim4.8\text{MPa}$（$3.4\sim48\text{atm}$），使溶气达到饱和。当此被压缩过的气液混合物被置于正常大气压下的气浮设备中时，微小的气泡即从溶液中释放出来。油珠即可在这些小气泡作用下上浮，结果使这些物质附着在或包裹在絮状物中。气-固混合物上升到池表面，即被撇出。澄清的液体从气浮池的底部流出，其中一部分要循环流回至加压室。

气浮处理前可先投加混凝剂，然后再与压缩气体混合。混凝剂一般为硫酸铝或聚电解质。投加混凝剂后形成的絮体的上升速度为 $3.3\sim10.2\text{mm/min}$，数值取决于絮体大小及组成。表 1-1-14 是一些文献中的数据。

表 1-1-14 含油废水的气浮处理效果

废 水	混凝剂/(mg/L)	油浓度		
		进水/(mg/L)	出水/(mg/L)	去除率/%
炼油	0	125	35	72
	100 硫酸铝	100	10	90
	130 硫酸铝	580	68	88
	0	170	52	70
油仓镇重水	100 硫酸铝+1 聚合物	133	15	89
油漆制造	150 硫酸铝+1 聚合物	1900	0	100
飞机制造	30 硫酸铝+10 活性炭	250~700	20~50	>90
肉类包装		3830	270	93
		4360	170	96

（二）撇油器

撇油器有以下几种：

① 可转动的开槽管式撇油器，用于除油量较大、水位变化不大的场合，这种撇油器的主要优点是设备简单、造价低、基本无需养护，缺点是撇除的油含水率较高；

② 旋转滚筒式撇油器；

③ 刮板式刮除器；

④ 浮动泵式撇油器等。

（三）污油脱水设备

除油池内的撇油装置，将浮油收集到集油坑内，一般含油率为 40%~50%。为提高污油的浓度，便于回收利用，可用带式除油机或脱水罐进一步进行油水分离。

1. 带式除油机

按安装方式有立式、倾斜式和卧式三种。

（1）立式胶带除油机

构造如图 1-1-66 所示。

这类除油机用类似氯丁橡胶制造胶带，其除油原理是：因胶带材料具有疏水亲油性质，胶带运转时，将浮油带出水面后，经内、外刮板将油刮入集油槽内。污油浓度高，则除油率高，出口污油含油率为 60%~80%。

（2）倾斜式钢带除油机

构造如图 1-1-67 所示。该机浸入污油深度为 100mm，最大倾角为 40°。

（3）卧式钢带除油机

其构造如图 1-1-68 所示。小型卧式钢带除油机可采用磁铁吸附或螺钉固定安装，中型卧式钢带除油机可采用支架固定安装。

2. 脱水罐

有卧式和立式两种，常用立式罐。罐底设蒸汽盘管加热废水进行脱水，加热温度以 70~80℃为宜。温度加热到 80~90℃以上时，油的氧化速度加快，易使油变质。含油率为 40%~50%的污油，经数日脱水后，污油含油率可达 90%以上。

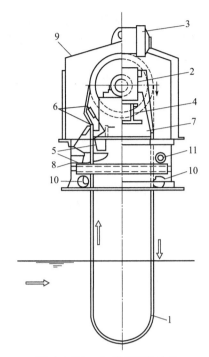

图 1-1-66 立式胶带除油机

1—吸油带；2—减速机；3—电机；
4—滑轮；5—槽；6—刮板；7—支架；8—下
部壳；9—罩；10—导向轮；11—油出口

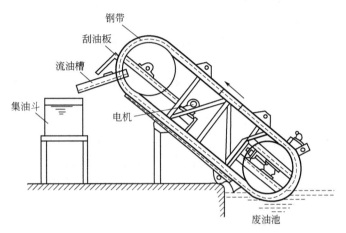

图 1-1-67 倾斜式钢带除油机

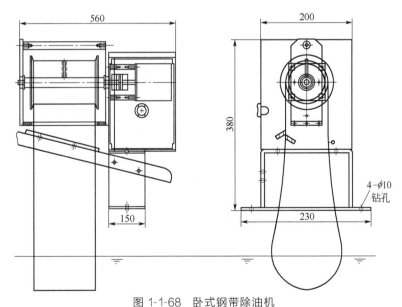

图 1-1-68 卧式钢带除油机

三、设计计算

（一）平流式隔油池设计

图 1-1-52 所示为传统的平流式隔油池，在我国使用较为广泛。废水从池的一端流入池

内，从另一端流出。在隔油池中，由于流速较低，相对密度小于水且粒径较大的油珠上浮到水面上，相对密度大于水的杂质则沉于池底。隔油池在出水侧水面上设有集油管，大型隔油池内一般还需设置由钢丝绳或链条牵引的刮油刮渣（泥）设备。

平流式隔油池的优点是构造简单、便于运行管理、除油效果稳定；缺点是池体大、占地面积大。

1. 设计参数

（1）速度

刮油刮泥机的刮板移动速度一般取池中水流速度。

（2）尺寸

① 池深 1.5～2.0m，超高 0.4m，单格的长宽比不小于 4，工作水深与每格宽度之比不小于 0.4。

② 排泥管直径一般为 200mm。

③ 池底采用 0.01～0.02 的坡度坡向污泥斗，污泥斗倾角 45°。

④ 隔油池每个格间的宽度一般选用 6.0m、4.5m、3.0m、2.5m 和 2.0m。

⑤ 采用人工清油时，格间宽度不宜超过 3.0m。

（3）设置

① 平流式隔油池一般不少于 2 个；

② 隔油池表面覆盖盖板，用于防火、防雨、保温，寒冷地区还应增设加温管。

2. 计算公式

（1）按油粒上浮速度计算

① 隔油池水面面积 A（m^2）

$$A = \alpha Q / u \tag{1-1-89}$$

式中，α 为对隔油池水面面积的修正系数，与池容积利用率和水流紊动状况有关，α 和水平流速 v 与上浮速度 u 的比值（v/u）有关，具体见表 1-1-15；Q 为废水设计流量，m^3/h；u 为油珠的设计上浮速度，m/h，最大不超过 3.0m/h，也可按照修正的斯托克斯公式计算。

表 1-1-15　α 值与速度比（v/u）的关系

v/u	20	15	10	6	3
α	1.74	1.64	1.44	1.37	1.28

② 上浮速度 u（m/h）

$$u = \frac{\beta g}{18 \mu \varphi}(\rho_w - \rho_0)d^2$$
$$\beta = \frac{4 \times 10^4 + 0.8S^2}{4 \times 10^4 + S^2} \tag{1-1-90}$$

式中，u 为静止水中，直径为 d（cm）的油珠的上浮速度，m/h；ρ_w、ρ_0 为水、油珠的密度，g/cm^3；μ 为水的动力黏度，$Pa \cdot s$；β 为考虑颗粒碰撞的阻力系数；φ 为油珠非圆形时的修正系数，一般取 1.0；S 为悬浮物浓度系数；g 为重力加速度，cm/s^2。

③ 隔油池过水断面面积 A_c（m^2）

$$A_c = \frac{Q}{v} \tag{1-1-91}$$

式中，v 为废水在隔油池中的水平流速，m/h，一般取 $v \leqslant 15u$，但不宜大于 54m/h

（一般取 7.2～18m/h）。

隔油池每个格间的有效水深 h 和池宽 b 比值宜取为 0.3～0.4。有效水深一般为 1.5～2.0m。

④ 隔油池长度 L（m）

$$L = \alpha(v/u)h \tag{1-1-92}$$

隔油池每个格间的长宽比（L/b），不宜小于 4.0。

（2）按废水的停留时间计算

① 除油池的总容积 V（m^3）

$$V = Qt \tag{1-1-93}$$

式中，Q 为隔油池设计流量，m^3/h；t 为废水在隔油池内的设计停留时间，h，一般采用 1.5～2.0h。

② 过水断面面积 A_c（m^2）

$$A_c = \frac{Q}{v} \tag{1-1-94}$$

式中，v 为废水在隔油池中的水平流速，m/h。

③ 隔油池格间数 n

$$n = \frac{A_c}{bh} \tag{1-1-95}$$

式中，b 为隔油池每个格间的宽度，m；h 为隔油池工作水深，m；按规定 n 不得少于 2m。

④ 隔油池有效长度 L（m）

$$L = vt \tag{1-1-96}$$

⑤ 隔油池建筑高度 H（m）

$$H = h + h' \tag{1-1-97}$$

式中，h' 为池水面以上的池壁超高，m，一般不小于 0.4m。

（二）斜板式隔油池设计

1. 构造

斜板式隔油池的构造如图 1-1-54 所示。池内设有波纹斜管，处理水沿斜板向下，油珠沿斜板上浮，经集油管排出。水中的悬浮物沉降于斜板，并沿斜板下滑，落入池底，经排泥管排出。斜板式隔油池油水分离效率高，可去除 80% 以上的油珠。

2. 设计

斜板式隔油池计算公式如下，表面水力负荷一般为 0.6～0.8$m^3/(m^2 \cdot h)$，水力停留时间不大于 30min，斜板式隔油池的斜板垂直净距一般采用 40mm，斜板（管）倾角一般采用 45°。

① 隔油池水面面积 A（m^2）

$$A = \frac{Q}{nq' \times 0.91} \tag{1-1-98}$$

式中，Q 为平均流量，m^3/h；n 为池数，个；q' 为表面水力负荷，$m^3/(m^2 \cdot h)$；0.91 为斜板区面积系数。

② 池内停留时间 t（min）

$$t = \frac{60(h_2 + h_3)}{q'} \tag{1-1-99}$$

式中，h_2 为斜板（管）区上部水深，m，一般采用 $0.5 \sim 1m$；h_3 为斜板（管）高度，m，一般为 $0.866 \sim 1m$。

③ 污泥部分所需容积 V（m^3）

$$V = \frac{Q(C_0 - C_1)t' \times 24}{\gamma(1 - \rho_0)n} \tag{1-1-100}$$

式中，C_0 为进水悬浮物浓度，t/m^3；C_1 为出水悬浮物浓度，t/m^3；t' 为污泥斗贮泥周期，d；γ 为污泥密度，t/m^3，其值约为 $1t/m^3$；ρ_0 为污泥含水率。

④ 污泥斗容积 V_1（m^3）

圆锥体
$$V_1 = \frac{\pi h_5}{3}(R^2 + Rr_1 + r_1^2) \tag{1-1-101}$$

方锥体
$$V_1 = \frac{\pi h_5}{3}(a^2 + aa_1 + a_1^2) \tag{1-1-102}$$

式中，h_5 为污泥斗高度，m；R 为污泥斗上部半径，m；r_1 为污泥斗下部半径，m；a 为污泥斗上部边长，m；a_1 为污泥斗下部边长，m。

⑤ 池总高度 H（m）

$$H = h_1 + h_2 + h_3 + h_4 + h_5 \tag{1-1-103}$$

式中，h_1 为超高，m；h_4 为斜板（管）区底部缓冲层高度，m，一般采用 $0.6 \sim 1.2m$。

第四节　离心分离

一、原理和功能

非均相体系围绕一中心轴做旋转运动时，运动物体会受到离心力的作用，旋转速率越高，运动物体所受到的离心力越大。在相同的转速下，容器中不同密度的物质会以不同的速率沉降。如果颗粒密度大于液体密度，则颗粒将沿离心力的方向逐渐远离中心轴。经过一段时间的离心操作，就可以实现密度不同物质的有效分离。

离心分离主要用于含有固相颗粒的悬浮液的固液分离，也可以用于纤维状物料的固液分离。特别是对黏度高、粒度细、有毒、易燃易爆物料的分离。如抗生素、维生素、医药中间体等医药产品，食盐、味精、食品添加剂、淀粉、制糖、化学调味剂等食品，硫铵、石膏、芒硝、硫酸铜、氯化钾、硼砂、染料、颜料、树脂、农药药剂等化工原料，以及矿山环保等行业中的固液分离工作等。

离心分离在污水处理过程中主要用于污水处理前端泥砂分离、水油分离或原材料回收等，同时可以用于污水处理后端的污泥脱水等。

在离心力场内，废水悬浮颗粒所受的离心力 C 如下式：

$$C = (m - m_0)\frac{v^2}{r}$$

$$v = 2\pi r \frac{n}{60} \tag{1-1-104}$$

式中，m、m_0 分别为颗粒、废水的质量，kg；v 为废水旋转的圆周线速度，m/s；r 为旋转半径，m；n 为转速，r/min。

在重力场中，水中悬浮颗粒所受的重力 P 为：

$$P = (m - m_0)g \tag{1-1-105}$$

完成离心分离的常用设备是离心分离器或离心机。其分离性能常以分离因数表示。它是液体中颗粒在离心场（旋转容器中的液体）的分离速度同它们在重力场（静止容器中的液体）的分离速度之比，也就是颗粒沉速或浮速作比较的一个系数，其值可用下式计算：

$$\alpha = \frac{C}{P} \approx \frac{rn^2}{900} \tag{1-1-106}$$

式中，α 为分离因数。

当 $r = 0.1m$、$n = 500r/min$ 时，$\alpha = 28$，可以看出其离心力大大超过了重力。转速增加，α 值提高更快。因此在高速旋转产生的离心场中，废水中悬浮物分离效率将大为提高。

二、设备和装置

离心分离设备按离心力产生的方式可分为两种类型：一类是由水流自身旋转产生离心力的水力旋流器，或称为旋液分离器，它可以分为压力式和重力式两种；另一类是由容器旋转来带动分离器内的废水转动而产生离心力的高速离心机，主要用于污泥处理。

利用离心分离法去除废水中的悬浮物时，如果悬浮物的密度比较大，采用一般的水力旋流器即可；如果悬浮物的密度较小，如废水中的有机悬浮物、活性污泥等，则应该采用高速离心沉降机进行分离。

（一）旋流分离器

1. 压力旋流分离器

压力式水力旋流分离器的上部呈圆筒形，下部为截头圆锥体，如图 1-1-69 所示。含悬浮物的废水在水泵和其他外加压力的作用下，以切线方向进入旋流器后发生高速旋转，在离心力作用下，固体颗粒物被抛向器壁，并随旋流下降到锥形底部出口。澄清后的废水或含有较细微粒的废水，则形成螺旋上升的内层旋流，由上端中央溢流管排出。

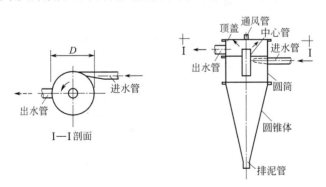

图 1-1-69　压力式水力旋流分离器

2. 重力式旋流分离器

重力式旋流分离器如图 1-1-70 所示，水流在重力式水力旋流分离器内的旋转靠进出口水位差压力。废水从切线方向进入分离器内，造成旋流，在离心力和重力作用下，悬浮颗粒甩向器壁并向器底水池集中，使水得到净化。废水中若有油等可浮在水表面上，用油泵收集。

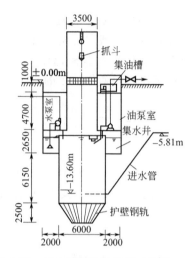

图 1-1-70 重力式旋流分离器（单位：mm）

（二）离心机

离心机是依靠一个可以随转动轴旋转的圆筒（又称转鼓），在外借传动设备驱动下产生高速旋转，由于其中不同密度的组分产生不同的离心力，从而达到分离的目的。在废水处理领域，离心机常用于污泥脱水和分离回收废水中的有用物质，例如从洗羊毛废水中回收羊毛脂等。

图 1-1-71 为离心机的构造原理图。工作时将欲分离的液体注入转鼓中（间歇式），或流入转鼓中（连续式），转鼓绕轴高速旋转，即产生分离作用。

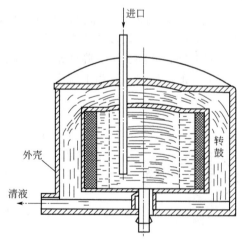

图 1-1-71 离心机的构造原理

三、设计计算

（一）旋流分离器

1. 压力旋流分离器设计计算

（1）压力旋流分离器的设计

通常先确定分离器的几何尺寸，然后求出该设备的处理水量及分离颗粒极限粒径，最后确定设备台数。旋流器的直径一般在 500mm 左右，这是由于离心速度与旋转半径成反比的缘故。若流量较大时可以几个并联工作。

（2）压力旋流分离器的几何尺寸

圆筒高度 H_0：$1.70D$，D 为圆筒直径。

器身锥角 θ：$10°\sim15°$。

进水管直径 d_1：$(0.25\sim0.4)D$，一般管中流速 $1\sim2$m/s。

进水收缩部分的出口宜做成矩形，其顶水平，其底倾斜 $3°\sim5°$，出口流速一般在 $6\sim10$m/s 之间。

中心管直径 d_0：$(0.25\sim0.35)D$。

出水管直径 d_2：$(0.25\sim0.5)D$。

（3）处理水量

$$Q=KDd_0\sqrt{\Delta pg} \qquad (1\text{-}1\text{-}107)$$

式中，Q 为处理水量，L/min；K 为流量系数，$K=5.5d_1/D$；Δp 为进、出口压差，Pa，一般取 $0.1\sim0.2$Pa；g 为重力加速度，cm/s^2；D 为分离器上部圆筒直径，cm；d_0 为中心管直径，cm。

2. 重力式旋流分离器设计计算

重力式旋流器的表面水力负荷，一般为 $25\sim30$m^3/(m^2·h)。

进水管流速：$1.0\sim1.5$m/s。

废水在池内停留时间：$15\sim20$min。

池内有效深度：$H_0=1.2D$，进水口到渣斗上缘应有 $0.8\sim1.0$m 保护高度，以免冲起沉渣。

池内水头损失 ΔH 可按下式计算：

$$\Delta H=1.1\left(\sum\zeta\frac{v^2}{2g}+li\right)+\alpha\frac{v^2}{2g} \qquad (1\text{-}1\text{-}108)$$

式中，ΔH 为进水管的全部水头损失，m；$\sum\zeta$ 为总局部阻力系数和；v 为进水管喷口处流速，m/s；l 为进水管长度，m；i 为进水管单位长度沿程损失；α 为阻力系数，一般采用 4.5。

（二）离心机

污泥离心脱水设计与计算的主要数据是离心机的水力负荷（即单位时间处理的污泥体积，m^3/h）和固体负荷（即单位时间处理的固体物质量，kg/h）。现行采用的设计方法有经验设计法、实验室离心机实验法和按比例模拟试验法三种，一般认为采用最后一种方法较好。

1. 经验设计法

可采用类似污泥进行离心脱水的实际运行参数（包括水力负荷及固体负荷），作为设计依据。

2. 实验室离心机实验法

实验室离心机一般具有 4 只 10mL 的离心管，工作时绕垂直的中心轴旋转。污泥在离心管中产生的离心力可达 9.8×1500N。离心机实验目的是要使离心管产生的离心力及停留时间与原型离心机相等，从而通过试验得到原型离心机的生产能力和泥饼的输送能力，以满足设计要求。

首先测定污泥干固体浓度，再用化学调节调节好原污泥，分装在 4 支离心管中，放入离心机。用与原型离心机相等的各种离心力与停留时间进行离心分离实验，测定分离液中悬浮物浓度，测定泥饼干固体浓度，用下式计算固体回收率：

$$R = \frac{c_0 - c_f}{c_0} \times \frac{\rho}{100} \times 100 \tag{1-1-109}$$

式中，R 为固体回收率，%；c_0 为污泥干固体浓度，g/L；c_f 为分离液中悬浮物浓度，g/L；ρ 为用与原型离心机相同的离心力，但停留时间是定值 60s 下测定的不可插入量，%。

用实验室离心机试验结果的原始资料作图，以表示离心力、离心时间与固体回收率的关系及离心力与不可插入量的关系，如图 1-1-72 所示。

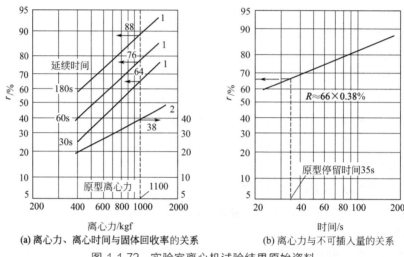

图 1-1-72　实验室离心机试验结果原始资料

1—离心力、离心时间与固体回收率关系；2—离心力与不可插入量关系

(注：1kgf=9.8N)

试验中离心力可用离心机转速控制：

$$C = \frac{\omega_b^2}{g} \times \frac{r_1 + r_2}{2} \times P \tag{1-1-110}$$

式中，C 为离心力，N；ω_b 为转筒旋转角速度，s^{-1}；P 为重力，N；r_1，r_2 为离心机旋转到污泥顶面和离心管底面的半径，m；g 为重力加速度，m/s^2。

上式可以预示原型离心机的性能，精度在 10% 以内。这种方法的缺点在于满足离心力要求的离心时间不大容易精确掌握。

3. 按比例模拟试验法

应用几何模拟理论，将原型离心机按比例模拟成模型离心机进行试验，并将模型离心机的机械因素及试验所得的工艺因素按比例放大成原型离心机。模拟理论有两个：一个是根据离心机所能承担的水力负荷进行模拟，称为 Σ 理论；另一个是根据离心机所能承担的固体负荷进行模拟，称为 β 理论。

（1）Σ 理论模型机与原型机的关系

$$\Sigma = \frac{\omega^2}{g \ln \dfrac{r_2}{r_1}} \tag{1-1-111}$$

$$Q = \Sigma v V \tag{1-1-112}$$

$$\frac{Q_1}{Q_2} = \frac{\Sigma_1}{\Sigma_2} \tag{1-1-113}$$

式中，Σ_1、Σ_2 分别为模型机和原型机的 Σ，按（1-1-111）计算；Q_1、Q_2 分别为模型机和原型机的最佳投配速率，m^3/s；v 为污泥颗粒沉降速度，m/s；V 为液相层体积，m^3；ω 为旋转角速度，$1/s$；r_1 和 r_2 分别为离心机旋转轴到污泥顶面和离心机底面的半径，m。

（2）β 理论模型机与原型机的关系

$$\beta = \Delta\omega s n_\pi D Z \tag{1-1-114}$$

$$\frac{Q_{s1}}{\beta_1} = \frac{Q_{s2}}{\beta_2} \tag{1-1-115}$$

式中，β_1、β_2 分别为模型机和原型机的 β 值，按式（1-1-114）计算；Q_{s1}、Q_{s2} 分别为模型机和原型机的最佳投配速率，m^3/s；$\Delta\omega$ 为转筒和输送管间的转速差，s^{-1}；s 为螺旋输送器的螺距，cm；n_π 为输送器导程数；D 为转筒直径，cm；Z 为液相层厚度，cm。

按两种理论模拟计算的结果，如果都与实际相近似，此时，水力负荷与固体负荷都达到了极限值，离心机发挥出最大效用。

离心机脱水一般效果列举于表 1-1-16 中。

表 1-1-16　离心机脱水一般效果　　　　　　　　　　　单位：%

污泥种类	原污泥干固体浓度	分离液悬浮物浓度	泥饼干固体浓度	固体回收率	预处理
初次沉淀污泥	3.83	0.49	35.0	88.0	不需要
初次沉淀与活性污泥混合	3.61	0.06	20.0	98.2	化学调节
	4.6	0.25	41.3	95.5	热处理
初次沉淀与腐殖质污泥混合	9.57	0.05	22.9	99.2	化学调节
	4.8	0.08	58.2	98.4	热处理
初次污泥经消化	8.8	1.44	30.0	88.0	不需要
初次沉淀与活性污泥经消化	3.5	0.30	20.0	93.0	化学调节
初次沉淀与腐殖质污泥经消化	2.79	0.44	22.0	86.0	化学调节
	8.5	1.15	37.9	89.0	化学调节
活性污泥	2.19	0.55	19.6	74.2	化学调节
	8.2	0.84	38.8	92.0	热处理

第五节　磁分离

一、原理和功能

在 20 世纪 90 年代初，针对污水深度处理化学除磷而开发了加磁絮凝净水技术，最初主要用于油田、石化、食品、化工等工业废水处理中，我国自主研发了稀土磁盘分离净化废水技术，并将该技术成功应用于冶金行业的轧钢、连铸浊环水处理，随着磁分离技术的不断更新，目前磁分离用于污水处理的工艺主要有超磁分离和磁混凝沉淀两种。

（一）超磁分离

1. 原理介绍

超磁分离技术是通过磁粉、混凝剂以及水中污染物质的微磁聚凝作用，将污染物质与磁粉凝聚成磁性絮体，再通过超磁分离设备产生的高强磁场，在强磁场力的作用下，使微絮凝体克服流体的阻力和自身的重力，产生快速的定向运动，吸附在磁盘的表面，通过设备的卸渣装置实现泥渣与水体的分离，从而达到净化水质的目的。磁性污泥再经磁粉回收设备，实现磁粉与污泥的分离；分离后的磁粉可以继续回用，参与下一次的絮凝过程，达到循环利用。分离后的污泥含水量较低，无需浓缩可直接送至脱水系统进行脱水。

2. 技术应用

超磁分离与普通的沉淀和过滤相比，具有无反冲洗、分离悬浮物效率高、工艺流程短、占地少、投资省、运行费用低等特点，在市政水、矿井水、油田采出水、河道水、景观水等不同种类的废水中具有广泛的应用，针对水体污染状况的不同，可有效去除水中的总磷、悬浮物、胶体、藻类和非溶解性有机物等污染物，实现水体的快速透析净化，解决富营养化和黑臭水体的问题。

超磁分离以混凝作为载体，以磁作为媒介，可用于污水处理前端预处理，用以去除污水中的悬浮物，降低后端生化处理的污染负荷，同时可用于生化处理之后的污水深度处理，去除悬浮物和总磷，由于其具有分离时间短、净化效率高、施工周期短和大量节省占地等优点被广泛应用于污水处理中。

（二）磁混凝沉淀

1. 原理介绍

磁混凝沉淀系统技术是以重介质加载沉淀技术为基础，利用常规的絮凝沉淀法，通过在混凝阶段投加高效可回收的磁粉提高絮体的沉降速度，并辅以污泥回流装置来提高混凝反应效果的技术。由于磁粉的密度较大，通过在絮凝反应过程中和絮体有效地结合，使絮体大而密实，可以有效提高絮体的密度，在澄清池中高速沉降，以此有效提高澄清池的处理效率。

系统来水经配水井配水后进入混凝反应池，生成大颗粒的"磁性絮团"，进入斜管澄清池，斜管澄清池结合传统斜管沉淀池原理，水流自下而上通过斜管快速进行泥水分离，处理后的清水溢流至集水槽并排放出水，污泥通过斜管澄清池下的刮泥机收纳到泥斗，澄清池泥斗内的污泥通过污泥泵提升，一部分通过回流污泥泵回流至反应池，剩余部分通过剩余污泥泵输送至解絮机，再通过磁回收器分离污泥和磁粉，磁粉回流至反应池重复使用，不含磁粉的污泥排入污泥处理系统。

2. 技术应用

（1）污水处理厂提标改造

随着污水排放标准的日趋严格，污水排放量不断攀升，建厂较早的污水处理厂面临提标、扩容改造，磁沉淀技术可用于以下几种情况：

① 污水厂尾水排放指标从《城镇污水处理厂污染物排放标准》（GB 18918—2002）一级 B 标准（以下简称"一级 B"标准）提高至"一级 A"标准时，采用"生化段改造＋磁沉淀"；

② 针对污水厂出水部分指标（TP、SS）不达标的情况，采用"磁沉淀"；

③ "一级 B"或"一级 A"标准提高至地表水环境质量标准（GB 3838—2002）Ⅳ类水标准时，深度处理部分采用"磁沉淀＋其他工艺"。

（2）给水厂前段预处理

在给水厂处理系统中，可采用"磁沉淀"技术替代传统混凝沉淀工艺，作为供水厂的预处理，有效去除水中浑浊度等污染物。

（3）工业废水深度处理

适用于重金属废水、造纸废水、油田废水、印染废水、淀粉废水、食品废水等工业废水的深度处理。

（4）海绵城市初期雨水处理

适用于海绵城市初期雨水的净化处理，能耐受城市初期雨水水质和水量冲击，能高效去除来水中 TP、SS、COD、油类等污染物。

二、装置和设备

（一）超磁分离

超磁分离设备主要包括混凝反应系统、超磁分离系统、磁种回收系统、加药系统和电气控制系统。以下介绍前三个系统。

1. 混凝反应系统

混凝系统是实现微磁凝聚技术的关键设备，主要由以下部件（或机构）组成（图 1-1-73）：混合搅拌装置、反应搅拌装置、箱体。混凝系统是实现微磁凝聚技术的关键系统，超磁分离成套设备是用磁吸附的方法分离悬浮物，而废水中的悬浮物本身通常是不带磁性的，要利用超磁分离设备净化废水，必须将非磁性悬浮物带上磁性。微磁凝聚技术就是向原水中投加专用磁种（磁粉），使磁种在混凝剂的作用下与原水中的悬浮物形成絮团。形成的絮团是以磁种作为"核"的磁种和悬浮物的混合体。而混凝系统则提供混凝反应所必要的机械搅拌和水力停留时间，经过混凝系统反应后形成的磁性絮团自流进入超磁分离系统。

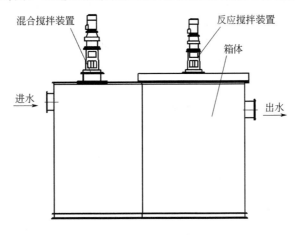

图 1-1-73　混凝反应系统图

2. 超磁分离系统

超磁分离机是超磁分离水体净化技术的核心设备，它是利用稀土永磁材料的高强磁力，通过稀土磁盘的聚磁组合，将废水中的磁性悬浮物絮团吸附分离去除的装置。它主要由机架与水槽、稀土磁盘机构、卸渣机构、集渣及输渣机构、传动系统等部分组成，见图 1-1-74。

工作原理：形成磁性絮团的废水通过管道进入进水水槽时，废水被减速并由进水孔板调整其在废水区域的流动状态，使磁性絮凝团随水流进入吸附工作区。当其进入工作区后，立即被稀土磁盘机构吸附在磁盘上。稀土磁盘机构通过主轴定向连续转动，被吸附的絮团也随磁盘转动，并将悬浮物带出水面。刮渣条将磁盘上吸附的悬浮物刮落。刨轮机构通过辅电机

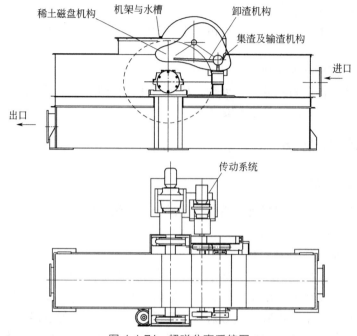

图 1-1-74 超磁分离系统图

减速机的驱动，使刨条分别转动到磁盘间距内的刮渣条上，将堆积在刮渣条上的渣刨出磁盘组外，进入螺旋输送装置中。螺旋输送装置在齿轮传动装置的带动下连续转动，将落入螺旋槽中的渣（磁性絮团）输送出设备。同时，随着主轴不断旋转，已除掉悬浮物的磁盘机构再次进入工作区吸附从进水水槽来的磁性絮团，周而复始地完成上述处理过程。被处理的废水进入净化水区域，并由水位挡板控制其液位及层流速度后流出设备。这样就达到对废水中的悬浮物进行磁分离净化处理的目的。

3. 磁种回收系统

磁种回收系统是实现磁种回收再利用的关键设备。磁种回收系统主要由高速分散机、磁分离磁鼓、磁种搅拌机、磁种计量投加单元和箱体组成，见图 1-1-75。

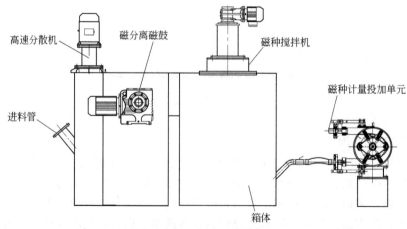

图 1-1-75 磁种回收系统图

从超磁分离机分离出来的污泥中含有磁种，含有磁种的污泥首先经过高速分散箱，在高速搅拌和离心的作用下，污泥和磁粉被完全打散，污泥流入污泥池，进入后续处理过程中，磁粉经过磁种回收装置（磁鼓机）的磁力吸附作用，被吸附到磁鼓机上，转动的磁鼓机经过磁种箱时，黏附于上面的磁种被刮条刮下来，掉落在磁种箱中，实现了磁种回收。

（二）磁混凝沉淀

磁混凝沉淀主要设备包括磁混凝系统、磁沉淀系统（包括污泥回流）、磁种回收系统。

1. 磁混凝系统

絮凝反应区由快速搅拌区和无搅拌区组成：快速搅拌区由可调速叶轮控制加药后混合水的搅拌速度；无搅拌区可以促进矾花的增大，使矾花密实均匀。絮凝反应区中污水在助凝剂和回流污泥的作用下，形成高浓度的悬浮泥渣层来增加颗粒碰撞机会，有效吸附胶体、悬浮物、乳化油、COD 及金属离子等污染物。污泥回流，不仅可以节省药剂投加量，而且可使反应区内的悬浮固体浓度维持在最佳水平，从而达到优化絮凝反应的目的。

与超磁分离中的混凝系统的工作原理和流程一样，都是向其中投加 PAC、PAM 的同时投加磁种，使絮团带有磁性，带有磁性的絮团进入后端磁沉淀系统。

2. 磁沉淀系统

磁沉淀系统主要包括：配水系统、污泥浓缩系统、出水系统和污泥回流系统。

当絮团进入面积较大的预沉区时，矾花移动速度放缓。这样可以避免千万矾花的破裂及涡流的形成，也使绝大部分的悬浮固体在该区沉淀并浓缩。泥板装有锥头刮泥机。部分浓缩污泥在浓缩池抽出并泵送回反应池入口。浓缩区可分为两层：一层在锥形循环筒上面，一层在锥形循环筒下面。从预沉池和浓缩池的底部抽出剩余污泥。

在斜板沉淀区除去剩余的矾花。精心的设计使斜板区的配水十分均匀。正是因为在整个斜板面积上均匀地配水，所以水流不会短路，从而使得沉淀在最佳状态下完成。沉淀水由一个收集槽系统收集。矾花堆积在沉淀池下部，形成的污泥也在这部分区域浓缩。根据装置的尺寸，污泥靠自重收集或刮除或被循环至反应池前部。

3. 磁种回收系统

与超磁分离技术中磁种回收的技术原理和技术流程一样，磁种回收系统也是由高速分散机、磁分离磁鼓、磁种搅拌机、磁种计量投加单元和箱体组成。

从沉淀池底部排放的污泥含有磁种，含有磁种的污泥首先经过高速分散设备，在高速搅拌和离心的作用下，污泥和磁粉被完全打散，污泥流入污泥池，进入后续处理过程中，磁粉经过磁种回收装置（磁鼓机）的磁力吸附作用，被吸附到磁鼓机上，转动的磁鼓机经过磁种箱时，黏附于上面的磁种被刮条刮下来，掉落在磁种箱中，实现了磁种回收。

三、设计计算

（一）超磁分离

1. 设计参数

① 停留时间：磁分离设备的分离方式不同于沉淀池，无需形成大颗粒的密实絮体，属于微絮凝技术，其混凝反应停留时间约 3～5min，同时投加混凝剂和助凝剂，前段投加混凝剂，通常为聚合氯化铝（PAC）或硫酸铝，反应时间 0.5～1min，后段投加助凝剂，通常为聚丙烯酰胺（PAM），反应时间 2～4min。在 SS＝200～450mg/L 时，磁种 200 目（$44\mu m$）投加量为 200～300mg/L，PAC 加药浓度为 40mg/L，PAM 加药浓度为 1mg/L。一般来讲，

磁种的投加位置和混凝剂的投加位置一致。

② 药剂投加设计：混凝剂和助凝剂一般采用隔膜计量泵以溶液的形式定比自动投加，不同水体药剂投加量需要根据混凝试验确定，在缺乏混凝试验资料时，混凝剂的投加量一般采用 $30\sim50mg/L$，助凝剂投加量为 $1\sim2mg/L$。混凝剂配置浓度一般为 $5\%\sim10\%$，助凝剂配制浓度一般为 $0.05\%\sim0.1\%$。混凝剂需要定期配置，溶药池容积保证每天溶药次数不多于两次，储药箱容积至少保证每天 24h 连续运行所需的药剂量；助凝剂一般采用一体化泡药机。

③ 在分析超磁分离设备工艺的基础上，选择机械混合，用电动机驱动搅拌器，使水和药剂混合。机械搅拌机一般采用立式安装，搅拌机轴中心适当偏离混合池的中心，可减少共同旋流。机械混合搅拌器有桨板式、螺旋式和透平式。桨板式搅拌器结构简单，加工制造容易，适用于容积较小的混合池，其他两种适用于容积较大的混合池。桨板式搅拌器的直径 $D_0=(1/3\sim2/3)D$（D 为混合池直径），搅拌器宽度 $B=(0.1\sim0.25)D$，搅拌器离池底 $(0.5\sim0.75)D$。当 $H:D\leqslant1.2\sim1.3$ 时（H 为池深），搅拌器设计成 1 层，当 $H:D\geqslant1.3$ 时，搅拌器可以设成两层或多层。

④ 超磁分离机系统：磁盘表面场强大于 $4000Gs$（$1Gs=10^{-4}T$），流道中心磁场场强大于 $800Gs$；过水流速一般取 $0.08\sim0.1m/s$，在设计范围内过水流速越低，处理效果越好，但是过水流速过低，单位面积磁盘上将吸附过多的絮团，导致磁盘磁场强度衰减，影响处理效果；目前采用的磁盘直径一般为 1200mm 和 1500mm，水体与磁盘的最大有效接触时间为 $12\sim18.75s$，磁场强度随离开磁盘表面的距离增大而减小，超过 30mm，磁场强度将大幅降低，所以一般磁盘间距控制在 $10\sim30mm$；磁盘转速 $0.1\sim1.0r/min$，磁盘转速过低单位面积磁盘接触絮团的量将增加，造成吸附不充分；磁盘转速过高将会导致吸附絮体中的水分来不及脱出，造成污泥含水率升高。

⑤ 根据处理水体污染物浓度和出水水质要求不同，设备参数会有所变化。超磁分离设备多为非标准设备，设计单位提出处理水质水量和要求，设备厂家根据相应要求进行加工，目前市场上超磁分离设备的磁盘强度、磁盘直径和间距一般都是固定的，设备加工中根据水质水量不同改变磁盘的数量来增加或减少吸附面积，以此适应处理水量和水质的变化。

⑥ 磁种回收投加系统：磁种回收投加系统中的回收用磁分离磁鼓的表面场强大于 $6000Gs$，吨水处理磁种耗损率小于 $3g$；磁回收及投加设备的作用是实现磁粉的回收并将其二次投加到混凝反应工艺单元，同时将产生的污泥排出系统。

2. 设计实例

【例 1-1-12】 日处理能力 $20000m^3/d$ 的超磁处理，计算本工艺段的加药量（包括 PAC、PAM 和磁粉加药量及磁粉的补充量和流失量等）、各池体的反应时间和有效容积。

解：① 设计进出水水质（表 1-1-17）

表 1-1-17 设计进出水水质

项目名称	COD	SS	TP
进水水质/(mg/L)	410	240	8
出水水质/(mg/L)	$\leqslant164$	$\leqslant30$	$\leqslant3.2$
去除率/%	$\geqslant60$	$\geqslant87.5$	$\geqslant60$

② 加药量计算

a. PAC 设计加药量 60mg/L，每天用药量 1.2t（处理量按 $20000m^3/d$ 计算）。

b. PAM 加药量：2mg/L。

c. 磁粉配药加药浓度见表 1-1-18。

表 1-1-18　磁粉配药加药浓度

项目	参数	项目	参数
磁种搅拌箱容积	2.25m³	单套设备磁种投加量	0.20t/h(4.8t/d)
磁种搅拌箱磁种含量	450kg	单套磁种投加系统对应的流量	10000m³/d(417m³/h)
磁种搅拌箱磁种浓度	0.20t/m³	混凝反应箱体内磁粉浓度	480mg/L
磁种投加泵流量	1.0~2.0m³/h		

d. 磁粉补充及损失量计算：

本项目采用的设备为规模 15000m³/d 超磁设备 2 套，单套处理水量 10000m³/d。

磁粉补充量约 7~8mg/L，按 8mg/L 计算。

单套设备磁粉每天补充量：80kg

单套设备磁粉每天损失量：80kg

磁粉回收率：$(4800-80)/4800=98.3\%$

两套设备损失磁粉量：160kg/d

③ 污泥量及磁粉含量计算

a. 处理规模 20000m³/d，进水 SS 为 240mg/L，出水 SS 为 30mg/L 去除率 87.5%。

b. 药剂投加量：PAC 为 60mg/L，PAM（污水用）为 2mg/L，污泥脱水环节 PAM 投加量为 SS 绝干污泥量的 0.5%。

污泥量计算见表 1-1-19。

表 1-1-19　污泥量计算

来源	产量/(kg/d)	来源	产量/(kg/d)
SS	4200	PAM(污泥用)	21
PAC	1200	合计	5461
PAM(污水用)	40		

产生的待脱水污泥含水率按 98% 计算，体积约为 $5461/(1-0.98)/1000=273.05$（m³）（密度按水的密度计）。

脱水后含水率 85% 的污泥量约为 $5461/(1-0.85)/1000=36.40$（t）。

污泥中磁粉含量 $160/36.40/1000=0.44\%$（污泥含水率按 85% 计）。

绝干污泥中磁粉含量 $160/5461=2.93\%$。

④ 停留时间汇总（表 1-1-20）

表 1-1-20　停留时间汇总

名称		有效容积/m³	流量/(m³/h)	停留时间/min
混凝反应池	混合反应池	9.5	417	1.37
	絮凝反应池(分 2 格)	30	417	4.3
超磁主机		8.3	417	1.19

（二）磁混凝沉淀

1. 设计参数

① 快速混合池（T1）池体横截面宜为正方形，池体深宽比宜为 1~2，水力停留时间宜为 70~90s，搅拌强度 $G \geqslant 300s^{-1}$，密度设计达到 1050mg/L；磁介质混合池（T2）搅拌强

度 $G \geqslant 200s^{-1}$，密度设计达到 1150mg/L，其中磁介质：悬浮物 $\geqslant 2 : 1$。

② 絮凝池（T3）池体横截面宜为正方形，池体深宽比宜为 1～2，水力停留时间宜为 150～200s，搅拌强度 $G \geqslant 100s^{-1}$，含固量设计宜为 2000～4000mg/L。

③ 沉淀池单组最大处理量不宜超过 75000m³/d，表面水力负荷宜取 15～25m³/(m²·h)，单边池长不宜超过 15m，超高区 $H_1 \geqslant 0.3m$，清水区 H_2 取 0.4～0.6m，缓冲区 H_4 取 0.5～1.2m，斜管孔径（或斜板净距）宜选 80～100mm，长度 L 取 0.8～1.5m，且与进水方向成 60°角。斜管支撑横梁宜设计为梯形截面，且截面上底应尽可能小于斜管直径；沉淀池底部坡度不宜 <0.1（sin 值），且四角均须做倒角抹圆处理，角度 $\geqslant 60°$，处理量 $\geqslant$ 30000m³/d，刮泥机采用 4 叶刮板，刮泥机外延线速度控制在 1.02～1.86mm/s；设计应尽可能实现沉淀池中部进水。

④ PAC 宜加入快速混合池底部或者进水堰中（管道中留一段透明管，长约 300mm），循环磁介质和回流磁泥加入磁介质混合池，管口在液面之上，磁介质回收尾泥排料管口应设置在储泥池液面之上，PAM 加入磁介质混合池出水口或絮凝混合进水口（管道中留一段透明管，长约 300mm），另外宜在磁介质混合池顶部预留 PAM 加药点。

⑤ 回流磁泥与剩余磁泥设计单管单排；剩余磁泥管口应低于回流磁泥管口设置，垂直距离 $d \geqslant 0.3m$，当有两个系统以上的工程时，宜将 $\geqslant 2$ 个系统的回流磁泥管在泵的出口相互连通，中间加设阀门，磁泥回流泵入口管道上宜设置过滤器（如篮式过滤器），并在过滤器之前设置阀门。

⑥ 默认以顺时针转动为正方向，快速混合池（T1）搅拌产生上升推力，磁介质混合池（T2）搅拌产生下压推力，絮凝池（T3）搅拌产生上升推力，搅拌叶片覆盖面积与池型横截面面积比 0.12～0.2，取 0.14～0.15 为宜，在规定的深宽比范围内，均设置两组叶片，呈十字交叉安装。

⑦ 剩余磁泥流量设计值宜为平均处理水量的 0.5%～5%，用于城镇污水深度处理提标时宜为 0.5%～2%，用于强化一级处理时宜为 2%～5%，由于实际运行中可采取间断性排泥，故剩余磁泥泵选型可适当放大，一般为计算值的 2～3 倍。

⑧ 回流磁泥流量设计值宜为平均处理水量的 1%～8%，用于城镇污水深度处理提标时宜为 3%～8%，用于强化一级处理时宜为 1%～5%，由于实际运行中磁泥回流量可通过长时间的平衡来协调，故可适当放小，但不小于计算值的 2/3。

⑨ 混凝剂宜选用铁盐、铝盐或聚合盐类，配制浓度一般取 5%～10%。采用蠕动泵、隔膜泵等形式的计量泵投加，投加量应根据实验数据或计算确定，助凝剂宜选用聚丙烯酰胺（PAM），配制浓度一般取 0.1%～0.2%。采用螺杆泵计量投加，投加量宜取 0.5～2mg/L。

2. 设计实例

【例 1-1-13】 水量为 50000m³/d，用于后端深度处理的，设计磁沉淀系统，包括混凝系统、污泥浓缩系统、斜管澄清系统、污泥回流排放系统。

解：① 设计进出水水质（表 1-1-21）

表 1-1-21 设计进出水水质

项目	pH	SS/(mg/L)	TP/(mg/L)
设计进水水质	6～9	≤50	≤5
设计出水水质	6～9	≤10	≤0.5

② 主要处理单元计算（表1-1-22）

表 1-1-22 主要处理单元计算

名称		有效容积/m³	停留时间/min
混凝反应池	快速混合池	53	1.53
	磁介质混合池	53	1.53
	絮凝反应池	70	2.02
斜管澄清池		1150	33.12

③ 污泥回流排放系统　用于城镇污水深度处理提标时回流磁泥流量设计值宜为设计水量的 3%～8%，本设计取值 5%；用于城镇污水深度处理提标时剩余磁泥流量设计值宜为设计水量的 0.5%～2%，本设计取值 1%。

第六节　吹脱汽提

一、原理和功能

（一）吹脱

废水中常常含有大量有毒有害的溶解气体，如 CO_2、H_2S、HCN、CS_2 等，其中有的损害人体健康，有的腐蚀管道、设备，为了除去上述气体，常使用吹脱法。吹脱法的基本原理是：将空气通入废水中，改变有毒有害气体溶解于水中所建立的气液平衡关系，使这些易挥发物质由液相转为气相，然后予以收集或者扩散到大气中去。吹脱过程属于传质过程，其推动力为废水中挥发物质的浓度与大气中该物质的浓度差。

吹脱法既可以脱除原来就存在于水中的溶解气体，也可以脱除化学转化而形成的溶解气体。如废水中的硫化钠和氰化钠是固态盐在水中的溶解物，在酸性条件下，它们会转化为 H_2S 和 HCN，经过曝气吹脱，就可以将它们以气体形式脱除。这种吹脱曝气称为转化吹脱法。

用吹脱法处理废水的过程中，污染物不断地由液相转入气相，易引起二次污染，防止的方法有以下 3 类：a. 中等浓度的有害气体，可以导入炉内燃烧；b. 高浓度的有害气体应回收利用；c. 符合排放标准时，可以向大气排放。而第二种方法是预防大气污染和利用"三废"资源的重要途径。回收这些有害气体的基本方法如下：

① 用碱性溶液吸收挥发性气体，如用 $NaOH$ 溶液吸收 HCN，产生 $NaCN$；吸收 H_2S，产生 Na_2S，然后再把吸收液蒸发结晶，进行回收。

② 用活性炭吸附挥发性物质气体，饱和后用溶剂解吸。

③ 对挥发性气体如 H_2S 进行燃烧，制取 H_2SO_4。

吹脱影响因素：

① 温度　在一定压力下，气体在废水中的溶解度随温度升高而降低，因此升高温度对吹脱有利。

② 气液比　应选择合适的气液比。空气量过小，会使气液两相接触不好，反之空气量过大，不仅不经济，反而会发生液泛（即废水被空气带走），破坏操作。所以最好使气液比接近液泛极限。此时，气液相在充分滞流条件下，传质效率很高。工程设计常用液泛极限气液比的 80%。

③ pH 值　在不同的 pH 值条件下，挥发性物质存在的状态不同。

④ 油类物质　废水中如含有油类物质，会阻碍挥发性物质向大气中扩散，而且会堵塞填料，影响吹脱，所以应在预处理中除去油类物质。

⑤ 表面活性剂　当废水中含有表面活性物质时，在吹脱过程中会产生大量泡沫，当采用吹脱池时，会给操作运转和环境卫生带来不良影响，同时也影响吹脱效率。因此在吹脱前应采取措施消除泡沫。

（二）汽提

汽提法的基本原理与吹脱法相同，只是所使用的介质不是空气而是水蒸气。即使用水蒸气与废水直接接触，废水中的挥发性有毒有害物质按一定比例扩散到气相中去，从而达到从废水中分离污染物的目的。汽提法分离污染物的机理视污染物的性质而异，一般可归纳为以下两种：

① 简单蒸馏　对于与水互溶的挥发性物质，利用其在气液平衡条件下，在气相中的浓度大于在液相中的浓度这一特性，通过蒸汽直接加热，使其在沸点（水与挥发性物质两沸点之间的某一温度）下按一定比例富集于气相。

② 蒸汽蒸馏　对于与水不互溶或几乎不互溶的挥发性污染物质，利用混合液的沸点低于任一组分沸点这一特性，可把高沸点挥发物在较低温度下挥发逸出，从而得以分离除去。

注意不要把吹脱法与汽提法混淆，它们在去除对象、手段、操作条件等方面均存在着显著差异。

二、设备和装置

吹脱装置是指进行吹脱的设备或构筑物，有吹脱池、吹脱塔等；汽提为汽提塔等。

（一）吹脱池

在吹脱池中，较常使用的是强化式吹脱池，强化式吹脱池通常是在池内鼓入压缩空气或在池面上安设喷水管，以强化吹脱过程。鼓气式吹脱池（鼓泡池）一般是在池底部安设曝气管，使水中溶解气体如 CO_2 等向气相转移，从而得以脱除。

（二）吹脱塔（汽提塔）

吹脱塔（汽提塔）按结构可分为两大类。即板式塔和填料塔，板式塔的研究起步较早，与填料塔相比效率较低、通量较小、压降较高、持液量较大，但由于结构简单、造价较低、适应性强、易于放大等特点，因而在 20 世纪 70 年代以前的很长一段时间里，板式塔的开发研究一直处于领先地位。然而在 70 年代，由于性能优良的新型填料相继问世，特别是规整填料及新型塔内件的不断开发和应用，使填料塔的放大技术有了新的突破，改变了以板式塔为主的局面。

1. 填料塔

（1）填料塔结构原理

填料塔的塔身形状为立式圆筒，底部装有填料承托板，填料有序或者无规则地放置在承托板上，见图 1-1-76。在塔的上方安装填料限制压板，防止填料因气流上升而发生晃动。液体从塔顶进入，经液体分布器均匀喷洒到填料上，并沿填料表面流下。气体从塔底送入，经气体分布装置分布后，与液体呈逆流连续通过填料层的空隙，在填料表面气液两相密切接触进行传质。

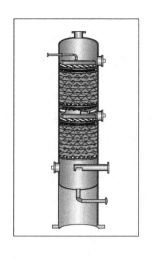 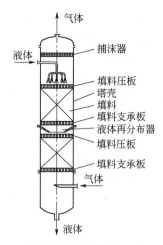 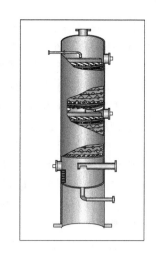

图 1-1-76　填料塔

当液体沿填料层下流时，有逐渐向塔壁集中的趋势，使得塔壁附近的液流量逐渐增大，这种现象称为壁流。壁流效应造成气液两相在填料层分布不均匀，从而使传质效率下降。因此当填料层较高时，宜进行分段布置，即在中间设置再分布装置。液体再分布装置包括液体收集器和液体再分布器两部分，上层填料流下的液体经液体收集器收集后，送到液体再分布器，经重新分布后喷淋到下层填料的上方。

（2）填料塔的特点

① 生产能力大　板式塔与填料塔的流体流动和传质机理不同。板式塔的传质是通过上升的气体穿过板上的液层来实现。塔板的开孔率一般占塔截面面积的 7%～10%，填料塔的传质是通过上升的蒸汽和靠重力沿填料表面下降的液体逆流接触实现。若塔内件设计合理，填料塔的生产能力一般均高于板式塔。

② 分离效率高　塔的分离效率决定于被分离物系的性质、操作状态、压力、温度、流量等以及塔的类型及性能。一般来说，现有的各种板式塔包括最常用的筛板塔及浮阀塔，每米理论级数最多不超过 2 级，而工业填料塔每米理论级数最多可达 10 级以上，因而对于需要很多理论级数的分离操作而言，填料塔无疑是最佳的选择。

③ 压力降小　填料由于空隙率较高，故其压降远远小于板式塔，一般情况下，板式塔压降高出填料塔 4～5 倍左右。压降的减小意味着操作压力的降低，在大多数分离物系中，操作压力下降会使相对挥发度上升，对分离十分有利。对于新塔可以大幅度降低塔高，减小塔径；对于老塔可以减小回流比以求节能或提高产量与产品质量。

④ 操作弹性大　操作弹性是指塔对负荷的适应性。塔正常操作负荷的变动范围越宽，则操作弹性越大。由于填料本身对负荷变化的适应性很大，而板式塔的操作弹性则受到塔板液汽、雾沫夹带及降液管能力的限制而导致操作弹性较小。

⑤ 持液量小　持液量是指塔在正常操作时填料表面、内件或塔板上所持有的液量，它随操作负荷的变化而变化。对于填料塔，持液量一般小于 6%，而板式塔则高达 8%～12%。

（3）填料塔的内件

填料塔的内件主要有填料支承装置、填料压紧装置、液体分布装置、液体收集及再分布装置等。合理地选择和设计塔内件，对保证填料塔的正常操作及优良的传质性能十分重要。

① 填料支承装置　填料支承装置的作用是支承塔内填料床层。对填料支承装置的要求是：a. 应具有足够的强度和刚度，能承受填料的质量、填料层的持液量以及操作中附加的压力等；b. 应具有大于填料层空隙率的开孔率，防止在此首先发生液泛，进而导致整个填

料层的液泛；c.结构要合理，利于气液两相均匀分布，阻力小，便于拆装。

② 填料压紧装置　为保持操作中填料床层为一高度恒定的固定床，从而保持均匀一致的空隙结构，使操作正常、稳定，在填料装填后在其上部要安装填料压紧装置。这样，可以防止在高压降、瞬时负荷波动等情况下填料床层发生松动和跳动。

填料压紧装置分为填料压板和床层限制板两大类，每类又有不同的形式。填料压板自由放置于填料层上端，靠自身重量将填料压紧，它适用于陶瓷、石墨制的散装填料。因为这类填料易碎，当填料层发生破碎时，填料层空隙率下降，此时填料压板可随填料层一起下落，紧紧压住填料而不会形成填料的松动。床层限制板用于金属散装填料、塑料散装填料及所有规整填料。因金属及塑料填料不易破碎，且有弹性，在装填正确时不会使填料下沉。床层限制板要固定在塔壁上，为不影响液体分布器的安装和使用，不能采用连续的塔圈固定。小塔可用螺钉固定于塔壁，而大塔则用支耳固定。

③ 液体分布装置　填料塔的传质过程要求塔内任一截面上气液两相流体能均匀分布，从而实现密切接触、高效传质，其中液体的初始分布至关重要。理想的液体分布器应具备以下条件：

a. 与填料相匹配的分液点密度和均匀的分布质量。填料比表面积越大，分离要求越精密，则液体分布器的分布点密度应越大。

b. 操作弹性较大，适应性好。

c. 为气体提供尽可能大的自由截面率，实现气体的均匀分布，且阻力小。

d. 结构合理，便于制造、安装、调整和检修。

④ 液体收集及再分布装置　液体沿填料层向下流动时，有偏向塔壁流动的壁流现象。壁流将导致填料层内气液分布不均，使传质效率下降。为减小壁流现象，可间隔一定高度在填料层内设置液体收集及再分布装置。

2. 板式塔

板式塔（图1-1-77）的主要特征是在塔内装置一定数量的塔板，原水水平流过塔板，经降液管流入下一层塔板，载气以鼓泡或喷射方式穿过板上水层，相互接触传质。塔内气相和水相组成沿塔高呈阶梯变化。板式塔的传质效率比填料塔高。

（1）板式塔结构原理

板式塔为逐级接触式的气液传质设备，它由圆柱形壳体、塔板堰、降液管及受液盘等部件组成。操作时，塔内液体依靠重力作用，由上层塔板的降液管流到下层塔板的受液盘，然后横向流过塔板，从另侧的降液管流至下一层塔板。溢流堰的作用是使塔板上保持一定厚度的流动液层。气体则在压力差的推动下，自下而上穿过各层塔板的升气道（泡罩、筛孔或浮阀等），分散成小股气流，鼓泡通过各层塔板的液层。在塔板上，气液两相必须保持密切而充分地接触，为传质过程

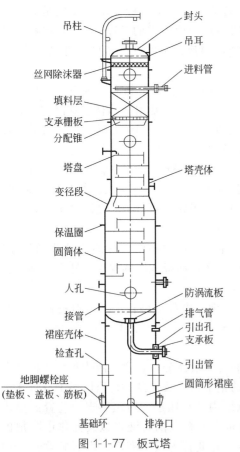

吊柱
封头
吊耳
丝网除沫器
进料管
填料层
支承栅板
分配锥
塔盘
塔壳体
变径段
保温圈
圆筒体
人孔
防涡流板
接管
排气管
引出孔
支承板
引出管
裙座壳体
检查孔
地脚螺栓座
（垫板、盖板、筋板）
圆筒形裙座
基础环　排净口

图 1-1-77　板式塔

提供足够大而且不断更新的相际接触表面，减小传质阻力。在板式塔中，尽量使两相呈逆流流动，以提供最大的传质推动力。气液两相逐级接触，进料两相的组成沿塔高呈阶梯式变化，在正常操作下，液相为连续相，气相为分散相。

（2）塔板的类型

塔板可分为有降液管式塔板和无降液管式塔板（也称为穿流式或逆流式）两类。在有降液管式塔板上，气液两相呈错流方式接触，这种塔板效率较高，具有较大的操作弹性，使用广泛。在无降液管式塔板上，气液两相呈逆流接触，塔板板面利用率较高，生产能力大，结构简单，但效率低，操作弹性较小，工业使用较少。

有降液管式塔板分为泡罩塔板、筛孔塔板、浮阀塔板、喷射型塔板。

① 泡罩塔板　泡罩塔板的主要元件为升气管及泡罩。泡罩安装在升气管顶部，分圆形和条形两种，圆形泡罩使用较广。泡罩的下部周边有很多齿缝，齿缝一般为三角形、矩形或梯形。泡板上按一定规律排列。操作时，板上有一定厚度的液层，齿缝浸没于液层中而形成液封管的顶部应高于泡罩齿缝的上沿，以防止液体从升气管中漏下。上升气体通过齿缝进层时，被分散成许多细小的气泡或流股，在板上形成鼓泡层，为气液两相的传热和传量的接触界面。

泡罩塔板的主要优点是：由于有升气管，在很低的气速下操作时，不会产生严重的漏液现象。其缺点是气体流径曲折，塔板压降大，生产能力及板效率较低。近年来，泡罩塔板已逐渐被筛孔塔板、浮阀塔板所取代，在新建塔设备中已很少采用。

② 筛孔塔板　筛孔塔板简称筛板，塔板上开有许多均匀的小孔，孔径一般为 $3\sim8mm$，筛孔直径大于 $10mm$ 的筛板称为大孔径筛板。筛孔在塔板上呈正三角形排列。塔板上设置溢流堰，使板上能保持一定厚度的液层。

操作时，气体经筛孔分散成小股气流，鼓泡通过液层，气液间密切接触而进行传热和传质。在正常的操作条件下，通过筛孔上升的气流应能阻止液体经筛孔向下泄漏。筛板的优点是：结构简单，造价低；板上液面落差小，气体压降低，生产能力较大；气体分散均匀，传质效率较高。其缺点是筛孔易堵塞，不宜处理易结焦、黏度大的物料。

③ 浮阀塔板　浮阀塔板是在泡罩塔板和筛孔塔板的基础上发展起来的，它吸收了两种塔板的优点。其结构特点是在塔板上开有若干个阀孔，每个阀孔装有一个可以上下浮动的阀片。阀片本身连有几个阀腿，插入阀孔后将阀腿底脚拨转 $90°$，用以限制操作时阀片在板上升起的最大高度，并限制阀片不被气体吹走。阀片周边冲出几个略向下弯的定距片，当气速很低时，靠定距片与塔板呈点接触而坐落在网孔上，阀片与塔板的点接触也可防止停工后阀片与板面黏结。操作时，由阀孔上升的气流经阀片与塔板间隙沿水平方向进入液层，增加了气液接触时间，浮阀开度随气体负荷而变，在低气量时，开度较小，气体仍能以足够的气速通过缝隙，避免过多的漏液；在高气量时，阀片自动浮起，开度增大，使气速不致过大。

浮阀塔板的优点是：结构简单、制造方便、造价低；塔板开孔率大，生产能力大，由于阀片可随气量变化自由升降，故操作弹性大；因上升气流水平吹入液层，气液接触时间较长，故塔板效率较高。其缺点是处理易结焦、高黏度的物料时，阀片易与塔板黏结；在操作过程中有时会发生阀片脱落或卡死等现象，使塔板效率和操作弹性下降。

④ 喷射型塔板　在喷射型塔板上，气体沿水平方向喷出，不再通过较厚的液层而鼓泡，因而塔板压降降低，液沫夹带量减少，可采用较大的操作气速，提高了生产能力。

三、设计计算

1. 填料的选择

填料应根据分离工艺要求进行选择，对填料的品种、规格和材质进行综合考虑。应尽量选用技术资料齐备，适用性能成熟的新型填料。对性能相近的填料，应根据其特点进行技术经济评价，使所选用的填料既能满足生产要求，又能使设备的投资和操作费最低。

（1）填料种类的选择

① 填料的传质效率要高：传质效率即分离效率，一般以每个理论级当量填料层高度表示，即 HETP 值。

② 填料的通量要大：在同样的液体负荷下，在保证具有较高传质效率的前提下，应选择具有较高泛点气速或气相动能因子的填料。

③ 填料层的压降要低：填料层压降越低，塔的动力消耗越低，操作费越小。

④ 填料抗污堵性能强，拆装、检修方便。

（2）填料规格的选择

① 散装填料规格的选择　工业塔常用的散装填料主要有 $DN16mm$、$DN25mm$、$DN38mm$、$DN50mm$、$DN76mm$ 等；同类填料，尺寸越小，分离效率越高，但阻力增加，通量减少，填料费用也增加很多；而大尺寸的填料应用于小直径塔中，又会产生液体分布不良及严重的壁流，使塔的分离效率降低。因此，对塔径与填料尺寸的比值要有一定限制，一般塔径与填料公称直径的比值 D/d 应大于 8。

② 规整填料规格的选择　国内习惯用比表面积表示规整填料的型号和规格，主要有 125、150、250、350、500、700；同种类型的规整填料，其比表面积越大，传质效率越高，但阻力增加，通量减小，填料费用也明显增加。选用时应从分离要求、通量要求、场地条件、物料性质及设备投资、操作费用等方面综合考虑，使所选填料既能满足技术要求，又具有经济合理性。

对于同一座填料塔，可以选用不同类型、不同规格的填料，也可以同时使用散装填料和规整填料。

（3）填料材质的选择

填料的材质分为陶瓷、金属和塑料三大类。

① 陶瓷填料具有很好的耐腐蚀性，可在低温、高温下工作，具有一定的抗冲击性，但不宜在高冲击强度下使用，质脆、易碎是陶瓷填料的最大缺点。陶瓷填料价格便宜，具有很好的表面润湿性能，在气体吸收、气体洗涤、液体萃取等过程中应用较为普遍。

② 金属填料可用多种材质制成，金属材质的选择主要根据物系的腐蚀性及金属材质耐腐蚀性来综合考虑：碳钢填料造价低，且具有良好的表面润湿性能，对于无腐蚀性或低腐蚀性物系有限考虑使用；不锈钢填料耐腐蚀性强，一般能耐盐以外常见物系的腐蚀，但其造价较高，且表面润湿性能较差；有时需要对其表面进行处理，才能取得良好的使用效果。

金属填料通量大、气阻小，具有很高的抗冲击性能，能在高温、高压、高冲击强度下使用，应用范围最为广泛。

③ 塑料填料主要包括聚丙烯（PP）、聚乙烯（PE）及聚氯乙烯（PVC），国内一般多采用聚丙烯材质。塑料填料质轻、价廉，具有良好的韧性，耐冲击、不易碎，耐腐蚀性较好，可长期在 100℃ 以下使用；它的通量大、压降低，多用于吸收、解析、萃取、除尘等装置中；其缺点是表面润湿性能差，需对其表面进行处理。

2. 设计实例

【例 1-1-14】　筛板塔逆流法空气吹脱垃圾发酵沼液废水中的氨氮，设计参数如下：已知沼液中氨氮约为 2.5g/kg（2500mg/L），摩尔分数约为 0.0026；大气压力 101.3kPa，温度

30℃；沼液处理量为 $5.6\mathrm{m}^3/\mathrm{h}$，即 $311.11\mathrm{kmol/h}$；脱除效率需达到 90%；该环境条件下，氨水稀溶液的氨分压为 $0.2\mathrm{kPa}$，空气的分子量为 29，密度 $1.165\mathrm{kg/m}^3$。

根据实际经验，塔板间距 H_T 一般取 $0.45\mathrm{m}$，计算需要塔板数、塔高和塔径。

解：① 实际气液比 G/L

平衡系数 $m=\dfrac{\text{气相摩尔分数}}{\text{液相摩尔分数}}=\dfrac{0.2\div101.3}{0.0026}=0.7594$

理论最小气液比 $(G/L)_{\min}$（摩尔比）$=\dfrac{X_1-X_2}{Y_2-Y_1}=\dfrac{0.0026-0.0026\times10\%}{0.0026\times0.7594-0}=1.185$

式中，m 为物质在气液两相间的平衡系数，相当于亨利系数；G 为气体流量，$\mathrm{kmol/h}$；L 为液体流量，$\mathrm{kmol/h}$；X_1、X_2 分别为废水进水和出水氨氮摩尔分数；Y_1、Y_2 分别为吹脱空气进气和出气氨氮摩尔分数。

实际气液比 G/L 一般取理论最小气液比 $(G/L)_{\min}$ 的 $1.1\sim2.0$ 倍，本实例取 1.8，即实际气液比 G/L（摩尔比）$=1.8\times1.185=2.133$。

根据物料平衡，推测最终吹脱气中氨的摩尔分数为：

$$Y_2=\dfrac{X_1-X_2}{G/L}=\dfrac{0.0026-0.0026\times10\%}{2.133}=0.001$$

$G=2.133\times311.11=663.60$（$\mathrm{kmol/h}$），即 $16519\mathrm{m}^3/\mathrm{h}$。

所以按体积比计算的实际气液比为 $(G/L)_V=16519/5.6=2950$。

② 塔板数确定

吸收因子 $A=L/(mG)=1/(2.133\times0.7594)=0.617$，即脱吸因子 $S=1/A=1.62$。

根据理论塔板数 N 计算公式：$(X_1-X_2)/X_1=(S^{N+1}-S)/(S^{N+1}-1)$

计算得到理论塔板数 $N=3.1$，取 4。

实际塔板数 N_C 的确定跟塔板效率 η 密切相关。

$$N_C=N/\eta$$

式中，N_C 为实际塔板数；N 为理论塔板数；η 为总塔板效率。

影响塔板效率 η 的影响因素较多，塔板效率越高，实际需要塔板数越接近理论塔板数。塔板效率目前比较可靠的是从实际工程或中试实验测定，对于沼液废水这种组成比较复杂的混合液，η 一般取 $0.15\sim0.5$，本案例取 0.25。

因此，实际塔板数 $N_C=4/0.25=16$。

③ 塔高度 Z

$Z=Z_1+Z_2+Z_3=(N_C-1)H_T+Z_2+Z_3=(16-1)\times0.45+1.0+2.0=9.75$（m）

式中，Z_1 为塔有效高度，m；Z_2 为塔顶高度，取 $1.0\mathrm{m}$；Z_3 为塔底高度，取 $2.0\mathrm{m}$。

④ 塔径的确定 根据筛板塔泛点关联图（图 1-1-78）。

两相流动参数 $F_{LV}=1/(G/L)_V\times(\text{液相密度}/\text{气相密度})^{0.5}=1/2950\times(1000/1.165)^{0.5}=0.01$

塔板间距 $H_T=0.45\mathrm{m}$，查图得 20℃时负荷因子系数 $C_{20}=0.08$。

对 30℃负荷因子系数数值进行修正得

$$C_{30}=C_{20}(T/20)^{0.2}=0.08(30/20)^{0.2}=0.087$$

因此最大空速为：

$$v_{\max}=C_{30}(\text{液相密度}-\text{气相密度})^{0.5}/\text{气相密度}^{0.5}$$
$$=0.087(1000-1.165)^{0.5}/1.165^{0.5}=2.55\text{（m/s）}$$

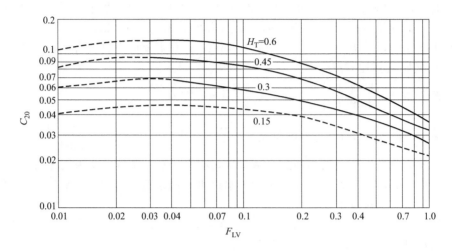

图 1-1-78　筛板塔泛点关联图

取泛点率为 0.8，实际流速 $v = v_{max} \times 0.8 = 2.04$（m/s）。

所以塔径 $D = \left(\dfrac{16519}{3600 \times 2.04 \times 3.14} \right)^{0.5} \times 2 = 1.69$（m），取 1.7m。

【例 1-1-15】　已知沼液废水中氨氮浓度为 2000mg/L，废水量 6.0m³/h，吹脱塔采用逆流操作，塔内装有一定高度的填料，填料采用拉西环，以增加气液传质面积，从而有利于氨气从废水中解吸。中试试验结果见表 1-1-23。

表 1-1-23　中试试验结果

气液比/(m³/m³)	进水氨氮浓度/(mg/L)	出水氨氮浓度/(mg/L)	吹脱效率/%
1530	2145.30	780.70	63.6
1850	2011.25	700.02	65.2
2000	2051.00	640.45	68.8
2340	2141.28	602.90	71.8
2760	2192.53	530.00	75.8
3000	2090.05	432.95	79.3
3460	2025.25	390.50	80.7
4000	2134.40	375.55	82.4
4380	2090.00	362.20	82.7
5130	2075.50	345.15	83.4

吹脱最佳时间为 40min，空塔流速为 2m/s，为将出水氨氮浓度控制在 500mg/L 以下，计算需要的气液比、填料层高度和塔径。

解：根据中试试验，进水氨氮浓度为 2000mg/L，出水浓度降低至 500mg/L 以下时，需要将气液比（体积比）调到 3000 左右。

① 填料层高度 H　废水在填料层空塔停留时间取 40min，则

填料层高度 $H = 2 \times 40 \times 60 / 3000 = 1.6$（m）

② 塔径 D　塔截面积 $= (6 \times 3000) / 2 / 3600 = 2.5$（m²）。

塔径 $D = (2.5 / 3.14)^{0.5} \times 2 = 1.78$（m），取 1.8m。

第七节　蒸发结晶

一、原理和功能

在工业中所遇到的大多数溶液以水为溶剂，汽化所得的水蒸气，除了用作加热介质、回收其热量外，一般不回收使用。但也有些非水溶剂的蒸汽是要回收来循环使用的。加热蒸发溶剂，溶液浓度不断升高，使溶液浓度由不饱和、饱和，达到过饱和，过剩溶质析出结晶。蒸发结晶过程需要特别注意结晶析出时加热面的结垢问题。

蒸发与结晶两种过程很难截然区分。饱和溶液的蒸发必然伴有结晶过程。但结晶过程的目的往往是为了获得纯净、颗粒均匀的固体，而蒸发过程的目的则侧重于溶液的浓缩。

蒸发设备属于换热设备，在大部分情况下，用水蒸气为加热介质（通常称之为加热蒸汽，或生蒸汽），通过金属壁间接传热给溶液，溶液受热后沸腾汽化，产生的蒸汽，叫作二次蒸汽。

溶液的蒸气压低于其纯溶剂的蒸气压，溶液的沸点比纯溶剂要高，这种现象叫做沸点升高（boiling point rise，B. P. R.）。一般情况，稀溶液或有机胶体溶液的沸点升高数值较小；而无机盐溶液的沸点升高数值较大，有时可高达 $30\sim40℃$。溶液浓度越大，沸点升高越大。因此当加热蒸汽温度一定时，蒸发溶液时的有效传热温差，就比加热纯溶剂时要小。对于同一种溶液，沸点升高的数值随溶液的浓度和沸腾溶液所受的压力而变。浓度越高，所受的压力越低，沸点升高数值越大。常见水溶液的沸点升高值可由图 1-1-79 查得。

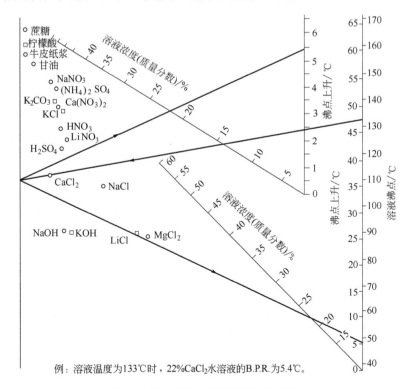

例：溶液温度为133℃时，22%CaCl₂水溶液的B.P.R.为5.4℃。

图 1-1-79　各种水溶液的沸点升高值

目前工业上的蒸发结晶技术主要用于：

① 浓缩稀溶液直接制取产品或将浓溶液再处理制取固体产品，如电解烧碱液的浓缩、食用糖水溶液的浓缩及各种果汁的浓缩，工业制品的回收利用（如氯化钙产品回收利用、分盐利用等）。

② 同时浓缩溶液和回收溶剂，如有机磷农药苯溶液的浓缩脱苯、中药生产中酒精浸泡液的蒸发等。

③ 为了获得纯净的溶剂，如海水淡化（制取淡水），污水处理过程中的除盐（如反渗透浓水的处理，工业中的准零排放等）。

二、设备和装置

蒸发结晶工艺是由多种设备连接组成，主要分为两大类：一类为蒸发器主体设备，包括加热器和分离器等；另外一类为蒸发器辅助设备，如真空装置、冷凝器、除沫器、晶浆储罐和晶浆离心机、配套的各种泵类（进料泵和循环泵等）、蒸发器清洗装置配套的仪器仪表（流量、物位、压力、温度、电导等）、阀门（调节阀、开关阀）等。

常用的蒸发装置的种类繁多，结构也不尽相同，按加热室的结构和操作时溶液的流动情况，可将蒸发器分为循环型蒸发装置、单程型（膜式）蒸发装置和夹套釜式蒸发器三大类。

（一）循环型蒸发装置

溶液在蒸发器中循环流动，停留时间长，溶液浓度接近于完成液浓度，循环蒸发可以提高传热效果、缓和溶液结垢等。

由于引起循环运动的原因不同，可分为自然循环和强制循环两种类型。前者是由于溶液在加热室不同位置上的受热程度不同，产生了密度差而引起的循环运动；后者是依靠外加动力迫使溶液沿一个方向作循环流动。

1. 自然循环蒸发装置

（1）中央循环管式蒸发装置（标准式）

中央循环管式蒸发装置又称标准式蒸发器（图 1-1-80），它是大型工业生产中使用广泛且历史长久的一种蒸发器，至今仍在化工、轻工等行业中广泛应用，故常称为标准式蒸发器。

当加热蒸汽在管间冷凝放热时，管束中的气液混合物的密度远小于中央循环管内气液混合物的密度，造成了混合液在管束中向上，在中央循环管向下的自然循环流动。混合液的循环速度与密度差和管长有关。密度差越大，加热管越长，循环速度越大。该蒸发器结构简单、紧凑，制造方便，操作可靠，投资费用低，适用于黏度适中，结垢不严重及腐蚀性不大的场合。有结晶析出时增设搅拌器，在工业上的应用较为广泛。但是容易受到总高限制，通常加热管为 1～2m，直径为 32～75mm，长径比为 20～40，是最为常见的短管蒸发器。该蒸发器主要由加热室、蒸发室、中央循环管和除沫器组成，主要应用于硝酸钠多效浓缩、废水脱盐多效蒸发等。

（2）悬筐式蒸发装置

悬筐式蒸发装置见图 1-1-81。加热蒸汽由中央管进入管束的管间，包围管束的外壳外壁面与蒸发器外壳内壁的环隙通道代替了中央循环管，操作时溶液沿环隙通道下降而沿加热管束上升。一般环隙截面积约为加热管束总截面积的 100%～150%，较中央循环管蒸发器的比例大，故改善与加速了料液的循环速度，循环速度可达 1～1.5m/s，不但提高了传热效果，也阻止了加热管内的结垢，这种蒸发器传热面积受限。

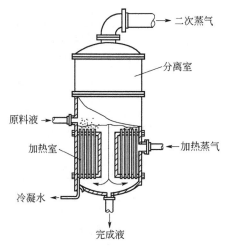

图 1-1-80　中央循环管式蒸发装置

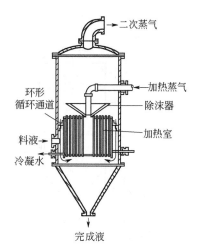

图 1-1-81　悬筐式蒸发装置

悬筐式蒸发器的优点包括：a. 悬筐式蒸发器加热室可从顶部取出，便于清洗和更换；b. 溶液循环速度大，改善了结垢情况，强化了传热过程；c. 由于加热室内与外壳直接接触的是循环溶液，它的温度比加热蒸汽低，所以外壳表面温度低，热损失少。悬筐式蒸发器的缺点是单位传热面的金属材料消耗量大，装置较复杂。

（3）外热式蒸发装置

外热式自然循环蒸发器（管外沸腾）由循环管、加热室、沸腾管、蒸发室四个主要部分组成，如图 1-1-82 所示。蒸发过程中，物料进入加热室加热升温，由于未达到该状态下的饱和温度，溶液并不沸腾，随着加热和管内压强的降低，当溶液的温度达到该状态下的饱和压强后，开始沸腾，从而产生大量气泡。这样在沸腾管中的气液混合物和循环管侧的未沸腾的料液间存在密度差，形成了外热式自然循环蒸发器的循环推动力。

外热式蒸发器可以在真空条件下操作，适用于中药、西药、葡萄糖、淀粉、味精、乳品等热敏性物料的低温真空浓缩，应用范围较广。

外热式蒸发器的优点：由于其采用的是外置加热室，便于清洗和更换，并且不受蒸发室结构以及加热室尺寸的影响，一个蒸发器可配 1～4 个加热室，因此能够达到很大的蒸发能力。缺点为溶液的循环速度不高，传热效果欠佳，溶液温度较高。

（4）列文蒸发装置

列文式蒸发器结构示意图见图 1-1-83，其循环速度一般均在 1.5m/s 以下。为使蒸发器更适用于蒸发黏度较大、易结晶或结垢严重的溶液，并提高溶液循环速度以延长操作周期和减少清洗次数，在加热室上增设一段高度为 2.7～5.0m 的直管作为沸腾室。加热室中的溶液因受到沸腾室液柱附加的静压力的作用而并不在加热管内沸腾，直到上升至沸腾室内当其所受压力降低后才能开始沸腾，因而溶液的沸腾汽化由加热室移到了没有传热面的沸腾室，从而避免了结晶或污垢在加热管内的形成。

列文式蒸发器的优点为蒸发器循环管的截面面积约为加热管总截面面积的 2～3 倍，溶液循环速度可达 2.5～3m/s 以上，故总传热系数亦较大；缺点为液柱静压头效应引起的温度差损失较大，为了保持一定的有效温度差要求加热蒸汽有较高的压力，此外设备体积庞大，消耗的金属材料多，需要高大的厂房来加工。

2. 强制循环蒸发装置

自然循环蒸发器循环速度一般都较低，尤其是在蒸发高黏度、易结垢及有大量结晶析出

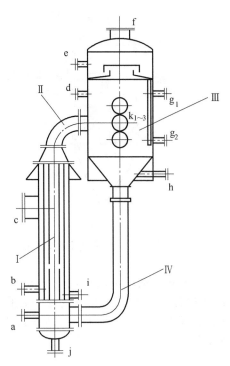

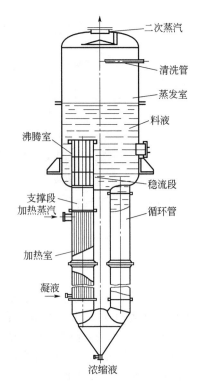

图 1-1-82 外热式自然循环蒸发器（管外沸腾）结构示意图

Ⅰ—加热室；Ⅱ—沸腾管；Ⅲ—蒸发室；Ⅳ—循环管；

a—稀溶液入口；b—不凝气出口；c—蒸汽（二次蒸汽）入口；

d—温度计口；e—压力计口；f—二次蒸汽出口；

g₁~₂—采样口；h—蒸发后溶液出口；i—冷凝液出口；

j—放净口；k₁~₃—视镜（背侧有 4~6）

图 1-1-83 列文式蒸发器结构示意图

的溶液时更低，为了提高循环速度，可采用循环泵进行强制循环，迫使液体以较高速度（1.5~4m/s）流过加热元件，使流动与传热、汽液分离等功能分开，提高传热效率和生产能力。当悬浮液中晶粒多，所用管材硬度低，液体黏度较大时，选用低值，过高的流速将耗费过多的能量，且增加系统的磨损。

强制循环蒸发的优点是对流传热系数高，循环速度高，晶体不易黏结在加热管壁，适用性好，易于清洗；缺点为循环泵能耗较大，溶液停留时间长，造价及维修费用稍高。

强制循环式蒸发器适用于有结垢性、结晶性、热敏性（低温）、高浓度、高黏度并且含不溶性固形物等化工、食品、制药、环保、废液蒸发回收等行业的蒸发浓缩。

加热元件可以是立式单程加热 [图 1-1-84 (a)] 或立式双程加热 [图 1-1-84 (b)]，也可以是卧式双程加热 [图 1-1-84 (c)]。后者的设备总高较小，但管子不易清洗，且容易被晶粒磨损。为抑制加热区内汽化，可采用立式长管蒸发器的办法，在加热区之上保持一定液面高度 [图 1-1-84 (b) 和 (c)]，或采用出口节流的办法 [图 1-1-84 (a)]。

选择循环泵时，必需注意泵的扬程要与循环系统的阻力相匹配，一般是流量大扬程低。由于溶液的温度接近沸点，在循环管路的设计与泵的选型中要十分注意预防气蚀的发生。

设循环的降膜蒸发器和带搅拌的短管蒸发器实际上也属强制循环型。但溶液在降膜蒸发器加热管内呈膜状流动，没有充满管子，所以循环量要小得多。带搅拌的蒸发器只是在中央循环管蒸发器中辅以搅拌，所需功率较小。现阶段，利用降膜蒸发器浓缩，强制循环蒸发器

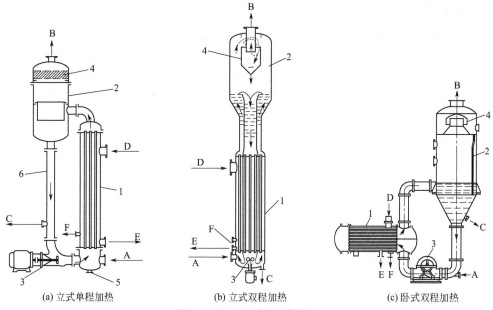

(a) 立式单程加热　　　　　　　(b) 立式双程加热　　　　　　　(c) 卧式双程加热

图 1-1-84　强制循环蒸发器

A—料液；B—二次蒸汽；C—浓缩液；D—加热蒸汽；E—凝液；F—不凝汽；

1—加热室；2—蒸发室；3—泵；4—分离器；5—排泄口；6—下降管

结晶的组合工艺，在废水零排放领域得到了广泛的应用。

在强制循环蒸发器设置中，有时会用金属板代替圆管作为传热元件，一是因为板材比管材价格便宜，二是聚结在平板上的垢层比聚结在圆管内的垢层容易成片剥落。但板的刚度与强度远小于圆管，需要用各种办法增加其刚度与强度，例如冲压成各种花纹的板式换热器。

（二）单程型（膜式）蒸发装置

溶液在蒸发器中只通过加热室一次，不作循环流动即成为浓缩液排出。溶液通过加热室时，在管壁上呈膜状流动，故习惯上又称为液膜式蒸发器。

单程型（膜式）蒸发装置的优点主要为：a. 溶液在蒸发器中的停留时间很短，因而特别适用于热敏性物料的蒸发；b. 整个溶液的浓度不同于循环型蒸发器接近于完成液的浓度，因而单程型（膜式）蒸发装置的有效温差较大。其主要缺点是：对进料负荷的波动相当敏感，当设计或操作不适当时不易成膜，此时，对流传热系数将明显下降。

根据物料在蒸发器内的流动方向和成膜原因不同，单程型（膜式）蒸发装置可分为升膜式蒸发器、降膜式蒸发器、升降膜式蒸发器、刮板式搅拌薄膜蒸发器。

1. 升膜式蒸发器

升膜式蒸发器的加热室由许多竖直长管组成，如图 1-1-85 所示，常用的加热管直径为25～50mm，管长和管径之比为 100～150。料液经预热后由蒸发器底部引入，在加热管内受热沸腾并迅速汽化，生成的蒸汽在加热管内高速上升，一般常压下操作时适宜的出口汽速为20～50m/s，减压下操作时汽速可达 100～160m/s 或更大些。溶液则被上升的蒸汽所带动，沿管壁成膜状上升并继续蒸发，汽、液混合物在分离器内分离，液体由分离器底部排出，二次蒸汽则在顶部导出。

升膜式蒸发器适用于蒸发量较大（浓度较低的溶液）、热敏性和黏度较低的溶液，不适用于高黏度、有晶体析出或易结垢的溶液。

2. 降膜式蒸发器

降膜式蒸发器和升膜式蒸发器的区别在于，料液是从蒸发器的顶部加入，在重力作用下沿管壁成膜状下降，并在此过程中蒸发浓缩，在其底部得到浓缩液，见图 1-1-86。由于成膜机理不同于升膜式蒸发器，故降膜式蒸发器可以蒸发浓度较高、黏度较大（例如在 $0.05\sim$ $0.45Pa\cdot s$ 范围内）、热敏性的物料。但因液膜在管内分布不易均匀，传热系数比升膜式蒸发器的较小，仍不适用于易结晶或易结垢的物料。

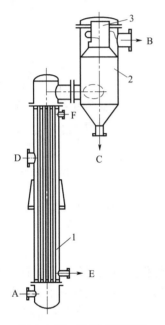
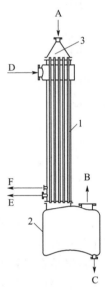

图 1-1-85 升膜式蒸发器
A—料液；B—二次蒸汽；C—浓缩液；
D—加热蒸汽；E—凝液；F—排空；
1—加热室；2—蒸发室；3—分离器

图 1-1-86 降膜式蒸发器
A—料液；B—二次蒸汽；C—浓缩液；
D—加热蒸汽；E—凝液；F—不凝气；
1—加热室；2—汽液分离室；3—料液分布器

降膜蒸发器的关键问题是料液应该均匀分配到每根换热管的内壁，当不够均匀时，会出现有些管子液量很多、液膜很厚、溶液蒸发的浓缩比很小，或者有些管子液量很小、浓缩比很大，甚至没有液体流过而造成局部或大部分干壁现象。为使液体均匀分布于各加热管中，可采用不同结构形式的料液分配器。降膜蒸发器安装时应该垂直安装，以避免料液分布不均匀和沿管壁流动时产生偏流。

这种蒸发器消除了由静压引起的有效传热温差损失问题，蒸发器的压降也很小，在低温差下有较高的传热速率，适合用在多效蒸发系统之中。

3. 升降膜式蒸发器

升降膜式蒸发器由升膜管束和降膜管束组合而成，蒸发器的底部封头内有一隔板，将加热管束分成两部分。溶液由升膜管束底部进入，流向顶部，然后从降膜管束流下，进入分离室，得到完成液，适于处理浓缩过程中黏度变化大的溶液以及厂房有限制的场合。

4. 刮板式搅拌薄膜蒸发器

刮板式搅拌薄膜蒸发器外壳内带有加热蒸汽夹套，其内装有可旋转的叶片即刮板。刮板有固定式和转子式两种，前者与壳体内壁的间隙为 $0.5\sim1.5mm$，后者与器壁的间隙随转子的转数而变。料液由蒸发器上部沿切线方向加入（亦有加至与刮板同轴的甩料盘上的）。由于重力、离心力和旋转刮板刮带作用，溶液在器内壁形成下旋的薄膜，并在此过程中被蒸发浓缩，完成液在底部排出。

这种蒸发器是一种利用外加动力成膜的单程型蒸发器，其突出优点是对物料的适应性很强，且停留时间短，一般为数秒或几十秒，故可适应于高黏度（如栲胶、蜂蜜等）和易结晶、结垢、热敏性的物料。但其结构复杂，动力消耗大，每平方米传热面需1.5～3kW。此外，其处理量很小且制造安装要求高。

（三）夹套釜式蒸发器

当要处理的料液量不大时，可在夹套釜中完成（图1-1-87）。夹套的加热面积较小，可以在釜内增设蛇管加热器。为了强化传热，还可以设置搅拌器。

釜式蒸发器用在产品很黏、处理批量很小、需要很好混合，或由于产品腐蚀性强，要求采用搪瓷衬里的场合。

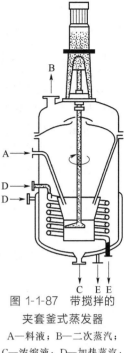

图1-1-87　带搅拌的
夹套釜式蒸发器
A—料液；B—二次蒸汽；
C—浓缩液；D—加热蒸汽；
E—冷凝液

三、设计计算

蒸发可以在常压、加压或减压下进行。减压下的蒸发称为真空蒸发，溶液在低于常压条件下其沸点下降，因此可以提高有效的传热温度差。减压闪蒸是把热溶液送入低压空间，使其在绝热条件下急骤汽化。适宜于回收热溶液的热量，或处理容易在加热面结垢的料液。

多效蒸发是把前效产生的二次蒸汽用作后效的加热蒸汽，使热量多次利用，可以比单效蒸发节省能量。

热泵蒸发是把产生的二次蒸汽压缩，提高压力后送回加热室再次用作加热介质，提供溶剂汽化所需的热量。

不同类型的蒸发器及工艺各有其特点，它们对不同的溶液的适用性也不相同。被蒸发溶液的性质不仅是选型的依据，而且在蒸发器的设计计算和操作管理中，也是必须予以考虑的重要因素。

（一）蒸发器的选型原则

① 溶液的黏度　蒸发过程中，溶液黏度变化的情况，是选型时很重要的因素，高黏度的溶液应选用对其适应性好的蒸发器，如强制循环型、降膜式、刮板搅拌薄膜式等。

② 溶液的热稳定性　热稳定性差的物料，应选用滞料量少、停留时间短的蒸发器，如各种膜式蒸发器。

③ 有晶体析出的溶液　选用溶液流动速度大的蒸发器，以使晶体在加热管内停留时间短，不易堵塞加热管，如外热式、强制循环蒸发器。

④ 易发泡的溶液　泡沫的产生不仅损失物料，而且污染蒸发器，应选用溶液湍动程度剧烈的蒸发器，以抑制或破碎泡沫，如外热式、强制循环式、升膜式等；条件允许时，也可将分离室加大。

⑤ 有腐蚀性的溶液　蒸发此种物料，加热管采用特殊材质制成，或内壁衬以耐腐蚀材料。

⑥ 易结垢的溶液　蒸发器使用一段时间后，就会有污垢产生，垢层的导热系数小，从而使传热速率下降。应选用便于清洗和溶液循环速度大的蒸发器，如悬筐式、强制循环式等。

⑦ 溶液的处理量　溶液的处理量也是选型时应考虑的因素。处理量小的，选用尺寸较大的单效蒸发；处理量大的，选用尺寸适宜的多效蒸发。

（二）蒸发器设计程序

① 依据溶液的性质及工艺条件，确定蒸发的操作条件（如加热蒸汽压强和冷凝器的压强等）及蒸发器的型式、流程和效数；

② 依据蒸发器的物料衡算和焓衡算，计算加热蒸汽消耗量及各效蒸发量；

③ 求出各效的总传热系数、传热量和传热的有效温度差，从而计算各效的传热面积；

④ 根据传热面积和选定的加热管的直径和长度，计算加热管数，确定管心距和排列方式，计算加热室外壳直径；

⑤ 确定分离室的尺寸；

⑥ 其他附属设备的计算或确定。

（三）单效蒸发

图 1-1-88 所示为单效真空蒸发流程。加热蒸汽在加热室 1 的管间冷凝，放出的热量通过管壁传给管内溶液。蒸发后的浓缩液由蒸发器底部排出。产生的二次蒸汽在蒸发室 2 与液滴分离后，引到混合冷凝器 3，与冷却水直接接触而被冷凝，由混合冷凝器底部排出。二次蒸汽中的不凝性气体经分离器 4 和缓冲罐 5，由真空泵 6 抽出，排入大气或后续处理。

现以连续操作的单效蒸发为例，见图 1-1-89，料液流量与浓度之间的关系可由物料平衡方程式（1-1-116）给出。

$$(F-W)x_1 = Fx_0 \tag{1-1-116}$$

式中，F 为稀料液流量，kg/h；W 为排出的二次蒸汽流量，kg/h；x_0 为稀料液质量浓度，%；x_1 为浓缩液质量浓度，%。

在加热室的壳程，加热蒸汽（生蒸汽）冷凝，并有等量的冷凝液连续排出。整个蒸发过程中，蒸发器内的溶液浓度应与排出的浓缩液浓度一致，始终保持为 x_1。

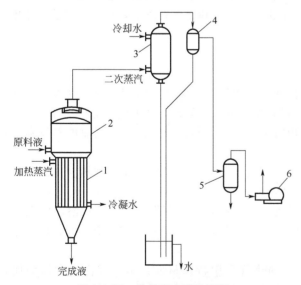

图 1-1-88　单效真空蒸发流程

1—加热室；2—蒸发室；3—混合冷凝器；

4—分离器；5—缓冲罐；6—真空泵

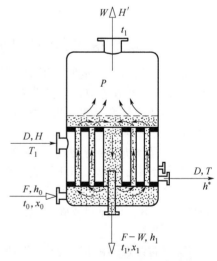

图 1-1-89　单效连续蒸发的计算图

所需的加热蒸汽量由热量平衡方程式（1-1-117）给出：

$$D = \frac{W(H'-h_0) + F(h_1-h_0) + Q_t}{H-h^*} \qquad (1\text{-}1\text{-}117)$$

式中，D 为加热蒸汽流量，kg/h；H、H' 为加热蒸汽、二次蒸汽的焓，kJ/kg；h_0、h_1、h^* 为稀料液、浓缩液、加热蒸汽凝液的焓，kJ/kg；Q_t 为蒸发器的热损失，kJ/h。

从式（1-1-117）可见，加热蒸汽给出的热量，既为了汽化溶剂，也为了加热溶液达到沸点。

蒸发器的传热面积 A 可按传热方程式（1-1-118）确定：

$$A = \frac{Q}{K\Delta t} \qquad (1\text{-}1\text{-}118)$$

式中，A 为传热面积，m^2；Q 为传递热量，J/s，$Q = D(H-h^*)$；K 为传热系数，$W/(m^2 \cdot K)$，可按传热计算有关公式由内外壁的对流传热膜系数及管壁热阻、积垢热阻各项求出；Δt 为有效传热温差，为加热蒸汽温度与溶液实际温度之差。

【例 1-1-16】　蒸发烧碱溶液的单效蒸发器。其生产能力为 15t/h，连续操作。进入装置的稀碱液 52.5t/h，温度 $t = 80℃$，浓度 $x_0 = 28\%$。要求浓缩到 $x_1 = 40\%$。加热蒸汽绝对压力 $P = 0.25MPa$，其饱和温度 $T = 127.2℃$，蒸发空间的绝对压力为 0.02MPa，此时系统中水的沸点 66℃。已知传热系数 $K = 1300W/(m^2 \cdot K)$。求蒸汽消耗量及蒸发器所需的加热面积。

解：① 蒸发水量 W

$$W = F\left(1 - \frac{x_0}{x_1}\right) = 52500\left(1 - \frac{28\%}{40\%}\right) = 15750(kg/h) = 4.38(kg/s)$$

② 有效传热温差 Δt　由图 1-1-79 查得浓度为 40% 的 NaOH 溶液，当处于水的沸点为 66℃ 的压力下时，其沸点升高 Δ' 为 24.5℃，溶液的平均温度：

$$t_1 = t_m + \Delta' = 66 + 24.5 = 90.5（℃）$$

有效传热温差：

$$\Delta t = T - t = 127.2 - 90.5 = 36.7（℃）$$

③ 加热蒸汽量 D　0.02MPa 下的水蒸气 $H' = 2605kJ/kg$；2.5MPa 下的水的汽化热 $(H-h^*) = 2185kJ/kg$；90.5℃、40% NaOH 的 $h_1 = 400kJ/kg$，80℃、28%NaOH 溶液的 $h_0 = 300kJ/kg$，设热损失为全部热负荷的 3%，则得：

$$D = \frac{W(H'-h_0) + F(h_1-h_0) + Q_1}{H-h^*}$$

$$= \frac{[15750 \times (2605-300) + 52500 \times (400-300)] \times (1+3\%)}{2185}$$

$$= 19588（kg/h）$$

④ 传热面积 A

$$A = \frac{D(H-h^*)}{K\Delta t} = \frac{19588 \times 2185 \times 1000}{1300 \times 36.7 \times 3600} = 249（m^2）$$

（四）多效蒸发

1. 蒸发工艺选型

在工业生产中要蒸发大量水分，为了减少加热蒸汽消耗量，可采用多效蒸发。多效蒸发是将多个蒸发器连接起来的系统，后一效的操作压力和溶液沸点均较前一效低，仅在压力最高的第一效加入新鲜的加热蒸汽，所产生的二次蒸汽作为后一效的加热蒸汽，也就是后一效的加热室成为前一效二次蒸汽的冷凝器。最末效往往是在真空下操作的，只有末效的二次蒸汽才用冷却介质冷凝。因此多效蒸发不但明显地减少了加热蒸汽的耗量，而且也明显地减少了冷却水的耗量，如表 1-1-24 所示。

表 1-1-24 多效蒸发蒸汽的消耗量举例

蒸发类型	单效	双效	三效	四效	五效
单位蒸汽消耗量 $(D/W)_{min}/(kg/kg)$	1.1	0.57	0.4	0.3	0.27

但效数要受两方面的限制：

① 设备投资与设备折旧费的限制 设备投资几乎与效数成正比增加，而能耗的减少却与效数成弱比例。当因节能而省下的开支不足以补偿设备折旧费的增加时，增加效数就失去经济价值。

② 温度差的限制 首效的加热蒸汽压力和末效的真空度都有一定限制，所以装置的总温差是一定的。多效蒸发器组的每一效中都有沸点升高引起的温差损失以及其他温差损失。而各效的有效温差与各效的温差损失之和等于总温差，因此各个单效的有效温差就要比总温差小得多。虽然 n 效蒸发器组的总传热面积 n 倍于单效蒸发器，但在相同总温差下，其生产能力却要低于单效蒸发器。

根据加热蒸汽与料液的流向关系，多效蒸发的操作流程可分为多种，下面以三效为例分别进行设计及计算说明。

（1）顺流流程

如图 1-1-90 所示，溶液和蒸汽流向相同，都由第一效顺序流到末效。原料液用泵送入第一效，依靠效间的压差，自动流入下一效，浓缩液（或称完成液）自末效（一般是在真空下操作）用泵抽出。因为后一效的压力低，溶液的沸点也低，故溶液从前一效进入后一效时，会因过热而自行蒸发，称为闪蒸，可能比前一效产生较多的二次蒸汽。顺流流程适宜处理在高浓度下为热敏性的溶液。

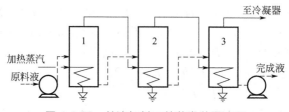

图 1-1-90 并流加料三效蒸发装置流程

（2）逆流流程

如图 1-1-91 所示，原料液由末效加入，用泵依次送到前一效，完成液由第一效排出，料液与蒸汽逆向流动。随着溶剂的蒸发、溶液浓度逐渐提高的同时溶液的蒸发温度也逐效上

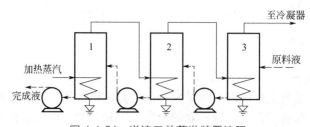

图 1-1-91 逆流三效蒸发装置流程

升，因此各效溶液的黏度比较接近，使各效的传热系数也大致相同。但因为溶液从后一效送到前一效时，液温低于送入效的沸点，有时需要补充加热，否则产生的二次蒸汽量将逐效减少。一般说来，逆流流程宜于处理黏度随温度和浓度变化较大的溶液，而不宜处理热敏性溶液。

（3）错流流程

如图 1-1-92 所示，错流流程亦称混流流程，是顺流、逆流流程的结合。例如五效蒸发流程中，蒸汽还是沿 1—2—3—4—5 效流向，而料液的供料方式，可以采用 3—4—5—1—2 效或 3—4—5—2—1 效的循序。错流的特点是兼有并流与逆流的优点而避免其缺点。但操作复杂，要有完善的自控仪表才能实现其稳定操作。我国目前主要用于造纸工业的碱回收系统。

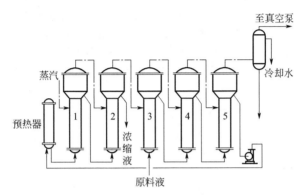

图 1-1-92　五效错流流程：3—4—5—1—2

（4）平流流程

如图 1-1-93 所示，各效都加入料液，又都引出完成液。此流程用于饱和溶液的蒸发。各效都有结晶析出，可及时分离结晶。此法还可同时浓缩多种水溶液。

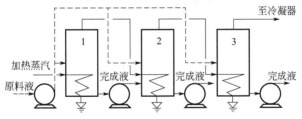

图 1-1-93　平流加料三效蒸发装置流程

2. 多效蒸发的计算

在稳定操作的多效蒸发中，已知量包括：进料量 F；进料温度 t_0；进料浓度 x_0；最终浓缩液浓度 x_n；加热蒸汽压力 p_0；冷凝器中的压力 p_n。各效的传热系数 K 一般可引用生产或实验测得的数据，也可用经验公式估算。

未知量包括：水分蒸发量 W；加热蒸汽消耗量 D；各效蒸发器的传热面积 A。此时仍可根据物料衡算、热量衡算和传热方程建立相互关系。但由于效数多时，各效的上述诸未知量很多，相应的关系式也很多，需要根据经验先给定初值，进行迭代求解。

（1）物料衡算和热量衡算

下面以常见的顺流流程（图 1-1-94）为例。

与单效蒸发相同，总的蒸发水量仍可按物料平衡式计算：

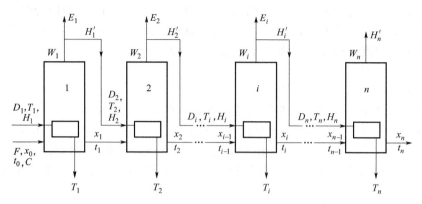

图 1-1-94 并流加料多效蒸发的物料衡算、热量衡算示意图

W—蒸发水分，kg/h；H'—二次蒸汽的焓，kJ/kg；D—加热蒸汽量，kg/h；H—加热蒸汽的焓，kJ/kg；
T—加热蒸汽饱和温度，℃；E—引出的额外蒸汽量，kg/h；F—料液量，kg/h；x—溶液浓度，质量％；
t—溶液温度，℃；C—溶液比热容，kJ/(kg·℃)；下标1，2，…，i，…，n—效数序号

$$W = F\left(1 - \frac{x_0}{x_n}\right); \ W = \sum_{i=1}^{n} W_i \tag{1-1-119}$$

任意效（第 i 效）的溶液浓度为：

$$x_i = \frac{Fx_0}{F - \sum_{i=1}^{i} W_i} \tag{1-1-120}$$

根据（第 i 效）的热量平衡，可得第 i 效的蒸发水量。

（2）传热面积的确定和有效温差

在各效中的分配求得各效的加热蒸汽量 D_i 之后，可根据各效的传热量公式：

$$Q_i = D_i(H_i - CT_i) = D_i\gamma_i \tag{1-1-121}$$

利用传热方程，求各效的传热面积：

$$A_i = \frac{Q_i}{K_i \Delta t_i} \tag{1-1-122}$$

$$\Delta t = T_i - t_i \tag{1-1-123}$$

【例 1-1-17】 采用三效顺流加料蒸发流程，将质量分数 10％ 的 NaOH 水溶液浓缩到 40％，进料量为 2.5×10^5 kg/h，温度为 80℃。用 0.5MPa 的饱和蒸汽加热，末效二次蒸汽进冷凝器冷凝，其压力为 0.02MPa，已知各效传热系数分别为 $K_1 = 1500$ W/(m²·K)，$K_2 = 1000$ W/(m²·K)，$K_3 = 560$ W/(m²·K)。若各效蒸发器采用相等的传热面积，蒸发器内液层高度为 7m，求加热蒸汽消耗量和各效的传热面积。

解： ① 总蒸发水量

$$W = F\left(1 - \frac{x_0}{x_3}\right) = 2.5 \times 10^5 \times \left(1 - \frac{10\%}{40\%}\right) = 187500 \ (\text{kg/h}) = 52.1 \ (\text{kg/s})$$

因为没有引出额外蒸汽，可假设各效的水分蒸发量相等，各效蒸发水量有：

$$W_1 = W_2 = W_3 = \frac{W}{3} = \frac{187500}{3} = 62500 \ (\text{kg/h}) = 17.4 \ (\text{kg/s})$$

② 各效中的溶液浓度

$$x_1 = \frac{Fx_0}{F-W_1} = \frac{2.5 \times 10^5 \times 10\%}{2.5 \times 10^5 - 62500} = 13.33\%$$

$$x_2 = \frac{Fx_0}{F-(W_1+W_2)} = 20\%$$

$$x_3 = \frac{Fx_0}{F-(W_1+W_2+W_3)} = 40\%$$

③ 各效溶液沸点和有效传热温差　设蒸汽压力按等压降分配，每效压降为：

$$\Delta p = \frac{(p_0+0.1013)-p_3}{3} = \frac{0.5+0.1013-0.02}{3} = 0.1938 \text{（MPa）}$$

可根据此求得二次蒸汽压，并查得各有关数据如表 1-1-25 所示。

表 1-1-25　二次蒸汽压及相关数据

项目	1 效	2 效	3 效
加热蒸汽压力 p/MPa	0.601	0.407	0.213
加热蒸汽饱和温度 T_i/℃	158.7	144.0-1.0=143.0	123.0-1.0=122.0
加热蒸汽的焓 H_i/(kJ/kg)	2752.8	2741.7	2711.9
加热蒸汽的汽化热 r_i/(kJ/kg)	2113.2	2139.9	2177.6
二次蒸汽压力 p_i/MPa	0.407	0.213	0.021
二次蒸汽的饱和温度 t_i/℃	144.0	123.0	61.1

考虑蒸汽管路的阻力，此温度比前效的二次蒸汽温度下降1℃。

假设循环型蒸发器中溶液基本上符合理想混合模型，取效中的溶液浓度等于该效的出口浓度。因此以出口浓度来确定溶液的沸点。各蒸发器中溶液的平均温度为处在液面下 1/5 液层深度处的沸腾温度，其所处的压力为：

$$p' = p + \Delta p = p + (1/5)l\rho g$$

表 1-1-26 列出各项相应数据。

表 1-1-26　有效传热温差及相关数据

项目	1 效	2 效	3 效
溶液浓度 x_i/%	13.33	20.0	40.0
溶液密度 ρ_i/(kg/m³)	1146	1219	1423
加热蒸发压力 p/MPa	0.407	0.213	0.02
$\Delta p = (1/5)l\rho g$/MPa	0.016	0.017	0.021
$p' = p + \Delta p$/MPa	0.423	0.230	0.041
在 p' 下的水的饱和温度 t_γ	145.5	124.4	75.62
沸点升高 Δ'_i/℃	2.6	6.5	25.0
溶液的平均温度 t_{im}/℃	148.1	130.9	100.62
有效传热温差 $\Delta t_i = T_i - t_{im}$/℃	10.6	11.5	21.4
有效总温差 $\sum \Delta t_i$/℃			10.6+11.5+21.4=43.5

④ 首效加热蒸汽耗量和各效水分蒸发量　求取各效的蒸发系数 α_i、自然蒸发系数 β_i 与热利用系数 η_i（对于 NaOH 水溶液，$\eta_i = 0.98 - 0.7\Delta x$），见表 1-1-27。

表 1-1-27　各效蒸发系数 α_i、自然蒸发系数 β_i、热利用系数 η_i

项目	1 效	2 效	3 效
$\alpha_i=\dfrac{H_i-CT_i}{H_i'-Ct_i}=\dfrac{r_i}{r_i'}$	$\alpha_1=\dfrac{2113.2}{2139.9}=0.988$	$\alpha_2=\dfrac{2139.9}{2177.6}=0.982$	$\alpha_3=\dfrac{2177.6}{2355.1}=0.925$
$\beta_i=\dfrac{t_{i-1}-t_i}{H_i'-Ct_i}=\dfrac{t_{i-1}-t_i}{r_i'}$	$\beta_1=\dfrac{80-148.1}{2139.9}=-0.032$	$\beta_2=\dfrac{148.1-130.9}{2177.6}=0.00790$	$\beta_3=\dfrac{130.9-100.62}{2355.1}=0.0128$
$\eta_i=0.98-0.7\Delta x$	$\eta_1=0.98-0.7(13.33\%-10.0\%)=0.957$	$\eta_2=0.98-0.7(20\%-13.33\%)=0.933$	$\eta_3=0.98-0.7(40\%-20\%)=0.84$

代入得各效蒸发水量的关系式：

$W_1=[0.988D+(2.5\times10^5\times3.75)(-0.032)]\times0.957\ (\text{kg/h})$

$W_2=[0.982W_1+(2.5\times10^5\times3.75-4.187W_1)\times0.00781]\times0.933\ (\text{kg/h})$

$W_3=\{0.925W_2+[2.5\times10^5\times3.75-4.187\times(W_1+W_2)]\times0.0132\}\times0.84\ (\text{kg/h})$

另有　　　　　　　　　　$W_1+W_2+W_3=187500\ (\text{kg/h})$

四式联立，解出得：$W_1=66450\text{kg/h}$，$W_2=65700\text{kg/h}$，$W_3=55300\text{kg/h}$，$D=100600\text{kg/h}$。

⑤ 各效有效温差及换热面积　见表 1-1-28。

表 1-1-28　各项有效温差及换热面积

项目	1 效	2 效	3 效	Σ
加热蒸汽量 $D_i/(\text{kg/h})$	100600	66450	65700	
蒸汽的汽化热 $r_i/(\text{kJ/kg})$	2113.2	2139.9	2177.6	
热负荷 $Q_i=D_ir_i/(\text{kJ/h})$	21.26×10^7	14.22×10^7	14.31×10^7	
传热系数 $K_i/[\text{W/(m}^2\cdot\text{K)}]$	1500	1000	650	
$Q_i/K_i/(\text{m}^2\cdot\text{K})$	39370	39500	61150	140020
$\Delta t_i=Q_i/K_i\times\dfrac{\sum\Delta t_i}{\sum Q_i/K_i}/℃$	12.23	12.27	19.00	
传热面积 $A=Q_i/(K_i\Delta t_i)/\text{m}^2$	3219	3219	3218	

（五）机械压缩式热泵（MVR）

蒸发所产生的二次蒸汽的流量与加热蒸汽量相差无几，但它的温度、压力都比加热蒸汽低。如果能设法提高二次蒸汽的压力，则其饱和温度也将相应提高，于是就可以将压力提高后的蒸汽代替新鲜蒸汽，重新用来加热。以消耗部分机械能/电能（MVR）为代价，通过热力循环把热能由低温位物体转移到高温位物体，这也是热泵的原理。

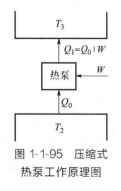

图 1-1-95 是压缩式热泵工作原理图。通过热泵的循环，消耗了高质能 W，从低温热源 T_2 吸收热量 Q_0，使温度为 T_3 的用热场所获得热量 Q_1-Q_0+W。如果热泵作逆卡诺循环，则加入的理论功 W（kJ）最小，为：

$$W=\frac{T_3-T_2}{T_3}Q_1 \tag{1-1-124}$$

式中，T_2、T_3 分别为以绝对温度表示的低温与高温热源的温度，K。

图 1-1-95　压缩式热泵工作原理图

蒸发器产生的二次蒸汽就是低温热源，其温度为 T_2；而所需的加热蒸汽就是高温热源，其温度为 T_3。高低温热源的温差 T_3-

T_2，也就是蒸发器加热室的名义传热温差（包括有效传热温差与沸点升高等温差损失，其值一般为 8～20K）。所以在蒸发中采用热泵技术的条件是非常优越的。

从理论上说，凡是能提高气体压力的机械，诸如罗茨鼓风机，往复式、螺杆式以及离心式压缩机等，都可用作热泵。它们可以用电动机驱动，也可以用汽轮机或其他动力机械驱动。用电动机驱动的热泵蒸发如图 1-1-96（a）所示。辅助加热器是装置开车时所必需的，如果加入的料液温度较低，也用来在操作中补充热量。

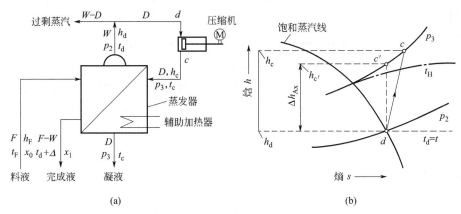

图 1-1-96 电动机带动的热泵蒸发

图 1-1-96（b）所示蒸汽焓熵图有助于说明压缩过程。设二次蒸汽是压力为 p_2 的饱和蒸汽（状况 d），所需的加热蒸汽压力为 p_3，理想的可逆压缩沿等熵线 d-c' 交等压线 p_3 于 c' 点，其等熵焓增为 $h_{c'}-h_d$。实际压缩过程是 d-c 的多变过程，其焓增为 h_c-h_d，η_{sc} 为压缩机的等熵效率。离心压缩机的 η_{sc} 一般高于 0.8，包括压缩机多变熵增和机械损失 η_{sc} 的压缩机总效率 $\eta_c=0.75\sim0.80$。

机械压缩式热泵的计算公式如下：

① 预热料液所需的热量 Q_1（J/h）

$$Q_1=Pc_0(t-t_0) \tag{1-1-125}$$

式中，P 为原料液质量流量，kg/h；c_0 为溶液的比热容，J/(kg·℃)；t 为蒸发器温度，℃；t_0 为原料液温度，℃；

② 蒸发水分所需的热量 Q_2（J/h）

$$Q_2=W(h_d''-h_d') \tag{1-1-126}$$

式中，W 为蒸发水分质量，kg/h；$h_d''-h_d'$ 为液体的蒸发焓（汽化热），J/kg。

③ 蒸汽冷却冷凝放出热量 Q_3（J/h）

$$Q_3=W(h_c''-h_c') \tag{1-1-127}$$

式中，$h_c''-h_c'$ 为蒸汽的冷却焓，J/kg。

④ 蒸发器的换热面积 A（m^2）

$$A=\frac{Q}{K\Delta t_1} \tag{1-1-128}$$

式中，Q 为蒸发器的热负荷，W；Δt_1 为传热平均温差，℃；K 为换热器的总传热系数，W/(m^2·℃)。

【例 1-1-18】 生产任务和操作条件与上例相同。蒸发后的二次蒸汽用电动机驱动的离心压缩机压缩，其综合效率为 75%、求所需功率、供热系数 COP 及蒸发器的换热面积。

参见图 1-1-96，查得压缩机进口（即蒸发器的二次蒸汽）d 点与压缩机出口（即加热蒸汽）c' 点的参数见表 1-1-29。

表 1-1-29　d 点与 c' 点参数

项目	状态 d（压缩机入口蒸发器的二次蒸汽）	状态 c'（压缩机出口加热蒸汽）
压力 p/MPa	0.08	0.121
温度 t/℃	93.2	105
汽相焓 h''/(kJ/kg)	2665.3	2742.6
液相焓 h'/(kJ/kg)	390.1	440.0
熵 s''/[kJ/(kg·K)]	7.453	7.453

按照上题的条件，原料液质量流量 $P = 2.5 \times 10^5$ kg/h，原料液温度 $t_0 = 80℃$，10% NaOH 溶液的比热容 $c_0 = 3.55$ J/(kg·℃)，蒸发水分质量 $W = 1.875 \times 10^5$ kg/h，则

$$Q_1 = Pc_0(t - t_0) = 2.5 \times 10^5 \times 3.55 \times (93.2 - 80)/1000 = 1.17 \times 10^4 (\text{kJ/h})$$

$$Q_2 = W(h''_d - h'_d) = 1.875 \times 10^5 \times (2665.3 - 390.1) = 4.27 \times 10^8 (\text{kJ/h})$$

$$Q = Q_1 + Q_2 = 4.27 \times 10^8 (\text{kJ/h})$$

蒸汽冷却冷凝放出热量：

$$Q_3 = W(h''_c - h'_c) = 1.875 \times 10^5 \times (2742.6 - 440) = 4.32 \times 10^8 (\text{kJ/h})$$

实际上因为不是等熵压缩，状态 c 的 h'' 要更大些。考虑到热损失，所以还要补充热量。供热与需热的差值，可用热的浓缩液和加热蒸汽冷凝液与冷料液的换热来补偿。蒸发器的换热面积 A 为：

$$A = \frac{Q}{K\Delta t_1} = \frac{4.27 \times 10^8}{1000 \times (93.2 - 80)} = 32348 (\text{m}^2)$$

四、热能利用和优化

1. 蒸发系统热能利用

上面介绍的多效蒸发、MVR 蒸发等都是提高蒸发系统蒸汽经济性的有效措施。此外，下面介绍几种提高蒸汽经济性的措施。在蒸发系统内部，可以利用的热量有下列几种：

① 末效二次蒸汽一般是送冷凝系统冷凝，这部分热量最大，但温位很低，利用有困难。

被蒸发的料液量很大，有时料液的温度还比较低。如果直接把低温料液送入蒸发器，不但占用了蒸发器的热负荷容量，而且还要消耗焓含量较高的加热介质。如果合理利用本系统排放的低温热量，循序逐级预热料液，使料液在接近沸腾温度下进入蒸发器，则可以避免上述两方面的弊端。

② 浓缩液携带的热量在多效逆流流程中，浓缩液的温度较高，由于浓度也较高，所以腐蚀性较大，还易于结垢。

在表面式换热器中用热的浓缩液来预热料液，由于腐蚀、结垢等原因而有困难。工业上多采用分级减压闪蒸的办法，使闪蒸蒸汽补充到相应各效的二次蒸汽系统加以利用。由于水分的闪蒸，还可以使浓缩液继续浓缩，提高排出浓度。

③ 冷凝液热量的利用，冷凝液比较洁净，回收热量应该没有什么困难，但各效排出的冷凝液，压力、温度各不相同，必需加以注意。

冷凝液完全可以在表面式换热器中对料液进行分级预热。但由于各效间预热器热量不一定能够平衡，而使流程与设备复杂化。所以实际上多采用使冷凝液减压到本效二次蒸汽的压力，使其闪蒸汽补充到本效二次蒸汽系统中，再从二次蒸汽中抽取所需的量作为额外蒸汽，

来预热料液。这样做虽然在闪蒸过程中有㶲的损失，但对流程的控制与简化却是有利的。

④ 各效产生的二次蒸汽，可以分出一部分，作为额外蒸汽，用于相适应的场合。主要是用作本系统下一效的加热蒸汽和预热本系统的料液。但如果在生产的其他装置中有与各二次蒸汽压力相同的需求，完全可以抽出一部分供用。

2. 蒸发系统优化

无论是多效蒸发、蒸汽压缩蒸发，还是蒸发系统的热能利用，在提高蒸汽经济性的同时，都要以增加传热面积、增加流程与设备的复杂性为代价。人们对一套蒸发设备的评价，总是期望其处理单位产品所花费的总成本，或是蒸发单位水分所花费的总成本为最低。上面所指的总成本，既包括为维持日常生产的能耗（包括汽、水、电等），维修、运行的材料与人工费用，又包括设备、厂房等基建投资的折旧费用。单效蒸发器的能耗指标很高，每蒸发 1t 水要消耗 1t 多生蒸汽，还需要 10~40t 循环冷却水，但其设备与厂房投资却是最少的。双效蒸发器的蒸汽消耗量与冷却水的消耗量只占单效的一半，但在相同的总温差下，为完成既定任务，两台蒸发器各自的传热面积都要比单效的面积大，再加上厂房设施、管线、泵、控制仪表等，投资要超过一倍多。三效蒸发的单耗更低，而基本投资更高。需要注意的是，随着效数的增长，单耗下降的趋势逐渐减缓，而投资上升却是直线上升。当因增加效数而使基建投资的折旧费的上升超过单耗的下降时，继续增加效数就会使总成本上升。而总成本为最小的效数，就是最优效数（图 1-1-97）。

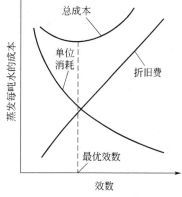

图 1-1-97 多效蒸发的效数
与蒸发总成本的关系

最优效数不但与蒸汽单价、设备造价等因素有关，设备的生产规模往往还起很大作用。大规模装置的最优效数往往较高。

强制循环蒸发器的循环速度也有一个最优值。高的流速需要大流量的循环泵，要消耗较多的电能。另一方面，较大的流速又导致较高的传热系数，可以减少结垢，因而可以采用较小的传热面积。与此相同，热泵蒸发如采用较高的压缩比，就要消耗较多的外功，而较高的压缩比说明有较大的传热温差，可以减少蒸发器的传热面积。最佳循环速度、最佳压缩比就是系统的优化问题。

参 考 文 献

[1] 张宝军，王国平，袁永军，等. 水处理工程技术 [M]. 重庆：重庆大学出版社，2015.
[2] 薛桂荣. 回转式格栅清污机及其在水利工程中的实际应用 [J]. 山西水利科技，2017，(01)：1-3.
[3] 陈剑荣，刘志，陈晨. 应急事故池设计有关理念探讨 [J]. 环境工程，2016，34 (S1)：32-34，40.
[4] 何继华，谢小琛. 简谈各类沉淀池在汽车行业废水站的应用 [J]. 大众标准化，2021，(21)：245-247. DOI：10. 3969/j. issn. 1007-1350. 2021. 21. 084.
[5] 鲁志强. 水厂澄清池排泥改造 [J]. 铝加工，2015，(4)：59-61.
[6] 段志栋. 机械搅拌澄清池调试总结 [J]. 给水排水，2020，56 (05)：118-122.
[7] 李雪，黄睿. 含油污水处理工艺设计 [J]. 辽宁化工，2020，49 (04)：420-422.
[8] 李鹏宇. 油田污水处理沉降工艺技术探讨 [J]. 化学工程与装备，2020 (05)：300-301.
[9] 杨帆，杨昌柱，周李鑫. 撇油器的原理及性能 [J]. 工业安全与环保，2004，30 (5)：27-30.
[10] 程琳. 离心分离机在煤泥水分离中的应用研究 [J]. 自动化应用，2020，(8)：120-121.
[11] 张文启，薛罡，饶品华. 水处理技术概论 [M]. 南京：南京大学出版社，2017.
[12] 张秀龙. 普通快滤池存在的问题及改造措施 [J]. 黑龙江科学，2015，6 (09)：74-75.
[13] 刘晶. 煤化工高盐废水的蒸发结晶工艺技术研究 [J]. 化工管理，2023 (6)：162-164.

第二章
物化处理

第一节　调节均化

一、原理和功能

无论是工业废水还是生活污水，水质和水量在24h之内都有波动变化。这种变化对废水处理设备，尤其是生物处理设备正常发挥其净化功能是不利的，甚至会造成破坏。同样，对于物化处理设备，水量和水质的波动越大，过程参数越难以控制，处理效果越不稳定；反之，波动越小，效果就越稳定。因此，应在废水处理系统之前，设置均化调节池，用以进行水量的调节和水质的均化，以保证废水处理的正常进行。此外，酸性或碱性废水可以在调节池内中和，短期排出的高温废水也可通过调节池平衡水温。

调节池设置是否合理，对后续处理设施的处理能力、基建投资、运转费用等都有较大的影响。废水处理设施中调节作用的目的是：

① 提高对有机物负荷的缓冲能力，防止生物处理系统负荷的急剧变化；

② 控制pH值，以减少中和作用中的化学品的用量；

③ 减小对物理化学处理系统的流量波动，使化学品添加速率适合加料设备的定额；

④ 防止高浓度有毒物质进入生物处理系统；

⑤ 当工厂停产时，仍能对生物处理系统继续输入废水；

⑥ 控制向市政系统的废水排放，以缓解废水负荷分布的变化。

调节是尽量减小废水处理厂进水水量和水质波动的过程。调节池也称均化池，调节池的形式和容量，随废水排放的类型、特征和后续废水处理系统对调节、均和要求的不同而异。

二、设备和装置

调节池分为均量池和均质池。均量池主要起均化水量作用，也称为水量均化池；均质池主要起均化水质作用，也称为水质均化池。

（一）均量池

常用的均量池实际是一座变水位的贮水池，来水为重力流，出水用泵抽。池中最高水位不高于来水管的设计水位，一般水深2m左右，最低水位为死水位，见图1-2-1。

旁通贮留方式见图1-2-2，是图1-2-1的一种变化形式。贮留池移到泵后的旁通线上，泵房主泵按平均流量配置，多余的水量用辅助泵抽入贮留池，在来水量低于平均流量时再回流入泵房集水井。这种方式适用于工厂两班生产而废水处理厂24h运行的情况。优点是贮留池不受来水管高程限制，一般为半地上式，施工维护和排渣均较方便；缺点是贮留池水量需两次抽升，增加了能耗。

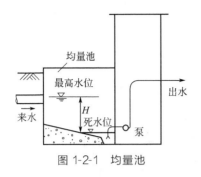

图 1-2-1　均量池

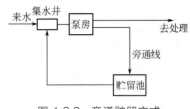

图 1-2-2　旁通贮留方式

（二）均质池

异程式均质池是最常见的一种均质池，为常水位，重力流。均质池中水流每一质点的流程由短到长，都不相同（沉淀池每一质点的流程都相同），再结合进出水槽的配合布置，使前后时程的水得以相互混合，取得随机均质的效果。均质池设在泵前、泵后均可，应当注意，这种池只能均质，不能均量。

由于均质的机理有很大的随机性，故均质池的设计关键在于从构造上使周期内先后到达的废水有机会充分混合。常用的池型有以下几种。

1. 同心圆平面布置方式

同心圆平面布置均质池见图 1-2-3。

2. 矩形平面布置方式

矩形平面布置均质池见图 1-2-4。

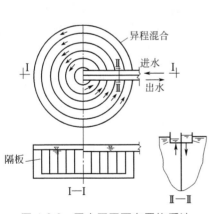

图 1-2-3　同心圆平面布置均质池

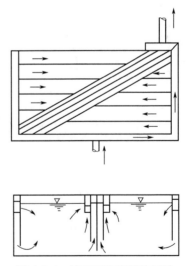

图 1-2-4　矩形平面布置均质池

3. 方形平面布置方式

方形平面布置均质池见图 1-2-5。

以上三种均质池均有大量隔板，在水质清时，能够保证均质作用，但是当废水含杂质多时，有维护问题，因此隔板底距池底宜保持一定距离。根据试验及实践，在正方形及其他形式的较小规模均质池中，取消隔板，仍有明显均质效果。当废水含杂质较多时，宜在均质池前设置沉淀池，以保证均质池的运行。

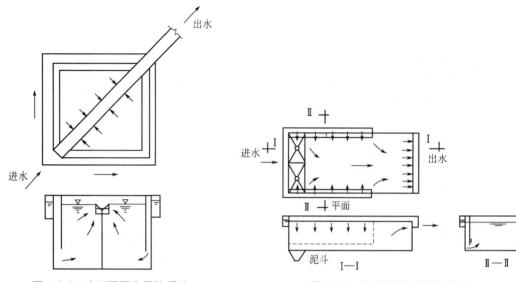

图 1-2-5 方形平面布置均质池   图 1-2-6 均质沉淀结合均质池

4. 结合沉淀池的沿程进水方式

均质沉淀结合式（见图 1-2-6）是将沉淀池与均质池相结合的方法。在这种池中，均质作用主要靠池沿的沿程进水，使同时进池的废水转变为前后出水，达到不同时序的废水混合的目的。与一般沉淀池相同的是池中也设泥斗及刮泥机。根据运行实测结果看（见图 1-2-7和图 1-2-8），均质的效果也相当好。

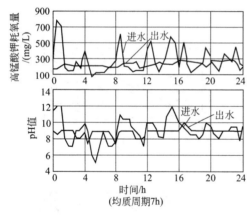

图 1-2-7 某厂均化 7h 效果

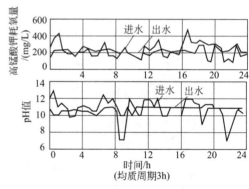

图 1-2-8 某厂均化 3h 效果

5. 回流式

将均质池部分出水，用适当的低扬程提升机械提升［图 1-2-9 (a)］，或用池后泵抽部分压力水［当泵的能力较大，有富余能力时，见图 1-2-9 (b)］回流至均质池进水端，重新沿程分配进水，可使均质效果提高。

（三）均化池（均量、均质）

均化池既能均量又能均质，在池中设置搅拌装置，出水泵的流量用仪表控制。池前须设置格栅、沉砂池以及（或）磨碎机，以去除砂砾及杂质。池后可接二级或三级处理。

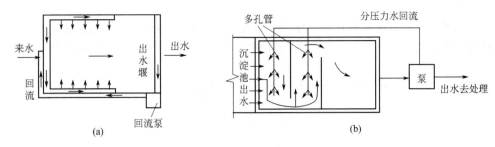

图 1-2-9 回流式均质池

1. 一般均化池

根据池在流程线上的位置，一般可分为两类。

（1）线内设置

池设在流程线内，见图 1-2-10。

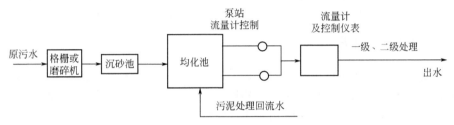

图 1-2-10 线内设置均化池

（2）线外设置

池设在旁通线上，见图 1-2-11。

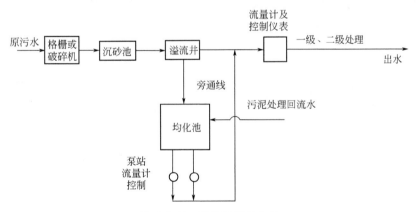

图 1-2-11 线外设置均化池

线内设置的均量、均质效果最好，线外设置使泵抽水量大为减少，但均质效果降低。

2. 其他类型均化池

（1）间歇式均化池（均量、均质）

当水量规模较小时，可以设间歇贮水、间歇运行的均化池，池中设搅拌装置。池可分为两格或三格，交替使用。池的总容量可根据具体情况，按 1～2 个周期设置。

这种做法最简单，效果也最可靠。

（2）事故池

事故池用来贮留事故出水，防止水质可能出现恶性事故对废水厂运行造成破坏，是一种变相的均化池，见图 1-2-12。事故池的进水阀门必须自动控制，否则无法及时处理事故。

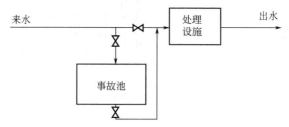

图 1-2-12　事故池布置

事故池平时必须保证泄空，由于处于终端，容积必须足够，国内有达万吨水量者，但是利用率极低。因此，为了保证应付恶性事故，首先必须从上游层层把关，对可能发生事故的污染源一一采取措施，必要时可在工段、车间设分散的事故池。只有在上游采取了充分的措施以后仍有必要在终端作最后的把关时，才考虑设置这种终端事故池。

（四）调节池的混合类型

通过混合与曝气，防止可沉降的固体物质在池中沉降下来和出现厌氧情况。同时，还有预曝气的作用，可以氧化废水中的还原性物质，吹脱去除可挥发性物质，而 BOD 可因空气气提而减少，减轻曝气池负荷，同时还能改进初沉效果。

常用的混合方式有以下几种。

1. 水泵强制循环

在调节池底设穿孔管，穿孔管与水泵压水管相连，用压力水进行搅拌，不需要在均化池内安装特殊的机械设备，简单易行，混合也比较完全，但动力消耗较大，如图 1-2-13 所示。

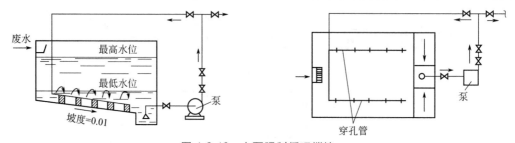

图 1-2-13　水泵强制循环搅拌

2. 空气搅拌

空气搅拌是在池底设穿孔管，穿孔管与鼓风机空气管相连，用压缩空气进行搅拌。在均化池中，如采用穿孔管曝气时可取 $2\sim3m^3/(h\cdot m^2)$ 或 $5\sim6m^3/(h\cdot m^2)$，当进水悬浮物含量约 $200mg/L$ 时，保持悬浮状态所需动力在 $4\sim8W/m^3$。为使废水保持好氧状态，所需空气量取 $0.6\sim0.9m^3/(h\cdot m^2)$。

3. 机械搅拌

机械搅拌是在池内安装机械搅拌设备。典型的机械搅拌装置有以下几部分。

① 搅拌器　包括旋转的轴和装在轴上的叶轮。

② 辅助部件和附件　包括密封装置、减速箱、搅拌电机、支架、挡板和导流筒等。

　　搅拌器是实现搅拌操作的主要部件,其主要的组成部分是叶轮,它随旋转轴运动将机械能施加给液体,并促使液体运动。

　　搅拌器有多种形式:按流体流动形态,可分为轴向流搅拌器、径向流搅拌器、混合流搅拌器;按搅拌器叶片结构,可分为平叶、折叶、螺旋面叶;按搅拌用途,可分为低黏流体用搅拌器、高黏流体用搅拌器;按安装形式,可分为顶进式、侧入式以及潜水搅拌器。

　　桨叶的不同,可使流体呈现不同的流态,搅拌器流型分类见图 1-2-14。

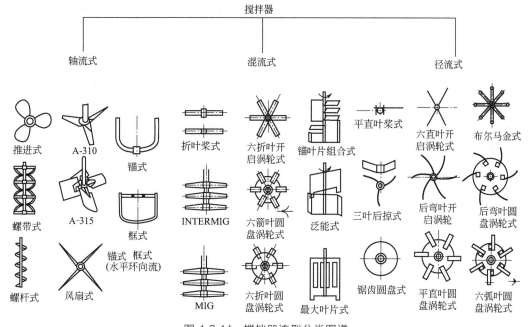

图 1-2-14　搅拌器流型分类图谱

　　推进式搅拌器是轴流型的代表,平直叶圆盘涡轮搅拌器是径向流型的代表,而斜叶涡轮搅拌器是混合流型的代表。

　　常用搅拌器如下。

　　(1) 桨式搅拌器 (见图 1-2-15)

　　桨式搅拌器由桨叶、键、轴环、竖轴组成。桨叶一般用扁钢或不锈钢或有色金属制造。桨式搅拌器的转速较低,一般为 20～80r/min。桨式搅拌器直径取反应釜内径 D_i 的 1/3～2/3,桨叶不宜过长,当反应釜直径很大时采用两个或多个桨叶。桨式搅拌器适用于流动性大、黏度小的液体物料,也适用于纤维状和结晶状的溶解液,物料层很深时可在轴上装置数排桨叶。

　　(2) 涡轮式搅拌器 (见图 1-2-16)

图 1-2-15　桨式搅拌器

图 1-2-16　涡轮式搅拌器

涡轮式搅拌器分为圆盘涡轮搅拌器和开启涡轮搅拌器；按照叶轮又可分为平直叶和弯曲叶。涡轮搅拌器速度较大，300～600r/min。其主要优点是当能量消耗不大时，搅拌效率较高，搅拌产生很强的径向流。因此它适用于乳浊液、悬浮液等。

（3）推进式搅拌器（见图 1-2-17）

推进式搅拌器搅拌时能使物料在反应釜内循环流动，所起作用以容积循环为主，剪切作用较小，上下翻腾效果良好。当需要有更大的流速时，反应釜内设有导流筒。

推进式搅拌器直径取反应釜内径 D_i 的 $1/4～1/3$，转速为 $300～600r/min$，搅拌器的材料常用铸铁和铸钢。

（4）框式和锚式搅拌器（见图 1-2-18）

框式搅拌器可视为桨式搅拌器的变形，其结构比较坚固，搅动物料量大。当这类搅拌器底部形状和反应釜下封头形状相似时，通常称为锚式搅拌器。框式搅拌器直径较大，一般取反应器内径的 $2/3～9/10$，转速为 $50～70r/min$。框式搅拌器与釜壁间隙较小，有利于传热过程的进行，快速旋转时，搅拌器叶片所带动的液体把静止层从反应釜壁上带下来；慢速旋转时，有刮板的搅拌器能产生良好的热传导。这类搅拌器常用于传热、晶析操作和高黏度液体、高浓度淤浆和沉降性淤浆的搅拌。

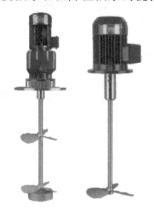

图 1-2-17 三页推进式搅拌器

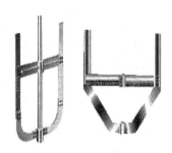

图 1-2-18 框式和锚式搅拌器

（5）螺带式搅拌器（见图 1-2-19）和螺杆式搅拌器（见图 1-2-20）

螺带式搅拌器常用扁钢按螺旋形绕成，直径较大，常做成几条紧贴釜内壁，与釜壁的间隙很小，所以搅拌时能不断地将粘于釜壁的沉积物刮下来。螺带的高度通常取罐底至液面的

图 1-2-19 螺带式搅拌器

图 1-2-20 螺杆式搅拌器

高度。螺带式搅拌器和螺杆式搅拌器的转速都较低，通常不超过 50r/min，产生以上下循环流为主的流动，主要用于高黏度液体的搅拌。

（6）潜水搅拌器（见图 1-2-21）

潜水搅拌器分为混合搅拌和低速推流两大系列。

图 1-2-21 潜水搅拌器

混合系列搅拌机适用于污水处理厂和工业流程中搅拌含有悬浮物的污水、污泥混合液、工业过程液体等，创建水流，加强搅拌功能，防止污泥沉淀及产生死角，沟内流速不低于 0.1m/s。

低速推流系列搅拌机，适用于工业和城市污水处理厂，曝气池污水推流。其产生低切向流的强力水流，可用于循环及硝化、脱氮和除磷阶段创建水流等。

推流式和混合区别为：推流式叶轮叶径一般在 1100～2500mm，转速 22～115r/min，推程远，目的是推进水流；混合系列叶轮直径小，一般叶径在 260～620mm，转速 480～980r/min，目的是混合搅拌。

搅拌器的安装位置：常用搅拌器的安装位置一般是垂直安装在搅拌器容器的中心，但在无挡板的情况下会使被搅拌的液体出现旋涡。采用图 1-2-22 的安装位置则可避免旋涡的出现并能强化搅拌混合效果。

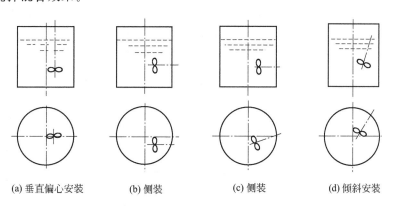

(a) 垂直偏心安装　　　(b) 侧装　　　(c) 侧装　　　(d) 倾斜安装

图 1-2-22 搅拌器在搅拌容器内的安装方式

搅拌器的安装方式一般有顶入式（见图 1-2-23）和侧入式（见图 1-2-24）两种。

此外，还可安装于水面下（见图 1-2-25）、池底（见图 1-2-26）或使用潜水搅拌器，以导杆或支架安装于池内（见图 1-2-27）。

图 1-2-23 顶入式搅拌器安装

图 1-2-24 侧入式搅拌器安装

图 1-2-25 装于水面下的搅拌器

图 1-2-26 装于池底的搅拌器

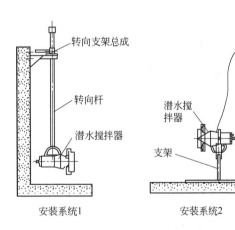

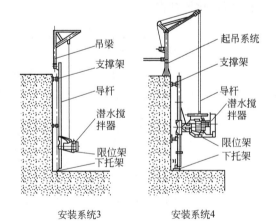

图 1-2-27 潜水搅拌器安装

搅拌器的形式、特性和适用范围见表 1-2-1。

搅拌器的选择参见表 1-2-2。

表 1-2-1 搅拌器的形式、特性和适用范围

搅拌器名称	搅拌器简图	D_j/D_i	转速/(r/min)	液体黏度/mPa·s	搅拌性能指向	搅拌目的(过程)	搅拌强度(P/V)/(kW/m³)
锯齿叶片涡轮式		0.25~0.35	500~3000	低~高 Max.50000	H 剪切型	(液-液) 乳化,强分散	7~20
固定叶片和涡轮叶片式		0.25~0.35	300~1000	低~中 Max.1000		(液-固) 粉碎分散,快速溶解	5~10
						(液-气)	
直叶径流圆盘涡流式		0.25~0.50	50~300	低~高 Max.30000		(液-液) 均化,分散,反应	0.5~3
						(液-固) 分散,溶解	0.5~2
斜桨轴流涡轮式		0.25~0.50	50~300	低~高 Max.30000		(液-气) 分散,反应	1~3
小直径桨式		0.35~0.50	100~300	低~中 Max.5000	Q 排液型	(液-液) 均化,混合,传热,防止分离	0.3~1
						(液-固) 均化,防止沉降	0.2~1
推进式		0.20~0.35	200~400	低~中 Max.3000		(液-气)	
大直径桨式		0.50~0.70	20~100	低~高 Max.50000		(液-液) 均化,混合,防止分离	0.1~0.5
锚式		0.70~0.95	10~50	低~高 Max.200000		(液-固) 均化,结晶,防止沉降	0.1~0.5
						(液-气)	

注：D_i—搅拌器内径；D_j—搅拌器叶轮直径。

表 1-2-2 搅拌器的适用条件

搅拌器型式	流动状态			搅拌目的									搅拌容器容积/m³	转速范围/(r/min)	最高黏度/Pa·s
	对流循环	湍流扩散	剪切流	低黏度混合	高黏度液混合传热反应	分散	溶解	固体悬浮	气体吸收	结晶	传热	液相反应			
涡轮式	◆	◆	◆	◆	◆	◆	◆	◆	◆	◆	◆	◆	1~100	10~300	50
桨式	◆	◆	◆	◆	◆		◆			◆	◆	◆	1~200	10~300	50
推进式	◆	◆	◆	◆		◆	◆	◆				◆	1~1000	10~500	2
折叶开启涡轮式	◆	◆		◆		◆	◆	◆			◆	◆	1~1000	10~300	50
布鲁马金式	◆	◆	◆		◆		◆				◆	◆	1~100	10~300	50
锚式	◆				◆		◆						1~100	1~100	100
螺杆式	◆				◆		◆						1~50	0.5~50	100
螺带式	◆				◆		◆						1~50	0.5~50	100

注：有◆者为可用，空白者不详或不可用。

4. 穿孔导流槽引水

空气搅拌和机械搅拌的效果良好，能够防止水中悬浮物的沉积，且兼有预曝气及脱硫的效能。但是，这两种混合方式的管路和设备常年浸于水中，易遭腐蚀，且有使挥发性污染物质逸散到空气中的不良后果。此外，运行费用也较高。

采用穿孔导流槽引水方式进行均化，虽然能够排除上述缺点，但均化效果不够稳定，而且构筑物结构复杂，特别是池底的排泥设备，目前还缺乏效果良好的构造形式。

上述四种方式各有利弊，空气搅拌方式由于简单易行，效果良好，是工程上常用的混合方式。

三、设计计算

调节池的尺寸和容积，主要是由废水浓度变化范围及要求的均和程度决定。当废水浓度无周期性地变化时，则要按最不利情况即浓度和流量在高峰时的区间计算。采用的调节时间越长，废水越均匀。调节池的设计计算内容，主要是确定调节池的容积。

（一）均量池设计计算

均量池容积 W_T（m^3）

$$W_T = \sum_{i=0}^{T} q_i t_i \tag{1-2-1}$$

式中，q_i 为在 i 时段内废水的平均流量，m^3/h；t_i 为时段，h。

在周期 T 内废水平均流量 $Q(m^3/h)$ 为

$$Q = \frac{W_T}{T} = \frac{\sum_{i=0}^{T} q_i t_i}{T} \tag{1-2-2}$$

【例 1-2-1】 某工厂的废水在生产周期 T 内的废水流量变化曲线如图 1-2-28 所示。曲线下在一个周期内所围的面积，等于废水总量。

解： 根据废水水量变化曲线，绘制废水流量累积曲线（图 1-2-29）。废水量累积曲线与

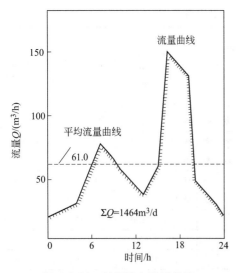

图 1-2-28　某厂池水流量曲线

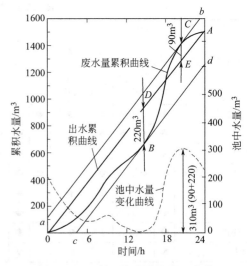

图 1-2-29　某厂废水流量累积曲线

T（本例题为 24h）的交点 A 读数为 1464m^3，连接原点与 A 的直线，其斜率为 $61\text{m}^3/\text{h}$。假设一台泵工作，该线为泵抽水量的累积水量。

对废水量累积曲线，作平行于直线的两根切线 ab、cd，切点为 B 和 C，通过 B 和 C 作平行于纵坐标的直线 BD 和 CE，此二直线与出水累积曲线分别相交于 D 和 E 点。分别按纵坐标计算出线段 BD 及 CE 的水量为 220m^3 及 90m^3，使其相加即可得到所需调节池的容积为 310m^3。图中虚线为调节池内水量变化曲线。

以上做法在理论上是合理的，但是由于在实际中往往得不出规律性很强的流量变化曲线，故设计中选用的贮水池容积还应当根据实际情况留有余地。对于含固体杂质多的废水，还存在沉渣等维护问题。如在池中加搅拌设施（机械或曝气），也能起一定均质作用，但因贮水量一般只占总水量的 $10\%\sim20\%$，故均质作用不大。此外，这种做法受自流来水管高程限制，深度往往很深，有时在地下水位以下，建筑容积很大，使其采用受到一定限制。

（二）均质池设计计算

1. 容积

$$W'_T = \sum_{i=1}^{t_i} \frac{q_i}{2} \tag{1-2-3}$$

考虑到废水在池内流动可能出现短路等因素，一般引入 $\eta=0.7$ 的容积加大系数，则上式应为：

$$W'_T = \sum_{i=1}^{t_i} \frac{q_i}{2\eta} \tag{1-2-4}$$

【例 1-2-2】 已知某化工厂的酸性废水的平均日流量为 $1000\text{m}^3/\text{d}$，废水流量及盐酸浓度见表 1-2-3，求 6h 的平均浓度和调节池的容积。

表 1-2-3 某化工厂酸性废水浓度与流量的变化

时间段	流量/(m³/h)	浓度/(mg/L)	时间段	流量/(m³/h)	浓度/(mg/L)
0—1	50	3000	12—13	37	5700
1—2	29	2700	13—14	68	4700
2—3	40	3800	14—15	40	3000
3—4	53	4400	15—16	64	3500
4—5	58	2300	16—17	40	5300
5—6	36	1800	17—18	40	4200
6—7	38	2800	18—19	25	2600
7—8	31	3900	19—20	25	4400
8—9	48	2400	20—21	33	4000
9—10	38	3100	21—22	36	2900
10—11	40	4200	22—23	40	3700
11—12	45	3800	23—24	50	3100

解： ① 将表 1-2-3 中的数据绘制成水质和水量变化曲线图（图 1-2-30）。

② 从图 1-2-30 可以看出，废水流量和浓度较高的进水段为 12—18 时段。此 6h 废水的平均浓度为：

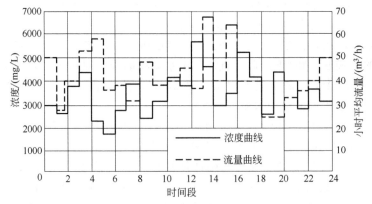

图 1-2-30 某化工厂酸性废水浓度和流量变化曲线

$$c=\frac{c_1q_1+c_2q_2+\cdots+c_nq_n}{q_1+q_2+\cdots+q_n}$$
$$=\frac{5700\times37+4700\times68+3000\times40+3500\times64+5300\times40+4200\times40}{37+68+40+64+40+40}$$
$$=4341\ (\text{mg/L})$$

③ 容积。选用矩形平面对角线出水调节池，其容积为：

$$W'_T=\frac{\sum\limits_{i=1}^{t_i}q_i}{2\eta}=\frac{37+68+40+64+40+40}{2\times0.7}=206\ (\text{m}^3)$$

④ 尺寸有效水深取 1.5m，池面积为 137m²，池宽取 6m，池长为 23m。纵向隔板间距采用 1.5m，将池宽分为 4 格。沿调节池长度方向设 3 个污泥斗，沿宽度方向设 2 个污泥斗，污泥斗坡取 45°，如图 1-2-31 所示。

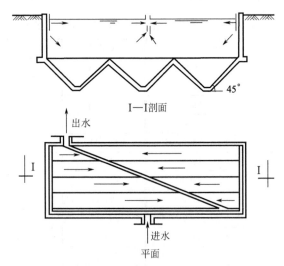

图 1-2-31 矩形平面对角线出水调节池

在计算调节池容积时，应使池出水的污染物浓度不会引起后续处理设施出水超过其最大允许污染物浓度。例如，若活性污泥池出水的最大 BOD_5 是 50mg/L，则由此可计算调节池的最大出水 BOD_5 值，并以此为根据来计算调节池的体积。

2. 停留时间

若废水流量接近恒定，废水的组成又符合正常的统计分布，则：

$$t=\frac{\Delta t S_{i}^{2}}{2S_{e}^{2}}\tag{1-2-5}$$

式中，t 为停留时间，h；Δt 为样品混合的时间间隔，h；S_{i}^{2} 为入水浓度的方差（标准差的平方）；S_{e}^{2} 为在某一概率值（如 99%）时出水浓度的方差。

若处理中使用完全混合池，例如活性污泥池或曝气塘，则该混合池的体积可以作为调节池的一部分。如果一个完全混合曝气池停留时间为 8h，而调节作用所需的总停留时间为 16h，则在调节池中的停留时间仅需 8h。

【例 1-2-3】　废水流量为 $0.22\text{m}^3/\text{s}$ 或 $19000\text{m}^3/\text{d}$，其水质特征见图 1-2-32。数据每 4h 收集一次。平均 BOD 值为 690mg/L，最大 BOD 值为 1185mg/L。

在设计活性污泥系统中发现，调节池的出水 BOD 不能超过 896mg/L，以使活性污泥系统出水满足平均 BOD 值为 15mg/L、最大为 25mg/L 的排放标准要求。

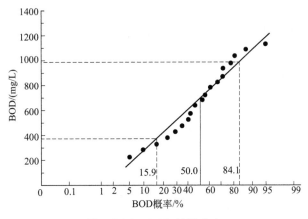

图 1-2-32　BOD 统计分布

解：① 计算出水水质的均值、标准差与方差。这些参数可以用图解法得到，见图 1-2-32。

② 从该图中找到 50% 概率对应浓度。

$$50\%\text{概率对应浓度}\approx\overline{x}\approx690\ (\text{mg/L})$$

③ 根据图 1-2-32，计算标准差 S_{i}，其数值为发生在 15.9%（50.0% － 34.1%）和 84.1%（50.0% ＋ 34.1%）概率对应浓度差的 1/2。

$$S_{i}=\frac{x_{84.1\%}-x_{15.9\%}}{2}=\frac{990-380}{2}=305\ (\text{mg/L})$$

④ 计算出水的标准差 S_{e}。

$\overline{x}=690\text{mg/L}$，$x_{\max}=896\text{mg/L}$，若置信度为 95%，从正态分布概率表可知 $z=1.65$，则

$$S_{e}=\frac{x_{\max}-\overline{x}}{z}=\frac{896-690}{1.65}=125\ (\text{mg/L})$$

⑤ 计算必要停留时间。

$$t=\frac{\Delta t S_{i}^{2}}{2S_{e}^{2}}=\frac{4\times305^{2}}{2\times125^{2}}=11.9\ (\text{h})\approx0.5\ (\text{d})$$

3. 调节池其他参数

当废水流量与强度均做随机变化时，调节池参数的确定（Patterson 和 Menez 提出了一种方法）如下。

池内物料平衡为：

$$c_i Qt + c_0 V = c_2 Qt + c_2 V \tag{1-2-6}$$

式中，c_i 为在采样时间间隔 t 内进入调节池的废水浓度，mg/L；t 为采样时间间隔，h，为 1h；Q 为在采样时间间隔内废水平均流量，m^3/h；V 为调节池体积，m^3；c_0 为在采样时间间隔初调节池的废水浓度，mg/L；c_2 为在采样时间间隔末尾离开调节池的废水浓度，mg/L。

由于时间间隔可以假定为大致划分的，因而可以认为在一个时间间隔内调节池出水浓度大致不变。

上述方程可以重写成以下形式，以计算每个时间间隔后出水的浓度：

$$c_2 = \frac{c_i t + c_0 V/Q}{t + V/Q} \tag{1-2-7}$$

对于一系列调节池体积 V，可以算得一系列出水浓度。相对于某一调节池入水强度和流量，可以得到一个峰值因素 PF。对于设计来说，进水的 PF 为最大浓度与最小浓度的比值，出水的 PF 为最大浓度与平均浓度的比值。调节池的设计过程见下面例题。

【例 1-2-4】 某工厂 8h 循环生产过程的部分数据见表 1-2-4。每个时间间隔表示 1h 采样周期。调节池出水浓度为停留时间分别在 8h（左侧）及 4h（右侧）时的浓度，详见表 1-2-4。

解： ① 若停留时间为 8h，则调节池体积为：

$$V = 4.63 \times 60 \times 8 = 2.23 \times 10^3 \ (m^3)$$

表 1-2-4　工厂生产过程中的部分数据

时间/h	流量/(m³/min)	进水浓度/(mg/L)	出水浓度/(mg/L)	
			$V_r = 1.0$	$V_r = 0.5$
1	6.05	245	187	198
2	0.76	64	185	193
3	3.78	54	173	169
4	4.54	167	172	169
5	6.05	329	194	208
6	7.56	48	169	162
7	4.54	55	157	141
8	3.78	395	179	181
平均值	4.63	178	178	178
PF	10.0	8.2	1.09	1.17

② V_r＝调节池容积/日废水总体积。

第一个时间间隔结束时出水浓度为：

$$c_2 = \frac{c_i t + c_0 V/Q}{t + V/Q} = \frac{245 \times 1 + 179 \times 2230 \div 6.05 \div 60}{1 + 2230 \div 6.05 \div 60} = 188 \ (mg/L)$$

③ 调节池进水的 PF 为：

$$PF=395/48=8.2$$

④ 8h 停留时间的出水 PF 为：

$$PF=194/178=1.09$$

若废水的流量与强度均需调节，则可采取类似的方法计算，但调节池的体积是一个变量。

第二节　混凝

一、原理和功能

混凝就是向水体投加一些药剂（分为凝聚剂、絮凝剂和助凝剂），通过凝聚剂水解产物压缩胶体颗粒的扩散层，达到胶粒脱稳而相互聚结；或者通过凝聚剂的水解和缩聚反应形成的高聚物的强烈吸附架桥作用，使胶粒被吸附黏结。在废水处理中混凝沉淀是最常用的方法之一。

混凝分为凝聚与絮凝两个过程，对应的工艺称为"混合"与"反应"。

（1）凝聚

在水处理工艺中，凝聚主要是指加入混凝剂后的化学反应过程（胶体的脱稳）和初步的絮凝过程。在凝聚过程中，向水中加入的混凝剂发生了水解和聚合反应，产生带正电的水解离子与高价聚合离子和带正电的氢氧化铝或氢氧化铁等胶体，它们会对水中的胶体产生压缩双电层、吸附电中和的作用，使水中黏土胶体的电动电位下降，胶体脱稳，并开始生成细小的矾花（通常<5μm）。

凝聚过程要求对水进行快速搅拌，以使水解反应迅速进行，并使反应产物与胶体颗粒充分接触。此时因生成的矾花颗粒尺度很小，颗粒间的碰撞主要为异向碰撞。凝聚过程需要的时间较短，一般在 2min 内就可完成。

进行凝聚过程的设备称为混合池或混合器。

（2）絮凝

絮凝是指细小矾花逐渐长大的物理过程。在絮凝过程中，通过吸附电中和、吸附架桥、沉淀物的网捕等作用，细小的矾花相互碰撞凝聚逐渐长大，最后可以长大到 0.6~1mm，这些大矾花颗粒具有明显的沉速，可在后续的沉淀池中被有效去除。

因在絮凝过程中颗粒的尺度较大，颗粒间的碰撞主要为同向絮凝，絮凝过程要求对水体的搅拌强度适当，并随着矾花颗粒的长大，搅拌强度应从大到小。如搅拌强度过大，则矾花会因水的剪力而破碎。絮凝过程需要的时间较长，一般为 10~30min。

进行絮凝过程的设备称为反应池、絮凝池或絮凝反应池。

混凝技术与其他技术比较，其优点是设备简单，易于启动和掌握操作维护，便于间歇式操作，处理效果良好。其缺点是运行费用较高，产污泥量较大。

二、混凝剂与助凝剂

（一）常用的无机盐类混凝剂

常用的无机盐类混凝剂见表 1-2-5。

表 1-2-5　常用的无机盐类混凝剂

名称	分子式	一般介绍
精制硫酸铝	$Al_2(SO_4)_3 \cdot 18H_2O$	①含无水硫酸铝50%~52% ②适用于水温为20~40℃ ③pH=4~7时,主要去除水中有机物 　pH=5.7~7.8时,主要去除水中悬浮物 　pH=6.4~7.8时,处理浊度高、色度低(小于30度)的水 ④湿式投加时一般先溶解成10%~20%的溶液
工业硫酸铝	$Al_2(SO_4)_3 \cdot 18H_2O$	①制造工艺较简单 ②无水硫酸铝含量各地产品不同,设计时一般可采用20%~25% ③价格比精制硫酸铝便宜 ④用于废水处理时,投加量一般为50~200mg/L ⑤其他同精制硫酸铝
明矾	$Al_2(SO_4)_3 \cdot K_2SO_4 \cdot 24H_2O$	①同精制硫酸铝②、③ ②现已大部被硫酸铝所代替
硫酸亚铁 (绿矾)	$FeSO_4 \cdot 7H_2O$	①腐蚀性较高 ②矾花形成较快,较稳定,沉淀时间短 ③适用于碱度高,浊度高,pH=8.1~9.6的水,不论在冬季或夏季使用都很稳定,混凝作用良好,当pH值较低时(<8.0),常使用氯来氧化,使二价铁氧化成三价铁,也可以用同时投加石灰的方法解决
三氯化铁	$FeCl_3 \cdot 6H_2O$	①对金属(尤其对铁器)腐蚀性大,对混凝土亦腐蚀,对塑料管也会因发热而引起变形 ②不受温度影响,矾花结得大,沉淀速度快,效果较好 ③易溶解,易混合,渣滓少 ④适用最佳pH值为6.0~8.4
聚合氯化铝	$[Al_n(OH)_mCl_{3n-m}]$ (通式) 简写PAC	①净化效率高,耗药量少,过滤性能好,对各种工业废水适应性较广 ②温度适应性高,pH值适用范围宽(可在pH=5~9的范围内),因而可不投加碱剂 ③使用时操作方便,腐蚀性小,劳动条件好 ④设备简单,操作方便,成本较三氯化铁低 ⑤是无机高分子化合物

（二）常用的有机合成高分子混凝剂及天然絮凝剂

常用的有机合成高分子混凝剂（又称絮凝剂）及天然絮凝剂见表 1-2-6。

表 1-2-6　常用有机合成高分子混凝剂及天然絮凝剂

名称	分子式或代号	一般介绍
聚丙烯酰胺	$\left[\begin{array}{c}CH_2-CH\\ \qquad CONH_2\end{array}\right]_n$ 代号PAM	①目前被认为是最有效的高分子絮凝剂之一,在废水处理中常被用作助凝剂,与铝盐或铁盐配合使用 ②与常用混凝剂配合使用时,应按一定的顺序先后投加,以发挥两种药剂的最大效果 ③聚丙烯酰胺固体产品不易溶解,宜在有机械搅拌的溶解槽内配制成0.1%~0.2%的溶液再进行投加,稀释后的溶液保存期不宜超过1~2周 ④聚丙烯酰胺有极微弱的毒性,用于生活饮用水净化时,应注意控制投加量 ⑤是合成有机高分子絮凝剂,为非离子型;通过水解构成阴离子型,也可通过引入基团制成阳离子型;目前市场上已有阳离子型聚丙烯酰胺产品出售
脱絮凝色剂	代号 脱色Ⅰ号	①属于聚胺类高度阳离子化的有机高分子混凝剂,液体产品固含量70%,无色或浅黄色透明黏稠液体 ②贮存温度5~45℃,使用pH 7~9,按1:(50~100)稀释后投加,投加量一般为20~100mg/L,也可与其他混凝剂配合使用 ③对于印染厂、染料厂、油墨厂等工业废水处理具有其他混凝剂不能达到的脱色效果

续表

名称	分子式或代号	一般介绍
天然植物改性高分子絮凝剂	FN-A 絮凝剂	①由 F691 化学改性制得,取材于野生植物,制备方便,成本较低 ②宜溶于水,适用水质范围广,沉降速度快,处理水澄清度好 ③性能稳定,不易降解变质 ④安全无毒
天然絮凝剂	F691	刨花木、白胶粉
	F703	绒槁(灌木类、皮、根、叶亦可)

（三）常用的助凝剂

在废水处理中,只使用一种混凝剂往往不能取得良好的效果,因此在投加混凝剂的同时,还要加入一些辅助药剂以强化或改善混凝剂的作用效果,这些辅助药剂就称为助凝剂。助凝剂本身可以起混凝作用,也可不起混凝作用,但与混凝剂一起使用时,能促进混凝过程,产生大而结实的矾花,增加絮凝体的密实性与沉降性,使污泥具有较好的脱水性,或者用于调整 pH 值,破坏对混凝物质有干扰作用的物质。

按照功能,助凝剂一般可分为以下 3 大类。

① 酸碱类　当处理的水的 pH 值不符合工艺要求时,常需投加酸碱,如石灰、氢氧化钙、碳酸氢钠等碱性物质或硫酸等酸性物质,用以调整水的 pH 值,控制良好的反应条件,改善混凝条件。

② 絮体结构改良剂　絮体结构改良剂用以加大矾花的粒度和结实性,改善矾花的沉降性能。如活化硅酸（$SiO_2 \cdot nH_2O$）、骨胶、活性炭以及各种黏土、高分子絮凝剂如聚丙烯酰胺等,均可以加快矾花的形成,改善絮凝体的结构和沉降性。

③ 氧化剂类　氧化类助凝剂可用来破坏对混凝作用有干扰的有机物,如投加 Cl_2、O_2 等氧化有机物,可以提高混凝效果。

（四）影响混凝效果的因素与混凝剂的选择

1. 影响混凝效果的主要因素

影响混凝效果的因素比较复杂,其中主要由水质本身的复杂变化引起,其次还要受到混凝过程中水力条件等因素的影响。

① 水质　工业废水中的污染物成分及含量随行业、工厂的不同而千变万化,而且通常情况下同一废水中往往含有多种污染物。废水中的污染物在化学组成、带电性能、亲水性能、吸附性能等方面都可能不同,因此某一种混凝剂对不同废水的混凝效果可能相差很大。另外有机物对于水中的憎水胶体具有保护作用,因此对于高浓度有机废水采用混凝沉淀方法处理效果往往不好。有些废水中含有表面活性剂或活性染料一类污染物质,通常使用的混凝剂对它们的去除效果也大多不理想。

② pH 值　pH 值也是影响混凝的一个主要因素。在不同的 pH 值条件下,铝盐与铁盐的水解产物形态不一样,产生的混凝效果也会不同。由于混凝剂在水解反应过程中不断产生 H^+,因此要保持水解反应充分进行,水中必须有碱去中和 H^+,如碱不足,水的 pH 值将下降,水解反应不充分,对混凝过程不利。

③ 水温　水温对混凝效果也有影响,无机盐混凝剂的水解反应是吸热反应,水温低时不利于混凝剂水解。水的黏度也与水温有关,水温低时水的黏度大,致使水分子的布朗运动减弱,不利于水中污染物质胶粒的脱稳和聚集,因而絮凝体形成不易。

④ 水力学条件及混凝反应的时间　把一定的混凝剂投加到废水中后，首先要使混凝剂迅速、均匀地扩散到水中。混凝剂充分溶解后，所产生的胶体与水中原有的胶体及悬浮物接触后，会形成许许多多微小的矾花，这个过程又称为混合。混合过程要求水流产生激烈的湍流，在较快的时间内使药剂与水充分混合，混合时间一般要求几十秒至 2min。混合作用一般靠水力或机械方法来完成。

在完成混合后，水中胶体等微小颗粒已经产生初步凝聚现象，生成了细小的矾花，其尺寸可达 $5\mu m$ 以上，但还不能达到靠重力可以下沉的尺寸（通常需要 $0.6\sim1.0mm$ 以上）。因此还要靠絮凝过程使矾花逐渐长大。在絮凝阶段，要求水流有适当的紊流程度，为细小矾花提供相互碰撞接触和互相吸附的机会，并且随着矾花的长大这种紊流应该逐渐减弱下来。

反应时间（T）一般控制在 $10\sim30min$。

反应中平均速度梯度（G）一般取 $30\sim60s^{-1}$，并应控制 GT 值在 $10^4\sim10^5$ 范围内。

2. 混凝剂的选择

针对处理某种特定的废水选择适应的混凝剂时，通常会综合以下几方面的考虑来确定。

① 处理效果好，对希望去除的污染物有较高的去除率，能满足设计要求。为了达到这一目标，有时需要两种或多种混凝剂及助凝剂同时配合使用。

② 混凝剂及助凝剂的价格应适当便宜，需要的投加量应当适中，以防止由于价格昂贵造成处理运行费用过高。

③ 混凝剂的来源应当可靠，产品性能比较稳定，并应宜于储存和方便投加。

④ 所有的混凝剂都不应对处理出水产生二次污染。当处理出水有回用要求时，要适当考虑出水中混凝剂的残余量或造成的轻微色度等影响（例如采用铁盐作混凝剂时）。

结合以上因素的考虑，通常采用实际废水水样由实验室烧杯试验，对宜于采用的混凝剂及投加量进行初步筛选确定。在有条件的情况下，一般还应对初步确定的结果进行扩大的动态连续试验，以求取得可靠的设计数据。

三、设备和装置

（一）溶解搅拌装置

搅拌可采用水力、机械或压缩空气等方式，见表 1-2-7，具体由用药量大小及药剂性质决定，一般用药量大时用机械搅拌和空气压缩，用药量小时用水力搅拌。

表 1-2-7　各种搅拌方法

搅拌方法	适用条件	一般规定
水力搅拌	中小水厂，易溶解的药剂。可利用出水压力来节省电机等设备	溶药池容积一般约等于 3 倍药剂量,压力水水压约为 0.2MPa
机械搅拌	各种不同药剂和各种规模水厂	搅拌叶轮可用电机或水轮带动,可根据需求安装带有转速调节的装置
压缩空气搅拌	较大水厂与各种药剂	不宜用作较长时间的石灰乳液连续搅拌

（二）投药设备

投药设备包括投加和计量两个部分。

1. 投加方式

根据溶液池液面高低，有重力投加和压力投加两种方式，见表1-2-8。

表 1-2-8　投加方式比较

投加方式		作用原理	特　点	适用情况
重力投加		建造高位溶液池，利用重力作用将药液投入水内	操作较简单，投加安全可靠；必须建造高位溶液池，增加加药间层高	①中、小型水厂 ②考虑到输液管线的沿程水头损失，输液管线不宜过长
压力投加	加药泵	泵在药液池内直接吸取药液，加入压力管内	可以定量投加，不受压力管压力所限 价格较贵，泵易引起堵塞，养护较麻烦	适用于大、中型水厂
	水射器	利用高压水在水射器喷嘴处形成的负压将药液吸入并将药液射入压力水管 水射器可同时用作混合设备使用	设备简单，使用方便，不受溶液池高程所限 效率较低，如溶液浓度不当，可能引起堵塞	适用于各种规模水厂

2. 计量设备

计量设备多种多样，应根据具体情况选用。目前常用的计量设备有转子流量计、电磁流量计、苗嘴等。

（三）混合设备

以往用于给水处理中的混合设备和装置有许多种，按照混合方式可分为管式混合、混合池混合、水泵混合、机械混合几大类。在废水处理工程中，比较常用的混合设备列于表1-2-9中。

表 1-2-9　废水处理中常用的混合装置

名称	优缺点	适用条件
固定混合器（又称静态混合器，见图1-2-33）	①制作简单，有定型产品 ②不占地，易于安装 ③混合效果好 ④水头损失较大	中、小型处理工程（水量<1000m³/d）
涡流混合池（槽）（见图1-2-34）	①混合效果较好 ②对于小水量时，可以同时完成混合与反应两个过程，在水量较大时，单独作为混合装置使用 ③易于设备化 ④水头损失较小	大、中型处理工程（水量2000～3000m³/d）；作为混合与反应装置使用时，适用水量<1500m³/d
机械搅拌混合池（槽）（见图1-2-35）	①混合效果较好 ②可以设备化，也可以用混凝土浇筑 ③水头损失小 ④有一定的动力消耗，需定期维修保养	适用于各种规模
穿孔板混合	①宜于与混凝沉淀池结合设计 ②混凝效果一般 ③有一定的水头损失 ④常与其他混合装置（如固定混合器）配合使用	大、中型处理工程（水量1000～30000m³/d）
折板式混合	①宜于与混凝沉淀池结合设计 ②混凝效果一般 ③有一定的水头损失 ④常与其他混合装置（如固定混合器）配合使用	大、中型处理工程（水量1000～30000m³/d）
水射器混合（见图1-2-36）	①制作简单，有定型产品 ②不占地，易于安装 ③混合效果好 ④有一定的水头损失，使用效率低 ⑤可同时作为投药装置使用	小型处理工程（水量<500m³/d）

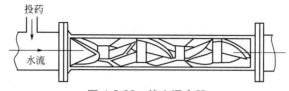

图 1-2-33　静态混合器

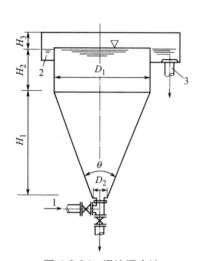

图 1-2-34　涡流混合池
1—进水管；2—出水渠道；3—出水管

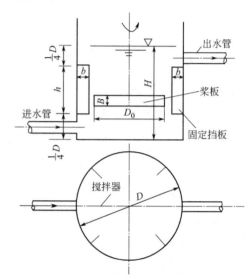

图 1-2-35　机械搅拌混合池

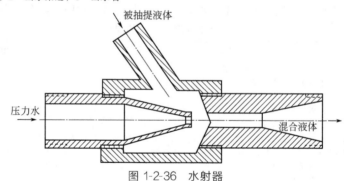

图 1-2-36　水射器

（四）反应设备与装置

废水处理中常用的反应设备形式如表 1-2-10 所列。

表 1-2-10　废水处理中常用的反应设备形式

名　　称	优缺点	适用条件
隔板式反应池（见图 1-2-37）	①反应效果好 ②管理维护简单 ③常采用钢筋混凝土建造	水量变化不大的各种规模
旋流式反应池（见图 1-2-38）	①反应效果一般 ②水头损失较小 ③制作简单，易于管理	中、小型处理工程（水量 200～3000m³/d）
涡流式反应池（槽）	①反应时间短，容积小 ②反应效果一般 ③易于设备化 ④对于小水量工程，可省去混合装置	中、小型处理工程（水量 200～3000m³/d）

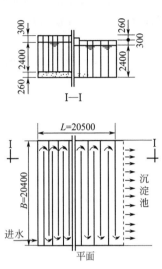

图 1-2-37　往复式隔板式絮凝池
（单位：mm）

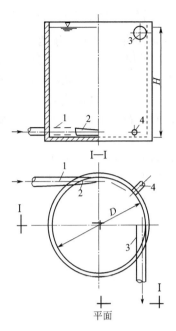

图 1-2-38　旋流式絮凝池
1—进水管；2—喷嘴；
3—出水管；4—排泥管

四、设计计算

（一）溶药池的容积计算

溶药池的容积（W，m^3）可按下式计算：

$$W = 24aQ/(1000 \times 1000bn) = aQ/(41667bn)$$

式中，a 为混凝剂最大用量，mg/L；Q 为处理水量，m^3/h；b 为药液浓度，按药剂固体质量分数计算，一般取 $10\% \sim 20\%$；n 为每天配制溶液次数，一般取 $2 \sim 6$ 次。

（二）混合池的设计计算

1. 涡流式混合池设计要点（参考图 1-2-34）

① 适合于大、中型水处理工程。

② 进水口处上升流速一般取 $1 \sim 1.5$m/s；圆锥部分其中心角 θ 可取 $30° \sim 45°$；上口圆柱部分流速取 25mm/s。

③ 总的停留时间应 $\leqslant$2min，一般取 $1 \sim 1.5$min。

2. 折板式混合池设计要点

① 一般设计成有三块以上隔板的窄长形水槽，两道隔板间的距离为槽宽的 2 倍。

② 最后一道隔板后的槽中水深不应小于 $0.4 \sim 0.5$m，该处槽中流速按 0.6m/s 设计。

③ 缝隙处的流速按 1m/s 设计，每道缝隙处的水头损失约为 0.13m，一般总水头损失在 0.4m 左右。

④ 为避免进入空气，缝隙应设在淹没水深 $0.1 \sim 0.15$m 以下。

3. 机械搅拌混合池设计计算（参考图 1-2-35）

① 为加强混合效果，除池内设有快速旋转桨板外，还可在周壁上加设固定挡板四块，每块宽度 b 采用 $(110\sim112)D$（D 为混合池直径），其上、下缘离静止液面和池底皆为 D。

② 混合池内一般设带两叶的平板搅拌器，搅拌器离池底 $(0.5\sim0.75)D_0$（D_0 为搅拌器直径）。当 H（有效高度）：$D\leqslant1.2$ 时，搅拌器设 1 层；当 $H:D>1.3$ 时，搅拌器可设两层；如 $H:D$ 的比例很大，则可多设几层。每层间距 $(1.0\sim1.5)D_0$，相邻两层桨板采用 $90°$ 交叉安装。

③ 搅拌器直径 $D_0\approx1/2D$；搅拌器宽度 $B=(0.1\sim0.25)D$。

计算公式及设计数据如下。

（1）混合池容积 V（m^3）

$$V=\frac{QT}{60n} \tag{1-2-8}$$

式中，Q 为设计流量，m^3/h；T 为混合时间，min，可采用 $1min$；n 为池数，个。

（2）垂直轴转速 n_0（r/min）

$$n_0=\frac{60v}{\pi D_0} \tag{1-2-9}$$

式中，v 为桨板外援线速度，$1.5\sim3m/s$；D_0 为搅拌器直径，m。

（3）轴功率

需要轴功率 N_1（kW）
$$N_1=\frac{\mu VG^2}{102} \tag{1-2-10}$$

计算轴功率 N_2（kW）
$$N_2=\frac{C\rho\omega^3 ZeBR_0^4}{408g} \tag{1-2-11}$$

式中，μ 为水的动力黏度，$kgf\cdot s/m^2$（$1kgf\cdot s/m^2=9.8Pa\cdot s$），见表 1-2-11；$G$ 为设计速度梯度，$500\sim1000s^{-1}$；C 为阻力系数，$0.2\sim0.5$；ρ 为水的密度，$1000kg/m^3$；g 为重力加速度，$9.81m/s^2$；ω 为旋转的角度，rad/s，$\omega=2v/D_0$；Z 为搅拌器叶数，个；e 为搅拌器层数；B 为搅拌器宽度，m；R_0 为搅拌器半径，m。

表 1-2-11 水的动力黏度

水温(t)/℃	$\mu/(kgf\cdot s/m^2)$	水温(t)/℃	$\mu/(kgf\cdot s/m^2)$	水温(t)/℃	$\mu/(kgf\cdot s/m^2)$
0	1.814×10^{-4}	10	1.335×10^{-4}	20	1.029×10^{-4}
5	1.549×10^{-4}	15	1.162×10^{-4}	30	0.825×10^{-4}

注：$1kgf\cdot s/m^2=9.8Pa\cdot s$。

（4）电动机功率 N_3（kW）

调整使 $N_1\approx N_2$，则：

$$N_3=\frac{N_2}{\sum\eta_n} \tag{1-2-12}$$

式中，$\sum\eta_n$ 为传动机械效率，一般取 0.85。

如 N_1 与 N_2 相差甚大，则需要改用推进式搅拌器。

【例 1-2-5】 已知流量 $200m^3/h$，设计桨式混合池。

解： ① 混合时间

$$T=1min$$

② 混合池尺寸设计 混合池有效容积：

$$V = \frac{QT}{60n} = \frac{200 \times 1}{60} = 3.33 \ (\text{m}^3)$$

混合池直径 $D = 1.3$m。混合池水深：

$$H = \frac{4V}{\pi D^2} = \frac{4 \times 3.33}{3.14 \times 1.3^2} = 2.5 \ (\text{m})$$

混合池壁设四块固定挡板，每块宽度 $1/10D = 0.13$m，其上下缘离静止液面和池底皆为 0.3m，挡板长为 2.5m－0.6m＝1.9m。

混合池超高 0.5m，混合池全高为 2.5m＋0.5m＝3.0m。

③ 搅拌器设计 搅拌器外缘线速度 $v = 3$m/s。搅拌器直径：

$$D_0 \approx 1/2D, \ D_0 = 0.7\text{m}$$

搅拌器距池底高度采用 0.45m，搅拌器叶数 $Z = 2$，搅拌器宽度 $B = 0.136$m，搅拌器层数 $e = 3$，搅拌器层间距采用 0.85m。搅拌器转速：

$$n_0 = \frac{60v}{\pi D_0} = \frac{60 \times 3}{3.14 \times 0.7} = 81.89 \approx 82 \ (\text{r/min})$$

搅拌器旋转角速度：

$$\omega = \frac{2v}{D_0} = \frac{2 \times 3}{0.7} = 8.57 \ (\text{rad/s})$$

计算轴功率

$$N_2 = \frac{C\gamma\omega^3 ZeBR_0^4}{408g} = \frac{0.5 \times 1000 \times 8.57^3 \times 2 \times 3 \times 0.136 \times 0.35^4}{408 \times 9.81} = 0.96 \ (\text{kW})$$

需要轴功率

$$N_1 = \frac{\mu V G^2}{102} = \frac{116.5 \times 10^{-6} \times 3.33 \times 500^2}{102} = 0.95 \ (\text{kW})$$

$N_1 \approx N_2$，满足要求。

电动机功率：

$$N_3 = \frac{N_2}{\sum \eta_n} = \frac{0.96}{0.85} = 1.13 \ (\text{kW})$$

（三）反应池设计计算

1. 折流式反应池

设计要点如下。

① 池数一般不少于 2 个，反应时间为 20～30min，色度高、难于沉淀的细颗粒较多时宜采用高值。

② 池内流速应按变速设计，进口流速一般为 0.5～0.6m/s，出口流速一般为 0.2～0.3m/s。通常靠调整隔板的间距以达到改变流速的要求。

③ 隔板间净距应大于 0.5m，小型池子当采用活动隔板时可适当减小。进水管口应设挡水措施，避免水流直冲隔板。

④ 絮凝池超高一般采用 0.3m。

⑤ 隔板转弯处的过水断面面积，应为廊道断面面积的 1.2～1.5 倍。

⑥ 池底坡向排泥口的坡度，一般为 2%～3%，排泥管直径不应小于 100mm。

⑦ 反应效果亦可用速度梯度 G 和反应时间 T 来控制，当水中悬浮固体含量较低、平均

G 值较小或处理要求较高时，可适当延长反应时间，以提高 GT 值，改善反应效果。

计算公式及设计数据如下。

（1）总容积 V

$$V=\frac{QT}{60} \tag{1-2-13}$$

式中，Q 为设计水量，m^3/h；T 为反应时间，min。

（2）每池平面面积 A

$$A=\frac{V}{nH_1}+A_0 \tag{1-2-14}$$

式中，H_1 为平均水深，m；n 为池数，个；A_0 为每池隔板所占面积，m^2。

（3）反应池长度 L

$$L=\frac{A}{B} \tag{1-2-15}$$

式中，B 为反应池宽度，一般采用与沉淀池等宽，m。

（4）隔板间距 a_i

$$a_i=\frac{Q}{3600nv_ih_i} \tag{1-2-16}$$

式中，v_i 为该段廊道内流速，m/s；h_i 为该段水头损失，m。

（5）各段水头损失 h_i

$$h_i=\zeta S_i\frac{v_0^2}{2g}+\frac{v_i^2}{C_i^2R_i}I_i \tag{1-2-17}$$

式中，v_0 为该段隔板转弯处的平均流速，m/s；S_i 为该段廊道内水流转弯次数；R_i 为该段廊道断面的水力半径，m；R_n 为廊道断面的水力半径，m；C_i 为该段流速系数，根据 R_i 及池底、池壁的粗糙系数等因素确定；ζ 为隔板转弯处的局部阻力系数，往复隔板为 3.0，回转隔板为 1.0；I_i 为该段廊道的长度之和，m。

（6）总水头损失 h

$$h=\sum h_i \tag{1-2-18}$$

按各廊道内的不同流速，分成数段分别进行计算后求和。

（7）平均速度梯度 G（一般在 $10^4\sim10^5\,\text{s}^{-1}$ 范围）

$$G=\sqrt{\frac{\rho h}{60\mu T}} \tag{1-2-19}$$

式中，ρ 为水的密度，1000kg/m^3；μ 为水的动力黏度，$\text{kgf}\cdot\text{s/m}^2$，见表 1-2-11。

【例 1-2-6】 往复式隔板反应池计算。

已知条件：设计水量（包括自耗水量）$Q=120000\text{m}^3/\text{d}=5000\text{m}^3/\text{h}$。

采用数据：廊道内流速采用 6 挡，$v_1=0.5\text{m/s}$，$v_2=0.4\text{m/s}$，$v_3=0.35\text{m/s}$，$v_4=0.3\text{m/s}$，$v_5=0.25\text{m/s}$，$v_6=0.2\text{m/s}$；反应时间 $T=20\text{min}$；池内平均水深 $H_1=2.4\text{m}$；超高 $H_2=0.3\text{m}$，池数 $n=2$。

解： ① 计算总容积

$$V=\frac{QT}{60}=\frac{5000\times20}{60}=1667\;(\text{m}^3)$$

② 分为二池，每池净平面面积

$$A = \frac{V}{nH_1} = \frac{1667}{2 \times 2.4} = 347 \ (\mathrm{m}^2)$$

③ 反应池宽度 约按沉淀池宽采用 20.4m。

④ 反应池长度（隔板间净距之和）

$$L = \frac{A}{B} = \frac{347}{20.4} = 17 \ (\mathrm{m})$$

⑤ 隔板间距 按廊道内流速不同分成 6 挡：

$$a_1 = \frac{Q}{3600nv_1h_1} = \frac{5000}{3600 \times 2 \times 0.5 \times 2.4} = 0.58 \ (\mathrm{m})$$

取 0.6m，则实际流速 $v_1' = 0.482\mathrm{m/s}$。

$$a_2 = \frac{Q}{3600nv_2h_1} = \frac{5000}{3600 \times 2 \times 0.4 \times 2.4} = 0.72 \ (\mathrm{m})$$

取 $a_2 = 0.7\mathrm{m}$，则实际流速 $v_2' = 0.413\mathrm{m/s}$，按上法计算得：

$a_3 = 0.8\mathrm{m}$，$v_3' = 0.362\mathrm{m/s}$

$a_4 = 1.0\mathrm{m}$，$v_4' = 0.29\mathrm{m/s}$

$a_5 = 1.15\mathrm{m}$，$v_5' = 0.25\mathrm{m/s}$

$a_6 = 1.45\mathrm{m}$，$v_6' = 0.20\mathrm{m/s}$

每一种间隔采取 3 条，则廊道总数为 18 条，水流转弯次数为 17 次。则池子长度（隔板间净距之和）：

$$L' = 3(a_1 + a_2 + a_3 + a_4 + a_5 + a_6) = 3(0.6 + 0.7 + 0.8 + 1.0 + 1.15 + 1.45) = 17.1 \ (\mathrm{m})$$

⑥ 水头损失按廊道内的不同流速分成 6 段进行计算（这里只计算第一段）。

水力半径

$$R_1 = \frac{a_1 H_1}{a_1 + 2H_1} = \frac{0.6 \times 2.4}{0.6 + 2 \times 2.4} = 0.27 \ (\mathrm{m})$$

反应池采用钢筋混凝土及砖组合结构，外用水泥砂浆抹面，粗糙系数 $n = 0.013$。

流速系数 $C_n = \frac{1}{n}R_n^{y_1}$，则

$$\begin{aligned} y_1 &= 2.5\sqrt{n} - 0.13 - 0.75\sqrt{R_1}(\sqrt{n} + 0.10) \\ &= 2.5\sqrt{0.013} - 0.13 - 0.75\sqrt{0.27}(\sqrt{0.013} + 0.10) \\ &= 0.072 \end{aligned}$$

故

$$C_1 = \frac{1}{n}R_1^{y_1} = \frac{0.27^{0.072}}{0.013} = 70$$

前 5 段内水流转弯次数均为 3，则前 5 段各段廊道长度为：

$$I_n = 3B = 3 \times 20.4 = 61.2 \ (\mathrm{m})$$

反应池第一段的水头损失：

$$h_1 = \frac{\zeta S_n v_0^2}{2g} + \frac{v_1'^2}{C_1^2 R_1}I_1 = 3 \times 3 \frac{(0.482/1.2)^2}{2 \times 9.81} + \frac{0.482^2}{70^2 \times 0.27} \times 61.2 = 0.085 \ (\mathrm{m})$$

同理求出 h_2、h_3、h_4、h_5、h_6。

GT 值计算（$t = 20℃$）：

$$G = \sqrt{\rho h/(60\mu T)} = \sqrt{1000 \times 0.26/(60 \times 1.029 \times 10^{-4} \times 20)} = 46 \ (\mathrm{s}^{-1})$$

$$GT = 46 \times 20 \times 60 = 55200 \ (在 \ 10^4 \sim 10^5 \ 范围内)。$$

2. 旋流式反应池

旋流式絮凝池为圆筒形池子，水流由喷嘴在池底（或上部）沿切线方向射入池内，一边旋转一边上升（或下降），流速逐渐减小。该种池构造简单，容积小，便于布置，常与竖流式沉淀池配合使用。

设计要点：

① 池数一般不少于 2 个；

② 反应时间采用 8～15min；

③ 池内水深与直径的比 $H'：D=10：9$；

④ 喷嘴出口流速一般为 2～3m/s，池出口流速多采用 0.3～0.4m/s；

⑤ 池内水头损失（不包括喷嘴和出口处）一般为 0.1～0.2m；

⑥ 喷嘴设置在池底，水流沿切线方向进入，设计时应考虑能改变喷嘴方向的可能。

旋流式絮凝池的计算公式与设计数据如下。

（1）总容积 V（m³）

$$V=\frac{QT}{60} \tag{1-2-20}$$

式中，Q 为设计水量，m³/h；T 为反应时间，min。

（2）反应池直径 D（m）（根据 $H=10D/9$ 推导）

$$D=\sqrt[3]{\frac{3.6V}{n\pi}} \tag{1-2-21}$$

式中，n 为池数，个。

（3）喷嘴直径 d（m）

$$d=\sqrt{\frac{4Q}{3600nv\pi}} \tag{1-2-22}$$

式中，v 为喷嘴出口流速，m/s，一般采用 2～3m/s。

（4）水头损失 h（m）

$$h=h_1+h_2+h_3 \tag{1-2-23}$$

$$h_1=\frac{v^2}{u^2 2g}\approx 0.06v^2 \tag{1-2-24}$$

$$h_3=\zeta\frac{v^2}{2g} \tag{1-2-25}$$

式中，h_1 为喷嘴水头损失，m；h_2 为池内水头损失，m，一般为 0.1～0.2m；h_3 为出口处水头损失，m；u 为流量系数，采用 0.9；ζ 为出口处局部阻力系数，采用 0.5。

（5）平均速度梯度 G（s⁻¹）

$$G=\sqrt{\frac{\rho h}{60\mu T}} \tag{1-2-26}$$

式中，ρ 为水的密度，1000kg/m³；μ 为水的动力黏度，kgf·s/m²，见表 1-2-11。

【例 1-2-7】　旋流式絮凝池的计算。

已知条件：设计水量 $Q=2080$m³/h，絮凝时间 $T=10$min，反应池个数 $n=2$。

解： 设计计算

① 总容积 V

$$V=\frac{QT}{60}=\frac{2080\times10}{60}=347（\text{m}^3）$$

② 反应池直径 D 采用池内水深与直径之比为 $H：D=10：9$，则：

$$D=\sqrt[3]{\frac{3.6V}{n\pi}}=\sqrt[3]{\frac{3.6\times347}{2\times3.14}}=5.84（m）$$

③ 反应池子高度 H

池内水深 $\qquad H'=\frac{10}{9}D=\frac{10}{9}\times5.84=6.5（m）$

保护高度采用 $\Delta H=0.3m$，则：

$$H=H'+\Delta H=6.5+0.3=6.8（m）$$

④ 进水管喷嘴直径 d 喷嘴流速采取 $v=3m/s$，则：

$$d=\sqrt{\frac{4Q}{3600n\pi v}}=\sqrt{\frac{4\times2080}{3600\times2\times3.14\times3}}=0.35（m）=350（mm）$$

⑤ 出水口直径 D_0 出口流速采用 $v_0=0.4m/s$，则：

$$D_0=\sqrt{\frac{4Q}{3600n\pi v_0}}=\sqrt{\frac{4\times2080}{3600\times2\times3.14\times0.4}}=0.96（m）=960（mm）$$

⑥ 水头损失 h

喷嘴水头损失 h_1 $\qquad h_1=\frac{v^2}{u^2 2g}\approx0.06v^2=0.06\times3^2=0.54（m）$

池内水头损失 h_2 $\qquad h_2=0.2m$

出口处水头损失 h_3 $\qquad h_3=\zeta\frac{v_0^2}{2g}=0.5\times\frac{0.4^2}{2\times9.81}=0.004（m）$

所以 $h=h_1+h_2+h_3=0.54+0.2+0.004=0.744（m）$

⑦ GT 值 水温 $20℃$ 时，水的动力黏滞系数 $\mu=1.029\times10^{-4}kgf\cdot s/m^2$，速度梯度为：

$$G=\sqrt{\frac{\rho h}{60\mu T}}=\sqrt{\frac{1000\times0.744}{60\times1.029\times10^{-4}\times10}}=110（s^{-1}）$$

$$GT=110\times10\times60=66000（在 1\times10^4\sim1\times10^5 范围内）$$

3. 涡流式絮凝池（槽）

涡流式絮凝池的平面形状一般为圆形（也可用方形或矩形），其下部为锥体，上部为柱体，如图 1-2-39 所示。水从底部进入向上扩散流动时，流速逐渐减小，形成涡流，这种水流状态很适合绒粒的生长。另外，由于池子上部已聚集了较大的絮凝体，当水流自下而上流动通过它们时，那些尚未被吸附的细小颗粒就易被吸附，从而起到接触凝聚的作用。故涡流式絮凝池絮凝效果好，水流停留时间短，容积小，便于布置，这些都是隔板絮凝池所无法比拟的。涡流式絮凝池常与竖流式沉淀池配合使用。

设计要点：

① 池数一般不少于 2 个；

② 反应时间采用 6～10min；

③ 进水管流速采用 0.8～1.0m/s，底部入口处流速采用 0.7m/s，上部圆柱部分的上升流速采用 4～5mm/s，底部锥角采用 30°～45°；

④ 超高采用 0.3m；

⑤ 出水可用圆周集水槽、淹没式漏斗或淹没式穿孔管，出水流速不超过 0.2m/s，出水孔眼中流速也不超过 0.2m/s；

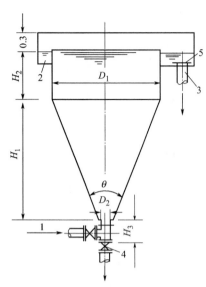

图 1-2-39 涡流式絮凝池

1—进水管；2—圆周集水槽；3—出水管；
4—放水阀；5—栅条

（4）圆锥底部直径 D_2（m）

$$D_2 = \sqrt{\frac{4A_2}{\pi}} \tag{1-2-30}$$

（5）圆柱部分高度 H_2（m）

$$H_2 = \frac{D_1}{2} \tag{1-2-31}$$

（6）圆锥部分高度 H_1（m）

$$H_1 = \frac{D_1 - D_2}{2} \cot \frac{\theta}{2} \tag{1-2-32}$$

式中，θ 为底部锥角，（°）。

（7）每池容积 V（m³）

$$V = \frac{\pi}{4} D_1^2 H_2 + \frac{\pi}{12}(D_1^2 + D_1 D_2 + D_2^2) H_1 + \frac{\pi}{4} D_2^2 H_3 \tag{1-2-33}$$

式中，H_3 为池底部立管高度，m。

（8）反应时间 T（min）

$$T = \frac{60V}{q} \tag{1-2-34}$$

式中，q 为每池设计水量，m³/h。

（9）水头损失 h（m）

$$h = h_0(H_1 + H_2 + H_3) + \zeta \frac{v^2}{2g} \tag{1-2-35}$$

式中，h_0 为每米工作高度的水头损失，m；ζ 为进口局部阻力系数；v 为进口处流速，m/s。

（10）平均速度梯度 G（s⁻¹）

$$G = \sqrt{\frac{\rho h}{60 \mu T}} \tag{1-2-36}$$

⑥ 池中每米工作高度的水头损失（从进水口至出水口）为 $0.02 \sim 0.05$m；

⑦ 圆柱部分高度可按其直径的一半计算。

计算公式与数据如下。

（1）圆柱部分面积 A_1（m²）

$$A_1 = \frac{Q}{3.6 n v_1} \tag{1-2-27}$$

式中，v_1 为上部圆柱部分上升流速，mm/s；Q 为设计水量，m³/h；n 为池数，个。

（2）圆柱部分直径 D_1（m）

$$D_1 = \sqrt{\frac{4A_1}{\pi}} \tag{1-2-28}$$

（3）圆锥底部面积 A_2（m²）

$$A_2 = \frac{Q}{3600 n v_2} \tag{1-2-29}$$

式中，v_2 为底部入口处流速，m/s。

式中，ρ 为水的密度，$1000 \mathrm{kg/m^3}$；μ 为水的动力黏度，$\mathrm{kgf \cdot s/m^2}$，见表 1-2-11。

4. 机械絮凝池

机械絮凝池见图 1-2-40。

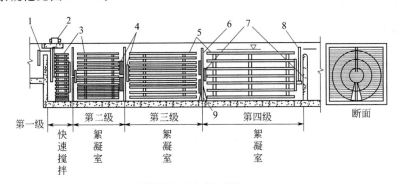

(a) 横轴桨板四级机械絮凝池

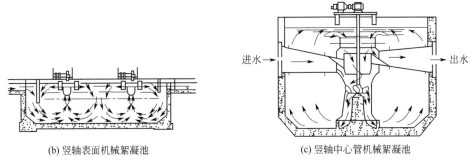

(b) 竖轴表面机械絮凝池　　　　　(c) 竖轴中心管机械絮凝池

图 1-2-40　机械式絮凝池

1—进水口；2—电机；3,5—桨板；4—圆形挡板；6—挡板；7,8—出水口；9—混凝土轴座

机械絮凝的主要优点是可以适应水量变化和水头损失小，如配上无级变速传动装置，则更易于使絮凝达到最佳状态，国外应用比较普遍。但由于机械絮凝池需要机械装置，加工较困难，维修量大，国内目前采用较少。

根据搅拌轴的安放位置可以分为水平式和垂直轴式。

机械絮凝池的设计要点：

① 絮凝时间采用 10～15min；

② 絮凝池一般不少于 2 个，池内一般设 3～4 排搅拌器，各排之间可用隔墙或穿孔墙分隔，以免短流，同一搅拌器两相邻叶轮应相互垂直设置；

③ 叶轮桨板中心处的线速度，从第一排的 0.4～0.5m/s，逐渐减小到最后一排的 0.2m/s；

④ 水平式搅拌轴应设于池中水深 1/2 处，每个搅拌叶轮的桨板数目一般为 4～6 块，桨板长度不大于叶轮直径的 75%，叶轮直径应比絮凝池水深小 0.3m，叶轮边缘与池子侧壁间距不大于 0.2m；

⑤ 垂直式搅拌轴设于池中间，上桨板顶端在水面下 0.3m 处，下桨板底端距池底 0.3～0.5m，桨板外缘离池壁不大于 0.25m；

⑥ 每排搅拌叶轮上的桨板总面积为水流截面积的 10%～20%，不宜超过 25%，每块桨板的宽度为桨板长的 1/15～1/10，一般采用 10～30cm；

⑦ 为了适应水量、水质和药剂品种的变化，宜采用无级变速的传动装置；

⑧ 絮凝池深度应根据处理工艺流程要求确定，一般为 3～4m；

⑨ 全部搅拌轴及叶花等机械设备，均应考虑防腐；

⑩ 水平轴式的轴承与轴架宜设于池外（水位以上），以避免池中泥砂进入导致严重磨损或折断。

设计公式及数据如下。

（1）每池容积 V（m^3）

$$V = \frac{QT}{60n} \qquad (1\text{-}2\text{-}37)$$

式中，Q 为设计水量，m^3/h；T 为絮凝时间，min，一般为 $15 \sim 20min$；n 为池数，个。

（2）水平轴式池子长度 L（m）

$$L = aZH \qquad (1\text{-}2\text{-}38)$$

式中，a 为系数，一般采用 $1.0 \sim 1.5$；Z 为搅拌轴排数（$3 \sim 4$ 排），个；H 为平均水深，m。

（3）水平轴式池子宽度 B（m）

$$B = \frac{V}{LH} \qquad (1\text{-}2\text{-}39)$$

（4）搅拌器转数 n_0

$$n_0 = \frac{60v}{\pi D_0} \qquad (1\text{-}2\text{-}40)$$

式中，v 为叶轮桨板中心点线速度，m/s；D_0 为叶轮桨板中心点旋转直径，m。

（5）每个叶轮旋转时克服水的阻力所消耗的功率 N_0（kW）

$$N_0 = \frac{ykl\omega^3}{408}(r_2^4 - r_1^4) \qquad (1\text{-}2\text{-}41)$$

$$\omega = 0.1n_0 \qquad (1\text{-}2\text{-}42)$$

$$k = \frac{\varphi\rho}{2g} \qquad (1\text{-}2\text{-}43)$$

式中，ρ 为水的密度，$1000kg/m^3$；y 为每个叶轮上的桨板数目，个；l 为桨板长度，m；r_1 为叶轮半径与桨板宽度之差，m；r_2 为叶轮半径，m；ω 为叶轮旋转的角速度，rad/s；k 为系数；φ 为阻力系数，根据桨板宽度与长度之比（b/l）确定，见表 1-2-12。

表 1-2-12　阻力系数 φ

$\dfrac{b}{l}$	<1	1~2	2.5~4	4.5~10	10.5~18	>18
φ	1.10	1.15	1.19	1.29	1.40	2.00

（6）转动每个叶轮时所需电动机功率 N（kW）

$$N = \frac{N_0}{\eta_1\eta_2} \qquad (1\text{-}2\text{-}44)$$

式中，η_1 为搅拌器机械总效率，采用 0.75；η_2 为传动效率，采用 $0.6 \sim 0.95$。水平轴如为水平穿壁则还需要另加 $0.735kW$ 作为消耗于填料层和轴承的损失。

（四）投药量

混凝剂的投加量不仅取决于药剂的种类，而且还与生化系统的设计条件、污水水质以及后续固液分离方式密切相关。在有条件时，应根据实验来确定合理的投药量；当没有实验条件时，可参考以下指标估算：

① 用于澄清和进一步去除悬浮固体及有机物质，且二级生化处理系统的泥龄大于 20d 时，可按给水处理投药量的 2～4 倍考虑。一般来讲泥龄越长，投药量越小。当二级处理流程是采用的高负荷、短泥龄生化处理系统时，则必须通过实验确定投药量。

② 用于后置除磷流程时可根据不同药剂的参考经验投药量考虑（详见本篇第十章）。

③ 投加铝盐或铁盐与生化处理系统合并处理时，可按 1mol 磷投加 1.5mol 的铝盐（铁盐）来考虑。

第三节　气浮

一、原理和功能

上浮为污水处理固液分离常用的技术方法，通过在水中通入空气，空气在水中形成了均匀分散的微小气泡，悬浮在废水中的悬浮物（密度接近于水）与气泡相黏附，形成密度低于水的气浮体，利用浮力原理，气浮体上浮至水面形成浮渣，从而实现了固液分离。

在上浮工艺中，使用最为普遍的技术即为气浮处理技术，气浮处理技术的基本原理：向废水中通入空气，并以微小气泡形式从水中析出成为载体，使废水中的乳化油、微小悬浮颗粒等污染物质黏附在气泡上，随气泡一起上浮到水面，形成泡沫——气、水、颗粒（油）三相混合体，通过收集泡沫或浮渣达到分离杂质、净化废水的目的。

气浮法主要用于废水中依靠自然沉淀难以去除的悬浮物，如石化工业、化工废水悬浮油、食品加工废水中的油类及相对密度接近于水的悬浮颗粒，如造纸废水中的纤维等，另外气浮工艺可以与其他工艺有机结合，如混凝和气浮的组合工艺可用于污水处理前端预处理，用以去除污水中的悬浮物、总磷和油类物质，从而降低后续处理污染物负荷，混凝、气浮和过滤的组合亦可用于污水处理后端深度处理，用以深度去除污水中的悬浮物和总磷。

气浮法有可连续操作、应用范围广、基建投资和运行费用小、设备简单、对分离杂质有选择性、分离速度较沉降法快、残渣含水量较低、杂质去除率高、可以回收有用物质等优点。气浮过程中，达到废水充氧的同时，表面活性物质、易氧化物质、细菌和微生物的浓度也随之降低。

气浮池平面通常为长方形，平底。出水管位置略高于池底。水面设刮泥机和集泥槽。因为附有气泡的颗粒上浮速度很快，所以气浮池容积较小，停留时间仅十多分钟。

二、设备和装置

（一）溶气与布气设备

目前国内最常用的溶气设备，是获得国家发明奖的 TS 型溶气释放器及其改良型 TJ 型溶气释放器和 TV 型溶气释放器。其主要特点有：

① 完全释气在 0.15MPa 以上，即能释放溶气量的 99％左右。

② 能在较低压力下工作，在 0.2MPa 以上时，即能取得良好的净水效果，减少电耗。

③ 释出的微细气泡平均直径为 20～40μm，气泡密集，附着性能良好。

1. TS 型溶气释放器

TS 型溶气释放器共有五种型号，其外形示于图 1-2-41。它们在不同压力下的流量和作

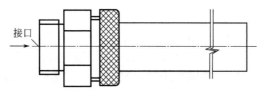

图 1-2-41　TS 型溶气释放器外形

用范围见表 1-2-13。

表 1-2-13　TS 型溶气释放器性能

型号	溶气水支管接口直径 /mm	不同压力下的流量/(m³/h)					作用直径 /cm
		0.1MPa	0.2MPa	0.3MPa	0.4MPa	0.5MPa	
TS-Ⅰ	15	0.25	0.32	0.38	0.42	0.45	25
TS-Ⅱ	20	0.52	0.70	0.83	0.93	1.00	35
TS-Ⅲ	20	1.01	1.30	1.59	1.77	1.91	50
TS-Ⅳ	25	1.68	2.13	2.52	2.75	3.10	60
TS-Ⅴ	25	2.34	3.47	4.00	4.50	4.92	70

2. TJ 型溶气释放器

TJ 型溶气释放器是根据 TS 型溶气释放器的原理，为了扩大单个释放器出流量及作用范围，以及克服 TS 型释放器较易被水中杂质所堵塞的缺点而设计的。其外形如图 1-2-42 所示。

该释放器在堵塞时，可以从上接口抽真空，提起器内的舌簧，以清除杂质。

TJ 型溶气释放器共有五种型号，它们在不同溶气压力下的流量及作用范围见表 1-2-14。

表 1-2-14　TJ 型溶气释放器性能

型号	规格	溶气水支管接口直径/mm	抽真空管接口直径/mm	不同压力下的流量/(m³/h)								作用直径/cm
				0.15MPa	0.2MPa	0.25MPa	0.3MPa	0.35MPa	0.4MPa	0.45MPa	0.5MPa	
TS-Ⅰ	8×(15)	25	15	0.98	1.08	1.18	1.28	1.38	1.47	1.57	1.67	50
TS-Ⅱ	8×(15)	25	15	2.10	2.37	2.59	2.81	2.97	3.14	3.29	3.45	70
TS-Ⅲ	8×(25)	50	15	4.03	4.61	5.15	5.60	5.98	6.31	6.74	7.01	90
TS-Ⅳ	8×(32)	65	15	5.67	6.27	6.88	7.50	8.09	8.69	9.29	9.89	100
TS-Ⅴ	8×(40)	65	15	7.41	8.70	9.47	10.55	11.11	11.75	—	—	110

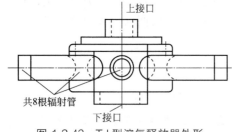

图 1-2-42　TJ 型溶气释放器外形

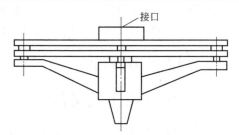

图 1-2-43　TV 型溶气释放器外形

3. TV 型溶气释放器

这种释放器是为了克服上面两种释放器布水不均匀及需要用水射器才能使舌簧提起等缺点而设计的。其外形如图 1-2-43 所示。

当该释放器堵塞时，接通压缩空气即可使下盘下移，增大水流通道而使堵塞物排出；另外，为了防止释放器在废水中的腐蚀，采用了不锈钢材质。该释放器已获国家专利，专利号：86206538。

TV 型溶气释放器目前有三种型号，其不同溶气压力下的流量及作用范围见表 1-2-15。

表 1-2-15　TV 型溶气释放器性能

型号	溶气水支管接口直径/mm	不同压力下的流量/(m³/h)								作用直径/cm
		0.15MPa	0.2MPa	0.25MPa	0.3MPa	0.35MPa	0.4MPa	0.45MPa	0.5MPa	
TS-Ⅰ	25	0.95	1.04	1.13	1.22	1.31	1.4	1.48	1.51	40
TS-Ⅱ	25	2.00	2.16	2.32	2.48	2.64	2.8	2.96	3.18	60
TS-Ⅲ	40	4.08	4.45	4.81	5.18	5.54	5.91	6.18	6.64	80

注：以上三种释放器均由上海同济大学水处理技术开发中心附属工厂生产。

4. 常用气浮机设备

按照气泡的产生方式划分，污水气浮设备可分为压力溶气气浮设备（真空溶气气浮和加压溶气气浮）、微孔布气气浮设备、电解凝聚气浮设备等。

（1）溶气气浮设备

溶气气浮（DAF）适用于处理低浊度、高色度、高有机物含量、低含油量、低表面活性物质含量或具有富藻的水。相对于其他的气浮方式，它具有水力负荷高、池体紧凑等优点。它的缺点是工艺复杂，电能消耗较大，空压机的噪声大。

① 真空溶气气浮设备　真空溶气气浮法是通过抽真空的方法在常压或加压情况下将空气溶解在水中，然后在负压下将气泡在水中释放出来，释放的气泡与悬浮物结合成气浮体，以浮渣的形式实现固液分离或液液分离。

真空式气浮设备虽然能耗低，气泡形成和絮粒的黏附较稳定，但气泡释放量受到一定限制，设备部件都要密封在气浮机箱体内，造成设备构造比较复杂，因此实际应用不多，现已逐步淘汰。

② 加压溶气气浮设备　加压溶气气浮法是目前效果最好，应用最为广泛的气浮方法，其原理为，在加压的情况下，使空气强制溶于水中，然后突然减压至常压，过饱和的空气以微小气泡的形式从水中释放出来。

加压溶气气浮的设备由加压溶气设备、空气释放设备和固液分离设备三部分组成。加压溶气设备包括加压泵、溶气罐、空气供给设备及附属设备，加压泵用来提升废水，将水、气以一定的压力送入溶气罐，溶气罐促进空气溶解，溶气方式有水泵吸气式、水泵压水管射流器挟气式和空压机供气式。空气释放设备由溶气释放装置和溶气管路组成，常用的溶气释放装置有减压阀、溶气释放喷嘴、释放器等。

目前常用的加压溶气气浮可选择的基本流程有全流程溶气气浮法、部分溶气气浮法和部分回流溶气气浮法三种。

a. 全流程溶气气浮法　是将全部废水用水泵加压至 0.3～0.5MPa，输送至溶气罐内，空气溶解于废水中，然后通过减压阀或其他释放装置将废水送入气浮池。

工艺特点是：溶气量大，增加了油粒或悬浮颗粒与气泡的接触机会；在处理水量相同的条件下，它较部分回流溶气气浮法所需的气浮池小；全部废水经过压力泵，所需的压力泵和溶气罐均较其他两种流程大，因此投资和运转动力消耗较大。

b. 部分溶气气浮法　是取部分废水（一般为 30% 左右）加压和溶气，其余废水直接进入气浮池并在气浮池中与溶气废水混合。

工艺特点是：部分废水进入溶气罐，与全流程溶气气浮法相比，所需的压力泵小，因此动力消耗低；由于仅部分废水进行加压溶气，所能提供的空气量少，因此若要求与全溶气方式相同的空气量，必须加大溶气罐的压力。

c. 部分回流溶气气浮法　是取一部分处理后的水，用加压泵将回流水送往加压溶气罐加压和溶气，压力溶气水经过减压后进入气浮池，并与废水来水混合，由于突然减压至常压，溶解于水中的过饱和空气从水中逸出，形成许多微小的气泡，从而产生了气浮作用。

工艺特点是：加压的水量少，动力消耗省；气浮过程中不促进乳化；矾花形成好，后絮凝也少；气浮池的容积较前两种流程大。

现代气浮理论认为：部分回流加压溶气气浮节约能源，能充分利用浮选（混凝）剂，处理效果优于全加压溶气气浮流程。而回流比为 50％时处理效果最佳，所以部分回流（回流比 50％）加压溶气气浮工艺是目前国内外最常采用的气浮法。

（2）微孔布气气浮设备

微孔布气气浮设备是利用剪切力作用，将混合于水中的空气剪切为微小气泡，微小气泡与悬浮物组成的气浮体以浮渣形式实现固液分离或液液分离，按照粉碎方案的不同，又可以分为水泵吸水管吸气气浮、水泵压水管射流气浮和叶轮气浮等。

① 水泵吸水管吸气气浮设备　利用水泵吸水管部位的负压，使空气经气量调节阀进入水泵吸水管，在水泵叶轮的高速搅拌及剪切作用下形成气水混合流体，进入到气浮池进行气浮处理，水泵吸水管吸气溶气气浮方式所需设备简单，但是在经济性和安全性方面均不理想，长期运行还会发生水泵气蚀。

② 水泵压水管射流气浮设备　利用喷射嘴将污水以很高速度喷射而出，并在吸入室形成负压，从进气管吸入的空气与水混合进入喉管后，空气被粉碎成微小气泡，并在扩散管进一步被压缩，增大空气在水中的溶解度，气溶水在气浮池中进行气浮处理，这种气浮方式的能量损失大，但不需要另设空压机。

③ 叶轮气浮设备　叶轮气浮设备的充气是靠叶轮在高速旋转时在固定盖板上形成负压，从空气管中吸入空气。进入水中的空气与水流被叶轮充分搅拌，成为细小的气泡甩出导向叶片外面，经过稳流挡板消能稳流后，气泡垂直上浮，形成气溶水，叶轮气浮设备适用于处理水量较小，但污染物浓度较高的废水，除油效果一般在 80％左右。

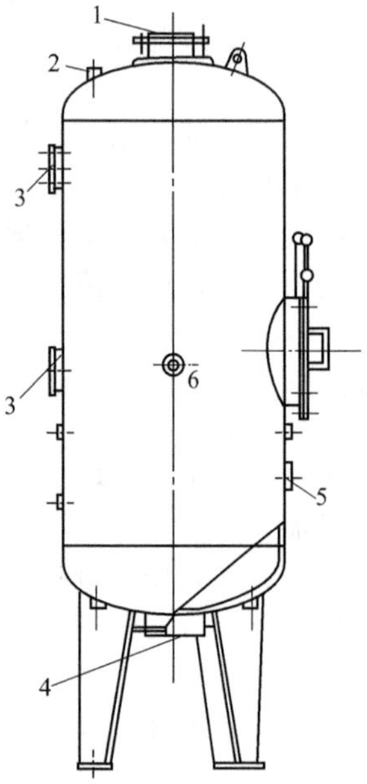

（3）电解凝聚气浮设备

电解凝聚气浮设备利用不溶性阳极和阴极直接电解水，靠电解产生的氢气和氧气的微小气泡将已经絮凝的悬浮物浮至水面，从而达到分离的目的。

电解法产生的气泡尺寸远小于溶气气浮和布气气浮所产生的气泡尺寸，且不产生紊流，因而电解凝聚气浮法去除的污染物范围广，对有机废水不但可以降低 COD，还有氧化、脱色和杀菌的作用，对废水负荷变化的适应力也强，设备占地面积小，生成的污泥量也少，有很大的发展前途，但目前存在电能消耗和极板消耗较大、运行费用较高的问题。

图 1-2-44　喷淋式填料塔
1—进水管；2—进气管；3—观察窗（进出料孔）；4—出水管；5—液位传感器；6—放气管

（二）压力溶气罐

压力溶气罐有多种形式，推荐采用能耗低、溶气效率高的空压机供气的喷淋式填料罐。其构造形式示于图 1-2-44。

特点如下：

① 该种压力溶气罐用普通钢板卷焊而成。但因属压力容器范畴，故其设计、制作需按一类压力容器要求考虑。

② 该种压力溶气罐的溶气效率与不加填料的溶气罐相比，约高 30％。在水温 20～30℃范围内，释气量约为理论饱和溶气量的 90％～99％。

③ 可应用的填料种类很多，如瓷质拉西环、塑料斜交错淋水板、不锈钢圈填料、塑

阶梯环等。由于阶梯环具有较高的溶气效率，故可优先考虑。不同直径的溶气罐，需配置不同尺寸的填料，其填料的充填高度一般取 1m 左右即可。当溶气罐直径超过 500mm 时，考虑到布水均匀性，可适当增加填料高度。

④ 由于布气方式、气流流向变化等因素对填料罐溶气效率几乎无影响，因此，进气的位置及形式一般无需多加考虑。

⑤ 为自动控制罐内最佳液位，采用了浮球液位传感器，当液位达到了浮球传感器下限时，即指令关闭进气管上的电磁阀；反之，当液位达到上限时，指令开启电磁阀。

⑥ 溶气水的过流密度（溶气水流量与罐的截面积之比），有一个优化的范围。根据同济大学试验结果所推荐的 TR 型压力溶气罐的型号、流量的适用范围及各项主要参数列于表 1-2-16。

表 1-2-16　压力溶气罐的主要参数

型号	罐直径 /mm	流量适用范围 /(m³/h)	压力适用范围 /MPa	进水管管径 /mm	出水管管径 /mm	罐总高(包括支脚) /mm
TR-2	200	3~6	0.2~0.5	40	50	2550
TR-3	300	7~12	0.2~0.5	70	80	2580
TR-4	400	13~19	0.2~0.5	80	100	2680
TR-5	500	20~30	0.2~0.5	100	125	3000
TR-6	600	31~42	0.2~0.5	125	150	3000
TR-7	700	43~58	0.2~0.5	125	150	3180
TR-8	800	59~75	0.2~0.5	150	200	3280
TR-9	900	76~95	0.2~0.5	200	250	3330
TR-10	1000	96~118	0.2~0.5	200	250	3380
TR-12	1200	119~150	0.2~0.5	250	300	3510
TR-14	1400	151~200	0.2~0.5	250	300	3610
TR-16	1600	201~300	0.2~0.5	300	350	3780

注：该系列产品由上海同济大学水处理技术开发中心附属工厂生产。

（三）空气压缩机

表 1-2-17 所列举的是目前溶气气浮法常用的空气压缩机的型号和性能。

表 1-2-17　常用空气压缩机性能

型号	气量/(m³/min)	最大压力/MPa	电动机功率/kW	配套适用气浮池范围/(m³/d)
Z-0.036/7	0.036	0.7	0.37	<5000
Z-0.08/7	0.08	0.7	0.75	<10000
Z-0.12/7	0.12	0.7	1.1	<15000
Z-0.36/7	0.36	0.7	3	<40000

（四）刮渣机

如果大量浮渣得不到及时的清除，或者刮渣时对渣层的扰动过剧、刮渣时液位及刮渣程序控制不当、刮渣机运行速度与浮渣的黏滞性不协调等，都将影响气浮净水的效果。

目前，对矩形气浮池均采用桥式刮渣机，如图 1-2-45 所示。

这种类型的刮渣机适用范围一般在跨度 10m 以下，出渣槽的位置可设置在池的一端或两端。

对圆形气浮池，大多采用行星式刮渣机，如图 1-2-46 所示。其适用范围在直径 2~20m，出渣槽位置可在圆池径向的任何部位。

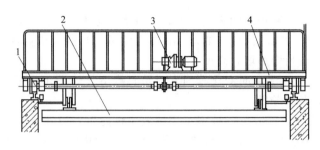

图 1-2-45 桥式刮渣机

1—行走轮；2—刮板；3—驱动机构；4—桁架

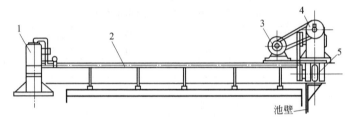

图 1-2-46 行星式刮渣机

1—中心管轴；2—行星臂；3—电机；4—传动部分；5—行走轮

此外，还有一些用于特殊情况的刮渣机，如小型链条式刮渣机等。

表 1-2-18 及表 1-2-19 为同济大学水处理技术开发中心附属工厂生产的 TQ 型桥式刮渣机和 TX 型行星式刮渣机的规格及主要技术参数。

表 1-2-18 桥式刮渣机规格及主要技术参数

刮渣机型号	气浮池净宽 /m	轨道中心距 /m	驱动减速器型号	电机功率 /kW	电机转速 /(r/min)	行走速度 /(m/min)	轨道型号
TQ-1	2～2.5	2.23～2.73		0.75	—	—	
TQ-2	2.5～3	2.73～3.23		0.75	1000	5.36	8kg/m
TQ-3	3～4	3.23～4.23		0.75			
TQ-4	4～5	4.23～5.23	SJWD 减速器附带电机	1.1			
TQ-5	5～6	5.23～6.23		1.1	1500	4.8	11kg/m
TQ-6	6～7	6.23～7.23		1.1			
TQ-7	7～8	7.23～8.23		1.5			
TQ-8	8～9	8.23～9.23		1.5			

表 1-2-19 行星式刮渣机规格及主要技术参数

型号	池体直径 D/m	轨道中心圆直径/m	电机型号	电机功率/kW	电机转速/(r/min)	行走速度/(m/min)
JX-1	2～4	$D+0.1$	AO-5624	0.12	1440	—
JX-2	4～6	$D+0.16$	AO-6314	0.18	1440	4～5
JX-3	6～8	$D+0.2$	AO-6324	0.25	1440	—

（五）气浮池

气浮池的布置形式较多，根据待处理水的水质特点、处理要求及各种具体条件，目前已经建成了许多种形式的气浮池，其中有平流与竖流、方形与圆形等布置，同时也出现了气浮与反应、气浮与沉淀、气浮与过滤等工艺一体化的组合形式。

1. 平流式气浮池

这是目前气浮净水工艺中用得最多的一种，采用反应池与气浮池合建的形式，见图1-2-47。

废水进入反应池（可用机械搅拌、折板、孔室旋流等形式）完成反应后，将水流导向底部，以便从下部进入气浮接触室，延长絮体与气泡的接触时间，池面浮渣刮入集渣槽，清水由底部集水管集取。

这种形式的优点是池身浅、造价低、构造简单、管理方便；缺点是与后续处理构筑物在高程上配合较困难、分离部分的容积利用率不高等。

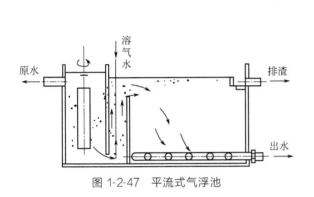

图1-2-47 平流式气浮池

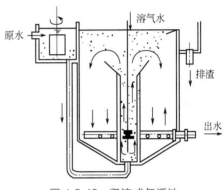

图1-2-48 竖流式气浮池

2. 竖流式气浮池

这是另一种常用的形式，见图1-2-48。其优点是接触室在池中央，水流向四周扩散，水力条件比平流式单侧出流要好，便于与后续构筑物配合；缺点是与反应池较难衔接，容积利用率低。

3. 综合式气浮池

综合式气浮池可分为三种：a. 气浮-反应一体式；b. 气浮-沉淀一体式；c. 气浮-过滤一体式。

由上可见，气浮池的工艺形式是多样化的，实际应用时需根据原废水水质、水温、建造条件（如地形、用地面积、投资、建材来源）及管理水平等方面综合考虑。

三、设计计算

（一）设计参数

① 研究水质条件，确定是否适合采用气浮。

② 在条件允许的情况下，应对废水进行小型或模拟试验，并根据试验结果确定溶气压力和回流比（溶气水量/待处理水量）。通常溶气压力采用0.2～0.4MPa，回流比取5%～25%。

③ 根据试验时选定的混凝剂及其投加量和完成絮凝的时间及难易程度，确定反应形式及反应时间，一般比沉淀反应时间短，5～10min。

④ 气浮池的池型应根据多方因素考虑。反应池宜与气浮池合建。为避免打碎絮体，应注意水流的衔接。进入气浮池接触室的流速宜控制在0.1m/s以下。

⑤ 接触室必须为气泡和絮凝体提供良好的接触条件，接触室宽度应利于安装和检修。水流上升速度一般取10～20mm/s，水流在室内的停留时间不宜小于60s。

⑥ 接触室内的溶气释放器需根据确定的回流量、溶气压力及各种释放器的作用范围选定。

⑦ 气浮分离室需根据带气絮体上浮分离的难易程度选择水流流速，一般取1.5～

3.0mm/s，即分离室的表面水力负荷取 $5.4\sim10.8m^3/(m^2 \cdot h)$。

⑧ 气浮池的有效水深一般取 $2.0\sim2.5m$，池中水流停留时间一般为 $10\sim20min$。

⑨ 气浮池的长宽比无严格要求，一般以单格宽度不超过10m，池长不超过15m为宜。

⑩ 气浮池排渣，一般采用刮渣机定期排除。集渣槽可设置在池的一端、两端或径向。刮渣机的行车速度宜控制在5m/min以内。

⑪ 气浮池集水应力求均匀，一般采用穿孔集水管，集水管的最大流速宜控制在0.5m/s以内。

⑫ 压力溶气罐一般采用阶梯环为填料，填料层高度通常取 $1\sim1.5m$。这时罐直径一般根据过水截面负荷率 $100\sim200m^3/(m^2 \cdot h)$ 选取，罐高为 $2.5\sim3m$。

（二）设计步骤

1. 进行实验室和现场试验

废水种类繁多，即使是同类型废水，水质变化也很大，很难提出确切参数，因此可靠的办法是通过实验室和现场小型试验取得的主要参数作为设计依据。

2. 确定设计方案

在进行现场勘察和综合分析各种资料的基础上，确定主体设计方案。设计方案大致内容如下：

① 溶气方式采用全溶气式还是部分回流式；

② 气浮池池型采用平流式还是竖流式，取圆形、方形还是矩形；

③ 气浮池之前是否需要预处理构筑物，之后是否需要后续处理构筑物，它们的形式如何？连接方式如何；

④ 浮渣处理、处置途径；

⑤ 工艺流程及平面布置的分析和确定。

3. 设计计算

溶气气浮计算公式如下。

（1）气浮所需空气量 Q_g（L/h）

$$Q_g = \varphi QRa_c \tag{1-2-45}$$

式中，Q 为气浮池设计水量，m^3/h；R 为试验条件下的回流比，%；a_c 为试验条件下的释放量，L/m^3；φ 为水温校正系数，取 $1.1\sim3.3$（主要考虑水的黏滞度影响，试验时水温与冬季水温相差大者取高值）。

（2）加压溶气水量 Q_p（m^3/h）

$$Q_p = \frac{Q_g}{736\eta p K_T} \tag{1-2-46}$$

式中，η 为溶气效率，对装阶梯环填料的溶气罐按表1-2-20查得；p 为选定的溶气压力，MPa；K_T 为溶解度系数，可根据表1-2-21查得。

（3）接触室的表面积 A_c（m^2）

$$A_c = \frac{Q+Q_p}{v_c} \tag{1-2-47}$$

式中，v_c 为选定接触室中水流的上升流速，m/h。

表 1-2-20 阶梯环填料罐（层高 1m）的水温、压力与溶气效率间关系表

水温/℃	5			10			15		
溶气压力/MPa	0.2	0.3	0.4～0.5	0.2	0.3	0.4～0.5	0.2	0.3	0.4～0.5
溶气效率/%	76	83	80	77	84	81	80	86	83
水温/℃	20			25			30		
溶气压力/MPa	0.2	0.3	0.4～0.5	0.2	0.3	0.4～0.5	0.2	0.3	0.4～0.5
溶气效率/%	85	90	90	88	92	92	93	98	98

表 1-2-21 不同温度下的 K_T 值

温度/℃	0	10	20	30	40
K_T	3.77×10^{-2}	2.95×10^{-2}	2.43×10^{-2}	2.06×10^{-2}	1.79×10^{-2}

接触室的容积一般应按停留时间大于 60s 进行校核，接触室的平面尺寸如长宽比等数据的确定，应考虑施工的方便和释放器的布置等因素。

（4）分离室的表面积 A_s（m^2）

$$A_s = \frac{Q + Q_p}{v_s} \tag{1-2-48}$$

式中，v_s 为气浮分离速度，m/h。

对矩形分离室，长宽比一般取（1～2）：1。

（5）气浮池净容积 V（m^3）

$$V = (A_c + A_s)H \tag{1-2-49}$$

式中，H 为池有效水深，m。

同时以池内停留时间 T 进行校核，一般要求 T 为 10～20min。

（6）溶气罐直径 D_d（m）

$$D_d = \sqrt{\frac{4Q_p}{\pi I}} \tag{1-2-50}$$

式中，I 为过流密度，$m^3/(m^2 \cdot h)$，一般对于空罐选用 1000～2000$m^3/(m^2 \cdot h)$，对填料罐选用 2500～5000$m^3/(m^2 \cdot h)$。

（7）溶气罐高 H'（m）

$$H' = 2h_1 + h_2 + h_3 + h_4 \tag{1-2-51}$$

式中，h_1 为罐顶、底封头高度（根据罐直径确定），m；h_2 为布水区高度，m，一般取 0.2～0.3m；h_3 为贮水区高度，m，一般取 1.0m；h_4 为填料区高度，m，当采用阶梯环时，可取 1.0～1.3m。

（8）空压机额定气量 Q'_g（m^3/min）

$$Q'_g = \frac{\varphi' Q_g}{60 \times 1000} \tag{1-2-52}$$

式中，φ' 为安全系数，一般取 1.2～1.5。

【例 1-2-8】 某厂电镀车间酸性废水中重金属离子含量为 Cr^{6+} 14.4mg/L，Cr^{3+} 5.7mg/L，总 Fe 10.5mg/L，总 Cu 16.0mg/L。现决定采用的处理工艺是：先向废水中投加硫酸亚铁和氢氧化钠生成金属氢氧化物絮凝体，然后用气浮法分离絮渣。根据小型试验结果，经气浮处理后，出水各种重金属离子含量均达到了国家排放标准。浮渣含水率在 96% 左右。

试验时溶气压力罐采用 0.3～0.35MPa，溶气水量占 25%～30%。

解： 设计原则：因可占用的面积有限，且考虑利用原有的废水调节池，故处理设备应尽量紧凑，并尽可能竖向发展。因此，拟采用立式反应气浮池，并将气浮设备置于调节池上，加药设备放在气浮操作平台上。由于出水中含盐量较高，影响溶气效果，故采用镀件冲洗水作为溶气水。

设计数据：处理废水量 Q 为 $20m^3/h$，分离室停留时间为 10min，反应时间 T 为 6min，溶气水量占处理水量的比值 R 为 30%，接触室上升流速 v_c 为 10mm/s，溶气压力为 0.3MPa，气浮分离速度 v_s 为 2.0mm/s，填料罐过流密度 I 为 $3000m^3/(m^2 \cdot d)$。

设计计算如下。

① 反应-气浮池 采用旋流式圆台形反应池及立式气浮池。反应-气浮池计算草图见图 1-2-49。

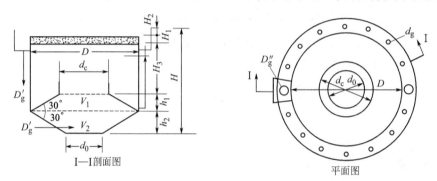

I—I剖面图 平面图

图 1-2-49 反应-气浮池计算草图

已确定接触室上升流速 $v_c = 10mm/s$，则接触室表面积为：

$$A_c = \frac{Q + Q_p}{v_c} = \frac{Q(1+R)}{v_c} = \frac{20 \times (1 + 0.30)}{3600 \times 10 \times 10^{-3}} = 0.72 \ (m^2)$$

气浮池接触室直径 d_c：

$$d_c = \sqrt{\frac{4A_c}{\pi}} = \sqrt{\frac{4 \times 0.72}{3.14}} = 0.96 \ (m)（取 1.0m）$$

选定分离速度 $v_s = 2.0mm/s$，则分离室表面积为：

$$A_s = \frac{Q + Q_p}{v_s} = \frac{Q(1+R)}{v_s} = \frac{20 \times (1 + 0.30)}{3600 \times 2 \times 10^{-3}} = 3.61 \ (m^2)$$

气浮池直径 D：

$$D = \sqrt{\frac{4(A_c + A_s)}{\pi}} = \sqrt{\frac{4 \times (0.72 + 3.61)}{\pi}} = 2.35(m)（取 2.40m）$$

已定分离池停留时间 $T_s = 10min$，则气浮池有效水深 H：

$$H = v_s T_s = 2.0 \times 10^{-3} \times 10 \times 60 = 1.20 \ (m)$$

气浮池容积 V：

$$V = (A_c + A_s)H = (0.72 + 3.61) \times 1.20 = 5.20 \ (m^3)$$

集水系统采用 14 根均匀分布的支管，每根支管中流量 Q'：

$$Q' = \frac{Q(1+R)}{14} = \frac{20 \times (1 + 0.30)}{14} = 1.86 \ (m^3/h) = 0.000516 \ (m^3/s)$$

查有关的管渠水力计算表得支管直径 d_g 为 25mm。管中流速为 $v' = 0.95m/s$，并假定支管长度为 1.80m，支管内水头损失为：

$$h_{支} = \left(\varepsilon_{进} + \lambda\frac{L}{d_g} + \varepsilon_{弯} + \varepsilon_{出}\right)\frac{v'^2}{2g} = \left(0.5 + 0.02\times\frac{1.80}{0.025} + 0.3 + 1.0\right)\frac{0.95^2}{2\times9.81} = 0.15\ (m)$$

出水总管直径 D_g 取 125mm，管中流速为 0.54m/s。总管上端装水位调节器。

反应池进水管靠近池底（切向），其直径 D'_g 取 80mm，管中流速为 1.12m/s。

气浮池排渣管直径 D''_g 取 150mm。

② 溶气释放器　根据溶气压力 0.3MPa、溶气水量 $6m^3/h$ 及接触室直径 1.0m 选用释放器，释放器安置在距离接触室底约 5cm 处的中心。

③ 压力溶气罐　按过流密度 $I = 3000m^3/(m^2 \cdot d)$ 计算溶气罐直径 D_d：

$$D_d = \sqrt{\frac{4Q_p}{\pi I}} = \sqrt{\frac{4\times20\times0.3\times24}{3.14\times3000}} = 0.25\ (m)$$

选用标准直径 $D_d = 300mm$ 压力溶气罐一个。

④ 空压机气浮所需用释气量 Q_g

$$Q_g = \varphi Q R a_c = 1.2\times20\times30\%\times53 = 381.6\ (L/h)$$

式中，R、a_c 值均为 20℃试验时取得。

因试验温度与生产中最低水温相差不大，故 φ 取 1.4。所需空压机额定气量：

$$Q'_g = \varphi'\times\frac{Q_g}{60\times1000} = 0.009\ (m^3/min)$$

⑤ 刮渣机　选用行星式刮渣机一台。

第四节　过滤

一、原理和功能

过滤是一种将悬浮在液体中的固体颗粒分离出来的工艺。其基本原理是在压力差的作用下，悬浮液中的液体透过可渗性介质（过滤介质），固体颗粒为介质所截留，从而实现液体和固体的分离。

实现过滤需具备以下两个条件：一是具有实现分离过程所必需的设备；二是过滤介质两侧要保持一定的压力差。

常用的过滤方法可分为重力过滤、真空过滤、加压过滤和离心过滤几种。

从本质上看，过滤是多相流体通过多孔介质的流动过程。

① 流体通过多孔介质的流动属于极慢流动，即渗流流动。

② 悬浮液中的固体颗粒是连续不断地沉积在介质内部孔隙中或介质表面上的，因而在过滤过程中过滤阻力不断增加。

过滤在废水处理中应用广泛。废水处理时，过滤用于去除二级处理出水中的生物絮绒体或深度处理过程中经化学凝聚后生成的固体悬浮物等。此外有些小规模废水处理厂用砂滤池作为消化污泥的脱水方法，大型废水处理厂则用回转真空过滤机等进行污泥脱水。

过滤除去悬浮粒子的机理较为复杂，包括吸附、絮凝、沉降和粗滤等。其中包含物理过程和化学过程。其中，悬浮粒子在滤料颗粒表面的吸附是滤料的重要性能之一，吸附与滤池和悬浮物的物理性质有关，还与滤料粒子尺寸、悬浮物粒子尺寸、附着性能与抗剪强度有关。吸附作用还受悬浮粒子、滤料粒子和水的化学性能影响，如电化学作用和范德华作用力。

在过滤初期，滤料洁净，选择性地吸附悬浮粒子，但随着过程的继续，已附着一些悬浮粒子的滤料颗粒的选择性吸附能力就大大降低。

在过滤过程中，滞留在滤层内的沉淀物颗粒的附着力必须与水力剪力保持平衡，否则就会被水流带入滤层内部，甚至带出滤层。随着沉积物增厚，滤料上层会被堵塞，若提高流速，则滤层的截留能力就大大降低。滤层中洁净层厚度逐渐无法保证出水水质，从而结束过滤周期。对于沉积物很厚的滤池，如果突然提高滤速，水与沉积颗粒之间的平衡就会遭到破坏，一部分颗粒就会剥落并随水流走，故设计中应避免滤速突变。

二、设备和装置

用于水处理的滤池种类很多，它们的构造和工艺过程有很大差别。尽管普通快滤池不能直接用于污水过滤，但是可用于污水过滤的各类快滤池都是在普通快滤池的基础上加以改进而发展起来的。

（一）普通快滤池

1. 工作原理

（1）工艺流程

图 1-2-50 为普通快滤池的透视图。滤池本身包括滤料层、承托层、配水系统、集水渠和洗砂排水槽五个部分。快滤池管廊内有原水进水、清水出水、冲洗排水等主要管道和与其相配的控制闸阀。

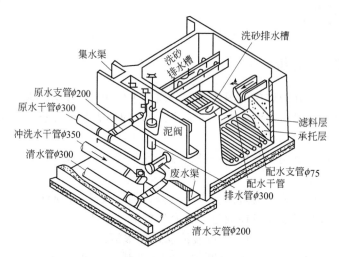

图 1-2-50　快滤池透视图（单位：mm）

快滤池的运行过程主要是过滤和冲洗两个过程的交替循环。过滤是生产清水过程，待过滤进水经来水干管和洗砂排水槽流入滤池，经滤料层过滤截留水中悬浮物质，清水则经配水系统收集，由清水干管流出滤池。在过滤中，由于滤层不断截污，滤层孔隙逐渐减小，水流阻力不断增大，当滤层的水头损失达到最大允许值时，或当过滤出水水质接近超标时，应停止滤池运行，进行反冲洗。一般滤池一个工作周期应大于 8～12h。滤池运行周期如图 1-2-51 所示。

滤池反冲洗时，水流逆向通过滤料层，使滤层膨胀、悬浮，借水流剪切力和颗粒碰撞摩擦力清洗滤料层并将滤层内污物排出。反冲洗水一般由冲洗水箱或冲洗水泵供给，经滤池配

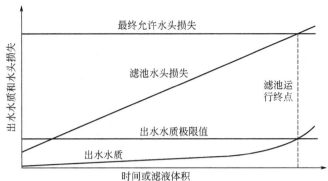

图 1-2-51　滤池运行周期

水系统进入滤池底部反冲洗；冲洗废水由洗砂排水槽、废水渠和排污管排出。

（2）颗粒去除机理

水中悬浮颗粒的过滤去除机理列于表 1-2-22 中。隔滤主要是去除大颗粒悬浮物；而细小颗粒的去除，如给水过滤，必须经过两个阶段：

① 传输阶段，借水流将细小颗粒传输到滤料表面；

② 附着阶段，在一种或几种过滤作用下，将颗粒截留在滤层中。

表 1-2-22　过滤去除水中悬浮物的机理

机　理	概　述
①过滤	
机械过滤	粒径大于滤料孔隙的颗粒被滤料滤去
偶然接触过滤	粒径小于滤料孔隙的颗粒由于偶然接触而被滤池截获
②沉淀	在滤床内部,颗粒可以沉淀在滤料上
③碰撞	较重的颗粒不随流水线运动
④截获	许多沿流水线运动的颗粒与滤料表面接触时被去除
⑤黏附	当絮凝颗粒通过滤料时,它们就会附着在滤料表面;因为水流的冲击力,有些颗粒在尚未牢固地附着于滤料之前就被水流冲走,并冲入滤床深处;当滤床逐渐堵塞后,表面剪切力就开始增大,以致使滤床再也不能去除任何悬浮物;一些悬浮颗粒可能穿透滤床,使滤池出水浊度突然升高
⑥化学吸附 　键吸附 　化学的相互作用 ⑦物理吸附 　静电吸附 　动电吸附 　范德华力吸附	颗粒一旦与滤料表面或与其他颗粒表面接触,该颗粒可由于其中一种或两种机理起作用而被俘获
⑧絮凝	大颗粒与较小颗粒接触时可将其捕获,并形成更大的颗粒,这些更大的颗粒将由于上述一种或几种机理起作用(机理①～⑤)而被去除
⑨生物繁殖	生物在滤池内繁殖可使滤料孔隙减少,但在上述去除悬浮物的各种机理中,无论具备哪种机理(机理①～⑤)都会提高颗粒的去除效率

图 1-2-52 为单层滤料滤床以隔滤作用机理为主，去除杂质浓度比沿滤床深度变化曲线。图 1-2-53 为双层滤料滤床深层截污的情况。

悬浮物在滤池中去除过程的数学表达式是以连续性方程和去除率方程为基础的。

对于沿水流方向，厚度为 dx 滤层的悬浮物的物料平衡，可用以下连续性方程表示：

$$-v\frac{dc}{dx} = \frac{dq}{dt} \tag{1-2-53}$$

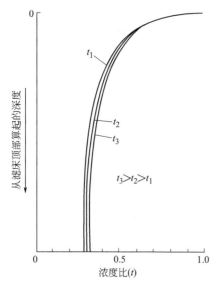

图 1-2-52 以隔滤作用为主要颗粒去除机理，粒状滤料滤池浓度比曲线

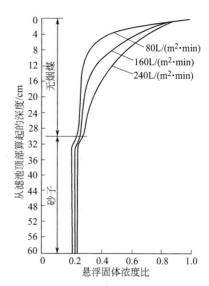

图 1-2-53 双层滤料滤池的平均悬浮固体浓度比与滤床深度的关系

式中，v 为滤率，$L/(cm^2 \cdot min)$；$\dfrac{dc}{dx}$ 为水中悬浮物浓度随滤床深度的变化率，$mg/(L \cdot cm)$；$\dfrac{dq}{dt}$ 为滤层中截留悬浮物流量随时间的变化率，$mg/(cm^3 \cdot min)$。

悬浮物去除率方程的表达式如下：

$$\frac{dc}{dx} = \left[\frac{1}{(1+ax)^n} \right] \gamma_0 c \tag{1-2-54}$$

式中，c 为水中悬浮物浓度，mg/L；x 为水在滤层中流动的距离，cm；γ_0 为起始去除率；a 为试验常数。

上式右侧括号项又称为阻力系数。当指数 $n=0$ 时，括号项等于 1，此时方程式为一对数去除率曲线。当指数 $n=1$ 时，去除率曲线在表层迅速减小。指数 n 与进水特性、颗粒粒径分布有关，因此，对于特定性质的废水过滤处理，应通过实验研究得出去除率曲线，求出各种常数、指数关系。

（3）过滤水头损失

截污滤床水头损失按下式计算：

$$H_t = h + \sum_{i=1}^{n} (h_i)_t \tag{1-2-55}$$

式中，H_t 为截污滤床水头损失，m；h 为清洁滤床水头损失，m，按以下公式计算；$(h_i)_t$ 为滤池内第 i 层滤料在时间 t 时的水头损失，m。

计算净水通过粒状滤料水头损失的公式如下（清洁滤料滤床过滤净水水头损失可采用以下任一公式进行计算）。

① Carmen-Kozeny 公式

$$h = \frac{f}{\phi} \times \frac{1-\alpha}{\alpha^3} \times \frac{L}{d} \times \frac{v^2}{g} \tag{1-2-56}$$

$$f = 150 \frac{1-\alpha}{Re} + 1.75 \tag{1-2-57}$$

$$Re = \frac{dv\rho}{\mu} \tag{1-2-58}$$

式中，h 为水头损失，m；f 为摩阻系数；ϕ 为滤料形状系数，通常为 1；α 为孔隙率；L 为滤层深度，m；d 为粒径，m；v 为滤速，m/s；g 为重力加速度，9.8m/s^2；Re 为雷诺数；ν 为运动黏度，m^2/s；ρ 为水的密度，kg/m^3；μ 为黏度，Pa·s。

② Fair-Hatch 公式

$$h = kvS^2 \frac{(1-\alpha)^2}{\alpha^3} \times \frac{L}{d^2} \times \frac{v}{g} \tag{1-2-59}$$

式中，k 为过滤常数，按筛孔考虑时 $k=5$，按筛出滤料粒径考虑时 $k=6$；S 为滤料形状系数，界于 6.0~7.7 之间。

③ Rose 公式

$$h = \frac{1.067}{\phi} C_d \times \frac{1}{\alpha^3} \times \frac{L}{d} \times \frac{v^2}{g} \tag{1-2-60}$$

$$C_d = \frac{21}{Re} - \frac{3}{\sqrt{Re}} - 0.3 \tag{1-2-61}$$

式中，C_d 为阻力系数。

④ Hazen 公式

$$h = \frac{1}{C} \times \frac{60}{T+10} \times \frac{1}{d_{10}^2} v \tag{1-2-62}$$

式中，C 为密实度系数，600~1200；d_{10} 为滤料有效粒径，mm；T 为水温，℉ $\left[T/℉ = \frac{5}{9} - (t/℃ - 32) \right]$。

（4）变速过滤滤池

在清洗前后，滤层的孔隙状态截然不同。反冲洗以后，水流经清洁滤料的阻力很小，流速可以提高，进水会直接落到滤池表面的某一部分上而迅速流过。为了防止这种现象发生，需将滤池水阀门关小，但这样做又会使滤池中水位上升过快。给水处理中常设置滤速调节器来控制滤速的变化。由于滤速调节器的构造较复杂，近年来在水处理中多采用变滤速过滤，以发挥更高的产生能力。

快滤池采用变速过滤时，其变速过程如图 1-2-54 所示。

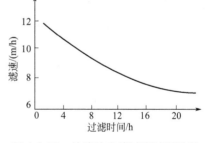

图 1-2-54　快滤池变速过滤过程示意

2. 装置

（1）滤床种类

用于给水和废水过滤的快滤池，按所用滤床层数分为单层滤料、双层滤料和三层滤料滤池。如图 1-2-55 所示。

① 单层滤料滤池　一般单层滤料普通快滤池适用于给水；在废水处理中，仅适用于一些清洁的工业废水处理。经验表明，当用于废水二级处理出水时，由于滤料粒径过细，在短时间内在砂层表面发生堵塞。因此适用于废水二级处理出水的单层滤料滤床采用另外两种形式：一种是单层粗砂深层滤床滤池，特别是用于生物膜硝化和脱氮系统，滤床滤料粒径通常为 1.0~2.0mm（最大使用到 6mm），滤床厚 1.0~3.0m，滤速达 3.7~37m/h，并尽可能采用均匀滤料，由于所用粒径较粗，因此，即使废水所含颗粒较大，当负荷很大时也能取得较好过滤效果；另一种是采用单层滤料不分层滤床，如图 1-2-56 所示。

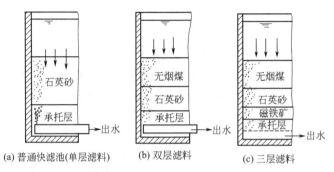

图 1-2-55　快滤池不同类型

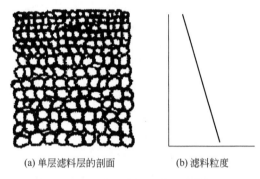

(a) 单层滤料层的剖面　　　　(b) 滤料粒度

图 1-2-56　单层滤料不分层滤床断面

　　粒径大小不同的单一滤料均匀混合组成滤床与气水反冲洗联合使用滤料。气水反冲洗时只发生膨胀，约为 10%，不使其发生水力筛分分层现象，因此，滤床整个深度上孔隙大小分布均匀，有利于增大下部滤床去除悬浮杂质的能力。不分层滤床的有效粒径与双层滤料滤池上层滤料粒径大致相同，通常为 1～2mm，并保持池深与粒径比在 800～1000。

　　② 双层滤料滤池　组成双层滤料滤床的滤料种类如下：无烟煤和石英砂；陶粒和石英砂；纤维球和石英砂；活性炭和石英砂；树脂和石英砂；树脂和无烟煤等。以无烟煤和石英砂组成的双层滤料滤池使用最为广泛。双层滤料滤池属于反粒度过滤，截留杂质能力强，杂质穿透深，产水能力大，适于在给水和废水过滤处理中使用。

　　新型普通双层滤料滤池，一种是均匀-非均匀双层滤料滤池，将普通双层滤池上层级配滤料改装均匀粗滤料，即可进一步提高双层滤池的生产能力和截污能力。上层均匀滤料可以采用均匀陶粒，也可以采用均匀煤粒、塑料 372b、ABS 颗粒。均匀-非均匀双层滤池的厚度与普通双层滤料相同。表 1-2-23 为三种不同均匀滤料的物理性能。图 1-2-57 为均匀-非均匀滤料滤池与普通双层滤料滤池截污量曲线对比情况。

表 1-2-23　均匀滤料物理性能

项　　目	372b	ABS	均匀陶粒
颗粒尺寸	$L=2～2.5mm$ 直径 1.5mm	立方体 边长 2.5mm	$K_{80}=1.17$
相对密度	1.18 ± 0.02	1.05～1.08	1.52
松散容重/(t/m³)	0.709	0.569	
孔隙率	0.40	0.46	0.54
临界沉速/(cm/s)	5.56	3.22	8.58
形状系数	0.77	0.81	0.80

　　注：K_{80} 表示滤料粒径级配，$K_{80}=d_{80}/d_{10}$（d_{80}、d_{10} 分别为通过滤料重量 80%、10% 的筛孔孔径）。

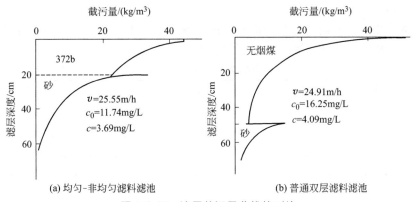

图 1-2-57 滤层截污量曲线的对比

v—滤速，m/h；c_0—进水浓度，mg/L；c—出水浓度，mg/L

另一种是双层均匀滤料滤池，上层采用 1.0～2.0mm 的均匀陶粒或均匀煤粒；下层采用 0.7～0.9mm 石英砂粒。滤床厚度与普通双层滤池相同或稍厚一些，床深与粒径比大于 800～1000。均匀双层滤料滤池也属于反粒度过滤，可提高截留杂质能力 1.5 倍左右。

③ 三层滤料滤池　三层滤料滤池最普遍的形式是上层为无烟煤，中层为石英砂，下层为磁铁矿或石榴石。这种借密度差组成的三层滤料滤池更能使水由粗滤层流向细滤层，呈反粒度过滤，使整个滤层都能发挥截留杂质作用，减少过滤阻力，保持很长的过滤时间。研究表明，所拟去除絮凝体数量、性质对三层滤料滤池工作有明显影响。对于去除各种类型凝絮的不同滤料设计说明如表 1-2-24 所列，双层及多层滤料滤池的设计参数见表 1-2-25。

表 1-2-24　去除各种类型凝絮的不同滤料设计说明

应 用 类 型	石 榴 石		石 英 砂		煤 粒	
	尺 寸	层厚/mm	尺 寸	层厚/mm	尺 寸	层厚/mm
易碎的凝絮，很高负荷	−40+80	200	−20+40	300	−10+20	550
凝絮很强，中等负荷	−20+40	75	−10+20	300	−10+16	375
易碎的凝絮，中等负荷	−40+80	75	−20+40	225	−10+20	200

注：尺寸−40+80 为通过美国筛号 40 号，而被 80 号筛截留；其余皆同。

表 1-2-25　双层及多层滤料滤池的设计参数

项　　目			数　　值	
			范　　围	典　型　值
双层滤料	无烟煤	深度/mm	300～600	450
		有效粒径/mm	0.8～2.0	1.2
		不均匀系数	1.3～1.8	1.6
	砂	深度/mm	150～300	300
		有效粒径/mm	0.4～0.8	0.55
		不均匀系数	1.2～1.6	1.5
		滤速/[L/(m²·min)]	80～400	200
三层滤料	无烟煤（三层滤料滤池的顶层）	深度/mm	200～500	400
		有效粒径/mm	1.0～2.0	1.4
		不均匀系数	1.4～1.8	1.6
	砂	深度/mm	200～400	250
		有效粒径/mm	0.4～0.8	0.5
		不均匀系数	1.3～1.8	1.6
	石榴石或钛铁矿粒	深度/mm	50～150	100
		有效粒径/mm	0.2～0.6	0.3
		不均匀系数	1.5～1.8	1.6
		滤速/[L/(m²·min)]	80～400	200

（2）承托层

承托层的作用：一是防止过滤时滤料从配水系统中流失；二是在反冲洗时起一定的均匀布水作用。承托层一般采用天然砾石，其组成见表 1-2-26。

表 1-2-26 大阻力配水系统承托层

层 次		粒径/mm	厚度/mm
上 ↓ 下	1	2~4	100
	2	4~8	100
	3	8~16	100
	4	16~32	100

（二）其他普通类型滤池

其他普通类型滤池及主要特点列于表 1-2-27。

表 1-2-27 普通类型滤池

名 称	特 点
虹吸滤池	可节约大型闸门和专业冲洗设备，操作方便，易于实现自动化，但结构复杂
移动冲洗罩滤池	自动连续运行，不需要冲洗塔或水泵，造价低、能耗低
上向流滤池	过滤效率较高，可用过滤水反冲洗，滤速较低
压力滤池	不需清水泵站，运行管理较方便，可以移动位置；但耗钢材多，滤料装卸不便
慢滤池	出水浊度可接近于零，能去除细菌、病毒、臭味，可作为小型给水厂和废水处理厂出水精制
移动床连续流滤池	允许进水悬浮物含量大，仅适用于小型处理厂

（三）滤布滤池（转盘滤池）

滤布滤池（图 1-2-58）是目前世界上先进的过滤器之一，目前在全世界已经有 700 个污水厂采用该项技术。微滤布过滤系统与砂滤相比，在技术和经济指标方面都有很多优势。技术上：处理效果好并且水质水量稳定；运行维护简单方便。经济上：设备闲置率低，总装机功率低；设备简单紧凑，附属设备少，整个过滤系统的投资低并且占地小，处理效果好，出水水质高。

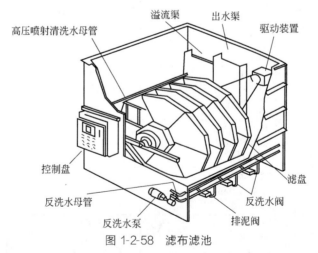

图 1-2-58 滤布滤池

滤布滤池主要用于冷却循环水处理、废水的深度处理后回用。作为冷却水、循环水过滤后回用：进水水质 SS≤30mg/L，出水水质 SS≤10mg/L。用于污水的深度处理，设置于常规活性污泥法、延时曝气法、SBR 系统、氧化沟系统、滴滤池系统、氧化塘系统之后，可用于以下领域：a. 去除总悬浮固体；b. 结合投加药剂可去除磷；c. 可去除重金属等。滤布转盘过滤器用于过滤活性污泥终沉池出水，设计水质：进水 SS≤30mg/L，出水 SS≤10mg/L，实际运行出水更优质。

1. 结构

纤维转盘滤池主要由箱体、滤盘、清洗机构、排泥机构、中心管、驱动机构、电气控制和泵、阀机构组成。

① 箱体 碳钢焊接，内部用进口防腐涂料，外部用防腐漆处理，箱体结构紧凑，质量轻，占地面积小。副箱可调节水位落差的大小。

② 滤盘 每个滤盘由 6 个独立的分片组成，上面覆盖滤布及衬底。

③ 清洗机构 由清洗吸口、管道、清洗吸口支架部件等组成，用于滤布的清洗。

④ 排泥机构 由排泥吸口、管道、排泥吸口支架部件等组成，用于清理滤池底部的污泥。

⑤ 中心管 中水经处理后通过中心管流入副箱，中心管既可输送中水又可带动滤盘旋转。

⑥ 驱动机构 由减速机、链轮、链条等组成，用来带动中心管和滤盘转动。

⑦ 电气系统 由电控箱、PLC、触摸屏、液位监测等电控元件组成，用于控制反洗、排泥过程，使其运行自动化，并可调整反洗间隔时间、排泥间隔时间。

⑧ 泵、阀机构 由离心泵、管道、电动球阀组成，用于清洗和排泥。

2. 运行方式

纤维转盘滤池的运行状态包括：静态过滤过程、负压清洗过程、排泥过程。

（1）静态过滤过程

污水靠重力流入滤池，滤池中设有挡板消能设施。污水通过滤布过滤，过滤液通过中心管收集，重力流通过溢流槽排出滤池。整个过程为连续。

（2）负压清洗过程

过滤时部分污泥吸附于滤布外侧，逐渐形成污泥层。随着滤布上污泥的积聚，滤布过滤阻力增加，滤池水位逐渐升高。通过测压装置检测池内的水位高度。当该水位达到清洗设定值（高水位）时，PLC 即可启动反抽吸泵，开始清洗过程。清洗时，滤池可连续过滤。

过滤期间，滤盘处于静态，有利于污泥的池底沉积。清洗期间，滤盘以 1r/min 的速度旋转。抽吸泵负压抽吸滤布表面，吸除滤布上积聚的污泥颗粒，滤盘内的水被同时抽吸，水自里向外对滤布起清洗作用，并排出清洗过的水。抽洗面积仅占全滤盘面积的 1%。清洗过程为间歇。

（3）排泥过程

纤维转盘滤池的滤盘下设有斗形池底，有利于池底污泥的收集。污泥池底沉积减少了滤布上的污泥量，可延长过滤时间，减少清洗的用水量。经过一设定的时间段，PLC 启动排泥泵，通过池底排泥管路将污泥回流至污水预处理构筑物。

三、设计计算

（一）普通快滤池设计

一般不直接用于废水过滤，但废水过滤的各类快滤池都是在普通快滤池的基础上发展出来的。

1. 设计参数

粗砂快滤池用于处理废水时流速采用 $3.7 \sim 37 \mathrm{m/h}$；双层滤料滤池的滤速采用 $4.8 \sim 24 \mathrm{m/h}$；三层滤料滤池的滤速一般可与双层滤料相同。

2. 计算公式

（1）滤池面积 A（$\mathrm{m^2}$）

$$A = \frac{Q}{vt} \tag{1-2-63}$$

$$t = t_w - t_0 - t_1 \tag{1-2-64}$$

式中，Q 为设计日废水量，$\mathrm{m^3/d}$；v 为滤速，$\mathrm{m/h}$；t 为滤池的实际工作时间，$\mathrm{h/d}$；t_w 为滤池工作时间，$\mathrm{h/d}$；t_0 为滤池停运后的停留时间，$\mathrm{h/d}$；t_1 为滤池反冲洗时间，$\mathrm{h/d}$。

（2）滤池个数 n

$$n = \frac{A}{A_0} \tag{1-2-65}$$

式中，A_0 为单个滤池面积，$\mathrm{m^2}$。

$A_0 \leqslant 30 \mathrm{m^2}$ 时，长宽比为 $1:1$；$A_0 > 30 \mathrm{m^2}$ 时，长宽比为 $(1.25 \sim 1.5):1$；当采用旋转式表面冲洗措施时，长宽比为 $1:1$、$2:1$ 或 $3:1$。

（3）滤池高度 H（m）

$$H = h_1 + h_2 + h_3 + h_4 + h_5 \tag{1-2-66}$$

式中，h_1 为承托层高度；m；h_2 为滤料高度，m；h_3 为滤料上水深，m；h_4 为超高，m；h_5 为滤板高度，m。

（4）滤池反冲洗水头损失 h_2'（m）

管式大阻力配水系统水头损失为：

$$h_2' = \left(\frac{q}{1000a\mu}\right)^2 \frac{1}{2g} \tag{1-2-67}$$

式中，μ 为孔口流量系数；a 为配水系统开孔比；q 为反洗水强度，$\mathrm{L/(s \cdot m^2)}$。

（5）经砾石支承层水头损失 h_3'（m）

$$h_3' = 0.022h_1 q \tag{1-2-68}$$

【例 1-2-9】 设计日处理废水量为 $2500\mathrm{m^3}$ 的双层滤料滤池。

解： 设计废水量：$Q = 1.05 \times 2500 \mathrm{m^3/d} = 2625 \mathrm{m^3/d}$，其中考虑了 5% 的水厂自用水量（包括反冲洗用水）。

设计依据：滤速 $5\mathrm{m/h}$，冲洗强度 $q = 13 \sim 16 \mathrm{L/(s \cdot m^2)}$，冲洗时间 $3\mathrm{min}$。

设计计算如下。

① 滤池面积及尺寸　滤池工作时间为 $24\mathrm{h/d}$，每天冲洗 $3\mathrm{min}$，停留 $20\mathrm{min}$，滤池每天实际工作时间为：

$$t = t_w - t_0 - t_1 = 24 - \frac{20}{60} - \frac{3}{60} = 23.62 \text{（h/d）}$$

则

$$A = \frac{Q}{vT} = \frac{2625}{5 \times 23.62} = 22.227 \text{（m}^2\text{）}$$

采用滤池数两个，每个滤池面积为：

$$A_0 = \frac{A}{n} = 11.114 \ (\mathrm{m}^2)$$

设计滤池长宽比 $L/B = 1$，滤池尺寸为 $L = B = \sqrt{11.114} = 3.33 \ (\mathrm{m})$。

校核强制滤速：

$$v' = \frac{nv}{n-1} = 10 \ (\mathrm{m/h})$$

② 滤池总高　承托层高度 h_1 采用 0.45m；滤料层高度，无烟煤层为 450mm，砂层为 300mm，总高度 $h_2 = 750$mm；滤料上水深 h_3 采用 1.5m；超高 h_4 采用 0.3m；滤板高度 h_5 采用 0.12m。滤池总高为：

$$H = h_1 + h_2 + h_3 + h_4 + h_5 = 3.12 \ (\mathrm{m})$$

③ 滤池反冲洗水头损失　管式大阻力配水系统水头损失为：

$$h_2' = \left(\frac{q}{1000a\mu}\right)^2 \frac{1}{2g}$$

设计支管直径 $d = 75$mm，b（壁厚）$= 5$mm，孔眼 $d' = 9$mm，孔口流量系数 $\mu = 0.68$，配水系统开孔比 $a = 0.25\%$，$q = 14\mathrm{L/(s \cdot m^2)}$，代入上式得 $h_2' = 3.5$m。

经砾石支承层水头损失计算如下（式中 h_1 为层厚）：

$$h_3' = 0.022 h_1 q = 0.022 \times 0.45 \times 14 = 0.14 \ (\mathrm{m})$$

滤料层水头损失为：

$$h_4' = 2\mathrm{m}$$

反冲洗水泵扬程 $H' =$ 滤池高度 $+$ 清水池深度 $+$ 管道、滤层水头损失：

$$H' = 3.12 + 3 + (3.5 + 0.14 + 2.0) = 11.76 \ (\mathrm{m})$$

根据冲洗流量和扬程选择反冲洗水泵。

（二）无阀滤池设计

1. 进水系统

当滤池采用双格组合时，为使配水均匀，要求进水分配箱两堰口标高、厚度及粗糙度尽可能相同。堰口标高可按下式确定：

堰口标高 $=$ 虹吸辅助管管口标高 $+$ 进水及虹吸上升管内各项水头损失之和 $+$ 保证堰上自由出流的高度（10～15cm）

为防止虹吸管工作时因进水中带入空气而可能产生提前破坏虹吸现象，宜采用下列措施。

① 在滤池即将冲洗前，进水分配箱应保持有一定水深，一般考虑箱底与滤池冲洗水箱相平。

② 进水管内流速一般采用 0.5～0.7m/s。

③ 为安全起见，进水管 U 形存水弯的底部中心标高可放在排水井井底标高处。

2. 计算公式

（1）滤池的净面积 A（m^2）

$$A = (1+a)\frac{Q}{v} \tag{1-2-69}$$

式中，a 为考虑反冲洗水量增加的百分数，%，一般采用 5%；Q 为设计水量，m^3/h；v 为滤速，$\mathrm{m/h}$。

（2）冲洗水箱高度 H（m）

$$H = \frac{60Aqt}{1000A'} \tag{1-2-70}$$

$$A' = A + A_1 \tag{1-2-71}$$

式中，q 为反冲洗强度，$L/(s \cdot m^2)$；t 为冲洗历时，min；A' 为冲洗水箱净面积，m^2；A_1 为连通渠及斜边壁厚面积，m^2。

（三）移动冲洗罩滤池设计

（1）滤池面积 A（m^2）

$$A = 1.05 \frac{Q}{v} \tag{1-2-72}$$

式中，Q 为净水产量，m^3/h；v 为平均流速，m/h。

（2）每一滤格净面积 A_0（m^2）

$$A_0 = \frac{A}{n} \tag{1-2-73}$$

（3）分格数 n

$$n < \frac{60t'}{t + t''} \tag{1-2-74}$$

式中，t' 为滤池总过滤周期，h；t 为各滤格冲洗时间，min；t'' 为罩体移动和两滤格间运行时间，min。

（4）每一滤格反冲洗流量 Q'（L/s）

$$Q' = A_0 q \tag{1-2-75}$$

式中，q 为反冲洗强度，$L/(s \cdot m^2)$。

出水虹吸管流速一般采用 $0.9 \sim 1.3 m/s$；反冲洗虹吸管流速一般采用 $0.7 \sim 1.0 m/s$。

冲洗泵一般可选用农业灌溉水泵、油浸式潜水泵或轴流泵等。

出水虹吸管罐顶高程是影响滤池稳定的一个控制因素。高程应控制在液面到液面以下 $10 cm$ 范围内。

滤池一般配有自动控制系统。

（四）上向流滤池设计

1. 滤速

过滤时，当滤料在水中的重力大于水流动力时滤床是稳定的。在滤速超过某一数值时，滤层就会出现膨胀或流化现象，这时的水流速度称为初始流化速度。清洁滤层的初始流化速度可用下式计算（$Re < 10$ 时）：

$$v_f = \frac{(\rho_s - \rho)gd^2}{1980\mu\alpha^2} \times \frac{m_0}{1 - m_0} \tag{1-2-76}$$

式中，v_f 为清洁滤层初始流化速度，cm/s；ρ_s、ρ 分别为滤料、废水的密度，g/cm^3；d 为滤料的粒径，cm；g 为重力加速度，cm/s^2；μ 为废水的动力黏度，$10^{-1} Pa \cdot s$；m_0 为清洁滤层孔隙率；α 为滤料的形状系数。

上向流滤池的设计滤速 $v < v_f$。

2. 上向流滤池的滤料级配

上部石英砂层粒径采用 $1 \sim 2 mm$，厚度 $1.0 \sim 1.5 m$ 左右；中部砂层粒径采用 $2 \sim 3 mm$，厚度 $300 mm$；下部粗砂粒径采用 $10 \sim 16 mm$，厚度 $250 mm$。

上部设遏制格栅时，格栅开孔面积按 75% 计算。

（五）多层滤料滤池

常用的有双层滤料滤池和三层滤料滤池，如图 1-2-59 所示。滤料层的滤料密度由上至下依次变大，滤料粒径依次变小。如双层滤池上层为无烟煤（相对密度 1.4～1.6）、下层为石英砂（相对密度 2.6），三层滤池上、中、下三层滤料分别选用无烟煤、石英砂、磁铁矿石（相对密度 4.7～4.8）。上层较轻质的滤料粒径可选择大一些，以增加上层滤料的孔隙率，可截留较多的污物，下层的孔隙率较小，可进一步截留污物，则污物可穿透滤池的深处，能较好地发挥整个滤层的过滤作用，水头损失也增加得较慢。

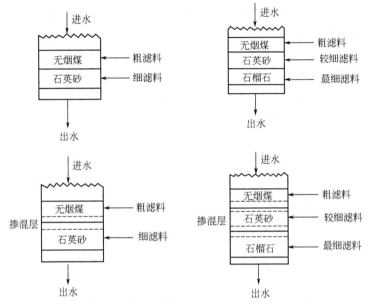

图 1-2-59　混层和不混层的双层滤料与多层滤料池

根据滤料层界面处允许混层与否分为混层滤池和非混层滤池。经验表明，当无烟煤滤料的最小粒径与石英砂最大粒径之比为 3～4 时，无明显混层现象。不混层时，双层滤料和三层滤料滤池进水悬浮的最大允许浓度分别为 100mg/L 和 200mg/L。

无烟煤粒径要求在其滤层高度内将 75%～90% 的悬浮物去除。例如，要求滤池悬浮物的去除率为 90% 时，则悬浮物的 60%～80% 应由煤层去除，其余的由砂层去除。多层滤料的粒径和厚度见表 1-2-28。

表 1-2-28　多层滤池滤料粒径和厚度

层数	滤料名称	粒径/mm	厚度/cm
双层滤料	无烟煤	1.0～1.1	50.8～76.2
	石英砂	0.45～0.60	25.4～30.5
三层滤料	无烟煤	1.0～1.1	45.7～61.0
	石英砂	0.45～0.55	20.4～30.5
	磁铁矿石	0.25～0.5	7

（六）滤池的反冲洗设计

1. 反冲洗作用

各类滤池的滤料必须定期进行清洗，这主要是因为：

① 在过滤过程中，原水中的悬浮物被滤料表面吸附并不断地在滤层中积累，由于滤层孔隙逐渐被污染物堵塞，过滤水头损失不断增加，当达到某一限度时，滤料需进行清洗，使滤池恢复工作性能，继续工作；

② 过滤时由于水头损失增加，水流对吸附在滤料表面的污物的剪切力变大，其中有些颗粒在水流的冲击下移到下层滤料中去，最终会使水中的悬浮物含量不断上升，水质变差，到一定程度时需要清洗滤料，以便恢复滤料层的纳污能力；

③ 废水中的悬浮物含有大量有机物，长期滞留在滤层中会发生厌氧腐败现象，需定期清洗滤料。

何时进行清洗可根据原水的水质特点和出水水质要求，采用限定水头损失、出水水质或过滤时间等标准来决定。清洗滤池主要是依靠和重力流过滤水流方向相反的高速水流完成的，一般称为反冲洗。

2. 反冲洗的方法

经验表明，凝聚良好的地表水用单层砂滤池过滤，反冲洗强度、滤层膨胀率、清洗效果之间的关系是明确的。但是用于废水处理的滤池清洗困难，由于水质的差别和一些特殊类型滤池的出现，给水过滤中应用的反冲洗规定不能简单地套用到废水过滤上来。

滤池清洗效果由含污滤层和清洗条件两方面决定。废水中悬浮物在滤料层中的截留状态、絮凝程度和附着力的大小，与废水特性和滤池类型有关。清洗条件主要包括：不同清洗方式时的膨胀率、反冲洗强度、反冲洗时间和反冲洗水头等。

在颗粒滤料滤床中常见的冲洗方法有以下几种。

① 用水进行反冲洗 把滤料冲成悬浮状态后，由滤料间高速水流所产生的剪切力把悬浮物冲下来，并由反冲洗水带走。

② 用水反冲洗辅助以表面冲洗 表面冲洗水是在滤层上面，冲洗水由喷嘴喷出，砂粒得到很好的搅动，悬浮物更易于脱落，同时也可以节省冲洗水量。表面冲洗周期可在水的反冲洗周期前 1min 或 2min 开始，两个周期持续约 2min。

③ 用水反冲洗辅助以空气擦洗 通常在水的反冲洗周期开始以前，通入压缩空气约 3min 或 4min，把滤料搅动起来，同时用反冲洗水把悬浮物冲走，这样可以节省冲洗水量。

④ 用气-水联合冲洗 这种冲洗方式多用在单层滤料滤床。水与气的反冲洗流速列于表 1-2-29。在气-水联合冲洗结束时，可用滤床到达流化状态时的反冲洗水的流速冲 2～3min，即可去除遗留在滤床中的气泡。

表 1-2-29 用于单层砂及无烟煤滤料滤池的气及水反冲洗流速

滤料	滤料性质		反冲洗流速/[m³/(m²·min)]	
	有效粒径/mm	不均匀系数	水	气
砂	1.00	1.40	0.41	13.1
	1.49	1.40	0.61	19.7
	2.19	1.30	0.81	26.2
无烟煤	1.10	1.73	0.28	6.6
	1.34	1.49	0.41	13.1
	2.00	1.53	0.61	19.7

用前三种方法需要使滤池流化，不同类型滤床流化时所需的反冲洗水的流速列于表 1-2-30；第四种方法则不需要使滤床流化，反冲洗流速随滤料粒径、形状、密度及反冲洗水的温度而变化。

表 1-2-30　不同类型滤床流化所需的反冲洗水流速

滤床类型	滤料粒径	使滤床流化的最小反冲洗流速	
		m³/(m²·min)	m/h
单层滤料(砂)	2mm	1.8~2.0	108~120
双层滤料(无烟煤及砂)		0.8~1.2	48~72
三层滤料(无烟煤、砂及石榴石或钛铁矿粒)		0.8~1.2	48~72

3. 冲洗水供给

供给冲洗水的方式有两种：冲洗水泵和冲洗水塔。前者投资省，但操作较麻烦，在冲洗的短时间内耗电量大，往往会使厂区内供电网负荷陡然骤增；后者造价较高，但操作简单，允许在较长时间内向水塔输水，专用水泵小，耗电较均匀。如有地形或条件可利用时，建造冲洗水塔较好。

（1）水塔

① 水塔容积 V（m³）

$$V = \frac{1.5Atq \times 60}{1000} = 0.09Atq \tag{1-2-77}$$

式中，A 为滤池面积，m²；t 为冲洗历时，min；q 为冲洗强度，L/(s·m²)。

水塔中的水深不宜超过 3m，以免冲洗初期和末期的冲洗强度相差过大。水塔应在冲洗间隙时间内充满。水塔容积按单个滤池冲洗水量的 1.5 倍计算。

② 水塔底高出滤池排水槽顶距离 H_0（m）

$$H_0 = h_1 + h_2 + h_3 + h_4 + h_5 \tag{1-2-78}$$

式中，h_1 为从水塔至滤池的管道中总水头损失，m；h_2 为滤池配水系统水头损失，m；h_3 为承托层水头损失，m；h_4 为滤料层水头损失，m；h_5 为备用水头，m，一般取 1.5~2.0m。

③ 滤池配水系统水头损失 h_2（m）

$$h_2 = \left(\frac{q}{10\alpha\beta}\right)^2 \times \frac{1}{2g} \tag{1-2-79}$$

式中，q 为反冲洗强度，L/(s·m²)；α 为孔眼流量系数，一般为 0.65~0.7；β 为孔眼总面积与滤池面积比，采用 0.2%~0.25%；g 为重力加速度，9.81m/s²。

④ 承托层水头损失 h_3（m）

$$h_3 = 0.022qh' \tag{1-2-80}$$

式中，h' 为承托层厚度，m。

⑤ 滤料层水头损失 h_4（m）

$$h_4 = (\gamma_s - 1)(1 - m_0)l_0 \tag{1-2-81}$$

式中，γ_s 为滤料相对密度；m_0 为滤料膨胀前空隙率；l_0 为滤料膨胀前厚度，m。

（2）水泵

水泵流量按冲洗强度和滤池面积计算。水泵扬程 H（m）为：

$$H = h_0 + h_1 + h_2 + h_3 + h_4 + h_5 \tag{1-2-82}$$

式中，h_0 为排水槽顶与清水池最低水位之差，m；h_1 为从清水池至滤池的冲洗管道中总水头损失，m；h_2、h_3、h_4、h_5 分别参照式（1-2-78）。

4. 冲洗工艺参数

（1）冲洗强度

砂滤层的冲洗强度可根据冲洗所用的水量，以及冲洗时间和滤池面积来计算，其关系为：

$$\text{冲洗强度 } q = \frac{\text{冲洗水量}}{\text{滤池面积} \times \text{冲洗时间}} \qquad (1\text{-}2\text{-}83)$$

当用水塔冲洗时，可根据水塔的水位标尺算出冲洗所用的水量；当用水泵冲洗时，测定冲洗强度的方法和测滤速时一样，就是测定滤池内冲洗水的上升速度，再换算成冲洗强度。但应在水位低于冲洗水槽口时测定。

（2）滤层膨胀率

开始反冲洗后，滤料层失去稳定而逐渐流化，滤料界面不断上升。滤池中滤料层增加的百分率成为膨胀率，膨胀率可由下式表示：

$$e = \frac{L - L_0}{L_0} \times 100\% \qquad (1\text{-}2\text{-}84)$$

式中，e 为膨胀率；L 为反冲洗时流化滤层厚度，cm；L_0 为过滤时稳定滤层厚度，cm。

反冲洗时，为了保证滤料颗粒有足够的间隙使污物迅速随水排出滤池，滤层膨胀率应大一些。但膨胀率过大时，单位体积中滤料的颗粒数变少，颗粒碰撞和摩擦的机会减少，所以对清洗不利。设计时根据最佳反冲洗速度下的膨胀率来控制反冲洗较为方便。一般情况下，单层石英砂滤料滤池的膨胀率为 20%～30%，上向流滤池为 30% 左右，双层滤料滤池为40%～50%。

（3）冲洗历时

滤池反冲洗必须经历足够的冲洗时间。若冲洗时间不足，滤料得不到足够的水流剪切和碰撞摩擦时间，则清洗不干净。一般普通快滤池冲洗历时不少于 5～7min，普通双层滤料滤池不少于 6～8min。

5. 清洗

辅助清洗的目的是改善滤料清洗效果。辅助清洗有表面冲洗、空气和机械翻洗等方法。

（1）表面冲洗

① 表面冲洗的作用　滤池的表面滤料颗粒细小，反冲时相互碰撞机会少，动量小，所以不易清洗干净，黏附的砂粒易结成小泥球。当反冲洗后滤层重新级配时，泥球就随之长大而不断向深处移动。表面冲洗的作用就是破坏滤料结球，使滤料清洗更加洁净。清洗前后滤料含泥量变化见表 1-2-31。

表 1-2-31　清洗前后滤料含泥量

清洗方式	单独用水冲洗	空气辅助冲洗	表面辅助冲洗
清洗前含泥量/(mg/L)	33.7	9.0	11.3
重复清洗次数	5	3	2
清洗后含泥量/(mg/L)	15.3	1.9	2.9

② 表面清洗设备　表面清洗设备主要有两种：固定喷嘴表面冲洗器和悬臂式旋转冲洗器。冲洗器置于滤层之上，压力为 $(24.5～39.2) \times 10^4$ Pa 的水流由喷嘴喷出，砂粒受到喷射水流的剧烈搅动，使表面附着的悬浮物脱落，随冲洗水排出。

固定冲洗器的结构简单，但清洗效果不好。旋转冲洗器距滤层表面为 50mm，转速为5r/min，冲洗强度为 0.5～0.8L/(s·m²)。喷嘴处水流速可达 30m/s，能射入滤层 100mm。喷嘴与水平面倾角为 24°，孔嘴相距 200mm。

为了使深层滤料也能清洗得更为洁净，也可以在滤层表面下设冲洗器。采用表面冲洗或表面和表面下联合冲洗时，应与反冲洗同时进行。

（2）空气辅助清洗

① 冲洗作用和种类　废水滤池滤料的粒度往往粗一些，所以反冲洗强度一般比较大。为了降低反冲洗强度，改善清洗效果，可以采用空气辅助清洗。空气辅助清洗因方式不同，其清洗效果也不相同。根据滤料的污染情况，可以选择以下空气清洗方法。

a. 先用空气冲洗，后用水反冲洗。首先将滤池水位降至滤层表面上约 100mm 处，通入空气数分钟，然后用水反冲洗。该法适用于表面污染严重而内层污染轻的滤池。

b. 空气和水同时反冲洗。从静止滤层下部送入空气，在砂层内合并成的大气泡一边反复分散一边上升，由于气泡直径较小，滤料受到的扰动较轻。另一方面，滤层反冲洗时呈悬浮状态，气泡直径较大，清洗效果较好。

脉动冲洗是"气-水"联合反冲洗的进一步改进。在用低流量水反冲洗的同时，间歇地送入空气，反复数次后再进行正常反冲洗。该法适用于负荷较大、表面和内层均污染较重的滤池。

② 空气辅助清洗的配水系统　当空气流量较低时，可利用砾石层布水、布气进行反冲洗。为了防止承托层中较少的砾石发生移动，可以在细砾石层上再放置一层较粗的砾石，形成底部粗、中间细、顶部又粗的级配承托层。另一种方法是在砾石层上布置布气管。为了能在整个滤池上均匀布气，可使布气孔小些（一般为 2～3mm），较为密集地分布。

对于"气-水"反冲洗的小阻力系统，可采用滤头布水与布气。例如：滤头下带有一段直径为 190mm 的短管，短管穿过底板直插入水中，在紧接底板下缘处的管上开一个直径为 3mm 的小孔来排气。

③ 冲洗水排除

a. 集水渠和洗砂排水槽。洗砂排水槽的断面形状如图 1-2-60 所示。

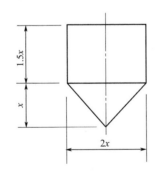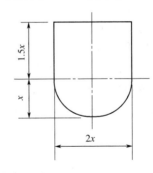

图 1-2-60　洗砂排水槽断面

排水槽的上口是水平的；槽底可以是水平的，也可以有一定坡度。通常使始端深度是末端深度的 1/2。洗砂排水槽的排水流量 Q（L/s）为：

$$Q = qab \tag{1-2-85}$$

式中，q 为反冲洗强度，$L/(s \cdot m^2)$；a 为两槽间的中心距，m，一般为 1.5～2.2m；b 为槽长度，m，一般不大于 6m。

设槽顶宽度为 $2x$（m），则槽底为三角形断面时的末端尺寸：

$$x = \frac{1}{2}\sqrt{\frac{qab}{1000v}} \tag{1-2-86}$$

式中，v 为水平流速，m/s，一般采用 0.6m/s。

槽底为半圆形断面时的末端尺寸：

$$x = \sqrt{\frac{qab}{4570v}} \tag{1-2-87}$$

槽顶距砂面高度 H_e（m）为：

$$H_e = \varepsilon_m L_0 + 2.5x + \delta + 0.075 \tag{1-2-88}$$

式中，ε_m 为滤层最大膨胀率；L_0 为滤层厚度，m；δ 为槽底厚度，m。

b. 集水渠。每个洗砂排水槽将同样流量的冲洗水汇于集水渠内，洗砂槽底在集水渠始端水面上高度不小于 $0.05 \sim 0.2$m。矩形断面集水渠内始端的水深 H_q（m）可按下式计算：

$$H_q = 1.73 \sqrt[3]{\frac{q_x^2}{gB^2}} \tag{1-2-89}$$

式中，q_x 为滤池总冲洗水的流量，m^3/s；B 为集水渠宽度，m；g 为重力加速度，$9.81m/s^2$。

第五节　吸附

一、原理和功能

（一）原理

吸附法在废水处理中主要用于脱除水中的微量污染物，包括脱色、除臭、去除重金属、去除溶解性有机物、去除放射性物质等。在处理流程中，吸附法可作为离子交换、膜分离等方法的预处理，去除有机物、胶体物及余氯等；也可以作为二级处理后的深度处理手段，以满足再生水水质要求。

吸附过程可有效吸附浓度很低的物质，具有出水水质好、运行稳定等优点，并且吸附剂可重复使用。但吸附法对进水预处理要求较高，设备运转费用较高。

吸附是一种物质附着在另一种物质表面上的过程，具有多孔性质的固体物质与气体或液体接触时，气体或液体中的一种或几种组分会吸附到固体表面上。具有吸附功能的固体物质称为吸附剂，气相或液相中被吸附物质称为吸附质。

吸附剂对吸附质的吸附，根据吸附力的不同，可以分为物理吸附、化学吸附和交换吸附三种类型。

① 物理吸附　指吸附质与吸附剂之间由于分子间力（范德华力）而产生的吸附。其特点是没有选择性，吸附质并不固定在吸附剂表面的特定位置上，而能在界面一定范围内自由移动，因而其吸附的牢固程度不如化学吸附。物理吸附主要发生在低温状态下，过程放热较小，一般小于 42kJ/mol，可以形成单分子层吸附或多分子层吸附。影响物理吸附的主要因素是吸附剂的比表面积和细孔分布。

② 化学吸附　指吸附质与吸附剂发生化学反应，形成牢固的化学键和表面络合物，吸附质不能在表面自由移动。化学吸附时放热量较大，与化学反应的反应热相近，为 $84 \sim 420$kJ/mol。化学吸附有选择性，即一种吸附剂只对某种或特定几种物质有吸附作用，一般为单分子层吸附。化学吸附通常需要一定的活化能，在低温时吸附速度较小。这种吸附与吸附剂的表面化学性质和吸附质的化学性质有密切的关系。

③ 交换吸附　指吸附质的离子由于静电引力作用聚集在吸附剂表面的带电点上，并置换出原先固定在这些带电点上的离子。通常离子交换属于此范围（离子交换见相关章节。

影响交换吸附的重要因素是离子电荷数和水合半径的大小。

在实际的吸附过程中，上述几类吸附往往同时存在。例如某些物质分子在物理吸附后，其化学键被拉长，甚至拉长到改变这个分子的化学性质。物理吸附和化学吸附在一定条件下也是可以互相转化的。同一物质，可能在较低温度下进行物理吸附，而在较高温度下进行化学吸附。

（二）吸附容量与吸附等温式

吸附过程中，固、液两相经过充分的接触后，达到吸附与脱附的动态平衡。达到平衡时，单位吸附剂所吸附的吸附质的量称为平衡吸附量，即吸附容量，常用 q_e（mg/g）表示。对一定的吸附体系，平衡吸附量是吸附质浓度和温度的函数。为了确定吸附剂对某种物质的吸附能力，需进行等温吸附试验。

在一定温度下经过一定的吸附时间达到平衡，吸附质的浓度为 c_e，则吸附剂的吸附容量为：

$$q_e = \frac{x}{M} = \frac{V(c_0 - c_e)}{M} \tag{1-2-90}$$

式中，x 为吸附平衡后，被吸附的吸附质的量，mg；V 为水样体积，L；c_0、c_e 分别为吸附质的初始浓度和平衡浓度，mg/L；M 为吸附剂量，g。

显然，平衡吸附量越大，单位吸附剂处理的水量越大，吸附周期越长，运转费用越低。

改变投加的吸附剂的量，每一个等温吸附试验可以获得一组平衡的 c_e、q_e 值，将平衡吸附量 q_e 与相应的平衡浓度 c_e 作图，可以得到吸附等温线。

描述吸附等温线的数学表达式称为吸附等温式。在水处理中常用的有 Langmuir 等温式和 Freundlich 等温式。

1. Langmuir 等温式

Langmuir 假设吸附剂表面均一，各处的吸附能相同；吸附是单分子层的，当吸附剂表面被吸附质饱和时，其吸附量达到最大值；在吸附剂表面上的各个吸附点间没有吸附质转移运动；达动态平衡状态时，吸附和脱附速度相等。

Langmuir 等温式的表达式为：

$$q_e = \frac{abc_e}{1 + bc_e} \tag{1-2-91}$$

式中，a 为与最大吸附量有关的常数；b 为与吸附能有关的常数。

为计算方便，式(1-2-91) 可以变换为下面两种线性表达式：

$$\frac{1}{q_e} = \frac{1}{ab} \times \frac{1}{c_e} + \frac{1}{a} \tag{1-2-92}$$

$$\frac{c_e}{q_e} = \frac{1}{a}c_e + \frac{1}{ab} \tag{1-2-93}$$

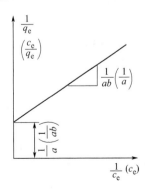

根据吸附实验数据，按上式作图得一条直线（见图 1-2-61），可求得 a、b 值。式(1-2-92) 适用于 c_e 值小于 1 的情况，而式(1-2-93) 则适用于 c_e 值较大的情况。

由式（1-2-91）可见，当吸附量很少，即当 $bc_e \ll 1$ 时，$q_e = abc_e$ 即 q_e 与 c_e 成正比，吸附等温线近似于一条直线。

当吸附量很大，即当 $bc_e \gg 1$ 时，$q_e = a$，即平衡吸附量接近于定值，吸附等温线趋于水平。

图 1-2-61 Langmuir 吸附等温线

2. Freundlich 等温式

Freundlich 等温式是一个经验公式，它与实验数据吻合较好，在水处理中应用很普遍。Freundlich 等温式的表达式为：

$$q_e = Kc_e^{1/n} \tag{1-2-94}$$

式中，K 为吸附系数；n 为常数，通常大于 1。

将式（1-2-94）两边取对数，得

$$\lg q_e = \lg K + \frac{1}{n}\lg c_e \tag{1-2-95}$$

根据实验数据 $\lg q_e$ 对 $\lg c_e$ 在对数坐标系中作图得一条直线（见图 1-2-62），其斜率等于 $1/n$，截距等于 $\lg K$。一般认为，$1/n$ 值介于 $0.1\sim0.5$，易于吸附，$1/n$ 大于 2 时难以吸附。

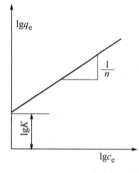

图 1-2-62 Freundlich 吸附等温线

（三）影响吸附的因素

影响吸附有多方面的因素，如吸附剂结构、吸附质性质、吸附过程的操作条件等。

1. 吸附剂的结构

吸附剂的比表面积、孔结构和表面化学性质都对吸附有影响。吸附剂的比表面积越大，则吸附能力越强。当然，对于一定的吸附质，增大比表面积效果是有限的。对于大分子吸附质，比表面积过大吸附效果反而不好，微孔提供的表面积起不到作用。吸附剂内孔的大小和分布对吸附性能影响很大，孔径太大，比表面积小，吸附能力差；孔径太小，则不利于吸附质扩散，并对直径较大的分子起屏蔽作用。吸附剂在制造过程中会形成一定量的不均匀表面氧化物。一般把表面氧化物分成酸性和碱性两大类。酸性氧化物对碱金属氢氧化物有很好的吸附作用，碱性氧化物吸附酸性物质。

2. 吸附质的性质

对于一定的吸附剂，吸附质性质不同，吸附效果也不一样。通常有机物在水中的溶解度随着链长的增长而减小，而活性炭的吸附容量随着有机物在水中溶解度减少而增加。实际过程中往往多种吸附质同时存在，它们之间会发生相互影响，比如相互竞争、相互促进或互不干扰。

3. 操作条件

吸附是放热过程，低温有利于吸附，高温有利于脱附。

溶液的 pH 值对吸附也有影响。活性炭从水中吸附有机物的效果，一般随着溶液 pH 值的增加而降低。另外，pH 值对吸附质在水中存在的状态（分子、离子、络合物等）及溶解度有时也有影响，从而对吸附效果也有影响。

在吸附操作中，应保证吸附剂与吸附质有足够的接触时间，使吸附接近平衡。接触时间短，吸附未达到平衡，吸附量小；接触时间过长，设备的体积会很庞大。一般接触时间为 $0.5\sim1.0h$。

（四）吸附剂

吸附剂的种类很多，常用的有活性炭和腐殖酸类吸附剂。

1. 活性炭

活性炭是水处理中应用较多的一种吸附剂。活性炭的种类很多，在废水处理中常用的是粉状活性炭和粒状活性炭。粉状活性炭吸附能力强，制备容易，价格较低，但再生困难，一般不能重复使用。粒状活性炭价格较贵，但再生后可重复使用，并且使用时的劳动条件较好，操作管理方便。因此在水处理中多采用粒状活性炭。活性炭吸附方式及特点见表 1-2-32。

表 1-2-32　活性炭吸附方式及特点

方式	要点	活性炭形状	优缺点
接触吸附	①根据污染情况做短期投加或做应急措施 ②干（或湿）粉末直接投入混凝沉淀或澄清前的原水中，依靠水泵、管道或接触装置进行充分接触吸附 ③接触吸附后依靠澄清、过滤去除之；也可在澄清后投加，但增加滤池负荷	粉末	①可利用原有设备 ②适用于建造粒状炭吸附装置有困难的场合 ③基建及设备投资较少，不增加建筑面积 ④粉末炭对污染负荷变动的适应性差，吸附能力未被充分利用，污泥处理困难，作业环境恶劣 ⑤大多采用一次使用后废弃，一般不考虑再生，所以处理费用较贵 ⑥控制不佳时粉末炭有穿透滤池现象
固定床	①在需要长期做深度处理的情况下使用 ②通常在过滤后以粒状活性炭填充的吸附塔或滤床过滤吸附 ③透水方式：升流式或降流式；压力式或重力式	粒状	①运转稳定，管理方便，出水水质良好 ②活性炭再生后可循环使用 3～7 年 ③活性炭在固定床中吸附效率较低 ④需定期投炭，整池排炭 ⑤基建、设备投资较高，并占一定土地面积
移动床	①长期运行的深度处理装置 ②水在加压状态下，由底部升流式通过炭层过滤吸附池，冲洗废水及滤过之水均由上面流出 ③新活性炭由上部间歇或连续投加，失效炭借重力由底部间歇或连续排出 ④直径较大的吸附塔进出水系统采用井筒式筛网，上部由集水管连接收集出水，防炭粒流失；下部由布水管连接，均匀进水 ⑤可以填充床或膨胀床两种方式运行	粒状	①运转稳定、管理方便、出水水质良好 ②底部排出的失效炭可达到完全饱和，最大限度利用了炭的吸附容量 ③间歇式连续投炭、排炭，减少再生设备容量 ④基建及设备投资较高 ⑤建筑面积较小 ⑥井筒式筛网破裂时将产生跑炭
流动床	①长期运行的深度净化装置 ②水由底部升流式通过炭床，炭由上部向下移动 ③水流与流化状态的活性炭在逆流状态接触吸附 ④可采用一级或多级床层	粒状	①炭床不需冲洗 ②最大限度利用了炭的吸附容量 ③间歇式连续投炭、排炭，减少再生设备容量 ④占地面积较小 ⑤要求炭粒均匀，否则易引起粒度分级

2. 腐殖酸类吸附剂

用作吸附剂的腐殖酸类物质主要有天然的富含腐殖酸的风化煤、泥煤、褐煤等，它们可以直接使用或经简单处理后使用；将富含腐殖酸的物质用适当的黏合剂制备成腐殖酸系树脂。

腐殖酸类物质能吸附工业废水中的许多金属离子，如汞、铬、锌、镉、铅、铜等。腐殖酸类物质在吸附重金属离子后，可以用 H_2SO_4、HCl、$NaCl$ 等进行解吸。目前，这方面的应用还处于试验、研究阶段，还存在吸附容量不高、适用的 pH 值范围较窄、机械强度低等问题，需要进一步研究和解决。

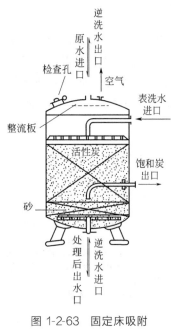

图 1-2-63　固定床吸附
塔构造示意

二、设备和装置

（一）固定床

固定床是水处理工艺中最常用的一种方式。固定床根据水流方向又分为升流式和降流式两种形式。降流式固定床的出水水质较好，但经过吸附层的水头损失较大，特别是处理含悬浮物较高的废水时，为了防止悬浮物堵塞吸附层，需定期进行反冲洗。有时需要在吸附层上部设反冲洗设备。固定床吸附塔构造如图 1-2-63 所示。

在升流式固定床中，当发现水头损失增大时，可适当提高水流流速，使填充层稍有膨胀（上下层不能互相混合）就可以达到自清的目的。这种方式由于层内水头损失增加较慢，所以运行时间较长，但对废水入口处（底层）吸附层的冲洗难于降流式。另外由于流量变动或操作一时失误就会使吸附剂流失。

固定床根据处理水量、原水的水质和处理要求可分为单塔式、多塔串联式和多塔并联式三种。如图 1-2-64 所示。

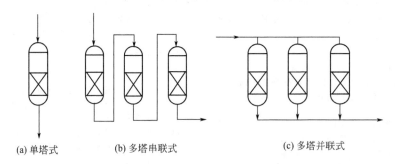

(a) 单塔式　　　(b) 多塔串联式　　　(c) 多塔并联式

图 1-2-64　固定床吸附操作示意

废水处理采用的固定床吸附设备的大小和操作条件，根据实际设备的运行资料建议采用表 1-2-33 中的数据。

表 1-2-33　固定床吸附设备的大小和操作条件

项　　目	数　　据
塔径	1～3.5m
填充层高度	3～10m
吸附剂粒径	0.5～2mm(活性炭)
填充层与塔高比	(1～4)∶1
接触时间	10～50min
容积速度	2m³/(h·m³)以下(固定床) 5m³/(h·m³)以下(移动床)
线速度	2～10m/h(固定床) 10～30m/h(移动床)

注：容积速度 v_S 即单位容积吸附剂在单位时间内通过处理水的容积数；线速度 v_L 即单位时间内水通过吸附层的线速度，又称空塔速度。

（二）移动床

移动床的运行操作方式如图 1-2-65 所示。原水从吸附塔底部流入和活性炭进行逆流接触，处理后的水从塔顶流出。再生后的活性炭从塔顶加入，接近吸附饱和的炭从塔底间歇地排出。

这种方式较固定床式能够充分利用吸附剂的吸附容量，水头损失小。由于采用升流式，废水从塔底流入，从塔顶流出，被截留的悬浮物随饱和的吸附剂间歇地从塔底排出，所以不需要反冲洗设备。但这种操作方式要求塔内吸附剂上下层不能互相混合，操作管理要求严格。移动床吸附塔构造如图 1-2-65 所示。

（三）流化床

流化床不同于固定床和移动床的地方是由下往上的水使吸附剂颗粒相互之间有相对运动，一般可以通过整个床层进行循环，起不到过滤作用，因此适用于处理悬浮物含量较高的水（见图 1-2-66）。

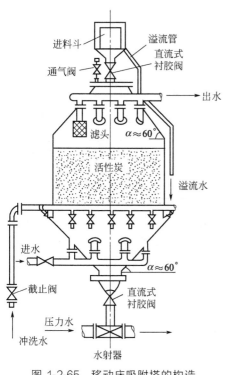

图 1-2-65　移动床吸附塔的构造

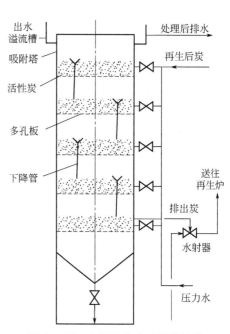

图 1-2-66　多层流化床吸附塔构造

三、设计计算

（一）设计要点

① 活性炭处理属于深度处理工艺，通常只在废水经过其他常规的工艺处理之后，出水的个别水质指标仍不能满足排放要求时才考虑采用。

② 确定选用活性炭工艺之前，应取前段处理工艺的出水或水质接近的水样进行炭柱试验，并对不同品牌规格的活性炭进行筛选，然后通过试验得出主要的设计参数，例如水的滤

速、出水水质、饱和周期、反冲洗最短周期等。

③ 活性炭工艺进水一般应先经过过滤处理，以防止由于悬浮物较多造成炭层表面堵塞。同时进水有机物浓度不应过高，避免造成活性炭过快饱和，这样才能保证合理的再生周期和运行成本。当进水 COD 浓度超过 50～80mg/L 时，一般应该考虑采用生物活性炭工艺进行处理。

④ 对于中水处理或某些超标污染物浓度经常变化的处理工艺，对活性炭处理单元应设跨越或旁通管路，当前段工艺来水在一段时间内不超标时，则可以及时停用活性炭单元，这样可以节省活性炭床的吸附容量，有效地延长再生或更换周期。

⑤ 采用固定床应根据活性炭再生或更换周期情况，考虑设计备用的池或炭塔。移动床在必要时也应考虑备用。

⑥ 由于活性炭与普通钢材接触将产生严重的电化学腐蚀，所以设计活性炭处理装置设备时应首先考虑钢筋混凝土结构或不锈钢、塑料等材料。如选用普通碳钢制作时，则装置内面必须采用环氧树脂衬里，且衬里厚度应大于 1.5mm。

⑦ 使用粉末炭时，必须考虑防火防爆，所配用的所有电器设备也必须符合防爆要求。

（二）主要设计参数

固定床主要设计参数见表 1-2-34。

表 1-2-34　固定床主要设计参数

项　目	参　数	项　目		参　数
固定床炭层厚度	1.5～6m	过滤线速度	升流式	9～25m/h
			降流式	7～12m/h
反冲洗水线速度	28～32m/h	反冲洗时间		3～8min
反冲洗周期	8～72h	反冲洗膨胀率		30%～50%
水在炭层停留时间	10～30min	粉末炭处理炭水接触时间		20～30min

【例 1-2-10】 图 1-2-67 为活性炭固定床吸附工业废水中有机物的动态试验所得出的穿透曲线，进水中总有机碳浓度 $c_0 = 100$mg/L，出水的总有机碳容许浓度 $c_a = 20$mg/L。活性炭的容重为 401g/L，吸附柱中炭的体积为 1L。试计算当到达穿透点及吸附终点时的活性炭吸附量。

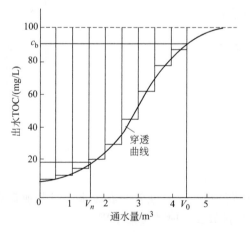

图 1-2-67　穿透曲线

解： 在吸附柱中被炭吸附的总有机碳质量$=v(c_0-c_e)$。由于c_e值不是常数，所以总有机碳的去除量应由积分求得。

由图1-2-67，设$c_b=90\%c_0$，当处理水量为4500L/h，吸附能力即告耗竭。根据图1-2-67的图解积分，去除的总有机碳为：

$$0.5[(100-10)+(100-13)+(100-16)+(100-21.5)+(100-32)+(100-46.5)+$$
$$(100-63.6)+(100-76.5)+(100-88)]=266.5 \text{ (g)}$$

到达吸附终点时的活性炭吸附量$=266.5/401=0.66$（g/g）

到达穿透点时的活性炭吸附量$=0.5[(100-10)+(100-13)+(100-16)]/401=0.33$（g/g）

如采用多柱串联装置，使第一柱内的活性炭达到饱和后才停止第一柱的运行，则通水倍数为$4.5m^3/0.401kg=11.2m^3/kg$。要达到上述通水倍数，应采用$4500/1500=3$，即三柱串联装置，再加上一个备用柱，供再生失效炭时投入使用。

活性炭所需的接触时间、使用周期及吸附带长度等均可由试验求得。

在多柱串联的吸附操作中，为了使活性炭充分饱和，既能保证最后一柱出水水质不超过穿透点，又能保证有足够的再生活性炭的时间，一般采用4～5根吸附柱串联试验来绘制穿透曲线，如图1-2-68所示。活性炭填充层总高度采用4～10m，在每柱出口设取样口，每隔一定时间测定出水浓度。如最后一柱的出水水质达不到要求，应适当增加吸附柱的个数。当达到稳定状态时，各柱的吸附量相等。图1-2-68中第1条和第2条曲线所包围的面积A为第2个吸附柱的吸附总量（kg），第2条和第3条曲线包围的面积B为第3个吸附柱的吸附总量（kg）。当$A=B$时，吸附操作便达到稳定状态。这时每个吸附柱的通水量$V=A/c_0$。从多柱串联试验曲线可确定合理的串联级数（考虑到必需的再生活性炭的时间）和其他所需参数。

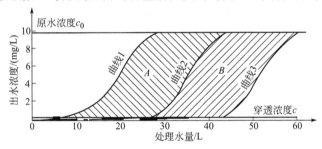

图1-2-68 多柱串联吸附试验

四、活性炭的再生

吸附饱和后的活性炭，经过再生可以恢复其吸附能力然后重复使用。在再生过程中，吸附剂本身结构不发生变化或极少发生变化，只是用某种方法将被吸附的物质从活性炭的细孔中除去，以使活性炭恢复活性，并能够循环使用。这样可以大大减少水处理中活性炭的成本费用。

活性炭的再生主要有以下几种方法。

（一）加热再生法

加热再生法分低温和高温两种方法。前者适用于吸附气体炭的再生，后者适用于水处理粒状炭的再生。高温加热在再生过程分五步进行。

① 脱水　使活性炭和输送液体进行分离。

② 干燥　加温到100～150℃，将吸附在活性炭细孔中的水分蒸发出来，同时部分低沸点的有机物也能够挥发出来。

③ 炭化 加热到 300～700℃，高沸点的有机物由于热分解，一部分成为低沸点的有机物进行挥发，另一部分被炭化留在活性炭的细孔中。

④ 活化 将炭化阶段留在活性炭细孔中的残留炭，用活化气体（如水蒸气、二氧化碳及氧）进行气化，达到重新造孔的目的，活化温度一般为 700～1000℃，炭化的物质与活化气体的反应如下：

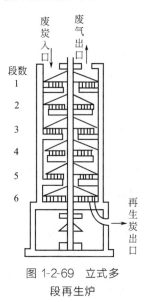

$$2C + O_2 \longrightarrow 2CO_2$$
$$C + H_2O \longrightarrow CO + H_2$$
$$C + CO_2 \longrightarrow 2CO$$

⑤ 冷却 活化后的活性炭用水急剧冷却，防止氧化。

上述干燥、炭化和活化三步在一个直接燃烧立式多段再生炉中进行。图 1-2-69 所示的是目前采用最广泛的一种。再生炉体为钢壳内衬耐火材料，内部分隔成 4～9 段炉床，中心轴转动时带动把柄使活性炭自上段向下段移动。该再生炉为六段，第1、第2段用于干燥，第3、第4段用于炭化，第5、第6段为活化。

从再生炉排出的废气中含有甲烷、乙烷、乙烯、焦油蒸气、二氧化硫、二氧化碳、一氧化碳、氢以及过剩的氧等。为了防止废气污染大气，可将排出的废气先送入燃烧器燃烧后，再进入水洗塔除去粉尘和有臭味物质。

图 1-2-69 立式多段再生炉

（二）化学氧化再生法

活性炭的化学氧化再生法又分为下列几种方法。

① 湿式氧化法 在某些处理工程中，为了提高曝气池的处理能力，向曝气池内投加粉状炭，吸附饱和后的粉状炭可采用湿式氧化法进行再生。其工艺流程如图 1-2-70 所示。饱和炭用高压泵经换热器和水蒸气加热后送入氧化反应塔。在塔内被活性炭吸附的有机物与空气中的氧反应，进行氧化分解，使活性炭得到再生。再生后的炭经热交换器冷却后，送入再生炭储槽。在反应器底积集的无机物（灰分）定期排出。

② 电解氧化法 将炭作为阳极进行水的电解，在活性炭表面产生的氧气把吸附质氧化分解。

③ 臭氧氧化法 利用强氧化剂臭氧，将吸附在活性炭上的有机物加以分解。由于经济指标等方面原因，此法实际应用不多。

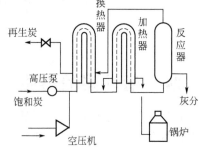

图 1-2-70 湿式氧化再生流程

（三）溶剂再生法

用溶剂将被活性炭吸附的物质解吸下来。常用的溶剂有酸、碱及苯、丙酮、甲醇等。此方法在制药等行业常有应用，有时还可以进一步由再生液中回收有用物质。

（四）生物法再生活性炭

利用微生物的作用，将被活性炭吸附的有机物加以氧化分解。在再生周期较长、处理水量不大的情况下，可以将炭粒内的活性炭一次性卸出，然后放置在固定的容器内进行生物再生，待一段时间后活性炭内吸附的有机物基本上被氧化分解，炭的吸附性能基本恢复时即可重新使用。另外也可以在活性炭吸附处理过程中，同时向炭床鼓入空气，以供炭粒上生长的微生物生长繁殖和分解有机物的需要。这样整个炭床就处在不断地由水中吸附有机物,同时又在不断氧化分解这些有机物的动态平衡中。因此炭的饱和周期将成倍地延长,甚至在有的工程实例中一批炭可以连续使用 5 年以上。这也就是近年来使用越来越多的生物活性炭处理新工艺。

活性炭再生后,炭本身及炭的吸附量都不可避免地会有损失。对加热再生法,再生一次损耗炭约 5%~10%,微孔减少,过渡孔增加,比表面积和碘值均有所降低。对于主要利用微孔的吸附操作,再生次数对吸附有较重要的影响,因而做吸附试验时应采用再生后的活性炭,才能得到可靠的试验结果。对于主要利用过渡孔的吸附操作,则再生次数对吸附性能的影响不大。

(五)电加热再生法

目前可供使用的电加热再生方法主要有直流电加热再生及微波再生。

1. 直流电加热再生

将直流电直接通入饱和炭中,由于活性炭本身的电阻和炭粒之间的接触电阻,将使电能变成热能,造成活性炭温度上升。随着活性炭的温度升高,其电阻值会逐渐变小,电耗也随之降低,当达到活化温度时通入蒸汽完成活化。

这种再生炉操作管理方便,炭的再生损耗量小,再生质量好。但当炭粒被油等不良导体包住或聚集较多无机盐时,需要先用水或酸洗净才能再生。国内某有色金属公司采用直流电加热再生炉处理再生生活饮用水处理中饱和的活性炭,多年来运转效果良好,炭再生损耗率为 2%~3.6%,再生耗电 0.22kW·h/kg,干燥耗电 1.55kW·h/kg。

2. 微波再生

微波再生是利用活性炭能够很好地吸收微波,达到自身快速升温,来实现活性炭加热和再生的一种方法。这种方法具有操作使用方便、设备体积小、再生效率高、炭损耗量小等优点,特别适合中、小型活性炭处理装置的再生使用。目前国内已有每天处理能力几十千克的微波再生炉产品投入市场。

第六节 离子交换

一、原理和功能

离子交换是以离子交换剂上的可交换离子与液相中离子间发生交换为基础的分离方法。广泛采用人工合成的离子交换树脂作为离子交换剂,它是具有网状结构和可电离的活性基团的难溶性高分子电解质。根据树脂骨架上的活性基团的不同,可分为阳离子交换树脂、阴离子交换树脂、两性离子交换树脂、螯合树脂和氧化还原树脂等。用于离子交换分离的树脂要求具有不溶性、一定的交联度和溶胀作用,而且交换容量和稳定性要高。

阳离子交换树脂大都含有磺酸基 ($-SO_3H$)、羧基 ($-COOH$) 或苯酚基 ($-C_6H_4OH$) 等酸性基团,其中的氢离子能与溶液中的金属离子或其他阳离子进行交换(图 1-2-71)。例如苯乙烯和二乙烯苯的高聚物经磺化处理得到强酸性阳离子交换树脂,其结构式可简单表示为 $R-SO_3H$,式中 R 代表树脂母体。

阴离子交换树脂含有季氨基 [$-N(CH_3)_3OH$]、氨基 ($-NH_2$) 或亚氨基 ($=NH$) 等碱性基团。它们在水中能生成 OH^- 离子,可与各种阴离子起交换作用,其交换原理为:

$$R-N(CH_3)_3OH+Cl^- \longrightarrow R-N(CH_3)_3Cl+OH^-$$

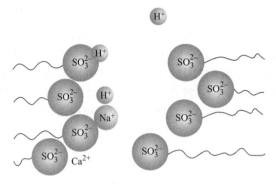

图 1-2-71　硬水软化原理

　　关于离子交换过程的机理很多，其中，最适于水处理工艺的，是将离子交换树脂看作具有胶体型结构的物质，这种观点认为，在离子交换树脂的高分子表面上有许多和胶体表面相似的双电层。也就是说这里有两层离子，紧邻高分子表面的一层离子称为内层离子，在其外面是一层符号相反的离子层。与胶体的命名法相似，我们常把与内层离子符号相同的离子称作同离子，符号相反的称反离子。所以离子交换就是树脂中原有反离子和溶液中它种反离子相互交换位置。

　　离子交换过程常在离子交换器中进行。离子交换器类似压力滤池，外壳为一钢罐；离子交换通常采用过滤方式，滤床由交换剂构成，底部为附有滤头的管系。

　　作为离子交换剂的离子交换树脂，在交换中起着重要作用，下面介绍树脂的基本类型和特性。

（一）离子交换树脂的基本类型

1. 强酸性阳离子交换树脂

　　这类树脂含有大量的强酸性基团，如磺酸基（—SO_3H），容易在溶液中离解出 H^+，故呈强酸性。树脂离解后，本体所含的带负电荷基团，如 SO_3^{2-}，能吸附结合溶液中的其他阳离子。这两个反应使树脂中的 H^+ 与溶液中的阳离子互相交换。强酸性树脂的离解能力很强，在酸性或碱性溶液中均能离解和产生离子交换作用。

2. 弱酸性阳离子交换树脂

　　这类树脂含弱酸性基团，如羧基（—COOH），能在水中离解出 H^+ 而呈酸性。树脂离解后余下的带负电荷基团，如 R—COO^-（R 为烃基），能与溶液中的其他阳离子吸附结合，从而产生阳离子交换作用。这种树脂的酸性即离解性较弱，在低 pH 值下难以离解和进行离子交换，只能在碱性、中性或微酸性溶液中（如 pH＝5～14）起作用。这类树脂亦是用酸进行再生（比强酸性树脂较易再生）。弱酸性阳离子交换树脂如图 1-2-72 所示。

图 1-2-72　弱酸性阳离子交换树脂

3. 强碱性阴离子交换树脂

这类树脂含有强碱性基团，如季氨基［亦称四级氨基，—NR_3OH（R 为烃基）］，能在水中离解出 OH^- 而呈强碱性。这种树脂的正电基团能与溶液中的阴离子吸附结合，从而产生阴离子交换作用。

这种树脂的离解性很强，在不同 pH 值下都能正常工作。它用强碱（如 NaOH）进行再生。

4. 弱碱性阴离子交换树脂

这类树脂含有弱碱性基团，如伯氨基（亦称一级氨基，—NH_2）、仲氨基（二级氨基，—NHR）或叔氨基（三级氨基，—NR_2），它们在水中能离解出 OH^- 而呈弱碱性。这种树脂的正电基团能与溶液中的阴离子吸附结合，从而产生阴离子交换作用。这种树脂在多数情况下是将溶液中的整个其他酸分子吸附。它只能在中性或酸性条件（如 pH＝1～9）下工作。它可用 Na_2CO_3、NH_4OH 进行再生。

5. 离子交换树脂的转型

以上是树脂的四种基本类型。在实际使用上，常将这些树脂转变为其他离子形式运行，以适应各种需要。例如，常将强酸性阳离子交换树脂与 NaCl 作用，转变为钠型树脂再使用。工作时，钠型树脂放出 Na^+ 与溶液中的 Ca^{2+}、Mg^{2+} 等阳离子交换吸附，除去这些离子。反应时没有放出 H^+，可避免溶液 pH 值下降和由此产生的副作用（如蔗糖转化和设备腐蚀等）。这种树脂以钠型运行使用后，可用盐水再生（不用强酸）。又如阴离子交换树脂可转变为氯型再使用，工作时放出 Cl^- 而吸附交换其他阴离子，它的再生只需用食盐水溶液。氯型树脂也可转变为碳酸氢型（HCO_3^-）运行。强酸性树脂及强碱性树脂在转变为钠型和氯型后，就不再具有强酸性及强碱性，但它们仍然有这些树脂的其他典型性能，如离解性强和工作的 pH 值范围宽广等。

（二）离子交换树脂基体的组成

1. 树脂基体

制造原料主要有苯乙烯和丙烯酸（酯）两大类，它们分别与交联剂二乙烯苯产生聚合反应，形成具有长分子主链及交联横链的网络骨架结构的聚合物。苯乙烯系树脂用得较早，丙烯酸系树脂则用得较晚。

这两类树脂的吸附性能都很好，但各有特点。丙烯酸系树脂能交换吸附大多数离子型色素，脱色容量大，而且吸附物较易洗脱，便于再生，在糖厂中可用作主要的脱色树脂。苯乙烯系树脂擅长吸附芳香族物质，善于吸附糖汁中的多酚类色素（包括带负电的或不带电的）；但在再生时较难洗脱。因此，糖液先用丙烯酸树脂进行粗脱色，再用苯乙烯树脂进行精脱色，可充分发挥两者的长处。

2. 脂交联度

即树脂基体聚合时所用二乙烯苯的百分数，它对树脂的性质有很大影响。通常，交联度高的树脂聚合得比较紧密，坚牢而耐用，密度较高，内部空隙较少，对离子的选择性较强；而交联度低的树脂孔隙较大，脱色能力较强，反应速度较快，但在工作时的膨胀性较大，机械强度稍低，比较脆而易碎。工业应用的离子交换树脂的交联度一般不低于 4％；用于脱色的树脂的交联度一般不高于 8％；单纯用于吸附无机离子的树脂，其交联度可较高。

除上述苯乙烯系和丙烯酸系这两大系列以外，离子交换树脂还可由其他有机单体聚合制成。如酚醛系（FP）、环氧系（EPA）、乙烯吡啶系（VP）、脲醛系（UA）等。

（三）树脂物理结构

离子交换树脂常分为凝胶型和大孔型两类。

1. 凝胶型树脂

高分子骨架，在干燥的情况下内部没有毛细孔。它在吸水时润胀，在大分子链节间形成很微细的孔隙，通常称为显微孔。湿润树脂的平均孔径为 2～4nm。

这类树脂较适合用于吸附无机离子，它们的直径较小，一般为 0.3～0.6nm。这类树脂不能吸附大分子有机物质，因后者的尺寸较大（如蛋白质分子直径为 5～20nm），不能进入这类树脂的显微孔隙中。

2. 大孔型树脂

该树脂是在聚合反应时加入致孔剂，形成多孔海绵状构造的骨架，内部有大量永久性的微孔，再导入交换基团制成。它并存有微细孔和大网孔，润湿树脂的孔径达 100～500nm，其大小和数量都可以在制造时控制。孔道的表面积可以增大到超过 $1000m^2/g$。

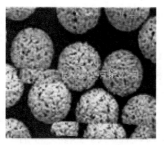

图 1-2-73 大孔树脂

大孔树脂内部的孔隙又多又大（图 1-2-73），表面积很大，活性中心多，离子扩散速度快，离子交换速度也快很多，约比凝胶型树脂快 10 倍。使用时，作用快、效率高、所需处理时间短。

大孔树脂的其他优点：耐溶胀，不易碎裂，耐氧化，耐磨损，耐热及耐温度变化，以及对有机大分子物质较易吸附和交换，因而抗污染能力强，并较容易再生。

（四）离子交换容量

离子交换树脂进行离子交换反应的性能，表现为它的"离子交换容量"，即每克干树脂或每毫升湿树脂所能交换的离子的量，mmol/g（干）或 mmol/mL（湿）；当离子为一价时，毫克当量数即是毫克分子数（对二价或多价离子，前者为后者乘离子价数）。它又有总交换容量、工作交换容量和再生交换容量三种表示方式。

1. 总交换容量

即每单位数量（重量或体积）树脂能进行离子交换反应的化学基团的总量。

2. 工作交换容量

即树脂在某一定条件下的离子交换能力，它与树脂种类和总交换容量，以及具体工作条件如溶液的组成、流速、温度等因素有关。

3. 再生交换容量

即在一定的再生剂量条件下所取得的再生树脂的交换容量，表明树脂中原有化学基团再生复原的程度。

通常，再生交换容量为总交换容量的 50%～90%（一般控制在 70%～80%），而工作交换容量为再生交换容量的 30%～90%（对再生树脂而言），后一比率亦称为树脂利用率。

在实际使用中，离子交换树脂的交换容量包括了吸附容量，但后者所占的比例因树脂结构不同而异。现仍未能分别进行计算，在具体设计中，需凭经验数据进行修正，并在实际运行时复核。

离子交换树脂交换容量的测定一般以无机离子进行。这些离子尺寸较小，能自由扩散到树脂体内，与它内部的全部交换基团起反应。而在实际应用时，溶液中常含有高分子有机物，它们的尺寸较大，难以进入树脂的显微孔中，因而实际的交换容量会低于用无机离子测出的数值。这种情况与树脂的类型、孔的结构尺寸及所处理的物质有关。

（五）离子交换树脂的吸附选择性

离子交换树脂对溶液中的不同离子有不同的亲和力，对它们的吸附有选择性。各种离子受树脂交换吸附作用的强弱程度有一般的规律，但不同的树脂可能略有差异。主要规律如下。

1. 对阳离子的吸附

高价离子通常被优先吸附，而低价离子的吸附较弱。在同价的同类离子中，直径较大的离子易被吸附。一些阳离子被吸附的顺序如下：

$$Fe^{3+}>Al^{3+}>Pb^{2+}>Ca^{2+}>Mg^{2+}>K^+>Na^+>H^+$$

2. 对阴离子的吸附

强碱性阴离子交换树脂对无机酸根的吸附的一般顺序为：

$$SO_4^{2-}>NO_3^->Cl^->HCO_3^->OH^-$$

弱碱性阴离子交换树脂对阴离子的吸附的一般顺序如下：

$$OH^->柠檬酸根>SO_4^{2-}>酒石酸根>草酸根>PO_4^{3-}>NO_2^->Cl^->醋酸根>HCO_3^-$$

3. 对有色物的吸附

糖液脱色常使用强碱性阴离子交换树脂，它对拟黑色素（还原糖与氨基酸反应产物）和还原糖的碱性分解产物的吸附较强，而对焦糖色素的吸附较弱。这被认为是由于前两者通常带负电，而焦糖的电荷很弱。

通常，交联度高的树脂对离子的选择性较强，大孔结构树脂的选择性小于凝胶型树脂。这种选择性在稀溶液中较大，在浓溶液中较小。

（六）物理性质

离子交换树脂的颗粒尺寸和有关的物理性质对它的工作和性能有很大影响。

1. 树脂颗粒尺寸

离子交换树脂的尺寸也很重要，通常制成珠状的小颗粒。树脂颗粒较细者，反应速度较大，但细颗粒对液体通过的阻力较大，需要较高的工作压力；特别是浓糖液黏度高，这种影响更显著。因此，树脂颗粒的大小应选择适当，如果树脂粒径在0.2mm（约为70目）以下会明显增大流体通过的阻力，降低流量和生产能力。

2. 树脂的密度

树脂在干燥时的密度称为真密度。湿树脂每单位体积（包括颗粒间空隙）的重量称为湿密度。树脂的密度与它的交联度和交换基团的性质有关。通常，交联度高的树脂的密度较高，强酸性或强碱性树脂的密度高于弱酸性或弱碱性者，而大孔型树脂的密度则较低。江苏某公司的苯乙烯系凝胶型强酸阳离子交换树脂的真密度为1.26g/mL，湿密度为0.85g/mL；而丙烯酸系凝胶型弱酸阳离子交换树脂的真密度为1.19g/mL，湿密度为0.75g/mL。

3. 树脂的溶解性

离子交换树脂应为不溶性物质。但树脂在合成过程中夹杂的聚合度较低的物质，及树脂分解生成的物质，会在工作运行时溶解出来。交联度较低和含活性基团多的树脂，溶解倾向较大。

4. 膨胀度

离子交换树脂含有大量亲水基团，与水接触即吸水膨胀。当树脂中的离子交换时，如阳离子交换树脂由 H^+ 转为 Na^+，阴离子交换树脂由 Cl^- 转为 OH^-，都因离子直径增大而发生膨胀，增大树脂的体积。通常，交联度低的树脂的膨胀度较大。在设计离子交换装置时，必须考虑树脂的膨胀度，以适应生产运行时树脂中的离子转换发生的树脂体积变化。

5. 耐用性

树脂颗粒使用时有转移、摩擦、膨胀和收缩等变化，长期使用后会有少量损耗和破碎，故树脂要有较高的机械强度和耐磨性。通常，交联度低的树脂较易碎裂，但树脂的耐用性更主要地决定于交联结构的均匀程度及其强度。如大孔树脂，具有较高的交联度，结构稳定，能反复再生。

二、设备和装置

（一）设备及装置

离子交换设备主要有固定床、移动床和流动床。目前使用最广泛的是固定床，包括单床、多床、复合床和混合床。

固定床离子交换器包括筒体、进水装置、排水装置、再生液分布装置及体外有关管道和阀门。

1. 筒体

固定床一般是立式圆柱形压力容器，大多用金属制成，内壁需配防腐材料，如衬胶。小直径的交换器也可用塑料或有机玻璃制造。筒体上的附件有进出水管、排气管、树脂装卸口、视镜、人孔等，均根据工艺操作的需要布置。

2. 进水装置

进水装置的作用是分配进水和收集反洗水。常用的形式有漏斗型、喷头型、十字穿孔管型和多孔板水帽型。

3. 底部排水

其作用是收集和分配反洗水。应保证水流分布均匀和不漏树脂。常用的有多孔板排水帽式和石英砂垫层式两种。前者均匀性好，但结构复杂，一般用于中小型交换器。后者要求石英砂中 SiO_2 含量在 99% 以上，使用前用 10%～20% HCl 浸泡 12～14h，以免在运行中释放杂质。砂的级配和层高根据交换器直径有一定要求，达到既能均匀集水，也不会在反洗时浮动的目的。在砂层和排水口间设穹形穿孔支撑板。

在较大内径的顺流再生固定床中，树脂层面以上 150～200mm 处设再生液分布装置，常用的有辐射型、圆环型、母管支管型等几种。对小直径固定床，再生液通过上部进水装置分布，不另设再生液分布装置。

在逆流再生固定床（图 1-2-74）中，再生液自底部排水装置进入，不需设再生液分布装置，但需在树脂层面设一中排液装置，用来排放再生液。在反洗时，兼作反洗水进水分配管。中排装置的设计应保证再生液分配均匀，树脂层不扰动，不流失。常用的有母管支管式和支管式两种。前者适用于大中型交换器，后者适用于直径在 600mm 以下的固定床，支管 1～3 根。上述两种支管上有细缝或开孔外包滤网。

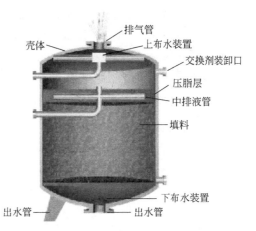

图 1-2-74 逆流再生固定床

（二）运行方式

离子交换装置按运行方式不同，分为固定床和连续床。

1. 固定床

固定床的构造与压力滤罐相似，是离子交换装置中最基本的也是最常用的一种形式，其特点是交换与再生两个过程均在交换器中进行，根据交换器内装填树脂种类及交换时树脂在交换器中的位置的不同，可分为单层床、双层床和混合床。

单层床是在离子交换器中只装填一种树脂，如果装填的是阳离子交换树脂，称为阳床；如果装填的是阴离子交换树脂，称为阴床。

双层床是离子交换器内按比例装填强、弱两种同性树脂，由于强、弱两种树脂密度的不同，密度小的弱型树脂在上，密度大的强型树脂在下，在交换器内形成上下两层。

除此之外，还有混合床和三层床树脂填装方式。

根据固定床原水与再生液的流动方向，又分为两种形式，原水与再生液分别从上而下以同一方向流经离子交换器的，称为顺流再生固定床，原水与再生液流向相反的，称为逆流再生固定床。

① 顺流再生固定床 顺流再生固定床的构造简单，运行方便，但存在几个缺点：在通常生产条件下，即使再生剂单位耗量 2～3 倍于理论值，再生效果也不太理想；树脂层上部再生程度高，而下部再生程度差；工作期间，原水中被去除的离子首先被上层树脂所吸附，置换出来的反离子随水流流经底层时，与未再生好的树脂起逆交换反应，上一周期再生时未被洗脱出来的被去除的离子，作为泄漏离子出现在本周期的出水中，所以出水剩余被去除的离子较多；而到了工作后期，由于树脂层下半部原先再生不好，交换能力低，难以吸附原水中所有被去除的离子，出水水质提前超出规定，导致交换器过早地失效，降低了工作效率。因此，顺流再生固定床只选用于设备出水较小，原水含被去除的离子和含盐量较低的场合。

② 逆流再生固定床 逆流再生固定床的再生有两种操作方式：一是水流向下流的方式；二是水流向上流的方式。逆流再生可以弥补顺流再生的缺点，而且出水质量显著提高，原水水质适用范围扩大，对于硬度较高的水，仍能保证出水水质，所以目前采用该法较多。

总体而言，固定床有出水水质好等优点，但固定床离子交换器存在 3 个缺点：a. 树脂交换容量利用率低；b. 在同设备中进行产水和再生工序，生产不连续；c. 树脂中的树脂交换能力使用不均匀，上层的饱和程度高，下层的低。

为克服固定床的缺点，开发出了连续式离子交换设备，即连续床。

2. 连续床

连续床又分为移动床和流动床。

移动床的特点是树脂颗粒不是固定在交换器内，而是处于一种连续的循环运动过程中，树脂用量可减少 1/3～1/2，设备单位容积的处理水量还可得到提高，如双塔移动床系统和三塔移动床系统。

流动床是运行完全连续的离子交换系统，但其操作管理复杂，废水处理中较少应用。

（三）再生方法

离子交换树脂的再生原则：树脂尽可能地恢复或接近原来树脂的工作状态。

再生过程可分为 7 个连续步骤：

① 再生剂离子从溶液中扩散到离子交换树脂颗粒的表面；

② 再生剂离子透过离子交换树脂颗粒表面的边界膜；

③ 再生剂离子在离子交换树脂颗粒的内部孔隙中扩散，并扩散到交换点；

④ 离子交换反应进行；

⑤ 交换后的离子在离子交换树脂颗粒的内部空隙中扩散，并扩散到离子交换树脂的表面；

⑥ 交换后的离子透过离子交换树脂颗粒表面的边界膜；

⑦ 向外扩散到溶液中去，完成整个离子交换的过程。

在这 7 个连续的步骤中，步骤①～③是再生剂的离子向离子交换树脂颗粒内部扩散；步骤⑤～⑦是再生剂再生后置换出来的离子交换树脂的离子，并且是等价的离子，离子的运动方向相反。步骤①和⑦是离子在溶液中扩散，步骤②和⑥是离子透过交换树脂的边界膜扩散，步骤③和⑤是离子在交换树脂的内部扩散，那么离子交换过程的快慢就决定于离子扩散的速度。

树脂失效后的再生方式大致可分为静态再生和动态再生两种。

① 静态再生　即在容器内用再生剂泡树脂，使之恢复到原来的工作状态的方法。

② 动态再生　即让再生剂不断流过装有树脂的容器内，使之恢复到原工作状态的方法，动态再生的方法有顺流再生、逆流再生和对流再生。

1. 再生剂用量

再生剂用量与树脂再生效果和运行费用密切相关。再生剂用量还与再生方式、树脂类型和再生剂种类有关。

2. 再生液的浓度

再生液浓度与再生方式、树脂类型有关，表 1-2-35 为推荐再生液浓度。用硫酸作再生液时，建议分为三步逐次再生，再生效果好。

表 1-2-35　推荐再生液浓度

再生方式	强酸阳离子交换树脂		强碱阴离子交换树脂	混合床	
	钠型	氢型		强酸树脂	强碱树脂
再生剂品种	食盐	盐酸	烧碱	盐酸	烧碱
顺流再生液浓度/%	5～10	3～4	2～3	5	4
逆流再生液浓度/%	3～5	1.5～3	1～3		

3. 再生液温度

在树脂允许的范围内，再生温度越高，再生效果就越好。为节省运行费用，一般均在常温下再生。为了除去树脂中一些有害物质或再生困难的离子，再生液可加热到 35～40℃。

4. 再生液流速

再生液流速涉及再生液和树脂的接触时间，直接影响再生效果。在离子交换柱中，再生液的流速一般控制在 4～8m/h。

5. 树脂再生后清洗

树脂再生后，树脂层内残留一定量的再生剂，需用产品水（或去离子水）进行正洗或反洗，清洗水量可通过计算确定，在一般小型软化或纯水系统中，清洗水量占总产品水量的 $10\%\sim20\%$，清洗至出水 pH 为中性或接近于中性。

三、设计计算

（一）确定离子交换设计参数

（1）确定进水和处理后出水的水质与水量

根据离子交换不同的处理目标，应确定相应的进水和出水水质指标。如用于软化时，应确定进出水的硬度指标；用于脱盐时，应确定进出水的阳离子和阴离子浓度指标；对废水而言，出水指标常常为国家或地方的排放标准。在制水工程中，处理水量应考虑到树脂再生时附加的清洗水量。

（2）确定离子交换柱在工况条件下的设计参数

确定工况条件的设计参数是十分复杂的，往往要通过试验和参照相似的实际运行装置作参考。这些设计参数包括树脂的工作交换容量、液体的流速、再生剂耗量等有关参数。在无确切资料的情况下，离子交换脱盐可利用国内现行各种设计规范提供的推荐数据。详见表 1-2-36。

（二）离子交换计算步骤

（1）计算交换柱处理负荷

$$G = Q(c - c_p) \tag{1-2-96}$$

式中，G 为处理负荷，mol/h；Q 为处理水量，m^3/h；c 为进水浓度，mol/m^3；c_p 为出水浓度，mol/m^3。

（2）计算所需树脂的总体积

$$V = \frac{Gt}{E_0} \tag{1-2-97}$$

式中，V 为树脂总体积，m^3；t 为树脂再生周期，h；E_0 为工作交换容量，mol/m^3。

（3）计算离子交换柱的直径

$$D = \sqrt{\frac{4Q}{\pi v}} \tag{1-2-98}$$

式中，D 为离子交换柱直径，m；v 为处理液在柱内流速，m/h。

（4）计算离子交换柱高度

$$h = \frac{4V}{\pi D^2} \tag{1-2-99}$$

$$H = h(1 + \alpha) \tag{1-2-100}$$

式中，h 为树脂层高度，m；H 为离子交换柱高度，m；α 为树脂清洗时膨胀率，%，可按 $40\%\sim50\%$ 考虑。

表1-2-36 树脂工艺性能设计参数

离子交换性质	钠离子交换			强酸氢离子交换		
交换柱形式	顺流再生固定床	逆流再生固定床	浮动床	顺流再生固定床	逆流再生固定床	浮动床
交换剂品种	强酸树脂 / 磺化煤	强酸树脂	强酸树脂	强酸树脂	强酸树脂	强酸树脂
运行流速/(m/h)	15~25 / 10~20	一般20~30,瞬时30	一般30~40,最大50	一般20,瞬时30	一般20,瞬时20	一般30~40,最大50
再生剂品种	NaCl / NaCl	NaCl	NaCl	H_2SO_4 / HCl	H_2SO_4 / HCl	H_2SO_4 / HCl
再生剂耗量/(g/mol)	100~120 / 80~100	80~100	80~100	100~150 / 70~80	≤70 / 50~55	≤70 / 50~55
工作交换容量/(mol/m³)	800~1000 / 250~300	800~1000	800~1000	500~650 / 800~1000	500~650 / 800~1000	500~650 / 800~1000

离子交换性质	弱酸氢离子交换	弱碱氢氧离子交换	强碱氢氧离子交换			混合离子交换
交换柱形式	顺流再生固定床	顺流再生固定床	顺流再生固定床	逆流再生固定床	浮动床	混合床
交换剂品种	弱酸树脂	弱碱树脂	强碱树脂	强碱树脂	强碱树脂	强酸树脂 / 强碱树脂
运行流速/(m/h)	20~30	20~30	一般20,瞬时30	一般30~40,最大50	40~60	40~60
再生剂品种	H_2SO_4 / HCl	NaOH	NaOH	NaOH	NaOH	HCl / NaOH
再生剂耗量/(g/mol)	约60 / 约40	40~50	60~65	60~65	100~120	100~150 / 200~250
工作交换容量/(mol/m³)	1500~1800	800~1200	I型250~300,II型400~500	I型250~300,II型400~500	250~300	500~550① / 200~250①

① 为《化工企业化学水处理设计计算标准》(HG/T 20552—2016)推荐数据。

注:1. 表中数据系有关设计规范(规程)数据的综合。

2. 有关阴离子交换树脂的工作交换容量指以工业液体烧碱作为再生剂的数据。

（5）离子交换再生液的计算

再生剂的用量为：

$$M = q_0 E_0 V' \tag{1-2-101}$$

式中，M 为再生剂的用量，g；q_0 为再生剂耗量，g/mol；V' 为塔内所装填饱和树脂的体积，m^3。

再生液的体积为：

$$V_i = \frac{M}{c_i} \tag{1-2-102}$$

式中，V_i 为在一定浓度下的再生液体积，L；c_i 为再生溶液中所含再生剂的浓度，g/L。

【例 1-2-11】 某电镀厂日排废水 182m^3，废水中含有铜 40mg/L、锌 20mg/L、镍 30mg/L 和 CrO$_4^{2-}$ 130mg/L。为达标排放需进行处理并回收铬。设计该处理系统，并计算设备大小与树脂和再生剂的用量。

解：① 该套系统处理工艺流程如图 1-2-75 所示。采用逆流再生系统。

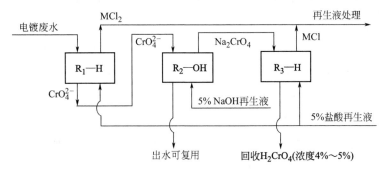

图 1-2-75 处理工艺流程

② 第一个阳离子交换塔（R$_1$—H）应除去的金属离子的物质的量。假设出水中所含金属离子浓度甚微（$c_p \approx 0$），则应除去的金属离子合计为：

20mg/L Zn^{2+} 的物质的量浓度为 $c\left(\frac{1}{2}\text{Zn}^{2+}\right) = 0.62\text{mmol/L}$

30mg/L Ni^{2+} 的物质的量浓度为 $c\left(\frac{1}{2}\text{Ni}^{2+}\right) = 1.02\text{mmol/L}$

40mg/L Cu^{2+} 的物质的量浓度为 $c\left(\frac{1}{2}\text{Cu}^{2+}\right) = 1.26\text{mmol/L}$

合计　　2.9mmol/L（2.9mol/m^3）

每日应去除金属离子负荷为：

$$G = Q(c - c_p) = 182 \times (2.9 - 0) = 528 \quad (\text{mol/d})$$

③ 计算 R$_1$—H 塔所需树脂的体积。设该阳离子交换树脂工作交换容量 $E_0 = 1000\text{mol/m}^3$，树脂的再生周期 $t = 2$d。所需树脂的体积：

$$V_1 = \frac{Gt}{E_0} = \frac{528 \times 2}{1000} = 1.06 \quad (\text{m}^3)$$

④ 计算 R$_1$—H 塔尺寸。设 R$_1$—H 塔直径 $D = 800$mm（0.8m），则树脂层厚度：

$$h = \frac{4V_1}{\pi D^2} = \frac{4 \times 1.06}{\pi \times 0.8^2} = 2.1 \quad (\text{m})$$

考虑反冲洗时的膨胀率 $\alpha=50\%$，所以 R_1—H 塔高：

$$H=h(1+\alpha)=2.1\times(1+50\%)=3.15 \ (\text{m})$$

⑤ 校对废水在塔内的流速：

$$v=\frac{4Q}{\pi D^2}=\frac{4\times182/24}{\pi\times0.8^2}=15.1 \ (\text{m/h})<20 \ (\text{m/h})$$

⑥ 计算 R_1—H 塔阳离子交换树脂再生时的耗酸量。根据表 1-2-36 查得 HCl 的再生剂耗量 $q_0=50\text{g/mol}$，再生一次所需的酸量 M 为：

$$M=q_0E_0V_1=50\times1000\times1.06=53000 \ (\text{g})$$

如配成 5% 浓度的盐酸，查得每升含盐酸的质量为 51.2g，即浓度 $c_{\text{HCl}}=51.2\text{g/L}$。故所需 5% 的盐酸再生液体积：

$$V_{\text{HCl}}=M/c_{\text{HCl}}=53000/51.2=1035 \ (\text{L})$$

外排的再生废液尚需采用化学法中和沉淀处理。

⑦ R_2—OH 阴离子交换塔的计算。

130mg/L CrO_4^{2-} 的物质的量浓度 $c\left(\frac{1}{2}CrO_4^{2-}\right)=2.24\text{mmol/L} \ (2.24\text{mol/m}^3)$

每日排放负荷：

$$G'=Q(c-c_p)=182\text{m}^3/\text{d}\times(2.24\text{mol/m}^3-0)=408\text{mol/d}$$

⑧ 所需阴离子交换树脂的体积。阴离子交换树脂工作交换容量按 $E_0'=500\text{mol/m}^3$，再生周期 $t'=2\text{d}$，则所需树脂体积：

$$V_2=\frac{G't'}{E_0'}=\frac{408\times2}{500}=1.63 \ (\text{m}^3)$$

⑨ 计算 R_2—OH 塔的尺寸。设 R_2—OH 塔的直径为 950mm，则树脂层厚度 h' 为：

$$h'=\frac{4V_2}{\pi D'^2}=\frac{4\times1.63}{\pi\times0.95^2}=2.3 \ (\text{m})$$

反冲洗和清洗时树脂的膨胀率 $\alpha=50\%$，所以 R_2—OH 塔的高度：

$$H'=h'(1+\alpha)=2.3\times(1+50\%)=3.45 \ (\text{m})$$

废水在 R_2—OH 塔内流速 v 为：

$$v=\frac{4Q}{\pi D'^2}=\frac{4\times182/24}{\pi\times0.95^2}=10.7 \ (\text{m/h})$$

⑩ 计算 R_2—OH 塔内阴离子交换树脂再生时的耗碱量。查表得知 NaOH 的再生剂耗量 $q_0'=65\text{g/mol}$。总耗碱量：

$$M'=q_0'E_0'V_2=65\times500\times1.63\approx53000 \ (\text{g})$$

如配成 5% NaOH 再生液时，查得该溶液浓度 $c_{\text{NaOH}}=52.69\text{g/L}$，故所需 5% 的 NaOH 溶液体积为：

$$V_{\text{NaOH}}=M'/c_{\text{NaOH}}=53000/52.69=1006 \ (\text{L})$$

再生后的排出液主要成分为 Na_2CrO_4。

⑪ R_3—H 阳离子交换塔的计算。进入 R_3—H 塔内的成分为 Na_2CrO_4，假设吸附在阴离子交换树脂上的 CrO_4^{2-} 全部被 OH^- 所置换，进入 R_3—H 塔内的 $c\left(\frac{1}{2}CrO_4^{2-}\right)$ 物质的量为 408mol/d，与此相匹配的 Na^+ 物质的量亦应为 408mol/d，如果两天用盐酸再生一次，则 R_3—H 中的阳离子交换树脂吸附 Na^+ 的物质的量为 408mol/d×2d=816mol，盐酸逆流再生的工作交换容量按 $E_0''=1000\text{mol/m}^3$ 计，则所需树脂体积：

$$V_3 = \frac{G''t''}{E_0''} = \frac{408 \times 2}{1000} = 0.816 \ (\text{m}^3)$$

设 R_3—H 塔的直径 $D''=700\text{mm}$（0.7m），则树脂层厚度：

$$h'' = \frac{4V_3}{\pi D''^2} = \frac{4 \times 0.816}{\pi \times 0.7^2} = 2.12 \ (\text{m})$$

考虑到清洗和反冲洗树脂的膨胀率为 $\alpha = 50\%$，则 R_3—H 塔高为：

$$H'' = h''(1+\alpha) = 2.12 \times (1+50\%) = 3.18 \ (\text{m})$$

⑫ 计算 R_3—H 塔内阳离子交换树脂洗脱再生耗酸量。查表知 HCl 的再生剂耗量 $q_0''=50\text{g/mol}$。总耗酸量：

$$M'' = q_0''E_0''V_3 = 50 \times 1000 \times 0.816 = 40800 \ (\text{g})$$

配成 5% 的盐酸溶液，查得该溶液浓度为 $c_{HCl}=51.2\text{g/L}$，故 5% 盐酸再生液的体积为

$$V_{HCl} = M''/c_{HCl} = 40800/51.2 = 797 \ (\text{L})$$

再生下来的溶液为 H_2CrO_4 稀溶液，可以回收再利用。

参 考 文 献

[1] 陈金垒，王蕾，黄华斌. 混凝技术去除水中微塑料的研究进展 [J/OL]. 现代化工：1-5 [2023-07-11]. http：//kns. cnki. net/kcms/detail/11. 2172. TQ. 20230625. 1038. 022. html.

[2] 张媛媛，付英，罗述元，等. 天然混凝剂在水处理中的应用研究 [J]. 工业用水与废水，2023，54（02）：5-9.

[3] 包姗，柏杰，马英，等. 水解酸化＋A/A/O＋机械絮凝＋纤维转盘工艺处理医药园区废水 [J]. 水处理技术，2022，48（07）：149-152.

[4] 潘涛，田刚，等. 废水处理工程技术手册 [M]. 北京：化学工业出版社，2010.

[5] 卜岩斌，康松，李丽颖. 吸附法去除废水中染料罗丹明 B 的研究 [J]. 供水技术，2023，17（03）：46-51.

[6] 朱卫菊，梁斌. 吸附剂在含油废水处理中的应用研究进展 [J]. 科技展望，2016，26（17）：142.

[7] 雷乐成，汪大翚，等. 水处理高级氧化技术 [M]. 北京：化学工业出版社，2001.

[8] 李振邦，颜冰川，王全勇，等. 臭氧催化氧化与耦合工艺处理工业废水的研究进展 [J]. 工业水处理，2022，42（09）：56-63.

[9] 张庆喜，何如民，黄启镜，等. 芬顿氧化法深度处理工业废水尾水中试研究 [J]. 广东化工，2022，49（14）：145-147.

[10] 上海市政工程设计研究院. 给水排水设计手册（第 3 册）[M]. 北京：中国建筑工业出版社，2004.

[11] 朱浩，邹海明. 阴极负载活性炭纤维电解法处理染料废水实验研究 [J]. 水处理技术，2023，49（01）：123-126.

第三章
化学处理

第一节　中和及 pH 控制

一、原理和功能

工业废水中常含有较高浓度的酸或碱。酸性废水主要来源于化工厂、化纤厂、电镀厂、煤加工厂及金属酸洗车间等，其中常见的酸性物质主要有硫酸、硝酸、盐酸、氢氟酸、氢氰酸、磷酸等无机酸及醋酸、甲酸、柠檬酸等有机酸，并常溶解有金属盐。碱性废水主要来源于印染厂、造纸厂、炼油厂和金属加工厂等，其中常见的碱性物质有苛性钠、碳酸钠、硫化钠及胺等。酸性废水的危害程度比碱性废水要大。

酸含量大于 5%～10% 的高浓度含酸废水，常称为废酸液；碱含量大于 3%～5% 的高浓度含碱废水，常称为废碱液。对于这类废酸液、废碱液，可因地制宜采用特殊的方法回收其中的酸和碱，或者进行综合利用。例如，用蒸发浓缩法回收苛性钠；用扩散渗析法回收钢铁酸洗废液中的硫酸；利用钢铁酸洗废液作为制造硫酸亚铁、氧化亚铁、聚合硫酸铁的原料等。对于酸含量小于 5%～10% 或碱含量小于 3%～5% 的低浓度酸性废水或碱性废水，由于其中酸、碱含量低，回收价值不大，常采用中和法处理，使废水的 pH 值恢复到中性附近的一定范围，消除其危害。

我国《污水综合排放标准》规定排放废水的 pH 值应在 6～9 之间。酸碱废水以 pH 值表示可分为：

强酸性废水	pH<4.5
弱酸性废水	pH=4.5～6.5
中性废水	pH=6.5～8.5
弱碱性废水	pH=8.5～10.0
强碱性废水	pH>10.0

中和处理发生的主要反应是酸与碱生成盐和水的中和反应。由于酸性废水中常有重金属盐，在用碱处理时，还可生成难溶的金属氢氧化物。中和处理适用于废水处理中的下列情况：

① 废水排放受纳水体前，其 pH 值指标超过排放标准。这时应采用中和处理，以减少对水生生物的影响。

② 工业废水排入城市下水道系统前，采用中和处理，以免对管道系统造成腐蚀。在排入前对工业废水进行中和，比对工业废水与其他废水混合后的大量废水进行中和要经济得多。

③ 化学处理或生物处理之前。对生物处理而言，需将处理系统的 pH 值维持在 6.5～8.5 范围内，以确保最佳的生物活力。

中和药剂的理论投量，可按等量反应的原则进行计算。对于成分单一的酸和碱的中和过程，可按照酸碱平衡关系的计算结果，绘制溶液 pH 值随中和药剂投加量而变化的中和曲线，即可方便地确定投药量。图 1-3-1 为投加奇性钠中和不同强度的几种酸的中和曲线。实际废水的成分比较复杂，干扰酸碱平衡的因素较多。例如酸性废水中往往含有重金属离子，在用碱进行中和时，由于生成难溶的金属氢氧化物而消耗部分碱性药剂，使中和曲线向右发生位移（图 1-3-2）。这时，可通过实验绘制中和曲线，以确定中和药剂的投药量。

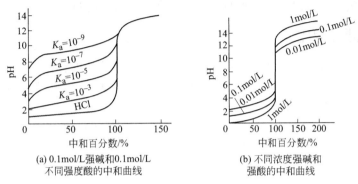

(a) 0.1mol/L强碱和0.1mol/L
不同强度酸的中和曲线

(b) 不同浓度强碱和
强酸的中和曲线

图 1-3-1　强酸和强碱的中和曲线

中和方法的选择要考虑以下因素：

① 废水含酸或含碱性物质浓度、水质及水量的变化情况；

② 酸性废水和碱性废水来源是否相近，含酸、碱总量是否接近；

③ 有否废酸、废碱可就地利用；

④ 各种药剂市场供应情况和价格；

⑤ 废水后续处理、接纳水体、城镇下水道对废水 pH 值的要求。

酸性废水的中和法可分为酸性废水与碱性废水混合、投药中和及过滤中和三类。

（一）酸、碱性废水中和法

这种中和方法是将酸性废水和碱性废水共同引入中和池中，并在池内进行混合搅拌。中和结果，应该使废水呈中性或弱碱性。根据质量守恒原理计算酸、碱废水的混合比例或流量，并且使实际需要量略大于计算量。

当酸、碱废水的流量和浓度经常变化，而且波动很大时，应该设调节池加以调节，中和反应则在中和池进行，其容积应按 1.5～2.0h 的废水量考虑。

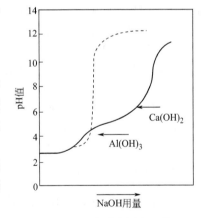

图 1-3-2　含重金属离子的
酸性废水中和曲线

（二）投药中和法

酸性废水中和处理采用的中和剂有石灰、石灰石、白云石、氢氧化钠、碳酸钠等。其中碳酸钠因价格较贵，一般较少采用。石灰来源广泛，价格便宜，所以使用较广。用石灰作中和剂能够处理任何浓度的酸性废水。最常采用的是石灰乳法。氢氧化钙对废水杂质具有混聚作用，因此它适用于含杂质多的酸性废水。

用石灰中和酸的反应：

$$H_2SO_4 + Ca(OH)_2 \longrightarrow CaSO_4 \downarrow + 2H_2O$$

$$2HNO_3 + Ca(OH)_2 \longrightarrow Ca(NO_3)_2 + 2H_2O$$
$$2HCl + Ca(OH)_2 \longrightarrow CaCl_2 + 2H_2O$$

当废水中含有其他金属盐类例如铁、铅、锌、铜等时，也能生成沉淀：

$$ZnSO_4 + Ca(OH)_2 \longrightarrow Zn(OH)_2 \downarrow + CaSO_4 \downarrow$$
$$FeCl_2 + Ca(OH)_2 \longrightarrow CaCl_2 + Fe(OH)_2 \downarrow$$
$$PbCl_2 + Ca(OH)_2 \longrightarrow CaCl_2 + Pb(OH)_2 \downarrow$$

计算中和药剂的投量时，应增加与重金属化合产生沉淀的药量。

（三）过滤中和法

这种方法适用于含硫酸浓度不大于 $2\sim3g/L$ 和生成易溶盐的各种酸性废水的中和处理。使酸性废水通过具有中和能力的滤料，例如石灰石、白云石、大理石等，即产生中和反应。例如石灰石与酸的反应：

$$2HCl + CaCO_3 \longrightarrow CaCl_2 + H_2O + CO_2 \uparrow$$
$$H_2SO_4 + CaCO_3 \longrightarrow CaSO_4 \downarrow + H_2O + CO_2 \uparrow$$
$$2HNO_3 + CaCO_3 \longrightarrow Ca(NO_3)_2 + H_2O + CO_2 \uparrow$$

白云石与硫酸的反应：

$$2H_2SO_4 + CaCO_3 \cdot MgCO_3 \longrightarrow CaSO_4 \downarrow + MgSO_4 + 2H_2O + 2CO_2 \uparrow$$

采用白云石为中和滤料时，由于 $MgSO_4$ 的溶解度很大，不致造成中和的困难，而产生的石膏量仅为石灰石反应生成物的一半，因此进水的硫酸允许浓度可以提高；不过白云石的缺点是反应速度比石灰石慢。

用石灰石作滤料时，进水含硫酸浓度应小于 $2000mg/L$；用白云石作滤料时，应小于 $4000mg/L$。当进水的硫酸浓度短期超过限值时，应及时采取措施，降低进水量（多余的废水可在调节池内暂时贮存），同时用清洁水反冲、稀释。当滤料使用到一定期限，滤料中的无效成分积累过多时，可逐渐降低滤速，以最大限度地消耗掉滤料。在生产实践中，一般都是根据运行经验，总结出每处理一定的水量补充一定量的滤料。同时，按照每消耗一定量的滤料，进行一次清渣。

过滤中和时，废水中不宜有浓度过高的重金属离子或惰性物质，要求重金属离子含量小于 $50mg/L$，以免在滤料表面生成覆盖物，使滤料失效。

含 HF 的废水中和过滤时，因 CaF_2 溶解度很小，要求 HF 浓度小于 $300mg/L$。如浓度超过限值，宜采用石灰乳进行中和。

过滤中和法的优点是操作管理简单，出水 pH 值较稳定，不影响环境卫生，沉渣少，一般少于废水体积的 0.1%；缺点是进水酸的浓度受到限制。

（四）碱性废水的中和处理

碱性废水的中和处理法有用酸性废水中和、投酸中和和烟道气中和三种。

在采用投酸中和法时，由于价格上的原因，通常多使用 $93\%\sim96\%$ 的工业浓硫酸。在处理水量较小的情况下，或有方便的废酸可利用时，也有使用盐酸中和法的。在投加酸之前，一般先将酸稀释成 10% 左右的浓度，然后按设计要求的投量经计量泵计量后加到中和池。

在原水 pH 值和流量都比较稳定的情况下，可以按一定比例连续加酸。当水量及 pH 值经常有变化时，应当考虑设计自动加药系统，例如采用 HBPH-3 型工业酸度计与 CHEM-TECH 型系列计量泵组合成的自动 pH 控制系统，已比较广泛地用于废水处理工程。

由于酸的稀释过程中大量放热，而且在热的条件下酸的腐蚀性大大增强，所以不能采用将酸直接加到管道中的做法，否则管道很快将被腐蚀。一般应该设计混凝土结构的中和池，并保证一定的容积，通常可按 3～5min 的停留时间考虑。如果采用其他材料制作中和池或中和槽时，则应该充分考虑到防腐及耐热性能的要求。

烟道气中含有 CO_2 和 SO_2，溶于水中形成 H_2CO_3 和 H_2SO_3，能够用来使碱性废水得到中和。用烟道气中和的方法有两种，一是将碱性废水作为湿式除尘器的喷淋水，另一种是使烟道气通过碱性废水。这种中和方法效果良好；其缺点是会使处理后的废水中悬浮物含量增加，硫化物和色度也都有所增加，需要进行进一步处理。

二、设备和装置

（一）酸碱废水相互中和的设施

① 当水质水量变化较小，或废水缓冲能力较大，或后续构筑物对 pH 值要求范围较宽时，可以不用单独设中和池，而在集水井（或管道、曲径混合槽）内进行连续流式混合反应。

② 当水质水量变化不大，废水也有一定缓冲能力，但为了使出水 pH 值更有保证时，应单设连续流式中和池。图 1-3-3 给出了两种中和池的示例。

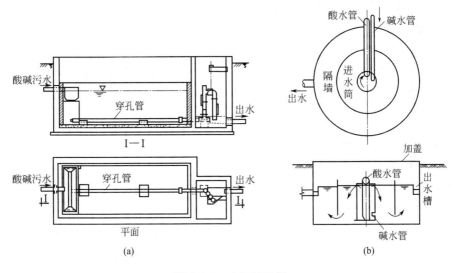

图 1-3-3　中和池示例

③ 当水质水量变化较大，且水量较小时，连续流式中和池无法保证出水 pH 值要求，或出水水质要求较高，或废水中还含有其他杂质或重金属离子时，较稳妥可靠的做法是采取间歇流式中和池。每池的有效容积可按废水排放周期（如一班或一昼夜）中的废水量计算。池一般至少设两座，以便交替使用。

（二）药剂中和处理设备设施

1. 中和剂制备设施

投药有干投、湿投两种方法。以石灰为例，干投法设备简单，但反应不易彻底，而且较慢，投量需为理论值的 1.4～1.5 倍。湿投法设备较多，但反应迅速，投量为理论值的 1.05～1.1 倍即可。

石灰干投法示意见图 1-3-4。石灰湿投法示意见图 1-3-5。

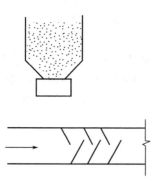

图 1-3-4 石灰干投法示意

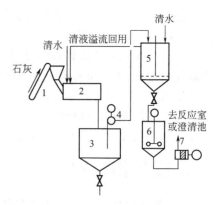

图 1-3-5 石灰湿投法示意

1—石灰输送带；2—消石灰机；3—石灰乳槽；4—石灰乳泵；
5—石灰乳贮存箱；6—石灰乳投药箱；7—石灰乳计量泵

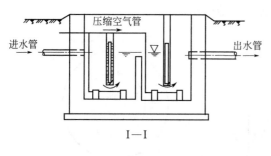

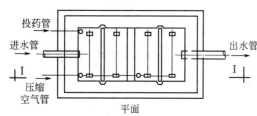

图 1-3-6 四室隔板混合反应池

2. 混合反应设施

用石灰中和酸性废水时，混合反应时间一般采用 1～2min，但当废水中含重金属盐或其他毒物时，应考虑去除重金属及其他毒物的要求。

当废水水量和浓度较小，且不产生大量沉渣时，中和剂可投加在水泵集水井中，在管道中反应，即可不设混合反应池。但须满足混合反应时间。

当废水量较大时，一般需设单独的混合池。

图 1-3-6 为四室隔板混合反应池。池内采用压缩空气或机械搅拌。

3. 沉淀设施

以石灰中和主要含硫酸的混合酸性废水为例，一般沉淀时间为 1～2h，污泥体积一般为处理废水体积的 3%～5%，但个别情况也有污泥量占到废水体积的 10% 以上的。污泥含水率一般为 95% 左右。

图 1-3-7 为合并混合、反应、沉淀的池型示例，图 1-3-8 为合并混合、反应、沉淀及泥渣分离的池型示例。

（三）过滤中和法的设备设施

1. 普通中和滤池

普通中和池为重力式，由于滤速低（小于 1.4mm/s），滤料粒径大（3～8cm），当进水硫酸浓度较大时，极易在滤料表面结垢而且不易冲掉，阻碍中和反应进程。实践表明这种滤料的中和效果较差，目前已很少采用。

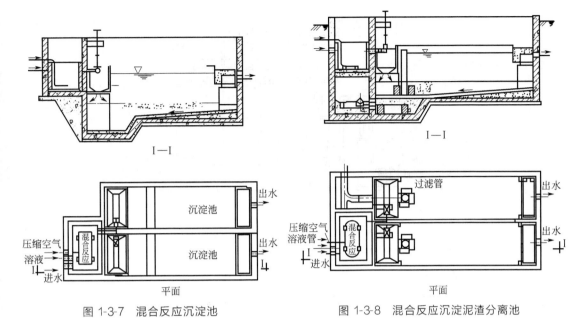

图 1-3-7 混合反应沉淀池   图 1-3-8 混合反应沉淀泥渣分离池

2. 升流膨胀式滤池

升流膨胀式滤池采用高流速（$8.3 \sim 19.4$mm/s），小粒径（$0.5 \sim 3$mm，平均约 1.5mm），水流由下向上流动，加上产生的 CO_2 气体的作用，使滤料互相碰撞摩擦，表面不断更新，所以效果良好。两种升流膨胀式滤池的构造如图 1-3-9、图 1-3-10 所示。

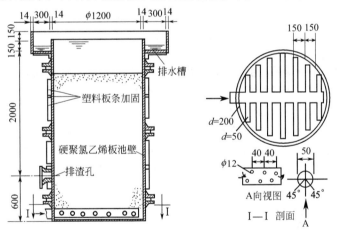

图 1-3-9 升流式石灰石膨胀滤池示意（单位：mm）

滤池分为四部分：底部为进水装置，可采用大阻力或小阻力进水系统；滤料层下部为卵石垫层，上部为石灰石滤料，滤层厚 $1.0 \sim 1.2$m；其上设高为 0.5m 的清水区，使水和滤料分离，在此区内水流速度逐渐减慢；出水槽均匀地汇集出流水。

如果将装填滤料部分的筒体做成圆锥状，则成为变速膨胀式中和滤池。这种池子底部滤速较大，上部滤速较小。具有等断面的筒体称为等速膨胀式中和滤池。与等速滤池相比，变速滤池具有滤料反应更完全、能防止小滤料被水挟走、滤料表面不易结垢等优点。这两种升流式滤池目前均有工厂定型生产。

3. 滚筒式中和滤池

滚筒式中和滤池见图 1-3-11。废水由滚筒的一端流入，由另一端流出。装于滚筒中的滤

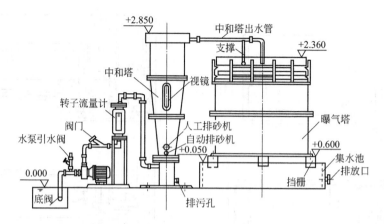

图 1-3-10　变速升流膨胀式中和滤池

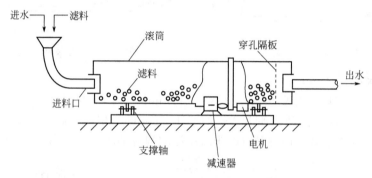

图 1-3-11　滚筒式中和滤池

料随滚筒一起转动，使滤料互相碰撞，剥离由中和产物形成的覆盖层，加快中和反应速度。

滚筒可用钢板制成，内衬防腐层，直径 1m 或更大，长度为直径的 6~7 倍。筒内壁有不高的纵向隔条，推动滤料旋转。滚筒转速约为 10r/min，转轴倾斜角度为 0.5°~1°。滤料的粒径较大（达十几毫米），装料体积约占转筒体积的 1/2。这种装置的最大优点是进水的酸浓度可以超过允许浓度数倍，而滤料粒径却不必破碎得很小。其缺点是负荷率低，仅为 36m³/(m²·h)，构造复杂、动力费用较高、运转时噪声较大，同时对设备材料的耐蚀性能要求较高。

三、设计计算

酸性废水的投药中和设计计算如下。

废水在混合反应池中的停留时间一般不大于 5min。实际混合时间 t（min）可按下式计算：

$$t = \frac{V}{Q} \times 60 \tag{1-3-1}$$

式中，Q 为废水流量，m^3/h；V 为混合反应池容积，m^3。

投药中和酸性废水时，投药量 G_b（kg/h）可按下式计算：

$$G_b = G_a \frac{\alpha k}{a} \tag{1-3-2}$$

式中，G_a 为废水中酸含量，kg/h；α 为中和剂比耗量，见表 1-3-1；a 为中和剂纯度，一般生石灰含 CaO 60%～80%，熟石灰含 $Ca(OH)_2$ 65%～75%，电石渣含 CaO 60%～70%，石灰石含 $CaCO_3$ 90%～95%，白云石含 $CaCO_3$ 45%～50%；k 为反应不完全系数，一般取 1.0～1.2，以石灰乳中和硫酸时取 1.1，中和盐酸或硝酸时可取 1.05。

表 1-3-1　碱性中和剂的比耗量

酸	中和 1kg 酸所需的量/kg				
	CaO	$Ca(OH)_2$	$CaCO_3$	$MgCO_3$	$CaCO_3 \cdot MgCO_3$
H_2SO_4	0.571	0.755	1.020	0.860	0.940
HNO_3	0.455	0.590	0.795	0.688	0.732
HCl	0.770	1.010	1.370	1.150	1.290
CH_3COOH	0.466	0.616	0.830	0.695	—

中和过程中形成的沉渣体积庞大，约占处理出水体积的 2%，脱水烦琐，应及时清除，以防堵塞管道。一般可采用沉淀池进行分离。沉渣量 w（kg）可根据试验确定，也可按下式进行计算：

$$w = G_b(B+e) + Q(s-c-d) \tag{1-3-3}$$

式中，G_b 为投药量，kg/h；Q 为废水量，m^3/h；B 为消耗单位药剂所产生盐量，见表 1-3-2；e 为单位药剂中杂质含量；s 为原废水中悬浮物含量，kg/m^3；c 为中和后废水中溶解盐量，kg/m^3；d 为中和后出水悬浮物含量，kg/m^3。

表 1-3-2　化学药剂中和产生的盐量

酸	药剂	中和单位酸量所产生的盐量（B）			
H_2SO_4	$Ca(OH)_2$	$CaSO_4$	1.39		
	$CaCO_3$	$CaSO_4$	1.39	CO_2	0.45
	NaOH	Na_2SO_4	1.35		
HNO_3	$Ca(OH)_2$	$Ca(NO_3)_2$	1.30		
	$CaCO_3$	$Ca(NO_3)_2$	1.30	CO_2	0.35
	NaOH	$NaNO_3$	1.35		
HCl	$Ca(OH)_2$	$CaCl_2$	1.53		
	$CaCO_3$	$CaCl_2$	1.53	CO_2	0.61
	NaOH	NaCl	1.61		

【例 1-3-1】　某化工厂排出含硫酸废水 800m^3/d，含硫酸 7g/L。厂内软水站用石灰乳软化河水，每天生产软水 2000m^3，河水的重碳酸盐硬度为 2.27mmol/L，试考虑废水的中和问题。

解：因废水含酸浓度低，不适合回收利用，但排放前应采取中和措施。首先考虑厂内有无废碱渣可供利用。因石灰乳软化河水的过程产生 $CaCO_3$ 碱渣：

$$\underset{74}{Ca(OH)_2} + \underset{162}{Ca(HCO_3)_2} \longrightarrow \underset{200}{2CaCO_3} \downarrow + 2H_2O$$

由上式可知，每一份 $Ca(HCO_3)_2$ 相当于 1.23(200/162) 份的 $CaCO_3$。$Ca(HCO_3)_2$ 的分子量是 162，因此每 1m^3 河水含 2.27×162＝368(g)$Ca(HCO_3)_2$，每天产生的碱渣数量为 368×1.23×2000＝905(kg/d)。查表 1-3-1，相当于此数量的 $CaCO_3$ 可中和硫酸量为 905/1.02＝887(kg/d)，每天排出的含酸废水中共有硫酸 800×7＝5600(kg/d)，经过碱渣中和后，废水中剩余的硫酸量为 5600－887＝4713(kg/d)。

由此可见，此含酸废水经过软化站碱渣中和后，在排入水体前应补加中和处理。由于废水中硫酸浓度较大，不宜用过滤法中和，故采用投药中和的方法。药剂选用石灰，其成分为含 CaO 70%，有效的 $CaCO_3$ 为 15%，起作用不大的 $CaCO_3$ 及惰性杂质 15%。设需要 CaO 的理论数量为 X，查表 1-3-1，可列式如下。

$$\frac{0.7X}{0.57}+\frac{0.15X}{1.02}=5.2$$

$$X=3.8 \text{ (t/d)}$$

实际石灰用量为：$1.1\times3.8=4.2$（t/d）。

由于中和结果，生成硫酸钙的量为：$5.2\times(136/98)=7.2$（t/d）。

折算为石膏（$CaSO_4\cdot2H_2O$），其数量为：$7.2\times(172/136)=9.1$（t/d）。

石灰中惰性杂质含量 $4.2\times15\%=0.63$（t/d），即每天的沉渣量为 $9.1+0.63=9.73$（t/d）。

第二节 化学沉淀

一、原理和功能

化学沉淀法是指向废水中投加某些化学药剂（沉淀剂），使之与废水中溶解态的污染物直接发生化学反应，形成难溶的固体生成物，然后进行固液分离，从而除去水中污染物的一种处理方法。废水中的重金属离子（如汞、镉、铅、锌、镍、铬、铁、铜等）、碱土金属（如钙和镁）及某些非金属（如砷、氟、硫、硼）均可通过化学沉淀法去除，某些有机污染物亦可通过化学沉淀法去除。

化学沉淀法的工艺过程通常包括：

① 投加化学沉淀剂，与水中污染物反应，生成难溶的沉淀物而析出；

② 通过凝聚、沉降、浮上、过滤、离心等方法进行固液分离；

③ 泥渣的处理和回收利用。

化学沉淀是难溶电解质的沉淀析出过程，其溶解度大小与溶质本性、温度、盐效应、沉淀颗粒的大小及晶型等有关。在废水处理中，根据沉淀-溶解平衡移动的一般原理，可利用过量投药、防止络合、沉淀转化、分布沉淀等，提高处理效率，回收有用物质。

物质在水中的溶解能力可用溶解度表示。溶解度的大小主要取决于物质和溶剂的本性，也与温度、盐效应、晶体结构和大小等有关。习惯上把溶解度大于 1g/100g H_2O 的物质列为可溶物，小于 0.1g/100g H_2O 的，列为难溶物，介于两者之间的，列于微溶物。利用化学沉淀法处理出水所形成的化合物都是难溶物。

在一定温度下，难溶化合物的饱和溶液中，各离子浓度的乘积称为溶度积，它是一个化学平衡常数，以 K_{sp} 表示。难溶物的溶解平衡可用下列通式表达：

$$A_mB_n（固）\underset{结晶}{\overset{溶解}{\rightleftharpoons}}mA^{n+}+nB^{m-} \tag{1-3-4}$$

$$K_{sp}=[A^{n+}]^m[B^{m-}]^n \tag{1-3-5}$$

若 $[A^{n+}]^m[B^{m-}]^n<K_{sp}$，溶液不饱和，难溶物将继续溶解；$[A^{n+}]^m[B^{m-}]^n=K_{sp}$，溶液达饱和，但无沉淀产生；$[A^{n+}]^m[B^{m-}]^n>K_{sp}$，将产生沉淀，当沉淀完后，溶液中所余的离子浓度仍保持 $[A^{n+}]^m[B^{m-}]^n=K_{sp}$ 关系。因此，根据溶度积，可以初步判断水中离子是否能用化学沉淀法来分离以及分离的程度。

若欲降低水中某种有害离子 A，可采取以下方法：

①向水中投加沉淀剂离子 C，以形成溶度积很小的化合物 AC，而从水中分离出来；

②利用同离子效应向水中投加离子 B，使 A 与 B 的离子积大于其溶度积，此时式(1-3-4)

表达的平衡向左移动。

若溶液中有数种离子共存，加入沉淀剂时，必定是离子积先达到溶度积的优先沉淀，这种现象称为分步沉淀。各种离子分步沉淀的次序取决于溶度积和有关离子的浓度。

难溶化合物的溶度积可从化学手册中查到（部分见表1-3-3）。由表可见，金属硫化物、氢氧化物或碳酸盐的溶度积均很小，因此，可向水中投加硫化物（常用Na_2S）、氢氧化物（一般常用石灰乳）或碳酸钠等药剂来产生化学沉淀，以降低水中金属离子含量。

表 1-3-3 溶度积简表

化合物	溶度积	化合物	溶度积
$Al(OH)_3$	1.1×10^{-15}(18℃)	$Fe(OH)_2$	1.64×10^{-14}(18℃)
$AgBr$	4.1×10^{-13}(18℃)	$Fe(OH)_3$	1.1×10^{-36}(18℃)
$AgCl$	1.56×10^{-10}(25℃)	FeS	3.7×10^{-19}(18℃)
Ag_2CO_3	6.15×10^{-12}(25℃)	Hg_2Br_2	1.3×10^{-21}(25℃)
Ag_2CrO_4	1.2×10^{-12}(14.8℃)	Hg_2Cl_2	2.0×10^{-18}(25℃)
AgI	1.5×10^{-16}(25℃)	Hg_2I_2	1.2×10^{-28}(25℃)
Ag_2S	1.6×10^{-49}(18℃)	HgS	4.0×10^{-53}(18℃)
$BaCO_3$	7.0×10^{-9}(16℃)	$MgCO_3$	2.6×10^{-5}(12℃)
$BaCrO_4$	1.6×10^{-10}(18℃)	MgF_2	7.1×10^{-9}(18℃)
BaF_2	1.7×10^{-6}(18℃)	$Mg(OH)_2$	1.2×10^{-11}(18℃)
$BaSO_4$	0.87×10^{-10}(18℃)	$Mn(OH)_2$	4.0×10^{-14}(18℃)
$CaCO_3$	0.99×10^{-8}(15℃)	MnS	1.4×10^{-15}(18℃)
CaF_2	3.4×10^{-11}(18℃)	NiS	1.4×10^{-24}(18℃)
$CaSO_4$	2.45×10^{-5}(25℃)	$PbCO_3$	3.3×10^{-14}(18℃)
CdS	3.6×10^{-29}(18℃)	$PbCrO_4$	1.77×10^{-14}(18℃)
CoS	3.0×10^{-26}(18℃)	PbF_2	3.2×10^{-8}(18℃)
$CuBr$	4.15×10^{-8}(18~20℃)	PbI_2	7.47×10^{-9}(15℃)
$CuCl$	1.02×10^{-6}(18~20℃)	PbS	3.4×10^{-28}(18℃)
CuI	5.06×10^{-12}(18~20℃)	$PbSO_4$	1.06×10^{-8}(18℃)
CuS	8.5×10^{-45}(18℃)	$Zn(OH)_2$	1.8×10^{-14}(18~20℃)
Cu_2S	2.0×10^{-47}(16~18℃)	ZnS	1.2×10^{-23}(18℃)

化学沉淀法处理重金属离子，其出水浓度最小能达到的水平见表1-3-4。实际上，所能达到的最小残余浓度还与废水中有机物的性质、浓度以及温度等有关，需要试验确定。

表 1-3-4 沉淀法处理出水可达到的效果

金属	可达到的出水浓度/(mg/L)	沉淀形式及相应技术	金属	可达到的出水浓度/(mg/L)	沉淀形式及相应技术
砷	0.05	硫化物沉淀和过滤	汞	0.01~0.02	硫化物沉淀
	0.005	氢氧化物共沉淀		0.001~0.01	硫酸铝共沉淀
钡	0.5	硫酸盐沉淀		0.0005~0.005	氢氧化铁共沉淀
镉	0.05	在pH＝10~11时氢氧化物沉淀		0.001~0.005	离子交换
	0.05	与氢氧化铁共沉淀	镍	0.12	在pH值为10时氢氧化物沉淀
	0.008	硫化物沉淀	硒	0.05	硫化物沉淀
铜	0.02~0.07	氢氧化物沉淀	锌	0.1	在pH值为11时氢氧化物沉淀
	0.01~0.02	硫化物沉淀			

二、设备和装置

采用化学沉淀法处理工业废水时，由于产生的沉淀物往往不形成带电荷的胶体，因此沉淀过程会变得更简单，一般采用普通的平流式沉淀池或竖流式沉淀池即可。具体的停留时间应该通过小试取得，一般情况下比生活污水或有机废水处理中的沉淀时间要短。

废水处理中常用化学沉淀法，按其所用的沉淀剂的不同，可分为氢氧化物沉淀法、硫化物沉淀法、碳酸盐沉淀法和铁氧体沉淀法等。最常用的沉淀剂是石灰，其他如氢氧化钠、碳酸钠、硫化氢、碳酸钡等也有应用。

当用于不同的处理目标时，所需的投药及反应装置也不相同。例如有些处理药剂采用干式投加，而另一些处理中则可能先将药剂溶解并稀释成一定浓度，然后按比例投加。对于这两种投加方法，都可以参考采用普通污水处理中所用的投药设备，这里不再专门介绍。值得注意的是，有些处理中废水或药剂具有腐蚀性，这时采用的投药及反应装置要充分考虑满足防腐要求。化学沉淀法的工艺流程和设备与混凝法相类似，主要步骤包括：a. 选择相应的沉淀剂并进行配置和投加；b. 沉淀剂与原水充分混合，进行反应；c. 进行固液分离；d. 泥渣处理与利用。

混凝技术与其他技术比较，其优点是设备简单，易于上手和掌握操作维护，便于间歇式操作，处理效果良好。其缺点是运行费用较高，产污泥量较大。

三、设计计算

（一）氢氧化物沉淀法

1. 简述

除了碱金属和部分碱土金属外，金属的氢氧化物大都是难溶的（表 1-3-5）。因此可以用氢氧化物沉淀法去除废水中的重金属离子。沉淀剂为各种碱性药剂，常用的有石灰、碳酸钠、苛性钠、石灰石、白云石等。

表 1-3-5 某些金属氢氧化物的溶度积

化学式	K_{sp}	化学式	K_{sp}	化学式	K_{sp}
AgOH	1.6×10^{-8}	$Cr(OH)_3$	6.3×10^{-31}	$Ni(OH)_2$	2.0×10^{-15}
$Al(OH)_3$	1.3×10^{-33}	$Cu(OH)_2$	5.0×10^{-20}	$Pb(OH)_2$	1.2×10^{-15}
$Ba(OH)_2$	5.0×10^{-3}	$Fe(OH)_2$	1.0×10^{-15}	$Sn(OH)_2$	6.3×10^{-27}
$Ca(OH)_2$	5.5×10^{-6}	$Fe(OH)_3$	3.2×10^{-38}	$Th(OH)_2$	4.0×10^{-45}
$Cd(OH)_2$	2.2×10^{-14}	$Hg(OH)_2$	4.8×10^{-26}	$Ti(OH)_2$	1.0×10^{-40}
$Co(OH)_2$	1.6×10^{-15}	$Mg(OH)_2$	1.8×10^{-11}	$Zn(OH)_2$	7.1×10^{-18}
$Cr(OH)_2$	2.0×10^{-16}	$Mn(OH)_2$	1.1×10^{-13}		

注：表中所列溶度积均为活度积，但应用时一般作为溶度积，不加区别。

对一定浓度的某种金属离子 M^{n+} 来说，是否生成难溶的氢氧化物沉淀，取决于溶液中 OH^- 离子的浓度，即溶液的 pH 值是沉淀金属氢氧化物的最重要条件。若 M^{n+} 与 OH^- 只生成 $M(OH)_n$ 沉淀，而不生成可溶性羟基络合物，则根据金属氢氧化物的溶度积 K_{sp} 及水的离子积 K_w，可以计算使氢氧化物沉淀的 pH 值。

$$pH = 14 - \frac{1}{n}(\lg[M^{n+}] - \lg K_{sp}) \tag{1-3-6}$$

或 $$\lg[M^{n+}]=\lg K_{sp}-n\mathrm{pH}-n\lg K_w$$

上式表示与氢氧化物沉淀平衡共存的金属离子浓度和溶液 pH 值的关系。由此式可以看出：a. 金属离子浓度 $[M^{n+}]$ 相同时，溶度积 K_{sp} 越小，则开始析出氢氧化物沉淀的 pH 值越低；b. 同一金属离子，浓度越大，开始析出沉淀的 pH 值越低。根据各种金属氢氧化物的 K_{sp} 值，由公式（1-3-6）可计算出某一 pH 值时溶液中金属离子的饱和浓度。以 pH 值为横坐标，以 $-\lg[M^{n+}]$ 为纵坐标，即可绘出溶解度对数图（图 1-3-12）。

根据溶解度对数图，可以方便地确定金属离子沉淀的条件。以 Cd^{2+} 为例，若 $[Cd^{2+}]=0.1\mathrm{mol/L}$，则由图查出，使氢氧化镉开始沉淀出来的 pH 值应为 7.7；若欲使溶液残余 Cd^{2+} 浓度达到 $10^{-5}\mathrm{mol/L}$，则沉淀终了的 pH 值应为 9.7。

许多金属离子和氢氧根离子不仅可以生成氢氧化物沉淀，且可以生成可溶性羟基络合物。在与金属氢氧化物呈平衡的饱和溶液中，不仅有游离的金属离子，而且有配合数不同的各种羟基络合物，它们都将参与沉淀-溶解平衡。显然，各种金属羟基络合物在溶液中存在的数量和比例都直接同溶液 pH 值有关，根据各种平衡关系可以进行综合计算。

以 Cd(Ⅱ) 为例，Cd^{2+} 与 OH^- 可形成 $CdOH^+$、$Cd(OH)_2$、$Cd(OH)_3^-$、$Cd(OH)_4^{2-}$ 四种可溶性羟基络合物，根据它们的逐级稳定常数和 $Cd(OH)_2$ 的溶度积 K_{sp}，可以确定与氢氧化镉沉淀平衡共存的各种可溶性羟基络合物浓度与溶液 pH 值的关系，如图 1-3-13 中各实线所示。将同一 pH 值下各种形态可溶性二价镉 Cd(Ⅱ) 的平衡浓度相加，即得氢氧化镉的溶解度与 pH 值的关系，如图 1-3-13 中虚线所示。虚线所包围的区域为氢氧化镉沉淀存在的区域。考虑了羟基络后物的溶解平衡区域图，可以更好地确定沉淀金属氢氧化物的 pH 值条件。pH=10～13 时，$Cd(OH)_2$（固）的溶解度最小，约为 $10^{-5.2}\mathrm{mol/L}$。因此，用氢氧化物沉淀法去除废水中的 Cd(Ⅱ) 时，pH 值应控制在 10.5～12.5 范围内。许多金属离子（如 Cr^{3+}、Al^{3+}、Zn^{2+}、Pb^{2+}、Fe^{2+}、Ni^{2+}、Cu^{2+}）在碱性提高时都可明显地生成络合阴离子，而使氢氧化物的溶解度重新增加，这类既溶于酸又溶于碱的氢氧化物，常称为两性氢氧化物。

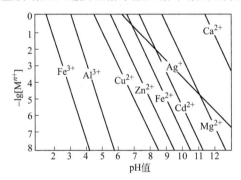

图 1-3-12 金属氢氧化物的溶解度对数

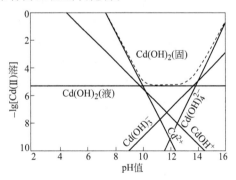

图 1-3-13 氢氧化镉溶解平衡区域

实际废水处理中，共存离子体系十分复杂，影响氢氧化物沉淀的因素很多，必须控制 pH 值，使其保持在最优沉淀区域内。表 1-3-6 列出了某些氢氧化物沉淀可再溶解时所需的最低 pH 值。表中的重金属浓度均为 $0.01\mathrm{mol/L}$，数据仅作为参考。

从金属离子的性质及表 1-3-6 数据，可归纳出如下一些结论。

① 欲使某一或某些元素析出氢氧化物沉淀，必须把溶液的 pH 值控制适当。

② 一价的金属离子 碱金属的氢氧化物可溶于水，Cu_2^{2+}、Hg_2^{2+}、Ag^+、Au^+ 能生成氢氧化物沉淀。

③ 二价的金属离子 除 Ca^{2+}、Sr^{2+}、Ba^{2+} 外，一般的都能生成氢氧化物沉淀，其中 Pb^{2+}、Sn^{2+}、Be^{2+}、Zn^{2+} 具有两性性质。

表 1-3-6　某些氢氧化物沉淀和再溶解时所需的最低 pH 值

氢氧化物	开始沉淀的 pH 值	重新溶解的 pH 值	备注	氢氧化物	开始沉淀的 pH 值	重新溶解的 pH 值	备注
$SiO_2 \cdot nH_2O$	<0	7.5		$Co(OH)_3$	0.5		
$Nb_2O_5 \cdot nH_2O$	<0	约 14		$Sn(OH)_2$	0.5	12	
$Ta_2O_5 \cdot nH_2O$	<0	约 14		$Zr(OH)_4$	约 1		$ZrO(OH)_2$
$PbO_2 \cdot nH_2O$	<0	12		$HSbO_2$	—	8.9	$SbO(OH)$
$WO_3 \cdot nH_2O$	<0	约 8		$Sn(OH)_4$	1.5	13	
$Ti(OH)_4$	0		$TiO(OH)$	HgO	2		
$Ti(OH)_3$	0.3			$Fe(OH)_3$	2.2		
$Pt(OH)_3$	约 2.5	—		稀土元素	5.9~8.4		
$Th(OH)_3$	3.0	—		$Re(OH)_3$			
$Pb(OH)_3$	3.5			$Zn(OH)_2$	6.8	13.5	$Zn(OH)Cl$
$In(OH)_3$	3.4	14		$Ce(OH)_3$	7.1~7.4		
$Ga(OH)_3$	3.5	9.7		$Pb(OH)_2$	7.2	13	
$Al(OH)_3$	3.8	10.6		$Ni(OH)_2$	7.4		$Ni(OH)Cl$
$Bi(OH)_3$	4		$BiOCl$	$Co(OH)_2$	7.5		$Co(OH)Cl$
$Cr(OH)_3$	5.0	13		Ag_3O	8.0		$Cd(OH)Cl$
$Cu(OH)_2$	5.0	$[OH^-]=1mol/L$	$Cu(OH)Cl$	$Cd(OH)_2$	8.3		
$Fe(OH)_2$	5.8			$Mn(OH)_2$	8.3		
$Be(OH)_2$	5.8	13.5		$Mg(OH)_2$	9.6~10.6		

④ 三价的金属离子　基本都能生成氢氧化物沉淀，其中 Al^{3+}、Cr^{3+}、Ga^{3+}、In^{3+} 具有两性性质。

⑤ 四价的金属离子　都能生成氢氧化物沉淀，其中 Sn^{4+} 具有两性性质。而四价的非金属离子中，硅在酸性溶液中能生成 $SiO_2 \cdot nH_2O$ 或 H_2SiO_3 沉淀。

⑥ 五价的金属离子　除铌/钽能生成 $HNbO_3$ 及 $HTaO_3$ 沉淀外，则以酸根形式存在于溶液中，如 AsO_4^{3-}、SbO_4^{3-}、BiO_3^-、VO_3^- 等。

⑦ 六价的金属离子　在酸性溶液中，钨能生成 H_2WO_4 沉淀；在微酸性溶液中，钼部分生成 H_2MoO_4 或 $MoO_3 \cdot 2H_2O$ 沉淀，其余的则以酸根形式存在于溶液中，如 MnO_4^{2-}、CrO_2^{2-}、$Cr_2O_7^{2-}$、MoO_4^{2-} 等。

⑧ 七价的金属离子　不生成氢氧化物沉淀，如 MnO_4^- 等，以酸根形式存在于溶液中。

⑨ 当废水中存在 CN^-、NH_3 及 Cl^-、S^{2-} 等配位体时，能与重金属离子结合成可溶性络合物，增大氢氧化物的溶解度，对沉淀法去除重金属不利，因此，要通过预处理将其除去。

综合考虑以上限制条件，表 1-3-7 则给出了某些金属氢氧化物沉淀析出的最佳 pH 值范围，对具体废水最好通过试验确定。

表 1-3-7　某些金属氢氧化物沉淀析出的最佳 pH 范围

金属离子	Fe^{3+}	Al^{3+}	Cr^{3+}	Cu^{2+}	Zn^{2+}	Sn^{2+}	Ni^{2+}	Pb^{2+}	Cd^{2+}	Fe^{2+}	Mn^{2+}
沉淀的最佳 pH 值	6~12	5.5~8	8~9	>8	9~10	5~8	>9.5	9~9.5	>10.5	5~12	10~14
加碱溶解的 pH 值		>8.5	>9		>10.5			>9.5		>12.5	

2. 常用的沉淀剂

采用氢氧化物沉淀法处理重金属废水，常用的沉淀剂有氨水、氢氧化钠和石灰。

（1）氨水法

在铵盐存在下，利用氨水作沉淀剂，将溶液的 pH 值调整为 8～10，使一些氢氧化物析出沉淀的方法，称为氨水法。在有铵盐存在下，金属离子的沉淀情况见表 1-3-8。

表 1-3-8　有铵盐存在下用氨水作沉淀剂时，金属离子分离的情况

可被定量沉淀的离子	沉淀不完全的离子	留在溶液中的离子
Hg^{2+}、Be^{2+}、Ga^{3+}、In^{3+}、Tl^{3+}、Fe^{3+}、Al^{3+}、Cr^{3+}、Bi^{3+}、Sb^{3+}、稀土元素、Sn^{4+}、Ti^{4+}、Zr^{4+}、Hf^{4+}、Ce^{4+}、Th^{4+}、Mn^{4+}、V^{4+}、Nb^{5+}、Ta^{5+}、U^{6+}	$Mn^{2+①}$、$Pb^{2+②}$、$Fe^{2+③}$	碱金属离子、碱土金属离子及能与 NH_3 生成稳定的络离子的 $Ag(NH_3)_2^+$、$Cu(NH_3)_4^{2+}$、$Cd(NH_3)_4^{2+}$、$Co(NH_3)_4^{2+}$、$Ni(NH_3)_4^{2+}$、$Zn(NH_3)_4^{2+}$

① 加入 Br_2 水、H_2O_2 后，可生成 $MnO(OH)_2$ 沉淀而定量析出。

② 若有 Fe^{3+}、Al^{3+} 共存时，由于共沉淀现象，Pb^{2+} 实际上定量沉淀。

③ 加入氧化剂后，将 Fe^{2+} 氧化为 Fe^{3+}，也能定量沉淀。

（2）氢氧化钠法

氢氧化钠是一种强碱，作为沉淀剂时两性金属离子的氢氧化物将被溶解留在溶液中，但由于氢氧化钠溶液吸收空气中的 CO_2 而生成部分 CO_3^{2-}，因此，有部分 Ca^{2+}、Sr^{2+}、Ba^{2+} 生成难溶性的碳酸盐沉淀。

（3）石灰乳法

采用氢氧化物沉淀法处理重金属废水最常用的沉淀剂是石灰。石灰沉淀法的优点是去除污染物范围广（不仅可沉淀去除重金属，而且可沉淀去除砷、氟、磷等），药剂来源广，价格低，操作简便，处理可靠且不产生二次污染；主要缺点是劳动卫生条件差，管道易结垢堵塞，泥渣体积庞大（含水率高达 95%～98%），脱水困难。沉淀工艺有分步沉淀和一次沉淀两种。分步沉淀分段投加石灰乳，利用不同金属氢氧化物在不同 pH 值下沉淀析出的特性，依次回收各种金属氢氧化物。一次沉淀法是一次投加石灰乳达到高 pH 值，使废水中各种金属离子同时以氢氧化物沉淀析出。

（二）硫化物沉淀法

1. 简述

硫化物沉淀法是向废液中加入硫化氢、硫化铵或碱金属的硫化物，使欲处理物质生成难溶硫化物沉淀，以达到分离纯化的目的。由于此方法消耗化学物质相当低，因而能大规模应用。

大多数过渡金属的硫化物都难溶于水，比氢氧化物的溶度积更小，而且沉淀的 pH 值范围较宽，所以可以用硫化物沉淀法去除废水中的金属离子，溶液中 S^{2+} 浓度受 H^+ 浓度的制约，所以可以通过控制酸度，用硫化物沉淀法把溶液中不同金属离子分步沉淀而分离回收。图 1-3-14 列出了一些金属硫化物的溶解度与溶液 pH 值的关系。

表 1-3-9 列出了一些金属硫化物的溶度积和理论溶解度。

硫化物沉淀法常用的沉淀剂有 H_2S、Na_2S、$NaHS$、CaS_x、$(NH_4)_2S$ 等。根据沉淀转化原理，难溶硫化物 MnS、FeS 等亦可作为处理药剂。

金属硫化物的溶解平衡式为：

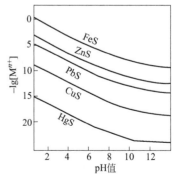

图 1-3-14　金属硫化物溶解度和 pH 值的关系

$$MS \Longleftrightarrow [M^{2+}] + [S^{2-}] \tag{1-3-7}$$

$$[M^{2+}] = K_{sp}/[S^{2-}] \tag{1-3-8}$$

表 1-3-9　硫化物的沉淀作用

化合物	溶度积（室温）	理论溶解度/(mg/L)		化合物	溶度积（室温）	理论溶解度/(mg/L)	
		pH＝5	pH＝7			pH＝5	pH＝7
HgS	4.0×10^{-53}	1.0×10^{-35}	1.0×10^{-39}	b-NiS	2.0×10^{-25}	1.5×10^{-8}	1.5×10^{-12}
CuS	8.0×10^{-37}	6.5×10^{-20}	6.5×10^{-24}	a-CoS	4.0×10^{-24}	3.0×10^{-4}	3.0×10^{-8}
PbS	3.2×10^{-28}	6.6×10^{-11}	6.6×10^{-15}	ZnS(闪锌矿)	1.6×10^{-24}	1.4×10^{-7}	1.4×10^{-11}
CdS	1.6×10^{-28}	2.4×10^{-11}	2.4×10^{-15}	ZnS(纤维锌矿)	2.5×10^{-25}	2.1×10^{-5}	2.1×10^{-9}
r-NiS	2.0×10^{-24}	1.5×10^{-9}	1.5×10^{-13}	MnS(红)	2.5×10^{-10}	1.8×10^{-7}	1.8×10^{-3}
a-NiS	3.2×10^{-19}	2.4×10^{-2}	2.4×10^{-6}				

以硫化氢为沉淀剂时，硫化氢分两步电离，其电离方程式如下：

$$H_2S \Longrightarrow H^+ + HS^- \tag{1-3-9}$$

$$HS^- \Longrightarrow H^+ + S^{2-} \tag{1-3-10}$$

电离常数分别为：

$$K_1 = \frac{[H^+][HS^-]}{[H_2S]} = 9.1\times10^{-8}$$

$$K_2 = \frac{[H^+][S^{2-}]}{[HS^-]} = 1.2\times10^{-15}$$

由以上两式得：

$$\frac{[H^+]^2[S^{2-}]}{[H_2S]} = 1.1\times10^{-22}$$

$$[S^{2-}] = \frac{1.1\times10^{-22}[H_2S]}{[H^+]^2}$$

将上式代入溶解平衡式得：

$$[M^{2+}] = \frac{K_{sp}[H^+]^2}{1.1\times10^{-22}[H_2S]} \tag{1-3-11}$$

在 0.1MPa、25℃的条件下，硫化氢在水中的饱和浓度为 0.1mol/L（pH≤6），因此有：

$$[M^{2+}] = \frac{K_{sp}[H^+]^2}{1.1\times10^{-23}} \tag{1-3-12}$$

$$[S^{2-}] = \frac{1.1\times10^{-23}}{[H^+]^2} \tag{1-3-13}$$

由上式可以计算在一定 pH 值下溶液中金属离子的饱和浓度。

【例 1-3-2】　向含镉废水中通入 H_2S 达饱和，并调整 pH 值为 8.0，求出水中剩余的镉离子浓度。

解：

$$Cd^{2+} + S^{2-} \Longrightarrow CdS$$

$$K_{sp} = 7.9\times10^{-27}$$

$$[Cd^{2+}] = \frac{K_{sp}[H^+]^2}{1.1\times10^{-23}} = \frac{(7.9\times10^{-27})(10^{-8})^2}{1.1\times10^{-23}} = 7.18\times10^{-20} \ (mol/L)$$

以 Na_2S 为沉淀剂时，Na_2S 完全电离，并随即发生水解

$$Na_2S \longrightarrow 2Na^+ + S^{2-} \tag{1-3-14}$$

$$S^{2-} + H_2O \Longrightarrow HS^- + OH^- \tag{1-3-15}$$

$$HS^- + H_2O \Longrightarrow H_2S + OH^- \tag{1-3-16}$$

其中一级水解强烈进行，使溶液呈强碱性，水解产物 HS^- 约占化合态硫总量的 99%，而 S^{2-} 很少。二级水解十分微弱，H_2S 更少。

S^{2-} 和 OH^- 一样，也能够与许多金属离子形成络阴离子，从而使金属硫化物的溶解度增大，不利于重金属的沉淀去除，因此必须控制沉淀剂 S^{2-} 的浓度不要过量太多，配位体如 X^-（卤离子）、CN^-、SCN^- 等能与重金属离子形成各种可溶性络合物，从而干扰金属的去除，应通过预处理除去。

2. 硫化物沉淀法的应用

（1）硫化物沉淀法除砷

将硫化钠加到 pH=6～7 的含砷废水中，砷形成硫化物沉淀可除去，用这种方法处理含砷 0.8mg/L 的废水可使砷浓度降到 0.05mg/L，除砷率达 94%。日本用加硫氢化钠处理冶炼厂制酸废水，反应时间为 2～3h，能除去 99.9% 的铜和砷。废水处理前含砷 8530mg/L，处理后降到 0.03mg/L。

硫化法处理含三价砷废水的效果不理想，单纯用硫化法很难使三价砷浓度降到 0.05mg/L 以下。硫化法的优点是处理量大，费用低、渣可回收利用。三硫化二砷能在含硫离子的溶液中生成配合离子而有溶解的趋势，为提高除砷率，必须投加适量的亚铁使其与过剩的二价硫生成难溶的硫化亚铁与三硫化二砷共沉淀。

（2）硫化物沉淀法除汞

汞离子和二价硫离子有较强的亲和力，生成溶度积极小的硫化物，所以硫化物沉淀法的除汞率高，在废水处理中得到实际应用。其化学反应式为：

$$2Hg^+ + S^{2-} \longrightarrow Hg_2S \downarrow \tag{1-3-17}$$
$$Hg^{2+} + S^{2-} \longrightarrow HgS \downarrow \tag{1-3-18}$$

由于硫化汞溶解度很小，生成后几乎全部从废水中沉淀析出，从而使上述反应不断地向右方进行，直到全部生成硫化汞为止。上述反应中 HgS 的反应和 pH 值有关，HgS 的沉淀以 pH=8～10 的碱性条件为宜。pH 值小于 7 时，不利于 HgS 沉淀的生成；碱度过大则可能生成氢氧化汞凝胶，难以过滤。

上海某化工厂采用硫化钠共沉淀法处理乙醛车间排出的含汞废水，废水含汞 5～10mg/L，pH=2～4，原水用石灰将 pH 值调到 8～10 后，先投加 6% 的 Na_2S 30mg/L，与汞反应后再投加 7% 的 $FeSO_4$ 60mg/L，处理后出水含汞降至 0.2mg/L。

本法主要用于去除无机汞。对于有机汞，必须先用氧化剂（如氯）将其氧化成无机汞，然后再用本法去除。

提高沉淀剂（S^{2-}）浓度有利于硫化汞的沉淀析出；但是，过量硫离子不仅会造成水体贫氧，增加水体的 COD，还能与硫化汞沉淀生成可溶性络阴离子 $[HgS_2]^{2-}$，降低汞的去除率。因此，在反应过程中，要补投 $FeSO_4$ 溶液，以除去过量硫离子（$Fe^{2+} + S^{2-} \Longrightarrow$ FeS）。这样，不仅有利于汞的去除，而且有利于沉淀的分离。因为浓度较小的含汞废水进行沉淀时，往往形成 HgS 的微细颗粒，悬浮于水中很难沉降。而 FeS 沉淀可作为 HgS 的共沉淀载体促使其沉降。同时，补投的一部分 Fe^{2+} 在水中可生成 $Fe(OH)_2$ 和 $Fe(OH)_3$，对 HgS 悬浮微粒起到超凝聚共沉淀作用。为了加快硫化汞悬浮微粒的沉降，有时还加入焦炭末或粉状活性炭，吸附硫化汞微粒，或投加铁盐和铝盐，进行共沉淀处理。

废水中若存在 X^-（卤离子）、CN^-、SCN^- 等离子，它们可与 Hg^{2+} 形成一系列络离子，如 $[HgCl_4]^{2-}$、$[HgI_4]^{2-}$、$[Hg(CN)_4]^{2-}$、$[Hg(SCN)_4]^{2-}$ 等，对汞的沉淀析出不

利，应预先除去。

由于 HgS 的溶度积非常小，从理论上说，硫化物沉淀法可使溶液中汞离子降至极微量。但硫化汞悬浮微粒很难沉降，而且各种固液分离技术有其自身的局限性，致使残余汞浓度只能降至 0.05mg/L 左右。

（3）硫化物沉淀法处理含重金属废水

用硫化物沉淀法处理含 Cu^{2+}、Cd^{2+}、Zn^{2+}、Pb^{2+}、AsO_2^- 等废水在生产上已得到应用。如某酸性矿山废水含 Cu^{2+} 50mg/L、Fe^{3+} 38mg/L，pH＝2，处理时先投加 $CaCO_3$，在 pH＝4 时使 Fe^{3+} 先沉淀，然后通入 H_2S，生成 CuS 沉淀，最后投加石灰乳至 pH＝8～10，使 Fe^{2+} 沉淀。此法可回收纯度为 50％ 的硫化铜渣，回收率 85％。又如，某镀镉废水，含镉 5～10mg/L，并含有氨三乙酸等络合剂，用硫化钠进行沉淀，然后投加硫酸铝和聚丙烯酰胺作混凝剂，沉淀池出水中 Cd^{2+} 含量低于 0.1mg/L。

硫化物沉淀法处理含重金属废水，具有去除率高、可分步沉淀、泥渣中重金属含量高、适应 pH 值范围大等优点，在某些领域得到了实际应用。但是 S^{2-} 会使水体中 COD 增加，当水体酸性增加时，可产生硫化氢气体污染大气，并且沉淀剂来源受到限制，价格亦不低，因此限制了它的广泛应用。

（三）碳酸盐沉淀法

碱土金属（Ca、Mg 等）和重金属（Mn、Fe、Co、Ni、Cu、Zn、Ag、Cd、Pb、Hg、Bi 等）的碳酸盐都难溶于水（表 1-3-10），所以可用碳酸盐沉淀法将这些金属离子从废水中去除。

表 1-3-10　碳酸盐的溶度积

化学式	K_{sp}	化学式	K_{sp}	化学式	K_{sp}
Ag_2CO_3	8.1×10^{-12}	$CuCO_3$	1.4×10^{-10}	$MnCO_3$	1.8×10^{-11}
$BaCO_3$	5.1×10^{-9}	$FeCO_3$	3.2×10^{-11}	$NiCO_3$	6.6×10^{-9}
$CaCO_3$	2.8×10^{-9}	Hg_2CO_3	8.9×10^{-17}	$PbCO_3$	7.4×10^{-14}
$CdCO_3$	5.2×10^{-12}	Li_2CO_3	2.5×10^{-2}	$SrCO_3$	1.1×10^{-10}
$CoCO_3$	1.4×10^{-12}	$MgCO_3$	3.5×10^{-8}	$ZnCO_3$	1.4×10^{-11}

对于不同的处理对象，碳酸盐沉淀法有三种不同的应用方式。

① 投加难溶碳酸盐（如碳酸钙），利用沉淀转化原理，使废水中重金属离子（如 Pb^{2+}、Cd^{2+}、Zn^{2+}、Ni^{2+} 等）产生溶解度更小的碳酸盐而析出。

② 投加可溶性碳酸盐（如碳酸钠），使水中金属离子生成难溶碳酸盐而沉淀析出。

③ 投加石灰，可造成水中碳酸盐硬度的 $Ca(HCO_3)_2$ 和 $Mg(HCO_3)_2$ 生成难溶的碳酸钙和氢氧化镁而沉淀析出。

这里仅对处理重金属废水的某些实例作简要介绍。如蓄电池生产过程中产生的含铅（Ⅱ）废水，投加碳酸钠，然后再经过砂滤，在 pH＝6.4～8.7 时，出水总铅为 0.2～3.8mg/L，可溶性铅为 0.1mg/L。又如某含锌废水（6％～8％），投加碳酸钠，可生成碳酸锌沉淀，沉渣经漂洗，真空抽滤，可回收利用。

（四）卤化物沉淀法

1. 氯化物沉淀法

氯化物的溶解度都很大，唯一例外的是氯化银（$K_{sp}＝1.8\times10^{-10}$）。利用这一特点，可以处理和回收废水中的银。

含银废水主要来源于镀银和照相工艺。氰化银镀槽中的含银浓度高达 $13\sim45g/L$。处理时，一般先用电解法回收废水中的银，将银离子浓度尝试降至 $100\sim500mg/L$，然后再用氯化物沉淀法，将银离子浓度降至 $1mg/L$ 左右。当废水中含有多种金属离子时，调 pH 至碱性，同时投加氯化物，则金属形成氢氧化物沉淀，唯独银离子形成氯化银沉淀，二者共沉淀。用酸洗沉渣，将金属氢氧化物沉淀溶出，仅剩下氯化银沉淀。这样可以分离和回收银，而废水中的银离子浓度可降至 $0.1mg/L$。

镀银废水含有氰，它会和银离子形成 $[Ag(CN)_2]^-$ 络离子，对处理不利，一般先采用氯化法氧化氰，放出的氯离子又可以与银离子生成沉淀。根据试验资料，银和氰重量相等时，投氯量为 $3.5mg/mg$（氰）。氧化 10min 以后，调 pH 值至 6.5，使氰完全氧化。继续投加氯化铁，以石灰调 pH 值至 8，沉淀分离后倒出上清液，可使银离子由最初 $0.7\sim40mg/L$ 降至 $0\sim8.2mg/L$；氰由 $159\sim642mg/L$ 降至 $15\sim17mg/L$。

2. 氟化物沉淀法

当废水中含有比较单纯的氟离子时，则可投加石灰，调 pH 值至 $10\sim12$，使之生成 CaF_2 沉淀，可使废水的含氟浓度降至 $10\sim20mg/L$。

若废水中还含有金属离子（如 Mg^{2+}、Fe^{2+}、Al^{3+} 等），则加石灰后，除了形成 CaF_2 沉淀外，还会形成金属氢氧化物沉淀。由于后者的吸附共沉作用，可使含氟浓度降至 $8mg/L$ 以下。若加石灰至 pH＝$11\sim12$，再加硫酸铝，使 pH＝$6\sim8$，则形成氢氧化铝，可使含氟浓度降至 $5mg/L$ 以下。如果加石灰的同时，加入磷酸盐（如过磷酸钙、磷酸氢二钠），则磷酸根、钙离子能与水中的氟离子形成难溶的磷灰石沉淀：

$$3H_2PO_4^- +5Ca^{2+} +6OH^- +F^- \longrightarrow Ca_5(PO_4)_3F\downarrow +6H_2O \tag{1-3-19}$$

当石灰投量为理论投量的 1.3 倍，过磷酸钙投量为理论量的 $2\sim2.5$ 倍时，可使废水氟浓度降至 $2mg/L$ 左右。

（五）磷酸盐沉淀法

对于含可溶性磷酸盐的废水可以通过加入铁盐或铝盐以生成不溶的磷酸盐沉淀除去。当加入铁盐除去磷酸盐时会伴随如下过程发生：

① 铁的磷酸盐 $[Fe(PO_4)_x(OH)_{3-x}]$ 沉淀；

② 在部分胶体状的氧化铁或氢氧化物表面上磷酸盐被吸附；

③ 多核氢氧化铁（Ⅲ）悬浮体的凝聚作用，生成不溶于水的金属聚合物。

上述过程的聚合作用，能促使废水中磷酸盐浓度的降低。利用加入 $FeCl_3\cdot6H_2O$、$FeCl_3$ 与 $Ca(OH)_2$、$AlCl_3\cdot6H_2O$ 和 $Al_2(SO_4)_3\cdot18H_2O$ 来处理可溶性的磷酸盐废水已经进行了研究并用于实际的生产。

沉淀剂的加入量是根据亚磷酸的总量来调整的，即以亚磷酸对铁或对铝的化学计量比为基础。如果加入的 $FeCl_3$ 或 $AlCl_3$ 水合物的化学计量比为 150％，则可除去 90％以上的磷酸盐，加入两倍化学计量的 $Al_2(SO_4)_3\cdot18H_2O$ 也可以得到同样的结果。利用六水氯化铁和氢氧化钙组成的混合沉淀剂，用 80％化学计量的铁与 $100mg/L$ 的 $Ca(OH)_2$，可将废水中的磷酸盐除去 90％以上，这种沉淀法所产生的沉淀物可用作肥料。

pH 值对沉淀剂有影响，当用铁盐来沉淀正磷酸时，最佳 pH 值是 5，当用铝盐作沉淀剂时，最佳 pH 值为 6，而用石灰时，最佳 pH 值在 10 以上。这些 pH 值也与相应的纯磷酸盐的最小溶解度一致，也可以采用一些盐用作磷酸盐的沉淀剂。工业上采用连续的沉淀工艺，可使废水中残留磷酸盐浓度达到 $4\mu g/L$。

（六）淀粉黄原酸酯沉淀法

重金属离子可与淀粉黄原酸酯反应生成沉淀而去除。处理药剂为钠型或镁型不溶性交联淀粉黄原酸酯（ISX），它与重金属离子的沉淀反应有两种类型。

① 与 Cd^{2+}、Ni^{2+}、Zn^{2+} 等发生离子互换反应，如：

$$2(starch-O-C(=S)-S^-Na^+)+Cd^{2+} \longrightarrow (starch-O-C(=S)-S)_2Cd\downarrow+2Na^+$$

$$(1-3-20)$$

② 与 $Cr_2O_7^{2-}$、Cu^{2+} 等发生氧化还原反应，如：

$$4(starch-O-C(=S)-S^-Na^+)+2Cu^{2+}\longrightarrow$$

$$(starch-O-C(=S)-S)_2Cu\downarrow+(starch-O-C(=S)-S)_2+4Na^+ \quad (1-3-21)$$

$$6(starch-O-C(=S)-S^-Na^+)+Cr_2O_7^{2-}+14H^+\longrightarrow$$

$$2Cr^{3+}+7H_2O+6Na^++3(starch-O-C(=S)-S)_2 \quad (1-3-22)$$

反应生成的沉淀可用离心法分离。由于该法产生的沉淀污泥化学稳定性高，可安全填埋。亦可用酸液浸溶出金属，回收交联淀粉再用于药剂的制备。

某厂废水含有 $Cr_2O_7^{2-}$、Cu^{2+}、Cd^{2+}、Zn^{2+} 等，pH 值等于 7，采用两级投药反应，第一级控制 pH 值在 3.5～4，有利于六价铬的还原；第二级控制 pH 值为 7～8.5，有利于沉淀的生成。处理后出水中 Cd^{2+}、Cu^{2+} 已检不出，六价铬含量低于 0.5mg/L，Zn^{2+} 0.19mg/L，色度、浊度均可达排放标准。

（七）铁氧体沉淀法

1. 铁氧体简介

铁氧体（Ferrite）是指一类具有一定晶体结构的复合氧化物，它具有高的磁导率和高的电阻率（其电阻比铜大 10^{13}～10^{14} 倍），是一种重要的磁性介质。其制造过程和力学性能颇类似陶瓷品，因而也叫磁性瓷。跟陶瓷质一样，铁氧体不溶于酸、碱、盐溶液，也不溶于水。铁氧体的磁性强弱及特性，与其化学组成和晶体结构有关。

铁氧体的晶格类型有七种，其中尖晶石型铁氧体最为人们所熟悉。因为尖晶石型铁氧体的制备原料易得，方法成熟，进入晶体晶格中的重金属离子种类多，形成的共沉淀物的化学性质稳定，表面活性大，吸附性能好，粒度均匀，磁性强，所以用铁氧体工艺处理含重金属废水时，多以生成尖晶石结构的铁氧化为主。

尖晶石型铁氧体的化学组成一般可用通式 $BO \cdot A_2O_3$ 表示。其中 B 代表二价金属，如 Fe、Mg、Zn、Mn、Co、Ni、Ca、Cu、Hg、Bi、Sn 等，A 代表三价金属，如 Fe、Al、Cr、Mn、V、Co、Bi 及 Ga、As 等。许多铁氧体中的 A 或 B 可能更复杂一些，如分别由两种金属组成，其通式为 $(B'_xB''_{1-x})O(A'_yA''_{1-y})_2O_3$。铁氧体有天然矿物和人造产品两大类，磁铁矿（其主要成分为 Fe_3O_4 或 $FeO \cdot Fe_2O_3$）就是一种天然的尖晶石型铁氧体。

2. 影响铁氧体生成的因素

影响铁氧体生成的因素很多，主要有温度、pH 值、投料比、投料量、鼓入空气速度和流量、搅拌方式和速度、中和用碱种类、反应时间及溶液中共存物质等。这些因素影响铁氧体的最终组成、相结构、生成速率及粒子大小和形状。

在对空气氧化铁氧体的生成条件及对生成物组成的影响进行的大量研究中，总结出 pH 值、$R\left(=\dfrac{2NaOH}{FeSO_4}\right)$、M（二价金属离子浓度）、温度对生成不同产物的关系（图 1-3-15）。

由图 1-3-15 可见，铁氧体工艺参数的选择应控制在 Fe_3O_4 的生成区才能获得强磁性的尖晶石型铁氧体。在 pH>10 情况下形成的铁氧体颗粒尺寸将：a. 随反应温度的升高而增大；b. 随铁氧体形成速率减少而增大；c. 随二价金属离子和碱浓度增大而增大。

pH 值使最初沉淀物 $M_{x/3}Fe_{(3-x)/3}(OH)_3$（M 为二价金属离子）的 x 值发生变化。当 $1.4 \leqslant x \leqslant 2.4$ 时则可氧化生成具有铁磁性的铁氧体；而 $x \leqslant 1.3$ 时则生成非铁磁性产物。pH 值还影响产物的粒度和形貌。另外，空气流速过大或小于 $100 \sim 400 L/h$ 都不利于 Fe_3O_4 的形成；最初悬胶液中 Fe^{2+} 增多有利于 Fe_3O_4 的生成；用 $FeCl_2$、$FeBr_2$ 或 FeI_2 代替 $FeSO_4$ 便于 Fe_3O_4 或 γ-FeOH 在中性溶液中生成；用 LiOH 或 KOH 作为沉淀剂可改变 Fe_3O_4 的生成温度。

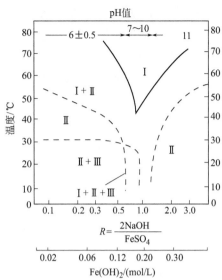

图 1-3-15　pH 值、R、M、温度对不同
类型沉淀的影响
I—Fe_2O_3；II—α-FeOOH；III—γ-FeOOH

废水中重金属可通过形成 $M_xFe_{3-x}O_4$ 尖晶石型铁氧体而去除。x 值大小除受工艺参数影响外，还受重金属离子半径大小、价态及化学环境等因素影响。一般可进入尖晶石型铁氧体中的重金属离子受尖晶石型铁氧体晶格常数的限制，其离子半径为 $0.06 \sim 0.1 nm$。表 1-3-11 为适宜于组成尖晶石型铁氧体的金属离子半径。由表可见铁氧体工艺几乎可除去废水中的所有重金属离子。

表 1-3-11　适合组成尖晶石型结构的阳离子

金属离子	离子半径/Å	金属离子	离子半径/Å	金属离子	离子半径/Å
Li^+	0.78	Fe^{2+}	0.83	Cr^{3+}	0.62
Cu^+	1.01	Cu^{2+}	0.88	V^{3+}	0.65
Ag^+	1.13	Mn^{2+}	0.91	Fe^{3+}	0.67
Mg^{2+}	0.78	Cd^{2+}	1.03	Rn^{3+}	0.68
Ni^{2+}	0.78	Ca^{2+}	1.06	Ti^{3+}	0.69
Co^{2+}	0.82	Al^{3+}	0.57	Mn^{3+}	0.70
Zn^{2+}	0.82	Ga^{3+}	0.62	Mn^{4+}	0.52
In^{3+}	0.93	Ti^{4+}	0.69	V^{4+}	0.65
Ge^{4+}	0.44	Sn^{4+}	0.74		

注：1Å=0.1nm。

在对 $ZnFe_2O_4$ 的生成过程研究中发现，产物中 $ZnFe_2O_4$ 的含量随过量 NaOH 或金属硫酸盐浓度的降低而明显增加，随氧化温度的升高而增加。当 $R<1$ 时得不到单一的 $ZnFe_2O_4$ 产物，这是由于 $Zn(OH)_2$ 是两性化合物，使 Zn^{2+} 又部分复溶。$R>1$ 时在 $ZnFe_2O_4$ 的生成温度范围内可获得单一的产物。

水体中存在的有机物，尤其是有机螯合体和强配位阴离子影响铁氧体产物的生成和过滤，如钴可和氨等配合剂生成非常稳定的配合物而不易去除。

铁氧体工艺中的氧化方式除空气氧化外，$NaNO_2$ 的氧化、双氧水的氧化及活性炭的作用也对铁氧体处理过程带来一定的影响。活性炭可加快 Fe^{2+} 的氧化速度，甚至在 pH<2、室温条件下氧化速度也非常快，并且活性炭可重复使用多次而不失活性。

3. 铁氧体沉淀法工艺分类

按产物生成过程的不同，铁氧体沉淀法工艺可分为中和法和氧化法两种。

（1）中和法

中和法是先将 Fe^{2+} 和铁盐溶液混合，在一定条件下用碱中和直接形成尖晶石型铁氧体，其反应式为：

$$M^{2+}+2Fe^{3+}+8OH^- \longrightarrow \underbrace{M(OH)_2+2Fe(OH)_3}_{\text{初期溶胶}} \longrightarrow$$

$$\underbrace{\left[\begin{array}{c} OH \\ Fe^{3+} \diagdown M^{2+} \diagdown Fe^{3+} \\ OH \end{array} \right]_n}_{\text{中间配合物}} \longrightarrow nH_2O + \underbrace{MFe_2O_4}_{\text{（尖晶石型铁氧体）}} \qquad (1\text{-}3\text{-}23)$$

上式中 M^{2+} 为 Fe^{2+} 或二价可溶性金属离子。

（2）氧化法

氧化法是将 Fe^{2+} 和可溶性重金属离子溶液混合，在一定条件下用空气（或其他方法）部分氧化 Fe^{2+}，从而形成尖晶石型铁氧体。其反应式为：

$$\underbrace{M(OH)_2+2Fe(OH)_3}_{\text{初期溶胶}}+[O_2] \longrightarrow \underbrace{\left[\begin{array}{c} OH \\ Fe^{3+} \diagdown M^{2+} \diagdown Fe^{3+} \\ OH \end{array} \right]_n}_{\text{中间配合物}} \longrightarrow \underbrace{MFe_2O_4}_{\text{（尖晶石型铁氧体）}}+nH_2O$$

$$(1\text{-}3\text{-}24)$$

例如用铁氧体法处理含铬废水时，在含铬废水中加入过量的硫酸亚铁溶液，使其中的 Cr^{6+} 和 Fe^{2+} 发生氧化还原反应，Cr^{6+} 被还原为 Cr^{3+}，而 Fe^{2+} 则被氧化为 Fe^{3+}，调节溶液 pH 值，使 Cr^{3+}、Fe^{2+} 和 Fe^{3+} 转化为氢氧化物沉淀，然后加入 H_2O_2，再使部分 Fe^{2+} 氧化为 Fe^{3+}，组成类似 $Fe_3O_4 \cdot xH_2O$ 的磁性氧化物，这种氧化物即为铁氧体，其组成也可写成 $Fe^{2+}Fe^{3+}[Fe^{3+}O_4] \cdot xH_2O$，其中部分 Fe^{3+} 可被 Cr^{3+} 代替，因此可使铬成为铁氧体的组分而沉淀出来。其反应为：

$$Fe^{2+}+Fe^{3+}+Cr^{3+}+OH^- \longrightarrow Fe^{2+}Fe^{3+}[Fe^{3+}_{1-x}Cr^{3+}_xO_4] \cdot xH_2O \qquad (1\text{-}3\text{-}25)$$

式中，$x=0 \sim 1$。

4. 工艺流程

向废水中投加铁盐，通过工艺条件的控制，使废水中的各种金属离子形成不溶性的铁氧体晶粒，再采用固液分离手段，达到去除重金属离子目的的方法叫铁氧体沉淀法。在铁氧体工艺过程中也往往伴随着氧化还原反应，其工艺过程包括投加亚铁盐、调整 pH 值、充氧加热、固液分离、沉渣处理五个环节。

（1）配料反应

为了形成铁氧体，通常要有足量的 Fe^{2+} 和 Fe^{3+}。重金属废水中，一般或多或少地含有铁离子，但大多数满足不了生成铁氧体的要求，通常要额外补加铁离子，如投加硫酸亚铁和氯化亚铁等。投加二价铁离子的作用有：a. 补充 Fe^{2+}；b. 通过氧化，补充 Fe^{3+}；c. 如废水中有六价铬，则 Fe^{2+} 能将其还原为 Cr^{3+}，作为形成铁氧体的原料之一，同时，Fe^{2+} 被六价铬氧化成 Fe^{3+}，可作为三价金属离子的一部分加以利用。通常，可根据废水中重金属离子的种类及数量，确定硫酸亚铁的投加量。如在含铬废水形成的铬铁氧体中，Fe^{2+} 与 "$Fe^{3+} + Cr^{3+}$" 之物质的量比为 1∶2；而在还原六价铬时 Fe^{2+} 的耗量为 3mol/mol（Cr^{3+}）。因此，1mol 的 Cr^{6+} 所需的 $FeSO_4$ 为 5mol（理论量）。亚铁盐的实际投量稍大于理论量，约为理论量的 1.15 倍。

（2）加碱共沉淀

根据金属离子的种类不同，用氢氧化钠调整 pH 值至 8～9。在常温及缺氧条件下，金属离子以 $M(OH)_2$ 及 $M(OH)_3$ 的胶体形式同时沉淀出来，如 $Cr(OH)_3$、$Fe(OH)_3$、$Fe(OH)_2$ 和 $Zn(OH)_2$ 等。必须注意，调整 pH 值时不可采用石灰，原因是它的溶解度小且杂质多，未溶解的颗粒及杂质混入沉淀中，会影响铁氧体的质量。

（3）充氧加热转化沉淀

为了调整二价金属离子和三价金属离子的比例，通常要向废水中通入空气，使部分 $Fe(Ⅱ)$ 转化为 $Fe(Ⅲ)$。此处，加热可促使反应进行、氢氧化物胶体破坏和脱水分解，使其逐渐转化为铁氧体：

$$Fe(OH)_3 \xrightarrow{\text{加热}} FeOOH + H_2O \qquad (1\text{-}3\text{-}26)$$

$$FeOOH + Fe(OH)_2 \longrightarrow FeOOH \cdot Fe(OH)_2 \qquad (1\text{-}3\text{-}27)$$

$$FeOOH \cdot Fe(OH)_2 + FeOOH \longrightarrow FeO \cdot Fe_2O_3 + 2H_2O \qquad (1\text{-}3\text{-}28)$$

废水中金属氢氧化物的反应大致相同，二价金属离子占据部分 $Fe(Ⅱ)$ 的位置，三价金属离子占据部分 $Fe(Ⅲ)$ 的位置，从而使金属离子均匀地混杂到铁氧化晶格中去，形成特性各异的铁氧体。例如，Cr^{3+} 存在时形成铬铁氧体 $FeO(Fe_{1+x}Cr_{1-x})O_3$。

加热温度要注意控制，温度过高，氧化反应过快，会使 $Fe(Ⅱ)$ 不足而 $Fe(Ⅲ)$ 过量。一般认为加热至 60～80℃，时间为 20min 比较合适。加热充氧的方式有两种：一种是对全部废水加热充氧；另一种是先充氧，然后将组成调整好了的氢氧化物沉淀分离出来，再对沉淀物加热。

（4）固液分离

分离铁氧体沉渣的方法有四种：沉淀过滤、浮上分离、离心分离和磁力分离。由于铁氧体的相对密度比较大（4.4～5.3），采用沉降过滤和离心分离都能获得较好的分离效果。

（5）沉渣处理

根据沉渣的组成、性能及用途不同，处理方式也各异：若废水的成分单纯、浓度稳定，则其沉渣可作为氧磁体的原料，此时，沉渣应进行水洗，除去硫酸钠等杂质；也可供制耐蚀瓷器或暂时堆置贮存。

5. 工艺优缺点

（1）铁氧体沉淀法优点

① 能一次脱除废水中的多种金属离子，出水水质好，能达到排放标准；

② 设备简单、操作方便；

③ 硫酸亚铁的投加范围广，对水质的适应性强；

④ 沉渣易分离、易处置，对其综合利用不仅具有社会效益还有经济效益，铁氧体工艺沉渣可用于导磁体、磁性标志物、电磁波吸收材料等。

（2）铁氧体沉淀法缺点

① 不能单独回收有用金属；

② 需消耗相当多的硫酸亚铁、一定数量的苛性钠及热能，且处理时间较长，使处理成本较高；

③ 出水中的硫酸盐含量高。

6. 铁氧体工艺的应用

自铁氧体法处理重金属废水工艺问世后，国内外用该法对多种实际水体进行了处理研究，处理的重金属种类几乎覆盖全部重金属，去除程度因实际水体及工艺操作情况不同变化较大，含单一重金属废水处理后可达到各国废水排放标准，而多种重金属离子共存水体，所确定的工艺参数在各种重金属铁氧体的生成条件下具普遍性，使处理程度有区别，个别离子可能达不到废水排放标准。

实际废水处理，考虑到各种物质的干扰，或物质的排放控制，需对废水进行预处理和后处理，如有机物的氧化加热分解、泥砂柴草的去除等，对铁氧体工艺处理后的排放水进行铁氧体的固液分离方式有过滤、磁分离、离心、自然沉淀等。

目前铁氧体工艺倾向于与废水处理工艺相结合，互相取长补短，构成新的工艺，使重金属废水处理更趋完善，如 GT（galvanic treatment）-铁氧体法、电解-铁氧体法、铁氧体-HGMS（high gradient magnatic separation）法、离子交换-铁氧体法、活性炭吸附-铁氧体法等。铁氧体处理重金属废水工艺的发展，经历了由单级向多级工艺复合发展，由复杂向简单化、连续化、集成化发展的过程。它的发展趋势除本身的完善外，与其他工艺的联合是必经之路。

（1）铁氧体沉淀法处理含铬电镀废水

该工艺流程如图 1-3-16 所示。含铬（Ⅵ）废水由调节池进入反应槽。根据含铬（Ⅵ）量投加一定量硫酸亚铁进行氧化还原反应，然后投加氢氧化钠调 pH 值至 8～9，产生氢氧化物沉淀，呈墨绿色。通蒸汽加热至 60～80℃，通空气曝气 20min，当沉淀呈黑褐色时，停止通气。静置沉淀后上清液排放或回用，沉淀经离心分离洗去钠盐后烘干，以便利用。当水中 CrO_3 含量为 190～2800mg/L 时，经处理后的出水含铬（Ⅵ）低于 0.1mg/L。每克铬酐约可得到 6g 铁氧体干渣。

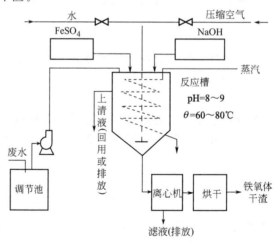

图 1-3-16　铁氧体沉淀法处理含铬废水

（2）铁氧体沉淀法处理重金属离子混合废水

废水中含 Zn^{2+}、Cu^{2+}、Ni^{2+}、$Cr_2O_7^{2-}$ 等重金属离子的废水，硫酸亚铁投量大体上等于处理单种金属离子时的投药量之和。在反应池中投加 NaOH 调 pH 值至 8～9 生成金属氢氧化物沉淀，再进气浮槽中浮上分离。浮渣流入转化槽，补加一定量硫酸亚铁，加热至 70～80℃，通压缩空气曝气约 0.2h，金属氢氧化物即可转化为铁氧体。处理后水中各金属离子含量均可达标，经活性炭吸附处理后可回用。

第三节　氧化与还原

一、原理和功能

（一）原理

对于一些有毒有害的污染物质，当难以用生物法或物理方法处理时，可利用它们在化学反应过程中能被氧化或还原的性质，改变污染物的形态，将它们变成无毒或微毒的新物质，或者转化成容易与水分离的形态，从而达到处理的目的，这种方法称为氧化还原法。氧化还原法包括氧化法和还原法。

废水中的有机污染物（如色、嗅、味、COD）以及还原性无机离子（如 CN^-、S^{2-}、Fe^{2+}、Mn^{2+} 等）都可通过氧化还原法消除其危害，废水中的许多金属离子（如汞、铜、镉、银、金、六价铬、镍等）都可通过还原法去除。

废水处理中最常采用的氧化剂是空气、臭氧、氯气、次氯酸钠及漂白粉；常用的还原剂有硫酸亚铁、亚硫酸氢钠、硼氢化钠、水合肼及铁屑等。在电解氧化还原法中，电解槽的阳极可作氧化剂，阴极可作还原剂。

按照污染物的净化原理，氧化还原处理方法包括药剂法、电化学法（电解）和光化学法三大类。在选择处理药剂和方法时，应当遵循下面一些原则：

① 处理效果好，反应产物无毒无害，不需进行二次处理；

② 处理费用合理，所需药剂与材料易得；

③ 操作特性好，在常温和较宽的 pH 值范围内具有较快的反应速度；

④ 当提高反应温度和压力后，其处理效率和速度的提高能克服费用增加的不足；

⑤ 当负荷变化后，通过调节操作参数，可维持稳定的处理效果；

⑥ 与前后处理工艺的目标一致，搭配方便。

与生物氧化法相比，化学氧化还原法需较高的运行费用。因此，目前化学氧化还原仅用于饮用水处理、特种工业用水处理、有毒工业废水处理和以回用为目的的废水深度处理等有限的场合。

在化学反应中，氧化和还原是互相依存的。原子或离子失去电子称为氧化，接受电子称为还原。得到电子的物质称为氧化剂，失去电子的物质称为还原剂。各种氧化剂的氧化能力是不同的，可通过标准电极电位 $E^\ominus$ 来表示氧化能力的强弱。在水中氧化能力最强的是氟。

许多种物质的标准电极电位值 $E^\ominus$ 可在化学书中查到。$E^\ominus$ 值越大，物质的氧化性越强，$E^\ominus$ 值越小，其还原性越强。例如，$E^\ominus(Cl_2, Cl) = 1.36V$。其氧化态 Cl_2 转化为 Cl^- 时，可以作为较强的氧化剂。相反 $E^\ominus(S, S^{2-}) = -0.48V$，其还原态 S^{2-} 转化为氧化态 S 时，可以作为较强的还原剂。两个电对的电位差越大，氧化还原进行得越完全。常见电极反应电位表见表 1-3-12。

标准电极电位 $E^\ominus$ 是在标准状况下测定的，但在实际应用中，反应条件往往与标准状况不同，在实际的物质浓度、温度和 pH 值条件下，物质的氧化还原电位可用 Nerst 方程来计算：

$$E = E^\ominus + \frac{RT}{nF}\ln\frac{[氧化态]}{[还原态]} \tag{1-3-29}$$

式中，E 为一定浓度下的电极电势；$E^\ominus$ 为标准电极电势；R 为常数 8.314J/(K·mol)；T

为温度，K；n 为反应中电子转移的数目；［氧化态］为电极反应中氧化型一侧各物种浓度的乘积；［还原态］为电极反应中还原型一侧各物质浓度的乘积。

表 1-3-12 标准氧化还原电位表

电极反应	$E^{\ominus}/V$	电极反应	$E^{\ominus}/V$
$OCN^- + H_2O + 2e \Longrightarrow CN^- + 2OH^-$	-0.97	$H_3AsO_4 + 2H^+ + 2e \Longrightarrow HAsO_2 + 2H_2O$	$+0.56$
$SO_4^{2-} + H_2O + 2e \Longrightarrow SO_3^{2-} + 2OH^-$	-0.93	$Fe^{3+} + e \Longrightarrow Fe^{2+}$	$+0.77$
$Zn^{2+} + 2e \Longrightarrow Zn$	-0.76	$Ag^+ + e \Longrightarrow Ag$	$+0.80$
$Fe^{2+} + 2e \Longrightarrow Fe$	-0.44	$OCl^- + H_2O + 2e \Longrightarrow Cl^- + 2OH^-$	$+0.89$
$Cd^{2+} + 2e \Longrightarrow Cd$	-0.40	$NO_3^- + 3H^+ + 2e \Longrightarrow HNO_2 + H_2O$	$+0.94$
$Ni^{2+} + 2e \Longrightarrow Ni$	-0.25	$Br_2 + 2e \Longrightarrow 2Br^-$	$+1.07$
$Sn^{2+} + 2e \Longrightarrow Sn$	-0.14	$ClO_2 + e \Longrightarrow Cl^-$	$+1.16$
$CrO_4^{2-} + 4H_2O + 3e \Longrightarrow Cr(OH)_3 + 5OH^-$	-0.13	$Cr_2O_7^{2-} + 14H^+ + 6e \Longrightarrow 2Cr^{3+} + 7H_2O$	$+1.33$
$Pb^{2+} + 2e \Longrightarrow Pb$	-0.13	$Cl_2 + 2e \Longrightarrow 2Cl^-$	$+1.36$
$2H^+ + 2e \Longrightarrow H_2$	0.00	$HOCl + H^+ + 2e \Longrightarrow Cl^- + H_2O$	$+1.49$
$S + 2H^+ + 2e \Longrightarrow H_2S$	0.14	$MnO_4^- + 8H^+ + 5e \Longrightarrow Mn^{2+} + 4H_2O$	$+1.51$
$Sn^{4+} + 2e \Longrightarrow Sn^{2+}$	$+0.15$	$HClO_2 + 3H^+ + 4e \Longrightarrow Cl^- + 2H_2O$	$+1.57$
$Cu^{2+} + e \Longrightarrow Cu^+$	$+0.15$	$H_2O_2 + 2H^+ + 2e \Longrightarrow 2H_2O$	$+1.77$
$Cu^{2+} + 2e \Longrightarrow Cu$	$+0.34$	$ClO_2 + 4H^+ + 5e \Longrightarrow Cl^- + 2H_2O$	$+1.95$
$Fe(CN)_6^{3-} + e \Longrightarrow Fe(CN)_6^{4-}$	$+0.36$	$S_2O_8^{2-} + 2e \Longrightarrow 2SO_4^{2-}$	$+2.01$
$O_2 + 2H_2O + 4e \Longrightarrow 4OH^-$	$+0.40$	$O_3 + 2H^+ + 2e \Longrightarrow O_2 + H_2O$	$+2.07$
$I_2 + 2e \Longrightarrow 2I^-$	$+0.54$	$F_2 + 2e \Longrightarrow 2F^-$	$+2.87$

利用上式可估算处理程度，即求出氧化还原反应达平衡时各有关物质的残余浓度。例如，铜屑置换法处理含汞废水时有如下反应：

$$Cu + Hg^{2+} \longrightarrow Cu^{2+} + Hg \downarrow \tag{1-3-30}$$

当反应在室温（25℃）达平衡时，相应原电池两极的电极电位相等。

$$E^{\ominus}_{(Cu^{2+},Cu)} + \frac{0.059}{2}\lg\frac{[Cu^{2+}]}{1} = E^{\ominus}_{(Hg^{2+},Hg)} + \frac{0.059}{2}\lg\frac{[Hg^{2+}]}{1} \tag{1-3-31}$$

由标准电极电位表查得：$E^{\ominus}_{(Cu^{2+},Cu)} = 0.34V$，$E^{\ominus}_{(Hg^{2+},Hg)} = 0.86V$，于是求得 $[Cu^{2+}]/[Hg^{2+}] = 10^{17.5}$。可见，此反应进行得十分完全，平衡时溶液中残留 Hg^{2+} 极微。

应用标准电极电位 $E^{\ominus}$，还可判断氧化还原反应在热力学上的可能性和进行程度。

对于有机物的氧化还原过程，由于涉及共价键，电子的移动情形很复杂。因此，在实际上，凡是加氧或脱氢的反应称为氧化，而加氢或脱氧的反应则称为还原；凡是与强氧化剂作用而使有机物分解成简单的无机物如 CO_2、H_2O 等的反应，可判断为氧化反应。

有机物氧化为简单无机物是逐步完成的，这个过程称为有机物的降解。甲烷的降解大致经历下列步骤：

$$\underset{\text{烷}}{CH_4} \longrightarrow \underset{\text{醇}}{CH_3OH} \longrightarrow \underset{\text{醛}}{CH_2O} \longrightarrow \underset{\text{酸}}{HCOOH} \longrightarrow \underset{\text{无机物}}{CO_2 + H_2O}$$

复杂有机化合物的降解历程和中间产物更为复杂。通常碳水化合物氧化的最终产物是 CO_2 和 H_2O，含氮有机物的氧化产物除 CO_2 和 H_2O 外，还会有硝酸类产物，含硫的还会有硫酸类产物，含磷的还会有磷酸类产物。各类有机物的可氧化性是不同的。经验表明，酚类、醛类、芳胺类和某些有机硫化物（如硫醇、硫醚）等易于氧化；醇类、酸类、酯类、烷基取代的芳烃化合物（如"三苯"）、硝基取代的芳烃化合物（如硝基苯）、不饱和烃类、碳水化合物等在一定条件下（强酸、强碱或催化剂）可以氧化；而饱和烃类、卤代烃类、合成高分子聚合物等难以氧化。

由于多数氧化还原反应速率很慢，因此，在用氧化还原法处理废水时，影响水溶液中氧化还原反应速度的动力因素对实际处理能力有更为重要的意义，这些因素包括以下几方面。

① 反应物和还原剂的本性　影响很大，其影响程度通常由实验观察或经验来决定。

② 反应物的浓度　一般讲，浓度升高，速度加快，其间定量关系与反应机理有关，可根据实验观察来确定。

③ 温度　一般讲，温度升高，速度加快，其间定量关系可由阿仑尼乌斯公式表示。

④ 催化剂及某些不纯物的存在　近年来异相催化剂（如活性炭、黏土、金属氧化物等）在水处理中的应用受到重视。

⑤ 溶液的 pH 值　影响很大，其影响途径有：a. H^+ 或 OH^- 直接参与氧化还原反应；b. H^+ 或 OH^- 为催化剂；c. 溶液的 pH 值决定溶液中许多物质的存在状态及相对数量。

（二）氧化法处理工业废水

向废水中投加氧化剂，氧化废水中的有害物质，使其转变为无毒无害的或毒性小的新物质的方法称为氧化法。氧化法又可分为氯氧化法、空气氧化法、臭氧氧化法、光氧化法、Fenton 法、湿式氧化法等。

1. 氯氧化法

在废水处理中氯氧化法主要用于氰化物、硫化物、酚、醇、醛、油类的氧化去除，及脱色、脱臭、杀菌、防腐等。氯氧化法处理常用的药剂有液氯、漂白粉、次氯酸钠、二氧化氯等。

（1）含氰废水的处理

氯氧化氰化物是分阶段进行的。在一定的反应条件下，第一阶段将 CN^- 氧化成氰酸盐。用漂白粉除氰的反应过程如下：

$$2Ca\begin{matrix}OCl\\\\Cl\end{matrix}+2H_2O \longrightarrow 2HOCl+Ca(OH)_2+CaCl_2 \tag{1-3-32}$$

$$HOCl \rightleftharpoons H^+ + OCl^- \tag{1-3-33}$$

$$CN^- + OCl^- + H_2O \longrightarrow CNCl + 2OH^- \tag{1-3-34}$$

$$CNCl + 2OH^- \longrightarrow CNO^- + Cl^- + H_2O \tag{1-3-35}$$

如采用液氯，也首先形成次氯酸：

$$Cl_2 + H_2O \longrightarrow HOCl + HCl \tag{1-3-36}$$

在氧化过程中，介质起重要作用。第一阶段要求 pH＝10～11。因为式(1-3-34) 中，中间产物 CNCl 是挥发性物质，其毒性和 HCN 相等。在酸性介质中，CNCl 稳定；在 pH＜9.5 时，式(1-3-35) 反应也不完全，而且要几小时以上。在 pH＝10～11 时，式(1-3-35) 反应只需 10～15min。

虽然氰酸盐 CNO^- 的毒性只有 HCN 的千分之一，但从保证水体安全出发，应进行第二阶段处理，以完全破坏 C—N 键。即增加漂白粉或氯的投量，进行完全氧化。

$$2CNO^- + 3OCl^- \longrightarrow CO_2\uparrow + N_2\uparrow + 3Cl^- + CO_3^{2-} \tag{1-3-37}$$

式(1-3-37) 反应在 pH＝8～8.5 时最有效，这样有利于形成 CO_2 气体挥发出水面，促进氧化完成。如 pH＞8.5，CO_2 将形成半化合状或化合状 CO_2，不利于反应向右移动。在 pH＝8～8.5 时，完全氧化反应需要半小时左右。

用漂白粉或液氯处理络氰化物，例如络氰化铜离子时，反应为：

$$Cu(CN)_3^- + 3OCl^- + 2OH^- \longrightarrow 3CNO^- + 3Cl^- + Cu(OH)_2 \qquad (1\text{-}3\text{-}38)$$

根据式(1-3-36)，1mol 的活性氯在水溶液中产生 1mol 次氯酸，由式（1-3-34）和式（1-3-35）可算出，第一阶段氧化 1 份简单的氰离子，理论上需要 2.73（71/26）份活性氯，完全氧化则需要 6.83 份氯。由式（1-3-38）可算出氧化络氰化铜离子，理论上需要 2.73 [71×3/(26×3)] 份活性氯，完全氧化也需要 6.83 份活性氯。事实上由于水溶液中往往存在其他还原性物质（例如 H_2S、Fe^{2+}、Mn^{2+} 等）或有机物质，因此漂白粉或液氯的实际用量应高于理论值，这可在试验或生产运行中确定。漂白粉中一般含活性氯（有效氯）20%～25%，可根据溶液中氰化物浓度计算理论投量。生产上一般控制处理后出水余氯量 3～5mg/L，以保证 CN^- 降到 0.1mg/L 以下。

（2）硫化物的氧化

氯氧化硫化物的反应如下：

$$H_2S + Cl_2 \longrightarrow S + 2HCl$$

$$H_2S + 3Cl_2 + 2H_2O \longrightarrow SO_2 + 6HCl$$

部分氧化成硫时，1mg/L H_2S 需 2.1mg/L 氯，完全氧化成 SO_2 时，1mg/L H_2S 需 6.3mg/L 氯。

（3）酚的氧化

利用液氯或漂白粉氧化酚，所用氯量必须过量数倍，否则将产生氯酚，发出不良气味。酚的氯化反应为：

如用 ClO_2 处理，则可能使酚全部分解，而无氯酚味；但费用较氯更为昂贵。

（4）印染废水脱色

氯有较好的脱色效果，如采用液氯，沉渣还很少；但氯的用量大，余氯多。

如用 RCHCHR′ 表示发色的有机物，其脱色反应示意如下：

$$R-CH-CH-R' + HClO \longrightarrow \begin{matrix} R-CH-CH-R' \\ \quad | \qquad | \\ \quad Cl \quad\; Cl \end{matrix}$$

氯脱色效果与 pH 值有关，一般发色有机物在碱性条件下易被破坏，因此碱性脱色效果好。pH 值相同时，用次氯酸钠比氯更为有效。

2. 空气氧化法

所谓空气氧化法，就是利用空气中的氧作为氧化剂来氧化分解废水中有毒有害物质的一种方法。

（1）空气氧化法除铁

地下水及某些工业废水中往往含有溶解性的 Fe^{2+}，可以通过曝气的方法，利用空气中的氧将 Fe^{2+} 氧化成 Fe^{3+}，而 Fe^{3+} 很容易与水中的碱度作用形成 $Fe(OH)_3$ 沉淀，于是可以得到去除。

从标准氧化还原电位查得：

$$Fe^{3+} + e \rightleftharpoons Fe^{2+} \qquad E_1^\ominus = +0.771V$$

$$O_2 + 2H_2O + 4e \rightleftharpoons 4OH^- \qquad E_2^\ominus = +0.401V$$

$E_1^\ominus > E_2^\ominus$，所以可知在水中 Fe^{2+} 可以被氧化成 Fe^{3+}。

总反应式为：

$$4Fe^{2+} + 8HCO_3^- + O_2 + 2H_2O \longrightarrow 4Fe(OH)_3 \downarrow + 8CO_2$$

由于分子氧在化学上是相当惰性的，在常温下反应速度很低，根据研究，Fe^{2+}氧化的动力学方程式为：

$$-d[Fe^{2+}]/dt = K[Fe^{2+}][O_2][OH^-]^2 \qquad (1\text{-}3\text{-}39)$$

上式表明，Fe^{2+}的氧化速度对 OH^- 浓度为二级反应，即水的 pH 值每升高一个单位，氧化速度就可以增加 100 倍。所以在采用空气氧化法除铁工艺时，除了必须供给充足的氧气外，适当提高 pH 值对加快反应速度是非常重要的。根据经验，空气氧化法除铁的 pH 值至少应保证高于 6.5 才有利。

当含铁废水中同时含有大量 SO_4^{2-} 时，由于强酸所组成的铁盐（$FeSO_4$）的水解产物为 H_2SO_4，因此必须配合使用石灰碱化法与曝气同时进行处理，否则空气氧化法不能单独进行。

（2）空气氧化法除硫

含硫废水多来源于石油炼厂和某些化工厂。含硫废水浓度高时应回收利用，低浓度的含硫废水可用空气氧化法处理。

石油炼厂的含硫废水中，硫化物一般以钠盐或铵盐形式存在 [$NaHS$、Na_2S、NH_4HS、$(NH_4)_2S$]，当含硫量不大（1000mg/L 以下），无回收价值时，可采用空气氧化法脱硫。同时向废水中注入空气和蒸汽，硫化物即被氧化成无毒的硫代硫酸盐或硫酸盐。

$$2HS^- + 2O_2 \longrightarrow S_2O_3^{2-} + H_2O$$
$$2S^{2-} + 2O_2 + H_2O \longrightarrow S_2O_3^{2-} + 2OH^-$$
$$S_2O_3^{2-} + 2O_2 + 2OH^- \longrightarrow 2SO_4^{2-} + H_2O$$

理论上氧化 1kg 硫化物生成硫代硫酸盐约需氧 1kg，相当于需 $3.7m^3$ 空气，但由于少部分（约 10%）硫代硫酸盐会进一步氧化成硫酸盐，所以空气用量要增加。注入蒸汽的目的是加快反应速度，一般将水温升高到 90℃。

空气氧化脱硫的过程一般要在密闭的塔内进行。

3. 臭氧氧化法

臭氧是一种强氧化剂。它的氧化能力在天然元素中仅次于氟。臭氧在水处理中可用于除臭、脱色、杀菌、除铁、除氰化物、除有机物等。在水溶液中，臭氧同化合物（M）的反应有两种方式：臭氧分子直接进攻和臭氧分解形成的自由基的反应。

很多有机物都易于与臭氧发生反应，例如蛋白质、氨基酸、有机胺、链式不饱和化合物、芳香族和杂环化合物、木质素、腐殖质等。例如酚与臭氧反应，首先被氧化成邻苯二酚：

接着邻苯二酚继续氧化成邻醌：

如果在处理过程中有足够的臭氧，则氧化反应将继续进行下去。在反应中只有少量的酚能完全氧化为二氧化碳和水。

臭氧不仅能够氧化有机物，也可用来氧化废水中的无机物。例如氰与臭氧反应为：

$$2KCN + 2O_3 \longrightarrow 2KCNO + 2O_2 \uparrow$$

$$2KCNO + H_2O + 3O_3 \longrightarrow 2KHCO_3 + N_2 \uparrow + 3O_2 \uparrow$$

按上述反应，处理到第一个阶段，每去除 1mg 的 CN^- 需臭氧 1.84mg。此阶段生成的 CNO^- 的毒性约为 CN^- 的千分之一。氧化到第二阶段的无害状态时，每去除 1mg 的 CN^-，需臭氧 4.61mg。

（1）分子臭氧的反应

臭氧分子的结构呈三角形，中心氧原子与其他两个氧原子间的距离相等，在分子中有一个离域 π 键，臭氧分子的特殊结构使得它可以作为偶极试剂、亲电试剂及亲核试剂，臭氧与有机物的反应大致分成 3 类。

① 打开双键，发生加成反应　由于臭氧分子具有一种偶极结构，因此可以同有机物的不饱和键发生 1～3 偶极环加成反应，形成臭氧化中间产物，并进一步分解形成醛、酮等羰基化合物和 H_2O_2。

② 亲电反应　亲电反应发生在分子中电子云密度高的点。对于芳香族化合物，当取代基为给电子基团（—OH、—NH$_2$ 等）时，与它邻位或对位的 C 具有高的电子云密度，臭氧化反应发生在这些位置上；当取代基是得电子基团（如—COOH、—NO$_2$ 等）时，臭氧化反应比较弱，发生在这类取代基的间位碳原子上，臭氧化反应的产物为邻位和对位的羟基化合物，如果这些羟基化合物进一步与臭氧反应，则形成醌或打开芳环，形成带有羰基的脂肪族化合物。

③ 亲核反应　亲核反应只发生在带有得电子基团的碳上。

分子臭氧的反应具有极强的选择性，仅限于同不饱和芳香族或脂肪族化合物或某些特殊基团上发生。

（2）自由基反应

溶解性臭氧的稳定性与 pH 值、紫外光照射、臭氧浓度及自由基捕获剂浓度有关。臭氧分解决定了自由基的形成，并导致自由基反应的发生。

臭氧是一种优良的消毒剂，其杀菌效果好，且一般无有害副产物生成。臭氧由于分子小，能迅速扩散和渗透到水中的细菌、芽孢、病毒中，强力有效地氧化分解细菌、病毒、藻类物质的各种组织物质，多用于污水深度处理。臭氧催化氧化工艺特点：a. 氧化能力极强，有机污染物去除率高；b. 催化剂的参与，使得氧化反应选择性降低，适用范围广；c. 有机物最终分解成 CO_2 和 H_2O，有效避免二次污染；d. 中性或碱性条件均可；e. 臭氧发生器使用能源清洁干净；f. 氧化反应时间较短，一般控制在 30min 左右，反应器容积较小。

而且臭氧催化氧化技术不受场地限制，适用各种规模的污水处理厂。深度处理工艺比较见表 1-3-13。

表 1-3-13　深度处理工艺比较

工艺	臭氧	紫外线	次氯酸钠	二氧化氯
接触时间	5～10min	最小	约 30min	约 30min
消毒效果	有强的氧化能力，对微生物、病毒、芽孢等消毒效果好；可除臭、脱色等，无持续消毒作用	具有广谱性，无持续消毒作用	具有广谱性，有持续消毒作用，可除臭、脱色等	杀菌效果好；有强氧化作用，可除臭、脱色等
外环境影响	不受 pH 影响	受出水 TSS 和透光率影响	不受 pH 影响	不受 pH 影响
占地	占地较大	占地小	占地小	占地较小
投资	较高	高	低	较低
运行费用	较高	高	低	较低

臭氧催化氧化工艺常用的催化剂有 MnO_2、CuO、Co_3O_4、Fe_2O_3，以催化剂为核心的臭氧催化氧化技术特点为：a. 催化效果好，便于回收，有效避免流失，使用寿命长；b. 设备少，自动化程度低，出现故障易维修，主体氧化工艺仅需一台臭氧发生器和一座臭氧催化氧化池，易于维护；c. 催化氧化反应时间短（一般 $30\sim90min$），臭氧加入量少。

影响臭氧氧化的因素，主要是废水中杂质的性质、浓度、pH 值、温度、臭氧的浓度和用量、臭氧的投加方式和反应时间等。臭氧的实际投量应通过试验确定。

臭氧氧化法的主要优点：a. 臭氧对除臭、脱色、杀菌、去除有机物和无机物都有显著效果；b. 废水经处理后，残留于废水中的臭氧容易自行分解，一般不产生二次污染，并且能增加水中的溶解氧；c. 制备臭氧用的电和空气不必贮存和运输，操作管理也较方便。由于有这些优点，所以臭氧氧化法被日益广泛地应用于水处理中。这种方法目前仍存在着一些问题。主要是臭氧发生器耗电量较大，其次是臭氧有毒性、工作的环境必须有良好的通风措施等。

4. 光氧化法

光氧化法是一种化学氧化法，它是同时使用光和氧化剂产生很强的综合氧化作用来氧化分解废水的有机物和无机物。氧化剂有臭氧、氯、次氯酸盐、过氧化氢及空气加催化剂等，其中常用的为氯气；在一般情况下，光源多用紫外光，但它对不同的污染物有一定的差异，有时某些特定波长的光对某些物质最有效。光对氧化剂的分解和污染物的氧化分解起着催化剂的作用。下面介绍以氯为氧化剂光氧化的反应过程。

氯和水作用生成的次氯酸吸收紫外光后，被分解产生初生态氧 $[O]$，这种初生态氧很不稳定且具有很强的氧化能力。初生态氧在光的照射下，能把含碳有机物氧化成二氧化碳和水。简化后反应过程如下：

$$Cl_2 + H_2O \rightleftharpoons HClO + HCl$$

$$HClO \xrightarrow{\text{紫外光}} HCl + [O]$$

$$2[HC] + 5[O] \xrightarrow{\text{紫外光}} H_2O + 2CO_2$$

式中，$[HC]$ 代表含碳有机物。

实践证明，光氧化的氧化能力比只用氯氧化高 10 倍以上，处理过程一般不产生沉淀物，不仅可以处理有机物，也可以处理能被氧化的无机物。此法作为废水深度处理时，COD、BOD 可处理到接近于零。光氧化法除对分散染料的一小部分外，其脱色率可达 90% 以上。对含有表面活性剂的废水具有很强的分解能力，如对含有阴离子系的代表性洗涤剂十二苯磺酸钠（DBS）等废水均有效。光氧化法还可用于除微量油、水的消毒和除臭味等。

5. Fenton 法

过氧化氢与亚铁离子结合形成的 Fenton 试剂，具有极强的氧化能力，对于许多种类的有机物都是一种有效的氧化剂。在开发 Fenton 试剂在工业废水处理中的应用方面，国内外已进行了广泛的研究。Fenton 试剂特别适用于生物难降解或一般化学氧化难以奏效的有机废水氧化处理的情况。

Fenton 试剂之所以具有非常强的氧化能力，是由于过氧化氢有着强的氧化性，在催化剂铁等存在时，能生成羟基自由基（·OH）。该·OH 比一些常用的强氧化剂具有更高的氧化电极电位（$\cdot OH + H^+ + e \rightarrow H_2O$，$E = 2.8V$），因此·OH 是一种很强的氧化剂，另外·OH 具有很高的电负性或亲电子性，其电子亲和能力为 $569.3kJ$，容易进攻高电子云密度点，这就决定了·OH 的进攻具有一定的选择性。同时，·OH 还具有加成作用。

在 $H_2O_2 + Fe^{2+}$ 系统中过氧化氢的分解机理为：

$$Fe^{2+} + H_2O_2 \longrightarrow Fe^{3+} + \cdot OH + OH^- \tag{1-3-40}$$

$$Fe^{2+} + \cdot OH \longrightarrow Fe^{3+} + OH^- \tag{1-3-41}$$

$$HO_2 \cdot + Fe^{3+} \longrightarrow Fe^{2+} + O_2 + H^+ \tag{1-3-42}$$

$$\cdot OH + H_2O_2 \longrightarrow H_2O + HO_2 \cdot \tag{1-3-43}$$

$$Fe^{2+} + \cdot OH \longrightarrow Fe^{3+} + HO_2^- \tag{1-3-44}$$

$$Fe^{3+} + H_2O_2 \longrightarrow Fe^{2+} + H^+ + HO_2 \cdot \tag{1-3-45}$$

该系统的优点是过氧化氢分解速度快，因而氧化速率也较高。但该系统也存在许多问题，如该系统 Fe^{2+} 浓度大，处理后的水可能带有颜色，Fe^{2+} 与过氧化氢反应降低了过氧化氢的利用率及该系统要求在较低 pH 范围内进行等，因此影响了该系统的应用。近年来人们把紫外光（UV）、氧气引入 Fenton 试剂，增强了 Fenton 试剂的氧化能力，节约了过氧化氢的用量。由于过氧化氢分解机理与 Fenton 试剂极其相似，均产生 $\cdot OH$，因此将各种改进了的 Fenton 试剂称为类 Fenton 试剂。

根据 Fenton 试剂的反应机理可知，$\cdot OH$ 是氧化有机物的有效因子，而 $[Fe^{2+}]$、$[H_2O_2]$、$[OH^-]$ 决定了 $\cdot OH$ 的产量，影响 Fenton 试剂处理难降解有机废水的因素包括 pH 值、H_2O_2 投加量以及投加方式、催化剂的种类及催化剂的投加量、反应时间和反应温度等，每个因素之间的相互作用是不同的。

（1）pH 值

pH 值对 Fenton 系统的影响较大，pH 值过高或过低均不利于 $\cdot OH$ 的产生，当 pH 值过高时会抑制反应式（1-3-40）的进行，使生成 $\cdot OH$ 的数量减少；当 pH 值过低时，会使反应式（1-3-40）中 Fe^{2+} 的供给不足，也不利于 $\cdot OH$ 的产生。大量的实验数据表明，Fenton 反应系统的最佳 pH 值范围为 $3 \sim 5$，该范围与有机物的种类关系不大。

（2）H_2O_2 投量与 Fe^{2+} 投量之比

H_2O_2 投量和 Fe^{2+} 投量对 $\cdot OH$ 的产生具有重要的影响。由反应式（1-3-40）可知，当 H_2O_2 和 Fe^{2+} 投量较低时，$\cdot OH$ 产生的数量相对较少，同时，H_2O_2 又是 $\cdot OH$ 的捕捉剂，H_2O_2 投量过高会引起反应式（1-3-43）的出现，使最初产生的 $\cdot OH$ 减少。另外，若 Fe^{2+} 的投量过高，则在高催化剂浓度下，反应开始时从 H_2O_2 中非常迅速地产生大量的活性 $\cdot OH$，而 $\cdot OH$ 同基质的反应不那么快，使消耗的游离 $\cdot OH$ 积聚，这些 $\cdot OH$ 彼此相互反应生成水，致使一部分最初产生的 $\cdot OH$ 被消耗掉，所以 Fe^{2+} 的投量过高也不利于 $\cdot OH$ 的产生，而且 Fe^{2+} 的投量过高会使水的色度增加。在实际应用中应严格控制 H_2O_2 投量与 Fe^{2+} 投量之比。研究证明，该比值同处理的有机物种类有关，不同有机物的最佳 H_2O_2 投量与 Fe^{2+} 投量之比不同。

（3）H_2O_2 投加方式

保持 H_2O_2 总投加量不变，将 H_2O_2 均匀地分批投加，可提高废水的处理效果。其原因是：H_2O_2 分批投加时，$[H_2O_2]/[Fe^{2+}]$ 相对降低，即催化剂浓度相对提高，从而使 H_2O_2 和 $\cdot OH$ 产率增大，提高了 H_2O_2 的利用率，进而提高了总的氧化效率。

（4）催化剂投加量

$FeSO_4 \cdot 7H_2O$ 是催化 H_2O_2 分解成 $\cdot OH$ 最常用的催化剂。与 H_2O_2 相同，一般情况下，随着用量的增加，废水 COD 的去除率增大，而后呈下降趋势。其原因是：在 Fe^{2+} 浓度较低时，Fe^{2+} 的浓度增加，单位量 H_2O_2 产生的 $\cdot OH$ 全部参加了有机物的反应；当 Fe^{2+} 的浓度过高时，部分 H_2O_2 发生无效分解，释放出 O_2。

（5）反应时间

Fenton 试剂处理高难度难降解有机废水的一个重要特点是反应速率快。一般来说，在反应的开始阶段，COD 的去除率随时间的延长而增大，经过一定的反应时间后，COD 的去除率接近最大值，而后基本维持稳定。这是因为：Fenton 试剂处理有机物的实质就是·OH 与有机物发生反应，·OH 产生速率的大小直接决定了 Fenton 试剂处理高浓度难降解有机废水所需时间的长短，所以 Fenton 试剂处理高浓度难降解有机废水与反应时间有关。

（6）反应温度

温度升高，·OH 的活性增大，有利于·OH 与废水中有机物发生反应，可提高废水 COD 的去除率；而温度过高会促使 H_2O_2 分解为 O_2 和 H_2O，不利于·OH 的生成，反而会降低废水 COD 的去除率。

6. 湿式氧化法

湿式氧化法（wet oxidation，简称 WO）是在高温、高压下，利用氧化剂（如氧气、臭氧、过氧化氢等）将废水中的有机物氧化成二氧化碳和水，从而去除污染物的废水处理方法。湿式氧化和后来出现的催化湿式氧化技术主要用于难生物降解、有毒有害的高浓度有机废水的处理，它们处理效率高，二次污染极少，可以提高废水的可生物降解性，同时可去除大部分液相中的对生物有毒害作用的物质，并且可回收能源和有用的物料，受到了世界各国的广泛重视，很有发展前途。

湿式氧化（WO）技术主要源于湿式空气氧化（WAO）技术。湿式空气氧化技术是 1958 年由美国人 Zimmermann F. J. 提出以空气做氧化剂的废水处理技术，提出后在全世界得到了迅速的发展，催化剂从空气发展到了氧气、臭氧等具有强氧化性的物质，形成了湿式氧化技术。由于湿式氧化技术对液相中的高浓度有机物或难降解的有毒有害物质有良好的氧化降解或去除效果，于是该技术开始应用于城市污泥的处置和活性炭的再生等。目前，湿式氧化技术在实际工程中有不少应用。随着湿式氧化技术的发展，20 世纪 70 年代以来，出现了对催化湿式氧化技术的研究，它是在湿式氧化的基础上添加催化剂，以达到降低反应温度和压力以及缩短反应时间的效果。

影响湿式氧化过程的因素较多，主要有反应温度、反应压力、反应时间、处理对象的性质和催化剂的投加情况等。

（1）反应温度

反应温度是湿式氧化过程中的主要影响因素。温度越高，反应速率越快。但过高的温度造成对设备的要求更高，增加了运行费用，因而是不经济的。通常认为操作温度在 150～280℃时比较合适。

（2）反应压力

反应压力不是湿式氧化过程中的直接影响因素。反应总压的主要作用在于，保持湿式氧化在液相中进行，其不得小于反应温度下水的饱和蒸汽压。氧分压应保持在一定的范围内，以保证液相中高溶解氧浓度，氧分压不足时，供氧过程就成为反应的控制步骤。

（3）反应时间

一般反应时间越长，湿式氧化的效果越好。但是在处理相同量的物质时，延长反应时间会导致反应器的容积也要相应增大。而湿式氧化过程一般分为前期的快速氧化分解和后期慢速氧化两个过程，故应从实际工艺中综合考虑其最佳反应时间。提高反应温度或投加适当的催化剂，均可使反应速率提高，从而可缩短反应时间。

（4）处理对象的性质

处理对象的性质是影响湿式氧化过程的一个重要因素。目前，湿式氧化技术常用于废水、污泥的处理和活性炭再生等。对于处理不同的对象会有不同的反应过程。在处理污泥和活性炭时，存在着待去除物质从基质中解吸的过程。而活性炭比污泥具有更强的吸附性能，其解吸过程速率更慢，杨琦和陈岳松的研究证实了这种情况的存在。而不同的污染物在液相中也有不同的去除效果。Randall 等对有毒有害废物的湿式氧化研究表明：无机、有机氰化物易氧化；脂肪族和卤代脂肪族化合物易氧化；芳烃（甲苯）易氧化；芳香族和含非卤化烃的芳香族化合物（如五氯苯酚）易氧化；不含其他基团的卤代芳香族化合物（如氯苯和多氯联苯等）难以氧化。

（5）催化剂的投加情况

投加适当的催化剂有利于液相中污染物的去除。湿式氧化过程中用的催化剂一般分为金属盐、氧化物和复合氧化物三大类，一般复合氧化物具有更好的催化效果。在形式上催化剂可分为均相和非均相两种，均相催化剂一般比非均相催化剂活性高，反应速度快，但流失的金属离子易引起二次污染。从催化剂的组成来看，又有贵金属和非贵金属两种，大部分情况下，贵金属的催化活性高，但价格昂贵。

从投加催化剂的组分情况来分，可以分成单组分和多组分，多组分催化剂由多种催化剂同时起作用，一般多组分催化剂比单组分催化剂具有更好的催化效果。

（三）还原法处理工业废水

向废水中投加还原剂，还原废水中的有毒物质，使其转变为无毒的或毒性小的新物质，这种方法称为还原法。还原法目前主要用于含铬、汞等废水的处理。

还原法可分为金属还原法、硼氢化钠法、硫酸亚铁石灰法和亚硫酸氢钠法等。

1. 金属还原法

金属还原法就是使废水与金属还原剂相接触，废水中的汞、铬、铜等离子被还原为金属汞、铬、铜而析出，金属本身被氧化为离子而进入水中。它适用于处理含汞、铬、铜等重金属的工业废水。

例如采用铁屑过滤法处理含汞废水，发生的化学反应如下：

$$Fe + Hg^{2+} \longrightarrow Fe^{2+} + Hg \downarrow$$
$$2Fe + 3Hg^{2+} \longrightarrow 2Fe^{3+} + 3Hg \downarrow$$

铁屑还原的效果主要是与废水的 pH 值有关。当 pH 值低时，由于铁的电极电位比氢的低，所以废水中的氢离子也被还原为氢气而逸出。其反应如下：

$$Fe + 2H^+ \longrightarrow Fe^{2+} + H_2 \uparrow$$

反应结果使铁屑耗量增大。另外由于有氢析出，它会包围在铁屑表面而影响反应的进行，因此当废水的 pH 值较低时，应先调整 pH 值后再进行处理。反应温度一般控制在 20～30℃ 的范围内。

2. 硼氢化钠法

据国外资料报道，用 $NaBH_4$ 处理含汞废水，可将废水中的汞离子还原成元素汞回收，出水中的含汞量可降到难以检测的程度。

为了完全还原，有机汞化合物需先转换成无机盐。硼氢化钠要求在碱性介质中使用。反应如下：

$$Hg^{2+} + BH_4^- + 2OH^- \longrightarrow Hg + 3H_2 \uparrow + BO_2^-$$

将硝酸洗涤器排出的含汞洗涤水调整到 pH>9，将有机汞转化成无机盐，$NaBH_4$ 经计量并苛化后与含汞废水在固定螺旋混合器中进行还原反应（pH 9～11），然后送往水力旋流器，可除去 $80\%\sim90\%$ 的汞沉淀物（粒径约 $10\mu m$），汞渣送往真空蒸馏，而废水从分离罐出来送往孔径为 $5\mu m$ 的过滤器过滤，将残余的汞滤除。H_2 和汞蒸气从分离罐出来送到硝酸洗涤器。1kg $NaBH_4$ 约可回收 21kg 金属汞。

3. 硫酸亚铁石灰法

用此法处理含铬废水时，介质要求酸性（pH 值不大于 4），此时废水中的六价铬均以重铬酸根离子状态存在。重铬酸根离子具有很强的氧化能力，向酸性废水中投加硫酸亚铁便发生氧化还原反应，结果六价铬被还原为三价铬的同时，亚铁离子被氧化为三价铁离子。反应如下：

$$6FeSO_4 + H_2Cr_2O_7 + 6H_2SO_4 \longrightarrow 3Fe_2(SO_4)_3 + Cr_2(SO_4)_3 + 7H_2O$$

然后再向废水中投加石灰，调整 pH 值，因氢氧化铬在水中的溶解度与 pH 值有关，当 $pH = 7.5\sim9.0$ 时它在水中的溶解度最小，所以 pH 值控制在 $7.5\sim9.0$ 之间，会生成难溶于水的氢氧化铬沉淀。其反应如下：

$$Fe_2(SO_4)_3 + Cr_2(SO_4)_3 + 12NaOH \longrightarrow 2Cr(OH)_3 + 2Fe(OH)_3 \downarrow + 6Na_2SO_4$$

4. 亚硫酸氢钠法

在酸性条件下，向废水中投加亚硫酸氢钠，将废水中的六价铬还原为三价铬后，投加石灰或氢氧化钠，生成氢氧化铬沉淀物。将此沉淀物从废水中分离出去，即可达到除铬的目的。其化学反应如下：

$$2H_2Cr_2O_7 + 6NaHSO_3 + 3H_2SO_4 \longrightarrow 2Cr_2(SO_4)_3 + 3Na_2SO_4 + 8H_2O$$
$$Cr_2(SO_4)_3 + 3Ca(OH)_2 \longrightarrow 2Cr(OH)_3 \downarrow + 3CaSO_4$$
$$Cr_2(SO_4)_3 + 6NaOH \longrightarrow 2Cr(OH)_3 \downarrow + 3Na_2SO_4$$

重铬酸的还原反应在 pH 值小于 3 时反应速度很快，但是为了生成氢氧化铬沉淀，最终pH 值应控制在 $7.5\sim9.0$ 之间。

（四）铁碳微电解

电化学反应法处理废水的实质就是直接或间接地利用电解作用，把水中的污染物除去，或将其变成无毒或低毒的物质。用来发生电化学反应的装置称为电解槽。按电势高低区分电极，与电源正极相连的电势高，称为电解槽的正极；与电源负极相连的电势低，称为电解槽的负极。若按电极上发生反应区分电极，与电源正极相连接的电极把电子传给电源，发生氧化反应，称为电解槽的阳极；与电源负极相连接的电极从电源接受电子，发生还原反应，称为电解槽的阴极。当接通电源时，在电解槽的阳极上发生氧化反应，而在电解槽的阴极上发生还原反应。这是因为在发生电化学反应时，阴极能接纳电子，起氧化剂的作用，而阳极能放出电子，起还原剂的作用。电极材料的选择十分重要，选择不当会使电解效率降低，能耗增加。

铁碳微电解的原理是当铁碳合金的铸铁浸入水中，构成无数个 Fe-C 微原电池，在酸性溶液中，阴极反应所产生的氢与废水中的许多物质发生还原反应，破坏水中污染物的原有结构，使其易被吸附或絮凝沉淀；阳极铁被氧化成二价或三价铁，在碱性条件下生成 $Fe(OH)_2$ 或 $Fe(OH)_3$ 絮状沉淀，能吸附水中的悬浮物，有效去除废水中的污染物，使废水得到净化。

铁炭微电解的影响因素有初始 pH 值、铁碳比等。

（1）初始 pH 值

通常情况下，初始 pH 越低，电极反应进行得越快，越有利于微电解各种作用的实现。但 pH 过低会使铁消耗较快，成本较高。研究发现，在一部分 pH 范围内，废水处理效果变化不大且显著，可以综合考虑选用处在这一范围的初始 pH 值。

（2）铁碳比

铁中有碳是为了形成原电池促进微电解作用。碳过多会抑制原电池作用，若使用活性炭，则炭越多越会表现出活性炭的物理吸附作用，化学去除率下降。在微电解处理含油废水时，除了铁碳比需要进行控制，铁屑粒径也需要控制，并且还需注意填料高度、粒径级配等问题。

（3）其他

微电解的处理效果是多种因素共同作用的结果。废水中的污染物成分繁多且复杂，进水浓度对微电解的影响也随具体情况而变，需在工程中试验确定。是否对铁做去除氧化膜的预处理也对铁炭微电解的效果有着一定程度的影响。

二、设备和装置

（一）氯氧化法设备和装置

有关氯的供给来源及投加设备请参看本章有关部分。处理构筑物主要是反应池和沉淀池。反应池常采用压缩空气搅拌或水泵循环搅拌。

当采用氯氧化法处理含氰废水时，可以同时考虑间歇式处理或连续式处理两种形式。

当含氰废水量较小，浓度变化较大，要求处理程度较高时，一般采用间歇式处理法。这种方法多数设两个反应池，交替地进行间歇处理。

当水量较大，含氰浓度变化较小时，采用连续式处理法，其流程如图 1-3-17 所示。调节池用以调节水量和浓度，流程中沉淀池和干化场的设置与否应根据反应生成的污泥量的多少而定。当采用漂白粉或液氯加石灰时，应设置沉淀池和污泥干化场。如果用液氯和NaOH 可不设沉淀池。

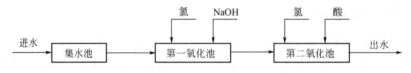

图 1-3-17　含氰电镀废水碱性氯化法处理流程

（pH 10～11，停留时间 10min 以上；pH 8～9，停留时间 30min 以上）

（二）空气氧化法设备和装置

当采用空气氧化法处理含硫废水时，空气氧化脱硫设备多采用脱硫塔。脱硫的工艺流程如图 1-3-18 所示。处理中废水、空气及蒸汽经射流混合器混合后，送至空气氧化脱硫塔。混入蒸汽的目的是提高温度，加快反应速度。脱硫塔用拱板分为数段，拱板上安装喷嘴。当废水和空气以较高的速度冲出喷嘴时，空气被粉碎为细小的气泡，增大气液两相的接触面积，使氧化速度加快，在气液并流上升的过程中，气泡的上升速度较快，并不断产生破裂与合并，当气泡上升到段顶板时，就会产生气液分离现象。喷嘴底部缝隙的作用就是使气体能够再度均匀地分布在废水中，然后经过喷嘴进一步混合，这样就消除了气阻现象，使塔内压力稳定。

（三）臭氧氧化法

臭氧处理工艺流程有两种：一是以空气或富氧空气为原料气的开路系统；二是以纯氧或

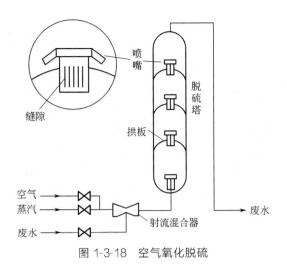

图 1-3-18　空气氧化脱硫

富氧空气为原料的闭路系统。

开路系统的特点是将用过的废水放掉。闭路系统与开路系统相反，废水回到臭氧制取设备，这样可提高原料气的含氧率，降低成本。但在废气循环过程中，氮含量愈来愈高，可用压力转换氮分离器来降低含氮量。在分离器内装分子筛，高压时吸附氮气，低压时放氮气。分离器设两个，一个吸附，另一个再生，交替使用。

臭氧氧化接触反应装置有多种类型，分为气泡式、水膜式和水滴式等。无论哪种装置，其设计宗旨都要利于臭氧的气相与水的液相之间的传质。同时需要臭氧与污染物质的充分接触。臭氧与污染物质的化学反应进行得快慢，不但与化学反应速率大小有关，同时也受相间传质速率大小的制约。例如臭氧与某些易于与其反应的污染物质如氰、酚、亲水性染料、硫化氢、亚硝酸盐、亚铁等之间的反应速率很快，此时反应速率往往受制于传质速率。又如一些难氧化的有机物，如饱和脂肪酸、合成表面活性剂等，臭氧对它们的氧化反应很慢，相间传质很少对其构成影响。所以选择何种接触反应装置，要根据处理对象的特点决定。

由于臭氧与废水不可能完全反应，自反应器中排出的尾气会含有一定浓度的臭氧和反应产物。空气中臭氧浓度为 0.1mg/L 时，眼、鼻、喉会感到刺激；浓度为 1～10mg/L 时，会感到头痛，出现呼吸器官局部麻痹等症；浓度为 15～20mg/L 时，可能致死。其毒性还与接触时间有关。因此，需要对臭氧尾气进行处理。尾气处理方法有燃烧法、还原法和活性炭吸附法等。

水的臭氧处理是在臭氧接触氧化反应器内进行。臭氧加入水中后，水作为吸收剂，臭氧为吸收质，在气液两相进行传质，同时发生臭氧氧化反应，因此属于化学吸收。接触反应器的作用主要有两个：a. 促进气、水扩散混合；b. 使气、水充分接触，迅速反应。应根据臭氧分子在水中的扩散速率和污染物的反应速率来选择接触反应器的形式。混合反应器有多种型式，常用者如图 1-3-19 所示。

用于水的臭氧处理的接触反应器类型很多，常用的有鼓泡塔、螺旋混合器、蜗轮注入器、射流器等。水中污染物种类和浓度、臭氧浓度与投量、投加位置、接触方式和时间、气泡大小、水温与水压等因素对反应器性能和氧化效果都有影响。选择何种反应器取决于反应类型。当扩散速率较大，而反应速率为整个氧化过程的速率控制步骤时，臭氧接触氧化反应器的结构应有利于反应的充分进行。属于这一类的污染物有合成表面活性剂、焦油、氨氮等，反应器可采用多孔扩散板反应器、塔板式反应器等，以保持较大的液相容积和反应时

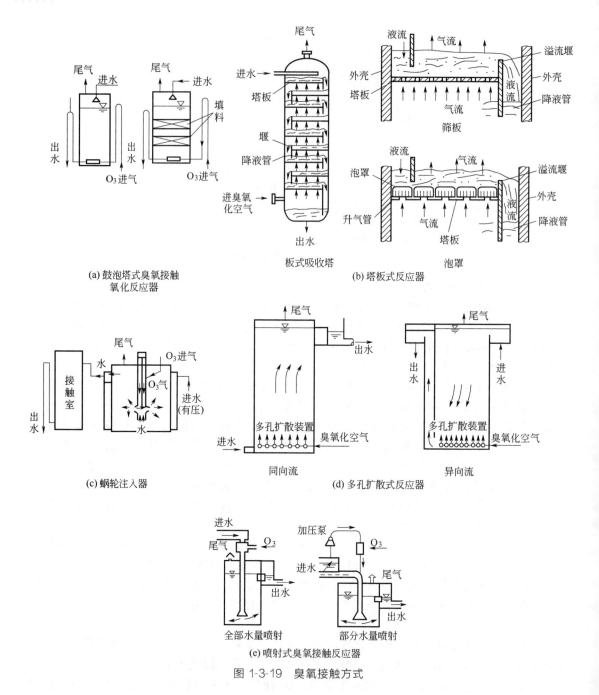

图 1-3-19　臭氧接触方式

间。当反应速率较大，而扩散速率为整个氧化过程的速率控制步骤时，臭氧接触氧化反应器的结构应有利于臭氧的加速扩散。属于这一类的物质有酚、氰、亲水性染料、铁、锰、细菌等，可采用传质效率高的螺旋反应器、蜗轮注入器、喷射器等作反应器。

臭氧具有强腐蚀性，因此设备管路及反应池中与臭氧接触的部分均应采用耐腐蚀材料或做防腐处理。

（四）光氧化法

光氧化法的处理流程如图 1-3-20 所示。废水经过滤器去除悬浮物后进入光氧化池。废水在反应池内的停留时间随水质而异，一般为 0.5～2.0h。

（五）金属还原法

铁屑过滤还原法除汞的处理装置如图 1-3-21 所示。池中填以铁屑。废水以一定的速度自下而上通过铁屑滤池，经一定的接触时间后从滤池流出。铁屑还原产生的铁汞渣可定期排放。铁汞渣可用焙烧炉加热回收金属汞。

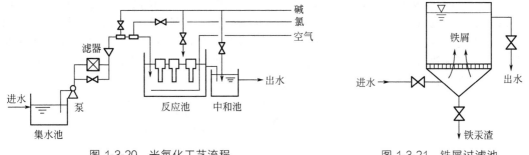

图 1-3-20　光氧化工艺流程　　　　图 1-3-21　铁屑过滤池

（六）硫酸亚铁石灰法

采用硫酸亚铁石灰法处理含铬废水，处理构筑物有间歇式和连续式两种。其工艺流程如图 1-3-22 所示。间歇式适用于含铬浓度变化大、水量小、排放要求严格的含铬废水。连续式适用于浓度变化小、水量较大的含铬废水。反应池一般为矩形，当采用连续处理时，反应池宜分为酸性反应池和碱性反应池两部分，反应池中应设搅拌设备。

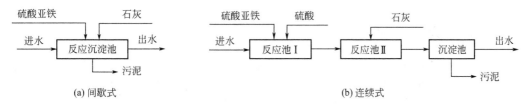

图 1-3-22　硫酸亚铁石灰法处理含铬酸废水流程示意

（七）湿式氧化技术

湿式氧化法有 Zimpro 工艺、Wetox 工艺、Vertech 工艺、Kenox 工艺、Oxyjet 工艺五种不同的工艺。

Zimpro 工艺的反应器是鼓泡塔式反应器，内部完全混合，没有固定的停留时间，所以在对废水水质要求很高时不推荐使用，但可以作为有毒物质的预处理方法。

Wetox 工艺有由 4～6 个呈阶梯状的连续搅拌室组成的反应器，每个搅拌室都有曝气装置。这两个特点可以改善氧气在废水中的传质情况，但是工业应用上需要考虑机械搅拌的能耗、维修和转动轴的高压密封问题。

Vertech 工艺由一个地下反应器和入水管、出水管两个管道组成，这是一类深井式反应器，可以由重力提供反应所需的高压条件。此工艺的降解效果好，但是废水在反应器内停留时间长。

Kenox 工艺有带有混合和超声波装置的连续循环反应器。混合装置使废水与氧气充分混合，有机物被氧化。超声波穿过有固体悬浮物的液体，利用空化效应产生高压高温，加速反应进行。但是此种方法能耗较高，设备维护较为困难。

Oxyjet 工艺采用射氧装置，提高了两相流体的接触面积，传质过程被强化。此工艺可以有效缩短反应所需停留时间。

不同工艺的基本流程极为相似（如图 1-3-23 所示）。主要设备均包括反应器、空压机、气液分离器、高压泵和热交换器等。主体设备为反应器，反应器的最初形式为釜式，主要用于间歇反应，以后发展了列管式、塔式、卧式、深井式等。湿式氧化过程中，待处理物质（废水、污泥或活性炭）由储存罐经高压泵打入热交换器，与已氧化液体进行热交换。在反应器内，液相中的有机物与氧发生放热反应，在较高温度下有机物被氧化成二氧化碳、水或低分子有机物，反应后气液（或气、液、固）混合物经气液（或气、液、固）分离器分离，液相经交换器预热进料，以综合利用热能，反应尾气排放。一般情况下，在装置初开时需要补加热量，在进行反应后热量可以自给自足，不需要外部加热。

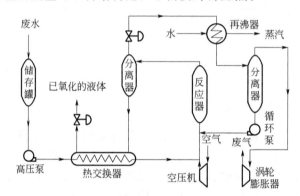

图 1-3-23　湿式氧化设备结构示意

（八）铁炭微电解

铁炭微电解是通过电池反应产物的混凝、新生絮体的吸附和床层的过滤等作用的综合效应的结果。其中，铁屑起到对絮体的电附集和对反应的催化作用。主要作用是氧化还原和电附集，废铁屑的主要成分是铁和碳，当将其浸入电解质溶液中时，由于 Fe 和 C 之间存在 1.2V 的电极电位差，因而会形成无数的微电池系统，在其作用空间构成一个电场，阳极反应生成大量的 Fe^{2+} 进入废水，进而氧化成 Fe^{3+}，形成具有较高吸附絮凝活性的絮凝剂。阴极反应产生大量新生态的 [H] 和 [O]，在偏酸性的条件下，这些活性成分均能与废水中的许多组分发生氧化还原反应，使有机大分子发生断链降解，从而消除了有机物尤其是印染废水的色度，提高了废水的可生化度，且阴极反应消耗了大量的 H^+ 生成了大量的 OH^-，这使得废水的 pH 值也有所提高。

目前广泛采用的铁碳床填料为铸铁屑填料，其比表面积较大，表面呈锯齿状，运行过程废水中的悬浮颗粒容易沉积在填料表面上，阻隔了废水与填料的有效接触，导致填料处理效果降低甚至失效。长时间污泥淤积会造成铁屑填料板结，除了导致填料内部废水短流致使处理效率降低外，还会使填料更换难度大大增加。

为了弥补铸铁球填料比表面积小、反应速率低等缺点，在填料内增加催化剂，主要成分为 $w(Fe)＝93\%～94\%$，$w(C)＝3.8\%$，其他金属催化剂含量为 3% 左右。铸铁球直径为 1～2cm，具体工艺为铸铁在 1450℃熔化，采用铝模具浇注成型，形成多元微电解填料，有效避免了铁、碳电极间形成隔离层造成的电极分离处理率下降。铁、碳形成一体后，在微电解过程中，铁电极消耗以新生态的 Fe^{2+} 进入反应溶液中，而碳随水流出反应体系，进入中和絮凝系统。

微电解过程将不会出现污泥累积、填料板结情况，同时填料经高温熔融，具有较好的机械强度。即使填料腐蚀后变小，但其强度基本不变，填料层亦不会出现逐渐密实、坍塌的情况。

微电解装置结构见图 1-3-24。

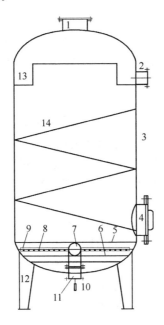

图 1-3-24　微电解装置结构

1—加料孔；2—废水出水口；3—反应罐；4—人孔；5—环状底盘；6—支架；7—水平主管；8—布水孔；
9—水平支管；10—压力传感器；11—废水进水口；12—支腿；13—管式堰堰；14—螺旋折流板

三、设计计算

（一）氯氧化法处理含氰废水

如使用液氯为氧化剂，在碱性条件下，把液氯投加在废水中，氰化物的氧化过程可分为两个阶段。

第一阶段的 pH 值一般都控制在 10～11 之间。第一阶段反应式为：

$$NaCN + 2NaOH + Cl_2 \longrightarrow NaCNO + 2NaCl + H_2O$$

在第二阶段，加氯使第一阶段反应生成的氰酸盐进一步氧化为无毒的氮和二氧化碳，反应如下：

$$2NaCNO + 4NaOH + 3Cl_2 \longrightarrow 6NaCl + 2CO_2 \uparrow + N_2 \uparrow + 2H_2O$$

第二阶段的反应速度较慢，把 pH 值控制在 8～9 范围内，反应速度可以适当加快。

第一阶段所需氯和碱的理论用量（以质量计）CN∶Cl∶NaOH 为 1∶2.73∶3.10，处理到第二阶段为 1∶6.83∶6.20。因为废水中含有其他耗氯物质，所以实际用量比理论用量为高。

（二）金属还原法处理含铬废水

含铬废水在酸性条件下进入铁屑滤柱后，铁放出电子，产生亚铁离子，可将 $Cr(Ⅵ)$ 还原成 $Cr(Ⅲ)$，化学反应如下：

$$Fe \Longleftrightarrow Fe^{2+} + 2e \qquad E^+ = +0.44V$$

$$Cr_2O_7^{2-} + 14H^+ + 6e \Longleftrightarrow 2Cr^{3+} + 7H_2O \qquad E^+ = +1.33V$$

$$Cr_2O_7^{2-} + 14H^+ + 6Fe^{2+} \Longleftrightarrow 2Cr^{3+} + 6Fe^{3+} + 7H_2O$$

随着反应的不断进行，水中消耗了大量的 H^+，使 OH^- 浓度增高，当其达到一定浓度时，产生下列反应：

$$Cr^{3+} + 3OH^- \Longleftrightarrow Cr(OH)_3 \downarrow$$

$$Fe^{3+} + 3OH^- \Longleftrightarrow Fe(OH)_3 \downarrow$$

氢氧化铁具有凝聚作用，将氢氧化铬吸附凝聚在一起，当其通过铁屑滤柱时，即被截留在铁屑孔隙中，这样就使废水中的 $Cr(Ⅵ)$ 及 $Cr(Ⅲ)$ 同时被除掉，达到排放标准。

当铁屑吸附饱和而丧失还原能力后，可用酸或碱再生，使 $Cr(OH)_3$ 重新溶解于再生液中。

$$Cr(OH)_3 + 3H^+ \longrightarrow Cr^{3+} + 3H_2O$$

$$Cr(OH)_3 + NaOH \longrightarrow NaCrO_2 + 2H_2O$$

如用 5% 盐酸作再生液，再生后的残液中含有剩余酸及大量 Fe^{2+}，可用来调整原水的 pH 值及还原 $Cr(Ⅵ)$，以节省一些运行费用。

铁屑装填高度 1.5m，滤速 3m/h。进水的 pH 值控制在 4.5。

（三）臭氧处理工艺设计

1. 臭氧发生器的选择

（1）臭氧需要量计算

$$G = KQC$$

式中，G 为臭氧需要量，g/h；K 为安全系数，取 1.06；Q 为废水量，m^3/h；C 为臭氧投加量，mg O_3/L，应根据试验确定。

（2）臭氧化空气量计算

$$G_干 = G/C_{O_3}$$

式中，$G_干$ 为臭氧化干燥空气量，m^3/h；C_{O_3} 为臭氧化空气之臭氧浓度，g/m，一般为 $10 \sim 14g/m^3$。

（3）臭氧发生器的气压计算

$$H > h_1 + h_2 + h_3$$

式中，H 为臭氧发生器的工作压力，m；h_1 为臭氧接触反应器的水深，m；h_2 为臭氧布气装置（如扩散板、管等）的阻力损失，m；h_3 为输气管道的阻力损失，m。

根据 G、$G_干$ 和 H，可选择臭氧发生器，且宜有备用，备用台数占 50%。

2. 臭氧接触反应器计算

臭氧接触反应器的容积按下式计算：

$$V = \frac{Qt}{60}$$

式中，V 为臭氧接触反应器的容积，m^3；t 为水力停留时间，min，应按试验确定，一般为 $5\sim10min$。

第四节　电解

一、原理和功能

电解质溶液在电流的作用下，发生电化学反应的过程称为电解。与电源负极相连的电极从电源接受电子，称为电解槽的阴极，与电源正极相连的电极把电子转给电源，称为电解槽的阳极。在电解过程中，阴极放出电子，使废水中某些阳离子因得到电子而被还原，阴极起还原剂的作用；阳极得到电子，使废水中某些阴离子因失去电子而被氧化，阳极起氧化剂的作用。废水进行电解反应时，废水中的有毒物质在阳极和阴极分别进行氧化还原反应，产生新物质。这些新物质在电解过程中或沉积于电极表面或沉淀下来或生成气体从水中逸出，从而降低了废水中有毒物质的浓度。像这样利用电解的原理来处理废水中有毒物质的方法称为电解法。目前对电解还没有统一的分类方法，一般按照电解原理，可将其分为电极表面处理过程、电凝聚处理过程、电解浮选过程、电解氧化还原过程；也可以分为直接电解法和间接电解法。按照阳极材料的溶解特性可分为不溶性阳极电解法和可溶性阳析电解法。

利用电解可以处理：

① 各种离子状态的污染物，如 CN^-、AsO_2^-、Cr^{6+}、Cd^{2+}、Pb^{2+}、Hg^{2+} 等；

② 各种无机和有机的耗氧物质，如硫化物、氨、酚、油和有色物质等；

③ 致病微生物。

电解法能够一次去除多种污染物，例如，氰化镀铜废水经过电解处理，CN^- 在阳极氧化的同时，Cu^{2+} 在阴极被还原沉积。电解装置紧凑，占地面积小，节省一次投资，易于实现自动化。药剂用量少，废液量少。通过调节槽电压和电流，可以适应较大幅度的水量与水质变化冲击。但电耗和可溶性阳极材料消耗较大，副反应多，电极易钝化。

电解过程的特点是利用电能转化为化学能来进行化学处理。一般在常温常压下进行。

（一）法拉第定律

电解消耗的电量与电解质的反应量间的关系遵从法拉第定律：a. 电极上析出物质的量正比于通过电解质的电量；b. 理论上，1F（法拉第）电量可析出 1mol 的任何物质，即：

$$D=nF\frac{W}{M}=It \tag{1-3-46}$$

式中，D 是通过电解池的电量，它等于电流强度 I（A）与时间 t（s）的乘积，F（1F=96500C=26.8A·s）；W 和 M 分别为析出物的质量（g）和物质的量，n 为反应中析出物的电子转移数，nW/M 即为析出的物质的量。

（二）电流效率

实际电解时，常要消耗一部分电量用于非目的离子的放电和副反应等。因此，真正用于目的物析出的电流只是全部电流的一部分，这部分电流占总电流的百分率称为电流效率，常用 η 表示。

$$\eta = \frac{G}{W} \times 100\% = \frac{26.8Gn}{MIt} \times 100\% \qquad (1\text{-}3\text{-}47)$$

式中，G 为实际析出物的质量，g。

当已知公式中各参数时，可以求出一台电解装置的生产能力。

电流效率是反应电解过程特征的重要指标。电流效率越高，表示电流的损失越小。电解槽的处理能力取决于通入的电量的电流效率。两个尺寸大小不同的电解槽同时通入相等的电流，如果电流效率相同，则它们处理同一废水的能力也是相同的。影响电流效率的因素很多，主要有以下几个方面。

1. 电极材料

电极材料的选用甚为重要，选择不当会使电解效率降低，电能消耗增加。

2. 槽电压

为了使电流能通过并分解电解液，电解时必须提供一定的电压。电能消耗与电压有关，等于电量与电压的乘积。

一个电解单元的极间工作电压 U 可分为下式中的四个部分：

$$U = E_{理} + E_{过} + IR_S + E_j \qquad (1\text{-}3\text{-}48)$$

式中，$E_{理}$ 为电解质的理论分解电压；$E_{过}$ 为过电压；I 为工作电流；R_S 为溶液电阻；E_j 为电极的电压损失。

当电解质的浓度、温度已定，$E_{理}$ 值可由 Nernst（能斯特）方程计算，为阳极反应电位与阴极反应电位之差。$E_{理}$ 是体系处于热力学平衡时的最小电位，实际电解发生所需的电压要比这个理论值大，超过的部分称为过电压 $E_{过}$。$E_{过}$ 包括克服浓差极化的电压。影响 $E_{过}$ 的因素很多，如电板性质、电极产物、电流密度、电极表面状况和温度等。当电流通过电解液时，产生电压损失 IR_S。溶液电导率越大，极间距越小，R_S 越小，工作电流 I 越大，工作电压也越大。电极面积越大，极间距越小，则 E_j 越小。一般来说，废水的电阻率应控制在 $1200\Omega \cdot cm$ 以下，对于导电性能差的废水要投加食盐，以改善其导电性能。投加食盐后，电压降低，使电能消耗越少。

3. 电流密度

电流密度即单位极板面积上通过的电流数量，以 A 表示，所需的阳极电流密度随废水浓度而异。废水中污染物浓度大时，可适当提高电流密度；废水中污染物浓度小时，可适当降低电流密度。当废水浓度一定时，电流密度越大，则电压越高，处理速度加快，但电能耗量增加。电流密度过大，电压过高，将影响电极使用寿命。电流密度小时，电压降低，电耗量减少，但处理速度缓慢，所需电解槽容积增大。适宜的电流密度由试验确定，选择化学需氧量去除率高而耗电量低的点作为运转控制的指标。

4. pH 值

废水的 pH 值对于电解过程操作很重要。含铬废水电解处理时，pH 值低，则处理速度快，电耗少，这是因为废水被强烈酸化可促使阴极保持经常活化状态，而且由于强酸的作用，电极发生较强烈的化学溶解，缩短了六价铬还原为三价铬所需的时间。但 pH 值低，不利于三价铬的沉淀。因此，需要控制合适的 pH 值范围（4~6.5）。含氰废水电解处理要求在碱性条件下运行，以防止有毒气体氰化氢的挥发。氰离子浓度越高，要求 pH 值越大。

在采用电凝聚过程时，要使金属阳极溶解，产生活性凝聚体，需控制进水 pH 值在 5~6。进水 pH 值过高易使阳极发生钝化，放电不均匀，并停止金属溶解过程。

5. 搅拌作用

搅拌的作用是促使离子对流与扩散，减少电极附近浓差极化现象，并能起清洁电极表面的作用，防止沉淀物在电解槽中沉降。搅拌对于电解历时和电能消耗影响较大，通常采用压缩空气搅拌。

二、设备和装置

（一）电解槽

电解槽的形式多采用矩形。按水流方式可分为回流式和翻腾式两种，如图 1-3-25 所示。回流式电解槽内水流的路程长，离子能充分地向水中扩散，电解槽容积利用率高，但施工和检修困难。翻腾式的极板采取悬挂方式固定，防止极板与池壁接触，可减少漏电现象，更换极板较回流式方便，也便于施工维修。

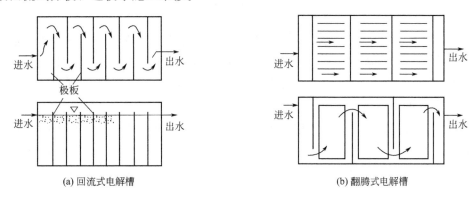

(a) 回流式电解槽　　　　　　　　　　　(b) 翻腾式电解槽

图 1-3-25　电解槽结构型式

电解需要直流电源，整流设备可根据电解所需要的总电流和总电压选用。

（二）极板电路

极板电路有两种：单极板电路和双极板电路，如图 1-3-26 所示。生产上双极板电路应用较普遍，因为双极板电路极板腐蚀均匀，相邻极板接触的机会少，即使接触也不致发生电路短路而引起事故，因此双极板电路便于缩小极板间距，提高极板有效利用率，减小投资和节省运行费用等。

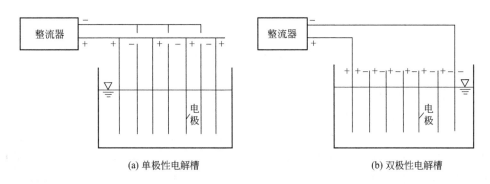

(a) 单极性电解槽　　　　　　　　　　　(b) 双极性电解槽

图 1-3-26　电解槽的极板电路

三、设计计算

1. 电解槽有效容积

电解槽有效容积可按下式计算，并应满足极板安装所需的空间。

$$W = \frac{Qt}{60} \tag{1-3-49}$$

式中，W 为电解槽有效容积，m^3；t 为电解历时，min，当废水中六价铬离子含量小于 50mg/L 时，t 值宜为 5~10min，当含量为 50~100mg/L 时，t 值宜为 10~20min。

2. 电流强度

电流强度可按下式计算

$$I = \frac{K_{Cr}QC}{n} \tag{1-3-50}$$

式中，I 为计算电流，A；K_{Cr} 为 1g 六价铬离子还原为三价铬离子所需的电量，宜通过试验确定，当无试验条件时，可采用 4~5A·h/g Cr；Q 为废水设计流量，m^3/h；C 为废水中六价铬离子含量，g/m^3；n 为电极串联次数，n 值应为串联极板数减 1。

3. 极板面积

极板面积可按下式计算，电解槽宜采用双极性电极、竖流式，并应采用防腐和绝缘措施。极板的材料可采用普通碳素钢板，厚度宜为 3~5mm，极板间的净距离宜为 10mm 左右。还原 1g 六价铬离子的极板消耗量，可按 4~5g 计算。电解槽的电极电路，应按换向设计。

$$F = \frac{I}{am_1 m_2 i_F} \tag{1-3-51}$$

式中，F 为单块极板面积，dm^2；a 为极板面积减少系数，可采用 0.8；m_1 为并联极板组数（若干段为一组）；m_2 为并联极板段数（每一串联极板单元为一段）；i_F 为极板电流密度，可采用 0.15~0.3A/dm^2。

4. 电压

电解槽采用的最高直流电压，应符合国家现行的有关直流安全电压标准、规范的规定。计算电压可按下式计算：

$$U = nU_1 + U_2 \tag{1-3-52}$$

式中，U 为计算电压，V；U_1 为极板间电压降，V，一般宜在 3~5V 范围内；U_2 为导线电压降，V。

5. 极板间电压降

极板间电压降可按下式计算：

$$U_1 = a + bi_F \tag{1-3-53}$$

式中，a 为电极表面分解电压，V，宜试验确定，当无试验资料时，a 值可采用 1V 左右；b 为板间电压计算系数，V/A，b 值宜通过试验确定，当无试验资料时，可按表 1-3-14 采用。

表 1-3-14 极间电压计算系数 b 单位：V/A

投加食盐含量/(g/L)	温度/℃	极距/mm	电导率/(μS/cm)	b 值
0.5	10~15	5		8.0
		10		10.5
		15		12.5
		20		15.7
不投加食盐	13~15	5	400	8.5
		10	600	6.2
			800	4.8
			400	14.7
			600	11.2
			800	8.3

6. 电能消耗

电能消耗可按下式计算

$$N = \frac{IU}{1000Q^{\eta}}$$

(1-3-54)

式中，N 为电能消耗，kW·h/m^3；η 为整流器效率，当无实测数值时，可采用 0.8。选择电解槽的整流器时，应根据计算的总电流和总电压值增加 30% 的备用量。

四、电解法的应用

1. 处理含氰废水

电解氧化含氰废水有不投加食盐和投加食盐之分。当不投加食盐时，反应式为：

$$2OH^- + CN^- - 2e \longrightarrow CNO^- + H_2O$$
$$CNO^- + 2H_2O \longrightarrow NH_4^+ + CO_3^{2-}$$
$$2CNO^- + 4OH^- - 6e \longrightarrow 2CO_2 \uparrow + N_2 \uparrow + 2H_2O$$

当投加食盐时，反应式为：

$$2Cl^- - 2e \longrightarrow 2[Cl]$$
$$CN^- + 2[Cl] + 2OH^- \longrightarrow CNO^- + 2Cl^- + H_2O$$
$$2CNO^- + 6[Cl] + 4OH^- \longrightarrow 2CO_2 \uparrow + N_2 \uparrow + 6Cl^- + 2H_2O$$

氧化反应过程会生成有毒气体 HCN。极板一般采用石墨阳极，极板间距 30~50mm，采用压缩空气搅拌。

2. 处理含酚废水

用电解氧化法去除酚通常以石墨作为电极。为了加强氧化反应，并降低电耗，要向电解槽内投加食盐，其投加量一般为 20g/L。

电解氧化处理酚时，电流密度一般采用 1.5~6A/dm^2，电解历时 6~40min。废水含酚浓度可从 250~600mg/L 降到 0.8~4.3mg/L。

3. 处理含铬废水

在工业废水处理中，常利用电解还原处理含铬废水，六价铬在阳极还原。采用钢板作电极，通过直流电，铁阳极溶解出亚铁离子，将六价铬还原为三价铬，亚铁氧化为三价铁：

$$Fe-2e \longrightarrow Fe^{2+}$$

$$Cr_2O_7^{2-}+6Fe^{2+}+14H^+ \longrightarrow 2Cr^{3+}+6Fe^{3+}+7H_2O$$

$$CrO_4^{2-}+3Fe^{2+}+8H^+ \longrightarrow Cr^{3+}+3Fe^{3+}+4H_2O$$

在阴极主要为 H^+ 反应，析出氢气。废水中的六价铬可直接还原为三价铬。反应如下：

$$2H^++2e \longrightarrow H_2 \uparrow$$

$$Cr_2O_7^{2-}+6e+14H^+ \longrightarrow 2Cr^{3+}+7H_2O$$

$$CrO_4^{2-}+3e+8H^+ \longrightarrow Cr^{3+}+4H_2O$$

电解过程由于析出氢气，pH 值逐渐上升，从 4.0～6.5 上升至 7.0～8.0。在这种条件下，有如下反应：

$$Cr^{3+}+3OH^- \longrightarrow Cr(OH)_3 \downarrow$$

$$Fe^{3+}+3OH^- \longrightarrow Fe(OH)_3 \downarrow$$

阳极溶解产生的 Fe^{2+} 还原 Cr^{6+} 成 Cr^{3+}，是电解还原的主反应；而阴极直接将 Cr^{6+} 还原 Cr^{3+} 是次反应。这可从铁阳极受到严重腐蚀得到证明。所以采用铁阳极，且在酸性条件下进行电解，可以提高电解效率。应当注意的是，在电解反应的同时，在阳极上还有如下反应：

$$4OH^--4e \longrightarrow 2H_2O+O_2 \uparrow$$

$$3Fe+2O_2 \longrightarrow FeO+Fe_2O_3$$

由于电极表面生成 $Fe_2O_3 \cdot FeO$ 钝化膜，阻碍了 Fe^{2+} 进入废水中，而使反应缓慢。为了维持电解的正常进行，要定时清理阳极的钝化膜。人工清除钝化膜是较繁重的劳动，一般可将阴、阳极调换使用，利用阴极上产生氢气的还原和撕裂作用，可清除钝化膜，反应如下：

$$2H^++2e \longrightarrow H_2 \uparrow$$

$$Fe_2O_3+3H_2 \longrightarrow 2Fe+3H_2O$$

$$FeO+H_2 \longrightarrow Fe+H_2O$$

第五节　消毒

一、原理和功能

废水经二级处理后，水质已经改善，细菌含量也大幅减少，但细菌的绝对数量仍很可观，并存在有病原菌的可能。因此在排放水体前或回用前，应进行消毒处理。消毒是杀灭废水中病原微生物的工艺过程。废水消毒应连续运行，特别是在城市水源地的上游、旅游区，夏季或流行病流行季节，回用之前，应严格连续消毒。非上述情况，在经过卫生防疫部门的同意后，也可考虑采用间歇消毒或酌减消毒剂的投加量。

废水消毒的主要方法是向废水投加消毒剂。目前用于废水消毒的消毒剂有液氯、臭氧、次氯酸钠、紫外线等。这些消毒剂的优缺点与适用条件参见表 1-3-15。

几种常用氧化剂的氧化还原电位如表 1-3-16 所列，几种常用的消毒剂的 CT 值（C 为消毒剂在水中的浓度，mg/L；T 为接触时间，min）如表 1-3-17 所列。

表 1-3-15　消毒剂的优缺点及选择

名称	优点	缺点	适用条件
液氯	效果可靠,投配设备简单,投量准确,价格便宜	氯化形成的余氯及某些含氯化合物低浓度时对水生生物有毒害;当废水含工业废水比例大时,氯化可能生成致癌物质	适用于大、中型废水处理厂
臭氧	消毒效率高并能有效地降解废水中残留有机物、色、味等,废水 pH 值与温度对消毒效果影响很小,不产生难处理的或生物积累性残余物	投资大,成本高,设备管理较复杂	适用于出水水质较好,排放水体的卫生条件要求高的废水处理厂
次氯酸钠	用海水或浓盐水作为原料,产生次氯酸钠,可以在废水厂现场产生并直接投配,使用方便,投量容易控制	需要有次氯酸钠发生器与投配设备	适用于中、小废水处理厂
紫外线	是紫外线照射与氯化共同作用的物理化学方法,消毒效率高	电耗能量较多	适用于小型废水厂

表 1-3-16　几种常用氧化剂的氧化还原电位

氧化剂	氧化还原电位/V	对氯比值	氧化剂	氧化还原电位/V	对氯比值
臭氧(O_3)	2.07	1.52	氯(Cl_2)	1.36	1
过氧化氢(H_2O_2)	1.78	1.3	二氧化氯(ClO_2)	1.27	0.93
次氯酸(HClO)	1.49	1.1	氧分子(O_2)	1.23	0.9

表 1-3-17　几种常用消毒剂的 *CT* 值（99％灭活）　　　　单位：mg·min/L

微生物	臭氧(pH＝6～7)	氯	氯胺	二氧化氯
大肠杆菌	0.02	0.03～0.05	95～180	0.4～180
脊髓灰质炎病毒	0.1～0.2	1.1～2.5	770～3500	0.2～6.7
轮状病毒	0.006～0.06	0.01～0.05	2810～6480	0.2～2.1
贾第鞭毛虫	0.5～1.6	30～150	750～2200	10～36
隐形孢子虫	2.5～18.4	7200	7200(灭活率 90％)	78(灭活率 90％)

就化学法消毒而言，液氯、二氧化氯、氯胺及臭氧作为氧化消毒剂时，其消毒效率顺序为 $O_3 > ClO_2 > Cl_2 > NH_2Cl$，消毒持久性顺序为 $NH_2Cl > ClO_2 > Cl_2 > O_3$，成本费用顺序为 $O_3 > ClO_2 > NH_2Cl > Cl_2$，在水处理过程中都会产生各自的副产物，因此对消毒剂的选择应该综合考虑。

从消毒成本、使用方便性及安全性方面来说，氯消毒是较好的方法，但其主要问题是产生三卤甲烷等"三致"有毒副产物；二氧化氯消毒所产生的副产物亚氯酸盐等对人体的危害性较大；氯胺的杀菌效果较差，不宜单独作为饮用水消毒剂使用，但若将其与其他消毒剂结合作用，既可以保证消毒效果，又可减少三卤甲烷的产生，且可延长在配水管网中的作用时间，是可以考虑的一种消毒技术；臭氧消毒具有最强的消毒效果，并且不直接产生三卤甲烷等"三致"副产物，能明显改善水质，是今后发展的方向。这四种消毒剂应用于饮用水消毒时各有所长，又都有一定的局限性，需要结合实际情况综合考虑，来选择最适宜的消毒剂。

消毒方法大体上可分为两类：物理方法和化学方法。物理方法主要有加热、冷冻、辐照、紫外线和微波消毒等方法。化学方法是利用各种化学药剂进行消毒，常用的化学消毒剂有氯及其化合物、各种卤素、臭氧、重金属离子等。

氯价格便宜，消毒可靠又有成熟的经验，是应用最广的消毒剂。近年来，由于发现氯化消毒会产生有机氯化合物，水中病毒对氯化消毒有较大的抗性，因此采用其他消毒方法引起很大重视。特别是在给水处理中，臭氧被认为是可代替氯的有前途的消毒剂。紫外线适用于小水量、清洁水的消毒。重金属常用于除藻及工业用水消毒。溴和碘及其制剂可用于游泳池水消毒以及军队野战中的临时用水消毒。加热和辐照对污泥消毒较为合适。几种常用的消毒方法比较示于表 1-3-18。

表 1-3-18　几种消毒方法的比较

项目	液氯	臭氧	二氧化氯	紫外线照射	加热	卤素 （Br_2、I_2）	金属离子 （银、铜等）
使用剂量/（mg/L）	10.0	10.0	2～5	—	—	—	—
接触时间/min	10～30	5～10	10～20	短	10～20	10～30	120
效率 　对细菌 　对病毒 　对芽孢	有效 部分有效 无效	有效 有效 有效	有效 部分有效 无效	有效 部分有效 无效	有效 有效 无效	有效 部分有效 无效	有效 无效 无效
优点	便宜、成熟、有后续消毒作用	除色、臭味效果好，现场发生溶解氧增加，无毒	杀菌效果好，无气味，有定型产品	快速、无化学药剂	简单	同氯，对眼睛影响较小	有长期后续消毒作用
缺点	对某些病毒、芽孢无效，残毒，产生臭味	比氯贵，无后续作用	维修管理要求较高	无后续作用，无大规模应用，对浊度要求高	加热慢，价格贵，能耗高	慢，比氯贵	消毒速度慢，价贵，受胺及其他污染物干扰
用途	常用方法	应用日益广泛，与氯结合生产高质量水	中水及小水量工程	试验室及小规模应用较多	适用于家庭消毒	适用于游泳池	

控制消毒效果的最主要因素是消毒剂的投加量和反应接触时间。对于某种废水进行消毒处理时，加入较大剂量的消毒剂无疑将得到更好的消毒效果，但这样也必然造成运行费用增加。因此需要选择确定一个适宜的投药量，以达到既能满足消毒灭菌的指标要求，同时又保证较低的运行费用。在有条件的情况下，可以通过试验的方法来确定消毒剂的投加量。但在大多数情况下，一般是根据经验数据来确定消毒剂的投加量和反应接触时间。到工程投入运行后，还可以通过控制投药量的增加或减少对设计参数进行实际修正。

此外，影响消毒效果的因素还有水温、pH 值、污水水质及消毒剂与水的混合接触方式等。一般说来，温度越高时，同样消毒剂投加剂量下消毒效果会更好些。而废水水质越复杂对消毒效果影响越大。特别是当水中含有较高浓度的有机污染物时，这些有机物不仅能消耗消毒剂，并且还能在菌体细胞外壁形成保护膜或隐蔽细菌阻止其与消毒剂接触，因而造成消毒效果大大下降。废水 pH 值的变化对采用加氯消毒的效果影响较大，使用中应予适当的考虑。混合形式与接触方法主要对以传质控制的消毒过程有较大的影响，例如采用臭氧法消毒时，必须考虑选择有效合理的接触反应设备或装置。

污水中病原微生物的含量比非病原微生物含量少得多，而且做常规直接检查病原微生物又较困难，所以要选择有代表性的指示生物作为控制指标。通常，用大肠菌群数作为指标。大肠菌群一般包括大肠埃希杆菌、产气杆菌、枸橼酸盐杆菌和副大肠杆菌。大肠埃希杆菌有时也称为普通大肠杆菌或大肠杆菌，它是人和温血动物肠道中的寄生细菌。在人粪便中大肠菌群数量最多，又易于鉴别，其抗氯消毒性大于伤寒和痢疾杆菌，所以用它来做指示指标是合适的。目前，国际上也有建议使用粪便大肠杆菌与粪便链球菌的比值关系来区别人或者是动物粪便所造成的污染，并且提出了经研究得出的可供判别的指示性微生物数量，见表 1-3-19。

表 1-3-19 人及动物体所排指示性微生物估计表

类别	粪便平均质量/g	1g 粪便的指示微生物量/10^6 个		每人(头)24h 平均污染量/10^6 个		FC/FS
		粪便大肠杆菌(FC)	粪便链球菌(FS)	粪便大肠杆菌(FC)	粪便链球菌(FS)	
人	150	13.0	3.0	2000	450	4.4
鸭	336	33.0	54.0	11000	18000	0.6
绵羊	1130	16.0	38.0	18000	43000	0.4
鸡	182	1.3	3.4	240	620	0.4
牛	23600	0.23	1.3	5400	31000	0.2
火鸡	448	0.29	2.8	130	1300	0.1
猪	2700	3.3	84.0	8900	230000	0.04

① 我国《生活饮用水卫生标准》（GB 5749—2022）规定，生活饮用水要求达到大肠菌数不得检出。

② 对于医院污水，经处理与消毒后要求达到下列标准：

a. 连续 3 次各取样 500mL 进行检验，不得检出肠道致病菌和结核杆菌；

b. 总大肠菌群数不得大于 500 个/L。

③ 对于采用氯化法消毒要求：

a. 综合医院污水及含肠道致病菌污水，接触时间不少于 1h，总余氯量 4～5mg/L；

b. 含结核杆菌污水，接触时间不少于 1.5h，总余氯量为 6～8mg/L。

④ 根据《污水综合排放标准》（GB 8978—1996）中所含的部分行业污染物最高允许排放浓度中的规定，兽医院及医疗机构含病原体污水一级、二级、三级限值分别为 500 个/L、1000 个/L、5000 个/L，传染病结核病医院污水 100 个/L、500 个/L、1000 个/L。

⑤《农田灌溉水质标准》（GB 5084—2021）中规定：粪大肠杆菌群数≤40000 个/L；蛔虫卵数≤20 个/10L。

⑥《城市污水再生利用 城市杂用水水质》（GB/T 18920—2020）中规定：管网末端游离氯不得小于 0.2mg/L。

二、设备和装置

（一）加氯设备

加氯消毒是到目前为止使用最多的水处理消毒方法。这主要是由于工业产品瓶装液氯来源可靠，加氯消毒的一次性设备投资和运行费用也都比较低，而消毒效果也比较稳定，且有成熟的设计经验，所以在以往的工程中较多地被采用。但是氯气是一种有毒气体，因此在运输和贮存中都必须谨慎小心，特别是在人口稠密的城市地区，绝对不允许发生意外泄漏事故。加氯间的设计要做到结构坚固、防冻保温和安装排风装置，同时加氯间内还要备有检修工具和抢救设备。液氯瓶的运输储存和加氯间的设计还有其他许多方面的规定，设计中必须按标准规范要求执行。

目前国内使用的加氯机种类较多。图 1-3-27 所示为 ZJ 型转子加氯机示意。来自氯瓶的氯气首先进入旋风分离器，再通过弹簧膜阀和控制阀进入转子流量计和中转玻璃罩，于是经水射器与压力水混合，溶解于水内被输送至加氯点。

图 1-3-27 中各部分作用如下。

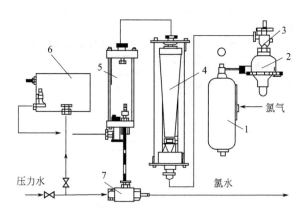

图 1-3-27 ZJ 型转子加氯机

1—旋风分离器；2—弹簧膜阀；3—控制阀；4—转子流量计；

5—中转玻璃罩；6—平衡水箱；7—水射器

① 旋风分离器用于分离氯气中可能有的一些悬浮杂质。可定期打开分离器下部旋塞予以排除。

② 弹簧膜阀，当氯瓶中压力小于 98066.5kPa（1kgf/cm²）时，此阀即自动关闭，以满足制造厂要求氯瓶内氯气应有一定剩余压力，不允许被抽吸成真空的安全要求。

③ 控制阀及转子流量计用于控制和测定加氯量。

④ 中转玻璃罩起着观察加氯机工作情况的作用。此外，还起稳定加氯量、防止压力水倒流和当水源中断时，破坏罩内真空的作用。

⑤ 平衡水箱可补充和稳定中转玻璃罩内的水量，当水流中断时，中转玻璃罩的真空被破坏。

⑥ 水射器除从中转玻璃罩内抽吸所需的氯，并使之与水混合、溶解于水（进行投加）外，还起使玻璃罩内保持负压状态的作用。

除了 ZJ 型转子加氯机之外，目前国内市场上还有 ZJK 型、ZJL-1 型等多种加氯机产品。表 1-3-20 和表 1-3-21 列出了其中部分产品的规格及性能。

表 1-3-20 ZJ 型转子加氯机规格及性能

型号	性能		外形尺寸（长×宽×高）/mm	净重/kg	参考价格/（元/台）	生产厂
	加氯量/（kg/h）	适用水压力/MPa				
ZJ-1	5～45	水射器进水压力<0.25 加氯点压力>0.1	650×310×1000	40	650	上海市自来水公司 给水工程服务所
ZJ-2	2～10		550×310×770	30	500	

表 1-3-21 ZJK 型自动加氯减压控制器规格及性能

加氯量/（kg/h）	氯瓶压力/MPa	加氯减压范围/MPa	适用环境温度/℃	氯过滤器 F22DF 防腐电磁阀							连接形式
				规格/in	过滤网孔眼/（孔/in）	阀体长度/mm	公称直径/mm	工作压力/MPa	电源/V	外形尺寸/mm	
1～6	<1.6	0.05～0.2	10～50	1/2 3/4 1 1½	24～40（液体） 40～70（气体）	76 86 96 110	2 3 4 5 6	0～0.8	220	L=85 H=82	锁母连接

续表

公称直径/in	公称压力/MPa	阀后调压范围/MPa	阀前、阀后最小允许压差/MPa	调压误差/%	阀后气体流量	适用环境温度/℃	阀体材质	控制器箱体外形尺寸/mm	控制器质量/kg	参考价/(元/套)	生产厂
1/2	1.6	0～0.5	0.08	10	空气流量1.5～8m³/h,折合氯气量1～15.5kg/h	≤50	铸铁或铸铜	600×400×300(长×宽×高)	22	1860	北京自动化仪表七厂

WY-1/2型氯减压阀

注：1in＝2.54cm。

（二）臭氧消毒处理设备

臭氧消毒一般适用于对出水水质要求较高的消毒处理工艺。臭氧消毒工艺之前一般需经过二级处理及沉淀过滤。例如在一些回用于生产的处理出水的消毒、游泳池循环水的处理及医院污水处理等工程中，臭氧消毒经常成为优先考虑的工艺。对于工业水回用处理来说，臭氧处理同时还能达到脱色和进一步氧化去除有机物的效果。

目前国内已有许多厂家能够生产各种规格的臭氧发生器产品，其单台臭氧产量可以从几克/小时到几千克/小时。表1-3-22列出了部分国产臭氧发生器的特性。

表1-3-22　国产臭氧发生器型号及特性

项　　目	LCF型	XY型	QHW型
结构型式/mm	立管式 φ25×1.5×1000	卧管式(内玻管) φ46×2×1250	卧管式(外玻管) φ46×4×1000
介电管	玻璃管	玻璃管石墨内涂层	玻璃管
冷却方式	水冷	水冷	水冷
空气干燥方式	无热变压吸附	无热变压吸附	无热变压吸附
工作电压/kV	9～11	12～15	12～15
电源频率/Hz	50	50	50
供气气源压力/(9.8×10⁴Pa)	6～8	6～8	6～8
臭氧压力/(9.8×10⁴Pa)	0～0.6	0.4～0.8	0.4～0.8
供气露点/℃	−40	−40	−40
臭氧产量/(g/h)	5～1000	5～2000	5～1000
电耗/(kW·h/kg)	15～20	16～22	14～18

臭氧用于废水消毒处理时的接触装置，目前多采用微孔钛板布气的气泡反应塔，接触时间一般为20～30min。另外也有采用机械式涡轮注入器或固定混合器的。使用涡轮注入器的接触时间一般为10～12min。

（三）次氯酸钠发生器

在一些处理水量较小的工程中，有时还可以采用投加漂白粉（次氯酸钙）或漂白精（次氯酸钙）的方法。目前还有利用漂白精生产的片剂产品用于小型医院污水的消毒处理，特点是简便易行；但人工操作强度较大，消毒效果不易保持稳定。而采用次氯酸钠发生器可以达到设备化连续运行，同时也能实现自动计量投配，因而使处理效果稳定；其缺点是盐耗、电耗造成的运行成本偏高及设备易发生腐蚀。国产次氯酸钠发生器的一般性能见表1-3-23。图1-3-28为次氯酸钠法处理医院污水流程示意。

表1-3-23　次氯酸钠发生器性能

项　　目	参　　数	项　　目	参　　数
次氯酸钠发生量/(g/h)	100～1000	次氯酸钠浓度/%	4～10
工作电压/V	13～36	耗盐量/(kg/kg)	3～7.6
盐水浓度/%	3.5～5	电耗/(kW·h/kg)	4～7.8

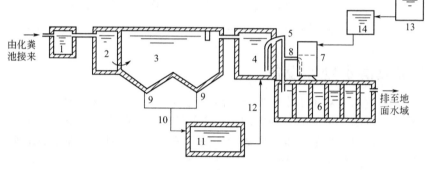

图1-3-28　医院污水次氯酸钠法处理流程

1—沉砂井；2—缓冲井；3—沉淀池；4—虹吸池；5—虹吸管；6—消毒池；
7—次氯酸钠发生器；8—投氯管；9—污泥斗；10—排泥管；11—污泥池；
12—上清液排出管；13—饱和盐水池；14—3%盐水池

（四）二氧化氯发生器

二氧化氯消毒也是氯消毒法中的一种，但它又有与通常的氯消毒法有不同之处：二氧化氯一般只起氧化作用，不起氯化作用，因此它与水中杂质形成的三氯甲烷等要比氯消毒少得多。二氧化氯也不与氨起作用，在pH=6～10范围内的杀菌效率几乎不受pH值影响。二氧化氯的消毒能力次于臭氧而高于氯。与臭氧相比，其优越之处在于它有剩余消毒效果，但无氯臭味。通常条件下二氧化氯也不能储存，一般只能现场制作现场使用。近年来二氧化氯用于水处理工程有所发展，国内也有了一些定型设备产品可供工程设计选用。表1-3-24列出了国产二氧化氯发生器的一般性能。

表1-3-24　国产二氧化氯发生器性能

项　　目	参数	项　　目	参数
单台二氧化氯产量/(g/h)	10～3000	消毒投加量/(g/m³)	饮用水：0.5～1.2
工作电压(直流)/V	6～12		游泳池水：2～5
耗盐量/(g/g)	约1.6		医院污水：20～40
			工业废水：试验确定

三、设计计算

现以某合成洗涤剂厂经过二级处理的生产废水再进行消毒处理后回用于生产的设计计算为例。该厂生产废水经过隔油—混凝沉淀—生物接触氧化—纤维球过滤工艺流程的处理，已经达到国家排放标准，可以直接排放。由于该厂位于严重缺水地区，要求对部分处理出水进行深度处理和消毒后回用于生产工艺。经过试验，臭氧对上述生化出水具有很好的消毒及深度氧化效果，具体数据如表 1-3-25 所列。表 1-3-25 的数据表明，当 O_3 投加量为 5～10mg/L 时，出水可以满足工艺回用水要求。

表 1-3-25　生化出水 O_3 处理结果

水样号	O_3 投加量 /(mg/L)	COD /(mg/L)	COD 去除率/%	LAS /(mg/L)	LAS 去除率/%	细菌总数 /(个/mL)	大肠菌数 /(个/mL)
生化出水	0	56.2		2.35		160000	230000
1#	5.06	37.3	32.7	0.30	87.2	<1300	<900
2#	7.42	25.9	53.9	0.20	91.5	<100	
3#	10.15	23.7	57.8	0.15	93.6		<230

设计回用水量：40m³/h。

O_3 投加量：5～10mg/L。

采用钢筋混凝土建成三格上下折流式反应槽，有效水深 3.2m，气水接触时间约为 25min。臭氧反应槽内的金属部件均采用不锈钢制作。

扩散装置采用 200mm 微孔钛板曝气器 28 个均布。

臭氧发生器采用 LCF-300 型臭氧发生器两台（一备一用）。单台最大 O_3 产量 300g/h，可连续调节。

反应槽出气口连接 400mm×550mm 的尾气分解罐后排到室外。罐内填装的霍加拉特剂可以将反应剩余的臭氧有效地分解成氧气。

反应出水经过一个简易活性炭床后进入清水池储存或回用。活性炭床的水力停留时间只有 2～3min，其作用是分解掉水中残留的臭氧，以保护后面的管道及用水设备。该处理系统已连续运行多年，使用效果良好。

参 考 文 献

[1] 潘涛，田刚. 废水处理工程技术手册 [M]. 北京：化学工业出版社，2010.
[2] 唐受印. 水处理工程师手册 [M]. 北京：化学工业出版社，2000.
[3] 雷乐成. 水处理高级氧化技术 [M]. 哈尔滨：哈尔滨工业大学出版社，2007.
[4] 张自杰. 环境工程手册. 水污染防治卷 [M]. 北京：高等教育出版社，1996.
[5] 中国市政工程西南设计院. 给水排水设计手册. 第 3 册，城市给水 [M]. 北京：中国建筑工业出版社，1986.
[6] 张自杰. 废水处理理论与设计 [M]. 北京：中国建筑工业出版社，2003.
[7] 张自杰. 排水工程. 下册 [M]. 北京：中国建筑工业出版社，2015.
[8] 魏在山，徐晓军，宁平，等. 气浮法处理废水的研究及其进展 [J]. 安全与环境学报，2001, 1 (4): 5.
[9] 廖传华，朱廷风，代国俊，等. 化学法水处理过程与设备 [M]. 北京：化学工业出版社，2016.
[10] 张萱，郭幸丽，凌晞. 高级氧化技术在水处理中的研究进展 [J]. 天津化工，2013, 27 (3): 3.
[11] 王俊章，沈丽娜，申丽明，等. 臭氧催化氧化技术应用研究进展 [J]. 山西建筑，2020, 46 (3): 3.
[12] 陈为. 类 Fenton 氧化技术处理染料废水的实验研究 [D]. 江西理工大学，2023.
[13] 袁冰. 臭氧催化氧化技术在废水处理中的应用 [J]. 化学工程与装备，2022 (12): 3.
[14] 杨立言. 电化学氧化法处理生物难降解有机化工废水的研究 [J]. 化工管理，2017 (31): 2.

第四章
厌氧生物处理

第一节　原理和功能

一、厌氧生物处理的发展

根据国内外厌氧技术的发展，厌氧消化工艺可划分为：第一代厌氧消化工艺、第二代厌氧消化工艺、第三代厌氧反应器和改进工艺。

早期的厌氧消化工艺可以称为第一代厌氧消化工艺，以厌氧消化池为代表，属于低负荷系统。由于厌氧微生物生长缓慢，世代时间长，能够保持足够长的停留时间是厌氧消化工艺成功的关键。正是随着对厌氧发酵过程认识的不断加深，人们认识到反应器内保持大量的微生物和尽可能长的污泥龄是提高反应效率和反应器成败的关键。Mckiney 和 Eckenfelder 等在好氧及厌氧污水处理数学模型方面进行的研究，从理论上阐明了将污泥龄作为生物处理设计与运行参数的重要性。

高速率厌氧处理系统必须满足的原则是：a. 能够保持大量的厌氧活性污泥和足够长的污泥龄；b. 保持进入废水和污泥之间的充分接触。为了满足第一条原则，可以采用固定化（生物膜）或培养沉淀性能良好的厌氧污泥（颗粒污泥）来保持厌氧污泥，这样在采用高的有机和水力负荷时就不会发生严重的厌氧活性污泥流失。依照第一条原则，在 20 世纪 70 年代末期人们成功地开发了各种新型的厌氧工艺，例如，厌氧滤池（AF）、上流式厌氧污泥床反应器（UASB）、厌氧接触膜膨胀床反应器（AAFEB）和厌氧流化床（FB）等。这些反应器的一个共同的特点，是可以将固体停留时间与水力停留时间相分离，固体停留时间可以长达上百天。这使得厌氧处理高浓度污水的停留时间从过去的几天或几十天缩短到几小时或几天。这一系列厌氧反应器称为第二代厌氧反应器。

高效厌氧处理系统需要满足的第二个条件是获得进水和污泥之间的良好接触。为了在厌氧反应器内满足这一条件，应该确保反应器布水的均匀性，这样才可最大程度地避免短流。这一问题无疑涉及及布水系统的设计，在此不作赘述。从另一方面讲，厌氧反应器的混合来源于进水的混合和产气的扰动。但是对于进水在无法采用高的水力和有机负荷的情况下（例如在低温条件下采用低负荷工艺时，由于在污泥床内的混合强度太低，以致无法抵消短流效应），UASB 反应器的应用负荷和产气率受到限制；为获得高的搅拌强度，而必须采用较高的反应器以获得高的上升速或采用出水回流。正是对于这一问题的研究产生了第三代厌氧反应器的开发和应用，EGSB、IC 等反应器都是基于这一原理开发产生的。

二、厌氧处理的基本原理

厌氧处理是指在无分子氧条件下，通过厌氧微生物的作用，将废水中各种复杂有机物在高效低耗的情况下降解为无污染的二氧化碳和水并产生甲烷的过程。

在厌氧条件下，将污水中的复杂物质转化为沼气，需要多种不同微生物种群的作用（图1-4-1）。从有机物形态的角度来看，颗粒型有机物降解在厌氧情况下转化为甲烷和二氧化碳的过程严格上讲包括下列六个步骤：

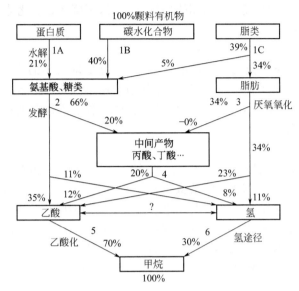

图 1-4-1　复杂大分子的厌氧消化反应顺序（数据以 COD 百分数表示）

① 生物多聚物的水解（图 1-4-1 中 1A、1B、1C）；

② 发酵氨基酸和糖转化为氢、乙酸、短链可挥发性脂肪酸（VFA）和乙醇（图 1-4-1 中 2）；

③ 厌氧氧化长链脂肪酸和乙醇（图 1-4-1 中 3）；

④ 厌氧氧化中间产物挥发酸（除乙酸）（图 1-4-1 中 4）；

⑤ 由乙酸型甲烷菌将乙酸转化为甲烷（图 1-4-1 中 5）；

⑥ 由产氢甲烷菌将氢转化为甲烷（二氧化碳还原）（图 1-4-1 中 6）。

甲烷化一般是厌氧消化总过程中的限速阶段，在较低温度下水解也可能是限制阶段。甲烷可通过乙酸型甲烷菌和嗜氢甲烷菌将乙酸或氢和二氧化碳还原形成甲烷，即

乙酸型甲烷菌

$$CH_3COOH \longrightarrow CH_4 + CO_2$$

嗜氢甲烷菌

$$4H_2 + CO_2 \longrightarrow CH_4 + 2H_2O$$

三、厌氧工艺的控制条件

1. 环境因素

厌氧污水消化最重要的影响因素是温度和 pH 值，还有主要的营养元素和过量的有毒和有抑制性的化合物浓度。

（1）温度

厌氧消化像其他生物处理工艺一样受温度影响很大。厌氧工艺有 3 个不同的温度范围：

① 低温发酵，温度范围为 15～20℃；

② 中温发酵，温度范围为 30～40℃；

③ 高温发酵，温度范围为 50～55℃。

关于不同温度对厌氧消化速率和程度的影响已有许多研究者进行了研究。Henze 和 Harremoes（1983）对众多的实验结果进行了评价，得出了下列结论：中温厌氧消化的最优温度范围为 30～40℃，当温度低于最优下限温度时，每下降 1℃ 消化速率下降 11%，这可以用 Arrehnius 方程描述：

$$r_t = r_{30} 1.11^{t-30} \tag{1-4-1}$$

式中，t 为温度，℃；r_t 为在 t℃ 下的消化率；r_{30} 为在 30℃ 下的消化率。

用方程式（1-4-1）可以计算在 20℃ 和 10℃ 的消化速率大约分别是 30℃ 下最大值的 35% 和 12%。O'Rour 和 Vander Last（1991）发现温度对厌氧消化过程的影响不仅限制工艺的速率，也影响厌氧消化程度。

（2）pH 值

厌氧反应器中 pH 值和其稳定性是非常重要的，产甲烷菌 pH 值范围为 6.5～8.0，最适宜的 pH 值范围为 6.8～7.2。如果 pH 值低于 6.3 或高于 7.8，甲烷化速率降低。产酸菌的 pH 值范围为 4.0～7.0，在超过甲烷菌生长的最佳 pH 值范围时，酸性发酵可能超过甲烷发酵，结果反应器内将发生"酸化"。厌氧反应器的 pH 值是建立在处理系统中不同的弱酸/碱系统的离子平衡。这些弱酸/碱系统有很大影响，特别是碳酸系统经常占主导性，它的影响超过可能存在的其他系统，如磷酸盐、氨氮或硫化氢等系统的影响。

（3）氧化还原电位

在厌氧发酵过程中，不产甲烷阶段可在兼氧条件下完成，氧化还原电位在 -100～$+100$mV；而在产甲烷阶段，最优氧化还原电位为 -150～-400mV。氧化还原电位还受到 pH 值的影响。虽然氧气可能被带入进水分配系统，但是其可能将被酸化过程的有氧代谢利用。因此，进水带入的氧在厌氧反应器内不对反应器的运行发生显著影响。

（4）有毒和抑制性基质

除了氢离子浓度外，有其他多种化合物可能影响到厌氧消化的速率，例如重金属、氯代有机物即使在很低的浓度下也影响消化速率。另外，对于厌氧发酵过程的产物和中间产物（如挥发性有机酸、氢离子浓度和 H_2S 等）也会对厌氧发酵产生抑制作用，这是厌氧发酵过程的一大特点。

（5）硫酸盐和硫化物

含硫废水的抑制主要是发生在反应器内由于硫酸盐的还原形成硫化氢时，硫化氢是甲烷细菌的必需营养物。Speece 指出甲烷菌的最优生长需要 11.5mg/L（以 H_2S 计），厌氧处理仅可以在相当窄的硫化氢的浓度范围之内运转。据已发表的资料，60mg/L（以 H_2S 计）的浓度可使甲烷化活性下降 50%。目前高负荷反应器可以在 H_2S 浓度为 150～200mg/L 时获得满意的负荷率和处理效率。一般厌氧处理系统 H_2S 可能引起以下 4 个问题：

① 部分 H_2S 转移到沼气中，引起管道及发动机或锅炉的腐蚀；

② 存在于厌氧工艺的出水中的硫化氢，导致净化效率的降低，引起恶臭；

③ H_2S 对厌氧细菌的抑制，引起系统负荷降低或净化效率降低（直接抑制）；

④ 由于硫酸盐或亚硫酸盐还原消耗了有机物，从而减少了有机物降解所产生的甲烷量（竞争抑制）。

（6）所有的基本生长因子（营养物、微量元素）

各种微生物所需的营养物和微量元素应该以足够的浓度和可利用的形式存在于废水中。各种微量元素，例如 Zn、Ni、Co、Mo 和 Mn，对厌氧微生物的生长起着重要作用。但是到目前为止很少得到定量的信息。当某种废水明显可能缺乏微量元素或有证据表明缺乏微量元素的情况下，其肯定会影响到厌氧处理的效率。建议供给微量元素的混合液，可能对 UASB 反应器的启动起到出乎意料的加强作用。

2. 工艺条件

（1）水力停留时间

水力停留时间对于厌氧工艺的影响是通过上升流速表现的。一方面，高的液体流速增加污水系统内进水区的扰动，增加了生物污泥与进水有机物之间的接触，有利于提高去除率。在采用传统的 UASB 系统的情况下，上升流速的平均值一般不超过 0.8m/h，这也是保证颗粒污泥形成的重要条件之一。另一方面，为了保持系统中足够多的污泥，上升流速不能超过一定的限值，反应器的高度也受到限制。特别是对于低浓度污水，水力停留时间是比有机负荷更为重要的工艺控制条件。

（2）容积负荷

容积负荷反映了微生物之间的供需关系。容积负荷是影响污泥增长、污泥活性和有机物降解的重要因素，提高负荷可以加快污泥增长和有机物的降解，同时使反应器的容积缩小。但是对于厌氧消化过程来讲，容积负荷对于容积物去除和工艺的影响十分明显。当容积负荷过高时，可能发生甲烷化反应和酸化反应不平衡的问题。对某种特定废水，反应器的容积负荷一般应通过试验确定，容积负荷值与反应器的温度、废水的性质和浓度有关。容积负荷不但是厌氧反应器的一个重要的设计参数，同时也是一个重要的控制参数。对于颗粒污泥和絮状污泥反应器，它们的设计负荷是不相同的，各种工业废水的容积负荷的参考值可参见后面章节。

（3）污泥负荷

当容积负荷和反应器的污泥量已知时，污泥负荷可以从这两个常数计算。采用污泥负荷比容积负荷更能从本质上反映微生物代谢同有机物的关系。特别是厌氧反应过程由于存在甲烷化反应和酸化反应的平衡关系，采用适当的负荷可以消除超负荷引起的酸化问题。

在典型的工业废水处理工艺中，厌氧采用的污泥负荷为 0.5～1.0g BOD/（g 微生物·d），它是一般好氧工艺速率的两倍，好氧工艺通常运行在 0.1～0.5g BOD/（g 微生物·d）的负荷下。另外，因为厌氧工艺中可以保持比好氧系统高 5～10 倍的 MLVSS 浓度，结果厌氧容积负荷通常比好氧工艺大 10 倍以上 ［厌氧为 3～10kg/（m³·d），好氧为 0.5～1.0kg/（m³·d）］。

第二节　水解酸化反应器

一、原理和功能

（一）水解工艺原理

水解（酸化）工艺的研究工作是从污水厌氧生物处理的试验开始，经过反复实验和理论分析，逐步发展为水解（酸化）生物处理工艺。从工程上厌氧发酵产生沼气的过程可分为水解阶段、酸化阶段和甲烷化阶段。水解池是把反应控制在第二阶段完成之前，不进入第三阶段。在水解反应器中实际上完成水解和酸化两个过程（酸化也可能不十分彻底），简称为水解。采用水解池较全过程的厌氧池（消化池）具有以下的优点：

① 不需要密闭的池，不需要搅拌器，不需要水、气、固三相分离器，降低了造价，便于维护，根据这些特点，可以设计出适应大、中、小型污水厂所需的构筑物；

② 水解、产酸阶段的产物主要是小分子的有机物，可生化性一般较好，故水解池可以改变原污水的可生化性，从而减少反应时间和处理的能耗；

③ 由于反应控制在第二阶段完成前，出水无厌氧发酵的不良气味，改善了处理厂的环境；

④ 由于第一、第二阶段反应迅速，故水解池体积小，与初次沉淀池基本相当，节省基建投资；

⑤ 由于水解池对固体有机物的降解，故减少了污泥量，具有消化池的功能；

⑥ 工艺仅产生很少的剩余活性污泥，实现了污水、污泥一次处理，不需要中温消化池。

在以往的研究中，发现采用水解反应器，可以在短的停留时间（HRT=2.5h）和相对高的水力负荷 $[>1.0m^3/(m^2 \cdot h)]$ 下获得较高的悬浮物去除率（平均85%的SS去除率）。这一工艺可以改善和提高原污水的可生化性和溶解性，以利于好氧后处理工艺。但是，该工艺的COD去除率相对较低，仅有20%～50%，并且溶解性COD的去除率很低。事实上该工艺仅仅能够起到预酸化作用。

水解池是改进的升流式厌氧污泥床反应器（UASB），但不设三相分离器，故不需要密闭的池，不需要搅拌器，降低了造价，便于设计放大。所以，实际上水解池全称为水解升流式污泥床（HUSB）反应器。水解池的水力停留时间和水力负荷是较有机负荷更为本质和更有效的运行、设计参数。

（二）水解工艺特点

1. 污染物数量和质量变化

着眼于整个系统的处理效率和经济效益，放弃了厌氧反应中甲烷发酵阶段，利用厌氧反应中水解和产酸作用，使污水、污泥一次得到处理。在整个过程中，因大量悬浮物水解成可溶性物质，大分子降解为小分子，因此工艺过程中有一系列不同于传统工艺流程的特点。且由于这些不同特点，使得仅从出水水质中COD、BOD等去除率来评价水解反应器的作用是不全面的。为此，结合对后处理的影响，对各种现象进行分析，以全面评价水解反应在整个系统中的功能。表1-4-1为不同实验中原污水水质与水解出水性质的对比。

表 1-4-1　原污水与水解出水水质比较

项 目	原废水	水解出水	原废水/水解出水
COD	493.3mg/L	278.4mg/L	1.77
BOD	170.2mg/L	115.2mg/L	1.48
SS	277.4mg/L	45.3mg/L	6.13
溶解性 COD 比例	50.8%	77.8%	0.65
BOD/COD 值	0.345	0.414	
BOD/BOD_{20} 值	0.56	0.794	
动力学常数	0.135	0.175	
耗气速率	37.4mg O_2/(L·h)	112.6mg O_2/(L·h)	

经水解处理后，溶解性有机物的比例发生了很大变化，水解后出水溶解性比例提高了一倍。而一般经初沉后出水中溶解性COD、BOD的比例变化较小。众所周知，微生物对有机物的摄取，只有溶解性的小分子物质可直接进入细胞体内，而不溶性大分子物质首先要通过胞外酶的分解才得以进入微生物体内的代谢过程。经水解处理，有机物在微生物的代谢途径上减少了一个重要环节，加速了有机物的降解。

2. 有机物的数量显著减少

水解反应器COD平均去除率为20%～50%，而悬浮性COD去除率更高，为80%。出水悬浮物的浓度低于 50mg/L。这些因素对于各种后处理是非常有利的。如采用活性污泥法后处理，由于有机物的绝对数量减少 50%，从理论上讲与传统的活性污泥相比，停留时间和曝气量都可减少 50%。如采用氧化塘后处理，与单独采用传统氧化塘相比，占地面积减少 50%以上，基建投资降低 50%，并且基本上解决了一般氧化塘的淤结问题。若采用土地处理系统，由于经水解池处理后污水的可生化性提高，悬浮物浓度低于 50mg/L，可大大提高土地的处理负荷，减少占地，提高处理效率。该工艺应用于城镇污水，根据实际情况选择不同的后处理工艺，按目前的实际应用有以下几种形式：

① 水解-活性污泥处理工艺，如北京密云污水处理厂；
② 水解-氧化沟处理工艺，如河南安阳豆腐营污水处理厂；
③ 水解-接触氧化处理工艺，如深圳白泥坑污水处理厂；
④ 水解-土地处理工艺，如山东安丘污水处理厂；
⑤ 水解-氧化塘处理工艺，如新疆昌吉污水处理厂。

3. 污水可生化性的变化

污水经水解反应后，出水 BOD/COD 值有所提高。BOD/COD 值的提高说明废水可生化性提高，这是水解反应的另一个显著特点。这表明水解反应器相对于曝气池起到了预处理的作用，使得经水解处理后出水变得更易于被好氧菌降解。表 1-4-2 为新的工艺采用活性污泥后处理工艺与采用传统活性污泥工艺的对比实验。实验是相同池容、相同水质平行的实验结果。从表中的数据可知，在停留时间 4h 左右的情况下，不论采用穿孔管还是中微孔曝气方式，本工艺 BOD 和 COD 去除率均显著高于传统工艺流程，且出水 COD 低于 100mg/L，传统工艺停留时间 8h 左右仍然达不到与本工艺相接近的出水水质。因此，从曝气池容积上讲，新工艺要少 50% 左右。曝气量若同样采用穿孔管曝气设备，可节省 50%，同样采用中微孔曝气器节省量为 40% 左右。

表 1-4-2　新、老工艺实验结果对比表

项　　目	传统工艺曝气池运行				水解-好氧工艺曝气池运行	
	穿孔管曝气		中微孔曝气		穿孔管曝气	中微孔曝气
停留时间/h	8	6	4.5	8	4	4
气水比	15：1	14：1	4.9：1	6.2：1	7.3：1	3.8：1
回流比/%	50	50	60	60	50	50
SVI	265	239	231	259	273	70.8
出水 SS/(mg/L)	15.1	86.7	11.6		20.2	17.4
出水 COD/(mg/L)	150	162.0	148	91.6	87.6	85.1
出水 BOD/(mg/L)	9.8	29.5	12.0	8.8	12.6	6.6

4. BOD 降解动力学

原水和水解出水 BOD 历时变化不同。水解出水耗氧量开始变化很快，随后迅速趋于平缓；而原水耗氧量变化很缓慢。水解出水的 BOD_5/BOD_{20} 值从原水的 0.56 上升到 0.794，在第 8 天水解出水耗氧曲线开始转平；而原污水 20 天左右开始转平。时间上原污水是水解出水的 2.5 倍。可以得出如下结论：

① 理论需氧量的差别，使得处理水解出水理论上可降低 50% 的氧消耗；
② 在相同停留时间下，水解出水有机物去除比例可高于传统工艺；
③ 有机物降解所需的反应时间是原来的 40%，从理论上讲可显著缩短曝气时间，这个比例可高达 60%。

表 1-4-2 中的实际运转数据证实了以上的推断。而同时以上的分析也为好氧处理水解出水可在较短的停留时间内以较少气量获得相对高的出水水质，从动力学角度提供了理论依据。

5. 污泥和 COD 去除平衡

从实验数据可以算出污泥的水解率为 53.3%（20℃，以 TSS 计），这表明在水解反应器中污泥也受到了充分的处理，即水解反应器中污泥和污水可以同时得到处理。从图 1-4-2 中给出的 COD 和污泥平衡可知 COD 的平均去除率为 40%，而接近 25% 的未去除的 COD 仍然保留在污泥中并作为剩余污泥被排放。可能有的 COD 经其他途径降解，包括硫酸盐还原、氢气的产生和甲烷化过程。

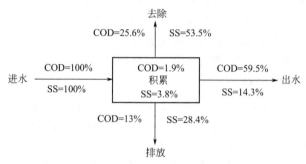

图 1-4-2 水解反应器内 COD 和 SS 物料平衡

可以得出如下结论：新工艺曝气池有反应时间短、出水水质好、用气量少等特点，因此可节约一定的基建投资和电耗。同时新工艺可以达到污水、污泥一次性处理的目的，具有工艺简单、占地少和投资省的优点。

二、设计计算

（一）适用性

水解池一般用于原水中悬浮物浓度较高或可生化性差时，将其作为后处理的一种预处理方式，以降低后续处理的负荷和难度。

（二）预处理要求

水解池预处理部分包括如下的技术环节：格栅、调节池（如需要）、沉砂池（如需要）、pH 值和温度调节。

1. 格栅

水解工艺系统前应设置粗格栅、细格栅或水力筛。最后一道格栅的栅条间隙宜为 1~3mm，可采用旋转滤网等高效的固液分离设备替代普通格栅。

2. pH 值调节

① 水解反应器的进水 pH 值应保持在 6.0~9.0 之间，如不能满足此要求应设置 pH 调节装置或中和池。

② 酸碱的投加采用计量泵自动投加装置，中和池出水端宜设置 pH 自动检测系统，与前端计量泵联动。

3. 温度调节

水解池的运行水温应在 35℃ 以下，如不能满足要求应设置降温装置。

（三）反应器系统设计

1. 容积设计

水解反应器容积一般采用水力停留时间计算法，计算公式如下：

$$V = \frac{KQHRT}{24} \tag{1-4-2}$$

式中，V 为反应器容积，m^3；Q 为废水流量，m^3/d；HRT 为水力停留时间，h；K 为流量变化系数，$1.2 \sim 1.5$（无调节池时需要乘以该系数）。

2. 池体及结构尺寸

① 水解反应器为圆形或矩形反应器，多为钢筋混凝土结构。

② 水解反应器内污水的表面上升流速应在 $0.5 \sim 2.0 m/h$，对于部分难降解废水可以适当降低上升流速。

③ 水解反应器的有效水深一般宜在 $4 \sim 6m$ 之间。

④ 水解反应器应根据设计进水流量，设置 2 个或 2 个以上的反应器。反应器个数的增加，可避免单体过大带来的布水均匀性问题。同时多池有利于维护和检修，可放空一池进行检修而不影响整个厂的运行。

3. 工艺参数

① 水解反应器的停留时间与废水的种类有关。对某种特定废水，反应器的工艺参数一般应通过试验确定，如果有同类型的废水处理资料，可以作为参考选用。不同性质的废水工艺参数参考值见表 1-4-3。

表 1-4-3　不同性质的废水工艺参数

废水种类	城镇污水	中高浓度工业废水	难降解工业废水
水力停留时间/h	$2.5 \sim 3.0$	$4 \sim 10$	$8 \sim 24$

② 水解池内污泥的水解率为 50% 左右，因此水解污泥的产量一般用悬浮物去除量的 70% 来计算。

4. 布水系统设计

① 水解池采用多点布水系统，一个进水点服务的面积推荐为 $0.5 \sim 1.5m^2$。

② 布水系统可以采用一管多孔式布水、一管一孔式布水或枝状布水。

③ 布水系统进水点距反应器池底宜保持 $150 \sim 250mm$。枝状布水时支管出水口向下距池底约 200mm，位于所服务面积的中心；出水管孔最小孔径不宜 <15mm，一般在 $15 \sim 25mm$ 之间；出水孔处需设 45°导流板使出水散布池底，出水孔正对池底。

④ 一管多孔式布水时几个进水孔由一个进水管负担，孔口流速不小于 $2m/s$；配水管直径不小于 $50cm$；可采用脉冲间歇进水；采用一管多孔布水管道，布水管道尾端最好兼作放空和排泥管。需考虑设反冲洗装置，采用停水分池分段反冲，用液体反冲时，压力为 $1.0 \sim 2.0 kgf/cm^2$，流量为正常进水量的 $3 \sim 5$ 倍。用气体反冲，反冲压力大于 $1.0 kgf/cm^2$，气水比（5：1）~（10：1）。

⑤ 一管一孔式布水宜用布水器布水；从布水器到布水口应尽可能少地采用弯头等非直管；污水通过布水器进入池内时在管道垂直段流速（或顶部）应低于 $0.2 \sim 0.3 m/s$；管道垂直段上部管径应大于下部。反应器底部采用较小直径的管道产生高的流速，从而产生较强的扰动使进水与污泥之间密切接触。

5. 水解池底部设计

水解池底部设计按多槽形式设计，有利于布水均匀与克服死区。

6. 出水收集系统设计

① 反应器出水堰应在汇水槽上加设三角堰；堰上水头大于 25mm，水位于三角堰齿 1/2 处。

② 出水收集应设在水解池反应器顶部，尽可能均匀地收集处理过的废水。

③ 采用矩形反应器时出水采用几组平行出水堰的多槽出水方式。

④ 采用圆形反应器时宜采用放射状的多槽或多边形槽出水。

⑤ 出水堰口负荷宜在 1.5～2.0L/(s·m)。

7. 排泥系统设计

① 反应器的排泥产生量可按如下公式计算：

$$\Delta X = \frac{Q \times SS \times f(1 - f_a)}{1000} \tag{1-4-3}$$

式中，ΔX 为污泥产生量，kg/d；Q 为进水流量，m^3/d；SS 为固体悬浮物浓度，mg/L；f 为悬浮固体的去除率；f_a 为污泥水解率，应通过试验或通过参照类似工程确定，城镇污水一般取 30%。

② 反应器排泥一般采用重力排泥方式。

③ 反应器排泥点宜设在反应器中上部，排泥点距清水区高度 0.5～1.5m。污泥层与水面之间的清水区高度宜保持在 0.5～1.5m 左右。同时应预留底部排泥口。

④ 对于矩形池排泥应沿池纵向多点排泥。排泥点的服务面积不大于 90m²。

⑤ 对一管多孔式布水管，可以考虑进水管兼作排泥或放空管。

（四）设计实例

某废水处理厂进水流量 15000m³/d，流量变化系数 $K=1.5$，pH 值为 6～8，其余进水、各构筑物出水水质指标见表 1-4-4。

表 1-4-4　废水进水及处理情况

各　项	主要水质指标		
	COD$_{Cr}$	BOD$_5$	SS
原废水/(mg/L)	450	200	300
水解处理出水/(mg/L)	292	160	60
好氧处理出水/(mg/L)	100	20	20
水解池去除率/%	35	25	80

水解池一般采用水力停留时间作为主要设计参数，根据前面所述的设计原则，水力停留时间 HRT=2.5h，池数为 2 个，有效水深为 4m。

水解反应器容积

$$V = \frac{KQ\text{HRT}}{24} = \frac{1.5 \times 15000 \times 2.5}{24} = 2343.8 \ (m^3)$$

单个池容积为 2343.8/2=1171.9（m³），取 1200m³。

水解反应器上升流速

$$v = \frac{H}{\text{HRT}} = \frac{4}{2.5} = 1.6 \ (m/s)$$

水解反应器污泥产生量

$$\Delta X=\frac{Q\times SS\times f(1-f_a)}{1000}=\frac{15000\times300\times0.8\times(1-0.3)}{1000}=2520\,(\mathrm{kg/d})$$

该污水处理厂的水解池的剖面图如图 1-4-3 所示。

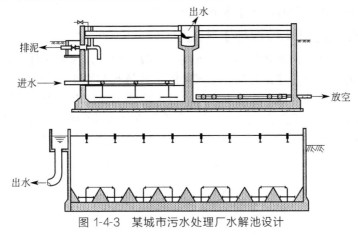

图 1-4-3　某城市污水处理厂水解池设计

第三节　普通消化池和接触工艺

一、原理和功能

厌氧消化池多应用于处理从污水中分离出来的有机污泥、含有机固体物较多和浓度很高的污水，例如剩余污泥、畜禽粪便和酒糟废水等。厌氧接触工艺已被成功地应用于肉类食品工业废水和其他含有高浓度可溶性有机物废水的处理中。

（一）原理

1. 普通消化池的工作原理

传统的完全混合反应器（CSTR）即普通厌氧消化池，借助消化池内的厌氧活性污泥来净化有机污染物，其工作原理如图 1-4-4 所示。

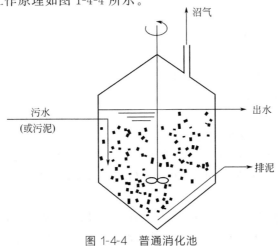

图 1-4-4　普通消化池

作为处理对象的生污泥或废水从池体上部或顶部投入池内，经与池中原有的厌氧活性污泥混合和接触后，通过厌氧微生物的吸附、吸收和生物降解作用，使生污泥或废水中的有机污染物转化为以 CH_4 和 CO_2 为主的气体（俗称沼气）。如处理的对象为污泥，经搅拌均匀后从池底排出；如处理对象为废水，经沉淀分层后从液面下排出。CSTR 体积大，负荷低，其根本原因是它的污泥停留时间等于水力停留时间。

2. 接触消化池的基本原理与工艺流程

厌氧接触法在厌氧消化池之外加一个沉淀池来收集污泥，且使其回流至消化池。其结果是减少了污水在消化池内的停留时间。厌氧接触工艺流程如图 1-4-5 所示。由消化池排出的混合液首先在沉淀池中进行固、液分离。污水由沉淀池上部排出，所沉下的污泥回流至消化池。这样既使污泥不流失而稳定工艺，又可提高消化池内的污泥浓度，从而在一定程度上提高设备的有机负荷和处理效率。由于厌氧接触工艺具有这些优点，因此在生产上较多被采用。

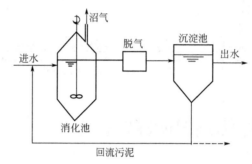

图 1-4-5　厌氧接触工艺流程

厌氧接触工艺在中温条件下（25～40℃），其容积负荷不高于 $4～5kg\ COD/(m^3 \cdot d)$，HRT 为 10～20d。生产实践表明，在低负荷或中负荷条件下，厌氧接触工艺允许污水中含有较多的悬浮固体，具有较大的缓冲能力，生产过程比较稳定，耐冲击负荷，操作较为简单。厌氧接触工艺仅是普通消化池的一种简单改进，消化池和沉淀池的构造均为定型设计，因此应用这种工艺不存在什么困难。

（二）分类

普通厌氧消化池可以按池体构型、池顶构型、容量以及运行方式等进行分类。

1. 按池体构型分类

普通厌氧消化池的池体构型形形色色，但大体上可分为两大类：圆筒形和卵形。

圆筒形的特点是池身呈圆筒状，池底多呈圆锥形，而池顶可为圆锥形、拱形或平板形。根据直径与侧壁的比例大小又可分为以下三型。

① Ⅰ型圆筒形（椭圆形），$D>H$　Ⅰ型圆筒形消化池的直径大于侧壁高（一般为 2：1）。池底倾角较平缓（25/100 或更大些），外形有点像平置的椭圆体，故又称椭圆形消化池。我国和美国、日本等国多使用这种池型。

② Ⅱ型圆筒形（龟甲形），$D=H$　Ⅱ型圆筒形消化池的直径接近或略大于侧壁高，池底和池顶的倾角都较大。这种池子的外形很像龟甲，故又称龟甲形消化池。欧洲建有较多的龟甲形消化池。

③ Ⅲ型圆筒形（标准型），$D<H$　Ⅲ型圆筒形消化池的池径小于侧壁高，池顶与池底的倾角很大。在国外，这种池子也称为标准型消化池，1956 年始建于德国，在德国较为流行。

卵形消化池（$D < H$）与圆筒形消化池的主要差别是池侧壁呈圆弧形，直径远小于池高。

各种形状的消化池在建设费用和水力学特性方面各不相同。建设费用以龟甲形最低，原因是其外形轮廓比较接近于球体。椭圆形、卵形和标准型消化池的建设费用则依次增大。从搅拌电耗的降低和混合程度来看，最佳的是卵形，标准型、龟甲形和椭圆形则依次较差；从预防池底积泥和池顶结壳方面来看，最佳的也是卵形，其次是标准型，另两种则较差。

2. 按池顶构型分类

普通厌氧消化池的池顶构型有固定顶盖和浮动顶盖两类。前者的池顶盖固定不动，后者的池顶盖随池内沼气压力的高低而上下浮动。

固定顶盖的主要缺点是池顶受力复杂，容易裂缝漏气。

3. 按容量大小分类

按容量大小可将厌氧消化池划分为 3 类：a. 小型池 1000～2500m³；b. 中型池 2500～5000m³；c. 大型池 5000～10000m³。

一般而言，池容越小，越容易建造，但单位有效池容所需建造费用越高。例如，若以 3000m³ 池子的单位池容建造费用为 1，则 6000m³ 和 9000m³ 池子的单位池容建造费用分别为 0.86 和 0.80。若建造卵形池总容量为 12000m³ 的消化池，可以是 1 个 12000m³，2 个 6000m³，3 个 4000m³，以及 4 个 3000m³，其单位池容建造费用依次是 0.68、0.70、0.72 和 0.78。但是，池子越大，加热搅拌越难均匀，容积利用系数越小。

4. 按运行方式分类

从运行方式来看，厌氧消化池有一级和二级之分，二级消化池串联在一级消化池之后。一级消化池的基本任务是完成甲烷发酵。它有严格的负荷率及加排料措施，需池内加热，并保持稳定的发酵温度，在池内进行充分的搅拌以促进高速消化反应。

一级消化池排出的污泥中还混杂着一些未完全消化的有机物，还有一定的产气能力；此外，污泥颗粒与气泡形成的聚合体未能充分分离，影响泥水分离；污泥保持的余热还可以利用。由此便出现了在一级消化池之后串联二级消化池的设想和工程实践。此工艺在国外相当流行，近年来我国也有设计两级消化池的工程实践。

两相厌氧消化工艺就是把酸化和甲烷化两个阶段分离在两个串联反应器中，使产酸菌和产甲烷菌各自在最佳环境条件下生长。从而提高了它们的活性，因此提高了处理能力。所以两相厌氧消化工艺的处理效率比传统厌氧消化工艺的处理效率大大提高，而且运行更加稳定，但管理复杂一些。

一级消化池的水力停留时间多采用 15～20d，二级消化池的水力停留时间可采用一级的一半，即两池的容积比大致控制在 2∶1。两级消化池的液位差以 0.7～1.0m 为宜，以便一级池的污泥能靠重力流向二级池。

（三）特点与构造

1. 普通消化池

普通消化池的特点是在一个池内实现厌氧发酵反应和液体与污泥的分离。为了使进料和厌氧污泥密切接触，设有搅拌装置。一般情况下每隔 2～4h 搅拌一次。一般在排放消化液时停止搅拌，然后从消化池上部排出上清液。

由于先进的高效厌氧消化反应器的出现，传统的消化池应用越来越少，但是在一些特殊领域，其在厌氧处理中仍然有一席之地。主要应用于：a. 城市废水处理厂污泥的稳定化处理；b. 高浓度有机工业废水的处理；c. 高悬浮物的有机废水；d. 含难降解有机物的工业废水的处理。

2. 接触消化池

（1）厌氧接触法的特点

与普通厌氧消化法相比，厌氧接触法具有以下特点。

① 消化池污泥浓度高。一般为 5～10g VSS/L，耐冲击能力强。

② 消化池有机容积负荷较高。中温消化时，COD 容积负荷一般为 1～5kg/(m^3·d)，COD 去除率为 70%～80%；BOD 容积负荷为 0.5～2.5kg/(m^3·d)，BOD 去除率为 80%～90%。

③ 增设沉淀池、污泥回流系统和真空脱气设备，流程较复杂。

④ 适合于处理悬浮物浓度、有机物浓度均高的废水，废水 COD 浓度一般不低于 3000mg/L，悬浮物浓度可达到 50000mg/L。

（2）接触消化工艺设计重点

在接触消化工艺的设计中，重要的问题是沉淀池中的固液分离。从消化池排出的混合液含有大量的厌氧活性污泥，污泥的絮体吸附着微小的沼气泡，使得靠重力作用进行固液分离很难取得满意的效果，有相当一部分污泥上漂至水面，随水外流。为了提高沉淀池中混合液固液分离的效果，目前采用以下几种方法：

① 在消化池和沉淀池之间设真空脱气器，脱除混合液中的沼气，脱气器的真空度约为 4900Pa；

② 在沉淀池之前设热交换器，对混合液进行急剧冷却处置，使温度从 35℃ 下降到 15℃，这样能够抑制污泥在沉淀过程中继续产气，有利于混合液的固液分离；

③ 向混合液投加混凝剂，如先投加氢氧化钠，再投氯化铁；

④ 用超滤器代替沉淀池，以提高固液分离效果。

（3）接触消化工艺的特点

① 由于设置了专门的污泥截流设施，能够回流污泥，使得厌氧接触工艺具有较长的固体停留时间。保持消化池内有足够的厌氧活性污泥，提高了厌氧消化池的容积负荷，不仅缩短了水力停留时间，也使占地面积减少。

② 易于启动，有较大的承受高负荷冲击的能力，运行稳定，管理比较方便。

③ 厌氧接触工艺适用于处理悬浮物浓度较高的高浓度有机废水。这是由于微生物可附着在悬浮颗粒上，微生物与废水的接触表面积很大，并能在沉淀分离装置中很好地沉淀。

④ 由于沉淀分离装置本身的设计和在运行中存在的问题，容易造成污泥流失等问题。

厌氧接触工艺除在处理高浓度有机废水方面获得较为广泛的应用外，还在污泥等固体废物处理方面得到应用。厌氧接触工艺同传统厌氧消化方法相比有着负荷较高、耐冲击负荷、生产过程比较稳定等优点。

3. 池体构造

消化池由集气罩、池盖、池体、下锥体、进料管、排料管等部分组成，此外还有加温和搅拌设备。国内建造的厌氧消化池大多数呈圆筒形。

池底安装排料（泥）管，池中部（中位）或顶部（高位）安装加泥（料）管，池顶安装沼气管。加热及搅拌设施根据采用的方法不同而异。液面附近安装溢流管。根据要求在不同部位装取样管及控制装置。池盖上还应设置人孔，供检修时用。普通厌氧消化池应采用水密性、气密性和耐腐蚀的材料建造，通常为钢筋混凝土结构。沼气中的 H_2S 及消化液中的 H_2S、NH_4^+-N 和有机酸等均有一定的腐蚀性，故池内壁应涂一层环氧树脂或沥青。为了保温，池外均设有保温层。保温层的做法种类较多，在池周覆土也可以起到保温的作用。

二、设计计算

（一）普通消化池的设计

1. 适用性

消化池适于处理高浓度有机废水或废渣。一般消化池所处理的废水或污泥 COD_{Cr} 应不小于 $5000mg/L$。

2. 普通消化池的池体设计

（1）容积设计

① 细胞停留时间法　对于处理污泥的厌氧消化池采用平均细胞停留时间 θ_c 来确定容积。

消化池容积：

$$V = \theta_c Q \tag{1-4-4}$$

式中，V 为消化池容积，m^3；Q 为污泥量，m^3/d；θ_c 为细胞停留时间，d。

② 容积负荷法　普通消化池可以以进料有机容积负荷作为容积计算的重要参数。

消化池容积：

$$V = \frac{F}{N_V} \tag{1-4-5}$$

式中，V 为消化池容积，m^3；F 为每日投入的有机物（COD_{Cr}）量，$kg\ COD_{Cr}/d$；N_V 为有机容积负荷，$kg\ COD_{Cr}/(m^3 \cdot d)$。

③ 按消化池投配率来确定池容　首先确定每日投入消化池的废水或污泥投配量，然后按下列公式计算消化池污泥区的容积：

$$V = \frac{V_n}{P} \tag{1-4-6}$$

式中，V 为消化池污泥区容积，m^3；V_n 为每日需处理的污泥或废液体积，m^3/d；P 为设计投配率，$\%/d$，通常采用 $(5 \sim 12)\%/d$。

（2）池体及结构尺寸

① 消化池的数目以不少于 2 座为好，以便检修时至少仍有一个池子能工作。当只设置两座消化池时，总有效容积应比计算值大 10%。

② 消化池一般都采用圆柱形或卵形结构。圆柱形池体的直径一般为 $6 \sim 35m$，柱体高与直径之比为 $1:2$，池总高与直径之比约为 $0.8 \sim 1.0$。

③ 消化池池底坡度一般为 0.08。池顶部集气罩高度和直径相同，常采用 $2.0m$。池顶至少应设两个直径为 $0.7m$ 的人孔。

④ 消化池液面高度宜在淹没 $2/3$ 的顶盖处。

（3）工艺参数

① 作为污泥消化的普通消化池，在带搅拌系统时，其细胞平均停留时间（θ_c）在设计中可采用的设计值见表 1-4-5。

表 1-4-5 污泥消化池设计时建议采用的 θ_c 值

温度/℃	设计时采用 θ_c 值/d	温度/℃	设计时采用 θ_c 值/d
18	28	35	10
24	20	40	10
30	14		

② 普通消化池设计中容积负荷是其重要的参数，在不同温度下消化池的容积负荷推荐值见表 1-4-6。

表 1-4-6 不同消化温度时消化池的容积负荷

消化温度/℃		8	10	15	20	27	30	33	37
容积负荷 /[kg 有机物/(m³·d)]	最小	0.25	0.33	0.50	0.65	1.00	1.30	1.60	2.50
	最大	0.35	0.47	0.70	0.95	1.40	1.80	2.30	3.50

③ 消化池的投配料一般在 5%～12%。

④ 消化池固体消解率一般在 60%～70%。

3. 普通消化池的系统设计

消化池必须附设各种工艺管道，以确保其正常运行。工艺管道至少应包括进料管、循环管、排水管、排泥管、溢流管、沼气管和取样管等。

(1) 消化池搅拌设备设计

① 消化池的搅拌一般可采用水泵循环搅拌、机械搅拌、沼气搅拌和生物能搅拌 4 种方式。

② 水泵循环搅拌设备简单、维修方便，比较适合我国的情况。根据经验每立方米有效池体积搅拌所需的功率为 0.005～0.008kW。

③ 水泵循环搅拌设计应包括循环管路的布置和确定管道直径以及选择水泵。为了防止堵塞，最小管径应不小于 150mm。确定管径之后即可计算循环搅拌的阻力损失，根据阻力损失和循环流量选用搅拌泵，常采用污泥泵，泵数应不小于两台，其中一台备用。

④ 水泵循环搅拌也可以采用射流器。水射器搅拌设备的设计应包括水射器构造尺寸的计算和配套水泵的选择及污泥循环管路的布置。

⑤ 水射器的配套水泵采用污水泵，扬程要求 15～20m，引射流量与抽吸流量之比一般为 (1:3)～(1:5)。水射器的工作半径在 5m 左右，当消化池直径超过 10m 时，应考虑设若干个水射器。此方法的缺点是电耗较大，一般为 1.0～1.5kW·h/(m³·d)。

⑥ 机械搅拌应在池内设有叶轮进行搅拌，所需的功率为 0.0065kW/m³。

⑦ 机械螺旋桨搅拌设备设计应包括确定竖向导流管尺寸，螺旋桨直径和转速以及配套的电机的功率和选型。当螺旋桨直径计算值超过 1m 时，可考虑设若干个螺旋桨。

⑧ 沼气搅拌就是用压缩机循环沼气进行搅拌，所需的功率为 0.005～0.008kW/m³。

⑨ 采用沼气循环搅拌方法的设计内容包括确定搅拌所需的循环沼气量、沼气管道系统的布置及其管径的确定和气体压缩机的选择。

⑩ 生物能搅拌是利用厌氧发酵所产生的沼气在上升过程中所产生的气提作用，形成水力循环，起到搅拌作用。采用生物能搅拌装置的厌氧发酵设备如图 1-4-6 所示，它利用生物能搅拌装置和挡板，既能使发酵液均匀搅拌，又增加厌氧菌群的密度。该设备结构简单，不外加动力，运行稳定、搅拌连续，提高了发酵速度。

(2) 加热设备设计

消化池加热设备的设计内容主要包括加热方式的确定、加热管道系统的布置、管径的选

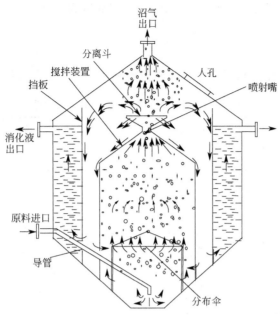

图 1-4-6　生物搅拌设备示意

择、消化池热耗计算以及确定加热的热源所需锅炉或其他生产设备的余热等。

① 耗热量计算。提供给消化池的热量应包括使新投入的物料加热到要求达到的温度所耗的热量、补给消化池和管路的热消耗以及热源输送过程的热耗等。

② 介质加热方法有池外加热法和注入蒸汽加热法。

a. 池外加热法。用热交换器进行热量补充。介质在内管流动，流速为 $1.5\sim2.0\mathrm{m/s}$，热水在套管内反向流动，流速为 $1.0\sim1.5\mathrm{m/s}$。由于采用强制循环流动，热交换效果较好。

b. 注入蒸汽加热法。蒸汽管道在伸入污泥前应设逆止阀，防止污泥倒流。

③ 锅炉供热设备的选择。根据所需耗热量和传热效率，就可以计算所需要的供热量，根据供热量和所确定的加热方法，就可选择所需要的锅炉。

④ 消化池、热交换器及热力管道外表面必须采取保温措施。罐体保温材料可以采用泡沫混凝土、膨胀珍珠岩、聚苯乙烯泡沫塑料和聚氨酯泡沫塑料等保温材料。热交换器及热力管道的保温方法，可以采用国内已有通用的标准图。

4. 设计实例

工业废水量 $Q=500\mathrm{m^3/d}$，COD 为 $8500\mathrm{mg/L}$，经模型试验，在 $0.72\mathrm{kg\ COD/(m^3\cdot d)}$ 的容积负荷下（以 COD 去除量为基础的容积负荷），厌氧消化后出水 COD 为 $850\mathrm{mg/L}$，COD 的去除率为 90%，消化温度为 $35℃$。

解：

① 消化池容积

$$V=\frac{QC}{1000N_\mathrm{V}}=\frac{500\times(8500-850)}{1000\times0.72}=5313\ (\mathrm{m^3})$$

采用 2 座消化池，则单池容积为 $5313/2=2657$（$\mathrm{m^3}$）

② 核算水力停留时间

$$T=\frac{V}{Q}=\frac{5313}{500}=10.6\ (\mathrm{d})$$

厌氧消化工艺中，$T=t_s$，所以 $t_s=10.6d$，当温度为 35℃ 时，设计 t_s 不小于 10d，因此符合要求。

5. 应用实例

国内部分酒精厂利用厌氧消化池处理酒精糟液的一些技术参数见表 1-4-7。

表 1-4-7　厌氧法处理酒精糟液的有关数据

厂　名	负荷率 /[kg COD$_{Cr}$ /(m³·d)]	酒精糟 BOD$_5$ /(mg/L)	BOD$_5$ 去除率 /%	产气率 /[m³/ (m³·d)]	甲烷含量 /%	糟液停留时间 /d	发酵温度 /℃	厌氧反应器	规模 /m³	完成时间
南阳酒精厂	3.0	28000	90	2	50~60	10~13	50~55	消化池	2000	1967
四川荣县酒厂	1.0	10700		1.4	65.1	12	50~55	消化池	2000	1978
山东蓬莱酒厂		23900	80~90	2		11~18	55	消化池	2700	1983
烟台第二酿酒厂	10	45000 (COD$_{Cr}$)	85~90 (COD$_{Cr}$)	4~5	60	4~5	52~56	厌氧罐	600	1985
长白酒厂	6.1	164970 (COD$_{Cr}$)	60.1 (COD$_{Cr}$)	4.14	67.2	13	40	厌氧过滤器	26.9	
通城酒厂	6.25	50000 (COD$_{Cr}$)	94 (COD$_{Cr}$)	4		8	高温	厌氧过滤器	150	
广州能源所	13	糖蜜酒精 34060 (COD$_{Cr}$)	81.1 (COD$_{Cr}$)	4.3	62.6	2.5	32	上流污泥床厌氧过滤器	130	1984

（二）接触消化池的设计

① 接触消化池除了具有普通废水消化池所具有的优点之外，其负荷、有机物的分解率均较普通废水消化池高。它可以处理浓度较低的废水，以及 $COD_{Cr}>2000mg/L$ 的有机废水。但工艺流程、运行操作均较普通废水消化池复杂。

② 厌氧接触消化池可采用容积负荷或污泥负荷法进行设计计算。其设计负荷及池内的 MLVSS 可以通过实验确定，也可以采用已有的经验数据。一般容积负荷为 2~6kg COD$_{Cr}$/(m³·d)，污泥负荷一般不超过 0.25kg COD$_{Cr}$/(kg MLVSS·d)，池内的 MLVSS 一般为 6~10g/L。

③ 厌氧接触池采用污泥负荷法最佳的 F/M 为 0.3~0.5，过高或过低都会使污泥的沉降性能恶化。

④ 厌氧接触池的污泥回流比可通过试验确定，一般取 2~3。

⑤ 厌氧接触工艺中的沉淀分离装置，一般采用沉淀池，可按废水沉淀池的常用构造设计，但混合液在沉淀池内的停留时间要比一般废水沉淀时间长，可采用 4h，要求表面水力负荷不超过 1m³/(m²·h)。

⑥ 进入沉淀池的消化液宜设置真空脱气或投加混凝剂等促进固液分离的措施。采用真空脱气器时真空器内的真空度约为 50mm 水柱。

在国外，厌氧接触工艺的应用范围不断扩大。表 1-4-8 为国外部分生产性厌氧接触工艺运行数据。从表中可以看出国外厌氧接触工艺主要用于处理食品加工废水等高浓度有机废水。其进水浓度在很高的情况下，仍能取得很好的 BOD 去除效果。这点正好说明了由于采用了回流措施，在厌氧接触消化池内保持了大量厌氧活性污泥，从而提高了容积负荷，缩短了水力停留时间，使得厌氧接触消化池在处理高浓度有机废水方面较普通消化池有着明显优点。

表 1-4-8 国外部分生产性厌氧接触工艺运行参数

表 1-4-8 国外部分生产性厌氧接触工艺运行参数

废水种类	运行温度/℃	废水浓度/(mg BOD₅/L)	容积负荷/[kg BOD₅/(m³·d)]	水力停留时间/d	BOD₅ 去除率/%
玉米淀粉废水	23	6280	1.8	3.3	88
威士忌酒厂废水	33	25000	4.0	6.2	95
啤酒厂废水	33	3900	2.0	2.3	96
葡萄酒厂废水	33	9000	5.8	2.0	96
糖果厂废水	33	7000	1.5	4.6	92
酵母废水	33	3040	2.1	2.0	81
柠檬酸废水	33	4600	3.4	1.3	87
屠宰厂废水	33	2100	1.4	1.3	96
肉类加工厂废水	33	1380	2.5	0.5	91
大米加工厂废水	30	1290	1.4	1.2	92
乳品加工厂废水	33	2950	1.5	2.0	93
棉籽精炼废水	30	1600	1.2	1.3	92

【例 1-4-1】 试用下列数据设计肉类罐头加工厂废水的厌氧接触法的消化池。

设计废水流量 $Q=760\,\mathrm{m^3/d}$；废水 COD 浓度 $COD_{Cr}=3000\,\mathrm{mg/L}$；发酵温度 $T=35℃$；混合液浓度 $MLVSS=3500\,\mathrm{mg/L}$。

解： 按有机物容积负荷计算

$$V=QC/N_V$$

若取有机物容积负荷为 $4\,\mathrm{kg\ COD_{Cr}/(m^3\cdot d)}$，则消化池的有效容积为

$$V=760\times3/4=570\ (\mathrm{m^3})$$

污泥负荷相当于 $N=760\times3/(570\times3.5)=1.14[\mathrm{kg\ COD_{Cr}/(kg\ MLVSS\cdot d)}]$

第四节 厌氧生物滤池和复合床反应器

一、原理和功能

（一）厌氧生物滤池

1. 厌氧生物滤池的原理

厌氧生物滤池是一种内部填充有微生物载体的厌氧生物反应器。厌氧微生物部分附着生长在填料上，形成厌氧生物膜，部分在填料空隙间处于悬浮状态。废水流过被淹没的填料，在厌氧微生物的作用下，污染物被去除并产生沼气，沼气被收集系统收集，净化后的废水排出系统。厌氧生物滤池中可维持相当高的微生物浓度，一般可达 10～20g MLVSS/L。常用的厌氧生物滤池根据其生物滤床中水流方向，可以分为上流式厌氧滤池（AF）和下流式厌氧固定膜反应器（DSFF）两种。

厌氧生物滤池一般由集泥区、布水板、填料支撑、填料、集水区、集气罩等组成。厌氧生物滤池的结构示意如图 1-4-7 所示。

在 DSFF 反应器中，菌胶团以生物膜的形式附着在填料上；而在 AF 中，菌胶团膨胀截流在填料上，特别是复合床反应器。两种厌氧生物滤池另一主要不同点是其内部液体的流动

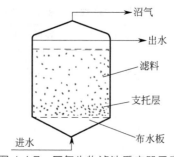

图 1-4-7　厌氧生物滤池反应器示意

方向，在 AF 中水从反应器底部进入，而在 DSFF 中进水从反应器顶部进入。两种反应器均可用于处理低浓度或高浓度废水。而 DSFF 反应器由于使用了竖直排放的填料，其间距宽，因此能处理相当高的悬浮性固体，而 AF 则不能。

在 AF 和 DSFF 系统中，均采用了不同的支撑填料，在厌氧生物滤池内填料是固定的。废水从上（或下）进入反应器内，逐渐被细菌水解、酸化转化为乙酸和甲烷，废水组成在反应器的不同高度逐渐变化。因此微生物种群的分布也呈现规律性，在底部（或上部），发酵菌和产酸菌占有最大的比重，随水流的方向，产乙酸菌和产甲烷菌逐渐增多并占主导地位。

厌氧生物滤池中除滤料外，还有布水系统和沼气收集系统。布水系统的作用是将进水均匀地分布于全池，同时应克服布水系统的堵塞问题。厌氧生物滤池多为封闭形，其中废水水位高于滤料层，使滤料处于淹没状态。上部封闭体积用于收集沼气，沼气收集系统上包括水封、气体流量计等。

AF 的布水系统设于池底，废水由布水系统引入滤池后均匀地向上流动，通过滤料层与其上的生物膜接触，净化后的出水从池顶部引出池外，池顶部还设有沼气收集管。DSFF 系统的水流方向正相反，其布水系统设于滤料层上部，出水排放系统则设于滤池底部，在 AF 和 DSFF 系统中沼气收集系统相同。

2. 厌氧生物滤池的特点

在厌氧生物滤池内厌氧污泥的保留由两种方式完成：一是细菌在固定的填料表面形成生物膜；二是在反应器的空间内形成细菌聚集体。高浓度厌氧污泥在反应器内的积累是厌氧生物滤池具有高效反应性能的生物学基础，在一定的污泥比产甲烷活性下，厌氧反应器的负荷与污泥浓度成正比。在厌氧生物滤池内，厌氧污泥的浓度可以达到 $20 \sim 30 kg \ VSS/m^3$。厌氧生物滤池实质是通过维持反应器内污泥的浓度，延长了污泥的停留时间（SRT）。McCarty 发现在保持同样处理效果时，SRT 的提高可以大大缩短废水的水力停留时间（HRT），从而减少反应器容积，或相同反应器容积内处理的水量增加。这种采用生物固定化延长 SRT，并把 SRT 和 HRT 分离的思想推动了新一代高效厌氧反应器的发展。

厌氧微生物在反应器内的分布特点是厌氧生物滤池的另一特征。其表现为在反应器进水处（例如上流式 AF 反应器的底部），细菌由于得到营养最多因而污泥浓度最高，污泥的浓度随高度迅速减少。污泥的这种分布特征赋予 AF 一些工艺上的特点。首先，AF 内废水中有机物的去除主要在 AF 底部进行，据 Young 和 Dahab 报道，AF 反应器在 1m 以上 COD 的去除率几乎不再增加，而大部分 COD 是在 0.3m 以内去除的。因此研究者认为在一定的容积负荷下，浅的 AF 反应器比深的反应器有更好的处理效率。其次，由于反应器底部污泥浓度特别大，容易引起反应器的堵塞。堵塞问题是影响 AF 应用的最主要问题之一。据报道，上流式 AF 底部污泥浓度可高达 60g/L。

厌氧污泥在 AF 内的有规律的分布还使得反应器对有毒物质的适应能力较强，可以生物降解的毒性物质在反应器内的浓度也呈现出规律性的变化，加之厌氧生物膜形成各种菌群的良好共生体系，因此在 AF 内易于培养出适应有毒物质的厌氧污泥。例如在处理甲醛废水中，发现 AF 反应器内的污泥产生了良好的适应性，有毒物质的去除效果和允许的进水浓度较高。AF 同时也具有较大的抗冲击负荷能力。一般认为在相同的温度条件下，AF 的负荷可高出厌氧接触工艺 2～3 倍，同时会有较高的 COD 去除率。与传统的厌氧生物处理构筑物及其他新型厌氧生物反应器相比，厌氧生物滤池的优点是：a. 生物固体浓度高，可获得较高的有机负荷；b. 微生物固体停留时间长，可缩短水力停留时间，耐冲击负荷能力也较强；c. 启动时间短，停止运行后再启动也容易；d. 不需回流污泥，运行管理方便；e. 在处理水量和负荷有较大变化的情况下，其运行能保持较大的稳定性。

厌氧滤池的主要缺点是有被堵塞的可能，但通过改变滤料和运行方式，这个缺点不难克服。厌氧生物滤池在应用上的问题除了堵塞和由局部堵塞引起的沟流以外，另一个问题是它需要大量的填料，填料的使用使其成本上升。由于以上问题，国内外生产规模的 AF 系统应用远远不如 UASB 多。

（二）复合床反应器（UBF）

近年来又出现了一种厌氧复合床反应器，实际上是 UASB 反应器和厌氧生物滤池的一种复合型式，称之为 UBF 反应器，复合床反应器的结构见图 1-4-8，一般是将厌氧滤池置于污泥床反应器的上部。一般认为这种结构可发挥 AF 和 UASB 反应器的优点，改善运行效果。其特点是减小了滤料层的厚度，在池底布水系统与滤料层之间留出了一定的空间，以便悬浮状态的絮状污泥和颗粒污泥能在其中生长、累积。当进水依次通过悬浮的污泥层及滤料层时，其中有机物将与污泥及生物膜上的微生物接触并稳定。

这种结合了升流式厌氧污泥床及厌氧生物滤池特点的反应器具有以下优点：

① 与厌氧生物滤池相比，减小了滤料层的高度；

② 与升流式厌氧污泥床相比，在一定条件下可不设三相分离器，因此可节省基建费用；

③ 可增加反应器中总的生物固体量；

④ 减少滤池被堵塞的可能性。

1984 年，加拿大 Guiot 等首次提出了 UBF 反应器的概念。而在意大利由 Garavini 等进行了大量的研究，他们报道采用 2450m³ 生产规模的装置用高温（58～60℃）处理酒精废液，其中滤床体积为 800m³，置于反应器的中部，距池底 1.7～6.5m，反应器总高为 15.7m。尽管进水 pH 值很低（3.3～3.7），但是由于采

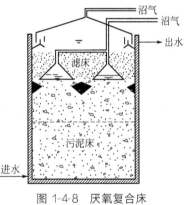

图 1-4-8 厌氧复合床
（AF+ UASB）反应器

用出水回流，并不需要加碱。Garatti 等同样采用中温复合床反应器（2×2150m³）来处理酒精废水，填料置于池上部 1/3 处，在 3kg COD/(m³·d) 负荷下取得 87% 的去除率。

二、设计计算

（一）适用性

厌氧生物滤池适用于悬浮物浓度比较低的废水处理，一般升流式厌氧生物滤池的进水悬

浮物不要超过 200mg/L。采用下向流的厌氧生物滤池可以容忍含悬浮物较多的废水和高浓度废水。进入厌氧生物滤池的废水 COD_{Cr} 可在 300～24000mg/L 之间。

（二）反应器设计

1. 容积设计

厌氧生物滤池的体积宜采用容积负荷法进行计算，计算公式如下：

$$V = \frac{QS_0}{N_V} \tag{1-4-7}$$

式中，V 为反应器容积，m^3；Q 为废水流量，m^3/d；N_V 为容积负荷，$kg\ COD_{Cr}/(m^3 \cdot d)$ 或 $kg\ BOD_5/(m^3 \cdot d)$；S_0 为进水有机物浓度，$kg\ COD_{Cr}/m^3$ 或 $kg\ BOD_5/m^3$。

2. 池体及结构尺寸

① 厌氧生物滤池可以采用圆形或正方形反应器，反应器的高度不宜过高，有效水深一般取 3～5m 之间，可根据填料的高度适当变化。

② 厌氧生物滤池内适宜废水的表观上升流速与填料的种类和有机负荷有关，一般认为不应超过 8～50m/d。

③ 厌氧生物滤池的填料顶与水面的高差应不少于 0.6～1.0m。

④ 厌氧生物滤池应根据设计进水流量，设置 2 个或 2 个以上的反应器。

⑤ 升流式厌氧生物滤池底部应设置锥形的集泥区，集泥区的坡度不低于 1∶5，下降流厌氧生物滤池底部应设置 0.5m 左右的集水区。

3. 工艺参数

厌氧生物滤池在不同温度情况下，容积负荷也不相同，设计参数参考表 1-4-9。

表 1-4-9　不同温度下厌氧生物滤池的容积负荷

温度/℃	15～25	30～35	50～60
容积负荷/[kg COD_{Cr}/(m³·d)]	1～3	3～10	5～15

（三）反应器的系统设计

1. 填料选择

（1）选用标准

① 选择填料时考虑的主要因素是生物附着的难易、表面状况、孔隙率、材质、粒度和比表面积；

② 厌氧生物滤池宜选用生物易附着、孔隙率大、表面粗糙的多孔、空心、轻质填料；

③ 填料的粒径不宜小于 20mm，一般在 20～60mm 之间；

④ 可供厌氧生物滤池选择的填料种类包括陶瓷、炉渣、海绵、网状泡沫塑料、块状塑料填料（包括鲍尔环、波纹管、拉西环等）、半软性填料、弹性填料、活性炭等；

⑤ 填料的数量根据反应器的容积和填充程度来确定，对于全填充的生物滤池，除顶部预留的保护层和底部的布水区外均需填满载体填料，保护层的高度一般在 0.6～1.0m；

⑥ 填料层的高度一般在 2.5～4m，最小高度不少于 2m；

⑦ 对于采用 UBF 方式的厌氧反应器，填料应装填在反应器的中上部，下部的非填料区高度应在 1m 左右。

（2）常用的填料

各种各样的材料可以作为厌氧生物滤池的填料，已经报道过的填料五花八门，例如卵石、碎石、砖块、陶瓷、塑料、玻璃、炉渣、贝壳、珊瑚、海绵、网状泡沫塑料等。细菌可以在各类材料上成膜生长，材质对 AF 的影响尚未得到证实。厌氧生物滤池的生产最常用的滤料与好氧接触氧化工艺是基本相同的，有以下几类。

① 实心块状填料　如碎石、砾石等，采用实心块状滤料的厌氧生物滤池生物固体浓度低，使其有机负荷受到限制，仅为 3～6kg COD/(m³·d)，而且此类滤池在运行中易发生局部滤层被堵塞，以及短流现象，使运行效果受到影响。

② 空心填料　多用塑料制成，呈圆柱形或球形，内部则有不同形状不同大小的空隙，可减少滤料层的堵塞现象。

③ 蜂窝或波纹板填料　包括塑料波纹板和蜂窝填料，其比表面积可达 100～200m²/m³，厌氧生物滤池的有机负荷达 5～15kg COD/(m³·d)。此类滤料质轻、稳定，滤池运行时不易被堵塞。

④ 软性或半软性填料　包括软性尼龙纤维滤料、半软性聚乙烯、弹性聚苯乙烯滤料等。此类滤料的主要特性是纤维细而长，因此，比表面积和孔隙率均大。

2. 系统设计

① 厌氧生物滤池采用密闭的系统收集沼气，一般不设置固液分离装置，宜在顶部出水处设置集水装置。

② 除下向流厌氧生物滤池需要在顶部设置布水装置，其他厌氧生物滤池需要在底部设置布水系统。布水系统可以采用穿孔管、布水板等方式。

③ 对于有机负荷比较高的厌氧生物滤池，可以采用回流的方式，加大上升流速，减少厌氧生物滤池的堵塞问题。

④ 在厌氧生物滤池的底部必须设置排泥系统，以便可以定期排出积累的剩余污泥，以防止短流和破坏出水水质。

（四）设计实例

某工厂有机废水流量 $Q=250m^3/d$，COD 浓度为 5520mg/L，SS 浓度为 100mg/L，水温为 20～25℃。采用厌氧-好氧两级生物处理。进行厌氧生物滤池小试时，试验滤池采用焦炭作填料，填料高度为 2.0m，当容积负荷 $q_V=6.0kg\ COD/(m^3·d)$ 时，出水 COD 平均浓度为 600mg/L。

解：

① 滤池容积负荷　将小试结果用于生产厌氧生物滤池设计时，取设计容积负荷：

$$q_V=\frac{6}{1.2}=5[kg\ COD/(m^3·d)]$$

滤池填料容积：

$$V=\frac{QS_0}{1000q_V}=\frac{250\times5520}{1000\times5}=276（m^3）$$

② 滤池尺寸　采用焦炭作为填料，填料高度 $H_1=2.0m$，下部 0.8m 高度填料粒径为 40～50mm，上部 1.2m 高度粒径为 30～40mm。

所需厌氧生物滤池平面面积：

$$A=\frac{V}{H_1}=\frac{276}{2}=138（m^2）$$

采用 2 座滤池，每个滤池平面面积 $A_1 \approx \dfrac{A}{2} = \dfrac{138}{2} = 69$（$m^2$）。

③ 滤池总高度 填料上部污水层高度采用 $H_2 = 0.6m$，滤池穿孔隔板与池底距离采用 $H_3 = 0.4m$，滤池保护高度采用 $H_4 = 0.3m$，则滤池总高度：

$$H = H_1 + H_2 + H_3 + H_4 = 2.0 + 0.6 + 0.4 + 0.3 = 3.3（m）$$

（五）应用实例

有关厌氧生物滤池应用的一些数据列于表 1-4-10。从表中看到厌氧生物滤池已成功地应用于多种有机废水的处理。

表 1-4-10 中试和生产规模的 AF 反应器运行情况

废水类型	浓度 /(g CODCr/L)	HRT /d	温度 /℃	CODCr 去除率 /%	反应器体积 /m³	备注
化工废水	16.0	1.0	35	65	1300	完全混合
化工废水	9.14		37	60.3	1300	完全混合
小麦淀粉	5.9~13.1	1.2	中温	65	380	
淀粉生产	16.0~20.0	0.9	36	80	1000	
土豆加工	7.6	—	36	60	205	
土豆烫漂水	2.0~10.0	0.68	>30	80	1700	
酒糟废水	42.0~47.0	0.7	55	70~80	150 和 185	
酒糟废水	16.5	8.0	40	60	27.0	
豆制品废水	24.0	13.0	中温	72	1.0	
豆制品废水	22.0	7.3	中温	68	1.0	
豆制品废水	20.3	2.4	30~32	78.4	2.5	
制糖废水	20.0	1.8	35	55	1500×2	
甜菜制糖	9.0~40.0	0.5~1.5	35	70	50 和 100	
糖果厂废水	14.8	<1.0	中温	97	6.0	
食品加工	2.6	—	中温	81	6.0	
牛奶厂废水	2.5	1.3	28	82	9.0	
牛奶厂废水	4.0	0.5	30	73~93	500	
屠宰废水	16.5	1~2.2	40	60	27.0	
猪场废水	24.4	13.0	33~37	68	22.0	
黑液碱回收冷凝水	7.0~8.0	2.0 1.0	中温	65~80	5.0	

第五节 升流式厌氧污泥床反应器

一、原理和功能

（一）升流式厌氧污泥床反应器原理

图 1-4-9 是升流式厌氧污泥床反应器（UASB）及其设备的图示。UASB 反应器最重要的设备是三相分离器（GLS），这一设备安装在反应器的顶部，并将反应器分为下部的反应区和上部的沉淀区。为了在沉淀区中达到对上升流中污泥絮体/颗粒满意的沉淀效果，三相

分离器同时具有两个功能：一是能收集从分离器下的反应室产生的沼气；二是使得在分离器之上的悬浮物沉淀下来。

UASB 系统的原理是在形成沉降性能良好的污泥凝絮体的基础上，结合反应器内设置的污泥沉淀系统，使气相、液相和固相三相得到分离。形成和保持沉淀性能良好的污泥（可以是絮状污泥或颗粒型污泥）是 UASB 系统良好运行的根本点。

由于分离器的斜壁沉淀区的过流面积在接近水面时增加，因此上升流速在接近排放点降低。由于流速降低，污泥絮体在沉淀区可以絮凝和沉淀。累积在相分离器上的污泥絮体在一定程度上将超过其保持在斜壁上的摩擦力，其将滑回到反应区，这部分污泥又可与进水有机物发生反应。

UASB 反应器最重要的设备是三相分离器（GLS），这一设备安装在反应器的顶部并将反应器分为下部的反应区和上部的沉淀区。为了在沉淀区中取得上升流中污泥絮体/颗粒的满意沉淀效果，三相分离器要尽可能有效地分离从污泥床/层中产生的沼气，特别是在高负荷的工况下。集气室下面反射板的作用是防止沼气通过集气室之间的缝隙逸出到沉淀室。另外挡板还有利于减少反应室内高产气量所造成的液体紊动。GLS 的设计应保证只要污泥层没有膨胀到沉淀区，污泥颗粒或絮状污泥就能滑回到反应区。应该认识到有时污泥层膨胀到沉淀区中不是一件坏事，相反，

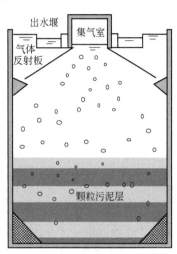

图 1-4-9　UASB 反应器
示意图（一）

存在于沉淀区内的膨胀泥层网捕分散的污泥颗粒/絮体，同时它还对可生物降解的溶解性有机物有去除作用。另一方面，存在一定可供污泥层膨胀的自由空间，以防止重质污泥在暂时性有机或水力负荷冲击下流失。水力和有机负荷率（产气率）两者都会影响到污泥层以及污泥床的膨胀。UASB 系统的原理是在形成沉降性能良好的污泥凝絮体的基础上，结合反应器内设置的污泥沉淀系统，使气相、液相和固相三相得到分离。形成和保持沉淀性能良好的污泥（可以是絮状污泥或颗粒型污泥）是 UASB 系统良好运行的根本点。

（二）结构和功能

UASB 反应器一般是竖向的分层结构反应器，从下到上依次分布着不同的区域，承担着不同的功能。UASB 主要分为进水区、反应区、三相分离器和沉淀区等部分，从反应器的组成设备来看，UASB 反应器主要由反应器池体、三相分离器、布水系统、出水收集系统、加热和保温系统、排泥系统及沼气系统组成。反应器结构形式见图 1-4-10。

通过对 UASB 反应器的分析，可知反应器最主要的两个部分就是三相分离器和布水系统，下面重点介绍这两部分。

1. 三相分离器

GLS 的设计应保证只要污泥层没有膨胀到沉淀区，污泥颗粒或絮状污泥就能滑回到反应区室。应该认识到有时污泥层膨胀到沉淀器中不是一件坏事。相反，存在于沉淀区内的膨胀泥层网捕分散的污泥颗粒/絮体，同时它还对可生物降解的溶解性有机物有去除作用。另一方面，存在一定可供污泥层膨胀的自由空间，以防止重质污泥在暂时性有机或水力负荷冲击下流失。水力和有机（产气率）负荷率两者都会影响到污泥层以及污泥床的膨胀。对于低浓度污水处理，当水力负荷是限制性设计参数时，在三相分离器缝隙处保持大的过流面积，使得最大的上升流速在这一过水断面上尽可能低是十分重要的。原则上只有出水截面的面积

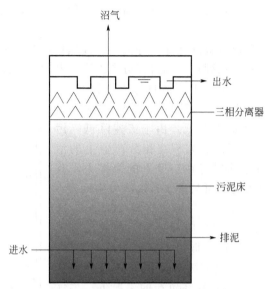

图 1-4-10　UASB 反应器示意图（二）

（而不是缝隙面积）才是决定保持在反应器中最小沉速絮体的关键。

第一个主要的目的就是尽可能有效地，特别是在高负荷的情况下，分离从污泥床/层中产生的沼气。对上述两种功能均要求三相分离器的设计避免沼气气泡上升到沉淀区，如其上升到表面将引起出水混浊，降低沉淀效率，并且损失了所产生的沼气。

三相分离器的设计应该是只要污泥层没有膨胀到沉淀区，污泥颗粒或絮状污泥就能滑回到反应区。对于低浓度污水处理，当水力负荷是限制性设计参数时，在三相分离器缝隙处保持大的过流面积，使得最大的上升流速在这一过水断面上尽可能低是十分重要的。原则上只有出水截面的面积（而不是缝隙面积）才是决定保持在反应器中最小沉速絮体的关键。

采用多于两层的箱式三相分离器可能是较好的选择。首先多层结构的三相分离器可以做

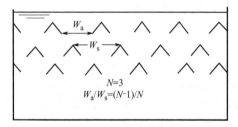

图 1-4-11　多层 GLS 分离器的示意

成箱式结构，可以在现场以外加工成形。其次从图 1-4-11 可知，缝隙间的面积与反应器截面积的比值（如果不计重叠的部分）由 $(N-1)/N$ 给出，其中 N 是分离器的层次。在层数较多时，这一比值增加，一方面降低了缝隙处的上升流速，提高了分离效率；另一方面，多层分离使得第一层之后液体中气体量减少，降低了由气体引起的上升流速，也对改善分离效率有利。采用该三相分离器的优点是除了高效的气固液分离外，还使得 UASB 反应器的设计得到了最大程度的简化，并使 UASB 的设计标准化、规范化和简单化，使运转人员和设计人员将精力放在反应器的运行上，而不是设备等其他问题上。

三相分离器的设计原理非常简单，在实验室出现了各种类型的三相分离器，但在生产性应用上，因为要考虑放大、安装固定和结构以及与其他设备的关系等问题，有趋于一致的倾向，但仍然有多种形式。工程实践证明，多种不同类型的三相分离器可以并存，而不存在优劣之分。只要遵循三相分离器的基本原理，就可以设计合理实用的三相分离器。

图 1-4-12 为四种不同类型的三相分离器基本构造。图 1-4-12（a）的构造简单，由于在回流缝处同时存在上升和下降两股流体相互干扰，泥水分离情况不佳，污泥回流不通畅。图

1-4-12（b）与前者十分相似，其特点是利用上一层分离器作为其中的公用组件，这种结构可以形成多层的三相分离器。图 1-4-12（c）在泥水分离上也存在与前两种类似的情况。图 1-4-12（d）的结构较为复杂，但污泥回流和水流上升互不干扰，污泥回流通畅，泥水分离效果较好，气体分离效果也较好。

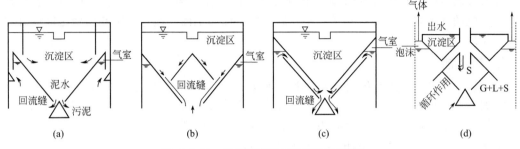

图 1-4-12　三相分离器的四种基本类型
（G、L、S 分别表示气相、液相、固相）

当考虑进水管、出气管和支撑管（架）和三相分离器材质时，可以参考图 1-4-13。图 1-4-13（a）和（b）所示为在三相分离器之下构造一个气液界面的两种基本方法。图 1-4-13（a）为分离器完全浸没在水中，为了在分离器下形成充足的压力以维持界面，可采用内部或外部水封。如果分离器的顶部在水面之上就不需要水封，气体的压力可以是大气压，如图 1-4-13（b）所示。

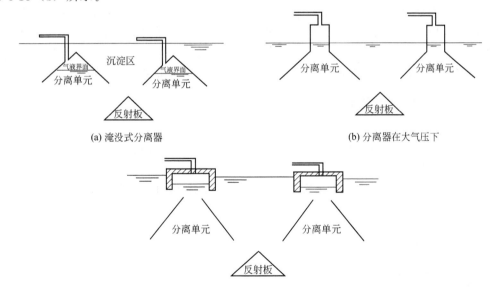

图 1-4-13　三种 UASB 三相分离器设计实例

图 1-4-13（a）形式的优点是：a. 在采用金属材料时，由于各种装置在水下从而可以减少严重腐蚀现象的发生，但是在气液界面处总是存在明显的腐蚀问题；b. 整个反应器都可用于沉淀固体，因而获得最大程度的污泥截留；c. 沼气将自带压并容易输送到使用场所；d. 如果点燃的沼气发生事故，外部的水封形成安全装置，防止厌氧池内分离器下气体的爆炸。

图 1-4-13（b）形式（没有水封）的优点是：更容易观察、维护和修理分离器。

图 1-4-13（c）形式为一种复合设计，既保持了图 1-4-13（a）和（b）的优点，同时消除了其缺点。通过引入一个在正常的气液界面之下的开口，建立了一种当排气管道堵塞时的"自动安全阀"。气体产生积累时，气液界面将一直下降到撒口处，沼气将从出水区排出，逸出气泡可作为巡视人员发现气体管道发生堵塞的警示讯号。图 1-4-13（c）的另一个优点是易于进入气液界面，从而去除阻碍产生沼气释放的漂浮固体。图 1-4-13（c）的缺点是在分离器内产生的气体将随水流上升到三相分离器的下面和上面（通过气室和斜壁之间的开口），因此沉淀效率差。

2. 布水器

适当设计的进水分配系统对于一个运转良好的 UASB 处理厂是至关重要的。生产规模的各种类型厌氧反应器中已成功地采用了各式各样的进水形式。进水系统兼有配水和水力搅拌的功能，为了保证这两个功能的实现，需要满足如下原则：

① 进水配水系统兼有配水和水力搅拌的功能；

② 进水装置的设计使分配到各点的流量相同，确保单位面积的进水量基本相同，防止发生短路等现象；

③ 很容易观察进水管的堵塞，当堵塞发生后，必须很容易被清除；

④ 应尽可能地（虽然不是必须的）满足污泥床水力搅拌的需要，保证进水有机物与污泥迅速混合，防止局部产生酸化现象。

为确保进水等量地分布在池底，每个进水管仅与一个进水点相连接是最理想状态，只要保证每根配水管流量相等，即可取得均匀布水的要求。因此有必要采用特殊的布水分配装置，以保证一根配水管只服务一个配水点。为了保证每一个进水点达到应得的进水流量，建议采用高于反应器的水箱式（或渠道式）进水分配系统。敞开的布水器的一个好处是容易用肉眼观察堵塞情况。对高浓度废水，由于水力负荷较低，采用脉冲式进水分配装置是一种较好的选择。同时应保证每一个配水点出水具有一定流速，满足第三条原则。

（三）　UASB 的特点

UASB 反应器相对于传统的厌氧反应器，主要特点如下：

① UASB 反应器通过自身结构特点和独特设备，实现了较长的固体停留时间，同时保持了较短的水力停留时间；

② UASB 反应器的污泥形态是决定其效率的主要因素，而污泥形态的变化是与反应器的结构分不开的；

③ UASB 反应器的应用范围非常广泛，对于中、高浓度的废水的处理，可以在能耗和一次性投资间取得良好的平衡。

二、设计计算

（一）适用性

升流式厌氧污泥床（UASB）工艺的设计进水水质一般 COD_{Cr} 应在 1000mg/L 以上。UASB 反应器进水中悬浮物的含量一般不宜超过 1500mg/L，否则应设置混凝沉淀或混凝气浮进行处理。当进水悬浮物较高或可生化性差时，宜设置水解池进行预酸化。

（二）预处理要求

预处理部分包括如下的技术环节：格栅、调节池、pH 值及温度调控系统。

1. 格栅

UASB 废水处理工艺系统前应设置粗格栅、细格栅或水力筛。最后一道格栅的栅条间隙宜在 1~3mm 之间，宜采用旋转滤网等高效的固液分离设备替代普通格栅。

2. 调节池

① 废水进入 UASB 系统前应设置调节池。

② 调节池有效停留时间宜为 6~12h。

③ 调节池应具备均质、均量、调节 pH 值、防止不溶物沉淀的功能。

④ 调节池宜设置机械搅拌方式实现均质，搅拌机的容积功率宜为 4~8W/m³；对小型废水处理站可采用曝气搅拌方式，气水比宜控制在 (7∶1)~(10∶1)。

⑤ 调节池中应设置碱度补充及营养盐补充装置。

⑥ 调节池出水端应设置去除浮渣的装置。

3. pH 调节

① UASB 反应器的进水 pH 值应保持在 6.5~7.8 之间，如不能满足此要求应设置 pH 调节装置或中和池。

② 酸碱的投加采用计量泵自动投加装置，中和池出水端宜设置 pH 自动检测系统，与前端计量泵联动。

4. 温度调节

① 中温厌氧的温度应保持在 35℃±2℃，如不能满足此要求应设置加温装置。

② 热源可采用锅炉蒸汽或沼气发电余热，管路上设置电动阀和温度计，通过显示温度自动调节阀门开启度，实现自动控制。

（三）　UASB 反应器设计

1. 容积设计

UASB 反应器的设计参数是容积负荷或水力停留时间。这两个参数难以从理论上推导得到，往往通过实验取得，而且颗粒污泥和絮状污泥反应器的设计负荷是不相同的。一旦所需的容积负荷（或停留时间）确定，反应器的有效容积可以根据下式计算。

（1）有机负荷计算法

$$V = \frac{QS_0}{N_V} \tag{1-4-8}$$

式中，V 为反应器有效容积，m³；Q 为废水流量，m³/d；N_V 为容积负荷，kg COD_{Cr}/(m³·d)；S_0 为进水有机物浓度，kg COD_{Cr}/m³。

（2）停留时间计算法

$$V = KQ \times HRT \tag{1-4-9}$$

式中，HRT 为水力停留时间，d；K 为常数（也称安全系数）。

2. 池体结构及尺寸

UASB 反应池体多采用圆形或矩形结构，可采用钢筋混凝土、不锈钢、碳钢加防腐涂层、搪瓷拼装、利浦罐、玻璃钢等材料。

（1）反应器的高度

反应器高度设计应从运行和经济两个方面综合考虑，从运行方面要考虑如下影响因素：

① 高上升流速增加污水系统扰动性，因此增加污泥与进水有机物之间的接触；

② 过高的上升流速会导致污泥流失，为保持足够多的污泥，上升流速不能超过一定的限值，从而反应器的高度就会受到限制；

③ 采用传统 UASB 系统的情况下，上升流速的平均值一般不超过 0.8m/h；

④ 最经济的反应器高度（深度）一般在 5～8m 之间；

⑤ 三相分离器顶与水面的高差应不少于 0.6～1.0m；

⑥ 应根据设计进水流量，设置 2 个或 2 个以上的反应器，最大的单体 UASB 反应器不宜大于 3000m³。

（2）反应器的面积和反应器的长、宽

对于矩形和正方形池在同样的面积下正方形池的周长比矩形池要小。在已知反应器的高度时，反应器的截面积计算式如下：

$$A = V/H \tag{1-4-10}$$

式中，A 为厌氧反应器表面积，m^2；H 为厌氧反应器的高度，m。

在确定反应器容积和高度后，矩形池必须确定反应器的长和宽。单池从布水均匀性和经济性方面考虑，矩形池长宽比在 2∶1 以下较为合适。长宽比 4∶1 时费用增加十分显著；对采用公共壁的（或多组）矩形池，池的长宽比对造价有较大的影响，影响因素相应增加，在设计中需要优化；从目前的实践看，反应器的宽度＜20m（单池）即可；反应器长度在采用渠道或管道布水时不受限制。

（3）反应器的升流速度

高度确定后，UASB 反应器的高度与上升流速之间的关系表达如下。

① 反应器的高度与上升流速（v）之间的关系表达如下：

$$v = \frac{Q}{A} = \frac{V}{HRT \times A} = \frac{H}{HRT} \tag{1-4-11}$$

② 厌氧反应器的上升流速 $v = 0.1 \sim 0.8$ m/h。

（4）反应器的分格

采用分格的厌氧反应器方便运行操作和管理。首先分格的反应器的单元尺寸减少，可避免单体过大带来布水不均匀。同时多池有利于维护和检修，可放空一池进行检修不影响整个工艺运行。

3. 工艺参数

① 对某种特定废水，反应器的工艺参数一般应通过试验确定，如果有同类型的废水处理资料，可以参考选用（表 1-4-11）。

表 1-4-11 不同性质的废水工艺参数值

废水 COD$_{Cr}$ 浓度/(mg/L)	在 35℃采用的负荷/[kg COD$_{Cr}$/(m³·d)]
≤2000	3～8
2000～6000	6～10
≥6000	8～15

高温情况下的反应器负荷可以在表 1-4-11 的基础上适当提高。

② UASB 反应器的沼气产率一般取 0.45～0.50m³/kg COD$_{Cr}$；沼气产量的计算公式如下：

$$Q_q = Q(S_0 - S_e)\eta \tag{1-4-12}$$

式中，Q_q 为沼气产量，m^3/d；Q 为废水流量，m^3/d；η 为沼气产率，m^3/kg COD$_{Cr}$；

S_0 为进水有机物浓度，kg COD_{Cr}/m^3；S_e 为出水有机物浓度，kg COD_{Cr}/m^3。

③ 污泥的产率一般取 $0.05\sim0.10$kg MLSS/kg COD_{Cr}。

④ 反应器内温度一般控制在 35℃±2℃ 或 55℃±2℃。一般不宜在常温下运行。

（四）反应器的系统设计

1. 三相分离器设计

三相分离器可以采用的形式如图 1-4-11 和图 1-4-14 所示。

三相分离器在设计主要包括沉淀区、回流缝、气液分离等。常见的沉淀区构造形式如图 1-4-15 所示。

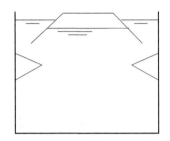

图 1-4-14 单层结构三相分离器

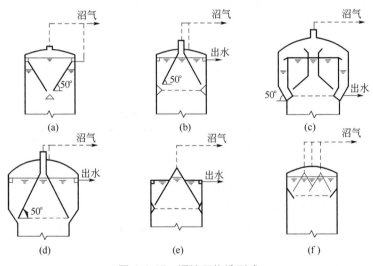

图 1-4-15 沉淀区构造形式

注：（a）、（b）、（d）、（f）为多气室沉淀区；（c）单气室；（e）为单气室敞开式。

当废水中可溶性有机物浓度较低时，需要沉淀区面积较大，而反应区为了保证颗粒污泥床与絮状污泥层有足够高度，故反应区的直径较小。故可采用图 1-4-15（c）、（d）形式，即三相分离器的直径（或边长）大于反应区直径（或边长）。

沉淀区的设计方法与普通二沉池相似，主要考虑两项因素，即沉淀面积和水深。沉淀区的面积根据水量和沉淀区的表面负荷确定。三相分离器的具体设计见图 1-4-16。

① 三相分离器分离板的倾角在 45°～60° 之间。

② 沉淀区最大截面的水力负荷 u_s 应保持在 0.7m³/(m²·d) 以下，通过固-液分离空隙的水流平均流速 u_0 应小于 2.0m³/(m²·d)；

③ 集气室的隙缝部分的面积应该占反应器全部面积的 15%～20%；

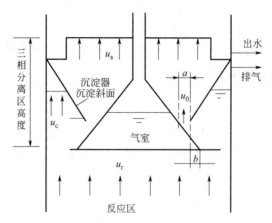

图 1-4-16　三相分离器基本设计参数

④ 集气室的高度应该在 1.5～2m；

⑤ 在集气室内应该保持气液界面以释放和收集气体，阻止浮渣层的形成，分离器下气液界面的面积根据气体释放速率计算，气体释放速率大约是 1～3m³/(m²·h)；

⑥ 反射板与隙缝之间的遮盖应该在 100～200mm，以避免上升的气体进入沉淀室；

⑦ 气管的直管应该充足以保证从集气室引出沼气；

⑧ 在集气室的上部应该设置消泡喷嘴。

2. 布水系统设计

① UASB 采用多点布水系统，一个进水点服务的最大面积对于污泥菌种程度不同时推荐的进水管负荷见表 1-4-12。

表 1-4-12　单个进水口负荷

污泥类型	颗粒污泥	凝絮状污泥
每个进水口负荷/m²	1～2	2～3

② 布水系统可以采用一管多孔式布水、一管一孔式布水或枝状布水。

a. 枝状布水时支管出水口向下距池底约 200mm，位于所服务面积的中心；出水管孔最小孔径不宜＜15mm，一般在 15～25mm 之间；出水孔处需设 45°导流板使出水散布池底，出水孔正对池底。

b. 一管多孔式布水时几个进水孔由一个进水管负担，孔口流速不小于 2m/s，配水管直径不小于 50mm，可采用脉冲间歇进水。

c. 一管一孔式布水时，宜用布水器布水，从布水器到布水口应尽可能减少弯头等非直管的使用，废水通过布水器进入池内时在管道垂直段流速（或顶部）应低于 0.2～0.3m/s，管道垂直段上部管径应大于下部管径。

3. 出水收集系统设计

① UASB 反应器出水堰应在汇水槽上加设三角堰；出水负荷参考二沉池负荷，堰上水头大于 25mm，水位于三角堰齿 1/2 处。

② 出水收集应设在 UASB 反应器顶部，尽可能均匀地收集处理过的废水。

③ 采用矩形反应器时出水采用几组平行出水堰的多槽出水方式。

④ 采用圆形反应器时宜采用放射状的多槽或多边形槽出水。

4. 排泥系统设计

① UASB 反应器排泥一般采用重力排泥方式。

② UASB 反应器排泥点宜设在反应器底部（UASB 反应器排泥点宜设在污泥区中上部和底部两点，中上部排泥点距清水区下高度 $0.5\sim1.5m$ 处）。

③ 对于矩形池排泥应沿池纵向多点排泥。

④ 对一管多孔式布水管，可以考虑进水管兼作排泥或放空管。

5. 加热和保温系统

① UASB 反应器内温度控制在 $35℃\pm2℃$ 或 $55℃\pm2℃$；废水进入 UASB 系统前如不满足此要求应设置加热系统。

② UASB 反应器的加热装置宜采用热交换器进行加热或蒸汽直接加热。加热装置可以直接加热进水，也可以采用循环加热或反应器内部加热等方式。

③ 反应器的进水加热采用热交换器方式时，热交换器选型应根据废水的特性、介质温度和热交换后的温度确定。热交换器的换热面积应根据热平衡计算，计算结果应使设计传热面积相比传热的计算面积留有 $10\%\sim20\%$ 的富余量。

④ 加热装置的需热量计算如下。

a. 加热废水到 $35℃$ 的热量 Q_h。

$$Q_h = \frac{Q\lambda_f C_f(35-T)}{3.6} \tag{1-4-13}$$

式中，Q_h 为需热量，W；Q 为废水流量，m^3/h；λ_f 为密度，t/m^3，对于水为 $1t/m^3$；C_f 为比热容，$kJ/(kg\cdot℃)$，对于水为 $4.187kJ/(kg\cdot℃)$；T 为废水温度，℃。

b. 保持反应器温度需要的热量。

$$Q_0 = \frac{AK(35-T_0)}{3.6} \tag{1-4-14}$$

式中，Q_0 为需热量，W；A 为反应器外表面积，m^2；K 为总传热系数，$kJ/(m^2\cdot h\cdot℃)$；T_0 为气温，℃。

K 可以用下式计算：

$$K = \frac{1}{\alpha_1 + \dfrac{d_1}{\lambda_1} + \dfrac{d_2}{\lambda_2} + \alpha_0} \tag{1-4-15}$$

式中，α_1、α_0 分别为反应器内外层热传导系数；d_1、d_2 分别为第一、第二保温层的厚度；λ_1、λ_2 分别为第一、第二层的热传导率；α_1（液-壁）为 $8380\sim16760kJ/(m\cdot℃)$，$\alpha_0$（壁-气）为 $84kJ/(m\cdot h\cdot℃)$。

$$总的需热量\ Q_t = Q_h + Q_0 \tag{1-4-16}$$

⑤ 由于结构原因当反应器壁的总传热系数过大，所需加热量过高时，应采用聚氨酯保温板、聚苯乙烯板或玻璃丝棉板进行保温。

（五）设计实例

某啤酒厂日排出啤酒废水 $2600m^3/d$，废水的各项水质指标为：COD 平均值为 $2200mg/L$，SS 平均值为 $700mg/L$，pH 为 $6\sim7$，碱度为 $300\sim700mg\ CaCO_3/L$，TN 为 $25\sim83mg/L$，TP 为 $5\sim17mg/L$，水温为 $20\sim25℃$。拟采用 UASB 处理工艺，试设计 UASB 反应器。

解：经过对同类工业废水用 UASB 反应器处理运行结果的调查，在常温（$20\sim25℃$）

条件下 UASB 反应器的进水容积负荷可达 $5\sim6.0$kg COD/$(m^3\cdot d)$，COD 和 SS 的去除率分别为 85% 和 70%，沼气表现产率为 $0.4m^3$/kg COD，污泥的表现产率为 0.05kg VSS/kg COD，VSS/SS=0.8，厌氧污泥可实现颗粒化。

（1）处理后出水水质

已知预期 COD 的去除率可达 85%，则出水预期 COD 浓度为：
$$2200\times(1-0.85)=330 \ (mg/L)$$

已知预期 SS 的去除率可达 70%，则出水预期 SS 浓度为：
$$700\times(1-0.70)=210 \ (mg/L)$$

以上两项指标均可达到排入城市下水道的要求。

（2）UASB 反应器有效容积及长宽高尺寸的确定

采用进水 COD 容积负荷为 6.0kg COD/$(m^3\cdot d)$，则 UASB 反应器的有效容积为：
$$V=\frac{QS_0}{1000N_V}=\frac{2600\times2200}{1000\times6.0}=953 \ (m^3)$$

采用 2 座 UASB 反应器，其结构见图 1-4-17。每个反应器的容积为：
$$953\div2=476.5 \ (m^3)$$

反应器的有效高为 4.6m，则每个反应器的面积为
$$476.5\div4.6=103.6 \ (m^2)$$

设反应器的宽为 7.2m，则反应器的长为：
$$103.6\div7.2=14.4 \ (m)$$

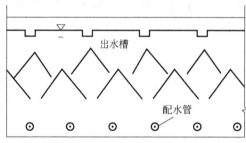

图 1-4-17　UASB 反应器结构示意图

（3）三相分离器设计

三相分离器沉淀区的表面水力负荷为：
$$q_V=\frac{Q}{A\times24\times2}=\frac{2600}{103.6\times24\times2}=0.52 \ [m^3/(m^2\cdot h)]$$

$q_V<1.0\sim2.0m^3/(m^2\cdot h)$，满足要求。

反应器结构尺寸如图 1-4-18 所示，该上、下三角形集气罩斜面水平夹角为 55°，取保护高度 $h_1=0.5m$，下三角形高度 $h_3=1.2m$，上三角形顶水深 $h_2=0.5m$，则有：
$$b_1=h_3/\tan\theta=1.2/\tan55°=1.2/1.428=0.84 \ (m)$$

设单元三相分离器 b 为 2.4m，则下集气罩之间的宽 b_2 为：
$$b_2=b-2b_1=2.4-2\times0.84=0.72 \ (m)$$

下三角形集气罩回流缝总面积 a_1 为：
$$a_1=b_2\times l\times n=0.72\times7.2\times6=31.1 \ (m^2)$$

则下三角形集气罩之间缝隙 b_2 中的水流上升流速 v_1 为：

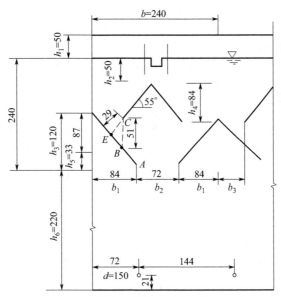

图 1-4-18 反应器结构尺寸（单位：cm）

$$v_1 = 2600 \div 24 \div 2 \div 31.1 = 1.74 \ (\text{m/h})$$

设 $b_3 = 0.35\text{m}$，则上三角形集气罩回流缝的总面积 a_2 为：

$$a_2 = b_3 \times l \times 2n = 0.35 \times 7.2 \times 2 \times 6 = 30.24 \ (\text{m}^2)$$

则上三角形集气罩回流缝的水流上升流速 v_2 为：

$$v_2 = 2600 \div 24 \div 2 \div 30.24 = 1.79 \ (\text{m/h})$$

a_2 为控制断面，满足 $v_1 < v_2 < 2.0\text{m/h}$ 的条件，具有较好的固液分离要求。

因为上三角下端 C 至下三角形斜面和垂直距离 $CE = b_3 \sin 55° = 0.35 \times 0.819 = 0.29$（m），$BC = CE / \sin 35° = 0.29 \div 0.5736 = 0.51$（m），取 $AB = 0.4\text{m}$，上三角形集气罩的位置即可确定。

其高 h_4 为：

$$h_4 = \left(AB \cos 55° + \frac{b_2}{2} \right) \tan 55° = \left(0.4 \times 0.5736 + \frac{0.72}{2} \right) \times 1.4281 = 0.84 \ (\text{m})$$

已知上三角形集气罩顶的水深为 0.5m，则上下三角形集气罩在反应器内的位置可以确定。

（4）布水系统计算

采用穿孔管配水，每个反应器设 8 根 d150mm 长 7.2mm 的穿管。每两根管之间的中心距为 1.44m，配水孔径采用 ϕ15mm，孔距为 1.44m，每个孔的服务面积为 $1.44 \times 1.44 = 2.07$（m²），孔径向下，穿孔管中心距反应器底 0.21m，每个反应器具有 32 个出水孔，若采用连续进水，每个孔流速为 2.66m/s。水力计算从略。

（5）出水渠的设计计算

采用锯齿形出水渠，渠宽 0.2m，渠高 0.2m，每个反应器设 6 条出水渠，基本可保持出水均匀。水力计算从略。

（6）沼气产量计算

每日沼气产量为：

$$Q_a = \frac{Q(S_0 - S_e)\eta}{1000} = \frac{2600 \times (2200 - 330) \times 0.45}{1000} = 2188 \ (\text{m}^3/\text{d})$$

（7）产泥量计算

$$\Delta X = \frac{Q(S_0 - S_e)\eta}{1000} = \frac{2600 \times (2200 - 330) \times 0.05}{1000} = 243.1 \ (\text{kg VSS/d})$$

$$243.1 \div 0.8 = 303.9 \ (\text{kg SS/d})$$

（六）应用举例

某屠宰厂废水设计水量 $3000\text{m}^3/\text{d}$，废水经二级处理后，要求达到国家《肉类加工工业水污染物排放标准》（GB 13457—92）中的一级标准，见表1-4-13。

表 1-4-13　屠宰厂废水设计参数

项　目	原废水	气浮池		厌氧 UASB 池		SBR 池	
$\text{COD}_{\text{Cr}}/(\text{mg/L})$	3000	2400	20%	492	80%	100	79.7%
$\text{BOD}_5/(\text{mg/L})$	1500	1350	10%	202.5	85%	30	85.2%
$\text{SS}/(\text{mg/L})$	1000	200	80%	140	30%	70	50.0%
$\text{NH}_4^+\text{-N}/(\text{mg/L})$						15	

本废水处理工程采用气浮＋厌氧 UASB＋SBR 池为主的工艺（见图1-4-19）。

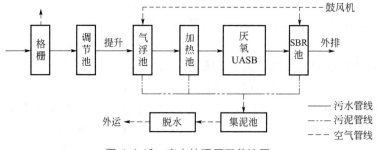

图 1-4-19　废水处理厂工艺流程

其中厌氧 UASB 的设计参数如下：
① 容积负荷 $5\text{kg BOD}_5/(\text{m}^3 \cdot \text{d})$；
② 总有效容积 $V = 1440\text{m}^3$；
③ 单池结构尺寸为直径 12.4m，高 6.5m；
④ 有效池深 6m；
⑤ 数量 2 座。
UASB 反应器共安装布水器 4 套，三相分离器 2 套均为非标产品。

第六节　厌氧流化床反应器

一、原理和功能

厌氧流化床是基于保持废水和微生物的充分接触而开发的一种厌氧反应器。该反应器内含有比表面积较大的惰性颗粒载体，厌氧微生物在颗粒载体的表面形成生物膜来保持系统内微生物浓度。液体与污泥的混合、物质的传递依靠这些带有生物膜的微粒形成流态化实现。流态化的实现依靠部分出水回流，使载体颗粒在整个反应器内处于流化状态。厌氧流化床最初采用的颗粒载体是沙子，随后采用低密度载体，如无烟煤和塑料物质以减少所需的液体上升流速，从而减少提升费用。由于流化床使用了比表面积很大的载体，因此反应器内厌氧微生物浓度较高。根据流速大小和颗粒膨胀程度，厌氧流化床可分成膨胀床和流化床，流化床一般按 20%～100% 的膨胀率运行。

流化床反应器的示意见图 1-4-20，其主要特点可归纳如下：

① 流态化能保证厌氧微生物与被处理的介质充分接触；

② 由于形成的生物量大，并且生物膜较薄，传质好，因此反应过程快，反应器的水力停留时间短；

③ 启动迅速，抗负荷冲击能力强；

④ 克服了厌氧生物滤池的堵塞和沟流问题；

⑤ 由于反应器负荷高，高度与直径比例大，因此可以减少占地面积。

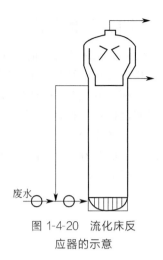

图 1-4-20　流化床反应器的示意

但是，厌氧流化床反应器存在着几个技术上的难点：

① 为了实现良好的流态化并使污泥和载体不致从反应器流失，必须使生物膜颗粒保持均匀的形状、大小和密度，但这几乎是难以做到的，因此稳定的流态化也难以保证；

② 为取得高的上升流速以保证流态化，流化床反应器需要大量的回流水，同时，由于载体重量较大，为便于载体颗粒流化和膨胀，需要回流的水量很大，这增加了运行过程的能耗，导致成本增加；

③ 流化床三相分离特别是固液分离比较困难，要求较高的运行和设计水平。

二、设计计算

（一）适用性

厌氧流化床工艺的设计进水水质 COD_{Cr} 一般应在 1000mg/L 以上。厌氧流化床工艺进水中悬浮物的含量一般不宜超过 500mg/L，否则应设置混凝沉淀或混凝气浮进行预处理。当进水悬浮物较高或可生化性差时，宜设置水解池进行预酸化。

（二）预处理要求

必需的预处理主要是去除进水中的悬浮固体、粗大油脂，以保证工艺的稳定性。高浓度的 SS 会破坏系统的水力特性，例如，堵塞布水系统或热交换系统。厌氧流化床处理工艺系统前应设置粗格栅、细格栅或水力筛。最后一道格栅的栅条间隙宜在 1～2mm 之间，宜采用旋转滤网等高效的固液分离设备。

（三）进水分配系统

良好的进水系统是流化床系统成功运行的关键因素之一。这一系统包括开孔向下的分支配水系统。开口大小要求保证配水的均匀性，同时还要防止堵塞。

通过研究发现，从技术和经济考虑，解决流化床堵塞的最好方法和材料是采用铁算子进行辅助配水。配水系统改进时，铁算子的结构上要注意保证其对称性。限制布水头的水力损失，而增加铁算子的总的水头损失。

（四）三相分离

厌氧流化床反应器的三相分离器需要承担 UASB 反应器所没有的脱膜功能。目前对厌氧流化床反应器研究得比较多的 Degremont 公司开发的 Anaflux 三相分离器申请了法国和欧洲专利。它包括一个内部的圆锥体，在沉淀区上部设置静止区，并起到虹吸作用使反应区和沉淀区之间通过转移管过渡。在过渡管中液体流速加快，促进液体中沼气气泡的合并、载体颗粒和悬浮颗粒的合并。沼气在反应器顶部收集，液相和固相通过虹吸，将可沉物质收集在锥体内，可被泵送回到反应区。Anaflux 厌氧流化床反应器结构示意如图 1-4-21 所示。

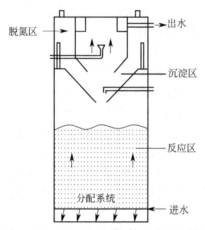

脱氮区　出水　沉淀区　反应区　分配系统　进水

图 1-4-21　Anaflux 厌氧流化床结构示意

如果锥体底部开孔，让可沉物质自然回流到反应区，由转移管和锥体内的密度差造成循环，可不需泵输送。另外非常重要的一点是，如果载体颗粒表面过量的生物膜在转移管中被高能冲刷自净，在这种情况下也可取消外部回流泵。

（五）预酸化反应器

厌氧流化床研究的成果和经验证实了两相系统对厌氧流化床稳定运行极为重要。在厌氧流化床反应器前，设置一个简单、低投资的酸化混合反应器，进行部分相分离，可以增加整个工艺的稳定性。这个反应器同时也可作为缓冲池，起到防止原废水水质波动的作用。酸化池需调节 pH 值（根据进水情况把 pH 值调节到 5.5～6.8 之间），以保持水解和酸化的最优条件。在厌氧处理工业废水过程中，对限速阶段的最优化（水解和甲烷化），可改善反应动力学和稳定性。另外，酸化池存在脱毒的可能（脂类）。酸化反应器的水力停留时间根据废水类型从 2～24h 不等，一般酸化反应器 COD 去除率为 10%～85%，酸化率为 30%～60%。

（六）厌氧流化床的载体

1. 载体选择

（1）载体的理化特性

流化床应用的载体物质很多，例如砂、煤、颗粒活性炭、网状聚丙烯泡沫、陶粒、多孔玻璃、离子交换树脂和硅藻土等。砂子和煤的表面光滑，需要的流化能量高。一般载体颗粒为球形或半球形，因为这样的形状易于形成流态化。选择流化床载体时，需要依据载体的有关理化特性，其汇总如下：a. 可以承受物理摩擦；b. 提供最大的微孔表面和体积，用于细菌群体附着生长；c. 需要最小的流化速度；d. 增加扩散/物质转移；e. 提供不规则的表面积，以减少微生物所遇到的摩擦。

流化床反应器载体粒径多在 0.2～0.7mm 之间。使用较小的载体，可使流化床在启动后较短时间获得相对高的负荷。Switzenbaum 等指出用 0.2mm 的载体代替 0.5mm 载体时，反应器效率有所改进。小的载体有较大的比表面积和较大的流态化程度，使生物膜更易生长。一般每立方米反应器约有 3000m^2 的表面积，微生物的浓度可达 40g MLVSS/L，使反应器的体积和所需的处理时间减少。

(2) 生物附着特性

Verrier 等（1988 年）研究了四种纯产甲烷菌群在不同憎水性表面最初附着问题。其中马氏产甲烷球菌不在任何物质，甚至黏土的表面附着生长；鬃毛产甲烷菌趋向于附着在憎水性的多聚体表面；而亲水的产甲烷菌趋向在亲水表面聚集生长。微生物在聚丙烯表面生长比在 PVC 表面要快，而在聚酰胺上面生长非常稀薄，这表明憎水性表面的生物附着是有优势的。采用复杂基质的连续培养进一步证实聚丙烯和聚乙烯憎水性表面的细菌种群比在亲水性 PVC 和聚乙醛表面生长更快。Reynolds 和 Colleran 注意到 Ca^{2+} 在生物固定生长方面起到非常重要的作用，实验证实 100～200mg/L 的 Ca^{2+} 浓度对微生物附着生长存在有利的影响。

2. 载体的比较

一般认为载体存在自然或加工后形成的空隙，对加强微生物的附着是有利的。与砂子载体相比，采用颗粒粒径为 425～610μm 烧结硅藻土载体的生物量要多 4～8 倍。Kindzierski 等对 420～850μm 的颗粒活性炭（GAC）、300～850μm 的阴离子交换树脂和 300～850μm 的阳离子交换树脂的研究发现，阳离子交换树脂可被微生物种群利用的表面积是 GAC 的 7 倍。

Suidan 等在流化床反应器实验时，用无烟煤和 GAC 作载体进行了对比实验，与 GAC 相比无烟煤的吸附能力很小。GAC 的吸附能力很高，对苯酚的超负荷冲击，短期内出水浓度不增加。在最初 100d，进水 200mg/L 的苯酚被吸附到出水可忽略的浓度。在 100d 之后，流化床的吸附能力几乎耗尽，大约有 100mg/L 苯酚泄漏出 GAC 床到出水中。

厌氧流化床反应器中形成的生物膜比厌氧滤器中的要薄，生物膜结构会因为载体的不同而存在较大差异。薄的生物膜利于物质的传递，同时能够保持微生物的高活性，因此流化床中污泥活性高于厌氧滤器。由于流化床中的颗粒不断运动，它的微生物种群的分布趋于均一化，所以与厌氧滤器有很大不同，在流化床中央区域，污泥的产酸活性和产甲烷活性都很高。

3. 颗粒活性炭（GAC）载体

颗粒活性炭提供了最佳的微生物附着生长的表面。其具有外部粗糙的表面，提供了优于其他大多数载体对微生物的庇护和附着。GAC 的湿密度较低，大约为 1.35g/cm^3，并且相对较硬可抵抗摩阻。GAC 总的比表面积是 570m^2/g，平均孔径小于 10^{-3} μm。测量表明可被细菌种群利用的表面积仅占总表面积很小的一部分，有 99.9% 的表面积不能被细菌种群所利用。虽然细菌无法利用微孔体积和相应的表面积（细胞平均尺寸是 0.3～2.0μm）。但微孔提供了吸附有机基质的位置，使得 GAC 载体具有贮存基质的能力，直到生物生长到具有足够能力来代谢这些基质。

活性炭的吸附特性增加了溶解性有机物在载体内的浓度，因此刺激生物生长和合成。

除上述载体外，使用活性炭作载体对有毒性废水厌氧处理具有较好的去除效果，其机理如下：

① GAC 的吸附特性使其可以缓冲高浓度的毒性基质；

② GAC 由于存在的裂缝、孔隙和不规则的表面，提供了微生物附着生长位置和提供避免水力等剪切力的保护而促进生物生长；

③ GAC 的吸附特性增加了基质在固-液界面的浓度，促进生物生长。

（七）设计相关问题

① 厌氧流化床反应器的载体种类、粒径、容积和上升流速需要根据试验来确定。

② 厌氧流化床反应器的上升流速应在最大上升流速和最小上升流速之间，上升流速的计算参考相关研究成果。

③ 厌氧流化床反应器目前的应用比较少，还无法形成成熟的设计方法。

（八）工程实例

表 1-4-14 列举了部分厌氧流化床应用的工程实例。

表 1-4-14 不同废水种类的 AFB 反应器运行情况

项目	清凉饮料	大豆加工	酵母发酵	酵母发酵	KP 纸浆漂白
废水量/(m³/d)	380	770	4320	1200	—
废水 COD/(mg/L)	6900	12000	3200	3600	700[①]
pH 值	—	6.7~7.1	6.8	7.4	6~8
厌氧消化相数	单相	二相	二相	二相	单相
流化床容积/m³	120	360	380	120	—
流化床高度/m	—	12.5	21	17	—
流化床直径/m	—	6.1	4.7	3.0	—
流化床个数/个	—	2	2	2	1
水力停留时间/h	6	16	2.4	3.2	3~12
消化温度/℃	—	35	37	37	35±2
容积负荷/[kg COD/(m³·d)]	9.6	12	22	20	—
微生物浓度/(kg/m³)	—	12	20	20	—
残余脂肪酸/(g/L)	—	600	<100	100	—
COD 去除率/%	77	76	70	75	50~60

第七节 厌氧膨胀床反应器

一、原理和功能

厌氧膨胀床是相对于厌氧流化床而言的，其运行流速控制在略高于初始流化速度的水平，相应的膨胀率为 5%~20%。目前广泛应用的膨胀床已经不再像流化床一样投加载体，而是通过自固定的方法形成颗粒状微生物体即颗粒污泥，在反应器内膨胀接触。一般是在原厌氧反应器的基础上，进行出水循环或气提循环，在反应器内形成能够使颗粒微生物发生膨胀的流速氛围，改善废水与微生物的接触环境，提高传质效果，这时的上升流速远高于 UASB 反应器，是 UASB 反应器上升流速的 5~10 倍。同时，通过改变三相分离系统，把高效的微生物截留在反应器内，保持反应器内微生物的较高浓度。该反应器可以实现较低的运行温度。

EGSB 和 IC 是两种新型的厌氧膨胀床反应器。

（一）EGSB 反应器

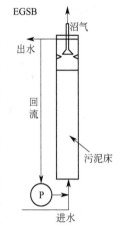

EGSB 反应器是一种上向流反应器，见图 1-4-22。废水从反应器底部进入，然后通过厌氧颗粒污泥床，在此有机物转化为沼气。颗粒污泥具有较好的沉降速率（60～80m/h），在水流速度（10m/h）和气流速度（7m/h）条件下使床体完全膨胀。污泥颗粒、沼气和出水在顶部或中部的三相分离器内分离。处理后的水从出水槽流出，沼气从沼气管线排出，颗粒污泥返回颗粒污泥膨胀床内。独有的三相分离器使该工艺具有比 UASB 反应器更高的水力负荷。

EGSB 反应器能在超高有机负荷［达到 30kg COD_{Cr}/(m^3·d)］下处理化工、生化和生物工程工业废水。同时，EGSB 反应器还适合处理低温（>10℃）、低浓度（<1.0g COD_{Cr}/L）和难处理的有毒废水。

图 1-4-22 EGSB 结构示意

实验室规模的 UASB 反应器和 EGSB 反应器在系统构成上的差别很小。不同点仅仅在于出水回流（泵），而有的 UASB 反应器也可能存在出水回流系统；高径比也不同。这从另一个角度理解，可以认为 EGSB 反应器的设计与 UASB 反应器的设计仍然存在很多的共同之处。EGSB 反应器同样包括：进水系统、反应器的池体、三相分离器和回流系统。

与 UASB 反应器相比，EGSB 有以下 5 个显著特点。

① EGSB 可在高负荷下取得高处理效率，在处理 COD_{Cr} 低于 1000mg/L 的废水时仍能有很高的负荷和去除率。尤其是在低温条件下，对低浓度有机废水的处理可以获得好的去除效果。

例如：

在 10℃时，UASB 负荷为 1～2kg COD_{Cr}/(m^3·d)，EGSB 为 4～8kg COD_{Cr}/(m^3·d)；

在 15℃时，UASB 负荷为 2～4kg COD_{Cr}/(m^3·d)，EGSB 为 6～10kg COD_{Cr}/(m^3·d)。

处理未酸化的废水时：

在 10℃时，UASB 负荷为 0.5～1.5kg COD_{Cr}/(m^3·d)，EGSB 为 2～5kg COD_{Cr}/(m^3·d)；

在 15℃时，UASB 负荷为 2～4kg COD_{Cr}/(m^3·d)，EGSB 为 6～10kg COD_{Cr}/(m^3·d)。

② EGSB 反应器内维持高的上升流速。在 UASB 中液流上升速度一般为 0.1～0.8m/h，而 EGSB 中其速度可高达 3～10m/h（最高 15m/h）。所以可采用较大高径比（15～40）的细高型反应器构造，有效地减少占地面积。

③ EGSB 的颗粒污泥床呈膨胀状态，颗粒污泥性能良好，在高水力负荷条件下，颗粒污泥的粒径为 3～4mm，凝聚和沉降性能好（颗粒沉速可达 60～80m/h），机械强度也较高（$3.2×10^4$N/m^2）。

④ EGSB 对布水系统要求较宽，但对三相分离器要求更严格，高水力负荷和气体搅拌作用，容易发生污泥流失。因此，三相分离器的设计成为 EGSB 高效稳定运行的关键。

⑤ EGSB 采用处理出水回流，对于低温和低负荷有机废水，回流可增加反应器的搅拌强度，保证了良好的传质过程，从而保证了处理效果。对于高浓度或含有毒物质的有机废水，回流可稀释进入反应器内的基质浓度和有毒物质浓度，降低其对微生物的抑制和毒害。

（二）内循环（IC）反应器

IC 工艺是基于 UASB 反应器颗粒化和三相分离器的概念而改进的新型反应器，属于厌

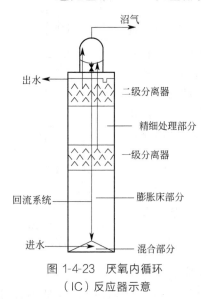

图 1-4-23 厌氧内循环
（IC）反应器示意

氧膨胀床的一种。厌氧内循环反应器（IC）是这样一个系统，它是由两个 UASB 反应器的单元相互重叠而成。它的特点是在一个高的反应器内将沼气的分离分为两个阶段。底部处于极端的高负荷，上部处于低负荷。第一个反应室包含颗粒污泥膨胀床，在此大多数的 COD 被转化为沼气。所产生的沼气被下层三相分离器收集，收集的气体产生气提作用，污泥和水的混合液通过上升管带到位于反应器顶部的气液分离器。沼气在这里从泥水混合液中分离出来，并且排出系统。泥水混合液直接流到反应器的底部，造成反应器的内部循环流。在反应器的较低的部分，液体的上升流速在 $10\sim20\mathrm{m/h}$ 之间。经过下部反应室处理后的废水进上部反应室，在此所有剩余的可生化降解的有机物（COD_{Cr}）将被去除。在这个反应室里液体的上升流速一般在 $2\sim10\mathrm{m/h}$。

IC 反应器是由四个不同的功能部分组合而成：混合部分、膨胀床部分、精处理部分和回流部分（图 1-4-23）。目前很多生产性规模的 IC 系统已经在国内外运行。

二、设计计算

（一）EGSB 反应器设计计算

1. 适用性

厌氧颗粒污泥膨胀床（EGSB）反应器主要适用于酒精、制糖、啤酒、淀粉加加工、皮革、罐头、饮料、牛奶与乳制品、蔬菜加工、豆制品、肉类加工、造纸、制药、石油精炼及石油加工、屠宰等各种工业废水处理工程。

2. 预处理要求

预处理包括格栅、沉砂池、沉淀池、调节池、pH 调节及混合加热或降温措施等。

（1）格栅

废水中可能含有纤维、纸张、塑料制品等大小不一的固体杂质，为防止机械设备以及管道磨损或堵塞，保证后续处理构筑物和设备的正常运行，应设置格栅进行预处理。根据需要可设置粗、细格栅，格栅的设计可参照前述厌氧单元的设计。

（2）沉砂池

当处理某些含砂砾较多的工业废水，如酿酒废水、屠宰废水、畜禽粪便废水等时，应设置沉砂池。

（3）沉淀池

处理造纸、淀粉等含有大量悬浮物的废水时，为防止有机悬浮物流入厌氧反应器，造成有机物负荷的增加，同时为有效防止无机固体在反应器内积累，应设置初沉池进行预处理。

（4）调节池

企业废水一般均间歇排放，水质水量波动较大，而厌氧反应对水质、水量较大的冲击负荷比较敏感，所以设置调节池以稳定水质水量，保证系统的处理负荷在平稳的范围内波动。调节池的设计应符合如下要求：

① 调节池容量应根据废水流量变化曲线确定；没有流量变化曲线时，调节池的容量应满足生产排水周期中水质水量均化的要求，停留时间宜为 $6\sim12h$；如为间歇运行，调节池容量宜按 $1\sim2$ 个周期设置。

② 调节池可兼用作中和池，也可在其内设置营养盐补充装置。

③ 调节池出水端应设置去除浮渣装置，池底宜设置除砂和排泥装置。

（5）pH 值调节及加药装置

为了保持厌氧反应器中 pH 值稳定在适宜的范围内，一般可向进水中投加碱性或酸性物质。药剂要有一定的储存量和相应的储存设备，在投加现场要设药剂溶解、调配和定量投加设备，根据 pH 值调节情况，必要时设二次调节。

（6）温度调节

反应器可在常温、中温、高温范围内运行。常温厌氧的温度宜保持在 $20\sim25℃$，中温厌氧宜保持在 $30\sim35℃$，高温厌氧宜保持在 $50\sim55℃$，如不能满足设计温度要求应设置加热或降温装置。加热方式分池外加热和池内加热两类，池内加热宜采用热水循环加热方式，降温宜采用冷却水池或冷却塔等措施进行降温。

3. EGSB 反应器设计计算

（1）反应器有效容积

EGSB 反应器容积宜采用容积负荷法计算，公式为：

$$V = \frac{QS_0}{N_V}$$

式中，V 为反应器容积，m^3；Q 为废水流量，m^3/d；S_0 为进水有机物浓度，kg COD_{Cr}/m^3；N_V 为容积负荷，kg $COD_{Cr}/(m^3 \cdot d)$。

反应器的容积负荷应通过试验或者参照类似工程确定，在缺少相关资料时可参照表 1-4-15 的相关内容确定，EGSB 反应器容积负荷范围宜为 $10\sim30$ kg $COD_{Cr}/(m^3 \cdot d)$。

表 1-4-15　实际工程 EGSB 反应器的设计负荷统计表

序号	废水类型	实际工程			
		负荷/[kg $COD_{Cr}/(m^3 \cdot d)$]			统计厂家数
		平均	最高	最低	
1	化工	12.0	25.8	5.3	14
2	啤酒厂	16.6	30.2	13.0	12
3	甜菜糖等	20.0	22.8	18.7	3
4	土豆加工	14	17.1	9.3	3
5	酵母业、玉米加工	23.9	29.0	14.6	3
6	柠檬酸、蔬菜加工	18.0	25.1	12.0	6
7	食品加工	14.2	18.9	10.0	7
8	制药厂	16.2	22.5	12.0	8
9	淀粉和乙醇、调味品	15.0	25.0	9.0	16
10	淀粉糖	18.0	26.0	13.0	6

（2）反应器池体结构

EGSB 反应器单体池容不宜过大，且鉴于采用的高径比较大，故 EGSB 厌氧反应器一般采用圆柱形结构。圆形反应器具有结构稳定的优点，建造费用比具有相同面积的矩形反应器至少要低 12%。可采用不锈钢、加防腐涂层的碳钢、钢筋混凝土等材料。

（3）反应器几何尺寸

① EGSB 反应器的有效水深一般宜在 15～24m 之间。

② EGSB 反应器内废水上升流速宜在 3～7m/h 之间。

③ EGSB 反应器宜为圆柱状塔形，反应器的高径比宜在 3～8 之间。

④ EGSB 反应器应根据设计进水流量，设置不小于两个的反应器，并联设计，反应器的单体最大容积宜小于 1500m³。

4. EGSB 反应器系统设计

（1）三相分离器设计

宜采用整体式或组合式的三相分离器，三相分离器基本结构见图 1-4-24。

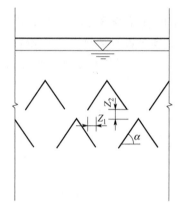

图 1-4-24　三相分离器基本结构

① 整体式三相分离器斜板倾斜角度 α 在 55°～60° 之间。

② 分体式三相分离器反射板与缝隙之间的遮盖 Z_1 宜在 100～200mm，层与层之间的间距 Z_2 宜在 100～200mm。

③ 可采用单级三相分离器，也可采用双级三相分离器，当设置双级三相分离器时，下级三相分离器宜设置在反应器中部，上级三相分离器宜设置在反应器上部。

④ 出气管的直径应保证从集气室引出沼气。

⑤ 处理废水中含蛋白质、脂肪或大量悬浮固体时，宜在出水收集装置前设置消泡喷嘴。

（2）布水系统设计

① 布水装置宜采用一管多孔式和多管布水方式。

② 一管多孔式布水孔口流速应大于 2m/s，穿孔管直径应大于 100mm，配水管中心距反应器池底宜保持 150～250mm 的距离。

③ 多管布水每个进水口负责的布水面积宜为 2～4m²。

（3）出水收集系统

① 出水收集系统应设置在反应器顶部。

② 圆柱形 EGSB 反应器出水宜采用放射状的多槽或多边形槽出水方式。

③ 集水槽上应加设三角堰，堰上水头应大于 25mm，水位宜在三角堰齿 1/2 处。

④ 出水堰口负荷宜小于 1.7L/(s·m)。

（4）循环系统

EGSB 反应器有内循环和外循环两种方式，均由水泵加压实现，回流比根据上升流速确定，上升流速按下式计算。

$$v = \frac{Q + Q_{回}}{A}$$

式中，v 为反应器上升流速，m/h；Q 为反应器进水流量，m³/h；$Q_{回}$ 为反应器回流流量，包括内回流和外回流，m³/h；A 为反应器表面积，m²。

EGSB 反应器外循环出水宜设旁通管接入混合加热池；反应器外循环、内循环进水点宜设置在原水进水管道上，与原水混合在一起进入反应器。

（5）排泥系统设计

① EGSB 反应器的污泥产率为 $0.05\sim0.10$kg VSS/kg COD，排泥频率宜根据污泥浓度分布曲线确定。应在不同高度设置取样口，根据监测污泥的浓度制定污泥分布曲线。

② EGSB 反应器宜采用重力多点排泥方式，排泥点宜设在污泥区的底部。

③ 排泥管管径应大于 150mm，底部排泥管可兼作放空管。

（6）加热装置

加热装置的需热量按下式计算。

$$Q_t = Q_h + Q_d$$

式中，Q_t 为总热量，kJ/h；Q_h 为加热废水到设计温度需要的热量，kJ/h；Q_d 为保持反应器温度需要的热量，kJ/h。

（7）沼气系统

EGSB 系统的沼气产量按下式计算

$$Q_a = \frac{Q(S_0 - S_e)\eta}{1000}$$

式中，Q_a 为沼气产量，m^3/d；Q 为进水流量，m^3/d；η 为沼气产率，m^3/kg COD，一般为 $0.45\sim0.50m^3/kg$ COD；S_0 为出水有机物浓度，mg COD/L；S_e 为出水有机物浓度，mg COD/L。

5. EGSB 反应器设计实例

某 EGSB 反应器，设计进水流量 $Q = 240m^3/d$，进水 COD 浓度为 3000mg/L，容积负荷 N_V 为 14.4kg COD/（$m^3 \cdot d$），停留时间 t_{HRT} 为 5h。试设计 EGSB 反应器。

（1）反应器有效容积

$$V = \frac{QS_0}{N_V} = \frac{240 \times 3}{14.4} = 50 \ （m^3）$$

（2）反应器尺寸

取反应器的有效高度：$h = 10m$

反应器面积：$A = \dfrac{V}{h} = \dfrac{50}{10} = 5 \ （m^2）$

反应器直径：$d = \sqrt{\dfrac{4A}{\pi}} = \sqrt{\dfrac{4 \times 5}{\pi}} = 2.52 \ （m）$

取反应器总高 $H' = 12.5m$，其中超高为 0.5m。

反应器总容积：$V' = A(H' - 0.5) = 5 \times 12 = 60 \ （m^3）$

EGSB 反应器的体积有效系数：$\dfrac{50}{60} \times 100\% = 83.33\%$

（3）反应器的上升流速

取回流量为 15m^3/h，则 $Q' = Q + 15 = 240 \div 24 + 15 = 25 \ （m^3/h）$

上升流速：$v = \dfrac{Q'}{A} = \dfrac{25}{5} = 5 \ （m/h）$

（4）三相分离器的设计

EGSB 反应器的三相分离器结构如图 1-4-25 所示。

① 沉淀区设计

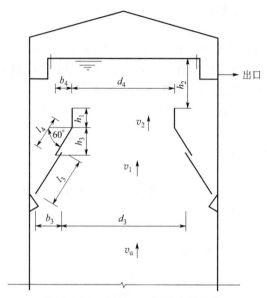

图 1-4-25 EGSB 三相分离器结构

沉淀区的表面水力负荷为：

$$q = \frac{Q'}{A} = \frac{25}{5} = 5.0 [m^3/(m^2 \cdot h)]$$

② 回流缝设计

上、下三角形导流筒斜面与水平夹角为 $\theta = 60°$，取保护高度 $h_1 = 0.5m$，上导流筒距顶水面 $h_2 = 0.7m$，取下导流筒高 $h_3 = 0.6m$。下导流筒的宽度 $b_3 = \frac{h_3}{\tan 60°} = \frac{0.6}{\tan 60°} = 0.35$ (m)；下导流筒长度 $l_3 = \frac{h_3}{\sin 60°} = \frac{0.6}{\sin 60°} = 0.69$ (m)

设下导流筒距器壁 $a_1 = 0.05m$，则下导流筒直径为：

$$d_3 = d - 2(b_3 + a_1) = 2.52 - 2 \times (0.35 + 0.05) = 1.72 \text{ (m)}$$

下导流筒面积为：$A_1 = \frac{\pi}{4} d_3^2 = \frac{\pi}{4} \times 1.72^2 = 2.32$ (m²)

水流经下导流筒的上升流速为：$v_1 = \frac{Q'}{A_1} = \frac{25}{2.32} = 10.78$ (m/h)

设上导流筒高 $h_4 = 0.4m$。

上导流筒的宽度 $b_4 = \frac{h_4}{\tan 60°} = \frac{0.4}{\tan 60°} = 0.23$ (m)

上导流筒的长度 $l_4 = \frac{h_4}{\sin 60°} = \frac{0.4}{\sin 60°} = 0.46$ (m)

设上、下导流筒间距为 $a_2 = 0.05m$；重叠长度为 $m = 0.1m$，则

重叠水平宽度为：$m' = m\cos\theta = 0.1 \times \cos 60° = 0.05$ (m)

重叠垂直高度为：$h' = m\sin\theta = 0.1 \times \sin 60° = 0.087$ (m)

上导流筒直径为：

$$d_4 = d_3 - 2(b_4 - m') = 1.72 - 2 \times (0.23 - 0.05) = 1.36 \text{ (m)}$$

上导流筒面积为：$A_2 = \frac{\pi}{4} d_4^2 = \frac{\pi}{4} \times 1.36^2 = 1.45$ (m²)

水流经上导流筒的上升流速为：$v_2 = \dfrac{Q'}{A_2} = \dfrac{25}{1.45} = 17.24$（m/h）

以 A_2 为控制断面，颗粒污泥 $v_1 < v_2$，满足要求，具有较好的固液分离效果。

设超高 $h_5 = 0.3$m，三相分离区总高度：$h = h_2 + h_3 + h_4 + h_5 - h' = 0.7 + 0.6 + 0.4 + 0.3 - 0.087 = 1.913$（m）

EGSB 反应器总高 $H = 12.5$m，其中超高为 0.5m，沉淀区高为 2m，污泥床高为 4m，悬浮区高为 6m。

（5）布水系统的设计

采用大阻力配水系统，4 个布水点，均匀分布在池底，进水口距池底 0.3m，进水负荷为 2.1m³/个布水口。

取 $u_1 = 0.5$m/s、$u_2 = 0.8$m/s、$u_3 = 1.0$m/s、u_4（出孔口）$= 3.0$m/s，回流量为 15m³/h，则 $Q' = Q + 15 = 25$（m³/h）。

$$d_1 = \sqrt{\frac{Q'}{0.785u_1}} = \sqrt{\frac{25}{3600 \times 0.785 \times 0.5}} = 0.133（m）= 133（mm），取 150mm$$

$$d_2 = \sqrt{\frac{Q_2}{0.785u_2}} = \sqrt{\frac{0.5Q'}{0.785u_2}} = \sqrt{\frac{0.5 \times 25}{3600 \times 0.785 \times 0.8}} = 0.074（m）= 74（mm），$$
取 80mm

$$d_3 = \sqrt{\frac{Q_3}{0.785u_3}} = \sqrt{\frac{0.5^2 Q'}{0.785u_3}} = \sqrt{\frac{0.5^2 \times 25}{3600 \times 0.785 \times 1.0}} = 0.047（m）= 47（mm），$$
取 50mm

$$d_4 = \sqrt{\frac{Q_4}{0.785u_4}} = \sqrt{\frac{0.5^3 Q'}{0.785u_4}} = \sqrt{\frac{0.5^3 \times 25}{3600 \times 0.785 \times 3.0}} = 0.019（m）= 19（mm），$$
取 20mm

（6）出水系统设计

出水堰与沉淀池出水装置相同，即汇水槽上加设三角堰，采用正三角形出水堰。

设计堰上水头 $H_W = 3$cm，三角堰角度 $\theta = 60°$。由于堰上水头和过流堰宽 B 之间的关系为 $\dfrac{B}{2H_W} = \tan\dfrac{\theta}{2}$，则 $B = 2 \times 3 \times \tan30° = 3.46$（cm）。

设计三角堰宽为 10cm，流量系数 C_d 取 0.62，则单堰过堰流量为：

$$q = \frac{8}{15}C_d\sqrt{2g}\tan\frac{\theta}{2}H_W^{2.5} = \frac{8}{15} \times 0.62 \times \sqrt{2g} \times \tan30° \times 0.03^{2.5} = 0.00013（m^3/s）$$

反应池应该布置的三角堰总数为：$N = \dfrac{25}{3600 \times 0.00013} = 53.42$（个），取 N 为 54 个

出水堰总长 $l = 10 \times 54 = 540$（cm）$= 5.4$（m）；设出水堰宽为 0.2m，高为 0.5m，距上导流筒 0.1m。

总周长 $L = \pi d = \pi \times (2.52 - 0.2 \times 2) = 6.66$（m）。出水堰总长小于总周长，满足要求。

由于出水堰总长小于总周长，因此，需间隔布置出水堰，两个出水堰堰顶间距 $B' = \dfrac{6.66 - 5.4}{54} = 0.023$（m），取 3cm。

（7）排泥量计算

厌氧生物处理污泥产率 $f_{泥} = 0.08$kg VSS/kg COD；COD 去除率 75%。则反应器总产泥量为：

$$\Delta X = \frac{QS_0 \eta f_{泥}}{1000} = \frac{240 \times 3000 \times 0.75 \times 0.08}{1000} = 43.2 \text{ (kg VSS/d)}$$

（8）沼气产量计算

沼气产率 $f_{气}$ 取 $0.45 \text{m}^3/\text{kg COD}$，则每日沼气产量为：

$$Q_a = \frac{QS_0 \eta f_{气}}{1000} = \frac{240 \times 3000 \times 0.8 \times 0.45}{1000} = 243 \text{ (m}^3/\text{d)}$$

6. EGSB 反应器应用实例

以 EGSB 为代表的第三代厌氧生物反应器，已经成为目前和将来厌氧生物处理的主流工艺。EGSB 反应器已应用于以下特殊场合和领域，并将在这些领域发挥更大作用。

① EGSB 适用于各种浓度（低、中、高）废水处理　在处理低浓度有机废水时，处理出水回流促进良好的水力混合；在处理高浓度有机废水时，回流则起到稀释作用。

② 处理含有毒性物质的废水　EGSB 由于采用处理出水回流，可以有效地稀释，进而降低进水中有毒物质的浓度和毒性。

③ EGSB 特别适用于低温条件下　其最低允许进水浓度和处理效果都明显优于其他厌氧处理工艺。

④ 适用于高悬浮物含量的废水　EGSB 上升流速高，可将悬浮物带出反应器。

EGSB 还可应用于生活污水、垃圾填埋厂的渗滤液以及农业废物废水处理领域。表 1-4-16 中列出了国外文献报道的各类型废水应用实例。

表 1-4-16　EGSB 反应器在各类废水的应用

废水种类	温度 /℃	反应器容积 /L	进水 COD_{Cr} 浓度 /(mg/L)	水力停留 时间/h	COD_{Cr} 容积负荷 /[kg/(m³·d)]	COD_{Cr} 去除率/%
长链脂肪酸废水	30±1	3.95	600~2700	2	30	83~91
甲醛和甲醇废水	30	275000	40000	1.6	6~12	>98
低浓度酒精废水	30±2	2.5	100~200	0.09~2.1	4.7~39.2	83~98
酒精废水	30	2.18~13.8	500~700	0.5~2.1	5.4~32.4	56~94
啤酒废水	15~20	225.5	666~886	1.6~2.4	9~10.1	70~94
低湿麦芽糖废水	13~20	225.5	282~1436	1.5~2.1	4.4~14.6	56~72
蔗糖和 VFA 废水	8	8.6	550~1100	4	5.1~6.7	90~97

注：甲醛和甲醇废水的处理水回流比为 30 倍。

（二）内循环（IC）反应器设计计算

IC 反应器设计主要包括反应器的几何尺寸、反应器的容积负荷、三相分离器、布水系统及循环系统等。

1. 反应器容积

经验表明：第一反应室 COD 去除率为 80% 左右，第二反应室 COD 去除率为 20% 左右。

$$第一反应室体积 V_1 = \frac{Q(S_0 - S_e)\eta_1}{1000 N_{V1}}$$

$$第二反应室体积 V_2 = \frac{Q(S_0 - S_e)\eta_2}{1000 N_{V2}}$$

$$V = V_1 + V_2$$

式中，Q 为废水流量，m^3/d；N_{V1}、N_{V2} 分别为第一、第二反应室容积负荷，$kg\ COD_{Cr}/(m^3 \cdot d)$；$S_0$ 为进水 COD 浓度，$kg\ COD_{Cr}/m^3$；S_e 为出水 COD 浓度，$kg\ COD_{Cr}/m^3$；η_1、η_2 分别为第一、第二反应室 COD 去除率。

2. 反应器系统设计

（1）三相分离器设计

三相分离器同 UASB，详细可参考 UASB 中三相分离器的设计。

（2）布水系统设计

反应器底部配水管的方式可以是多样的，详见 UASB 布水方式。

（3）循环系统设计

IC 反应器中的三相分离器、气液分离器和沼气提升管、泥水下降管构成了反应器的"心脏"和循环系统。一级三相分离器收集的沼气经由沼气提升管携带泥水导入顶部的气液分离器，分离后的泥水再沿泥水下降管返回反应器底部，与底部进水充分混合。因此沼气提升管的设计要考虑能够使所收集的沼气顺利导出，还要考虑由气体上升产生的气提作用能够带动泥水上升至顶部的气液分离器。泥水下降管必须保证不被下降的污泥堵塞，其管径比沼气提升管管径粗一些，以利于泥水在重力作用下自然下降至反应器底部和进水混合。

其他可参照 UASB 反应器进行设计。

3. 内循环（IC）反应器设计实例

某高浓度柠檬酸废水，进水量为 $3000m^3/d$，进水 COD 浓度 S_0 为 $12000mg/L$，出水 COD 浓度 S_e 为 $1800mg/L$。试设计 IC 反应器。

（1）有效容积

IC 反应器涉及第一、第二反应室，第一反应室去除总 COD 的 80% 左右，而第二反应室去除总 COD 的 20% 左右。

取第一反应室的容积负荷 $N_{V1}=35kg\ COD/(m^3 \cdot d)$，第二反应室的容积负荷 $N_{V2}=12kg\ COD/(m^3 \cdot d)$，则

第一反应室的有效容积：

$$V_1 = \frac{Q(S_0-S_e)\eta}{1000N_{V1}} = \frac{3000 \times (12000-1800) \times 80\%}{1000 \times 35} = 700 \ (m^3)$$

第二反应室的有效容积：

$$V_2 = \frac{Q(S_0-S_e)\eta}{1000N_{V2}} = \frac{3000 \times (12000-1800) \times 20\%}{1000 \times 12} = 510 \ (m^3)$$

IC 反应器的总有效容积 $V = V_1 + V_2 = 700 + 510 = 1210 \ (m^3)$，取 $1250m^3$。

（2）反应器的几何尺寸

本设计的 IC 反应器高径比取 2.5。

$$V = AH = \frac{\pi H}{4}d^2 = \frac{2.5\pi}{4}d^3$$

则

$$d = \sqrt[3]{\frac{4V}{2.5\pi}} = 8.6 \ (m)，取 9m$$

$$H = 2.5 \times 9 = 22.5 \ (m)，取 23m$$

IC 反应器的底面积 $A = \frac{\pi}{4}d^2 = \frac{\pi}{4} \times 9^2 = 63.6 \ (m^2)$，则

第二反应室高度 $\qquad H_2=\dfrac{V_2}{A}=\dfrac{510}{63.6}=8$ （m）

第一反应室高度 $\qquad H_1=H-H_2=23-8=15$ （m）

（3）IC 反应器的循环量

进水在反应器中的总停留时间为 $t_{HRT}=\dfrac{V}{Q}=\dfrac{1250}{3000\div24}=10$ （h）

设第二反应室内液体升流速度为 4m/h，则需要循环泵的循环量为 256m³/h。第一反应室液体升流速度为 10~20m/h，主要由厌氧反应产生的气体推动的液流循环所带动。第一反应室所产生的沼气量为：$Q_{沼气}=3000\times(12-1.8)\times0.8\times0.35=8568$ （m³/d）。

每立方米的沼气上升时携带 1~2m³ 的废水上升至反应器顶部，顶部气水分离后，废水从中心管回流至反应器底部，与进水充分混合。由于产气量为 8568m³/d，则回流废水量为 8568~17136m³/d，即 357~714m³/h，加上 IC 反应器废水循环泵循环量 256m³/h，则在第一反应室中总的上升水量达到了 613~970m³/h，上升流速可达 9.64~15.25m³/h，可见 IC 反应器设计符合运行要求。

（4）三相分离器

三相分离器单元结构示意见图 1-4-26。v_L 为上升液流速度，v_S 为颗粒污泥沉降速度，v_G 为气泡上升速度。BB' 间水流上升速度一般小于 20m/h，则 BB' 间总面积 S 为：

$$S=\frac{Q}{20}=\frac{254}{20}=12.7 \ (\text{m}^2)$$

式中，Q 为 IC 反应器循环的流量。$S=(b_1\times3+b_1\times4)\times4$，则 $b_1=0.45$m，即相邻两上挡板的间距为 450mm。

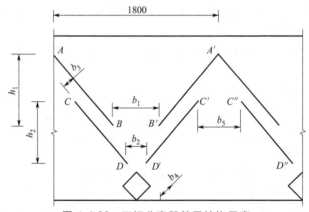

图 1-4-26　三相分离器单元结构示意

两相邻下挡板间距离相距 $b_2=200$mm；上下挡板间回流缝 $b_3=150$mm，板间缝隙液流速度为 30m/h；气封与下挡板间距离 $b_4=100$mm；两下挡板间距离 $b_5=400$mm，板间液流速度大于 25m/h。

三相分离器沉淀区斜壁倾斜度选 50°，上挡板三角顶与集气罩顶间距 300mm。设计 IC 反应器 $h_1=0.85$m，$h_2=0.7$m。

（5）布水系统

采用切线进水的布水方式，布水器具有开闭功能，即泵循环时开口出水，停止运行时自动封闭。

每 2~5m² 设置一布水点，出口水流速度 2~5m/s。拟设 24 个布水点，每个负荷面积

为 $S_i = \dfrac{63.6}{24} = 2.65$（$m^2$）。

单点配水面积 $S_i = 2.65m^2$ 时，配水半径 $r = 0.92m$。

取进水总管中流速为 $1.6m/s$，则进水总管管径为：

$$D = 2\sqrt{\dfrac{Q}{v\pi}} = 2\times\sqrt{\dfrac{3000/24/3600}{1.6\times3.14}} = 0.166\ (m) = 166\ (mm)$$

配水口 8 个，配水口出水流速选为 $2.5m/s$，则配水管管径

$$d = 2\times\sqrt{\dfrac{Q}{n\pi u}} = 2\times\sqrt{\dfrac{3000/24/3600}{8\times3.14\times2.5}} = 0.047\ (m) = 47.0\ (mm)$$

（6）出水系统的计算

出水渠宽取 $0.3m$，工程设计 4 条出水渠。设出水渠渠口附近流速为 $0.2m/s$，则

$$出水渠水深 = \dfrac{流量}{流速\times渠宽} = \dfrac{3000\div24\div3600}{4\times0.3\times0.2} = 0.145\ (m)$$

设计出水渠渠高位 $0.2m$，出水渠出水直接进入下一反应单元进一步处理。

（7）排泥量的计算

取 $X = 0.05kg\ VSS/kg\ COD$，则产泥量为：

$$\Delta X = \dfrac{Q(S_0 - S_e)\eta}{1000} = \dfrac{3000\times(12000-1800)\times0.05}{1000} = 1530\ (kg\ VSS/d)$$

$VSS/SS = 0.8$，则 SS 的产量为 $\dfrac{1530}{0.8} = 1912.5$（$kg/d$）

（8）沼气产量计算

$$Q_a = \dfrac{Q(S_0 - S_e)\eta}{1000} = \dfrac{3000\times(12000-1800)\times0.45}{1000} = 13770\ (m^3/d)$$

4. IC 反应器应用实例

IC 反应器的运行结果见表 1-4-17。

表 1-4-17　IC 反应器处理各类工业废水

废水种类	容积负荷/[kg COD/($m^3\cdot d$)]	水力停留时间/h	沼气产量/(m^3/kg COD)	总 COD 去除率/%	溶解 COD 去除率/%
高浓度土豆加工废水	30～40	4～6	0.52	80～85	90～95
低浓度啤酒废水中试	18	2.5	0.31	61	77
生产性装置	26	2.2	0.43	80	87

第八节　沼气收集和利用

厌氧反应器产生的沼气需要容器储存并输送到适当场所加以利用或排放。沼气在利用或排放前均需处理，主要包括脱硫、脱水和除臭。利用沼气的方法有发电和通过锅炉燃烧产生蒸汽等。直接排放有空气稀释排放和气体燃烧装置燃烧排放等。在实践中可将上述方法适宜地组合起来使用。沼气处理和利用的主要设备有脱硫塔、沼气柜、水封罐、产生蒸汽的锅炉、发电设备、生物除臭设备和大气排放塔或剩余气体燃烧火炬。

一般天然气的能量含量为 $8450kcal/m^3$（$1kcal = 4.18kJ$），而甲烷的能量含量为 $9410kcal/m^3$。但是，一般厌氧反应器产生的气体包含二氧化碳等气体，称为沼气。沼气中

的二氧化碳浓度体积比通常为 15%～20%，因此其能量含量相对于甲烷要低。

一、沼气脱硫

（一）沼气中硫化氢浓度的估算

如果原废水中含有硫酸根离子，则会有硫化氢产生；含有蛋白质的情况下，将有氨产生。沼气气体中硫化氢浓度一般很低，其产量根据废水中含有的硫化物量的多少而变化。沼气中即使硫化氢的含量很少，也会在气体利用时遇到问题。因此，必须正确估计其浓度。实际的设计中，有必要利用实验等方法确认硫化氢浓度。没有实验时可参考计算公式。可以根据下面的公式，依据物料衡算的原则，计算出沼气气体中的硫化氢浓度。

$$S_{H_2S} = \frac{22.4}{24} \times \frac{S_{SO_4^{2-}} \beta \times 10^6}{S_0 \eta g [1 + S_{CO_2}/100 + a(1 + K_1/[H^+])]}$$

式中，S_0 为原水 COD 浓度，g COD_{Cr}/L；$S_{SO_4^{2-}}$ 为原水硫酸盐浓度，g SO_4^{2-}-S/L；η 为 COD_{Cr} 去除率；g 为沼气气体产生率，L/g COD_{Cr}；β 为原水中的硫酸盐转换成 H_2S 的比例；K_1 为 H_2S 的解离常数，$K_1 = \frac{[H^+][HS^-]}{[H_2S]}$，35℃时取 14.9×10^{-8}；a 为气液平衡常数，35℃时取 1.83；S_{CO_2} 为沼气中的 CO_2 浓度；$[H^+]$ 为氢离子浓度，g 离子/L。

（二）脱硫塔

1. 干法脱硫

如用地面积小，则可采用干式脱硫装置。脱硫剂一般需三个月更换一次。当沼气作为燃气机等的燃料时，为了避免沼气喷嘴或燃气机的运转发生故障，沼气还应进一步净化，主要是过滤，以去除气体中的固体微粒。过滤装置有砂砾过滤器、气体过滤器等。

干法脱硫一般采用常压氧化铁法脱硫，选用经过氧化处理的铸铁屑作脱硫剂，疏松剂一般为木屑，放在脱硫箱中，气体以 0.4～0.6m/min 的流速通过。当沼气中硫化氢含量较低时，气体流速可适当提高，接触时间一般为 2～3min。吸收塔最少应设两组，以便交换使用，便于检修维护。设计温度为 25～35℃时，脱硫装置应有保温措施，且脱硫装置前应有凝结水疏水器。

图 1-4-27　沼气脱硫塔的应用实例

2. 湿式脱硫

一般当沼气中硫化氢含量高，且气量较大时，适合采用湿式脱硫，同时还可去除部分二氧化碳，提高沼气中甲烷的含量。湿式脱硫装置主要由两部分组成，吸收塔和再生塔（图 1-4-27）。含 2%～3% 的碳酸钠溶液，由吸收塔塔顶向下喷淋，沼气由下而上逆流接触，除去硫化氢。碳酸钠溶液吸收硫化氢后，经再生塔，通过催化剂使其再生，可以反复使用。此外，还可利用处理厂的出水，对沼气进行喷淋水洗，去除硫化氢。在温度为 20℃，压力为 1atm（1atm = 101.325kPa）时，每立方米水能溶解 2.3m³ 硫化氢。

脱硫塔的设计应以远期处理能力为基准，可采用圆筒立型（干式脱硫）。脱硫塔的设计最好采用 2 个，并列交互使用。脱硫塔部分设计要求及参数如下。

① 塔断面面积设计时，其中气体上升速度要超过 $24\sim60m/h$。

② 塔断面面积（m^2）＝沼气气体产生量（m^3/h）/气体上升速度（m/h）。

③ 吸附剂不宜频繁更换，一般更换天数在 60d 以上。

④ 脱硫剂填充量根据硫化氢去除率、脱硫剂的吸附率、更换量来计算。一般采用脱硫剂的吸附效率在 $7\%\sim15\%$（重量）。

⑤ 脱硫剂量（kg）＝沼气量（m^3/d）×[H_2S 浓度（mL/m^3）×10^6×(34/22.4)×100/吸附率（%）]×天数(d)。

（三）生物脱硫工艺

为从废水中除去硫化物，现在普遍使用物理-化学处理过程。化学氧化法和化学沉淀法都需要外加氧化剂和沉淀剂，这要消耗大量能量、化学药品费用及后处理费用，这是这类方法的最大缺点。生物法处理硫化物是一种比较理想的处理方法，国内外都对生物脱硫进行了深入研究。

硫化物的氧化可以在好氧、厌氧或兼氧条件下完成。生物脱硫是利用无色细菌将硫化物氧化成单质硫。在这个反应器中发生如下反应：

$$H_2O+S^{2-}+\frac{1}{2}O_2 \longrightarrow S+2OH^-$$

反应形成单质硫，包含少量杂质。这些硫可以用在硫酸工业，在硫燃烧制备硫酸时，少量残余的生物质自动被去除。生物脱硫的另一个好处是，对沼气，可以采用处理出水吸收硫化氢，吸收液与含有高浓度 COD_{Cr} 的有机废水联合治理，这样，节省了投加 COD_{Cr} 的费用。

Buisman 等开发出了一套工艺运行上比较可行的脱硫技术新工艺，即 Thiopaq 工艺。该工艺的基本原理是通过将气体中 H_2S 吸附到中等浓度的碱性液中，然后通过微生物将吸附的硫化氢氧化为元素硫。Biothane 公司开发了 BIOPURIC 工艺，该工艺结合传统的化学洗涤器和生物滤池，固定在生物膜上的硫氧化微生物代谢硫化物为元素硫和硫酸，从而净化沼气。

目前生物脱硫的应用比较少。

二、沼气储存和安全设备

（一）储存设备

由于产气量和用气量之间存在一个平衡，所以必须设置贮气柜进行气量调节。贮气柜体积应按最大调节容量决定，或按平均日产气量的 $25\%\sim40\%$，即 $6\sim10h$ 平均产气量计算。对于采用连续使用的情况，如锅炉和发电，可以适宜减少沼气储柜尺寸。但是，为了确保锅炉和发电的连续运转，也需设置停留时间＞30min 的沼气储柜。贮气柜有多种形式，目前常用的是浮罩式贮气柜，见图 1-4-28。浮罩式贮气柜有低压柜和中压柜两种。低压贮气柜在国内应用最广，其由水封池和浮罩组成。浮动罩下的水室，在冬季时应有防冻措施，应设置热水盘管或吹入蒸汽。为了解决防冻问题，目前工程有许多干式贮气柜在使用，比如双膜式低压干式贮气柜，见图 1-4-29。

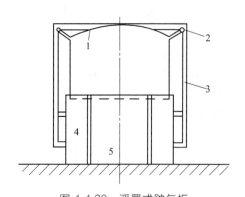

图 1-4-28　浮罩式贮气柜

1—浮盖帽；2—滑轮；3—外轨；4—导气管；5—贮气柜

图 1-4-29　双膜式低压干式贮气柜

（二）水封罐

在沼气管道上的适当地点应设水封罐，以便调整和稳定压力，在消化池、贮气柜、压缩机、锅炉房等构筑物之间起隔绝作用。水封罐也可兼作排除冷凝水之用。由于沼气中含有水分，沼气柜下沼气管道上的两个水封中经常积存过多的水分，导致沼气柜与消化池内的压力异常，也应定时从沼气柜下水封放水，以保持合适的水位。同样，由于蒸发等原因，水封中的水将不断减少。因此，应定时地补充到所需要的水位。冬天，应有切实可行的防冻措施。

图 1-4-30　阻火器

（三）安全装置

贮气柜应设置安全阀，进、出气管上应装阻火器（图 1-4-30）。阻火器的作用是防止明火沿沼气管道流窜，引起贮气柜、集气室及重要附属设施的爆炸。一般在贮气柜的进出气管上以及压缩机或鼓风机前后，均应设置阻火器，有时为了安全，可串联设置干式和湿式阻火器。由于沼气柜的频繁升降，钢柜壁经常长时间与水封接触，从而造成比较严重的锈蚀。因此，应根据实际运行情况，对沼气柜的表面定期进行除锈、上漆的工作。

三、沼气利用系统和装置

沼气的热值约为 $22\sim27.84$ MJ/L，沼气的利用基本上围绕其产热能力展开，如用于各种小型燃烧器、锅炉、燃气发电机、汽车发动机等。除作气体燃烧外，沼气还可用作原料制取化工产品，如四氯化碳和二氧化碳等。许多工厂和畜牧场的沼气工程规模较小，通常将制取的沼气供职工家属宿舍、食堂等燃烧用。

目前，沼气发电日益受到重视，沼气发电的形式有两种，第一种是单独用沼气燃烧，第二种是与汽油或柴油混合燃烧。前者的稳定性较差，但较经济；后者则与之相反。目前国内尚无专用的沼气发电机，大多是由柴油或汽油发电机改装而成，容量由 $5\sim120$ kW 不等。发 1 kW·h 电约耗 $0.6\sim0.7$ m³ 的沼气。

（一）沼气燃烧装置

由于甲烷气体是造成大气温室效应的主要原因，为防止甲烷气体进入大气，应对厌氧处理系统所产生的沼气进行燃烧处理。对于沼气产量小且产气量不稳定的厌氧处理系统，沼气可直接燃烧。燃烧可采用自然通风式内燃型装置（图 1-4-31），燃烧能力的设计需考虑能燃烧掉最大沼气产生量。沼气燃烧装置可直接燃烧有害气体，并可达到余热回用，节省能源的目的。沼气燃烧装置的特点是：a. 除臭效果显著、净化率高；b. 操作简便、维护方便；c. 运行成本低，余热可回收利用。

沼气火炬作为沼气柜不可缺少的配套设备，有着特殊重要的地位（图 1-4-32）。当沼气产量过大或用户发生事故时，沼气柜将上升，并达到警戒高度，这时它将自动点燃；降至一定高度时，它又会自动熄灭。火炬的关键部位的材质可采用 SUS304 不锈钢制作。

图 1-4-31　沼气发电机

图 1-4-32　沼气燃烧装置

（二）沼气锅炉

沼气锅炉是以沼气为燃料产生蒸汽的装置，形式为多管圆筒式。根据甲烷气体产生量、锅炉综合效率、给水以及产生蒸汽热焓，求出蒸汽的产生量，考虑一定的系数再求出实际的产生量。其中：锅炉的综合效率 $80\% \sim 85\%$；给水热焓 25kcal/kg（25℃）；蒸汽热焓 662kcal/kg，8.0kg/cm² 饱和蒸汽。

$$蒸汽产生量 = \frac{甲烷气体产生量 \times 8550 \times 锅炉效率}{蒸汽热焓 - 给水热焓}$$

四、系统设计要点

① 厌氧反应器的沼气净化利用系统的设计应注意防火、防爆，符合 NY/T 1220.1 和 NY/T 1220.2 的有关规定。设施应划出独立区域进行平面布置，并实行封闭管理。

② 厌氧反应器的沼气有适当的利用途径时应经过脱水和脱硫处理后方可进入后续的利用装置或系统，沼气经过处理后硫化氢含量应少于 $20mg/m^3$（标），温度低于 35℃。

③ 特大型厌氧系统产生的沼气应进行发电利用，并替代或补偿废水污染治理设施的电力消耗。中、小型厌氧系统应结合生产实际情况进行沼气利用，如用于炊事、采暖或作为厌氧换热的热源。

④ 厌氧反应器的沼气如无适当利用途径时，应设置沼气燃烧装置，严禁自行排放进入空气。出气管道宜设置水封作为阻火装置和三相分离器内沼气的定压装置。

⑤ 沼气中水分宜采用重力法脱除；采用重力法沼气气水分离器空塔流速宜为 $0.21 \sim 0.23m/s$，分离器内宜装入填料，填料可选用不锈钢丝网、紫铜丝网、聚乙烯丝网、聚四氟丝网或陶瓷拉西环；沼气管道低点应设置凝水排放装置。

⑥ 当厌氧反应器的沼气含有硫化氢气体时，脱除沼气中硫化氢可采用干法或湿法脱硫。沼气脱硫设计应基于沼气中硫化氢含量和要求去除的程度。

⑦ 厌氧反应器的沼气应根据使用途径设置储气柜，可以采用低压湿式储气柜、低压干式储气柜和高压储气罐进行储气。储气柜的容积应根据不同的用途确定，沼气用于民用炊事、采暖，储气柜的容积按日产气量的 $50\%\sim60\%$ 计算，其他用途时应根据沼气供应平衡曲线确定储气柜的容积。

参 考 文 献

[1] 钟为章，李月，牛建瑞，等. 厌氧消化中抗生素抗性基因消长的研究进展 [J]. 应用化工，2023，52（03）：917-921+928.

[2] 肖冬杰，刘李柱，李方志. 某热水解＋厌氧消化污泥处理工程热能浅析 [J]. 中国给水排水，2023，39（11）：122-126.

[3] 赵红兵，陈黎明，詹键，等. 水解酸化/改良芬顿技术在印染工业废水处理厂的设计应用 [J]. 净水技术，2023，42（03）：120-126.

[4] 武鹏崑，崔常桂，查凯，等. PFS 对污泥厌氧消化中沼气脱硫的影响 [J]. 中国给水排水，2020，36（17）：75-78.

[5] 杨垒，李晓彤，任勇翔，等. 基于 EEM-PARAFAC 解析厌氧生物滤池对城市污染河流中 DOM 的转化特性 [J]. 环境科学研究，2022，35（07）：1615-1624.

[6] 崔玉川. 废水处理工艺设计计算 [M]. 北京：水利电力出版社，1994.

[7] 张浩然，丁慧羽，贾瑞琦，等. 利用厌氧生物活性炭实现厌氧生物滤池快速启动 [J]. 中国给水排水，2018，34（17）：29-34.

[8] 敬双怡，于治豪，朱浩君，等. 厌氧生物滤池-特异性移动床生物膜法对丁腈橡胶废水的处理 [J]. 科学技术与工程，2017，17（11）：341-346.

[9] 朱绍东，周丰，石洪雁，等. "UBF-BAF-气浮-UF-树脂吸附-RO" 工艺处理印染废水 [J]. 化工环保，2023，43（01）：137-141.

[10] 陈杰. 环境工程技术手册 [M]. 北京：科学出版社，2008.

[11] 田禹，王树涛. 水污染控制工程 [M]. 北京：化学工业出版社，2011.

[12] 徐新阳，于锋. 污水处理工程设计 [M]. 北京：化学工业出版社，2003.

[13] 谭秉梓. 给水排水工程施工要点与技术规范全书 [M]. 长春：吉林科学技术出版社，2002.

[14] 肖凡. UASB 处理液晶面板显影液废水中试研究 [J]. 工业水处理，2023，43（02）：148-153.

[15] 胡纪萃. 废水厌氧生物处理理论与技术 [M]. 北京：中国建筑工业出版社，2003.

[16] 杨敏，李军，马骋，毛哲. 屠宰废水处理工艺的优化与设计 [J]. 沈阳农业大学学报（3）：361-364 [2023-07-13].

[17] 胡睦周，王松岳. 废水治理中流化床处理技术的研究 [J]. 现代工业经济和信息化，2019，9（06）：43-44.

[18] 杨平，方治华. 厌氧流化床废水处理技术研究及应用进展 [J]. 环境工程学报，1994，2（5）：35-44.

[19] 厌氧颗粒污泥膨胀床（EGSB）反应器污水处理工程技术规范（征求意见稿）.

[20] 阮文权. 废水生物处理工程设计实例详解 [M]. 北京：化学工业出版社，2006.

[21] 张传玲. 天然气脱硫技术简述及应用分析 [J]. 硫磷设计与粉体工程，2022，（06）：22-24，57.

第五章
传统活性污泥法

第一节　基本原理

一、活性污泥法及活性污泥

（一）活性污泥法工艺

　　活性污泥法工艺是一种应用最广泛的废水好氧生化处理技术，其主要由曝气池、二次沉淀池、曝气系统以及污泥回流系统等组成（图1-5-1）。废水经初次沉淀池后与二次沉淀池底部回流的活性污泥同时进入曝气池，通过曝气，活性污泥呈悬浮状态，并与废水充分接触。废水中的悬浮固体和胶状物质被活性污泥吸附，而废水中的可溶性有机物被活性污泥中的微生物用作自身繁殖的营养，代谢转化为生物细胞，并氧化成为最终产物（主要是 CO_2）。非溶解性有机物需先转化成溶解性有机物，然后才能被代谢和利用。废水由此得到净化。净化后废水与活性污泥在二次沉淀池内分离，上层出水排放；分离浓缩后的污泥一部分返回曝气池，以保证曝气池内保留一定浓度的活性污泥，其余为剩余污泥，由系统排出。

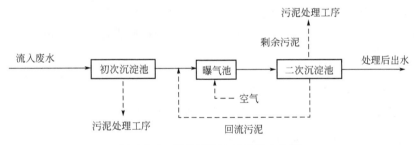

图 1-5-1　活性污泥法工艺基本流程

（二）活性污泥的形态和组成

　　活性污泥通常为黄褐色（有时呈铁红色）絮绒状颗粒，也称为"菌胶团"或"生物絮凝体"，其直径一般为 $0.02\sim2mm$；含水率一般为 $99.2\%\sim99.8\%$，密度因含水率不同而异，一般为 $1.002\sim1.006g/cm^3$；活性污泥具有较大的比表面积，一般为 $20\sim100cm^2/mL$。

　　活性污泥由有机物及无机物两部分组成，组成比例因污泥性质的不同而异。例如，城镇污水处理系统中的活性污泥，其有机成分占 $75\%\sim85\%$，无机成分仅占 $15\%\sim25\%$。活性污泥中有机成分主要由生长在活性污泥中的微生物组成，这些微生物群体构成了一个相对稳定的生态系统和食物链（见图1-5-2），其中以各种细菌及原生动物为主，也存在着真菌、放线菌、酵母菌以及轮虫等后生动物。活性污泥还吸附着被处理的废水中所含有的有机和无机固体物质，在有机固体物质中包括某些惰性的难以被细菌降解的物质。

（三）活性污泥的性能指标

1. 污泥浓度

混合液悬浮固体浓度（MLSS），也称为"混合液污泥浓度"，表示活性污泥在曝气池混合液中的浓度，其单位为 mg/L 或 kg/m³。混合液挥发性悬浮固体浓度（MLVSS），表示有机悬浮固体的浓度，其单位为 mg/L 或 kg/m³。在条件一定时，MLVSS/MLSS 比值比较稳定，城镇污水一般在 0.75～0.85 之间，不同废水的 MLVSS/MLSS 值有差异。

2. 污泥沉降性能指标

① 污泥沉降比（SV）　污泥沉降比又称 30min 沉淀率，是指从曝气池出口处取出的混合液在量筒（一般选取 100mL）中静置 30min 后，立即测得的污泥沉淀体积与原混合液体积的比值，一般以百分号（%）表示。SV 值可粗略反映出污泥浓度、污泥的凝聚和沉降性能，可用于控制排泥量并及时发现初期的污泥膨胀。一般认为 SV 值的正常值为 20%～30%。由于 SV 值的测定方法简单快捷，故它是评定活性污泥质量的重要指标之一。

② 污泥体积指数（SVI）　污泥体积指数是指曝气池出口处的混合液经 30min 静置沉淀后，1g 干污泥所形成的沉淀污泥体积，单位为 mL/g。其计算公式为：

$$SVI = \frac{1L \text{混合液经} 30min \text{静止沉淀后的活性污泥容积}(mL)}{1L \text{混合液中悬浮固体干基质量}(g)}$$

$$= \frac{SV(mL/L)}{MLSS(g/L)} = \frac{SV(\%) \times 10 (mL/L)}{MLSS(g/L)} \tag{1-5-1}$$

SVI 值比 SV 值更能够准确地评价污泥的凝聚性能及沉降性能。一般来说：若 SVI 值过低，则表明污泥粒径小、密实、无机成分含量高；若 SVI 值过高，则表明污泥沉降性能不好，将要发生或已经发生污泥膨胀。

对于城镇污水而言，SVI 值一般为 50～150mL/g；对于工业废水，SVI 值在上述范围之外，也属正常。对于高浓度活性污泥系统，即使污泥沉降性能较差，由于其 MLSS 较高，故其 SVI 值也不会很高。

因此有人建议将活性污泥膨胀定义为：由于某种原因，活性污泥沉降性能恶化，SVI 值不断增加，沉淀池的污泥面也不断上升，最终导致污泥流失，使曝气池中的 MLSS 浓度降低，从而破坏了正常处理工艺操作的污泥，这种现象称为污泥膨胀。

二、活性污泥的微生物及其生态学

活性污泥中的微生物体主要由各种细菌和原生动物组成，同时还存在着真菌和以轮虫为主的后生动物。原生动物以细菌为食物，后生动物以细菌和原生动物为食物。在活性污泥中的有机物、细菌、原生动物和后生动物构成了一个相对稳定的生态系统和食物链。

（一）活性污泥的食物链

活性污泥中的微生物可分为几类：形成活性污泥絮体的微生物、腐生生物、捕食者及有害生物。活性污泥微生物集合体的食物链见图 1-5-2。

腐生生物是降解有机物的生物，以细菌为主。显然，这些细菌中包括被看作形成絮体的大多数细菌，也可能包括不絮凝的细菌，但它们被包裹在由第一类细菌形成的絮体颗粒中。腐生生物可分为初级和二级腐生生物，前者用于降解原始基质，而二级腐生生物则以初级腐生生物的代谢产物为食，这充分表明在群落中具有高度的偏利共生性。许多报道及研究认为

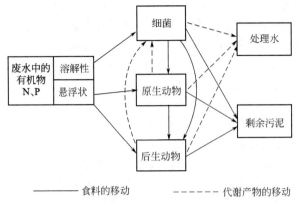

图 1-5-2 活性污泥微生物集合体的食物链

腐生生物大多数为革兰染色阴性的杆菌，有人认为主要菌种有动胶杆菌属、假单胞菌属、微球菌属、芽孢杆菌属、产碱杆菌属、无色杆菌属等。

在活性污泥的群落中主要的捕食者是以细菌为食的原生动物及后生动物，在数量上，大约为 10^3 个/mL。在活性污泥中大约发现 230 多种原生动物，它们在系统中可能占生物固体量的 5%。其中，纤毛虫几乎都捕食细菌，通常为占优势的原生动物。由于原生动物及后生动物的数量会随着污水处理的运行条件及处理水质的变化而变化，所以，可以通过显微镜观察活性污泥中的原生动物及后生动物的种类来判断处理水质的好坏。因此，一般将原、后生动物称为活性污泥系统中的指示性生物。

所谓的有害生物是指那些达到一定数目时就会干扰活性污泥处理系统正常运行的生物。通常认为，丝状菌及真菌对污泥沉淀效果有影响。即使当丝状生物的数量在整个生物群落中所占的百分比很小时，污泥絮体的实际密度也会降低很多，以至于污泥很难用重力沉淀法来有效地进行分离，从而最终影响出水水质，这种情况通常叫作丝状菌污泥膨胀（简称污泥膨胀）。目前人们已知有近 30 种不同类型的丝状菌会引起污泥膨胀。

（二）活性污泥的结构

在活性污泥工艺中，将千万个细菌结合在一起形成絮凝体状的细菌称为菌胶团细菌。菌胶团细菌在活性污泥中具有十分重要的作用，只有在菌胶团发育良好的条件下，活性污泥的絮凝、吸附及沉降等功能才能正常发挥。形成絮体的细菌在处理过程中起着非常重要的作用，它们有助于从处理过的废水中分离污泥。

通过对活性污泥中种群动态学的研究，人们认识到，活性污泥中的菌胶团细菌和丝状菌形成一个共生的微生物体系。当活性污泥中的菌胶团细菌和丝状菌处于平衡状态时，丝状菌作为污泥絮体的骨架，菌胶团细菌附着在其表面，形成结构紧密、沉降性能良好的污泥絮体。随着絮体尺寸增大到某一临界值后，絮体内部条件不利于菌胶团细菌和丝状菌的繁殖，丝状菌伸展出来，沉降性能开始变差。后来，污泥絮体开始解体，污泥的沉降性能更差。破碎后的小指状污泥又利于菌胶团细菌的生长，此时扩散能力改善，菌胶团细菌又可直接从溶液中吸取营养和基质，故又可出现菌胶团细菌和丝状菌的生长平衡状态，如此完成絮体形态上的一个循环。

由此可见，菌胶团细菌和丝状菌的共生体系是一种接近于自然界的混合培养体系，存在着这两类微生物之间在时间和空间上的动态生态学的相互作用。在该体系中，丝状菌的重要作用如下。

① 保持污泥絮体的结构，形成沉淀性能良好的污泥　从 Seagin 等关于絮体结构的学说中可知，由丝状菌形成污泥絮体的骨架，这对于保证污泥絮体的强度有很大作用；若缺少丝状菌，则污泥絮体强度降低，抗剪力变差，造成出水的浑浊。

② 高的净化效率，低的出水浓度　从动力学参数方面比较，丝状菌的 K_s 及 $\mu_{\max}$ 均比菌胶团的低，而按莫诺德（Monod）方程，由于菌胶团的 K_s、$\mu_{\max}$ 大于丝状菌的，因而菌胶团的 $S_{\min}$ 值也高于丝状菌的。可见在丝状菌存在（但不是大量存在）的条件下可以获得高质量、低浓度的出水，从而保证了净化效果。

③ 保持丝状菌和菌胶团菌的共生关系　从大量的实际工程运转资料可以得出，活性污泥中丝状菌含量太高或太低均不适宜。前者虽能使出水浓度低，但沉淀性能差；后者沉降性能好，但出水中含有较多的细小悬浮物。如果采用一定的方法，使曝气中的生态环境有利于选择性地发展菌胶团细菌，应用生物竞争的机制抑制丝状菌的过度生长和繁殖，从而利于控制污泥膨胀的发生发展，称之为环境调控。

总之，废水处理的最终目标是出水清澈、沉降性能好，为实现这一目标，应合理地控制丝状菌，使其在一个合理的范围之内。

（三）活性污泥的功能

活性污泥中存在大量的腐生生物，其主要功能是降解有机物。细菌是有机物的净化功能中心。同时，活性污泥中还存在硝化细菌与反硝化细菌。它们在生物脱氮中起着非常重要的作用。尤其在废水中氮的去除日益受到重视的形势下，这两类菌及它们之间的关系就显得更重要了。

进行硝化作用的微生物有以下几种。

① 亚硝化细菌和硝化细菌，它们均为化能自养菌，专性好氧，分别从氧化 NH_4^+-N 和 NO_2^- 的过程中获得能量，以 CO_2 为唯一碳源，产物分别为 NO_2^- 及 NO_3^-；它们要求中性或弱碱性环境（pH＝6.5～8.0），在 pH＜6 时，作用显著下降。

② 好氧的异养细菌和真菌，如节杆菌、芽孢杆菌、铜绿假单胞菌、姆拉克汉逊酵母、黄曲霉、青霉等能将 NH_4^+ 氧化为 NO_2^- 及 NO_3^-，但它们并不依靠这个氧化过程作为能量来源的途径，它们相对于自然界的硝化作用而言并不重要。

硝化菌对环境的变化很敏感，DO≥1mg/L，pH＝8.0～8.4，BOD≤15～20mg/L，适宜温度＝20～30℃；硝化菌在反应器内的停留时间，即生物固体平均停留时间必须大于其最小的世代时间。

进行反硝化作用的微生物有异养型的反硝化菌，如脱氮假单胞菌、荧光假单胞菌、铜绿假单胞菌等，在厌氧条件下利用 NO_3^- 中的氧氧化有机物，获得能量。自养型的反硝化菌，如脱氮硫杆菌，在缺氧环境中利用 NO_3^- 中的氧将硫或硫代硫酸盐氧化成硫酸盐，从中获得能量来同化 CO_2。兼性化能自养型反硝化菌，如脱氮副球菌，能利用氢的还原作用作为能源，以 O_2 或 NO_3^- 作为电子受体，使 NO_3^- 还原成 N_2O 和 N_2。

三、活性污泥反应的理论基础与反应动力学

（一）活性污泥反应的理论基础

1. 经验公式

活性污泥微生物增殖是微生物增殖和自身氧化（内源代谢）同步进行的共同结果。因

此，在单位反应器容积内，其净增殖速率为：

$$\left(\frac{\mathrm{d}X}{\mathrm{d}t}\right)_{\mathrm{g}}=\left(\frac{\mathrm{d}X}{\mathrm{d}t}\right)_{\mathrm{s}}-\left(\frac{\mathrm{d}X}{\mathrm{d}t}\right)_{\mathrm{e}} \tag{1-5-2}$$

式中，$\left(\dfrac{\mathrm{d}X}{\mathrm{d}t}\right)_{\mathrm{g}}$ 为活性污泥微生物净增殖速率；$\left(\dfrac{\mathrm{d}X}{\mathrm{d}t}\right)_{\mathrm{s}}$ 为活性污泥微生物合成速率，$\left(\dfrac{\mathrm{d}X}{\mathrm{d}t}\right)_{\mathrm{s}}=Y\left(\dfrac{\mathrm{d}S}{\mathrm{d}t}\right)_{\mathrm{u}}$；$\left(\dfrac{\mathrm{d}S}{\mathrm{d}t}\right)_{\mathrm{u}}$ 为有机基质的利用速率；Y 为微生物降解 1kg BOD 所产生的 MLVSS 值，即产率系数；$\left(\dfrac{\mathrm{d}X}{\mathrm{d}t}\right)_{\mathrm{e}}$ 为活性污泥微生物自身氧化速率，$\left(\dfrac{\mathrm{d}X}{\mathrm{d}t}\right)_{\mathrm{e}}=K_{\mathrm{d}}X$；$K_{\mathrm{d}}$ 为 1kg MLVSS 每天自身氧化的量，即自身氧化速率，也称衰减系数；X 为 MLVSS。

所以，活性污泥微生物增殖的基本方程式为：

$$\left(\frac{\mathrm{d}X}{\mathrm{d}t}\right)_{\mathrm{g}}=Y\left(\frac{\mathrm{d}S}{\mathrm{d}t}\right)_{\mathrm{u}}-K_{\mathrm{d}}X \tag{1-5-3}$$

活性污泥微生物在曝气池内每天的净增殖量为：

$$\Delta X=YQ(S_0-S_{\mathrm{e}})-K_{\mathrm{d}}VX \tag{1-5-4}$$

式中，ΔX 为活性污泥增长量（VSS），亦即活性污泥排放量，kg/d；Q 为废水量，m^3/d；S_0 为废水中有机基质浓度，$\mathrm{kg/m}^3$；S_{e} 为出水中有机基质浓度，$\mathrm{kg/m}^3$；（S_0-S_{e}）为有机基质降解量，$\mathrm{kg/m}^3$；$Q(S_0-S_{\mathrm{e}})$ 为每天的有机基质降解量，kg/d；V 为曝气池有效容积，m^3。

因为 $\theta_{\mathrm{c}}=VX/\Delta X$，$N_{\mathrm{s}}=Q(S_0-S_{\mathrm{e}})/(VX)$，对于一级反应，有

$$\frac{1}{\theta_{\mathrm{c}}}=YN_{\mathrm{s}}-K_{\mathrm{d}} \tag{1-5-5}$$

式中，θ_{c} 为生物固体平均停留时间，即通常所说的污泥龄，d；N_{s} 为 BOD 负荷，kg BOD/kg MLSS。

对生活污水或性质与其相近的工业废水，Y 值可取为 $0.5\sim0.65$；K_{d} 值取为 $0.05\sim0.1$。表 1-5-1 列举了几种工业废水的 Y、K_{d} 值。

表 1-5-1　几种工业废水的 Y、K_{d} 值

废水	合成纤维废水	含酚废水	制浆与造纸废水	制药废水	酿造废水	亚硫酸浆粕废水
Y	0.38	0.53	0.76	0.77	0.93	0.55
K_{d}	0.10	0.13	0.016	—	—	0.13

2. 有机物降解与需氧量

微生物在代谢活动中所需氧量由以下两部分组成：a. 氧化分解废水中有机物所需的氧量；b. 氧化自身细胞物质所需的氧量。这两部分所需的氧量一般由下式求得：

$$O_2=a'QS_{\mathrm{r}}+b'VX \tag{1-5-6}$$

式中，O_2 为曝气池中混合液的需氧量，kg/d；a' 为微生物氧化分解有机物过程中的需氧率，即微生物每代谢 1kg BOD 所需氧量的千克数；b' 为 1kg 活性污泥（MLVSS）每天自身氧化所需氧的千克数，即污泥自身氧化的需氧率，d^{-1}；S_{r} 为有机基质降解量，等于 S_0-S_{e}，kg/d。

上式可改写为下式：

$$\frac{O_2}{XV}=a'\frac{QS_{\mathrm{r}}}{XV}+b'=a'N_{\mathrm{s}}'+b' \tag{1-5-7}$$

式中，$\dfrac{O_2}{XV}$ 为单位质量污泥的需氧量，kg/(kg·d)。

表 1-5-2 和表 1-5-3 所列是城市废水 a'、b' 和 ΔO_2 值和部分工业废水的 a'、b' 值。

表 1-5-2 活性污泥法处理城市废水时的废水 a'、b' 和 O_2 的值

运行方式	a'	b'	ΔO_2
完全混合法	0.42	0.11	0.7～1.1
生物吸附法			0.7～1.1
传统曝气法	↓	↓	0.8～1.1
延时曝气法	0.53	0.188	1.4～1.8

注：表中 $\Delta O_2 = \dfrac{O_2}{QS_r}$，为去除 1kg BOD 的需氧量，kg/(kg·d)。

表 1-5-3 部分工业废水的 a'、b' 值

污水名称	a'	b'	污水名称	a'	b'
石油化工废水	0.75	0.16	炼油废水	0.55	0.12
含酚废水	0.56	—	亚硫酸浆粕废水	0.40	0.185
漂染废水	0.5～0.6	0.065	制药废水	0.35	0.354
合成纤维废水	0.55	0.142	制浆造纸废水	0.38	0.092

注：在进行需氧量计算时，应该合理地选用 a'、b' 值，最好通过试验确定。

（二）活性污泥反应动力学及其应用

活性污泥反应动力学，是通过数学式定量或半定量揭示活性污泥系统内有机物降解、污泥增长、耗氧的规律及与各项设计参数、运行参数以及环境因素之间的关系，为工程设计与优化运行管理提供指导性意见。但是，应该注意活性污泥反应动力学模型的建立，均是在理想条件下建立的，在应用时还需根据具体条件加以修正。一般建立活性污泥反应动力学模式的假设条件如下：

① 活性污泥系统运行条件处于稳定状态；

② 活性污泥在二次沉淀池内不产生微生物代谢活动；

③ 系统中不含有毒性物质和抑制物质。

1. 活性污泥反应动力学基础——莫诺德公式

莫诺德于 1942 年和 1950 年前后两次进行了单一基质的纯菌种培养实验，结果表明微生物增殖速率是微生物浓度的函数，也是某些基质浓度的函数，进而提出了与米-门公式相类似的微生物比增殖速率与基质浓度之间的动力学关系式，即莫诺德公式：

$$\mu = \frac{\mu_{\max} S}{K_s + S} \tag{1-5-8}$$

式中，μ 为微生物比增殖速率，即单位生物量的增殖速率，d^{-1}；$\mu_{\max}$ 为基质达到饱和浓度时，微生物的最大比增殖速率，d^{-1}；K_s 为饱和常数，为 $\mu = 1/2\mu_{\max}$ 时的基质浓度，也称半速率常数，mg/L 或 g/m^3；S 为基质浓度，mg/L 或 g/m^3。

采用由混合微生物群体的活性污泥对多种基质进行微生物增殖实验，也得到符合这种关系的结果。

2. 莫诺德公式的应用

完全混合式活性污泥处理系统如图 1-5-3 所示。对曝气池的基质和生物量作物料衡算，对基质进行物料平衡，有：

$$QS_0 + RQS_e - Q(1+R)S_e + V\frac{dS}{dt} = 0 \tag{1-5-9}$$

$$QX_i + RQX_r - Q(1+R)X + \frac{VdS}{Ydt} = 0 \tag{1-5-10}$$

式中，Q 为废水流量；X_i 为进水中活性污泥浓度；S_0 为废水基质（有机性污染物）浓度；S_e 为处理水基质浓度；X 为曝气池内微生物（活性污泥）浓度；V 为曝气池容积；R 为生物回流比，在活性污泥法中即为污泥回流比；X_r 为二沉池底回流的活性污泥浓度。

图 1-5-3 所示两种剩余污泥的排放方式中：第一种是传统排泥方式；第二种是劳伦斯-麦卡蒂建议的排泥方式。第二种方式的主要优势在于减轻了二次沉淀池的负荷，有利于污泥浓缩，回流污泥的浓度较高。

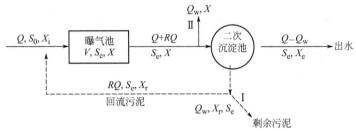

图 1-5-3　完全混合式活性污泥处理系统

Ⅰ—剩余污泥从污泥回流系统排出，Ⅱ—剩余污泥从曝气池直接排出；

X_e—处理水中活性污泥浓度，Q_w—排泥量

生物固体平均停留时间也称细胞平均停留时间，在工程上常称为污泥龄。它指在反应系统内，微生物从其生成开始到排出系统的平均停留时间，也就是反应系统内的微生物全部更新一次所需要的时间。从工程上来说，就是反应系统内微生物总量与每天排放的剩余生物量的比值，以 θ_c 或 t_s 表示，单位为 d。

一般进出水中的微生物量很少，可忽略不计，于是 θ_c 可表示为：

$$\theta_c = \frac{VX}{Q_w X_r} \tag{1-5-11}$$

利用上述有关的一些关系式和假设，并加以整理，可得如下结论。

（1）基质浓度（S_e）与污泥龄（θ_c）之间的关系

① 对完全混合式，有

$$S_e = \frac{K_s\left(\frac{1}{\theta_c} + K_d\right)}{Y\mu_{\max} - \left(\frac{1}{\theta_c} + K_d\right)} \tag{1-5-12}$$

② 对推流式，有

$$1/\theta_c = \frac{Y\mu_{\max}(S_0 - S_e)}{(S_0 - S_e) + K_s\ln\frac{S_0}{S_e}} - K_d \tag{1-5-13}$$

（2）微生物浓度（X）与污泥龄（θ_c）之间的关系

对整个系统中的基质量（S）作物料衡算，并加以整理，可得：

① 对完全混合式，有

$$X = \frac{\theta_c}{t} \times \frac{Y(S_0 - S_e)}{1 + K_d\theta_c} \tag{1-5-14}$$

式中，t 为水力停留时间。

② 对推流式（污泥浓度 X 的含义为反应器平均污泥浓度 X_{ave}），有

$$X_{ave} = \frac{\theta_c}{t} \times \frac{Y(S_0 - S_e)}{1 + K_d \theta_c} \tag{1-5-15}$$

式中，X_{ave} 为反应器内微生物平均浓度。

由此可知，反应器内微生物的浓度（X）是污泥龄（θ_c）的函数，即 $X = f(\theta_c)$。

（3）活性污泥回流比（R）与污泥龄（θ_c）之间的关系

对系统中的生物量（X）作物料衡算，对衡算结果加以整理，则可得：

$$\frac{1}{\theta_c} = \frac{Q}{V}\left(1 + R - R\frac{X_r}{X}\right) \tag{1-5-16}$$

式中，X_r 为回流污泥的浓度，它是活性污泥沉降特性和二沉池沉淀效果的函数。

（4）θ_c 的最小值

在实际工程中均存在一个 $\theta_{c,min}$ 值，使得当 θ_c 值低于 $\theta_{c,min}$ 时，S_e 值将急剧上升。当 $\theta_c = \theta_{c,min}$ 时，$S_e = S_0$，由此可得：

$$\frac{1}{\theta_{c,min}} = \frac{Y\mu_{max}S_0}{S_0 + K_s} - K_d \tag{1-5-17}$$

由此式可求 $\theta_{c,min}$ 值。

在一般情况下（低基质浓度），有 $K_s \ll S_0$，则上式中 K_s 可忽略不计，因此，上式可改写成：

$$\frac{1}{\theta_{c,min}} = Y\mu_{max} - K_d \tag{1-5-18}$$

式中，Y、μ_{max} 及 K_d 等动力学系数可通过实验确定。

实际活性污泥处理系统工程中所采用的 θ_c 值应大于 $\theta_{c,min}$ 值，实际取值为：

$$\theta_c = SF\theta_{c,min} \tag{1-5-19}$$

式中，SF 为安全系数，SF = 2～20。

对于传统的活性污泥法，SF 约为 20 或更大。

K_s、K_d、Y、μ_{max} 这些值均可通过实验确定，对某一条件来说，其值为一常数；而其他运行参数为 θ_c 的函数。θ_c 是活性污泥处理系统设计、运行的重要参数，在理论上也有重要意义。表 1-5-4 给出了活性污泥法的几个常用的动力学常数标准。

表 1-5-4　活性污泥法动力学常数

常　数	单　位	常数值(20℃)	
		范围	典型值
μ_{max}	d^{-1}	2～10	5
K_s	mg/L BOD$_5$	25～100	60
	mg/L COD	15～70	40
Y	mg VSS/mg BOD$_5$	0.4～0.8	0.6
	mg VSS/mg COD	0.25～0.4	0.3
K_d	d^{-1}	0.025～0.075	0.06

注：应用时要按实际操作温度修正。

四、活性污泥反应的影响因素

为了强化与提高活性污泥处理系统的净化效果，必须考虑影响活性污泥反应的各项因

素，充分发挥活性污泥微生物的代谢功能。以下为一些影响活性污泥的环境因素。

1. BOD 负荷（F/M，也称有机负荷，以 N_s 表示）

F/M 值是影响活性污泥增长、有机基质降解的重要因素。它表示曝气池里单位质量的活性污泥（MLSS）在单位时间里承受的有机物（BOD）的量，单位：$kg/(kg \cdot d)$。

提高 F/M 值，可加快活性污泥增长速率及有机基质的降解速率，缩小曝气池容积，有利于减少基建投资；但 F/M 值过高，往往难以达到排放标准的要求。反之，若 F/M 值过低，则有机基质的降解速率过低，从而处理能力降低，曝气池的容积加大，导致基建费用升高，也不可取。因此，应控制在合理的范围之内。在活性污泥工艺设计中，BOD 负荷一般取 $0.15 \sim 0.4 kg/(kg \cdot d)$。同时，处理目标不同处理系统的负荷也是不相同的，如对去除有机物、达到硝化，去除 N、P 和达到污泥稳定化等不同要求所采用的负荷是不同的。

2. 水温

活性污泥中微生物的生理活动与周围的温度关系密切。在 $15 \sim 30℃$ 温度范围内，微生物的生理活动旺盛。在此温度范围外，均会导致活性污泥反应程度受到某些不利影响。例如，当温度高于 $35℃$ 或低于 $10℃$，微生物对有机物的代谢功能会受到一定程度的不利影响。在我国北方地区，大中型的活性污泥处理系统也可露天建设，但小型活性污泥处理系统则考虑建在室内。而当温度高于 $35℃$ 或低于 $5℃$，反应速率会降至最低程度，甚至完全停止反应。因此，一般活性污泥反应进程的最高及最低的极限温度，分别控制在 $35℃$ 及 $10℃$。

3. pH 值

最适宜于活性污泥中微生物生长的 pH 值介于 $6.5 \sim 8.5$ 之间。当 pH 值低于 6.5 时，有利于真菌的生长繁殖；当 pH 值低于 4.5 时，原生动物完全消失，大多数微生物不适应，真菌将完全占优势，活性污泥絮体受到破坏，产生污泥膨胀现象，处理水质恶化。当 pH 值高于 9.0 时，多数微生物也会不适应，菌胶团可能解体，活性污泥絮体将受到破坏，也会产生污泥膨胀现象。

活性污泥混合液本身具有一定的缓冲作用，因为微生物的代谢活动能改变环境的 pH 值。如微生物对含氮化合物的利用，由于脱氮作用而产生酸，降低环境的 pH 值；由于脱羧作用而产生碱性胺，可使 pH 值上升。在活性污泥的培养、驯化过程中，如果将 pH 值的因素考虑在内，逐渐升高或降低 pH 值，则活性污泥也能逐渐适应。但 pH 值发生急剧变化，即在有冲击负荷的时候，活性污泥的净化效果将大大降低。因此，酸、碱废水是否需要进行中和处理，应根据实际情况而定。

4. 溶解氧

活性污泥中的微生物均是好氧菌，所以，在混合液中保持一定浓度的溶解氧是非常重要的。对混合液的游离细菌而言，溶解氧保持 $0.2 \sim 0.3 mg/L$ 的浓度，即可满足要求。但是由于活性污泥是由微生物群体构成的絮凝体，溶解氧必须扩散到活性污泥絮体的内部，为使活性污泥系统保持良好的净化功能，所以，溶解氧需要维持在较高的水平。一般要求曝气池出口处溶解氧浓度不小于 $1 \sim 2 mg/L$。

溶解氧浓度过高，氧的转移效率降低，动力费用过高，经济上不适宜；溶解氧浓度过低，丝状菌在系统中占优势，微生物净化功能降低，容易诱发污泥膨胀。

5. 营养平衡

微生物细胞的组成元素主要有碳、氢、氧、氮等几种，占 $90\% \sim 97\%$，其余 $3\% \sim 10\%$

为无机元素，其中磷元素的含量占 50%。活性污泥中的微生物在进行各项生命活动中，必须不断地从环境中摄取各种营养物质。

为使活性污泥保持良好的沉降性能，就必须使废水中供微生物生长的基本元素——碳、氮、磷达到一定的浓度值，并保持一定的比例关系。其中元素碳的量在污水中以 BOD 值表示。对于活性污泥微生物来说，一般以 BOD：N：P 的比值来表示废水中营养物质的平衡。活性污泥中微生物对 N、P 的需要量可按 BOD：N：P＝100：5：1 来计算；但实际上其还与剩余污泥量有关，即与污泥龄和微生物比增殖速率有关，故可依下式计算：

$$N \text{ 的需要量} = 0.122 \Delta X \tag{1-5-20}$$

$$P \text{ 的需要量} = 0.023 \Delta X \tag{1-5-21}$$

式中，ΔX 为活性污泥增长量（以 MLSS 计），kg/d；0.122、0.023 分别为生物体内 N、P 所占比例。

当废水中营养元素 N、P 的含量供不应求时，宜向曝气池反应器内补充 N、P，以保持废水中的营养平衡。可以投加氨水、硫酸铵、硝酸铵、尿素等以补充氮，投加过磷酸钙、磷酸等以补充磷。

6. 有毒物质

有些化学物质可能对微生物生理功能有毒害作用，如重金属及其盐类均可使蛋白质变性或与酶的—SH 基结合而使酶失活；醇、醛、酚等有机化合物能使蛋白质发生变性或使蛋白质脱水而使微生物致死。另外，某些元素是微生物生理上所需要的，但当其浓度达到一定程度时，就会对微生物产生毒害作用。因此，首先要了解各种元素及化学物质对微生物生理功能产生毒害作用的最低限值，即阈值。当物质的浓度高于此值时，就会对微生物的生理功能产生毒害作用，如抑制微生物的增殖，甚至可使微生物死亡。表 1-5-5 列出了部分有毒物质和一些重金属元素对微生物的毒害作用在混合液中的最高允许浓度。

表 1-5-5　部分有毒物质及重金属元素对微生物毒害作用的最高允许浓度 单位：mg/L

物质或元素	最高允许浓度	物质或元素	最高允许浓度
pH 值（盐酸、磷酸、硝酸、硫酸）	5.0	甲醛	1000
pH 值（苛性钠、苛性钾、消石灰）	8.0	乙醛	1000
氯化钠	8000～9000	巴豆醛	250
硫酸钠	3000	甲醇	200
亚硫酸钠	300	乙醇	15000
硫酸镁	10000	戊醇	3
硫化物（以 S^{2-} 计）	5～25	乙二醇	1000
硫化物（以 H_2S 计）	20	丙二醇	1000
硫氰化物	36	一氯醋酸	100
硫氰酸铵	500	二氯醋酸	100
氢氰酸、氰化钾	1～8	丁酸	500
氯	0	柠檬酸	2500
氯化镁	16000	草酸	1000
铁化合物（以 Fe 计）	5～100	月桂酸	340
铜化合物（以 Cu 计）	0.5～1.0	间甲苯甲酸	120
银化合物（以 Ag 计）	0.25	丙烯酸	100
锌化合物（以 Zn 计）	5～13	苯甲酸钠	250
铅化合物（以 Pb 计）	1.0	醋酸铵	500

续表

物质或元素		最高允许浓度	物质或元素	最高允许浓度
乳清酸		160	三乙胺	85
二甲基肼		1.0	汽油、石油产品	100
氢川三乙酸		320	煤油	500
二羟乙基胺(二乙醇胺)		300	油	100
二甲替二酰胺		200	苯	100
亚硝基环己基氯		12.5	氯苯	10
氯乙烯		5	对苯二酚	15
二氯甲烷		1000	间苯二酚	450
氯仿(三氯甲烷)		120	邻苯二酚	100
偏二氯乙烯		1000	对甲苯酚	243
醋酸乙烯		250	苯酚	250～1000
乙基己醛		75	邻、间、对甲苯酚	100
二(2-乙基己基)苯基磷酸酯		100	间苯三酚	100
丙烯酸甲酯		100	邻苯三酚	100
甲基丙烯酸甲酯		100	氢醌(对二羟基苯)	600
磷酸二(2-乙基六环)苯酯		100	丙酮	800
烷基苯磺酸钠		7～9.5	甘油	500
烷基硫化物		50～100	二甘醇	300
敌百虫		100	磺烷油(N-脂烃碘酰胺)	10
水溶性石油磺酸		50	一乙醇胺(一羟乙基胺)	260
铬化合物 (铬酸、铬酸 盐、硫酸铬等)	以 Cr 计	2～5	二丁基磺酸钠	100
	以 Cr³⁺ 计	2.7	三醋酸腈	320
	以 Cr⁶⁺ 计	0.5	氯化甲基糠醛	165
锑化合物(以 Sb 计)		0.2	吡啶	400
镉化合物(以 Cd 计)		1～5	水杨酸(邻羟基苯胺)	500
钒化合物(以 V 计)		5	硬脂酸	300
汞化合物(以 Hg 计)		0.5	苯乙烯	65
硝酸镧($LaNO_3 \cdot 6H_2O$)		1.0	间苯醋酸	120
砷化合物(以 As^{3+} 计)		0.7～2.0	磷酸三苯酯	10
苯胺		100～250	三乙醇胺	890
乙腈		600	乙酸胺	500
三聚氰酰胺		50	1-氯-1-亚基环己烷	12
己内酰胺		200	四氯化碳	50
甲基丙烯酰胺		25	乙酸乙酯	500
甲基丙酰胺		300	2-氯乙醇	350
TNT		12	非离子型洗涤剂	9～100
二甲胺		200	拉开粉(二丁基萘磺酸钠盐)	100
二乙胺		100		

有毒物质的毒害作用还与处理过程中水温、溶解氧、pH 值、有无其他有毒物质共存、微生物的数量以及是否经过驯化过程等因素有关。总的来说，有毒物质对微生物生理功能产生毒害作用的原因、效果都比较复杂，取决于较多因素，应慎重对待。除了以上各项因素外，有机底物的化学结构对微生物的生理功能及生物降解过程也有较大影响，但尚处于研究探讨阶段。

第二节　主要运行方式

作为有较长历史的活性污泥法生物处理系统，在长期的工程实践过程中，根据水质的变化、微生物代谢活性的特点和运行管理、技术经济及排放要求等方面的情况，又发展成为多种运行方式和池型。其中按运行方式，可以分为普通曝气法、渐减曝气法、阶段曝气法、吸附再生法（即生物接触稳定法）、高速率曝气法等；按池型可分为推流式曝气池、完全混合曝气池；此外按池深及曝气方式及氧源等，又有深水曝气池、深井曝气池、射流曝气池、纯氧（或富氧）曝气池等。本节将就此分别进行简要阐述。上述诸工艺各具特点，但基本设计方法相同，其优缺点、适用性及主要设计参数见表 1-5-6。

表 1-5-6　部分活性污泥法比较

工艺	优点	缺点	适用性	主要设计参数
传统曝气工艺	①有机物去除率较高 ②不易发生污泥膨胀 ③出水水质稳定	①耐冲击负荷能力差 ②供氧利用率低 ③运行费用较高	①适用大中型水量 ②不控制出水氮磷	$N_s = 0.2 \sim 0.4 \text{kg BOD}_5/(\text{kg MLSS} \cdot \text{d})$ $\theta_c = 3 \sim 10 \text{d}$ $X = 1500 \sim 3500 \text{mg MLSS/L}$
完全混合工艺	①耐冲击负荷能力强 ②池内水质均匀，电耗低 ③负荷率较高	①有机物去除率略低 ②易发生污泥膨胀	①适用于中小水量 ②适用于工业废水 ③不控制出水氮磷	$N_s = 0.2 \sim 0.6 \text{kg BOD}_5/(\text{kg MLSS} \cdot \text{d})$ $\theta_c = 5 \sim 15 \text{d}$ $X = 3000 \sim 6000 \text{mg MLSS/L}$
阶段曝气工艺	①耐冲击负荷能力较强 ②池内溶解氧较均匀 ③二沉池出水效果好	①有机物去除率略低 ②易发生污泥膨胀	①适用于大中型水量 ②不控制出水氮磷	$N_s = 0.2 \sim 0.4 \text{kg BOD}_5/(\text{kg MLSS} \cdot \text{d})$ $\theta_c = 5 \sim 15 \text{d}$ $X = 2000 \sim 3500 \text{mg MLSS/L}$
吸附再生工艺	①曝气池体积较小 ②有耐冲击负荷能力 ③曝气电耗低	①有机物去除率较低 ②溶解有机物去除差 ③剩余污泥量较大	①悬浮有机物较多 ②强化一级处理 ③高浓度污水预处理	$N_s = 0.2 \sim 0.4 \text{kg BOD}_5/(\text{kg MLSS} \cdot \text{d})$ $\theta_c = 3 \sim 10 \text{d}$ $X = 1000 \sim 3000 \text{mg MLSS/L}$
延时曝气工艺	①有机物去除率较高 ②剩余污泥量少且稳定 ③硝化反应彻底	①曝气池体积较大 ②运行电耗高 ③污泥活性差	①适用于中小水量 ②出水氨氮控制严格	$N_s = 0.05 \sim 0.15 \text{kg BOD}_5/(\text{kg MLSS} \cdot \text{d})$ $\theta_c = 0.5 \sim 2.5 \text{d}$ $X = 2000 \sim 5000 \text{mg MLSS/L}$
高负荷曝气工艺	①曝气池体积较小 ②负荷率高 ③曝气电耗低	①有机物去除率低 ②不发生硝化反应 ③剩余污泥量大	①强化一级处理 ②污水预处理	$N_s = 1.5 \sim 5 \text{kg BOD}_5/(\text{kg MLSS} \cdot \text{d})$ $\theta_c = 5 \sim 15 \text{d}$ $X = 2000 \sim 5000 \text{mg MLSS/L}$
深井曝气工艺	①曝气池占地小 ②充氧动力效率高 ③有利于冬季保持水温	①曝气池构造复杂 ②维修复杂	①适用于工业废水 ②适用于高浓度废水	$N_s = 1 \sim 1.2 \text{kg BOD}_5/(\text{kg MLSS} \cdot \text{d})$ $\theta_c = 5 \text{d}$ $X = 3000 \sim 5000 \text{mg MLSS/L}$
纯氧曝气工艺	①氧利用率高 ②污泥指数低 ③剩余污泥量少	①曝气池构造复杂 ②运行成本复杂	①适用于工业废水 ②适用于高浓度废水	$N_s = 0.4 \sim 0.8 \text{kg BOD}_5/(\text{kg MLSS} \cdot \text{d})$ $\theta_c = 5 \sim 15 \text{d}$ $X = 6000 \sim 10000 \text{mg MLSS/L}$

注：N_s 为曝气池的 BOD_5 污泥负荷；θ_c 为曝气池的污泥龄；X 为曝气池混合液污泥浓度。

一、推流式活性污泥法

推流式活性污泥法，又称为传统活性污泥法。推流式曝气池表面呈长方形，在曝气和水力条件的推动下，曝气池中的水流均匀地推进流动，废水从池首端进入，从池尾端流出，前段液流与后段液流不发生混合。其工艺流程见图 1-5-4 所示。

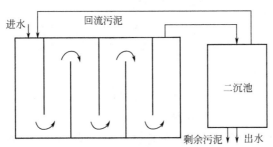

图 1-5-4　推流式活性污泥法工艺流程（多廊道）

在曝气过程中，从池首至池尾，随着环境的变化，生物反应速度是变化的，F/M 值也是不断变化的，微生物群的量和质不断地变动，活性污泥的吸附、絮凝、稳定作用不断地变化，其沉降-浓缩性能也不断地变化。

推流式曝气池的特点是：

① 废水浓度自池首至池尾是逐渐下降的，由于在曝气池内存在这种浓度梯度，废水降解反应的推动力较大，效率较高；

② 推流式曝气池可采用多种运行方式；

③ 对废水的处理方式较灵活。

但推流式曝气池也有一定的缺点，由于沿池长均匀供氧，会出现池首曝气不足，池尾供气过量的现象，增加动力费用。

推流式曝气池一般建成廊道型，根据所需长度，可建成单廊道、二廊道或多廊道。廊道的长宽比一般不小于 5∶1，以避免短路。

用于处理工业废水，推流式曝气池的各项设计参数见表 1-5-7。

表 1-5-7　推流式曝气池设计参数

项目	参考值
BOD 负荷（N_s）	0.2～0.4kg BOD/（kg MLSS·d）
容积负荷（N_V）	0.3～0.6kg BOD/（m³·d）
污泥龄（生物固体平均停留时间）（θ_c、t_s）	5～15d
混合液悬浮固体浓度（MLSS）	1500～3500mg/L
混合液挥发性悬浮固体浓度（MLVSS）	1200～2500mg/L
污泥回流比（R）	25%～50%
曝气时间（t）	4～8h
BOD 去除率	85%～95%

二、完全混合活性污泥法

完全混合式曝气池，是废水进入曝气池后与池中原有的混合液充分混合，因此池内混合液的组成、F/M 值、微生物群的量和质是完全均匀一致的。整个过程在污泥增长曲线上的位置仅是一个点。这意味着在曝气池中所有部位的生物反应都是相同的，氧吸收率也是相同的。工艺流程见图 1-5-5。

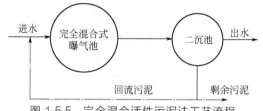

图 1-5-5　完全混合活性污泥法工艺流程

完全混合式曝气池的特点是：

① 承受冲击负荷的能力强，池内混合液能对废水起稀释作用，对高峰负荷起削弱作用；

② 由于全池需氧要求相同，能节省动力；

③ 曝气池和沉淀池可合建，不需要单独设置污泥回流系统，便于运行管理。

完全混合式曝气池的缺点是：连续进水、出水可能造成短路；易引起污泥膨胀。

本工艺适于处理工业废水，特别是高浓度的有机废水。

用于处理城市废水，完全混合曝气池的各项设计参数见表 1-5-8。

表 1-5-8　完全混合曝气池设计参数

项　目	参　考　值
BOD 负荷(N_s)	0.2～0.6kg BOD/(kg MLSS·d)
容积负荷(N_V)	0.8～2.0kg BOD/(m³·d)
污泥龄(生物固体平均停留时间)(θ_c)	5～15d
混合液悬浮固体浓度(MLSS)	3000～6000mg/L
混合液挥发性悬浮固体浓度(MLVSS)	2400～4800mg/L
污泥回流比(R)	25%～100%
曝气时间(t)	3～5h
BOD 去除率	85%～90%

三、分段曝气活性污泥法

分段曝气活性污泥运行模式又称阶段进水活性污泥法或多段进水活性污泥法，其特点是废水沿池长多点进水，有机负荷分布均匀，使供氧量均化，克服了推流式供氧的弊病。沿池长 F/M 分布均匀，充分发挥其降解有机物的能力。该法可提高空气利用率，提高池子工作能力，适用各种范围水质。该工艺的不足是，进水若得不到充分混合，会引起处理效果的下降。图 1-5-6 是分段式曝气法平面布置示意。

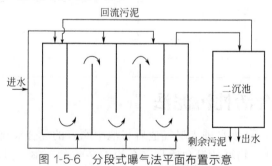

图 1-5-6　分段式曝气法平面布置示意

分段曝气法处理工业废水的各项设计参数见表1-5-9。

表1-5-9　分段曝气法处理工业废水的各项设计参数

项　　目	参　考　值
BOD负荷(N_s)	0.2~0.4kg BOD/(kg MLSS·d)
容积负荷(N_V)	0.6~1.0kg BOD/(m³·d)
污泥龄(生物固体平均停留时间)(θ_c)	5~15d
混合液悬浮固体浓度(MLSS)	2000~3500mg/L
混合液挥发性悬浮固体浓度(MLVSS)	1600~2800mg/L
污泥回流比(R)	25%~75%
曝气时间(t)	3~8h
BOD去除率	85%~95%

四、吸附-再生活性污泥法

吸附-再生活性污泥法又称生物吸附法或接触稳定法。这种运行方式的主要特点是活性污泥对有机污染物降解的两个过程——吸附、代谢，分别在各自的反应器内进行。

废水在再生池得到充分再生，具有很强活性的活性污泥同步进入吸附池，两者在吸附池中充分接触，废水中大部分有机物被活性污泥所吸附，废水得到净化。由二次沉淀池分离出来的污泥进入再生池，活性污泥在这里将所吸附的有机物进行代谢活动，使有机物降解，微生物增殖，微生物进入内源代谢期，污泥的活性、吸附功能得到充分恢复，然后再与废水一同进入吸附池。见图1-5-7。

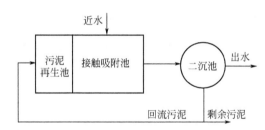

图1-5-7　吸附-再生活性污泥法平面示意

吸附-再生活性污泥法的特点是：

① 废水与活性污泥在吸附池的接触时间较短，吸附池容积较小，由于再生池接纳的仅是浓度较高的回流污泥，因此，再生池的容积亦小，吸附池与再生池容积之和仍低于传统法曝气池的容积；

② 本方法能承受一定的冲击负荷，当吸附池的活性污泥遭到破坏时，可由再生池内的污泥予以补救。

本方法的主要缺点是对废水的处理效果低于传统活性污泥法；此外，对溶解性有机物高的废水，处理效果差。

本系统处理工业废水的各项设计参数见表1-5-10。

表1-5-10　吸附-再生活性污泥法处理工业废水的各项设计参数

项　　目	参　考　值
BOD负荷(N_s)	0.2~0.6kg BOD/(kg MLSS·d)
容积负荷(N_V)	1.0~1.2kg BOD/(m³·d)

续表

项　目	参　考　值
污泥龄(生物固体平均停留时间)(θ_c)	5～15d
混合液悬浮固体浓度(MLSS)	吸附池 1000～3000mg/L 再生池 4000～10000mg/L
混合液挥发性悬浮固体浓度(MLVSS)	吸附池 800～2400mg/L 再生池 3200～8000mg/L
反应时间	吸附池 0.5～1.0h 再生池 3～6h
污泥回流比(R)	25%～100%
BOD 去除率	80%～90%

五、延时曝气活性污泥法

该工艺又称完全氧化活性污泥法。工艺的主要特点是：有机负荷低，污泥持续处于内源代谢状态，剩余污泥少，且污泥稳定，不需再进行消化处理，这种工艺可称为废水、污泥综合处理工艺。该工艺还具有处理水质稳定性较高，对废水冲击负荷有较强的适应性和不需设初次沉淀池的优点。主要缺点是池容大，曝气时间长，建设费和运行费用都较高，而且占用较多的土地等。

本工艺适用于对处理水质要求高，又不宜采用单独污泥处理的小型城镇污水和工业废水。工艺采用的曝气池为完全混合式或推流式。

本工艺处理城镇污水和工业废水所采用的各项设计参数见表1-5-11。

表 1-5-11　延时曝气活性污泥法处理城镇污水和工业废水的设计参数

项　目	参　考　值
BOD 负荷(N_s)	0.05～0.15kg BOD/(kg MLSS·d)
容积负荷(N_V)	0.1～0.4kg BOD/(m³·d)
污泥龄(生物固体平均停留时间)(θ_c、t_s)	20～30d
混合液悬浮固体浓度(MLSS)	3000～6000mg/L
混合液挥发性悬浮固体浓度(MLVSS)	2400～4800mg/L
曝气时间(t)	18～48h
污泥回流比(R)	75%～100%
BOD 去除率	75%～95%

从理论上来说，延时曝气活性污泥法是不产生污泥的，但在实际上仍产生少量的剩余污泥，其成分主要是一些无机悬浮物和微生物内源代谢的残留物。

六、高负荷活性污泥法

高负荷活性污泥法又称短时曝气法或不完全活性污泥法。工艺的主要特点是负荷率高，曝气时间短，对废水的处理效果差。在系统和曝气池构造方面，本工艺与传统活性污泥法基本相同。

本工艺处理城镇污水和工业废水各项设计参数见表1-5-12。

表 1-5-12　高负荷活性污泥法处理城镇污水和工业废水的设计参数

项　目	参　考　值
BOD 负荷(N_s)	1.5～5.0kg BOD/(kg MLSS・d)
容积负荷(N_V)	1.2～2.4kg BOD/(m^3・d)
污泥龄(生物固体平均停留时间)(θ_c、t_s)	0.25～2.5d
混合液悬浮固体浓度(MLSS)	200～500mg/L
混合液挥发性悬浮固体浓度(MLVSS)	160～400mg/L
曝气时间(t)	1.5～3.0h
污泥回流比(R)	5％～15％
BOD 去除率	60％～75％

七、浅层曝气、深水曝气、深井曝气活性污泥法

1. 浅层曝气活性污泥法

浅层低压曝气又名因卡曝气（INKA aeration），是瑞典 Inka 公司所开发的，其原理基于气泡在刚刚形成的瞬息间，其吸氧率最高。如图 1-5-8 所示。曝气设备装在距液面 800～900mm 处，可采用低压风机。单位输入能量的相对吸氧量可达最大，它可充分发挥曝气设备的能力。风机的风压约 1000mm 即可满足要求。池中间设置纵向隔板，以利液流循环，充氧能力可达 1.80～2.60kg/(kW・h)。工艺缺点是曝气栅管孔眼容易堵塞。

2. 深水曝气活性污泥法

曝气池内水深可达 8.5～30m，由于水压较大，故氧利用率较高；但需要的供风压力较大，因此动力消耗并不节省。近年来发展了若干种类的深水曝气池，主要有深水底层曝气、深水中层曝气，其中包括单侧旋流式、双侧旋流式、完全混合式等。为了减小风压，曝气器往往装在池深的一半，形成液-气流的循环，可节省能耗。当水深超过 10～30m 时，即为塔式曝气池。见图 1-5-9。

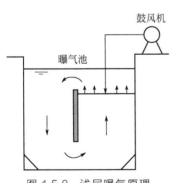

图 1-5-8　浅层曝气原理

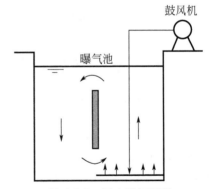

图 1-5-9　深水曝气原理

3. 深井曝气活性污泥法

深井曝气是 20 世纪 70 年代中期开发的废水生物处理新工艺。深井曝气处理废水的特点是：处理效果良好，并具有充氧能力高、动力效率高、占地少、设备简单、易于操作和维修、运行费用低、耐冲击负荷能力强、产泥量低、处理不受气候影响等。此外，在大多数情况下可取消一次沉淀池，对高浓度工业废水容易提供大量的氧，也可用于污泥的好氧消化。

深井曝气装置，一般平面呈圆形，直径为 1～6m，深度 50～150m。在井身内，通过空压机的作用形成降流和升流的流动。见图 1-5-10。

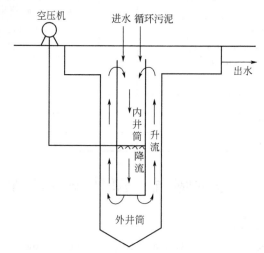

图 1-5-10　深井曝气原理

采用深井曝气装置处理城市和工业废水设计参数见表 1-5-13。

表 1-5-13　深井曝气装置处理城市和工业废水的设计参数

项　目	参　考　值
BOD 负荷(N_s)	1～1.2kg BOD/(kg MLSS·d)
容积负荷(N_V)	3.0～3.6kg BOD/(m³·d)
污泥龄(生物固体平均停留时间)(θ_c)	5d
混合液悬浮固体浓度(MLSS)	3000～5000mg/L
混合液挥发性悬浮固体浓度(MLVSS)	2400～4000mg/L
污泥回流比(R)	40%～80%
曝气时间(t)	1～2h
BOD 去除率	85%～90%

八、纯氧曝气活性污泥法

纯氧曝气又称富氧曝气，与空气曝气相比具有以下几个特点：

① 空气中含氧一般为 21%，一般纯氧中含氧为 90%～95%，而氧的分压纯氧比空气高 4.4～4.7 倍，因此纯氧曝气能大大提高氧在混合液中的扩散能力；

② 氧的利用率可高达 80%～90%，而空气曝气活性污泥法仅 10% 左右，因此达到同等氧浓度所需的气体体积可大大减少；

③ 活性污泥浓度（MLSS）可达 4000～7000mg/L，故在相同有机负荷时容积负荷可大大提高；

④ 污泥指数低，仅 100mL/g 左右，不易发生污泥膨胀；

⑤ 处理效率高，所需的曝气时间短；

⑥ 产生的剩余污泥量少。

纯氧曝气池有三类（见图 1-5-11）：

① 多级密封式，氧从密闭顶盖引入池内，污水从第一级逐级推流前进，氧由离心压缩

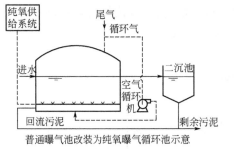
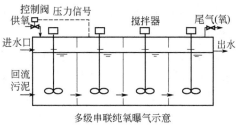

普通曝气池改装为纯氧曝气循环池示意　　　　　多级串联纯氧曝气示意

图 1-5-11　纯氧曝气活性污泥法工艺流程

机经中空轴进入回转叶轮，它使池中污泥与氧保持充分混合与接触，使污泥能极大地吸收氧，未用尽的氧与生化反应代谢产物从最后一级排出；

② 对旧曝气池进行改造，池上设幕篷，既通入纯氧，又输入压缩空气，部分尾气外排，也可循环回用；

③ 敞开式纯氧曝气池。

纯氧曝气活性污泥法的设计参考数据见表 1-5-14。

表 1-5-14　纯氧曝气活性污泥法的设计参数

项　目	参　考　值
BOD 负荷（N_s）	0.4～1.0kg BOD/（kg MLSS·d）
容积负荷（N_V）	2.0～3.2kg BOD/（m³·d）
混合液悬浮固体浓度（MLSS）	6000～10000mg/L
混合液挥发性悬浮固体浓度（MLVSS）	4000～6500mg/L
污泥龄（生物固体平均停留时间）（θ_c、t_s）	5～15d
污泥回流比（R）	25%～50%
曝气时间（t）	1.5～3.0h
溶解氧浓度（DO）	6～10mg/L
剩余污泥生成量（ES）	0.3～0.45kg TSS/kg BOD$_{去除}$
污泥容积指数（SVI）	30～50

第三节　曝气装置

一、原理和功能

（一）曝气及其作用

活性污泥曝气是采用相应的设备和技术措施，使空气中的氧转移到混合液中进而被微生物利用的过程。曝气的主要作用为充氧、搅动和混合。充氧的目的是向活性污泥微生物提供所需的溶解氧，以保障微生物代谢过程的需氧量，通常曝气池出口的溶解氧浓度应控制在2mg/L 以上；混合和搅动的目的是使曝气池中的污泥处于悬浮状态，从而增加废水与混合液的充分接触，提高传质效率，保证曝气池的处理效果。

（二）曝气氧转移的基本理论

空气中的氧通过曝气传递到混合液中，氧由气相向液相进行传质转移，最后为微生物所利用。气液传质过程通常遵循一定的传质扩散理论，气液传质理论目前有双膜理论、浅渗理论、表面更新理论等。目前工程上应用较多的为双膜理论。

1. 双膜理论

双膜理论认为，在气水界面上存在着气膜和液膜，气膜外和液膜外有空气和液体流动，属紊流状态；气膜和液膜间属层流状态，不存在对流。在一定条件下会出现气压梯度和浓度梯度（参见图1-5-12）。如果液膜中氧的浓度低于图1-5-12双膜理论模型水中氧的饱和浓度，在其界面存在的浓度梯度将向液膜传递，空气中的氧继续向内扩散透过液膜进入水体，因而液膜和气膜将成为氧传递的障碍，这就是双膜理论。显然，克服液膜障碍的最有效方法是快速变换气-水界面，曝气搅拌正是如此。曝气时推动氧分子通过液膜的动力是水中氧的饱和浓度（C_s）和实际浓度（C）的差。C_s决定于空气中氧的分压，所以最终起决定作用的推动力是氧分压，而C值由微生物的耗氧速率确定。

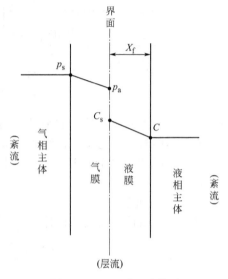

图 1-5-12　双膜理论模型

氧传递过程的基本方程如下：

$$\frac{\mathrm{d}C}{\mathrm{d}t}=K_{La}(C_s-C) \qquad (1-5-22)$$

式中，$\dfrac{\mathrm{d}C}{\mathrm{d}t}$ 为氧的传递速率（氧进入水的速率），mg/（L·h）；C 为氧的实际浓度，mg/L；C_s 为氧的饱和浓度，mg/L；K_{La} 为液相总传质系数，h^{-1}。

氧的传递速率同气、液两相的界面面积成正比，由于其面积难于估算，所以把它的影响包括在传质系数内，故 K_{La} 叫总传质系数。K_{La} 的倒数单位是时间，可以把它看作是把溶解氧的浓度从 C 增加到 C_s 所需的时间。

2. 浅渗理论

浅渗理论的基本观点是气相与液相都是按重复的短暂接触进行的，由于接触的时间很短，因此不可能达到稳定状态。其基本假设为，当气泡上升一个气泡直径的距离后，以前所接触的那部分水就被新接触的水替换掉了。故而允许气体传递进入它所接触的那部分水中的时间极短，扩散进入水的深度也很浅；另外传递的过程是随时间变化的。浅渗理论还认为阻力主要在水膜内。

3. 表面更新理论

表面更新理论是对浅层理论的发展。该理论认为，由于水膜中的水处在紊动混合状态，传递物质的表面不可能是固定不变的，应是由无数的接触时间不同的面积微元组成的，这些面积微元在接触时间内所传递的质量总和，才是真正的传质量。通常应该按此来计算。对于每一个面积微元通过的量仍可由浅渗理论方式计算。

（三）影响氧转移的因素

1. 氧的饱和浓度（C_s）

氧转移效率与氧的饱和浓度（C_s）成正比，不同温度下饱和溶解氧的浓度也不同，参见表 1-5-15。

表 1-5-15　氧在蒸馏水中的溶解度（即饱和度）

水温/℃	1	2	3	4	5	6	7	8	9	10
溶解度/(mg/L)	14.23	13.84	13.48	13.13	12.80	12.48	12.17	11.87	11.59	11.33
水温/℃	11	12	13	14	15	16	17	18	19	20
溶解度/(mg/L)	11.08	10.83	10.60	10.37	10.15	9.95	9.74	9.54	9.35	9.17
水温/℃	21	22	23	24	25	26	27	28	29	30
溶解度/(mg/L)	8.99	8.83	8.63	8.53	8.38	8.22	8.07	7.92	7.77	7.63

注：其余温度下（0～30℃）的饱和溶解度利用内差法确定，0℃时的饱和溶解度值为 14.62mg/L。

2. 水温

在相同的气压下，温度对 K_{La} 和 C_s 也有影响。温度上升 K_{La} 的值随着上升，而 C_s 值却下降。曝气池的工作温度大多在 10～30℃ 范围内，这时温度的影响不明显，因为它对 K_{La} 和 C_s 的影响几乎相互抵消。水温的变化对 K_{La} 值的影响较大，通常可通过下式校正：

$$K_{La(T)} = K_{La(20)} \theta^{(T-20)} \tag{1-5-23}$$

式中，$K_{La(20)}$ 为 20℃ 时的 K_{La}；$K_{La(T)}$ 为 T℃ 时的 K_{La}；θ 为温度修正系数，其值为 1.016～1.047。

3. 废水性质

废水中含有的各种杂质（尤其是一些表面活性物质）对氧的转移产生一定的影响，把适用于清水的 K_{La} 用于废水时，要乘以修正系数 α。

$$\text{废水的 } K_{La} = \alpha \times \text{清水的 } K_{La} \tag{1-5-24}$$

修正系数（α）的值可在实验室测定（在测定 α 值时，不能直接用混合液，要用澄清后的上清液）。在同一曝气装置中分别测定废水和清水的 K_{La}，其比值就是 α 值。原生活污水的 α 值为 0.4～0.5；城镇污水厂出水的 α 值为 0.9～1.0；而工业废水由于种类较多，其 α 值的变化也较大。

由于在废水中含有盐类也影响氧在水中的饱和度（C_s），废水 C_s 值用清水 C_s 值乘以 β 来修正，β 值一般介于 0.9～0.97 之间。

大气压影响氧气的分压，因此影响氧的传递，对 C_s 也有影响。随着气压的升高，两者都上升。对于大气压不是 1.013×10^5 Pa 的地区，C_s 值应乘以压力修正系数，设为 ρ，即 $\rho = $ 所在地区实际气压/(1.013×10^5)。

对于鼓风曝气池，空气压力还同池水深度有关。安装在池底的空气扩散装置出口处的氧分压最大，C_s 值也最大。但随气泡的上升，气压逐渐降低，在水面时，气压为 1.013×10^5 Pa（1atm，即一个大气压），气泡上升过程中的一部分氧已转移到液体中。鼓风曝气池中的 C_s 值应是扩散装置出口和混合液表面两处溶解氧饱和浓度的平均值，依下式计算：

$$C_{sb} = C_s \left(\frac{p_b}{2.026 \times 10^5} + \frac{O_t}{42} \right) \tag{1-5-25}$$

$$O_t = \frac{21 \times (1 - E_A)}{79 + 21 \times (1 - E_A)} \times 100\% \tag{1-5-26}$$

式中，C_{sb} 为鼓风曝气池内混合液溶解氧饱和浓度的平均值，mg/L；C_s 为在 1.013×10^5 Pa 条件下氧的饱和浓度，mg/L；p_b 为空气扩散装置出口处的绝对压力，Pa，$p_b = p + 9.8 \times 10^3 H$；$p$ 为标准大气压，$p = 1.031 \times 10^5$ Pa；H 为空气扩散装置的安置深度，m；O_t

为从曝气池逸出气体中含氧量的百分率；E_A 为空气扩散装置的氧转移效率，一般为 $6\%\sim12\%$。

另外，氧的转移还和气泡的大小、液体的紊动程度和气泡与液体的接触时间有关。空气扩散器的性能决定了气泡粒径的大小。气泡愈小接触面愈大，将提高 K_{La} 值，利于氧的转移；但另一方面不利于紊动，从而不利于氧的转移。气泡与液体的接触时间愈长，愈利于氧的转移。

氧从气泡中转移到液体中，逐渐使气泡周围液膜的含氧量饱和，因而，氧的转移效率又取决于液膜的更新速度。紊流和气泡的形成、上升、破裂，都有助于气泡液膜的更新和氧的转移。

从上述分析可见，氧的转移效率取决于下列各因素：气相中氧分压梯度、液相中氧的浓度梯度、气液之间的接触面积和接触时间、水温、废水的性质和水流的紊动程度等。

（四）充氧量的计算

生产厂家所提供的空气扩散装置的氧转移参数是在标准条件下测定的，所谓标准条件是指：水温 20℃，大气压为 1.013×10^5 Pa，采用脱氧清水测定。所以必须根据实际条件对厂商提供的氧转移速率等数据加以修正。

标准条件下，转移到曝气池混合液中的总氧量为：

$$R_0=K_{La(20)}C_{s(20)}V \tag{1-5-27}$$

实际条件下，转移到曝气池混合液中的总氧量为：

$$R=\alpha K_{La(20)}\left[\beta\rho C_{s(T)}-C\right]\times1.024^{(T-20)}V=R_rV \tag{1-5-28}$$

式中，$R_r=O_2/V$，O_2 由本章第一节式（1-5-6）确定。

联立上二式可得：

$$R_0=\frac{RC_{s(20)}}{\alpha\left[\beta\rho C_{sb(T)}-C\right]\times1.024^{(T-20)}} \tag{1-5-29}$$

一般地，$R_0/R=1.33\sim1.61$，即在实际工程中所需的空气量比标准条件下所需的空气量多 $33\%\sim61\%$。

氧转移效率（氧利用效率，E_A）为：

$$E_A=(R_0/S)\times100\% \tag{1-5-30}$$

式中，S 为供氧量，kg/h。

$$S=0.21\times1.43G_s=0.3G_s \tag{1-5-31}$$

式中，0.21 为氧在空气中所占分数；1.43 为氧的容重，kg/m^3；G_s 为供气量，m^3/h。

对鼓风曝气，各种空气扩散装置在标准状态下的 E_A 值是厂商提供的，因此，供气量可以通过式（1-5-32）确定，即

$$G_s=\frac{R_0}{0.3E_A}\times100\% \tag{1-5-32}$$

式中，R_0 由式（1-5-29）确定。

对机械曝气，各种叶轮在标准条件下的充氧量与叶轮直径及叶轮线速度的关系，也是厂商通过实际测定确定并提供的。如泵型叶轮的充氧量可按下列经验公式计算：

$$Q_{os}=0.379K_1v^{2.8}D^{1.88} \tag{1-5-33}$$

式中，Q_{os} 为标准条件下（水温 20℃，1.013×10^5Pa）清水的充氧量，kg/h；v 为叶轮周边线速度，m/s；D 为叶轮公称直径，m；K_1 为池型结构对充氧量的修正系数，见表 1-5-16。

表 1-5-16　池型修正系数 K_1 值

池　型	圆池	正方形	长方形	曝气池
K_1	1	0.64	0.90	0.85～0.98

注：圆池内有挡流板，方池则没有。

$Q_{os}=R_0$，R_0 由式（1-5-29）确定。泵型叶轮所需的直径可以通过式（1-5-33）确定。其他类型的叶轮的充氧量则根据相应的图表或公式确定。

二、设备和装置

（一）曝气类型

曝气类型大体分为两类：一类是鼓风曝气；另一类为机械曝气。此外，还有两类相结合的曝气方式，但实际应用较少。

1. 鼓风曝气

鼓风曝气是指采用曝气器——扩散板或扩散管在水中引入气泡的曝气方式。鼓风曝气通常由鼓风机、曝气器、空气输送管道等组成。

2. 机械曝气

机械曝气是指利用叶轮等器械引入气泡的曝气方式。机械曝气器可以分为两种类型，一类是表面曝气器，另一类是淹没的叶轮曝气器。表面曝气器直接从空气中吸入氧气。叶轮曝气器主要是从曝气池底部的空气分布系统引入空气中吸取氧气。表面曝气器设备比较简单，较为常用。

（二）曝气装置

所有的曝气设备，都应该满足下列 3 种功能：

① 产生并维持有效的气水接触，并且在生物氧化作用不断消耗氧气的情况下保持水中一定的溶解氧浓度；

② 在曝气区内产生足够的混合作用和水的循环流动；

③ 维持液体的足够速度，以使水中的生物固体处于悬浮状态。

曝气设备的特点和用途参见表 1-5-17。

表 1-5-17　废水的曝气设备

设　备			特　点	用　途
淹没式曝气器	鼓风机	细气泡系统	用多孔扩散板或扩散管产生气泡	各种活性污泥法
		中等气泡系统	用塑料或布包管子产生气泡	各种活性污泥法
		粗气泡系统	用孔口、喷射器或喷嘴产生气泡	各种活性污泥法
	叶轮分布器		由叶轮及压缩空气注入系统组成	各种活性污泥法
		静态管式混合器	竖管中设挡板以使底部进入的空气与水混合	活性污泥法
		射流式	压缩空气与带压力的混合液在射流设备中混合	各种活性污泥法
表面曝气器	低速叶轮曝气器		用大直径叶轮在空气中搅起水滴并卷入空气	常规活性污泥法
	高速浮式曝气器		用小直径桨叶在空气中搅起水滴并卷入空气	
	转刷曝气器		桨板通过水中旋转促进水的循环并曝气	氧化沟、渠道曝气

曝气设备的主要技术性能指标如下：

① 动力效率（E_p）　每消耗 1kW 电能转移到混合液中的氧量，以 kg/(kW·h) 计。

② 氧的利用效率（E_A）　通过鼓风曝气转移到混合液的氧量占总供氧量的百分比。

③ 氧的转移效率（E_L）　也称为充氧能力，通过机械曝气装置在单位时间内转移到混合液中的氧量，以 kg/h 计。

鼓风曝气设备的性能按①、②两项指标评定，机械曝气装置则按①、③两项指标评定。

1. 鼓风曝气设备

鼓风曝气系统由鼓风机（空压机）、空气扩散装置（曝气器）和一系列连通的管道组成。鼓风机将空气通过一系列管道输送到安装在池底部的扩散装置（曝气器），经过扩散装置，使空气形成不同尺寸的气泡。气泡在扩散装置出口处形成，尺寸则取决于空气扩散装置的形式，气泡经过上升和随水循环流动，最后在液面处破裂，这一过程中产生氧向混合液中转移的作用。

鼓风曝气系统用鼓风机供应压缩空气，常用的有罗茨鼓风机和离心式鼓风机。

离心式鼓风机的特点是空气量容易控制，只要调节出气管上的阀门即可；如果把电动机上的安培表改用流量刻度，调节更为方便。但鼓风机噪声很大，空气管上应安装消声器。

鼓风曝气系统的空气扩散装置主要分为微气泡曝气器、中气泡曝气器、大气泡曝气器、水力剪切型空气曝气器、水力冲击式空气曝气器及空气升液等类型。

（1）微气泡曝气器

该曝气器也称为多孔性空气扩散装置，采用多孔性材料如陶粒、粗瓷等掺以适当的如酚醛树脂一类的黏合剂，在高温下烧结成为扩散板、扩散管及扩散罩的形式。微孔曝气器按照安装的形式，可分为固定式微孔曝气器和提升式微孔曝气器两大类。

这一类扩散装置的主要性能特点是产生微小气泡，气、液接触面大，氧利用率较高，一般都可达 10% 以上；其缺点是气压损失较大，易堵塞，送入的空气应预先通过过滤处理。具体的曝气器形式如下。

① 固定式平板形微孔曝气器　见图 1-5-13。平板形微孔曝气装置主要包括曝气板、布气底盘、通气（调节）螺栓、进气管、三通短管、伸缩节、橡胶密封圈或压盖以及连接池底的配件等。目前我国生产的平板形微孔曝气器有 ϕ200mm 钛板微孔曝气板、ϕ200mm 的微孔陶板、青刚玉和绿刚玉为骨料烧结成的曝气板，其技术参数基本相同，见表 1-5-18。

表 1-5-18　固定式平板型微孔曝气器主要参数

项　目	参　考　值
平均孔径	$100\sim200\mu m$
孔隙率	40%～50%
服务面积	0.3～0.75m²/个
氧利用率	20%～25%
充氧能力	0.04～0.19kg/(m³·h)
动力效率	4～6kg/(kW·h)
单盘通气阻力	1.47～3.92kPa(150～400mm 水柱)
曝气量[①]	0.8～3m³/(h·个)

① 陶瓷微孔曝气器的曝气量不能大于 4m³/(h·个)。

② 固定式钟罩形微孔曝气器　见图 1-5-14。我国生产的钟罩形微孔曝气器，有微孔陶瓷钟罩形盘、青刚玉为骨料烧成的钟罩形盘。其技术参数与平板形散气板基本相同。

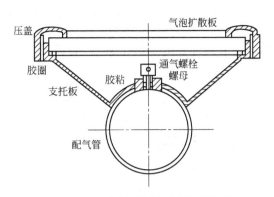

图 1-5-13　固定式平板形微孔曝气器

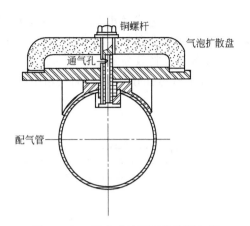

图 1-5-14　固定式钟罩形微孔曝气器

③膜片式（可变孔）微孔曝气器　见图 1-5-15。常用的微孔曝气器多采用刚性材料，如陶瓷、刚玉等制造，传氧速率及运动效率都较高，但存在进入曝气器的空气需要除尘净化、曝气器孔眼易被污物堵塞等一些缺点。针对上述情况，国外首先研制开发出一种新型的微孔曝气器，即膜片式微孔曝气器。随后通过不断改型，应用于污水处理厂，不但动力效率高、应用效果好，而且不存在堵塞问题。

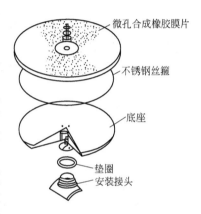

该种曝气器的底部为聚丙烯制成的底座，底座上覆盖着合成橡胶制成的微孔膜片，膜片被金属丝箍固定在底座上。在合成橡胶膜片上采用激光打出同心圆布置的圆形孔眼，曝气时空气通过底座上的通气孔进入膜片与底座之间，在压缩空气的作用下，使膜片微微鼓起，孔眼张开，达到布气扩散的目的。停止供气压力消失后，膜片本身的弹性作用使孔眼自动闭合，由于水压的作用，膜片压实于底座之上。曝气池中的混合液不可能倒流，因此不会堵塞膜片孔眼。另一方面当孔眼开启时，空气

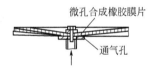

图 1-5-15　膜片式微孔空气曝气器

中即使含有少量的尘埃，也可以通过孔眼，不会造成堵塞，不用设置除尘设备。膜片式微孔曝气器均匀的孔眼可扩散出 1.5～3.0mm 的气泡，清水动力效率可达到 3.4kg/(kW·h)，主要技术参数见表 1-5-19。

表 1-5-19　膜片式（可变孔）微孔曝气器主要参数

项　目	参　考　值
直径	520mm 或 230mm
通气量	3.42～34m³/(h·个)
服务面积	1～3m²/个
充氧动力效率	3.4kg/(kW·h)
氧利用率	27%～38%
通气阻力	1.41～5.84kPa(147～596mm 水柱)
材质	合成橡胶

以上均为固定式微孔曝气器。为了克服固定式微孔曝气器堵塞时清理困难的缺点，目前发展了提升式微孔曝气器，可在正常运转过程中，随时或定期将曝气器从水中提出，进行清理，以便经常保持较高的充氧效率。

④ 摇臂式微孔曝气器 目前我国生产的摇臂式微孔曝气器由三部分组成，见图 1-5-16。

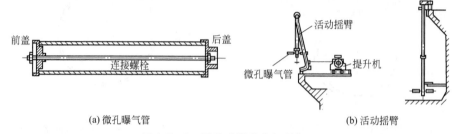

(a) 微孔曝气管　　　　　　　　　　　　(b) 活动摇臂

图 1-5-16　摇臂式微孔空气曝气器

a. 微孔曝气管。由微气泡曝气管、前盖、后盖及连接螺栓组成。为了防止气孔堵塞，空气必须经过净化处理。

b. 活动摇臂。是可提升的配管系统，微孔曝气管安装于支气管上，成栅支状。活动摇臂的底座固定在池壁上，活动立管伸入池中，支管落在池底部，并由支架支撑在池底。

c. 曝气器提升机。为活动式电动卷扬机，起吊小车可随意移动，将摇臂提起。当曝气头和微孔散气管需要清理时，可将提升机移至欲清理的摇臂处，将提升机的钢丝挂在活动臂的吊钩上，按动电钮，就可将摇臂提起，对曝气头进行清理或拆换。

（2）中气泡曝气器

应用较为广泛的中气泡空气扩散装置是穿孔管，由管径介于 25～50mm 之间的钢管或塑料管制成，由计算确定，在管壁两侧向下相隔 45°角，留有直径为 3～5mm 的孔眼或隙缝，间距 50～100mm，空气由孔眼溢出。

这种扩散装置构造简单，不易堵塞，阻力小；但氧的利用率较低，只有 4%～6%，动力效率亦低，约 1kg/(kW·h)。因此目前在活性污泥曝气中采用较少，而在接触氧化工艺中较为常用。

（3）水力剪切型空气曝气器

① 倒伞形曝气器 倒伞形扩散装置见图 1-5-17，由盆形塑料壳体、橡胶板、塑料螺杆及压盖等组成。空气由上部进气管进入，由伞形壳体和橡胶板间的缝隙向周边喷出，在水力剪切的作用下，空气泡被剪切成小气泡。停止供气，借助橡胶板的回弹力，使缝隙自行封

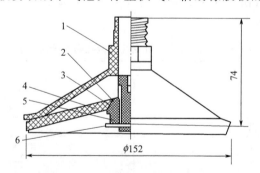

图 1-5-17　塑料倒伞式空气曝气器

1—盆形塑料壳体；2—橡胶板；3—密封圈；
4—塑料螺杆；5—塑料螺母；6—不锈钢开口销

口，防止混合液倒灌。该型扩散器的各项技术参数为：氧利用率 6.5%～8.5%，动力效率 1.75～2.88kg O_2/(kW·h)，总氧转移系数 4.7～15.7。

② 固定螺旋空气曝气器　固定螺旋空气曝气器如图 1-5-18 所示，由圆形外壳和固定在壳体内部的螺旋叶片组成，每个螺旋叶片的旋转角为 180°，两个相邻叶片的旋转方向相反。空气由布气管从底部的布气孔进入装置内，向上流动，由于壳体内外混合液的密度差，产生提升作用，使混合液在壳体内外不断循环流动。空气泡在上升过程中被螺旋叶片反复切割，形成小气泡。

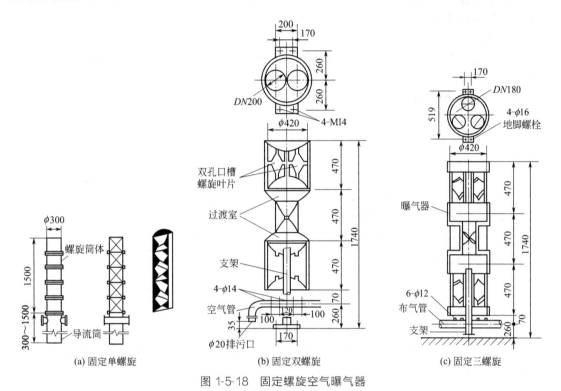

图 1-5-18　固定螺旋空气曝气器

固定螺旋空气曝气器有固定单螺旋、固定双螺旋及固定三螺旋三种空气扩散装置，表 1-5-20 列出了固定螺旋空气曝气器的规模和性能。

表 1-5-20　固定螺旋空气曝气器的规模和性能

名　　称	规　　格	材　　质	服务面积/m^2	氧利用率/%	动力效率/[kg O_2/(kW·h)]
固定单螺旋空气扩散装置	$\phi200$ 单螺旋×$H1500$	硬聚氯乙烯	3～9	7.4～11.1	2.24～2.48
固定双螺旋空气扩散装置	$\phi200$ 双螺旋×$H1740$	不饱和聚酯、玻璃钢、硬聚氯乙烯	4～8 （一般 5～6）	9.5～11.0	1.5～2.5
固定三螺旋空气扩散装置	3-$\phi180$×$H1740$ 3-$\phi185$×$H1740$	玻璃钢、聚丙烯玻璃钢	3～8	8.7	2.2～2.6

注：H 为高度。

（4）水力冲击式空气曝气器

该种曝气器见图 1-5-19，主要以射流式空气扩散装置为主，它是利用水泵打入的泥水混合液高速水流的动能，吸入大量空气，泥、水、气混合液在喉管中强烈混合搅动，使气泡粉碎成雾状，继而在扩散管内由于动能变成势能，微细气泡进一步压缩，氧迅速地转移到混合液中，从而强化了氧的转移过程，氧的转移率可高达 20％以上，但动力效率不高。近年来，由于泵的防水性能的改进，可将动力装置和扩散装置一体化。

2. 机械曝气器

机械曝气器安装在曝气池水面上、下两个位置，在动力的驱动下进行转动，通过转动作用使空气中的氧转移到污水中去。与鼓风曝气的水下鼓泡相比，机械曝气主要是表面曝气。

机械曝气器按传动轴的安装方向有竖轴（纵轴）式和卧轴（横轴）式之分，按淹没程度有表面曝气和淹没曝气之分。

（1）竖轴式机械曝气器

竖轴式机械曝气器又称竖轴叶轮曝气机，在我国应用比较广泛。常用的有泵型、K 形、平板形和倒伞形四种，现就其构造、工艺特征、计算方法等加以阐述。

① 泵型叶轮曝气器　泵型叶轮曝气器见图 1-5-20。

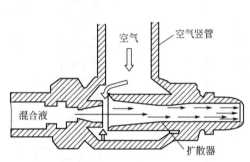

图 1-5-19　射流式水力冲击式空气曝气器

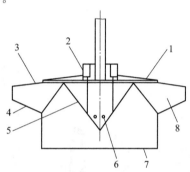

图 1-5-20　泵型叶轮曝气器构造示意

1—上平板；2—进气孔；3—上压罩；4—下压罩；
5—导流锥孔；6—引气孔；7—进水口；8—叶片

泵型叶轮轴功率可按经验公式计算。在标准状态下的清水中，泵型叶轮的轴功率可按下列经验公式计算：

$$N_{\text{轴}}=0.0804K_2 v^3 D^{2.08} \tag{1-5-34}$$

式中，$N_{\text{轴}}$ 为叶轮轴功率，kW；v 为叶轮周边线速度，m/s；D 为叶轮公称直径，m，根据前面式（1-5-33）计算；K_2 为池型结构对轴功率的修正系数。

池型修正系数（K_2）见表 1-5-21。

表 1-5-21　池型修正系数（K_2）值

池型	圆池	正方形	长方形	曝气池
K_2	1	0.81	1.34	0.85～0.87

注：圆池内有挡流板，方池则无。

叶轮外缘最佳线速度应在 4.5～5.0m/s 的范围内。如线速度小于 4m/s，可能导致曝气池中污泥沉积。对于叶轮的浸没度（水面距叶轮出水口上边缘间的距离），应不大于 4cm，过深要影响充氧量，而过浅易引起脱水，运行不稳定。叶轮不可反转。

② K 形叶轮曝气器　见图 1-5-21，由后轮盘、叶片、盖板及法兰组成，后轮盘呈流线型，与若干双曲线形叶片相交成液流孔道，孔道从始端到末端旋转 90°。后轮盘端部外缘与盖板相接，盖板大于后轮盘和叶片，其外伸部分和各叶片上部形成压水罩。

K 形轮的最佳运行线速度在 4.0～5.0m/s 的范围内，叶轮浸没度为 0～10mm，叶轮直

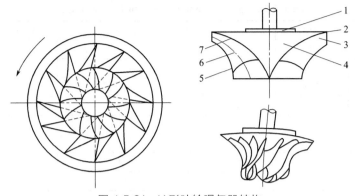

图 1-5-21 K 形叶轮曝气器结构

1—法兰；2—盖板；3—叶片；4—后轮盘；5—后流线；6—中流线；7—前流线

径与曝气池直径或正方形边长之比大致为 1：(6～10)。

K 形轮造型比较复杂，其制造需专用模具。

K 形叶轮的选择根据生产厂家提供的样本和叶轮线速度、直径与轴功率关系曲线及直径与充氧能力的关系曲线进行。

③ 平板形叶轮曝气器　平板形叶轮曝气器如图 1-5-22 所示，它由平板、叶片和法兰构成。叶片与平板半径的角度一般在 0°～25° 之间，最佳角度为 12°。平板形叶轮曝气器构造简单，制造方便，不堵塞。线速度一般为 4.05～4.85m/s；直径在 1000mm 以下的平板叶轮，浸没度常用 80～100mm，大多设有调节装置。

平板形叶轮的计算可以根据生产厂家提供的参数曲线进行。

④ 倒伞形叶轮曝气器　倒伞形叶轮（参见图 1-5-23）造型的复杂程度介于泵型与平板形之间。与平板形相比，其动力效率较高，充氧能力较低。采用时宜进行试验来决定设计数据。表 1-5-22 给出了国外直径为 2290mm 的 Simcar（属倒伞形）叶轮清水数据。

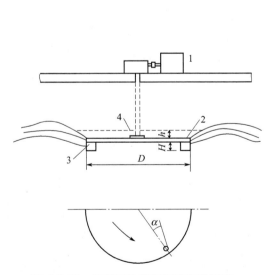

图 1-5-22　平板形叶轮曝气器构造示意；

1—驱动装置；2—进气孔；3—叶片；4—停转时水位线；
H—叶片高度；h—叶轮浸没深度；D—叶轮直径

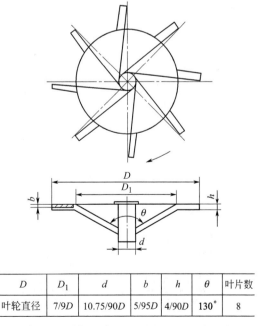

D	D_1	d	b	h	θ	叶片数
叶轮直径	7/9D	10.75/90D	5/95D	4/90D	130°	8

图 1-5-23　倒伞形叶轮结构与尺寸

表 1-5-22 直径 2290mm 的 Simcar 叶轮清水数据

序号	转速/(r/min)	浸没深度/mm	曝气池容/m³	供氧能力/[kg O₂/(h·m³)]	总动力效率/[kg O₂/(kW·h)]
1	36	0	115.9	0.173	2.27
2	36	50	114.1	0.146	2.27
3	36	100	112.3	0.116	2.33
4	36	150	110.4	0.085	2.31
5	41	0	115.9	0.278	2.28
6	41	50	114.1	0.240	2.29
7	41	100	112.3	0.204	2.10
8	41	150	110.4	0.168	2.31

（2）卧轴式机械曝气器

卧轴式机械曝气器又称凯氏刷（Kessner brush），一般直径 0.35～1.0m，长 1.5～7.5m，转速 70～120r/min，淹没深度 1/3～1/4 直径，动力效率 1.7～2.4kg O₂/(kW·h)。随着曝气刷直径的增大，氧化沟水深也可加大，通常为 1.3～5m。图 1-5-24 为直径 500mm 曝气刷的有关技术数据。齿条通常为矩形，宽 50mm 左右。

笼形转刷为凯氏刷的改良型。图 1-5-25 为直径 700mm 笼形转刷的有关技术数据。齿条通常为矩形，齿条尺寸 50mm×150mm，齿条间隙为 50mm，间放。曝气装置除了满足充氧要求外，还应满足下列最低的搅拌要求：满铺的小气泡装置 2.2m³/(h·m²)；旋流的大中气泡装置 1.2m³/(h·m²)；机械曝气 13W/m³。

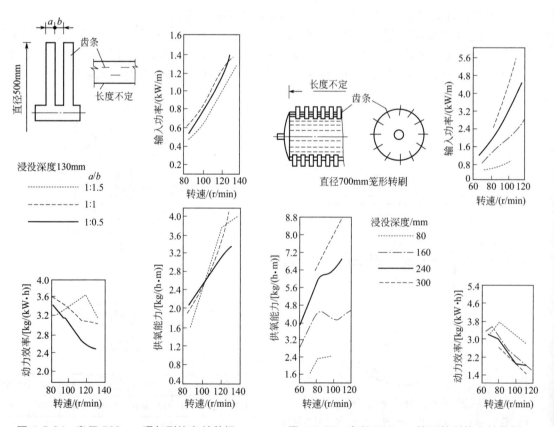

图 1-5-24 直径 500mm 曝气刷的有关数据　　图 1-5-25 直径 700mm 笼形转刷的有关数据

目前应用的卧轴式机械曝气器主要是转刷曝气器。转刷曝气器主要用于氧化沟，它具有负荷调节方便、维护管理容易、动力效率高等优点。转刷曝气器由水平转轴和固定在轴上的叶片组成，转轴带动叶片转动，搅动水面溅成水花，空气中的氧通过气液界面转移到水中。有关技术参数参见氧化沟一节。

三、曝气系统设计计算

活性污泥曝气系统与空气扩散装置的计算与设计，大致包括下列主要内容：a. 选定曝气方法（鼓风曝气或表面机械曝气）；b. 需氧量和供气量的计算；c. 曝气系统的设计与计算。

（一）需氧量与供气量的计算

活性污泥法处理系统的日平均需氧量一般按式（1-5-6）计算。对此，主要是正确地选用 a'、b' 值。求定 a'、b' 值的最理想的方法是通过试验取得数据，或归纳污水处理厂的运行数据，通过图解法求定。也可以采用比较成熟的经验数据。

处理城镇污水的不同活性污泥系统运行方式的 a'、b' 值及 ΔO_2 值见表 1-5-2，而部分工业废水的 a'、b' 值见表 1-5-3。表 1-5-23 所列举的是 BOD 污泥负荷（N_s）与需氧量之间关系的经验数据。

表 1-5-23　BOD 污泥负荷与需氧量之间关系的经验数据

N_s(VSS) /[kg BOD/(kg MLVSS·d)]	需氧量 /(kg O_2/kg BOD_5)	最大需氧量与平均需氧量之比	最小需氧量与平均需氧量之比
0.10	1.60	1.5	0.5
0.15	1.38	1.6	0.5
0.20	1.22	1.7	0.5
0.25	1.11	1.8	0.5
0.30	1.00	1.9	0.5
0.40	0.88	2.0	0.5
0.50	0.79	2.1	0.5
0.60	0.74	2.2	0.5
0.80	0.68	2.4	0.5
≥1.00	0.65	2.5	0.5

需氧量随 N_s 值而变化，而 N_s 值在池内又随污水流量和 BOD 浓度的变化而变化。但是，曝气池有一定的缓冲能力，进水短时间的变化不会使曝气池内的 BOD 污泥负荷产生足以影响处理功能的变化。当 N_s 值低时，曝气池具有较大的缓冲能力，而当 N_s 值高时，缓冲能力则较小。根据这种情况，在表 1-5-23 中也列举出随 BOD 污泥负荷而变化的最大需氧量与平均需氧量的比值，可供设计参考。

日平均需氧量、最大时需氧量确定后，即可按式（1-5-31）计算供气量。由于氧转移效率的 E_A 值是根据不同的扩散器在标准状态下由脱氧清水中测定出的，因此，需要供给曝气池混合液的充氧量（R）必须换算成相应于水温为 20℃、气压为 1.013×10^5 Pa 的脱氧清水之充氧量（R_0），可按公式（1-5-27）计算。

式（1-5-28）中的 R 值相当于活性污泥系统的最大需氧量，$C_{s(T)}$ 为计算温度 T 时污水的氧饱和浓度，对于鼓风曝气应为 $C_{sb(T)}$ 值，可按式（1-5-25）计算；对于机械曝气，则为大气压力下的氧饱和度，可直接查表。

公式中的氧转移效率 E_A 值是在选定了扩散装置的类型后查表求得的。常用扩散装置的氧转移效率 E_A 值和动力效率 E_P 值列于表 1-5-24，供设计参考。

表 1-5-24　几种空气扩散装置的 E_A、E_P 值

扩散装置类型	氧转移效率 $E_A/\%$	动力效率 $E_P/[\text{kg O}_2/(\text{kW}\cdot\text{h})]$
陶土扩散板、管(水深 3.5m)	10～12	1.6～2.6
绿豆沙扩散板、管(水深 3.5m)	8.8～10.4	2.8～3.1
穿孔管：ϕ5mm(水深 3.5m)	6.2～7.9	2.3～3.0
ϕ10mm(水深 3.5m)	6.7～7.9	2.3～2.7
倒盆式扩散器：水深 3.5m	6.9～7.5	2.3～2.5
水深 4.0m	8.5	2.6
水深 5.0m	10	—
竖管扩散器(ϕ19mm，水深 3.5m)	6.2～7.1	2.3～2.6
射流式扩散装置	24～30	2.6～3.0

注：表中数据，除陶土扩散管和射流式扩散装置两项外，均为上海曲阳污水厂测定数据。

空气扩散装置包括 E_A 及 E_P 值在内的各项参数，一般都由该装置的生产厂家提供；使用单位在使用过程中加以复核。

关于曝气系统的计算与设计，本书将对鼓风曝气系统和表面机械曝气系统分别加以阐述。

（二）鼓风曝气系统的计算与设计

鼓风曝气系统设计的主要内容是：
① 空气扩散装置的选定，并对其进行布置；
② 空气管道布置与计算；
③ 空压机型号与台数的确定与空压机房的设计。

1. 空气扩散装置的选用

在选定空气扩散装置时，要考虑下列各项因素：
① 空气扩散装置应具有较高的氧利用率（E_A）和动力效率（E_P），具有较好的节能效果；
② 不易堵塞，出现故障易排除，便于维护管理；
③ 构造简单，便于安装，工程造价及装置本身成本都较低。
此外还应考虑废水水质、地区条件以及曝气池型、水深等。

根据计算出的总供气量和每个空气扩散装置的通气量、服务面积、曝气池池底面积等数据，计算、确定空气扩散装置的数目，并对其进行布置。

空气扩散装置在池底的布置形式有：
① 沿池壁一侧布置；
② 扩散装置相互垂直呈正交式布置；
③ 呈梅花形交错布置。

2. 空气管道系统的计算与设计

（1）一般规定

活性污泥系统的空气管道系统是指从空压机的出口到空气扩散装置的空气输送管道，一般使用焊接钢管。小型废水处理站的空气管道系统一般为枝状，而大中型废水处理厂则宜于连成环状，以保供气安全。空气管道一般敷设在地面上，接入曝气池的管道，应高出池水面0.5m，以免产生回水现象。空气管道的流速，干、支管为 10～15m/s，通向空气扩散装置的竖管、小支管为 4～5m/s。

（2）空气管道的计算

空气管道和空气扩散装置的压力损失，一般控制在 14.7kPa 以内，其中空气管道总损失控制在 4.9kPa 以内，空气扩散装置的阻力损失为 4.9～9.8kPa。空气管道计算，根据流量（Q）、流速（v）按给排水手册选定管径，然后再核算压力损失，调整管径。

空气管道的压力损失（h）为空气管道的沿程阻力损失（h_1）与空气管道的局部阻力（h_2）之和，此三者的单位均为 Pa。

$$h=h_1+h_2 \tag{1-5-35}$$

根据上式计算沿程阻力损失（h_1）和局部阻力（h_2）。计算时，气温可按 30℃ 考虑，而空气压力则按下式估算：

$$p=(1.5+H)\times9.8 \tag{1-5-36}$$

式中，p 为空气压力，kPa；H 为空气扩散装置距水面的深度，m。

鼓风曝气系统，压缩空气的绝对压力按下式计算：

$$p=\frac{h_1+h_2+h_3+h_4+h_5}{h_5} \tag{1-5-37}$$

式中，h_3 为空气扩散装置安装深度（以装置出口处为准）换算成的压力，Pa；h_4 为空气扩散装置的阻力，Pa，按产品样本或试验资料确定；h_5 为所在地区大气压力，Pa。

鼓风机所需压力：

$$H=h_1+h_2+h_3+h_4 \tag{1-5-38}$$

3. 鼓风机的选定与鼓风机房的设计

① 根据每台空压机的设计风量和风压选择空压机。各式罗茨空压机、离心式空压机、通风机等均可用于活性污泥系统。

定容式罗茨空压机噪声大，应采取消声措施，一般用于中、小型废水处理厂。离心式空压机噪声较小，效率较高，适用于大、中型废水处理厂。变速率离心空压机，节省能源，根据混合液中的溶解氧浓度自动调整空压机启动台数和转速。轴流式通风机（风压在 1.2m 以下），一般用于浅层曝气池。

② 在同一供气系统中，应尽量选用同一型号的空压机。空压机的备用台数：工作空压机≤3 台时，备用 1 台；工作空压机≥4 台，备用 2 台。

③ 空压机房应设双电源，供电设备的容量应按全部机组同时启动时的负荷设计。

④ 每台空压机应单设基础，基础间距应在 1.5m 以上。

⑤ 空压机房一般包括机器间、配电室、进风室（设空气净化设备）、值班室，值班室与机器间之间应有隔声设备和观察窗，还应设自控设备。

⑥ 空压机房内、外应采取防止噪声的措施，使其符合《工业企业厂界环境噪声排放标准》（GB 12348—2008）和《声环境质量标准》（GB 3096—2008）。

4. 机械曝气装置的设计

机械曝气装置的设计内容主要是选择叶轮的型式和确定叶轮的直径。在选择叶轮型式时，要考虑叶轮的充氧能力、动力效率以及加工条件等。叶轮直径的确定，主要取决于曝气池的需氧量，使所选择的叶轮的充氧量能够满足混合液需氧量的要求。

此外，还要考虑叶轮直径与曝气池直径的比例关系。叶轮直径过大可能伤害污泥，过小则充氧不够。一般认为平板叶轮或伞形叶轮直径与曝气池直径之比为 1/3～1/5；而泵型叶轮以 1/4～1/7 为宜。叶轮直径与水深之比可采用 2/5～1/4，池深过大，将影响充氧和泥水混合。

根据计算出的 R_0 值，能够初步选定出叶轮尺寸，然后再将其与池径的比例加以校核，如不符合要求则做适当调整。

第四节 传统活性污泥法设计计算

一、曝气池的设计计算

活性污泥系统由曝气池、二次沉淀池及污泥回流设备等组成，其工艺计算与设计主要包括：a. 工艺流程的选择；b. 曝气池容积的计算；c. 池体设计；d. 需氧量和供氧量的计算。

进行活性污泥处理系统的工艺计算与设计时，首先应比较充分地掌握与废水、污泥有关的原始资料并确定设计的基础数据。主要是以下各项：a. 废水的水量、水质及变化规律；b. 对处理后出水的水质要求；c. 对处理中所产生的污泥的处理要求；d. 污泥负荷与 BOD_5 去除率；e. 混合液污泥浓度与污泥回流比。

（一）曝气池容积的计算

1. 负荷设计法

计算曝气区容积，常用有机负荷计算法。负荷有两种表示方法，即污泥负荷和容积负荷。一般采用污泥负荷，计算过程如下。

（1）确定污泥负荷

污泥负荷一般根据经验确定，可以参考表 1-5-25 所列数值。

表 1-5-25 传统活性污泥法去除碳源污染物的污泥负荷

类别	普通曝气	阶段曝气	吸附再生曝气	合建式完全混合曝气
污泥负荷/[kg/(kg·d)]	0.2～0.4	0.2～0.4	0.2～0.4	0.25～0.5

（2）确定所需微生物的量

微生物的量（XV）是由所要处理的有机物的总量和单位微生物在单位时间内处理有机物的能力（即污泥负荷）决定的。根据污泥负荷的定义：$N_s = Q(S_0 - S_e)/(VX)$，可得公式如下：

$$XV = Q(S_0 - S_e)/N_s \tag{1-5-39}$$

式中，V 为曝气池容积，m^3；Q 为进水设计流量，m^3/d；S_0 为进水的 BOD 浓度，mg/L；S_e 为出水的 BOD 浓度，mg/L；X 为混合液挥发性悬浮固体（MLVSS）浓度，mg/L；N_s 为污泥负荷，kg BOD/(kg MLVSS·d)。

（3）计算曝气池的有效池容

确定了微生物的总量以后，需要有污泥浓度的数值才能计算曝气池的容积。污泥浓度根据所用工艺的污泥浓度的经验值选取，一般在 3000～6000mg/L 之间。经过实验或其他方式确定了回流比、SVI 值后也可以根据下式计算：

$$X = \frac{10^6 R r f}{SVI(1+R)} \tag{1-5-40}$$

$$f = \frac{X}{X'} \tag{1-5-41}$$

式中，R 为污泥回流比；r 为二次沉淀池中污泥综合系数，一般为 1.2 左右；X' 为混合悬浮固体（MLSS）浓度。

曝气池容积的计算公式如下：

$$V = \frac{Q(S_0 - S_e)}{X N_s} \tag{1-5-42}$$

（4）确定曝气池的主要尺寸

主要确定曝气池的个数、池深、长宽以及曝气池的平面形式等。

2. 动力学方法

也可用动力学方法计算曝气池容积。计算过程如下。

（1）确定所需的动力学常数的值

包括 Y、K_d、K_s、μ_{max}。

（2）确定污泥龄

根据公式（1-5-18）可以确定 $\theta_{c,min}$ 值。

$$\theta_{c,min} = \frac{1}{Y\mu_{max} - K_d} \tag{1-5-43}$$

实际活性污泥处理系统工程中所采用的 θ_c 值，应大于 $\theta_{c,min}$ 值，实际取值应按公式（1-5-19）乘以安全系数。安全系数一般在 2～20。

（3）确定所需的微生物量

根据公式（1-5-14）可得下式：

$$XV = \frac{Q\theta_c Y(S_0 - S_e)}{1 + K_d \theta_c} \tag{1-5-44}$$

（4）确定曝气池的容积

首先确定微生物浓度，其方法与前面的负荷设计法相同。

（5）校核

根据式（1-5-12）和式（1-5-13），对出水浓度进行校核；或根据污泥负荷的定义对污泥负荷进行校核。这两种方法取其一即可。

（6）确定曝气池的主要尺寸

同负荷设计法（4）。

（二）需氧量和供气量的计算

1. 需氧量

活性污泥法处理系统的日平均需氧量（O_2）可按公式（1-5-6）计算，去除 1kg BOD 的需氧量（ΔO_2）根据下式计算，也可根据经验数据选用。

$$\Delta O_2 = a' + b'/N_s \tag{1-5-45}$$

废水 a'、b' 的值和部分工业废水的 a'、b' 值可以从表 1-5-2、表 1-5-3 选取。

2. 供气量

在需氧量确定以后，取一定的安全系数，得到实际需氧量（R_a），并转化为标准状态需氧量（R_0）。则公式（1-5-29）变为：

$$R_0 = \frac{R_a C_{s(20)}}{\alpha [\beta\rho C_{s(T)} - C_L] \times 1.024^{(T-20)}} \tag{1-5-46}$$

在标准状态需氧量确定之后，根据不同设备厂家的曝气机样本和手册，计算出总的能耗。总能耗确定之后，就可以确定曝气器的数量。

鼓风曝气要确定其供气量，可用公式（1-5-32）计算。

计算出供气量后，根据鼓风机的样本便可以确定鼓风机的数量和型号。

二、二次沉淀池的设计计算

二次沉淀池的作用是使混合液澄清、污泥浓缩并且将分离的污泥回流到曝气池。其工作性能对活性污泥处理系统的出水水质和回流污泥的浓度有直接的影响。初沉池的设计原则一般也适用于二次沉淀池，但有如下一些特点：

① 活性污泥沉降属于成层沉淀；

② 活性污泥的密度较小，沉速较慢，因此，设计二次沉淀池时，最大允许的水平流速（平流式、辐流式）或上升流速（竖流式）都应低于初沉池；

③ 由于二次沉淀池起着污泥浓缩的作用，所以需要适当地增大污泥区容积。

二次沉淀池的设计计算包括：池型的选择；沉淀池的面积和有效水深的计算；污泥斗容积的计算；污泥排放量的计算等。

（一）二次沉淀池池型的选择

带有刮吸泥设施的辐流式沉淀池适合大、中型污水处理厂；对小型工业污水处理厂，则多采用竖流式沉淀池或多斗式平流式沉淀池。

（二）二次沉淀池面积和有效水深的计算

二次沉淀池澄清区的面积和有效水深的计算有表面负荷法和固体通量法等。常用表面负荷法。

1. 表面负荷法

下面介绍采用表面负荷法求二次沉淀池澄清区面积和有效水深的计算公式。

$$A = \frac{Q_{max}}{q} = \frac{Q_{max}}{3.6v} \tag{1-5-47}$$

$$H = \frac{Q_{max}t}{A} = qt \tag{1-5-48}$$

式中，A 为二次沉淀池的面积，m^2；Q_{max} 为废水最大时流量，m^3/h；q 为表面水力负荷，$m^3/(m^2 \cdot h)$；v 为活性污泥成层沉淀时的沉速，mm/s；H 为澄清区水深，m；t 为二次沉淀池水力停留时间，h，一般为 $1.5 \sim 2.5h$。

上面公式中的 v 值一般介于 $0.2 \sim 0.5mm/s$ 之间，相应 q 值为 $0.72 \sim 1.8 m^3/(m^2 \cdot h)$，该值大小与污水水质和混合污泥浓度有关。当污水中的无机物含量较高时，可采用较高的 v 值；而当污水中的溶解性有机物较多时，则 v 值宜低。混合液污泥浓度对 v 值的影响较大。表 1-5-26 所列举的是混合液污泥浓度之间的关系，供设计参考。

表 1-5-26　混合液污泥浓度与 v 值之间的关系

MLSS/(mg/L)	2000	3000	4000	5000	6000	7000
v/(mm/s)	$\leqslant 0.4$	0.35	0.28	0.22	0.18	0.14

二次沉淀池面积以最大时流量作为设计流量，而不计回流污泥量。但中心管的计算，则应包括回流污泥在内。澄清区水深，通常按水力停留时间来确定，水力停留时间一般值为 $1.5 \sim 2.5h$。

2. 固体通量法

固体通量法也称固体面积负荷法，其定义是单位时间内通过单位面积的固体质量。对于二次沉淀池，悬浮固体的下沉速度为沉淀池底部排泥导致的液体下沉速度与在重力作用下悬浮固体的自沉速度之和。用固体通量法计算沉淀池面积（A）的公式如下。

$$A=\frac{Q_{\max}X'}{G_t} \tag{1-5-49}$$

$$G_t=v_gX_1+v_0X' \tag{1-5-50}$$

式中，G_t 为固体通量，即固体面积负荷值，$kg/(m^2 \cdot d)$；v_g 为由排泥引起的污泥下沉速度，m/d，一般取 $6\sim12m/d$；X_1 为沉淀池底流回流污泥浓度，kg/m^3；v_0 为初始浓度为 X' 的成层沉淀速度，m/d；X' 为反应器中的污泥浓度（MLSS），kg/m^3。

上述公式中所涉及的参数数值，往往需要通过试验确定。在实际工作设计中，也常常根据经验数据来确定固定面积的负荷值。一般二次沉淀池固体面积负荷值为 $140\sim160kg/(m^2 \cdot d)$；斜板（管）二次沉淀池可加大到 $180\sim195kg/(m^2 \cdot d)$。有效水深可按停留时间 $1.5\sim2.5h$ 来确定。

3. 池边水深和出水堰负荷

① 池边水深　为了保证二次沉淀池的水力效率和有效容积，池的水深和直径应保持一定的比例关系，一般池深在 $3.0\sim4.0m$。

② 出水堰负荷　二次沉淀池的出水堰负荷值，一般可以在 $1.5\sim2.9L/(s \cdot m)$ 之间选取。

（三）污泥斗容积的计算

污泥斗的作用是贮存和浓缩沉淀污泥，由于活性污泥易因缺氧而失去活性和腐败，因此污泥斗容积不能过大。对于分建式沉淀池，一般规定污泥斗的贮泥时间为 $2h$，故可采用下式来计算污泥斗容积。

$$V_s=\frac{4(1+R)QX'}{(X'+X_r)\times24}=\frac{(1+R)QX'}{(X'+X_r)\times6} \tag{1-5-51}$$

式中，Q 为废水流量，m^3/d；X' 为混合液污泥浓度，mg/L；X_r 为回流污泥浓度，mg/L；R 为回流比；V_s 为污泥斗容积，m^3。

（四）污泥排放量的计算

二次沉淀池中的污泥部分作为剩余污泥排放，其污泥排放量应等于污泥增长量（ΔX），可用下式确定去除单位 BOD 产生的 VSS 量：

$$Y_{obs}=\frac{Y}{1+K_d\theta_c} \tag{1-5-52}$$

$$\Delta X=Y_{obs}Q(S_0-S_e) \tag{1-5-53}$$

式中，Y_{obs} 为真产率系数，$kg \ MLVSS/kg \ BOD$，用来估算每天的污泥量。

具体的计算过程见例 1-5-1。也可按公式（1-5-4）计算。

Y、K_d 值的确定是很重要的，以通过试验求得为宜，求定方法为直线拟合求参数的方法。也可按前面的表 1-5-1 中的值对生活污水或性质与其相类似的废水进行计算。

三、污泥回流系统的计算与设计

污泥回流量是关系到处理效果的重要设计参数，应根据不同的水质、水量和运行方式，确定适宜的回流比（参见本章第二节里相关设计参数）。

首先确定回流污泥浓度，按下式计算

$$X_r = \frac{10^6 r}{\text{SVI}} \tag{1-5-54}$$

式中，r 为综合系数，一般取为 1.2。

污泥回流比的计算公式如下

$$X_r = \frac{X'(1+R)}{R} = \frac{X(1+R)}{Rf} \tag{1-5-55}$$

回流比的大小取决于混合液污泥浓度和回流污泥浓度，而回流污泥浓度又与 SVI 值有关。在实际曝气池的运行中，由于 SVI 值在一定的幅度内变化，并且需要根据进水负荷的变化调整混合液的污泥浓度，因此，在进行污泥回流设备的设计时，应按最大回流比设计，并使其具有在较小回流比时工作的可能性，以便使回流污泥可以在一定幅度内变化。

活性污泥的回流要通过污泥回流设备。污泥回流设备包括提升设备和输泥管渠。常用的污泥提升设备是污泥泵和空气提升器。污泥泵的型式主要有螺旋泵和轴流泵，其运行效率较高，可用于各种规模的废水处理工程。选择污泥泵时，首先应考虑的因素是不破坏污泥的特性，且运行稳定、可靠等。采用空气提升器的效率低，但结构简单、管理方便，且可在提升过程中对活性污泥进行充氧，因此，常用于中小型鼓风曝气系统。

【例 1-5-1】　某一城市的日废水排放量为 40000m³，时变化系数为 1.3，BOD 为 350mg/L，拟采用活性污泥法进行处理，要求处理后的出水 BOD 为 30mg/L，试计算该活性污泥法处理系统的设计参数。

解：

方法一：负荷设计方法

① 工艺流程选择　对于城镇污水一般采用活性污泥工艺，即污水经过初沉池后进入曝气池，曝气池出水经二次沉淀池沉淀后外排。由于对氮磷没有具体的要求，所以采用的工艺仅仅考虑碳源的去除，工艺流程见图 1-5-26。

图 1-5-26　活性污泥工艺流程

a. 废水的处理程度。废水的 BOD 为 350mg/L，经初次沉淀池处理后，其 BOD 按降低 25% 计，则进入曝气池的 BOD 浓度（S_0）为：

$$S_0 = 350 \times (1-25\%) = 262.5 \,(\text{mg/L}) \approx 0.26 \,(\text{kg/m}^3)$$

则

$$S_r = S_0 - S_e = 262.5 - 30 = 232.5 (\text{mg/L}) \approx 0.23 (\text{kg/m}^3)$$

$$E = \frac{S_r}{S_0} \times 100\% = \frac{0.23}{0.26} \times 100\% = 88\%$$

b. 活性污泥法的运行方式。根据提供的条件，采用传统曝气法。但应考虑按阶段曝气法和生物吸附再生法运行的可能性。曝气池为廊道式，二次沉淀池为辐流式沉淀池。采用螺旋泵回流污泥。

② 曝气池及曝气系统的计算与设计

a. 曝气池的计算与设计

（a）污泥负荷的确定。本曝气池采用的污泥负荷（N_s）为 0.3kg BOD/(kg MLVSS·d)。

（b）污泥浓度的确定。根据 N_s 值，SVI 值在 $80\sim150$ 之间，取 SVI$=120$（满足要求）。另取 $r=1.2$，$R=50\%$，$f=0.75$，按式（1-5-40）计算曝气池的污泥浓度（X）为：

$$X=\frac{10^6 Rrf}{(1+R)\text{SVI}}=\frac{10^6\times0.5\times1.2\times0.75}{(1+0.5)\times120}=2500(\text{mg/L})=2.5(\text{kg/m}^3)$$

（c）曝气池容积的确定。根据曝气池容积的综合公式（1-5-39）得：

$$V=\frac{Q(S_0-S_e)}{XN_s}=\frac{40000\times0.23}{2.5\times0.3}=12267(\text{m}^3)$$

（d）曝气池主要尺寸的确定。曝气面积：设两座曝气池（$n=2$），池深（H）取 4.0m，则每座曝气池的面积（F_1）为：

$$F_1=\frac{V}{nH}=\frac{12267}{2\times4}=1533(\text{m}^2)$$

曝气池宽度：设池宽（B）为 7m，$B/H=7/4=1.75$，在 $1\sim2$ 之间，符合要求。

曝气池长度：曝气池长度 $L=F_1/B=1533/7\approx219$（m），$L/B=219/7=31$（>10），符合要求。

曝气池的平面形式：设曝气池为三廊道式，则每廊道长 $L'=L/3=219/3=73$（m）。具体尺寸标于图 1-5-27 中。

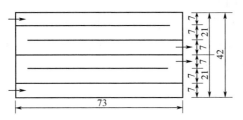

图 1-5-27　三廊道式曝气池（单位：m）

取超高为 0.5m，故曝气池的总高度 $H'=4.0+0.5=4.5$（m）。

曝气时间：曝气时间（t_m）为

$$t_m=\frac{V}{Q}\times24=\frac{12267\times24}{40000}=7.36(\text{h})$$

进水方式设计：为使曝气池能按多种方式运行，将进水方式设计成既可在池首端集中进水，按传统活性污泥法进行；也可沿池长多点进水，按阶段曝气法运行；又可集中在池中部某点进水，按生物吸附法运行。

b. 曝气系统的计算与设计。日平均需氧量按表 1-5-2，选用 $a'=0.5$，$b'=0.15$。

$O_2=a'QS_r+b'VX=0.5\times40000\times0.23+0.15\times12267\times2.5=9200(\text{kg/d})=383(\text{kg/h})$

最大时需氧量：因为时变化系数 $K=1.3$，所以最大时需氧量为：

$O_{2\max}=0.5\times40000\times1.3\times0.23+0.15\times12267\times2.5=10580(\text{kg/d})=441(\text{kg/h})$

最大时需氧量与平均时需氧量的比值为：

$$441/383=1.15$$

其他用气量：在本设计中，除曝气用空气外，还有辐流式沉淀池（污泥提升部分）、曝气沉砂池等处理设施用空气，以及非工艺设备的用气，均应加以计算，以便在设计供气装置时协同考虑（本计算中此部分略）。

供气量：采用微孔曝气器，计算温度按最不利条件考虑（本设计为 30℃）。微孔曝气器的氧转移效率（E_A）取 15%，则空气离开曝气池时氧的百分比为 18.43%。曝气池中平均溶解氧的饱和度（30℃）校正后 $C_{\text{sm}(30)}=8.46\text{mg/L}$。温度为 20℃时，曝气池中的溶解氧饱

和度 $C_{sm(20)} = 10.17mg/L$。

温度为 20℃ 时，取 $\alpha = 0.82$，$\beta = 0.95$，$\rho = 1.0$，$C_L = 2.0mg/L$，脱氧清水的充氧量为：

$$R_0 = \frac{R_a C_{sm(20)}}{\alpha[\beta\rho C_{sm(30)} - C_L] \times 1.024^{(T-20)}}$$

$$= \frac{383 \times 10.17}{0.82(0.95 \times 1.0 \times 8.46 - 2.0) \times 1.024^{(30-20)}} = 620.7 \text{（kg/h）}$$

相应最大时的需氧量为 713.8kg/h。

曝气池的平均时供气量为：

$$G_s = \frac{R_0}{0.3 \times E_A} = \frac{620.7}{0.3 \times 0.15} = 13793 \text{（m}^3\text{/h）} = 230 \text{（m}^3\text{/min）}$$

最大时需氧量的供气量为：

$$G_{smax} = \frac{R_{0max}}{0.3 E_A} = \frac{713.8}{0.3 \times 0.15} = 15862 \text{（m}^3\text{/h）} = 264 \text{（m}^3\text{/min）}$$

鼓风机型号：采用风量为 120m³/min、静压为 49kPa 的罗茨鼓风机 4 台，其中 1 台备用。高负荷时 3 台工作，平时 2 台工作，低负荷时 1 台工作。

③ 二次沉淀池的计算与设计　二次沉淀池采用辐流式，用表面负荷法计算。

a. 表面积。废水最大时的流量 $(Q_{max}) = 1.3Q/24 = 2167$（m³/h），表面水力负荷 (q) 采用 1.2m³/(m²·h)，则表面积 (A) 为：

$$A = \frac{Q_{max}}{q} = \frac{2167}{1.2} = 1806(\text{m}^2)$$

设四座二次沉淀池 $(n=4)$，则每座二次沉淀池的表面积 (A_1) 为：

$$A_1 = 1806 \div 4 = 451.5 \text{（m}^2\text{）}$$

b. 直径。二次沉淀池的直径 (D) 为：

$$D = \sqrt{\frac{4A_1}{\pi}} = \sqrt{\frac{4 \times 451.5}{\pi}} = 24(\text{m})$$

c. 有效水深。取水力停留时间为 2h，则有效水深 (H) 为：

$$H = \frac{Q_{max}t}{A} = \frac{2167 \times 2}{1806} = 2.4 \text{（m）}$$

d. 污泥斗容积。取回流比 $R = 50\%$，则回流污泥浓度为：

$$X_r = \frac{X(1+R)}{Rf} = \frac{2.5 \times (1+0.5)}{0.5 \times 0.75} = 10(\text{kg/m}^3)$$

污泥斗的容积 (V_s) 为：

$$V_s = \frac{4(1+R)QX'}{(X'+X_r) \times 24} = \frac{4 \times (1+0.5) \times 40000 \times 2.5/0.75}{(2.5/0.75+10) \times 24} = 2500 \text{（m}^3\text{）}$$

每个污泥斗的容积 (V_{st}) 为：

$$V_{st} = 2500/4 = 625 \text{（m}^3\text{）}$$

④ 污泥回流系统的计算与设计

a. 污泥回流量。根据实验结果，污泥回流比可采用 50%，最大污泥回流比为 100%。按最大污泥回流比计算，污泥回流量 (Q_r) 为：

$$Q_r = RQ = 1 \times 40000/24 = 1666.67 \text{（m}^3\text{/h）}$$

b. 污泥回流设备的选择。采用螺旋泵进行污泥提升，其提升高度应按实际的高程布置来确定，本设计定为2.5m。根据污泥回流量（$R=100\%$），选用外径为700mm、提升量为600m^3/h的螺旋泵4台，其中1台备用。

方法二：动力学设计方法

污泥龄取10d，Y为0.6，K_d为0.075，X为2500mg/L。

① 反应器容积的计算　由公式（1-5-44）可得：

$$V=\frac{Q\theta_c Y(S_0-S_e)}{X(1+K_d\theta_c)}=\frac{40000\times10\times0.6\times(260-30)}{2500\times(1+0.075\times10)}=12617（m^3）$$

② 剩余污泥的计算

$$Y_{obs}=\frac{Y}{1+K_d\theta_c}=\frac{0.6}{1+0.075\times10}=0.34$$

$$\Delta X=Y_{obs}Q(S_0-S_e)=0.34\times40000\times(260-30)/1000=3128（kg/d）$$

$$剩余SS的量=\Delta X/f=3128/0.75=4171（kg/d）$$

确定含水率后就可以计算出剩余污泥的流量。

③ 检验污泥负荷　根据污泥负荷的定义，计算如下：

$$N_s=\frac{Q(S_0-S_e)}{VX}=\frac{40000\times(260-30)}{12617\times2500}=0.29(kg\ BOD/kg\ MLVSS)$$

④ 通过反应器内的物料平衡估算回流比率。根据污泥负荷，取SVI值为120，$X_r=1.2\times10^6/SVI=10000（mg/L）$。

$$2500\times(Q+Q_r)=10000\times0.75\times Q_r$$

$$Q_r/Q=0.5$$

其余部分的计算与负荷设计方法的计算相同。

参 考 文 献

[1]　潘涛. 废水处理工程技术手册. 北京：化学工业出版社，2010.

[2]　丛启鹏，董良飞. UASB＋活性污泥工艺处理某化工企业综合废水 [J]. 水处理技术，2023，49（05）：149-151.

[3]　王录，张良东. 白酒工业废水中活性污泥性能指标的测定 [J]. 酿酒，2016，43（03）：96-99.

[4]　田禹，王树涛. 水污染控制工程 [M]. 北京：化学工业出版社，2011.

[5]　李微，王贺，陈一鸣，等. 活性污泥法处理大蒜加工废水效能及菌群结构研究 [J]. 中国给水排水，2023，39（11）：95-103.

[6]　班巧英，张思雨，王洋，等. 接种污泥类型和初始pH对羧甲基纤维素钠厌氧降解的影响及功能微生物解析 [J/OL]. 中国环境科学：1-9 [2023-07-11].

[7]　母锐敏，于格江，祁峰，等. 响应面法优化藻菌污水处理系统曝气条件研究 [J/OL]. 山东建筑大学学报：1-9 [2023-07-11].

[8]　李好. 污水处理中的活性污泥应用技术分析 [J]. 化工设计通讯，2022，48（10）：180-182.

[9]　段希磊，江修才，栾耀祖. 活性污泥法对桉木APMP制浆废水处理效果研究 [J]. 中华纸业，2020，41（16）：23-29.

[10]　陈晓晴，马莹. 曝气设备充氧能力的测定实验技术研究 [J]. 广东化工，2023，50（10）：197-199.

[11]　赵杰. 曝气生物滤池技术在再生水处理中的应用分析 [J]. 价值工程，2022，41（34）：127-129.

[12]　荆玉姝，牟润芝，姜怡名，等. 曝气精确控制实现污水处理厂节能降耗的应用 [J]. 环境工程，2022，40（05）：141-145，165.

[13]　王磊，王云. 活性污泥法对生活污水中AOX的去除效果及改进建议 [J]. 化工管理，2017（29）：138-140.

[14]　王彩玲，王一鸣. 基于高光谱与改进BP神经网络的水体生化需氧量（BOD）估算 [J/OL]. 中国无机分析化学：1-9 [2023-07-11].

[15]　张舟. A_2O工艺在低浓度进水时供气量简化方程式的应用 [J]. 技术与市场，2022，29（10）：75-77.

第六章
改良活性污泥法

第一节　序批式活性污泥法

一、原理和功能

（一）序批式活性污泥法的发展

序批式活性污泥法简称 SBR 工艺，是近十几年来活性污泥处理系统中较引人注目的一种废水处理工艺。自 20 世纪 80 年代起，国外将此工艺逐步应用于工业化生产。近年来，国内对 SBR 工艺的研究和应用也日益增多。

SBR 作为废水处理技术并非是污水处理的新工艺，早在 1914 年英国学者 Ardern 和 Lockett 就对 SBR 污水处理工艺进行了研究。虽然序批式活性污泥法比连续式的处理效率更高，但由于当时的曝气器易堵塞、自动控制技术水平较低、工程运行操作管理较为复杂等原因，该种序批式污水处理法不久就演变成现今的连续式传统活性污泥法（以下简称为传统活性污泥法）。但到了 20 世纪 70 年代，随着各种新型不堵塞曝气器、新型浮动式出水堰（滗水器）和自动监测控制的硬件设备和软件技术的出现及发展应用，如溶解氧测定仪、ORP（氧化还原电位）计、液位计等，特别是计算机和工业自控技术的发展和不断完善，作为传统活性污泥法开发初期的间歇运行操作中的复杂问题，现在已完全可以解决，因此使该工艺的优势逐步得到充分发挥，并使该工艺迅速得到开发和应用。SBR 的再度崛起是现代自动控制技术发展和硬件技术水平提高的结果。

（二）普通 SBR 的工作原理

1. SBR 的基本原理

SBR 是现行的活性污泥法的一个变型，它的反应机制以及污染物质的去除机制和传统活性污泥基本相同，仅运行操作不同。

传统活性污泥法利用微生物去除有机物，首先需要微生物将有机物转化为二氧化碳和水及微生物菌体，反应后需要将微生物保存下来，在适当时间通过排除剩余污泥从系统中除去新增的微生物。活性污泥法工艺是从空间上进行这一过程，污水首先进入反应池，然后进入沉淀池对混合液进行沉淀，与微生物分离后的上清液外排。而 SBR 工艺则是通过在时间上的交替实现这一过程，它在流程上只设一个池子，将曝气池和二沉池的功能集中在该池上，兼有水质水量的调节、微生物降解有机物和固液分离等功能。

普通序批式活性污泥法的核心是其反应池，该池集传统活性污泥法的调节池、初次沉淀池、曝气池、二次沉淀池于一体，使处理过程大大简化，整个工艺简单，运行操作可通过自动控制装置完成，管理简单，投资较省。序批式活性污泥法中"序批式"包括两层含义：一是运行操作在空间上按序列、间歇的方式进行，处理系统中至少需要两个或多个反应器交替运行，因此，从总体上污水是按顺序依次进入每个反应器，而各反应器相互协调作为一个有机的整体完成污水净化功能，但对每一个反应器则是间歇进水和间歇排水；二是每个反应器的运行操作分阶段、按时间顺序进行。典型 SBR 工艺的一个完整运行周期由五个阶段组成，即进水期、反应期、沉淀期、排水期和闲置期。从第一次进水开始到第二次进水开始称为一个工作周期，所以 SBR 在时间上的交替运行就是它的工作方式。

因此它是一种间歇进水、变容积、完全混合、单池操作、静置沉淀的新型活性污泥法。图 1-6-1 为 SBR 的基本操作运行模式。

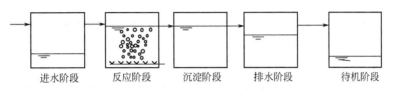

进水阶段　　反应阶段　　沉淀阶段　　排水阶段　　待机阶段

图 1-6-1　SBR 工艺的基本运行操作

2. SBR 的基本工艺流程

在 SBR 的运行中，每个周期循环过程即进水、反应、沉淀、出水和闲置都是可进行控制的。

① 进水期　指从向反应器开始进水至到达反应器最大容积时的一段时间。普通 SBR 按进水方式可分间歇进水和连续进水两种方式。间歇进水的 SBR，按进水期曝气与否又可分为限制曝气、半限制曝气和非限制曝气三种。运行时可根据不同微生物的生长特点、废水的特性和要达到的处理目的，采用非限制曝气、半限制曝气和限制曝气方式进水。通过控制进水阶段的环境，就实现了在反应器不变的情况下完成多种处理功能，同时起到调节的作用。

② 反应期　此阶段是整个反应阶段中的最主要的时期，可根据反应的目的决定进行曝气或搅拌，即进行好氧反应或缺氧反应。在反应期通过改变反应条件，不仅可以达到有机物降解的目的，而且可以取得脱氮、除磷的效果。例如为达到脱氮目的，可通过好氧反应（曝气）进行氧化、硝化，然后通过缺氧反应（搅拌）进行反硝化来实现脱氮。有的为了沉淀工序效果好，在最后工序短时间内进行曝气，去除附着污泥上的氮气。

③ 沉淀期　沉淀的目的是固液分离，本工序反应器相当于二沉池，停止曝气和搅拌，污泥絮体和上清液分离。由于在沉淀时反应器内是完全静止的，效果比连续工艺要好。沉淀过程一般由时间控制，沉淀时间在 1.0~1.5h 之间。污泥层要求保持在排水设备下，随着测量仪器的发展，可自动监测污泥层面，因此可根据污泥沉降性能而改变沉淀时间。

④ 排水期　其目的是从反应器中排出上清液，一直滗到循环开始的最低水位，该水位离污泥层还要有一定的保护高度，以防止出水水质变差。反应器底部沉降下来的污泥大部分作为下一个周期的回流污泥，过剩的污泥可在排水阶段排除，也可在闲置阶段排除。

⑤ 闲置期　沉淀之后到下个周期开始的期间称为闲置期。根据需要可进行搅拌或者曝气，此时通常不进水，而是通过内源呼吸使微生物的代谢速度和吸附能力得到恢复，为下一个运行周期创造良好的初始条件。闲置不是一个必须步骤，可以去掉。在闲置期间根据工艺和处理目的，可以进行曝气、去除剩余污泥。

每个运行周期内，每个阶段的运行参数都可以根据污水水质和出水指标进行调整，并且可根据实际情况省去其中的某一个阶段（如闲置阶段），还可把反应期与进水期合并，或在进水阶段同时曝气等，系统的运行方式十分灵活。

（三）普通 SBR 的工艺特点

SBR 法适合当前好氧生化处理的发展趋势，属简易、高效、低耗的污水处理工艺，与其他活性污泥处理技术比较有以下特点。

① SBR 系统以一个反应池取代了传统方法及其他变型方法中的调节池、初次沉淀池、曝气池及二次沉淀池，整体结果紧凑简单，系统操作简单且更具灵活性。

② 投资省，运行费用低，它要比传统活性污泥法节省基建投资额 30% 左右。

③ SBR 反应池具有调节池的作用，可最大限度地承受高峰流量、高峰 BOD 浓度及有毒化学物质对系统的影响。

④ SBR 在固液分离时水体接近完全静止状态，不会发生短流现象，同时在沉淀阶段整个 SBR 反应器容积都用于固液分离，较小的活性污泥颗粒可得到有效的固液分离，因此，SBR 的出水质量高于其他的生物处理方法。

⑤ SBR 反应过程基质浓度变化规律与推流式反应器是一致的，扩散系数低。易产生污泥膨胀的丝状细菌在 SBR 反应池中得到有效的抑制。在较低负荷运行时，SBR 中存有随时间而发生的较大基质浓度梯度，这一浓度梯度抑制了丝状菌的生长而有利于非丝状菌的生长，从而防止污泥的膨胀。在高负荷运行时，非丝状菌积累容易达到饱和时，基质浓度很高，非丝状菌的增长优势已不存在，丝状菌反而增长较快，所以高负荷时要有适当的空载曝气时间。同时 SBR 反应池污泥指数较低，剩余污泥得到好氧稳定，有利于浓缩脱水。

⑥ 系统通过好氧/厌氧交替运行，能够在去除有机物的同时达到较好的脱氮除磷效果。

⑦ 处理流程短，控制灵活，可根据进水水质和出水水质控制指标及处理水量，改变运行周期及工艺处理方法，适应性很强。

⑧ 系统处理构筑物少、布置紧凑、节省占地。

由于具有以上诸多优点，SBR 近年来在国内外得到了较广泛的应用。但它也有不足之处，如在实际工作中，废水排放规律与 SBR 间歇进水的要求存在不匹配问题，特别是水量较大时，需多套反应池并联运行，增加了控制系统的复杂性。

二、设备和装置

SBR 系统的主要构筑物与设备组成包括：a. 反应池；b. 曝气设备；c. 排水设施（即滗水装置）；d. 自动控制系统。原则上不设初沉池。

（一）反应池

① 型式　可分为完全混合型与循环水渠型。后者就是氧化沟群，按 SBR 系统的原理运行。前者进排水设施之间应考虑防止水流的短流。

② 池型　可分圆形与矩形两种。前者占地面积大，后者常多采用。矩形反应池池深 4～6m，池宽：池长＝(1:1)～(1:2)。

③ 池数　一般等于或大于 2 座。

④ 反应池的进水方式　间歇进水或连续进水。当池子容积大、进水浓度高时，其进水可采取多点进水方式。对高浓度进水，可延长进水期，采取非限制曝气或脉冲曝气。对于低浓度进水则可适当减缩进水时间。

（二）曝气设备

无堵塞曝气设备特别适合 SBR 法。目前一般常用的曝气设备有以下几种：

① 微孔曝气器及可变微孔曝气器，微孔曝气器对压缩空气中的含尘量有一定的要求；

② 中粗气泡曝气器，此类曝气器混合能力提高，氧传输能力在 $6\%\sim12\%$，池内服务面积 $3\sim9m^2/$个；

③ 自吸式射流曝气器；

④ 喷射式混合搅拌曝气器，此类曝气系统，氧传输能力可达 $10\%\sim15\%$，动力效率 $3\sim6kg\ O_2/(kW\cdot h)$，服务面积 $9m^2/$个，比较省电，比通常曝气装置节能 $20\%\sim50\%$。

（三）排水设施（滗水装置）

滗水装置的功能是排放净化出水，它必须符合以下要求：a. 适应水位的变化；b. 只排出上层澄清水，不得扰动池内处于静置状态的已经净化的水；c. 防止浮渣随出水而溢走，恶化出水水质；d. 排水堰应处于淹没状态；e. 排水应均匀。

滗水装置的主要部分是浮动式（或固定式）排水堰，连接排水管道，SBR 反应池的净化水流经排水堰而入排水管道排走。

滗水装置有以下几大类：a. 旋转式滗水器；b. 虹吸式滗水器；c. 套筒式滗水器；d. 软管式滗水器；e. 浮力阀式滗水器；f. 其他类型滗水器。其中以旋转式及虹吸式滗水器应用最为广泛。

1. 旋转式（回转式）滗水器

该装置（见图 1-6-2）通常由浮动堰、排水管以及油压缸或转动接头加钢绳卷动装置组成。堰设有能防止浮渣流入的设施，利用油压缸或钢绳卷动装置升降堰，以便排除净化水（通过排水管向外排放）。排水工序完毕后，再由活塞缸油压活塞或卷拉钢绳，将排水堰提出水面。

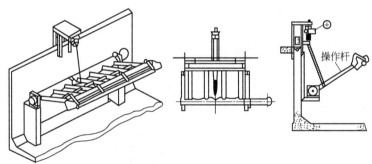

图 1-6-2　机械旋转式滗水器示意

此类滗水器的滗水流量为 $25\sim32L/(m\cdot s)$，滗水高度范围为 $1.0\sim2.3m$，滗水保护高度范围为 $1.0\sim2.3m$，滗水保护高 $0.3\sim1.0m$。此类滗水器的特点是：运行可靠，单位长度排水负荷大。但是，由于机械部件加工精度要求高，故造价也高。此外，回转密封接头的质量要求也较高，外形较悦目美观，长度可达 $9\sim10m$ 或更长。此类滗水器适用于大型 SBR 池。

2. 虹吸式滗水器

虹吸式滗水器是一种应用广泛的滗水器，它由一个虹吸管通过连接管与若干个连有多个进水短支管的横管相连接，见图 1-6-3。当水位上升时，空气被压入淹没的存水弯（虹吸管），使与出水管连接的水柱平衡被破坏，这样，澄清水进入淹没堰，至新的存水弯水柱建立，重新起水封作用，而使出水终止。

虹吸式滗水器具有一系列优点：

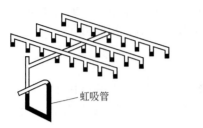
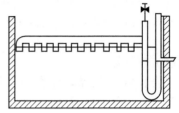

图 1-6-3　虹吸式滗水器示意

① 它没有任何机械部分浸没于水中而需要特殊维护和修理，不需要精密加工的机械零配件或易磨损受浸蚀部件；

② 堰负荷相当稳定；

③ 溢流堰固定，带有高峰流量是挡除浮渣的挡板；

④ 没有橡胶垫衬，无电缆，不会有因橡胶失效及电缆断裂之虞；

⑤ 出水流畅（澄清水运动，堰不动），不易堵塞；

⑥ 自动通气支管阀易于检查；

⑦ 与反应池容易磨合、协作。

虹吸滗水器一般滗水负荷为 1.5～2.0L/(m·s)，滗水范围 0.5～1.0m，滗水保护高 0.3m。

该类滗水器的真空破坏阀为主要部件，但易检修，造价低，效果好。由于位置固定，故池深不宜太大。

3. 套筒式滗水器

此类滗水器如图 1-6-4 所示。将滗水堰与套筒连接，利用电动机牵引钢丝或带动活塞缸，从而牵引滗水堰升上降下。堰口下的排水管插入橡胶密封的套筒中，可随滗水堰上下移动，套筒连接出水总管，将池内净化水排出。堰上也设有拦截浮渣的浮箱。此类滗水器运行可靠，但是对套筒密封要求高，因其长时间浸置水中，故寿命短，费用高。此类滗水器负荷较大，滗水深度也较大，故造价较高，且应多备易损部件。此类滗水器的堰负荷为 10～12L/(m·s)，滗水范围 0.8m，滗水保护高 0.8～1.1m。

图 1-6-4　机械套筒式滗水器示意

4. 其他类型滗水器

浮力（或自力）阀式滗水器（见图 1-6-5）通过堰口上方浮箱的浮力使堰随液面上下移动。堰口呈条形堰式、圆盘堰式及管道式。堰口下可采用柔性软管（见图 1-6-6），也可采用肘式接头（见图 1-6-7），随堰口位置变化而上下运动，使净化水得以滗出外排。此外还有可气水置换的箱式滗水器（见图 1-6-8），可将堰口浮出水面。上述浮箱能起阻拦浮渣的作用。

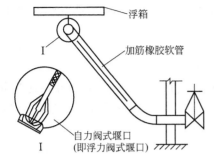

图 1-6-5　浮力（或自力）阀式滗水器示意

图 1-6-6　电磁阀式软管滗水器示意

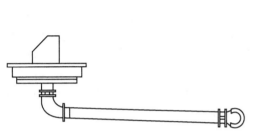

图 1-6-7　电磁阀式肘节滗水器示意

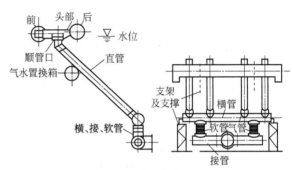

图 1-6-8　气水置换箱式滗水器示意

我国国产滗水器有配合反应器排出流量 $360\text{m}^3/\text{h}$、$540\text{m}^3/\text{h}$、$720\text{m}^3/\text{h}$ 及 $900\text{m}^3/\text{h}$ 等的不同型号，通常，滗水范围 $\leqslant 3.0\text{m}$，滗水保护高 $0.5\sim0.8\text{m}$，排水管的管径 300mm，管数 1、2 或 3 根，为橡胶质可伸缩管，电动机的功率 0.75kW（机械式升降型的电机功率）。

（四）自动控制系统

SBR 采用的以监控管理计算机为核心的自控系统由以下部分组成：

① 监控管理计算机（上位机）；

② 可编程控制器（PLC）；

③ 电气（动力）控制柜；

④ 在线（现场）工作的器械与设备——滗水器、进水阀、泵等；

⑤ 在线（现场）监测仪器、仪表——DO、ORP、pH、水位等仪器的探头、标尺等。

SBR 池按一定的时间顺序完成进水、曝气、沉淀、滗水甚至污泥回流、外排（有的还需进行搅拌）等系列过程，并需按现场信息不断加以调整与反馈，这是一个顺序性强、周期性强的逻辑操作管理系统。核心为 PLC 的应用，它具有计时、计数、计算数据、逻辑调控（诸如信息相应、操作行为反馈）等功能。

软件的编制应严格按工艺时序的要求，并考虑现场的特殊情况下连续运行。监测管理计算机实时监测整个系统，工艺流程由图像显示，并可在线修正参数。这种监控系统稳定性好，可靠性高，抗干扰性强。可见高科技的应用把 SBR 法系统的应用、推广与技术完善推向了新的台阶。

三、设计计算

由于 SBR 工艺的生化反应动力学和有机物及氮磷去除规律尚在研究探索之中，因此目前还没有一个可被广泛接受的设计标准和方法。本节仅对 SBR 工艺反应池容积设计计算方法作一介绍。

（一）污泥负荷法

SBR 工艺污泥负荷值分为高负荷和低负荷两种。高负荷方式与普通活性污泥法相当，低负荷方式与氧化沟或延时曝气活性污泥法相当。高负荷一般为 $0.1 \sim 0.4$ kg BOD/(kg MLSS·d)，低负荷一般为 $0.03 \sim 0.05$ kg BOD/(kg MLSS·d)。

1. 设计条件

SBR 1 个周期的运行由进水、曝气、沉淀及排出等工序组成。1 个周期需要的时间就是这些工序所要时间的合计。

对于 1 个系列 N 个反应池，连续依次地进入废水进行处理，并设定在进水期中不排水，则各工序所需要的时间必须满足下列条件：

$$T_C \geqslant T_R + T_S + T_D \tag{1-6-1}$$

$$T_F = T_C / N \tag{1-6-2}$$

$$T_S + T_D \geqslant T_C - T_F \tag{1-6-3}$$

式中，T_C 为 1 个周期所需时间，h；T_R 为曝气时间，h；T_S 为沉淀时间，h；T_D 为排水时间，h；T_F 为进水时间，h；N 为 1 个系列反应池数量。

2. 各工序所需时间的计算

（1）曝气时间

SBR 反应器污泥负荷 N_s [kg BOD/（kg MLSS·d）] 计算公式为：

$$N_s = \frac{QS_0}{eXV} \tag{1-6-4}$$

式中，Q 为废水流量，m^3/d；S_0 为废水进水 BOD_5 平均浓度，mg/L；X 为反应器内混合液平均 MLSS 浓度，mg/L；V 为反应器容积，m^3；e 为曝气时间比，$e = nT_R/24$；n 为周期数。

将 $Q = V \dfrac{1}{m} n$ 代入式（1-6-4）得：

$$N_s = \frac{nS_0}{emX} \tag{1-6-5}$$

将 $e = nT_R/24$ 代入式(1-6-5)，并整理得：

$$T_R = \frac{24S_0}{N_s mX} \tag{1-6-6}$$

式中，$1/m$ 为排水比。

（2）沉淀时间

活性污泥界面的沉降速度与 MLSS 浓度、水温的关系可以用式（1-6-7）和式（1-6-8）计算：

$$v_{max} = 7.4 \times 10^4 t X_0^{-1.7} \ (\text{MLSS} \leqslant 3000\text{mg/L}) \tag{1-6-7}$$

$$v_{max} = 4.6 \times 10^4 t X_0^{-1.26} \ (\text{MLSS} > 3000\text{mg/L}) \tag{1-6-8}$$

式中，v_{max} 为活性污泥界面的初始沉降速度，m/h；t 为水温，℃；X_0 为沉降开始时的 MLSS 浓度，mg/L。

必要的沉淀时间 T_S 可以用式（1-6-9）求得：

$$T_S = \frac{H/m + h_f}{v_{max}} \tag{1-6-9}$$

式中，H 为反应器的水深，m；h_f 为活性污泥界面上最小水深，m。

（3）排水时间

在排水期间，就单次必须排出的处理水量来说，每一周期的排水时间可以通过增加排水装置的天数或扩大溢流负荷来缩短。另一方面，为了减少排水装置的台数和加氯混合池或排放槽的容量，必须将排水时间尽可能延长。一般排水时间可取 $0.5\sim3.0$h。

3. 反应器容积 V 的计算

设每个系列的处理废水量为 q（最大日废水量），则在各个周期内进入反应器的废水量为 $q/(nN)$，各反应器容积可按式（1-6-10）计算：

$$V = \frac{mq}{nN} \tag{1-6-10}$$

式中，V 为反应器容积，m^3。

由于 1 个周期最小所需时间按 $T_R + T_S + T_D$ 计算，故周期数 n 可按式（1-6-11）进行设定：

$$n = \frac{24}{T_R + T_S + T_D} \tag{1-6-11}$$

周期数 n 最好采用如 1、2、3、4 等整数值。

4. 对进水流量的讨论

从已求得的 1 个周期所需时间和反应器水量可求得进水时间。由流入废水量变化资料可计算出在最小进水时间下各周期的进水量的变化情况，即在 1 个周期中最大流量的变化数 γ，γ 值一般可取 $1.2\sim1.5$。

这里所说的最大流量变化系数是在 1 个周期内的最大废水量与平均废水量的比值。

由于存在最大流量这一原因，故应在式（1-6-10）计算反应器容积 V 的基础上再增加一些安全调节容积 Δq。Δq 可由下式计算：

$$\frac{\Delta q}{V} = \frac{\gamma - 1}{m} \tag{1-6-12}$$

式中，Δq 为超出反应器容量的废水进水量；γ 为在 1 个周期中最大流量的变化数。

由式（1-6-12）可绘成图 1-6-9。对于最大流量的变化，如果其他的反应器在沉淀和排水工序中能接纳，则按式（1-6-10）所计算的反应器容积是充足的；反之，如果其他的反应器在沉淀和排水工序中不能接纳时，就必须要增加安全容积 ΔV。反应器的安全容积可以置于反应器的高度方向或水平方向。如果沉降时间足够，安全容积置于反应器的高度方向，占地面积小，比较经济。安全容积置于反应器的高度方向时 ΔV 可按式（1-6-13）计算，安全容积置于反应器的水平方向时 ΔV 可按式（1-6-14）计算，反应器修正后的容积 V' 可按式（1-6-15）计算。

$$\Delta V = \Delta q - \Delta q' \tag{1-6-13}$$

$$\Delta V = m(\Delta q - \Delta q') \tag{1-6-14}$$

$$V' = V + \Delta V' \tag{1-6-15}$$

式中，V' 为反应器修正后的容积，m^3；ΔV 为反应器必要的安全容积，m^3；$\Delta q'$ 为在沉淀、排水期可能接纳的废水量，m^3。

反应器的运行水位示于图 1-6-10。

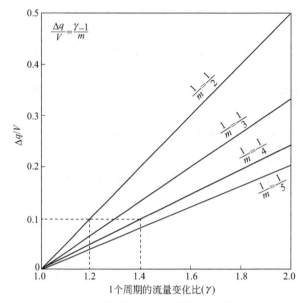

图 1-6-9 周期变化比与超流量水位关系

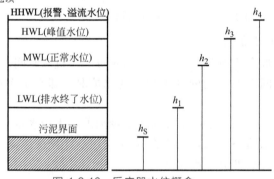

图 1-6-10 反应器水位概念

注：LWL—排水终了水位；MWL—1 个周期的平均进水量（最大日废水量的日平均量）进水结束后的水位；HWL—1 个周期的最大废水量进水结束后的水位；HHWL—超过 1 个周期最大废水量的报警、溢流水位；安全高度 h_f（活性污泥沉淀后界面上的水深）$=h_1-h_S$；排水比 $1/m=(h_2-h_1)/h_2$；高度方向上的安全量$=h_3-h_2$。

5. 需氧量、供氧量、废弃污泥量的计算

需氧量、供氧量、废弃污泥量的计算与传统活性污泥法工艺相同。

污泥负荷法实际上是一个经验设计计算方法，该设计方法主要有两点不同之处：

① 污泥负荷值的选择范围过宽，从低负荷（相当于氧化沟法）到高负荷（相当于普通活性污泥法）的范围内都可运行，不同负荷值适用的条件不明确。因而负荷的选择带有一定的盲目性。不同的选择，设计的池容量和曝气系统差别很大。

② 没有考虑多变的运行模式。负荷设计法仅仅将着眼点放在曝气供氧阶段，而忽略了其他各阶段的影响。

【例 1-6-1】 城市污水最大日流量 $2000\text{m}^3/\text{d}$，进水 $BOD_5=250\text{mg/L}$，水温 $10\sim20℃$。要求处理出水 $BOD_5\leqslant20\text{mg/L}$。计算 SBR 工艺反应池池容积。

解： 取反应池数目为 4 个，水深 5m，污泥界面上水深 0.5m，排水比为 1：4，MLSS$=4000\text{mg/L}$，污泥负荷为 0.1kg BOD/(kg MLSS·d)。

① 计算曝气时间。由式（1-6-6）计算曝气时间得：

$$T_R = \frac{24S_0}{L_S mX} = \frac{24 \times 250}{0.1 \times 4 \times 4000} = 3.8 \ (h)$$

② 计算沉淀时间。由式（1-6-8）计算活性污泥界面的初始沉降速度 v_{max}：

$$v_{max} = 4.6 \times 10^4 \times X_0^{-1.26} = 4.6 \times 10^4 \times 4000^{-1.26} = 1.3 \ (m/h)$$

由式（1-6-9）计算沉淀时间

$$T_S = \frac{H/m + h_f}{v_{max}} = \frac{5/4 + 0.5}{1.3} = 1.3 \ (h)$$

③ 排水时间 $T_D = 2.0h$。

④ 1 个周期所需时间 $T_C \geqslant T_R + T_S + T_D = 3.8 + 1.3 + 2.0 = 7.1 \ (h)$。

$$周期次数 \ n = \frac{24}{T_C} = \frac{24}{7.1} = 3.4$$

取 $n = 3$，则每一周期 8h。

⑤ 计算进水时间。由式（1-6-2）可得出进水时间 T_F：

$$T_F = \frac{24}{nN} \tag{1-6-16}$$

式中，N 为池数；n 为周期数。

$$T_F = \frac{24}{nN} = \frac{24}{3 \times 4} = 2 \ (h)$$

⑥ 计算单池容积。由式（1-6-10）计算单池反应器容积：

$$V = \frac{m}{nN}q = \frac{4}{3 \times 4} \times 2000 = 667 \ (m^3)$$

⑦ 计算考虑流量变化的单池容积。根据进水时间和进水流量变化规律，求出 1 个周期内最大流量变化比 $\lambda = 1.5$，由式（1-6-12）计算 $\Delta q/V$：

$$\frac{\Delta q}{V} = \frac{\gamma - 1}{m} = \frac{1.5 - 1}{4} = 0.125$$

反应器修正后的容积 V' 按下式计算：

$$V' = V\left(1 + \frac{\Delta q}{V}\right) \tag{1-6-17}$$

$$V' = 667 \times (1 + 0.125) = 750 \ (m^3)$$

反应器水深 5m，反应器平面面积为 $750/5 = 150 \ (m^2)$。按图 1-6-10 所示，反应器的运行水位计算如下：

$$h_1 = \left[\left(\frac{m-1}{m}\right)\bigg/\left(1 + \frac{\Delta q}{V}\right)\right]h_3 = \left[\left(\frac{4-1}{4}\right)\bigg/1.125\right] \times 5 = 3.33 \ (m)$$

$$h_2 = h_3\bigg/\left(1 + \frac{\Delta q}{V}\right) = 5/1.125 = 4.44 \ (m)$$

$$h_3 = 5m$$

$$h_4 = h_3 + h_f = 5 + 0.5 = 5.5 \ (m)$$

$$h_S = h_1 - h_f = 3.33 - 0.5 = 2.83 \ (m)$$

（二）容积负荷法

1. 反应池有效容积

$$V = \frac{nQC}{N_V} \times \frac{T_C}{T_R} \tag{1-6-18}$$

式中，n 为 1 天之内的周期数；Q 为周期内的进水量，m^3/周期；C 为平均进水水质，$kg\ BOD/m^3$；N_V 为 BOD 容积负荷，$kg\ BOD/(m^3 \cdot d)$，取值范围在 $0.1 \sim 1.3kg\ BOD/(m^3 \cdot d)$ 之间，多用 $0.5kg\ BOD/(m^3 \cdot d)$ 左右来设计；T_C 为 1 个处理周期的时间，h；T_R 为 1 个处理周期内反应的有效时间，h。

$N_V = 0.5kg\ BOD/(m^3 \cdot d)$、$n = 1$ 条件下，$C < 1.0kg\ BOD/m^3$ 时反应池容积可用式 (1-6-19) 计算，$C > 1.0kg\ BOD/m^3$ 时，可用式 (1-6-20) 计算。

$$V = 2Q \tag{1-6-19}$$

$$V = 2QC \tag{1-6-20}$$

2. 反应池内最小水量计算

SBR 反应池的最大水量为反应池的有效容积 V，而池内最小水量 V_{min} 即为有效容积 V 与周期进水量 Q 之差。

$$V_{min} = V - Q \tag{1-6-21}$$

在沉淀工序中，活性污泥在最大水量下静止沉淀。沉淀结束后，若污泥界面高于最小水量对应的水位时，一部分污泥随上清液流失。最小水量和周期进水量要考虑活性污泥的沉降性能，通过计算决定。最小水量计算公式为：

$$V_{min} = \frac{SVI \times MLSS}{10^6} \times V \tag{1-6-22}$$

周期进水量按下式计算

$$Q < \left(1 - \frac{SVI \times MLSS}{10^6}\right)V \tag{1-6-23}$$

式中，SVI 为污泥体积指数，mL/g。

污泥负荷法也是一个经验设计计算方法，该法的缺点与污泥负荷法相似。

【例 1-6-2】　$Q = 10000m^3/d$，$BOD_5 = 220mg/L$，$N_V = 0.65kg\ BOD/(m^3 \cdot d)$，$SVI = 90mL/g$。周期 $T_C = 6h$，1d 内周期数为 4，反应池数为 6。进水时间 $T_F = T_C/N = 6/6 = 1$ (h)。1 个周期内的时间分配：进水时间 1.0h，曝气 3.0h，沉淀 1.0h，排水 0.5h，闲置 0.5h。

解：周期进水量 $Q_0 = \dfrac{Q}{nN} = \dfrac{10000}{4 \times 6} = 417$ （m^3）

取 $MLSS = 3000mg/L$

按式 (1-6-18) 计算反应池有效容积

$$V = \frac{nQ_0C}{N_V} \times \frac{T_C}{T_R} = \frac{4 \times 417 \times 220 \times 6}{0.65 \times 3 \times 1000} = 1129 \text{（}m^3\text{）}$$

按式 (1-6-22) 反应池内最小水量

$$V_{min} = \frac{SVI \times MLSS}{10^6} \times V = \left(\frac{90 \times 3000}{10^6}\right) \times 1129 = 305 \text{（}m^3\text{）}$$

按式 (1-6-23) 校核周期进水量

$$Q_0 < \left(1 - \frac{SVI \times MLSS}{10^6}\right)V = \left(1 - \frac{90 \times 3000}{10^6}\right) \times 1129 = 824 \text{（}m^3\text{）}$$

满足要求。

反应池有效容积应为最小水量与周期进水量之和。

$$V = Q_0 + V_{min} = 824 + 305 = 1129 \text{（}m^3\text{）}$$

满足条件。

（三）静态动力学法

静态动力学法是朱明权和周冰莲推荐的具有脱氮除磷功能的 SBR 工艺设计计算方法。

1. 泥龄和废弃污泥量的确定

为使系统具有硝化功能，必须保证一定的好氧泥龄以使硝化细菌能在系统中生存下来。硝化所需最小泥龄的计算公式为：

$$\theta_{S,N}=(1/\mu)\times 1.103^{(15-t)}f_s \tag{1-6-24}$$

式中，$\theta_{S,N}$ 为硝化所需最小泥龄；μ 为硝化菌比增长速率，d^{-1}，当 $t=15℃$ 时，$\mu=0.47d^{-1}$；f_s 为安全系数，为保证出水氨氮浓度小于 5mg/L，f_s 取值范围为 2.3～3.0；t 为废水温度，℃。

缺氧阶段的时间取决于所要求的进水水质、系统的进水方式、脱氮要求以及系统中活性污泥的耗氧能力，当有溶解氧存在时，活性污泥将优先利用溶解氧作为最终电子受体；而在缺氧条件下（只有硝态氮存在而无自由溶解氧存在）时，则活性污泥将利用硝态氮中的氧作为最终电子受体。一般认为约有 75％ 的异养型微生物有能力利用硝态氮中的氧进行呼吸。为安全考虑，一般也假定活性污泥在缺氧阶段的呼吸速率将有所下降，其值约为好氧呼吸速率的 80％。据此可求得活性污泥利用硝态氮中的氧的能力，即反硝化能力。

$$\frac{NO_3^--N_D}{BOD_5}=0.8\times\frac{0.75OC}{2.9}\times\frac{T_{anox}}{T_R+T_{anox}}\times a \tag{1-6-25}$$

$$OC=\frac{0.144\theta_{S,R}\times 1.072^{(t-15)}}{1+\theta_{S,R}\times 0.08\times 1.072^{(t-15)}}+0.5 \tag{1-6-26}$$

$$\theta_{S,R}=\theta_{S,N}(T_R+T_{anox})/T_R \tag{1-6-27}$$

$$a=2.95\left[\frac{100T_{anox}}{T_{anox}+T_R}\right]^{-0.235} \tag{1-6-28}$$

式中，OC 为活性污泥在好氧条件下每去除 1kg BOD$_5$ 所消耗的氧量，kg，OC 的设计最大值为 1.6kg；$\theta_{S,R}$ 为包括硝化和反硝化阶段的有效泥龄，d；T_R 为曝气阶段所用时间，h；T_{anox} 为缺氧阶段所用时间，h；a 为修正系数，当池子交替连续进水时，$a=1.0$；当系统在反硝化阶段开始前快速进水时，由于底物浓度提高，故活性污泥耗氧能力也提高，需进行修正；$\frac{NO_3^--N_D}{BOD_5}$ 为反硝化能力，即每利用 1kg BOD$_5$ 所能反硝化的氮量，kg。

系统所需反硝化的氮量可根据氮量平衡求得：

$$NO_3^--N_D=TN_0-TN_e-0.04BOD_5 \tag{1-6-29}$$

式中，0.04BOD$_5$ 为微生物增殖过程中结合到体内的氮量，随废弃污泥排出系统，mg/L；TN$_0$ 为进水总氮浓度，mg/L；TN$_e$ 为出水总氮浓度，mg/L。

由式（1-6-25）～式（1-6-29）即可求得硝化和反硝化时间的比例以及包括硝化和反硝化阶段的有效泥龄 $\theta_{S,R}$。

生物脱氮除磷 SBR 系统的运行可包括厌氧、缺氧、好氧、沉淀和排水等过程，沉淀和排水等过程所需的设计时间较为固定，故当系统的有效污泥龄确定后，即可求得系统的总污泥龄：

$$\theta_{S,T}=\theta_{S,R}\left(\frac{T_C}{T_R}\right) \tag{1-6-30}$$

式中，$\theta_{S,T}$ 为 SBR 总泥龄，d；T_R 为有效反应时间，h；T_C 为周期时间，h，一般根据经验或试验确定，且满足：

$$T_C = T_{bio-p} + T_{anox} + T_R + T_S + T_D \tag{1-6-31}$$

式中，T_{bio-p} 为用于生物除磷的厌氧阶段所需时间，一般为 0.5～1.0h 左右；T_S 为沉淀时间，一般为 1.0h 左右；T_D 为排水时间，一般为 0.5～1.0h 左右。

周期时间的确定对系统的设计具有重要影响。由于在一次循环过程中，沉淀和排水时间较为固定，故周期时间 T_C 长，则有效反应时间也长；其比值 T_C/T_R 一般减小，系统所需的总泥龄可减低。周期时间长，则一次循环中进入 SBR 的水量增加，亦即池子的贮水容量需提高，因此必须仔细研究周期时间 T_C 的长短。

根据所求定的有效泥龄可求得系统的废弃污泥量。废弃污泥主要由活性污泥利用进水中的 BOD_5 而增殖以及微生物内源呼吸的残留物质、进水中的惰性部分固体物质等组成。如系统为除磷尚需加入化学药剂，则需计入所产生的化学污泥量。以干固体计的废弃污泥量 ΔX（kg/d）可用下式计算：

$$\Delta X = QS_0 \left[Y_H - \frac{0.96 b_H Y_H f_{T,H}}{\frac{1}{\theta_{S,R}} + b_H f_{T,H}} \right] + Y_{SS} Q (SS_i - SS_e) + \Delta X_{p,chem} \tag{1-6-32}$$

式中，Q 为进水设计流量，m^3/d；S_0 为进水有机物浓度，mg/L；SS_i，SS_e 为反应器进出水 SS 浓度，kg/m^3；Y_H 为异养微生物产率系数，$kg\ DS/kg\ BOD_5$，一般取 0.5～0.6；Y_{SS} 为不能溶解的惰性悬浮固体部分，$Y_{SS} = 0.5 \sim 0.6$，$\theta_{S,R}$ 为有效泥龄，d；b_H 为异养微生物自身氧化率，d^{-1}，一般取 $b_H = 0.08 d^{-1}$；$f_{T,H}$ 为异养微生物生长温度修正系数，$f_{T,H} = 1.072^{(t-15)}$，其中 t 为温度（℃）；$\Delta X_{p,chem}$ 为化学除磷所产生的污泥量（以干固体计），kg/d。

根据所求得的废弃污泥量 ΔX 和系统的总泥龄，即可求得每个 SBR 反应器贮存的污泥总量：

$$S_{T,P} = \Delta X \frac{\theta_{S,T}}{n} \tag{1-6-33}$$

式中，$\theta_{S,T}$ 为 SBR 反应器总泥龄，d；$S_{T,P}$ 为 SBR 反应器中的 MLSS 总量，kg；n 为 SBR 反应器个数。

2. SBR 反应器贮水容积的确定

每个 SBR 反应池贮水容积 ΔV 是指池子最低水位至最高水位之间的容积，贮水容积的大小主要取决于池子个数、每一周期所经历的时间以及在此循环时间内的可能出现的最大进水水量等因素。在已知进水流量变化曲线后，贮水容积 ΔV 可用下式计算：

$$\Delta V = \int_0^T Q_{max}(T) dT \tag{1-6-34}$$

式中，$Q_{max}(T)$ 为进水时间内的最大进水量，m^3/h；T 为进水时间。

实际在污水处理厂运行之前往往缺乏流量变化规律曲线，为安全起见，可设定在整个进水时间段内持续出现最大设计流量计算 SBR 反应器的贮水容积。

$$\Delta V = Q_{max} T = Q_{max} T_C / n \tag{1-6-35}$$

式中，n 为 SBR 反应器个数；Q_{max} 为进水时间内的最大进水量，m^3/h。

在确定贮水容积 ΔV 后，则每个 SBR 反应器的总容积 V 为：

$$V = V_{min} + \Delta V \tag{1-6-36}$$

式中，V_{min} 为 SBR 反应器最低水位以下的池子容积，m^3。

SBR 池子贮水容积 ΔV 占整个池容积 V 的比例取决于池子形状、污泥沉降性能、滗水器的构造等，一般 $\Delta V/V$ 的比例以不超过 40% 为宜。

3. 污泥沉降速度的计算和池子尺寸的确定

在沉淀分离过程的初期（一般持续 10min 左右），曝气结束后的残余混合能量可用于生物絮凝过程，至池子趋于平静时正式开始沉淀。沉淀过程从沉淀开始后一直延续至滗水阶段结束，所以沉淀时间应为沉淀阶段和滗水阶段时间的综合。为避免滗水过程中出水夹带活性污泥，需要在滗水水位和污泥泥面之间保持一最小的安全距离 h_f。污泥泥面的位置则主要取决于污泥的沉降速度，污泥沉速主要与污泥浓度、SVI 等因素有关。在 SBR 系统中，污泥的沉降速度 v_S 可用下式计算：

$$v_S = \frac{650}{\mathrm{MLSS_{TWL}} \times \mathrm{SVI}} \tag{1-6-37}$$

式中，v_S 为污泥沉降速度，m/h；$\mathrm{MLSS_{TWL}}$ 为在最高水位 h_{TWL} 时 MLSS 浓度，$\mathrm{kg/m^3}$；SVI 为污泥指数，mL/g。

为保持滗水水位和污泥泥面之间的最小安全距离 h_f，污泥经沉淀和滗水阶段后，其污泥沉降距离应 $\geqslant \Delta h + h_f$，期间所经历的实际沉淀时间为 $(T_S + T_D - 10/60)$h，故得下式：

$$\Delta h + h_f = v_S(T_S + T_D - 10/60) \tag{1-6-38}$$

式中，Δh 为最高水位和最低水位之间的高度差，也即滗水高度，m，Δh 一般不超过池总高的 40%，与滗水装置的构造有关，一般其值最多在 2.0~2.2m。

将式(1-6-37) 代入式(1-6-38) 得

$$\Delta h + h_f = \frac{650}{\mathrm{MLSS_{TWL}} \times \mathrm{SVI}}(T_S + T_D - 10/60) \tag{1-6-39}$$

$\mathrm{MLSS_{TWL}}$ 可由下式求得：

$$\mathrm{MLSS_{TWL}} = \frac{S_{T,P}}{V} = \frac{S_{T,P}}{Ah_{TWL}} \tag{1-6-40}$$

式中，$S_{T,P}$ 为反应器中 MLSS 总量，kg/池；V 为反应器容积，$\mathrm{m^3}$；A 为反应器面积，$\mathrm{m^2}$。

将式 (1-6-40) 代入式 (1-6-39) 可得：

$$\Delta V/A + h_f = \frac{650Ah_{TWL}}{S_{T,P} \times \mathrm{SVI}}(T_S + T_D - 10/60) \tag{1-6-41}$$

式(1-6-41) 中沉淀时间 T_S、滗水时间 T_D 可预先设定。SVI 值根据水质条件和设计经验选定。安全高度 h_f 一般在 0.6~0.9m；ΔV 可由式(1-6-34) 或式(1-6-35) 求得，这样式(1-6-41) 中只有池子高度 h_{TWL} 和面积 A 未定。根据边界条件可用试算法求得式(1-6-41) 中池子高度和面积。试算时可假定池子高度为 h_{TWL}，然后用式(1-6-41) 求得面积 A，从而求得滗水高度 Δh。如滗水高度超过允许的范围，则重新设定池子高度，重复上述过程。

在求得 h_{TWL} 和池子面积 A 后，即可求得最低水位 h_{BWL}。

$$h_{BWL} = h_{TWL} - \Delta h = h_{TWL} - \Delta V/A \tag{1-6-42}$$

SBR 池中各计算水位高度示于图 1-6-11。

最高水位时的 MLSS 的浓度 $\mathrm{MLSS_{TWL}}$ 可根据式(1-6-40) 求得，最低水位时的 MLSS 浓度 $\mathrm{MLSS_{BWL}}$ 则可由下式求得：

$$\mathrm{MLSS_{BWL}} = \frac{h_{TWL}}{h_{BWL}}\mathrm{MLSS_{TWL}} \; (\mathrm{kg/m^3}) \tag{1-6-43}$$

最低水位时的设计 MLSS 浓度一般不大于 6.0kg/m^3。

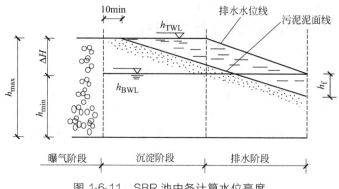

图 1-6-11 SBR 池中各计算水位高度

4. 进水贮水池容积计算

对于设置进水贮水池的 SBR 系统，其进水贮水池的容积设计同一般调节池，可按贮水池的进出水量平衡求得。在缺乏进水流量过程曲线的条件下，如 SBR 池子为在每一周期开始时一次性进水，则进水贮水池的容积设计可按贮存 1 个 SBR 池子在一次循环过程中的最大进水流量计算，见式(1-6-35)。

如 SBR 池子在 1 周期中分批次多次进水，且在沉淀和滗水阶段不进水，则进水贮水池的水力停留时间 T_R 和贮水池容积 V_S 可按下式计算：

$$T_R = \frac{T_C - T_S - T_D}{n + Z} + T_S + T_D \tag{1-6-44}$$

$$V_S = Q_{\max} T_R \tag{1-6-45}$$

式中，Z 为 1 个周期内的进水次数。

（四）动态模拟法

杨琦等（1996）认为文献中 SBR 系统动力学设计法在实际工作中应用较少，这一方面主要是因为在设计计算中引入了过多的假设。如某些学者在应用 Monod 方程推导设计关系时假定 $K_S \gg S$（K_S 为 Monod 方程中的半速度常数，S 为底物浓度）；还有一些学者在推导时则假定 $K_S \ll S$。另一方面动力学设计方法是在一系列假设和引入某些经验型参数的基础上建立起来的，与实际情况差别较大，杨琦等提出了 SBR 系统设计计算的动态模拟法。

1. SBR 设计基本关系式的推导

动态模拟法的基本思路是首先建立底物在 SBR 反应器中变化的基本关系式，根据原水情况和处理要求即可计算出运行各阶段的时间分配，从而求得反应器的有效容积和确立运行模式。

（1）推导的理论基础

根据 Monod 方程进行理论推导并引入如下假设：

① 在 1 个周期内，合成的微生物量与总的生物量相比可以忽略不计，即反应器中微生物总量近似不变；

② 1 个周期开始前，反应器中底物浓度（即上一周期出水浓度）与原水浓度相比可忽略不计；

③ 在进水期，进水底物浓度积累占主导地位，Monod 公式中 $K_S \ll S$，反应期中 $K_S \gg S$；

④ 进水流量不变。

SBR 按基本运行模式（分进水、反应、沉淀、排水、闲置 5 个阶段）操作时，废水中底物的降解主要发生在进水期和反应期，为了计算这两个阶段的时间分配，需要确定联系两阶段的中间变量——进水期末或反应期始的底物浓度（以 S_F 表示），这是建立基本关系的关键。

（2）进水期底物的变化

SBR 反应期在一个周期内底物浓度随时间变化规律曲线见图 1-6-12。

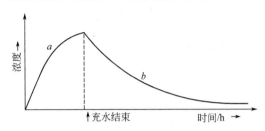

图 1-6-12 SBR 反应器混合液中污染物
浓度在进水期和反应期中的变化

根据物料平衡和 Monod 方程，进水过程反应器中底物的变化符合以下关系式：

$$\frac{d(VS)}{dT}=q_0 S_0-\frac{KXSV}{K_S+S} \tag{1-6-46}$$

式中，V 为反应器中混合液体积；S 为反应器中底物浓度；T 为时间；X 为反应器中微生物浓度；q_0 为进水流量；S_0 为进水底物浓度；K 为反应速度常数；K_S 为半速度常数。

假设①表明，生物总量 $XV=$ 定值，或者

$$XV=X_V V_0 \tag{1-6-47}$$

式中，X_V 为混合液体积最大时污泥浓度，以 MLSS 计；V_0 为混合液最大体积或反应器有效容积。

由假设③，$K_S \ll S$，则 $K_S+S \approx S$，那么，由式（1-6-46）、式（1-6-47）得：

$$\frac{d(VS)}{dT}=q_0 S_0-KX_V V_0 \tag{1-6-48}$$

当进水开始时（$T=0$），根据假设②，有

$$VS=(V_0-V_F)S_e \approx 0 \tag{1-6-49}$$

式中，V_F 为进水体积；S_e 为出水底物浓度。

当进水结束时（$T=T_F$），$VS=V_0 S_F$

式中，S_F 为进水期结束或反应期开始时底物浓度。

在以上边界条件下，对式（1-6-48）积分求得：

$$S_F=\frac{(q_0 S_0-KX_V V_0)T_F}{V_0} \tag{1-6-50}$$

由流量 $q_0=V_F/T_F$ 和充水比 $\lambda=V_F/V_0$，可以将式（1-6-50）变化为：

$$S_F=\lambda S_0-KX_V T_F \tag{1-6-51}$$

在以上边界条件下，引入进水期污泥负荷（L_F）的概念，它的含义为进水期单位活性污泥微生物量在单位时间内所承受的有机物数量。用公式表示为：

$$L_F = \frac{V_F S_0}{T_F X_V V_0} = \lambda \frac{S_0}{T_F X_V} \tag{1-6-52}$$

并定义底物降解度 $\alpha = \dfrac{S_F}{S_0}$，则

$$\alpha = \lambda - K\lambda / L_F \tag{1-6-53}$$

（3）反应时间 T_R 的确定

Monod 方程在反应期中应用可表示为：

$$-V_0 \frac{dS}{dT} = \frac{KXS}{K_S + S} V_0 \tag{1-6-54}$$

用反应期始（S_F）、反应期末（S_e）浓度表示，上式可近似为：

$$\frac{S_F - S_e}{T_R} = k_1 X_V S_e \tag{1-6-55}$$

式中，T_R 为反应期时间。

根据假设③，在反应期，$K_S \ll S$，则 $K_S + S \approx K_S$。

所以，$k_1 = \dfrac{K}{K_S + S} =$ 常数。

一般情况下，废水处理要求出水浓度 S_e 等于某一数值很小的目标值，可以假设 $S_e \ll S_F$，且 S_e 为定值，则式（1-6-55）可近似表示为：

$$\frac{S_F}{T_R X_V} = k_1 S_e = 定值 \tag{1-6-56}$$

将这一定值定义为反应期污泥负荷，其含义是反应期单位活性污泥微生物量在单位时间内所承受的有机物数量。用公式表示为：

$$L_R = \frac{S_F V_0}{T_R X_V V_0} = k_1 S_e \tag{1-6-57}$$

式（1-6-57）的意义是，对于不同的运行条件，如果处理要求一样，那么选择的反应期污泥负荷是一样的。因此，可以通过选定反应期污泥负荷经验值的方法设计反应时间 T_R。

2. 设计计算步骤

以进水期污泥负荷和反应期污泥负荷的概念设计 SBR 的池容积和操作方式，可按如下步骤进行：

① 确定某些参数。

a. 明确原水情况，如进水流量 q_0、进水水质 S_0 等；

b. 设定运行条件，如充水比 λ、污泥浓度 X_V、进水时间 T_F 等；

c. 根据原水和处理目标确定参数，如反应期污泥负荷、反应速度常数 K 等。

② 用式(1-6-52)计算进水期污泥负荷。

③ 用式(1-6-55)计算进水期末（或反应期始）的底物浓度 S_F。该公式表示为一条直线，可以计算或作图求得。

④ 用式(1-6-57)确定反应时间 T_R，即

$$T_R = \frac{S_F}{L_R X_V} \tag{1-6-58}$$

⑤ 确定沉淀时间 T_S。沉淀时间 T_S 一般取 $0.5 \sim 2.0h$，可根据试验或经验确定。

⑥ 确定排水时间。

$$T_D = (q_0 / q_D) T_F \tag{1-6-59}$$

式中，q_D 为排水流量。

⑦ 闲置时间 T_1 可根据实际情况调整。

⑧ 计算周期 $T = T_F + T_R + T_D + T_1$。

⑨ 确定池数 $N = T/T_F$。

⑩ 单池有效容积 $V_0 = q_0 T_F/\lambda$

杨琦等提出的动态模拟法设计基本上可划分为两个步骤：第一步，根据动力学模式推导出的公式求出进水期末（或反应期始）的底物浓度；第二步，借鉴传统污泥负荷设计方法，根据经验性的污泥负荷值确定反应时间。将污泥负荷法和动力学参数法两类设计方法有机地结合起来。

对于同一种废水，设定 λ 值后，公式 $\alpha = \lambda - (K\lambda/L_F)$ 表示的是一直线方程。确定该直线只需求出 K 值。K 的意义是反应速度常数，因此，可以选用经验值或者通过实验确定。公式中的参数均为状态变量，即与池的大小无关，所以可以通过小型实验确定该直线方程。

在运行管理中，进水浓度、流量都会有变化，但可人为控制 λ 值。因为 K 是动力学常数，当进水浓度、流量有变化时，K 值不变，因此该直线方程仍然适用。根据进水负荷的变化，可以很容易地确定 α 值，进而调整反应时间，使系统工作在最佳状态。

（五）基于德国 ATV 标准的设计法

天津市市政设计研究院周霑参照德国 ATV 标准 131E《单段活性污泥法水处理厂的设计》，并对其中个别参数结合我国具体情况进行了修正，推荐了基于德国 ATV 标准的 SBR 工艺反应池容积设计计算法（简称推荐法）。该设计计算法的特点如下。

① 以泥龄为基本设计参数，按照基本理论和处理要求可以确切算出所需泥龄，不存在人为误差，便于操作，结果可靠。

② 由设计人员选定的参数数量少，并且都比较容易确定，计算结果不会造成明显误差的。

③ 计算池容公式是本方法特有的，是根据已知参数经过数学运算推导出来的，是本方法的关键步骤。从计算公式中可以看出，影响池容有 7 个参数（次数影响参数更多），基本上都不是简单的直线关系。这是因为 SBR 反应池既是反应池又是沉淀池，在分建式活性污泥法中影响反应池和沉淀池的所有参数对 SBR 反应池池容都产生影响，按照这个公式计算出的池容既能满足反应池的要求，也能满足沉淀池的要求。

1. 运行周期等参数的选择

（1）运行周期时段之间的相互关系

SBR 的主要特点是周期运行，一个周期所用的时间 T_C 与 1 天之内的周期数 N 之间的关系如下：

$$nT_C = 24 \tag{1-6-60}$$

式中，n 为周期数，1/d；T_C 为周期长，h。

在一个运行周期各时段之间要满足以下关系：

$$T_C \geqslant T_R + T_S + T_D \tag{1-6-61}$$

$$T_C \geqslant T_F + T_S + T_D \tag{1-6-62}$$

式中，T_R 为一个周期的反应时间，h/周期；T_S 为一个周期的沉淀时间，h/周期；T_D 为一个周期的排水时间，h/周期；T_F 为一个周期的进水时间，h/周期。

（2）选定沉淀时间 T_S 和排水时间 T_D

SBR 反应池 T_S 和 T_D 一般都选用 1h（但当 SVI>150mL/g 时，可考虑增大排水时间，当

SVI$<$100mL/g 时，可适当减小排水时间）。常规 SBR 反应池的沉淀是静态沉淀，可以简化认为污泥泥面等速下沉，污泥沉降速度可按式（1-6-63）计算。

$$v_S = \frac{650}{X_H SVI} \tag{1-6-63}$$

式中，v_S 为污泥沉速，m/h；SVI 为污泥指数，mL/g，对于生活污水和与之相接近的城镇污水，SBR 反应池 SVI 一般在 $120\sim150$mL/g 之间；X_H 为开始沉降时的污泥浓度，也即设计高水位时的污泥浓度，g/L。

在沉淀过程初期，由于反应结束后的残余混合能量仍然存在，池液处于紊流状态，一般需经 10min 作用，池液才趋于平静，开始沉淀。进入排水时期，池液仍处于平静，污泥连续下沉，直至排水结束转入反应时段。因此实际沉淀时间是沉淀时间加上排水时间再减去最初的 10min，即

$$T_S' = T_S + T_D - 10/60 \tag{1-6-64}$$

式中，T_S 为实际沉淀时间，h。

沉淀和排水过程 SBR 反应池中水面高低和泥面高度的相互关系如图 1-6-11 所示。

总的污泥沉降距离 H_d 按式(1-6-65) 计算

$$H_d = T_S' v_S \tag{1-6-65}$$

式中，H_d 为污泥沉降距离，m。

由于排水时的搅动，泥面线以上的清水层不可能全部排出，必须有一个保证污泥不被带到水中的安全高度 h_f，如图 1-6-11 所示，h_f 可取 $0.6\sim0.9$m。

（3）选定周期长 T_C 和周期数 n

根据活性污泥工艺基本原理和工程实践经验，一个周期的反应时间 T_R 不宜小于 2h，当要求脱氮时，由于增加了缺氧时段，反应时间还应加长。结合前面选定的 T_S 和 T_D，得出最小周期长 $T_C = 4$h，最大周期数 $n=6$。工程上 T_C 一般不大于 8h，n 不小于 3。

（4）确定反应时间 T_R

由式(1-6-61) 得：

$$T_R = T_C - T_S - T_D \tag{1-6-66}$$

当要求脱氮时，反应时间应分出好氧时段和缺氧时段，它们的长短由好氧泥龄和缺氧泥龄的比值决定：

$$T_O / T_{anox} = \theta_{CO} / \theta_{CD} \tag{1-6-67}$$

$$T_O + T_{anox} = T_R \tag{1-6-68}$$

式中，T_O 为一个周期的好氧反应时间，h/周期；T_{anox} 为一个周期的缺氧反应时间，h/周期；θ_{CO} 为好氧泥龄，d；θ_{CD} 为缺氧泥龄，d。

（5）选定池数 N

SBR 工艺废水处理厂至少要两池才能处理连续进入的废水，规模越大池数越多。在选定池数时，可考虑：

① 池数和周期长最好是整倍数，便于将连续进水按时序均匀分配到每个池，简化配水设施；

② 如果可能，池数和每个周期排水时间的乘积最好是周期长的整倍数，这样每个池的间歇排水可组合成全厂的连续均匀排水，减小排水管管径。

（6）选定设计高水位 H

设计高水位 $H=4\sim6$m。

2. 计算泥龄和污泥量的公式

SBR 反应池中污泥只有在反应时段才发挥生物降解功能，沉淀、排水时段则不发挥生化反应作用。显然，起反应功能的污泥量只是反应池中总污泥量的一部分，反应泥龄也只是总泥龄的一部分。它们之间的关系是：

$$\theta_C = \frac{T_C}{T_R}\theta_{CF} \tag{1-6-69}$$

$$X_T = \frac{T_C}{T_R}X_F \tag{1-6-70}$$

式中，θ_C 为 SBR 反应池总泥龄，d；θ_{CF} 为 SBR 反应池的反应泥龄，d；X_T 为 SBR 反应池污泥总量，kg；X_F 为 SBR 反应池的反应污泥量，kg；T_C 为周期长，h；T_R 为一个周期的反应时间，h/周期。

反应 θ_{CF} 的计算方法与传统活性污泥工艺、A/O 脱氮工艺相同。由于 SBR 反应池间歇反硝化的效率不及设缺氧区的 A/O 脱氮系统的反硝化效率，所以在水质要求相同的情况下，SBR 反应器的缺氧泥龄要长些。

反应池中反应污泥量 X_F 按式（1-6-71）计算：

$$X_F = Q_d\theta_{CF}Y(S_0 - S_e)\times 10^{-3} \tag{1-6-71}$$

式中，Q_d 为设计流量，m^3/d；Y 为污泥产率系数，kg SS/kg BOD；S_0 为反应池进水 BOD 浓度，mg/L；S_e 为反应池出水 BOD 浓度，mg/L。

将 θ_{CF} 代入式（1-6-69），既得 SBR 反应池的总泥龄 θ_C。将 X_F 代入式（1-6-70），即得 SBR 反应池的总泥量 X_T。

3. 计算 SBR 反应池容积公式推导

排水深度 ΔH 必须满足：

$$\Delta H \leqslant H_d - h_f \tag{1-6-72}$$

式中，ΔH 为排水深度，m。

将式(1-6-63)、式(1-6-65) 代入式(1-6-71) 得

$$\Delta H \leqslant \frac{650T_S'}{X_H \text{SVI}} - h_f \tag{1-6-73}$$

贮水容积 ΔV 有下列关系：

$$\Delta V = F\Delta H = \frac{V}{H}\Delta H \tag{1-6-74}$$

及

$$\Delta V = \frac{24Q_h}{n} \tag{1-6-75}$$

两式合并换算，可得出 ΔH 另一表达式

$$\Delta H = \frac{24Q_h H}{nV} \tag{1-6-76}$$

式中，Q_h 为最大日最大时流量，m^3/h；H 为设计最高水位，m；V 为 SBR 反应池总容积，m^3。

X_H 按式(1-6-77) 计算：

$$X_H = \frac{X_T}{V} \tag{1-6-77}$$

将式（1-6-76）、式（1-6-77）代入式（1-6-73）得：

$$\frac{24Q_h H}{nV} \leqslant \frac{650 T'_S V}{X_T \text{SVI}} - h_f \tag{1-6-78}$$

式中除 V 外均为已知，由此可经计算求得 V。为方便计，可将上式按等式整理成一元二次方程，可用求根公式计算 V。

$$V = \left(h_f + \sqrt{h_f^2 + \frac{62400 Q_h H T'_S}{X_T \times \text{SVI} \times n}} \right) \frac{X_T \times \text{SVI}}{1300 T'_S} \tag{1-6-79}$$

式（1-6-79）是经典 SBR 反应池设计的基本计算公式。

4. 其他参数计算公式

（1）单座反应池参数

$$V_i = V/N \tag{1-6-80}$$

$$F_i = V_i / H \tag{1-6-81}$$

$$\Delta V = F_i \Delta H = \frac{24 Q_h}{nN} \tag{1-6-82}$$

式中，V_i 为每座 SBR 反应池有效容积，m^3；F_i 为每座 SBR 反应池面积，m^2；ΔV 为每座 SBR 反应池贮水容积，m^3；N 为池子个数，个。

（2）液位

$$H_L = H - \Delta H \tag{1-6-83}$$

$$h_S = H_L - h_f \tag{1-6-84}$$

式中，H_L 为最低水位，即排水结束时水位，m；h_S 为最低泥位，即排水结束时泥位，m。

（3）污泥浓度

$$X_L = \frac{H}{H_L} X_H \tag{1-6-85}$$

式中，X_L 为最低水位时污泥浓度，g/L，不宜大于 6g/L。

（六）总污泥量综合设计法

胡大锵提出的总污泥量综合设计法是以提供 SBR 反应池一定的活性污泥量为前提，并满足适合 SVI 条件，保证在沉降阶段和排水阶段内的沉降距离和沉淀面积，据此推算出最低水深下的最小污泥沉降所需的体积，然后根据最大周期进水量求算贮水容积，两者之和即为所求 SBR 池容。并由此验算曝气时间内的活性污泥浓度及最低水深下的污泥浓度，以判别计算结果的合理性。

其计算公式为：

$$S_T = na Q_0 (C_0 - C_r) \theta_{S,T} \tag{1-6-86}$$

$$V_{\min} = A H_{\min} \geqslant S_T \times \text{SVI} \times 10^{-3} \tag{1-6-87}$$

$$H_{\min} = H_{\max} - \Delta H \tag{1-6-88}$$

$$V = V_{\min} + \Delta V \tag{1-6-89}$$

式中，S_T 为单个 SBR 池内干污泥总量，kg；n 为周期数；a 为产泥系数，即去除单位 BOD_5 所产生的废弃污泥量，kg MLSS/kg BOD_5；$\theta_{S,T}$ 为总污泥龄，d；A 为 SBR 池几何平面积，m^2；$H_{\max}$，$H_{\min}$ 分别为曝气室最高水位和沉淀终了时最低水位，m；ΔH 为最高水位与最低水位差，m；C_0 为进水 BOD_5 浓度，kg/m^3；C_r 为出水 BOD_5 浓度与出水悬浮物浓度中非溶解性 BOD_5 浓度之差。

$$C_r = C_e - ZC_{se} \times 1.42(1 - e^{k_1 T}) \tag{1-6-90}$$

式中，C_e 为出水中 BOD_5 浓度，kg/m^3；C_{se} 为出水悬浮物浓度，kg/m^3；k_1 为耗氧速率，a^{-1}；T 为 BOD 实验时间，d；Z 为活性污泥中异养菌所占比例，其值为：

$$Z = B - \sqrt{B^2 - 8.33 N_s \times 1.072^{(15-t)}} \tag{1-6-91}$$

$$B = 0.555 + 4.167(1 + TS_0/C_0) N_s \times 1.072^{(15-t)} \tag{1-6-92}$$

$$N_s = 1/(a\theta_{S,T}) \tag{1-6-93}$$

$$a = 0.6(TS_0/C_0 + 1) - \frac{0.6 \times 0.072 \times 1.072^{(t-15)}}{1/\theta_{T,S} + 0.08 \times 1.072^{(t-15)}} \tag{1-6-94}$$

式中，N_s 为污泥负荷，即曝气池内每千克活性污泥单位时间去除的 BOD_5 的量，kg BOD_5/（kg MLSS·d）；TS_0 为进水悬浮物浓度，kg/m^3；t 为水温，℃。

由式（1-6-87）及式（1-6-89）计算 V_{min} 为同时满足活性污泥沉降几何面积以及既定沉淀历时条件下的沉降距离，此值大于其他现行方法中所推算的 V_{min}。

必须指出的是，实际的污泥沉降距离应考虑排水历时内的沉降作用，该作用距离称之为保护高度 H_b。同时 SBR 池内混合液从完全动态混合变为静止沉淀的初始 $5\sim10min$ 内污泥仍处于紊动状态，之后才逐渐变为压缩沉降直至排水历时结束。它们之间的关系可由下式表示

$$v_S(T_S + T_D - 10/60) = \Delta V/A + H_b \tag{1-6-95}$$

$$v_S = \frac{650}{MLSS_{max} \times SVI} \tag{1-6-96}$$

将式（1-6-96）代入式（1-6-95），并作相应的变换，得

$$\frac{650 A H_{max}}{S_T \times SVI}(T_S + T_D - 10/60) = \Delta V/A + H_b \tag{1-6-97}$$

式中，v_S 为污泥沉降速度，m/h；$MLSS_{max}$ 为当水深为 H_{max} 时的 MLSS 浓度，kg/m^3；T_S，T_D 分别为污泥沉淀历时和排水历时，h。

式（1-6-96）中 SVI、H_b、T_S、T_D 均可根据经验假定，S_T、ΔV 均为已知，H_{max} 可依据鼓风机压或曝气机有效水深设置，A 为可求，同时求得 ΔH，使其在许可的排水变幅范围内保证允许的保护高度。因而，由式（1-6-88）和式（1-6-89）可分别求得 H_{min}、V_{min} 和反应池容积。

总污泥量综合设计法在所有设计参数中除 SVI、T_S、T_D 按经验设定外，其他均依据进水水质由公式计算而得。同时在推求池容过程中确定了 SBR 池的几何尺寸。

（七）考虑曝气方式的设计法

SBR 工艺有非限量曝气、限量曝气和半限量曝气三种不同的曝气方式。考虑不同的曝气方式，SBR 工艺设计包括确定运行周期 T、反应器容积、废水贮水池最小容积以及进水流量的计算等。

1. 运行周期 T 的确定

SBR 的运行周期由充水时间、反应时间、沉淀时间、排水排泥时间和闲置时间来确定。充水时间 T_F 应有一个最优值，充水时间应根据具体的水质及运行过程中所采用的曝气方式来确定。当采用限量曝气方式及进水中污染物的浓度较高时，充水时间应适当取长些；当采用非限量曝气方式及进水中污染物的浓度较低时，充水时间可适当取短些。充水时间一般取

1～4h。反应时间 T_R 是确定 SBR 反应器容积的一个非常重要的工艺设计参数，其数值的确定同样取决于运行过程中废水的性质、反应器中污泥的浓度及曝气方式等因素。对于像生活污水这样的易降解废水，反应时间可取短一些；反之对那些含有难降解物质或者有毒有害物质的废水，反应时间应当取长一些，一般在 2～8h 之间。沉淀和排水时间（$T_S + T_D$）一般按 2～4h 设计，闲置时间 T_E 一般按 2h 设计。因此，SBR 工艺的运行周期一般为 10～16h。

2. 反应器容积的设计

SBR 反应器其运行周期依次由充水 F→反应 R→沉淀 S→排水排泥 D→闲置 E 5 个工序组成。按充水和曝气反应时间的分配，可将其运行过程演化为如图 1-6-13 所示的 4 种基本运行方式。

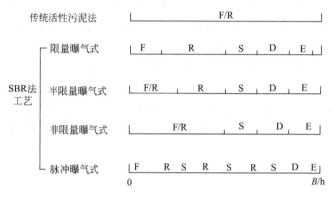

图 1-6-13　SBR 工艺基本运行方式

（1）限量曝气方式

按限量曝气方式运行时，充水流量最大。按此方式设计的 SBR 系统可灵活地按其他方式运行，因而大多数情况下按此方式设计 SBR 系统。图 1-6-14 是限量曝气方式运行的 SBR 反应池 1 个周期内污泥浓度和底物浓度的变化情况。由图 1-6-14 可知，充水期内污泥浓度 MLSS 的增长甚少。充水期结束时底物浓度达到最大值。反应期开始时混合液中的营养丰富，污泥呈现对数增长，曝气结束时底物浓度达到设计出水浓度值，迫使污泥逐步进入内源呼吸阶段。因此，SBR 生物降解所需时间主要由充水时间和反应时间决定。图 1-6-15 反映了 T_F 与（$T_F + T_R$）间的关系。当进水和出水有机物浓度保持不变时，（$T_F + T_R$）随 T_F 的增长而延长；若保持运行周期 T 不变时，T_F 超过一定限度，则出水有机物浓度将增加，所以 $T_F/(T_F + T_R)$ 应由试验确定。SBR 反应器的容积可由式（1-6-98）～式（1-6-103）确定。

$$V_0 = \frac{qS_0T_F}{X(k_0 + k_1t_RS_e)}（\text{m}^3/\text{池}） \tag{1-6-98}$$

$$N_s = \frac{S_0n}{e\lambda X}\left[\text{kg BOD}/(\text{kg MLSS} \cdot \text{d})\right] \tag{1-6-99}$$

$$V = \frac{V_0}{\lambda}（\text{m}^3/\text{池}） \tag{1-6-100}$$

$$N = \frac{24Q_0}{nV_0}（\text{个}） \tag{1-6-101}$$

$$q = \frac{Q_0}{nNV_0T_F}（\text{m}^3/\text{h}） \tag{1-6-102}$$

$$n = \frac{24}{T} \text{（次）} \tag{1-6-103}$$

式中，V_0，V 分别为单池充水容积和单池总容积，其中 V 为充水容积 V_0 和留存沉淀污泥容积 V_m 之和 $[V_0/V_m$ 值一般为（1:1）～（1:1.4）]；S_0，S_e 分别为进水和反应结束时的污染物浓度；Q_0，q 分别为原废水和 SBR 池充水流量；N，n 分别为 SBR 池数和每天运行周期数；e，λ 分别为曝气时间比和充水比，且满足 $e = T_R/T$，$\lambda = V_0/V$（一般取 0.5～0.7）；k_0，k_1 分别为零级、一级反应动力学常数，L/d；T_F，T_R 分别为充水、反应时间，h；X，N_s 分别为 SBR 反应器中的污泥浓度和污泥负荷。

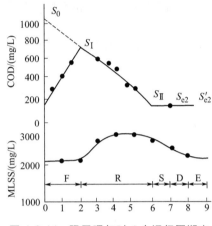

图 1-6-14　限量曝气时 1 个运行周期内
污泥浓度和底物浓度的变化

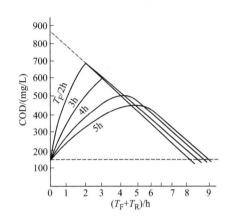

图 1-6-15　限量曝气时 T_F 与（$T_F + T_R$）
间的关系

（2）非限量曝气方式

非限量曝气方式运行时充水和曝气同时进行。由于进水速度远大于进水过程中反应器内污染物的降解速度，从而使 SBR 反应器内出现污染物的累积。在充水结束时，池内污染物浓度达到最大；反应器结束时，池内污染物浓度恢复至充水前的水平。每个反应池的总有效容积 V 应为充水容积 V_0 和存留沉淀污泥容积 V_S 之和。反应池的充水容积应保证系统停止充水时贮存入调节池的废水量和该充水时间内进入系统的废水量进入反应池，故非限量曝气方式运行时 SBR 的容积可由式（1-6-104）～式（1-6-108）确定：

$$V_0 = \frac{(T - NT_F)q}{N} + qT_F \approx \frac{qT}{N} \text{（m}^3/\text{池）} \tag{1-6-104}$$

$$V = \frac{V_0}{\lambda} = \frac{Tq}{N\lambda} \text{（m}^3/\text{池）} \tag{1-6-105}$$

$$X = \left(1 - \lambda - \frac{h_f}{H}\right)X' \text{（mg/L）} \tag{1-6-106}$$

$$\lambda = 1 - \frac{X}{X'} - \frac{h_f}{H} \tag{1-6-107}$$

$$L_m = \frac{\lambda}{1 - \lambda} \times \frac{S_0}{T_F X_0} \tag{1-6-108}$$

式中，h_f 为 SBR 反应器中沉淀污泥层上在排水的过程中不排走污泥的保护高度，一般为 0.5m；H 为 SBR 反应器总有效高度，m；X' 为 SBR 中沉淀后污泥的浓度。

由以上各式可见，当废水水质、水量确定后，只有控制好活性污泥特性，就能控制 X'、X；只要选定适宜的充水时间 T_F 及充水比 λ，即可控制 S_{max}、X 及 T_R，也控制了 SBR 反应器的运行周期 T。因此，充水时间 T_F 和充水比 λ 成为 SBR 工艺设计的主要参数。

（3）废水贮存池最小容积的设计

由于 SBR 法反应器能将若干小时的废水在池内混合，对原水有一定的均化作用，如果多个反应池顺序进水，能将较长时间的高负荷废水进行分割，让几个池子来承担高负荷，使反应池有较好的工作稳定性，从而减小了调节池的容积。但是，由于 SBR 工艺由几个池子顺序进水，在安排各池运行周期即进水时间时，可能出现各池都处于不充水阶段，这样进水系统的原废水就应贮存起来，待下一个反应池充水开始再抽入反应池，这部分贮存容积视运行周期的具体安排而定。

假定 SBR 的运行周期为 T，充水时间为 T_F。SBR 反应器的池数为 N（见图 1-6-16）。设各反应池都处于补充水阶段的时间为 T_P，最小贮存容积 V_P 应为：

$$T_P = \frac{(T - NT_F)}{N} \tag{1-6-109}$$

$$V_P = qT_P = \frac{q(T - NT_F)}{N} \tag{1-6-110}$$

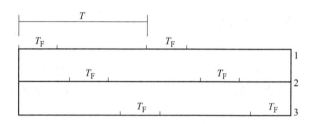

图 1-6-16　SBR 系统各池的运行周期

（4）SBR 反应器进水流量的计算

SBR 反应池可采用重力自流进水，但若需要进行废水贮存时一般只能用水泵进水。此时水泵的流量应按式（1-6-111）计算，所得的 Q_0 值应保证大于 q；如果计算得出 Q_0 小于 q，说明采用的充水时间 T_F 值不适应或反应器数 N 过多，可能出现两个以上的反应池同时充水，这是不正常的。

$$Q_0 = \frac{V_0}{T_F} = \frac{qT}{NT_F} \tag{1-6-111}$$

（八）基于有效 HRT 和有效 SRT 概念的设计法

尽管 SBR 系统经常被认为需要特殊的设计方法，但是实际上，其运行原理与其他活性污泥系统相同，仍然可以根据完全混合活性污泥法工艺的设计方法进行设计。SBR 与其他活性污泥系统之间有 3 个主要的区别：

① SBR 系统的需氧量必须在一个运行周期内进行分配，这可以采用连续活性污泥系统对稳态和瞬态需氧量进行分配的方法，SBR 系统每个运行周期必须与其进水阶段的长度一致；

② 设计中必须确定每个周期中并没有进行生物反应的运行阶段的比例，这个可以采用有效 HRT，即 T_e 和有效 SRT，即 θ_{ce} 的概念$\left(\theta_{ce} = \dfrac{\zeta V}{Q_w}\right)$；

③ 因为生物反应和沉淀在同一个容器内进行（虽然是在运行周期的不同阶段），生物反

应器和二沉池之间的相互作用必须以不同的方式进行分析。

SBR 运行周期中的 HRT 和 SRT 包括了并没有进行生物反应的阶段，例如沉淀阶段和排水阶段。定义 ζ 为进水加反应阶段占总周期时间的比例。由此有效 HRT 可以定义为：

$$T_e = \frac{\zeta V}{Q} \tag{1-6-112}$$

式中，Q 为废水流量；V 为曝气池容积。

而有效 SRT 可以定义为：

$$\theta_{ce} = \frac{\zeta V X}{Q_w X_w} \tag{1-6-113}$$

式中，X 为反应器中活性污泥浓度（MLSS）；Q_w 为废弃污泥排放流量；X_w 为废弃污泥浓度（MLSS）。

选择有效 SRT 中需要考虑的因素与其他活性污泥系统 SRT 选择需要考虑的因素相同。如果以去除可生物降解有机物为主要目标，可以采用相对比较低的值。

确定系统的容积，也就是有效 HRT，不仅需要考虑混合搅拌的氧气传输，而且还要考虑 MLSS 的沉降性能。因为反应器容积不仅能容纳每个周期的进水 F_c，而且还必须能够容纳排水之后留下来的回流污泥的体积 V_{br}，其中：

$$F_c = \frac{Q}{N_c} \tag{1-6-114}$$

式中，n 为每天的周期数。

而

$$V_{br} = \alpha F_c \tag{1-6-115}$$

α 是类似于连续流系统中的回流比。因此，当一个 SBR 系统被设计成为一个只去除有机物的简单活性污泥系统时，有：

$$V = F_c(1+\alpha) \tag{1-6-116}$$

或者

$$V = F_c + V_{br} \tag{1-6-117}$$

选择 n 和 ζ 需要考虑的主要因素是处理前的进水和处理后的排水，使得运行周期有足够的时间进行沉淀和排水，使得反应器容纳峰值水力负荷。反过来，这些因素又受到所选择的 n 和 ζ 的影响。n 值通常介于每天 $4 \sim 6$ 个周期之间。由于沉淀和排水所需要的时间是相对恒定的，而增加每日运行周期次数会使周期的长度变短，所以 n 值增加，ζ 值就下降。尽管如此，ζ 值通常在 $0.5 \sim 0.7$ 之间，这两个参数的选择都有相当大的灵活性。

当 V_{br} 足够大能够容纳排水之后留下来的用于下一个周期的 MLSS 时，就可以得到与所选定每日周期数相关的反应器最小体积。反应器在沉淀和排水之后留下来的 MLSS 数量与反应结束时 MLSS 数量是相同的，因此：

$$X_{M,Tr} V_{br} = (X_{M,T} V)_{system} \tag{1-6-118}$$

式中，$X_{M,Tr}$ 为 SBR 反应器沉淀后的 MLSS 浓度；$X_{M,T}$ 为 SBR 反应器最高水位时的 MLSS 浓度。

由式（1-6-118）可以看到，沉淀后的 MLSS 浓度越大，留下来的污泥体积 V_{br} 就会越小。可以根据经验选定废水处理中 $X_{M,Tr}$ 的最大值，可以根据污泥活性指数 SVI 进行估算。

$$X_{M,Tr,max} \approx \frac{10^6}{SVI} \tag{1-6-119}$$

由式（1-6-118），可以得出留下来的污泥最小体积 $V_{br,min}$。

$$V_{br,min} = \frac{(X_{M,T} V)_{system}}{X_{M,Tr,max}} \tag{1-6-120}$$

将式（1-6-120）代入式（1-6-117），可以得到 SBR 系统最小容积。

$$V_L = F_C + \frac{(X_{M,T}V)_{system}}{X_{M,Tr,max}} \tag{1-6-121}$$

根据以上分析，基于有效 HRT 和有效 SBR 概念的设计方法步骤如下。

① 根据废水处理的要求，计算反应器有效 SRT。

② 用污泥负荷法计算系统中 MLSS 总量。也可以用于基于 ASM 模型的方法计算系统中 MLSS 总量（用基于 ASM 模型的方法计算系统中 MLSS 总量时，需要首先计算反应器有效 SRT）。

③ 选择每天的周期数 n，其中需要包括每个周期沉淀和排水的时间长度。由于处理水流量已知，由此可以确定 F_c 和 ζ。

④ 估计一个 SVI 值，由式（1-6-119）计算 $X_{M,Tr,max}$。

⑤ 用式（1-6-121）计算反应器的最小容积。

⑥ 由系统 MLSS 数量和反应器容积就可以得到反应器的污泥浓度。

⑦ 用式（1-6-112）计算有效 HRT。

⑧ 用式（1-6-113）计算废弃污泥量。

四、其他 SBR 变种

基于经典的间歇式活性污泥法，依据各种不同的应用条件和污染物去除要求，演进派生出了众多的变种 SBR，代表性的工艺见表 1-6-1。

表 1-6-1　变种 SBR 工艺一览表

序号	工艺简称	工艺全称
1	ICEAS	intermittent cyclic extended aeration system
2	CASS	cyclic activated sludge system
3	UNITANK	—
4	MSBR	modified sequencing batch reactor
5	DAT-IAT	demand aeration tank-intermittent aeration tank
6	LUCAS	leuven university cyclic activated sludge
7	IDEA	intermittently decanted extended aeration
8	AICS	alternated internal cyclic system
9	UniFed SBR	—

（一）ICEAS

1. 工艺概述

ICEAS（intermittent cyclic extended aeration system）工艺中文名称为间歇式延时曝气活性污泥法，是经典 SBR 工艺的一种变型工艺。

1968 年澳大利亚的新南威尔士大学与 ABJ 公司合作开发了 ICEAS 法。这种工艺的特点是在 SBR 反应器前增加一个生物选择器，ICEAS 是连续进水间歇排水工艺，不但在反应阶段进水，在沉淀和排水阶段也进水。生物选择器容积约占反应器池容的 10%～15%。一般采用两个矩形池为一组 SBR 反应器，每池分为预反应区和主反应区两部分。预反应区一般处于厌氧和缺氧状态，主反应区是曝气反应的主体，占反应器池容的 85%～90%。废水通过渠道或管道连续进入预反应区，进水渠道或管道上不设阀门，可以减少操作的复杂程度。

预反应区一般不分割，所以进水是连续不断地进入主反应区（图1-6-17）。ICEAS的排水也是由滗水器完成的。ICEAS的运行工序由曝气、沉淀、排水组成（图1-6-18），运行周期比较短，一般为4～6h，两组池交替运行，进水曝气时间约为整个运行周期的1/2，设备和容积利用率低。

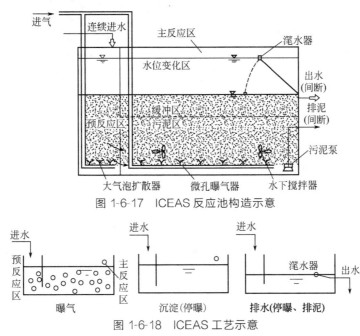

图1-6-17 ICEAS反应池构造示意

图1-6-18 ICEAS工艺示意

ICEAS工艺的优点是连续进水，可以减少运行操作的复杂性。ICEAS工艺和经典SBR工艺的对比，列于表1-6-2。

表1-6-2 经典SBR与ICEAS工艺的对比

经典SBR反应器优点	ICEAS反应器情况
理想沉淀，效果好	连续进水存在扰动，为平流沉淀
理想推流式反应器，反应推动力大	连续进水非理想推流状态
生态多样化，提高难降解废水处理效率	厌氧区时间较短，效果有限
抑制丝状菌膨胀	通过增加选择池控制污泥膨胀
可脱氮除磷	脱氮除磷有一定难度
不需二沉池和污泥回流	不需二沉池和污泥回流
间断进水，控制复杂，难用于大型污水厂	连续进水，控制简单，易用于大型污水厂

由表1-6-2可见，ICEAS工艺由于突出了连续进出水的优点，已经丧失了经典SBR工艺的主要优点，仅仅保留了经典SBR反应器结构特征上的优点。

2. 设计计算

（1）工况特点

图1-6-19描绘了ICEAS连续进水情况下污泥沉降和液面变化的规律。

在污泥沉降和排水过程中，仍同时不断进水，由于进水从预反应区以很低的流速从池底部进入主反应区，可以认为在沉淀和排水时段进水不与池液混合，只是从池底部将原池液顶托上升，其上升的高度在不同时间反映在图中的 F、G、I 点，由于池底部被顶托，池液面也要随之抬高，反映在图中的 B、C、D 点，D 点是虚的，不存在的，因为排水已从 C 点

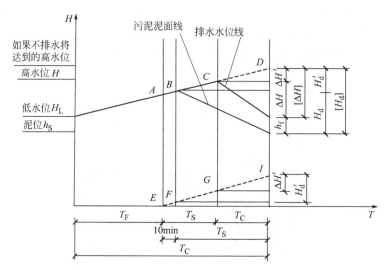

图 1-6-19　ICEAS 反应池沉淀和排水过程示意

开始，液位已不再上升而是下降，所以 D 点是指如果不排水将达到的高水位。

在底层液面顶托抬高的过程中，污泥沉降距离受到压缩，被顶托压缩的距离是 H'_d，而 H_d 是它的实际沉降距离。如果进完水再沉淀，不存在池底液位顶托，污泥沉降距离理论上应该是 $[H_d]$，从图 1-6-19 中看出：

$$[H_d] = H_d + H'_d \tag{1-6-122}$$

式中，$[H_d]$ 为在静态条件下污泥理论沉降距离，m；H_d 为在同时进水条件下污泥实际沉降距离，m；H'_d 为由于连续进水池液被顶托污泥沉降被压缩的距离，m。

图 1-6-19 中下面的 H'_d 是反应污泥沉降过程中池液实际被顶托的位置，图上部的 H'_d 则是假设进水完毕池液面达到 D 点后，再在静止情况下开始污泥沉降，污泥比同时进水条件下沉降的距离 H_d 要多沉降的距离。

在底部液面顶托抬高的过程中，排水深度也被压缩，被顶托压缩的排水深度是 $\Delta H'$，ΔH 是实际排水深度。如果进完水再排水，不存在池底液位顶托，排水深度从理论上讲应该是 $[\Delta H]$，从图 1-6-19 看出：

$$[\Delta H] = \Delta H + \Delta H' \tag{1-6-123}$$

式中，$[\Delta H]$ 为在静态条件下理论排水深度，m；ΔH 为实际排水深度，m；$\Delta H'$ 为由于连续进水在排水过程被顶托压缩的排水深度，m。

图中下面的 $\Delta H'$ 反映排水过程中池液被顶托的位置，图上部的 ΔH 是假设进水完毕池液面达到 D 点后，再在静态情况下开始排水，这时的排水深度 $[\Delta H]$ 是比同时进水条件下的实际排水深度 ΔH 多出的排水深度。

式（1-6-122）和式（1-6-123）中的 $[H_d]$ 和 $[\Delta H]$ 是静态条件下的理论值，与式（1-6-65）中的 H_d 和式（1-6-72）、式（1-6-76）中的 ΔH 有完全相同的含义。式（1-6-122）、式（1-6-123）将动态条件下的计算变为静态条件下的计算，使计算大为简化。

（2）主反应区池容积公式推导

参照经典 SBR 工艺池容积计算公式推导步骤进行。凡公式中涉及 H_d 和 ΔH 的地方，按照前述 ICEAS 反应池工况特点，均改为 $[H_d]$ 和 $[\Delta H]$：

$$[H_d] = T'_S V_S \tag{1-6-124}$$

$$[\Delta H] \leqslant [H_{\mathrm{d}}] - h_{\mathrm{f}} \tag{1-6-125}$$

$$[\Delta H] \leqslant \frac{650 T_{\mathrm{S}}'}{X_{\mathrm{H}} \mathrm{SVI}} - h_{\mathrm{f}} \tag{1-6-126}$$

$$[\Delta H] = \frac{24 Q_{\mathrm{h}} H}{nV} \tag{1-6-127}$$

ICEAS 工艺由于连续进水加上周期运行使水量的峰值得到均化，计算池容积时采用最大日最大时流量 Q_{h} 已不妥，按 $0.9Q_{\mathrm{h}}$ 计算更接近实际，故将经典 SBR 工艺池容积公式（1-6-79）中的 Q_{h} 改为 $0.9Q_{\mathrm{h}}$，可得出 ICEAS 工艺主反应区容积计算：

$$V = \left(h_{\mathrm{f}} + \sqrt{h_{\mathrm{f}}^2 + \frac{56160 Q_{\mathrm{h}} T_{\mathrm{S}}'}{X_{\mathrm{T}} \times \mathrm{SVI} \times n}} \right) \frac{X_{\mathrm{T}} \times \mathrm{SVI}}{1300 T_{\mathrm{S}}'} \tag{1-6-128}$$

（3）预反应区池容积

预反应区池容积一般按经验确定，不必具体计算。

（4）总池容积

为主反应区容积和预反应区容积之和。

（5）实际排水深度 ΔH 和修正后的排水深度 ΔH_{a}

从图 1-6-19，可以看出，$\Delta H'$ 是排水过程被顶托的排水深度，$[\Delta H]$ 则是一个周期废水应该上升的高度，因此：

$$\frac{\Delta H'}{\Delta H} = \frac{T_{\mathrm{e}}}{T_{\mathrm{C}}} \tag{1-6-129}$$

$$\Delta H' = \frac{T_{\mathrm{e}}}{T_{\mathrm{C}}} [\Delta H] = \frac{24 Q_{\mathrm{h}} H}{nV_{\mathrm{T}}} \times \frac{T_{\mathrm{e}}}{T_{\mathrm{C}}} \tag{1-6-130}$$

$$\Delta H = [\Delta H] - \Delta H' \tag{1-6-131}$$

$$\Delta H = \frac{24 \times 0.9 Q_{\mathrm{h}} H}{nV_{\mathrm{T}}} \times \frac{T_{\mathrm{C}} - T_{\mathrm{e}}}{T_{\mathrm{C}}} = \frac{21.6 Q_{\mathrm{h}} H}{nV_{\mathrm{T}}} \times \frac{T_{\mathrm{C}} - T_{\mathrm{e}}}{T_{\mathrm{C}}} \tag{1-6-132}$$

式（1-6-129）～式（1-6-132）中符号的意义与上文同。

上式与式（1-6-76）不同，得出的 ΔH 小于式（1-6-76）得出的 ΔH，这是连续进水顶托压缩排水深度的结果。ΔH 还要进行一次修正：由于预反应区与主反应区连通，主反应区排水时液面降低，预反应区的液面随之降低，参与水位变化的是整个反应池而不仅是主反应区，故上式中的 V 应为总池容积 V_{T}（主反应区容积和预反应区容积之和）。

$$\Delta H_{\mathrm{a}} = \frac{21.6 Q_{\mathrm{h}} H}{nV_{\mathrm{T}}} \times \frac{T_{\mathrm{C}} - T_{\mathrm{e}}}{T_{\mathrm{C}}} \tag{1-6-133}$$

式中，ΔH_{a} 为修正后的排水深度，m。

（6）其他参数计算

反应池最低水位 H_{L} 按下式计算。

$$H_{\mathrm{L}} = H - \Delta H_{\mathrm{a}} \tag{1-6-134}$$

式中，H_{L} 为最低水位，m；H 为设计最高水位，m；ΔH_{a} 为修正后的排水深度，m。

由总池容积 V_{T} 和池数 N 可得单池容积 V_i：

$$V_i = \frac{V_{\mathrm{T}}}{N} \tag{1-6-135}$$

单池贮水容积 ΔV_i 可由下式计算：

$$\Delta V_i = F_i \times \Delta H_a \tag{1-6-136}$$

式中，F_i 为单池面积，m^2；ΔH_a 为修正后的排水深度，m。

（二）CASS

1. 工艺概述

CASS（cyclic activated sludge system）工艺称为循环式活性污泥法也称为 CAST 工艺或 CASP 工艺。CASS 工艺是在 ICEAS 工艺基础上开发出来的，将生物选择器与 SBR 反应器有机结合。与 ICEAS 相比，CASS 池将主反应器的污泥回流到生物选择器中，而且在沉淀阶段不进水，使排水的稳定性得到保障。CASS 工艺预反应区较小，设计成更加优化合理的生物选择器，通常 CASS 反应器分为生物选择区、缺氧区和好氧区（即主反应区）三个区（图 1-6-20），各区容积之比为 $1:5:30$。

图 1-6-20　两池 CASS 工艺的组成

图 1-6-21 为 CASS 工艺的运行过程。

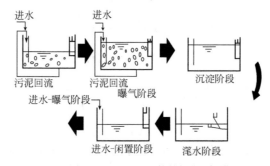

图 1-6-21　CASS 工艺的运行过程

CASS 工艺的运行过程分为下面 6 个过程。

① 进水-曝气阶段开始　开始进水时池内为最低水位，进水的同时进行曝气和污泥回流。

② 曝气至曝气阶段结束　进水至池内最高水位，进水、曝气与污泥回流，曝气结束。

③ 沉淀阶段开始　进水至池内最高水位后，停止进水、曝气和污泥回流，进入沉淀阶段。

④ 沉淀阶段结束时滗水阶段开始　此时不进水、不曝气。滗水并排出处理水。

⑤ 滗水阶段及排泥结束　此阶段滗水并排出处理水，不曝气、不进水。

⑥ 进水-闲置阶段　滗水阶段结束时池内为最低水位，闲置阶段视具体情况而定。

CASS 工艺增加了回流和缺氧区，回流需要有潜水泵，增加了投资和运行费用，使得 SBR 越来越像传统活性污泥法，与 ICEAS 工艺相比，CASS 工艺增加了生物选择区和污泥回流系统；加大了缺氧区的体积。因此，加大了对溶解性底物的去除和对难降解有机物的水解作用；强化了氮磷的去除。可以认为 CASS 反应器解决了 ICEAS 工艺对于 SBR 优点部分的弱化问题，脱氮除磷效果比 ICEAS 更好。

2. 设计计算

CASS 反应池污泥负荷、污泥浓度的设计以及反应池容积的计算与普通 SBR 工艺相同。处理城市污水时，CASS 中生物选择区、兼氧区和主反应区的容积比一般为 1：5：30。

（1）CASS 反应池生物选择区设计

① CASS 反应池生物选择区内的溶解氧浓度≤0.5mg/L。

② CASS 反应池生物选择区容积占反应池有效容积 15％～20％。

③ CASS 反应池生物选择区内混合液回流比＞20％。

（2）CASS 反应池主反应区设计

① 最大设计水深可达 5～6m。

② 充水比为 30％左右。

③ 溶解氧≥2.0mg/L。

④ 容积宜大于反应池有效容积 80％。

⑤ 周期时间 4h 或 6h。

⑥ 污泥负荷 0.05～0.20kg BOD/(kg MLSS·d)。

⑦ 反应时混合液污泥浓度 2000～5000mg/L。

⑧ 活性污泥容积指数 100～140mL/g。

⑨ 混合液回流比 20％～30％。

⑩ 最大上清液滗除速率为 30mm/min。

⑪ 固液分离时间 60min，单循环时间（即一个运行周期）通常为 4h（标准处理模块）。

（三）　UNITANK

UNITANK 废水处理工艺是一体化活性污泥法工艺，是 20 世纪 90 年代初由比利时 Seghers Engineering Water 公司开发的一种专利工艺。它是传统 SBR 工艺的一种变型和发展，UNITANK 最通用的形式是采用三个池子的标准系统，这三个池子通过共壁上的开孔水力连接，不需要泵来输送（图 1-6-22）。

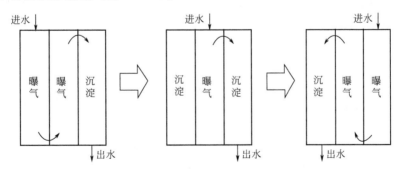

图 1-6-22　UNITANK 系统流程示意

UNITANK 系统每个池中都装有曝气系统（可以是表面曝气也可以是池底微气泡曝气），同时外面的两个池子装有溢流堰，用于排水。这两个池子既可以用作反应区也可以用作沉淀池，每个池子都可以进水，废弃污泥也从两个作沉淀池的池子排出。与传统活性污泥法一样，UNITANK 系统是连续运行的。但是 UNITANK 的单个池子按一定的周期运行，这个周期由两个主工序和两个较短的瞬时工序组成。

UNITANK 系统在恒定水位下连续运行，从 UNITANK 的单池看与 SBR 一致，具有 SBR 的一些特点。但从整体上看，已经不属于 SBR 了。UNITANK 系统由三个池组成，与交替运转的三沟式氧化沟非常相似，更接近传统活性污泥法。UNITANK 出水采用固定堰而非滗水器。UNITANK 在任意时刻，总有一个池子作为沉淀池，这个沉淀池相当于平流式沉淀池。所以在设计上需要满足这一平流式沉淀池的功能。

UNITANK 系统集合了 SBR 工艺、三沟式氧化沟和传统活性污泥法的特点。UNITANK 的池型构造简单，采用固定堰出水，排水简单，不需要污泥回流。

UNITANK 系统由于中沟和边沟的地位不一致，边沟总有一段时间兼作沉淀池，而中沟总是作为曝气池，造成边沟污泥浓度远高于中沟，这是 UNITANK 系统最根本的问题。

可以用图 1-6-22 来说明 UNITANK 系统的运行。UNITANK 系统按周期运行，每个运行周期包括两个主体阶段和两个过渡阶段，这两个阶段的运行过程是相互对称完全相同的，两个主体运行阶段通过过渡阶段进行衔接。第一个主体运行阶段包括以下过程：

① 废水首先进入左侧池内，因该池在上一个主体运行阶段作为沉淀池运行时积累了大量经过再生、具有较高吸附性能的污泥，污泥浓度较高，因而可以高效降解废水中的有机物；

② 混合液自左向右通过始终作曝气池使用的中间池，继续曝气，进一步降解有机物，同时在推流过程中，左侧池内活性污泥进入中间池，再进入右侧池，使污泥在各池内重新分配；

③ 混合液进入作为沉淀池的右侧池，处理后出水通过溢流堰排出，也可在此排放废弃污泥；

④ 第一个主体运行阶段结束后，通过一个短暂的过渡阶段完成曝气池到沉淀池的转变，在过渡阶段，废水进入中间池，右侧池仍处于沉淀出水状态，左侧池进入沉淀状态。

过渡阶段后，进入第二个主体运行阶段。第二个主体运行阶段过程改为废水从右侧池进入系统，混合液通过中间池再进入作为沉淀池的左侧池，水流方向相反，操作过程与第一个主体阶段完全相同。

在废水需要脱氮处理时，在池内除了设有曝气设备外，还设有搅拌装置，可以根据监测器的指示停止曝气，改为搅拌，形成胶体的缺氧及好氧条件。在一个周期内，通过时间和空间的控制，形成好氧或缺氧的状态，或通过进水点的变化，可达到回流和脱氮的目的。UNITANK 系统的除磷能力差，当废水处理有除磷要求时应慎重考虑是否选用此工艺。

（四）　MSBR

1. 工艺概述

MSBR 称为改良型序批式生物反应器。MSBR 连续进水，不需设置初沉池、二沉池，系统在恒水位下连续运行。采用单池多格方式，省去了多池工艺所需的连接管道、泵和阀门等。

图 1-6-23 所示的处理城市污水有脱氮除磷功能的 MSBR 工艺运行原理如下：废水进入厌氧池，回流活性污泥中的聚磷菌在此充分放磷，然后混合液进入缺氧池进行反硝化。反硝化后的废水进入好氧池，有机物被好氧降解、活性污泥充分吸磷后再进入起沉淀作用的 SBR 池，澄清后废水排放。此时另一边的 SBR 在 $1.5Q$ 回流量的条件下进行反硝化、硝化，或进行静止预沉。回流污泥首先进入浓缩池进行浓缩，上清液直接进入好氧池，而浓缩污泥则进入缺氧池。在缺氧池可以发生硝化，消耗掉回流浓缩污泥中的溶解氧和硝酸盐，为随后进行的厌氧放磷提供更为有利的条件。在好氧池与缺氧池之间有 $1.5Q$ 的回流量，以便进行充分的反硝化。

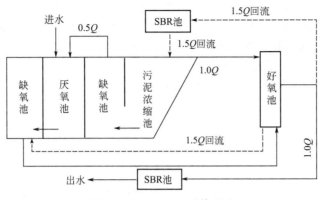

图 1-6-23 MSBR 系统原理

由其工作原理可以看出，MSBR 是同时进行生物脱氮除磷的废水处理工艺。在工程实践中，通常将整个 MSBR 设计成一个矩形池，并分为不同的单元，各单元起着不同的作用。典型的 MSBR 平面布置见图 1-6-24。

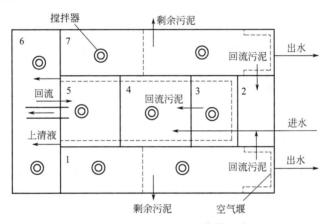

图 1-6-24 MSBR 平面布置示意

单元 1 和 7 的功能是相同的，均起着好氧氧化、缺氧反硝化、预沉淀和沉淀作用；单元 2 是污泥浓缩池，被浓缩的活性污泥进入单元 3，富含硝酸盐的上清液进入单元 6（也可进入单元 5）；单元 3 是缺氧池，除回流污泥中溶解氧在本单元中被消耗外，回流污泥中的硝酸盐也被微生物的自身氧化所消耗；单元 4 是厌氧池，原废水由本单元进入 MSBR 系统，回流的浓缩污泥在本单元中利用原废水中的快速降解有机物完成磷的释放；单元 5 是缺氧池，废水与由曝气单元 6 回流至此的混合液混合，完成生物脱氮过程；单元 6 是好氧池，其作用是氧化有机物并对废水进行充分硝化，聚磷菌在本单元中过量吸磷。

由此可以看出，MSBR 系统实质上是 A^2/O 工艺与 SBR 系统串联而成。

2. 设计计算

MSBR 具有生物脱氮除磷功能，其设计参数主要根据废水处理对脱氮除磷的要求来确定，主要进行生物除磷时，其设计泥龄应较短，而以生物脱氮为主时应采用较长的设计泥龄。MSBR 的设计泥龄一般控制在 7～20d。

MSBR 的平均设计混合液污泥浓度 MLSS 为 2200～3000mg/L，氮设计供氧量往往按能满足 MLSS 为 4000～5000mg/L 的需要进行计算。这样在设计 MLSS 较低（即 $F:M$ 值较高）的情况下系统都能满足要求，一般在 MLSS 较高（$F:M$ 值较低，而泥龄较长）时更容易达到要求的出水水质指标。水力停留时间与进水水质和处理要求有关，一般为 12～14h。MSBR 工艺的单池规模最大可达 $5 \times 10^4 \mathrm{m^3/d}$，超过此规模宜进行再分组。

MSBR 工艺池深可选择的范围较大，为 3.50～6.00m，对于缺氧池和厌氧池还可以加大池深达 8.00m 左右，以充分节约用地。

MSBR 工艺的混合液回流和活性污泥回流比为（1.3～1.5）Q，浓缩污泥回流量为（0.3～0.5）Q。

（五） DAT-IAT

1. 工艺概述

DAT-IAT 工艺（demand aeration tank-intermittent aeration tank）是一种连续进水的 SBR 工艺。

DAT-IAT 工艺同时具有 SBR 工艺和传统活性污泥法的优点：它与经典 SBR 工艺一样是间歇曝气的，可以根据原水水质水量的变化调整运行周期，使之处于最佳工况，也可以根据脱氮除磷的要求，调整曝气时间，形成缺氧或厌氧环境；同时，它又像普通活性污泥法一样连续进水，避免了控制进水的麻烦，提高了反应池的容积利用率。对于曝气池和二沉池合建的废水处理构筑物，在保证沉淀分离效果的前提下尽可能提高曝气容积比，可以减小池容，降低基建投资。与其他工艺相比，DAT-IAT 工艺的曝气容积比是最高的，达到 66.7%，而 T 型氧化沟是 40%～50%，经典 SBR 反应池一般为 50%～60%，可以说，DAT-IAT 工艺是一种节省基建投资的工艺。

2. 设计计算

DAT-IAT 工艺目前尚没有统一的设计方法和设计标准，设计前，最好通过实验确定相应的参数。反应池池容设计有以下计算要点。

① 与同时连续进水的 ICEAS 工艺比较，DAT-IAT 工艺的最大特点是反应池等分为 DAT 和 IAT，它们互相连通，水位一同升降，但混合液浓度不同，IAT 为 0.2～0.3m，作为对实际污泥沉降距离小于计算污泥沉降距离的补偿。

② DAT 池连续进水、连续曝气、连续出水，出水经配水导流墙流入 IAT 池。DAT 池的溶解氧应控制在 1.5～2.5mg/L。

IAT 池连续进水，曝气、沉淀、滗水三个阶段循环进行，每个阶段 1h，工作周期 3h。从曝气开始后 5min 至沉淀结束前 5min，污泥回流泵工作，进行混合液回流，回流比 1:200。曝气开始后 13min 至曝气结束前 20min，系统进行排泥。

③ DAT 的污泥浓度决定于回流比，污泥回流比取 300%～400% 为宜。

第二节　氧化沟法

一、原理和功能

（一）氧化沟技术特征

1. 氧化沟技术的发展

氧化沟是一种改良的活性污泥法，其曝气池呈封闭的沟渠形，污水和活性污泥混合液在其中循环流动，因此被称为"氧化沟"，又称"环行曝气池"。早在 1920 年，在英国谢菲尔德（Sheffield）首次建成氧化沟，采用桨板式曝气机，曝气效果不理想。该处理厂被认为是现代氧化沟的先驱。1925年可森尔（Kessener）开始研制转刷曝气机，被称为"可森尔转刷"。巴司维尔（Pasveer）于1954年将可森尔转刷用在荷兰Voorschoten的氧化沟中。从此以后才有"氧化沟"这一专用术语。笼形转刷是可森尔转刷的改进型。受当时曝气设备的限制，上述曝气设备的氧化沟设计的有效水深一般在1.5m以下。随着氧化沟技术的应用，氧化沟占地面积大的缺点越来越突出。

为了弥补转刷式氧化沟的技术弱点，20世纪60年代末在DHV有限公司供职的工程师将立式低速表曝机应用于氧化沟，将设备安装于中心隔墙的末端，利用表曝机产生的径流作动力，推动氧化沟中的液体。这一工艺被称为卡鲁塞尔（Carrousel）氧化沟，卡鲁塞尔氧化沟的沟深加大到4.5m以上。1968年在荷兰Oosterwolde首次应用获得成功。

Huisman于1970年在南非开发了使用转盘曝气机的Orbal氧化沟。但在此期间，生产中应用最多的还是转刷曝气氧化沟。在德国开发了大马氏（Mammoth型）曝气转刷，直径为1000mm，氧化沟允许水深3～3.6m，充氧能力有较大提高。大马氏转刷首次使用在维也纳Blumenthal的氧化沟污水处理厂。

自巴司维尔设计第一座氧化沟至今，早期氧化沟是间歇运行，无二沉池；氧化沟直到20世纪60年代开始才单独建造二次沉淀池，并采用连续流运行方式。近年来，随着控制仪表的发展以及生物脱氮工艺的需要，转刷型氧化沟又发展成双沟和三沟交替式运行方式，可以不用单独设置二次沉淀池。

2. 采用的处理流程

典型的氧化沟处理流程和基本构成如图1-6-25所示。

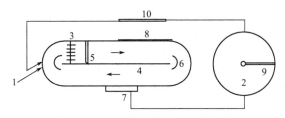

图 1-6-25　氧化沟构造和工艺流程

1—进水；2—沉淀池；3—转刷；4—中心墙；5—导流板；6—导流墙；
7—出水堰；8—边壁；9—刮泥机；10—回流污泥

3. 氧化沟的工艺特点

（1）结合了推流和完全混合两种流态

废水进入氧化沟后，在曝气设备的作用下快速、均匀地与沟中活性污泥混合液混合。混合后在封闭的沟渠中循环流动。如考虑水流在沟渠中的流速为0.25～0.35m/s，氧化沟的总长为90～600m，则完成一个循环所需时间为5～20min。由于废水在氧化沟中的水力停留时间多为10～24h，由此可以推算，废水在该水力停留时间内要完成30～200次循环。氧化沟在短时间内（如在一个循环中）呈现推流式，而在长时间内（如在多次循环中）则呈现完全混合特征，推流和完全混合两种流态的结合可减小短流，使进水被数十倍甚至数百倍的循环水所稀释，从而提高了氧化沟系统的缓冲能力。

（2）氧化沟内明显的溶解氧浓度梯度使之具有脱氮功能

氧化沟的曝气装置一般是定位布置的，因此在曝气装置下游混合液的溶解氧浓度较高，随着水流沿沟长的流动，溶解氧浓度逐步下降，在某些位置溶解氧的浓度甚至可降至零，出现明显的溶解氧浓度梯度。图 1-6-26 所示为普通氧化沟内脱氮功能示意，图中表示出氧化沟出现缺氧区的位置。利用氧化沟中溶解氧的浓度变化以及存在好氧区和缺氧区的特性，氧化沟工艺可以在同一构筑物中实现硝化和反硝化，这样不仅可以利用硝酸盐中的氧，需氧量可节省 10%～25%，而且通过反硝化恢复了硝化过程消耗的部分碱度，有利于节约能源和减少化学药剂的用量。

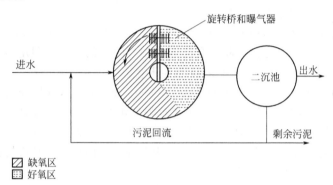

图 1-6-26　普通氧化沟脱氮功能示意

（3）氧化沟的整体体积功率密度较低

水流在氧化沟中循环仅需要克服沟的沿程损失和局部损失，而这两部分的水头损失通常很小。因此，氧化沟中的混合液一旦被推动即可使液体在沟内循环流动。一定的循环流速可以防止混合液中的悬浮固体沉淀，同时充入混合液中的溶解氧随水流流动也加强了氧的传递。此外，由于氧化沟中的曝气设备是集中布置在几处，所以，氧化沟可在比其他系统低得多的整体功率密度下保持液体流动、固体悬浮和充氧，降低了能量的消耗。当污泥固体在非曝气区逐步下沉到沟底部时，随着水流输送到曝气区，在曝气区高功率密度的作用下，又可被重新搅拌悬浮起来，这样的过程对于污泥吸附进水中的非溶解性物质很有益处。当氧化沟被设计为具有脱氮功能时，节能的效果是很明显的。据国外的一些研究报道，氧化沟比常规的活性污泥法能耗降低 20%～30%。

在传统的活性污泥法中，曝气的功率密度一般为 20～30W·h/m³，而氧化沟曝气区的功率密度通常可达 100～210W·h/m³，平均速度梯度 $G>100s^{-1}$。这样高的功率密度可加速液面的更新，促进氧的传递，同时提高了混合液中泥水的混合程度，有利于充分切割絮凝的污泥，也利于污泥的再絮凝。

（4）流程简单

氧化沟工艺处理城市废水时可不设初沉池，悬浮状的有机物可在氧化沟内得到部分稳定，这比设立单独的初沉池再进行单独的污泥稳定要经济。由于氧化沟的泥龄较长，其废弃污泥量少于一般活性污泥法产生的污泥量，而且氧化沟排放的废弃污泥已在沟内得到一定程度的稳定，因此一般可不设污泥消化处理装置。但原废水应先经过粗细格栅及沉砂池的预处理，以防止无机沉渣在沟中的沉淀积累。

视具体的沟型而定，二沉池可与氧化沟分建也可与氧化沟合建。合建的氧化沟系统可省去单独的二沉池和污泥回流部分，使处理构筑物的布置更加紧凑。另外，氧化沟工艺也可与不同的工艺单元操作过程相结合，如氧化沟前增加厌氧池可增加和提高系统的除磷功能，也可将氧化沟作为 AB 法的 B 段，提高处理系统的整体负荷，改善和提高出水水质。氧化沟工艺的流程简单，运行操作的灵活性比较强。

（5）处理效果稳定，出水水质好

氧化沟工艺在有机物和悬浮物去除方面，有比传统活性污泥法更好且更稳定的效果。

（6）基建、运行费用低

美国 EPA 公布的数据表明，考察基建费用时，如仅去除 BOD_5 时，则氧化沟基建费用与传统生物处理工艺大致相当；当需考虑氨氮的硝化时，氧化沟处理厂所需基建费用基本不变，而活性污泥法处理厂的基建费用则要显著增加；当需考虑脱氮时，氧化沟基建费用明显低于传统生物处理工艺。

国内大量工程实践表明，在 $10 \times 10^4 \, m^3/d$ 规模以下，氧化沟的基建费用明显低于普通活性污泥法、A/O 法及 A^2/O 法等工艺，对于规模为 $5 \times 10^4 \sim 10 \times 10^4 \, m^3/d$ 的污水厂，氧化沟的基建费用通常要低 $10\% \sim 15\%$，规模越小，采用氧化沟越有利，但当污水厂规模超过 $10 \times 10^4 \, m^3/d$ 时，氧化沟与其他工艺的投资越来越接近，当污水厂规模增大到 $15 \times 10^4 \sim 20 \times 10^4 \, m^3/d$ 以上时，氧化沟工艺的基建投资将超过传统工艺。另一方面，运行费用随污水厂规模的变化也有类似的规律。规模小的污水厂，氧化沟工艺低于其他传统工艺，规模大的污水厂，氧化沟工艺高于其他传统工艺。因此，氧化沟一般适用于中小型污水处理厂，在大型污水厂中应用一定要慎重，需要进行认真的分析比较，氧化沟工艺确实有利时才宜采用。

4. 氧化沟的技术特点

（1）构造形式的多样性

基本型式的氧气沟，其曝气池呈封闭的沟渠形（传统氧化沟），而沟渠的形状和构造则多种多样。沟渠可以呈圆形和椭圆形等形状，可以是单沟或多沟，多沟系统可以是一组同心的互相连通的沟渠（如 Orbal 氧化沟），也可以是一组互相平行、尺寸相同的沟渠（如三沟式氧化沟），有与二次沉淀池分建的氧化沟，也有合建的氧化沟。合建氧化沟又有体内式船型沉淀池和体外式侧沟式沉淀池的氧化沟。多种多样的构造形式，赋予氧化沟灵活机动的运行方式，并且组合其他工艺单元，以满足不同的出水水质要求。

（2）氧化沟曝气设备的多样性

常用的曝气装置有转刷、转盘、表面曝气和射流曝气等。不同的曝气装置导致了不同的氧化沟型式，如采用表曝机的卡鲁塞尔氧化沟，采用射流曝气氧化沟。从氧化沟技术发展的历史来看，氧化沟技术的发展与高效曝气设备的发展是密切相关的。氧化沟曝气设备的发展，在一定程度上反映了氧化沟工艺的发展。国内外的实践证明，新的曝气设备的开发和应用，就意味着一种新的氧化沟工艺的诞生。

目前，大多数氧化沟工艺与其拥有的专利和设备密切相关，并且与各厂商的注册商标相联系。如卡鲁塞尔、奥贝尔和三沟式氧化沟等，都有各自的一些特色。

（3）曝气强度的可调节性

氧化沟的曝气强度可以调节，其一是通过出水溢流堰调节堰的高度改变沟渠内水深，进而改变曝气装置的淹没深度，改变氧量适应运行的需要。淹没深度的变化对于曝气设备的推动力也会产生影响，从而也可对水流流速起一定调节作用。其二是通过曝气器的转速进行调节，从而可以调整曝气强度和推动力。荷兰 DHV 公司新开发的双叶轮曝气机是上部为曝气叶轮，下部为水下推进叶轮，采用同一电机和减速机驱动。双叶轮曝气机的动力调节范围为 $15\% \sim 100\%$。丹麦 Gruger 公司新开发的双速电机，可使转刷达到混合和曝气的双重功能。当转刷低速运转时，可仅仅保持池中污泥悬浮状态，处于反硝化阶段。

5. 氧化沟的水力特性分析

氧化沟有别于其他生物处理系统的重要原因之一，就在于它具有独特的水力学特性。根据氧化沟内的水力混合条件，采取一些适当的辅助措施，保证沟内的良好混合状态，这在理论和工程实践上都具有十分重要的意义。氧化沟中的流动较为复杂，除受到卧式（立式）表面曝气转刷的推动外，还受到氧化沟沿程阻力及弯道局部阻力的作用。

（1）沿程水头损失

氧化沟可使用明渠水力学来进行分析。对某个给定的氧化沟，通过的流量（Q）需要考虑循环量，同时控制断面的平均流速 $v>0.3$m/s，则氧化沟的沿程摩阻损失（h_f）即可确定。采用明渠均匀流计算公式：

$$h_f = iL \tag{1-6-137}$$

式中，i 为水力坡度；L 为沟长，m。

（2）局部水头损失

氧化沟弯道的水力损失（h_b）可用局部阻力损失的表达式确定，即

$$h_b = \frac{f_e v^2}{2g} \tag{1-6-138}$$

式中，f_e 为弯道曲线的阻力系数；v 为沟的平均流速，m/s；g 为重力加速度，9.81m/s^2。

弯道曲线的阻力系数（f_e）是雷诺数、弯道半径与沟宽的比值、沟深与沟宽的比值以及弯道弧度的函数。在氧化沟中，弯道的水头损失占全部水头损失的 90% 以上，而影响的关键因素仍是沟的平均水平流速。对由多个导流板分隔弯道水头损失确定如下：

$$\frac{1}{h_b} = \frac{1}{h_{b1}} + \frac{1}{h_{b2}} + \cdots + \frac{1}{h_{bn}} \tag{1-6-139}$$

$$\frac{1}{f_e} = \frac{1}{f_{e1}} + \frac{1}{f_{e2}} + \cdots + \frac{1}{f_{en}} \tag{1-6-140}$$

式中，h_{b1}、h_{b2}、$\cdots$、h_{bn} 为 $n-1$ 个导流墙划分后的单个沟的水头损失，m；f_{e1}、f_{e2}、$\cdots$、f_{en} 为弯道内由 $n-1$ 个导流墙划分后每单个沟的阻力系数。

为了保证混合液在氧化沟内循环流动，氧化沟的曝气装置或其他水力推动装置必须克服沿程的和弯道的水头损失之和。即

$$h = \sum h_{fi} + \sum h_{bi} \tag{1-6-141}$$

（3）弯道水力坡降

在弯道中水流受到离心力作用，在弯道进口处，水面即开始形成横向水面坡度，最大横向水面坡度的断面位于弯道中点稍偏上游处。横向水面高差称为横向水面超高，其近似计算公式为：

$$\Delta Z = \frac{\alpha_0 v^2}{g R_0} B \tag{1-6-142}$$

式中，ΔZ 为横向水面超高，m；α_0 为校正系数，一般取 1.01~1.1；v 为断面平均流速，m/s；B 为水面宽度，m；R_0 为弯道轴线曲率半径，m。

弯道横向水面除受离心力影响升高 ΔZ 外，还因弯道前的直段水流的惯性作用而顶撞凹壁，顶冲水流的部分动能转化为位能而使水面升高 $\Delta Z'$，因此横向水面的总超高等于离心力超高与顶冲超高之和。在设计弯道边墙高度和超高值时需要考虑以上因素。

6. 氧化沟水力流动情况分析

（1）转刷所在直线段

在曝气转刷转动的带动下，氧化沟内的混合液被加速，增加了液体的动能。在直线段的流动中混合液流将势能转化为动能，在水位降低的过程中流速迅速增大。同时，在液流向前推进的过程中进行流速的均布，将上部的高速液流均布到中部和底部。但是在氧化沟深度较大的情况下，需要较长的直段来完成流速均布。所以在转刷后的一段直线段底部会成为污泥沉积的危险地带。

（2）没有转刷的直线段

在这一直线段中，液流仍然不断进行流速的均布。另外，由于前部水流刚经过弯道，紊动剧烈。水流在直段流动过程中逐渐趋于均匀稳定。同一横断面的水流在不同水深处流速逐渐趋于相同，外壁与内壁之间的流速梯度越来越小。一般受到氧化沟长度的限制，流速难以得到完全均衡，在不同水深依然存在着一定的流速梯度。同时，由于氧化沟沿程的能量损失，氧化沟内的水流速度不断降低。

（3）弯道水力情况

直线段的水流在弯道上发生冲撞后，大部分的表面高速液流在离心力、惯性力和弯道壁的导流作用下沿弯道外壁向底部扩散，形成弯道越靠外壁流速越大，内壁则呈停滞回旋状态（图 1-6-27）。当表面流速较高而底部流速较低的混合液流进入 180° 弯道后，还会产生二次流，表现为外侧水流由水面流向内侧底部，内侧水流由底部流向外侧表面，在明渠横断面上形成了环流。断面环流与水流纵向运动综合的结果，形成了螺旋流（图 1-6-28）。流动造成了弯道外侧显著冲刷和内侧污泥沉积，这时也有必要采用导流墙使水流平稳转弯，以维持一定的流速。

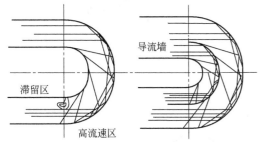

图 1-6-27 设导流墙前后弯道流线分析

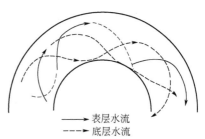

图 1-6-28 弯道表面、底层流线分析

7. 导流板和导流墙的设置

为了保持氧化沟内具有污泥不沉积的流速，减少能量损失，需设置导流墙与导流板。一般在氧化沟转折处设置导流墙，使水流平稳转弯并维持一定流速。由于氧化沟中分隔内侧沟的弧度半径变化较快，其阻力系数也较高，为了平衡各分隔弯道间的流量，导流板可在弯道内偏置。导流墙应设于偏向弯道的内侧，以使较多的水流向内汇集，避免弯道出口靠中心隔墙一侧流速过低，造成回水，引起污泥下沉。设置导流墙则有利于水流平稳转弯，减少回水产生。

另外，距转刷之后一定距离内，在水面以下设置导流板，使水流在横断面内分布均匀，增加水下流速。通常在曝气转刷上、下游设置导流板，目的是使表面较高流速转入池底，提高传氧速率。上游导流板高 0.6m，垂直安装于曝气转刷上游 2~5m 处。下游的导流板通常设置于曝气转刷下游 2~2.6m 处，与水平呈 60° 角倾斜放置，顶部在水面下 150mm。其目的是使刚刚经过充氧，并受到曝气转刷推动的表面高速水流转向下部，改善溶解氧浓度和流速在垂直方向上的分布，促进中、上层水流和下层水流的垂直混合，从而降低沟内表面和底部的流速差。

（二）氧化沟的类型

1. 不同类型的氧化沟

氧化沟介于完全混合与推流之间，但主体属于完全混合态，并不需要初沉池的延时曝气，其结构形式采用环形沟渠，混合液在氧化沟曝气器的推动下作水平流动。氧化沟系统主要有以下种类：单沟式转刷和转盘曝气系统、交替式多沟式氧化沟、射流曝气氧化沟、表曝系统氧化沟、一体化氧化沟等。氧化沟一般由沟体、曝气设备、进水分配井、出水溢流堰和导流装置等部分组成。

对于具有稳定污泥功能的氧化沟，在污泥处理部分，可不设污泥消化池。氧化沟与活性污泥工艺相比的主要优点是废水处理过程与污泥稳定化阶段相结合，并且简化了运行操作。流程中的沉淀池可与氧化沟分建，也可与其合建。

如同活性污泥法一样，自从第一座氧化沟问世以来，演变出了许多变型工艺方法和设备。氧化沟根据其构造和运行特征，并根据不同的发明者和专利情况可分为以下几种有代表性的类型。

① 卡鲁塞尔氧化沟见图 1-6-29。

② 交替工作式氧化沟见图 1-6-30。

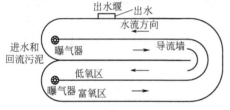

图 1-6-29 卡鲁塞尔氧化沟

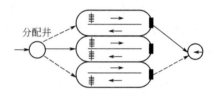

图 1-6-30 三沟式（T型）交替式氧化沟

③ Orbal 氧化沟见图 1-6-31。

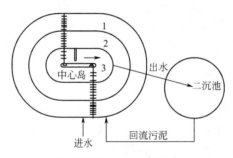

图 1-6-31 Orbal 氧化沟

④ 其他类型氧化沟，如一体化氧化沟、射流曝气（JAC）系统、U 形化沟和采用微孔曝气的逆流氧化沟等。

2. 氧化沟的命名

本书对氧化沟进行分类，其命名规律如下。

① 根据采用的曝气设备命名，如将采用立式表曝机曝气的氧化沟命名为表曝系统氧化沟，将采用射流曝气的氧化沟命名为射流曝气氧化沟等。

② 根据运行和氧化沟的主要特点方式命名，例如将目前的双沟氧化沟和三沟式氧化沟命名为交替（工作）式氧化沟，将沉淀设备在氧化沟内的氧化沟命名为一体化氧化沟等。

③ 在引进项目上直接采用原名，如奥贝尔氧化沟、卡鲁塞尔氧化沟等。

3. 采用立式表曝机的氧化沟

（1）表曝系统氧化沟的应用

这一类型氧化沟的典型代表是卡鲁塞尔氧化沟，当时开发这一工艺的主要目的是寻求一种渠道更深、效率更高和机械性能更好的系统设备，来改善和弥补当时流行的转刷式氧化沟的技术弱点，其构造见图 1-6-32。

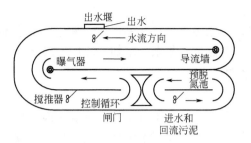

图 1-6-32 卡鲁塞尔 2000 型氧化沟工作原理

氧化沟采用垂直安装的低速表面曝气器，每组沟渠安装一个，均安设在一端，因此形成了靠近曝气器下游的富氧区和曝气器上游以及外环的缺氧区。这不仅有利于生物凝聚，还使活性污泥易于沉淀。BOD 去除率可达 95%～99%，脱氮效率约为 90%，除磷效率约为 50%。

（2）工艺的特点

表曝系统氧化沟的技术特点如下：

① 立式曝气机单机功率大（可达 150kW），调节性能好，节能效果显著；

② 有极强的混合搅拌与耐冲击负荷能力；

③ 曝气功率密度大，平均传氧效率达到至少 2.1kg/(kW·h)；

④ 氧化沟沟深加大，达到 5.0m 以上，使氧化沟占地面积减小，土建费用降低。

（3）卡鲁塞尔氧化沟的发展

为满足越来越严格的水质排放标准，卡鲁塞尔氧化沟已在原有的基础上开发出新的设计，实现了新的功能。这些新的卡鲁塞尔氧化沟在提高处理效率、降低运行能耗、改进活性污泥性能和生物脱磷脱氮等方面成为新沟型。以下将对这些演变和新工艺作一简介。

① 单级标准卡鲁塞尔工艺和变形 单级标准卡鲁塞尔工艺设计适用于 BOD 去除、氨氮去除以及延时曝气等场合。有缺氧段的卡鲁塞尔工艺，可在单一池内实现部分反硝化作用，适用于有反硝化要求但要求不高的场合。

卡鲁塞尔 AC 工艺是在标准型的氧化沟上游加设厌氧池，可提高活性污泥的沉降性能，有效抑制活性污泥膨胀，同时为生物脱磷提供了先进行磷的释放、后进行磷的过度吸收的场所。

以上两种工艺一般用于现有氧化沟的改造，与标准的卡鲁塞尔工艺相比变动不大，相当于传统活性污泥工艺的 A/O 和 A^2/O 工艺。

② 卡鲁塞尔 DenitIR/卡鲁塞尔 2000 工艺 这是一种反硝化脱氮工艺。通过设在曝气机周围的侧向导流渠，可充分利用氧化沟原有的渠道流速，在不增加任何回流提升动力的情况下，将相当于 400% 进水流量以上的硝化液回流到前置缺氧池与原水混合并进行反硝化反应。

卡鲁塞尔 DenitIR/卡鲁塞尔 2000 系统保留了反硝化过程的一切优点，包括可恢复硝化阶段约 50% 的碱度，可利用缺氧条件去除部分 BOD 从而节省曝气能耗，以及改进活性污泥性能等。与其他反硝化工艺相比，最突出的优点是可实现硝化液的高回流比，达到较高程度总氮的去除，同时无需任何回流提升动力。对于较大规模的污水厂来说，采用卡鲁塞尔 DenitIR/卡鲁塞尔 2000 系统，节能的潜力是巨大的。在卡鲁塞尔 DenitIR/卡鲁塞尔 2000 的基础上后来又增加了前置缺氧池，以达到脱氮脱磷的目的，被称为卡鲁塞尔 DenitIRA^{2}C/卡鲁塞尔 2000 工艺。

③ 其他类型的卡鲁塞尔系统 四阶段卡鲁塞尔 Bardenpho 系统在卡鲁塞尔 DenitIR/卡鲁塞尔 2000 系统下游加了第二缺氧池及再曝气池，实现更高程度脱氮。五阶段卡鲁塞尔 Bardenpho 系统在卡鲁塞尔 DenitIRA^{2}C/卡鲁塞尔 2000 系统的下游增加了第二缺氧池及再

曝气池，同样可达此目的。

随着对环境要求严格，去除污染物目标的增加，氧化沟工艺流程也变得越来越复杂。用于脱磷脱氮的卡鲁塞尔工艺有点过于复杂，增加了应用的局限性。

4. 交替工作式氧化沟

（1）交替式氧化沟的发展

在 20 世纪 60 年代初，丹麦从荷兰引进了第一座氧化沟。其后在开发造价低、易于维护的交替式氧化沟处理污水技术方面，积累了大量的经验和运行数据。目前丹麦有三百多座氧化沟，占全国生化处理厂总数的 40%，而 Kurger 公司开发的 D 型氧化沟已占丹麦氧化沟总数的 80%。在丹麦最初使用的交替式氧化沟被命名为 A（单沟）型和 D（双沟）型，其后又发展了 VR 型氧化沟和 T 型（三沟式）氧化沟等技术。这一类的氧化沟主要为去除 BOD，如果要同时脱磷脱氮，对于单沟和双沟氧化沟就要在氧化沟前后分别增设厌氧池和沉淀池，即 AE 型或 DE 型氧化沟，而三沟式氧化沟脱磷脱氮可以在同一反应器内完成。

由于双沟式设备闲置率高（<50%），该公司从占领发展中国家市场考虑又开发了三沟式（T 型）氧化沟，从而将设备利用率提高到 58%，而后发展的动态顺序沉淀（DSS）氧化沟的设备利用率为 70%。表 1-6-3 是对丹麦 8 座污水厂的运行数据的监测结果。

表 1-6-3　丹麦 8 座污水厂运行数据的监测结果

污水厂	规模人口当量	BOD_5/(mg/L)	SS/(mg/L)	TN/(mg/L)	NH_4^+-N/(mg/L)
Mr,Broby	5000	10	15	6.9	1.6
Ringsgard	2000	5	9	7.3	1.1
Gelsted	2500	4	12	6.4	0.4
Ryslinge	3000	6	14	5.3	0.3
Kvarndrup	3000	13	34	6.0	0.6
Sdr,Nara	3000	7	8	7.3	1.0
Gislev	1000	10	8	7.8	4.7
Brylle	500	8	7	10.4	2.4

值得一提的是，这些简单的氧化沟系统没有单独设置反硝化区，但由于运行过程中设置了停曝期来进行反硝化，从而获得较高的氮去除率。生物脱氮（BioDenitro）氧化沟工艺原理见图 1-6-33，脱氮处理效果见表 1-6-4。

表 1-6-4　脱氮处理效果

污水厂名称	规模人口当量	进水/(mg/L)		出水/(mg/L)	
		BOD_5	TN	TN	NH_4^+-N
Bording	6000	138	31	—	0.6
Engesvang	5000	152	33	—	0.4
Fiskbak	4000	280	37	8.2	1.0
Karup	10000	154	23	7.6	0.4
Skala	4000	116	25	11.8	0.9
Odense NV	85000	238	40	7.6	1.4
Nr. Aby	13000	206	25	4.0	1.0
Vejby	2000	103	16	7.5	0.9
Søholt	105000	197	30	8.3	2.1
Fr. Sund	33000	300	36	3.5	0.5

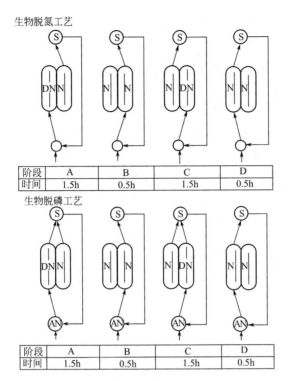

图 1-6-33　生物脱氮（BioDenitro）氧化沟工艺原理
（交替式氧化沟生物脱磷脱氮工作状态）

N—好氧状态；DN—脱氮处理；AN—厌氧预处理；S—沉淀；A、B、C、D—运行状态

（2）三沟式氧化沟

三沟式氧化沟是 Gruger 公司开发的生物脱氮的新工艺。此系统由三个相同的氧化沟组建在一起作为一个单元运行，三个氧化沟之间相互双双连通，两侧氧化沟可起曝气和沉淀双重作用。每个池都配有可供污水和环流（混合）的转刷，每池的进口均与经格栅和沉砂池处理的出水通过配水井相连接。进水的分配和出水调节堰完全靠自控装置控制。除了其交替式工作方式和结构特点外，正如前面多次强调过的，氧化沟的发展往往是与其曝气设备密切关联的。三沟式氧化沟有两种工作方式：一是去除 BOD；二是生物脱氮。三沟式氧化沟的脱氮是通过新开发的双速电机来实现的，曝气转刷能起到混合器和曝气器的双重功能。当处于反硝化阶段时，转刷低速运转，仅仅保持池中污泥悬浮，而池内处于缺氧状态。好氧和缺氧阶段完全可由转刷转速的改变进行自动控制。传统去除 BOD 的运行方式见图 1-6-34，生物脱氮运行方式也可参见表 1-6-5。

（3）三沟式氧化沟的设计

考虑到三沟式氧化沟有一条边沟总是作为沉淀池来使用，需要引进三沟式氧化沟参与工艺反应（硝化、反硝化）的有效性系数（f_a）。f_a 为一个周期内以参与反应时间为权的污泥浓度与以一个周期各个停留时间为权的污泥浓度之比，并且假设三沟是等体积的，则

$$f_a = \frac{X_{s1}t_{s1} + X_m t_m + X_{s2}t_{s1}}{X_{s1}t_s + X_m t_m + X_{s2}t_s} \tag{1-6-143}$$

式中，X_{s1}、X_{s2} 分别为边沟的平均 MLSS 浓度；X_m 为中沟的平均 MLSS 浓度；t_s 为边沟一个周期的时间；t_{s1} 为边沟一个周期内的工作时间；t_m 为中沟在半个周期内的工作时间。

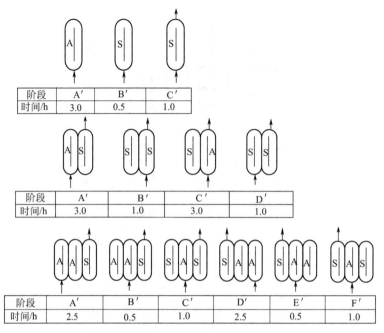

阶段	A′	B′	C′
时间/h	3.0	0.5	1.0

阶段	A′	B′	C′	D′
时间/h	3.0	1.0	3.0	1.0

阶段	A′	B′	C′	D′	E′	F′
时间/h	2.5	0.5	1.0	2.5	0.5	1.0

图 1-6-34　传统去除 BOD 的运行方式（单沟、双沟）和同时
脱氮的三沟氧化沟运行周期

A—曝气；S—沉淀；A′、B′、C′、D′、E′、F′—运行状态

表 1-6-5　三沟式氧化沟生物脱氮运行方式

运行阶段	A			B			C			D			E			F		
沟别	Ⅰ沟	Ⅱ沟	Ⅲ沟	Ⅰ沟	Ⅱ沟	Ⅲ沟	Ⅰ沟	Ⅱ沟	Ⅲ沟	Ⅰ沟	Ⅱ沟	Ⅲ沟	Ⅰ沟	Ⅱ沟	Ⅲ沟	Ⅰ沟	Ⅱ沟	Ⅲ沟
各沟状态	反硝化	硝化	沉淀	硝化	硝化	沉淀	沉淀	硝化	沉淀	沉淀	硝化	反硝化	沉淀	硝化	硝化	沉淀	硝化	沉淀
延续时间	2.5h			0.5h			1h			2.5h			0.5h			1h		

假设污泥在氧化沟内分布均匀，则

$$f_a = \frac{Xt_{s1} + Xt_m + Xt_{s1}}{Xt} = \frac{2t_{s1} + t_m}{t} \tag{1-6-144}$$

式中，X 为系统内平均 MLSS 浓度；t 为三个沟在一个周期的总停留时间（包括沉淀）之和。

所以根据选择的运行周期确定有效性系数（f_a），由 f_a 计算氧化沟的总污泥量（$(VX)_T$）：

$$(VX)_T = [(XV) + (VX)_{dn}]/f_a \tag{1-6-145}$$

式中，XV 为硝化污泥量；$(VX)_{dn}$ 为反硝化污泥量。

由选择的污泥浓度确定三沟式氧化沟的总容积

$$V_T = \frac{(XV)_T}{f_a X} \tag{1-6-146}$$

提高容积和设备利用率的方法是在三沟式氧化沟的设计中扩大中沟的比例，中沟的容积可占 50%～70%或更多，单个边沟的容积占 30%～50%。在边沟较小时，需要校核其沉淀功能可否满足。中沟可采用加大的池子或做成等体积的两个沟。这时式（1-6-143）可采用下面的修正式：

$$f_a = \frac{X_{s1}V_{s1}f + X_m V_m + X_{s2}V_{s1}f}{X_{s1}V_s + X_m V_m + X_{s2}V_s} \tag{1-6-147}$$

式中，f 为边沟反应时间与一个周期时间比值；V_s 为边沟的体积；V_{s1} 为设计后边沟的体积；V_m 为中沟的体积。

如果采用 50% 和 70% 的数据，则可以得出 f_a 分别为 0.69 和 0.80，从而使设备的利用率和污泥分布均匀性提高。

5. 奥贝尔（Orbal）氧化沟

（1）奥贝尔氧化沟概述

奥贝尔氧化沟是一种多级氧化沟，沟中安有水平旋转装置的曝气转盘，用来充氧和混合。该方法事实上是南非的 Huisman 设计和开发的。后来该设计技术被转让给美国的 Envirex 公司。随后在美国对该技术做了一些更改，使该系统从经济上更有竞争力。

奥贝尔氧化沟有两个特点，其一是采用曝气盘。由于曝气盘上有大量的曝气孔和三角形凸出物，用以充氧和推进混合液，盘片尽管很薄（盘厚 12.5mm），但具有良好的混合功能。在设计中可以采用较深的氧化沟（3.5~4.5m），同时可以借助配置在各槽中曝气盘数目的不同，变化输入每一槽的供氧量。其二是其反应器的型式为独特的同心圆型的多沟槽系统（图 1-6-31），因为几个串连的完全混合槽与单槽的动力学是不同的。奥贝尔系统中的每一圆形沟渠均表现出单个反应器的特性，例如，对氧的吸收率进水槽最高，最后一槽最低，槽与槽之间有相当大的变化。用这种方法，奥贝尔系统具有接近推流反应器的特性，可以达到快速去除有机物和氨氮的效果。

（2）奥贝尔氧化沟的分区

尽管在奥贝尔氧化沟中进水很快地在单个反应器内通过扩散分布全池，但还不是真正的完全混合系统。实际上在氧化沟系统中流态呈现出推流式的环流。完全混合程度取决于氧化沟的设计。当环流数低时系统的特性将与推流反应器相似。对停留时间长的氧化沟，流体质点可在沟中循环 500 圈以上。而对一座沟槽展开较长的大型氧化沟来说，同样在 0.3m/s 流速下，循环则较少。

在康科迪亚（Concordia）的运转数据表明，大部分 BOD 和氨氮在氧化沟的第一槽（Work channel）里被氧化，所有的反硝化反应都在此发生。除非整个系统明显过量曝气，即使在负荷条件变化的情况下，槽中溶解氧浓度几乎接近于零（<0.4mg/L）。第二槽（Swing channel）中，溶解氧浓度呈波动状态。康科迪亚的数据表明，溶解氧浓度在 0.2~2.8mg/L 范围内变化，这种情况是因负荷变化的关系。在第一槽中，曝气盘数目是固定的，BOD 和氨氮去除量也是一定的，所以过量的负荷可能进入下一槽。负荷的变化导致了工艺中氧化作用的位置转移到第二槽。第三槽（Polishing channel）进水的负荷是变化的，在最后一槽中的平均溶解氧浓度为 4.0mg/L，从未低于 2.3mg/L。这说明有大量的溶解氧可带入二沉池，从而可防止氨氮和溶解性 BOD 进入出水中。

奥贝尔氧化沟溶解氧的浓度是分级的，当第一槽的溶解氧浓度上升到 0.5mg/L 时，应稍稍降低整个系统的充氧率；而当第三槽的溶解氧浓度低于 1.5mg/L 时，应略微提高整个系统的充氧率。对于奥贝尔氧化沟可以简单地通过增减曝气盘的数量来达到调节溶解氧的目的。

（3）奥贝尔氧化沟的脱氮

在第一槽由于需提供足够的氧量与高的驱动力，所以是重点考虑的对象。在奥贝尔系统的第一槽中，混合液进入转盘曝气器时，溶解氧为零，而经曝气器出来的混合液中的溶解氧还是接近于零。这是因为混合液氧的吸收率高于供氧速率，供给的大部分溶解氧立即被消耗掉。在奥贝尔氧化沟的最后槽中，溶解氧浓度最高，但能量消耗并不显著，因为在这里氧的吸收率极低，所以仍可有十分高的溶解氧浓度。

奥贝尔系统的分区性对于达到高效硝化/反硝化是理想的。曝气盘运转的浸没深度通常可在 22.8～53.3cm 范围内变动。浸没深度在允许范围内昼夜变动。采用淹没式孔口和出水堰调节控制浸没深度。

尽管奥贝尔系统的充氧效率高，输入的氧量多，但在第一槽中，由于发生高度的生物氧化作用，导致溶解氧耗尽。在溶解氧耗尽的区域有硝化作用出现。因存在易利用的碳源，当由转盘输入的氧量减少时，在第一槽中硝酸盐将被反硝化。在缺氧区中，硝化率可超过 90%。白天出现氨氮高峰时，因为在其他槽中氧的吸收率低，氨氮达到完全的硝化，可以保持高效的硝化作用。

（4）奥贝尔氧化沟的特点

① 圆形或椭圆形的平面形状，渠道较长的氧化沟更能利用水流惯性，可节省推动水流的能耗；

② 多渠串联的型式可减少水流短路现象；

③ 用曝气转盘，氧利用率高，水深可达 3.5～4.5m，沟底流速为 0.3～0.9m/s。

（5）奥贝尔氧化沟的设计

奥贝尔典型设计参数是：MLSS＝3000～6000mg/L，沟深为 2.0～3.6m，为简化曝气设备，各沟沟深不超过沟宽。直线段尽可能短为宜，使沟宽处于最佳。弯曲部分占总体积的 80%～90%，甚至相等，有做成圆形的氧化沟。在三条沟的系统分配比例见表 1-6-6。

表 1-6-6　三沟系统

项目	分配比例
体积	50：33：17，一般第一沟占 50%～70%
溶解氧的控制	（0～0.5）：（1.0～1.5）：（1.5～3.0）
充氧量	65：25：10

曝气量与转速、浸没深度和转动方向有关。每个曝气盘的曝气能力是一定的，曝气盘的间距至少 250mm。确定了沟宽与每条沟的需氧量之后，就可以计算每台转盘的盘数，从而可以确定每条沟需要的台数。电机的型号和规格可由每台安装的盘数和盘转动效率计算。从混合角度讲 1.0kW 能混合 250～500m^3 的混合液，并使固体保持悬浮。

6. 一体化氧化沟

（1）一体化氧化沟的概念

一体化氧化沟又称为合建式氧化沟，是指集曝气、沉淀、泥水分离和污泥回流功能为一体，无需建造单独二沉池的氧化沟。最早的氧化沟也是一体化氧化沟，因为它是间歇运行，曝气和沉淀是利用一沟完成的。而近年来由丹麦引进的三沟（T 型及 DSS 型）氧化沟属于序批式（SBR）操作方式，也属于此范畴。但这里所指的是设有专门的固液分离装置和措施的氧化沟。这种工艺除一般氧化沟所具有的优点外，还有以下独特的优点：

① 工艺流程短，构筑物和设备少，不设初次沉淀池、调节池和单独的二次沉淀池；

② 污泥自动回流，投资少、能耗低、占地少、管理简便；

③ 造价低，建造快，设备事故率低，运行管理工作量少；

④ 固液分离效果比一般二次沉淀池高，使系统在较大的流量浓度范围内稳定运行。

一体化氧化沟技术开发至今迅速得到发展，并在实际生产中得到应用。较有代表性的是联合工业公司（Uited Industries Inc.）的船式沉淀器（BOAT），EIMCO 环境企业公司的 BMTS 系统，EIMCO 公司的 Carrousel 渠内分离器，Lakeside 设备公司的边墙分离器以及 Lightin 公司的导管式曝气内渠和边渠沉淀分离器，此外还有 Envirex 公司的竖直式氧化沟。

（2）固液分离器的原理

从本质上讲，外置式固液分离器是利用平流沉淀池的分离原理，而内置式则是利用竖流沉淀池和斜板沉淀池的工作原理，因此，如何在氧化沟内创造适合的水力条件是实现氧化沟内良好固液分离的前提。设计良好的分离器结构要有利于消除剧烈的紊动，保持较平稳的层流状态，有利于固液分离的良好效果。

以船形分离器的分离原理为例，其底部采用一系列均匀排列的倒 V 形板，保证了混合液的均匀进入和沉淀污泥的迅速回流。其底部开孔很多，水流上升速度缓慢，对污泥缓冲层及污泥回流影响较小。流态处于层流状态，这有利于大颗粒絮体的形成；形成的污泥颗粒絮体在不断上升的水流带动下穿过底部的开孔，在船形分离器的上方形成污泥悬浮层，不断上涌的混合液中污泥颗粒将被吸附，从而出水水质进一步提高。只有在污泥沉速大于混合液上升流速时，才能起到分离的作用。

① 内置式固液分离器　固液分离器是一体化氧化沟的关键技术设备。最为典型的是在氧化沟内设置沉淀装置的船式分离器和 BMTS 沟内分离器。这两种分离器横跨在整个沟断面上，氧化沟的混合液从其底部流过时，混合液向上流过分离器，当上升速度小于混合液上升速度时，进行固液分离，污泥自动回流到反应器中。固液分离器内相对静止的水流和氧化沟内流动水流间产生的压力差所形成的抽吸作用，是回流作用的主要推动力。但是这种分离装置受沟内流动条件的影响较大。

② 外置或分离式分离装置　如中心岛及侧沟内式固液分离器。这种沉淀装置沟断面和沟内的正常流动不受分离装置的影响，水力条件较好。

二、设备和装置

（一）氧化沟的构造

氧化沟由沟体、曝气设备、进出水装置、导流和混合装置和自动控制设备等部分组成。

（1）氧化沟沟体

氧化沟的工艺流程有多种形式。但主要有两种布置方式，即单沟式和多沟式。氧化沟一般呈环状沟渠形，也可以是长方形和圆形的，还有椭圆形、马蹄形、同心圆形、平行多渠道形和以侧渠作二沉池的合建形等。其四周池壁可以钢筋混凝土建造，也可以按土质挖成斜坡浇以 10cm 厚的素混凝土或三合土砌成，后者可使基建费用更为节省。氧化沟的断面形式有梯形、单侧梯形（其边坡通常采用 1∶1）和矩形等。氧化沟的单廊道宽度一般为水深的 2 倍，水深范围为 2~8m，取决于所采用的曝气设备。

（2）曝气设备

曝气设备是氧化沟的主要设备。

（3）进出水装置

进出水装置包括进水口、回流污泥口和出水溢流堰等。氧化沟的进水和回流污泥进入点应该在曝气器的上游，使它们与沟内混合液能立即混合。氧化沟的出水应该在曝气器的上游，并且离进水点和回流活性污泥点足够远，以避免短流。从沉淀池引出的回流污泥管可通至厌氧选择池或缺氧区，并根据运行情况调整回流污泥量。

当有两个以上的氧化沟平行工作时，氧化沟还应设进水分配井以保证均匀配水。

出水溢流堰通常制成升降式的，通过调节堰门高度来调节氧化沟内的水深，从而改变曝气机淹没深度，调解其充氧量并使之适应不同条件下的运行要求。为避免跑泥，出水溢流堰上的水深不宜大于 50mm。

（4）导流和混合装置

在有些形式的氧化沟内还设置导流板和导流墙。在弯道设置导流墙可以减少水头损失，防止弯道停滞区的产生和防止对弯道过度冲刷。通常在曝气转刷上下游设置导流板，保证氧化沟内良好的水流条件，得到最好的水力速度分布。导流板使表面的较高流速转入池底，降低混合液表面流速，提高传氧速率。同时为了保持沟内的流速，可以设置水下推进器。

（5）自动控制设备

自动控制设备一般有溶解氧控制系统、进水分配井、闸门和出水溢流堰的控制等。

为经济有效地运行，在氧化沟内的特定位置（如好氧区和缺氧区）应分别设置溶解氧探头，在好氧区内（BOD 去除和硝化）维持大于 2mg/L 的溶解氧，在缺氧区（反硝化）内维持小于 0.5mg/L 的溶解氧。根据各沟段的 DO 浓度来控制曝气装置的启停，以便在满足运行要求的前提下最大限度地节约动力消耗。

当采用交替工作的氧化沟时，配水井内应设自动控制阀门，按设计好的程序自动启闭各个进水孔。进水分配井中的闸门与出水溢流堰一样可以根据控制系统的程序设置自动启闭，以变换氧化沟内的水流方向。

（二）氧化沟的设备

1. 水平轴曝气转刷或转盘

（1）曝气设备的功能

水平轴曝气机包括曝气转刷和曝气转盘，是应用最广的一类氧化沟充氧设备，它充氧效率高、结构简单、安装维修方便。整个系统由电机、调速装置和主轴等组成，主轴上装有放射状的叶片或由两个半圆组成的盘片。采用曝气转刷时，曝气沟渠水深 2.5～3.5m。采用转盘时，曝气沟渠水深可达 3.5m 以上。氧化沟曝气设备的主要功能包括：a. 供氧；b. 推动水流做不停地循环流动；c. 防止活性污泥沉淀；d. 使有机物、微生物及氧三者充分混合、接触。

（2）曝气转刷

曝气转刷主要有可森尔转刷、笼型转刷和 Manmmoth 转刷三种，其他产品均是这三种的派生型。可森尔转刷的水平轴上装有许多放射性的钢片，动力效率可达 2.0kg O_2/(kW·h)。笼形转刷沿中心轴周围装有径向分布的 T 形钢或角钢，动力效率可达 2.5kg O_2/(kW·h)。采用上述两种转刷氧化沟设计水深一般在 1.5m 以下。

（3）转刷的布置和混合效果的校核

Mammoth 转刷是为增加单位长度的推动力和充氧能力而开发的。叶片通过彼此连接直接紧箍在水平轴上，沿圆周均布成一组，每组叶片之间有间隔，叶片沿轴长呈螺旋状分布。转刷直径主要有 0.7m 和 1.0m 两种，转速为 70～80r/min，浸没深度为 0.3m，目前最大有效长度可达 9.0m，充氧能力可达 8.0kg O_2/(m·h)，动力效率在 1.5～2.5kg O_2/(kW·h)。氧化沟水深为 3.5m。

表 1-6-7 是国内外一些生产厂家曝气转刷的参数，可供设计参考。

为提高转刷的充氧能力，转刷的上下游应根据具体情况设置导流板，如不设挡水板或压水板，转刷之间的距离宜为 40～50m。对于反硝化混合，通常用设置数台可调转速的转刷来完成。此时应校核低速转动时能否满足混合的功率要求，一般混合液功率输入应大于 10W/m³。如果不满足，可以设置一定数量的水下搅拌器来加强混合。

（4）曝气转盘

曝气转盘上有大量的曝气孔和三角形凸出物，用以充氧和推进混合液。盘片尽管很薄（盘厚 12.5mm），但具备良好的混合功能。两个盘片之间间距至少为 25mm，直径约 1400mm，厚 12.5mm，曝气孔直径 12.5mm。为了使盘片便于从轴上卸脱或重新组装，盘片由两个半圆断面构成。转盘的标准转速为 45～60r/min。如同转刷一样，转盘具有良好的

表 1-6-7　曝气转刷技术参数转刷直径

转刷直径/mm	规格		有效长度/mm	转速/(r/min)	电机功率/kW	叶片浸深/mm	动力效率/[kg O₂/(kW·h)]	充氧能力/(kg O₂/h)
700			1500	70	5.5	15～25	1.8	6
700			2500	70		15～25	1.8	10
700	双速	高速	3000	83～85	7.5	150～200	1.8	12
		低速					1.8	
	单速			83～85	7.5		1.8	12
700	双速	高速	4500	83～85	11	150～200	1.8	17.5
		低速					1.8	
	单速			83～85	11		1.8	17.5
700	双速	高速	6000	83～85	15	150～200	1.8	23
		低速					1.8	
	单速			83～85	15		1.8	23
1000	双速	高速	3000	72～74	13/16	200～300	1.8	24
		低速		48～50			1.8	10
	单速			72～74	15		1.8	24
1000	双速	高速	4500	72～74	18.5/22	200～300	1.8	35
		低速		48～50			1.8	15
	单速			72～74	22		1.8	35
1000	双速	高速	6000	72～74	22/28	200～300	1.8	46
		低速		48～50			1.8	21
	单速			72～74	30		1.8	46
1000	双速	高速	7500	72～74	26/32	200～300	1.8	56
		低速		48～50			1.8	28
	单速			72～74	37.5		1.8	56
1000	双速	高速	9000	72～74	30/45	200～300	1.8	74
		低速		48～50			1.8	35
	单速			72～74	45		1.8	74

氧传输效率，在标准条件下，可以达到 $1.86～2.10kg/(kW·h)$。曝气转盘的一个优点是可以借助配置在各槽中曝气盘数目的不同，变化输入每个槽的供氧量。

（5）曝气转盘的参数

表 1-6-8 是美国 Envirex 公司和国内厂家生产的单个曝气转盘的充氧特性，表 1-6-9 是国外生产厂家曝气转盘参数，可供设计参考。

表 1-6-8　美国 Envirex 公司和国内厂家生产的单个曝气转盘的充氧特性

转速/(r/min)	Envirex 公司数据					
	下　转[①]			上　转[②]		
	充氧能力/[kg O₂/(盘·h)]	制动/(kW/盘)	充氧能耗/[kg O₂/(kW·h)]	充氧能力/[kg O₂/(盘·h)]	制动/(kW/盘)	充氧能耗/[kg O₂/(kW·h)]
43	0.753	0.353	2.13	0.567	0.265	2.14
46	0.848	0.412	2.06	0.635	0.301	2.11
49	0.943	0.478	1.97	0.703	0.345	2.02

续表

Envirex公司数据						
转速/(r/min)	下　转①			上　转②		
	充氧能力/[kg O_2/(盘·h)]	制动/(kW/盘)	充氧能耗/[kg O_2/(kW·h)]	充氧能力/[kg O_2/(盘·h)]	制动/(kW/盘)	充氧能耗/[kg O_2/(kW·h)]
52	1.04	0.544	1.91	0.771	0.382	2.02
55	1.13	0.610	1.85	0.839	0.426	1.97

国内公司技术参数			
浸没深度/mm	轴功率/(kW/盘)	输入功率/(kW/盘)	配用功率/(kW·h/盘)
350	0.365	0.507	0.530
400	0.414	0.575	0.590
460	0.467	0.648	0.678
500	0.500	0.694	0.733
530	0.518	0.719	0.763

① 指旋转过程中三角块的面先与水接触，因而充氧能力最大。

② 指旋转过程中三角块的角先与水接触，因而动力效率最大。

表 1-6-9　国外公司氧化沟转盘技术参数

水平轴跨度/m	转盘数	充氧能力/(kg/h)		轴功率/(kW/盘)
		浸没深度 400～530mm	浸没深度 500mm	
3.0	12	12.6～19.56	18.96	7.5
4.0	17	17.85～27.71	26.86	11
5.0	21	22.05～34.23	33.18	15
6.0	25	26.65～40.75	39.50	18.5
7.0	33	34.65～53.79	52.14	22

曝气转盘技术性能见表 1-6-10。

表 1-6-10　曝气转盘技术性能

项目	参数	项目	参数
曝气转盘直径	1400mm	适用工作水深	≤5.2m
适用转速	50～55r/min,经济转速 50r/min		
适用浸没深度	400～530mm,经济浸没深度 500mm	水平轴跨度	单轴≤9m,双轴 9～14m 之间
单盘标准清水充氧能力	0.82～1.63kg/(h·盘)	曝气盘安装密度	<5 盘/m
充氧效率(动力效率)	2.54～3.16kg/(kW·h)(以轴功率计)	设计功率密度	10～12.5W/m^3

2. 立式低速表曝机

立式低速表面曝气叶轮与活性污泥法中表曝机的原理是一样的。一般每条沟安装一台，置于池的一端。它的充氧能力随叶轮直径变化较大，动力效率一般为 1.8～2.3kg O_2/(kW·h)。其主要特点是具有较大的提升能力，因此可增加氧化沟水深 4～5m，减少占地面积。

采用立式表曝机的氧化沟存在两种混合状态：一种是与曝气或混合装置有关的高能区；另一种是沿沟流动的低能区。高能区的平均速度梯度（G）一般超过 $100s^{-1}$，经验表明，高 G 值区有利于传氧效率。低能区的平均速度梯度一般低于 $30s^{-1}$，低的 G 值适于混合液的生物絮凝。与传统的氧化沟不同，表曝系统氧化沟采用立式低速表曝机作为主要设备。尽管分散到整个曝气池后的动力密度比较低，但表曝机实际上是在局部区域内工作，其局部动力密度非常高

（为 $96\sim192W/100m^3$）。而一般氧化沟的动力密度为 $18\sim24W/100m^3$。卡鲁塞尔工艺最大限度地利用了这一原理，它的表曝机传氧效率在标准状态下达到至少 $2.1kg\ O_2/(kW \cdot h)$。

立式低速表曝机单机功率大（可达150kW），设备数量少，在不使用任何辅助推进器的情况下氧化沟沟深可达到5m以上。较传统的氧化沟节省占地10%～30%，土建费用相应减少。由于采用立式低速表曝机有很强的输入动力调节能力，而且在调节过程中不损失其混合搅拌的功能，节能效果明显。一般情况下，表曝机的输出功率可以在25%～100%的范围内调节，而不影响混合搅拌功能和氧化沟渠道流速。DHV公司新开发的双叶轮卡鲁塞尔曝气机，上部为曝气叶轮，下部为水下推进叶轮，采用同一电机和减速机驱动。其动力调节范围为15%～100%，调节范围较标准表曝机扩大10%。双叶轮曝气机可使氧化沟的沟深加大到6m以上。对表曝系统，表1-6-11是国内某生产厂家立式低速表面曝气叶轮的参数，可供设计参考。

表 1-6-11　立式低速表面曝气机产品规格及技术参数

型号	叶轮直径/mm	转速/(r/min)	清水充氧量/(kg/h)	提升力/kgf	电机功率/kW	叶轮升降过程/mm	质量/t
普通	400	167～252	2.5～8.0	42～142	2.2	+120 -80	0.6
调速		216	5	68	1.5	+120 -80	0.6
普通	760	88～126	8.4～23	153～453	7.5	±140	2.0
调速		110	15.5	301	5.5	±140	2.0
普通	1000	67～95	14～39	269～782	15	±140	2.2
调速		85	27	556	11	±140	2.2
普通	1240	54～79.5	21～62.5	418～1347	22	±140	2.4
调速		70	43.5	916	18.5	±140	2.4
普通	1500	44.2～53.9	30～82.5	618～1828	30	±140	2.6
调速		55	54.5	1168	22	±140	2.6
普通	1720	39～54.8	38～102	819～2299	45	±140	2.8
调速		49	74	1626	30	+180 -100	2.8
普通	1930	34.5～49.3	48～130	1037～2993	55	+180 -100	3.0
调速		45	96	2247	45	+180 -100	3.0

注：1kgf＝9.8N。

3. 射流曝气器

射流曝气机一般设在氧化沟的底部，吸入的压缩空气与加压水充分混合，沿水平方向喷射，推动沟中液体并达到曝气充氧的目的。射流器形成的水流冲力造成了水平方向的混合，然后又由于水流上升而形成了垂直方向的混合，因而沟宽和沟深彼此无关，可采用较深的沟，水深可至8m。射流过程中产生很小的气泡，因此氧的转移效率较高。Lecompte根据试验认为射流器存在最佳气-液流量比，并且试验表明在每个射流器 $0.60m^3/min$ 的流量下，充氧能力最高。可以根据标准需氧量（SOR，kg/d）、单个射流器的流量（Q，m^3/min）和氧的利用率（E,%）计算射流器的数量（n）。显然，不同的射流器的参数是不相同的，需要根据射流器厂家提供的参数计算相关的参数。

4. 微孔曝气系统

在所有曝气方式中，微孔曝气是氧利用率最高的曝气方式之一。采用微孔曝气方式时池的有效水深最大可达 8m，因此可根据不同的工艺要求，选取合适的水深。

微孔曝气氧化沟采用潜水推进器推动水流流动。潜水推进器叶轮产生的水流推动直接作用于水中，被推动的水流由下层向上层传递，起推流作用的同时又可有效防止污泥的沉降。采用潜水推减少了能量消耗，与一般的表曝形式推流相比，所需动力消耗可从 $5\sim8W/m^3$ 下降至 $1\sim2W/m^3$。

5. 其他曝气装置：导管式曝气机和混合曝气系统

导管式曝气机又称表曝机和上吸式鼓风管，也称 U 形鼓风曝气系统。在氧化沟中提高叶轮转速调节沟内流速，调节空气压缩机供气量则可控制供氧量。氧化沟沟深可达 $4\sim5m$，占地面积较传统氧化沟少。由于所有废水都经过导管，废水、循环液、氧及微生物充分混合，传质效果好，有利于废水处理。缺点是动力效率较低 $[0.67\sim0.73kg\,O_2/(kW\cdot h)]$，设备系统较复杂，氧化沟施工也较复杂。混合曝气系统原理，是用置于沟底的固定式曝气器（如微孔曝气器）和淹没式水平叶轮或射流以及利用抽吸和表面射流，来分别进行充氧和推进液体。这种系统不常用，原因是设备复杂，动力消耗也较大。

6. 导流和混合装置

包括导流墙和导流板。在弯道设置导流墙可以减少水头损失，防止弯道停滞区的产生和防止弯道过度冲刷。通常在曝气转刷上下游设置导流板，主要是为了使表面的较高流速转入池底，同时降低混合液表面流速，提高传氧速率。为了保持沟内的流速可以根据需要设置水下推进器。

水下推动器的安装位置非常重要，在垂直断面上的安装位置应由厂家提供并作特别说明；在纵向位置方面，应考虑水下推动器到弯道的距离，该距离应大于或等于设备所能推动的直段距离。

水下推进器目前也在图 1-6-35 所示的复合曝气装置氧化沟中使用。

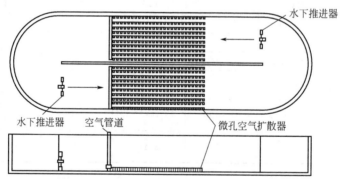

图 1-6-35 复合曝气装置氧化沟中水下推进器的安装

7. 在线实时检测仪表设备

氧化沟内常设的在线检测仪表设备主要有膜电极溶解氧仪、固体悬浮物测定仪、NH_4^+-N 浓度测定仪等。通过数据的输出，可以及时了解沟内的工艺状况。通常在线检测仪表设备由可编程序控制器（PLC）现场控制。

三、设计计算

（一）氧化沟设计指南

1. 总则

氧化沟一般由沟体、曝气设备、进水分配井、出水溢流堰和导流装置等部分组成。氧化沟进水水温宜为 10~25℃，pH 值宜为 6~9，有害物质严禁超过规定的允许浓度。

2. 预处理及一级处理

原则上氧化沟所需要的预处理设施与其他处理系统相同，即进水应该有粗格栅、沉砂池和提升泵房。粗格栅去除对设备或管道可能产生损害或堵塞大的颗粒物质。氧化沟之前是否设置沉砂池去除粗砂，要依情况而定。

3. 选择器

由于低负荷（或高负荷）状态下的氧化沟容易产生污泥膨胀，所以在氧化沟的体内或体外需要设置选择器。选择器的类型有好氧选择器、缺氧选择器和厌氧选择器。

4. 氧化沟详细设计要求

（1）氧化沟沟体

氧化沟一般建为环状沟渠型，其平面可为圆形和椭圆形或与长方形的组合型。其四周池壁可为钢筋混凝土直墙，也可根据土质情况挖成斜坡并衬砌。二次沉淀池、厌氧区与缺氧区、好氧区可合建，也可分建。选择器可以与氧化沟合建，也可分建。

（2）氧化沟的几何尺寸

氧化沟的渠宽、有效水深，视占地、氧化沟的分组和曝气设备性能等情况而定。当采用曝气转刷时，有效水深为 2.6~3.5m；当采用曝气转碟时，有效水深为 3.0~4.5m；当采用表面曝气机时，有效水深为 4.0~5.0m。当同时配备搅拌措施时，水深尚可加大。氧化渠直线段的长度最小 12m 或最少是水面处的渠宽的 2 倍（不包括奥贝尔氧化沟）。

所有的氧化沟超高不应小于 0.5m。氧化沟的超高与选用的曝气设备性能有关，当采用曝气转刷、曝气转盘时，超高可为 0.5m；当采用表面曝气机时，其设备平台宜高出设计水面 1.0~1.2m。同时应该设置控制泡沫的喷嘴或其他控制泡沫的有效方法。

（3）进、出水管

当两组以上氧化沟并联运行，或采用交替式氧化沟时，应设进水配水井，其中可设（自动控制）配水堰或配水闸，以保证均匀（自动）配水和控制流量。

氧化沟的进水和回流污泥进入点应该在曝气器的上游，使其与沟内混合液立即相混合。氧化沟的出水应该在曝气器的上游，并且与进水点和回流活性污泥点足够远，以避免短流。

（4）进、出水可调堰

氧化沟的水位由可调堰控制，以改变曝气设备的浸没深度，适应不同需氧量的运行要求。堰的长度采用设计流量加上最大回流量计算，以防曝气器浸没过深。当采用交替工作氧化沟时，配水井中的配水堰或配水闸宜采用自动控制装置，以便控制流量和变换进水方向。根据多沟氧化沟工作状态的转换，其溢流堰应采用自动控制装置，以使出水方向随之变换。

（5）导流墙和导流板

在氧化沟所有曝气器的上下游应设置横向的水平挡板。上游导流板高 1.0~2.0m，垂直安装于曝气转刷上游 2.0~5.0m 处。在曝气器下游 2.0~3.0m 应该设置水平挡板，与水平呈 60°角倾斜放置，顶部在水面下 150mm，挡板要超过 1.8m 水深，以保证在整个池深适当的混合。

导流墙的设置见图 1-6-36。可根据沟宽确定导流墙的数量，在只有一道导流墙时可设在内壁 1/3 处（两道导流墙时外侧渠道宽为 $W/2$）。为了避免弯道出口靠中心隔墙一侧流速过低造成回水，引起污泥下沉，导流墙在下游方向需延伸一个沟宽（W）的长度。

（6）曝气器的位置

曝气转刷（或转盘）应该正好位于弯道下游直线段氧化沟 4~5m 处。立式表曝机应该

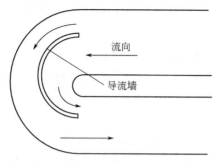

图 1-6-36 导流墙设置

设在弯道处。转刷（或转盘）的淹没深度应该在 100～300mm，转刷（转盘）应该在整个沟宽度方向满布，并且有足够安装轴承的位置。

（7）走道板和防飞溅控制

氧化沟的走道以能够进行曝气器的维修为原则，一般是在曝气器之上。应该采用防飞溅挡板，以免曝气器溅水到走道上。

（8）测量装置

应该设置对原废水和回流污泥的流量测量装置。测量装置应该有累计流量并有记录。当设计中所有回流污泥与原废水在一点混合，那么应该测量各个氧化沟的混合液流量。

（二）氧化沟的设计方法

1. 概述

氧化沟体积的确定可根据预计的处理目标，如 BOD 去除率、硝化率、N 和 P 的去除率和污泥稳定化等要求，结合水力负荷、BOD 负荷、混合液悬浮固体浓度和污泥龄等因素计算确定。

2. 设计的混合液悬浮固体浓度

设计的混合液悬浮固体浓度应该在 3000～8000mg/L 之间。

3. 设计参数

氧化沟内混合液的循环速度为 0.25～0.35m/s，以确保混合液呈悬浮状态。氧化沟污泥回流比采用 60%～200%。设计污泥浓度为 1500～5000mg MLSS/L。氧化沟的氧转移效率为 1.5～2.1kg O_2/(kW·h)。设计参数与进出水水质密切相关，也与是否脱氮、磷密切相关。

氧化沟工艺的重要设计参数及相应取值如下。

① 泥龄 氧化沟的设计泥龄范围为 4～48d，通常的泥龄取值为 12～24d。泥龄与温度、脱氮和除磷的要求密切有关。

② 有机负荷 氧化沟的容积负荷取值从小于 0.16kg BOD_5/(m³·d) 到 4.0kg BOD_5/(m³·d)，这与工艺要求有关。常用的设计容积负荷为 0.2～0.4kg BOD_5/(m³·d)，污泥负荷为 0.05～0.12kg BOD_5/(kg MLSS·d)。

③ 水力停留时间 对于城市废水，采用的数值为 6～30h。

4. 氧化沟设计计算

（1）好氧区容积动力学计算方法

$$V_1 = \frac{Y\theta_c QK(S_0 - S)}{X(1 + K_d\theta_c)}$$

(1-6-148)

式中，V_1 为好氧区有效容积，m^3；K 为污水量总变化系数；Q 为平均污水进水流量，m^3/d；S_0 为进水基质 BOD 浓度，mg/L；S 为出水 BOD 浓度，mg/L；Y 为污泥产率系数，$kg\ VSS/kg\ BOD$；θ_c 为污泥龄，d，根据处理要求选定；X 为污泥浓度（MLVSS），mg/L；K_d 为污泥衰减系数，d^{-1}。

污泥龄可采用动力学方法计算，这是根据污泥稳定化要求考虑的，这对于硝化是足够的。也可采用经验数据计算，在考虑污泥稳定化时污泥龄在 20～30d。污泥龄的计算对于一体化和交替式氧化沟需要扣除其沉淀部分的污泥量，同样对于脱磷、脱氮的氧化沟也要扣除其污泥量，才能满足硝化和污泥稳定化的要求。

$$\theta_c = \frac{X}{YS_r} = \frac{0.77}{K_d f_b} \tag{1-6-149}$$

式中，S_r 为去除的 BOD 的量；f_b 为可生物降解的 VSS 占总 VSS 的比例。

经验设计法（有机污泥负荷法）：

$$V_1 = \frac{Q(S_0 - S)}{N_s X} \tag{1-6-150}$$

式中，N_s 为 BOD 污泥负荷，$mg\ BOD/(mg\ VSS \cdot d)$。

（2）缺氧区容积（脱氮）

$$V_2 = \frac{Q(N_0 - N_w - N)}{N_{dn} X} \tag{1-6-151}$$

式中，V_2 为缺氧区有效容积；N_0 为进水总氮浓度；N_w 为随剩余污泥排放去除的氮量；N 为出水排放的氮量；N_{dn} 为脱氮速率。

（3）厌氧区容积（除磷）

$$V_3 = Q\theta_1/24 \tag{1-6-152}$$

式中，V_3 为厌氧容积，m^3；θ_1 为厌氧区水力停留时间，h。

也可采用动力学方法计算硝化和脱氮所需负荷和停留时间。

（4）氧化沟的总容积（V）

$$V = V_1 + V_2 + V_3 \tag{1-6-153}$$

对于一体化的氧化沟和交替式氧化沟，不需另设沉淀池和污泥回流设施，但其池容应该扣除沉淀所需容积。

5. 需氧量

好氧区需氧量应考虑碳化需氧量、内源呼吸需氧量（污泥稳定）、硝化需氧量，脱氮工艺应考虑硝化过程产生的氧量。应将上述过程实际需氧量换算为标准需氧量，并根据情况选择设备。曝气设备应该设计在标准条件下（20℃和 0mg/L 溶解氧，采用自来水在 1.013×10^5Pa，即一个大气压）的氧转移效率。在温度和海拔不同时，应该做相应的修正。氧化有机物的需氧量（D_1）可采用以下公式

$$D_1 = a'Q(S_0 - S) + b'VX_f \quad \text{或} \quad D_1 = Q(S_0 - S) - 1.42\Delta Xf \tag{1-6-154}$$

式中，S_0 为进水 BOD，mg/L；f 为 VSS/MLSS 比值；ΔX 为总剩余污泥，kg/d。

细胞需氧量＝1.42mg BOD/mg 可生物降解固体＝1.0mg BOD/mg 可生物降解固体

　　　　　　＝0.77mg BOD/mg VSS

硝化需氧量（D_2）＝4.57×（系统中被氧化的 TKN）

式中，4.57 为氧化 1kg 氨氮所需氧量。

脱氮产生氧量$(D_3)=0.62\times4.57\times($系统中被还原的$NO_3^-)$

$$D=D_1+D_2-D_3 \tag{1-6-155}$$

需氧量 D 确定之后，可选取一定的安全系数，得到实际需氧量（R），并转化为标准状态需氧量（R_0）。转化公式如下：

$$R_0=\frac{RC_{s(20)}}{\alpha\left[\beta\rho C_{s(T)}-C\right]\times1.024^{(T-20)}} \tag{1-6-156}$$

在标准状态需氧量确定之后，根据不同设备厂家的曝气机样本和手册，计算出总能耗。总能耗一旦确定，就可以确定曝气器的数目、氧化沟外形和分组情况。

6. 曝气设备

氧化沟专用的曝气设备，可选用曝气转刷、曝气转碟、表面曝气机、射流曝气器、导管式曝气机等。氧化沟中的曝气设备，应满足下列要求：

① 提供生物处理所需的氧量，使氧、有机物、微生物三者充分混合接触；

② 使混合液始终保持悬浮状态，防止污泥沉淀，推动水流做不停地循环流动；

③ 设施的充氧能力宜于调节，有适应需氧变化的灵活性。

应结合工艺要求（如池型、水深及有无脱氮、脱磷目标等）综合考虑对曝气设备的选择。充氧装置的动力效率［kg/(kW·h)］和氧的利用率（％）应力求较高。

根据曝气设备的提升能力与氧化沟横截面积，曝气设备的设计应该保持最小的平均速度为 0.3m/s。氧化沟、缺氧和厌氧池中的搅拌器，可选择便于提上维修的液下混合器，且应满足下列要求：

① 防止活性污泥沉淀；

② 使回流污泥与原污水充分混合；

③ 维持缺氧或厌氧生物处理环境。

7. 二沉池和污泥回流系统

① 沉淀池同所有的活性污泥法一样，可以采用固体通量法和水力负荷法确定沉淀池。沉淀池的溢流率、固体负荷率和出水堰负荷率的具体设计参见有关的章节。

② 回流污泥系统如已知污泥浓度，回流污泥浓度可以根据预计的沉淀性能（SVI）推算。回流污泥量则可通过下式计算：

$$Q_r=SVI(Q+Q_r)X/(10^6 r) \tag{1-6-157}$$

式中，Q_r 为回流污泥量；X 为污泥浓度；SVI 为污泥指数；r 一般为 1.2，与停留时间、池深等因素有关。

③ 剩余污泥可以采用下式计算剩余污泥：

$$\Delta X=\frac{Q\Delta SY}{1+K_d\theta_c}+X_1Q-X_eQ \tag{1-6-158}$$

式中，ΔS 为去除 BOD；X_1 为进水悬浮固体中惰性部分（进水 TSS－进水 VSS）；X_e 为出水 VSS。

根据回流污泥量和剩余污泥量可以选择水泵和污泥处理系统。

8. 氧化沟设计小结

（1）去除 BOD 和污泥稳定化系统

① 确定进水性质和出水水质要求；

② 保证进水 pH 值和营养物水平；

③ 根据动力学公式确定出水可溶性 BOD；

④ 根据处理水平要求，根据公式或经验数据选择固体停留时间；

⑤ 确定产率系数（Y）和内源代谢系数（K_d）；

⑥ 计算氧化沟容积与 MLVSS 浓度的乘积；

⑦ 选择 MLVSS 值，氧化沟 MLVSS 浓度一般在 3000～8000mg/L 之间；

⑧ 根据公式或经验公式计算反应器体积（V）和水力停留时间（HRT），根据公式计算污泥回流量和剩余污泥量，进而计算污泥处理系统；

⑨ 根据公式计算需氧量（AOR 及 SOR），并确定曝气器的数量和规格；

⑩ 确定沉淀池尺寸。

对于一体化或交替式氧化沟，需根据有效性系数进行修正。

前已述及，考虑到三沟式氧化沟有一条边沟总是作为沉淀池来使用，需要引进三沟式氧化沟参与工艺反应的有效性系数（f_a），见式（1-6-143）。

（2）设计需要硝化和/或脱氮系统

① 确定进水性质和出水水质要求；

② 保证进水 pH 值和营养物水平；

③ 根据公式估算被氧化的 TKN 和用于合成的 TKN；

④ 根据公式或经验数据选择固体停留设计时间；

⑤ 计算在硝化时消耗的碱度和脱氮时产生的碱度，反应器中需保持 100mg/L 碱度；

⑥ 计算硝化的反应池体积和水力停留时间；

⑦ 选择脱氮负荷；

⑧ 利用脱氮率和 MLVSS 浓度，计算缺氧段体积，确定所需的附加反应器体积；

⑨ 根据公式或经验公式计算反应器体积（V）和水力停留时间（HRT），根据公式计算污泥回流量和剩余污泥量，进而计算污泥处理系统；

⑩ 根据公式计算需氧量（AOR 及 SOR），并确定曝气器的数量和规格；

⑪ 确定沉淀池尺寸。

需要说明的是，对于一种特定的废水，即使是生活污水，虽然文献中有许多动力学常数的数据可用于氧化沟设计，但是要特别注意这些参数的适用范围和条件。由于废水性质各异，只要有条件，都提倡进行实验。

（三）氧化沟的设计实例

1. 设计参数

为了说明氧化沟的设计过程，特举一个设计例子。本例仅仅计算氧化沟部分，而不是设计一个完整的废水处理厂。根据下列数据设计处理生活污水的交替式氧化沟（三沟）。

$Q=100000\text{m}^3/\text{d}$（按三个系列，一个系列设计 $Q_1=33000\text{m}^3/\text{d}$）；碱度＝280mg/L（以 $CaCO_3$ 计）；BOD＝130mg/L；氨氮＝22mg/L（$T=10℃$）；TN＝42mg/L；SS＝160mg/L；最低温度＝10℃；最高温度＝25℃。

出水要求：BOD＜15mg/L；TSS＜20mg/L；氨氮＜3mg/L（$T=10℃$）；TN＜12mg/L（$T=10℃$）；TN＝6～8mg/L（$T=25℃$）。处理后的污泥要求适合于直接脱水，做到完全消化。

2. 确定设计采用的有关参数

$Y=0.6$；$K_d=0.05$；假设 $f_b=0.63$；$f=0.7$；$X(\text{MLVSS})=4000\text{mg/L}$。

曝气器型式为曝气转刷；曝气器动力效率 $2.0kg\ O_2/(kW\cdot h)$；$DO=2.0mg/L$；$\alpha=0.90$；$\beta=0.98$；$q_{dn}=0.02kgNO_3^--N/(kg\ MLVSS\cdot d)$。

残留碱度：$100mg/L$（以 $CaCO_3$ 计），保持 $pH\geqslant7.2$；脱氮温度修正系数 $\theta=1.08$。

3. 去除 BOD 的设计计算

（1）计算污泥龄

$$\theta_c=\frac{0.77}{K_df_b}=\frac{0.77}{0.05\times0.63}=24.4(d)，取\ 25d$$

（2）计算出水 BOD 和去除率

$$S=\frac{1}{k'Y}\left(\frac{1}{\theta_c}+K_d\right)=\frac{1}{0.038\times0.6}\left(\frac{1}{25}+0.05\right)=4(mg\ BOD/L)$$

式中，k' 为 $1mg\ MLVSS$ 每天的衰减量（以体积计），取 $0.038L/(mg\ MLVSS\cdot d)$

假设出水：$\qquad\qquad SS=20mg/L$，$VSS/SS=0.7$

则 $\qquad\qquad VSS\ 的\ BOD_5=0.63\times0.7\times20=9$（$mg/L$）

总出水 $BOD=4+9=13mg/L$（达到排放标准），则

$$BOD\ 的去除率=\frac{130-13}{130}\times100\%=90\%$$

$$BOD\ 去除量=(130-4)\times33000\times10^{-3}=4158（kg/d）$$

（3）计算曝气池体积

$$(XV)=\frac{Y\theta_cQ_1(S_0-S)}{1+K_d\theta_c}=\frac{0.6\times25\times33000(0.130-0.004)}{1+0.05\times25}=27720(kg/d)$$

取 $MLSS=4000mg/L$，则 $X_f=MLSS\cdot f=4000\times0.7/1000=2.8$（$kg/d$）

$$V=(XV)/X_f=27720/0.28=9900（m^3）$$

（4）校核停留时间和污泥负荷

$$t=\frac{V}{Q_1}=\frac{9900}{33000/24}=7.2（h）$$

$$F/M=\frac{Q_1\Delta S}{(XV)}=\frac{33000\times(0.13-0.004)}{27720}=0.15(kg\ BOD/kg\ MLVSS)$$

（5）计算剩余污泥量

每天产生的剩余污泥按下式计算：

$$\Delta X=Q_1\Delta S\left(\frac{Y}{1+K_d\theta_c}\right)+X_1Q_1-X_eQ_1$$

$$=33000\times(0.130-0.004)\left(\frac{0.6}{1+0.05\times25}\right)+0.16\times(1-0.7)\times33000-0.02\times33000$$

$$=1108.8+1584-660=2032.8（kg/d）$$

如果沉淀部分污泥浓度为 1%，每天排泥：$Q_W=2032.8\div1000\div1\%=203$（$m^3/d$）。

（6）校核污泥产率

每去除 $1kg\ BOD_5$ 产生的干污泥量为：

$$=\frac{\Delta X}{Q_1\Delta S}=\frac{2032.8}{33000\times(0.13-0.004)}=0.49(kg\ DS/kg\ BOD_5)$$

（7）复核可生物降解 VSS 比例（f_b）

$$f_b = \frac{YS_r + K_d XV - \sqrt{(YS_r + K_d XV)^2 - 4K_d XV(0.77YS_r)}}{2K_d XV}$$

$$= \frac{0.6 \times 4158 + 0.05 \times 27720 - \sqrt{(0.6 \times 4158 + 0.05 \times 27720)^2 - 4 \times 0.05 \times 27720(0.77 \times 0.6 \times 4158)}}{2 \times 0.05 \times 27720}$$

$$= 0.64$$

其中：　　　　　　$YS_r + K_d X = 0.6 \times 4158 + 0.05 \times 27720 = 3881$

如果 f_b 值与最初的假设值相差较大，（1）～（7）需要重新试算。

4. 脱氮的设计计算

（1）氧化的氨氮量

假设总氮中非氨态氮没有硝酸盐，而是大分子中的化合态氮，其在生物氧化过程中需要经过氨态氮这一形态。所以氧化的氨氮＝42－12－3＝27（mg/L）。

（2）需要脱氮量

需扣除生物合成的氮量，生物中的含氮量为 7%，总计为

$$130 \times 7\% \times 33000/1000 = 300.3 \ (\text{kg/d})$$

$$脱氮量 = 27 - 300300/33000 = 17.9 \ (\text{mg/L})$$

（3）碱度平衡

每去除 1mgBOD 所产生的碱度大约是 0.3mg，每硝化 1mg 氨氮所消耗的碱度为 7.14mg；反硝化 1mg 硝态氮产生 3.57mg 碱度。

$$残留碱度 = 280 - 7.14 \times 27 + 3.57 \times 17.9 + 0.3 \times (130 - 4)$$

$$= 188.92 \ (\text{mg/L}) \ (\text{以 CaCO}_3 \ 计) > 100\text{mg/L}$$

（4）计算脱氮所需的体积（停留时间）

在 $T = 20℃$ 时取脱氮率为 0.03kgNO$_3^-$-N/(kg VSS·d)

在 $T = 10℃$ 时：$N_{dn} = 0.03 \times 1.08^{-10} = 0.014$ [kg NO$_3^-$-N/(kg VSS·d)]

则　　　　　　　$$V_2 = \frac{Q_1 N}{N_{dn} X} = \frac{33000 \times 17.9}{0.014 \times 4000} = 10548 (\text{m}^3)$$

$$脱氮水力停留时间(\theta) = \frac{10548}{33000} \times 24 = 7.7 (\text{h})$$

（5）计算总体积（停留时间）

$$V_T = (V + V_2)/f_b = (9900 + 10548)/0.64 = 31950 \ (\text{m}^3)$$

5. 曝气设备的设计计算

（1）需氧量计算

① 碳源需氧量 $D_1 = a'Q_1(S_0 - S) + b'VX = 0.52 \times 33000 \times (130 - 4) \times 10^{-3} + 0.12 \times 27720 = 5489$（kg/d）＝229（kg/h）

其中 a' 和 b' 取值参考表 1-5-2。

② 硝化需氧量 $D_2 = 4.57 \times 0.001 \times 33000 \times 27 = 4072$（kg/d）＝170（kg/h）

③ 反硝化产氧量 $D_3 = 0.62 \times 4.57 \times 0.001 \times 33000 \times 17.9 = 1674$（kg/d）＝70（kg/h）

④ 总需氧量 $AOR = D_1 + D_2 - D_3 = 5489 + 4072 - 1674 = 7887$（kg/d）＝329（kg/h）

（2）标准需氧量（SOR）计算

$$SOR = \frac{AOR \times C_{S(20)}}{\alpha(\beta\rho C_{S(T)} - C) \times 1.024^{(T-20)}} = \frac{329 \times 9.17}{0.9 \times (0.98 \times 1 \times 9.17 - 2) \times 1.024^{(20-20)}}$$

$$=480 \text{（kg/h）}$$

式中，设反应水温为 20℃，$C_{s(20)}$ 为水温 20℃氧的混合液饱和度，取 9.17mg/L。

标准状态下供气量：

$$G_S = \frac{SOR}{0.28E_A} = \frac{480}{0.28 \times 0.2} = 8571 \text{（m}^3/\text{h）} = 143 \text{（m}^3/\text{min）}$$

式中，0.28 为标准状态下的每立方米空气中含氧量，kg O_2/m^3；E_A 为曝气器氧的利用率，取 20%。

（3）配置曝气设备

需要配置的功率数 N＝480/2.0＝240（kW）

需要选用电机功率为 32kW、直径 1000mm 的轴长 9.0m 的曝气转刷 8 台。

6. 其他部分的设计计算

包括预处理、污泥处理系统等，设计计算略。

第三节　AB 法

一、原理和功能

（一）　AB 活性污泥法工艺机理

1. 活性污泥法的微生物特性

AB 工艺由于其较为特殊的微生物学特性，使该工艺不同于其他活性污泥工艺。这种微生物学特性上的差异主要表现为 A 段和 B 段的生物菌群特性。

（1）A 段的微生物组成及特性

在 AB 工艺中，A 段的设计污泥负荷通常超过 2kg BOD/（kg MLSS·d），属于高污泥负荷工段，A 段的 SRT 一般小于 0.5d，在此环境条件下，高等微生物的生长将受到较大的限制。研究结果及工程实践证明，A 段的细菌组成与 B 段基本相同，但所占百分比不同，A 段污泥中大部分细菌属于大肠杆菌属。A 段污泥的细菌总活性明显高于 B 段，在降解聚合物的生理活性方面 A 段细菌比 B 段细菌要高 90%。A 段的优势微生物种群属原核微生物（*Procaryotes*），即以细菌和藻类为主，具体生物特征表现为以下几方面：

① 微生物个体小而且单一，具有较大的比表面积；

② 微生物具有极强的繁殖能力，代谢生长很快，通常倍增时间约 20min；

③ 微生物菌落数量大，一般是常规活性污泥法的 20 倍，约 3×10^7 单位/mL 污泥；

④ 微生物生理活性通常较常规活性污泥法高 40%～50%，特别是降解聚合物的活性几乎高出 90%，而聚合物往往是构成 COD 的主要组成成分；

⑤ 适应的环境条件较宽，专一性不强；

⑥ 与人类及动物排泄物中的细菌类似；

⑦ 有变异性能力。

（2）A 段微生物的变异性及适应性

A 段微生物的变异性和适应性使 AB 工艺中的 A 段通常具有较强的抗冲击负荷能力。具体表现为以下几个方面。

① 细菌增殖快　由于 A 段的负荷较高，造成 A 段中的细菌群体通常处于营养充足的状态，因此微生物具有很强的新陈代谢能力，世代时间短，细菌增殖较快，能很快克服出现的

失活和不可逆转的损害作用，适应不断变化的外界环境能力较强。如果 A 段受到某种形式的有毒物质冲击使细菌大量死亡，那么 A 段细菌浓度通常可以通过原污水中的细菌不断地流入系统或 A 段中仍存活的细菌出现增殖得以恢复。

通常微生物在受冲击后有 90％细菌失活和死亡的情况下，经过 3 个世代时间（即 3h）即可恢复。同样若有 99％细菌失活，经过 6～7 个世代时向，细菌生长即可达到原有水平（见图 1-6-37）。

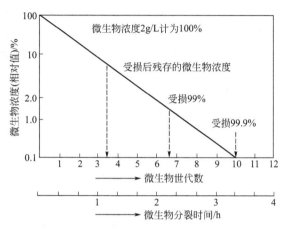

图 1-6-37 受冲击后微生物恢复所需时间

由于城市污水管网中的细菌不断地补充到 A 段，与回流污泥菌胶团曝气混合，A 段通过不同泥龄、溶解氧的控制，淘汰、选择了适应污水水质的大量生长快、活性高、世代短、适应能力极强的微生物，如细菌及其他原核微生物。原核微生物细胞体十分微小，结构简单，分裂时间短，变异性强，且具有较大的表面积，这些特点使其吸附能力强，耐冲击，同时生长快。A 段的产率系数 Y 值远高于 B 段，而 A 段的需氧动力学系数 a' 和 b' 常数与常规活性污泥法相似。这也说明了 A 段的活性污泥中存在增殖快、世代短、活性高的细菌。表 1-6-12 为 AB 工艺与传统活性污泥工艺的动力学常数的比较。

表 1-6-12　AB 工艺与传统活性污泥工艺动力学常数比较

动力学常数	AB 工艺		传统活性污泥工艺
	A 段	B 段	
泥龄 SRT/d	0.24～0.29	4～17	3～14
产率系数 Y	0.924	0.614	0.5～0.65
微生物衰减常数 b/d^{-1}	0.087	0.016	0.05～0.10
需氧动力学系数 a'	0.504		0.42～0.53
需氧动力学系数 b'	0.132	0.111	0.188～0.11

A 段活性污泥具有沉降性能好、污泥指数低的特点，特别是具有很强的生物吸附、絮凝作用和氧化能力。正是由于这种生物絮凝和氧化的协同作用，使得 A 段在超高负荷与很短的时间内，可以去除 60％～70％的有机物。A 段对有机物去除主要以吸附、絮凝为主，生物代谢合成为辅，但对部分溶解性有机物的去除主要还以生物代谢为主，生物吸附为辅。

② 微生物突变与质粒转移　细菌能够在冲击状态下存活的遗传学基础是突变作用和质粒的存在。活性污泥中的任何菌群都能对环境变化作出反应。环境变化的初期，不适应新环境的细菌死亡并随后从系统中消失。同时新环境为其他细菌的优势增殖提供了有利条件。细菌适应性的重要来源是突变，突变为活性污泥适应新环境、降解难降解物质提供了生物遗传学基础。

AB工艺中A段污泥对毒物的抗性来源于质粒的转移。而A段环境特别有利于质粒的转移。质粒是环形的不受染色体支配的DNA分子，能侵入菌体并利用菌体的复制系统自我复制增殖。质粒普遍携带抗性基因，有的质粒还携带一般细菌不具备的特殊基因，如降解PCB的基因。众多的质粒构成了细菌的抗性基因库和降解特殊有机物的基因库。在如冲击负荷这样的选择性工艺环境中质粒的抗毒性基因和降解物质基因赋予细菌以明显的优势。在正常的细胞分裂中，质粒能传给子细胞。质粒还能通过接合作用从携质粒细菌转移到无质粒细菌内，接合过程不受细菌种属和质粒来源的限制，A段中所存在高浓度悬浮细菌对接合有利。在A段中占优势地位的肠道细菌的接合过程需花费1.5~2.0h。假设A段泥龄为8h，那么在A段微生物中至少能发生4次接合，在此期间约有10%的细菌受到质粒侵入。质粒在活性污泥中的传播，提高了活性污泥对环境变化特别是化学变化的抗性。

由于上述A段微生物的特性，使A段的活性污泥具有较强的絮凝、吸附和降解有机物的能力，不需设置初次沉淀池；对COD有较高的降解度且降解为易生化的BOD物质；废弃污泥量多，污泥中有机物含量高，有利于具有厌氧污泥消化设施的沼气产生。A段活性污泥对废水的适应性强，耐环境变化和冲击负荷；能忍受有毒化合物的影响。运行系统一旦遭受破坏，能在几小时的短时间内恢复原有的处理效率。A段对整个处理系统能起调节和缓冲作用。

（3）B段微生物学特性

A段的调节和缓冲作用使B段的进水水质相当稳定，而且负荷较低。因此，B段的微生物特性同延时曝气工艺的微生物特征较为相似，即B段中优势微生物种群为原生动物、后生动物，它们的生长期较长，要求稳定的环境。因此，B段的功能是过滤污水，吞食和消除由A段来的细菌等微生物和有机物颗粒，并促使生物絮凝，提高出水水质。

2. AB工艺的生物降解机理

AB工艺中的A段是AB工艺的关键。由于活性污泥在与污水接触的很短时间内就能快速吸附大量有机物，因此A段主要是通过絮凝、吸附作用去除有机物，而靠生物氧化分解去除有机物的比例较小。根据Bohnke教授对多个AB法污水处理厂调查的结果，A段生物吸附去除的BOD占2/3，生物氧化去除的BOD占1/3。国内的试验研究结果也得到了同样的结论，即A段污泥具有很强的吸附能力和良好的沉淀性能。原污水中存在大量已适应原污水的微生物，这些微生物具有自发絮凝性。当它们进入A段曝气池后，在A段原有菌胶团的诱导促进下很快絮凝在一起，絮凝物结构与菌胶团类似，絮凝物与原有的菌胶团结合在一起，成为A段污泥的组成部分。被絮凝的微生物量与A段污泥浓度有关，当污泥浓度低于1000mg/L时，絮凝效果较差，微生物的增殖有限。

城市污水中除含有非生命的物质外，还含有许多具有生命力的微生物，这些微生物来自人和动物（如饲养场、屠宰厂等）的排泄物和一些发酵工业排出的废液。人类连续排泄的细菌约有5%~10%能在好氧或兼氧的条件下存活和增殖，从而在原废水中会不断诱导出活性很强的微生物群落。测定表明，城市污水中存在着大量的微生物，污水流经的沟渠和管道中也存在着大量的微生物。一般污水排放点到污水处理厂的连接管道（或沟渠）长达几公里至几十公里，这实际上是一个中间反应器，在此中间反应器中即进行着有机物的分解及微生物的适应、选择和生长繁殖过程。在污水输送过程中形成的适应性强的微生物大多附着在污水中的固体物质上，传统活性污泥法工艺都忽视了这一点。在城市污水中存在的微生物群落基本上与超高负荷活性污泥法阶段的相同。与传统的一段活性污泥系统相比，AB工艺中的A、B两段由于是微生物群体完全隔开的两段系统，因此能使整个污水处理系统的处理效果更好也更稳定。由于AB工艺中A段的特殊作用，因此AB工艺一般不设初沉池，这样A段与排水管网就形成了一个生物系统，在排水管网中有大量细菌繁殖于管渠内壁，这些微生物在活动中同时还产生絮凝物质，在 A 段中充足食料和适合的溶解氧环境使这些微生物得到迅速增殖。可以说，废水在进入 A 段前，是充分利用了在排水管网中已经发生的生物过程作为预处理。因此实际上 AB 工艺是由城市排水管网和污水处理厂构成的统一生物处理系统。污水所携带的微生物，使 A 段出现生命力旺盛、能适应原污水环境的微生物群落。测定结果表明，由城市排水管网带入 A 段的生物量占 A 段总生物量的 15％以上。

（二） AB 活性污泥法特性

1. AB 工艺的一般特点

① 不需设初沉池。在 AB 工艺中，由于 A 段为高负荷段，不需要限制污泥产率，因此在 AB 工艺中可不必设初沉池。

② 具有一定的除磷脱氮功能。由于 A 段可采用如缺氧、微氧、兼氧、好氧等多种运行方式，通常可以实现脱氮的反硝化过程、聚磷菌对磷的释放过程，AB 法与传统活性污泥法相比对磷、氮的去除率有很大提高。

③ 适合部分工业废水的处理。AB 法不仅适用于生活污水处理，对某些工业废水的处理也有较好的效果，尤其对 pH 值波动较大的酿造废水、印染废水、含碱废水等。

④ 适用于部分难降解有机废水的处理。在处理难降解物质时，可将 A 段采用兼氧运行，这样可使一些长链难以分解的底物被分解成短链化合物，从而提高了废水的可生化性，使 B 段的处理效果得到提高。

⑤ 基建投资少、运行费用低、能源消耗省。AB 法与传统活性污泥法相比较，具有投资少、节能的优点。根据国外污水处理厂的运行经验，AB 法总基建费用大致可节约 20％～25％，能耗节省 10％～20％。国内的工程实践证明，AB 法可节省 30％～40％的曝气池容积和 20％～30％的曝气量。

⑥ 可分期建设和运行灵活。AB 法工艺可以分期实施，可先建设 A 段，通过 A 段去除大部分有机物，再续建 B 段，也可将 B 段改建成其他除磷脱氮工艺。

⑦ AB 工艺的微生物群体是完全分开的，有效地保证了处理效果。

⑧ AB 工艺中有一个连续运转的高负荷 A 段，连续不断从外界接种具有较强繁殖能力和适应环境变化能力的短世代微生物，大大提高了处理工艺的稳定性。

⑨ A 段和 B 段中的活性污泥，分别由 A 段沉淀池和 B 段沉淀池（二次沉淀池）中分别回流，这种流程布置方式有利于利用原废水中的活性微生物，在 A 段和 B 段生物处理池中保持各自的优势微生物种群，并及时以剩余污泥方式排出已截留的有机质，从而减少系统中氧的消耗。

⑩ AB 工艺中的 A 段，可根据原废水水质等情况的变化，采用好氧或缺氧的运行方式。

2. A 段和 B 段的工艺特点

（1）A 段工艺特点

① 一般工艺参数　A 段水力停留时间段，一般为 20～30min，有机负荷可高达 3～5kg BOD/（kg MLSS·d），为常规活性污泥的 10 倍以上，对有机物的去除率可达 50％～70％。

② 可变化调整运行状态　A 段可根据进水水质和对 BOD 的去除要求控制溶解氧而呈现兼氧或好氧状态进行。一般在好氧条件下比在兼氧条件下对有机物的去除率高。A 段对有机物的去除效果为 B 段进水调整了碳氮比，为 B 段进一步去除有机物和进行硝化、反硝化创造了良好环境。

在好氧状态下，A 段随着水力停留时间的增长 COD 去除率明显增加。一般情况下，水力停留时间为 20min 时，COD 去除率大于 40%，水力停留时间为 30～40min 时，COD 去除率达 60%，去除 COD 的作用主要发生在前 60min，60min 之后 COD 去除率变化甚小。这种现象充分说明高负荷 A 段活性污泥法去除有机物的主要作用是生物吸附。

A 段以兼氧条件运行时，虽然由于物质传递以及细菌的生长繁殖等状况不如好氧条件，对有机物的去除率比好氧低，但在兼氧状态下能对有些难降解的物质进行分解，从而提高进水的可生化性。如印染废水试验中证实经 A 段处理后，BOD/COD 比值从 0.30 提高 0.38。

③ 具有抗冲击负荷的能力 A 段对进水水质和环境变化有很强的适应性和稳定性，减少了对 B 段的影响，从而保证全流程出水的稳定性。A 段水温一般在 10℃ 以上就有很好的去除效果。

A 段对有机负荷的冲击和 pH 值的变化有很大的耐力，一般短时间的冲击都能很快得到恢复。这一方面是由于 A 段的微生物不断地得到外源的补充，同时 A 段微生物本身具有适应环境能力强、活跃、更新快等特点，Bohnke 教授根据细菌的分裂周期和世代时间计算 A 段细菌受损后的恢复时间，当 90% 细菌受到不良影响的损害后，在 3 个世代时间内活性原核生物数量就能得到恢复（见图 1-6-38）。另一方面由于 A 段的水力停留时间短，其水力稀释和污泥回流等也是缓解冲击的重要因素。

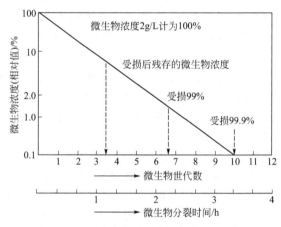

图 1-6-38 受冲击后微生物修复所需时间

④ 污泥产生的特点 由于 A 段去除有机物以絮凝吸附为主，因此污泥絮体粗大，浓度一般为 2000～3000mg/L，沉降性能好，污泥指数约为 50mL/g，产泥量大，占总污泥量的 75%～80%，比初沉池高 30%，污泥中有机物含量高、产气量大，容易脱水，能够浓缩到含固率 6%～8%。

⑤ 可以去除难降解物质 污水中往往含有许多难降解物质，若完全用好氧方法处理，不仅消耗大量氧气，往往还难以达到所要求的指标。当进水中难降解物质含量高时，A 段实行缺氧运行，在这种情况下 A 段中的一部分微生物能通过厌氧水解和不完全氧化等方式把难降解有机物转化成易降解有机物，从而提高废水的可生化性，而这种转化在好氧条件下往往难以实现。Voncken 的试验证明 A 段在兼性厌氧运行时，高分子脂肪烃化合物和芳香族化合物被转化成短链化合物。

（2）B 段工艺特点

B 段的生物由菌胶团、原生动物和后生动物所组成，污泥呈细絮状结构，与传统的活性污泥基本相似。由于在 A 段已去除了大部分有机物，因此 B 段污泥负荷较低，一般为 0.15～0.30kg BOD/(kg MLSS·d)，对有机物的去除率为 30%～40%；B 段泥龄长，一般为 15～

20d。污泥指数低、产泥量少（占污泥总量的 $15\%\sim20\%$），运转稳定。由于 A 段对有机物的调节作用，使 B 段具有良好的硝化环境，硝化能力要比单级活性污泥法高 50%。试验证明 B 段还具有反硝化能力。

3. AB 工艺的脱氨除磷作用

废水生物处理采用缺氧-好氧系统可以使废水中的氨氮通过硝化和反硝化过程最终达到脱氮的目的，而废水中的磷则通过聚磷菌厌氧释磷和好氧过量吸磷而贮存在污泥中，并通过排放废弃污泥的形式来达到除磷的目的。AB 工艺经过适当的工艺设计和运行调整可以使系统具备这些运行条件，达到污水脱氨除磷的目的。

（1）AB 工艺的脱氨功能

污水经 A 段对氨和有机物的去除后，出水 BOD_5/N 比值降低，从而增大了硝化菌在活性污泥中的总量和硝化速度，曝气区体积可以相应降低，这是有利的一面。但 A 段中 BOD_5 和氮不是按同一比例去除的，必须特别注意原水中氨氮、有机氮和碱度的含量以及出水对氨氮含量要求。

一般认为两段活性污泥法往往不能达到满意的反硝化效果，即进入第二段曝气池污水中的有机物含量过低，不利于反硝化的正常进行。Bohnke 教授认为这个结论对于传统的两段活性污泥法系统可能合适，但对 AB 法而言，A 段超高负荷运行，污水经 A 段处理后尚可保证反硝化的 BOD_5/N 比值。A 段在兼氧运行时，A 段出水 BOD_5/COD 比值甚至有所上升，可保证反硝化效果。

（2）AB 工艺的除磷功能

AB 工艺中 A 段的污泥产量很高（约占总污泥产量的 80%），Bohnke 教授通过试验和生产运行证明，AB 工艺污泥含磷量高于传统活性污泥法，A 段可以去除进水总磷的 $20\%\sim50\%$。在一般城市污水中约有 30% 的总磷是以悬浮或胶体状态存在于污水中，因为 A 段有着强烈的生物吸附、絮凝作用，所以不溶解性磷伴着 BOD 的去除而得以去除。但一般城市污水中溶解性磷约占 70%，AB 法除磷率高达 $60\%\sim70\%$。据推测，排水管网中存在着聚磷菌，这些微生物到 A 段后，由于环境条件变化后更适合聚磷菌的生长，因而产生聚磷菌的过量吸磷作用而除磷。

对脱氨除磷要求较高的污水处理厂，选择 AB 工艺时可将 B 段采用其他脱氨除磷工艺，这样能进一步提高系统的脱氨除磷的能力。

4. 污泥产率及特性

AB 工艺由于其工艺的特点，使其污泥的特性与产率同其他好氧工艺不同，这主要体现在 A 段的一些特点。

（1）A 段活性污泥的特点

① 在极短的时间内即可将污水中含有的原污泥完全活化，形成外形较为均匀的 A 段污泥，其絮体呈黑褐色，沉降速度较快，在通常情况下 SVI 值小于 50。

② 污泥絮体由结构均匀的细菌菌胶团组成，无真核微生物和原生动物，个别絮体呈长条纤维状。

③ 污泥有不少趋于形成藓状物，这种物质其大小与细格滤物基本相同。

④ 活性污泥的有机组分高于传统活性污泥法所产生的污泥。

⑤ 活性污泥絮体具有良好的吸附、絮凝和沉淀性能，可以认为活性污泥本身就是一种自然絮凝剂和沉淀剂。

⑥ 大部分细菌一般都嵌附于一种黏性物质上，从各种现象看，这种黏性物质可能是一

种营养贮存物。

⑦ 原污水经 A 段短时间处理后，生物降解性得到改善。

（2）A 段污泥的组成

A 段污泥由三部分组成：

① 大部分在初沉池中不能沉淀的悬浮物可以在 A 段中与活性污泥絮体相互结合而去除，构成 A 段污泥的组成部分；

② 可沉物质在中沉池中发生沉淀，其去除率与初沉池中基本相同；

③ A 段微生物对废水有机物的吸附和降解形成污泥。

若能正确求得上面三部分污泥的相互关系和各自所占的比例，就有可能计算出以污泥活性组分为基本指标的污泥负荷，从而也就能求得最佳固体浓度和污泥龄。但到目前为止，仍难以进行这种准确的计算。由于 A 段污泥中含有较大的非活性污泥组分，故回流污泥浓度和泥龄的一般计算值并不能说明 A 段污泥的生物效能。

由于 A 段除了去除可沉物质外，对大量不可沉悬浮物和溶解性物质也有一定去除效果，因此其污泥产量比初沉池高 30% 左右；相应地 B 段污泥产量人为减少，仅占污泥总量的 10%~20%。

由于 AB 工艺中的污泥特性与传统的活性污泥工艺中的污泥有所不同，特别是 A 段中的污泥占有较大的比例，因此其废弃污泥的处置方式也有所不同。

（3）污泥产率及污泥稳定性

由于 AB 法中 A 段的有机物负荷较高，泥龄短，因此污泥产率高，另外在 B 段中也要产生废弃污泥，因此 AB 工艺的废弃污泥量较传统活性污泥法工艺高 10%~15%。AB 工艺废弃污泥的稳定性差，特别是 A 段污泥的不稳定程度更高，所以 AB 工艺的污泥处理问题是比较突出的问题。

（三）适用性和局限性

AB 工艺 A 段的设置是该工艺节省投资的关键所在。由于 A 段的低耗高效，使整个系统的耗氧量降低，相应地节省了电耗。同时由于 A 段对有机物和 SS 的高效去除作用，明显减少了整个工艺系统的曝气池容积。在通常条件下，AB 工艺曝气池容积比传统活性污泥法曝气池池容节省 30%~50%，可节省耗氧量大约 20%~30%。从而降低了土建和曝气设备投资。但由于产泥量较大，AB 工艺的污泥消化池容积将比传统活性污泥法工艺多出 10%，因此，污泥消化部分投资要大于传统活性污泥法。与传统活性污泥法工艺相比，AB 工艺还增加了一套污泥回流设施。

由于 AB 工艺所具有的优势和特点，该工艺除可用于一般的城市污水处理以外，也适合工业废水占比较大和水质波动较大的废水处理。

AB 工艺中的 A 段正常运行时，必须有足够的已经适应该废水的微生物，才可保持 A 段正常发挥作用，一般的城市污水水质是可以满足此要求的。

因为 A 段的去除效率高低与进水微生物量直接相关。但在工业废水或某些工业废水比例较高的城市污水中，由于适应污水环境的外源微生物浓度很低，造成 A 段效率明显下降，A 段去除率与初沉池基本相近，对这类废水不宜采用 AB 工艺。

AB 工艺最初主要是用 A 段（高负荷段）削减有机负荷，后来随着去除氮、磷营养物的需要以及其他生物脱氮、除磷工艺的开发和应用，AB 法虽然也在 B 段增设了厌氧、缺氧段，实现 A^2/O 工艺流程。但是，在 AB 工艺的设计和运行中曾遇到 A 段去除 BOD 的多少与 B 段脱氮除磷效果之间的矛盾。在需要生物脱氮、除磷的情况下，如果废水 $BOD_5 \leqslant$

200mg/L 和总氮≥50mg/L 时，一般不宜采用 AB 工艺，采用 A^2/O 或 UCT 工艺为宜。如果废水 $BOD_5>200mg/L$，尤其是 $BOD_5>300mg/L$，总氮<50mg/L 时则宜采用 AB 工艺。

在废水有机物浓度较高，只要求去除有机物的地方，采用 AB 法是有利的。如果对生物除磷出水 TP 浓度有严格要求时，一般不宜采用 AB 法。

二、AB 活性污泥法工艺的运行控制

AB 工艺中 A 段是工艺的主体，对运行控制有其特殊的要求；B 段的运行控制与传统活性污泥法工艺基本一致，因此以下着重介绍 A 段的运行控制问题。

1. 曝气系统的运行控制

A 段的曝气控制主要是曝气量控制和曝气时间的控制。曝气量的大小主要取决于 A 段的运行方式，即兼氧、好氧、缺氧等不同运行方式。由于 A 段去除有机物是以吸附及絮凝为主，因此曝气量除满足生化需要以外，还应满足吸附及絮凝的需要。通常 A 段曝气池中的气、水比应大于 3∶1。

通常 A 段供气量的调节是依据溶解氧浓度（DO）进行调节。DO 控制值应根据处理要求及进水水质而定。一般来说，当要求 A 段有较高的 BOD 去除率时，DO 应控制在较高的数值，最好控制在 1.0mg/L 以上；当进水中含有较多的难降解有机物时，可根据情况适当降低 DO 值，使 A 段曝气池中微生物处于兼氧状态，将大分子难降解有机物分解成易降解的小分子有机物，提高 A 段出水的可生化性，为 B 段的高效去除提供基础。

另一方面，A 段长期连续在 DO 低于 0.5mg/L 的条件下运行也是不合理的。因为好氧增殖活动不仅能促进 A 段的生物絮凝作用，而且也是保证 A 段正常运行的必要条件；另外兼氧运行将会导致生物絮凝作用的减弱和代谢产物的抑制作用，导致降低 A 段的处理效率。因此，A 段宜采用兼氧和好氧交替运行，以保证改善废水的可生化性和 A 段处理效果。

可以将 A 段曝气池分为两部分，第一部分按兼氧、好氧方式交替运行，第二部分按好氧方式运行。兼氧、好氧交替运行也可以通过正确布置曝气装置（如单侧布置）形成特定的水流方向而得以实现。

2. 污泥回流比与废弃污泥排放控制

A 段的污泥沉降性能良好，SVI 值一般在 40～70mL/g 之间。另外，中沉池内不存在污泥膨胀或反硝化导致的污泥上浮等问题，因而 A 段的回流比一般不需太大，一般小于 70%，有时甚至可低于 50%。

因为 A 段不是一个单纯的生物处理系统，处理功能不是主要由生物代谢作用完成的，如果用 F/M 和 SRT 等生物学参数来控制运行，很可能造成控制不准确。A 段废弃污泥的排放，最好由 A 段中的 MLSS 浓度来控制。

3. 除氮脱磷时 C/N 值与 C/P 值的控制

在进行脱氮时应控制 BOD/TKN 值。如果 BOD/TKN<4，脱氮效率将降低，此时应降低 A 段的曝气量，这样可降低 A 段对 BOD 的去除率，提高进入 B 段曝气池废水的 BOD/TKN 值。一般情况下，BOD/TKN 值越低，对硝化越有利。因废水的 BOD/TKN 值较低时，B 段活性污泥中硝化菌的比例提高，从而提高了硝化效率。因此，当 B 段不要求脱氮只要求高效硝化时，应尽量提高 A 段对 BOD 的去除率，降低 A 段曝气池出水的 BOD/TKN 值。

当需要进行生物除磷时，应控制 B 段进水的 BOD/TP 值。要使 B 段高效除磷，BOD/TP 一般应大于 20。当 A 段处于好氧状态运行时，由于 A 段对磷和 BOD 的去除率基本相当，因而 A 段进水和 B 段进水的 BOD/TP 值也基本相同。当 A 段处于缺氧或厌氧运行状态时，A 段会使污水中的溶解性有机物浓度提高，中间沉淀池出水中会含有大量的低级脂肪酸，从而促进聚磷菌在 B 段厌氧段中对磷的释放，提高 B 段的除磷效率。但应注意到，A 段改为缺氧运行时，A 段的除磷率会有所下降，此时应权衡系统总的除磷效率是升高还是降低。

B 段的运行控制，包括脱氮除磷的控制，同传统活性污泥法工艺完全一致。但 A 段由于其处理机理的特殊性，应相应增加一些反映 A 段特性的监测项目如 TSS、TBOD、TCOD 等，以便准确地评价 A 段的运行效果。

三、设计计算

（一）设计通则

1. 采用 AB 工艺的基本条件

AB 工艺中的 A 段是该工艺的主体，A 段正常运行的必要条件是废水中必须有足够的已经适应该废水的微生物。由于 A 段的去除效率高低与进水微生物量直接相关，因此 A 段之前不宜设初沉池。在城市污水中，这些适应该污水的微生物基本上来自人类排泄物，而在工业废水和某些城市污水中，已经适应污水环境的微生物浓度很低或微生物絮凝性很差，因此造成 A 段效率明显下降，对这类污水来说就不宜采用 AB 工艺。

除了工业废水比例高以外，工业废水未经有效预处理也是妨碍 AB 法应用和效能发挥的重要因素。如在工业废水基本上未经有效预处理或高浓度废水直接排放的城市排水管网系统，通常混合污水的 BOD_5/COD 值偏低、色度高、pH 值变化很大。在这样的城市排水管网系统中微生物死亡率很高，微生物的适应和增殖受到很大限制，相应的 A 段的处理效果因外源微生物的减少将受到严重影响，因此这类污水处理也不宜采用 AB 工艺。

2. A、B 段的设计原则

为了充分利用 A 段微生物的絮凝性和吸附性，保证 A 段高效运行，一般情况下 A 段水力停留时间最好控制在 25～30min，增加水力停留时间反而不利，如原污水浓度很高时可增加到 60min 或更长些。A 段的最佳污泥负荷为 3～4kg BOD/(kg MLSS·d)。污泥浓度宜控制在 2～2.5g/L。泥龄的控制取决于废水水质特性和 A 段的污泥浓度，在 A 段中污泥浓度基本上与泥龄成正比关系。A 段污泥沉降性能极佳，SVI 值低于 50mL/g，因此中间沉淀池的水力停留时间可控制在 1.5h 以内。污泥回流比控制在 50%，在考虑除氮脱磷设计时，一般情况下应保证 B 段进水的 BOD_5/TN 值≥4。对 BOD_5/TN 值在 3 左右的污水来说，设置 A 段对生物脱氨除磷不利。

（二）　AB 工艺设计参数的选择

AB 工艺工程设计中，除 A 段和 B 段工艺设计较传统活性污泥工艺不同以外，其他的工段设计参数基本大同小异。

1. AB 工艺的设计流量

由于 A 段水力停留时间较短，通常在 1.0h 之内，因此进水水量的变化将对其产生较大的影响。对于分流制排水管网，A 段曝气池与中间沉淀池设计流量应按最大时流量设计计算；对于合流制排水管网，设计流量应为旱季最大流量。由于 B 段的水力停留时间相对较长，一般 HRT 均超过 5.0h 以上，且 B 段在 A 段之后，A 段和中间沉淀池有一定的缓冲能力，因此 B 段曝气池的设计流量可取平均流量设计或适当考虑系统的变化系数。

AB 工艺中二沉池的设计一般应按最不利情况考虑。对于分流制排水系统，二沉池按最大时流量设计；但对于合流制排水系统，设计流量应取雨季最大流量（即平均流量与平均流量乘以截流倍数 n 的两项之和）。

2. A 段曝气池

（1）污泥负荷

A 段污泥负荷一般控制在 2～6kg BOD/(kg MLSS·d) 之间，但实际运行中，由于进水水质、水量通常为变动状态，因此 A 段的污泥负荷瞬时波动是较大的，所以设计污泥负荷值不宜选取过高，通常取 3～5kg BOD/(kg MLSS·d) 为宜。污泥负荷过高不利于进水微生物的适应及生长，而负荷太低也不利于中间沉淀池的固液分离。

（2）污泥浓度、泥龄及污泥回流比

AB 工艺中 A 段的负荷变化较大，因此在实际运行中，A 段的污泥浓度也有较大波动，通常设计的污泥浓度为 2000～3000mg/L。当设计的进水有机物浓度较高时，为了保证合理的水力停留时间，A 段中的污泥浓度也可提高到 3000～4000mg/L。A 段的泥龄一般控制在 0.3～1d 之间。

由于 A 段主要以吸附为主，且污泥中的有机物含量较大，因此该段的污泥沉降性能较好，一般污泥指数 SVI 均在 60mL/g 以下，运行中 A 段的污泥回流比控制在 50% 以内。但考虑到实际工程运行的灵活性及其水质、水量的波动变化等因素，设计时 A 段的污泥回流比应考虑能在 50%～100% 之间灵活变化。

（3）水力停留时间

由于 A 段以物理吸附为主，因此其 HRT 的设计较为重要，通常水力停留时间过长作用不十分明显。根据国内外的 AB 工艺的工程经验，一般情况下，水力停留时间设计值不宜少于 25min，但也不宜超过 1.0h。设计中可取 30～50min。

（4）溶解氧及耗氧负荷

由于 A 段可根据实际需要采用好氧或兼氧的方式运行，因此其溶解氧浓度的变化范围较大，一般在 0.2～1.5mg/L 之间。当采用兼氧运行方式时，溶解氧应控制在 0.2～0.5mg/L 之间。A 段的氧消耗负荷一般在 0.3～0.4kg O_2/(kg BOD_5 去除)。

3. 中间沉淀池

中间沉淀池的作用主要是将 A、B 段的污泥菌种有效地隔开，因此其沉淀效果的好坏是非常重要的。由于 A 段的污泥沉降性能较好，因此其沉淀池的设计基本相当于初沉池的设计要求。一般情况下，中间沉淀池的表面水力负荷可取 2m^3/(m^2·h)，水力停留时间可取 1.5～2h；平均流量时允许的出水堰负荷为 15m^3/(m·h)，最大流量时允许的出水堰负荷为 30m^3/(m·h)。

4. B 段曝气池

B 段基本上同普通活性污泥法类似，因此其设计参数基本等同于普通活性污泥法工艺。B 段的泥龄及污泥负荷的选取主要取决于出水水质要求。若出水水质仅要求去除有机物，则泥龄取 5d 左右即可；若出水水质必须满足脱氮的要求，则污泥龄应取 15～20d，B 段的污泥负荷约一般为 0.15～0.3kg BOD/(kg MLSS·d)。

5. 二沉池

B 段在采用传统活性污泥法工艺时，二沉池的作用与其在传统活性污泥法工艺中相同，因此其设计参数基本与传统活性污泥法工艺中的二沉池设计相同。通常按最大流量考虑，表面水力负荷一般取 1.0m^3/(m^2·h) 以下，水力停留时间为 2.5～3h，最大出水堰负荷为 15m^3/(m·h)。

6. 污泥产率

AB 工艺的污泥产量相对其他传统活性污泥法工艺是较多的，因此 AB 工艺的污泥系统合理设计的前提是合理确定污泥产率。

AB 工艺中的废弃污泥分别来自 A 段和 B 段，而 A 段是工艺中污泥的主要来源，该段废弃污泥由三部分组成：即去除的可沉固体、去除的不可沉悬浮固体和降解溶解性 BOD 生成的生物活性污泥。在设计中可沉固体的去除率可取 90%～100%，不可沉悬浮固体的去除率可取 50%～75%，溶解性 BOD 去除率可按 20%～40% 计算。A 段的废弃污泥量与进水水质中以上各组分的组成比例有关，通常设计中 A 段的污泥产率可采用 0.3～0.5kg/(kg BOD 去除)，考虑可沉固体和不可沉悬浮固体的去除，A 段的废弃污泥量可采用式 (1-6-162) 计算。B 段污泥产率可按照活性污泥法的设计考虑，即废弃污泥产量除与进水水质有关外还应考虑设计的泥龄等因素，在一般的城市污水 AB 工艺设计中，若泥龄为 5～20d 时，则 B 段污泥产率通常为 0.5～0.65kg/(kg BOD 去除)，废弃污泥量可采用式 (1-6-169) 计算。

（三） AB 工艺设计

除典型 AB 工艺外，目前以典型 AB 工艺为主体，先后又有多种 AB 工艺的改进形式，因此其工艺的设计参数也各不相同，但这些改进的 AB 工艺设计的主体仍为 A 段，因此这里重点阐述典型的 AB 工艺 A 段的设计计算。

典型的 AB 工艺主要包括粗格栅、进水泵房、细格栅、沉砂池在内的预处理工段，A 段（A 段曝气池、中间沉淀池），B 段（B 段曝气池、二沉池），污泥处理工段（浓缩池、消化池、脱水机房）。除 A 段和 B 段外，其余的工段与传统活性污泥工艺设计基本相同。本节主要介绍 A 段和 B 段的设计计算方法。

1. 设计参数和符号的说明

Q 为设计平均进水流量，m^3/d；q_{max} 为设计最大进水流量，m^3/d；下标 e 表示出水；下标 i 为表示进水；T_{min} 为设计最低水温，℃；T_{max} 为设计最高水温，℃；$f_{BOD(s)}$ 为进水 BOD_5 中可沉部分所占比例；$f_{BOD(ns)}$ 为进水 BOD_5 中悬浮部分所占比例；$f_{BOD(d)}$ 为进水 BOD_5 中溶解性部分所占比例；$f_{SS(s)}$ 为进水 SS 中可沉部分所占比例；$f_{SS(ns)}$ 为进水 SS 中不可沉部分所占比例；f_V 为 SS 中挥发组分所占比例（典型城市污水为 0.5～0.65）；f_{nV} 为 SS 挥发组分中不可生物降解的惰性部分所占比例（典型城市污水为 0.3～0.4）；f_s 为系统产泥系数，kg VSS/(kg BOD_5 去除)；f 为污泥有机成分比例。

2. A 段曝气池设计计算

曝气池的设计计算需确定的设计参数如下：X 为曝气池内混合液浓度，g/L；F_W 为污泥负荷，kg BOD/(kg MLSS·d)；水质指标浓度单位为 mg/L。

（1）曝气池有效容积 V

曝气池容积可按式 (1-6-159) 计算，单位为 m^3。

$$V = \frac{q_{max}BOD \times 10^{-3}}{F_W X} \tag{1-6-159}$$

（2）曝气池水力停留时间 HRT

水力停留时间主要作为校核的设计参数进行计算，采用式 (1-6-160) 计算，单位为 h。

$$HRT = \frac{24V}{q_{max}} \tag{1-6-160}$$

通过式（1-6-160）可验算 HRT 是否在合理的范围，否则应调整污泥负荷或曝气池内混合液浓度再重新计算。

（3）曝气池实际需氧量 R 计算

实际需氧量的计算可按式（1-6-161）进行计算，单位 kg/d。

$$R = a'Q \mathrm{BOD}(f_{\mathrm{BOD(s)}}\eta_s + f_{\mathrm{BOD(ns)}}\eta_{ns} + f_{\mathrm{BOD(d)}}\eta_{db}) \times 10^{-3} + b'VX \qquad (1\text{-}6\text{-}161)$$

式中，a' 为去除每千克 BOD 所需的氧量，kg/kg，城市污水为 $0.5\sim0.6$；b' 为每千克 VSS 自身氧化需氧量，kg/(kg·d)，城市污水为 $0.11\sim0.18$；η_s 为可沉固体去除率；η_{ns} 为不可沉固体去除率；η_{db} 为溶解性 BOD 去除率。

根据实际需氧量计算标准需氧量，并根据标准需氧量进行曝气设备的设计计算（计算方法从略）。

（4）废弃污泥量

废弃污泥量可通过式（1-6-162）进行计算。

$$W_{\mathrm{A}} = Q[\mathrm{SS}_i(f_{\mathrm{SS(s)}}\eta_s + f_{\mathrm{SS(ns)}}\eta_{ns}) + a\mathrm{BOD}_i f_{\mathrm{BOD(d)}}\eta_{db}] \times 10^{-3} - bXV \qquad (1\text{-}6\text{-}162)$$

式中，W_{A} 为 A 段污泥产量，kg/d；a 为污泥的产率系数，以 VSS/BOD$_5$ 计，一般为 $0.05\sim0.75$kg/kg；b 为污泥的自身氧化系数，kg/(kg·d)，一般为 $0.05\sim0.1$。

（5）泥龄计算

泥龄 θ_c 可采用式（1-6-163）计算。

$$\theta_c = \frac{VX}{W_{\mathrm{A}}} \qquad (1\text{-}6\text{-}163)$$

3. 中间沉淀池设计计算

中间沉淀池需要确定的设计参数主要有表面水力负荷 q 和水力停留时间 T。

表面水力负荷 q 一般可取 $1.5\sim2.0$m^3/(m^2·h)。

水力停留 T 一般可取 $1.5\sim2$h。

沉淀池的有效积 S 按式（1-6-164）计算，单位为 m^2。

$$S = \frac{Q_{\max}}{24q} \qquad (1\text{-}6\text{-}164)$$

有效水深 H 按式（1-6-165）计算，单位为 m。

$$H = qT \qquad (1\text{-}6\text{-}165)$$

4. B 段曝气池的设计计算

（1）B 段曝气池容积

B 段曝气池容积的设计计算基本与传统活性污泥法工艺相同，可参见第五章有关部分。

（2）B 段曝气池实际需氧量 R

计算方法与 A 段曝气池实际需氧量 R 计算方法相同，但由于两段微生物种类、状态与去除有机物机理有较大差别，计算时应注意 B 段曝气池参数 a'、b' 与 A 段曝气池参数 a'、b' 值有所不同。

（3）污泥产率计算

B 段污泥产率主要有三部分组成，即进水 SS 的截留量 X_{SS}、降解有机物活性污泥生成量 X_{b}、内源呼吸残留量 X_{e}。

X_{SS} 可由式（1-6-166）计算，单位为 kg/d。

$$X_{\mathrm{SS}} = Q\mathrm{SS}_i \times 10^{-3} \times [1 - f_{\mathrm{SS(s)}}\eta_s - f_{\mathrm{SS(ns)}}\eta_{ns}](1 - f_v + f_v f_{nv}) \qquad (1\text{-}6\text{-}166)$$

X_{b} 可由式（1-6-167）计算，单位为 kg/d。

$$X_b = aQ \text{BOD}_i \times 10^3 \times \left[1 - f_{\text{BOD(s)}} \eta_s + f_{\text{BOD(ns)}} \eta_{ns} + f_{\text{BOD(d)}} \eta_{db}\right] \tag{1-6-167}$$

X_e 可采用式（1-6-168）计算，单位为 kg/d。

$$X_e = 0.2b\theta_c X_b \tag{1-6-168}$$

B 段污泥总产量 X_T 为 X_{SS}、X_b 和 X_e 之和。

（4）B 段废弃污泥量 W_B

为 B 段污泥总产量（W_T）与二沉池带出的污泥量之差：

$$W_B = W_T - Q \text{SS}_e \times 10^{-3} \tag{1-6-169}$$

第四节 投料活性污泥法

一、原理和功能

（一）投料活性污泥法和生物膜法的原理

活性污泥法是目前广泛应用且具有发展潜力的一种废水生物处理技术。随着现代化工业的发展，城市中工业废水的排放量加大，水质和水量的波动性日益加剧，废水中难降解有机物的种类和数量不断增加，传统活性污泥法的不足日益暴露出来。针对传统活性污泥法的不足，为适应废水处理发展的要求，开发了许多活性污泥法和生物膜法的改进工艺，其中，投加填料就是广为应用的一种改进工艺。

所谓投料活性污泥法和生物膜法，顾名思义，即在传统的活性污泥法系统以及生物膜系统中，投加某些物质，其对活性污泥产生显著影响，如改变系统内生物相以及微生物的存在方式，改变基质的分配与传质状况，增加系统的生物固体总量，提高系统综合净化能力等。本手册根据投加物质的不同，将该类处理方法分为固定生物膜-活性污泥法（IFAS）、移动床生物膜法（MBBR）、投加混凝剂（助凝剂）、投加细颗粒流动载体、投加高效菌种五类。

（二）各类型投料活性污泥法和生物膜法描述

1. 固定生物膜-活性污泥法（IFAS）

固定生物膜-活性污泥工艺（integrated fixed-film activated sludge process）是包含固定膜载体的活性污泥系统。在悬浮反应器中微生物可附着在固定膜载体上生长，从而增加可用的生物量，在不增加池容和占地的情况下，使营养物的去除增加。IFAS 系统可设厌氧区、好氧区或兼氧区。在 IFAS 工艺中，仍需要二沉池和二级过滤，其设计类似于传统和改进的活性污泥法。

IFAS 结构因活性污泥系统的类型和载体类型而不同。典型的结构如图 1-6-39 所示。IFAS 系统中，活性污泥工艺的种类有传统活性污泥法（包含强化脱氮除磷）、改进 Ludzack-Ettinger（MLE）工艺以及分步脱氮等。载体包括绳状载体、海绵、塑料载体、旋转生物接触载体和生物滤池载体。另外，载体可以是悬浮自由流动的或固定式的，固定式载体固定在生物反应器内的框内。IFAS 主要用于需提高氮和 BOD 去除的改造工程。IFAS 在不增大占地面积的情况下可提高处理能力。IFAS 系统适于无扩充空间、地下结构复杂或新要求提高氨氮排放标准的工厂。

IFAS 系统的目的是增加载体上附着生长的生物量来增加悬浮微生物量。生物量的增加会使单位体积的硝化率增加，从而减少硝化所需池容。IFAS 系统中典型的 MLSS 浓度范围

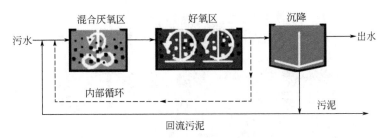

图 1-6-39 典型的 IFAS 工艺流程

为 1000~3000mg/L，而高达 5000mg/L 的浓度也有使用。IFAS 系统的 SVI 类似于生物除氮的活性污泥系统。

IFAS 系统是高效处理工艺。自由流动的系统不同于固定载体系统，需要增加设备，如截留载体流出的筛网、筛网清洗系统、载体循环泵等。空气扩散器可实现混合并防止自由流动的载体堵塞于出水筛网。海绵型自由载体需要气泵循环和载体清洗泵，而塑料载体则不需要。此外，自由流动载体更易受载体堵塞出水筛网引起的水力问题的影响。自由流动载体进行维护、清洗时，必须泵入另一个池子，之后再重新分配。

固定载体系统必须设计成维护、清洗时可取出或可移动的。当固定载体系统脱水后，载体可能会迅速产生臭气，因此臭气是需要关切的问题。此外，固定载体系统更易受优势微生物种群的影响。在固定载体系统中，载体位置较自由载体系统更为关键。

IFAS 系统运行需要充足的混合、搅拌、曝气、出水筛网和泡沫堆积物去除系统。混合通常在悬浮载体系统中保证载体一致的循环和悬浮。自由载体系统中通常有充足的混合来控制生物膜生长，而固定载体系统则需要设计搅拌系统。充足的曝气对维持生物膜溶解氧浓度在 3~4mg/L 之间是很重要的。自由载体反应器中需要出水筛网，出水筛网通常为在曝气池中液面下的圆柱体筛网或缺氧池中垂直楔形金属丝网。出水筛网阻止泡沫流入下游工艺，因而泡沫堆积是常见的运行问题，可用有氯水喷雾或设泡沫可通过的筛网来解决。

2. 移动床生物膜法（MBBR）

移动床生物膜法（the moving bed biological reactor）是微生物附着生长的活性污泥工艺，工艺原理是通过向反应器中投加一定数量的悬浮载体，提高反应器中的生物量及生物种类，从而提高反应器的处理效率。由于填料密度接近于水，所以在曝气的时候，与水呈完全混合状态，微生物生长的环境为气、液、固三相。载体在水中的碰撞和剪切作用，使空气气泡更加细小，增加了氧气的利用率。另外，每个载体内外均具有不同的生物种类，内部生长一些厌氧菌或兼氧菌，外部为好养菌，这样每个载体都为一个微型反应器，使硝化反应和反硝化反应同时存在，从而提高了处理效果。

MBBR 工艺中用到的填料为聚乙烯材料制成的空心圆柱体，与 IFAS 工艺中用的塑料填料相似。见图 1-6-40。

MBBR 与 IFAS 主要的区别在于 MBBR 工艺不包括污泥回流过程。两种工艺都可作为现有活性污泥工艺的改造。这些系统主要用于溶解性有机物和氮的去除。MBBR 出水必须先经过预沉淀，并且要后接沉淀池。一般而言，移动床有控制生物膜薄厚的能力、增加传质效率、减少堵塞、提供较高的生物膜生长的表面积等优点。图 1-6-41 列出了 MBBR 工艺系统及系统单元。

MBBR 工艺中的反应器可以为好氧、缺氧和厌氧的。载体依靠曝气（好氧区）和机械搅拌（缺氧和厌氧区）达到完全混合的状态。与 IFAS 悬浮载体系统类似，MBBR 出水需要设置筛网。MBBR 池体中放置的载体数量取决于有机负荷、水力负荷、温度、出水水质等。MBBR 通常添加池容 70% 的填料，但具体应参见不同载体厂家的技术手册。MBBR 系统中

图 1-6-40　MBBR 工艺所用填料

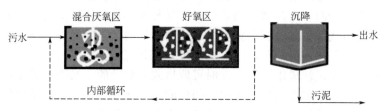

图 1-6-41　MBBR 工艺原理图

典型的 DO 浓度为 2～3mg/L。实践中，过高的 DO 浓度并不利。初步研究显示，高有机负载的生物膜反应器会产生不易沉降的固体，因此 MBBR 系统中的沉淀池中可以添加化学药剂来促进沉淀。

移动床生物膜工艺的特点包括以下几点。

① 容积负荷高，紧凑省地　容积负荷取决于生物填料的有效比表面积。不同填料的比表面积相差很大。AnoxKaldnes 集团开发的填料比表面积可以从 $200m^2/m^3$ 到 $1200m^2/m^3$ 的范围内变化，以适应不同的预处理要求和应用情况。

② 耐冲击性强，性能稳定，运行可靠　冲击负荷以及温度变化对移动床工艺的影响要远远小于对活性污泥法的影响。当污水成分发生变化，或污水毒性增加时，生物膜对此的耐受力很强。

③ 搅拌和曝气系统操作方便，维护简单　曝气系统采用穿孔曝气管系统，不易堵塞。搅拌器采用具有香蕉形的搅拌叶片，外形轮廓线条柔和，不损坏填料。整个搅拌和曝气系统很容易维护管理。

④ 生物池无堵塞，生物池容积得到充分利用，没有死角　由于填料和水流在生物池的整个容积内都能得到混合，从根本上杜绝了生物池的堵塞可能，因此，池容得到完全利用。

⑤ 灵活方便　工艺的灵活性体现在两方面：一方面，可以采用各种池型（深浅方圆都可），而不影响工艺的处理效果；另一方面，可以很灵活地选择不同的填料填充率，达到兼顾高效和远期扩大处理规模而无需增大池容的要求。对于原有活性污泥法处理厂的改造和升级，移动床生物膜工艺可以很方便地与原有的工艺有机结合起来，形成活性污泥-生物膜集成工艺（HYBASTM 工艺）或移动床-活性污泥组合工艺（BASTM 工艺）。

⑥ 使用寿命长　优质耐用的生物填料、曝气系统和出水装置可以保证整个系统长期使用而不需要更换，折旧率较低。

3. 投加混凝剂（助凝剂）的活性污泥法

采用活性污泥工艺处理往往无法同时兼顾脱氮和除磷的要求，脱氮一般只能靠生物去除而除磷既可以采用生物除磷也可以采用化学除磷，可以用活性污泥工艺脱氮，同时用化学法辅助除磷。活性污泥法与化学法结合处理城市污水成为污水处理技术的一个新趋势，在活性污泥系统中加入少量混凝剂，既有混凝效果，同时又能在其表面生成生物活性膜，污泥颗粒紧实，使生物处理的效果更加稳定，可提高工艺对磷的去除率，使活性污泥的浓度提高，改善出水水质，同时可以提高二沉池固废分离条件，缩小二沉池容积及占地面积，提高污泥处理能力，抑制污泥膨胀及上浮的不良现象。

水处理中常用的混凝剂有无机混凝剂、有机高分子絮凝剂及微生物絮凝剂。

无机混凝剂与废水中磷酸盐结合产生不溶性盐，有利于磷从废水中去除而进入污泥，并随污泥外排，其作用机理如下：

$$Al_2(SO_4)_3 + 2PO_4^{3-} \longrightarrow 2AlPO_4 + 3SO_4^{2-} \tag{1-6-170}$$

$$FeCl_3 + PO_4^{3-} \longrightarrow FePO_4 + 3Cl^- \tag{1-6-171}$$

由于废水中含一定量碱度（一般为 $100\sim150mg/L$），于是：

$$Al_2(SO_4)_3 + 6HCO_3^- \longrightarrow 2Al(OH)_3 + 3SO_4^{2-} + 6CO_2 \tag{1-6-172}$$

$$FeCl_3 + 3HCO_3^- \longrightarrow Fe(OH)_3 + 3Cl^- + 3CO_2 \tag{1-6-173}$$

因此，投加混凝剂是增强脱磷的重要对策之一。过程中生成的不溶性磷酸盐随 $Al(OH)_3$ 或 $Fe(OH)_3$ 絮凝体一起沉降去除。常用的无机混凝剂为硫酸铝和三氯化铁。

混凝剂在活性污泥系统中的投加位置，对处理过程及处理效率有重要的影响，具体有以下 5 种可能投加位置，如图 1-6-42 所示：

① 在初沉池出水，回流污泥流入之前；

② 在初沉池出水，回流污泥流入之后；

③ 在初沉池出水流入曝气池内的进口附近；

④ 在曝气池流出口附近；

⑤ 在曝气池出水流入终沉池的明渠中。

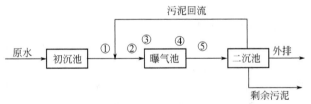

图 1-6-42　混凝剂向活性污泥系统的几种可能投加位置

混凝剂的种类与最适宜添加的位置有密切的关系。一般来说，硫酸铝的最适宜投加位置为曝气池的流出口附近（④处），而三氯化铁则在初沉池流入曝气池内的进口附近（③处）。选择最适合的位置投加混凝剂，要考虑形成的絮体不致被破坏而使出水浑浊，同时适合的位置也能使混凝剂投药量节省，而功效显著。

有机混凝剂目前广泛应用的有聚丙烯酰胺（PAM）。它是一种人工合成的线型水溶性有机高分子化合物，其聚合度高达 $20000\sim90000$，相应的分子量高达 50 万～1700 万。聚丙烯酰胺易溶于冷水，而在有机溶剂中溶解度有限，分子链长，具有优良的絮凝性能。聚丙烯酰胺常作为助凝剂与其他混凝剂一起使用，可产生较好的混凝效果。

微生物絮凝剂是一类由微生物或其分泌物产生的代谢产物，它是利用微生物技术，通过细菌、真菌等微生物发酵、提取、精制而得的，是具有生物分解性和安全性的高效、无毒、无二次污染的水处理剂。微生物产生的絮凝剂的分子量多在 10 万以上，有的达 200 万。因此，也可以说是一种天然的高分子絮凝剂。在反应工程中，絮凝剂的大分子通过离子键、氢键与范德华力，将水中的胶体颗粒吸附、连接在一起，形成"架桥"现象。这是对微生物絮凝剂机制最常解释的一种理论。这种被架桥而凝聚在一起的胶体颗粒与絮凝剂在一起形成网状结构，质量不断增加，借重力而下沉，进行固液分离。一般来说，微生物絮凝剂的分子质量越大，则絮凝效果越高，絮凝效果越佳。

4. 投加细颗粒流动载体的活性污泥法

向活性污泥系统中投加细颗粒流动载体，具有流动性好、不堵塞、传质效果好等特点。该类载体包括粉末活性炭、砂粒、沸石、粉煤灰、陶瓷以及易于回收的磁性细小颗粒。

20世纪60～70年代国外开发出将粉末活性炭（PAC）投加到活性污泥系统的（曝气池中的）混合液中去的工艺，显示出许多优点：

① 利用粉末活性炭的吸附作用，提高 BOD_5 和 COD（乃至 TOC）的去除率，改善污泥沉降性能；

② 提高对色素、难生物降解污染物和多类毒物的去除率；

③ 能吸附去除废水中的洗涤剂，减少了曝气池液面上的泡沫及其危害；

④ 提高曝气池抗击有机污染物负荷及水力负荷波动变化的适应能力，使运行稳定安全，出水水质均匀；

⑤ 能降低 SVI，消除污泥膨胀，污泥沉降性能改善；

⑥ 能延长活性污泥系统的污泥龄，使硝化作用更完善；

⑦ 粉末活性炭污泥在沉淀池的沉降速率比单纯活性污泥要大，这样提高了固液分离效率，使出水水质更佳。

除了粉末活性炭，陶粒、砂粒、无烟煤、沸石等也可以作为小颗粒介质载体投放活性污泥系统以强化净化效果，改善污泥性质。

投加量与污水性质、污染物浓度、系统内的生物量等有密切关系，一般占曝气池体积的15%～30%，在50%以下为宜。BOD_5 容积负荷宜小于 $10kg\ BOD_5/(m^3 \cdot d)$。系统内的MLVSS保持在 3000～10000mg/L 或更高。

5. 投加高效菌种的活性污泥法

自然界中广泛存在着多种多样的微生物，它们不仅对地球的物质循环以及生态的平衡起重要作用，而且对自然环境中的特定污染物具有降解作用。针对现运行的多数污水生物处理装置存在难降解污染物以及氮磷处理率低问题，通过采用生物强化技术投加具有特定降解功能的微生物，增强对这类污染物的降解能力。这类技术被认为是一种较为经济实用的解决方案。

本书中主要介绍 EM 菌、硝化菌、酵母菌三类。

（1）EM 菌

日本琉球大学农学部比嘉照夫教授经过多年的研究，于20世纪80年代研制开发出了EM 菌，即有效微生物菌群（effective microorgaisms）。EM 菌是基于"头领效应"，以光合细菌为主导，包含有放线菌群、乳酸菌群、酵母菌群等10属80多种微生物，各微生物之间通过形成互惠互利的共存共生体系而合成的生物活菌制剂。EM 菌中主要菌群对污染物的去除功能见表 1-6-13。

表 1-6-13　EM 菌中主要菌群及其对污染物的去除功能

菌群名称	基质	产物	对污染物的去除功能
光合菌群	二氧化碳、乳酸、硫化氢、氮素	氨基酸、核酸、糖类、维生素类、氮素化合物、生理活性物质、抗病毒物质	可降解污水中的有机物、氨氮和硫化氢等有害物质
放线菌群	氨基酸、氮素、嘌呤、木质素、纤维素、甲壳素	抗生素、维生素、酶	可促进污水中的有机氮和纤维悬浮物的分解

菌群名称	基质	产物	对污染物的去除功能
酵母菌群	氨基酸、碳水化合物	酵母蛋白、二氧化碳和酒精、促进细胞分裂的活性化物质	可促进污水中醇、酚、脂、氨基酸及多糖和蛋白质的分解
乳酸菌群	多糖类、木质素、纤维素	乳酸等	可促进污水中难降解碳水化合物的分解

从表 1-6-13 可以看出，EM 菌对污水中多种污染物具有降解作用。又由于 EM 菌是一个复杂的互利互惠的共生菌群，具有一定的稳定性，因此对水体污染事故的紧急处理、自然水体的生态修复、强化污水生物处理体系对特定污染物降解效果等方面都有较好的应用。

EM 菌原液（或原露）在使用时通常采用有效的基质对 EM 菌进行复壮扩大培养，其主要目的：

① 迅速恢复 EM 菌原液中各菌种的活性和提高生物量，从而提高 EM 菌中活性微生物对污染物的降解能力；

② 减少 EM 菌原液用量，有效降低运行成本。

常用的 EM 菌复壮液制作方法见表 1-6-14。

表 1-6-14　常用的 EM 菌复壮液制作方法

复壮液成分	成分体积比	操作条件	重要结论
EM-1＋蜂蜜/糖蜜/COD$_{Cr}$5500mg/L 左右的污水＋去氯水	3∶3∶94 5∶5∶90 8∶8∶84 10∶10∶80	＞25℃,密闭	复壮 EM 体积分数＞1% 为宜,用高浓度污水、糖蜜和蜂蜜为宜;用高浓度污水复壮,可节省 EM 菌用量
EM 原液＋蜂蜜＋去氯水	3∶3∶100	25℃,密闭 1 周	
EM 原液＋糖蜜＋蒸馏水	3∶3∶94 4∶4∶92 5∶5∶90 6∶6∶88	厌氧:25~33℃,密闭 好氧:微曝气 DO 1~3mg/L, 25~33℃	厌氧复壮效果比好氧的好
EM-1＋COD$_{Cr}$1885mg/L 的废水＋蒸馏水	3∶3∶94 4∶4∶92 5∶5∶90 6∶6∶88	厌氧	用废水的复壮效果没有糖蜜好
EM-1 原液＋糖蜜＋蒸馏水	4∶4∶92	厌氧,1 周	

从表 1-6-14 可以看出，复壮处理后的扩大液，一般以 1/2000~1/1000 的体积比投加到活性污泥处理系统中，强化生物处理工艺对污水的处理效果。

（2）硝化菌

硝化是污水生物处理脱氮工艺的重要步骤，硝化过程的主要控制因素有温度、泥龄、pH 值及有毒有害物质，硝化反应的最适温度范围是 30~35℃，当温度在 5~35℃ 之间由低至高逐渐过渡时，硝化反应的速率将随温度的增高而加快，泥龄是重要的工艺参数，为保证反应器中有数量足够且性能稳定的硝化菌，必须使微生物的停留时间大于硝化菌的最小运行周期，一般为 3~5d，有的达 10~15d。在低温期间为保证正常的硝化效率，反应器的容积要求达到高温期间的 3 倍以上。

投加硝化菌能有效地解决活性污泥工艺在低温期间泥龄要求长和反应器容积大的问题。

活性污泥硝化阶段采用硝化菌污泥投加的方法可用于一年四季对硝化有较高要求的城市污水处理厂。已有研究表明，脱水污泥的上清液富含氨氮，易在独立硝化单元中生物硝化为硝酸盐，由于这部分污水的氨氮含量高，有利于生成高组分硝化菌污泥。这种独立硝化单元产生的剩余污泥是一种有效的硝化投加液，它能显著提高硝化效率。这可以成为一种对传统硝化技术的优化方法，特别是在低温期间能有效地达到硝化要求。

（3）酵母菌

酵母菌也为 EM 菌的主要菌群之一。酵母菌的分布非常广泛，经过长期的自然选择，对高糖环境、高碳环境、高渗透压环境、低温环境、有毒有害环境等具有较强的适应性。近年来，越来越多的研究表明，酵母菌在处理废水方面有巨大的潜力和广阔的前景。目前，在高浓度有机废水、含重金属离子废水、有毒有害废水、生活污水等废水处理领域中已经有了一定的应用。

一些酵母菌能利用石油馏分中的正烷烃、正烯烃和环烷烃等烃类化合物作为生长碳源。它们可以使石油脱蜡，即除去石油中的正烷烃，降低其凝固点。尤其是假丝酵母菌属（Candida）既可用于脱蜡达到提高石油品质的目的，同时又可获得丰富的单细胞蛋白（SCP）。意大利 SarrochBP 公司的 Candida maltosa 以正烷烃为碳源，其生产规模达 100000t/a。不少假丝酵母能利用正烷烃为碳源进行石油发酵脱蜡，其中氧化正烷烃能力较强的假丝酵母多是解脂假丝酵母或热带假丝酵母，人们利用它们得到了高级航空汽油和柴油，同时也获得了大量的石油酵母。据说，加喂 1t 石油酵母饲料，可多生产 700 多千克猪肉。石油酵母将来还可能作为人类的食物。

除利用石油外，酵母菌还可利用工业废水。如热带假丝酵母（C.tropiculis）可利用味精生产废水生产 SCP，蛋白含量达 60%，可作为动物饲料；产朊假丝酵母（C.utilis）利用亚硫酸纸浆废水生产 SCP，这样，既消耗掉了工业废水等污染物，治理了环境，同时又获得了丰富的 SCP；另外，酵母菌可以利用赖氨酸加工废水，生产 SCP，从而变废为宝，进行废物资源化利用；复旦大学也进行了利用丝孢酵母处理淀粉废水和豆制品废水的研究。

二、设备和装置

投料活性污泥法是对传统活性污泥法的改进，因此同样需要活性污泥法中所需的设备和装置。如曝气装置、各种泵（进水泵、出水泵、排泥泵、污泥回流泵、加药泵等，参见各厂家样本）等。此外，投料活性污泥/生物膜法由于其工艺的特点，还需要一些其独特的设备和装置。

（一） IFAS、MBBR 系统所需填料

1. 悬浮填料

（1）塑料载体

在现代污水处理厂中，用于 IFAS 和 MBBR 工艺中的生物膜载体主要材料是 HDPE，技术关键在于研究和开发了密度接近于水，轻微搅拌下易于随水自由运动的生物填料。生物填料具有有效表面积大，适合微生物吸附生长的特点。填料的结构以具有受保护的可供微生物生长的内表面积为特征。当曝气充氧时，气泡的上升浮力推动填料和周围的水体流动起来，当气流穿过水流和填料的空隙时又被填料阻滞，并被分割成小气泡。在这样的过程中，填料被充分地搅拌并与水流混合，而空气流又被充分地分割成细小的气泡，增加了生物膜与氧气的接触和传氧效率。在厌氧条件下，水流和填料在潜水搅拌器的作用下充分流动起来，达到生物膜和被处理的污染物充分接触而生物分解的目的。流动床生物膜反应器工艺由此而得名。其原理示意如图 1-6-43 所示。因此，流动床生物膜工艺突破了传统生物膜法（固定床生物膜工艺的堵塞和配水不均，以及生物流化床工艺的流化局限）的限制，为生物膜法更广泛地应用于污水的生物处理奠定了较好的基础。

不同厂家生产的生物膜载体在外观上也略有不同，如图 1-6-44、图 1-6-45 所示。

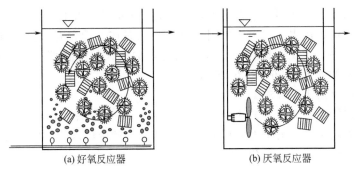

(a) 好氧反应器　　　　　　　　　　(b) 厌氧反应器

图 1-6-43　流动床生物膜工艺原理示意

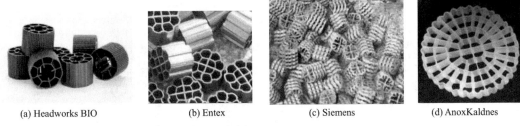

(a) Headworks BIO　　　　(b) Entex　　　　(c) Siemens　　　　(d) AnoxKaldnes

图 1-6-44　几种生物膜载体典型形态（一）

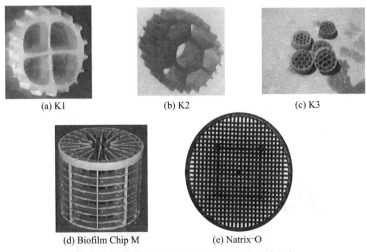

(a) K1　　　　　　(b) K2　　　　　　(c) K3

(d) Biofilm Chip M　　　　(e) Natrix-O

图 1-6-45　几种生物膜载体典型形态（二）

　　载体上生物膜主要集中于载体内部，外部的生物量较少，这主要由于载体相互碰撞时造成的损耗。图 1-6-46 为附着有成熟生物膜的载体。

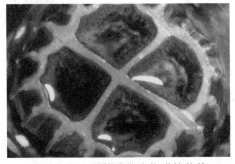

图 1-6-46　附着成熟生物膜的载体

当预处理要求较低，或污水中含有大量纤维物质时，宜采用比表面积较小的尺寸较大的生物填料，比如在市政污水处理中不采用初沉池，或者在处理含有大量纤维的造纸废水时。当已有较好的预处理，或用于硝化时，宜采用比表面积大的生物填料。生物填料由塑料制成。填料的相对密度界于 0.96～1.30 之间。

（2）海绵载体（图 1-6-47）

海绵块通常占活性污泥池容的 10%～30%。微孔曝气提供所需氧气以及必要的混合能量。海绵块上的固定微生物的增加使得池中微生物总量增至原来的两倍。与此同时，系统达到更高的总泥龄和较低的污泥负荷。

图 1-6-47　海绵载体

2. 固定填料

固定填料仅用于 IFAS 系统中。通常将绳装填料做成固定的模块，用时只需吊装入曝气池中。BioWeb 是一种用于 IFAS 系统的针织矩阵固定膜，如图 1-6-48 所示。这一网状结构提供了无数生物附着位置。将这些网状膜填装在矩形框中作为模块，即可方便地安装和更换，如图 1-6-49、图 1-6-50 所示。

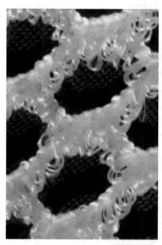

图 1-6-48　BioWeb 固定生物膜

图 1-6-49　BioWeb 固定膜的安装

（二）　IFAS、MBBR 系统出水筛网

在 IFAS、MBBR 系统中，出水装置要求达到把生物填料保持在生物池中，其孔径大小由生物填料的外形尺寸而定。出水装置的形状有多孔平板式或缠绕焊接管式（垂直或水平方向）。出水面积取决于不同孔径的单位出流负荷。出水装置没有可动部件，不易磨损。如图 1-6-51 所示。

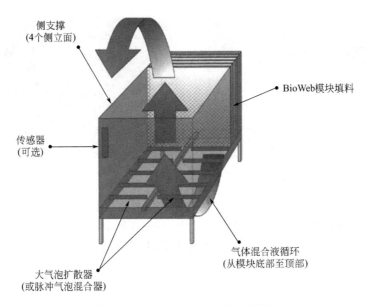

图 1-6-50　BioWeb 固定膜运行模型

图 1-6-51　各种出水筛网的形式

（三）　MBBR、IFAS 曝气系统

由于生物填料在生物池中的不规则运动，不断地阻挡和破碎上升的气泡，曝气系统只需采用开有中小孔径的多孔管系，这样，不存在微孔曝气中常有的堵塞问题和较高的维护要求。曝气系统要求达到布气均匀，供气量由设计而定，并可以控制。一般而言，粗气泡的扩散速率在 $0.03\text{m}^3/(\text{min}\cdot\text{m}^3)$ 左右就基本足够了，如图 1-6-52 所示。

（四）　MBBR、IFAS 系统中厌氧反应池的搅拌系统

厌氧反应池中采用香蕉形叶片的潜水搅拌器。在均匀而慢速搅拌下，生物填料和水体产

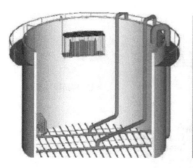

图 1-6-52　曝气系统

生回旋水流状态，达到均匀混合的目的。搅拌器的安装位置和角度可以调节，达到理想的流态，生物填料不会在搅拌过程中受到损坏，如图 1-6-53 所示。

投加悬浮填料的 IFAS 及 MBBR 系统示意如图 1-6-54 所示。

图 1-6-53　潜水搅拌器

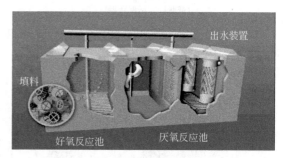

图 1-6-54　投加悬浮填料的 IFAS 及 MBBR 系统示意

（五）IFAS 系统海绵载体循环泵

海绵型自由载体需要气泵循环和载体清洗泵，而塑料载体则不需要。

（六）投加混凝剂的加药系统

混凝剂的投加通常需要溶药池、加药计量泵。目前该类设备通常做成一体化装置，溶药箱配备加药计量泵即可完成混凝剂的投加过程。投药流程如图 1-6-55 所示。加药系统规格参数见表 1-6-15。

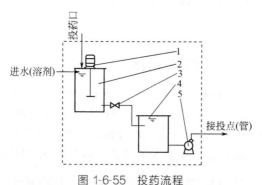

图 1-6-55　投药流程

1—搅拌机；2—溶药槽；3—连通阀；4—贮药液槽；
5—隔膜式计量泵（或喷射器附转子流量计、喷射器）

表 1-6-15 加药系统规格参数

型 号	外形($L \times W \times H$)/mm	药剂投加量/(L/h)	投加方法	投加功率	搅拌机功率/kW	溶药液槽容积/L	贮药槽容积/L
TV-0.5/0.6-1	1460×1260×1800	0～200	计量泵微型机座系列	0.37kW	0.37	500	600
TV-0.5/0.6-2	1460×1260×1800	5～500	喷射器附转子流量计	—	0.37	500	600
TV-0.5/0.6-3	1460×1260×1800	5～500	重力投配附转子流量计	—	0.37	500	600
TV-0.5/0.6-4	1460×1260×1800	5～500	喷射器	—	0.37	500	600

（七）投加活性炭粉末的加药系统

粉末活性炭投加的方法有两种，即干式投加和湿式投加。干式投加采用水射器作为主要投加工具。湿式投加则要先将粉末活性炭配成一定浓度的炭浆，再用泵投加。投料活性污泥法中采用干式投加。干式投加法以变频螺旋送料机控制粉炭投加量，一般每台干投机（由料仓与送料机构为主组成）配置1台变频螺旋送料机。粉末活性炭自动投加成套设备由真空上料机、变频干粉投加机、储料仓、料位计、真空压力表、电磁阀、气动阀门、空气压缩机、水射器装置、电器控制柜及自控系统等构成。真空上料系统将粉炭吸入料斗，减少粉尘污染；变频干粉投加机采用双螺旋给料器投加粉体，保证投料均匀、分散，精度在±3%以内（图 1-6-56）。

该成套设备实现了粉末活性炭全自动连续投加，粉末活性炭通过真空上料机输送到储料平台上的储料仓中。当系统检测到储料仓中的粉末活性炭处于低料位时，自动提示（报警）需要加料，由人工开启并通过真空上料机将粉末活性炭吸入真空上料机的料仓中，而后卸料至储料仓中。当储料仓中的粉末活性炭达到高料位后，停止真空上料机的上料工作。当系统检测到干粉投加机料仓中的粉末活性炭处于低料位时，自动开启储料仓下部（投加机料仓上部）的阀门，使粉末活性炭自流到投加机料仓中，当干粉投加机料仓中的粉末活性炭处于高料位时，阀门自动关闭（图 1-6-57）。干粉投加机采用双定量螺旋计量，随水量的变化自动调整投加机变频电机的转速，精确控制粉末活性炭的投加量，做到粉末活性炭的投加量随水量的变化而变化，保持配比恒定。打开水射器前后阀门，当水射器内形成负压后，打开水射

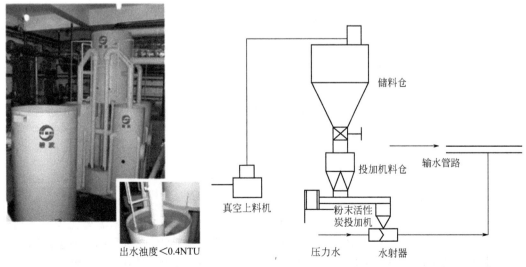

出水浊度<0.4NTU

图 1-6-56 某厂家生产的活性炭
粉末投加设备

图 1-6-57 粉末炭自动投加成套设备示意

器上部电动阀门，同时干粉投加机自动开始工作，将粉末活性炭投加到水射器中，水射器将粉末活性炭与水混合后投入到投加点。水射器出口采用气动阀，具有停电时迅速关闭功能，从而防止投加点处的压力水倒流，满足安全运行要求。

三、设计计算

本书主要介绍 IFAS 及 MBBR 工艺的设计计算。

（一）工艺流程

1. 较为成熟的 IFAS 工艺——LINPOR

LINPOR 工艺是德国 LINDE（林德）公司开发的一种悬浮载体生物膜反应器，其生物膜载体为正方形泡沫塑料块，尺寸为 $10mm \times 10mm$，它们放入曝气池中，由于其相对密度约为 1，故在曝气状态下悬浮于水中。其比表面积大，每 $1m^3$ 泡沫小方块的总表面积约为 $1000m^2$，在其上可附着生长大量的生物膜，其混合液的生物量比普通活性污泥法大几倍，$MLSS \geqslant 10000mg/L$，因此单位体积处理负荷要比普通活性污泥法大。

LINPOR 工艺可根据其所能达到的处理功能和对象的不同，以 3 种不同的方式运行：

① 主要用于去除废水中的含碳有机物的 LINPOR-C 工艺，适用于去除碳污染物，在无氧条件下，由兼性菌及专性菌降解有机物，最终产物是二氧化碳和甲烷气；

② 用于脱氮的 LINPOR-N 工艺；

③ 用于同时去除废水中的碳和氮的 LINPOR-CN 工艺，适用于同时除去碳和氮的污染物，它的 F/M 低于 LINPOR 工艺，因此其泥龄足以进行硝化过程，即氮的生物氧化在载体颗粒内部所形成厌氧区，所生成的硝酸盐，其较大部分不立即进行反硝化作用，剩余的硝酸盐可以在上游的反硝化池中加以去除。

（1）LINPOR-C 工艺

使用 LINPOR-C 工艺可以把容易生物分解的碳水化合物去除。同传统活性污泥工艺相比，优点特别显现在易于处理大批量工业污水，例如纸浆及纸工业污水。其工艺流程如图 1-6-58 所示。

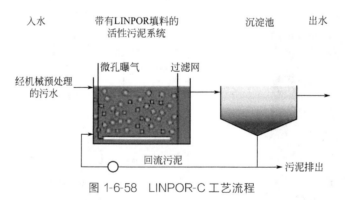

图 1-6-58　LINPOR-C 工艺流程

（2）LINPOR-N 工艺

LINPOR-N 工艺只使用固定微生物，因此不需要后续沉淀池，也不需要污泥回流系统。它用于（后）硝化以及不易生物分解物质的脱除。一个砂滤池保证无固体物质随水排出。此外，出水中磷的负荷可通过使用适当的加药沉淀去除。其工艺流程如图 1-6-59 所示。

（3）LINPOR-CN 工艺

LINPOR-CN 工艺在市政污水的应用上特别具有吸引力，因为现有设施不仅可以改造成

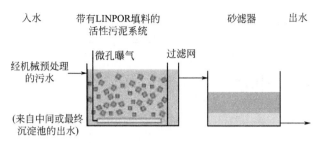

图 1-6-59 LINPOR-N 工艺流程

去除碳水化合物,而且可以去除氮化合物。这种额外的硝化(N)/反硝化(DN)步骤通常不用建新池子便可实现。其工艺流程如图 1-6-60 所示。

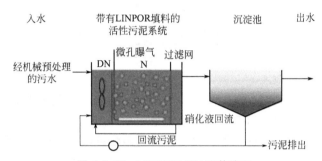

图 1-6-60 LINPOR-CN 工艺流程

2. MBBR 工艺的常用流程

(1)去除有机物工艺流程

一般而言,去除有机物工艺流程较为简单。对于一般二级生物处理,出水 BOD 要求为 25mg/L 时,一般采用两级流动床流程。如二沉池前设有混凝单元,或一级处理中采用化学沉淀,则可采用一级流动床流程。对于出水 BOD 要求为 10mg/L 时,采用两级流动床流程,并需要采用化学沉淀一级处理,或者混凝沉淀二沉池。对于采用流动床工艺作为活性污泥工艺的生物预处理对付冲击负荷时,则可采用一级流动床流程。以上各种情况的设计负荷因预处理工艺的不同和 BOD 去除要求的不同而异。表 1-6-16 列举了可能的工艺流程。

表 1-6-16 应用流动床生物膜工艺去除有机物的工艺流程

序号	流　程	备　注
1		常规二级处理
2	药剂	常规二级处理(强化一级及化学除磷)
3	药剂	常规二级处理(强化二级及化学除磷)

序号	流　　程	备　注
4	药剂	强化二级处理(强化二级及化学除磷)
5	药剂	强化二级处理(强化一级及化学除磷)
6		常规二级处理(流动床工艺为预处理-BAS工艺)

（2）生物脱氮工艺流程

生物脱氮的途径一般包括两步。第一步是硝化，将氨氮氧化为亚硝酸盐氮和硝酸盐氮。这一步由于硝化菌生长缓慢而需要很大的生物池容积。硝化只有在有机物氧化基本完成后才易于进行，是因为氧化有机物的异养菌生长迅速。硝化可以单独进行。第二步是反硝化，在厌氧条件下将硝酸盐氮还原为分子氮而逸出。这一步很快，不是脱氮的控制因素。硝化是否前置或后置，取决于污水中碳源的质和量。

① 硝化工艺流程　当采用常规一级处理时，一般采用三级流动床工艺流程，其中第一个反应池用于有机物的去除，第二和第三个反应池用于硝化。

当采用化学沉淀强化一级处理去除大部分悬浮物和胶体物质时，可以采用两级流动床工艺流程，溶解性有机物的氧化和部分硝化在第一反应池中进行，而第二反应池则用于硝化。

当采用活性污泥法全流程（预沉—活性污泥—二沉）去除有机物时，可以采用一级或两级流动床工艺进行硝化。

当对活性污泥法工艺去除有机物的污水处理厂升级改造为硝化工艺时，采用活性污泥-生物膜集成工艺（HYBAS）能够很灵活地解决问题。在现有的活性污泥池中投加生物填料，这样，活性污泥将与生物膜共存于同一反应池中。活性污泥将主要去除有机物，而吸附生长于生物填料表面的硝化菌则完成硝化作用，充分利用了两种工艺的优点，从而充分利用现有工艺条件又达到升级改造的双重目的。这种工艺的灵活性还体现在生物填料的填充率可以根据需要在30％～67％之间选择。在这一工艺中需要回流污泥以保持反应池中的MLSS污泥浓度。表1-6-17列举了有关工艺流程。

表 1-6-17　应用流动床生物膜工艺去除有机物及硝化工艺流程

序号	流　　程	备　注
1		有机物去除及硝化
2	药剂	有机物去除及硝化可化学除磷

序号	流　程	备　注
3		有机物去除及硝化 HYBAS 工艺

② 生物脱氮工艺流程　生物脱氮包括硝化和反硝化。反硝化需要碳源。当碳源可以由污水中的溶解性 BOD 提供时，应充分利用，如污水中碳源不足，则要外加碳源。外加碳源可以由污泥水解而产生的富含挥发性有机物提供，也可以是其他来源，如工业用甲醇或乙醇或其他工业生产的高浓度溶解性有机废物。反硝化工艺可以前置或后置，或同时前后置。

当污水中碳源充足时，反硝化前置充分利用现成的碳源，剩余有机物才被好氧氧化。后置的硝化出水回流到反硝化池。此时可以采用三级流动床工艺流程，第一反应池为厌氧反硝化，第二反应池为有机物好氧氧化，第三反应池为好氧硝化池，硝化池出水按反硝化效率计算得来的回流比回流到前置反硝化池。

当污水中碳源严重不足时，采用后置反硝化工艺，外加碳源可以来源于污泥水解的上清液，并补充部分碳源。此时由于污水中有机物主要以颗粒以及胶体形式存在，强化一级处理会很有效地减少有机物好氧氧化池的体积，同时，颗粒状有机物也充分地保留在污泥中并经水解后用作反硝化的碳源。此时采用后置反硝化的三级流动床工艺流程，无需回流硝化池出水。第一第二池用于有机物氧化和硝化，第三池为反硝化池。

当污水中碳源不足但可以利用时，则可以采用反硝化同时前置和后置的流动床工艺。此时采用四级流动床工艺流程，第一池为前置反硝化，第二和第三池为有机物氧化和硝化（该两池可以合并为一池），第四池为后置反硝化，未完全反硝化的出水以适当的回流比回流到第一池中。

流动床工艺与活性污泥工艺有机结合起来，也可以达到生物脱氮的目的。当现有的活性污泥法硝化污水处理厂升级时，可以在其后增设流动床单池工艺进行反硝化。

HYBAS 工艺也能很好地适应生物脱氮。在活性污泥法中为了达到硝化，好氧泥龄应很长，污泥浓度较高，容易导致丝状菌的大量繁殖，而出现污泥膨胀和难以沉淀。而在 HYBAS 工艺中，利用生物填料来富集生长缓慢的硝化菌，从而可以利用生物膜来进行硝化，利用较短泥龄的活性污泥去除有机物。富含硝氮的水流以按照反硝化效率而确定的回流比回流到前置的反硝化厌氧/缺氧池中。前置反硝化池中未被利用的溶解性有机物（超过反硝化需要的部分）和可生化降解的颗粒有机物则在后续的有机物氧化池及 HYBAS 池中被分解。

HYBAS 工艺生物脱氮因而包括三池，第一池为活性污泥反硝化池，第二池为活性污泥有机物氧化池，HYBAS 池进行硝化和最后的有机物氧化。表 1-6-18 列举了相应的工艺流程。

表 1-6-18　应用流动床生物膜工艺去除有机物及脱氮工艺流程

序号	流　程	备　注
1	含NO$_3$液回流	前置反硝化（碳源充足）
2	药剂　碳源	后置反硝化（碳源缺乏）

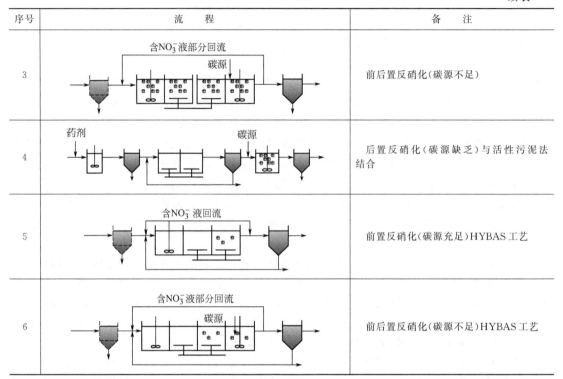

序号	流　程	备　注
3	含NO₃⁻液部分回流　碳源	前后置反硝化(碳源不足)
4	药剂　碳源	后置反硝化(碳源缺乏)与活性污泥法结合
5	含NO₃⁻液回流	前置反硝化(碳源充足)HYBAS工艺
6	含NO₃⁻液部分回流　碳源	前后置反硝化(碳源不足)HYBAS工艺

（3）生物脱氮除磷工艺流程

磷和氮一样都是引起水体富营养化的主要因素。磷污染主要来自工业和生活污水。生物除磷是利用自然界存在的聚磷菌（PAO）在厌氧条件下以释放微生物体内储存的磷酸盐而产生足够的能量，同时利用挥发性有机酸（VFA）为碳源，而得到迅速繁殖，挥发性有机酸被转化为有机聚合物（PHA）储存在污泥中。在好氧（以及缺氧）条件下，PAO反过来又利用PHA为能源和碳源，以远远高于微生物生长所需的比例大量吸收污水中的磷酸盐，达到将污水中的磷转化为污泥中的磷，并通过排除富含磷的剩余污泥达到污水生物除磷的目标。

生物除磷的效率取决于以下2个方面。

① VFA/P的比例高于10～20，保证有足够的VFA促进PAO的繁殖。当生物脱氮需要同时进行并采用前置反硝化时，VFA常不足，不能二者兼得。

② 二沉效率问题。出水中悬浮物/生物量不能有效去除时，磷也随之排出。提高二沉池效率是保证出水中磷达标的又一关键。为此，往往需要投加药剂，特别是出水磷标准为小于0.5mg/L的情况。

生物脱氮和除磷结合在同一系统，可以采用活性污泥-流动床集成（HYBAS）工艺的处理流程。常用的流程包括基于UCT工艺或改良UCT工艺的HYBAS工艺。在UCT工艺中，第一池为厌氧池，用于厌氧释放磷和聚磷菌的繁殖。第二池为缺氧池，用于前置反硝化和部分磷吸收。第三和第四池为好氧池，第三池可以是活性污泥池也可以是HYBAS池，第四池一定是HYBAS池。硝化主要在生物填料中进行，而活性污泥部分则进行氧化和磷吸收。回流包括水和泥两部分。水回流又分为富含硝酸盐的水从第四池出水回流到第二池（缺氧池）池首进行反硝化，以及第二池的出水（硝酸盐浓度很低）回流到第一池（即回流部分聚磷菌）。污泥从二沉池回流到第一和第二池以保持系统的污泥浓度。

如果第二池的反硝化不彻底，从该池回流到第一池的水中硝酸盐会竞争 VFA 从而抑制 PAO 的繁殖，使系统的除磷效果降低。为达到较好的生物除磷效果，可以将第二池一分为二，使反硝化回流和除磷回流不相互交叉。这样形成改良 UCT 工艺。

（二）设计计算

1. 表面负荷

$$q = \frac{Q}{A} \tag{1-6-174}$$

式中，q 为表面水力负荷，$m^3/(m^2 \cdot d)$；Q 为平均进水流量，m^3/d；A 为载体表面积，m^2。

2. 有机负荷

$$N_V = \frac{QS_0}{V} \tag{1-6-175}$$

表面积有机负荷

$$N_A = \frac{QS_0}{A} \tag{1-6-176}$$

式中，N_V 为有机容积负荷，$kg\ BOD/(m^3 \cdot d)$；N_A 为表面积有机负荷，$kg\ BOD/(m^2 \cdot d)$；Q 为平均进水流量，m^3/d；S_0 为进水 BOD 浓度，$kg\ BOD/m^3$。

3. BOD 去除率

经验模型

$$E = \frac{1}{1 + 0.443\sqrt{\dfrac{N_V}{F}}} \tag{1-6-177}$$

$$F = \frac{1+R}{\left(1+\dfrac{R}{10}\right)^2} \tag{1-6-178}$$

式中，E 为 BOD 去除率；N_V 为有机容积负荷，$kg\ BOD/(m^3 \cdot d)$；F 为循环因子；R 为循环率，为 $0\sim2$。

4. 产生污泥

$$P_X = Y \times BOD_{rem} \tag{1-6-179}$$

式中，P_X 为污泥产量，$kg\ TSS/d$；Y 为产率系数，$kg\ TSS/kg\ BOD_{rem}$；BOD_{rem} 为 BOD 去除量，$kg\ BOD/d$。

生物膜反应器产泥量较高，没有硝化过程时通常为 $0.8\sim1kg\ TSS/kg\ BOD_{rem}$。

5. 污泥停留时间

曝气生物膜反应器通常有较高的污泥龄（$15\sim60d$），取决于生物膜在反应器中的流失率。

（三）工程实例

LILLEHAMMER（利勒哈默尔）市政污水处理厂：移动床生物膜（MBBR）工艺脱氮。
LILLEHAMMER 是挪威的一个内陆城市，地处奥斯陆以北约 170km。在这里成功地举办了 1994 年第十七届冬奥会。

该市原有一个化学沉淀除磷及悬浮物的强化一级污水处理厂。随着受纳水体 Numed-alslagen 湖逐渐富营养化，以及该市赢得冬奥会举办权，市政府决定扩建及升级原有污水厂为脱氮除磷污水处理厂。

出水水质要求（年平均）：TP<0.2mg/L，TN>70%，BOD_7<10mg/L。

因场地有限，低温（>3.5℃）低浓度污水持续时间长，要求处理工艺必须高效和紧凑。

1992 年，KALDNES 公司（AnoxKaldnes AS 的前身）为该工程设计了以流动床生物膜工艺去除有机物和脱氮的经典流程，辅以化学沉淀法除磷的总体工艺，见图 1-6-61。设计负荷为：700000 人口当量，设计流量 1200m^3/h，BOD 负荷 2900kg/d，COD 负荷 5929kg/d，TSS 负荷 2900kg/d，TN 负荷 755kg/d，TP 负荷 107kg/d，温度 10℃。

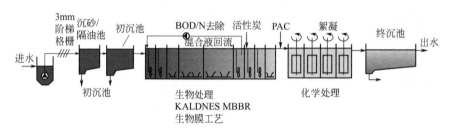

图 1-6-61　LILLEHAMMER 市政污水厂流程

设计流程如下。

① 生物处理　流动床生物膜工艺，总容积 3840m^3，两列并行，每列九池串联，BOD 去除/前置反硝化，硝化，后置反硝化（外加碳源），后氧化。生物处理设计 HRT 为 3.2h。

② 化学处理　絮凝（投加 PAC），二沉，除磷及悬浮物/生物量。

该厂自 1994 年投产运行以来，处理效率高于设计要求。2000 年全年平均处理效率为：BOD 96%，TN 80%，TP 98%。

第五节　膜生物反应器

一、原理与功能

（一）概述

1. 分类

膜生物反应器（membrane Bioreactor，简称 MBR）是膜技术与生物处理技术组合的废水处理新工艺，主要由膜组件和生物反应器两部分组成。根据膜在整个处理系统中所起作用的不同，通常将膜生物反应器分为 3 类：a. 曝气膜生物反应器（aeration membrane bioreactor，简称 AMBR）；b. 萃取膜生物反应器（extractive membrane bioreactor，简称 EMBR）；c. 固液分离膜生物反应器（solid/liquid separation membrane bioreactor，简称 SLSMBR）。

图 1-6-62 为三种膜生物反应器示意。

① 曝气膜生物反应器（AMBR）是以氧气通过膜的扩散为供氧途径，膜元件采用透气性致密膜（如硅橡胶膜）或微孔膜（如疏水性聚合膜），以中空纤维膜或板式膜为两种主要膜元件形式，在保持气体分压低于泡点的条件下，实现向生物反应器中进行无泡曝气。由于

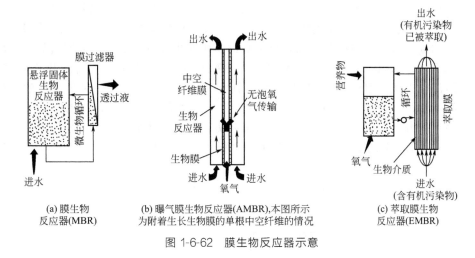

图 1-6-62 膜生物反应器示意

膜的比表面积大，在接触时间和传氧效率得到大幅提高的同时也为微生物膜固着提供了充足的载体。而且，原水相与反应相被膜隔开，相互独立，一方面使得曝气系统更易控制，避免了传统曝气受制于气泡大小和停留时间影响的缺陷，另一方面使得此类膜生物反应器特别适用于处理挥发性有机物含量较高的废水，可有效防止由于曝气而引起的二次大气污染。当然，为维持此类膜生物反应器的稳定、高效运行，通常需要额外的动力系统以确保反应器中混合液处于混合均匀的状态。

② 萃取膜生物反应器（EMBR）是用膜将废水和活性污泥相隔离，膜材料可采用硅胶和其他疏水性聚合物制成，对污染物具有选择性。当废水从膜腔内通过时，具有较大毒性、疏水性的污染物会选择性地被膜萃取。萃取的污染物通过膜进入生物反应器，被专属性细菌吸附降解，从而保证废水中污染物可连续地被萃取至反应器内，使废水得到净化。由于萃取膜两侧的生物反应器单元和废水循环单元各自独立，生物反应器中微生物的生存条件受废水水质的影响较小，处理效果较为稳定，非常适合处理那些具有强酸、强碱、高盐度等不宜微生物直接接触处理的工业废水。

③ 固液分离膜生物反应器（SLSMBR）是目前在水处理领域中研究与应用最为广泛的一类膜生物反应器，其原理是利用膜将生物反应器中的活性污泥、大分子有机物等物质有效截留，是一种用膜分离过程取代传统活性污泥法中二次沉淀池的水处理技术。固液分离膜生物反应器由于膜的过滤作用，微生物完全被截留在生物反应器中，增大了生化反应池中活性污泥浓度，增加了污泥中特效菌数量，提高了生化反应速率和污染物的去除率，可得到优质且稳定的出水。

目前，国内曝气膜生物反应器和萃取膜生物反应器应用较少，工程应用较多的为固液分离膜生物反应器。本节中重点介绍固液分离膜生物反应器，且无特别说明，膜生物反应器即指固液分离膜生物反应器。

2. 特点

MBR 是一种活性污泥系统，但是与其他活性污泥工艺不同的是，MBR 采用膜过滤而不是沉淀池来实现泥水分离。膜将活性污泥截留在生化池内从而提高了生化池的污泥浓度和生化速率，同时通过膜过滤得到更好的出水水质。

MBR 根据微生物生长环境的不同分为好氧和厌氧两大类；MBR 的核心部件是膜组件，从材料上可以分为有机膜和无机膜两大类；根据膜组件形式可以分为管式、板式和中空纤维式；按膜组件安放位置分为内置式（或浸没式、一体式）和外置式（或分体式）。

外置式 MBR 是指膜组件与生物反应器分开设置，膜组件在生物反应器的外部，生物反应器反应后的混合液进入膜组件分离，分离后的清水排出，剩余的混合液回流到生物反应器中继续参加反应，如图 1-6-63 所示。外置式 MBR 的特点是运行稳定可靠，操作管理方便，易于膜的清洗、更换，但外置式 MBR 动力消耗大、系统运行费用高，其处理单位体积水的能耗是传统活性污泥法的 10～20 倍。为了减少污泥在膜表面的沉积，膜内循环液的水流流速要求很高，一方面造成系统运行费用高，另一方面回流造成的剪切力可能影响微生物的活性。在外置式 MBR 工艺中，膜组件一般采用平板式或管式膜，排水常采用压力驱动方式。

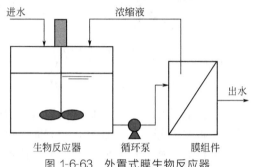

图 1-6-63 外置式膜生物反应器

内置式 MBR 是将膜组件直接安放在生物反应器中，通过泵的负压抽吸作用或重力作用得到膜过滤出水，由于膜浸没在反应器的混合液中，亦称为浸没式或一体式 MBR，如图 1-6-64 所示。内置式 MBR 中，膜组件下方设置曝气，依靠空气和水流的扰动减缓膜污染，一般曝气是连续运行的，而泵的抽吸是间断运行。为了有效地防止膜污染，有时在反应器内设置中空轴，通过中空轴的旋转使安装在轴上的膜也随着转动，形成错流过滤。同外置式相比，内置式 MBR 具有工艺流程简单、运行费用低等特点，其能耗仅为 $0.2～0.4kW \cdot h/m^3$，但是其运行稳定性差、操作管理和清洗更换工作较烦琐。

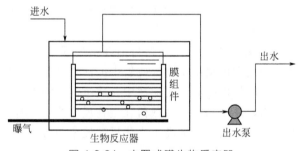

图 1-6-64 内置式膜生物反应器

MBR 工艺能够集膜的优良分离性能和生化法对有机物氧化降解的高效性于一体，与常规的活性污泥法相比，主要有以下优点。

① 高效的固液分离性能。由于膜的高效分离作用，分离效果大大强于传统的二沉池；出水悬浮物和浊度接近零，且可以去除细菌病毒等。

② 膜的高效截留作用使微生物完全截留在反应器内，实现了反应器水力停留时间和固体停留时间的完全分离，使运行控制更加灵活、稳定。同时反应器内微生物浓度高，耐冲击负荷。

③ 有利于繁殖周期长的硝化细菌的截留、生长和增殖，系统硝化效率得以提高，通过运行方式的改变可以有强化脱氮除磷的功能。

④ 泥龄长。膜分离使废水中的大分子难降解成分在体积有限的生物反应器内有足够的

停留时间，大大提高了难降解有机物的降解效率。

⑤ 反应器在低污泥负荷条件下运行，剩余活性污泥量远低于传统活性污泥工艺，且无污泥膨胀，降低了剩余污泥的处置费用。在膜生物反应器工艺中，由于膜为固液分离提供了绝对的保证，排水的质量与生物絮体的沉降性没有关联，因此，膜生物反应器工艺基本上解决了活性污泥法的污泥膨胀问题。

⑥ 系统易于实现自动化控制，操作管理方便。

⑦ 占地面积小，工艺设备集中。MBR 内能维持高浓度的微生物量，容积负荷较高，因而自身所需的占地面积与传统工艺相比大大减少。同时用膜进行固液分离时，不需要设置沉淀池。

同样，MBR 也存在着一些不足：

① 膜材料价格较高，导致 MBR 的工程投资高于相同规模的传统废水处理工艺，制约了膜生物反应器的推广应用。

② 膜材料易损坏，容易污染，给操作管理带来不便，同时也增加了运行成本。

③ 为了减缓膜污染，一般需要混合液回流或膜下曝气，从而造成运行能耗的增加。

3. 新工艺

MBR 发展过程中，许多传统活性污泥法的工艺也被引入到 MBR 工艺中，使其与膜分离手段相结合，构成了新型的 MBR 工艺，以强化脱氮除磷功效。新型的 MBR 工艺主要有以下几种类型。

① 序批式 MBR　将活性污泥法中的 SBR 引入到 MBR 中形成序批式膜生物反应器，该工艺具备同时去除有机物和脱氮的效果。

② 间歇曝气 MBR　为提高单级好氧反应器的反硝化能力，间歇曝气工艺也被引入到MBR 系统中。周期循环的间歇曝气，可将反硝化程度提高到 95％以上，当原水 TN 浓度在60～70mg/L 时，出水 TN 浓度低于 5mg/L，去除率达 90％以上。

③ 好氧/缺氧/厌氧组合 MBR　早期的 MBR 多为完全好氧式活性污泥反应器，为强化脱氮除磷效果，研究人员通过在好氧反应器前增加前置反硝化反应器来达到脱氮除磷的目的，形成了好氧和缺氧/厌氧系统。和传统的活性污泥法一样，增加前/后置反硝化反应器后，在去除有机污染物的同时，可强化对氮和磷的去除效果。但是，这些 MBR 系统由于反应器增多，致使水力停留时间较长、反应流程长，没有更好地发挥出膜生物反应器紧凑、水力停留时间短的技术优势。

④ 复合 MBR　为了在原有活性污泥工艺基础上，提高反应器内生物量，增强其处理能力，克服污泥膨胀，提高运行稳定性，在曝气池中投加各种能够提供微生物附着生长表面的载体，使生物反应器内同时存在附着相和悬浮相两种微生物，这种反应器称之为"复合生物反应器"（hybrid bioreactor，简称 HBR）。复合膜生物反应器（hybrid membrane bioreactor，简称 H-MBR）是将生物膜与膜生物反应器有机结合而成的一种新工艺。作为一种独特的废水处理工艺，复合内置式 MBR 有其自身的特点和技术优势。

膜生物反应器以其出水水质、好氧污泥产量低、占地面积少和便于自动控制等优点，已成功应用于城市污水处理及建筑中水回用、工业废水处理、粪便废水处理和垃圾填埋及堆肥场渗滤液处理等。虽然我国在膜的研发和工艺运行条件等方面与国外还存在一定差距，但随着研究工作的不断深入，MBR 的应用将更加广泛。

（二）基本原理

1. 滤饼层的形成

膜生物反应器普遍采用超滤膜和微滤膜，微滤膜可截留胶体物质和悬浮物，超滤膜可截留进水中的大分子物质。超滤膜和微滤膜均属于压力推动型膜。这种膜在过滤液体时可以以两种模式运行：终端过滤（或全流过滤）和错流过滤。如图 1-6-65 所示。终端过滤的进料液与膜表面垂直，无浓缩液外流；错流过滤的进料液与膜表面平行，有浓缩液不断从膜组件出口流出。过滤过程中被截留的微粒沉积在膜表面，即形成滤饼层，滤饼层也具有筛分的作用。

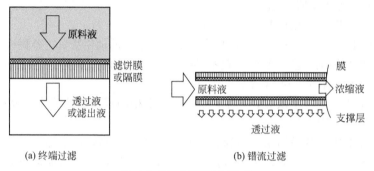

图 1-6-65　过滤运行模式

终端过滤的微粒基本全部沉积在膜表面，随着膜过滤的进行，滤饼层也不断增厚，膜的渗透阻力不断增加，膜通量则不断降低，进而形成膜污染。错流过滤工艺中，污染物在膜表面的沉积持续进行，直到滤饼层与膜表面的黏附力与液流通过膜表面产生的冲刷力达到平衡，即认为达到稳定运行，而实际应用中不可避免污染物的沉积和吸附，因此只能认为是稳定化（假稳态）。

滤饼层的形成主要与以下因素有关。

① 进水水质　MBR 处理污水时，膜分离的悬浮物主要为微生物絮凝物（如菌胶团和丝状菌等）和微生物代谢物（如胞外聚合物、溶解性微生物产物等胶体物质以及溶解性大分子）。其中微生物絮凝物的含量占绝大多数，其在膜表面形成临时性污染的滤饼层，而微生物代谢物易吸附在膜表面及孔道内形成永久性覆盖。

② 膜表面特性　包括膜孔径、材料及厚度等。

③ 膜过滤运行模式　终端过滤或错流过滤（图 1-6-65）。

由于错流过滤能有效减少滤饼层增加带来的渗透阻力和膜污染，目前被 MBR 工艺普遍采用。

2. 浓差极化现象

浓差极化（CP）是指膜与溶液界面上，溶质在一定的浓度边界层内（或液膜内）累积的趋势。如图 1-6-66 所示。

截留物在膜附近累积会使其在该区域的浓度高于溶液浓度。对错流方式而言，通量越

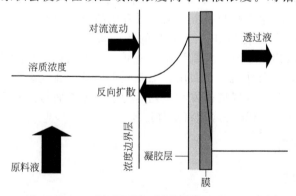

图 1-6-66　浓差极化

高，边界区域积累的溶质越多，因而浓度梯度越大，反向扩散越快，膜通量的增加也会带来溶质累积速率的增加，发生浓差极化现象，同时微溶溶质易于在膜表面析出，形成低渗透性的凝胶层。因为使膜两侧的浓度梯度增加，浓差极化甚至会促使待截留物通过膜。因此，实际操作中希望增加湍流度和在较低通量下运行来控制浓差极化现象。

注：浓差极化现象仅适用于截留组分小于 $0.1\mu m$ 粒径的超滤过程，而对于粒径＞$0.1\mu m$ 的颗粒，浓差极化现象影响较小。

（三）膜特性

MBR 膜的研发和选用要首先考虑其成本，同时还应综合考虑装填密度、应用场合、系统流程、膜污染、膜清洗、膜的维护和更换等多种因素。其中膜选择过程参考的重要膜特性有构型、材料、孔径等。

1. 膜构型

膜构型即膜的几何形状、安装方式，是决定 MBR 工艺性能的关键要素之一。

理想的膜构型特点主要是：膜面积与膜组件体积比较高；易清洗；易于模块化。

对于 MBR 工艺，目前应用较广泛的膜构型有：中空纤维膜（FS）、板式膜（HF）以及管式膜（MT）。上述各种膜构型的定性比较见表 1-6-19，不同构型的膜液流方向见图 1-6-67。

表 1-6-19　各种膜组件特性的定性比较

膜构型	管式	板式	中空纤维式
装填密度/(m²/m³)	＜100	＜400	16000～30000
投资	高————————————低		
污染趋势	低————————————高		
清洗	易————————————较难		
膜可否更换	可/不可	可	不可
适用规模	中小	小	大

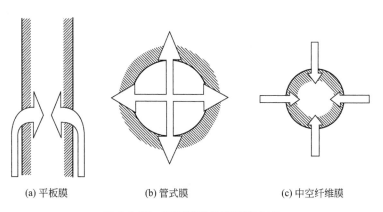

(a) 平板膜　　　　　　(b) 管式膜　　　　　　(c) 中空纤维膜

图 1-6-67　不同膜组件的液流方向

中空纤维膜具有的装填密度远远高于其他膜构型，特别是其单位膜面积的制造费用相对较低。因此，国内外 MBR 工艺中中空纤维膜应用比较广泛。除此之外，板式膜也有较成熟的商业化产品和较广泛的工程应用经验，随着膜技术和 MBR 工艺的不断发展，管式膜也逐渐被应用于 MBR 工艺中。其中内置式 MBR 反应器大多选用中空纤维膜或板式膜，而外置式 MBR 反应器则倾向于选用管式膜。

2. 膜材料

膜材料包括有机聚合物、陶瓷和金属等，实际应用的 MBR 膜以聚合物膜为主，主要原因是聚合物膜价格相对较低，同时陶瓷材料也有一定数量的应用，而金属膜多应用在非 MBR 工艺的特殊领域。

通常膜由一层薄的表层和较厚的多空支撑层构成，表面膜层具有选择透过性，而支撑层膜层更厚，空隙更大，主要起到增加机械稳定性的作用。

MBR 工艺中主要应用的有机膜材料，其主要具有以下特性。

① 具有足够的机械强度和化学耐受性，以承受过滤和清洗过程中产生的压力。

② 易改性使膜表面具亲水性，从而具有更高抗污染性。

③ 易于与基材结合，从而提高机械强度。

④ 成本较低。

目前常用有机膜材料包括：聚乙烯（PE）、聚丙烯（PP）、聚偏氟乙烯（PVDF）、聚醚砜（PES）。

3. 膜孔径

膜孔径是膜的重要特性之一，孔径尺寸决定膜工艺类型。依据膜孔径的不同，可将膜分为微滤膜、超滤膜、纳滤膜和反渗透膜；纳滤膜和反渗透膜虽然孔径较小，对污泥和污染物的截留效果较好，污染物在表面吸附的可能性小，但其操作压力较大造成运行费用较高，而且易受有机物的污染，因此，MBR 多采用微滤膜和超滤膜。其中微滤膜孔径在 $0.1 \sim 10 \mu m$ 之间，超滤膜孔径范围在 $0.01 \sim 0.1 \mu m$ 之间，这对于以截留微生物絮体为主的活性污泥来讲，完全可以达到目的。部分 MBR 工艺中膜材料、构型与孔径见表 1-6-20。

表 1-6-20 材料、构型与孔径

膜材料	构型	孔径/μm	膜工艺
陶瓷	管式	0.1	微滤
聚醚砜	管式	0.1	微滤
聚偏氟乙烯	管式	0.03	超滤
聚乙烯	板式	0.4	微滤
聚醚砜	板式	0.038	超滤
聚偏氟乙烯	板式	0.08	超滤
聚乙烯	中空纤维	0.4	微滤
聚乙烯	中空纤维	0.2	微滤
聚偏氟乙烯	中空纤维	0.1	微滤
聚偏氟乙烯	中空纤维	0.04	超滤
聚醚砜	中空纤维	0.05	超滤

4. 膜通量

根据多孔膜微孔过滤的 Darcy 定律，膜通量与跨膜压差成正比，与过滤阻力成反比，见式（1-6-180）。

$$J = \frac{\Delta P}{\eta_w R_t} = \frac{\Delta P}{\eta_w (R_m + R_f + R_g + R_c)} \tag{1-6-180}$$

式中，J 为膜通量；ΔP 为跨膜压差；η_w 为水的黏度；R_m 为修正的膜固有阻力，m^{-1}；R_f 为膜孔阻塞阻力，m^{-1}；R_g 为凝胶层阻力，m^{-1}；R_c 为浓度极化阻力，m^{-1}。

当浓差极化处于平衡态时，进入浓差极化层内的截留组分的量将等于逆向扩散返回混合液主体的量与透过膜的量之和，即有

$$Jc_z = D\frac{\mathrm{d}c_z}{\mathrm{d}z} + Jc_o \qquad (1\text{-}6\text{-}181)$$

式中，c_z 为浓差极化层内某点的截留组分的浓度；D 为截留组分的扩散系数；$\frac{\mathrm{d}c_z}{\mathrm{d}z}$ 为浓度梯度；c_o 为透过液截留组分浓度。

积分可得：

$$J = \frac{D}{l} \times \ln\frac{c_g - c_o}{c_a - c_o} \qquad (1\text{-}6\text{-}182)$$

式中，l 为浓差极化层厚度；D/l 为传质系数；c_g 为膜表面截留组分浓度；c_a 为混合液主体浓度。

式（1-6-180）表明膜通量与跨膜压差成正比例关系；同时，式（1-6-182）表明随着膜通量的增加，膜表面截留组分的浓度也将随之增加，此时浓差极化层和滤饼层的动态平衡将会重新建立，这说明浓差极化的存在限制了膜通量随着跨膜压差无限正比例增加。从宏观表现来看，过滤过程中混合液中截留组分会在膜面上逐渐沉积形成滤饼层，滤饼层随着过滤的进行将逐渐加厚，此时膜通量将会逐渐变小。此时如果要维持甚至提升膜通量，必须继续增加跨膜压差，直至滤饼层进一步增厚和压实，由此将导致膜通量随跨膜压差增加的幅度越来越不显著，在这种情况下再简单通过提高跨膜压差以增加膜通量显然不可能。

这一浓差极化和滤饼层模型很好地解释了膜过滤过程膜外阻力和膜内阻力的形成和变化规律，为 MBR 优化运行提供了理论基础。但是实践表明，这一模型预测 MBR 的实际通量往往存在明显的差异。一个重要的原因在于 MBR 分离的污泥颗粒粒径一般大于 $0.1\mu m$，对于这一尺寸范围的污泥颗粒，由浓度梯度引起的逆向扩散的作用效果要比分子态的微细颗粒或溶质小得多。此时，影响污泥颗粒的浓差极化和滤饼层动态平衡的一个更重要的因素是膜表面气水错流引起的速度梯度和剪切力。事实上，MBR 装置的工程应用中，减轻膜污染、提高膜通量的一个重要措施就是通过各种途径增加膜表面的剪切力以防止滤饼层过度增厚。

5. 驱动力

膜工艺的驱动力通常是压力梯度。膜分离生物反应器的驱动力即是跨膜压差（transmembrane pressure，TMP）——膜进水侧与出水侧之间的压力差值。MBR 的跨膜压差一般认为存在一临界值，当跨膜压差低于临界压力值时，膜通量随压差的增大而增加；当操作压差高于临界值时，膜通量随压差的变化不大。临界压差值随膜孔径的增加而减小。微滤膜的临界压差值在 120kPa 左右，超滤膜的临界压力值在 160kPa 左右。

膜通量和驱动力是相关的，因此在设计中可固定任意一个参数。

6. 透水率

透水率指膜通量与跨膜压差（TMP）的比值，是用来表征膜透水性能的重要参数。

7. 产率

对于错流过滤来说，流过膜面积的进料液只有一部分转化成透过液，透过液占进料液的百分比定义为产率（或转化率、回收率）。

（四）生物特性

MBR 工艺中的生物单元具有传统活性污泥工艺不能实现的优点：污泥龄（SRT）和水

力停留时间（HRT）可完全分开，因此 MBR 可在低 HRT 和长 SRT 条件下运行，避免了污泥流失问题。由于较长的 SRT 和膜的截留作用使得 MBR 工艺具有较高污泥浓度，高污泥浓度提高了 MBR 工艺的处理效率，因此反应器体积也较小。高的污泥浓度和膜的固体截留作用也使得系统可在较低污泥负荷下运行，剩余污泥产量大大降低，当 SRT 无限长时，大部分基质基本被用于维持微生物生长需要，此时，污泥甚至可达到零排放。MBR 系统也更适宜硝化菌等生长，提高含氮化合物的降解去除。下面分别介绍好氧 MBR 处理城市生活污水、工业废水以及厌氧 MBR 处理各种废水过程中的生物特性以供设计参考。

1. 好氧 MBR 处理城市生活污水

好氧 MBR 应用于城市生活污水时，有机负荷（容积负荷）一般在 1.0～3.2kg COD/（m³·d）之间，去除率大于 90%；活性污泥浓度常在 10～20g/L 之间；HRT 在 2～24h 之间，一般在 30d 范围内系统的去除率随 SRT 的增加而增加，30d 以上变化不明显；类似于活性污泥法，在 MBR 系统中增设一个厌氧单元可达到脱氮效果，SRT 在 5～72d 之间，有机负荷符合上述要求时，硝化反应进行较彻底，氨氮去除在 88%～99%；而通过增加缺氧、厌氧单元可同时达到脱氮除磷的效果，MBR 系统中生物除磷去除率在 11.9%～75% 之间。表 1-6-21 为好氧 MBR 处理城市生活污水的工程实例的生物特性。

表 1-6-21　好氧 MBR 处理城市生活污水的生物特性

膜类型	V/m³	HRT/h	SRT/d	污泥负荷 /[kg/(m³·d)]	容积负荷 /[kg/(m³·d)]	BOD,COD,P,NH₄⁺-N 进水	出水	MLSS /(kg/m³)	污泥产率 /d⁻¹	空气量 /(m³/h), DO/(mg/L)
HF/S	1	7.3	50	0.1	1.2[2]	457[2] 38[3] 11.9[4]	10.5[2] 11[3] 9.4[4]	15	0.2[2]	—
HF/S	2.6～3.9	10～16	—	0.07[2,8]	2.4[2]	900[2]	45[2]	<23	0[2]	—
HF/S	1	7.3	50	0.1	1.2[2]	457[2] 38[3] 11.9[4]	10.5[2] 11[3] 9.4[4]	15	0.2[2]	—
HF/S	—	2	5～10	0.28[2]	2.24[1] 4.27[2]	187[1] 356[2] 28[3]	<5[1] 16[2] 5.6[3]	5～15	—	—
HF/S	—	2	50	0.39[2]	2.64[1] 5.78[2]	220[1] 482[2] 39[3] 9.2[4]	<5[1] 10[2] 0.4[3] 8.1[4]	15	0.25[2]	96[5]
PF/S	—	7.6～11.4	25～40	0.025～0.042[1]	0.32～0.63[1]	176[1] 79[2] 22.4[3] 3.7[4]	1.7[1] 6[2] 0.1[3] 1.2[4]	12～18	—	—
PF/S	0.035	4.5	—	0.08[1]	0.269[1]	134[1] 250[2] 16.5[3]	3.5[1] 19[2] 0.39[3]	<9	0[1]	1.2[6]
PF/S	—	—	30～60	—	—	216[1] 538[2] 30[3]	<5[1] <24[2] 0.17[3]	18	0.48[1]	220[5]
S	—	4.98	—	0.03[1] 0.11[2]	0.36[1] 1.76[2]	115[1] 365[2] 22[3]	10[1] 2[2] <1[3]	16	—	—

膜类型	V/m³	HRT/h	SRT/d	污泥负荷/[kg/(m³·d)]	容积负荷/[kg/(m³·d)]	BOD,COD,P,NH₄⁺-N 进水	出水	MLSS/(kg/m³)	污泥产率/d⁻¹	空气量/(m³/h),DO/(mg/L)
PF/S	15.5	4.5	45	0.03~0.15[1]	—	200[1] 269[2] 41.6[2]	4[1] 64[2] 5[3]	10~39	0.26[1]	142[5]
HF/S	1	4.8	—	0.09	2.3[2]	457[2] 55[7]	16[2] 17[7]	26	0.2[2]	0.5~1.5[6]
HF/S	1	6.5	—	0.08	1.7[2]	457[2] 55.1[7]	13[2] 14[7]	21	—	0.5~1.5[6]
HF/S	1	9.2	—	0.07	1.2[2]	457[2] 55.1[7]	9.9[2] 11.1[7]	16	—	0.5~1.5[6]

①BOD；②COD；③总磷；④氨氮；⑤空气量；⑥DO；⑦总氮；⑧挥发性物质。

注：HF—中空纤维膜；PF—板式膜；S—内置式。

2. 好氧 MBR 处理工业废水

一般工业废水的容积负荷高于生活污水，处理工业废水的停留时间往往也远比生活污水的长，而活性污泥浓度范围较大，在 2~40g/L 之间。在处理极高浓度废水时，应经过预处理降低废水的容积负荷，避免高负荷影响硝化菌生长。根据废水类型的不同，好氧 MBR 工艺处理工业废水的生物特性具体见表 1-6-22。

表 1-6-22　好氧 MBR 处理工业废水的生物特性

污水类型	膜类型	V/m³	HRT/h	SRT/d	污泥负荷/[kg/(m³·d)]	容积负荷/[kg/(m³·d)]	BOD,COD,P,NH₄⁺-N 进水	出水	MLSS/(kg/m³)	污泥产率/d⁻¹	空气量/(m³/h),DO/(mg/L)
食品	MT/SS	2.75	139.2	15.9	0.5[1]	5.4[1]	42600[2] 197.5[4]	70.8[2] 10.2[4]	10.9	—	6.3[6]
果汁	MT/SS	2.75	—	6.2	0.581[2]	5.98[2]	2251[2]	24.23[2]	10.3	0.335[2]	3[6]
蔬菜	MT/SS	2.75	122	15.9	0.765[2]	8.33[2]	42662[2]	70.8[2]	10.9	0.094[2]	6.3[6]
制革	MT/SS	2.75	—	30.8	0.231[2]	3.74[2]	7.644[2]	190[2]	16.2	0.274[2]	1.5[6]
纺织	MT/SS	—	—	250	—	—	6000[2]	625[2]	—	0.07[2]	—
牛奶厂	MT/SS	—	—	>100	—	—	2000[2]	20[2]	—	0.05[2]	—
食品	HF/S	4	389	—	0.11[1]	3.2[1]	1853[1] 3181[2] 20.7[3] 19.2[4]	<10[1] 254[2] 0.86[3] 0.23[4]	<28	—	—
含油	MT/SS	1.9	144~240	50~75	1.36~2.72[2]	2.45~4.91[2]	5150[1] 29430[2]	<20[1] <2943[2]	1.8[8]	1.3%~2%	—
含油	MT/SS	1.325	69.6	65	0.13[2,8] 3.84[2]	0.39[1]	1147[1] 11133[2]	15[1] 1043[2]	28.9[8]	0.126[2,8]	1.3~6.7[6]
含油	MT/SS	1.325	72	36	0.21[2,8] 5.54[2]	0.57[1]	1711[1] 16609[2]	17[1] 1190[2]	26.2[8]	0.141[2,8]	1.3~6.7[6]
含油	MT/SS	3.78	89.7	50	0.29[2,8] 1.16[2]	0.25[1]	919[1] 4325[2]	3[1] 183[2]	4.03[8]	0.074[2,8]	0.3~7.5[6]

续表

污水类型	膜类型	V/m³	HRT/h	SRT/d	污泥负荷/[kg/(m³·d)]	容积负荷/[kg/(m³·d)]	BOD,COD,P,NH₄⁺-N 进水	BOD,COD,P,NH₄⁺-N 出水	MLSS/(kg/m³)	污泥产率/d⁻¹	空气量/(m³/h),DO/(mg/L)
含油	MT/SS	3.78	44.8	50	0.2②·⑧	0.61① 2.97②	1145① 5543②	7① 540②	14.95⑧	0.112②·⑧	0.3~7.5⑥
含油	MT/SS	3.78	44.8	50	0.57②·⑧	0.64① 3.68②	1206① 6864②	34① 664②	6.5⑧	—	—
含油	MT/SS	3.78	47.2	74	—	0.07① 0.71②	134① 1406②	6① 249②	19.6⑧	—	0.3~7.5⑥
造纸	HF/S	0.09	24	15	—	—	4000① 12000⑧	160① 2400⑧	24.2	—	—
造纸	HF/S	0.09	36	15	—	—	4000① 12000⑧	520① 3840⑧	14.2	—	—
造纸	HF/S	0.09	36	15	—	—	4000① 12000⑧	160① 2160⑧	13	—	—
化工	MT/SS	1	14	—	0.45②	9②	52000⑧ 8④	6000② <1④	20	—	—
垃圾渗滤液	HF/S	9.5	240	30	0.05③	—	8000① 1100③	30~300③	4	—	—
制药	MT/SS	1	163	—	0.125②	2.5③·⑦	1700② 600③	300② 0③	20	<0.1	1.5~2.0⑥

①BOD；②COD；③总磷；④氨氮；⑤空气量；⑥DO；⑦总氮；⑧挥发性物质。

注：HF—中空纤维膜；MT—管式膜；S—内置式；SS—外置式。

3. 厌氧 MBR 处理废水

厌氧 MBR 工艺的容积负荷从几千克 COD/（立方米·天）到几十千克 COD/（立方米·天）的很大范围内，去除效果均很稳定；在中温（37℃）时的去除效果比高温（53℃）时好；且由于厌氧菌生长周期较长，因此废水的水力停留时间通常较长。厌氧反应甲烷的产率同污水性质和运行条件密切相关，产气量范围在 0.16~0.37m³ CH₄/kg COD，产气量随着负荷的增加、HRT 的增加和温度的降低而减少。不同废水通过厌氧 MBR 处理的生物特性见表 1-6-23。

表 1-6-23　厌氧 MBR 处理废水的生物特性

污水类型	膜类型	V/m³	HRT/h	SRT/d	容积负荷/[kg COD/(m³·d)]	TOD_L/(mg/L) 进水	TOD_L/(mg/L) 出水	MLSS/(kg/m³)	污泥产率/d⁻¹	产气量/(m³ CH₄/kg COD)
棕榈油制造	SS	0.05	67	161	14.2	39910②	2710②	50.7①	—	0.28
棕榈油制造	SS	0.05	75.6	77	21.7	68310②	5390②	56.6	—	0.24
酿酒	SS	2.4	79.2	—	11	37000②	2600②	50	0.12	—
牛奶厂	SS	0.19	170	25	8	58465②	722②	24①	0.09	0.28
牛奶厂	SS	0.19	105	30	8.2	35175②	270②	22.4①	0.29	0.29
酿造	T/SS	0.05	12	—	15	67000②	268②	50	0.038	0.16
酿造	T/SS	0.12	60~100	—	<28	85000②	2550②	50①	—	0.28
玉米	T/SS	2.6	124	—	2.9	15000②	400②	21	—	—
羊毛清洗	HF/SS	4.5	—	—	<50	102400	11264	—	—	0.2
合成	T/SS	0.075	135	52	2	9700②	300②	8.1	—	0.37

①挥发性物质；②COD。

注：HF—中空纤维膜；SS—外置式。

（五）运行方式

膜生物反应器是一种新型、高效废水处理工艺，但是，由于膜在运行过程中容易受到污染，造成膜通量下降，甚至造成膜无法继续使用，阻碍了膜生物反应器的广泛应用，因此，操作运行条件是 MBR 工艺应用的重要因素。

1. 曝气方式

MBR 一般采用曝气冲刷膜面以防止膜通量的衰减，因此对曝气的方式有所要求。大气泡曝气可以提高湍流度，产生较大剪切力，更有利于膜面冲刷，因此尽管大气泡的充氧效率较差，但是 MBR 一般常采用可产生较大气泡的穿孔管曝气。

对于厌氧 MBR，系统不允许曝气，但有报道称对厌氧 MBR 采用曝气冲刷亦可有效提高膜透水率，不过曝气时间非常短（每 10min 曝气 5s）。

2. 过滤方式

（1）恒流过滤

内置式膜生物反应器常采用抽吸泵负压抽吸作用提供过滤所需驱动力，选用流量（通量）恒定的过滤方式运行，称之为恒流过滤。

恒流过滤时，当渗透通量大于临界通量时，悬浮物在膜表面不断沉积形成滤饼层，为了维持通量不变，所需跨膜压差会逐渐增加，而压差的增加会促进悬浮物进一步沉积，并会使滤饼层不断压实，压实的滤饼层容易吸附在膜表面形成永久性覆盖污染层。为避免上述现象的产生，实际操作时选择较短时间内开启、停止的膜过滤运行方式，且不宜选择过大的跨膜压差运行。

（2）恒压过滤

外置式膜生物反应器一般采用正向压力作为膜过滤的驱动力，因此常采用恒定压差的过滤方式——恒压过滤。当恒压过滤的跨膜压差超过临界压力时，悬浮物在膜表面沉积形成滤饼层，从而渗透通量不断减少。

当初始通量越大（即跨膜压差越大）时，膜渗透通量的衰减速度越大。

又如图 1-6-68 所示，在相同时间内，颗粒污泥状态的膜通量降低速度较慢，这是由于颗粒污泥的沉降性能优于絮状污泥，更容易从膜表面返回进料液中，因此反应池内活性污泥颗粒化程度高，可有效减缓膜污染。

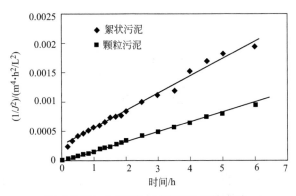

图 1-6-68　恒压过滤时渗透通量的衰减

3. 出水方式

膜间歇出水的操作方式中，在膜曝气不产水时可以破坏膜表面凝胶层的致密结构，在上升气流的水力冲刷下，凝胶层容易从膜面脱落，起到清洗膜表面的作用。连续出水的操作方式中，在膜的两面始终维持着压力差，这个压力差的存在，使污泥倾向于紧密地附着于膜的表面。因此在其他条件相同时，采用膜间歇出水的操作方式比采用连续出水的操作方式膜通量要高。

4. 污泥消泡

由于污泥自身特性和进水中所含表面活性剂等原因，在 MBR 运行初期，污泥易产生气泡，此时需投加消泡剂，建议使用乙醇系列消泡剂，杜绝硅胶系列消泡剂，因为硅胶系列消泡剂被膜表面吸附时，引起膜间压差上升，造成不可逆膜污染。

二、设备与装置

（一）膜组件

1. 中空纤维膜

中空纤维膜是不对称（非均向）的自身支撑的滤膜，可以反冲洗，使错流过滤方式得到最大的效益。中空纤维膜的此种几何组态使滤膜表面积在最小的空间得到最大的利用。MBR 工艺中应用的中空纤维膜组件，根据压力类型分为内压式和外压式；根据膜孔径大小分为微滤膜组件和超滤膜组件；根据膜组件外形分为帘式、束式（柱式）等。

（1）帘式膜组件

中空纤维帘式膜元件由其外形似门帘而得名，是由中空纤维滤膜集水管树脂槽及封端树脂浇铸而成。数只膜元件安装于膜箱或固定框架内，即成为膜组件。曝气器或曝气管安装在膜组件下端，并间歇曝气清洗膜组件，每个膜组件都设置导流挡板，膜底部曝气产生的强大推动力使得生物反应池内气、水、活性污泥三相混合液形成高速循环流，循环水流产生的剪切力和提升力促进了滤饼层的去除。近年来，随着技术的发展，帘式膜组件的膜元件间距不断变窄，气液两相流流态更易于膜表面冲洗，且增大了有效膜面积。中空纤维帘式膜元件构成示意见图 1-6-69，浸没式膜组件实物见图 1-6-70。

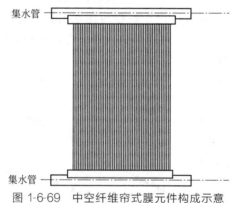

图 1-6-69 中空纤维帘式膜元件构成示意

（2）束式膜组件

束式膜元件是将中空纤维膜集合成束，将其一端浇铸、封装在树脂内，另一端可固定也可作为封闭的自由端（为了使膜丝产生更强烈的震荡，有效去除膜表面的滤饼层），树脂内留有气液两相流通道和透过液通道。膜组件的曝气器安装在膜组件底部，即采用气提式工艺。一端固定束式膜元件、膜组件示意见图 1-6-71，两端固定束式膜元件、膜组件示意见图 1-6-72。

图 1-6-70 中空纤维膜浸入式膜组件

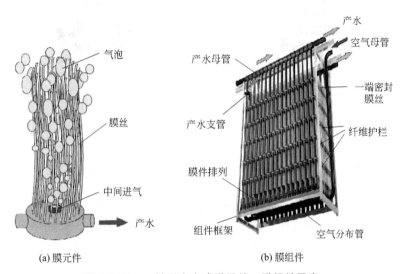

(a) 膜元件

(b) 膜组件

图 1-6-71 一端固定束式膜元件、膜组件示意

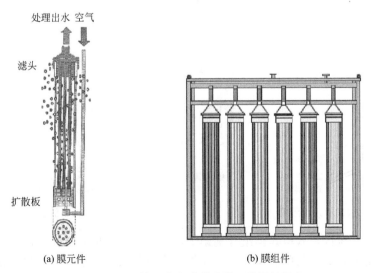

(a) 膜元件

(b) 膜组件

图 1-6-72 两端固定束式膜元件、膜组件示意

束式膜组件的研制开发是为了使膜组件的设计能更好地实施气液两相流的调节，恰当调节气水混合的比例，能够显著提高束式膜组件的透水率。完整导流板的构造［见图1-6-73（a）］要比多孔导流板［见图1-6-73（b）］更有效发挥气泡的清洗作用。目前，束式膜组件的应用不如帘式膜组件成熟，设计和改进工作有待进一步深入。

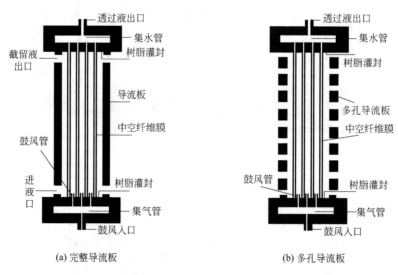

(a) 完整导流板　　　　　　　　　(b) 多孔导流板

图 1-6-73　束式膜组件的导流板

2. 板式膜

目前应用于 MBR 工艺的板式膜组件分为固定式膜组件和旋转式膜组件。

（1）固定式膜组件

板式膜元件由选择性透过膜、支撑板和透过液收集管组成，多张板式膜元件固定安装于模箱内，即形成一组膜组件。膜元件间距一般在 5～10mm，箱式单元外边缘设置导流挡板，底部安装曝气器，顶部设置连接各膜元件的集水管。固定式板式膜元件和膜组件示意见图1-6-74、图1-6-75。

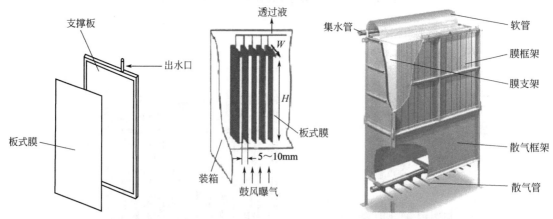

图 1-6-74　固定式板式膜元件示意　　　　　图 1-6-75　固定式板式膜组件示意

近年来，在传统固定式板式膜组件基础上，又研发生产出双层膜组件。双层膜组件的设计使得单位占地面积的有效膜面积加倍，而扩散室数量仅需一个，并且双层膜组件仅需一个膜箱，大大降低了膜组件成本，除此之外，单位膜面积的曝气需求量减少，使得运行能耗及费用降低。双层固定式板式膜组件见图 1-6-76。

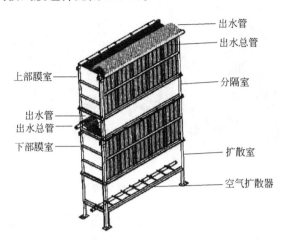

图 1-6-76　双层固定式板式膜组件示意

（2）旋转式膜组件

旋转式膜组件是板式膜元件以一定模式旋转组成，过滤后出水通过膜组件的中心旋转轴抽出（见图 1-6-77）。与固定平板膜组件相比，旋转式膜组件膜片之间的流体具有更大的雷诺数，湍流程度更高，同时旋转增加了上升气泡对膜表面的清洗作用，且能在较高污泥浓度下良好运行。但是旋转式平板膜组件的制作成本远高于固定式板式膜组件，因此其商业应用不及固定板膜组件。

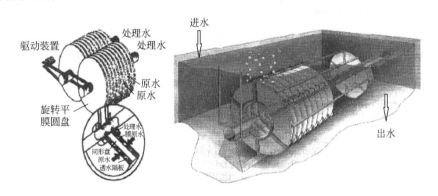

图 1-6-77　旋转式平板膜组件

3. 管式膜

虽然管式 MBR 在污水处理领域较少应用，但是对于一些特殊的工业废水，特别是对于一些高浓度有机废水（如垃圾渗滤液）、化工废水、医药废水等，中空纤维膜和板式膜往往会遇到许多问题，如膜易污染和堵塞、清洗周期短、膜丝易断裂、维护难等。由于管式膜由高强度的支撑层和高精度的分离层组成，流道宽，管内可以承受较高的湍流度和高流速产生的强剪切力，同时管式膜具有膜壁薄，不易污染，对料液的预处理精度要求低，易于拆卸和清洗等优点，因此，国内外很多的科研和应用人员采用管式 MBR 工艺来处理一些特殊废水。

目前，市场上提供的管式膜组件多以标准尺寸的圆柱形元件为主，如图 1-6-78，直径一般为 100～200mm，一般应用于外置式 MBR。

管式膜元件是由膜管及支撑体构成，有内压式和外压式两种运行方式。实际中多采用内

图 1-6-78　MBR 管式膜元件

压式过滤，即进水从管内流入，渗透液从管外流出。管式膜内压式过滤与中空纤维膜外压式过滤的主要区别在于内压式保证了被截留的物质容易通过反冲洗去除，同时保证了混合液不会与膜的外表面接触，污垢不会在膜丝之间堆积。目前，外置式管式 MBR 系统主要分常规型的泵提 MBR 系统（泵冲系统）和气提 MBR 系统（气提系统）两类。泵冲系统过滤方式为单相错流过滤，主要特点是跨膜压差大、通量高、循环流量大、能耗高，一般适用于有机物浓度高的废水；气提系统利用管内曝气，从而形成有效的气液两相活塞流，充分冲刷膜表面，延缓膜污染，降低清洗频率，主要特点是跨膜压差小、通量相对低、循环流量小、能耗低，一般适用于有机物浓度不高的废水。

（二）预处理与后处理装置

MBR 工艺的预处理装置包括格栅、沉砂池、水解酸化池、水质水量调节池等；后处理装置主要包括消毒、脱色、污泥的处理处置等。以上装置的选用可参考本篇相关章节，本节不再赘述。

（三）曝气、过滤与清洗设备

1. 鼓风机

膜生物反应器用鼓风机主要用来提供膜曝气、生化反应池曝气的空气量，需尽量避开和其他水池的鼓风机兼用。同时膜曝气、生化反应池曝气管道上设置流量计以确定膜曝气、生化反应池曝气的空气量，此外工程应用中需设置相同型号的备用鼓风机，一般 4 台以下设 1 台备用，4 台以上设 2 台备用。

2. 抽吸泵

膜单元可采用抽吸水泵负压出水，小型 MBR 工程宜采用自吸泵，大、中型 MBR 工程宜用真空泵、气水分离罐和离心泵代替。

当膜组件布置为多个单元并列运行时，选泵时还要考虑一个单元停止运行时（例如反冲洗时）其他并列单元增加的抽吸容量，过滤泵的数量根据水量和单元数确定。

3. 清洗设备

（1）反冲洗

清水反冲洗设备主要是反冲洗泵。反冲洗泵常选用确保日反冲洗水量的离心泵，反冲洗泵的数量根据水量和单元数确定。

（2）在线清洗

在线清洗指膜组件直接放置在膜过滤池内，从产水侧直接注入次氯酸钠水溶液等清洗剂进行清洗。

在线清洗系统的主要设备包括在线清洗泵、加药箱、加药泵等。

加药泵是一种计量水泵，将加药罐（或加药箱）里面的清洗剂同在线清洗泵（或反冲洗泵）提供的清水混合，再定量注入到管道中。采用加药泵投加，压力不宜过大，以免破坏过滤膜元件，此时加药罐（或加药箱）仅存放清洗剂浓溶液。另一种方式是，将清洗剂在加药罐（或加药箱）中稀释到所需浓度后通过重力作用直接注入在线清洗管道内，此时无需加药泵但加药箱容积将大大增大。

（3）离线清洗

离线清洗指将膜组件从膜池中取出，浸入化学溶液中进行浸泡清洗，除去膜污染物的过程。离线清洗设备包括浸泡清洗池、吊装设备等。

浸泡清洗池是将膜组件逐一吊装出来浸泡清洗的池子，池体要同时考虑机械强度和防腐蚀能力。

（四）其他设备

1. 吊装设备——卷扬机

设置吊装设备时应使其通过膜组件的中心。另外，滑轨的延长线上应确保可以放置膜组件的空间，以备安装和拆卸清洗。

卷扬机是安装和检修膜组件的必要装置，卷扬机的必要高度、载重量及配套吊装装置依生物反应池深度及膜组件特性而定（见图1-6-79）。

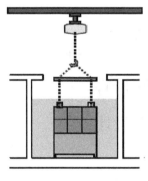

图 1-6-79　卷扬机

2. 计量装置

MBR工艺设计中的主要计量装置包括压力计、流量计和液位计。

（1）流量计

① 电磁流量计　电磁流量计是应用导电体在磁场中运动产生感应电动势，而感应电动势又和流量大小成正比，通过测电动势来反映管道流量的原理而制成的。目前在污水处理方面应用广泛。与其他种类的流量计相比，电磁流量计不仅测量精度和灵敏度都较高，压损较小，且具有更好的可靠性和稳定性；但电磁流量计价格较高，安装与调试比其他流量计复杂，且要求流体具有导电性，再由于黏性物或沉淀物附着在测量管内壁或电极上，会使变送

器输出电势变化，带来测量误差，因此电磁流量计也不适用于污染物浓度较高或溶液黏稠的液体。

电磁流量计在 MBR 工艺中主要用于控制过滤流量和反冲洗流量。过滤流量由膜通量确定，当设计膜通量恒定，即要求恒流量过滤时，可选用电磁流量计控制。

② 孔板流量计　孔板流量计是一种应用广泛的差压式流量计。差压式流量计是通过测量安装于管道中的流量检测元件产生的差压，用已知流体条件和检测件与管道的几何尺寸来计算流量的流量计。

孔板流量计是目前工程应用最为广泛的流量计之一，其结构牢固，使用范围广（包括液、气等单相流体以及部分混相流），价格较低且使用寿命长，但测量精度普遍偏低，测量范围较窄且压损较大。

精度要求不严格或非导电体的流量测定可选用孔板流量计，在 MBR 工艺中，曝气和在线清洗常采用该种流量计。

③ 金属管浮子流量计　金属管浮子流量计是利用流体的浮力作用，使浮子在垂直安装的金属管中随着流量变化而自由升降，浮子的实际位置指示着一定的流量。浮子流量计结构简单、性能稳定、价格便宜且使用寿命长。适用于复杂、恶劣环境等工艺条件，且适合测定小、微流量。但浮子流量计只能垂直安装。因此，在 MBR 工艺中，污泥循环的管道常选用金属浮子流量计。

（2）压力计

压力计是测量流体压力的仪器。通常都是将被测压力与某个参考压力（如大气压力或其他给定压力）进行比较，因而测得的是相对压力或压力差。MBR 工艺中应用的压力计主要用于水泵进、出水压力及膜压力的控制，多选用弹簧式压力计。例如根据安装在处理出水水泵的吸入侧的压力计可确认膜的堵塞程度。确认负压上升之后应考虑是否需要进行清洗。

（3）液位计

多选用浮球式液位计。

除此之外，MBR 工艺中的设备装置还包括污泥循环泵、管道阀门等。

三、设计计算

（一）工艺设计

1. 预处理

（1）去除固体杂质

污、废水进入膜反应池之前，须去除颗粒状硬物和织物纤维等。

① 污、废水进水应设置格栅，进入膜池前应设置超细格栅，城镇污水预处理还应设沉砂池。

② 进水中含有毛发、织物纤维较多时，应设置毛发收集器或超细格栅。例如对于中空纤维膜，过滤精度需控制在 0.8～1.5mm；对于板式膜，过滤精度可放宽至 2～3mm 之间。

（2）除油

一般情况下，膜上附有动植物油时，动植物油会覆盖膜表面，从而堵塞膜孔，因此原水最好不要含有过多动植物油成分。原水动植物油≥50mg/L 的情况下，需进行气浮、隔油等预处理，使其浓度降低到 50mg/L 以下。

在含有矿物油的情况下，有可能对膜产生更恶劣的影响。此时，除保证动植物油浓度低于限值外，还需使矿物油≤3mg/L。

（3）调节生化性

进水的 BOD/COD 小于 0.3 时，宜采用水解酸化等预处理措施。

（4）调节水质、水量

膜生物反应器的最佳 pH 值为 6～9。当 pH 值过高或过低时，宜设置 pH 调节池等预处理措施。

除 pH 值调节外，水质和（或）水量变化大的污、废水，宜设置调节水质和（或）水量的设施。

（5）化学除磷

当出水含磷量要求较高时（例如再生水、景观水等），可在进入膜反应单元前采取化学除磷措施。

2. 工艺选择

应根据去除碳源污染物、脱氮、除磷、好氧污泥稳定等不同要求和外部环境条件，选择适宜的 MBR 工艺。

内置式膜生物反应器系统基本工艺流程如图 1-6-80 所示；外置式膜生物反应器系统基本工艺流程如图 1-6-81 所示；类似于活性污泥法，当需要脱氮时，MBR 工艺系统应设置缺氧区，以脱氮为主的 MBR 基本工艺流程如图 1-6-82 所示；当需要同时脱氮除磷时，MBR 工艺系统应设置厌氧区、缺氧区，同时脱氮除磷的 MBR 基本工艺流程如图 1-6-83 所示。其中，膜组器指由膜组件、布气装置、集水装置、框架等组装成的一个基本水处理单元。

图 1-6-80 内置式膜生物反应器系统基本工艺流程

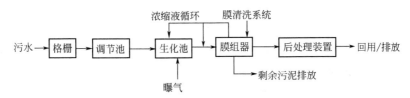

图 1-6-81 外置式膜生物反应器系统基本工艺流程

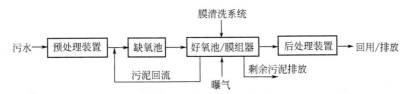

图 1-6-82 以脱氮为主的膜生物反应器基本工艺流程

3. 参数及计算

在 MBR 中污泥被膜组件截留在反应器中，反应器内污泥浓度较高，污泥负荷比传统活

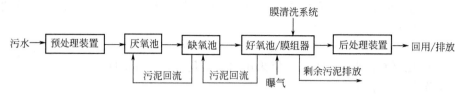

图 1-6-83　同时脱氮除磷的膜生物反应器基本工艺流程

性污泥法低，能够保证良好的出水水质。但由于反应器内无机物的积累，污泥活性（MLVSS/MLSS）会逐渐降低，并最终影响出水水质。因此，反应器应当定期排泥以保证反应器内污泥较高的活性。污泥增长的计算较为复杂，目前还没有统一的计算方法。可根据废水水质和出水要求，污泥停留时间（SRT）取 5～50d，通常为 5～25d。

污泥浓度是膜生物反应器的重要参数。污泥浓度对反应器的去除效率影响较大，一般 MLSS 越大，污染物的去除效率越好。但对膜生物反应器来说，MLSS 越大，对膜的污染越严重，过滤阻力越大，能耗增大。推荐的污泥浓度为 10000～15000mg/L。

好氧 MBR 反应池污泥负荷与污泥浓度等设计参数应由试验确定。在无试验数据时，可按表 1-6-24 选取。

表 1-6-24　MBR 工艺设计参数

项目	原水 COD /(mg/L)	BOD 负荷 /[kg BOD /(kg MLSS·d)]	混合液悬浮固体 /(g/L)	BOD 容积负荷 /[kg BOD /(m³·d)]	处理效率 /%
表示符号	S_0	N_s	MLSS	N_V	E
城镇污水回用	100～500	0.2～0.4	2.0～8.0	0.4～0.9	95～98
杂排水、中水处理	50～150	0.1～0.2	1.0～4.0	0.2～0.5	90～95
综合生活污水回用	100～500	0.2～0.4	2.0～8.0	0.4～0.9	95～98
高浓度有机废处理	500～5000	0.2～0.5	4.0～18.0	0.5～2.0	98～99

4. 污泥系统

剩余污泥量可按下列公式计算：

$$\Delta X = YQ(S_0 - S_e)/1000 \tag{1-6-183}$$

式中，ΔX 为产生的剩余污泥量，kg/d；Y 为污泥产率，即氧化 1kg BOD 所产生的污泥量，kg MLVSS/(kg BOD·d)；Q 为生物反应池的设计流量，m^3/d；S_0 为进水 BOD 浓度，mg/L；S_e 为出水 BOD 浓度，mg/L。

当浸没式膜生物反应器系统中要求除磷脱氮时，应设计污泥回流，当膜生物反应池溶解氧高于 2mg/L 时，混合液应先回流到缺氧池，再由缺氧池回流至厌氧池，避免回流液带入过多氧气。混合液回流比一般为 100%～400%。

剩余污泥的排放在条件允许时可增设流量计、污泥浓度计，用于监测、统计污泥排出量。

污泥处理和处置应符合《室外排水设计标准》（GB 50014—2021）的规定。

5. 后处理

对出水的除臭和脱色有严格要求时，应具有除臭或脱色功能。可采用活性炭吸附或化学氧化处理。对出水微生物有严格要求时，可采用氯化、紫外线或臭氧消毒。

（二）膜生物反应器设计

1. 中空纤维膜（HF）

中空纤维超滤膜分离技术是以分子或粒子大小为基础，以压力作为推动力的动态错流过滤技术。

中空纤维膜组件有两大类：外压型（过滤从外至内）和内压型（过滤从内至外）。目前常见的是外压型（如图 1-6-84 所示）中空纤维膜组件。外压型可在轴流（入流与中空纤维膜丝平行）或传流（入流与中空纤维膜丝垂直）的条件下操作。中空纤维膜在膜生物反应器的应用越来越多，常用的方式是内置式反应器，利用重力或真空抽吸获得产水（产水通过真空泵从膜丝中抽出），膜的形式以帘式膜和束式膜为主。为了获得持续稳定的膜通量，中空纤维膜组件的优化设计显得极其重要。

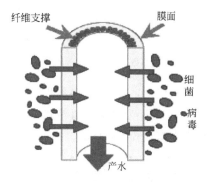

图 1-6-84 中空纤维膜丝外压型产水示意

（1）膜组件

① 有效膜面积　在实际工程设计中，根据下式可计算出所需膜组件的有效面积为：

$$A = Q/F \tag{1-6-184}$$

$$Q = \alpha Q_{\mathrm{m}} \tag{1-6-185}$$

式中，A 为膜组件的有效面积，m^2；Q 为设计流量，m^3/d；F 为膜通量，$\mathrm{m}^3/(\mathrm{m}^2 \cdot \mathrm{d})$；$Q_{\mathrm{m}}$ 为日最大污水水量，m^3/d；α 为系数，24（h）/每天实际抽吸时间（h）。

其中已知污水流量 Q（m^3/d），膜通量的选择与污泥过滤性能、污水水质以及运行的环境条件有关，尽可能通过实验确定，在条件不允许的情况下以膜厂家提供的通量范围作为参考。原水 COD、BOD 浓度较低，可生化性强时，可取高限；反之，原水 COD、BOD 浓度较高，可生化性较差时，取低限。

② 膜组件数　若已知膜组件制造厂家给定的基本参数，可容易地计算出所需要的膜组（元）件数：

$$N = A/A_0 \tag{1-6-186}$$

式中，N 为膜组（元）件数；A_0 为单个膜组（元）件的有效面积，m^2。

③ 总横截面积　对于中空纤维膜，可利用下式求出膜组件通道的总横截面积：

$$A' = N n_1 n_2 \pi \left(\frac{d}{2}\right)^2 \tag{1-6-187}$$

式中，A' 为通道总横截面积，m^2；N 为膜组件数；n_1 为一个膜组件中的膜元件数量；n_2 为膜元件通道数量；d 为膜通道内径，m。

（2）内置式 MBR 反应池设计

① 当以去除碳源污染物为主时，内置式 MBR 反应池有效反应容积可按下列公式计算：

$$V = \frac{Q(S_0 - S_{\mathrm{e}})}{1000 N_{\mathrm{s}} X} \tag{1-6-188}$$

$$X_{\mathrm{V}} = fX \tag{1-6-189}$$

式中，V 为膜生物反应池的容积，m^3；Q 为污水设计流量，m^3/d；S_0 为进水 BOD 浓

度，mg/L；S_e 为出水 BOD 浓度，mg/L；N_s 为膜生物反应池的污泥负荷，kg BOD/(kg MLSS·d)；X 为膜生物反应池内混合液悬浮固体（MLSS）平均浓度，g MLSS/L；X_V 为膜生物反应池内混合液挥发性悬浮固体平均浓度，g MLVSS/L；f 为比例系数，城镇污水一般取 0.7～0.8，工业废水应通过试验或参照类似工程确定。

② 当需要强化脱氮时，缺氧池容积按下列公式计算：

$$V_n = \frac{10^{-3}Q(N_k - N_{te}) - 0.12\Delta X}{K_{de}X} \tag{1-6-190}$$

$$K_{de(T)} = K_{de(20)}1.08^{(T-20)} \tag{1-6-191}$$

式中，V_n 为缺氧池容积，m^3；Q 为污水设计流量，m^3/d；N_k 为进水总凯氏氮浓度，mg/L；N_{te} 为出水总氮浓度，mg/L；K_{de} 为反硝化速率，kg NO_3^--N/(kg MLVSS·d)，宜根据试验资料确定，无试验资料时，20℃ 的 K_{de} 值可采用 0.03～0.06kg NO_3^--N/(kg MLVSS·d)，并按公式（1-6-191）进行温度修正；ΔX 为剩余污泥量，kg MLVSS/d；T 为混合液温度，℃。

好氧硝化池容积按下列公式计算：

$$V_0 = \frac{Q(S_0 - S_e)\theta_{c0}Y}{1000X} \tag{1-6-192}$$

$$\theta_{c0} = F \times \frac{1}{\mu} \tag{1-6-193}$$

$$\mu = 0.47 \times 1.103^{(T-15)} \tag{1-6-194}$$

式中，V_0 为好氧硝化池容积，m^3；Y 为污泥产率系数，kg MLSS/kg BOD，宜根据试验资料确定；θ_{c0} 为好氧区（池）设计污泥泥龄，d；F 为安全系数，为 1.5～3.0；μ 为硝化细菌比生长速率，d^{-1}；0.47 为 15℃时硝化细菌最大比生长速率，d^{-1}。

③ 膜生物反应池的划分及循环方式。当污水进水水质较好时，膜生物反应池无需分格，该形式节约土建成本且占地较小；但当进水水质较差时，将生物反应池划分成 2 格（见图 1-6-85）：在曝气池降低 BOD，然后在设置了膜组件的膜分离池进行固液分离，从膜分离池将污泥循环回到曝气池，使污泥浓度均一化。循环量可设为 $2Q$ 左右。循环方法主要有图 1-6-86 中所示的 3 种。

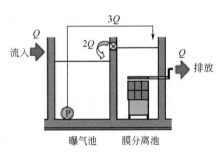

图 1-6-85 两格式膜分离池

（3）曝气系统

膜生物反应器所需空气由鼓风机提供，通过进气管将空气输入池内曝气管网；曝气设备应兼有供氧、混合等功能，内置式 MBR 生物反应池宜采用穿孔曝气与射流曝气（或微孔曝气）相结合的曝气方式；曝气管网应均匀布置在膜组件的下方。

内置式 MBR 反应器所需空气量分为膜曝气量（Q_1）和池曝气量（Q_2）。

① 膜曝气量（Q_1）

$$Q_1 = NQ_0 \tag{1-6-195}$$

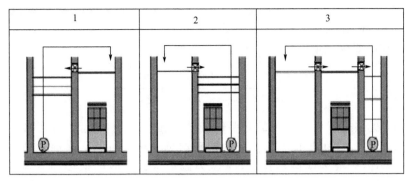

图 1-6-86　两格式循环方式

1——一般的循环方式。对循环水泵的能力要求较大——$(R+1)Q$，但膜分离池水位可以为一定值。通过曝气池控制水位，所以水池容量较大的场合会有不利之处（R 为循环量）。

2—曝气池可以取到最大容量，所以需要取大容量的场合有效。但是膜分离池进行水位控制，所以水位计故障或污泥抽吸量较多的场合水位有可能低于膜组件上表面。

3—在膜分离池的后段追加液位调节池。曝气池及膜分离池可以取到最大容量。液位调节池的容量最好是 15min 的循环量以上，再考虑到污泥抽吸量等予以决定。

式中，Q_1 为膜曝气量，m^3/h；N 为膜组件数，根据式（1-6-186）计算；Q_0 为每个膜组件膜曝气量，m^3/h，应由试验确定，膜厂家通常提供相关产品的该项参数。

② 膜曝气量提供氧气量

$$O_M = Q_1 E_A \rho O_w \times \frac{(273+T)}{273} \times 24 \tag{1-6-196}$$

式中，O_M 为膜曝气量提供氧气量，$kg\ O_2/d$；E_A 为膜曝气系统氧气转移效率；ρ 为空气密度，$kg\ 空气/m^3$；T 为活性污泥混合液温度，$℃$；O_w 为空气中氧气的比重，$kg\ O_2/kg$ 空气。

③ 生化反应需氧量　当以去除碳源污染物为主时，生化反应需氧量按下式计算

$$O = \frac{aQ(S_0 - S_e)}{1000} + bVX_V \tag{1-6-197}$$

式中，O 为微生物降解有机物和内源呼吸需氧量，$kg\ O_2/d$；V 为膜生物反应池的容积，m^3；Q 为污水流量，m^3/d；S_0 为进水 BOD 浓度，mg/L；S_e 为出水 BOD 浓度，mg/L；X_V 为 MLVSS，g/L；a 为氧化单位 BOD 的需氧量，$kg\ O_2/kg\ BOD$，一般取值为 $0.42\sim0.53$；b 为污泥自身氧化需氧率，$kg\ O_2/(kg\ MLVSS \cdot d)$ 或 d^{-1}，一般取值为 $0.19\sim0.11d^{-1}$。

有脱氮要求的工艺，好氧生化反应池的需氧量按下式计算：

$$O = \frac{aQ(S_0 - S_e)}{1000} - c\Delta X_V + b\left[\frac{Q(N_k - N_{ke})}{1000} - 0.12\Delta X_V\right] -$$

$$0.62b\left[\frac{Q(N_t - N_{ke} - N_{oe})}{1000} - 0.12\Delta X_V\right] \tag{1-6-198}$$

式中，O 为脱氮系统好氧生化反应池的需氧量，$kg\ O_2/d$；ΔX_V 为剩余污泥中的微生物量，kg/d；N_k 为进水总凯氏氮浓度，mg/L；N_{ke} 为出水总凯氏氮浓度，mg/L；N_t 为进水总氮浓度，mg/L；N_{oe} 为出水硝态氮浓度，mg/L；$0.12\Delta X_V$ 为排出生化反应池的微生物含氮量，kg/d；a 为氧化单位质量含碳物质的需氧量，当含碳物质以 BOD 计时，取值

为1.47；b 为常数，氧化单位氨氮的需氧量，kg O_2/kg N，取4.57；c 为常数，微生物自身氧化的需氧量，取1.42。

④ 生化反应必要供氧量

$$R = \frac{OC_{s(20)}}{\alpha(\beta\rho C_{s(T)} - C_L) \times 1.024^{(T-20)}} \tag{1-6-199}$$

式中，R 为提供生化反应需要的必要供氧量，kg O_2/d；$C_{s(20)}$ 为清水20℃下氧的饱和浓度，mg/L；$C_{s(T)}$ 为清水 T℃下氧的饱和浓度，mg/L；C_L 为混合液的实际氧的浓度，mg/L；T 为混合液的实际温度，℃；α 为修正系数，一般取值为0.6～1.0；β 为氧饱和温度修正系数，一般取值为0.9～0.97；ρ 为压力修正系数，所在地区实际大气压/1.013×10^5 Pa。

⑤ 池曝气量（Q_2） 当膜曝气量提供氧气量大于生化反应必要供氧量时，说明膜曝气过程中可提供足够的氧气供生物降解反应，因此无需另外增加曝气系统。

当膜曝气量提供氧气量小于生化反应必要供氧量时，说明膜曝气过程提供的氧气不足，因此需补充曝气以供生化反应需要，曝气量计算如下：

$$Q_2 = \frac{R - O_M}{24E_A\rho O_w(273+T)/273} \tag{1-6-200}$$

式中，Q_2 为池曝气量，m^3/h；E_A 为生化反应池曝气系统氧气转移效率，％；ρ 为空气密度，kg 空气/m^3；O_w 为空气中氧气的比重，kg O_2/kg 空气。

当进水中有机物含量较低时，膜曝气的空气量可以提供微生物生化反应所需氧气量时，MBR反应器的曝气量按 Q_1 计算；当进水中有机物含量较高，生物处理所需的空气量比较大时，膜组件的下部按清洗膜所需的空气量进行曝气，剩余的空气量在尽可能不妨碍回旋流的场所曝气。有时需要在膜分离槽以外，另设曝气槽。通常气水比为（20～30）:1。

（4）安装布置

① 平面布置 膜组件应均匀分布于曝气池内，见图1-6-87，各膜组件运行的不均衡将影响出水及膜组件寿命。

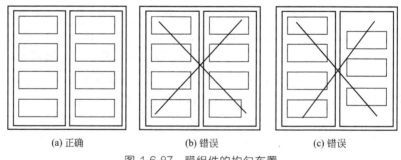

图 1-6-87 膜组件的均匀布置

膜组件两边与池壁距离不少于300mm，帘式膜组件膜元件间隔不少于80mm，膜组件间隔在150～300mm，具体可以根据不同膜产品说明书确定。

② 高程布置 浸没式MBR生物反应池的超高宜为0.5～1.0m。

以正常运行时的最低水位为基准，膜组件顶部至水面间距离应不小于0.4m。

对于中空纤维膜，如果曝气量较大时，膜上表面距离液面<0.4m，曝气的空气泡越接近液面，气泡越大（从水底冒上来的气泡体积将越来越大，因为水位越深压强越大，空气被

压缩的比率就越大，体积就越小，上升时反之），会损伤膜丝，故安装膜组件距离液面最好大于 0.4m。

散气管（膜组件底部）至曝气池底面间距离应不少于 300mm；应合理设计膜生物反应池内的水流循环通道，使处理水通过膜组件向上循环。

水深可根据膜组件的不同型号选择合适的池深，当鼓风机压力允许的情况下，可加大有效水深，对膜组件无影响。

（5）膜出水系统

① 膜单元可采用抽吸水泵负压出水，抽吸压力一般＜0.05MPa；也可利用重力自流出水，但应保持出水流量相对稳定。

② 膜单元的过滤开停比应通过试验设定，由此可计算出膜单元每天实际运行时间。

③ 出水流量。出水流量（m³/h）＝膜系统设计日流量（m³）÷每天实际运行小时数×安全系数（取值 1.2～1.5）。

④ 水泵吸程：应包括最大工作膜压＋管路损失＋高位差（膜区水面到水泵轴线或管道最高点距离）＋水泵系统损失（2～3m）。

⑤ 若采用抽吸式出水则 4 台抽吸泵（含）以下宜备用 1 台泵，4 台以上时宜备用 2 台泵。

⑥ 小型 MBR 工程宜采用自吸泵，大中型 MBR 工程宜用真空泵、气水分离罐和离心泵代替。

⑦ 出水系统设置在线监测压力表、流量计和浊度仪。

（6）案例

以下为好氧束式中空纤维膜生物反应器处理最大污水流量为 130m³/d 的工业废水设计案例，本工艺中 MBR 以去除高浓度有机物为主要目的。

① 预处理措施及膜生物反应池进水水质 为达到理想的处理效果，在进入膜生物反应器（池）前采取以下预处理措施。

格栅：为去除较大杂物以防止对中空纤维膜的损伤，设置孔径≤1mm 的转鼓格栅。

加压气浮装置：去除部分动植物油和矿物油，使其达到动植物油≤50mg/L 且矿物油≤3mg/L 的标准。

pH 调节池：调节 pH 值至 6～9。

本次设计的污染物控制指标及预处理效果见表 1-6-25。

表 1-6-25 污染物控制指标及预处理效果

控制指标	进水	格栅出水	气浮出水	MBR 进水（调节池出水）	出水目标水质
BOD/(mg/L)	1200	1170	1000	1000	5
动植物油/(mg/L)	80	77	40	40	≤10
矿物油/(mg/L)	7	6.5	3	3	≤1
pH 值	5～8	5～8	3	6～9	6～9

② 膜组件设计 根据式（1-6-184）、式（1-6-185）可计算出所需膜组件的有效面积。$\alpha = 24/19.5 = 1.23$。设计膜通量 F 取 $0.4\text{m}^3/(\text{m}^2 \cdot \text{d})$。

$$Q = \alpha Q_\text{m} = 1.23 \times 130 = 160 \ (\text{m}^3/\text{d})$$

$$A = Q/F = 160/0.4 = 400 \ (\text{m}^2)$$

所选单个膜组件的有效面积 A_0 为 100m^2，则根据式（1-6-186）可计算出所需要的膜组件数为：

$$N=A/A_0=400/100=4$$

膜组件外形尺寸：$L\times W\times H=0.5m\times0.5m\times2.9m$。

③ 膜生物反应池　膜生物反应池的容积根据式（1-6-188）计算。其中污泥负荷 N_s 取 0.07kg BOD/(kg MLSS·d)，混合液悬浮固体平均浓度 X 取 10g MLSS/L。

$$V=\frac{Q(S_0-S_e)}{1000N_sX}=\frac{160(1000-5)}{1000\times0.07\times10}=227.4（m^3）$$

由于本设计为有机物含量较高的工业废水，为提高处理效率及减少膜污染，膜生物反应池选用平分两格式，内循环比为 200%；由于池体尺寸与膜组件在池内的布置相关，因此具体尺寸设计见后文。

④ 曝气量计算　本设计每个膜组件由 4 支膜元件组成，每个膜元件的膜曝气量为 $7m^3/h$。根据式（1-6-195）计算膜曝气量（Q_1），如下：

$$Q_1=N\times Q_0=4\times4\times7=112（m^3/h）$$

根据式（1-6-196）计算膜曝气量提供氧气量。氧气转移效率 E_A 取 20%；空气密度 ρ 为 1.2923kg 空气/m^3；活性污泥混合液温度 T 取 20℃；空气中氧气的比重 O_w 为 0.2315kg O_2/kg 空气。

$$\begin{aligned}O_M&=Q_1E_A\rho O_w\times\frac{(273+T)}{273}\times24\\&=112\times20\%\times1.2923\times0.2315\times(273+20)/273\times24\\&=172.6（kg\ O_2/d）\end{aligned}$$

根据式（1-6-197）计算生化反应池需氧量（Q_2）。本设计 a 取 0.5kg O_2/kg BOD，b 取 $0.1d^{-1}$，$X_V=0.8X$。

$$O=aQ(S_0-S_e)+bVX_V=0.5\times(1000-5)\times160/1000+0.1\times227.4\times(10\times0.8)=261.5（kg\ O_2/d）$$

根据式（1-6-199）计算提供生化反应需要的必要供氧量。本设计 α 取 0.60，ρ 取 1.17。

$$\begin{aligned}R&=\frac{OC_{s(20)}}{\alpha(\beta\rho C_{s(T)}-C_L)\times1.024^{(T-20)}}\\&=261.5\times9.17/[0.60(0.95\times9.17\times1.17-2)\times1.024^{(20-20)}]\\&=487.8（kg\ O_2/d）\end{aligned}$$

生化反应的必要供氧量 R 大于膜曝气量提供氧气量 O_M，说明膜曝气过程提供的氧气不足，因此需补充曝气以供生化反应需要，曝气量根据式（1-6-200）计算如下：

$$\begin{aligned}Q_2&=\frac{R-O_M}{24E_A\rho O_w\frac{(273+T)}{273}}\\&=\frac{487.8-172.6}{24\times15\%\times1.2923\times0.2315\times\frac{(273+20)}{273}}\\&=272.7（m^3/h）\end{aligned}$$

式中，Q_2 为池曝气量，m^3/h；E_A 为生化反应曝气系统氧气转移效率，取 15%；ρ 为空气密度，1.2923kg/m^3；O_w 为空气中氧气的密度，0.2315kg O_2/kg 空气；T 为活性污泥混合液温度，20℃。

⑤ 平面布置　膜组件在反应池内的布置形式如图 1-6-88 所示，当一个组件在线清洗时，其他 3 个组件可继续过滤，离线清洗时也仅拆除一个组件浸泡清洗，不影响其他组件正常工作。

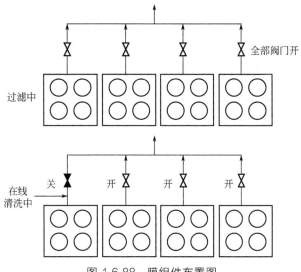

图 1-6-88　膜组件布置图

设膜组件之间与膜生物反应池池壁之间间距均为 0.5m，则膜生物反应池宽度为 $0.5 \times 4 + 0.5 \times 5 = 4.5$（m）。

⑥ 高程布置　为使膜组件完全浸没在混合液内，膜生物反应池有效水深应大于膜组件高度，本设计取 4.0m，本设计超高取 0.8m，因此膜生物反应池实际高度为 4.0m。

为保证活性污泥的混合效果，其长宽比的理想范围为 0.3～3。

综上所述，设计膜生物反应池尺寸为 $L \times W \times H = 16m \times 4.5m \times 4.8m$。

⑦ 出水方式　采用定出水流量的自吸过滤方式，抽停时间分别为 9min、1min，抽吸压力小于 30kPa。

产水池主要用于提供在线清洗所需的过滤水，池容积储存至少一次在线清洗所用水量。4 件膜元件，每件膜元件清洗用水 50L，因此池容应大于 200L，考虑产水其他用途，本设计选用 400L。

2. 板式膜（FS）

目前市场化的板式膜有两种形式——固定式板式膜和旋转式板式膜，与固定式板式膜组件相比，旋转式板式膜组件制作费用高，因此商业应用不及固定式板式膜普遍，本章主要针对固定式板式膜进行论述。固定式板式膜单元组成和过滤机理如图 1-6-89 和图 1-6-90 所示。

板式膜 MBR 工艺亦多采用内置式反应器，产水方式采用负压抽吸方式，板式膜单元的设计类似于中空纤维膜单元，具体参数及公式可参考中空纤维膜，下面仅介绍板式膜设计中不同于中空纤维膜的特点及注意事项。

（1）板式膜与中空纤维膜的比较

与中空纤维膜相比，板式膜具有下列优势：

① 较好的抗污染性能　相比较中空纤维 MBR，板式膜生物反应器可以在更高的活性污泥浓度下保持高通量的稳定运行。

根据膜污染产生的机理，高浓度悬浮物沉积而成的滤饼层是中空纤维膜膜污染的主要原

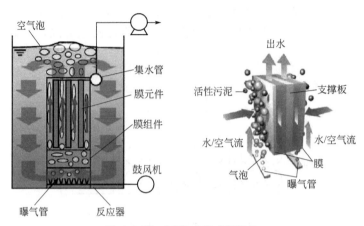

图 1-6-89　固定式板式膜组件

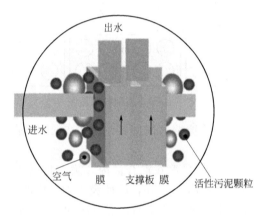

图 1-6-90　板式膜组件过滤机理

因，板式膜的主要污染来自于膜孔堵塞污染，膜面没有明显的滤饼层，因此，提高进水悬浮物浓度对板式膜污染影响不大。

除此之外，在实际使用过程中，由于毛发类物体进入膜生物反应器，此类丝状物缠绕在膜丝上，会出现泥坨，影响中空纤维膜的有效过滤面积，使膜通量急剧下降。板式膜组件由于预留膜片间隙，通过气水混合液流对膜元件表面进行冲刷，可以很好地清除膜表面的附着物。

② 清洗方式灵活、频率低　板式膜元件可取出，通过低压水枪进行人工物理清洗，而中空纤维膜不可通过这种方式清洗。

与中空纤维膜 MBR 工艺相比，板式膜的清洗频率要低于中空纤维膜。中空纤维膜需频繁地将膜组件进行反冲洗，中空纤维膜组件在线化学清洗周期为 1 个月左右，平板式膜组件的清洗周期为 3 个月以上。

③ 机械强度较高　在实际使用过程中，中空纤维膜不可避免出现断丝现象，由于中空纤维膜在曝气状态下工作，始终处于幅度较大的振动中，长此以往会引起中空纤维膜规模性断丝，出水水质变差，平板膜强度通常高于中空纤维膜。

④ 寿命长，运行费用低　板式膜组件寿命通常高于真空纤维膜组件，同时板式膜可以实现单张膜元件更换，故更换成本相对较低。

同时，板式膜较中空纤维膜也有不足之处：

① 板式膜与中空纤维膜相比，过滤面积较小，因此集成度不高；

② MBR 工艺的能耗主要为曝气，板式膜的膜曝气量通常大于中空纤维膜，因此能耗较高；

③ 板式膜的价格高于中空纤维膜；

④ 中空纤维膜可以进行反冲洗，板式膜则不能；

⑤ 中空纤维膜较板式膜更适用于较大规模污水处理项目。

（2）模板间距

板式膜组件的一个重要设计参数是膜板间的距离，膜板间距和曝气产生的气泡大小共同决定了膜板间的气流方式，最佳的设计应当让气泡在膜板间产生节涌流（见图 1-6-91），如若采用 3~5mm 大小的气泡，膜板间距设计为 5~8mm 为宜。

（3）曝气

① 膜生产商通常设定空气量上限值，因为超过上限值进行曝气时，会造成膜寿命下降和组件的损伤，所以应将空气量设定在适宜范围内。

② 流入污水较少的时间段中，如果不进行过滤只进行曝气（空曝气），会对膜造成损伤导致寿命缩短并浪费电能。因此系统设计中应避免长时间空曝气。

图 1-6-91　节涌流
示意

（4）双层膜单元

对于双层膜单元的膜元件来说，由于下层膜框架比上层难于检查等原因，所以下层膜通量比上层膜通量的设定要低，使得运行时下层膜框架的膜面尽量避免堵塞。膜通量的比值可参考：上层/下层＝5.5/4.5。

（5）案例

以下为内置式板式膜生物反应器处理生活污水的设计案例。

处理方式：内置式板式膜生物反应器

处理对象：生活污水

日最大污水量 Q_m：260m³/d

水质指标见表 1-6-26。

表 1-6-26　设计进水水质

控制指标	进水/(mg/L)	出水目标/(mg/L)	去除率/%	控制指标	进水/(mg/L)	出水目标/(mg/L)	去除率/%
BOD	200	5	97.5	NH_4^+-N	25	5	80
SS	250	5	98	NO_3^--N	0	—	—
TN	40	10	80	NO_2^--N	0	—	—

① 工艺流程　污水处理工艺流程如图 1-6-92 所示。

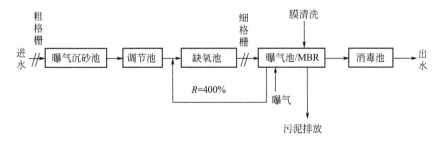

图 1-6-92　工艺流程

② 膜组件　设计膜通量 $F=1.2m^3/(m^2 \cdot d)$；每天实际运行时间为 20.5h，则 α 取 1.15。

根据式（1-6-184）和式（1-6-185）可计算出所需膜组件的有效面积为：

$$Q = \alpha Q_m = 1.15 \times 260 = 300 \ (m^3/d)$$

$$A = Q/F = 300/1.2 = 250 \ (m^2)$$

已知一个膜元件的有效膜面积为 $0.8 m^2$，根据式（1-6-186）可计算出所需要的膜元件数为：

$$N = A/A_0 = 250/0.8 = 313$$

选用由 125 个膜元件组成的膜组件，膜组件数 $= 313/125 = 3$，实际选用膜元件数 375。

③ 生物反应池 缺氧池容积按式（1-6-183）、式（1-6-190）、式（1-6-191）计算。其中污泥产率系数 Y 取 0.3；排出系统的微生物量 $\Delta X_V = 0.7 \Delta X$；反硝化速率 $K_{de(20)}$ 取 $0.06 kg \ NO_3^--N/(kg \ MLVSS \cdot d)$；MLSS 浓度 X 取 7.5g/L；混合液温度 $T = 10℃$。

$$\Delta X = YQ(S_0 - S_e)/1000 = 0.3 \times 300 \times (200 - 5)/1000 = 17.55 \ (kg/d)$$

$$K_{de(10)} = K_{de(20)} 1.08^{(10-20)} = 0.06 \times 1.08^{-10} = 0.03 \ [kg \ NO_3^--N/ \ (kg \ MLVSS \cdot d)]$$

$$V_n = \frac{10^{-3} Q(N_k - N_{te}) - 0.12 \Delta X_V}{K_{de(10)} X} = \frac{10^{-3} \times 300 \times (40 - 10) - 0.12 \times 0.7 \times 17.55}{0.03 \times 7.5} = 33 \ (m^3)$$

好氧硝化池容积按式（1-6-192）～式（1-6-194）计算。其中污泥产率系数 Y 取 0.3kg MLSS/kg BOD；安全系数 F 取 2.8；设计温度 $T = 10℃$。

$$\mu = 0.47 \times 1.103^{(T-15)} = 0.47 \times 1.103^{(10-15)} = 0.29(d^{-1})$$

$$\theta_{c0} = F \times \frac{1}{\mu} = 2.8 \times \frac{1}{0.29} = 9.66(d)$$

$$V_0 = \frac{Q(S_0 - S_e)\theta_{c0} Y}{1000 X} = \frac{300 \times (200 - 5) \times 9.66 \times 0.3}{1000 \times 7.5} = 22.6 \ (m^3)$$

④ 曝气量 根据公式（1-6-195）可计算出膜曝气量。其中每个膜元件的曝气量 $Q_0 = 0.6 m^3/h$。

$$Q_1 = NQ_0 = 375 \times 0.6 = 225 \ (m^3/h)$$

根据式（1-6-196）可计算出膜曝气量提供氧气量。其中氧气转移效率 E_A 取 15%；空气密度 $\rho = 1.2923 kg$ 空气$/m^3$；空气中氧气的比重 O_w 为 $0.2315 kg \ O_2/kg$ 空气；活性污泥混合液温度 T 取 10℃。

$$O_M = Q_1 E_A \rho O_w \times \frac{273 + T}{273} \times 24$$

$$= 225 \times 0.15 \times 1.2923 \times 0.2315 \times \frac{273 + 10}{273} \times 24$$

$$= 251.2 \ (kg \ O_2/d)$$

生化反应池的需氧量按式（1-6-198）计算：

$$O = \frac{aQ(S_0 - S_e)}{1000} - c\Delta X_V + b\left[\frac{Q(N_k - N_{ke})}{1000} - 0.12\Delta X_V\right]$$

$$- 0.62b\left[\frac{Q(N_t - N_{ke} - N_{oe})}{1000} - 0.12\Delta X_V\right]$$

$$= \frac{1.47 \times 300 \times (200 - 5)}{1000} - 1.42 \times 0.7 \times 17.55 +$$

$$4.57 \times \left[\frac{300 \times (40 - 5)}{1000} - 0.12 \times 0.7 \times 17.55\right]$$

$$- 0.62 \times 4.57 \times \left[\frac{300 \times (40 - 10)}{1000} - 0.12 \times 0.7 \times 17.55\right]$$

$$=88.5 \ (\text{kg O}_2/\text{d})$$

生化反应必要供氧量按式（1-6-199）计算：

$$R = \frac{OC_{\text{s}(20)}}{\alpha(\beta\rho C_{\text{s}(10)}-C_{\text{L}})\times 1.024^{(T-20)}}$$

$$= \frac{88.5\times 9.17}{0.60\times(0.95\times 11.33\times 1.05-2)\times 1.024^{(10-20)}}$$

$$= 184.33 \ (\text{kg O}_2/\text{d})$$

式中，R 为生化反应的必要供氧量，kg O_2/d；$C_{\text{s}(20)}$ 为清水 20℃下氧的饱和浓度，取 9.17mg/L；$C_{\text{s}(10)}$ 为清水 10℃下氧的饱和浓度，mg/L，取 11.33mg/L；C_{L} 为混合液的实际氧的浓度，mg/L；α 为修正系数，取 0.6；β 为氧饱和温度修正系数，取 0.95；ρ 为压力修正系数，取 1.05。

膜曝气量提供氧气量大于生化反应池需氧量时，说明膜曝气过程中可提供足够的氧气供生物降解反应，因此无需另外增加曝气系统，池曝气量（Q_2）为零。

3. 管式膜（MT）

（1）性质及特点

管式膜亦是 MBR 工艺中较常见的膜组件，是指在圆筒状支撑体的内侧或外侧刮制上半透膜而得的管形分离膜，壳体一般由不锈钢或 U-PVC 制造；膜材料多选用聚偏氟乙烯（PVDF），支撑层为聚乙烯（PE），膜孔径在 $0.03\sim0.5\mu\text{m}$，管径一般为 $4\sim24\text{mm}$，管子长度为 $0.5\sim4\text{m}$，管式膜产水示意见图 1-6-93。

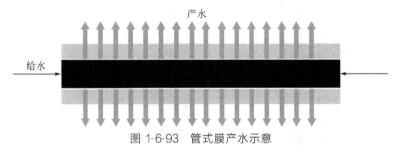

图 1-6-93　管式膜产水示意

由于装填密度小、一次性投资和运行费用的限制等，管式膜在 MBR 工艺中的应用不及中空纤维膜和板式膜广泛，然而近年来，管式膜的特性和优势被逐步开发利用，目前管式膜 MBR 形式以外置式为主。

管式膜的特点：

① 膜的使用强度大（不易破损）、寿命长（一般大于 5 年）。

② 过滤精度高，不仅能去除悬浮固体和游离细菌等，同时能去除一些大分子物质，如淀粉、蛋白质等。

③ 具有较强抗污染、抗氧化和耐酸碱等性能。

④ 通量大，纯水通量可达 $10\text{m}^3/(\text{m}^2\cdot\text{h})$。

⑤ 工作温度高（可达 60℃）、操作压力大。

与内置式生物膜反应器相比，外置式膜生物反应器的优点是：运行稳定，通量较大，且外置式 MBR 的膜组件易于安装、拆卸，便于膜组件的维护和清洗；缺点是为防止膜污染，需要较高的错流速度，同时操作压力也高于内置式 MBR（通常 $\geqslant$1MPa），因此运行能耗较内置式 MBR 高（一般在 $1\sim10\text{kW}\cdot\text{h/m}^3$ 之间）。

（2）技术应用

目前工艺设计常用的膜组件技术包括泵提膜组件和气提膜组件。泵提膜组件（见图 1-6-94）水平安装，适用于进水 COD 较高（$\geqslant$5000mg/L）、流量较低（$\leqslant$100m³/h）的污水；气提膜组件（见图 1-6-95）垂直安装，适用于进水 COD 较低（$\leqslant$1000mg/L）、流量较高（$\geqslant$250m³/h）的污水。在以上范围之间两种膜组件均可适用。

(a) 泵提膜组件实物

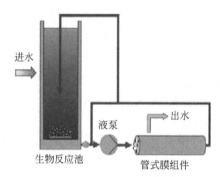
(b) 泵提膜组件示意

图 1-6-94　泵提膜组件

(a) 气提膜组件实物

(b) 气提膜组件示意

图 1-6-95　气提膜组件

某品牌管式膜两种形式的膜组件在实际运行中的参数对比见表 1-6-27，其中气提式膜组件的能耗小于 1kW·h/m³，避免了传统外置式膜生物器高能耗的缺点。

表 1-6-27　泵提和气提膜组件运行参数

参　　　数	泵提系统	气提系统
MLSS/(g/L)	12～30	8～12
TMP/kPa	100～150	5～30
通量/[L/(m²·h)]	80～200	30～60
膜透水率/[L/(m²·h·kPa)]	0.4～0.8	0.9～5
单位面积处理量/[m²/(h处理量·m² 项目面积)][1]	10.8[3]	7.5[2]
单位面积上的膜面积/[m²(膜)/m²(项目面积)][1]	108	131

参　　数	泵提系统	气提系统
单位体积出水的能耗/(kW·h/m³)	1.5～4	0.5～0.7
工艺	较简单	较复杂
运行模式	连续	非连续

① 基于单个膜组件，1m（W）×4m（L）×4m（h）。

② 基于 55L/(m²·h)。

③ 基于 100L/(m²·h)。

（3）外置式管式膜生物反应器设计要点

① 外置式 MBR 生物反应区容积、水力停留时间 HRT、污泥负荷数可参照内置式 MBR 工艺设计。

② 外置式 MBR 生物反应池的超高宜为 0.3～0.5m。

③ 增压设备。由大流量循环泵（卧式）推动出水。循环泵的进水流量应为该系统产水流量的 6～9 倍。进水压力宜选择 0.2～0.4MPa。

④ 膜通量：1～2.4m³/(m²·d)。

⑤ 过滤方式：错流式过滤。

⑥ 膜系统正常运行回收率：10%～15%。

⑦ 回流浓水：85%～90%。

⑧ 膜面流速：3～5m/s。

⑨ 污泥浓度：10～40g/L。

⑩ 由管式膜元件封装的管式膜系统，由大流量循环泵（卧式）推动出水。循环泵的进水流量应为该系统产水流量的 6～9 倍，进水压力宜选择 0.2～0.4MPa。

（三）运行与维护

新膜制成后需要经过一定的处理后才能进行较长时间的配货和运输，常用的处理方法有干式法和湿式法。干式法是将溶液状态的添加剂均匀地附着至成品膜元件表面，烘干后在膜表面形成一层致密、均匀的保护膜，减少温度、湿度等环境条件对膜元件的影响。湿式法是采用甘油作为保护层，并可在整个组件外部密封一层塑料薄膜，隔绝外部环境条件的影响。

新膜采购后储存待用时应注意如下事项：

① 膜元件应放置在通风干燥、无阳光直射、无腐蚀性气体的场所；

② 拆封验收后的产品可保存在质量分数为 1% 的亚硫酸氢钠标准保护液中，同时需注意防止低温结冰（冰点在 -4℃ 左右）；

③ 需要定期检查微生物生长情况，如果保护液出现浑浊时应重新更换保护液；

④ 亚硫酸氢钠溶液容易被氧化成硫酸钠溶液，pH 值会降低，因此，使用亚硫酸氢钠溶液作保护液时需要定时检测保护液的 pH 值，使 pH 值不低于 3；

⑤ 膜元件最好在 12 个月之内使用，在膜元件使用前应采用碱性化学清洗液进行清洗。

在膜组件使用过程中应注意以下事项：

① 膜元件使用过后，保存时需要始终保持湿润状态，防止滞留在膜上的残余杂质由于干燥固化而对膜造成永久性损伤；

② 膜组件一般用高分子材料制成，而且使用后的滤膜强度将下降，移动膜组件时应避免滤膜直接受力，让支撑部件受力，勿使中空纤维膜受到弯折、压挤而导致膜丝断裂；

③ 确保膜组件集水总管与支管之间连接良好；

④ 有些有机溶剂能使膜组件膨胀、溶解，在保存过程中不能让膜与这些有机溶剂接触，若处理含有此类化学物质的废水，前期需经充分验证；

⑤ 安装、维修和使用等过程中，不要让工具、配管、焊接火花等损伤膜组件；

⑥ 过量曝气对膜不利，应避免；

⑦ 如果药液清洗的频率需显著增加才能维持最低需要的膜通量，此时需要考虑更换膜元件。

一般内置式中空纤维膜组件的使用寿命在 2～5 年，当然，良好的维护和保养有利于延长使用寿命。

使用后需要停运并长期保存时，可按下面的步骤进行：

① 把要保存的膜组件从反应器中取出，水洗之后，然后再用合适的药剂浸渍清洗；

② 药剂清洗之后，把膜组件浸入注满干净水（纯净水、自来水等）的储槽中，并保存于阴暗处，避免阳光直射；

③ 采用亚硫酸氢钠溶液作为保护液时，注意事项见前述内容；

④ 保存期间，为了不让水中的微生物过度繁殖、生长而影响膜的性能，一般需要每隔 2～3 周换一次水，另外，在寒冷地区，注意不要让储槽里的水结冰；

⑤ 需要再次使用保存的膜组件时，由于膜的表面或多或少会附着一定量的微生物，在重新使用开始之前，最好用 0.1%～0.3% 的次氯酸钠溶液进行浸渍清洗。

1. 膜清洗方式

（1）中空纤维膜

① 物理清洗　中空纤维膜的物理清洗方法包括以下两种。

a. 间歇空气擦洗。采用间歇抽水方式，一般抽吸 8～13min，松弛 1～3min，及通过空曝气达到擦洗膜表面的目的，空曝气能有效解除膜组件内的负压，减缓压力的上升，减少膜污染程度。

b. 反冲洗。反洗：水流方向与产水方向相反，可以有效地减少污染。为避免在产水侧对膜产生污染和杂质对膜孔堵塞，一般采用过滤产水作为反洗水。选择反洗水时要考虑到不要给后续的操作带来影响。

频率及时间：一般在 1h 之内反洗一次，一次反洗不超过 40s，具体依工艺及产品型号而定。

② 化学清洗　经过一段时间的运行以后，有些污染物质会吸附在膜丝的表面，并且无法通过物理反洗去除。对于这些被吸附的物质，如微生物代谢产物等，就要通过化学清洗来去除。根据污染物的种类，可以选择不同的药剂来进行化学清洗，常用的药剂有氢氧化钠、次氯酸钠、盐酸和柠檬酸。这些药剂既可用于小剂量的在线清洗，也可用于大剂量的系统停运时的强化清洗。

a. 在线清洗。实际工程应用中，膜生物反应池常划分为若干单元（≥2），由于每个单元可独立运行，因此在线清洗可先对某一单元的膜组件进行化学加药反洗，同时其他单元正常运行。在刚开始的短时间内，化学反洗通量较高，接下来是较长时间的低通量的化学反洗。清洗药剂可直接加到反洗泵出口的出水管线上。

频率：每月不宜少于一次。

时间：60～120min。

药剂使用：在线清洗药剂通常采用 NaClO，药剂用量 1.0～2.0L/(m² · 次)，药剂浓度宜 0.1%～0.3%。

b. 离线清洗。

频率：通常半年到一年进行一次。

时间：6～24h。

药剂使用：通常采用 0.3%～0.5% 次氯酸钠和 0.5%～1% 的氢氧化钠溶液混合碱液、0.3%～1% 的盐酸、0.5%～1% 柠檬酸或草酸等。

（2）板式膜

板式膜的物理清洗方法包括以下几种。

① 间歇空气擦洗 同中空纤维膜的膜曝气清洗相似，板式膜也可通过曝气对膜表面的污染物产生剪切冲刷作用。

② 人工物理清洗 板式膜组件可拆卸后通过低压水枪进行人工物理清洗，此方式清洗效果较好。

板式膜通常采用在线化学清洗，一般不采用离线化学清洗方法，每个膜组件均设置药液清洗口，如果使用水泵等将药液压入，会造成膜框架或膜支架的破损，所以应采用重力式注入方法。药液箱与反应池的液面高度差不宜过大，具体要求依膜组件产品而定。注入药液时需要观察药液的流入情况，药液开始从注入口溢出时，应立即中止药液的注入。

频率：3～6 个月一次或当跨膜压力大于限定值时。

（3）管式膜

① 反冲洗（见图 1-6-96） 清洗频率和时间：一般 30～120min 一次，每次冲洗时间 20～30s。应根据膜的力学性能确定膜组件的反冲洗工艺。

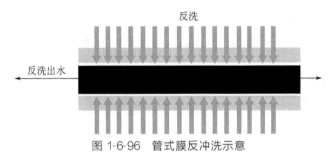

图 1-6-96 管式膜反冲洗示意

② 化学清洗 当滤膜通量下降超过一定限值时需进行化学清洗，膜组件的出水管应设置化学清洗用的清洗液接口。化学清洗可先进行反冲洗，以充分发挥化学清洗剂的清洗效果。

清洗频次：通常每月不少于一次。

清洗时间：2～3h。

药剂：碱清洗通常采用 NaClO＋NaOH，碱洗药剂浓度宜 0.1%～0.2%；酸清洗一般采用盐酸或柠檬酸，盐酸浓度一般为 0.2%～0.3%，柠檬酸浓度一般为 0.3%～0.5%。

2. 曝气系统防堵措施

曝气孔堵塞将造成曝气不均匀以及膜堵塞，防止曝气管堵塞的对策如下。

① 膜组件曝气系统的曝气孔一般要求开在曝气管下方，以尽量减少活性污泥进入曝气孔。

② 湿润曝气管内部。在 4～6h 内，往曝气管内流入产水或者自来水，每次流入与曝气管的内部容量相同的水量。设计管路时，注意防止流入曝气管内的水流入鼓风机侧，鼓风机侧流入水时，会导致鼓风机故障。

③ 曝气管清洗。膜单元空气管路布置见图 1-6-97。清洗频率为至少每天一次，每次清洗时间为 1～5min。且宜设置自动阀进行自动清洗以减少工作人员工作量。清洗时打开排气阀释放曝气管内空气使泥水混合物逆流进入曝气管，通过进入曝气管内的空气将污泥排出（见图 1-6-98）。

3. 膜单元自动控制要点

① 膜生物反应池水位下降到设计低水位时，抽吸水泵自动停止，水位上升至设计高水

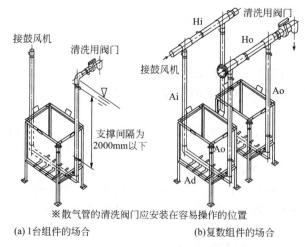

※散气管的清洗阀门应安装在容易操作的位置

(a) 1台组件的场合　　　　　　　　　(b)复数组件的场合

图 1-6-97　空气管路布置图

Hi—空气入口侧总管；Ho—空气出口侧总管；Ai—空气管道入口侧；Ad—散气管连接部；Ao—空气管道出口侧

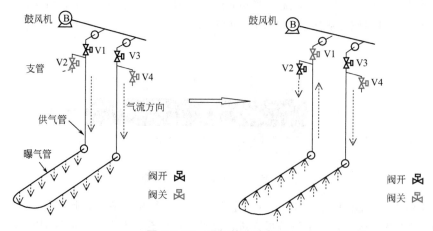

图 1-6-98　曝气管清洗流程

位时恢复运行；小型（设备化）工程膜生物反应池，水位上升至设计高水位时进水泵自动停止，水位下降到设计低水位时进水泵恢复运行。

② 对于内置式膜生物反应器，通常膜堵塞造成抽吸水泵负压上升至 0.04MPa 时报警，上升至 0.05MPa 时抽吸水泵自动停止。

③ 自动进行周期性产水和膜清洗。

四、膜污染防治

（一）污染机理

膜分离使 MBR 工艺的处理效果优于传统活性污泥工艺，但同时也带来了新的问题，其中比较突出的为膜污染问题，它直接影响 MBR 的稳定运行，并决定了膜的更换频率，因此被认为是影响 MBR 工艺经济性的重要原因。长期以来，膜污染问题一直是制约膜生物反应器发展的关键因素。

1. 膜污染定义

好氧膜生物反应器中的膜污染物是指混合液中的污泥絮体、胶体粒子或溶解性有机、无机物等，由于污染物在膜面上的沉淀与积累，或在膜孔内吸附造成膜孔径变小或堵塞，使水通过膜的阻力增加，渗透性下降，从而导致膜通量下降的现象。

广义的膜污染包括可逆的污染和不可逆的污染，二者共同造成运行过程中膜通量的衰减。可逆膜污染可以通过有效物理清洗和化学清洗去除。不可逆膜污染是由于被吸附的物质在各种化学力的作用下，成为膜的一部分结构，同时缩小了膜的有效孔径，无法通过清洗而去除，只有更换新膜。

目前有关厌氧 MBR 膜污染的研究非常有限。尽管其污染机理可能与好氧 MBR 类似，其膜污染也随进水特性、膜表面和膜组件特性以及工艺运行条件变化而变化，但污染物的性质可能不同。

2. 污染来源

造成 MBR 膜污染的直接物质来源是生物反应器中的污泥混合液，成分包括微生物菌群及其代谢产物、废水中的有机大分子、溶解性物质和固体颗粒等。上述污染物主要带来以下污染。

① 滤饼层　过滤过程中被截留的微粒沉积在膜表面，即形成滤饼层，滤饼层不断增厚，膜的渗透阻力不断增加，膜通量则不断降低，进而形成膜污染。吸附在滤饼层中的污染物既有无机物也有有机物。无机污染物主要是钙、镁、硅、铁等的碳酸盐、硫酸盐和硅酸盐的结垢物；有机污染物主要是微生物絮凝物和胶体物质以及容易在膜表面附着的溶解性有机物等。

② 凝胶层　浓差极化现象主要是指膜表面的溶解性物质的浓度增加，导致其浓度超过主体溶液的浓度时，在界面上会形成溶质浓度梯度，在浓度梯度的作用下，溶质反向扩散的现象。浓差极化现象使溶解性低的有机溶质倾向于在膜表面析出，析出的有机质与污泥混合液中的悬浮固体结合沉积在膜表面即形成凝胶层，凝胶层具有较低的渗透性。反应器污水中自身的溶解性高分子有机物、大分子的微生物可溶性代谢产物都容易通过浓差极化作用而在膜表面形成凝胶层，使膜通量降低。

③ 膜孔堵塞　小于膜孔径的颗粒物质易在膜孔中吸附，通过浓缩、结晶、沉淀及生长等作用使膜孔道产生不同程度的堵塞，造成膜污染。

3. 膜污染的影响因素

影响膜污染的主要因素有：膜及膜组件的特性，料液特性和膜分离操作条件等。

（1）膜及膜组件的特性

① 膜的结构性质一般是指膜孔径大小、孔隙率、亲水性、表面能、电荷性质、粗糙度等，这些性质都对膜污染有影响。大孔径膜与小孔径膜相比，污染物更易残留在膜孔径内从而引起堵塞或表面吸附，同时大孔径膜表面形成的滤饼层比小孔径膜的滤饼层更难去除；孔隙率小的膜因阻力大而易被堵塞。

② 膜表面张力的色散相越大，则膜越容易发生黏附使膜孔窄化。

③ 膜材料亲水性对膜抗污染性能具有很大影响，考虑到废水和活性污泥中有机物质含量较多，应降低膜和原水间的界面能，宜采用亲水性膜。目前，常采用由聚乙烯、永久亲水性改性聚乙烯、聚砜制成的有机膜、平板膜、中空纤维膜和中空纤维型复合膜，亲水性膜比疏水性膜具有更优良的抗污染特性。

④ 膜表面粗糙度的增加使膜表面吸附污染物的可能性增加，但也使扰动程度加大，降低了浓差极化，因此，粗糙度对膜通量有双重影响。

⑤ 膜材料的电荷与溶质电荷相同的膜也较耐污染。

（2）料液特性

料液特性主要包括活性污泥特性和混合液性质。污泥特性包括污泥浓度以及微生物菌群及其代谢产物等；混合液性质主要包括其各主要组分的物理、化学性质，如混合液的黏度、浓度、pH 值、粒子或溶质大小和分子结构、形态及其共存离子等。

① 污泥特性　料液中污泥浓度过高对膜的运行不利，通常膜通量随污泥浓度增加而下降。微生物也是造成膜污染的一个主要因素：微生物污染主要由微生物及其代谢产物组成的黏泥引起，膜表面易吸附腐殖质、聚糖酯、微生物新陈代谢产物等大分子物质，膜内的微孔中也有微生物生长所需的营养物质，适宜微生物生存，因而不可避免地有大量微生物滋生，极易形成一层生物膜，造成膜的不可逆阻塞，使膜通量下降，另外反应液中微生物的组成，如丝状菌膨胀也会使膜通量下降。

② 混合液性质　MBR 中的活性污泥混合液的性质和组成复杂多变，理论上讲每一部分都对膜污染有贡献。

膜和蛋白质相互作用主要依赖于范德华力以及双电层作用，pH 值接近蛋白质等电点时，蛋白质溶解度低，溶质和溶剂的相互作用力相对较小，增加了蛋白质等在膜面的吸附，同时，在一定 pH 值条件下，膜面也呈现一种特定电荷，只有与膜的电性能相反的蛋白质才能被膜吸附，而带其他电荷的蛋白质不能被吸附，只能在表面形成凝胶层，因此 pH 值的改变不仅会改变蛋白质带电状态，也改变膜的性质，从而影响吸附，故是膜污染的控制因素之一。

料液中溶解性有机物（SMP）浓度增大会导致膜过滤阻力增大，从而使膜通量降低。

粒子或溶质尺寸越小在过滤过程中越容易到达膜表面，形成渗透阻力更高的致密层，加速凝胶层的形成。

（3）膜分离操作条件

运行条件和操作方式与膜污染速度密切相关。对膜污染直接产生影响的运行条件包括膜通量、操作压力、膜面流速、运行温度、曝气速度、污泥停留时间（SRT）和水力停留时间（HRT）等。

通量高的膜易产生堵塞，污染速率与膜通量的关系见图 1-6-99。有实验表明：在低通量情况下的过滤使设备操作稳定，而且能耗较小、膜污染速率低。研究活性污泥膜生物反应器发现：当渗透通量低于临界通量时，跨膜压差保持稳定，污染是可逆的；相反，超过临界通

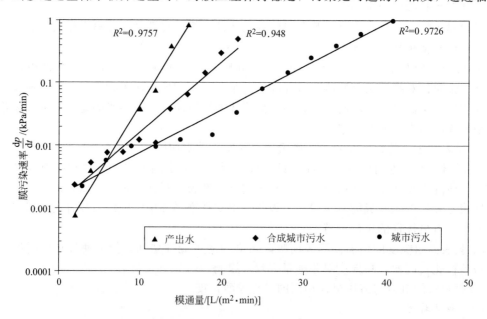

图 1-6-99　污染速率与膜通量的关系

量时，跨膜压差增加且不稳定，此时再降低通量，形成的污染是部分不可逆的。

温度的影响比较复杂，温度上升，料液的黏度下降，扩散系数增加，降低了浓差极化的影响，有利于膜分离的进行，有报道称温度升高 1℃可引起膜通量增大 2%，同时，提高温度还改变了膜面上污泥层的厚度和孔径，从而改变了膜的通透性能。但温度上升可能会使料液中某些组分的溶解度下降，使吸附污染增加，温度过高还会因蛋白质变性和破坏而加重膜的污染，故运行温度应控制在适宜范围内。

当操作压力低于临界压力时，膜通量随压力的增加而增加；而高于此值时会引起膜表面污染的加剧，通量随压力的变化不大，临界操作压力随膜孔径的增加而减小。

曝气对膜面的清洗作用包括：a. 使泥水混合物和气泡混合在膜面产生错流作用；b. 产生冲击作用擦洗膜表面清除污泥颗粒。研究表明，大量气泡以较高速度穿过中空纤维膜组件的过程，以及气体夹带的水流对膜面的冲刷作用使膜表面处于剧烈紊动状态，避免了凝胶层的增厚和堵塞物质的积累，大大延长了膜清洗周期。但是膜面流速并非越大越好，当膜面流速超过临界值后，将不会对膜过滤性能有明显改善，而且过大的膜面流速还有可能因打碎活性污泥絮体而使污泥粒径减小，上清液中溶解性物质浓度增加，从而加剧膜污染。

（二）污染防治

防治膜污染、增加膜本身的抗污染能力，应从改变污泥混合液的特征以及优化膜过滤的水力条件等方面进行。

（1）污泥混合液的特征

① 添加混凝剂　在活性污泥中添加混凝剂能够降低溶解质和胶体浓度或者增加其絮凝能力，从而延缓膜污染。另外，混凝剂的添加还可防止丝状菌膨胀造成的膜污染。

系统中溶解性有机物、胶体颗粒的增加会加重膜污染情况。无机混凝剂能够通过电中和与架桥作用去除胶体颗粒，同时能够破坏混合液中胶体的稳定性，增强污泥的絮凝性，降低上清液小颗粒物，减缓该类物质引起的膜污染。目前主要使用的混凝剂为铁盐与铝盐，当加入相同量的铁盐和铝盐作为絮凝剂时，铁盐的效果要好于铝盐。

② 添加填料　沸石是表面极性较强的多孔性含水铝硅酸盐结晶体的总称，其比表面积大、表面粗糙、截污能力强，且具有多孔性、筛分性、离子交换性、耐酸性及与水结合性较强等特点，它作为一种天然、廉价的吸附剂，已被应用于给水和污水处理中。

添加的粉末活性炭（PAC）可包裹在生物絮体内形成生物活性炭，还可吸附污泥悬浮液中的胞外聚合物（EPS）。

（2）操作条件

优化膜分离操作条件可以有效防治膜污染，膜过滤有两种基本模式，即错流过滤和终端过滤。研究表明，终端过滤能量利用充分，但容易引起较快的膜污染，错流过滤则是针对终端过滤易污染的缺点而提出的，但能量消耗大。对于过滤活性污泥而言，采用错流过滤可以降低膜污染。

控制合理的曝气强度和抽吸时间可以有效减少颗粒物质在膜面的沉积，减缓膜污染。提高进水流速也可减少浓差极化。

（3）优化反应器设计

设计反应器内部结构，可减小设备的死角和空间间隙，以防止微生物变质并减轻膜污染。此外，合理的流道结构能使被截留的物质及时地被水流带走，从而减轻膜污染。如旋转磁盘式反应器和带隔板的膜反应器均可改善流动状况。许多研究表明，在膜组件内部设置射流曝气器以获得高度紊流条件来减小沉积在膜面的滤饼层。另外填装密度设计也影响过滤特性，例如填装密度高的中空纤维微滤膜组件可有效用于对活性污泥的过滤。膜组件的布置方式应结合水力形态的特征综合考虑，合理确定膜组件与空气扩散器之间的距离，以保证在一定曝气量下获得较高的液体上升速率，减少污泥层在膜面的积累。

除上述方面外，防治膜污染的措施还有原料液预处理（pH 控制、溶液中盐浓度、温度、溶质浓度）、控制 BOD 负荷、机械方法、附加场的方法（利用电场、超声波等）、开发抗污染膜产品和 MBR 新技术（例如动态膜生物反应器、复合式膜生物反应器）等，这些措施均能在一定程度上减缓膜污染的发生。

（三）膜清洗

MBR 常用的膜清洗方式包括物理清洗、化学清洗等。尽管在 MBR 的设计和运行中采取了许多措施来缓解与控制膜污染，力求将污染降到最小程度，但在长期运行过程中膜的污染仍不可避免，必须对膜进行一定的清洗来减轻或消除膜污染、恢复膜通量、延长膜的使用寿命。

1. 物理清洗

物理清洗包括机械清洗、超声波清洗、电清洗、脉冲清洗、脉冲电解及电渗透反冲洗等。物理清洗一般不会改变污染物的分子结构，也不能大幅改变膜表面污染物与膜的相互作用，因此主要适用于滤饼层污染的去除。

（1）机械清洗

MBR 工艺中机械清洗一般包括曝气擦洗、水力清洗与反冲洗，周期比较短。对于内置式膜生物反应器，常利用反冲洗和气水混合流冲刷膜表面；对于外置式生物膜反应器则常选用高速的错流过滤和反冲洗等。

① 曝气擦洗是通过强化水流循环作用的物理清洗方法。

② 水力清洗可除去膜间和膜表面的污染物，减少透水阻力，从而恢复膜通量。

③ 反冲洗，即在膜的透水侧施加一个反冲压力来驱动清水反向透过膜，将膜孔内的堵塞物冲洗掉，或使膜表面的沉积层悬浮起来，然后被水流冲走。水反冲洗对膜性能要求较高，为避免损伤膜而导致出水恶化，反冲洗应在低压状态下操作。图 1-6-100 为反冲洗过程示意，且反洗的同时对膜进行空气擦洗。

（2）超声波清洗

超声波清洗主要是利用超声波在液体中形成强烈的空化作用，对溶液产生强烈的搅拌作用，形成冲击膜面污染物的作用力，利用超声波方法比反冲洗方法能更有效地去除滤饼层污染，特别是对于富含胞外聚合物的膜污染。但是现阶段超声波清洗法受容易损坏膜的缺陷以及作用范围、能耗和成本等因素限制，目前实际工程中少有应用。

（3）电清洗

电清洗是在膜上施加电压，使污染颗粒带上电荷，来加速清洗过程的一种方法，该方法尚处于研究阶段。

2. 化学清洗

化学清洗是将化学清洗剂（如稀酸、稀碱、表面活性剂、络合剂和氧化剂等）引入对膜的清洗中。利用药剂与膜面污染物的化学反应，达到去除膜面和膜孔内部污染物的目的。化学清洗能够破坏污染物的分子结构或改变污染物与膜表面分子间的吸引力，适用于去除吸附性污染。当物理清洗不能满足要求时，就需对膜进行化学清洗。化学清洗的缺点是清洗周期

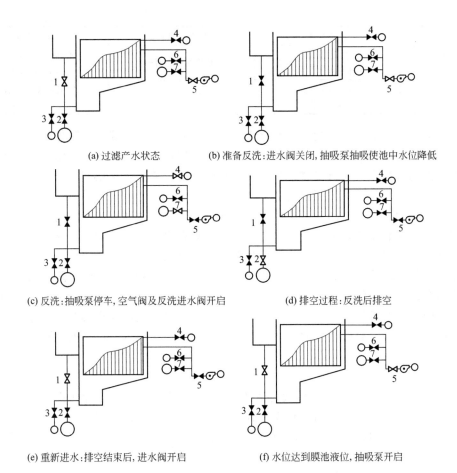

图 1-6-100　反冲洗过程示意

1—膜池进水阀；2—反冲洗排水阀；3—化学清洗泵循环进水阀；4—曝气进气阀；

5—透过液隔离阀；6—化学清洗泵吸水管进水阀；7—反洗泵进水阀

注：黑色阀门表示"关"，白色阀门表示"开"

比物理清洗较长且容易引入新的污染物。

（1）化学清洗剂

化学清洗剂要满足化学性质稳定、使用安全可靠、价格合理和容易水洗等要求。清洗剂可分为以下几类：起溶解作用的物质（酸、碱、蛋白酶、螯合剂、表面活性剂）；起切断离子结合作用的物质（可改变离子强度、pH 值、ζ 电位）；起氧化作用的物质（过氧化氢、次氯酸盐）；起渗透作用的物质（磷酸盐、次氯酸盐）等。膜清洗剂的种类及功能见表 1-6-28。

表 1-6-28　清洗剂的种类和性能

种类	主要功能	典型化合物	污染物的类型
碱性物质	水解，增溶作用	NaOH	自然有机物、多糖、蛋白质和微生物污染
氧化剂 杀菌剂	氧化降解 杀菌、消毒	$NaOCl$、H_2O_2、臭氧、过氧乙酸	腐殖质、蛋白质和微生物污染
酸	增溶作用	柠檬酸、硝酸	污垢、结垢、金属氧化物
络(螯)合剂	络(螯)合、增溶	硝酸/EDTA	

续表

种类	主要功能	典型化合物	污染物的类型
表面活性剂	乳化、分散 调节表面性质	表面活性剂、洗涤剂	脂肪、油和蛋白质、 微生物污染
酶制剂	降解高分子链 增溶作用	酶洗涤剂	蛋白质、胞外聚合物、 微生物污染

氧化剂大多含有氯或过氧化氢，氧化作用可以减弱污染物对膜的吸附作用，虽然氧化剂一般在酸性条件下氧化性更强，然而膜清洗过程中，碱性清洗剂与氧化剂常混合使用，这是由于碱性清洗剂适合用于对有机物或微生物的水解分解，使得覆盖层变疏松，从而使氧化剂更容易进入污染层内部，提高了膜清洗效率。

二价阳离子和有机物之间产生交联作用，使得覆盖层致密而牢固。酸的主要作用是清除污垢沉积物和金属氧化物，但是酸对蛋白质和多糖等有机物的水解效果不显著，因此采用酸和螯合剂（如 EDTA）混合液清洗去除二价阳离子更加有效。

表面活性剂两端分别含有亲水基团和憎水基团，它可以和脂肪、油、蛋白质在水中形成胶束，从而有助于这类污染物从膜表面脱离，一些表面活性剂还可以破坏细菌的细胞壁，从而去除生物膜引起的膜污染。碱性清洗剂和表面活性剂混合使用同样具有协同作用，碱性物质的水解作用可以增大表面活性剂的增溶作用，因而混合使用可以显著恢复膜通量，同时不破坏膜结构。

（2）清洗方式

① 在线清洗 在线清洗（又称就地清洗，CIP）指膜组件直接放置在膜池内，停止待清洗膜组件的运行，将化学清洗剂配制成所需浓度的清洗液，通过加药设备直接将清洗液注入进行循环水流或是浸泡的清洗过程，清洗时间一般在 1～2h，清洗完毕后可将清洗液排入集水池，并返回处理工艺进水端。

循环水流清洗模式清洗液浓度较低而浸泡清洗模式浓度较高，例如选用 Cl_2 作为氧化剂，循环清洗浓度为 300mg/L，浸泡清洗浓度为 2000mg/L。

在反冲洗过程中加入清洗剂的方法称为强化反冲洗，是一种物理化学结合的清洗方法，但与常规在线清洗相比，清洗周期和清洗时间均较短。

② 离线清洗 离线清洗指将膜组器从膜池中取出，浸入化学清洗剂中进行清洗，除去膜污染物的过程。清洗剂的选用与浸泡式在线清洗类似，浸泡时间一般为 6～8h。

在线清洗与离线清洗对膜通量的恢复效果见图 1-6-101。

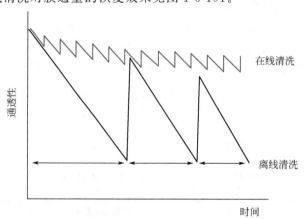

图 1-6-101 在线清洗与离线清洗的周期与效果示意

实际应用中清洗剂的选择和应用条件详见表 1-6-29。

表 1-6-29　清洗剂的使用条件

污染物		化学清洗剂	使用条件
无机物污染	金属氧化物	草酸(0.2%)	0.1%～2%,pH≈4 用氨水调节
		柠檬酸(0.5%)	
		无机酸(盐酸、硝酸)	
		EDTA(0.5%)	1%～2%,pH≈7 用氨水或碱调节
	含钙结垢	EDTA(0.5%)	
		柠檬酸(0.5%)	0.1%～2%,pH≈4 用氨水调节
	无机胶体(二氧化硅)	碱(NaOH)	pH>11
有机物污染	脂肪酸和油 蛋白质、多糖	乙醇(20%～50%)	30～60min, 25～50℃
		碱(0.5mol/L NaOH) 和氧化剂(如 200mg/L Cl₂)	
		表面活性剂(0.5% SDS) 和碱(0.5%～0.8% NaOH)	浸泡 3h 或循环冲洗 30min
		阴离子表面活性剂 (月桂基磺酸钠,SDS)	1%～2%,pH≈7, 用氨水或碱调节
微生物污染	细菌、生物大分子	阴离子表面活性剂 (月桂基磺酸钠,SDS)	30min～8h,25～50℃
		碱(0.1～0.5mol/L,NaOH)和 氧化剂(200mg/L Cl₂,1%H₂O₂)	30～60min, 25～50℃
		甲醛	0.1%～1%
		酶制剂(0.1%～2%)	30min～8h, 30～50℃
	细胞碎片或遗传核酸	酶制剂(0.1%～2%)	
		草酸,醋酸或硝酸 (0.1～0.5mol/L)	30～60min,25～35℃

注：1. 此表部分资料由张国俊博士提供。

　　2. 月桂基磺酸钠，sodilim dodecyl sulfate，简称 SDS。

参 考 文 献

［1］　温任荣. 间歇式活性污泥（SBR）法在食品生产废水处理中的应用［J］. 节能与环保，2021，(10)：89-90.

［2］　赵建力. SBR 法在城市污水厂处理中的应用［J］. 城市建设理论研究（电子版），2013，(12)：1-5.

［3］　杨宜笑，于遥. 基于 SBR 法的城市污水处理研究［J］. 清洗世界，2023，39（01）：37-40.

［4］　张忠祥，钱易. 废水生物处理新技术［M］. 北京：清华大学出版社，2004.

［5］　德国 ATV-DVWK 规范及标准，2000.

［6］　周雹. 活性污泥工艺简明原理及设计计算［M］. 北京：中国建筑工业出版社，2005.

［7］　崔天怀，程军，杨坤. 污水厂 CASS 工艺改为 Bardenpho 工艺不停水扩容改造［J］. 中国给水排水，2023，39（12）：85-89.

［8］　刘宝峰，蔡碧婧，郭宇平，等. UNITANK 工艺处理城市生活污水脱氮能力挖潜研究［J］. 广州化工，2022，50（24）：136-140.

［9］　王文明，杨淇椋，蔡依廷，等. MSBR 工艺在高排放标准污水处理厂的应用［J］. 中国给水排水，2020，36（16）：111-115.

［10］　刘琦，康宁. 基于 ASM2D 模型对改良 DAT-IAT 工艺脱氮除磷能力优化［J］. 辽宁化工，2023，52（04）：493-497+501.

［11］　奚瑞锋，肖宇梅. 市政污水氧化沟工艺精准曝气技术研究与应用［J］. 皮革制作与环保科技，2022，3（07）：119-121.

［12］　曾小飞，郭三霞，胡正勋，等．污水处理厂改良型氧化沟的提标改造［J］．中国高新科技，2021（08）：32-33，36．

［13］　潘涛，田刚，等．废水处理工程技术手册［M］．北京：化学工业出版社，2010．

［14］　杨心名．AB法工艺下污泥处理处置差异性研究——基于能量平衡和环境影响分析［D］．黑龙江：哈尔滨工业大学，2022．

［15］　HAZEN AND SAWYER，Environmental Engineers & Scientists，March 11，2011．

［16］　肖天宇，王凯，武道吉，等．MBBR填料及其改性方法研究进展［J］．工业水处理，2023，43（3）：23-30．

［17］　江苏恒峰精细化学股份有限公司．一种聚丙烯酰胺微凝胶：CN202310031928.5［P］．2023-05-09．

［18］　申渝，毛鑫，申静，等．改性微生物絮凝剂在污水处理过程中的应用及膜污染缓解机制［J］．中国环境科学，2023，43（3）：1142-1151．

［19］　刘洪波，薛竣仁，姜涛，等．使用EM菌养殖的河蟹滋味品质特征分析［J］．科学养鱼，2023（1）：78-79．

［20］　曾豪，王巧英，安莹，等．水厂脱水污泥吸附污水中磷的性能［J］．净水技术，2017（2）：73-77．

［21］　王艳红，郝兆，薛文凯，等．纳木错不同水文期水体酵母菌影响因素分析［J］．中国环境科学，2023，43（4）：2028-2038．

［22］　荆佳维，赵博，王婷婷，等．石油污染生态系统中细菌群落结构及其代谢机制研究进展［J］．微生物学通报，2023，50（04）：1681-1699．

［23］　周健生．炼油污水处理工程粗气泡曝气器的设计及安装调试［J］．石油工业技术监督，2017，33（10）：57-60．

［24］　戴杨叶，张大鹏，朱健，等．IFAS工艺用于提标改造的运行效果及污染物降解动力学［J］．净水技术，2023，42（5）：93-101．

［25］　江新瑜，吴苏炜，宣小军，等．国内粉末活性炭投加技术在净水厂水中处理中的应用［J］．工业用水与废水，2020，51（06）：8-11＋17．

［26］　江臣．含油污水LINPOR单元氨氮处理工艺及应用研究［J］．全面腐蚀控制，2021，35（08）：10-16．

［27］　Tom Stephson，Simon Judd，等著．张树国，李咏梅译．膜生物反应器污水处理技术［M］．北京：化学工业出版社，2003．

第七章
生物膜法

第一节 生物滤池

一、原理和功能

（一）生物滤池的工作原理

生物滤池是在间歇砂滤池和接触滤池的基础上发展起来的人工生物处理法。在生物滤池中，废水通过布水器均匀地分布在滤池表面，滤池中装满了石子等填料（滤料），废水沿着滤料的空隙自上而下流动到池底，通过集水沟、排水渠，流出池外。

废水通过滤池时，滤料截留了废水中的悬浮物，同时把废水中的胶体和溶解性物质吸附到滤料表面，其中的有机物使微生物很快繁殖起来，这些微生物又进一步吸附了废水中的悬浮物、胶体和溶解状态的物质，逐渐生长形成了生物膜。生物膜成熟后，栖息在生物膜上的微生物即摄取污水中的有机污染物作为营养，对废水中的有机物进行吸附氧化作用，因而废水在通过生物滤池时能得到净化。

生物膜具有较大的表面积，能够大量吸附废水中的有机物，而且具有很强的氧化能力。在有机物被分解的同时，微生物的机体则在不断增长和繁殖，也就是增加了生物膜的数量。由于生物膜上微生物的老化死亡，生物膜将会从滤料表面脱落下来，然后随着废水流出池外。

图 1-7-1 是将一小块滤料放大后的示意图。从图上可以看到，由于生物膜的吸附作用，在它的表面往往附着一层薄薄的水层，附着于水中的有机物被生物膜所氧化，其浓度要比滤池进水中的有机物的浓度低得多，因此当废水进入滤池、在滤料表面流动时，有机物就会从运动着的废水中转移到附着的水中去，并进一步被生物膜所吸附。同时，空气中的氧也将经过废水而进入生物膜。生物膜上的微生物在氧的参加下对有机物进行分解和机体新陈代谢，产生了二氧化碳等的无机物，它们又沿着相反的方向从生物膜经过附着水排到流动着的废水及空气中去。生物滤池中废水的净化过程是很复杂的，它包括废水中复杂的传质过程、氧的扩散和吸收、有机物的分解和微生物的新陈代谢等各种过程。

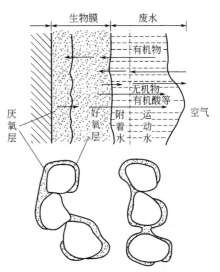

图 1-7-1　生物膜对废水的净化作用

在这些过程的综合作用下，废水中有机物的含量大大减少，因此得到了净化。

当生物膜较厚、废水中有机物浓度较高时，空气中的氧将很快地被表层的生物膜所消耗，靠近滤料的一层生物膜因得不到充足的氧的供应而使厌氧微生物生长起来，并且产生有机酸、氨和硫化氢等厌氧分解的产物，它们有的很不稳定，有的带有臭味，将影响出水的水质。而且生物膜越厚，滤料间的空隙越小，滤池的通风情况就会越差，空气中的氧也就越不容易进入生物膜。有时生物膜的增长甚至会造成滤池的堵塞，使滤池的工作完全停顿下来。

接近滤池表面的废水中食料含量高，微生物的生长处于生长率上升阶段，而滤池的下层则处于饥饿状态。普通生物滤池总的运行条件可以认为处于内源生长期。

生物滤池的生物膜是固定在滤料上的，而曝气池中的活性污泥则是悬浮在液体中，生物量在一定程度上能够得到控制，所以温度对生物滤池的工作影响要更大些，水温过高或过低都必须采取必要的措施。

（二）生物滤池的特点

采用生物滤池处理废水的主要优点是它们的构造简单及操作容易，因此在小城镇采用生物滤池较理想。生物滤池的另一个优点是它能经受有毒废水的冲击负荷，这是由于废水在反应器内的停留时间较短，或由于只有表面的微生物可能被杀死，这样，一些死的有机体通过脱落被去除，又露出一层未被有毒物质伤害的有机体。如果有毒物质冲击负荷持续时间长或被吸附在生物膜上，则生物滤池仍会受到严重影响。

像完全混合曝气塘一样，生物滤池的主要优点即设备简单和操作容易，但这也是生物滤池主要缺点的成因。因为微生物附着在滤料固定的表面生长，没有办法随环境的变化而改变反应器内的生物量，因此没有有效的方法去控制出水的水质。因此，假如增加处理废水的浓度或流量，出水水质将随之恶化。同样，假如温度下降，基质去除速率也下降，出水水质将恶化。因此设计人员设计生物滤池时，面临在出水水质变化和设计过于安全两者之间进行选择。除了上面的问题以外，季节变化也会引起其他一些问题。例如，在夏天，石滤料可能成为毛蠓属飞蝇的繁殖场所，因此在生物滤池周围地区卫生环境比较恶劣；在冬天，北方需要考虑防冻问题。

二、设备和装置

（一）普通生物滤池

普通生物滤池又名滴滤池，在平面上一般呈方形或矩形，它的主要组成部分包括池壁、滤料、布水系统和排水系统。

1. 池壁

池壁在生物滤池中只起围挡滤料、承受滤料压力的作用，可以用砖或毛石砌筑而成，也可以用混凝土浇制，或用预制砌块以铁柱相连而成。有的池壁带有很多孔洞，以便促进滤料内部的通风。也有的只将滤料按自然坡度堆成一个生物滤池，这样占地面积大，卫生情况差，但建造费用较低，通风情况也较好。池壁厚度应根据结构强度计算决定，池壁高度一般应高出滤池表面 $0.4 \sim 0.9 m$，以免风吹影响到水在滤池表面上的均匀分布。

2. 滤料

滤料对生物滤池的工作影响很大，起主要作用的微生物就生长在滤料的表面上。一般滤料的表面积越大，微生物繁殖得就越多。较小颗粒的滤料具有较大的表面积，但同时滤料颗粒间的空隙也会相应地减少，这又会影响通风，对滤池工作不利。因此理想的情况是单位体积滤料的表面积和空隙率都应比较大。此外，滤料还必须能承受一定压力，能抵抗废水及空气的侵蚀作用，不含有影响微生物活动的杂质，并考虑到就地取材的便利性。

滤料是生物滤池的主体部分，它与生物滤池的净化功能关系重大，应慎重选用。滤料应具有的条件是：a. 质坚、强度高、耐腐蚀、抗冰冻；b. 较高的比表面积；c. 适宜的空隙率；d. 就地取材，便于加工，便于运输。

长期以来，国内外的生物滤池都采用碎石、卵石、炉渣、焦炭等作滤料，并且认为在滤池体内应采用比较均匀的滤料粒径。一般分工作层和承托层两层充填料，总厚度为 1.5～2.0m。工作层厚 1.3～1.8m，粒径介于 30～50mm 之间；承托层厚 0.2m，粒径介于 60～100mm 之间。对于有机物浓度较高的废水，应采用粒径较大的滤料，以防滤料被生物膜堵塞。

3. 布水系统

生物滤池的布水系统很重要。只有在滤池表面上均匀地分布废水，才能充分发挥每一部分滤料的作用，提高滤池的工作效率。最初，人们认为生物滤池的布水必须间歇进行，以保证空气在布水的间歇中进入滤料，因此都采用固定喷嘴式的间歇喷洒布水系统，但这种布水系统布水不够均匀，而且不能连续不断地冲刷生物膜以防止滤池的堵塞，所需水头也较大，因此它已经逐渐被旋转式布水器代替。

4. 排水系统

滤池底部的排水系统除了排出处理后的废水之外，还有支撑滤料及为滤池通风的作用。排水系统包括渗水装置、集水沟及排水渠。常用的渗水装置见图 1-7-2，它是架在混凝土梁或砖基上的穿孔混凝土板，过滤后的废水通过混凝土板上的孔口流入集水沟。经验证明，排水孔的总面积不应小于生物滤池总面积的 20%。滤池底部可以以 0.02 的坡度倾向集水沟，集水沟又以 0.005～0.02 的坡度倾向排水总渠，排水总渠的坡度可采用 0.003～0.005。为了防止堵塞，排水渠道内水流速度应不小于 0.6m/s。当滤池面积较小时，可以不设集水沟，并以 0.01 的底坡直接倾向排水总渠。为了保证良好的通风情况，

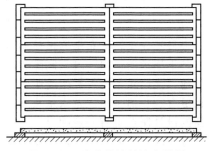

图 1-7-2　生物滤池的渗水装置

集水沟及排水渠的高度至少应为 0.3m，总排水沟的过水断面不应大于其断面的 50%。

（二）高负荷生物滤池

在构造上，高负荷生物滤池与普通生物滤池基本上是相同的，但也有不同的地方，其中主要有以下几项。

① 高负荷生物滤池在表面上多呈圆形；滤料的粒径也较大，一般为 40～100mm，因此空隙率较高；滤料层（即滤池的工作深度）也较大，一般多在 2m 以内。滤料粒径和相应的层厚度为：a. 工作层，层厚 1.8m，粒径 40～70mm；b. 承托层，层厚 0.2m，粒径 70～100mm。当滤层厚超过 2.0m 时，一般应采用人工通风措施。

近年来，开始在生物滤池中应用塑料滤料。其中有的是波形的塑料板，有的是多孔的筛状板，还有的是列管式的蜂窝滤料。塑料滤料的原料有聚氯乙烯、聚苯乙烯、聚酰胺等多种。其特点是：a. 单位体积滤料的表面积和空隙率都比一般滤料大大增加，表面积往往可达 100～200m²/m³，空隙率可达 80%～95%，这就使滤池的通风情况大大改善，处理能力也大为提高；b. 塑料质轻，为采用深度较大的塔式滤池创造了有利条件，而且耐腐蚀性能好。

② 高负荷生物滤池多使用旋转式布水器（见图 1-7-3）。旋转式布水器适用于圆形或多

边形的生物滤池，主要由进水竖管和可转动的布水横管组成。由图 1-7-3 可见，进水竖管是固定不动的，但通过轴承和外部的配水短管相连，配水短管又和布水横管直接连在一起，并且可以一起旋转。横管的数目可以是 2~4 根，也可以更多，或在横管上再设分叉管。横管距滤料表面为 0.15~0.25m。横管上开着直径为 10~15mm 的小孔，考虑到喷洒面积随着与池中心距离的增大而增加，小孔间距应从池中心向池边逐渐减小，可根据具体计算决定。小孔都开在布水横管的一侧。当废水从进水竖管进入配水短管，然后分配至各布水横管后，即能在一定水头的作用下（0.25~1m）喷出小孔并产生反作用力，推动布水管向水流的相反方向旋转。为了能更均匀地布水，相邻两横管上的小孔位置应错开。

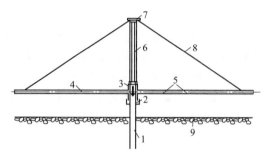

图 1-7-3 旋转式布水器

1—进水竖管；2—水银封；3—配水短管；4—布水横管；5—布水小孔；6—中央旋转柱；
7—上部轴承；8—钢丝绳；9—滤料

很显然，旋转式布水器虽然做到了连续布水，但从每一单位面积的滤料来分析，布水却仍然是不连续的，只不过是间隙较小罢了。这种布水器的工作情况，既保证了空气仍然能进入滤池，又防止了滤料被生物膜所堵塞，而且因为滤料经常处于潮湿的状态，对微生物的生长也更有利。但是由于布水水头和横管上小孔孔径都较小，常易堵塞；滤池直径很大时，布水器的设计制造也有一定困难；冬天严寒季节，还应采取措施防止布水管冰冻。此外，滤池必须修建成圆形或多边形，故用地不够紧凑。

在生物滤池中，氧是在自然条件下，通过池内外空气的流通转移到污水中，并通过污水而扩散传递到生物膜内部的。

影响生物滤池通风状况的因素很多，主要有滤池内外温差、风力、滤料类型及污水的布水量等，特别是第一项能够决定空气在滤池内的流速、流向等。运行正常、通风良好的生物滤池，在供氧上是不存在问题的。

（三）塔式生物滤池

塔式生物滤池在构造上有其如下的特殊要求。

（1）塔身

塔身一般可用砖砌筑，也可以现场浇筑钢筋混凝土或预制板构件在现场组装，也可以采用钢框架结构，四周用塑料板或金属板围嵌，可使整个池体质量大为减轻。

塔身一般沿高度分层建造，在分层处设格栅，格栅承托在塔身上，这样可使滤料荷重分层负担，每层以不大于 2m 为宜，以免将滤料压碎。每层都应设检修孔，以便更换滤料。还应设测温孔和观察孔，以便测量塔内温度、观察塔内生物膜的生长情况和滤料表面布水均匀的程度，并取样分析。

塔顶上缘应高出最上层滤料表面 0.5m 左右，以免风吹影响污水的均匀分布。

一般说来，增加塔身高度能够提高处理效果，改善出水水质，但有一个限度。超过这个限度造价会激增。

（2）滤料

早期生物滤池的一些滤料，比如碎石、矿渣、焦炭等，由于表面积小、质量大、通风效果差，作为塔式生物滤池的滤料是不合适的。塔式生物滤池目前大多采用轻质滤料。

国内广泛使用的是用环氧树脂固化的玻璃钢蜂窝滤料。这种滤料具有较大的表面积，结构均匀，有利于空气流通和污水的均匀配布，流量调节幅度较大，不易堵塞，效果良好。

（3）布水装置

塔式生物滤池的布水装置与一般生物滤池相同。对于大中型塔滤多采用旋转式布水器，可用电机驱动，也可以靠布水的反作用力驱动。对于小型塔滤则多采用固定式喷嘴布水系统，也可以用多孔管和溅水筛板。

（4）通风

塔式生物滤池一般都采取自然通风，塔底有高度为 0.4～0.6m 的空间，周围留有通风孔，其有效面积不得小于滤池面积的 7.5%～10%。塔滤也可以考虑采用机械通风，特别是为了防止有害气体挥发，多采用人工机械通风。当采用机械通风时，可在滤池上部和下部装设吸气或鼓风的风机。要注意空气在滤池平面上的均匀分布，并防止冬天寒冷季节池温降低，影响处理效果。

（四）影响生物滤池性能的主要因素

影响生物滤池性能的重要因素是每单位横截面积的水力投配率，在生物滤池设计中称为水力负荷。设计者在选择水力负荷时在上限和下限之间有相当大的范围可供选择，一般采用下限值。石滤料生物滤池水力负荷的上限受制于水流流过薄膜之间迂回空隙的能力。一般认为粗石滤料的水力负荷为 $45m^3/(m^2 \cdot d)$。组合式塑料滤料的水力负荷的上限受形成薄薄一层水流的流量及冲刷生物膜的流量两者所控制，虽然这个上限值并没有确定，但采用高达 $350m^3/(m^2 \cdot d)$ 仍得到良好的处理结果。

生物滤池运行的另一个重要影响因素是每单位滤池容积有机物的投配率，这种有机物的投配率称为有机负荷。有机负荷与微生物利用基质的速率有关，但是，一些其他因素也影响生物滤池的运行。高有机负荷必须采用高水力负荷，以便连续不断地冲洗滤料上的微生物。假如高有机负荷不采用高水力负荷（特别是石滤料），过厚的生物膜将堵塞生物滤池孔隙，导致系统运行的失败。

一旦滤池建成，调整水力负荷和有机负荷的唯一方法是使用回流。否则，改变水力负荷将相应改变有机负荷，反之亦然。假如处理的是一种高浓度的废水，有机负荷要求达到预期的出水水质，就会使水力负荷低于制造商建议的最低值，或水力负荷过低，冲洗不掉生长的生物膜。然而使用处理后的出水回流，水力负荷可能增大到一个适当的数值，但有机负荷仍然保持稳定。在选择回流方式时必须谨慎，因为它关系到系统运行的效果。例如，将澄清后的出水回流，最后沉淀池必须要有足够的容积容纳进水流量和回水流量。假如回流未经沉淀的出水，生物滤池的滤料必须要有足够的孔隙空间，以防止积聚的悬浮固体堵塞滤池。

三、设计计算

设计计算包括确定滤池的深度和平面尺寸，以及布水系统、排水系统等。

（一）滤池

1. 按负荷法计算

根据废水水量与水质和需要的处理程度，可以利用生物滤池的有机物负荷按下式算出滤料的体积。

$$V = \frac{(S_1 - S_2)Q}{N} \tag{1-7-1}$$

$$V = \frac{S_1 Q}{N_w} \tag{1-7-2}$$

式中，S_1，S_2 分别为进出生物滤池的有机物浓度，g/m^3；V 为滤料体积，m^3；Q 为流入滤池的废水设计流量，m^3/d，一般采用平均流量，但如流量小或变化大时可取最高流量；N 为以有机物去除量为基础的有机物负荷，$g/(m^3 \cdot d)$；N_w 为以进水有机物量为基础的有机物负荷，$g/(m^3 \cdot d)$。

对于某些工业废水，有时必须按废水中有毒物质含量及生物滤池的毒物负荷来校核滤池的体积，计算公式和上两式基本相同。此时应当对两种负荷算出的结果进行比较，并选用较大值作为设计滤料体积。

滤料体积求得后，即可按下式计算滤池的平面面积：

$$A = \frac{V}{H} \tag{1-7-3}$$

式中，A 为生物滤池的平面面积，m^2；H 为生物滤池的滤料厚度，即滤池的有效深度，m。

滤池的滤料厚度对废水在池中停留时间的长短及滤池通风情况影响很大，它与滤池的负荷有关。对于生活污水，一般可取 2m。对于某些进行小型试验的工业废水，须先参考试验的设备情况初步选定滤料厚度，进行计算，否则就会使小型试验得出的负荷失去现实意义。

求得滤池面积后，还应利用水力负荷进行校核：

$$q = \frac{Q}{A} \tag{1-7-4}$$

式中，q 为生物滤池的水力负荷，$m^3/(m^2 \cdot d)$。

对于生活污水，如采用碎石为滤料，则水力负荷可以取 $0.2 m^3/(m^2 \cdot d)$，否则应做适当调整。

对于曾进行小型试验的废水，应将计算所得的水力负荷 q 和试验期间用的水力负荷 q' 相比较，如果：

① $q = q'$，两者基本相符，则说明设计是可行的；

② $q > q'$，应该适当减小滤料厚度，以防止水力负荷太大；

③ $q < q'$，此时可适当加大滤料厚度，或者采用回流和两级滤池，以满足必要的水力负荷，维持生物滤池的正常工作，保证出水水质。

两级滤池中一级和二级滤池一般取相同的体积，其滤料总体积即按式（1-7-1）或式（1-7-2）所求得的体积。如果废水中含有毒物，则也应考虑毒物负荷的问题。

对于普通生物滤池和高负荷生物滤池，上述计算方法基本相同。高负荷生物滤池须考虑回流的问题。

2. 按有机物降解动力学公式计算

有机物在各个时刻的反应速度和该时刻水中有机物的含量（S）成正比，即

$$\frac{dS}{dt} = -K'S \tag{1-7-5}$$

或

$$\frac{S_2}{S_1} = 10^{-K't} \tag{1-7-6}$$

式中，K' 为有机物降解反应速率常数，d^{-1}；t 为废水与滤料平均接触时间，d。

接触时间 t 可用下式求得：

$$t = \frac{cH}{q^N} \tag{1-7-7}$$

式中，H 为生物滤池滤料厚度，m；q 为生物滤池水力负荷，$m^3/(m^2 \cdot d)$；c、N 为常数（是滤料厚度和比表面积的函数）。

以式(1-7-7)代入式(1-7-6)得

$$\left.\begin{aligned} \frac{S_2}{S_1} &= 10^{-K'cH/q^N} \\ \frac{S_2}{S_1} &= 10^{-KH/q^N} \end{aligned}\right\} \tag{1-7-8}$$

式中，$K = K'c$。

上式为生物滤池的基本数学模式。常数 K 与有机物是否易于降解有关，而 N 则取决于滤料的特征。

对于生活污水（滤料用碎石），20℃时的常数 $K_{(20)}$ 可取 $1.875d^{-1}$，N 可取 0.6；对于工业废水宜通过试验确定。计算水温应采用较低温度，对于生活污水可取 10℃（不利条件），下列公式可用来换算 K 值：

$$K_{(T)} = K_{(20)} \times 1.035^{(T-20)} \tag{1-7-9}$$

根据以上公式，即可求出滤池的水力负荷和滤池各部分尺寸。

（二）旋转式布水器的计算与设计

旋转式布水器的计算与设计的主要内容包括：a. 决定所需要的工作水头 H；b. 布水横管出水孔口数 m 和任一孔口距滤池中心的距离 r_1，以及布水器的转数 n 等。

1. 所需要的工作水头（H）的计算

旋转式布水器所需水头是用以克服竖管及布水横管的沿程阻力和布水横管出水孔口的局部阻力，同时还要考虑由于流量沿布水横管从池中心向池壁方向逐渐降低，流速逐渐减慢所形成的流速恢复水头，因此可写成：

$$H = h_1 + h_2 + h_3 \tag{1-7-10}$$

式中，H 为布水器所需的工作水头，m；h_1 为沿程阻力，m；h_2 为出水孔口局部阻力，m；h_3 为布水横管的流速恢复水头，m。

按水力学基本公式：

$$h_1 = \alpha_1 \frac{q^2 D'}{K^2} \tag{1-7-11}$$

$$h_2 = \alpha_2 \frac{q^2}{m^2 d^4} \tag{1-7-12}$$

$$h_3 = \alpha_3 \frac{q^2}{D^4} \tag{1-7-13}$$

式中，q 为每根布水横管的污水流量，L/s；m 为每根布水横管上布水孔口数；d 为布水孔口的直径，mm；D 为布水横管的管径，mm；D' 为旋转式布水器直径（滤池直径减去 200mm），mm；α_1、α_2、α_3 为系数；K 为流量模数，L/s。

布水器的工作水头计算公式为：

$$H = q^2 \left(\frac{\alpha_1 D'}{K^2} + \frac{\alpha_2}{m^2 d^4} + \frac{\alpha_3}{D^4} \right) \qquad (1\text{-}7\text{-}14)$$

实践证明，旋转式布水器实际上所需要的水头大于上述计算结果。因此在设计时，采用的实际水头应比上述计算值增加 50%～100%。

2. 布水横管上的孔口数

假定每个孔口所喷洒的面积基本相等，布水横管的出水孔口数 m 的计算公式为：

$$m = \frac{1}{1 - \left(1 - \dfrac{a}{D'}\right)} \qquad (1\text{-}7\text{-}15)$$

式中，a 为最末端两个孔口间距的两倍，m，约为 0.08m。

任一孔口距滤池中心的距离 r_i 为

$$r_i = R' \sqrt{\frac{i}{m}} \qquad (1\text{-}7\text{-}16)$$

式中，R' 为布水器半径，m；i 为从池中心算起，任一孔口在布水横管上的排列顺序。

3. 布水器的旋转周数

布水器每分钟的旋转周数 n，可以近似地按下列公式计算。

$$n = \frac{34.78 \times 10^6}{m d^2 D'} q \qquad (1\text{-}7\text{-}17)$$

布水横管可以采用钢管或塑料管，管上的孔口直径介于 10～15mm，孔口间距由中心向池周边逐步减小，一般是从 300mm 开始逐渐缩小到 40mm，以满足均匀布水的要求。

旋转式布水器的优点是布水较为均匀，所需水头较小，易于管理；缺点是必须将滤池修建成圆形，不够紧凑，占地面积较大。

第二节　生物转盘

生物转盘又称浸没式生物滤池，是生物膜法处理废水技术的一种。早在 1900 年，德国韦加德（Weigand）便第一个提出用生物转盘处理污水，但由于当时的技术和材质的限制，该项技术一直没有得到发展。一直到 20 世纪 50 年代中期，研究工作才开始取得一些进展，并于 1954 年在联邦德国海尔布隆污水处理厂建成第一套半生产性的生物转盘试验装置。在生物转盘的理论研究和实用化方面，德国斯图加特工业大学的勃别尔和哈特曼教授进行了大量的工作，为生物转盘的发展奠定了基础。由于生物转盘具有一系列特有的优点，自 20 世纪 60 年代起，其在欧洲、美国、日本等国家和地区得到迅速发展。我国于 1972 年开始对生物转盘技术进行研究，并在工业废水和生活废水的处理中应用，取得了较好的效果。

一、原理和功能

生物转盘（见图 1-7-4）是由一系列平行的旋转圆盘、转动横轴、动力及减速装置、氧化槽等部分组成。在氧化槽中充满了待处理的废水，约 1/2 的盘片浸没在废水水面之下。当废水在槽内缓慢流动时，盘片在转动横轴的带动下缓慢转动。

盘面上面生长着一层生物膜（厚 1～4mm），当圆盘浸没于废水中时，废水中的有机物被盘片上的生物膜吸附；当圆盘离开废水时，盘片表面形成一层薄薄的水膜。水膜从空气中

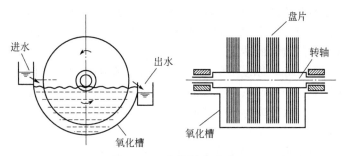

图 1-7-4　生物转盘示意

吸氧，同时在生物酶的催化下，被吸附的有机物在生物膜上被氧化分解。这样，圆盘每转动一圈，即进行一次吸附—吸氧—氧化分解过程，转盘不断转动，如此反复循环，使污染物不断分解氧化。同时，圆盘转出液面的盘面部分暴露在空气中时，氧气就进到盘片上的液膜中达到过饱和状态，当这部分盘片再回到氧化槽中时，使槽内废水中的溶解氧含量增加。此外，由于圆盘的搅动造成紊流，把大气中的氧带入氧化槽中。反应器内的混合作用使空气分散，使液体中的溶解氧浓度相对均匀。

在运行过程中，生物膜将逐渐增长，但圆盘在水中不停地转动，产生了恒定的剪切力，使生物膜不断脱落，因而生物膜厚度大体上不变。脱落的生物膜具有较高的密度，易于在二沉池中沉淀下来。

生物转盘作为废水生物处理的一项技术，具有如下一些主要特点。

① 微生物浓度高，如以 $5mg/cm^2$ 的生物膜量来考虑，折算成氧化槽内的混合液浓度，可高达 $10000\sim20000mg/L$。由于存在着高浓度的生物量，F/M 值较低，使其运行效率高并具有较强的抗冲击负荷的能力。

② 生物相分级，这对微生物的生长繁殖和有机物的降解非常有利。

③ 生物转盘具有硝化和反硝化的功能。这是由于其污泥龄长，像硝化菌等世代时间长的微生物可以在转盘上繁殖。

④ 适用范围广。生物转盘对 BOD 高达 $10000mg/L$ 以上的高浓度有机废水和 $10mg/L$ 以下的超低浓度废水都具有良好的处理效果。

⑤ 污泥产生量少，且易于沉淀。

⑥ 不需要曝气和污泥回流装置，因此动力消耗低。

⑦ 不产生污泥膨胀和二次污染等问题，便于维护和管理。

尽管如此，生物转盘也存在一些缺点。主要是缺乏备用能力和难以调整运行，一旦生物转盘建成后，很难调整其性能来适应进水特性或出水水质标准的变化；另一显著的缺点是由转盘转动所产生的传氧速率是有限的，例如，对于高浓度废水，单纯用转盘转动来提供反应器内全部的需氧量是很困难的。

二、设备和装置

生物转盘主要由盘体、转动轴、驱动装置、氧化槽等部分组成，有的转盘还需加设隔离护罩。

1. 盘体

盘体由盘片及其他的连接固定配件所组成。盘片成组地固定在转动轴上并随转动轴缓慢旋转。

盘片是生物转盘的主要部件，应具有轻质、耐腐蚀、不变形、易于取材、便于加工等性质。长期以来，盘片的形状多以圆形或正多边形平板为主。近年来为了提高单位体积盘片的表面积，开始采用正多角形和表面呈同心圆状波纹或放射状波纹的盘片。此外，也有采用波纹状盘片和平板盘片相间组合的转盘。

盘片直径一般为 1～4m，厚度一般为 2～10mm。在决定盘片间距时，要考虑不为生物膜增厚所堵塞，并保证良好的通风，盘片间距的标准值为 30mm。如采用多级转盘，则前几级的间距为 25～35mm，后几级为 10～20mm，若转盘利用表面生长的藻类处理废水，盘片之间的间距要增大到 50mm 左右。

盘片材料大多以塑料为主，平板盘片多以聚氯乙烯塑料制成，波板材料多为聚酯玻璃钢。其他一些材料还包括薄钢板、铝板、木、竹等。

2. 转动轴

转动轴是用来固定盘片并带动其旋转的装置，一般为实心钢轴或无缝钢管，转动轴两端固定安装在氧化槽两端的支座上。为了加工制作、运输、安装方便，宜采用短轴、多轴形式，轴长一般为 0.5～7.0m。如果轴长太长，往往由于同心度加工不良，易弯曲变形，并发生磨断或扭断；更换盘片时，工作量太大。其直径一般介于 50～80mm。

3. 驱动装置

驱动装置包括动力设备、减速装置以及链条等。动力设备可采用电力机械传动、空气传动及水力传动。大多数情况下采用电力机械传动，即以电动机作动力，用链条传动或直接传动。大型转盘一般每台转盘单设一套驱动装置。中小型转盘可设一电机与链条或链轮串联，带动一组（一般为 3～4 级）转盘工作。

驱动装置通过转动轴带动生物转盘一起转动，盘体的旋转速度对水中氧的溶解程度和槽内水流状态均有较大影响。搅拌强度过小，影响充氧效果并使槽内水流混合不均匀；强度过大会损坏设备的机械强度，消耗电能，使生物膜过早剥离。根据《室外排水设计标准》，转盘转速宜为 2.0～4.0r/min，盘体外缘线速度宜为 15～19m/min。

4. 氧化槽

氧化槽又称曝气槽或接触反应槽，一般用钢筋混凝土制成，也可用钢板或塑料板加工而成。为了避免水流短路和沉积，大多做成与盘片外形基本吻合的半圆形，有的也做成矩形或梯形。氧化槽底部设有排泥管和放空管，大型转盘在槽底有的还设有刮泥装置。氧化槽两侧的进出水设备多采用锯齿形溢流堰。多级转盘氧化槽分为若干格，格与格之间设导流墙。氧化槽的各部分尺寸和长度，应根据转盘的直径和轴长决定，盘片边缘与槽内面应留有不小于 150mm 的间距。

三、设计计算

生物转盘属于二级生物处理，其基本工艺流程如图 1-7-5 所示。废水经格栅、沉砂池和初沉池后，进入生物转盘。由于微生物的作用，可从废水中去除溶解的和悬浮的有机物。一部分有机物被氧化成二氧化碳和水，一部分则合成为原生质，成为生物膜的一部分；另一部分则储存在生物膜中最后进行氧化和合成。同时，生物膜逐渐变厚，过剩的生物膜受废水水流与盘面之间剪切力的作用而剥落。

经生物转盘处理后的废水和脱落的生物膜均进入二次沉淀池，经泥水分离后，出水应按排放标准考虑消毒及其他进一步的处理，生物污泥另行处置。

图 1-7-6 所示为设有中间沉淀池的高浓度废水处理工艺流程。这种流程主要适用于高浓

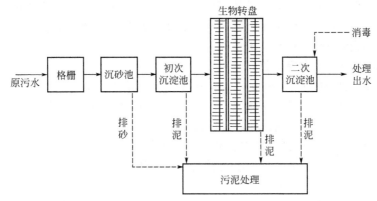

图 1-7-5 生物转盘处理系统基本工艺流程

度有机废水，而且对处理水质有较高的要求时采用。该流程可将 BOD 由 $3000\sim4000\text{mg/L}$ 降至 10mg/L 左右。在第一级转盘和第二级转盘之间设置沉淀池，目的是将第一级转盘处理后的水进行沉淀，以降低第二级生物转盘的负荷。

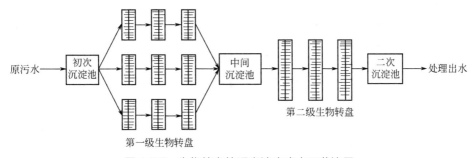

图 1-7-6 生物转盘处理高浓度废水工艺流程

生物转盘的布置形式，一般分为单轴单级、单轴多级和多轴多级（图 1-7-7 和图 1-7-8）。级数多少和采取什么样的布置形式主要根据废水的水质、水量和净化要求以及现场条件等因素而定。实践证明，对同一种废水，如果盘片面积不变，将转盘分为多级串联运行，能够提高出水水质和水中溶解氧的含量。

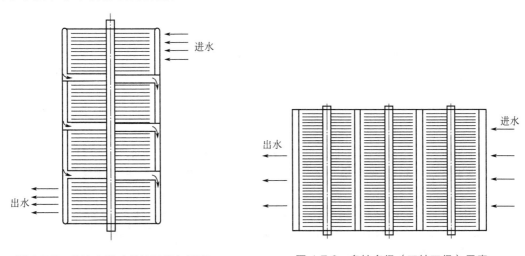

图 1-7-7 单轴多级（单轴四级）示意   图 1-7-8 多轴多级（三轴三级）示意

污水处理厂运行效果的好坏与设计工作有密切关系。在进行生物转盘的设计时，不仅要选择合理的工艺和参数，还应掌握可靠的水质、水量数据，在此基础上还要合理地确定转盘在构造和运行方面的一些参数和技术条件。

生物转盘设计的一些主要参数有：

① 负荷参数，如 BOD、面积负荷、水力负荷、停留时间等；

② 构造参数，如盘片间距、浸没率、材质、盘片形状、氧化槽等；

③ 运行参数，如转速与供氧能力、级数、水流方向等；

④ 废水水质参数，如水温、水质、水量及变化范围、设计要求等。

生物转盘的设计与计算的主要内容有转盘的总面积、盘片总片数、氧化槽容积、转轴长度以及废水在氧化槽内的停留时间等。

关于盘面面积的计算方法，大体上分为两类：一类是负荷计算法；另一类是经验公式法。由于负荷法简便可行，因此，在设计中得到普遍采用。现对两种方法分别加以介绍。

（一）负荷计算法

1. 有关参数

用于生物转盘计算的各项负荷参数为有机负荷、水力负荷以及废水在氧化槽内的停留时间等。下面对有关参数逐一加以介绍。

（1）BOD 负荷

BOD 负荷（N_A）表示单位转盘面积每日能处理 BOD 的量，即

$$N_A = \frac{Q(S_0 - S_e)}{A} \tag{1-7-18}$$

式中，N_A 为 BOD 面积负荷，g BOD/($m^2 \cdot d$)；Q 为处理水量，m^3/d；S_0 为原废水的 BOD 值，mg/L；S_e 为出水的 BOD 值，mg/L；A 为盘片总表面积，m^2。

同样，其他指标如 COD、SS、NH_4^+-N 等也可以用同样的方式表示它们的负荷。

（2）水力负荷

水力负荷（q_A）是指单位盘片表面积（m^2）在一日内能够处理的水量即

$$q_A = \frac{Q}{A} \tag{1-7-19}$$

式中，q_A 为水力负荷，$m^3/(m^2 \cdot d)$。

（3）平均停留时间

平均停留时间（t）是指废水在氧化槽内与转盘接触并进行反应的时间，即

$$t = \frac{V}{Q} \tag{1-7-20}$$

式中，t 为平均停留时间，d；V 为氧化槽容积，m^3。

转盘处理效果与废水在氧化槽中的平均停留时间有关，实践证明适当延长停留时间，可提高处理效果或增加处理水量。因此，停留时间常被用来作为生物转盘负荷计算的一个指标。

平均停留时间与转盘转速、浸没率、容积面积比（G 值）有关。然而，转速和浸没率在一定条件下为定值，只有 G 值和水量是变量，可用来调整处理效果。

（4）容积面积比

容积面积比（G 值）是氧化槽的容积与转盘面积之比（单位为 L/m^2），可分下述两种情况：

$$\left.\begin{array}{l} 表观\ G\ 值＝槽容积/盘片总面积＝\dfrac{V}{A}\times10^{3} \\[4mm] 真实\ G\ 值＝（槽容积－转盘浸没部分体积）/盘片总面积＝\dfrac{V'}{A}\times10^{3} \end{array}\right\} \qquad(1\text{-}7\text{-}21)$$

上述两种计算，对于一般的材料，在盘片较薄时差别甚小。但当使用发泡材料作为盘片时，差别较大，应按真实 G 值计算。G 值与盘片厚度、间距、盘片与氧化槽内壁的距离及与槽底间距有关。对于城镇污水，据报道 G 值为 $5\sim9L/m^{2}$。

生物转盘的各项参数，原则上应通过实验确定。国内外现已发表的运行数据和参数，在设计同类废水时亦可参考使用（见表 1-7-1～表 1-7-3）。

表 1-7-1　国内生活污水负荷值

污水名称	BOD$_5$/(mg/L)		去除率/%	BOD$_5$ 负荷 /[g/(m²·d)]	水力负荷 /[m³/(m²·d)]	水温/℃	备　注
	进水	出水					
生活污水	74	19	74	10	0.2	7～24	陕西长空机械厂
医院污水	116.7	61.3	47.4	11.1	0.2		北京结核病医院

表 1-7-2　国外生活污水负荷值

处 理 程 度	盘面负荷	处 理 程 度	盘面负荷
出水 BOD≤60mg/L	20～40g/(m²·d)	三级转盘 BOD 去除率 90%	2m²(盘面积)/人
出水 BOD≤30mg/L	10～20g/(m²·d)	四级转盘 BOD 去除率 95%	3m²(盘面积)/人
二级转盘 BOD 去除率 80%	1m²(盘面积)/人		

表 1-7-3　各类工业废水设计负荷

序号	污水类型	进水 BOD /(mg/L)	进水 COD /(mg/L)	水力负荷 /[m³/(m²·d)]	BOD 负荷 /[g/(m²·d)]	COD 负荷 /[g/(m²·d)]	停留时间/h	废水水温/℃
1	含酚	酚 50～250(152)	280～676	0.05～0.113		15.5～35.5	1.5～2.7	>15
2	印染	100～280(158)	250～500	0.04～0.24	12～23.2	10.3～43.9	0.6～1.3	>10
3	煤气站含酚	130～765(365)		0.019～0.1	12.2	26.4	1.3～4.0	>20
4	酚醛	442～700(600)		0.031	7.15～22.8	11.7～24.5	3.0	24
5	酚氰	酚 40～90，CN 20-40		0.1			2.0	
6	苯胺	苯胺 53		0.03			2.3	21～28
7	苎麻煮炼黑液	367	531	0.066			1.6	
8	丙烯腈	CN 19.7～21.0	297	0.05～0.1				
9	腈纶	AN 200、BOD300		0.1～0.2			1.9	30
10	氯丁污水	BOD 230、氯丁二烯 20	400	0.16	32.6	38.1		15～20
11	制革	250～800	500～1500	0.06～0.15			1～2	22
12	造纸中段	100～480	1027～5637	0.05～0.08			3.0	20～30
13	铁路货车	200～300		0.09			2.0	>10
14	铁路罐车	156		0.15			1.13	25

注：括号内数值为平均值。

对水力负荷和有机负荷的取用，一般要视水质而定。对溶解性 BOD 高的废水用水力负荷较适宜；而对含悬浮性 BOD 高的废水用有机负荷较合适。因此，对生活污水或性质类似于生活污水的工业废水，可适当考虑水力负荷。对于成分复杂的各种工业废水，应视具体情况除采用水力负荷外，还需考虑有机负荷和毒物负荷。

2. 生物转盘系统计算

参数确定后，可按以下程序进行生物转盘系统的计算。

（1）转盘总面积

按 BOD 面积负荷计算：

$$A = \frac{Q(S_0 - S_e)}{N_A} \tag{1-7-22}$$

式中，A 为转盘总面积，m^2；Q 为废水量，m^3/d；S_0 为进水 BOD 值，g/L；S_e 为出水应达到的 BOD 值，g/L；N_A 为 BOD 负荷，$g/(m^2 \cdot d)$。

按水力负荷率计算：

$$A = \frac{Q}{q_A} \tag{1-7-23}$$

（2）转盘总片数

当盘片为圆形时，转盘总片数计算公式为：

$$M = \frac{4A}{2\pi D^2} = 0.637 \frac{A}{D^2} \tag{1-7-24}$$

式中，M 为转盘总片数；D 为圆形转盘直径，m。

当转盘为多边形或波纹板时，计算公式为：

$$M = \frac{A}{2a} \tag{1-7-25}$$

式中，a 为多边形或波纹板单面面积，m^2。

上两式分母中的 2 是因为转盘双面均为有效面积。其他形状的转盘则根据具体情况而定。

计算出转盘总片数后，根据具体情况决定转盘的级数，从而计算出每台转盘的盘片片数 m。

（3）氧化槽有效长度

$$L = m(d+b)K \tag{1-7-26}$$

式中，L 为氧化槽有效长度，m；m 为每台（级）转盘盘片数；d 为盘片间距，m，一般取 $0.010 \sim 0.035m$；b 为盘片厚度，m，与所采用的盘材有关，根据具体情况确定，一般取值为 $0.001 \sim 0.015m$；K 为考虑废水流动的循环沟道的系数，取 1.2。

（4）氧化槽有效容积

氧化槽有效容积与氧化槽形状有关，当采用半圆形氧化槽时，有效容积为：

$$V = (0.294 \sim 0.335)(D+2\delta)^2 L \tag{1-7-27}$$

氧化槽净有效容积（V'）为：

$$V' = (0.294 \sim 0.335)(D+2\delta)^2 (L-mb) \tag{1-7-28}$$

式中，δ 为盘片边缘与氧化槽内壁之间的净距，m。

r/D 一般取 $0.06 \sim 0.1$（r 为转轴中心距水面的高度，一般为 $150 \sim 300mm$）。当 $r/D = 0.1$ 时，系数取 0.294；当 $r/D = 0.06$ 时，系数取 0.335。

（5）转盘的旋转速度

勃别尔等早期提出，转盘的旋转速度以 $20m/min$ 为宜。但是，转盘旋转的主要目的之一是使接触氧化槽内的废水得到充分混合，如水力负荷大，转速过小，氧化槽内的废水得不到充分的混合。为此，勃别尔提出了为达到混合效果的转盘的最小转速计算公式：

$$n_{\min} = \frac{6.37}{D}\left(0.9 - \frac{V'}{Q'}\right) \qquad (1\text{-}7\text{-}29)$$

式中，$n_{\min}$ 为转盘最小转速，r/min；Q' 为每个氧化槽废水流量，m^3/d；D 为转盘直径，m。

（6）电机功率

$$N_p = \frac{3.85R^4 n_{\min}^2}{d \times 10^{12}} M\alpha\beta \qquad (1\text{-}7\text{-}30)$$

式中，N_p 为电机功率，kW；R 为转盘半径，cm；M 为根转轴上的盘片数；α 为同一电动机带动的转轴数；d 为盘片间距，cm；β 为生物膜厚度系数，见表 1-7-4。

表 1-7-4 生物膜厚度系数 β 值

膜厚度/mm	0～1	1～2	2～3
β 值	2	3	4

（7）废水在氧化槽内的停留时间

$$t = \frac{V'}{Q'} \qquad (1\text{-}7\text{-}31)$$

式中，t 为废水在氧化槽内的停留时间，h，一般为 0.25～2.0h。

（8）设计中其他因素及数据

① 盘片直径一般以 2～3m 为宜。

② 盘片厚度与盘材、直径和构造有关。以聚苯乙烯泡沫塑料为盘材时，盘厚为 10～15mm；采用硬聚氯乙烯板为盘材时，厚度为 3～5mm；采用玻璃钢盘材时，厚度为 1～2.5mm；采用金属盘材时，厚度为 1mm 左右。

③ 盘片间距在进水段一般为 25～35mm，出水段一般为 10～20mm。

④ 盘片周边与氧化槽的距离，一般按 0.1D 考虑，但通常不得小于 150mm。

⑤ 转轴中心距水面距离不得小于 150mm。

⑥ 盘片在槽内的浸没深度不应小于盘片直径的 35%。

⑦ 转盘转速宜为 2.0～4.0r/min，盘体外缘线速度宜为 15～19m/min。

⑧ 生物转盘的污泥产量一般可按 0.5～0.6kg 污泥/kg BOD 计算。

⑨ 生物转盘的级数，一般不宜少于 3 级，组数不宜少于 2 组，并按同时工作考虑。

（二）经验公式法

20 世纪 60 年代初，德国哈德曼与勃别尔首先研究了生物转盘的原理，勃别尔还对 BOD 在 400～600mg/L 的城镇污水进行了转盘面积与负荷变动、水温、处理效率等因素的大量实验，并在此基础上提出了转盘面积的计算公式。继勃别尔之后，朱斯特、安东尼、维奇等也提出了一些计算公式，但都比较烦琐，且误差较大。实践证明勃别尔计算公式是比较合理的，在国外使用也比较广泛。

勃别尔计算公式为：

$$A = f\left(\frac{A}{A_w}\right) f(\eta) f(t) f(T) Q L_0 \qquad (1\text{-}7\text{-}32)$$

式中，A 为所需要的转盘面积，m^2；A_w 为浸没于水下的转盘面积，m^2；η 为 BOD 去除率，而 $f(\eta) = 0.1673\eta^{1.4}/(1-\eta)^{0.4}$；$t$ 为废水在氧化槽内的停留时间，h，$f(t) = 1 - 1.24 \times 10^{-0.1114t}$；$T$ 为水温，℃，$f(T)$ 为考虑水温影响的修整系数；L_0 为进水 BOD 值，kg/m^3。

勃别尔计算公式中的各值可以根据图表确定。此外，勃别尔还发表了如下的简化公式：

$$A = Q\frac{0.022(L_0 - L_e)^{0.4}}{L_0^{0.4}} \tag{1-7-33}$$

式中，L_0 为进水 BOD 值，kg/m^3；L_e 为出水 BOD 值，kg/m^3。

【例 1-7-1】 某住宅小区人口 3000 人，排水量 150L/(人·d)，初沉池出水 BOD 值为 300mg/L，平均水温为 15℃，出水的 BOD 值要求不大于 60mg/L。试设计生物转盘。

解：设计计算如下。

① 水量：$3000 \times 150/1000 = 450$（$m^3/d$）

② BOD 去除率：

$$\eta = \frac{300-60}{300} \times 100\% = 80\%$$

③ BOD 负荷取 $N_A = 30g/(m^2 \cdot d)$。

④ 水力负荷取 $q_A = 0.2 m^3/(m^2 \cdot d)$。

⑤ 转盘总面积按 BOD 负荷计算：

$$A = \frac{Q(S_0 - S_e)}{N_A} = \frac{450(300-60)}{30} = 3600 \, (m^2)$$

按水力负荷计算

$$A = \frac{Q}{q_A} = \frac{450}{0.2} = 2250 \, (m^2)$$

可以看出二者有一定差距，为保证出水水质，按 BOD 负荷进行计算。

$$M = \frac{4A}{2\pi D^2} = 0.637\frac{A}{D^2} = \frac{0.637 \times 3600}{4} \approx 573(片)$$

⑥ 转盘盘片总数取盘片直径 $D = 2m$，拟采用 3 台转盘，每台盘片数为 $m = 192$ 片，每台转盘为单轴四级，前两级每级盘片数为 60 片，后两级每级盘片数为 36 片。

⑦ 氧化槽有效长度 d 取 25mm，采用硬聚氯乙烯盘材，b 值取 4mm。

$$L = m(d+b)K = 192 \times (25+4) \times 1.2 \approx 6682 \, (mm) = 6.682 \, (m)$$

⑧ 氧化槽有效容积采用半圆形氧化槽，r 取 200mm，r/D 为 0.1，系数取 0.294，δ 取 200mm。

$$\begin{aligned} V' &= 0.294(D+2\delta)^2(L-mb) \\ &= 0.294 \times (2+2 \times 0.2)^2 \times (6.682 - 192 \times 0.004) \\ &\approx 10.02 \, (m^3) \end{aligned}$$

⑨ 转盘最小旋转速度：

$$n_{min} = \frac{6.37}{D} \times \left(0.9 - \frac{V'}{Q}\right) = \frac{6.37}{2} \times \left(0.9 - \frac{10.02}{450}\right) = 2.80(r/min)$$

⑩ 转盘水力负荷 $q_A = Q/A = 450/3600 = 0.125 \, [m^3/(m^2 \cdot d)] = 125 \, [L/(m^2 \cdot d)]$

⑪ 污水在氧化槽内停留时间：

$$t = \frac{V'}{Q'} = \frac{10.02}{\frac{450}{3}} \times 24 = 1.6 \, (h)$$

第三节　生物接触氧化法

一、原理与功能

生物接触氧化法也称淹没式生物滤池，其在反应器内设置填料，经过充氧的废水与长满生物膜的填料相接触，在生物膜的作用下，废水得到净化。其基本构造如图 1-7-9 所示。

（一）原理

生物接触氧化法在运行初期，仅有少量的细菌附着于填料表面，由于细菌的繁殖逐渐形成很薄的生物膜。在溶解氧和食物都充足的条件下，微生物的繁殖十分迅速，生物膜逐渐增厚。溶解氧和污水中的有机物凭借扩散作用，为微生物所利用。但当生物膜达到一定厚度时，氧已经无法向生物膜内层扩散，好氧菌死亡，而兼性细菌、厌氧菌在内层开始繁殖，形成厌氧层，利用死亡的好氧菌为基质，并在此基础上不断聚集厌氧菌。经过一段时间后在数量上开始下降，加上代谢气体产物的逸出，使内层

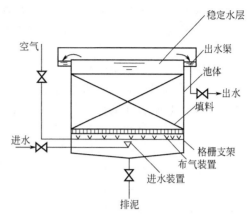

图 1-7-9　生物接触氧化池基本构造

生物膜大块脱落。在生物膜已脱落的填料表面上，新的生物膜又重新生长起来。在接触氧化池内，由于填料表面积较大，所以生物膜发展的每一个阶段都是同时存在的，使去除有机物的能力稳定在一定的水平上。生物膜在池内呈立体结构，可保持稳定的处理能力。

（二）特点

1. 优点

（1）容积负荷高，处理时间短，节约占地面积

生物接触氧化法的容积负荷最高可达 $3\sim6$ kg BOD/$(m^3 \cdot d)$，污水在池内停留时间短的只需 $0.5\sim1.5$ h。从表 1-7-5 可知，接触氧化法与表面曝气法在 BOD 去除率大致相同的情况下，前者 BOD 的容积负荷可高 5 倍，而所需处理时间只有后者的 1/5 左右。由于缩短了处理时间，同样体积的设备，处理能力提高了几倍，因此生物接触氧化法使污水处理工艺高效且节约用地。

表 1-7-5　接触氧化法与曝气法对比试验数据

项　　目	接触氧化法	表面曝气法
进水流量/(L/h)	35.2	16.2
停留时间/h	1.1	5.2
BOD 负荷/[kg/$(m^3 \cdot d)$]	5.4	1.15
进水 BOD/(mg/L)	248	248
出水 BOD/(mg/L)	35	29.1
BOD 去除率/%	86	88
进水耗氧量/(mg/L)	230	230
出水耗氧量/(mg/L)	39	30.7
耗氧量去除率/%	83	86
污泥增长指数/(kg 污泥/kg BOD 去除)	0.27	0.40

（2）生物活性高

国内采用的生物接触氧化池中，绝大多数的曝气管设在填料下，不仅供氧充分，而且对生物膜起到了搅动作用，加速了生物膜的更新，使生物膜活性提高。另外，曝气会形成水的

素流，使固定在填料上的生物膜可以连续、均匀地与污水相接触，避免生物氧化池中存在接触不良的缺陷。由于空气搅动，整个氧化池的污水在蜂窝填料之间流动，增强了传质效果，提高了生物代谢速度。经测定，同样湿重的带有丝状菌的生物膜，其好氧速率比活性污泥法高 1.8 倍。

（3）有较高的微生物浓度

一般活性污泥法的污泥浓度为 2～3g/L，微生物在池中处于悬浮状态；而接触氧化池中绝大多数微生物附着在填料上，单位体积内水中和填料上的微生物浓度可达 10～20g/L，由于微生物浓度高，有利于提高容积负荷。

（4）污泥产量低，不需污泥回流

与活性污泥法相比，接触氧化法的容积负荷高，但污泥产量不仅不高，反而有所降低。国内外的研究都证明，接触氧化法的污泥产量远低于活性污泥法。一般认为，污泥产量低是由于氧化池内溶解氧高，微生物的内源呼吸进行得较充分，合成物质被进一步氧化；氧化池内的微生物食物链比较完全和稳定；生物膜中的厌氧层将部分生物膜分解、溶化，转化成甲烷和有机酸。这些都是减少污泥量的原因。

生物接触氧化法由于微生物附着在填料上形成生物膜，生物膜的脱落和增长可以保持平衡，所以不需要污泥回流，管理方便。

（5）出水水质好且稳定

进水短期内突然变化时，出水水质受的影响很小。在毒物和 pH 值的冲击下，生物膜受影响小，而且恢复快。接触氧化法处理城镇污水时，出水 BOD 可达 5～12mg/L，SS 为 20mg/L 左右，出水外观清澈透明。

（6）动力消耗低

除污水中含有大量活性物质以外，采用生物接触氧化法处理污水，一般可节省动力 30％。这主要是由于在接触氧化池内存在填料，起到切割气泡、增加紊动的作用，增大了氧的传递系数，省去污泥回流，也使电耗下降。

（7）挂膜方便，可以间歇运行

生物接触氧化法处理生活污水时不需专门培养菌种，连续运转 4～5 天生物膜就可成熟。对含菌种少的工业废水，挂膜时接入菌种，运行十来天生物膜就可成熟。当停电或发生事故不能供气时，只要将氧化池中的水放空即可，附着在固定床上的微生物可以从空气中获得氧气而维持生命。有人曾经试验，在这样间歇一个月后再重新工作，生物膜在几天内就可以恢复正常。

（8）不存在污泥膨胀问题

在活性污泥法中容易产生膨胀的菌种，如丝状菌，在接触氧化法中不仅不产生膨胀，而且能充分发挥其分解、氧化能力高的优点。接触氧化池内填料固定在水中，附着在填料上的丝状菌有较强的分解有机物的能力，具有立体结构，但沉降性能差，在曝气池中易随出水流出，因此不易产生污泥膨胀。

2. 缺点

① 填料上生物膜的数量视 BOD 负荷而异。BOD 负荷高，则生物膜数量多，反之亦然。因此不能借助于运转条件的变化任意调节生物量和装置的效能。

② 当采用蜂窝填料时，如果负荷过高，则生物膜较厚，易堵塞填料。所以，必须要有负荷界限和必要的防堵塞冲洗措施。

③ 大量产生后生动物（如轮虫类等）。若生物膜瞬时大块脱落，则易影响出水水质。

④ 组合状的接触填料有时会影响曝气与搅拌。

（三）比较

生物接触氧化法同其他处理方法的比较见表 1-7-6。

表 1-7-6　各种处理方法比较

处理方法 项　目	生物接触氧化法	生物转盘	普通活性污泥法
BOD 负荷	$1.5kg/(m^3 \cdot d)$	$5 \sim 10g/(m^2 \cdot d)$	$0.6kg/(m^3 \cdot d)$
池自身的占地面积	中	大	大
设备费用	较小	较大	较大
运行成本	稍小	少	大
电耗	稍大	少	大
MLSS	$6000 \sim 10000mg/L$	$5 \sim 15g/m^2$	$2000 \sim 3000mg/L$
培菌驯化	容易	容易	需要 $20 \sim 30d$
维护管理	容易	容易	难
污泥量	最少	少	大
停运后的问题	长期停运,污泥剥离量大	长期停运,污泥剥离量大	若停运 3d 以上,则恢复困难

（四）类型

根据充氧与接触方式的不同,接触氧化池可分为分流式和直流式,如图 1-7-10 和图 1-7-11 所示。

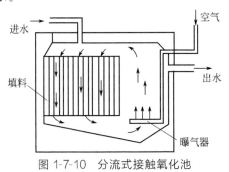

图 1-7-10　分流式接触氧化池

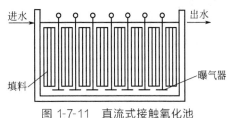

图 1-7-11　直流式接触氧化池

分流式接触氧化池就是使污水与载体填料分别在不同的间隔实现接触和充氧。这种类型的优点是:废水在单独的间隔内充氧,进行激烈的曝气和氧的传递过程;而在安装填料的另一间隔内,废水可以缓缓地流经填料,安静的条件有利于生物的生长繁殖。此外,废水反复地通过充氧、接触两个过程进行循环,因此水中的氧比较充足。但缺点是填料间水流缓慢,水力冲刷力小,生物膜只能自行脱落,更新速度慢,易于堵塞。因此,在 BOD 负荷较高的二级污水处理中一般较少采用。

在直流式池中,直接在填料底部进行鼓风充氧,其主要特点是:在填料下直接布气,生物膜直接受到气流的搅动,加速了生物膜的更新,使其经常保持较高的活性,而且能够克服堵塞。另外,上升气流不断地撞击填料,使气泡破裂,直径减小,增加了接触面积,提高氧的转移效率,降低能耗。

（五）基本工艺

生物接触氧化法的工艺流程通常可以分为一段法、二段法和多段法。这几种工艺流程各有特点,在不同的条件下有其适用范围。

1. 一段法

一段法也称一氧一沉法，流程如图 1-7-12 所示。原水先经调节池，再进入生物接触氧化池，而后进入二沉池进行泥水分离。处理的上清液或排放或做进一步处理，污泥从二沉池定期排走。

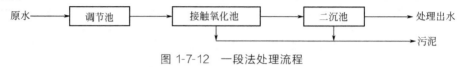

图 1-7-12　一段法处理流程

一段法生物膜增长较快，活性较大，降解有机物的速度较快；但氧化池有时会引起短路。一段法流程简单易行，操作方便，投资较省。

2. 二段法

二段法也称二氧二沉法，流程如图 1-7-13 所示。原水经调节池进入第一生物接触氧化池，而后流入中间沉淀池进行泥水分离，上层处理水进入第二接触氧化池，最后流入二沉池，再次进行泥水分离，出水排放。沉淀池的污泥排出后进行污泥处理。

图 1-7-13　二段法处理流程

二段法更能适应原水水质的变化，使出水水质趋于稳定。氧化池的流态基本上属于完全混合，可以提高生化效率，缩短生物氧化时间。二沉池可以弥补中间沉淀池的不足，进一步改善出水水质。但是，二段法流程增加了处理装置和维护管理内容，投资比一段法稍高。

3. 多段法

多段法是由三级或多于三级的生物接触氧化池组成的系统，流程如图 1-7-14 所示。原水流经调节池，再依次进入各级接触氧化池，而后流入二沉池进行泥水分离。处理后的上清液排出，污泥从二沉池定期排出进行污泥处理。

图 1-7-14　多段法处理流程

多段法由于设置了多级氧化池，因此将生化过程中的高负荷、中负荷和低负荷明显分开了，能够提高总的生化处理效果。同时，由于具有多段生物降解的特点，同二段法相比较，可以进一步缩短总的接触氧化时间。但是，多段法流程设置了多段接触氧化池，必然增加基建费用与管理内容。

4. 推流法

推流法就是将一座生物接触氧化池内部分格，按推流方式进行，如图 1-7-15 所示。

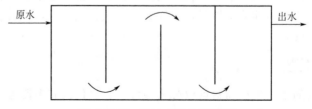

图 1-7-15　推流式接触氧化池

氧化池分格，可使每格微生物与负荷条件（大小、性质）相适应，利于微生物专性培养驯化，提高处理效率。对于一些可生化性较差、需要处理时间较长的工业废水，这种方式是实际应用中采用较多的一种。

二、设备和装置

生物接触氧化处理系统除必要的前处理和后处理外，基本组成部分是生物接触氧化池（包括配套的曝气装置）和泥水分离设施（各种型式的沉淀池或气浮池）。生物接触氧化的中心构筑物是接触氧化池，由池体、填料及支架、曝气装置、进出水装置及排泥管道等部分组成。泥水分离设施则可在竖流式沉淀池、气浮池、斜板（管）沉淀池和接触沉淀池中进行选择。

（一）曝气装置

曝气装置是氧化池的重要组成部分，与填料上的生物膜充分发挥降解有机污染物的作用，维持氧化池的正常运行和提高生化处理效率有很大关系，并且同氧化池的动力消耗密切相关。

向生物接触氧化池中供气有 3 个作用。

① 充氧　生物接触氧化法主要是利用好氧细菌完成生物净化作用，微生物的氧化、合成和内源呼吸全部需要氧气，充氧是维持微生物正常活动的一个必要条件。供气使氧化池中的溶解氧控制在一定的水平上。

② 充分搅动，形成紊流　供气使池内水流充分搅动，形成紊流，紊流程度越大，被处理水与生物膜的接触效率越高，从而提高处理效果。

③ 防止填料堵塞，促进生物膜更新　供气的搅动作用使填料上衰老的生物膜及时脱落，防止填料堵塞，同时还促进生物膜更新，提高处理效果。

按供气方式分，有鼓风曝气、机械曝气和射流曝气，目前国内用得较多的是鼓风曝气。这种方法动力消耗较低，动力效率较高，供气量较易控制；但噪声大。射流曝气在处理水量较小的情况下经常采用，这种方法氧的利用率较高，管理及维修都方便，且工作噪声很小；但是动力消耗比较大，动力效率较低，脱落的生物膜易被击碎，质轻上浮。

氧化池的供气是通过曝气充氧设备来实现的，充氧设备的性能不仅影响污水生物处理的效果，而且关系到处理设施的投资、电耗和运行费用。目前，全面曝气的鼓风充氧设备常采用穿孔管、曝气头、微孔曝气器和可变孔（微孔）曝气软管等。各种曝气充氧设备的性能见表 1-7-7。

表 1-7-7　曝气充氧设备性能

名　　称	充　氧　性　能		
	传质系数/h^{-1}	氧利用率/%	动力效率/[kg/(kW·h)]
穿孔管	15.5	6~7	2.3~3.0
曝气头(金山Ⅰ型)	6~10	8	2.4
散流曝气器	7~13	7.8~8.3	2.39~2.46
可变孔(微孔)曝气软管	—	20~25	1.5~11.0

（1）散流曝气器

散流曝气器是 20 世纪 80 年代中期国内研制的新型曝气器，用塑料压制成型，由锯齿形曝气头和带有锯齿的散流罩、导流隔板、进气管四部分组成，整个曝气器呈倒伞形（图 1-7-

16）。其充氧主要是由液体剧烈混掺作用、气泡的切割作用和散流罩的扩散作用共同完成的。这种曝气器动力效率很高，布气范围大，氧的利用率高，池内布气均匀，液体流态好，耐腐蚀，不堵塞，安装方便。每个曝气器的安装距离为 $1.0 \sim 1.6mm$，服务面积 $1 \sim 3m^2$。

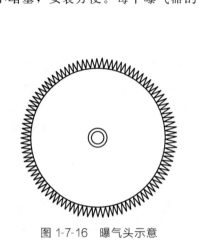

图 1-7-16　曝气头示意

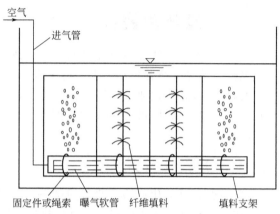

图 1-7-17　可变孔（微孔）曝气软管

（2）可变孔（微孔）曝气软管

可变孔（微孔）曝气软管是 20 世纪 80 年代后期国内研制开发的新型微孔曝气器，如图 1-7-17 所示。它所有表面都有气孔，均能曝气。气孔的孔径呈狭长的细缝，其宽度可随气量的增减在 $0 \sim 200 \mu m$ 之间变化。气泡上升速度慢，布气均匀，氧的利用率高，一般为 $20\% \sim 25\%$，而价格较其他微孔曝气器低。供气时不需要空气过滤设备，使用时可以随时停止曝气，不会堵塞，耐腐蚀。软管在曝气时膨胀而在不曝气时被压扁，可以卷曲包装，运输方便，安装时池底不需附加设备。曝气软管的主要技术性能见表 1-7-8。

表 1-7-8　可变孔（微孔）曝气软管的技术性能

项　目	技 术 指 标	项　目	技 术 指 标
出孔气泡直径	1.0mm	曝气量	$0 \sim 5m^3/h$
行程气泡直径	$1 \sim 5mm$	服务面积	$0.5 \sim 1m^2/m$
气孔孔径	μm 级	出气阻力	1745.6Pa(178mm 水柱)
耐压强度	0.1MPa		

（二）进出水装置

由于氧化池的流态基本上是完全混合型，因此对进出水装置的要求并不十分严格，满足下列条件即可：进出水均匀，保持池内负荷均等，方便运行与维护，不过多地占有池的有效容积等。一般当处理水量较小时（如 $40 \sim 50m^3/h$），可采用直接进水方式；当处理水量较大时，可采用进水堰或进水廊道等方式，使全池比较均匀地布水。出水装置一般采用周边堰流或孔口出水的方式。

（三）填料

1. 填料种类

填料是生物膜的载体，也对截留悬浮物起一定作用，是氧化池的关键，直接影响着生物接触氧化法的效果。同时，载体填料的费用在生物接触氧化处理系统的基建费用中又占较大比重，所以填料关系到接触氧化技术的经济合理性。

通常，对生物接触氧化法载体填料的要求是：a. 有一定的生物膜附着力；b. 比表面积大；c. 空隙率大；d. 水流流态好，利于发挥传质效应；e. 阻力小，强度大；f. 化学和生物稳定性好，经久耐用；g. 截留悬浮物质能力强；h. 不溶出有害物质，不引起二次污染；i. 与水的密度相差不大，以免增大氧化池负荷；j. 形状规则，尺寸均一，使之在填料间形成均一的流速；k. 货源充足，价格便宜，运输和安装施工方便。

载体填料按形状可分为蜂窝管状、束状、波纹状、圆环辐射状、盾状、板状、网状、筒状、不规则粒状等；按性状可分为硬性、半软性、软性；按材质可分为塑料、玻璃钢、纤维填料等。目前，国内常用的是玻璃钢或塑料蜂窝填料、软性纤维填料、半软性填料、立体波纹塑料填料等，其余类型填料在国外尤其是在日本用得较多。国外还有中空微孔纤维束填料、塑料波纹填料及网状（平面网状和立体网状）、筒状、鲍尔环状等填料。

下面介绍的是国内常用的填料。

（1）蜂窝填料

蜂窝管状载体填料简称蜂窝填料，如图 1-7-18 所示，主要有玻璃钢和塑料蜂窝两种型式。

玻璃钢蜂窝填料采用中碱平纹玻璃纤维布加工成蜂窝状的空格浸于醇溶性酚醛树脂，在高温下固定成型。它质轻、强度高、几何尺寸稳定、防震、力学性能和热稳定性能较好，易于切割组装，使用年限较长。玻璃钢蜂窝填料的规格如表 1-7-9 所示。塑料蜂窝填料以硬聚氯乙烯塑料为原料，热压为六角形后用聚氨酯或过氯乙烯加二氯乙烷黏合而成。它强度较高，质轻，可以机械化生产；但热稳定性较差，易老化，价格比玻璃钢蜂窝稍贵。塑料蜂窝填料的规格如表 1-7-10 所列。其优点是：

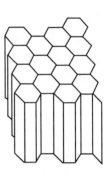

图 1-7-18 蜂窝管状填料

① 材料耗费较小，比表面积大；

② 空隙率大，蜂窝填料是用硬质聚氯乙烯、聚丙烯或玻璃钢等薄片做成的，空隙率较大（如内切圆直径为 10mm 的蜂窝管壁厚 0.1mm，空隙率达 97.9%；直径为 20mm、管壁厚 0.122mm 的填料，空隙率达 98.3%）；

③ 质轻，纵向强度大，在实际使用时堆积高度较大，一般可达 4～5m；

④ 蜂窝管壁面光滑无死角，衰老的生物膜易于脱落。

表 1-7-9 玻璃钢蜂窝填料的规格参数

孔径/mm	壁厚/mm	成品密度/(kg/m³)	比表面积/(m²/m³)	空隙率/%	块体体积(长×高×宽)/mm
19	0.20	36～38	201	98.4	1000×920×500
25	0.20	26～28	153	98.8	800×800×200
32	0.20	21～23	122	99.0	800×800×230
36	0.20	20～22	98	99.1	800×700×200

注：还可根据用户需要生产特殊规格尺寸。

表 1-7-10 聚丙烯塑料蜂窝填料的规格参数

孔径/mm	壁厚/mm	质量/(kg/m³)	备 注
25	0.4～0.45	43	比表面积和空隙率同玻璃钢蜂窝填料
35	0.4～0.45	32	
50	0.8～0.85	43	

蜂窝填料是早期接触氧化工艺中一种最为常用的填料，近年来应用越来越少，这主要与

蜂窝管状填料的以下缺点有关：

① 若选择的孔径与 BOD 负荷不相适应，则生物膜的生长与脱落失去平衡，容易使填料堵塞；

② 当采用扩散、射流或者表面曝气方式供气时，在蜂窝管内难以达到均一流速，对接触效率和生物膜更新产生不良影响；

③ 成品体积较大，搬运比较麻烦。

采取以下措施可避免上述缺点：

① 根据设计的 BOD 负荷选择相应孔径的蜂窝填料，一般处理高浓度废水时不宜采用蜂窝填料；

② 在氧化池底部采用全面曝气或者间歇性高强度曝气以冲刷生物膜；

③ 将填料分层设置，填料层间留有空隙，有利于池内水流在层间再次分配，造成横流和均匀分布，防止中下部填料因受压（特别是带膜放空时）变形而堵塞；

④ 填料现场制作可以避免搬运上的困难。

蜂窝填料的孔径需根据废水水质、BOD 负荷、充氧条件等因素进行选择。在一般情况下，BOD 浓度为 100～300mg/L 时，可选用孔径为 32mm 的填料；BOD 为 50～100mg/L 时，可选用孔径为 15～20mm 的填料；BOD 为 50mg/L 以下时，可选用 10～15mm 孔径的填料。

（2）立体波纹填料

与蜂窝填料相类似的一种立体波纹填料，是用硬聚氯乙烯平板和波纹板相粘而成，如图 1-7-19 所示。其优点是：a. 孔径大，不易堵塞；b. 流程长，有利于提高处理效率；c. 结构简单，安装运输比较方便，可单片保存，现场黏合；d. 轻质高强，耐腐蚀性能好。但立体波纹填料的波状通道内难以得到均一流速，对传质效应和生物膜更新有不利的影响，并且单片填料的强度较低，在运输和保管时应避免受压，不应在日光下长期曝晒。立体波纹塑料填料的规格如表 1-7-11 所示。表 1-7-12 为国内常用填料的性能比较，表 1-7-13 为价格及生产厂家举例，仅供参考。

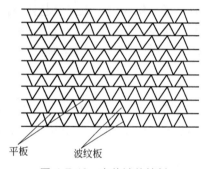

平板　波纹板

图 1-7-19 立体波纹填料

表 1-7-11 立体波纹塑料填料性能参数

型式	材质	比表面积/(m²/m³)	空隙率/%	质量/(kg/m³)	孔径梯形断面/mm	规格/mm
立波-1 型		113	＞96	50	50×100	1600×800×50
立波-2 型	硬聚氯乙烯	150	＞93	60	40×85	1600×800×40
立波-3 型		198	＞90	70	30×65	1600×800×30

表 1-7-12 国内常用载体填料性能比较

项目 名称	布气 布水	挂膜	加工条件	运输	安装	堵塞	比表面积 /(m²/m³)	空隙率/%
玻璃钢蜂窝填料	较差	较易	半机械化	易损耗	简单	较易	100～200	98～99
塑料蜂窝填料	较差	较易	半机械化	易损耗	简单	较易	100～200	98～99
软性纤维状填料	较差	易	手工	方便	简单	纤维易结球	1400～2400	大于 90
盾状填料	较好	易	手工	方便	简单	不易	1000～2500	98～99
半软性填料	好	较易	机械化	方便	简单	不易	87～93	97
立体波纹填料	较差	较易	半机械化	易损耗	简单	较不易	110～200	90～96

表 1-7-13　国内常用载体填料参考价格和生产厂家项目

名称	材质	规格/mm	参考价格/(元/m³)	生产厂家举例
玻璃钢蜂窝填料	玻璃钢	$D20\sim D36$	$400\sim600$	浙江玉环楚门净水设备厂
塑料蜂窝填料	硬聚氯乙烯或聚丙烯	$D20\sim D30$	$450\sim700$	江苏江都环保净化设备厂
软性纤维状填料	维纶	束距 $60\sim80$，纤维长 $120\sim160$	$70\sim80$	上海石化环保器材厂
盾状填料	聚乙烯或维纶	束距 $60\sim80$，纤维长 $120\sim200$	$150\sim250$	浙江玉环水处理设备厂
半软性纤维	变性聚乙烯	单片 $\phi120\sim\phi160$	$250\sim300$	浙江玉环楚门环保袋厂
立体波纹填料	聚氯乙烯	1600×800	$450\sim550$	江苏宜兴市给排水器材厂

（3）软性纤维状填料

软性纤维状填料是 20 世纪 80 年代初我国自行开发的填料，一般是用尼龙、维纶、涤纶、腈纶等化纤编结成束并用中心绳连接而成，如图 1-7-20 所示。

同蜂窝填料相比，软性纤维状填料具有以下特点：处理废水浓度高，空隙可变，不易堵塞，适应性强，质轻，比表面积大，价格便宜，运输方便，组装简易，管理方便等。但填料的纤维易与生物膜黏结在一起，产生结球现象，使其比表面积减少，进而在结球的内部产生厌氧作用，影响处理效果。同时，纤维束中心容易产生厌氧状态，应长期浸泡在水中，否则纤维束易于结块，影响继续使用。此外，软性填料中的水流态并不理想，在填料中容易产生大气泡，影响氧的利用率。因此，近年来应用越来越少。

近几年来，国内开发了盾式纤维填料。它由纤维束和中心绳两部分组成，如图 1-7-21 所示。纤维束由纤维和支架组成，支架采用高分子塑料组成，中间有空隙，可通水通气；束间嵌套塑料管，以固定束距和支承纤维束。这类填料避免了软性纤维填料中出现的结球现象，同时又能起到良好的布水、布气作用，接触传质条件较好，氧的利用率较高，也是一种性能良好、比较经济实用的纤维填料。软性纤维状填料的规格如表 1-7-14 所列。

表 1-7-14　软性纤维状填料的规格参数

项目	参数	项目	参数
纤维束长度/mm	$120\sim160$	成膜后基本质量/(kg/m³ 池)	$30\sim50$
纤维束含单丝量/(根/束)	81000	空隙率/%	大于 70
束间距离/mm	$60\sim80$	理论比表面积/(m²/m³ 池)	$1400\sim2400$
单位质量/(kg/m³ 池)	$2.2\sim3.0$		

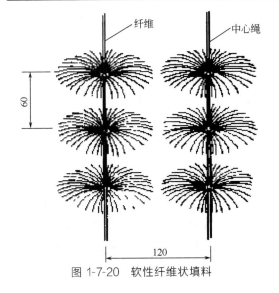

图 1-7-20　软性纤维状填料

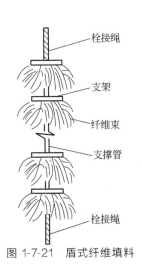

图 1-7-21　盾式纤维填料

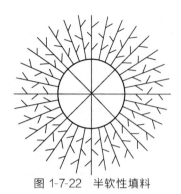

图 1-7-22　半软性填料

（4）半软性填料

半软性填料是针对软性填料的缺点改进而开发的一种新型填料，由变性聚乙烯塑料制成，如图 1-7-22 所示。这种填料具有特殊的结构性能和水力性能，既有一定的刚性又有一定的柔性，无论有无流体作用，都能保持一定形状，并有一定的变形能力。这种填料具有较强的重新布水、布气能力，传质效果好，对有机物去除效果高，耐腐蚀，不易堵塞，安装方便灵活，还具有节能、降低运行费用的优点。半软性填料的规格如表 1-7-15 所示。

在相同条件下，半软性填料同软性纤维填料相比，COD 去除率一般可提高 10％左右。在相同充氧条件下，装填半软性填料的氧化池比装填软性纤维填料的溶解氧值可提高 10％～20％。

表 1-7-15　半软性填料的规格参数

材质	比表面积/（m²/m³）	空隙率/%	成品质量/（kg/m³）	单片尺寸/mm
变性聚乙烯塑料	87～93	97.1	13～14	$\phi120,\phi160,100\times100,120\times120,$ 150×150

（5）不规则粒状填料

不规则粒状填料有砂、碎石、焦炭、无烟煤、矿渣、活性炭等，粒径一般为数毫米至数十毫米，不规则地填装在生物接触氧化池内。这类填料的优点是：表面粗糙，易于挂膜，截留悬浮物能力强，价格便宜，易于就地取材。但水流阻力大，易于引起氧化池堵塞。若正确选择填料和粒径，则可以尽量避免填料堵塞。

2. 安装

载体填料在氧化池中的安装支架一般分为格栅支架、悬挂支架和框式支架三种。

（1）格栅支架

蜂窝状填料、立体波纹填料时常采用格栅支架，在氧化池底部设置拼装式格栅，用以支撑填料。格栅一般用厚度为 4～6mm 的扁钢焊接而成，为便于搬动、安装和拆卸，每块单元格栅尺寸为 500mm×1000mm。未挂膜的蜂窝填料和立体波纹填料质量较轻，在氧化池底部曝气时，在上升气流推动下，易于产生填料上浮现象，因此有时氧化池上部也设置活动格栅，以保证在使用时填料不上浮。

（2）悬挂支架

安装软性纤维填料、半软性填料、盾式填料时常采用悬挂支架，将填料用绳索或电线固定在氧化池上下两层支架上，以形成填料层。用于固定填料的支架可用圆钢、钢管或塑料管焊接而成。栅孔尺寸或栅条距离应与填料的安装尺寸相配合。为了避免绑扎在支架上的绳索受激烈搅动气流的影响而断裂，不应采用尖锐断面的材料作为栅条。悬挂支架结构简单，制作方便，应用较广泛。

（3）框式支架

钢板支架虽然具有加工方便的优点，但是质量较大，易被氧化腐蚀。国内有的单位采用全塑可提升框式支架，用以填装软性填料和半软性填料。全塑可提升框式支架由聚氯乙烯管和板组合制成。这种支架的产品质量为 12～15kg/m³，具有质轻、耐腐蚀、易提升、安装维修方便、拉伸强度和压缩强度都较大等优点，但价格较贵。

三、设计计算

（一）主要设计参数

（1）pH 值

生物接触氧化法对 pH 值的适应性比较强，当污水的 pH 值为 8～9 时，微生物仍然有适应能力，对处理效果没有多大的影响。当 pH 值超过 9 时，处理效果下降明显，特别是一些含盐量较高的工业废水，影响更为严重。因此，生物接触氧化池进水 pH 值可为 6.5～8.8，否则应考虑预先调整 pH 值。

（2）水温

一般情况下，温度高，微生物活力强，新陈代谢旺盛，氧化与呼吸作用强，处理效果较好。但温度过高会抑制中温微生物的生长。若温度过低，微生物的生命活动受到抑制，处理效果受到影响。因此，为保证生化处理的基本正常运行，生物接触氧化池的进水水温宜控制在 10～35℃。

（3）BOD 负荷

BOD 负荷是单位容积的填料在单位时间内供给生物膜的有机物数量，与被处理水的污染物质有关，也与处理出水的水质有密切关系，如表 1-7-16 和表 1-7-17 所示。易生化降解的污水，例如城镇污水、酵母废水等，BOD 负荷较高；而可生化性较低的废水，例如印染废水，BOD 负荷较低。在一定范围内 BOD 容积负荷愈高，出水 BOD 愈高；BOD 容积负荷愈低，出水 BOD 愈低。

表 1-7-16　国内外生物接触氧化法处理的 BOD 负荷值

污水类型	BOD 负荷/[kg/(m³·d)]	资料来源	污水类型	BOD 负荷/[kg/(m³·d)]	资料来源
城市污水二级处理	1.2～2.0	国外	酵母废水	6.0～8.0	国内
城市污水三级处理	0.12～0.18	国外	农药废水	2.0～2.5	国内
城市污水二级处理	3.0～4.0	国内	涤纶废水	1.5～2.0	国内
印染废水	1.0～2.0	国内	有机溶剂废水	1.8～2.2	国内

表 1-7-17　BOD 负荷同处理出水水质关系

污水类型	处理出水 BOD/(mg/L)	BOD 负荷/[kg/(m³·d)]	资料来源
城市污水二级处理	30	0.8	国外
城市污水三级处理	10	0.2	国外
城市污水处理	30	5.0	国内
城市污水处理	10	2.0	国内
印染废水	20	1.0	国内
印染废水	50	2.5	国内
黏胶废水	10	1.5	国内
黏胶废水	20	3.0	国内

在设计时，对于可生化性较高的有机污水，如城镇污水、食品工业废水，有机负荷宜取 1.0～1.8kg BOD/(m³·d)；对于可生化性较差的废水，如印染废水，有机负荷取 0.8～1.2kg BOD/(m³·d) 更为稳妥；对于可生化性较好的有机浓度较高的工业废水，如石化工业废水、农药废水等，有机负荷宜取 1.0～2.0kg BOD/(m³·d)。

（4）接触停留时间

接触停留时间同处理效果有很大关系。在相同的进水水质条件下，接触停留时间越长，则处理出水的 BOD 值越低，处理效果也就越好；接触停留时间越短，处理出水的 BOD 值越高，处理效果也就越不好。接触停留时间还与采用的处理工艺流程有关。在原水水质和处理出水都相同的条件下，一段法同多段法相比，所需要的接触停留时间（t）是不同的。印染废水 $t=4.5\sim6h$；屠宰废水 $t=4\sim6h$。

（5）供气量

生物接触氧化法中，生物膜消耗溶解氧的总量一般为 $1\sim3mg/L$，视 BOD 负荷而异。为使表面层的好氧菌维持良好的生物相，通过填料后的溶解氧应是 $2\sim3mg/L$，因此废水在进入氧化池填料之前的溶解氧为 $4\sim6mg/L$。

在生物接触氧化处理废水时，往往是根据实验结果以水气比确定供气量。水气比为处理水量和供气量之比。对比如下：城镇污水 $1:(3\sim5)$，一般工业废水 $1:(15\sim20)$，高浓度生产废水 $1:(20\sim25)$。

（二）计算公式

（1）氧化池的有效容积

$$V=\frac{Q(L_a-L_t)}{M} \tag{1-7-34}$$

式中，V 为氧化池有效容积，m^3；Q 为平均日污水量；m^3/d；L_a 为进水 BOD 浓度，mg/L；L_t 为出水 BOD 浓度，mg/L；M 为容积负荷，$g BOD/(m^3\cdot d)$。

（2）氧化池总面积

$$F=\frac{V}{H} \tag{1-7-35}$$

式中，F 为氧化池总面积，m^2；H 为滤料层总高度，m，一般 $H=3m$。

（3）氧化池格数

$$n=\frac{F}{f} \tag{1-7-36}$$

式中，n 为氧化池格数，个，$n\geq2$ 个；f 为每格氧化池面积，m^2，$f\leq25m^2$。

（4）校核接触时间

$$t=\frac{nfH}{Q}\times24 \tag{1-7-37}$$

式中，t 为氧化池有效接触时间，h。

（5）氧化池总高度

$$H_0=H+h_1+h_2+(m-1)h_3+h_4 \tag{1-7-38}$$

式中，H_0 为氧化池总高度，m；h_1 为超高，m，$h_1=0.5\sim0.6m$；h_2 为填料上水深，m，$h_2=0.4\sim0.5m$；h_3 为填料层间隙高，m，$h_3=0.2\sim0.3m$；h_4 为配水区高度，m，当采用多孔管曝气时，不进入检修者 $h_4=0.5m$，进入检修者 $h_4=1.5m$；m 为填料层数。

（6）需气量

$$D=D_0Q \tag{1-7-39}$$

式中，D 为需气量，m^3/d；D_0 为 $1m^3$ 污水需气量，m^3/m^3。

（三）设计计算实例

【例 1-7-2】 已知某居民区污水量 $Q=2500m^3/d$，污水 BOD 浓度 $L_a=100\sim150mg/L$，

拟采用生物接触氧化法处理，出水 BOD 浓度 $L_t \leqslant 20$mg/L。试设计生物接触氧化池。

解： 已知 $Q = 2500$m³/d，$L_a = 150$mg/L，$L_t = 20$mg/L，取容积负荷 $M = 1500$g/(m³·d)，接触时间 $t = 2$h，则接触氧化池容积：

$$V = \frac{Q(L_a - L_t)}{M} = \frac{2500 \times (150 - 20)}{1500} = 216.7 \ (\text{m}^3)$$

取接触氧化填料层总高度 $H = 3$m，则接触氧化池总面积：

$$F = \frac{V}{H} = \frac{216.7}{3} = 72.2 \ (\text{m}^2)$$

取接触氧化池格数 $n = 8$ 个，则每格接触氧化池面积：

$$f = \frac{F}{n} = \frac{72.2}{8} = 9 \ (\text{m}^2)$$

每格接触氧化池尺寸为 3m×3m。校核接触时间：

$$t = \frac{nfH}{Q} \times 24 = \frac{8 \times 9 \times 3}{2500} \times 24 = 2.1 \ (\text{h}) \ (\text{合格})$$

取 $h_1 = 0.6$m，$h_2 = 0.5$m，$h_3 = 0.3$m，$h_4 = 1.5$m，填料层数 $m = 3$ 层，则接触氧化池总高度：

$$H_0 = H + h_1 + h_2 + (m-1)h_3 + h_4 = 3 + 0.6 + 0.5 + (3-1) \times 0.3 + 1.5 = 6.2 \ (\text{m})$$

污水在池内的实际停留时间：$t' = \dfrac{nf(H_0 - h_1)}{Q} \times 24 = \dfrac{8 \times 9 \times (6.2 - 0.6)}{2500} \times 24 = 3.87 \ (\text{h})$

选用 $\phi25$mm 的玻璃钢蜂窝填料，则填料总体积：

$$V' = nfH = 8 \times 9 \times 3 = 216 \ (\text{m}^3)$$

采用多孔管鼓风曝气供氧，取气水比 $D_0 = 15$m³/m³，则所需总空气量：

$$D = D_0 Q = 15 \times 2500 = 37500 \ (\text{m}^3/\text{d})$$

每格需气量：

$$D_1 = \frac{D_0}{n} = \frac{37500}{8} = 4687.5 \ (\text{m}^3/\text{d})$$

【例 1-7-3】 设计某城市的污水生物接触氧化处理装置。已知设计规模为 10000m³/d，原水水质：pH 值 6.5～7.5，BOD（L_a）80～140mg/L，COD 200～350mg/L，悬浮物 150～300mg/L。处理出水水质：pH 值为 6～9，BOD（L_t）30mg/L，COD 120mg/L，悬浮物 40mg/L。

解：（1）选择工艺

设计依据设计流量 $Q = 10000$m³/d，采用二段法处理工艺。氧化池为顺流式，外循环型，底部进水、进气，上部出水。中间沉淀和二次沉淀均采用接触沉淀池，处理流程如图 1-7-23 所示。

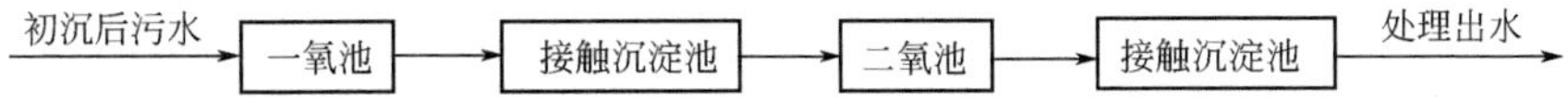

图 1-7-23　城镇污水接触氧化法处理设计流程

根据实验资料，氧化池总接触停留时间 t 取 0.75h，其中一氧池接触停留时间 t_1 为 0.5h，二氧池 t_2 为 0.25h。气水比 R 正常运行时为 5:1（一氧池 3:1，二氧池 2:1），单池反冲时（5～6）:1，（一氧池 6:1，二氧池 5:1）。BOD 去除率 E_1 按 85% 计，BOD 容积负荷为 4.0kg BOD/(m³·d)，COD 去除率 E_2 按 65% 计。

（2）接触氧化池计算

① 一氧池尺寸。设两座，每池设计流量 $q = 210$m³/h，长方形，钢筋混凝土结构。采用

蜂窝孔径 25mm 的玻璃钢蜂窝填料,填料层总高度 H 为 3.0m,分三层放置,层间空隙 h_3 为 0.25m。每池所需填料容积 $V_1 = 1.1 \times 210 \times 0.5 = 115.5$ (m³),取 116m³。式中 1.1 是池子的结构系数。

每池所需表面积 F_1 为:

$$F_1 = \frac{V_1}{H} = \frac{116}{3.0} \approx 38.7 (\text{m}^2) (取 40\text{m}^2)$$

平面尺寸取 5.0m×8.0m。

超高 $h_1 = 0.6$m;填料上水深 $h_2 = 0.4$m;考虑到安装和构造要求,设底部配水区高度 $h_4 = 0.9$m。则氧化法总高度:

$$H_0 = H + h_1 + h_2 + (m-1)h_3 + h_4 = 3.0 + 0.6 + 0.4 + (3-1) \times 0.25 + 0.9 = 5.4 \text{ (m)}$$

② 二氧池尺寸。同上计算得:

每池所需填料容积 $V_2 = 57.8$m³,取 58m³。

每池所需表面积 $F_2 = 19.3$m²,取 20m²。

平面尺寸 4.0m×5.0m。

氧化池总高度 $H_0 = 5.40$m。

③ 校核 BOD 负荷。BOD 容积负荷为:

$$I = \frac{QL_a}{2 \times (V_1 + V_2) \times 1000} = \frac{10000 \times 140}{2 \times (116 + 58) \times 1000} = 4.02 [\text{kg/(m}^3 \cdot \text{d)}] (符合要求)$$

BOD 去除负荷为:

$$I' = \frac{Q(L_a - L_t)}{2 \times (V_1 + V_2) \times 1000} = \frac{10000 \times (140 - 30)}{2 \times (116 + 58) \times 1000} = 3.16 [\text{kg/(m}^3 \cdot \text{d)}]$$

④ 布水和出水方式。沿池长方向,在池底设置 D_g 250mm 布水管一根,布水管上设两个布水喇叭口。采用溢流孔出水,在池宽方向的一侧设 5 个 200mm×500mm 溢流窗口,孔中心距为 1.0m。

⑤ 供气系统。采用在填料下直接曝气方式,曝气充氧的扩散装置采用多孔管。一氧池每池 10 根,管中心距 0.8m,设在氧化池水面以下 4.2m 处,距池底 0.6m。孔径 $\phi 5.0$mm,孔距 50mm,管两侧交错排列。二氧池每池 6 根,管中心距 0.8m,其余同一氧池。

空气干管流速 v_1 取 10m/s,支管流速 v_2 取 5m/s,孔口流速 v_s 取 8m/s。

a. 所需空气量

$$Q_s = R \times 2q = 5 \times 2 \times 210 = 2100 \text{ (m}^3/\text{h)}$$

其中,一氧池每池所需空气量

$$Q_{1s} = R_1 q = 3 \times 210 = 630 \text{ (m}^3/\text{h)}$$

每根支管空气量

$$q_{1s} = \frac{Q_{1s}}{n} = \frac{630}{10} = 63 \text{ (m}^3/\text{h)}$$

反冲时每池空气量 $Q'_{1s} = 6 \times 210 = 1260$ (m³/h),每根支管空气量

$$q'_{1s} = \frac{Q'_{1s}}{n} = \frac{1260}{10} = 126 \text{ (m}^3/\text{h)}$$

同理,求得二氧池所需空气量,即

$$Q_{2s} = R_{2q} = 2 \times 210 = 420 \text{ (m}^3/\text{h)}$$

$$q_{2s} = 70\text{m}^3/\text{h}$$

$$Q'_{2s} = 5 \times 210 = 1050 \text{ （m}^3/\text{h）}$$

$$q'_{2s} = 175 \text{m}^3/\text{h}$$

b. 空气管管径。根据 Q_{1s}、q_{1s} 和 v_1、v_2，分别求得一氧池空气干管管径为 150mm，支管管径为 70mm。同理，二氧池空气干管管径为 150mm，支管管径为 70mm。

c. 供气压力。设空气管沿程阻力损失 $h_1 = 80$mm 水柱（1mm 水柱 = 9.80665Pa，下同），空气管局部阻力损失 $h_2 = 50$mm 水柱，穿孔管中心以上的水深 $h_3 = 4200$mm 水柱，穿孔管孔口出流阻力损失 $h_4 = 5$mm 水柱，则所需供气压力为：

$$h = h_1 + h_2 + h_3 + h_4 = 80 + 50 + 4200 + 5 = 4335 \text{ （mm 水柱）}$$

d. 选择鼓风机。按 Q_s、h 选择鼓风机三台，2 台工作，1 台备用。一氧池和二氧池轮流反冲。每台 $Q = 20\text{m}^3/\text{min} = 1200\text{m}^3/\text{h}$，$h = 5000$mm 水柱，$N = 30$kW。

e. 校核曝气强度。一氧池：

$$F_{1w} = \frac{Q_{1s}}{F_1} = \frac{630}{40} = 15.8 \text{ [m}^3/(\text{m}^2 \cdot \text{h})] \text{ （符合）}$$

二氧池：

$$F_{2w} = \frac{Q_{2s}}{F_2} = \frac{420}{20} = 21.0 \text{ [m}^3/(\text{m}^2 \cdot \text{h})] \text{（符合）}$$

（3）接触沉淀池计算

采用表面水力负荷 $f = 6\text{m}^3/(\text{m}^2 \cdot \text{h})$，即上升流速 $v = 6$m/h。总停留时间 0.6h，其中中间沉淀池为 0.35h，二次沉淀池为 0.25h。

① 中间沉淀池。设两座，每池 $q = 210\text{m}^3/\text{h}$。方形，钢筋混凝土结构。池内设接触过滤层，总厚 500mm。其中，自下而上为：15～25mm 砾石层，厚 120mm；10～15mm 砾石层，厚 100mm；5～10mm 砾石层，厚 100mm；3～5mm 砾石层，厚 90mm；2～3mm 粗砂层，厚 90mm。每池所需表面积 F 为：

$$F = \frac{q}{f} = \frac{210}{6} = 35 \text{ （m}^2）$$

平面尺寸取 6.0m×6.0m。有效水深 H_1 为：

$$H_1 = vt = 6 \times 0.35 = 2.1 \text{ （m）}$$

底部稳定层 $H_2 = 0.4$m，上部保护高度 $H_3 = 0.3$m。设泥斗倾角为 50°，池底集泥坑尺寸为 0.4m×0.4m，则泥斗深度 H_4 为：

$$H_4 = \frac{6.0 - 0.4}{2} \times \tan 50° \approx 3.3 \text{ （m）}$$

池总深

$$H = H_1 + H_2 + H_3 + H_4 = 2.1 + 0.4 + 0.3 + 3.3 = 6.1 \text{ （m）}$$

② 二次沉淀池。同上计算。设两座，每池所需表面积 $F = 35\text{m}^2$。平面尺寸取 6.0m×6.0m。有效水深 H_1 为：

$$H_1 = vt = 6 \times 0.25 = 1.5 \text{ （m）}$$

底部稳定层 $H_2 = 0.4$m，上部保护高度 $H_3 = 0.3$m，泥斗深度 $H_4 = 3.3$m。池总深

$$H = H_1 + H_2 + H_3 + H_4 = 1.5 + 0.4 + 0.3 + 3.3 = 5.5 \text{ （m）}$$

③ 布水和出水方式。采用在池的一侧进水廊道布水，廊道宽度 $B = 0.6$m。池的上部设两道锯齿堰集水槽出水，槽宽 $b = 0.25$m。

④ 空气反冲洗系统。采用鼓风机供气反冲洗接触滤料层。由于反冲周期较长（2～3d 一次），而反冲历时又较短（每次 10～20min），供气设备可同氧化池合用，不另单设。空气

反冲洗强度为 $70m^3/(m^2 \cdot h)$ 时，时间为 1min；空气反冲强度为 $25m^3/(m^2 \cdot h)$ 时，时间为 15~20min。

同氧化池供气系统相同计算方法得出：空气干管管径为 200mm；空气支管管径为 70mm。

每池穿孔布气管 10 根，间距 0.6m，孔径 $\phi5mm$，孔距 50mm，斜向下 45°开孔，管两侧交错排列。

第四节 生物流化床

一、原理和功能

流化床反应器是利用流态化的概念进行传质或传热操作的一类反应器。流化床从开发至今只有几十年的历史，最初主要用于化工合成和石化行业，后来由于此类反应器在许多方面所表现出来的独特优势，使它的应用范围逐渐拓展到煤的燃烧、金属的提炼、空气的净化等诸多领域。

生物流化床处理污水的研究和应用始于 20 世纪 70 年代初的美国，当时作为固定床生物膜法的生物滤池已得到较为普遍的应用。固定床操作存在着容易堵塞的弊病，因此要求选用大粒径的滤料，然而大粒滤料却限制了微生物附着生长的比表面积，降低了反应器内的生物量，从而影响处理效率。能否在解决堵塞问题的同时又能保证高的处理效率成为人们所关心的课题。正是在这样的背景下提出了将固定床改变为流化床的设想。

另一方面，在 20 世纪 70 年代的美国，为了控制水体富营养化，从污水中脱氮成为迫切的要求，如果仅仅基于原有的活性污泥工艺，用单纯延长停留时间的办法使生化反应达到硝化阶段，这在投资和运转费用两方面均不能令人满意。在这种情况下人们开发了硝化和反硝化两段生物流化床，停留时间短，且可处理含高悬浮物浓度的污水。

1970—1973 年，美国环境保护署（EPA）在俄亥俄州的一个中试处理厂对生物流化床工艺进行了较为详细和全面的研究。这是将生物流化床作为好氧二级处理工艺的最早的应用研究之一。EPA 的工作使生物流化床的许多优点被人们所认识。20 世纪 70 年代中后期以后，用生物流化床处理城镇污水和工业废水在工程上得到推广。

国内对生物流化床的研究和应用始于 20 世纪 70 年代末。初期的研究侧重于探索操作方式、载体特性、充氧方法、生物膜控制和更新等，以求明了净化规律和解决实际问题，在此基础上推荐设计参数。进入 20 世纪 80~90 年代后，国内已建成了不少中小型的生物流化床装置并投入生产，其中除了处理生活污水以外，也包括对印染、炼油、皮革等一些工业废水的处理。

生物流化床处理废水的基本思想是：在反应器中装入粒径较小、密度大于水的载体颗粒，通过废水以一定的流速自下而上的流动使载体层流化，废水中的有机污染物通过与载体表面生长的生物膜相接触而达到去除的目的。

生物流化床是生物膜法的一种。在原理上，它是通过载体表面的生物膜发挥去除作用，但从反应器形式上看，它又有别于生物转盘、生物滤池等其他生物膜法。在生物流化床中，生物膜随载体颗粒在水中呈悬浮态，加之反应器中同时存在或多或少的游离生物膜和菌胶团，因此它同时具备悬浮生长法（活性污泥法）的一些特征。从本质上讲，生物流化床是一类既有固定生长法特征又有悬浮生长法特征的反应器，这使得它在微生物浓度、传质条件、生化反应速率等方面有一些优点。

① 生物流化床中小粒径的载体提供了微生物附栖生长的巨大比表面积，使反应器内能

维持高的微生物浓度（可达 40～50g/L），因而提高了反应器的容积负荷［可达 3～6kg/（m³·d）甚至更高］。

② 流态化的操作方式创造了反应器内良好的传质条件，无论是氧还是基质的传递速率均明显提高。对于像食品、酿造这类可生化性较好的工业废水，生化反应的速率较快，因此生物流化床在传质上的优势更能明显体现。

③ 较高的生物量和良好的传质条件使生物流化床可以在维持处理效果的同时减小反应器容积，节省投资，且占地面积小。

④ 与活性污泥法相比，生物流化床具有较强的抵抗冲击负荷的能力，不存在污泥膨胀问题。

⑤ 生物流化床反应器中为了阻止载体流失，一般在反应器顶设置沉淀区，在沉淀区同时可将脱落的生物膜分离出来。在负荷不高、对出水悬浮物浓度无特殊要求时可以省去二沉池，剩余污泥通过脱膜设备排出系统，这就简化了流程。

尽管生物流化床具有上述的诸多优点，而且近 30 年来其应用范围和规模都日益扩展，但是其普及程度始终远不及活性污泥法、生物接触氧化法，也不及生物滤池。原因是多方面的，但其中最主要的一点是由于流态化本身的特点，使生物流化床反应器的设计和运转管理对技术的要求较高。几十年来，流态化技术尽管取得了很大的进展，但直到今天，人们对流化现象内部规律的了解仍然相当粗浅，以至于大量工程的设计还是主要依靠经验判断。如果将新近投产的流化床反应器与早年开发的反应器对比，人们很难找出本质的技术革新，这说明几十年间虽然已经积累了大量研究和应用的数据，却很少体现在流化床的设计中。

对于一些应用较为普遍的生化处理方法，如活性污泥法和生物接触氧化法，仅仅依靠有机负荷、污泥浓度、污泥龄等传统参数便可以对系统进行合理的描述并进行系统的设计，应用的风险也较小。而生物流化床反应器则不然，系统的行为除了与上述传统参数密切相关以外，床层的膨胀行为、载体颗粒的特性、反应器中流体力学的特性等流态化参数对反应器的设计和运行的影响巨大，而且直到今天，仍旧没有形成一套科学的、实用的、完整的理论对这些参数之间的内在关系进行描述。因此在大多数有必要应用生物流化床的场合，除非设计者拥有相当的研究和设计经验，否则风险较大。这也就是限制生物流化床普及的主要原因。

在投资和运转费用方面，根据国外的比较，生物流化床的投资及占地面积分别仅相当于传统活性污泥曝气池的 70% 和 50%，但运转费用却相对较高，这主要缘于载体流化的动力消耗。为节省能量，有人倾向于使用低密度的载体，但低密度的载体使过程控制更加困难，载体极易流失，而且降低了传质性能。

（一）生物流化床的定义和床层特性

1. 流化床的定义

若流体自下而上通过颗粒固定床层，其初期压降将随流速的增大而增大，且压降与流速呈线性关系。当流速增大到某一数值，此时压力降低的数值等于颗粒床层的浮重时，床中颗粒便由静止开始向上运动，床层也由固定床开始膨胀；若流速继续增大，则床层进一步膨胀，直到颗粒之间互不接触，悬浮在流体中，这一状态叫初始流态化。达到初始流态化以后，如再继续增大流速，床层会进一步膨胀，但压降却不再增大。初始流态化状态对应的流速叫临界流化速度（u_{mf}）。

在图 1-7-24 所示的关系曲线中，（a）为理想状态，（b）的曲线由于颗粒间相互粘连而发生偏差，这种情况在生物流化床停止运行又重新启动时十分明显。图 1-7-24（b）中还可看到，当颗粒大小不一时，床层由固定转向流态的过程是逐渐过渡的，因而难以准确确定临界状态。此外，当有气体引入两相床（好氧床底部曝气或厌氧床内产生沼气）而使床层成为三

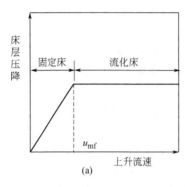
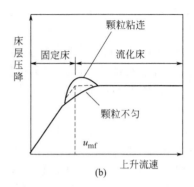

图 1-7-24　床层压降与上升流速的关系

相床时，临界状态将变得更为模糊。这些原因使实验确定 u_{mf} 变得困难，所以通过计算确定 u_{mf} 就显得颇有意义。

临界流化速度 u_{mf} 是指示固定床与流化床之中间状态的关键参数，它实际上是使颗粒流化的最小流化流速。在生物流化床的设计中 u_{mf} 是一个重要的校核参数，必须保证设计时所选择的流体上升流速大于 u_{mf}。对于 u_{mf} 的计算，目前已有多种方法适用于不同的场合。

在达到初始流态化以后床层开始流化，此时随着流速的增大，颗粒间的平均距离也增大，即床层的空隙率增大，当空隙率增大到一定数值时，颗粒会随着流体从反应器中流失，此时的流体流速称为冲出速度。显然，在生物流化床的操作过程中，流体流速应介于临界流化速度和冲出速度之间。床层中流体流速与空隙率之间是密切相关的，二者之间的关系描述了床层的膨胀行为，这是进行生物流化床设计的基础。

2. 两相床的床层特性

液固两相流化床膨胀特性通常用 Richardson-Zaki 方程描述：

$$\varepsilon^n = \frac{u_1}{u_i} \tag{1-7-40}$$

式中，ε 为床层空隙率，ε＝（床层体积－固相颗粒真体积）/床层体积；u_1 为液相表观流速，cm/s，u_1＝液体体积流量/床层截面积；u_i 为 ε＝1 时的 u_1，cm/s；n 为系数，由颗粒特性决定，u_i 一定时为一常数。

式（1-7-40）只是一个经验关联式，至今仍没有为这一方程找到理论依据，但多年的应用证实，用这一方程描述两相流化床的行为是十分准确的。若以 $\ln\varepsilon$ 对 $\ln u_1$ 作直线，线性相关系数能达到 0.99 以上，因此这一方程一直是流化床反应器设计的基础关联式。

式（1-7-40）中的 u_i 是一个反映固相颗粒特性的参数，它近似等于颗粒在液相中的静置沉降终速度（u_t），但略受颗粒直径与反应器直径之比（d/D）的影响，在应用中一般忽略这一影响。将式（1-7-40）写成：

$$\varepsilon^n = \frac{u_1}{u_t} \tag{1-7-41}$$

式中，n 值与颗粒沉降雷诺数 Re_t 有关，Re_t 的值一般在 1～200 之间，这时：

$$n = (4.4 + 1.8d/D)Re_t^{-0.1} \tag{1-7-42}$$

而 Re_t 由下式给出：

$$Re_t = \frac{u_t d\rho_1}{\mu} \tag{1-7-43}$$

式中，ρ_1 为液相密度，g/cm^3；μ 为液相绝对黏度，g/(cm·s)。

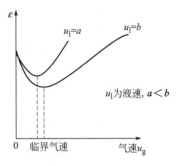

必须注意，在生物流化床中颗粒直径（d）是指包括了生物膜载体（称为生物颗粒，下同）的直径，下文中用 d_p 表示生物颗粒的直径，而用 d_s 表示载体本身的直径。

3. 三相床的床层特性

在三相生物流化床中，由于气体的加入，其膨胀特性要比两相床复杂得多。生物流化床中的颗粒一般属于小颗粒的范畴，小颗粒三相流化床表现出均匀膨胀的特性，即开始向液固床中引入气体时，发生的不是床层膨胀而是收缩，在达到某一临界气速之前，增加气速会继续发生床层收缩，且液速越大收缩程度也越大。在到达临界点以后，再增加气速则床层开始膨胀（见图 1-7-25）。

图 1-7-25 三相生物流化床中气速与空隙率的关系

对于三相生物流化床床层膨胀的经验关联式，目前还没有成熟的方程可供利用。原因是除了表观液速、表观气速、生物颗粒特性等基本参数以外，其他众多因素如反应器规模、曝气方式、气泡大小、颗粒分级等均对膨胀特性有较大影响。在某些特定条件下所得到的膨胀关联式不具备普遍性。

（二）载体与生物膜

1. 载体的选择

选择合适的载体对生物流化床运转的成败及处理效果的优劣起着关键作用。载体选择时应考虑诸多因素。

（1）粒径和级配

一般认为粒径小的载体有较大的优越性。一方面它提供了供微生物生长的较大比表面积，有利于维持反应器内的高生物量；另一方面，小粒载体所要求的较低上升流速，可降低运转的动力消耗。但是粒径也不能太小，否则使操作条件难以控制，生物颗粒易被水流冲出床外，造成载体流失；另外载体粒径太小易于在床内聚集成团，影响颗粒分散性。根据经验，建议采用的载体粒径为 0.3～1.0mm。

关于粒径的另一个重要方面是粒径分配。如粒径差别过大，将难以寻求到合适的上升流速以保持良好的混合条件。为使床内生物量的分布趋于合理，最理想的情况是采用大小完全一致的载体。因为这时床底部废水中有机物浓度较高，生物膜较厚，使生物颗粒比床层上部更轻，易于上浮；反之床层上部的生物颗粒由于养料的减少，膜的脱落使其变重而有下沉的趋势。一沉一浮的结果可使床内始终维持良好的混合接触条件。但是在实际中，载体颗粒本身难以做到完全均匀，加之生物膜的生长对载体颗粒的影响，因此生物流化床中总是存在分级的趋势。对液固两相生物流化床，当密度相同的两种载体直径之比大于 1.3，或临界流化速度之比大于 2.0 时，在操作时两种颗粒将会完全分开，形成两个单独的床层，称为完全分级。在三相生物流化床中，气体的引入既可以有助于混合也可有助于分级，但是在液速保持不变时，气速越大越有利于混合。鉴于这些原因，在选择载体时，粒径分配越均匀越好，最大直径与最小直径之比以不大于 2 为宜。

由于粒径分配直接影响床层膨胀、微生物在床内分布以及相间传质，因而对反应器的操作十分重要。生物颗粒间良好的轴向混合有利于维持床层的均匀，使生物颗粒处于循环运动中，以保证处理效果。

（2）形状

几乎所有的生物流化床的方程式都假设载体颗粒为球形，但实际情况却并非如此。载体的形状直接与空隙率有关，因而影响床层的膨胀。其次，形状不同的颗粒，沉降速度也有区别，而且颗粒的形状影响生物膜在其表面的分布。在设计时，如采用 Richardson-Zaki 方程这类膨胀关联式，一般要求载体尽量接近球形。此外载体表面应有足够的粗糙度，以利于生物膜附着。

（3）密度

密度的重要性源于 3 个方面：

① 载体密度影响床层水力特征，使用轻质载体将较难控制适宜的水力条件，使其在床内均匀分布又不致被水流带走；

② 载体密度影响操作中的动力消耗，重质载体初始流化速度大，能耗高；

③ 载体密度影响相间传质，密度大的载体传质阻力小，载体表面生长了生物膜以后，密度将发生变化，变化的大小与膜厚有关，设计时必须考虑这一因素。

（4）强度

在生物流化床中，由于流体的冲刷、载体之间以及载体与反应器壁的碰撞，要求载体有较高的强度，否则随着运转时间的增加，将有大量颗粒被粉碎，降低使用寿命。

选择合适的生物流化床载体，历来是设计的一个重要方面，目前所使用的载体有天然和人造两种。用得较多的天然载体有石英砂、无烟煤、沸石等。天然载体取用方便，价格合理，但是在许多方面难以让使用者满意，因此人们开发了形形色色的人工载体，它们在生物流化床处理废水中占有重要地位。

2. 生物膜

当载体的密度和粒径确定以后，载体表面生物膜厚度决定了生物颗粒在水中的沉降特性，从而决定了床层的膨胀高度；另一方面，当载体的粒径和数量确定以后，生物膜的厚度决定了反应器中微生物浓度，从而决定了处理效率。因此，生物膜厚度是联系生物流化床流体力学特性和生化反应动力学特性的关键参数。在设计中，当已知废水的水质水量时，需要确定一个合适的生物膜厚度，使其能满足处理效率上的要求，由此再确定床层的膨胀高度。

载体表面生长的生物膜一般由两部分组成：靠近载体表面的部分称为非活性生物层，这部分微生物由于难以获得食料，活性差，基本不参与生化反应；包裹于非活性层外面的叫活性生物层，有机污染物的去除主要依靠这一层中的微生物。当生物膜厚度较小时，所有生物膜都具有活性，这时生物膜量的增加，自然会使处理效率增加。当膜厚增大到某一临界值时，尽管生物膜的总量仍在增加，但活性会降低很快，处理效率反而会下降。这一膜厚临界值通常称为最佳膜厚。由此可见，生物膜厚不是越大越好。在两相生物流化床中，一般通过专门的脱膜设备来控制膜厚。由于膜厚决定了床层的膨胀高度，在实际运行中，控制床高就达到了控制膜厚的目的。在三相床中，由于反应器内气泡的搅动，水力紊动剧烈，生物膜表面更新快，一般不需要脱膜设备，而是在反应器顶部设置沉淀区以去除剩余污泥。根据研究和应用的经验，两相床中最佳膜厚以 $100\sim200\mu m$ 为宜。

研究表明，与普通活性污泥法相比，生物流化床的容积负荷与微生物浓度均有较大提高，但换算成污泥负荷以后却未见明显增加。这说明，生物流化床中单位生物量分解有机物的能力并没有明显提高。可以说，生物流化床处理废水的高效性主要是由于反应器内具有较高的微生物浓度所致，而流态化操作方式所创造的良好传质效果则是维持反应器内较高生化反应速率的必要条件。

（三）生物流化床反应器的不同类型及操作方式

根据生化反应类型的不同，生物流化床可分为好氧床和厌氧床。好氧床根据流体性质的区别又可分为两相床和三相床。在两相床中，氧气通过预曝气溶解于废水中，反应器内进行液固两相反应；而在三相床中，气体以气泡的形式存在，反应器内的传质过程除了基质在液-固之间的传递以外，也包括氧气在气-液-固三相之间的传递。

对于好氧生物流化床，近年来用得较普遍的是三相床，这主要是因为三相床的传质条件好，氧利用率高，而且设备和流程相对简单。但两相床也有其优势，两相床中流体更容易均匀分布，所以反应器可以做成较大的规模；另外由于床内水力条件平稳，载体挂膜容易，生物浓度较高。在有条件使用纯氧曝气时两相床则更能体现出优越性。

根据反应器形式的区别，生物流化床可分为传统生物流化床和内循环生物流化床（见图1-7-26）。内循环生物流化床是近年在传统生物流化床的基础上发展起来的一项革新技术，目前应用渐趋广泛，在国内已有多套生产装置在运转中，处理废水的种类涉及化工、染料、油脂等。

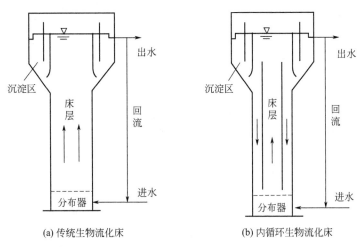

(a) 传统生物流化床　　　　　　　　(b) 内循环生物流化床

图 1-7-26　传统生物流化床和内循环生物流化床

内循环生物流化床通过在床层内区别升流区和降流区，利用两个区域之间的密度差，推动流体带动载体的循环流动，是一种改进的生物流化床。这种反应器的优点是混合传质条件好，不易发生载体分层现象；对流体分布器的要求相对低，易于做到流体均匀分布；此外，通过实现床层内部循环，生物颗粒易于与水分离，载体不易流失。

二、设备和装置

（一）流体分布器

生物流化床的流体力学、床层结构、传质与生化反应等各方面的关系十分复杂，而且小规模的装置与大型工业装置在流动体系上相差很大。迄今为止，对于发生在大型流化床中的流态化行为仍不甚明了，因此生物流化床由实验向生产的放大过程是一个困难的过程。

通常，不同直径的流化床内部流化特性的差异，主要是由流体分布均匀性的差异引起的。小直径的流化床很容易做到布水均匀，大规模的反应器则不然。由于流体分布均匀性与床层直径密切相关，人们通常利用较大的床高与直径之比（H/D）以达到均匀布水，这在一定程度上的确是一种有效的方法。然而 H/D 值受场地和工程条件的限制不可能无限制增大，因此根本的办法是使用效果良好的分布器。分布器的好坏是生物流化床运转成败的关键。

良好的分布器一般应满足下列条件：初始运转时使载体均匀膨胀，反应器暂停运转后重新启动容易；使流体在床层各断面上均匀分布，床内各流线的流速和阻力损失尽量相等；运转稳定可靠，不致造成堵塞现象；能适应大型流化床流体分布的需要。

早期的生物流化床多采用小阻力的多孔板分布器［图1-7-27（a）］，它通过减小分布器的水力阻抗而使孔眼处的压力近似相等。为达到这一目的，必须使进水的流速很小，即在反应器底部布置较大的进水空间。这种分布器结构简单，布水水头小，适用于小规模的生物流化床。当床层截面积增大时，它很难满足要求。此外，平稳的水力条件容易使孔眼处堵塞。

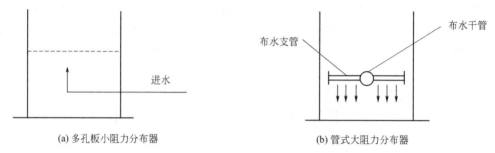

（a）多孔板小阻力分布器　　　　（b）管式大阻力分布器

图1-7-27　常用的小阻力和大阻力分布器

管式大阻力分布器是目前在生物流化床中应用最多的分布器［图1-7-27（b）］，它通过加大孔眼处的水力阻抗，从而得到相对均匀的配水。孔眼处水力阻抗的加大是通过提高孔眼处水流速度来达到的（孔眼流速一般为5～6m/s）。管式大阻力分布器与快滤池穿孔管配水系统十分类似，有关它的设计计算也已有一套完整成熟的理论。

管式大阻力分布器孔眼处的强烈紊动有效地防止了堵塞，同时也可以满足大直径流化床布水的需要。它的缺点是阻力损失大、能耗高，而且分布器周围的载体由于强烈的紊动难以挂膜。为解决挂膜问题，同时阻止停运时载体反流入布水管道，可以在布水管的上方加砾石垫层，或用出流短管代替孔眼。值得强调的是，管式大阻力分布器中的孔眼或短管必须是竖直向下的。

随着生物流化床技术的发展，用喷嘴作为布水方式的分布器的应用逐渐广泛。采用这种分布器时一般将反应器底部做成锥形，用喷嘴竖直向下喷射废水（图1-7-28）。为保证均匀流化，消除死区，锥体顶角不应大于30°。设计喷嘴分布器的关键参数是喷出速度，一般取值为2～4m/s，在这个速度下的最大流化直径为1m。对于大直径的反应器，应将分布器作成图1-7-28(b)的形式，用多喷嘴布水。

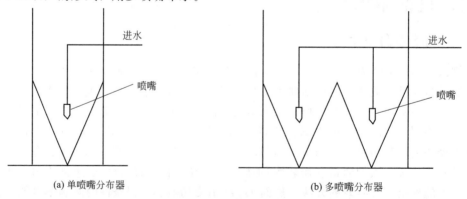

（a）单喷嘴分布器　　　　　　　（b）多喷嘴分布器

图1-7-28　喷嘴分布器

分布器的设计作为生物流化床的关键技术，一直为人们所关注。近年来国内外出现过多种多样的新型分布器，适用于不同的场合。现在人们倾向于在传统形式的基础上通过一些巧妙的改进以获得好的效果。

（二）反应器沉淀区及三相分离器

在生物流化床中，为了在处理出水排出之前将生物颗粒与水分离，有时也为了去除水中的游离菌胶团或脱落的生物膜并排除剩余污泥，需要在反应器顶部设置沉淀区。对于三相床，除了实现液固两相分离之外，还应能将气泡从水中分离，一般称这种沉淀区为三相分离器。

反应器的沉淀区根据工艺要求的不同可设计成不同的形式，取用不同的参数。当流化床有后续的二沉池，因而无须从反应器中排出剩余污泥时，沉淀区的目的仅仅是分离生物颗粒和废水，防止载体流失，这时应选择适当的表面负荷，既能有效分离生物颗粒又不至于使脱落的生物膜在反应器中积累。对石英砂载体负荷以 $4\sim5\mathrm{m}^3/(\mathrm{m}^2\cdot\mathrm{h})$ 为宜，沉淀区形式如图 1-7-29(a) 所示。

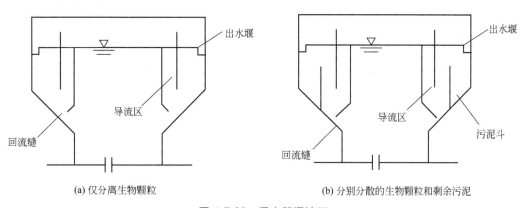

(a) 仅分离生物颗粒　　　　　　　　　　(b) 分别分散的生物颗粒和剩余污泥

图 1-7-29　反应器沉淀区

如果对流化床出水的悬浮物含量有较高要求，而且后续流程中不设二沉池，此时沉淀区应能将生物颗粒和脱落的生物膜分别分离，沉淀区总的表面水力负荷以 $1\sim1.5\mathrm{m}^3/(\mathrm{m}^2\cdot\mathrm{h})$ 为宜，沉淀区可做成图 1-7-29(b) 的形式。

三、设计计算

1. 选择载体种类，确定载体参数

对于石英砂、活性炭这类近似球形的载体，平均粒径 d_s 以 0.3~1.0mm 为宜，最大与最小粒径之比不应大于 2。对于形状各异的人工载体，其流化特性应根据试验定出。

2. 生物膜厚度及生物颗粒

取生物膜厚度 $\delta=0.10\sim0.20\mathrm{mm}$。生物膜厚度的取值与进水 BOD 有关，对与生活污水性质相近的工业废水，δ 取 0.10~0.12mm。生物颗粒的粒径和密度计算如下：

$$d_p=d_s+2\delta \tag{1-7-44}$$

$$\rho_p=\frac{\rho_s d_s^3+(d_p^3-d_s^3)\rho_f}{d_p^3} \tag{1-7-45}$$

式中，ρ_s、ρ_f、ρ_p 分别为载体、湿生物膜、生物颗粒的密度，g/cm³，ρ_f 取 1.02~1.04g/cm³；d_p 为生物颗粒平均粒径，mm。

3. 生物颗粒的沉降特性

生物颗粒的静置沉降终速度（cm/s）为：

$$u_t = \sqrt{\frac{40(\rho_p - \rho_l)g d_p}{3\rho_l C}} \tag{1-7-46}$$

式中，ρ_l 为废水密度，g/cm³；g 为重力加速度，9.8m/s²；C 为系数，由下式给出：

$$C = \frac{24}{Re_t} + \frac{3}{Re_t} + 0.34 \tag{1-7-47}$$

式中，Re_t 为生物颗粒静置沉降的雷诺数，由下式给出：

$$Re_t = \frac{u_t d_p \rho_l}{\mu} \times 0.1 \tag{1-7-48}$$

式中，μ 为废水绝对黏度，g/(cm·s)。

通过对上式进行计算，可确定 u_t、C 和 Re_t。

4. 床层的膨胀行为

首先由下式计算 Richardson-Zaki 常数（忽略反应器壁的影响）：

$$n = 4.4 Re_t^{-0.1} \tag{1-7-49}$$

再确定床层的临界流化速度：

$$u_{mf} = u_t \varepsilon_{mf}^n \tag{1-7-50}$$

式中，ε_{mf} 为临界空隙率，对近似球形的载体可取 $\varepsilon_{mf} = 0.4$。

取废水在床内的上升流速 $u_1 = 1.5 \sim 2.5 u_{mf}$，则由下式可得到床层空隙率：

$$\varepsilon_{mf} = \left(\frac{u_1}{u_t}\right)^{\frac{1}{n}} \tag{1-7-51}$$

5. 反应器的有效容积

反应器中所需装填的载体多少由参数 M_s 给定，M_s 为载体的总质量（kg）。选取 M_s 以后载体的真体积 V_s（m³）为：

$$V_s = \frac{M_s}{\rho_s} \times 10^{-3} \tag{1-7-52}$$

床层的体积，即反应器的有效容积 V（m³）由下式确定：

$$V = \frac{(d_p/d_s)^3 V_s}{1-\varepsilon} \tag{1-7-53}$$

6. 核算污泥负荷

$$F_s = \frac{(S_i - S_e)Q}{\left[\left(\dfrac{d_p}{d_s}\right)^3 - 1\right]\rho_f V_s(1-P) \times 10^6} \tag{1-7-54}$$

式中，S_i 为进水有机物浓度，mg/L；S_e 为出水有机物浓度，mg/L；Q 为废水流量，m³/d；P 为生物膜含水率，一般取 $P = 95\%$；F_s 为污泥负荷，kg/(kg·d)，F_s 应在 0.1~0.3kg/(kg·d) 的范围内，如核算得到的 F_s 过大，应调整 M_s 的取值，使 F_s 满足要求。

7. 反应器尺寸

一般生物流化床中单凭废水的流量不足以使载体流化，因此应将部分出水回流至反应器入口。取回流比 $R=100\%\sim200\%$，则床层截面积：

$$A=\frac{Q(1+R)}{864u_1} \tag{1-7-55}$$

式中，$R=Q_r/Q$，Q_r 为回流水量（m^3/d）。床层高由下式计算：

$$H=\frac{V}{A} \tag{1-7-56}$$

如果得到的床层高 H 及截面积 A 使 H/D 比例不当，则可相应调整 R 值。另外 R 值的大小有时应考虑进水的稀释、充氧等因素。

8. 进行流体分布器、沉淀区等设施的设计

上述设计方法仅适用于两相生物流化床。对三相床的情形，生物膜的厚度考虑水力紊动原因应取得小一些，而且作为设计核心的 Richardson-Zaki 方程，应根据所用气量的大小作相应的修正。

第五节 曝气生物滤池

一、原理和功能

（一）基本原理

曝气生物滤池（biological aerated filter，BAF）是一项构造新颖的废水生物处理技术。BAF 是生物膜法技术深入发展的结果，可将它称为第三代生物膜法技术。BAF 在开发过程中，充分借鉴了废水处理接触氧化和给水快滤池的设计思路，集曝气、高滤速、截留悬浮物、定期反冲洗等特点于一体。BAF 不仅具有生物膜工艺技术的优点，同时也起到了有效的空间过滤作用，兼有活性污泥法和生物膜法两者优点，并将生化反应与过滤两种处理过程合并在同一构筑物中完成。

1. 原理与特征

曝气生物滤池内填装有一定量粒径较小、表面积大的颗粒滤料，滤料表面及滤料内部微孔生长有生物膜。工作过程原理如下：

① 生物氧化降解，滤池内部曝气，污水流经时，利用滤料上高浓度生物量的强氧化降解能力对污水进行快速净化；

② 截留，污水流经时，利用滤料粒径较小的特点及生物膜的生物絮凝作用，截留污水中的大量悬浮物，且保证脱落的生物膜不会随水漂出；

③ 反冲洗，当滤池运行一段时间后，因水头损失增大，需对其进行反冲洗，以释放截留的悬浮物并更新生物膜，使滤池的处理性能得到恢复。

2. 结构、分类及工作过程

（1）基本构成

无论何种类型的 BAF，通常由以下几部分构成：滤池池体、滤料层、承托层、布水系统、布气系统、反冲洗系统、出水系统、管道和自控系统。如图 1-7-30 所示。

① 滤池池体　滤池池体的作用是容纳被处理水量和围挡滤料，并承托滤料和曝气装置的重量。平面形状可采用正方形、矩形或圆形。处理水量小且单座时，可采用圆形钢结构；处理水量大、池体数量多且考虑共壁时，采用矩形钢筋混凝土结构较经济。

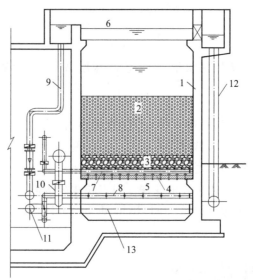

图 1-7-30　BAF 基本构造

1—滤池池体；2—滤料层；3—承托层；4—滤板滤头；5—配水区；6—配水（收水）堰；

7—曝气管；8—反冲洗空气管；9—过滤进水管；10—过滤出水管；11—反冲洗进水管；

12—反冲洗排水管；13—反冲洗配水管（过滤出水收水管）

② 滤料层　滤料层是 BAF 的核心组成部分，滤料的作用是作为微生物的载体，供微生物附着生长。BAF 生物降解性能的优劣，很大程度上取决于滤料的特性。目前，国内 BAF 常用滤料为生物陶粒滤料、火山岩滤料等无机滤料。

③ 承托层　承托层主要是为了支撑滤料，防止滤料流失和堵塞滤头，同时还可保持反冲洗稳定进行。为保证承托层的稳定，并对配水的均匀性起充分作用，其材质应具有良好的机械强度和化学稳定性，形状尽量接近圆形，工程中一般选用鹅卵石作为承托层，并按一定级配布置。

④ 布水系统　BAF 的布水系统主要包括滤池底部的配水区和滤板上的配水滤头。对于升流式 BAF，因待处理水与反冲洗水均由 BAF 底部进入，布水系统的功能是在滤池正常运行和反冲洗时，使过滤进水和反冲洗水在整个滤池截面上均匀分布。对于降流式 BAF 而言，布水系统的功能是用作滤池反冲洗布水和收集过滤出水。在气水联合反冲洗时，配水区还起到均匀配气的作用。

除上述采用滤板和配水滤头的配水方式外，小型 BAF 通常采用穿孔布水管配水（管式大阻力配水方式）。

⑤ 布气系统　曝气生物滤池内的布气系统包括正常运行时曝气所需的曝气系统和反冲洗供气系统两部分。曝气生物滤池宜分别设置反冲洗供气和曝气充氧系统。曝气装置可采用单孔膜空气扩散器或穿孔管曝气器。曝气器可设在承托层或滤料层中。

BAF 运行过程中，曝气不仅提供微生物所需的溶解氧，还起到了对滤料层的扰动，促进微生物膜的脱落和更新，防止滤料堵塞，有利于污水中有机物和微生物代谢产物的扩散传递。同时对于升流式 BAF 来说，由于空气的携带作用，使进水中的 SS 被带入滤床深处，对 SS 的截留起到了生物过滤作用。

⑥ 反冲洗系统　反冲洗的目的是去除生物滤池运行过程中截留的各种颗粒及胶体污染物以及老化脱落的微生物膜。反冲洗过程主要是从水力效果考虑的，既要恢复过滤能力，又要保证填料表面仍附着有足够的生物体，使滤池满足下一周期净化处理要求。曝气生物滤池

采用气水联合反冲洗，按水洗—气洗—气水联合（或仅气洗）—水洗的顺序进行反冲洗，通过滤板及固定其上的配水长柄滤头实现。

⑦ 出水系统　由出水堰和出水管道构成。升流式 BAF 由顶部出水，一般为堰口收水，可采用周边出水和单侧堰出水等。降流式 BAF 由于是底部出水，正常过滤时，是通过反冲洗配水管收水，并排出 BAF。

⑧ 管道和自控系统　一般 BAF 有过滤进水、过滤出水、曝气、反冲洗进水、反冲洗排水、反冲洗空气 6 套管路，每个运行周期需在过滤和反冲洗间切换。对于小水量的工业废水处理，滤池分格较少（$n \leqslant 3$），控制相对简单，尚可采用手动控制。而对于污水处理规模较大的，如城镇污水处理厂，一般由若干组滤池模块拼装而成，而且在运行中还要根据需要进行若干组滤池之间的切换，则必须在管路上设置电动或气动阀门，由 PLC 自控系统来完成对滤池的运行控制。因此自控系统已成为 BAF 工艺的一个重要组成部分。

（2）分类

BAF 属于淹没式附着生长工艺形式，按水流方向可分为升流式 BAF 和降流式 BAF。按滤料的相对密度，又可分为小于 1（或接近 1）和大于 1 两种情况。滤料相对密度小于 1（或接近 1）的，如聚丙烯塑料、聚苯乙烯塑料等；滤料相对密度大于 1 的，如陶粒、石英砂、无烟煤等。

（3）工作过程

BAF 为周期运行，从开始过滤到反冲洗完毕为一个完整的周期。

① 降流式 BAF 工作过程（图 1-7-31）　经过预处理的污水从滤池顶部进入，在滤池底部进行曝气，气水逆向。在反应器中，有机物被微生物氧化分解、NH_4^+-N 被氧化成 NO_3^--N，或者由于生物膜处于缺氧/厌氧状态而发生反硝化反应。

随着过滤的进行，由于填料表面新产生的生物量越来越多，截留的 SS 不断增加，在开始阶段水头损失增加缓慢，当固体物质积累到一定程度，堵塞滤层的上表面，并且阻止气泡的释放，将会导致水头损失很快达到极限水头损失，此时应立即进入反冲洗，以去除滤床内过量的生物膜及 SS，恢复处理能力。

反冲洗采用气水联合反冲，反冲洗水为滤池出水，反冲洗空气来自底部单独的反冲气管。反冲时，关闭进水和曝气。反洗时滤层有轻微的膨胀，在气水对填料的流体冲刷和填料间相互摩擦下，老化的生物膜和被截留的 SS 与填料分离，冲洗下来的生物膜及 SS 被冲出滤池，反冲洗污泥回流至预处理部分。由于正常过滤和反冲时水流方向相反，使填料层顶部的高浓度污泥不经过整个滤床，而是以最快的速度离开滤池，这对保证滤池的出水有利。

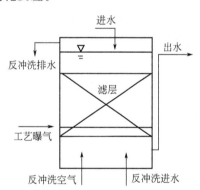

图 1-7-31　降流式 BAF 示意（BIOCARBONE，滤料相对密度＜1 或＞1）

② 轻质滤料、升流式 BAF 工作过程［图 1-7-32（a）］　经过预处理的污水和工艺曝气均从滤池底部进入，气水同向。滤板和滤头位于滤料层上，运行中漂浮的填料被顶部滤板拦挡，并随废水向上流升而被压缩形成过滤的作用。水头损失的增长与运行时间成正相关，随着过滤的进行，剩余生物质及截留的悬浮物过多时，水头损失剧增，当水头损失达到极限水头损失时，应及时进入反冲洗以恢复滤池处理能力。反冲洗水为滤池顶部出水区的滤池出水，通过重力，自上而下进行反冲，反冲洗排水从滤池底部污泥区排出。反冲洗期间，处理过的循环水以很高的速率向下流过填料，结果引起原先已被压缩的填料向下膨胀，固体存留

在反应器的较下部分，填料上产出的剩余生物体被冲洗至反冲洗水的集水池中。正常的反冲洗程序由反复淋洗（水冲洗）和空气冲洗几个阶段组成，一般采用四次水冲洗和三次气冲洗，然后再进行新一轮的运行。

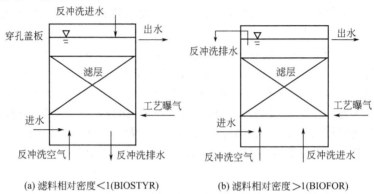

(a) 滤料相对密度＜1(BIOSTYR)　　　　　(b) 滤料相对密度＞1(BIOFOR)

图 1-7-32　升流式 BAF 示意

③ 重质滤料、升流式 BAF 工作原理［图 1-7-32(b)］　经过预处理的污水和工艺曝气均从滤池底部进入，气水同向。随着过滤的进行，上流式 BAF 水头损失的增长与运行时间成正相关。当水头损失达到极限水头损失时，应及时进入反冲洗以恢复滤池处理能力。反冲洗水自池底进入，与反冲气同向，反冲洗排水从滤池顶部排出。

3. BAF 滤料

滤料作为曝气生物滤池的核心组成部分，影响着曝气生物滤池的发展。BAF 性能的优劣很大程度上取决于滤料的特性，滤料的研究和开发在 BAF 工艺中至关重要。

作为微生物载体的滤料对水处理效果的影响主要反映在载体的性质上，包括载体的比表面积的大小、粒径的大小、表面亲水性及表面电荷、表面粗糙度、载体的密度、堆积密度、孔隙率、强度等。因此滤料的选择不仅决定了可供生物膜生长的比表面积的大小和生物膜量的多少，而且还影响着反应器中的水力学状态。在正常生长环境下，微生物表面带有负电荷，如果滤料表面带正电荷，这将使微生物在滤料表面附着、固定过程更易进行。滤料表面的粗糙度有利于细菌在其表面附着、固定，粗糙的表面增加了细菌与滤料间的有效接触面积，比表面积形成的孔洞、裂缝等对已附着的细菌起到屏蔽保护，使其免受水力剪切的冲刷作用。因此作为生物膜载体，滤料的各种特性决定了 BAF 反应器能否高效运行，能否在水处理中得到更广泛的推广与应用。

目前，BAF 所用的滤料，根据其采用原料的不同，可分为无机滤料和有机高分子滤料，常见的无机滤料有陶粒、焦炭、石英砂、活性炭、膨胀硅铝酸盐等，有机高分子滤料有聚苯乙烯、聚氯乙烯、聚丙烯等。有机高分子滤料与微生物间的相容性较差，所以挂膜时生物量少，易脱落，处理效果并不总是很理想，且价格昂贵。对天然无机滤料的开发是国内外滤料研究的重点。石英砂由于密度大，比表面积小，孔隙率小，当污水流经滤层时阻力很大，生物量少，因此滤池负荷不高，水头损失大，现在应用的不多。轻质陶粒滤料比表面积及孔隙率大、生物量大，因此滤池负荷较大、水头损失较小、取材方便、价格低廉，国内对其研究及应用较多。

滤料对曝气生物滤池效能的影响主要有以下几个方面，即滤料的类型、滤料的粒径以及滤料层高度。

（1）滤料的类型

曝气生物滤池对滤料有如下要求：

① 表面粗糙。表面粗糙的滤料为微生物提供了理想的生长、繁殖场所。

② 密度适中。密度太大不利于反冲洗的进行；密度太小则在反冲洗时容易跑料。

③ 有一定的强度，耐摩擦。

④ 无毒、化学性质稳定。

（2）滤料的粒径

滤料粒径对曝气生物滤池的处理效能和运行周期都有重要影响，滤料粒径越小，处理效果越好；但滤料粒径较小，滤池越容易堵塞，运行周期相对较短，反冲洗频繁，且不易发挥滤料层深处的作用，因此曝气生物滤池选用滤料需要同时考虑滤池的处理效能和运行周期，根据滤池进水水质和处理要求进行优化选择。

（3）滤料层高度

滤层高度与出水水质有关，在一定范围内，增加滤层高度可提高滤池的处理效果，保证出水水质，但同时增加的污水提升扬程和反冲洗强度将导致能耗升高。

4. BAF 对污染物的去除作用

曝气生物滤池对污染物的去除作用有以下几方面。

① 吸附作用　曝气生物滤池载体为多孔、大表面积材质，发生的吸附过程以物理吸附为主。滤料本身的孔隙结构以及其表面产生的一些不饱和键、孤对电子及自由基，对水中的污染物有着吸附作用。

② 截留作用　待处理的水流经滤料层时，滤料呈压实状态，利用滤料粒径较小的特点以及生物膜的截留作用，通过物理过滤，截留废水中的悬浮物质。

③ 生物氧化降解过程　曝气生物滤池内放置着直径只有几个毫米的多孔滤料，滤料作为生物群落的附着和繁殖介质，通过配气系统向生物群落供气，微生物依靠水中的有机物以及空气生长繁殖。废水在垂直方向上由下向上通过滤料层时，利用滤料表面的生物膜的氧化降解能力对废水进行快速净化。主要发生的生物化学反应为有机物氧化分解、硝化、反硝化。

④ 生物分级捕食过程　生物分级捕食指曝气生物滤池各个层面生活着不同的微生物及原后生动物，其间存在着相互吞噬的现象，为生物分级捕食过程。

5. 曝气生物滤池工艺特点

① 气液在滤料间隙充分接触，由于气、液、固三相接触，氧的转移率高，动力消耗低。

② 具有截留原废水中悬浮物与脱落的生物膜的功能，因此，无需设沉淀池，占地面积少。

③ 以 3～5mm 的小颗粒作为滤料，比表面积大，微生物附着力强。

④ 池内能够保持大量的生物量，再由于截留作用，废水处理效果良好。

⑤ 无需污泥回流，也无污泥膨胀之虑，如反冲洗全部自动化，则维护管理也非常方便。

⑥ 过滤速度快，处理负荷大大高于常规污泥处理工艺。

⑦ 抗冲击能力强，受气候、水质和水量变化影响较小，能够适应北方寒冷天气地区，并可间歇运行。

6. 曝气生物滤池构造特点

① 滤池易于规范化设计，工程结构紧凑。因此占地面积小，通常为常规处理工艺占地面积的 1/5～1/10，厂区布置紧凑美观。

② 可建成封闭式厂房，以减少臭气、噪声对周围环境的影响，视觉感官效果好。

③ 自动化程度高，运行管理方便，便于维护。

④ 全部模块化结构，便于进行后期的改扩建。

7. BAF 的不足

① 污泥量相对较大，污泥稳定性较差 对好氧生物处理来讲，负荷越高，单位体积处理能力越强，产生的生物体越多，再加上滤池中截留的大量 SS，因而增加了污泥的产量。当然，减少反冲洗水量会降低污泥体积，这也就提出了在保证反冲效果的前提下，如何提高反冲效率的问题。滤床中截留的 SS 有许多属于可生物降解的，但在过滤运行后期，由于来不及被降解而经反冲洗转化为反冲洗污泥，成为降低污泥稳定性的因素之一。

② 增加日常药剂费用 为了使滤池能以较长的周期运行，减少反冲次数，降低能耗，须对滤池进水进行预处理以降低进水中的 SS，尤其是滤池用于二级处理的情况下，往往须投加药剂才能达到这一要求。药剂的使用不仅仅增加运行费用，许多药剂还将降低进水的碱度，进而影响硝化，当然，BAF 用于三级处理时，由于滤池进水来自二级处理的沉淀池，所以这一矛盾并不突出。目前，水处理工作者正在从事如何利用自控系统有效控制加药量的研究。

（二）国外典型的 BAF 类型

1. BIOCARBONE 型 BAF

BIOCARBONE 是最早期的 BAF 形式，20 世纪 80 年代由法国 OTV 公司开发。该工艺为降流式 BAF，水流上进下出，气水逆向，主要用于有机物的降解和氨氮的去除。最初的装置中使用的填料是活性炭，但是现行设计中使用的是粒径为 3～5mm、相对密度大于 1 的经烧结的黏土材料。其工艺如图 1-7-33 所示。

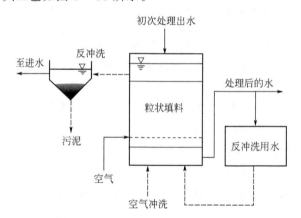

图 1-7-33　BIOCARBONE 工艺示意

一般每天反冲洗一次，或当水头损失增高到约 1.8m 时进行反冲洗。设计时必须同时考虑有机负荷和水力负荷，为防止水头损失过高，推荐水力负荷在 2.4～4.8m³/(m² · h) 范围内。BIOCARBONE 工艺已经在单独去除 BOD、去除 BOD 和硝化相结合及三级硝化等用途上应用。表 1-7-18 列举了 BIOCARBONE 的典型设计负荷。

表 1-7-18　好氧的 BIOCARBONE 工艺典型设计负荷

用　途	负荷范围
去除 BOD/[kg BOD/(m³ · d)]	3.5～4.5
去除 BOD 和硝化相结合/[kg BOD/(m³ · d)]	2.0～2.75
三级硝化/[kg N/(m³ · d)]	1.2～1.5

在去除 BOD 和硝化相结合的系统中，硝化速率约为 0.45kg N/(m³ · d)。为了有效地硝化，建议溶解氧浓度在较高的 3～5mg/L 范围内。作单独去除 BOD 用途时，出水的 BOD 和 TSS 一般

低于 10mg/L；而作为硝化用途时，出水的 NH_4^+-N 浓度可在 1~4mg/L 间变化。

BIOCARBONE 型 BAF 的有机负荷与硝化率关系的研究表明，增加滤池的有机负荷，硝化率下降。这是由于异养菌与硝化菌竞争生长繁殖而产生抑制作用。研究结果表明，当有机负荷小于 4.0kg COD/(m^3 · d)、氮负荷小于 0.6kg N/(m^3 · d) 时，硝化率大于 90%；当有机负荷为 5.0~7.0kg COD/(m^3 · d) 或 2.0~3.3kg BOD_5/(m^3 · d)、氮负荷为 0.5~0.7kg N/(m^3 · d) 时，硝化率为 50%~70%。这时出水 NH_4^+-N≤15mg/L、BOD_5≤20mg/L、SS≤20mg/L，若对出水要求不十分严格，也可满足排放标准。

2. BIOSTYR 型 BAF

BIOSTYR 型 BAF 是法国 OTV 公司开发的一种带回流的曝气生物滤池。BIOSTYR 工艺属于升流式 BAF，水流下进上出，气水同向。该工艺采用粒径为 2~4mm（比表面积为 1000m^2/m^3）密度小于水的聚苯乙烯小珠作填料（Biostyrene）。填料的装填孔隙度约为 40%，形成约 400m^2/m^3 的有效面积供生物膜生长。填料高度为 1.5~3.0m。BIOSTYR 可分为 3 类：

① 在填料床的中间层供气，作为缺氧和好氧的填料床运行（需要将硝化出水循环回流），是 C/N 型 BAF；

② 在填料床底部供气，完全好氧运行，是 C 型 BAF；

③ 不进行曝气，整个滤层属缺氧层，是 N 型 BAF。当然，以上 BIOSTYR C/N 型、C 型及 N 型 BAF 都能同时去除 SS。BIOSTYR 工艺与 BIOCARBONE 工艺对比如图 1-7-34 所示。

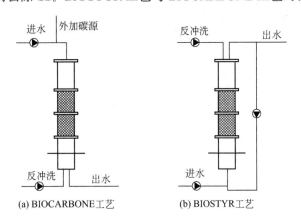

图 1-7-34　BIOCARBONE 和 BIOSTYR 工艺简图对比

（1）BIOSTYR 型 BAF 的构造

BIOSTYR 型 BAF 结构如图 1-7-35、图 1-7-36 所示，滤池底部设有进水和排泥管，中上部是填料层，填料顶部装有滤板，防止悬浮填料的流失。滤板上均匀安装有出水滤头。滤板上部空间用作反冲洗水的储水区，其高度根据反冲洗水头而定，该区内设有回流泵用以将滤池出水泵至配水廊道，继而回流到滤池底部实现反硝化。填料层底部与滤池底部的空间留作反冲洗再生时填料膨胀之用。滤池供气系统分两套管路，置于填料层内的空气管用于工艺曝气，并将填料层分为上下两个区：上部为好氧区；下部为缺氧区。根据不同的原水水质、处理目的和要求，填料层的高度可以变化，好氧区、厌氧区所占比例也可有所不同。滤池底部的空气管路是反冲洗空气管。

（2）BIOSTYR 型 BAF 的工作过程

反应器为周期运行，从开始过滤至反冲洗完毕为一完整周期，具体过程如下：经预处理的污水（主要是去除 SS 以避免滤池频繁反冲洗）与经过硝化后的滤池出水按照回流比混合

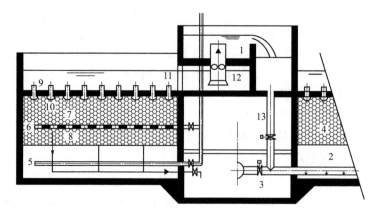

图 1-7-35 用于硝化-反硝化的 BIOSTYR 滤池结构示意

1—配水廊道；2—滤池进水和排泥；3—反冲洗循环闸门；4—填料；5—反冲洗气管；
6—工艺空气管；7—好氧区；8—缺氧区；9—挡板；10—出水滤头；
11—处理后水的储存和排出；12—回流泵；13—进水管

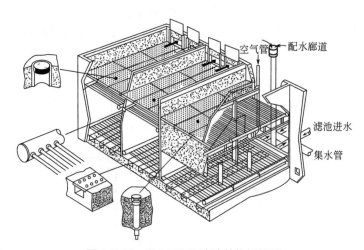

图 1-7-36 BIOSTYR 滤池结构透视图

后通过滤池进水管进入滤池底部，并向上首先流经填料层的缺氧区。此时反冲洗空气管处于关闭状态。缺氧区内，一方面，反硝化细菌利用进水中的有机物作为碳源将滤池进水中的 NO_3^--N 转化为 N_2，实现反硝化脱氮；另一方面，填料上的微生物利用进水中的溶解氧和反硝化过程中生成的氧降解 BOD，同时，SS 也通过一系列复杂的物化过程被填料及其上面的生物膜吸附截留在滤床内。经过缺氧处理的污水流经填料层内的曝气管后即进入了好氧区，并与空气泡均匀混合继续向上流经填料层。水气上升过程中，该区填料上的微生物利用气泡中转移到水中的溶解氧进一步降解 BOD，滤床继续去除 SS，污水中的 NH_4^+-N 被转化为 NO_3^--N，发生硝化反应。

流出填料层的净化后废水通过滤池挡板上的出水滤头排出滤池，出路分为：

① 排至处理系统外；

② 按回流比例与原污水混合进入滤池实现反硝化；

③ 用作反冲洗水（在多个滤池并联运行的情况下，当某一个滤池反冲洗时，反冲洗水由其他工作着的滤池出水共同提供）。

反冲洗采用气水交替反冲，反冲洗水即为贮存在滤池顶部的达标排放水，反冲洗所需空气来自滤池底部的反冲洗气管。反冲再生过程如下：

① 关闭进水和工艺空气；

② 水单独冲洗；

③ 空气单独冲洗，继而②、③步骤交替进行并重复几次；

④ 最后用水漂洗一次。

反冲洗水自上而下，填料层受下向水流作用发生膨胀，填料层在单独水冲或气冲过程中，不断膨胀和被压缩，同时，在水、气对填料的流体冲刷和填料颗粒间互相摩擦的双重作用下，生物膜、被截留吸附的 SS 与填料分离，冲洗下来的生物膜及 SS 在漂洗中被冲出滤池。反冲洗污泥回流至滤池预处理部分的沉淀系统。再生后的滤池进入下一周期运行。由于正常过滤与反冲时水流方向相反，填料层底部的高浓度污泥不经过整个滤床，而是以最快的速度通过池底排泥管离开滤池。

（3）BIOSTYR 型 BAF 的工艺特点

① 采用新型滤料。由于 Biostyrene 滤料为轻质滤料，不同于其他密度大于 $1.0g/cm^3$ 的滤料，废水流经滤床的方向使滤层不断压缩，而不像其他的无混凝土板的滤床，滤料在水流的作用下会使滤料呈不同程度的流化或膨胀状态，故它强化了 SS 的截留作用，降低出水 SS 的含量。盖板上装置滤头，使净化水能流出，滤头可定期拆洗或更换。

② 滤床定期逆向反冲洗可去除过剩生物膜和 SS，而不需要通过整个滤床，向下的水冲洗可在最短路程内把截留物冲出滤床，且在截留物重力落下的方向。

③ 滤池处理负荷高、出水水质优、性能稳定。废水先流经缺氧区，不但提供反硝化所需的碳源，还有部分 BOD 被异养微生物降解，降低了进入曝气区的污染负荷，达到了好氧区内降低曝气量，为硝化创造条件的目的。硝化过程得益于生物膜法的特点，摆脱了因硝化细菌世代期长而造成的泥龄限制。填料对水流的阻力，保障了水流的均匀分布，创造了滤池内半推流的水力条件以及较好的传质条件。水气平行向上流动，促进了气水的均匀混合，避免了气泡的聚合，有利于降低能耗，提高氧转移效率。

④ 滤池运行过程中，原污水以及反冲洗污泥从不暴露于外部，所以本工艺在处理系统外观、减少不良气味等环境方面有着好的表现。

（4）BIOSTYR 型 BAF 的优点

① 在顶部出水，滤料质轻能悬漂，综合具有降流式 BAF 与升流式 BAF 的优点。它不需要单独的反冲洗水及反冲洗水泵，滤池出水的水头可满足滤池反冲洗之需，故可减少设施，节省能耗。滤头仅供出水用，不易堵塞，检修、更换简易。

② 曝气管布置在滤池中间，使滤池上部形成好氧区，下部形成厌氧区，出水回流，可在同一滤池内完成硝化、反硝化，从而节省占地和投资。

③ 滤床的滤料具有过滤功能，故不需要设置最终泥水分离。

④ 滤头布置在滤池顶部，与处理水接触不易堵塞，便于更换。

⑤ 比降流式 BAF 反冲洗容易，可减少滤床堵塞。

⑥ 滤料质轻，可减轻滤床结构承担的负荷。

⑦ 可建于封闭式厂房内，减少臭气、噪声和对周围环境的影响，景观效果好。

⑧ BAF 可采用模块化结构，运行管理简便，便于维护，便于后期改扩建。

（5）BIOSTYR 型 BAF 的技术参数

BIOSTYR 工艺已经用于单独去除 BOD、去除 BOD 和硝化相结合、三级硝化和后脱氮。表 1-7-19 列出了 BIOSTYR 工艺各类处理允许的典型负荷，有机负荷范围与 BIOCAR-BONE、BIOFOR 的相同。

表 1-7-19　BIOSTYR 工艺的典型设计负荷

用　途	设计负荷
只去除 BOD/[kg COD/(m³·d)]	8～10
去除 BOD 和硝化相结合/[kg COD/(m³·d)]	4～5
三级硝化/[kg N/(m³·d)]	1.0～1.7

3. BIOFOR 型 BAF

BIOFOR（biological filtration oxygenated reactor）由法国得利满（Degremont）集团开发，它是一种升流式 BAF，其工艺示意见图 1-7-37。

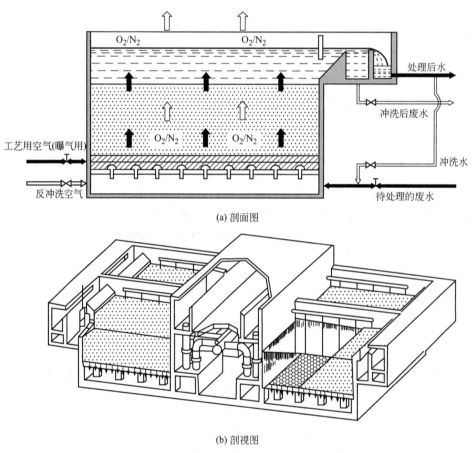

(a) 剖面图

(b) 剖视图

图 1-7-37　BIOFOR 型 BAF 示意

BIOFOR 工艺的水气流向与 BIOSTYR 工艺相同，水流下进上出，气水同向。和 BIO-STYR 工艺不同的是采用相对密度大于 1 的滤料自然堆积，无回流，其余的结构、运行方式、功能等方面与 BIOSTYR 相似。BIOFOR 典型床高层高为 3m，但已经应用的装置床高 2～4m。其填料（名为 BIOLITE）是一种膨胀黏土，密度大于 1.0g/cm³，粒径范围 2～4mm。进水口的喷嘴将入流的废水向上分布通过填料床，曝气装置（名为 Oxazur 空气扩散器）向整个填料床供气。反冲洗一般每天进行一次，为了使填料床膨胀，反冲洗水的冲洗速率为 10～30m/h。为了防止进水口喷嘴堵塞，废水需要细筛选。表 1-7-20 所列为推荐的 BIOFOR 工艺负荷。有研究表明，BIOFOR 工艺和 BIOCARBONE 工艺去除 COD 的处理性能相同，其处理效果为水力负荷和 COD 负荷的函数。

表 1-7-20 推荐的 BIOFOR 工艺负荷范围

参数	去除 COD	三级硝化	参数	去除 COD	三级硝化
填料的装填孔隙度/%		约 40	氮负荷/[kg N/(m³·d)]		1.5~1.8
COD 负荷/[kg COD/(m³·d)]	10~12		水力投加率/[m³/(m²·h)]	5.0~6.0	10~12

（1）BIOFOR 型 BAF 的种类

BIOFOR 型 BAF 按其功能可分为 7 类。

① BIOFOR-C 用以去除废水中的 SS、BOD_5 及 COD。

② BIOFOR-C/N 用以去除废水中的 SS、BOD_5、COD，并对 NH_4^+-N 进行硝化。

③ BIOFOR-C/AOX 用以去除废水中的 SS、BOD_5、COD 及 AOX（adsorbable organic halogens，可吸附的有机卤化物）。

④ BIOFOR-N 主要对废水中的 NH_4^+-N 进行硝化，同时去除一些 SS、BOD_5、COD。

⑤ BIOFOR-N/P 主要对废水中的 NH_4^+-N 进行硝化和生物除磷，同时去除一些 SS、BOD_5、COD。

⑥ BIOFOR-DN 主要进行反硝化，同时去除一些 SS、BOD_5、COD。

⑦ BIOFOR-DN/P 主要对废水中的 NO_3^--N 进行反硝化和生物除磷，同时去除一些 SS、BOD_5、COD。

（2）BIOFOR 型 BAF 的优点

① 气、水中滤床内平行流动，使得气、水能够充分高效地均分，从而防止了气泡凝结造成的短路或死角，提高供氧效率。

② 与下向流过滤相反，上向流过滤持续在整个滤池高度上，从而提供了正压条件，可避免产生沟流。

③ 在滤层内形成半推流或推流状态，因此在提高滤速或提高负荷条件下，仍能保证滤池的持久稳定性与高净化效率。

④ 空气将废水中的固体物质带入滤床，这样既可使滤层内生物量快速增殖，又可提高过滤效率，延长反冲洗前的持续运行时间。

⑤ 反应器的高度可达 4m，因而占地较少，也便于现有污水处理厂进行技术改造。

⑥ 可和其他传统工艺组合使用，发挥各自功能，提高净化能力。

（3）BIOFOR 型 BAF 的技术参数（见表 1-7-21）

表 1-7-21 BIOFOR 型 BAF 的技术参数

工艺性能参数		数据	工艺性能参数		数据
滤池滤速/(m/h)		2~11	脱氮/[kg/(m³·d)]	10℃	2.5
空气速度/(m/h)		4~15		20℃	6
固体负荷能力/(kg/m³)		4~7	氧转换/(g O₂/m³)		60~100
去除 BOD 负荷/[kg/(m³·d)]		6	氧效率/%		20~33
去除 COD 负荷/[kg/(m³·d)]		12	冲洗水/%		3~8
氮化/[kg/(m³·d)]	10℃	1	污泥产量/[kg/kg BOD(去除)]		0.75
	20℃	1.5			

得利满公司对 BIOFOR 进行了升级改造，创造了 BIOFOR-plus 系列，可分为 5 类，其基本构造如图 1-7-38 所示。

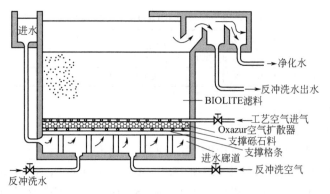

图 1-7-38 BIOFOR-plus（BIOFOR$^+$）构造示意

二、工艺单元和工艺流程

根据使用范围的不同，BAF 可以分别应用于二级处理、三级处理以及微污染水的净化处理。而根据处理目的的不同，又分为以去除 BOD 为主的碳氧化 BAF，以除氨氮为主的硝化 BAF，除 BOD、氨氮功能兼有的碳氧化/硝化 BAF 和用于脱氮的反硝化单元。也可根据该工艺的运行特性、处理领域的不同，采取适当的组合形式，通过多个BAF 的串联，完成碳化、硝化、反硝化、除磷等工作。目前，曝气生物滤池已经从单一工艺逐渐发展成为系列综合工艺。曝气生物滤池已被广泛地应用于城市污水、中水、工业废水、深度处理等。

（一）工艺单元

将单个曝气生物滤池看作是一种处理工艺单元，可按滤池功能划分为单纯的碳氧化BAF（简称 BAF-C）、硝化 BAF（简称 BAF-N）、碳氧化/硝化 BAF（简称 BAF-C/N）、反硝化滤池（简称 BAF-DN）等。

1. 碳氧化 BAF

碳氧化 BAF 是在单一 BAF 内主要完成有机物的去除。

2. 硝化 BAF

硝化 BAF 是在单一 BAF 内主要完成氨氮的硝化。污水进入硝化 BAF 前，应进行必要的预处理，降低污水中的有机物，以减少异养菌对硝化菌的抑制作用。

3. 碳氧化/硝化 BAF

碳氧化/硝化 BAF 是在单一 BAF 内去除污水中含碳有机物并完成氨氮的硝化。由于去除有机物依靠异养菌，而进行硝化反应的硝化菌为自养菌，异养菌繁殖速度较快，在反应过程中会优先利用氧，而抑制自养菌的繁殖。有研究表明，当有机负荷稍高于 3.0kg BOD$_5$/（m^3·d）时，氨氮的去除受到抑制；当有机负荷高于 4.0kg BOD$_5$/（m^3·d）时，氨氮的去除受到明显抑制。因此，在单一 BAF 内同步去除有机物和氨氮时必须降低有机负荷，一般为 1～3kg BOD$_5$/（m^3·d）。

4. 反硝化 BAF

反硝化 BAF 是在滤池内形成缺氧环境，用以完成硝酸盐的去除，通常与硝化 BAF 联用，实现生物脱氮功能。由于反硝化需要碳源，根据处理水来源不同，工艺流程中反硝化

BAF 的设置位置也不同，通常可设置为前置反硝化工艺（BAF-DN 位于 BAF-N 之前），或后置反硝化工艺（BAF-DN 位于 BAF-N 之后）。在实际工程中考虑到占地面积和工程投资等因素，通常采用两级 BAF，对于要求反硝化的情况可采用 DN＋C/N（前置反硝化）或 C/N＋DN（后置反硝化）。

在前置反硝化工艺中，DN 池在进行脱氮反应的同时也降低了污水中的有机物质，为后续的硝化反应创造了条件。因而在原水中有机碳源充足的情况下，适宜采用前置反硝化工艺，可以节省外加碳源、降低运行成本。

在后置反硝化工艺中，BOD 的去除只能在预处理阶段，通过化学沉淀降低 C/N 池的有机负荷，但这些不稳定的有机物质进入到污泥当中，大大增加了污泥处置的难度，从这点来看，以下两个场合更适合应用后置反硝化工艺：

① 工业废水比重较高，BOD_5 含量明显偏低的情况；

② 污水处理厂的升级改造，如某些早期建设的污水处理厂未考虑硝化指标，出水中 BOD_5 含量较低，氨氮含量却较高。

由于工艺机理不同，两者的设计方法有较大差异。

（二）工艺流程

1. N 个 BAF 串联工艺

① 主要去除污水中含碳有机物时，宜采用单级碳氧化 BAF 工艺，工艺流程见图 1-7-39。

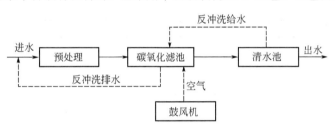

图 1-7-39　碳氧化滤池工艺流程

② 要求去除污水中含碳有机物并完成氨氮的硝化时，可采用单级 BAF-C/N 工艺流程，也可采用 BAF-C 和 BAF-N 两级串联工艺，工艺流程见图 1-7-40、图 1-7-41。

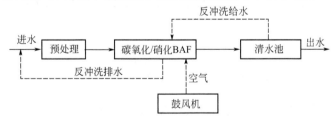

图 1-7-40　单级碳氧化/硝化 BAF 工艺流程

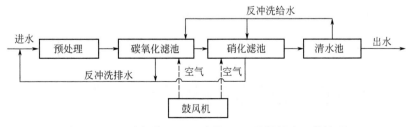

图 1-7-41　碳氧化 BAF+ 硝化 BAF 两级组合工艺流程

③ 当进水碳源充足且出水水质对总氮去除要求较高时，宜采用前置反硝化 BAF＋碳氧化/硝化 BAF 组合工艺，见图 1-7-42。

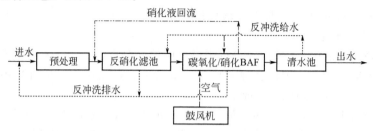

图 1-7-42 前置反硝化 BAF+ 碳氧化/硝化 BAF 两级组合工艺流程

前置反硝化工艺具有以下优点：a. 利用污水中的有机物质作为反硝化碳源，减少外加碳源；b. BOD_5 在 DN 池去除，保证了 C/N 池的硝化能力；c. 系统的曝气量相对减少；d. 污泥产量相对减少。

④ 当进水总氮含量高、碳源不足而出水对总氮要求较严时可采用后置反硝化工艺，同时外加碳源，见图 1-7-43；或者采用前置反硝化工艺，同时外加碳源，见图 1-7-44。前置反硝化的 BAF 工艺中硝化液回流率可具体根据设计 NO_3^--N 去除率以及进水碳氮比等确定。外加碳源的投加量需经过计算确定。

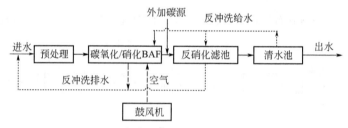

图 1-7-43 外加碳源后置反硝化滤池两级组合工艺流程

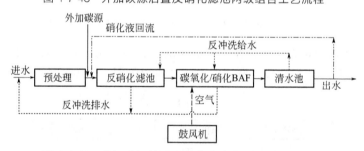

图 1-7-44 外加碳源前置反硝化滤池两级组合工艺流程

2. BAF 用于低浓度水（如景观水、中水）处理工艺

图 1-7-45 是 BAF 进行微污染处理的两种组合工艺，该工艺中 BAF 作为前处理单元，而 BACF（生物活性炭滤池）作为控制水质达标的末端处理单元。

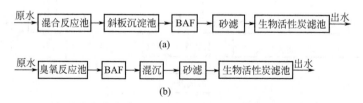

图 1-7-45 BAF 进行微污染处理的两种组合工艺

三、设计计算

（一）设计参数

1. 负荷和滤速

活性污泥法设计中一般以负荷或泥龄等作为设计参数，确定反应池所需容积；而进行滤池设计时，通常以过滤速度为设计参数，确定所需过滤面积。曝气生物滤池从工艺原理上看，属于活性污泥法和滤池的结合，因此负荷和滤速都是其重要的设计参数，在设计中应尽可能同时满足两参数的要求。

曝气生物滤池的容积负荷和水力负荷宜根据试验资料确定，无试验资料时，可采用经验数据或按表 1-7-22 的参数取值。

表 1-7-22 BAF 工艺主要设计参数

类型	功能	容积负荷	水力负荷(滤速)/[m^3/($m^2 \cdot h$)或(m/h)]	空床水力停留时间/min
BAF-C	降解污水中含碳有机物	3.0～6.0kg BOD_5/($m^3 \cdot d$)	2.0～10.0	40～60
BAF-N	对污水中氨氮进行硝化	0.6～1.0 kg NH_4^+-N/($m^3 \cdot d$)	3.0～12.0	30～45
BAF-C/N[①]	降解污水中含碳有机物，并对氨氮进行部分硝化	1.0～3.0kg BOD_5/($m^3 \cdot d$) 0.4～0.6 kg NH_4^+-N/($m^3 \cdot d$)	1.5～3.5	80～100
前置 BAF-DN	利用污水中碳源对硝态氮进行反硝化	0.8～1.2 kg NO_3^--N/($m^3 \cdot d$)	8.0～10.0(含回流)	20～30
后置 BAF-DN	利用污水外加碳源对硝态氮进行反硝化	1.5～3.0 kg NO_3^--N/($m^3 \cdot d$)	8.0～12.0	20～30
深度处理 BAF	对二级污水处理厂尾水进行含碳有机物降解及氨氮硝化	0.4～0.6 kg NH_4^+-N/($m^3 \cdot d$)	0.3～0.6	35～45

① CECS 265：2009《曝气生物滤池工程技术规范》中 BAF-C/N 池推荐参数为：BOD 负荷 1.2～2.0kg BOD_5/($m^3 \cdot d$)，硝化负荷 0.4～0.6 kg NH_4^+-N/($m^3 \cdot d$)，空床水力停留时间 70～80min。

注：1. 设计水温较低、进水浓度较低或出水水质要求较高时，有机负荷、硝化负荷、反硝化负荷应取下限值。

2. 反硝化滤池的水力负荷、空床停留时间均按含硝化回流水量确定，反硝化回流比应根据总氮去除率确定。

2. 负荷和滤速的选取

由于表中所给范围很宽不好把握，这为设计工作带来困难。下面提供一些研究数据供参考。

① 得力满研究中心 1994 年发表了一份调查报告，报告收集了当时部分 BAF 的运行情况：

工艺的进水 COD 负荷同出水 COD 浓度成正比，当碳负荷达到 10kg COD/($m^3 \cdot d$)时，出水 COD 浓度已经超过了 100mg/L，因此如果要达到《城镇污水处理厂污染物排放标准》（GB 18918—2002）一级 B 排放标准，COD 的处理负荷宜选取低值。从资料来看，维持出水 COD 在 60mg/L 左右时，进水负荷应控制在 4～5kg COD/(m^3 滤料 $\cdot$ d)；出水 COD 在 50mg/L 以下时，进水负荷应当小于 3kg COD/($m^3 \cdot d$)。

在正常温度范围里，BAF 可以实现很高的硝化效率，硝化负荷达到 1.4kg NH_4^+-N/($m^3 \cdot d$) 时，硝化效率仍可稳定在 80%。但硝化能力同进水中的 BOD_5 浓度成反比，当进

水 BOD_5 大于 60mg/L 时，硝化负荷仅为 0.3kg NH_4^+-N/(m^3·d)；当进水 BOD_5 在 20~50mg/L 时，硝化负荷小于 0.7kg NH_4^+-N/(m^3·d)；当进水 BOD_5 在 20mg/L 以下时，硝化负荷才能达到 1kg NH_4^+-N/(m^3·d) 以上。

反硝化负荷是在甲醇为外加碳源的条件下测定的，由于甲醇结构简单，容易被反硝化菌吸收利用，因此反硝化负荷可达 4kg NH_4^+-N/(m^3·d) 以上。

以上归纳的数据可以总结为以下 3 点：a. 应根据出水要求选择适宜的进水 COD 负荷；b. BOD_5 较高时会抑制硝化反应；c. 甲醇作为外加碳源时，可以实现很高的反硝化负荷。因此在以负荷为参数进行 BAF 设计时，应特别注意设计条件，以选取合适的负荷数值。

② 郑俊根据国内已建成投产的城市二级污水处理和酿造废水处理运转实例，建议进行城市污水二级处理时，当要求出水 BOD 分别小于 30mg/L 和 10mg/L 时，容积负荷的取值分别为 4kg BOD/(m^3 滤料·d) 和 2kg BOD/(m^3 滤料·d)；当为 BAF-C/N 型滤池时，容积负荷的取值一般≤2kg BOD/(m^3 滤料·d)；当进行三级处理时，容积负荷的取值为 0.12~0.18kg BOD/(m^3 滤料·d)。

③ 得利满公司有关设计滤速对 BAF 处理性能影响的研究。试验是在法国巴黎 Acheres 污水处理厂进行的，采用的 BIOFOR 滤池表面积 144m^2，高度为 4m。滤池的进水为二级处理系统的出水，由于原厂在建设时仅考虑了除碳，因此处理水中 NH_4^+-N 较高（25mg/L），而 COD 较低（75mg/L）。经过数年的运行，该滤池已具有良好的硝化效果。试验采用的滤速范围主要包含 3 个阶段：4~6m/h、6~8m/h 和 8~10m/h。研究发现，当 NH_4^+-N 的容积负荷为 1kg NH_4^+-N/(m^3·d) 且外界条件（温度、曝气量等）不发生变化时，各个滤速范围里 BIOFOR 均保持了较好的硝化效果，硝化率可达 80%~100%，并且滤速越高，硝化效果越好。而滤速的升高对 SS 的去除效率没有任何影响，在两年的研究时间里，SS 的去除保持了较高的稳定性。

此试验结果表明：在一定的容积负荷范围里，滤速的提高不但不会降低 BAF 的去除能力，而且还可提高硝化处理能力。原因有以下 3 点：a. 高滤速增强了滤池内部的传质效率，使得空气、污水和生物之间有了更多的接触机会；b. 高滤速下生物膜的更新速度加快，促进了生物活性的增强；c. 在低滤速下，滤池底层往往在短时间内堵塞，使得反冲洗周期缩短，而频繁的反冲洗对繁殖速度较慢的硝化细菌极为不利。因此相对以往的设计滤速（<5m/h）BIOFOR 均采用了较高值，推荐的 N 池滤速为 10m/h。

相比之下，滤速增加对 COD_{Cr} 的去除不利，主要是由于停留时间过短，部分非溶解性有机物尚未降解就直接排出，因此碳氧化 BAF 的滤速取值应当略低，推荐的数值为 6m/h。而反硝化池的滤速与碳源的选取有关，当采用甲醇为外加碳源时，滤速可达 14m/h。

④ 王舜和等认为：后置反硝化工艺中，C/N 池设计滤速在 6~10m/h 为宜。硝化负荷应满足：当进水 BOD_5 浓度大于 60mg/L 时，约为 0.3kg NO_3^--N/(m^3·d)；当进水 BOD_5 浓度在 20~50mg/L 时，约为 0.6kg NO_3^--N/(m^3·d)；当 BOD_5 浓度在 20mg/L 以下时，约为 1.0kg NO_3^--N/(m^3·d)。DN 池中甲醇的投加量为 3.3kg/kg NO_3^--N。

前置反硝化 BAF 工艺中，受污水中可降解有机物的限制，前置反硝化工艺对 TN 的去除率一般不超过 70%。通常工艺的回流比为 100%~150%，这种情况下实际 TN 去除率一般在 50% 左右。推荐的反硝化负荷为 0.4~0.5kg COD_{Cr}/(m^3·d)，过滤速度>10m/h，进水 BOD/NO_3^--N 值最好大于 6。通常 DN 池对 BOD_5 的去除率不超过 60%，对 COD_{Cr} 的去除率不超过 70%，剩余的 COD_{Cr} 会进入硝化池。为了确保 N 池的硝化性能 [负荷>0.5kg NO_3^--N/(m^3·d)]，COD_{Cr} 负荷不应超过 2kg COD_{Cr}/(m^3·d)。

3. 其他参数

① 反冲洗。曝气生物滤池的反冲洗宜采用气水联合反冲洗，依次按单独气洗、气水联合冲洗、单独水洗三个过程进行，通过专用滤头布水布气。

反冲洗水宜采用处理后的出水，反洗用水蓄水池应按照滤池单池反洗水量和反洗周期等综合确定。反冲洗周期与滤池负荷、过滤时间及滤池、滤头损失等相关，通常为 24～72h。

收集反冲洗排水的水池有效容积不宜小于 1.5 倍的单格滤池反冲洗总水量。

气水联合反冲洗的冲洗强度及冲洗时间与滤池负荷、过滤时间等有关，可参考表 1-7-23。

表 1-7-23　气水联合反冲洗的冲洗强度及冲洗时间

项　目	单独气洗	气水联合	水反冲
强度/[L/(m² · s)]	10～15	气:10～15(12～16) 水:4～6	≤8
历时/min	3～10(3～5)	3～5(4～6)	3～10(8～10)

注：括号内为 CECS 265：2009《曝气生物滤池工程技术规范》的数据。

② 滤料。BAF 滤料粒径宜取 2～10mm。当采用多个滤池串联时，对于一级滤池或者反硝化滤池宜选用粒径为 4～10mm 的滤料，对于二级及后续滤池可选用粒径为 2～6mm 的滤料。滤料的堆积密度宜为 750～900kg/m³。滤料比表面积宜大于 1m²/g。

③ 承托层。工程中多选用天然鹅卵石，填装时宜按级配自下而上从大到小设置。一般按两级设置，下层第一级平均粒径宜为 16～32mm，高度不低于 200mm；上层第二级平均粒径宜为 8～16mm，高度不低于 100mm。当选用的陶粒滤料粒径小于 3mm 时，宜在第二级上增设第三级，其平均粒径宜为 4～8mm，高度不低于 100mm。

④ 为使滤池表面层的好氧膜维持良好的生物相，碳氧化滤池和硝化滤池出水中的溶解氧宜控制为 3.0～4.0mg/L。

⑤ BAF 进水悬浮固体浓度不宜大于 60mg/L，BAF 前的预处理设施可为沉砂池、初次沉淀池或混凝沉淀池、除油池等，也可设置水解调节池。

⑥ 滤池个数。考虑到单座滤池总面积过大会增加反冲洗的供水、供气量，同时不利于布水、布气的均匀，所以滤池面积过大时应分格。单池面积小利于布水布气，同时反冲洗供水量、供气量小，水泵、风机也可相应小些，但分格数多会使整个滤池的土建工程量增大、工程费用增加，所以分格应适当。另外，当一个滤池进行反洗时，其他滤池将承担反洗滤池的处理水量，这也是设定分格数时需要考虑的一个因素。当两个以上滤池共壁时，由于相同面积的正方形周长小于矩形，正方形滤池所需的建筑量少于矩形滤池，可相对节省造价。

⑦ BAF 多格并联时宜采用渠道和堰配水，不宜采用压力管道直接配水。

4. 前置反硝化工艺的设计要点

（1）预处理

为了确保反硝化效果，设计中应尽可能地利用污水中的有机物质，因此预处理工艺在去除悬浮物的同时应避免过多地去除 BOD_5。

（2）回流比的选择

回流比是前置反硝化工艺中最重要的设计参数，硝化液回流直接提供进行反硝化的硝酸盐氮，因此回流比决定了脱氮的效率。在实际工程中，回流比不是固定的，可根据需要实时调节，因此在设计中主要有两个任务：一是确定所需要的最大回流比；二是确定适宜的回流泵，使回流比便于调节，运行灵活。

根据研究，在碳源充足的条件下，BAF 几乎可进行完全的反硝化，因此 TN 处理能力主要取决于硝化效果。此时增大回流比，可供反硝化的硝酸盐也增多，出水的 TN 含量就会降低。但是增大回流比意味着流量的增大，这将减少硝化池的停留时间，结果会造成出水中氨氮含量升高，而且过高的回流比会使 DN 池的 DO 浓度上升，降低 TN 的处理效率。因此对于一个特定系统，应当存在一个最优回流比范围，在此范围里 TN 和氨氮均能达到标准。对于一般的城市污水，回流比不宜超过 $100\%\sim150\%$。如果进水 TN 含量很高，回流比过大，建议可采用三级 BAF 工艺 DN—C/N—DN 的形式，既可以降低回流比，又可以减少外加碳源。

（3）DN 池的反硝化能力

有研究表明，反硝化率与 BOD_5/NO_3^--N 成正比，当 TN 要求达到 70% 的去除率时，BOD_5/NO_3^--N 值应为 $7\sim8$；当要求达到 60% 的去除率时，BOD_5/NO_3^--N 值约为 6。一般的城市污水中 BOD_5/NO_3^--N 值约为 5，此时的去除率仅 50%。需要注意的是，污水中的硝酸盐仅有部分回流到前端，整体工艺的 TN 去除率实际上还要低一些。此外，如果回流液中的 DO 过高，就会在进入 DN 池时快速消耗一部分 BOD_5，削减反硝化能力，因此设计在保证过滤速度的同时，应将反硝化负荷控制在 $0.6kg\ NO_3^--N/(m^3\cdot d)$ 以下。在实际工程中前置反硝化工艺往往达不到处理要求，还需要投加甲醇作为碳源。

（4）N 池的硝化能力

在前置反硝化设计中应当考虑 DN 池对 COD_{Cr} 的去除效率，因为残留的 COD_{Cr} 会进入到后续的 C/N 池，直接影响反应效果。根据研究，DN 池对 COD_{Cr} 的最大去除率一般不会超过 60%，因此会有 $40\%\sim50\%$ 的 COD_{Cr} 进入 C/N 池。DN 池对 COD_{Cr} 的去除主要有两种机理：一种是作为反硝化碳源，被生物利用；另一种是被生物膜吸附，在反冲洗时排出系统。有机负荷和硝化负荷之间的关系，可参考 Rother E 等的研究数据：当反应器内 COD_{Cr} 负荷为 $1.5kg\ COD_{Cr}/(m^3\cdot d)$ 时，硝化负荷能达到 $0.6kg\ NH_4^+-N/(m^3\cdot d)$；此后 COD_{Cr} 负荷每上升一个单位，硝化负荷将下降 $0.1kg\ NH_4^+-N/(m^3\cdot d)$。

5. 后置反硝化工艺设计要点

（1）预处理

后置反硝化的预处理除了承担去除 SS 的作用外，还应当去除部分 BOD_5，以便为后续的硝化反应创造条件，因此不宜采用水解酸化池等增加可溶性 BOD_5 的工艺，可考虑采用高效沉淀池等工艺。因而后置反硝化更适合应用在低碳源的污水中。

（2）C/N 池的设计

需考虑残留 BOD_5 对硝化效果的影响。首先确定设计滤速，平均日滤速应不小于 $6m/h$，最高日滤速不大于 $10m/h$，由此计算出过滤面积；然后进行硝化负荷计算，通过调整滤料高度，使硝化负荷满足不同进水 BOD_5 浓度下适宜取值；最后通过对比，寻求合适的设计参数。在设计中如果滤速和负荷难以协调，建议改用前置反硝化工艺。

（3）DN 池的设计

污水在 C/N 池基本完成了有机物的去除和氨氮的硝化，为了实现反硝化，在进入 DN 池前需要投加甲醇作为碳源。由于反硝化负荷相对较高 [推荐 $1\sim1.5kg\ NO_3^--N/(m^3\cdot d)$]，DN 池所需面积应当小于 C/N 池，而在很多实际设计中，DN 池与 C/N 池的数量、面积是相等的，推断可能是考虑了二次配水不均匀或池面积减小导致 DN 池滤速过高等原因。但从设计角度看，相同的过滤面积使得 DN 池的负荷降到很低，甚至低于硝化负荷，会造成浪费，这里可以采取一些措施进行优化，比如在 DN 池配备鼓风机，通过间歇曝气等方式灵活运行；或者减少

DN 池的数量，重新布置池型等。

DN 池设计中最重要的是控制甲醇投加量，目前即时控制甲醇投加量的技术还不完善，尚有待于进一步研究，但反应需要的甲醇量是可以计算的。反硝化化学反应计量关系如下：

$$5C + 4NO_3^- + 4H^+ \longrightarrow 5CO_2 + 2H_2O + 2N_2$$
$$5C + 5O_2 \longrightarrow 5CO_2$$

理论上反硝化需要的 $COD/NO_3^-\text{-}N = 5 \times 32/(4 \times 14) = 2.86$，在这一过程中除了反硝化消耗 COD 外，还有部分有机物（占总消耗量的 38%～42%）被微生物用于合成新细胞，因此反硝化实际消耗的 $COD = 2.86/(1-0.38) \sim 2.86/(1-0.42) = 4.6 \sim 4.9$（kg COD/kg $NO_3^-\text{-}N$），由于经过硝化后，污水中通常含有部分溶解氧，考虑到其会消耗一定量的有机物，因此在实际工程中甲醇的投加量一般按 5kg COD/kg $NO_3^-\text{-}N$ 投配。根据甲醇完全氧化的化学计量关系：$2CH_4O + 3O_2 \longrightarrow 2CO_2 + 4H_2O$，可计算出投加 1kg 甲醇相当于增加 1.5kg COD，因此甲醇的投加量为 3.3kg/kg $NO_3^-\text{-}N$。

（二）池体计算

1. 滤料体积（堆积体积）

曝气生物滤池的池体体积宜按照容积负荷法计算，按水力负荷校核。

$$V = \frac{Q(X_0 - X_e)}{1000 N_{VX}} \quad (\text{m}^3) \tag{1-7-57}$$

式中，Q 为平均日污水量，m^3/d；X_0 为进水 X 污染物浓度，mg/L；X_e 为出水 X 污染物浓度，mg/L；N_{VX} 为滤池的容积负荷，kg/($\text{m}^3 \cdot \text{d}$)；碳氧化、硝化、反硝化时，$X$ 分别代表为 BOD_5、$NH_4^+\text{-}N$、$NO_3^-\text{-}N$。

本公式适用于碳氧化 BAF、硝化 BAF、反硝化 BAF 及碳氧化/硝化 BAF 等类型。N_{VX} 取值参见表 1-7-22。

2. 滤池总高度（如图 1-7-46 所示）

$$H = h_1 + h_2 + h_3 + h_4 + h_5 + h_6 \tag{1-7-58}$$

式中，H 为滤池总高度，m，宜为 5～7m；h_1 为超高，m，取值 0.3～0.5m；h_2 为稳水层高度，m，应根据滤料性能及反冲洗时滤料膨胀率确定，陶粒滤料宜为 1.0～1.5m，轻质滤料宜为 0.6～1.0m；h_3 为滤料层高度，m，宜结合占地面积、处理负荷、风机选型和滤料层阻力等因素综合考虑确定，陶粒滤料宜为 2.5～4.5m，轻质滤料宜为 2.0～4.0m；h_4 为承托层高度，m，宜为 0.3～0.4m；h_5 为滤板厚度，m，一般为 0.1m；h_6 为配水区（轻质滤料为配水排泥区）高度，m，用于配水区时宜为 1.2～1.5m，用于配水排泥区时取值为 2.0～2.5m。

3. 滤池面积

（1）滤池总截面积 A

$$A = \frac{V}{h_3} \tag{1-7-59}$$

式中，A 为滤池总截面积，m^2；V 为滤料体积（堆积体积），m^3；h_3 为填料层高度，m。

（2）单池面积 A_0

同功能滤池多格滤池并联时，单格面积按下式计算：

$$A_0 = \frac{A}{n} \tag{1-7-60}$$

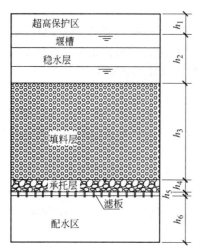

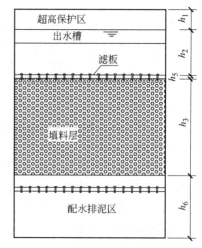

(a) 滤料相对密度＞1的BAF   (b) 滤料相对密度＜1(或接近1)的BAF

图 1-7-46　BAF 各功能区层高分布示意

式中，A_0 为单格滤池面积，m^2，宜＜$100m^2$；A 为滤池总截面积，m^2；n 为滤池分格数，个。

4. 水力负荷

$$q = \frac{Q}{A} \tag{1-7-61}$$

式中，q 为滤池表面水力负荷，$m^3/(m^2 \cdot h)$；Q 为平均日污水流量，m^3/d；A 为滤池总截面积，m^2。

5. 水力停留时间

（1）空床水力停留时间

$$t_1 = \frac{24V}{Q} \tag{1-7-62}$$

式中，t_1 为空床水力停留时间，h；V 为滤料体积（堆积体积），m^3；Q 为平均日污水流量，m^3/d。

（2）实际水力停留时间

$$t = \varepsilon t_1 \tag{1-7-63}$$

式中，t 为实际水力停留时间，h；ε 为滤料层孔隙率，一般圆形滤料的 $\varepsilon = 0.4 \sim 0.5$。

（三）曝气量计算

1. 单位需氧量

单位需氧量可按下式计算：

$$\Delta R_C = \frac{0.82 \Delta C_{BOD} + 0.32 \Delta SS}{C_{BOD0}} \tag{1-7-64}$$

式中，ΔR_C 为去除单位质量 BOD_5 的需氧量，$kg\ O_2/kg\ BOD_5$；ΔC_{BOD} 为曝气生物滤池进、出水 BOD_5 浓度差值，mg/L；C_{BOD0} 为曝气生物滤池进水 BOD_5 浓度，mg/L；ΔSS 为曝气生物滤池进、出水悬浮物浓度差值，mg/L；0.82、0.32 为经验常数。

2. 实际需氧量

碳氧化 BAF 实际需氧量：$R_S = R_C$

硝化 BAF 实际需氧量：$R_S = R_N$

碳氧化/硝化 BAF 实际需氧量：$R_S = R_C + R_N$

前置反硝化工艺的后置碳氧化 BAF 实际需氧量：$R_S = R_C + R_N - R_{DN}$

其中：

$$R_C = \frac{Q \Delta C_{BOD} \Delta R_C}{1000} \tag{1-7-65}$$

$$R_N = \frac{4.57 Q \Delta C_{TKN}}{1000} \tag{1-7-66}$$

$$R_{DN} = \frac{2.86 Q \Delta C_{NO_3^-}}{1000} \tag{1-7-67}$$

式中，R_S 为曝气生物滤池的理论需氧量，$kg\ O_2/d$；R_C 为曝气生物滤池去除 BOD_5 的需氧量，$kg\ O_2/d$；R_N 为曝气生物滤池氨氮硝化的需氧量，$kg\ O_2/d$；R_{DN} 为曝气生物滤池反硝化抵消的需氧量，$kg\ O_2/d$；Q 为平均污水流量，m^3/d；ΔR_C 为去除单位质量 BOD_5 的需氧量，$kg\ O_2/kg\ BOD_5$；ΔC_{BOD} 为曝气生物滤池进出水 BOD_5 浓度差值，mg/L；ΔC_{TKN} 为硝化滤池进出水凯氏氮浓度差值，mg/L；$\Delta C_{NO_3^-}$ 为反硝化滤池进出水 NO_3^--N 浓度差值，mg/L；4.57 为耗氧系数，每氧化 1g NH_4^+-N 生成 NO_3^--N，需消耗 $64/14 = 4.57g\ O_2$；2.86 为产氧系数，每还原 1g NO_3^--N 生成 N_2，可产生 2.86g O_2。

3. 实际所需供氧量

BAF 的微生物需氧量 R 可视为标态下的需氧量（水温 20℃，1 个大气压），实际所需供氧量应换算到最不利水温 T、压力为 p 时的供氧量，可按下列公式计算：

$$R_0 = \frac{R_S C_{sm(20)}}{\alpha [\beta \rho C_{sm(T)} - C] \times 1.024^{(T-20)}} \tag{1-7-68}$$

$$C_{sm} = C_s \left(\frac{p_b}{2.026 \times 10^5} + \frac{O_t}{42} \right) \tag{1-7-69}$$

$$O_t = \frac{21 \times (1 - E_A)}{79 + 21 \times (1 - E_A)} \times 100\% \tag{1-7-70}$$

$$p_b = p + 9.8 \times 10^3 H \tag{1-7-71}$$

式中，R_0 为标准状态下，曝气生物滤池的总需氧量，$kg\ O_2/d$；R_S 为曝气生物滤池的理论需氧量，$kg\ O_2/d$；α 为氧的传质转移系数，对于生活污水 $\alpha = 0.8$；β 为饱和溶解氧修正系数，对于生活污水 $\beta = 0.9 \sim 0.95$；ρ 为气压修正系数，$\rho =$ 所在地区实际气压（Pa）/$1.013 \times 10^5 Pa$，一般取 $\rho = 1$；$C_{sm(T)}$ 为水温为 T 时，空气扩散装置在水下深度处至滤池液面的平均溶解氧浓度，mg/L；$C_{s(T)}$ 为水温为 T 时，清水中的饱和溶解氧浓度，mg/L；C 为滤池出水中的剩余溶解氧浓度，宜为 $3 \sim 4mg/L$；T 为水温，℃；O_t 为当滤池的氧利用率为 E_A 时，从滤池逸出的气体中含氧量的百分率；E_A 为空气扩散装置的氧转移效率，穿孔管为 $4\% \sim 6\%$，单孔膜曝气器一般为 $15\% \sim 25\%$；p_b 为空气扩散装置出口处的绝对压力，Pa；p 为滤池水面压力，Pa，一般为标准大气压 $1.013 \times 10^3 Pa$；H 为布气装置安装在滤池液面下的深度，m。

4. 实际供气量

实际供气量可按下式计算：

$$G_s = \frac{R_0}{0.3E_A} \tag{1-7-72}$$

式中，G_s 为供气量，m^3/d；R_0 为标准状态下曝气生物滤池的总需氧量，$kg\ O_2/d$；0.3 为标准状态下每立方米空气中氧含量，$kg\ O_2/m^3$（$=0.21 \times 1.43$，0.21 为氧在空气中所占比例；1.43 为氧的密度值，kg/m^3）；E_A 为空气扩散装置的氧转移效率。

5. 供气系统的设计

① 空气扩散装置。BAF 常用的空气扩散装置为穿孔管曝气或专用曝气器。空气扩散装置必须根据计算出的总供气量和每个空气扩散装置的通气量、服务面积、安装位置处的平面形状等数据，经过计算确定空气扩散装置的数目，并对其进行布置。

② 鼓风机的选定及鼓风机房的设计。曝气生物滤池采用鼓风曝气供气方式，常用的有罗茨鼓风机和离心鼓风机两种。罗茨鼓风机的气量小但噪声大，国产单机风量多在 $80m^3/min$ 以下，一般用于中小型污水处理厂及工业废水处理。离心鼓风机气量大、噪声小、效率高、空气量容易控制，只要调节出气管的控制阀门即可，适用于大、中型污水处理厂。大、中型污水处理厂常采用带变频器的鼓风机，可根据出水混合液中溶解氧的浓度自动调整鼓风机启动台数和转数，节省能耗。在进行鼓风机房设计时，应采取降噪措施，使其符合《工业企业厂界环境噪声排放标准》和《声环境质量标准》，同时也改善工人操作环境。

③ 风机出气管进入滤池前应设置相对滤池液面的超高，超高高度应结合滤床高度、阻力损失综合确定，曝气管超高宜为 $1.5 \sim 2.0m$，反冲洗进气管宜为 $1.8 \sim 2.2m$。

鼓风机风压所需风压为：

$$H = h_1 + h_2 + h_3 + h_4 \tag{1-7-73}$$

式中，H 为鼓风机风压，Pa；h_1 为空气管的沿程损失，Pa；h_2 为空气管的局部阻力损失，Pa；h_3 为空气扩散装置安装深度换算成压力，Pa；h_4 为空气扩散装置的阻力，Pa。

无相关参数时，风压可按比曝气器水深多出 $0.5 \sim 1.0m$ 水头设定。

（四）产泥量计算

BAF 的产泥量可按照去除有机物后的污泥增加量和去除悬浮物两项之和计算，可用下式计算：

$$Y = \frac{0.6\Delta SBOD + 0.8SS_0}{\Delta TBOD} \tag{1-7-74}$$

式中，Y 为污泥产量，$kg\ TSS/kg\ \Delta TBOD$；$\Delta SBOD$ 为滤池进出水中可溶性 BOD 浓度之差，mg/L；$\Delta TBOD$ 为滤池进出水中总的 BOD 浓度之差，mg/L；SS_0 为滤池进水中悬浮物浓度，mg/L。

在 BAF 中，进水中被去除的悬浮物有一些不能被降解，因而 BAF 产生的污泥由两部分组成，一部分是氧化有机物产生的 VSS，另一部分是 SS。有观点认为：BAF 中，悬浮物停留的时间较短，它们被过滤后只是暂时停留在滤料层中，不像在活性污泥系统中与活性污泥充分混合，而且一些被截留的悬浮物充满了滤料的小孔以及滤料之间的空隙，阻止了氧的传递和水的流动，也限制了悬浮物的降解。

除按公式计算外，BAF 的产泥量还可根据负荷不同而不同，按每去除 1kg BOD_5 产生污泥量 $0.18 \sim 0.75kg$ 估算，详见表 1-7-24。

表 1-7-24　BAF 产泥量估算表

BOD 负荷/[kg/(m³·d)]	1.0	1.5	2	2.5	3	3.6	3.9
污泥产量/(kg VSS/kg BOD₅)	0.18	0.37	0.45	0.52	0.58	0.70	0.75

由于 BAF 滤池中的污泥浓度可达 10g/L 以上，因此其 BOD 负荷比其他传统工艺高 3~5 倍，滤料上的微生物膜上除生长着真菌、丝状菌和菌胶团外，还有多种捕食细菌的原生动物和后生动物，形成了稳定的食物链，因而产泥量较少。

（五）硝化 BAF 需碱量计算

$$ALK = 7.14 Q \Delta C_{TKN} \times 10^{-3} \tag{1-7-75}$$

式中，ALK 为硝化 BAF 需碱量，kg $CaCO_3$/d；Q 为平均日污水量，m^3/d；ΔC_{TKN} 为硝化 BAF 进、出水中凯氏氮浓度差值，mg/L；7.14 为系数，每氧化 1g N 将消耗碱度 $100g/14 = 7.14g$（以 $CaCO_3$ 计）。

（六）反硝化过程产碱量计算

$$M = 3.6 \Delta C_{NO_3^-} \tag{1-7-76}$$

式中，M 为反硝化过程产碱量，kg $CaCO_3$/d；$\Delta C_{NO_3^-}$ 为硝化 BAF 进、出水中 NO_3^--N 浓度差值，mg/L；3.6 为系数，反硝化 1g N(NO_3^--N) 将产生碱度 $50g/14 = 3.6g$（以 $CaCO_3$ 计）。

（七）反硝化过程回流比计算

$$R = \frac{\eta}{1-\eta} \tag{1-7-77}$$

式中，R 为硝化液回流比；η 为总氮的去除率。

【例 1-7-4】 曝气生物滤池设计计算

某污水处理厂，流量 5000m^3/d，二级处理出水 BOD₅=45mg/L，采用下向流 BAF 工艺，要求出水 BOD₅≤10mg/L。进水悬浮物量 SS₀=30mg/L，最不利水温按 30℃考虑。

（1）曝气生物滤池滤料体积

选取 BOD 容积负荷为 1.0kg BOD₅/($m^3_{滤料}$·d)，采用陶粒滤料，粒径 5mm。

$$V = \frac{Q \Delta BOD_5}{1000 N_V} = \frac{5000 \times (45-10)}{1000 \times 1.0} = 175 \ (m^3)$$

（2）滤料面积

滤料高度取 $h_3 = 2.5m$，$A = \frac{V}{h_3} = \frac{175}{2.5} = 70 \ (m^2)$。

滤池分 6 格，则单池面积 $A_0 = 11.7m^2$，取单池净空尺寸为 4m×3m=12m^2。

（3）滤池总高

取滤池超高 $h_1 = 0.5m$，稳水层 $h_2 = 1.0m$，滤料层 $h_3 = 2.5m$，承托层高 $h_4 = 0.3m$，滤板厚 $h_5 = 0.1m$，配水区 $h_6 = 1.4m$。

$$滤池总高度 \ H = 0.5 + 1.0 + 2.5 + 0.3 + 0.1 + 1.4 = 5.8 \ (m)$$

（4）水力停留时间

空床水力停留时间：

$$t_1 = \frac{V}{Q} = \frac{12 \times 2.5 \times 6}{5000} \times 24 = 0.864 \ (h) = 52 \ (min)$$

滤料层孔隙率取 $\varepsilon = 0.5$，则实际水力停留时间：

$$t_2 = \varepsilon t_1 = 0.5 \times 0.864 = 0.432 \text{ (h)} = 26 \text{ (min)}$$

（5）校核污水水力负荷

$$q = \frac{Q}{A} = \frac{5000}{24 \times 6 \times 12} = 2.9 \ [\text{m}^3/(\text{m}^2 \cdot \text{h})]$$

（6）需氧量计算

$$OR = 0.82 \times \Delta BOD_5 + 0.32 \times \Delta SS$$

$$\Delta BOD_5 = 5000 \times (45 - 10)/1000 = 175 \text{ (kg/d)}$$

$$\Delta SS = SS_0 \times Q/1000 = 30 \times 5000/1000 = 150 \text{ (kg/d)}$$

$$OR = 0.82 \times 175 + 0.32 \times 150 = 191.5 \text{ (kg O}_2/\text{d)}$$

（7）曝气量计算

采用单孔膜曝气器，设氧利用率为 $E_A = 15\%$，滤池出水中的剩余溶解氧浓度 $C = 3\text{mg/L}$，曝气装置安装在水面下 4.2m，$\alpha = 0.8$，$\beta = 0.9$，$C_{s(20)} = 9.17\text{mg/L}$，$C_{s(30)} = 7.63\text{mg/L}$，$\rho = 1$。

① 曝气器出口处绝对压力：

$$p_b = p + 9.8 \times 10^3 H = 1.013 \times 10^5 + 9.8 \times 10^3 \times 4.2 = 1.4246 \times 10^5 \text{ (Pa)}$$

② 空气离开滤池水面时，氧的百分比：$Q_t = \dfrac{21(1 - E_A)}{79 + 21(1 - E_A)} \times 100\% = 18.4\%$

③ 平均氧饱和度（按最不利水温考虑）：

$$C_{sm(20)} = C_{s(20)}\left(\frac{p_b}{2.026 \times 10^5} + \frac{Q_t}{42}\right) = 9.17 \times \left(\frac{1.4246 \times 10^5}{2.026 \times 10^5} + \frac{18.4}{42}\right) = 10.47 \text{ (mg/L)}$$

$$C_{sm(30)} = C_{s(30)}\left(\frac{p_b}{2.026 \times 10^5} + \frac{Q_t}{42}\right) = 7.63 \times \left(\frac{1.4246 \times 10^5}{2.026 \times 10^5} + \frac{18.4}{42}\right) = 8.71 \text{ (mg/L)}$$

④ 20℃条件下，脱氧清水的充氧量

$$R_0 = \frac{OR \times C_{s(20)}}{\alpha[\beta\rho C_{sm(T)} - C] \times 1.024^{(T-20)}} = \frac{191.5 \times 10.47}{0.8 \times [0.9 \times 8.71 - 3] \times 1.024^{(30-20)}}$$

$$= 408 \text{ (kg O}_2/\text{d)}$$

⑤ 滤池供气量

滤池总供气量 $\qquad G_s = \dfrac{R_0}{0.3 E_A} = \dfrac{425/24}{0.3 \times 15\%} = 378 \text{ (m}^3/\text{h)} = 6.3 \text{ (m}^3/\text{min)}$

单池供气量为 $\qquad\qquad 6.3/6 = 1.05 \text{ (m}^3/\text{min)}$

鼓风机选型：曝气鼓风机宜独立供气，空气扩散器距水面4.2m，因此设三叶罗茨鼓风机7台，6用1备，每台风量约 $1.05\text{m}^3/\text{min}$，风压5.0m水深。

（8）反冲洗系统

采用气水联合反冲洗

① 空气反冲洗计算，选用空气反冲洗强度 $q_气 = 10 \sim 15\text{L}/(\text{m}^2 \cdot \text{s})$，取 $q_气 = 15\text{L}/(\text{m}^2 \cdot \text{s}) = 54\text{m}^3/(\text{m}^2 \cdot \text{h})$

$$Q_气 = q_气 A = 54 \times 12 = 648 \text{ (m}^3/\text{h)} = 10.8 \text{ (m}^3/\text{min)}$$

鼓风机选型：设三叶罗茨鼓风机2台，1用1备，每台风量约 $10.8\text{m}^3/\text{min}$，风压5.5m水深。

② 水反冲洗计算，选用水反冲洗强度 $q_水 = 4 \sim 6 m^3/(m^2 \cdot h)$

$$Q_水 = q_水 A = 6 \times 12 = 72 \ (m^3/h)$$

（9）承托层

承托层采用鹅卵石或砾石，分为 3 层布置，从上到下第一层粒径 $4 \sim 8mm$，层厚 $100mm$；第二层粒径 $8 \sim 16mm$，层厚 $100mm$；第三层粒径 $16 \sim 32mm$，层厚 $100mm$。

（10）布水设施

采用小阻力配水系统，滤板和长柄滤头布水布气。

（11）泥量估算

曝气生物滤池污泥产率 $Y = 0.18kg/kg \ BOD_5$

产泥量：$W = YQ(S_0 - S_e) = 0.18 \times 5000 \times (45 - 10) \times 10^{-3} = 31.5$ （kg/d）

（12）管道计算

设进水管流速为 $1.0m/s$；出水管流速为 $1.0m/s$；反冲洗进水管流速为 $2.0m/s$，反冲洗出水管流速为 $0.8m/s$；空气干管流速为 $10m/s$，支管流速为 $5m/s$。

（八）工程实例

1. 承德双滦污水处理厂

承德双滦污水处理厂设计流量为 $50000m^3/d$，由于工业废水占很大比重，进水 BOD/COD 仅为 0.25，污水可生化性较差，出水要求达到 GB 18918—2002 一级 B 标准。设计采用后置反硝化 BAF 工艺（C/N+DN）。经过预处理，SS 降至 $60mg/L$ 后进入 BAF。BAF 共设 6 组，每组两池，设计滤速 8m/h，强制滤速 10m/h。滤池水反冲洗时最大表面反冲强度 $9L/(s \cdot m^2)$，气反冲洗时最大表面反冲强度 $25L/(s \cdot m^2)$。由于进水 BOD_5 很低，C/N 池主要承担硝化任务，硝化负荷约为 $0.8kg \ NO_3^- \text{-}N/(m^3 \cdot d)$。此外，结合水质特点，需要投加甲醇进行反硝化脱氮，设计甲醇投加量最大为 $20mg/L$，可反硝化约 $6mg/L$ 的 $NO_3^- \text{-}N$。

2. 东营市沙营污水处理厂

东营市沙营污水处理厂设计流量为 $60000m^3/d$，进水以生活污水为主，BOD/COD 比值为 0.6，可生化性好，出水要求达到 GB 18918—2002 一级 B 标准。设计采用了水解酸化池+DN+C/N 的前置曝气生物滤池工艺。设计滤池共分 4 组，每组 5 池，DN 池设计滤速 10m/h，反硝化负荷为 $0.5kg \ NO_3^- \text{-}N/(m^3 \cdot d)$，C/N 池设计滤速 8m/h，$COD_{Cr}$ 负荷为 $1.0kg \ COD_{Cr}/(m^3 \cdot d)$，硝化负荷为 $0.6kg \ NO_3^- \text{-}N/(m^3 \cdot d)$，硝化液回流比 $100\% \sim 120\%$。

四、主要设备与材料

（一）滤料

BAF 的滤料一般应符合如下要求：

① 表面较粗糙，比表面积大，具有微生物栖息的理想表面；

② 耐磨性好，耐久性好，可减小损耗；

③ 颗粒性好，可按需要制成不同粒径的颗粒；

④ 易于冲洗与反冲洗；

⑤ 能使水、气均匀冲洗；

⑥ 能阻截、容纳水中固体物；

⑦ 价格适中。

1. 陶粒滤料

陶粒滤料是采用优质陶土、黏土、黏溶剂等经团磨、筛分、煅烧加工而成，具有表面坚硬、内部多微孔、孔隙率高等特点。以好氧活性污泥作为接种，进水两周即可达到曝气生物滤池的处理效果。

陶粒滤料主要特点如下。

① 颗粒圆、均匀、表面粗糙、多微孔、内部孔隙发达，比表面积大，从而生物菌附着能力强，繁殖快、挂膜效率高，低温低浊条件下去除氨氮效果达到国内先进水平，工作周期长，周期产水量大。

② 堆积密度小，强度大，从而反冲洗能耗低，水头损失小，清洁料水头损失仅为150mm/m。

③ 截污能力强，一般为 9～13kg/m。

④ 滤速高，一般为 15～20m/h，最高可达 35m/h。

⑤ 反冲洗耗水量低，仅为石英滤料的 30%～40%。

⑥ 化学性能稳定，抗酸碱性能强，使用寿命长。

陶粒滤料外观见图 1-7-47，其物理、化学性能见表 1-7-25、表 1-7-26，主要用途见表 1-7-27。

图 1-7-47 陶粒滤料

表 1-7-25 陶粒滤料主要物理指标

项目	性能与参数	项目	性能与参数
外观	近似球形,深褐色或灰褐色,粗糙多微孔	盐酸可溶率/%	＜ 2
		磨损率/%	＜2.2
粒径范围/mm	0.5～2,1～3,3～5,4～6,6～8,8～10	抗压强度/MPa	＞4.0
		灼烧减量/%	＜0.15
表观密度/(g/cm³)	1.4～1.65	不均匀系数 K_{60}	≤1.40
堆积密度/(g/cm³)	0.8～1.1	清洁滤料的水头损失/(mm/m)	＜125
粒内孔隙率/%	≥30		
堆积空隙率/%	≥40	溶出物	不含对人体有害的微量元素
比表面积/(cm²/g)	≥4×10⁴		

表 1-7-26 陶粒滤料化学成分

成分	SiO_2	Al_2O_3	Fe_2O_3	CaO	MgO	K_2O+Na_2O	其他
含量/%	62.1	16.23	6.84	3.26	2.04	3.22	6.31

表 1-7-27　陶粒滤料主要用途

规　　格	使　用　范　围
0.5～2mm	适用于 BAF-N 池或 BAF-DN、BAF-P 池。适用于城市污水脱氮处理,也可用于给水工艺中对微污染水的预处理和工业水过滤
1～3mm	适用于 BAF-N 池或 BAF-P 池。适用于城市污水脱氮除磷深度处理,也可用于给水工艺中对微污染水的预处理和工业水过滤
3～5mm	适用于城市污水厂二级处理后深度处理回用,一般可用做 BAF-N 池填料,也可用于工业水过滤填料
4～6mm	适用于城市污水生化处理
6～8mm	适用于污水生化处理或工业废水粗过滤
8～12mm	适用于污水生化处理中承脱层或工业水过滤

2. 火山岩滤料

火山岩滤料,其主要成分为硅、铝、钙、钠、镁、钛、锰、铁、镍、钴和钼等几十种矿物质和微量元素,表观为不规则颗粒,颜色为黑褐色,多孔质轻,颗粒粒径可根据不同要求生产。火山岩滤料在物理微观结构方面表现为表面粗糙多微孔,这些特点特别适合于微生物在其表面生长、繁殖,形成生物膜。火山岩滤料外观见图 1-7-48。

(a) 粒径1～3mm　　　　　　　　　(b) 粒径3～6mm

图 1-7-48　火山岩滤料

（1）火山岩滤料的用途

这种滤料使曝气生物滤池不仅能处理市政污水,以及可生化的有机工业废水、生活杂排水、微污染水源水等,也可在给水处理中取代石英砂、活性炭、无烟煤等用作过滤介质,同时还可对已经过污水处理厂二级处理工艺后的尾水做深度处理,其处理出水达回用水标准后可作中水回用。

（2）火山岩生物滤料在化学微观结构方面的表现

① 微生物化学稳定性　火山岩生物滤料抗腐蚀,具有惰性,在环境中不参与生物膜的生物化学反应。

② 表面电性与亲水性　火山岩生物滤料表面带有正电荷,有利于微生物固着生长,亲水性强,附着的生物膜量多且速度快。

③ 对生物膜活性的影响方面　作为生物膜载体,火山岩生物滤料对所固定的微生物无害、无抑制性作用,实践证明不影响微生物的活性。

（3）火山岩生物滤料在水力学方面的表现

① 空隙率　内外平均孔隙率在 40% 左右,对水的阻力小,同时与同类滤料相比,所需滤料量少,同样能达到预期过滤目标。

② 比表面积　比表面积大、开孔率高且惰性，有利于微生物的接触挂膜和生长，保持较多的微生物量，有利于微生物代谢过程中所需的氧气与营养物质及代谢产生的废物的传质过程。

③ 滤料形状与水的流态　由于火山岩生物滤料是无尖粒状，且孔径大多数比陶粒要大，所以在使用时对水流的阻力小，节省能耗。

（4）火山岩生物滤料的化学成分及性能

火山岩生物滤料主要化学成分见表 1-7-28，不同生产厂家的火山岩生物滤料性能参数及选型，分别见表 1-7-29 和表 1-7-30。

表 1-7-28　火山岩生物滤料主要化学成分

化学成分	SiO_2	CaO	MgO	Fe_2O_3	FeO	Al_2O_3	TiO_2	K_2O	Na_2O
含量/%	53.82	8.36	2.46	9.08	1.12	16.89	0.06	2.30	2.55

表 1-7-29　火山岩生物滤料各项物理性能测试参数

性能指标	检测结果	性能指标	检测结果
容重/(kg/m^3)	740～850	比表面积/(m^2/g)	13.6～25.5
相对密度	1.29	抗压强度/MPa	5.78
含水率/%	0.9～1.0	抗剪切强度/MPa	3.98
孔隙率/%	73～82	摩擦损耗率/%	<1
去除有机物/%	80 以上	开始挂膜时间/h	27
COD 去除率/%	85 以上	盐酸可溶率/%	<1.0
BOD 去除率/%	75～93	溶出物	微含有益的矿物与微量成分
氨、氮去除率/%	85 以上	外观	饱满颗粒，类似球状

表 1-7-30　火山岩生物滤料规格与选型

适用水质及应用工艺	规格/mm	重要参数
（工业污水）流化床工艺	0.5～1.5	1. 堆积孔隙率≥60% 2. 可使用比表面积$(14～35)×10^6 m^2/m^3$ 3. 堆积密度 650～750kg/m^3 4. 年磨损率≤2% 5. 灰分≤0.1%
（工业/市政污水）BAF/快滤池/过滤罐	1～3	
（工业/市政污水）BAF/快滤池/过滤罐	3～5 4～6	
（给水）生物预处理/（工业/市政污水）反硝化生物滤池	6～8	
（工业废水）医药废水专用	8～12 20～30	
（工业废水）焦化废水、印染废水专用；（恶臭气体）生物处理专用	10～20(12～25) 20～30 30～50	

3. 沸石

目前有两种：天然沸石滤料和活化沸石滤料。

① 天然沸石是铝硅酸盐类矿物，外观呈白色或砖红色，属弱酸性阳离子交换剂，经人工导入活性组分，使其具有新的离子交换或吸附能力，吸附容量也相应增大。主要用于中小型锅炉用水的软化处理，以除去水中的钙、镁离子，从而减少锅炉内水垢的生成，减轻水中游离态的金属离子的腐蚀，延长锅炉的使用寿命。在废水处理中，可用于除去水中的磷和铅以及六价铬。失效后的沸石可用于浓盐水逆流再生后重复使用。

② 活化沸石是天然沸石经过多种特殊工艺活化而成，其吸附性能比天然沸石更强，离子交换性能也更好，不仅能去除水中的浊度、色度、异味，而且对水中有害的重金属（如铬、镉、镍、锌、汞、铁离子等）也有一定的去除效果，同时有利于去除水中各种微污染物，且水浸出液不含有毒、有害人体物质，去除水中铁、氟效果更为显著。因此活化沸石是工业给水、废水处理及自来水过滤的新型理想滤料。

沸石表面带正电，粗糙多孔，且具有很强的氨氮交换能力，比陶粒更容易挂膜，密度和强度也符合曝气生物滤池要求，适合作为 BAF 滤料。由于离子交换作用，沸石对氨氮的去除率在 95％以上，因此沸石滤料能显著增强过滤单元去除氨氮的能力；沸石对水中浊度的平均去除率为 65％；对水中 COD、锰的平均去除率大于 13％。沸石滤料对水质的影响试验表明，使用沸石作为滤料不会增加水中有害金属离子浓度。

沸石滤料的外观见图 1-7-49，其化学成分及性能见表 1-7-31、表 1-7-32。

图 1-7-49　沸石滤料

表 1-7-31　沸石的化学成分

成分	SiO_2	Al_2O_3	K_2O	CaO	Fe_2O_3	MgO	NaO	吸氨量
含量/％	70	14	3.5	2.2	1.5	1.3	1.3	115mmol/100g

表 1-7-32　活化沸石滤料的性能

项目	参数	项目	参数
密度/(g/cm^3)	1.8～2.2	滤速/(m/h)	4～12
容重/(g/cm^3)	1.4	磨损率/％	＜0.5
空隙率/％	≥50	破碎率/％	＜1.0
比表面积/(m^2/g)	500～800	含泥量/％	＜1.0
盐酸可溶率/％	≤0.1	全交换工作容量/(mg/g)	2.2～2.5

沸石的技术指标如下。

（1）吸附性能

比表面积 122～355m^2/g；对 SO_2 的吸附容量为 47～58.2mL/g。

（2）阳离子交换性能

NH_4^+ 交换容量：最高 150mmol/100g；最低 109mmol/100g；一般或平均 127.58mmol/100g。

K^+ 交换容量：最高 18.75mg/100g；一般或平均 13.19mg/100g。

（3）催化性能

沸石具有较大比表面积，有较好的晶化性能，经甲苯歧化催化试验证明，改性后的沸石制作甲苯歧化催化剂是可行的，对二甲苯异构化都具有较高的催化活化性。

（4）耐酸耐热性能

耐酸性能：在 90℃ 保温 4h，盐酸浓度为 1mol/L 时沸石没破坏；盐酸浓度 2mol/L 时沸石部分破坏。

耐热性能：250℃ 时，晶格略有变化；500℃ 时，晶格基本破坏；750℃ 时，晶格完全破坏；实验证明，其晶格破坏温度为 250～500℃，灼烧时间为 4h。

4. 膨胀页岩

图 1-7-50 页岩陶粒滤料

页岩陶粒又称膨胀页岩，是以黏土质页岩、板岩等经破碎、筛分，或粉磨后成球、烧胀而成。页岩陶粒按工艺方法分为：经破碎、筛分、烧胀而成的普通型页岩陶粒；经粉磨、成球、烧胀而成的圆球形页岩陶粒。页岩陶粒滤料的外观见图 1-7-50，其物理、化学性能见表 1-7-33。

页岩陶粒滤料特点：

① 密度小、机械强度高、耐冲耐磨损、节省能耗，生物稳定性、化学稳定性及热力学稳定性好。

表 1-7-33 页岩陶粒物理、化学性能

分析项目	测试数据	分析项目	测试数据
密度	1.6g/cm³	盐酸可溶率	2.8%
容重	0.8g/cm³	SiO_2	65%
磨损率	1.8%	Al_2O_3	18%～22%
孔隙率	56%	Fe_2O_3	6%～8%
比表面积	>980cm²/g	其他金属含量均不超标	
常用规格	0.5～1mm;1～2mm;2～3mm;2～4mm;3～5mm;4～8mm;5～10mm;10～20mm;40～80mm		

② 由于表面粗糙，微孔结构丰富、比表面积大，因此截污能力强，挂膜效率高，利于微生物生长繁殖，生物量高。

③ 抗冲击负荷能力强，耐低温，易挂膜，启动快，反冲洗能耗低。

5. 轻质塑料滤料

图 1-7-51 聚苯乙烯泡沫颗粒滤料

聚苯乙烯泡沫颗粒滤料（EPS 发泡塑料滤珠）系在悬浮聚苯乙烯树脂中加入石油液化气而发泡制成的球状颗粒，在受热（70℃以上）时，体积膨胀，形成白色小球（俗称白球滤料），属于轻质滤料。

聚苯乙烯泡沫颗粒滤料外形见图 1-7-51，表 1-7-34 列出了可发性聚苯乙烯泡沫颗粒滤料（EPS 发泡塑料滤珠）及聚乙烯烧结过滤材料性能规格。泡沫颗粒具有质轻、比表面积大、吸附能力强、不破碎、孔隙率高、滤速高、脱污能力强、滤料均匀、使用寿命长等优点。

表 1-7-34 塑料滤料的性能规格

滤料名称	粒径(孔径)	物理化学性质	产地
聚乙烯泡沫颗粒滤料	1.0～1.6mm（未发泡粒径 0.53～0.85mm）	堆密度 80～100g/L，孔隙率约 50%	上海

滤料名称	粒径(孔径)	物理化学性质	产地
聚乙烯烧结过滤材料	$<20\mu m$ $20\sim70\mu m$ $70\sim100\mu m$ $100\sim150\mu m$ $>150\mu m$	使用压力<0.4MPa 再生压力 0.6MPa 使用温度$<80℃$ 间断使用温度$<100℃$	上海
微孔聚乙烯(PE)板形过滤介质	PE 圆形板规格 (外径×厚)/mm 120×10 270×5 270×8 500×6 500×8 600×6 600×8	—	浙江省 温州市
微孔聚氯乙烯管形过滤介质	PVC-1-6	—	—

（二）承托层

承托层，用于支撑滤料，在过滤时阻挡滤料进入出水中，在反冲洗时均匀布水。BAF 承托层多采用不同粒径的卵石分层码放构成。几种承托层材料的性能参数见表 1-7-35。

表 1-7-35　几种滤池支承层用卵石的性能规格

粒径/mm	外观质量	物理化学性质	产地
2～4 4～8 8～16 16～25 16～32 32～64	呈圆形,无裂纹,天然河卵石经人工洗选	堆密度 1.85t/m³,SiO₂ 含量≥98.8%,Fe₂O₃ 含量 0.038%,盐酸溶出率<0.3%,含泥量 0.1%,抗压强度 103.4MPa	湖南省岳阳市
2～4 4～8 8～16 16～32 32～64	呈类圆形,无裂缝,无杂质,人工筛洗选	SiO₂ 含量 98.8%,Fe₂O₃ 含量 0.038%,堆密度 1.85t/m³,抗压强度 103.4MPa	福建省晋江市
2～4 4～8 8～16 16～32 32～64	天然海卵石,呈类圆形,无裂纹,无杂质,不含污	真密度 2.65t/m³,堆密度 1.85t/m³,SiO₂ 含量 98.8%,抗压强度 103.5MPa	福建省晋江市

（三）布水、布气装置

1. 小阻力配水系统

小阻力配水系统的形式很多，最常用的是穿孔板上安装滤头。长柄滤头是目前在气水反冲洗滤池中应用最普遍的配水、配气系统。长柄滤头由上部滤帽、滤柄和预埋套管组成。每只滤帽上开有多条缝隙，缝隙在 $0.5\mu m\sim0.25$mm，视滤料粒径决定。直管上部设有小孔，下部有一条缝隙。滤柄可分为固定式和可调式。冲洗时空气从滤柄上部的气孔进入，水则在滤柄下部的缝隙和底部进入。长柄滤头的滤帽为半球状体，由于滤帽缝隙呈弧形，因而配气、配水均匀。

长柄滤头外形结构见图 1-7-52，国内常用的长柄滤头规格见表 1-7-36。

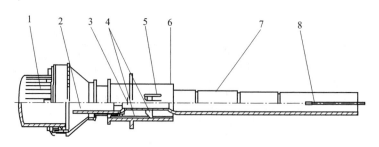

图 1-7-52　长柄滤头

1—滤帽；2—可调节螺纹；3—进气孔；4—调节瓣与防脱条；5—卡销；

6—滤头预埋座；7—滤杆；8—进气缝

表 1-7-36　国内常用的长柄滤头规格

名称型号	材质	总长度/mm	预埋套管长度/mm	缝隙条数	缝隙高度/mm	平均缝隙宽度/mm	一个滤头缝隙面积/m²
长柄滤头	ABS	292	100	40	25	0.25	2.5

　　安装长柄滤头的滤头固定底板的接缝必须严密、可靠，不得漏气漏水。固定式滤头固定板的上表面应平整，每块板的水平误差不得大于 2mm，整个池内板面的误差不得大于 5mm。

　　安装前，就把套管预先埋入滤板内。长柄滤头采用 ABS 工程塑料（或不锈钢）制造。当气水反冲洗时，在滤板下面的空间内，上部为气，形成气垫，下部为水。气垫厚度大小与气压有关。气压越大，气垫厚度越大。气垫中的空气先由直管上部小孔进入滤头，气量加大后，气垫厚度相应增大，部分空气由直管下部的直缝上部进入滤头，此时气垫厚度基本停止增大。反冲水则由滤柄下端及缝上部进入滤头，气和水在滤头内充分混合后，经滤帽缝隙均匀喷出，使滤层得到均匀反冲。滤头布置数一般为 48~60 个/m²，开孔比约 1.5%。滤头的配水配气示意见图 1-7-53。

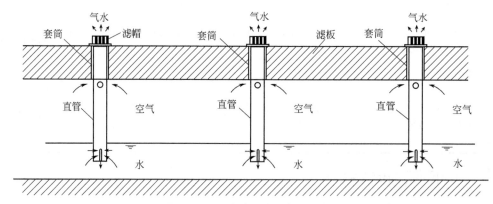

图 1-7-53　滤头配水配气示意图

　　长柄滤头配气配水系统的滤帽缝隙总面积与滤池过滤面积之比一般为 1.25%。每平方米的滤头数量约为 50 个左右。冲洗水通过长柄滤头的水头损失和冲洗空气通过长柄滤头的压力损失可按产品实测资料确定。

　　气水反冲洗滤头技术参数（见表 1-7-37、表 1-7-38）：

　　① 滤头缝隙无残缺、气泡、飞边和毛刺等缺陷。

　　② 滤头表面光滑、无明显杂质、无裂纹，色泽一致。

　　③ 单纯用气反冲洗时，滤头的水头损失和气水同时反冲洗的滤头水头损失应符合设计要求。

④ 单纯用水反冲洗时滤头的气压损失不大于表 1-7-37 值。

表 1-7-37　单纯用水反冲洗时滤头的水头损失最大值

流速/(m/s)	23	27	31	35	39	43
水头损失/Pa	0.041	0.055	0.074	0.098	0.138	0.161

表 1-7-38　长柄滤头技术参数

项目 单位	规格 /mm	拉伸强度 /MPa	冲击强度 /(kg/m²)	硬度(洛式)	调节范围 /mm	通水流量 /[m³/(个·h)]
指标	420	35～45	10～30	95～103	0～40	1

2. 大阻力配水系统

如图 1-7-54 所示,大阻力配水系统多采用穿孔管式,有一条干管和多条带孔支管构成,外形呈"丰"字状,其干管和支管设计取值可参照表 1-7-39。

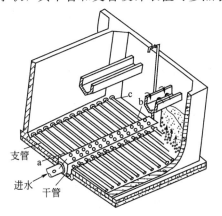
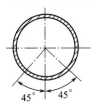

穿孔支管孔口位置

45°　45°

图 1-7-54　穿孔管大阻力配水系统

表 1-7-39　管式大阻力配水系统设计参数

项目	数值	项目	数值
干管进口流速/(m/s)	1.0～1.5	支管进口流速/(m/s)	1.5～2.5
总开孔率/%	0.2～0.5	孔口流速/(m/s)	5～6
孔口直径/mm	9～12	支管间距/m	0.2～0.8
孔口间距/mm	75～300	支管直径/mm	75～100

穿孔管上总的开孔率(孔口面积与滤池面积之比)很低,为 0.2%～0.5%,支管下开两排小孔,孔口直径为 9～12mm,与中心线呈 45°角交错排列。当干管直径大于 300mm 时,干管顶部也应开孔布水,并在孔口上方设置挡板。在反冲洗时孔口流速 $v=5～6m/s$,产生较大的水头损失,约为 3～4m,孔口水头损失远高于配水系统中各孔口处沿程损失的差别,相对消除了滤池中各孔口位置不同对配水均匀性的影响,实现了配水均匀。

大阻力配水系统滤池的反冲洗水由反冲洗水塔或反冲洗水泵提供,总的反冲洗水头 6～8m。优点是:其配水均匀性好,单池面积大(可到 100m² 左右),基建造价低,工作可靠。不足之处:需单设反冲洗水塔或水泵,反冲洗所需水头大、能耗高。

3. 布气装置

布气装置根据曝气器的结构形式分为软管式、盘式、钟罩式和平板式;根据曝气器的材质可分为增强聚氯乙烯（PVC）软管型、橡胶膜型、陶瓷型、刚玉型、半刚玉型（硅质和刚玉的混合型）、硅质型和钛质型。不同形式的曝气器性能指标参见表 1-7-40。

表 1-7-40　不同性能曝气器的技术指标

技术指标	增强 PVC 软管型	橡胶膜盘型	硅质、陶瓷、刚玉、半刚玉型	钛板型
氧利用率/100%	≥17	≥20	≥20	≥20
充氧能力/(kg/h)	≥0.10	≥0.13	≥0.13	≥0.13
理论动力效率/[kg/(kW·h)]	≥4.0	≥4.5	≥5.0	≥5.0
曝气器阻力损失/Pa	≤3000	≤3500	≤5000	≤4000

注：1. 测试式样：增强（PVC）软管型，内径 65mm，孔缝 5.5mm，曝气区长度 1000mm；橡胶膜盘型，直径 192mm；硅质、陶瓷、刚玉、半刚玉型，直径 178～200mm；钛板型，直径 178mm。

2. 测试条件：服务面积 0.5m²，曝气深度 4m，标准通气量 2m³/h，水温 20℃。

3. 其他型号的曝气器应参照以上的指标执行。

曝气生物滤池常用的布气装置主要是橡胶膜型微孔曝气器，橡胶膜型微孔曝气器的结构形式分为盘式（一体式和分体式）、管式及板式。

其性能指标分别参见表 1-7-41～表 1-7-43。

表 1-7-41　盘式橡胶膜型微孔曝气器的充氧性能指标

指标	单位	规格								
有效直径	mm	175(含)～250			250(含)～300			≥300		
测试池面积	m²	0.5			0.5			0.5		
标准通气量	m³/h（标准状态）	1	1	1	2	3	4	3	4	6
标准氧传质速率 SOTR（充氧能力）	kg/h	≥0.10	≥0.19	≥0.27	≥0.20	≥0.28	≥0.35	≥0.28	≥0.36	≥0.52
标准氧传质效率 SOTE（氧利用率）	%	≥36	≥34	≥33	≥35	≥34	≥32	≥34	≥32	≥31
标准曝气效率	kg/(kW·h)	≥9.4	≥8.8	≥8.5	≥9.1	≥8.7	≥8.2	≥8.7	≥8.4	≥8.0
阻力损失	Pa	≤3000	≤3500	≤4000	≤3000	≤3500	≤4000	≤3000	≤3500	≤4500

注：1. 测试水深为 6m，测试用清水总溶解固体（TDS）≤1g/L，电导率（CND）≤2ms/cm。

2. 其他表中未列规格盘式橡胶膜型微孔曝气器的充氧性能指标要求按相近规格执行。

表 1-7-42　管式橡胶膜型微孔曝气器的充氧性能指标

指标	单位	规格									
有效直径	mm	62×650			65×1000				93×1000		
测试池面积	m²	0.5			1				1		
标准通气量	m³/h（标准状态）	4	6	8	4	6	8	10	6	8	10	12
标准氧传质速率 SOTR（充氧能力）	kg/h	≥0.38	≥0.52	≥0.62	≥0.39	≥0.55	≥0.69	≥0.81	≥0.58	≥0.71	≥0.84	≥0.94
标准氧传质效率 SOTE（氧利用率）	%	≥34	≥31	≥28	≥35	≥33	≥31	≥29	≥35	≥32	≥30	≥28
标准曝气效率	kg/(kW·h)	≥8.8	≥7.9	≥7.1	≥9.0	≥8.4	≥7.9	≥7.3	≥8.9	≥8.1	≥7.6	≥7.1
阻力损失	Pa	≤3500	≤4500	≤5000	≤3500	≤4500	≤5000	≤5500	≤4000	≤5000	≤5500	

注：1. 测试水深为 6m，测试用清水 TDS≤1g/L，CND≤2ms/cm。

2. 其他表中未列规格管式橡胶膜型微孔曝气器的充氧性能指标要求按相近规格执行。

表 1-7-43　板式橡胶膜型微孔曝气器的充氧性能指标

指标	单位	规格					
有效长度×有效宽度	mm	650×150			(1000~1200)×(200~300)		
测试池面积	m^2	0.5			1		
标准通气量	m^3/h（标准状态）	6	8	10	7	10	15
标准氧传质速率 SOTR(充氧能力)	kg/h	≥0.58	≥0.71	≥0.84	≥0.70	≥0.92	≥1.30
标准氧传质效率 SOTE(氧利用率)	%	≥35	≥32	≥30	≥36	≥33	≥31
标准曝气效率	kg/(kW·h)	≥9.0	≥8.1	≥7.6	≥9.3	≥8.5	≥7.9
阻力损失	Pa	≤4000	≤4500	≤5000	≤4000	≤4500	≤5500

注：1. 测试水深为 6m，测试用清水 TDS≤1g/L，CND≤2ms/cm。

2. 其他表中未列规格板式橡胶膜型微孔曝气器的充氧性能指标要求按相近规格执行。

（四）自控系统

为保证系统的布水布气均匀、减少反冲洗时的供水供气量，滤池表面积不能太大，这就使得 BAF 分格数较多，运行时常常是几座甚至十几座滤池一起工作；而反洗系统共用一套，则需各池排队依次进行反冲洗。而且每个滤池又都具有进水系统、出水系统、反冲洗进水系统、反冲洗排水系统、工艺曝气系统和反冲洗供气系统这 6 套管路系统，这就使整个工艺的控制部分庞大、复杂，不可能通过操作人员人工控制来实现，必须使用 PLC 编制程序，进行自动控制。

1. BAF 对自动控制的基本要求

尽管 BAF 工艺已发展出诸多形式，但其对自动控制的基本要求是一致的。

① 保证进水的水量和均匀　由于 BAF 工艺常常是多个滤池并联工作，这就存在着每个滤池的进水水量是否大致相同，污水在每个滤池中的停留时间和上升流速是否合理的问题，因此需要由控制系统监控每个滤池的进水水量。当滤池间的进水水量出现偏差时，能够及时让管理人员知道，甚至能够做到自动调节各进水支管的流量，保证污水在每个滤池内的停留时间大致相同，最低要求也要能监控进水总管的流量，以明确系统目前的运行状态。

② 保证工艺曝气的均匀　BAF 工艺的工艺曝气管道布置在滤板上方的承托层内，上方是几米高的滤料层，导致曝气器上方阻力变化的因素多，易出现曝气不均匀的现象，一旦出现，维修起来也很困难。因此能够通过自控系统及时监控每个滤池曝气管道的风量，并找到一种最简单的解决曝气不均匀现象的方法，就成了 BAF 工艺控制的一个重要任务。

③ BAF 反冲洗的控制　由于 BAF 工艺常常是多个滤池并联工作，而反冲洗采用的水泵和风机共用一套，因此控制系统必须能准确地了解到多个滤池中有哪个或是哪几个滤池需要进行反冲洗，将这些需要反冲的滤池排队，及时准确地切换滤池上各阀门的开关，同时将处于反冲洗状态的滤池进水量分配至其他工作滤池，以正常工作的每个滤池的进水不发生大的变化为原则，在反冲结束时再将阀门切换回来。

④ 保证反冲洗时适当的水量和气量　反冲洗时的水量和气量决定了反冲洗后 BAF 滤料上的生物膜厚度。若反冲洗水量和气量不够，则不能将滤料间截留的悬浮物质彻底清除掉，使滤料的截污能力下降，下一次反冲洗周期变短。反冲洗水量和气量过大，在冲走滤料间无机杂质的同时，也会使附着在滤料上的生物膜因过度冲刷而流失，导致下一周期开始时的一段时间内滤池去除效率下降。

目前 BAF 这样的新型工艺，可参看的实际经验还不多，设计的数据也不十分精确，这样就需要在运行过程中通过自控系统调整各个控制参数，以便得到更好的处理效果。

2. BAF 自控系统设计

（1）BAF 常用仪表及设备

① 常用仪表　滤池上的在线仪表主要是流量计、压差传感器、溶氧仪等。

a. 流量计。用于检测进水流量、曝气量。工艺曝气量的测量常采用涡街流量计，设计选型时要防止管道口径过大，流速过低，造成雷诺数过低，形成不了湍流，从而引起测量的较大误差。一般而言，需保证雷诺数 $Re > 20000$。由于气体测量受温度和压力影响较大，所以要使用温度-压力补偿器。进水采用支管分配时，进水流量计可采用涡街流量计；进水为堰渠配水时，可采用超声波流量计。超声波流量计由于采用非接触式的连续测量，不会在污水中结垢，安装维修方便。选用超声波流量计时，应考虑流量范围与超声波探头的合理搭配。

b. 压差传感器。压差传感器用于测量 BAF 滤料上下之间的压差，该值用来控制反冲洗的起始。安装方式是用两条管道分别连接滤料上下的污水，将传感器安装在两条管道的连接处，这样就能测量出压差。

c. 溶氧仪（DO 仪）。在线监测溶氧仪可实时监控 BAF 出水的 DO 浓度，并可反馈信号给 PLC，用于指令鼓风机变频器的运行，调节鼓风机曝气量。在选用 DO 仪时，应考虑到其自动清洗功能，定期清洗传感器电极。

d. 液位计。用于在线监测 BAF 液位情况。BAF 一般采用超声波液位计或浮球液位计。

② 常用设备

a. 变频器。BAF 工艺中必须用到变频器的地方是曝气风机。通过检测 BAF 中溶解氧含量，并与设定值进行比较，从而改变电机转速而达到改变曝气量的目的，使出水溶解氧浓度在设定的范围内。变频器控制信号来自 PLC 控制器，变频器容量应与电机额定功率匹配。

b. 自动阀门。由于管路系统复杂，BAF 工艺中安装的自动阀门很多，它们都是自控系统的执行机构。按照驱动形式可以分为气动阀门和电动阀门两种：气动阀门通过控制气缸的气流方向，由压缩空气来驱动阀门的开或关；电动阀门直接由电机驱动。

气动阀门可靠性更高，整套设备造价较低，但是其驱动气源需要由空气压缩机提供，气体管路安装需要专业指导，否则在安装或气洗管路时，容易造成管路泄漏或堵塞；电动阀门由于不需要安装气体管路，控制简单，现场安装方便，但整套设备造价较高，且阀门安装在滤池管廊中，湿度较大，阀门动作频繁，容易损坏，可靠性没有气动形式的高。综合性价比来看，BAF 工艺中推荐选用气动阀门，它更适应 BAF 污水厂的自控系统。

（2）BAF 工艺控制原理

BAF 状态可分为正常工作、反冲洗、备用、故障等几种状态。

① 正常工作状态　滤池正常工作时，曝气阀及进水调节阀开启，其他阀门关闭，曝气鼓风机变频运行，整个滤池自动运行。核心控制参数为滤速（水力负荷）、出水溶解氧浓度（DO）及运行周期控制。

为使进水均匀配给每个滤池，最完善的控制方法是在每个滤池的进水支管上均设置自动阀门和流量计，根据每个滤池流量数据来控制进水支管上阀门的开启程度，使进水流量与预先设定的流量相同，确保滤池在设计工况（设计水力负荷）下运行，但这种控制方法由于安装了较多流量计，成本较高。也可以在进水总管上安装一个总进水流量计，来显示滤池总进水量，并假设配水管路能将进水平均分配给每个滤池，以这个假设的数据来确定工作滤池的个数，但每个滤池的进水支管上仍应设置自动阀门以调节进水量。

从一根曝气总管分出 N 个曝气支管为 N 个滤池供气的方式，无法达到对单个滤池所需曝气量进行控制的目的，也无法应对曝气不均匀的现象。比较可行的控制方法是将风机与滤池一一对应，即一台风机只为一个滤池服务，这样每个气体流量计只显示一台风机的风量，在线溶氧仪和曝气鼓风机组成闭环控制，使池内的溶解氧保持一定水平，当一个滤池曝气出现堵塞时，可以方便地调节并且不会影响到系统内其他滤池的正常供气。

② 反冲洗状态　正常情况下滤池反冲洗周期一般为 24～48h，运行人员可以根据实际情况及时调整 PLC 中设定的数据，或由压差传感器提供的压差信号作为滤池反冲洗的判断指标，还可由运行人员根据需要人为干预，产生反冲洗信号。

当滤池具备反冲洗条件时，需停止正常工作，要排队才能进入反冲洗工况（根据提出反冲洗申请的先后顺序）。反冲洗程序为三段式冲洗：气冲洗、气水混合冲洗、水冲洗。其工艺过程为：

a. 关进水调节阀—关闭曝气鼓风机和鼓风机出口自动阀门；

b. 开反冲洗排水闸板—开反冲洗进气阀—启动反冲洗鼓风机；

c. 开反冲洗水泵—开反冲洗进水阀；

d. 停反冲洗鼓风机—关反冲洗进气阀—开放气阀—关放气阀；

e. 关反冲洗进水阀—关反冲洗水泵—关反冲洗排水闸板。

此时一个反冲洗周期结束，开进水阀门和曝气进气阀，滤池开始正常工作。

反冲洗周期、气洗时间、气水联合反洗时间、水洗时间、排气阀开启时间均可由操作人员根据实际运行情况进行程序设定。当反冲洗状态进行时，如出现进入反冲洗状态的条件被破坏的情况，反冲洗工况自动停止。

③ 备用状态　BAF 系统在设计时都会按照比较保守的数据设计，加之污水处理进水量的季节性变化或工业废水水量的生产性变化，经常会发生有滤池闲置备用的情况。这时，控制系统可根据每个滤池和设备闲置时间的多少而安排滤池的工作，让每个滤池和设备都能获得大致相同的检修时间。

④ 故障状态　BAF 在运行中若出现故障，应停电检修，单个滤池的检修不会影响其他滤池的正常运行。

（3）BAF 自控系统结构和组成

BAF 自控系统多采用以 PLC 为基础的 DCS 控制系统，即分散控制系统（distributed dontrol system），也称为集散控制系统。它是一个由过程控制级和过程监控级组成的以通信网络为纽带的多级计算机系统，综合了计算机（computer）、通信（communication）、显示（CRT）和控制（control）4C 技术，其基本思想是分散控制、集中操作、分级管理、配置灵活、组态方便。

各单格滤池旁设分控柜（就地柜）一个，控制滤池的过滤及阀门（包括反冲洗时的相关阀门）。整个滤池设公共控制柜一个，用于处理各分控柜的反冲洗申请，以及反冲洗设备的控制。各分控柜和公共控制柜通过工业控制网连接起来，实现数据的传输。数据传输至上位机，动态显示滤池工艺工作状况、设备运行状况、反冲洗参数设置等。自控系统结构见图 1-7-55。

系统由分控柜、公共控制柜、上位机监控站三部分组成。

① 分控柜　分控柜安装于每格滤池旁。其主要功能为：a. 对单格滤池进行污水过滤、曝气控制及气水反冲洗控制；b. 显示各阀门的开关状况；c. 动态显示水位、水头损失、溶解氧浓度；d. 显示相关设备的工作状态；e. 对单格滤池的阀门实行自动控制，亦可对单个阀门进行手动操作；f. 指示滤池的工作状态；g. 对有关故障进行报警。

② 公共控制柜　安装于控制室。其主要功能为：a. 负责协调各格滤池反冲洗控制，以

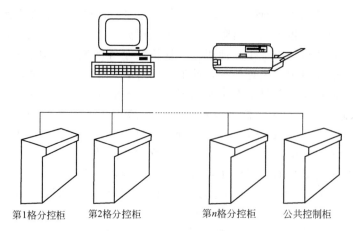

第1格分控柜　　第2格分控柜　　　　第n格分控柜　　公共控制柜

图 1-7-55　BAF 自控系统结构

及设备内部间的网络通信；b. 显示反冲洗设备各阀门的开关状况；c. 显示反冲洗设备的工作状况；d. 对反冲洗设备（反冲洗水泵、反冲洗鼓风机等）及其出口阀门进行自动控制，亦能对单个滤池进行手动操作；e. 对有关故障进行报警。

③ 上位机监控站　安装于控制室。其主要功能为：a. 动态监视各滤池的运行情况、相关设备及阀门的工作状态；b. 对反冲洗周期、滤池水温、水头损失、反冲洗时间等参数进行设置；c. 显示有关参数的历史曲线及图表；d. 具有水位报警、通信报警灯功能，并具有为用户提供进一步处理报警的能力；e. 报表管理，统计生产滤池运行情况的各种生产报表、报警报表等；f. 打印功能，连接打印机后，可打印各种报表及图形。

（4）主要测控点

① 数字 I/O　曝气鼓风机工作状态；进出水自动阀门、曝气自动阀门、排气阀的开闭状态；反冲洗水泵、反冲洗鼓风机的启停状态；反冲洗水自动阀门、反冲洗气自动阀门的开闭状态。

② 模拟 I/O　进水流量、进水阀阀位；滤床水头损失、水位；溶解氧浓度、曝气量。

第六节　生物活性炭滤池

生物活性炭滤池技术是在活性炭技术的基础上发展而来，大量应用于饮用水的处理。但由于水资源的匮乏，人们对污水处理出水深度处理后回用的需求越来越大，也使得生物活性炭滤池技术开始大量用于污水的深度处理。

一、原理和功能

（一）原理

生物活性炭滤池（biological activated carbon filter，BACF）技术是将活性炭作为生物膜载体，利用活性炭的吸附作用和生物膜降解作用，去除水中污染物的一种水处理技术。生物活性炭滤池在结构及运行方式上与 BAF 类似，只是其填料为颗粒活性炭。颗粒活性炭利用其具有巨大比表面积及发达孔隙结构，对水中有机物及溶解氧有强的吸附特性，以及其表面极易于微生物的繁殖的特性，以其作为生物载体，为微生物集聚、繁殖生长提供了良好场所；同时由于微生物的降解作用，对活性炭有再生作用，延长了活性炭的使用寿命。

（二）机理分析

生物活性炭滤池处理水的过程，涉及活性炭颗粒、微生物、水中污染物（基质）及溶解氧4个因素在水溶液中的相互作用。图1-7-56为生物活性炭滤池内活性炭、微生物、污染物质及溶解氧间相互作用简化模型示意。

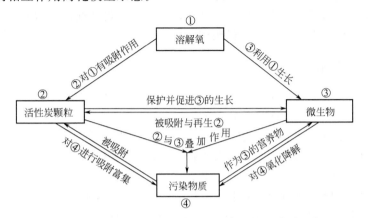

图1-7-56　生物活性炭滤池的相互作用简化模型示意

（1）活性炭与污染物之间的相互作用

属于单纯活性炭吸附，与活性炭的比表面积、孔隙结构、表面化学性质有关，与污染物的溶解度、分子量、分子极性、分子结构等有关。目前国内用于水处理的活性炭，其微孔比较发达，一般占比表面积分配的95%以上，但过渡孔（中孔）只占5%以下。对于废水处理，需要比孔容积$>0.2cm^3/g$活性炭，这样大分子和大分子量的有机污染物才能被吸附。

（2）活性炭对溶解氧的作用

主要是化学吸附，这部分氧有时可起到催化作用。

（3）微生物与溶解氧的作用

当水中溶解氧足够时，好氧微生物得以生长，溶解氧不足时，兼性微生物及厌氧微生物得以生长。

（4）微生物与污染物质的相互作用

微生物对基质的降解过程是微生物获取能量和营养的过程，但有时基质也可以是微生物代谢活动的抑制剂。

（5）微生物与炭颗粒的相互作用

活性炭对水中微生物有很好的吸附作用。包括对细菌、真菌、原生动物、藻类及病毒等。影响活性炭对微生物吸附的主要因素有：微生物的特征与浓度，活性炭的特性及环境条件等。微生物对活性炭的吸附作用有着重要影响：

① 好氧微生物的存在，可以提高活性炭的吸附容量，延长活性炭的使用寿命。厌氧及兼氧微生物的存在将使废水中一些化合物还原，如对SO_4^{2-}、NO_3^-及NO_2^-等，有时会对吸附装置的正常运行带来麻烦。

② 活性炭的吸附速率主要取决于过渡孔（中孔）及微孔的吸附速率，炭表面生长的微生物主要在活性炭外表面及大孔内。活性炭表面上的微生物量与水中基质浓度有关，通过控制适当的基质浓度，以及在操作上采用相应的措施，如定期反冲炭床等，这样就对活性炭吸附速率的影响不大。

③ 活性炭吸附与微生物降解的协同作用。目前一般认为，微生物的降解作用改变了活

性炭的物理吸附平衡，使生物活性炭得以再生。人们从活性炭的物理吸附特性及微生物氧化作用分析：炭表面生长的微生物群，不但可以降解水中的有机物质，同时也能降解炭内已吸附的有机物质。由于炭表面微生物膜内的有机污染物质浓度最低，所以引起水中有机物借助液相中的浓差推动力和炭对有机物的吸附势能，向炭表面微生物膜扩散，同时，炭内已吸附的有机物则由于其表面的浓度差，而获得保持吸附平衡的解吸力，也向炭表面微生物膜扩散。此时微生物在水和炭两个方向的有机物扩散供给下，得到充足的营养，生物活性高、繁殖快，在适宜的环境下提高了活性炭的吸附容量。

（三）BACF 特点

虽然活性炭生物再生机理的解释在国内外尚不统一，但它在水处理方面具有突出的效果，得到了全世界的认可。BACF 的特点如下。

① 适用于低浓度有机废水的深度处理。一般情况下，微生物对有机物的降解存在一个最小基质浓度，水中有机物低于这一浓度时，微生物降解反应速率很低。由于 BACF 对水中有机物有较好的吸附性能，炭表面对有机物的富集，提高了微生物的降解速率。BACF 可用于污水处理的末端处理，使出水达到较优质的水质指标，以满足日益严格的达标排放要求。

② 利用微生物降解吸附到活性炭上的有机污染物，从而降低了活性炭的吸附负荷，增加了炭床达到"穿透"或"失效"时的通水倍数，大大延长了活性炭的使用周期，降低了活性炭的再生成本。对不同的水质，生物活性炭对 COD 的吸附容量较单纯活性炭吸附容量（0.3～0.5g COD/kg 炭）提高 4～20 倍。

③ BACF 运行稳定，去除率高，可去除活性炭和微生物单独作用时不能去除的污染物。由于活性炭对溶解氧的吸附，活性炭表面具有催化作用，促进有机物生物降解。活性炭对水中有毒物质的吸附，提高了处理工艺的耐冲击负荷的能力。

④ BACF 工艺设备简单，占地面积小，易于实现完全自动控制，运行管理方便，节省人力。

⑤ 对 COD、SS、色度均能较好地去除，尤其是对色度的去除效果是其他工艺无法比拟的。

二、设备和装置

生物活性炭滤池的构成及运行方式与 BAF 非常相似，只是滤料采用活性炭滤料，其他构成如承托层、布水布气装置、自控系统等都可参照 BAF 进行设计和选型。这里重点介绍活性炭滤料。

1. 常用分类

根据活性炭的外形、原材料、制造方法和用途等不同，活性炭可分为许多类别和品种，表 1-7-44 列出了活性炭的常用分类，不同类型活性炭的外观见图 1-7-57。

(a) 果壳活性炭　　　　(b) 煤质颗粒活性炭　　　　(c) 粉末活性炭　　　　(d) 柱状活性炭

图 1-7-57　不同类型的活性炭

表 1-7-44　活性炭的常用分类

分类标准	说　明
按形状分类	粉状炭、粒状炭(包括无定形炭、柱形炭、球形炭等)
按原材料分类	煤质炭、木质炭、果壳炭等
按制造方法分类	药物活化炭(大部分为 $ZnCl_2$ 活化的粉状炭)、气体活化炭(水蒸气活化的粉状炭和粒状炭)
按用途分类	液相吸附炭、气相吸附炭

2. 活性炭的特性

活性炭外观为暗黑色，化学稳定性好，耐强酸、强碱，耐高温、高压，能经受水浸，密度小于水，是多孔的疏水性吸附剂，具有良好的吸附性能。

活性炭在制造活化过程中，挥发性有机物去除后，晶格间生成空隙，形成许多形状各异的大小细孔。这些细孔的比表面积可高达 $500\sim700m^2/g$，因此活性炭具有很强的吸附能力，并有很高的吸附容量。比表面积相同的炭，对同一种物质的吸附容量有时也不相同，这与它的细孔结构和细孔分布密切相关。而细孔结构与原料、活化方法及活化条件有关。通常可根据细孔半径大小的不同，将细孔分为大孔、中孔和小孔。一般活性炭的小孔容积约为 $0.15\sim0.90mL/g$，小孔表面积占活性炭总表面积的 95% 以上；中孔的容积为 $0.02\sim0.10mL/g$，中孔表面积占活性炭总表面积的 5%；大孔的容积为 $0.2\sim0.5mL/g$，比表面积只有 $0.5\sim2m^2/g$。活性炭的细孔分布及作用模式如图 1-7-58 所示。

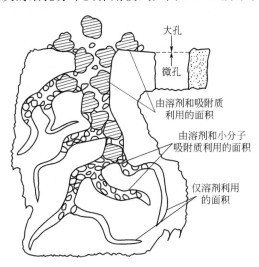

图 1-7-58　活性炭的细孔分布及作用示意

活性炭的吸附特性，不仅受细孔结构影响，而且也受其表面化学性质的影响。

在活性炭成分中，炭占 $70\%\sim95\%$，此外还有两种组分：一种是以化学键结合的氧和氢；另一种是灰分。灰分含量随活性炭的种类而异，椰壳炭的灰分在 3% 左右，而煤质炭的灰分高达 $20\%\sim30\%$。

粉状活性炭吸附能力强，制作容易，成本低，但不易再生；粒状活性炭成本较高，但操作管理简单，且容易再生。

我国用于水处理的活性炭，多为柱状煤质炭。表 1-7-45 列出了几种用于水处理的粒状活性炭的一般特性。

表 1-7-45　用于水处理的粒状活性炭的特性

特性参数	日本 白鹭 W 炭	日本 白鹭 L 炭	日本 X-7000 炭	美国 Filtrasorb-400	太原新华 ZJ-15 炭(8#)	北京光华 GH-16 炭
原料与形状	煤质、无定形	煤质、无定形	煤质、无定形	煤质、无定形	煤质、柱状	杏核、无定形
粒度/目	8～32	8～32	8～32	12～24	10～20	10～28
堆密度/(g/L)	475	405	458	480	450～530	340～440
比表面积/(m^2/g)	850	970	1100	1020	约 900	约 1000
细孔容积/(mL/g)	0.88	1.07	0.94	0.81	0.80	0.90
半径孔径/mm	4.1	3.4	1.9	2.1		
强度/%	90	—	98	87	＜75	≥90
pH 值	—	—	—	—	9.0～9.5	8～10
灰分/%	—	—	—	—	＜30	＜4
水分/%			1010		＜10	＜10
碘值/(mg/g)	—	—	200	1060	≥800	≥1000
亚甲基蓝吸附值/(mL/g)			48	200	—	—
ABS 值	—	—		45	—	—

3. 常用活性炭产品

我国针对净化水用煤质颗粒活性炭制定了国家标准《煤质颗粒活性炭　净化水用煤质颗粒活性炭》（GB/T 7701.2—2008），主要的控制指标如表 1-7-46 所示。国内一些生产活性炭的企业有自己的产品标准和参数，选择时应以厂家提供的数据为准。表 1-7-47 是一些国产活性炭产品的性能参数。

表 1-7-46　净化水用煤质颗粒活性炭国家标准中的主要指标

项目	指标	项目		指标
外观	暗黑色炭素物质，呈颗粒状	粒度/%	＞2.5mm	≤2
漂浮率/%	柱状≤2；不规则状≤10		1.25～2.5mm	≥83
水分/%	≤5.0	φ1.5mm	1.00～1.25mm	≤14
强度/%	≥85		＜1.00mm	≤1
装填密度/(g/L)	≥380		＞2.5mm	≤5
pH 值	6～10	8mm×30mm	0.6～2.5mm	≥90
碘吸附值/(mg/g)	≥800		＜0.6mm	≤5
亚甲蓝吸附值/(mg/g)	≥120		＞1.6mm	≤5
苯酚吸附值/(mg/g)	≥140	12mm×40mm	0.45～1.6mm	≥90
水溶物/%	≤0.4		＜0.45mm	≤5

表 1-7-47　部分水处理用国产颗粒活性炭的参数

活性炭型号	ZJ-15	ZJ-25	QJ-20	PJ-20	XN-15J	XN-25J
形状	φ1.5 圆柱形	φ2.5 圆柱形	φ2.0 球形	不定形	φ1.5 圆柱形	φ2.5 圆柱形
材质	无烟煤	无烟煤	烟煤	烟煤	无烟煤	无烟煤
粒度/目	10～20	6～14	8～14	8～14	10～20	6～14
机械强度	≥85	≥80	≥80	≥85	＞70	＞85
水分/%	≤5	≤5	≤5	≤5	＜5	＜5
碘值/(mg/g)	≥800	≥700	≥850	≥850	＞800	＞700
亚甲基蓝值/(mg/g)	≥100			≥120		

续表

活性炭型号	ZJ-15	ZJ-25	QJ-20	PJ-20	XN-15J	XN-25J
真密度/(g/cm^3)	约2.20	约2.25	约2.10	约2.15	约2.20	约2.25
颗粒密度/(g/cm^3)	约0.8	约0.70	约0.72	约0.80	约0.77	约0.70
堆积/(g/L)	450~530	约520	约450	约400	>450	约520
总孔容积/(cm^3/g)	约0.80	约0.80	约0.90	约0.80	约0.80	约0.80
大孔容积/(cm^3/g)	约0.30		约0.40	约0.30	约0.30	
中孔容积/(cm^3/g)	约0.10	约0.10	约0.10	约0.10		
微孔容积/(cm^3/g)	约0.40		约0.40	约0.40	约0.40	
比表面积/(cm^2/g)	约900	约800	约900	约1000	约900	
包装方式	25~50kg铁桶或袋装	25~50kg铁桶或袋装	25~50kg铁桶或袋装	25~50kg铁桶或袋装	25~50kg铁桶或袋装	25~50kg铁桶或袋装
用途和特点	用于生活饮用水的净化,工业用水的前处理,废水的深度净化	具有良好的大孔,能有效去除污水中各有机物和嗅味,宜用于工业废水的深度净化	易于滚动,床层阻力小,用于液相吸附,城市生活用水净化,工业废水深度净化	饮用水及工业用水净化、脱氯、除油去嗅	饮用水净化,工业用水的预处理,生活污水的深度处理,工业废水的吸附处理	工业废水中有机毒物(如酚、有机农药等)的吸附处理

4. 活性炭的选择

目前,国内用于废水处理的活性炭主要为颗粒活性炭,与粉状活性炭相比,单位质量的颗粒活性炭的吸附量比较少,但是由于吸附达到饱和状态的柱状炭经过再生以后还可以再次使用,因此在处理量大的场合,往往使用颗粒活性炭。

应根据使用目的的不同选择颗粒活性炭,一般情况下,选炭时用亚甲基蓝脱色法作为检测标准。在水处理方面,一般也认为碘值、亚甲基蓝值高的活性炭,吸附性能好,使用寿命长。但是城市自来水和工业水处理中使用的颗粒活性炭是用来去除天然水中有机物的,这些有机物是大分子物质,所用的颗粒活性炭应当具有较多的中孔孔容。此时,采用碘值、四氯化碳值和亚甲基蓝值选用颗粒活性炭处理效果会不理想,因为活性炭对碘值、四氯化碳、亚甲基蓝吸附多在微孔进行(吸附碘的活性炭的最小孔径为1.0nm,吸附亚甲基蓝的活性炭的最小孔径为1.5nm),所以,吸附天然水中有机物的活性炭应当关注其过渡孔的多少,而不应单纯追求微孔(比表面积)的多少。天然水中有机物大多以腐殖质形式存在,主要包括腐殖酸、富里酸、木质素、丹宁四大组分,这些物质的分子量为几百至几十万,比碘、亚甲基蓝、四氯化碳的分子量大得多。因此,2008版国家标准(GB/T 7701.2—2008)取消了碘值、亚甲基蓝值的质量分级,不再以碘值、亚甲蓝值的高低确定合格品、一级品、优级品。为了切合水行业的实际吸附有机物的需求,在2008版国家标准中增加了腐殖酸吸附值、丹宁酸吸附值特殊吸附试验技术要求。美国AWWA标准也有丹宁酸的试验方法,通过增加腐殖酸、丹宁酸吸附性能实验,使煤质活性炭更切合水行业的实际使用,突出煤质活性炭对大分子有机物的吸附性能。

综上所述,在选择活性炭时,应根据所处理对象的分子结构组分的不同,参考不同的指标。当水中含有中大型有机物分子时,孔径分布对吸附占主导,要优先考察丹宁酸;当水中仅含有一些小分子有机物时,活性炭的表面化学性质将可能发挥其作用;若水中主要含芳环类或极性小分子,苯酚值比碘值更能反映活性炭的实际吸附性能。

三、设计计算

（一）设计参数

1. 有机负荷

由于炭床空间中生长的微生物总量是有限的，因而这些微生物在一定的时间内可以降解的有机污染物也就存在一个极限。当炭床在单位时间内从被处理水中吸附截留下来的有机物总量小于炭床微生物的最大分解再生能力时，生物活性炭就能够形成和保持有机物吸附截留量与微生物分解再生量的动态平衡，生物活性炭工艺就能够长期稳定运行。反之，如果进水浓度过高，炭床吸附截留下来的有机物总量超过微生物的最大分解再生量时，这种平衡将遭到破坏，炭床将很快饱和失效。工程实践表明，以进水 COD≤200mg/L 作为采用生物活性炭工艺的前提条件时，从未出现过炭的过饱和问题。生物活性炭滤池（BACF）更适宜处理溶解性有机物。

2. 停留时间

根据工程经验，对于近似生活污水经生化处理出水的水质，生物活性炭床的停留时间可选用 0.5～1.0h；而对于浓度相对较高的工业废水的深度处理，则停留时间宜为 1.0～1.5h。

3. 反冲洗周期与强度

由于进入生物活性炭单元的水中通常带有一定量的悬浮物，这样在生物炭工作一定周期后，在炭床表面或表层形成的悬浮物截留层会使炭床表面"板结"，造成水在通过炭床时的阻力逐渐增加，当炭床上面的水面上升到一定高度时，就应进行反冲洗。反冲洗的周期一般根据进水悬浮物及有机污染物浓度来确定，有时也要参考出水水质要求。在进水悬浮物及有机物浓度较高时，反冲洗周期要短，可考虑间隔 8～16h 冲洗一次；在进水悬浮物及有机物浓度较低时（例如在大多数中水回用工程中或者进水为砂滤出水时），反冲洗周期可适当延长，从已建工程的实际运行经验来看，可以间隔 1～3d 冲洗一次。

气水联合反冲洗的效果优于单独水反冲，并可节约耗水量，推荐采用先以高强度空气擦洗再以微膨胀水漂洗的方式。适宜的气冲强度为 11～14L/(m² · s)、历时为 3～5min，水冲强度为 8～10L/(m² · s)、历时为 5～7min。如采用单独水反冲，建议适宜的反冲强度为 12～14L/(m² · s)、滤层膨胀率为 20％左右，反冲历时为 6～8min。

4. 供气量

在国内目前已有的生物活性炭处理系统中，供气基本上是采用在承托层内设置穿孔管曝气系统的方法。穿孔管鼓出的气泡在穿过承托层后不规则地穿透炭床层并与水流逆向接触。由于炭床的孔隙较小并且很密实，因此气泡被切割得很小，这样可以大大提高氧的利用效率。根据实际设计及工程运行经验，供气量可以按气水比为 (3～4):1 考虑。气水比过小容易造成曝气不均匀，有时会引起反冲洗不彻底，而进一步增大供气量也无必要。根据实际运行结果，当气水比≥3:1、进水 COD≤200mg/L、出水 COD≤50mg/L 时，出水中 DO≥3～5mg/L。

5. 滤速与炭层高度

滤速与炭层高度的取值，与生物膜有关。流体的剪切力对生物群落的结构有影响，流体剪切力会减缓生物膜的老化，使其保持在年轻的状态。高的流体剪切力会减少生物膜的多样性。受活性炭吸附能力的限制，生物活性炭滤池滤速一般为 2～4m/h。生物活性炭滤池深度不同，微生物的优势种类不同，其种类与炭层的高度有关。在不同的季节，微生物的种类也是有差异的。有研究发现对于 2m 厚的生物活性炭滤池，主要的微生物分布在 50cm 以下、150cm 以上的炭层中。BACF 生物碳层高度一般在 1.5～2m 范围内。

生物活性炭滤池一般为下向流进水，废水自上而下通过生物活性炭，反冲洗自下而上，可使炭层充分膨胀，冲洗更彻底。

（二）设计计算

生物活性炭滤池的池体体积宜按照表面负荷（滤速）计算。

1. 滤池总截面积

$$A = \frac{Q}{24q} \tag{1-7-78}$$

式中，Q 为平均日污水量，m^3/d；$24q$ 为表面水力负荷，$m^3/(m^2 \cdot h)$，取值范围 2～4$m^3/(m^2 \cdot h)$，有机负荷低，取上限；有机负荷高，取下限。

2. 滤料体积（堆积体积）

$$V = Ah_3 \tag{1-7-79}$$

式中，V 为滤料体积（堆积体积），m^3；h_3 为填料层高度，m，取值一般为 1.5～2.5m。

3. 单格滤池面积

$$A_0 = \frac{A}{n} \tag{1-7-80}$$

式中，n 为滤池分格数，$n \geqslant 2$；A 为滤池总截面积，m^2；单格滤池截面宜 $A_0 < 100m^2$。

4. 滤池总高度

$$H = h_1 + h_2 + h_3 + h_4 + h_5 + h_6 \tag{1-7-81}$$

式中，h_1 为超高，m，取值宜为 0.5m；h_2 为稳水层高度，m，取值为 1.5～2.0m；h_3 为滤料层高度，m；h_4 为承托层高度，m，取值为 0.3～0.4m；h_5 为滤板厚度，m，一般为 0.1m；h_6 为配水层高度，m，取值为 1.2～1.5m。

（三）其他设计要点

① 采用生物活性炭工艺进行设计时，还应考虑设置超越管路，以便前处理单元出现问题和生产中出现事故排污时可以及时关闭生物活性炭池进水，避免对炭床造成不易恢复的损害。

② 寒冷地区采用生物活性炭滤池时，应考虑防止炭床结冰对生物活性炭本身造成破坏。

③ 生物活性炭工艺单元不能采用间歇式运行，即使由于某种原因，在一天中的某一时段减少进水量或者几个小时内不进水也应该继续保持曝气，此时可适当减小供气量，但一般应保持在原供气量的 1/2 以上。另外，反冲洗时也应保持供气，实际上形成了空气搅拌辅助反洗。

④ 根据连续运行 5 年以上的 BACF 经验，除每年需补充新炭 3%～5% 外（因反冲洗磨损造成的炭量损失），炭床的整体处理效率均未出现下降或变坏的趋势。

⑤ 炭床上表面与反冲废水排水槽间的高度差对反冲洗效果有一定影响，实际应用中以

1.5～2.0m 为宜。

【例 1-7-5】 生物活性炭滤池设计计算

某污水处理厂，流量 5000m³/d，过滤出水 BOD_5＝30mg/L，采用 BACF 工艺，要求出水 BOD_5≤10mg/L。进水悬浮物量 SS_0＝30mg/L。

解：（1）BACF 总面积

选取滤池表面水力负荷为 4.0m³/(m²·h)，采用柱状活性炭，粒径 1～1.5mm，长 3mm，典值＞1000。

$$A=\frac{Q}{24q}=\frac{5000}{24\times4.0}=52.08（m^2）$$

（2）滤池总高

取滤池超高 h_1＝0.5m，稳水层 h_2＝1.5m，滤料层 h_3＝2m，承托层高 h_4＝0.3m，滤板厚 h_5＝0.1m，配水区 h_6＝1.2m

$$滤池总高度 H＝0.5＋1.5＋2.0＋0.3＋0.1＋1.2＝5.6（m）$$

（3）滤池总有效容积

$$V＝Ah_3＝52.08\times2＝104.2（m^3）$$

滤池分 3 格，则单池面积 A_0＝17.36m²，取单池净空尺寸为 4.2×4.2＝17.64（m²）。

（4）水力停留时间

$$空床水力停留时间 t_1＝\frac{V_{总}}{Q}＝\frac{17.64\times2\times3}{5000}\times24＝0.508（h）＝30.48（min）$$

ε 为滤料孔隙率，取 0.5，则实际水力停留时间 $t_2＝εt_1＝0.5\times30.48＝15.24（min）$

（5）曝气量计算

按气水比 4：1 计算。

$$G_s＝4\times5000/24＝833.3（m^3/h）＝13.9（m^3/min）$$

单池供气量为 13.9/3＝4.6（m³/min）

鼓风机选型：曝气鼓风机宜独立供气，空气扩散器距水面 4.2m，因此设三叶罗茨鼓风机 4 台，3 用 1 备，每台风量约 4.6m³/min，风压 5.0m 水深。

（6）反冲洗系统

采用气水联合反冲洗。

① 空气反冲洗计算，选用空气反冲洗强度 $q_气$＝10～15L/(m²·s)，取 $q_气$＝15L/(m²·s)＝54m³/h

$$Q_气＝q_气A＝54\times17.64＝952.6（m^3/h）＝15.9（m^3/min）$$

鼓风机选型：设三叶罗茨鼓风机 2 台，1 用 1 备，每台风量约 15.9m³/min，风压 5.5m 水深。

② 水反冲洗计算，水反冲洗强度 $q_水$＝8～10m³/(m²·h)

$$Q_水＝q_水A＝10\times17.64＝176.4（m^3/h）$$

（7）承托层

承托层采用鹅卵石或砾石，分为 3 层布置，从上到下第一层粒径 4～8mm，层厚 100mm；第二层粒径 8～16mm，层厚 100mm；第三层粒径 16～32mm，层厚 100mm。

（8）布水设施

采用大阻力配水系统，穿孔管布水。

（9）管道计算

设进水管流速为 1.0m/s，出水管流速为 1.0m/s；反冲洗进水管流速为 2.0m/s，反冲洗出水管流速为 0.8m/s；空气干管流速为 10m/s，支管流速为 5m/s。

参 考 文 献

[1] 张文启，薛罡，饶品华. 水处理技术概论［M］. 南京：南京大学出版社，2017.

[2] 李桥龙，潘学军，刘旭军，等. 塔式生物滤池在农村生活污水处理中的应用研究［J］. 工业水处理，2017，37（07）：43-46.

[3] 孙汉文. 生物接触氧化技术在河道污染治理中的应用［J］. 水利技术监督，2023（06）：259-262＋265.

[4] 薛罡，陈红，李响，等. 水污染控制工程设计算例集［M］. 南京：南京大学出版社：2018.

[5] 李友臣，何庆生，范景福，等. A/O 生物流化床工艺处理高盐度烟脱废水研究［J］. 炼油技术与工程，2023，53（5）：21-24.

[6] DAEEUN KWON，EMMA BEIRNS，JUHYE YOON. Polyaniline-coated conductive media promotes direct interspecies electrons transfer（DIET）and kinetics enhancement of low-strength wastewater treatment in anaerobic fluidized bed membrane bioreactor（AFMBR）［J］. Chemical engineering journal，2022，446P2.

[7] 张宝军，王国平，袁永军，等. 水处理工程技术［M］. 重庆：重庆大学出版社，2015.

[8] 王莉. 曝气生物滤池与高效澄清组合工艺在溢流污水项目中的应用［J］. 水资源开发与管理，2022，8（11）：49-55.

[9] 洪凯. 浅谈 BAF 在城镇分布集中式污水厂的应用［J］. 清洗世界，2023，39（04）：13-15.

[10] 刘永明，赵连成，郭燕妮. 环境工程与污水处理技术［M］. Viser Technology Pte. Ltd.：2023-06-19.

[11] 白岩，陈镜允，张林，等. 生物滴滤池滤料分层分段去污效果研究［J］. 区域治理，2019（4）：54.

[12] 张忠祥，钱易. 废水生物处理新技术［M］. 北京：清华大学出版社，2004.

第八章
膜分离处理

第一节　微滤和超滤

一、原理和功能

液体分离膜一般可以分为微滤（MF）、超滤（UF）、反渗透（RD）和纳滤（NF）四种，其膜的孔径大小不同，滤除的粒子也就有区别。图 1-8-1 是压力驱动膜过程示意。

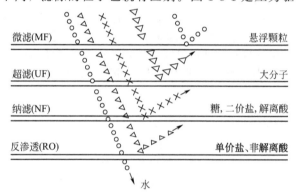

微滤(MF)　　　　　　　　　　　　　　　　　悬浮颗粒

超滤(UF)　　　　　　　　　　　　　　　　　大分子

纳滤(NF)　　　　　　　　　　　　　　糖, 二价盐, 解离酸

反渗透(RO)　　　　　　　　　　　　单价盐、非解离酸

水

图 1-8-1　压力驱动膜过程示意

微滤是一种以压力为推动力，以膜的截留作用为基础的高精密度过滤技术。在外界压力作用下，它可以阻止水中的悬浮物、微粒和细菌等大于膜孔径的杂质透过，以达到水质净化的目的。

微滤主要有以下特征：

① 微滤膜的孔径大小较为均匀，过滤精度高；

② 孔隙率高，过滤速度快，微孔滤膜的孔隙率可达到 70%～80%，同时膜很薄，流道短，对流体的阻力较小，过滤速度很快；

③ 以静压差为推动力，利用膜对被分离组分的"筛分"作用将膜孔能截留的组分截留，不能截留的则透过膜，微滤过滤的微粒粒径在 0.01～10μm，它可以截留水中的悬浮物、微粒、纤维和细菌等大于膜孔径的杂质，以达到水质净化的目的。

超滤主要是在压力推动下进行的筛孔分离过程，其基本原理如图 1-8-2 所示。

超滤膜对溶质的分离过程主要有：a. 在膜表面及微孔内吸附（一次吸附）；b. 在孔中停留而被去除（阻塞）；c. 在膜面的机械截留（筛分）。

通常超滤法所分离的组分直径为 0.005～10μm，一般分子量在 500 以上的大分子和胶体物质可以被截留，采用的渗透压较小，一般为 0.1～0.5MPa。超滤膜去除的物质主要为水中的微粒、胶体、细菌、热源和各种大分子有机物，小分子有机物、无机离子则几乎不能截留。如图 1-8-3 所示。

超滤的分离特征如下：

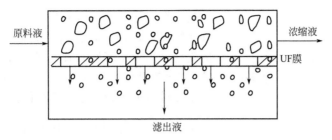

图 1-8-2 超滤原理示意

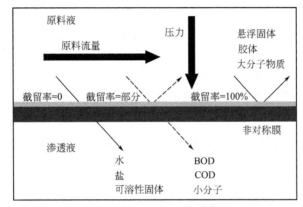

图 1-8-3 膜去除物质示意

① 分离过程不发生相变，能耗较少；

② 分离过程在常温下进行，适合用于热敏性物质的分离、浓缩和纯化；

③ 采用低压泵提供的动力为推动力即可满足要求，设备工艺流程简单，易于操作、维护和管理。

二、设备和装置

超滤和微滤膜组件按结构形式可分为板框式、螺旋式、管式、毛细管式等。

（一）板框式组件

板框式组件是最早研究和应用的膜组件形式之一，它最先应用在大规模超滤和反渗透系统，其设计源于常规的过滤概念。板框组件可拆卸进行膜清洗，单位膜面积装填密度高，投资费用较高，运行费用较低。

（二）螺旋式组件

螺旋式（又称卷式）组件最初也是为反渗透系统开发的，目前广泛应用于超滤和气体分离过程，其投资及运转费用都较低，但由于超滤除部分用于水质净化外，多数应用于高分子、胶体等物质的分离浓缩，而卷式结构导致膜面流速较低，难以有效控制浓差极化且膜面易受污染，从而限制了卷式超滤组件的应用范围。

（三）管式膜组件

管式膜组件系统对进料液有较强的抗污能力，通过调节膜表面流速能有效地控制浓差极化，膜被污染后宜采用海绵球或其他物理化学方法清洗，在超滤系统中使用较为普遍。其缺

图 1-8-4 管式超滤膜组件

点是投资及运行费用都较高，膜装填密度小。最初的管式膜组件，每个套管内只能填充单根直径 2～3cm 的膜管，近年来研发的管式膜组件可以在每个套管内填充 5～7 根直径在 0.5～1.0cm 的膜管。图 1-8-4 给出了几种常见的管式超滤膜组件。

（四）毛细管式膜组件

毛细管式膜组件由直径 0.5～2.5mm 的毛细管膜组成，制作时将数根毛细管超滤膜平行置于耐压容器中，两端用环氧树脂灌封。料液在膜组件中的流动方式为轴流式。毛细管组件分为内压和外压两种，膜采用纤维纺丝工艺制成，由于毛细管没有支撑材料，因而投资费用低，便于进行反冲洗，但操作压力有限。该类膜组件密度大，进料液需经过有效的预处理。毛细管超滤装置目前在国内应用较为广泛。

（五）几种超滤膜组件特点比较

表 1-8-1 是四种超滤膜组件的特点比较。在实际应用中要根据处理对象加以选择。

表 1-8-1　几种超滤膜组件特点比较

组件类型	膜比表面积/(m^2/m^3)	投资费用	运行费用	流速控制	就地清洗情况
管式	25～50	高	高	好	好
板式	400～600	高	低	中等	差
卷式	800～1000	最低	低	差	差
毛细管式	600～1200	低	低	好	中等

表 1-8-2 列举了几种材料的超滤膜主要技术指标。

表 1-8-2　超滤膜主要技术指标

膜品种 项目	聚砜（PS）			聚丙烯腈（PAN）	聚偏氟乙烯（PVDF）
截留相对分子质量	6000	20000	67000	50000	100000
结构形式及过滤方式	中空纤维　外压			中空纤维及毛细管　内压	
纤维内/外径/mm	0.20/0.40			0.8～1.0/1.2～1.5	
最高使用温度/℃	45				50
pH 值	2～13			2～10	2～13

（六）超滤膜的操作模式

超滤膜过滤方式主要分为错流过滤和死端过滤。

错流过滤指进水平行于膜表面流动，透水垂直于进水流动方向透过膜，被截流物质富集于剩余水中，沿进水流动方向排出组件，返回进水箱，与原水合并循环返回超滤系统。循环水量越大，错流切速越高，膜表面截留物质覆盖层越薄，膜的污堵越轻。错流过滤可以增大膜表面的液体流速，使膜表面凝胶层厚度降低，从而可以有效降低膜的污染，一般用在原水水质条件较差的情况下。

死端过滤，又称全流过滤，指原水以垂直于膜表面的方向透过膜流动，水中的污染物被截留而沉积于膜表面。

全流过滤和错流过滤的示意见图 1-8-5。

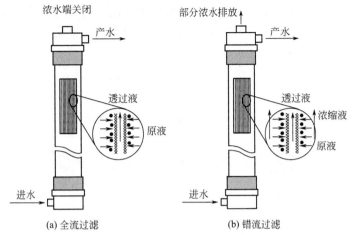

图 1-8-5　全流及错流过滤

错流过滤的回流比一般在 10％～100％之间，也可选择更高的回流比，但必须考虑液体在膜丝内的流速以及在膜丝方向上的压降，防止膜表面的污染不均匀。使用错流过滤可以降低膜的污染，但由于需要更大的水输送量，因此相对死端过滤需要更大的能耗。

一般错流过滤产生的浓水都是回到原水箱或到预处理的入口，再经过预处理后重新进入超滤系统，也有为了提高膜丝表面水流速度而添加循环泵的方式。图 1-8-6 是一种错流过滤工艺流程示意。

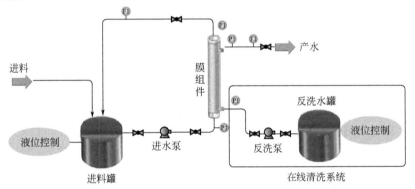

图 1-8-6　错流工艺流程示意

微错流过滤，其特点为浓水回流比的范围一般为 1％～10％。这种工艺的特点介于错流过滤和死端过滤之间，兼顾了污染和能耗的因素，缺点是降低了水的回收率。其工艺流程如图 1-8-7 所示。

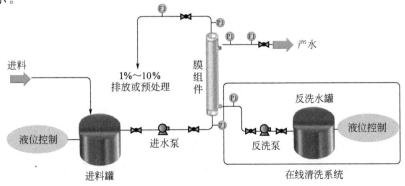

图 1-8-7　微错流工艺流程示意

死端过滤的操作方式主要适用于原水水质较好的情况（通常指其浊度小于10NTU），其膜上的截留物不能通过浓水带出，只能采用周期性反洗操作，由反洗水带出。这种操作方式因省去循环泵而使能耗降低。图1-8-8为其工艺流程示意。

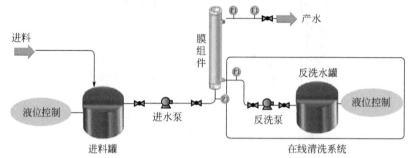

图 1-8-8　死端过滤工艺流程示意

错流过滤和死端过滤的能耗比较见图1-8-9。

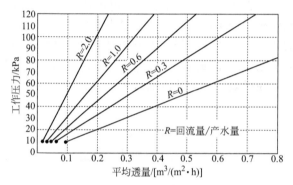

图 1-8-9　错流和死端过滤的能耗比较

当处理废水水质相同时，在确保相同使用效能和寿命的条件下，相比死端过滤，错流过滤可以选择更高的膜通量，即错流过滤比死端过滤所需要的膜面积少，可以节省一次性投资费用，但错流过滤的运行费用略高，且回流比不同，运行费用存在差异。

三、设计计算

超滤工艺的设计主要包括进料液预处理和膜装置设计。

（一）预处理工艺

超滤预处理工艺是为满足超滤膜及其膜组件的技术要求，通过相应水处理方法对初始废水进行水质调节。预处理的目的是控制膜污染和膜的机械损伤。一般来讲，超滤的预处理工艺不像反渗透预处理工艺那样复杂、严格。常用的预处理方法主要有过滤、化学絮凝、pH值调节、消毒、活性炭吸附。

上述预处理方法的具体工艺可参考相关章节。

（二）超滤装置设计

超滤技术在废水处理领域中的应用对象主要是石油、化工、机械加工、纺织、食品加工及城市污水等各类废水。这些废水共同的特点是COD、BOD值高，污染严重，且各类废水的污染物种类、浓度和物理化学性质有较大差异，因此，要在小试和中试的基础上取得膜处理过程的设计参数后进行设计，目前没有统一的标准。

超滤装置设计时，首先应根据所处理废水的化学及物理性能、处理规模和对产品质量的要求，选择满足工艺需求的超滤膜及其组件类型；其次通过小试或中试，确定超滤膜的设计水通量，设计需要的膜面积和组件数，确定膜组件的排列和操作流程。

1. 超滤膜及其膜组件选择

① 超滤膜选择　超滤膜的合理选材和选型，主要依据所处理废水的最高温度、pH 值、分离物质分子量范围等水体特征。选用的超滤膜在截留分子量、允许使用的最高温度、pH 值范围、膜的水通量、膜的化学稳定性及其膜的耐污染等性能等方面，必须满足设计目标的要求。

② 组件选择　膜组件有管式、平板式、卷式和毛细管式等多种结构形式，应根据所处理废水的特点进行选择。高污染的废水为避免浓差极化可考虑选用流动状态好、对堵塞不敏感和易于清洗的组件，例如管式或板框式。但同时要考虑其组件造价、膜更换费和运行费。近年来，毛细管式组件和卷式组件的改进提高了其抗污染的能力，在一些领域正在取代造价较高的平板式和管式组件。

2. 超滤膜水通量的设计

超滤膜的水通量直接决定了装置的设计总膜面积、装置规模及投资额。影响超滤膜水通量的主要因素有操作压力、料液浓度、膜表面流速、料液温度、膜清洗周期。上述参数的优化组合是保证超滤系统产水通量、装置稳定运行的重要条件。对每一种废水，膜的水通量与上述参数的关系需通过小试或放大实验确定。

（1）压力的影响

超滤膜水通量与操作压力的关系取决于溶液的性质，而溶液的性质又决定了膜和边界层的性质。当溶液的性质符合渗透压模型时，膜的水通量与压力成正比关系。当处理介质为高浓度有机废水或废液时，溶液的透过量用凝胶极化模型表示，膜的水通量与压力无关，此时的水通量称为临界透过通量，相对应的压力称为临界压力。设计时，针对实际处理对象进行小试，并绘制设计进料和浓缩液浓度范围内运行压力与临界压力。超滤设计运行压力应低于临界压力值，设计运行压力确定后，可确定相应条件下的超滤水通量。

（2）料液浓度

料液浓度高低对超滤装置水通量的大小存在一定影响。一般情况下，随着超滤过程的进行，渗透液不断排出系统，浓缩液一侧浓度不断提高，溶液黏度增加，膜的产水量不断降低。

通过试验，可绘制在一定温度和压力下，膜的水通量随料液浓度增加的变化曲线，由该曲线可获得两个参数：一是在工艺要求的进料浓度范围内膜的水通量和平均水通量；二是超滤过程中该料液的极限浓度，也就是最高允许浓度。同时，分析试验过程中膜的透过液水质，计算出对所分离物质的分离率。

（3）膜表面流速

膜的水通量随膜表面流速的提高而增加。提高膜表面流速，可以防止和改善膜表面浓差极化，增加膜的产水量，提高设备的处理能力。但提高膜表面流速会导致进料泵的能耗加大，增加了运行费用。膜表面设计流速必须在所选用膜组件类型允许的流速范围内。通过试验，绘制在一定浓度和压力下不同膜表面流速与膜产水量的关系曲线，对提高膜表面流速增加的水通量和能耗进行技术经济比较，最终确定工艺采用的膜表面流速。

（4）料液温度

温度的高低是影响超滤水通量的另一个重要因素，一般情况下，在膜组件允许的温度范围内，其水通量随温度的升高而增加。通过试验，绘制膜水通量与温度的变化关系曲线。运行温度的制定主要取决于两点：一是所处理料液性质所能允许的合理的温度范围；二是通过试验绘制曲线，得到膜水通量随温度增长的变化系数，以确定系统实际运转温度范围内的膜水通量。

（5）操作时间

操作时间的长短对超滤水通量大小有较大的影响。随着超滤过程的进行，逐渐在膜面形成凝胶极化层，导致膜的水通量逐渐降低。当超滤运行到一定时间，膜的水通量下降到一定水平后，需要进行膜清洗。这段时间为一个运行周期，运行周期应通过试验确定。

两个厂家的膜组件运转参数见表 1-8-3 和表 1-8-4。

表 1-8-3 膜天超滤膜组件运转参数

项目\类别		大型膜组件（B125）			标准型膜组件（UF₁IB9L）		
膜组件使用条件	最高进水颗粒	<5μm			<5μm		
	最高进水悬浮物	5mg/L			5mg/L		
	pH 值范围	2～13			2～13		
	运行温度	5～45℃			5～45℃		
	运行方式	错流过滤，反洗和其他清洗			错流过滤，反洗和其他清洗		
	清洗水	超滤水			超滤水		
	最大进水压力	0.3MPa			0.3MPa		
	最大透膜压差	0.2MPa			0.2MPa		
水处理过程设计条件	过滤水通量（建议）/(L/h)	地下水	地表水	纯水终端	地下水	地表水	纯水终端
		1600/800	1600/700	1600/1000	800/500	800/400	800/600
	反洗压力	0.2MPa			0.2MPa		
	运行浓水流量	≥150L/(m²·h)			≥150L/(m²·h)		
	反洗频率	2～8h			2～8h		
	反洗时间	30～60s			30～60s		
	化学清洗药剂 清洗频率	根据需要			根据需要		
	化学清洗药剂 清洗药品	柠檬酸（或 HCl）；NaOH＋NaClO			柠檬酸（或 HCl）；NaOH＋NaClO		

注：以上设计条件仅针对一般自来水、深井水等的水处理过程。

表 1-8-4 立升 PVC 合金超滤膜部分组件规格及性能

型号		LH3-0450-V	LH3-0650-V	LH3-0660-V	LH3-0680-V	LH3-1060-V
规格	中空纤维丝数量	2400	3100	3100	3100	9100
	中空纤维丝内外径/mm	1.0/1.66				
建议工作条件	建议透膜压力 TMP/MPa	0.04～0.08				
	最高进水压力/MPa	0.3				
	最大跨膜压差/MPa	0.2				
	最大反洗跨膜压差/MPa	0.15				
	上限温度/℃	40				
	下限温度/℃	5				
	pH 值耐受范围	2～13				
	运行方式	全量过滤或错流过滤				
典型工艺条件	反洗流量/(t/h)	2～3 倍产水流量				
	反洗压力（TMP）/MPa	0.06～0.12				
	反洗时间/s	20～180				
	反洗周期/min	20～60				
	顺冲流量/(t/h)	1.5～2 倍产水流量				

型号		LH3-0450-V	LH3-0650-V	LH3-0660-V	LH3-0680-V	LH3-1060-V
建议工作条件	顺冲时间/s			10～30		
	顺冲间隔/min			10～60		
	化学清洗周期/d			6～180		
	化学清洗时间/min			15～120		
	化学清洗药品			柠檬酸、NaOH/NaClO、H_2O_2		

3. 膜面积及膜组件数量的确定和计算

膜的水通量确定后，根据处理规定按下式计算超滤工艺所要求的膜面积。

$$A = Q_p / 1000F \tag{1-8-1}$$

式中，A 为所需膜面积总数，m^2；Q_p 为设计产水水量，m^3/h；F 为超滤膜设计水通量，$L/(m^2 \cdot h)$。

膜面积 A 确定后，根据选择的超滤组件膜面积，组件个数可由下式确定：

$$n = A / f \tag{1-8-2}$$

式中，n 为所需膜组件的个数；f 为单根膜组件的膜面积，m^2。

4. 操作流程

超滤基本操作流程有三种，分别是间歇式、连续式和重过滤。

① 间歇式　常用于小规模处理。从保证膜通量来看，这种方式的效率最高，可以保证膜始终在最佳浓度范围内进行操作。在低浓度时，可得到很高的膜通量。

② 连续式　通常用于大规模生产。运行时采用部分循环方式，而且循环量常比料液量大得多。

③ 重过滤　重过滤主要用于大分子和小分子的分离。在料液中含有各种小分子溶质的混合物，如果不断加入纯溶剂（水）补充滤出液的体积，小分子组分就会逐渐被清洗出去，从而实现大小分子的分离。超滤重过滤工艺流程可分间歇式重分离和连续式重分离，工艺流程见图 1-8-10。

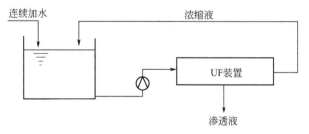

(a) 固定体积间歇式重分离

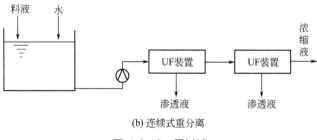

(b) 连续式重分离

图 1-8-10　重过滤

5. 膜组件排列组合

在确定超滤工艺是间歇操作、连续操作或重过滤操作的前提下，根据超滤处理规模和膜组件的数量，设计组件的排列组合方式。组件的组合方式有一级和多级，在各个级别中又分为一段和多段。一般来讲，可将组件串联或者并联连接。在多个组件的情况下，可以将串联方式和并联方式结合起来。

膜组件安装推荐方法如下：

① 组件直立，并联组装，液体由膜组件的下端进入，以利于空气的排放。

② 大型的超滤设备应安装高低压保护以及采用变频供水，使水压逐渐上升避免冲击。

③ 对于大型的超滤装置宜单设清洗系统，清洗用水可采用超滤水储罐。

④ 使用错流过滤要采用浓水循环方式，每支膜的浓水应为产水的 2.5～3 倍，浓水排放为进水的 1/10～1/8。

⑤ 采用全过滤方式，其反洗周期需通过试验确定。

6. 泵的选择

组件的排列组合方式确定后，需进行泵的选型。首先根据工艺或试验结果的操作压力确定泵的扬程。泵的流量根据膜表面流速来确定。如果采用螺旋卷式膜组件，可直接根据单根膜组件的进料流量与并联的组件数量的乘积进行选型。卷式组件一般都给出单根组件进料液流量的上限和下限。上限是为了保护第一根膜组件和使组件的压力降趋于合理，下限是为了保证容器末端有足够的横向流速，以减少浓差极化。

如果选用管式、板式或毛细管组件，泵的选型根据工艺压力和膜表面流速来确定。首先确定泵的扬程，泵的流量按下式计算：

$$Q = nvS \times 3600 \tag{1-8-3}$$

式中，Q 为泵流量，m^3/h；n 为膜组件并联个数；v 为膜表面流速，m/s；S 为单根膜组件通过主体溶液的截面积，m^2。

四、膜的清洗

在超滤过程中，由于分离物质及其他杂质在膜面会逐渐积聚，对膜造成污染和堵塞，因此膜的清洗是超滤系统中不可缺少的操作步骤，膜的有效清洗是延长膜使用寿命的重要手段。

（一）膜污染特征

当膜系统（或装置）出现以下症状时，需要进行清洗：

① 在正常给水压力下，产水量较正常值下降 10%～15%；

② 为维持正常的产水量，经温度校正后的给水压力增加 10%～15%；

③ 产水水质降低 10%～15%，透盐率增加 10%～15%；

④ 给水压力增加 10%～15%；

⑤ 系统各段之间压差明显增加。

表 1-8-5 列出了常见的膜污染种类及污染特征。

表 1-8-5 膜的污染种类及特征

污染种类	可能发生之处	压降	给水压力	盐透过率
金属氧化物（Fe、Mn、Cu、Ni、Zn）	一段，最前端膜元件	迅速增加	迅速增加	迅速增加
胶体（有机和无机混合物）	一段，最前端膜元件	逐渐增加	逐渐增加	轻度增加

续表

污染种类	可能发生之处	压降	给水压力	盐透过率
矿物垢(Ca、Mg、Ba、Sr)	末段,最末端膜元件	适度增加	轻度增加	一般增加
聚合硅沉积物	末段,最末端膜元件	一般增加	增加	一般增加
生物污染	任何位置,通常前端膜元件	明显增加	明显增加	一般增加
有机物污染(难溶 NOM)	所有段	逐渐增加	增加	降低
阻垢剂污染	二段最严重	一般增加	增加	一般增加
氧化损坏(Cl$_2$、O$_3$、KMnO$_4$)	一段最严重	一般增加	降低	增加
水解损坏(超出 pH 值范围)	所有段	一般降低	降低	增加
磨蚀损坏(炭粉)	一段最严重	一般降低	降低	增加
O 形圈渗漏(内连接管或适配器)	无规则,通常在给水适配器处	一般降低	一般降低	增加
胶圈渗漏(产水背压造成)	一段最严重	一般降低	一般降低	增加
胶圈渗漏(清洗或冲洗时关闭产水阀造成)	最末端元件	增加(污染初期和压差升高)		增加

注:NOM 为天然有机物。

（二）膜清洗的方法

膜清洗是膜法分离工艺的重要环节,主要分为化学清洗、物理清洗两大类。膜常用清洗方法见表 1-8-6。

表 1-8-6　膜的清洗方法

物理清洗法	等压清洗法	关闭超滤水阀门,打开浓缩水出口阀门,靠增大流速冲洗膜表面,该法对去除膜表面上大量松软的杂质有效
	高纯水清洗法	由于水的纯度增高,溶解能力加强,清洗时可先利用超滤水冲去膜面上松散的污垢,然后利用纯水循环清洗
	反向清洗法	清洗水从膜的超滤口进入并透过膜,冲向浓缩口一边,采用反冲洗法可以有效地去除覆盖层,但反冲洗时应特别注意,防止超压,避免把膜冲破或者破坏密封粘接面
化学清洗法	酸溶液清洗	常用溶液有盐酸、柠檬酸、草酸等,调配溶液的 pH=2~3,利用循环清洗或者浸泡 0.5~1h 后循环清洗,对无机杂质去除效果较好
	碱溶液清洗	常用的碱主要有 NaOH,调配溶液的 pH=10~12,利用水循环操作清洗或浸泡 0.5~1h 后水循环清洗,可有效去除杂质及油脂
	氧化性清洗剂	利用 1%~3% H$_2$O$_2$、500~1000mg/L NaClO 等水溶液清洗超滤膜,可以去除污垢,杀灭细菌。H$_2$O$_2$ 和 NaClO 是常用的杀菌剂
	加酶洗涤剂	如 0.5%~1.5% 胃蛋白酶、胰蛋白酶等,对去除蛋白质、多糖、油脂类污染物质有效

注:化学清洗即利用化学药品与膜面杂质进行化学反应来达到清洗膜的目的。选择化学药品的原则:a. 不能与膜及组件的其他材质发生任何化学反应;b. 选用的药品避免二次污染。

（三）膜清洗的操作程序

一般情况下,膜连续工作时典型的操作程序为产水、反洗、正洗三个过程的排列组合,这些过程的选用及组合根据水质、操作条件的不同来确定选择,这些操作过程由于切换相对频繁,为了确保安全及长期稳定运行,一般都采用自动模式。

① 正洗　此操作通过使膜产生切向加速度来冲刷膜污染的沉积物,以增加反洗的效果,使透量完全恢复。

② 反洗　水流方向与产水方向相反,此操作是中空纤维膜组件特有的操作方式,可以有效地减少污染。一般反洗程序分为上反洗和下反洗两个过程,为避免在产水侧对膜产生污

染和杂质对膜孔堵塞，一般采用超滤产水作为反洗水。选择反洗水时要考虑到不要给后续的操作带来影响。

③化学加强反洗　水流与反洗一样，但化学加强反洗根据污染情况确定反洗时间，可以比较长，一般为1～20min，化学加强反洗频率也根据需要而不同，一般杀菌为每天数次，而清除污染的化学加强反洗频率则为一天一次或数天一次，一般可根据跨膜压差（TMP）的增长情况（比如TMP从0.02Pa升到0.04Pa）判断是否进行化学加强反洗，化学加强反洗的化学药剂及其浓度也是根据不同的水源及污染情况选配，其目的是防止细菌的生长和污染物的过快累积，一般化学加强反洗分为碱洗和酸洗两个过程，碱洗及酸洗的溶液见表1-8-6。化学加强碱洗与化学加强酸洗一般不在一个化学加强反洗过程内进行，而是根据水质情况选择进行一次到几次酸（碱）洗，或者只进行化学加强碱洗或酸洗。

图1-8-11为操作过程进水示意。表1-8-7是对图1-8-11的操作过程以及持续时间的说明。

表1-8-7　操作过程

序号	过程	模式	流向	时间
1	产水	错流操作	A至B、C	15～90min
		死过滤	A至C	
2	反洗	反洗1	C至A	20～60s
		反洗2	C(D)至B	
3	正洗		A至B	10～20s
4	化学加强反洗		C、B至A	1～20min
5	化学清洗		A至B、C	一般大于60min

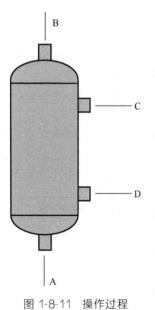

图1-8-11　操作过程
进水示意

（四）膜的化学清洗与水冲洗

清洗时将清洗溶液以低压大流量在膜的高压侧循环，此时膜元件仍装在压力容器内而且需要专门的清洗装置来完成该工作。

清洗膜元件的一般步骤如下：

①用泵将干净、无游离氯的反渗透产品水从清洗箱（或相应水源）打入压力容器中并排放几分钟；

②用干净的产品水在清洗箱中配制清洗液；

③将清洗液在压力容器中循环1h或预先设定的时间；

④清洗完成以后，排净清洗箱并进行冲洗，然后向清洗箱中充满干净的产品水以备下一步冲洗；

⑤用泵将干净、无游离氯的产品水从清洗箱（或相应水源）打入压力容器中并排放几分钟；

⑥在冲洗反渗透系统后，在产品水排放阀打开状态下运行反渗透系统，直到产品水清洁、无泡沫或无清洗剂（通常15～30min）。

（五）清洗液的选择

上面已经提到了一些常用的清洗液，选择适宜的化学清洗药剂及合理的清洗方案涉及许多因素。首先要与设备制造商、膜元件厂商或特用化学药剂及服务人员取得联系。确定主要的污染物，选择合适的化学清洗药剂。有时针对某种特殊的污染物或污染状况，要使用膜药剂制造商的专用化学清洗药剂，并且在应用时，要遵循药剂供应商提供的产品性能及使用说明。有的时候可针对具体情况，从膜装置取出已发生污染的单支膜元件进行测试和清洗试验，以确定合适的化学药剂和清洗方案。

为达到最佳的清洗效果，有时会使用一些不同的化学清洗药剂进行组合清洗。

典型的程序是先在低 pH 值范围的情况下进行清洗，去除矿物质垢污染物，然后再进行高 pH 值清洗，去除有机物。有些清洗溶液中加入了洗涤剂以帮助去除严重的生物和有机碎片垢物，同时，可用其他药剂（如 EDTA 螯合物）来辅助去除胶体、有机物、微生物及硫酸盐垢。

需要慎重考虑的是如果选择了不适当的化学清洗方法和药剂，污染情况会更加恶化。

（六）化学清洗药剂的选择及使用准则

① 选用的专用化学药剂，采用组合式方法完成清洗工作，包括适宜的清洗 pH 值、温度及接触时间等参数，这将会有利于增强清洗效果。

② 在推荐的最佳温度下进行清洗，以求达到最好的清洗效率和延长膜元件寿命的效果。

③ 以最少的化学药剂接触次数进行清洗，对延续膜寿命有益。

④ 谨慎地由低至高调节 pH 值范围，可延长膜元件的使用寿命。pH 值范围为 2～12（勿超出）。

⑤ 典型的、最有效的清洗方法是从低 pH 值至高 pH 值溶液进行清洗。对油污染膜元件的清洗不能从低 pH 值开始，因为油在低 pH 值时会固化。

⑥ 清洗和冲洗流向应保持相同的方向。

⑦ 当清洗多段反渗透装置时，最有效的清洗方法为分段清洗，这样可控制最佳清洗流速和清洗液浓度，避免前段的污染物进入下游膜元件。

⑧ 用较高 pH 值水冲洗洗涤剂可减少泡沫的产生。

⑨ 如果系统已发生生物污染，需考虑在化学清洗之后增加杀菌清洗步骤。杀菌清洗可在化学清洗后立即进行，也可在运行期间定期进行（如一星期一次），连续加入一定的剂量。必须确认所使用的杀菌剂与膜元件相容，不会带来任何对人的健康有害的风险，并能有效地控制生物活性，且成本低。

⑩ 为保证安全，溶解化学药品时，切记要慢慢地将化学药剂加入充足的水中并同时进行搅拌。

⑪ 从安全方面考虑，不能将酸与苛性（腐蚀性）物质混合。在使用下一种清洗溶液之前，从反渗透系统中彻底冲洗干净滞留的前一种化学清洗溶液。

（七）清洗液的使用

表 1-8-8 提供的清洗溶液是将一定重量（或体积）的化学药品加入到 100gal（379L）的清水中（膜产品水或不含游离氯的水）。溶液是按所用化学药品和水量的比例配制的。溶剂是膜产品水或去离子水，无游离氯和硬度。清洗液进入膜元件之前，要求彻底混合均匀，并按照目标值调 pH 值且按目标温度值稳定温度。常规的清洗方法是基于化学清洗溶液循环清洗 1h 和一种任选的化学药剂浸泡 1h 的操作而设定的。

表 1-8-8　常规清洗液配方（以 100 加仑，即 379L 为基准）

清洗液	主要组分	药剂量	清洗液 pH 值	最高清洗液温度
1	柠檬酸（100%粉末）	7.7kg	用氨水调节 pH 值至 3.0～4.0	40℃
2	盐酸（HCl）	1.8L	缓慢加入盐酸调节 pH 值至 2.5,调高 pH 值用氢氧化钠	35℃
3	氢氧化钠（100%粉末）或（50%液体）	0.38kg	缓慢加入氢氧化钠调节 pH 值至 11.5,调低 pH 值时用盐酸	30℃

1. 常规清洗液介绍

① 2.0%柠檬酸（$C_6H_8O_7$）的低 pH 值（pH 值为 3～4）清洗液。对于去除无机盐垢（如碳酸钙垢、硫酸钙、硫酸钡、硫酸锶垢等）、金属氧化物/氢氧化物（铁、锰、铜、镍、铝等）及无机胶体十分有效。

② 0.5%盐酸低 pH 值清洗液（pH 值为 2.5），主要用于去除无机盐垢（如碳酸钙垢、硫酸钙、硫酸钡、硫酸锶垢等），金属氧化物/氢氧化物（铁、锰、铜、镍、铝等），以及无机胶体。这种清洗液比溶液①要强烈些，因为盐酸（HCl）是强酸。

③ 0.1%氢氧化钠高 pH 值清洗液（pH 值为 11.5），用于去除聚合硅垢。这一清洗液是一种较为强烈的碱性清洗液。

反渗透膜元件可置于压力容器中，在高流速的情况下，用循环的清洁水（反渗透产品水或不含游离氯的洁净水）流过膜元件的方式进行清洗。反渗透的清洗程序完全取决于具体情况，必要时更换用于循环的清洁水。

2. 反渗透膜元件的常规清洗程序

① 在 60psi（4bar）（1psi＝6.895kPa，1bar＝100kPa）或更低压力条件下进行低压冲洗，即从清洗罐（或相当的水源）向压力容器中泵入清洁水然后排放掉，运行几分钟。冲洗水必须是洁净的、去除硬度、不含过渡金属和余氯的反渗透产品水或去离子水。

② 在清洗罐中配制特定的清洗溶液。配制用水必须是去膜清洗、不含过渡金属和余氯的反渗透产品水或去离子水。温度和 pH 值应调到膜清洗所要求的值。

③ 启动清洗泵将清洗液泵入膜组件内，循环清洗约 1h。清洗液返回至反渗透清洗罐之前，将最初的回流液排放掉，以免系统内滞留的水对清洗溶液造成稀释。在最初的 5min 内，慢慢地将流速调节到最大设计流速的 1/3。这可以减少由污物的大量沉积而造成的潜在污堵。在第二个 5min 内，增加流速至最大设计流速的 2/3，然后，再增加流速至设计的最大流速值。如果需要，当 pH 值的变化大于 1，就要重新调回到原数值。

④ 根据需要，可交替采用循环清洗和浸泡程序。浸泡时间建议选择 1～8h。要谨慎地保持合适的温度和 pH 值。

⑤ 化学清洗结束之后，要用清洁水（去除硬度、不含金属离子如铁和氯的反渗透产品水或去离子水）进行低压冲洗，从清洗装置/部件中去除化学药剂的残留部分，排放并冲洗清洗罐，然后再用清洁水完全注满清洗罐以做冲洗之用。从清洗罐中泵入冲洗压力容器排放。如果需要，可进行第二次清洗。

⑥ 一旦反渗透系统已用贮水罐中的清洁水完全冲洗后，就可用预处理给水进行最终的持续低压冲洗。给水压力应低于 60psi（4bar），最终冲洗持续进行直至冲洗水干净，且不含任何泡沫和清洗剂残余物。通常这需要 15～60min。操作人员可用干净的烧瓶取样，摇匀，监测排放口处冲洗水中洗涤剂和泡沫的残留情况。洗液的去除情况可用测试电导的方法进行，如冲洗排放出水电导为给水电导的 10%～20%，可认为冲洗已接近终点；pH 计也可用于测定，来比较冲洗水至排放出水与给水的 pH 值是否接近。

⑦ 一旦所有级段已清洗干净，且化学药剂也已冲洗掉，反渗透可重新开始运行，但初始的产品水要进行排放并监测，直至反渗透产水可满足工艺要求（电导、pH 值等）。为得到稳定的反渗透产水水质，这一段恢复时间有时需要从几小时到几天，尤其是在经过高 pH 值清洗后。

第二节 反渗透和纳滤

一、原理和功能

反渗透半透膜具有选择透过性，能够允许溶剂通过而阻留溶质。反渗透过程正是利用了半透膜的这一特性，以膜两侧的压差为推动力，克服溶剂的渗透压，使溶剂透过而截留溶质从而实现浓液和清液的分离。其过程参见示意图 1-8-12。该过程无相变，一般不需要加热，工艺简便，能耗低，不污染环境。

图 1-8-12 反渗透原理示意

纳滤是一种介于反渗透和超滤之间的压力驱动膜分离过程，纳滤膜的孔径范围在几个纳米左右。与其他压力驱动型膜分离过程相比，纳滤出现较晚。纳滤膜大多从反渗透膜衍化而来，如 CA、CTA 膜、芳族聚酰胺复合膜和磺化聚醚砜膜等。但与反渗透相比，其操作压力更低，因此纳滤又被称作"低压反渗透"或"疏松反渗透"。

纳滤分离作为一项新型的膜分离技术，技术原理近似机械筛分。但是纳滤膜本体带有电荷性，它在很低压力下仍具有较高脱盐性能，能截留分子量为数百的分子并可脱除无机盐。

二、设备和装置

（一）反渗透膜性能参数

反渗透膜是实现反渗透过程的关键，因此要求反渗透膜具有较好的物化稳定性和分离透过性。反渗透膜的物化稳定性主要是指膜的允许使用最高温度、压力、适用的 pH 值范围和膜的耐氯、耐氧化及耐有机溶剂性等。反渗透的分离透过性主要是通过溶质分离率、溶剂透过流速以及流量衰减系数来表示。

反渗透膜溶质分离率以下式表示：

$$R = \left(1 - \frac{C_p}{C_f}\right) \times 100\% \qquad (1\text{-}8\text{-}4)$$

式中，R 为溶质分离率，%；C_p 为透过液浓度，mg/L；C_f 为主体溶液浓度，mg/L。

溶剂透过速度又称水通量，以下式表示。

$$J_w = \frac{V}{At} \qquad (1\text{-}8\text{-}5)$$

式中，J_w 为单位膜面积在单位时间内透过的溶剂量或水通量，L/(m²·d)；A 为反渗透膜的有效膜面积，m²；t 为运行时间，d；V 为透过液容积，L。

膜在运行中，因膜被压实而水通量衰减。表示这一衰减的指标称为压实斜率，其计算公式如下：

$$m = \frac{\lg J_w - \lg J_1}{\lg t} \tag{1-8-6}$$

式中，m 为膜压实斜率或衰减系数；J_1 为膜运行 1h 后的水通量，$mL/(cm^2 \cdot h)$；J_w 为膜运行 t 小时后的水通量，$mL/(cm^2 \cdot h)$；t 为运行时间，h。

（二）反渗透膜种类

1. 高压海水淡化反渗透膜

用于高压海水脱盐的反渗透膜主要有以下几类：中空纤维膜，主要有醋酸纤维素和芳香聚酰胺中空纤维膜；卷式复合膜，包括交链芳香聚酰胺复合膜、交链聚醚复合膜及其聚醚酰胺类（PA-30 型）、聚醚脲（RC-100 型）复合膜等。高压反渗透膜的性能示于图 1-8-13。

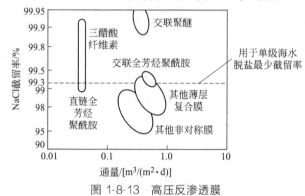

图 1-8-13　高压反渗透膜

2. 低压反渗透复合膜

目前，工业上大规模使用的低压反渗透复合膜主要有 CPA 系列、FT30 及 UTC-70 芳香聚酰胺复合膜、ACM 系列低压复合膜、NTR-739HF 聚乙烯醇复合膜等。低压反渗透复合膜的主要特征是可在 1.4～2.0MPa 的操作压力下运行，并且获得很高的脱盐率和水通量，允许供水的 pH 值范围较宽，主要用于苦咸水脱盐。与高压反渗透膜相比，所需设备费和操作费较少，对某些有机和无机溶质有较高的选择分离能力。

3. 超低压反渗透膜

超低压反渗透膜包括纳滤膜和超低压高截率反渗透膜。

（三）反渗透膜组件

反渗透膜组件是由膜、支撑物或连接物、水流通道和容器等按一定技术要求制成的组合构件，它是将膜付诸实际应用的最小单元。根据膜的几何形状，反渗透膜组件主要有板框式、管式、卷式和中空纤维式 4 种基本形式。

1. 板框式膜组件

板框式膜组件是由承压板、微孔支撑板和反渗透膜组成。在每一块微孔支撑板的两侧是反渗透膜，通过承压板把膜与膜组装成重叠的形式，并由一根长螺栓固定 O 形圈密封，其结构如图 1-8-14 所示。

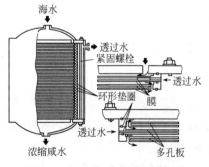

图 1-8-14　板框式反渗透膜组件

2. 管式膜组件

管式膜组件分内压管式和外压管式，主要由管状膜及多孔耐压支撑管组成。外压管式组件是直接将膜涂刮在多孔支撑管的外壁，再将数根膜组装后置于一承压容器内。内压管式膜组件是将反渗透膜置于多孔耐压支撑管的内壁，原水在管内承压流动，淡水透过半透膜由多孔支撑管管壁流出后收集。如图 1-8-15 所示。

3. 卷式膜组件

卷式膜组件填充密度高，设计简单。其构造如图 1-8-16 所示，在两层膜之间衬有一透水垫层，把两层半透膜的三个面用黏合剂密封，组成卷式膜的一个膜叶。数个膜叶重叠，膜叶与膜叶之间衬有作为原水流动通道的网状隔层。数个膜叶与网状隔层在中心管上形成螺旋卷筒，称为膜芯。一个或几个膜芯串联放入承压容器中，并由两端封头封住，即为卷式组件。普通卷式组件是从组件顶端进水，原水流动方向与中心管平行。而渗透物在多孔支撑层中按螺旋形式流进收集管。

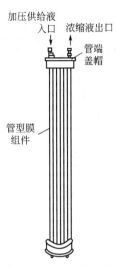

图 1-8-15 管式膜组件

4. 中空纤维膜

中空纤维膜组件通常是先将细如发丝的中空纤维（膜）沿着中心分配管外侧，纵向平行或呈螺旋状缠绕两种方式，排列在中心分配管的周围而成纤维芯；再将其两端固定在环氧树脂浇铸的管板上，使纤维芯的一端密封，另一端切割成开口而成中空纤维元件；然后将其装入耐压壳体，加上端板等其他配件而成组件。通常的中空纤维膜组件内只装一个元件。如图 1-8-17 所示。

以上四种膜组件的比较见表 1-8-9。

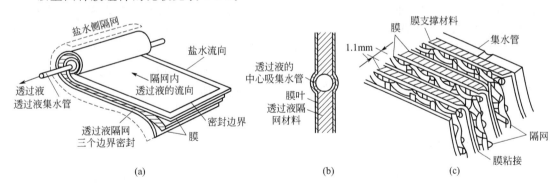

图 1-8-16 卷式反渗透膜组件

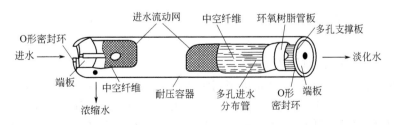

图 1-8-17 中空纤维反渗透膜组件

表 1-8-9　四种膜组件比较

比较项目 ＼ 组件类型	板式	管式	卷式	中空纤维式
结构	非常复杂	简单	复杂	复杂
膜装填密度/(m²/m³)	160～500	33～330	650～1600	16000～30000
支撑体结构	复杂	简单	简单	不需要
通道长度/m	0.2～1.0	3.0	0.5～2.0	0.3～2.0
水流形态	层流	湍流	湍流	层流
抗污染能力	强	很强	较强	很弱
膜清洗难易	容易	内压式容易,外压式难	难	难
对进水水质要求	较低	低	较高	高
水流阻力	中等	较低	中等	较高
换膜难易	尚可	较容易	易	易
换膜成本	中	低	较高	较高
对进水浊度要求	较低	低	较高	高

（四）纳滤膜

纳滤膜是一种允许溶剂分子或某些低分子量溶质或低价离子透过的功能性的半透膜。

无论从膜材料来看还是从化学性质来看，纳滤膜与反渗透膜非常相似。纳滤膜最大的特点如下：

① 离子选择性　由于有的纳滤膜带有电荷（多为负电荷），通过静电作用，可阻碍多价离子（特别是多价阳离子）的透过。就多数纳滤膜而言，一价阴离子的盐可以通过膜，但多价阴离子的盐（如硫酸盐和碳酸盐等）的截留率则很高。因此盐的渗透性主要由阴离子的价态决定。

② 除盐能力　纳滤膜的膜材料既有芳香族聚酰胺复合材料又有无机材料，因此不同种类的纳滤膜的结构和表面性质有很大的不同，很难用统一的标准来评价膜的优劣和性能，但大多数膜可用 NaCl 的截留率来作为性能指标之一，一般纳滤膜的截留率在 10%～90% 之间。

③ 截留率的浓度相关性　进料溶液中的离子浓度越高，膜微孔中的浓度也越高，因此最终在透过液中的浓度也越高，即膜的截留率随浓度的增加而下降。

纳滤膜组件与反渗透类同，其结构形式可参照反渗透膜组件。

三、设计计算

反渗透工艺设计包括预处理工艺和膜装置设计。纳滤可参照反渗透工艺设计。

（一）预处理工艺

有效的预处理是为了保证反渗透系统的运行效率与使用寿命，反渗透预处理工艺主要包括以下主要内容。

1. 确定反渗透系统进水水质指标

确定反渗透系统进水水质综合指标采用污染指数（sludge density index，简称 SDI），用有效直径 42.7mm，平均孔径 0.45μm 的微孔滤膜，在 0.21MPa 的压力下，测定最初 500mL 的进料液的过滤时间（t_1）。在加压 15min 后，再次测定 500mL 进料液的滤过时间（t_2）。按下式计算 SDI 值：

$$SDI = (1 - t_1/t_2) \times 100/15$$

不同膜组件对进水的 SDI 值要求不同。中空纤维组件一般要求 SDI 值为 3 左右；卷式组件 SDI 值为 5 左右；管式组件 SDI 值为 15 左右。

2. 水垢析出的判断

当原水中所含的难溶盐类在反渗透系统被浓缩至超过其溶解度极限时，开始在膜面沉淀并产生水垢。主要难溶盐有硫酸钙、碳酸钙与硅，其他如硫酸钡、硫酸锶、氧化钙也可能产生水垢。为避免由于浓缩而引起难溶盐类在膜面的沉积，必须对反渗透系统产生各类水垢的浓度限制通过计算加以判断。下面分别介绍碳酸钙水垢和硫酸钙水垢的计算判定。

（1）碳酸钙水垢析出判定

反渗透膜对 CO_2 的透过率几乎是 100%，这将导致膜的浓水侧 pH 值升高，同时由于在浓缩过程中 Ca^{2+} 浓度增加到一定程度时会导致膜面 $CaCO_3$ 的析出和沉积。反渗透进水经浓缩后是否会在膜面生成 $CaCO_3$ 沉淀，一般用朗格利尔（Langlier）饱和指数法判断。朗格利尔指数是指水中实测的 pH 值与同一种水的碳酸钙饱和平衡时的 pH 值之差。

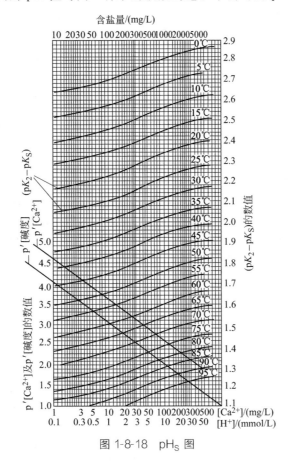

图 1-8-18　pH_S 图

$$I_L = pH_O - pH_S \tag{1-8-7}$$

式中，I_L 为朗格利尔指数（饱和指数）；pH_O 为水的实测 pH 值；pH_S 为水在碳酸钙饱和平衡时的 pH 值。

当 $I_L > 0$ 时，碳酸钙便会析出。

pH_S 可依据下式公式计算：

$$pH_S = pK_2 - pK_S + p'[Ca^{2+}] + p'[\text{碱度}] \tag{1-8-8}$$

式中，pK_2 为碳酸钙第二离解常数的负对数；pK_S 为碳酸钙溶度积的负对数；$p'[Ca^{2+}]$ 为水中钙离子含量（g/L）的负对数；$p'[\text{碱度}]$ 为水的碱度值（mmol/L）的负对数。

式（1-8-8）可写成

$$pH_S = (pK_2 - pK_S) - \lg[Ca^{2+}] - \lg[\text{碱度}] \tag{1-8-9}$$

式中，$pK_2 - pK_S$ 反映了含盐量和温度对 pH 值的影响。以上公式使用起来较麻烦，为简便起见，上式绘成图（pH_S 图）进行查算（见图 1-8-18）。

以下举例来计算 I_L 值并判断。

【例 1-8-1】　已知条件：水温 25℃，进水钙离子含量 $Ca^{2+}_{(f)} = 63.4 \text{mg/L}$，碱度 $HCO_3^-{}_{(f)} = 2.14[H^+] \text{mmol/L}$，含盐量 $TDS_{(f)} = 3500 \text{mg/L}$，水回收率 75%，pH=7.0。

解： ① 根据水回收率 Y 推算出浓缩倍数 CF 为 4。

② 根据浓缩倍数计算出浓水中有关离子浓度：

浓水中 $Ca^{2+}_{(m)} = CF \times Ca^{2+}_{(f)} = 4 \times 63.4 = 253.6$（mg/L）

浓水中 $HCO_3^-{}_{(m)} = CF \times HCO_3^-{}_{(f)} = 4 \times 2.14 = 8.56[H^+]$（mmol/L）

浓水中 $TDS_{(m)} = CF \times TDS_{(f)} = 4 \times 3500 = 14000$（mg/L）

③ 根据上述 $Ca^{2+}_{(m)}$、$HCO_3^-{}_{(m)}$、$TDS_{(m)}$ 和水温值查 pH_S 计算图得：

$$p'[Ca^{2+}] = 2.24; p'[\text{碱度}] = 2.12; (pK_2 - pK_S) = 2.28$$

$$pH_S = pK_2 - pK_S + p'[Ca^{2+}] + p'[\text{碱度}] = 2.28 + 2.24 + 2.12 = 6.64$$

④ 根据水中的 pH 和 pH_S 推算出朗格利尔饱和指数 I_L 并进行判断：

$$I_L = pH - pH_S = 7.0 - 6.64 = 0.36$$

$I_L > 0$，可以判断有 $CaCO_3$ 析出的可能性。

（2）硫酸钙水垢析出的判定

如果反渗透浓水中硫酸钙浓度超过该温度下的溶解度，会在表面产生硫酸钙的结垢，并且难以去除。因而，进水中硫酸钙是限制反渗透装置水回收率的重要指标。

水中硫酸钙的溶解度随着离子强度的增加而增加，因此可以通过比较浓缩液中 $CaSO_4$ 的离子积 IP_C 与 $CaSO_4$ 在浓缩液离子强度下的溶度积 K_{sp} 来判定 $CaSO_4$ 水垢能否产生。

计算步骤如下：

① 根据进水水质计算供水离子强度 I_f。

$$I_f = \frac{1}{2} \sum (m_i Z_i^2) \tag{1-8-10}$$

式中，m_i 为 i 离子的物质的量浓度，mol/L；Z_i 为 i 种离子价数。

根据供水分析计算的离子强度见表 1-8-10。

表 1-8-10　离子强度计算值

离子名称	质量浓度 /(mg/L)	物质的量浓度 /(mmol/L)	m_i	Z_i^2	$m_i Z_i^2$
Ca^{2+}	200	5.0	0.005	4	0.02
Mg^{2+}	61	2.51	0.00251	4	0.01
Na^+	388	16.9	0.0169	1	0.0169
HCO_3^-	244	4.0	0.004	1	0.004
SO_4^{2-}	480	5.0	0.005	4	0.02
Cl^-	635	17.9	0.0179	1	0.0179
				$\sum(m_i Z_i^2) = 0.0888$	

则 $I_f = \dfrac{1}{2} \times 0.0888 = 0.0444$

② 计算浓缩液离子强度 I_C。若水回收率为 75%（$Y = 0.75$）

$$I_C = I_f \times \frac{1}{1-Y} = 0.0444 \times \frac{1}{1-0.75} = 0.178$$

③ 计算浓缩液中 $CaSO_4$ 的离子积 IP_C。

$$IP_C = \left(Ca_{(f)}^{2+} \times \frac{1}{1-Y} \right) \left(SO_{4(f)}^{2-} \times \frac{1}{1-Y} \right) \tag{1-8-11}$$

式中，$Ca_{(f)}^{2+}$ 为供水中 Ca^{2+} 的物质的量浓度，mol/L；$SO_{4(f)}^{2-}$ 为供水中 SO_4^{2-} 的物质的量浓度，mol/L。

按计算值中数值计算

$$IP_C = \left(0.005 \times \frac{1}{1-0.75} \right) \times \left(0.005 \times \frac{1}{1-0.75} \right) = 4 \times 10^{-4}$$

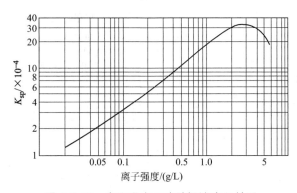

图 1-8-19　离子强度和硫酸钙溶度积关系

④ 查离子强度和硫酸钙溶度积关系图（图 1-8-19）得：$K_{sp} = 4.4 \times 10^{-4}$

⑤ 比较 $CaSO_4$ 的 IP_C 与硫酸钙在浓缩液离子强度 I_C 下的溶度积 K_{sp}，如 $IP_C \geqslant K_{sp}$，水垢会产生，需调整操作参数。对于一个安全的设计，如果 $IP_C > 0.8 K_{sp}$ 就需调整操作条件。

计算出浓缩液中 $CaSO_4$ 的离子积与其在浓酸液离子强度 I_C 下的溶度积分别为：$K_{SP} = 4.4 \times 10^{-4}$，$IP_C = 4 \times 10^{-4}$。

由于 $IP_C = 0.9 K_{sp}$，因此有可能产生 $CaSO_4$ 结垢，需要调整操作参数或对原水进行预处理。一般可采用降低系统水回收率或者对原水进行预处理。

当 $CaSO_4$ 的 $IP_C > 0.8 K_{sp}$ 时，可降低系统回收率以避免 $CaSO_4$ 水垢的产生。首先，降低水回收率可按上述步骤重复试算，直至得到 $IP_C \leqslant 0.8 K_{sp}$ 时的水回收率。但如果最高允许的水回收率低于预期或工艺要求，可在预处理工艺中采用离子交换软化或石灰软化去除部分或全部 Ca^{2+}，也可加入水垢抑制剂。如使用六偏磷酸钠为水垢抑制剂时，可使系统在 $IP_C \leqslant 1.5 K_{sp}$ 条件下运行。

上述计算方法同样适用于 CaF_2、$BaSO_4$ 和 $SrSO_4$ 水垢析出的判断。通过比较浓缩液中 CaF_2、$BaSO_4$ 和 $SrSO_4$ 的离子积 IP_C 与它们在浓缩液离子强度 I_C 下的溶度积 K_{sp} 来确定。一般而言，若 $IP_C < 0.8 K_{sp}$ 则无结垢倾向。

3. 水垢控制法及其计算

（1）加酸法

大多数地下水及地表水都含饱和碳酸钙，其溶解度随 pH 值而异。因此，添加酸可使

$CaCO_3$ 保持溶解状态。工艺设计上用朗格利尔指数控制，即保证系统浓缩液朗格利尔指数为负值。加酸法调节 pH 值举例计算如下。

【例 1-8-2】　已知条件：$pH=7.0$，水温 25℃，进水 $HCO_{3(f)}^-=130.4mg/L$，$Y=75\%$，浓水 $Ca_{(m)}^{2+}=253.6mg/L$，浓水 $TDS_{(m)}=14000mg/L$，pH 计算图查得 $p'[Ca^{2+}]=2.24$，$pK_2-pK_S=2.28$，甲酸调节 pH 5.5（pH 调节设定值）。

解： ① $pH=-lg[H^+]=-lgK_1+lg[HCO_3^-]-lg[CO_2]$

温度 25℃，$K_1=4.45\times10^{-7}$ 代入

$$pH=-lg(4.45\times10^{-7})+lg\frac{[HCO_3^-]}{[CO_2]}=7-lg4.45+lg\frac{[HCO_3^-]}{[CO_2]}=6.35+lg\frac{[HCO_3^-]}{[CO_2]}$$

则 $[CO_2]=\dfrac{[HCO_3^-]}{10^{pH-6.35}}=\dfrac{130.4/61}{10^{7-6.35}}=0.479(mmol/L)=21.1(mg/L)$

② 根据水中 HCO_3^- 碱度、CO_2 和 pH 值的关系，查全碱度 CO_2 和 pH 值的关系图（图 1-8-20）求出 R 比值，然后再计算出调整 pH 值后的进水的 $HCO_{3(f)}^-$。

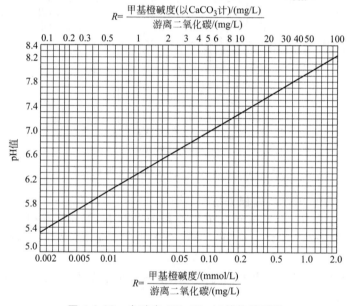

$$R=\frac{甲基橙碱度(以CaCO_3计)/(mg/L)}{游离二氧化碳/(mg/L)}$$

$$R=\frac{甲基橙碱度/(mmol/L)}{游离二氧化碳/(mg/L)}$$

图 1-8-20　全碱度 CO_2 和 pH 值的关系图

在 $pH=5.5$ 时，查图得 $R=0.0033$。

根据 $R=HCO_{3(f)}^-/$游离 CO_2，则

$$0.0033=\frac{HCO_{3(f)}^-/61}{21.1+\dfrac{44}{61}(130.4-HCO_{3(f)}^-)}$$

$$HCO_{3(f)}^-=20.2\ (mg/L)$$

③ 根据加酸调整 pH 值后进水中重碳酸根 $HCO_{3(f)}^-$ 浓度和反渗透浓缩倍率，计算浓水中重碳酸根 $HCO_{3(m)}^-$ 浓度。

$$HCO_{3(m)}^-=HCO_{3(f)}^-\times CF=20.2\times4=80.8\ (mg/L)=1.32\ (mmol/L)$$

④ 根据 $HCO_{3(m)}^-$ 查 pH_S 图得 $p'[碱度]=2.90$。

⑤ 根据浓水 $HCO_{3(m)}^-$ 值以及 CO_2 值，求得调整原水 pH 值到 5.5 后浓水的 pH 值：

$$pH_{(m)} = 6.35 + \cfrac{1.32}{\left[21.1 + \cfrac{44}{61}(130.4 - 20.2)\right]/44} = 6.93$$

⑥ 根据浓水的 $pH_{(m)}$ 值和 pH_S 值推算出饱和指数，并进行判断：

$$I_L = pH_{(m)} - pH_S = 6.93 - (2.9 + 2.24 + 2.28) = -0.49$$

因此，经预处理加酸将给水 pH 值调至 5.5 后，I_L 值<0，所以可以判断经 pH 值调整后不会发生碳酸钙结垢。

（2）其他方法

除加酸法外，添加阻垢剂或缓蚀剂、强酸阳离子交换树脂软化法和弱酸阳离子树脂脱碱法都可用来控制水垢。

4. 胶体污染控制

胶体污染可严重影响反渗透元件性能。胶体污染主要是指原水中含有细菌、黏土、胶状硅和铁的腐蚀产物等。胶体污染一个重要的控制指标是 SDI，不同膜组件要求进水有不同的 SDI 值，中空纤维组件一般要求 SDI 值为 3 左右，卷式组件 SDI 值为 5 左右。胶体污染一般采用以下方法进行预处理。

① 滤料过滤　双层滤料过滤可去除悬浮物与胶体颗粒。当水流过此种颗粒床时，悬浮固体会附着在过滤颗粒的表面，滤出液的品质取决于悬浮固体大小、表面电荷、几何形状以及水质和操作参数。一个设计及操作良好的过滤，通常可达 SDI<5 的标准。最常用的过滤媒介为砂和无烟煤。

② 氧化过滤　水中还原态的 Fe^{2+} 极易转化为 Fe^{3+}，继而产生不溶性氢氧化物的胶体。当以地下水为水源，含铁量较高时可采用曝气法，使水中 Fe^{2+} 氧化为 Fe^{3+}，由于氧化生成氧化铁在水中溶解度极小，进一步用天然锰砂滤池过滤除去氧化铁沉淀。

③ 混凝沉淀　如原水悬浮物及 SDI 均较高，可采用混凝、沉淀过滤预处理后作为反渗透进水。

④ 保安过滤器　进入反渗透装置前的最后一道过滤为保安过滤器，过滤精度为 $5\mu m$。

⑤ 微滤、超滤　由微滤或超滤处理过的水可除去所有悬浮物，设计良好及操作维护得当的微滤及超滤系统 SDI 值可小于 1。

5. 生物污染控制

反渗透膜的生物污染可严重影响反渗透系统的性能，最终导致膜的机械性损伤及流量下降，甚至在渗透液侧污染产品出水，由于生物膜很难去除，因此生物污染的预防是以前处理为主要手段。一般采用加氯以保证水中游离氯含量为 $0.5\sim1mg/L$，同时通常必须在进反渗透系统前采用活性炭吸附法将游离氯除去，以保证膜不被氧化。

6. 有机物污染控制

分子量大、疏水性带正电有机物极易被吸附于膜表面，当进水 TOC 超过 3mg/L 时，需考虑前处理。当供水中油含量大于 0.1mg/L 时，也必须在进入反渗透系统前去除。可根据原水水质采用混凝过滤、超滤、活性炭吸附等方法。

表 1-8-11 给出了反渗透系统进水指标。原水可能是自来水、地下水、三级废水或其他水源，但一般反渗透系统都有一个贮水槽。在系统设计时要考虑避免二次污染，防止沙土、灰尘等机械杂质污染和发酵、水藻等生物污染的发生。

表 1-8-11　反渗透进水指标

原水水源		反渗透产水	地下水	地表水	深井海水	表面海水	三级废水
进水水质指标	推荐最大 SDI(15min)	1	2	4	3	4	4
	浊度/NTU	0.1	0.2	0.4	0.3	0.4	0.4
	TOC/(mg/L)	1	3	5	3	3	10
	BOD/(mg/L)（粗略估算＝TOC×2.6）	3	8	13	8	8	26
	COD/(mg/L)（粗略估算＝TOC×3.6）	4	11	18	11	11	36
系统平均通量/GFD		23	18	12	10	8.5	10
/LHM		39.1	30.6	20.4	17	14.45	17
前端膜元件通量/GFD		30	27	18	24	20	15
/LHM		51	45.9	30.6	40.8	34	25.5
通量衰减/%		5	7	7	7	7	15
透盐率增加/%		5	10	10	10	10	10
Beta 值（单只膜元件）		1.40	1.20	1.20	1.20	1.20	1.20
进水流量(4"[①])/GPM		16	16	16	16	16	16
/(m³/h)		3.6	3.6	3.6	3.6	3.6	3.6
进水流量(8"[①])/GPM		75	75	75	75	75	75
/(m³/h)		17.0	17.0	17.0	17.0	17.0	17.0
浓水流量(4"[①])/GPM		2	3	3	3	3	3
/(m³/h)		0.5	0.7	0.7	0.7	0.7	0.7
浓水流量(8"[①])/GPM		8	12	12	12	12	12
/(m³/h)		1.8	2.7	2.7	2.7	2.7	2.7
压力损失（单只压力容器）/psi		40	35	35	35	40	40
/bar		2.72	2.38	2.38	2.38	2.72	2.72
压力损失（单只膜元件）/psi		10	10	10	10	10	10
/bar		0.68	0.68	0.68	0.68	0.68	0.68
水温/°F		33～113	33～113	33～113	33～113	33～113	33～113
/°C		0.1～45	0.1～45	0.1～45	0.1～45	0.1～45	0.1～45

① 单只压力容器最大值。

注：GFD 和 LHM 均为表面通量的单位。GFD＝gal/(ft² · d)，LHM＝L/(m² · h)。GPM 为流量单位，GPM＝gal/min。

（二）反渗透系统设计

1. 工艺参数

（1）透水性

$$Q_P = K(\Delta p - \Delta \pi) \tag{1-8-12}$$

式中，Q_P 为膜透水率，$cm^3/(cm^2 \cdot s)$；K 为膜纯水透过系数，$cm^3/(cm^2 \cdot s \cdot MPa)$；$\Delta p$ 为膜两侧压力差，MPa；$\Delta \pi$ 为膜两侧溶液渗透压力差，MPa。

（2）回收率

$$Y = \frac{Q_p}{Q_f} \times 100\% = \frac{Q_p}{Q_p + Q_m} \times 100\% \tag{1-8-13}$$

式中，Q_f、Q_m、Q_p 分别为进水、浓水和淡水流量，m^3/h；Y 为回收率，%。

（3）浓缩倍数

$$CF = \frac{Q_f}{Q_m} = \frac{1}{1-Y} \qquad (1\text{-}8\text{-}14)$$

式中，CF 为浓缩倍数。

（4）盐分透过率

中空纤维式：
$$SP = \frac{C_p}{C_f} \times 100\% \qquad (1\text{-}8\text{-}15)$$

卷式：
$$SP = \frac{C_p}{(C_f + C_m)/2} \times 100\% \qquad (1\text{-}8\text{-}16)$$

式中，C_f、C_m、C_p 分别为进水、浓水和淡水含盐量；SP 为盐分透过率，%。

（5）脱盐率

$$R = 1 - SP \qquad (1\text{-}8\text{-}17)$$

式中，R 为脱盐率，%。

2. 反渗透处理工艺

根据不同的处理对象，可以有各种处理工艺，常用的反渗透工艺系统如下。

（1）单段系统

在反渗透系统中，一级一段式流程是最简单的流程。它具有较低的回收率和较高的系统脱盐率。单段系统用于当系统回收率需要低于50%时。一级一段式系统流程如图 1-8-21 所示。

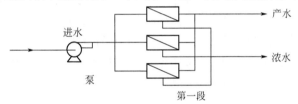

图 1-8-21 单段系统

（2）多段系统

为了获得较高的水回收率，可采用一级多段式反渗透系统，如图 1-8-22 所示。第一段的浓水作为第二段的进水，然后将两段的渗透出水混合作为出水，必要时可增加一段，即把第二段的浓水作为第三段的进水，第三段的渗透出水与前两段出水汇合成产水。通常苦咸水的淡化和低盐度水的净化采用这种流程。

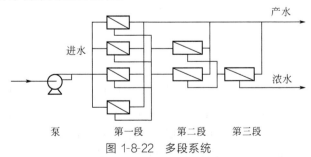

图 1-8-22 多段系统

（3）多级系统

多级式流程通常采用二级，第一级反渗透出水作为第二级的进水，第二级的浓水浓度通常低于第一级进水，把第二级浓水返回第一级高压泵前，从而提高系统回收率和产水水质。根据用户最终水质要求，第一级渗透水可部分也可全部经过第二级处理。流程如图1-8-23所示。

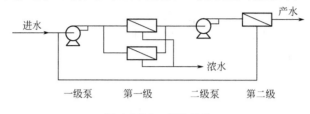

图 1-8-23　多级系统

3. 反渗透系统设计一般步骤

① 落实设计依据　原水水质和原水类型，产水的具体水质指标。在拿到原水水质资料时一定要确认水源的类型，水质可能的波动范围，取水方式及受到二次污染的可能性。在地表水处理和海水淡化工程中，取水方式也是整个系统设计中最为关键的。在废水回用处理工程中，需要反复落实排放水的水质要求，在必要时需同时改造废水处理系统以保证反渗透工艺的可行性。

② 确定预处理工艺及其效果　主要是确认预处理后出水水质指标。本节中提到的反渗透给水或系统进水均指经过预处理后的废水。

③ 膜元件选型　根据原水的含盐量，进水水质的情况和产水水质的要求，选择适当的膜元件。可根据所选厂家的产品介绍进行选择。

④ 确定膜通量和系统回收率　根据进水水质和处理要求的不同，确定反渗透膜元件单位面积的产水通量和回收率。产水通量可以参照所选厂家的设计导则。回收率的设定要考虑原水中含有的难溶解性盐的析出极限值（朗格利尔饱和指数）、给水水质的种类和产水水质。通常，单位面积产水量 J 和回收率 R 设计过高，发生膜污染的可能性增加，进而导致产水量下降，膜系统清洗频率升高，系统正常运行维护费用增加。故设计时，尽量考虑增大设计产水通量和回收率。

⑤ 排列和级数　反渗透装置的生产商对膜组件的最大回收率作出了规定，设计者在设计过程中应严格遵守。

反渗透的设计计算是膜组件数量选择和膜组件合理排列组合的依据。膜组件数量决定了反渗透系统的透水量，其排列组合则决定了反渗透系统的回收率。

为了使反渗透装置达到设计回收率，同时又保持水在装置内的每一个组件中处于大致相同的流动状态，须将装置内的组件分为多段锥形排列。

设计产水通量 J（GFD）和产水量 Q_p（GPD）值后，所需理论膜元件数量 N_e 按方程（1-8-18）计算。

$$N_e = \frac{Q_p}{fJA} \tag{1-8-18}$$

式中，N_e 为理论膜元件数；Q_p 为产水量，GPD（gal/d）；J 为单位面积产水通量，GFD [gal/(ft² · d)]；A 为膜元件面积，ft²（1ft=304.8mm）；f 为污染指数。

通常反渗透系统排列方式以 2:1 的近似比例排列的方式较多。

【例 1-8-3】　产水水量 600000GPD，设计单位面积产水量 14GFD，膜元件面积 400ft²，污染指数为 0.75。

解：按公式（1-8-18）计算理论膜元件数量

① 理论膜元件数量

$$N_e = \frac{600000}{0.75 \times 14 \times 400} = 143 \text{（件）}$$

② 压力容器数量　按标准 6 芯装膜壳计算，压力容器数量为：

$$n = \frac{143}{6} = 24$$

各段压力容器的数的确定：

反渗透系统以 2:1 方式排列时，24/(2+1)=8，膜元件以（16×6:8×6）的方式排列。

反渗透系统以 4:2:1 方式排列时，24/(4+2+1)=3.43，膜元件以（13.7×6）:（6.85×6）:（3.43×6）的方式排列。

实际系统的压力容器以整数出现，四舍五入后，系统为（14×6）:（7×6）:（3×6）方式排列。

四、膜的清洗

在反渗透过程中，由于分离物质及其他杂质在膜面会逐渐积聚，对膜造成污染和堵塞，因此膜的清洗是反渗透系统中不可缺少的操作步骤，膜的有效清洗是延长膜使用寿命的重要手段。清洗过程参考本章第一节中超滤膜清洗。

第三节　电渗析

一、原理和功能

电渗析是膜分离技术的一种，它是在直流电场作用下，以电位差为推动力，利用离子交换膜的选择透过性，把电解质从溶液中分离出来，从而实现溶液的淡化、浓缩、精制或纯化的目的。这项技术首先用于苦咸水淡化，而后逐渐扩大到海水淡化及制取饮用水和工业纯水的给水处理中，并且在重金属废水、放射性废水等工业废水处理中也开始得到应用。电渗析的适用范围见表 1-8-12。

表 1-8-12　电渗析适用范围

用途	除盐范围			成品水的直流耗电量/(kW·h/m³)	说　　明
	项目	起始	终止		
海水淡化	含盐量/(mg/L)	35000	500	15~17	规模较小时（如 500m³/d 以下），建设时间短、投资少，方便易行
苦咸水淡化	含盐量/(mg/L)	5000	500	1~5	淡化到饮用水，比较经济
水的除氟	含氟量/(mg/L)	10	1	1~5	在咸水除盐过程中，同时去除氟化物
淡水除盐	含盐量/(mg/L)	500	5	<1	将饮用水除盐到相当于蒸馏水的初级纯水，比较经济
水的软化	硬度(以 CaCO₃ 计)/(mg/L)	500	<15	<1	在除盐过程中同时去除硬度；除盐水优于相同硬度的软化水
纯水制取	电阻率/MΩ·cm	0.1	>5	1~2	采用树脂电渗析工艺，或采用电渗析-混合床离子交换工艺
废水的回收与利用	含盐量/(mg/L)	5000	500	1~5	废水除盐，回收有用物质和除盐水

二、设备和装置

（一）电渗析器组装形式

电渗析器的组装形式用"级"和"段"来表示，一对电极之间称为一级，水流同向的若干并联隔板称为一段，见图 1-8-24。一台电渗析器常有几百个"膜对"，一个膜对包括阳膜、阴膜、隔板甲和隔板乙各一张。在膜对总数确定的条件下，增加级数可以降低电渗析的电压，增加段数可以增加除盐的流程。为了提高水的除盐率，可以采用多级多段的组装方式。电渗析器组装形式一般有一级一段、二级二段、三级三段、四级四段等。

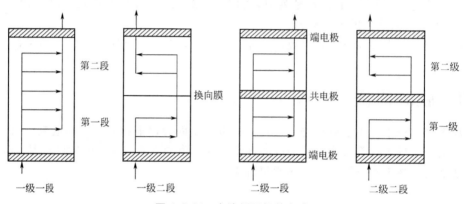

图 1-8-24　电渗析器组装方式

（二）常用除盐方式

电渗析的除盐方式随其目的不同而异，一般可分为直流式、循环式和部分循环式三种。

1. 直流式

原水经多台单级或多台多级串联的电渗析器后，一次脱盐达到给定的脱盐要求，直接排出成品水。该方式具有连续出水、管道布置简单等优点，缺点是操作弹性小，对原水含盐量发生变化时适应性较差。该流程是国内常用流程之一，常采用给定电压操作，根据进水、产水量及产品水水质等要求，可采用单系列多台串联或多系列并联的流程，适用于中、大型脱盐场地（见图 1-8-25）。

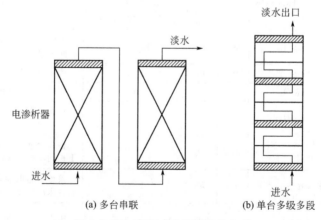

(a) 多台串联　　　　　(b) 单台多级多段

图 1-8-25　直流式电渗析除盐方式

2. 循环式

如图 1-8-26 所示，将一定量的原水注入淡水循环槽内，经电渗析器多次反复除盐，当循环除盐到给定的成品水水质指标后，输送至成品水槽。该方式适用于脱盐难度大，并要求成品水水质稳定的小型脱盐水站。该流程适应性较强，既可用于高含盐量水的脱盐，也适用于低含盐量水的脱盐，特别适用于给水水质经常变化的场合，能始终提供合格的成品水。例如流动式野外淡化车、船用脱盐装置等多采用此流程。其次小批量工业产品料液的浓缩、提纯、分离和精制也常用此方式。但需要较多的辅助设备，动力消耗较大，且只能间歇供水。

3. 部分循环式

部分循环式是直流式和循环式相结合的一种方式（见图 1-8-27）。一方面，使溶液在混合水池内循环；另一方面，补充原水使水池内水量保持稳定。在这种方式下，混合水池内流速不受产水量的影响。该方式的优点是膜可保持稳定状态，而装置可以适应任何进料情况，当然需要再循环系统，因此设备和动力消耗都会增加。

电渗析三种不同除盐方式的特点比较见表 1-8-13。

表 1-8-13　不同除盐方式特点

除盐方式	工作方式	淡水质量随时间的变化	对原水含盐量变化的适应性	电流效率	适合的产水量规模	附属设备	对电渗析器的要求
直流式	连续	不变	一般	高	大流量	最少	高
循环式	批量	由低到高	强	低	中小流量	较多	低
部分循环式	连续	不变	强	高	大流量	较多	高

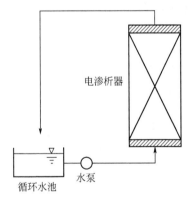

图 1-8-26　循环式电渗析除盐方式

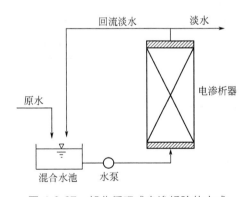

图 1-8-27　部分循环式电渗析除盐方式

三、设计计算

电渗析工艺设计就是根据用户提出的脱盐率、淡水产量等主要技术经济指标，选择合适的电渗析器，再根据电渗析器相关参数，计算电渗析工艺相关参数。

电渗析工艺设计前，应明确原水含盐量、淡水含盐量、淡水产量这 3 个主要技术指标。

在电渗析工艺设计和参数计算时，由于水中离子的组分、水温、膜的性能、隔板形式等都会影响其计算结果，因而目前还没有形成一套通用的计算方法，实际设计中往往采用理论与经验相结合的方法。

（一）电渗析进水水质要求

水中所含的悬浮物、有机物、微生物、铁和锰等重金属杂质以及形成的胶体物质，会造成离子交换膜的污染，降低离子交换膜的选择透过性，还会使隔板布水槽堵塞，电渗析本体阻力增大，流量降低，除盐效率下降，因此原水进入电渗析之前，必须经过适当的预处理，去除原水中胶体物质，达到电渗析进水标准。

根据国家行业标准《电渗析技术　脱盐方法》（HY/T 034.4—1994）规定，电渗析器的进水水质应符合表 1-8-14 所列的要求。

表 1-8-14　电渗析器进水水质要求

项目	指标值	项目	指标值
水温/℃	5～40	浊度/(mg/L)	1.5～2.0mm 隔板：<3 0.5～0.9mm 隔板：<0.3
高锰酸盐指数/(mg/L)	<3		
铁/(mg/L)	<0.3	游离氯/(mg/L)	<0.2
锰/(mg/L)	<0.1	污染指数	<10

（二）电渗析器选择

目前，国内制造的电渗析器大多能够满足使用需要，一般可直接选购产品，而不必设计电渗析器本体。

国产标准电渗析器分三大类型：

① DSA 型为网状隔板，隔板厚度为 0.9mm；

② DSB 型为网状隔板，隔板厚度为 0.5mm；

③ DSC 型为冲格式隔板，隔板厚度为 1.0mm，由两个厚度为 0.5mm 的冲格薄片组成。

上述国产标准电渗析器的规格与性能见表 1-8-15～表 1-8-17。

表 1-8-15　DSA 型电渗析器规格和性能

规格 性能	DSA Ⅰ			DSA Ⅱ			
	1×1/250	2×2/500	3×3/750	1×1/200	2×2/400	3×3/600	4×4/800
隔板尺寸/mm	800×1600×0.9			400×1600×0.9			
离子交换膜	异相阳、阴离子交换膜			异相阳、阴离子交换膜			
电极材料	钛涂钌(石墨、不锈钢)			钛涂钌(石墨、不锈钢)			
组装膜对数/对	250	500	750	200	400	600	800
组装形式	一级 一段	二级 二段 (2 台)	三级 三段 (3 台)	一级 一段	二级 二段 (2 台)	三级 三段 (3 台)	四级 四段 (4 台)
产水量/(m³/h)	35	35	35	13.2	13.2	13.2	13.2
脱盐率/%	≥50	≥70	≥80	≥50	≥75	87.5	93.75
工作压力/kPa	<50	<120	<180	<50	<75	<150	<200
外形尺寸/mm	2550×1370 ×1100			2300×1010 ×520			
安装形式	立式	立式	立式	立式	立式	立式	立式
本体质量/t	2	2×2	2×3	1	1×2	1×3	1×4
标准图号	91S430(一)			91S430(二)			

注：表中电渗析脱盐率和产水量的数据是指在 2000mg/L NaCl 溶液中，25℃下测定的数据。

表 1-8-16 DSB 型电渗析器规格和性能

性能＼规格	DSBⅡ		DSBⅣ			
	1×1/200	2×2/300	1×1/200	2×2/300	2×4/300	2×6/300
隔板尺寸/mm	400×1600×0.5		400×800×0.5			
离子交换膜	异相阳、阴离子交换膜		异相阳、阴离子交换膜			
电极材料	不锈钢(石墨、钛涂钌)		不锈钢(石墨、钛涂钌)			
组装膜对数/对	200	300	200	300	300	300
组装形式	一级一段	二级二段	一级一段	二级二段	二级四段	三级六段
产水量/(m³/h)	8.0	6.0	8.0	6.0	3.0	1.5～2.0
脱盐率/%	≥75	≥85	≥50	≥70～75	≥80～85	90～95
工作压力/kPa	<100	<250	<50	<100	<200	<250
外形尺寸/mm	600×1800×800	600×1800×800	600×1000×800	600×1000×1000	600×1000×1000	600×1000×1000
安装形式	立式	立式	立式	立式	立式	立式
本体质量/t	0.56	0.63	0.28	0.35	0.35	0.38
标准图号	91S430(三)		91S430(四)			

注：表中电渗析脱盐率和产水量的数据是指在 2000mg/L NaCl 溶液中，25℃下测定的数据。

表 1-8-17 DSC 型电渗析器规格和性能

性能＼规格	DSCⅠ			DSCⅣ		
	1×1/100	2×2/300	4×4/300	1×1/100	2×2/200	3×3/240
隔板尺寸/mm	800×1600×1.0			400×800×1.0		
离子交换膜	异相阳、阴离子交换膜			异相阳、阴离子交换膜		
电极材料	石墨(钛涂钌、不锈钢)			石墨(钛涂钌、不锈钢)		
组装膜对数/对	100	300	300	100	200	240
组装形式	一级一段	二级二段	四级四段	一级一段	二级二段	三级三段
产水量/(m³/h)	25～28	30～40	18～22	1.8～2.0	1.5～2.0	1.4～1.8
脱盐率/%	28～32	45～55	75～80	50～55	70～80	85～90
工作压力/kPa	80	120	200	120	160	200
外形尺寸/mm	940×960×2150	1550×960×2150	1600×960×2150	900×620×900	960×620×1210	960×620×1350
安装形式	立式	立式	立式	卧式	卧式	卧式
本体质量/t	1.1	2.3	2.5	0.2	0.3	0.4
标准图号	91S430(五)			91S430(六)		

注：1. 不锈钢电极只允许用在极水中氯离子浓度不高于 100mg/L 的情况下。

2. 表中电渗析脱盐率和产水量的数据是指在 2000mg/L NaCl 溶液中，25℃下测定的数据。

　　在选择电渗析器时，除电渗析的脱盐率和产水量满足设计要求外，还必须要考虑膜和电极的材质。

　　离子交换膜是电渗析器的关键部件，各种膜的性能均有所不同。根据国家环境保护行业标准《环境保护产品技术要求　电渗析装置》（HJ/T 334—2006），电渗析阴、阳离子交换膜的主要技术指标应满足表 1-8-18 的要求。

　　电极的材料有石墨、不锈钢、钛涂钌等，应根据原水水质，结合电极强度、耐腐蚀性等因素，选择合适的电极。不同材料电极的特点见表 1-8-19。

表 1-8-18 电渗析阴、阳离子交换膜技术指标

项 目	阳膜		阴膜	
	均相膜	异相膜	均相膜	异相膜
含水率/%	25～40	35～50	22～40	30～45
交换容量(干)/(mol/kg)	≥1.8	≥2.0	≥1.5	≥1.8
膜面电阻率/Ω·cm	≤6	≤12	≤10	≤13
选择透过率/%	≥90	≥92	≥85	≥90

表 1-8-19 不同材料电极特点

电极材料	适用条件	制造	耐腐蚀性	强度	价格	污染
石墨	Cl⁻含量高，SO₄²⁻含量低的水	容易	可以	较脆	低	无
不锈钢	Cl⁻浓度小于100mg/L的水	很容易	较好	好	较低	无
钛涂钌	广泛	较复杂	较好	较好	较高	无
二氧化铅	只适合于做阳极	较复杂	较好	较脆	较低	稍有

（三）极限电流密度

电渗析运行工艺设计时，电流密度有一个极限值，超过此值，就会出现电渗析的极化现象，影响电渗析器正常工作。因此，电渗析设计时必须要掌握最大允许电流值。

极限电流密度公式是在极化临界条件下建立的，其计算公式如下：

$$i_{lim} = Kv^m C \tag{1-8-19}$$

$$v = \frac{10^6 Q_d}{3600 ndB} \tag{1-8-20}$$

$$C = \frac{C_{in} - C_{out}}{2.3 \lg \dfrac{C_{in}}{C_{out}}} \tag{1-8-21}$$

式中，i_{lim} 为极限电流密度，mA/cm^2；K 为电渗析的水力特性系数；v 为淡水隔板中水流的计算线速度，cm/s；m 为流速指数，一般为 $0.5 \sim 0.8$；Q_d 为淡水产量，m^3/h；n 为每段膜对数；d 为淡水室隔板的厚度，cm；B 为隔板流水道宽度，cm；C 为淡水隔板中水的平均含盐量，$mmol/L$；C_{in} 为淡水室进水含盐量，$mmol/L$；C_{out} 为淡水室出水含盐量，$mmol/L$。

极限电流密度公式可以改写成线性形式，具体见下式：

$$\lg \frac{i_{lim}}{C} = m \lg v + \lg K \tag{1-8-22}$$

工程中常用电压电流法测定电渗析器的极限电流密度。进入电渗析器的水温、含盐量、组分应保持恒定，浓水、淡水、极水的流量要稳定。测定时，调节流量计到设定的某一流速所对应的流量处，稳定此流量条件下，逐次调整电压，待电流稳定后，记录下每次的电压、电流值。然后改变流速，在另一流速条件下，再逐次调整电压，待电流稳定后，记录下每次的电压、电流值。

以电压为纵坐标，电流为横坐标，画 $U\text{-}I$ 曲线，如图 1-8-28 所示。电压-电流极化曲线由三部分组成：OA 段为直线，$ABCD$ 段为曲线，称为"极化过渡区"，C 点称为"标准极

化点"，DE 段为近似曲线，A 点和 D 点的切线相交于 P 点，C 点所对应的电流即为极限电流 $I_{\lim}$。

就每个流速拐点处，测定进水含盐量、出水含盐量，采用公式（1-8-21）计算淡水隔板中水的平均含盐量。以 $\lg(i_{\lim}/C)$ 为纵坐标，以 $\lg v$ 为横坐标，采用图解法确定系数 K 和 m 的数值，由此可以获得电渗析器的极限电流密度计算公式，见图 1-8-29。

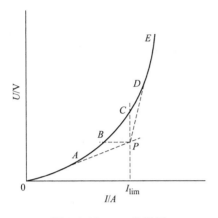

图 1-8-28　U-I 曲线图

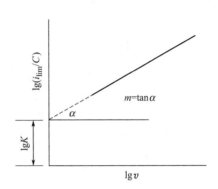

图 1-8-29　极限电流密度图解

（四）实际工作电流

理论上说，电渗析在极限电流状态运行时才是最经济的，但事实上，电渗析在工作时，除了考虑防止极化这一故障外，还有其他一些故障因子，如溶解性有机物、无机物、微生物等膜面的污染、结垢、堵塞现象。因此，为了使电渗析器长期稳定运行，在选择工作电流密度时，应当留有一定的富裕，应结合原水含盐量、离子组分、流速、温度等因素进行选择设计，一般的原则为：

$$i=(70\%\sim 90\%)i_{\lim} \tag{1-8-23}$$

式中，i 为工作电流密度，mA/cm^2；$i_{\lim}$ 为极限电流密度，mA/cm^2。

如果原水中含盐量、硬度、有机物含量高时，取 $i_{\lim}$ 的低值，反之则取高值。

在确定了工作电流密度后，按下式计算工作电流：

$$I=iS\times 10^{-3} \tag{1-8-24}$$

式中，I 为工作电流，A；i 为工作电流密度，mA/cm^2；S 为单张膜的有效通电面积，cm^2。

为简化设计，在有经验数据的情况下，也可用经验法确定工作电流。例如，对于厚度为 0.9mm 的网式隔板，采用国产聚乙烯膜，隔板流速为 $5\sim 8cm/s$ 时，可采用以下经验公式确定工作电流密度：

$$i=BC_{in} \tag{1-8-25}$$

式中，i 为工作电流密度，mA/cm^2；C_{in} 为每段进口处的淡水含盐量，g/L；B 为经验系数，对于天然水来说，可按表 1-8-20 取值。

表 1-8-20　经验系数 B 的取值

每段进口处的淡水含盐量 C_{in}/(g/L)	$0\sim 1$	$1\sim 10$
经验系数 B	2	1.8

（五）实际运行参数计算与校核

在选定了电渗析器和得出了极限电流密度计算公式后，需要根据电渗析级数、段数、膜对数、淡水产量等基本设计参数，对电渗析各段的工作电流、进出口浓度、膜堆电压、电耗等各项实际运行参数进行计算和校核。

下面以二级二段为例进行说明。

1. 实际水流线速度

根据电渗析系统淡水产量、每段膜对数、淡水室隔板厚度、隔板流水道宽度，采用公式（1-8-20）计算电渗析的实际水流线速度。

2. 各段工作电流和进出水浓度

第一段：工作电流与进出水浓度如下。

① 脱盐率　在计算极限电流密度时，需要知道淡水室进出口的平均浓度，因此需要假定一个脱盐率，可根据选定电渗析器一级一段的脱盐率 ε 计算极限电流密度。

② 极限电流密度 i_{lim1}　根据原水含盐量、脱盐率 ε 以及公式（1-8-21）计算第一段的淡水室平均含盐量 C_1。再根据实际水流线速度 v 和系数 K、第一段的淡水室平均含盐量 C_1，采用公式（1-8-19），计算第一段的极限电流密度 i_{lim1}。

③ 工作电流密度　根据 i_{lim1} 以及公式（1-8-23）计算工作电流密度，一般取 85%，即 $i_1 = 0.85 i_{\text{lim1}}$。

④ 工作电流　根据公式（1-8-24）计算第一段的工作电流 I_1。

⑤ 实际脱盐量　根据以下公式计算第一段的实际脱盐量

$$\Delta C = \frac{nN\eta i}{Q_{\text{d}} \times 26.8} \tag{1-8-26}$$

式中，ΔC 为脱盐量，mg/L；n 为膜对数；N 为原水平均当量数；η 为电流效率，%，一般取 90%；Q_{d} 为淡水产量，m^3/h。

⑥ 出口水浓度

$$C_{\text{out1}} = C_{\text{in}} - \Delta C_1 \tag{1-8-27}$$

第二段：参考第一段的计算方式，计算第二段的工作电流、出水浓度。但需注意，第二段的进水浓度应为第一段的出水浓度。

3. 电压

电压计算公式如下：

$$U = U_{\text{j}} + U_{\text{m}} \tag{1-8-28}$$

式中，U 为一级的总电压降，V；U_{j} 为极区电压降，约 $15 \sim 20\text{V}$；U_{m} 为膜对电压降，V。

$$U_{\text{m}} = K_{\text{mo}} K_{\text{s}} d_{\text{i}} (\rho_{\text{d}} + \rho_{\text{n}}) n \times 10^{-3} \tag{1-8-29}$$

式中，n 为各段膜对数；K_{mo}、K_{s} 为膜电阻系数，一般由厂方提供；d_{i} 为电流，mA；ρ_{d} 为淡水平均电阻率，$\Omega \cdot \text{cm}$；ρ_{n} 为浓水平均电阻率，$\Omega \cdot \text{cm}$。

含盐量与水电阻率的换算，当水温为 20℃ 时，可近似按下式计算：

$$\rho_{\text{s}} = \frac{13300}{C_{\text{N}}} \tag{1-8-30}$$

式中，ρ_{s} 为水的电阻率，$\Omega \cdot \text{cm}$；C_{N} 为水中含盐量，mmol/L。

含盐量与电阻率的关系如图 1-8-30 所示。

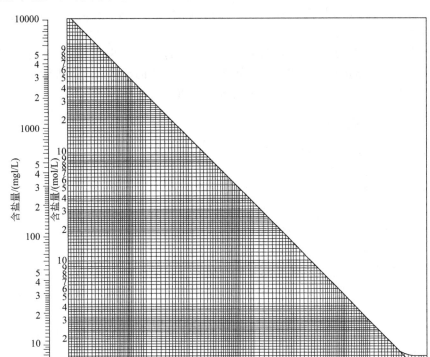

图 1-8-30　含盐量与电阻率的关系

在膜对电压的计算中，K_{mo}、K_s 等经验参数的选取对计算结果影响较大，如选取不当，误差较大。在极限电流条件下运行时，膜对电压经验数值可按表 1-8-21 选用。

表 1-8-21　膜对电压经验数据

用途	进水含盐量范围 /(mg/L)	不同厚度隔板的膜对电压/V	
		0.5～1.0mm	1.0～2.0mm
苦咸水淡化	2000～4000	0.3～0.6	0.6～1.2
	500～2000	0.4～0.8	0.8～1.6
水的深度脱盐	100～500	0.6～1.2	1.0～2.0

4. 电渗析器本体直流电耗

极区电耗：每段的极区电压一般考虑为 20V，则

$$W_{极} = 20(i_1 + i_2) \tag{1-8-31}$$

膜堆电耗　　　　　$$W_{堆} = U_{m1}i_1 + U_{m2}i_2 \tag{1-8-32}$$

电渗析器本体直流电耗　　$$W_{本体} = W_{极} + W_{堆} \tag{1-8-33}$$

单位产水量直流电耗　　　$$W_{单} = W_{堆}/Q_d \tag{1-8-34}$$

5. 总水压降

$$\Delta p = 0.1av^b \tag{1-8-35}$$

$$\sum\Delta p=0.1\sum av^{b} \tag{1-8-36}$$

式中，$\sum\Delta p$ 为总水头损失，MPa；Δp 为各段水头损失，MPa；a，b 为与设备构造、加工等有关的系数。

根据上述设计计算，列出各段的实际工艺参数，包括每段的膜对数、流量、流速、入口压力、工作电流、进水浓度、出水浓度。再根据最后一段的出水浓度，查看是否满足设计要求，若不满足设计要求，则需调整工作电流等参数重新进行核算。

（六）脱盐系统组合

电渗析的除盐系统主要有以下几种：

① 原水→预处理→电渗析→除盐水；

② 原水→预处理→软化→电渗析→除盐水；

③ 原水→预处理→电渗析→反渗透→除盐水；

④ 原水→预处理→电渗析→离子交换混合→除盐水；

⑤ 原水→预处理→反渗透→树脂电渗→除盐水。

第①种脱盐系统最简单，可用于海水和苦咸水淡化及除氟、除砷、除硝酸盐。当原水为自来水时，可制取脱盐水，脱盐水含盐量低于普通蒸馏水，脱盐率最高可达 99%，脱盐水的电阻率最高可达 0.5MΩ·cm。

第②种脱盐系统适合于处理高硬度含盐水。原水如不经预先软化，由于硬度高，容易在电渗析器中结垢。

第③种脱盐系统中，电渗析作为反渗透的预处理。由于预先去除了大部分的硬度和含盐量，可以充分发挥反渗透的优点，使反渗透的水利用率、产水量、使用寿命都有很大的提高。这种脱盐系统常用来生产饮用纯净水。

第④种脱盐系统用于制取高纯水。电渗析可以代替离子交换复床，预先将原水的含盐量降低 80%～95%，剩余的少量盐分再由离子交换混合床去除。由于取消了复床，可以减少酸、碱的消耗及再生废液的产生。电渗析-混合床离子交换制取高纯水系统应用广泛。

第⑤种除盐系统采用树脂电渗析工艺制取高纯度水。树脂电渗析亦可称为填充床电渗析，在国外还称为电除离子（electro deionization，简称 EDI）或连续除离子（continuous deionization，简称 CDI）。

第四节　正渗透

一、原理和功能

正渗透（forward osmosis，FO）是一种不需外加压力做驱动力，在渗透压差的作用下自发地从低渗透区域（原料液）通过选择透过性膜到高渗透压区域（驱动液）的过程。此过程原料液中大多数溶质分子和离子被截留下来。随着正渗透系统运行时间的延长，低渗透压的原料液逐渐被浓缩，同时高渗透压的驱动液逐渐被稀释。

正渗透不同于压力驱动膜分离过程，它不需要额外的水力压力作为驱动力，而依靠汲取液与原料液的渗透压差自发实现膜分离。这一过程的实现需要几个必要条件：

① 可允许水通过而截留其他溶质分子或离子的选择性渗透膜及膜组件；

② 提供驱动力的汲取液；

③ 对稀释后的汲取液再浓缩途径。

　　汲取溶液是具有高渗透压的溶液体系，由溶质和溶剂（一般是水）组成。如果驱动溶液中的溶质可以通过简单、低能耗的方法分离后循环利用，那么正渗透过程就能够形成一个封闭的循环体系。文献中报道过的驱动溶质主要有：a. 盐类，如 NaCl、$MgCl_2$、$Al_2(SO_4)_3$、NH_4HCO_3 等；b. 糖类，如葡萄糖、果糖等；c. 气体，如 SO_2 等。其中应用较普遍的溶质是 NaCl，因为它溶解度高并且其溶液很容易通过 RO 过程再浓缩。值得一提的是，McCutcheon 等采用 NH_4HCO_3 为溶质，通过简单热挥发冷凝的方法实现产品水的分离和溶质的循环利用。

　　当前，FO 在水处理中的应用有如下几个方面：

　　① 垃圾渗滤液浓缩　York 等采用 HTI 公司生产的 CTA 正渗透膜。对垃圾渗滤液进行浓缩处理。中试实验研究表明，采用正渗透膜分离方法，产水率达到 90％以上，并且对垃圾渗滤液中的多种污染物去除率达到 99％，最终能达到国家污染物排放标准。

　　② 宇航员生活废水回用　在人类进行的航空航天计划中，饮用水是宇航员的必需品。美国科学家设计了一套正渗透浓缩系统，依靠正渗透与反渗透相结合的方法对宇航员产生的生活废水进行回用制备饮用水，阶段性的研究成果表明正渗透膜在其绩效与能耗方面都存在着优势。此技术已被美国航空航天局列为太空水回用候选技术之一。

　　③ 水袋　水袋是美国 HTI 公司开发的一种可以在战争、野外生存或紧急救援状况下使用的水净化设备。其构造为内层的正渗透膜及外层的防水层膜的双层袋状。在内层膜内装入驱动液（需为无毒可饮用的，例如糖类、浓缩饮料）和渗透加速剂。将需要净化处理的源水装入内外两层之间的夹层中，洁净的水就可以在渗透压差驱动下透过内层正渗透膜进入可以饮用的驱动液中。1 个水袋中 100g 的驱动液就能产生 1 个人 1 天所需的饮料（3～5L）。正渗透膜分离技术在个人饮水市场将会得到更广泛的应用。

二、设备和装置

（一）正渗透汲取液

　　理想的正渗透汲取液要求具有分子量小、能产生高渗透压、无毒无害、易与水分离等特点。目前常用的汲取液主要有无机汲取液、有机汲取液和其他汲取液三种。

1. 无机汲取液

NaCl 溶液是目前常用的无机汲取液之一，该溶液优点是分子量较小，可以产生很高的渗透压，处理过程中汲取效果明显，且不会对膜造成大的损害。但该溶液具有很大的反向渗透通量，且该溶液需要通过反渗透或蒸发器蒸发进行回收，回收成本较高，因此多用于沿海地区的水处理。另一种常用的汲取液是 NH_4HCO_3，该溶液显著特点是渗透压高，回收成本较低（加热至 60℃即可），无毒无害。缺点是经过正渗透处理后产品中会含有少量氨气。由于 NH_4HCO_3 汲取液回收系统存在低品位废热，对于可利用废热的场所如热电厂，太阳能充足地区等特别适用，可以显著降低其能耗。

2. 有机汲取液

　　有机汲取液相较于无机汲取液来讲，分子体积大，因此该类溶液往往渗透压不高，而正渗透过程的动力就是渗透压差，所以这就容易造成水通量低的问题，但其优势在于反向渗透现象没有无机汲取液明显，而且回收过程也相对容易。常见的有机汲取液包括葡萄糖溶液、葡萄糖酸盐、2-甲基咪唑和壳寡糖等。

3. 其他汲取液

常见的其他汲取液有磁性纳米颗粒悬浊液、高分子水凝胶等。

① 磁性纳米颗粒悬浊液的一大特点就是它依靠施加磁场实现汲取液的回收,降低了回收成本。磁性纳米颗粒的粒径和亲水性对汲取性能有很大的影响:渗透压和水通量随着纳米颗粒的亲水性的增大而增大,相同摩尔浓度下,颗粒粒径越小,渗透压和水通量越大。尽管磁性纳米颗粒汲取液在实验室条件下表现出很好的汲取性能,但综合来看,该溶液难以实现大规模应用。其主要受限于两个问题:一个是该溶液多次使用后,由于团聚现象,会导致水通量大幅下降;另一个是大规模使用时原材料以及施加磁场装置的成本相对较高。

② 高分子水凝胶作为汲取液的研究渐渐成为近几年的趋势,水凝胶只需与正渗透膜接触,便可利用其吸水性发挥汲取液的作用,因此与传统汲取液不同的是,它的驱动力来源是吸水后产生的溶胀压力。影响水凝胶的汲取性能的因素主要有水凝胶的种类、水凝胶的粒径、水凝胶与膜的接触面积等。

(二)正渗透膜种类

早期的正渗透研究多采用反渗透膜代替正渗透膜,反渗透膜在渗透过程中多孔支撑层会发生严重的浓差极化,致使水通量普遍较低。2000 年后,制备出了特定应用于正渗透技术的醋酸纤维(CTA)膜,其优点是亲水、低污染、机械性能强、抗氧化和适用性广泛。但是,CTA 膜较厚,并且膜皮层和支撑层为同一材料,同时制备、同时形成、无明显界限,不利于进一步优化。从方便优化膜结构参数、制备工艺灵活等方面考虑,研究者将目光转向了由聚酰胺活性层和聚砜支撑层构成的薄层复合(TFC)膜。这种膜具有自支撑结构、高孔隙率以及低弯曲度,并在应用时拥有高水通量、高截留率、良好的化学和热稳定性等优点。

近年来,生物学、物理化学和电化学等学科的发展在一定程度上推动了对 CTA 膜或 TFC 膜的改变与修饰。YANG 等从提高渗透微生物燃料电池(OsMFC)产电性能与出水质量的角度出发,制备了银修饰的聚多巴胺 CTA 膜。EMADZADEH 等通过在聚砜基底的制备中添加适量的 TiO_2 纳米颗粒,进一步降低了 TFC 膜的结构参数,提高了水通量。

水通道蛋白(AQP)特有的高水渗透性和单一选择性促使研究者从不同路径研发出了 AQP 仿生膜。据报道,含 AQP 的仿生膜渗透通量可达 $6010L/(h \cdot MPa \cdot m^2)$。根据膜结构不同,AQP 仿生膜主要分为两大类:采用支撑双层膜结构作为 AQP 载体的仿生膜与封装含 AQP 囊泡的仿生膜955,前者能使所载有的 AQP 具有较高的活性,后者具有更强的机械强度和稳定性。

CTA 膜、TFC 膜和 AQP 仿生膜的制备方法及性能参数如表 1-8-22 所示。

表 1-8-22　不同种类反渗透膜的制备方法及性能参数

膜材料	制备方法	原料液	汲取液	水通量 /[L/(m² · h)]	盐反向扩散通量 /[g/(m² · h)]
CTA 膜	相转化	10mmol/L NaCl	0.5mol/L NaCl	4.42～9.03	0.6～5.3
TFC 膜	相转化＋界面聚合	10mmol/L NaCl	0.5mol/L NaCl	9.5～12.0	2.4～4.9
TFC 膜	相转化＋界面聚合	去离子水	1.5mol/L NaCl	18.16	
TiO_2 纳米颗粒复合(TFN)薄膜	TFC 的聚砜基底制备过程中添加 TiO_2 纳米颗粒	10mmol/L NaCl	0.5mol/L NaCl	17.1	
AQP 仿生膜	囊泡破裂法	200mg/L NaCl	0.3mol/L $C_{12}H_{22}O_{11}$	16.4	6.6
AQP 仿生膜	通过聚多巴胺-组氨酸形成多层涂层,封装囊泡	去离子水	0.5mol/L NaCl	43.6	8.9

膜材料	制备方法	原料液	汲取液	水通量 /[L/(m² · h)]	盐反向扩散通量 /[g/(m² · h)]
AQP 仿生膜	使用磁辅助与层层叠加(LbL)法相结合的方式封装含 AQP 的囊泡	200mg/L NaCl	0.3mol/L $C_{12}H_{22}O_{11}$	21.8	2.4
双皮层 AQP 仿生膜	先用 LbL 法制备双皮层聚电解质膜,再在其上使用囊泡破裂法制备仿生膜	去离子水	2mol/L $C_{12}H_{22}O_{11}$	13.2	3.2

三、膜污染清洗

(一) 正渗透膜污染现象及种类

膜污染是所有膜分离过程中不可避免的,因此正渗透膜过程中也存在膜污染。传统意义上的膜污染是指在膜分离过程中由于粒子、胶体、微生物、大分子和盐等在膜表面或膜孔内发生的不可逆转的吸附、堵塞及沉积现象,从而导致膜通量的连续下降。

由于膜污染与膜过滤的料液、膜的特性、膜操作条件等均存在关系,因此膜污染过程较为复杂。根据正渗透膜处理料液过程中形成的污染物质的类别,简单将正渗透膜污染分为有机污染、无机盐类污染、胶体颗粒污染以及微生物污染。

① 有机污染主要是指料液中的有机物质在正渗透膜表面浓度升高富集,最终导致有机物质分子与膜表面材质分子之间力的作用附着在膜表面,逐渐形成滤饼层污染。在研究过程中发现,最常见的有机污染包括多聚糖、天然有机物和蛋白质等,并且在研究正渗透膜污染过程中常以海藻酸钠、腐殖酸及牛清蛋白作为污染源。

② 无机盐类污染主要是料液中存在的易结垢的硫酸盐、碳酸盐及硅酸盐类等物质在膜表面富集析出晶体类物质,其中较为常见是 $CaSO_4 \cdot 2H_2O$。

③ 胶体颗粒污染是随着其在膜表面的富集,逐渐形成一层滤饼层,附着在膜表面上,形成污染。

④ 微生物污染主要来自于附着在膜表面及膜孔内的微生物及其繁殖及代谢产物。

通常在正渗透膜处理废水过程中几种膜污染是同时存在的。

(二) 正渗透膜污染特征

与压力驱动膜不同的是正渗透膜过程是以浓度差为驱动力的。因此正渗透膜污染较压力膜小很多,具有不同的特征。正渗透过程中没有出现压力驱动膜分离过程中的膜通量下降现象,因此正渗透过程具有低污染倾向特性。由于反渗透等压力驱动膜运行过程中较大的外加压力作用,在膜表面形成的滤饼层薄但较为密实,而在正渗透膜运行过程中系统依靠渗透压驱动,因此在膜表面形成的滤饼层较厚且松散。并且相比反渗透过程的膜污染,由于正渗透过程不施加压力,正渗透的膜污染几乎是完全可逆的。

(三) 正渗透膜清洗方法

正渗透膜过程长期运行之后,随着膜污染的加剧,改善的操作条件不能控制膜污染的继续发生时,必须对膜进行清洗。

1. 物理清洗

由于正渗透膜污染较为松散,因此物理清洗的方法对其具有重要的意义。在压力驱动膜过程中,常用的物理清洗技术包括低压高速流法、反压清洗法、负压清洗法和等压清洗法等水力清洗技术，气-液脉冲技术，以及海绵球清洗、超声波清洗、机械振动和脉冲电场清洗技术等。正渗透膜物理清洗过程同样适用这些方法。

针对正渗透膜过程，其他的物理清洗方法包括渗透回流清洗和压力回流清洗。

① 渗透回流清洗是指以去离子水为原料液，以高渗透压的无机盐溶液为汲取液，同时将正渗透膜的受污染支持层朝向汲取液，去离子水在高渗透压差的驱动下进入汲取液，大量的水分子渗透通过膜时会产生一个使支撑层上的污染物质从膜上剥离的水力拽力，从而去除污染物。

② 压力回流清洗是不采用汲取液，而采用人工施压的方式同样在反方向驱动去离子水透过膜时去除膜污染物质。

2. 化学清洗

在膜过程中，化学清洗技术是利用物理清洗难以去除的膜表面及孔内的污染物与清洗剂之间的多项反应来去除污染物质。常用的清洗剂和杀菌剂如盐酸、硫酸、硝酸、磷酸、草酸、柠檬酸、氢氟酸以及 NaOH、KOH 等，都可用于膜组件的清洗。虽然正渗透膜过程在很多情况下采用物理清洗方式即可获得很好的清洗方式，但是对于在正渗透膜生物反应器过程中，由于活性污泥中多糖、腐殖酸和胶体等物质污染膜表面后凝胶层与正渗透膜结合较紧密，物理清洗效果不太理想的情况，化学清洗是必要的。

不同种类正渗透膜污染表现形式及清洗措施见表 1-8-23。

表 1-8-23 不同种类正渗透膜污染表现形式及清洗措施

膜污染类型	污染物质	表现形式	清洗措施及效果
无机污染	$CaSO_4$、$CaCO_3$、$BaSO_4$ 等微溶盐	结垢	22cm/s 错流冲洗 15min 后，水通量恢复 96%
胶体污染	硅纳米颗粒、铁氧化物、铝氧化物等	滤饼层	34.44cm/s 错流冲洗 1h 后，水通量完全恢复
有机污染	海藻酸盐、腐殖酸、蛋白质等	滤饼层	60L/h 错流冲洗 15min 后，水通量恢复 96%
	实际油性废水	滤饼层	16cm/s 渗透反冲洗 30min，水通量恢复 95%
生物污染	微生物、EPS	生物膜	33cm/s 错流冲洗 1h，外加 100mg/L NaClO，完全恢复

参 考 文 献

[1] 邢卫红，童金忠，徐南平，等. 微滤和超滤过程中浓差极化和膜污染控制方法研究 [J]. 化工进展，2000，19 (1)：44-48，56.

[2] 牛犇. 超滤膜组件的选择及案例分析 [J]. 清洗世界，2022，38 (10)：18-20.

[3] 华洁平，黄健平，卞晓峥，等. 厌氧 MBR 的应用与膜污染研究 [J]. 河南化工，2023，40 (3)：1-4，17.

[4] 郑斌，褚岩，赵绪军，等. 纳滤和反渗透技术在高含盐地下水中的应用及比较研究 [J]. 给水排水，2019，45 (5)：17-24.

[5] 李仕芳，黄治梁，周密. 膜分离技术处理油田废水研究现状及展望 [J]. 化学工程师，2022，36 (7)：63-67.

[6] 张忠祥，钱易. 废水生物处理新技术 [M]. 北京：清华大学出版社，2004.

[7] 张宝军，王国平，袁永军，等. 水处理工程技术 [M]. 重庆大学出版社：高等职业教育给排水工程技术专业系列教材，2015.

[8] 罗胜，朱铭，田秉晖，等. 电渗析水处理除氟的研究进展及主要影响因素 [J]. 工业水处理，2022，42 (12)：1-9.

[9] 魏永，吴宏，李甜，等. 正渗透去除地表水中 DOM 的效能研究 [J]. 中国环境科学，2022，42 (7)：3204-3211.

[10] 龙中亮，HUU HAO NGO，张新波，等. 正渗透技术应用于污废水处理的研究进展 [J]. 膜科学与技术，2022，42 (1)：192-200.

[11] 隋世有，金丽梅，朱成成，等. 正渗透膜污染的影响因素与清洗效果研究 [J]. 食品工业科技，2022，43 (10)：64-72.

第九章
自然生物处理

第一节　稳定塘

稳定塘是一种构造简单、易于管理、处理效果稳定可靠的废水自然生物净化设施。废水在塘内通过长时间的停留，其有机物通过不同细菌的分解代谢功能作用后被生物降解。

一、稳定塘类型及特点

稳定塘（stabilization pond）是对各类污水处理塘的总称。按塘内充氧状况和微生物优势群体，将稳定塘分为好氧塘、兼性塘、厌氧塘和曝气塘 4 种类型，这是最常用的分类方法。根据处理后达到的水质要求，污水稳定塘又可分为常规处理塘和深度处理塘。除利用菌藻外，还利用水生植物和水生动物处理污水的稳定塘称为生物塘或生态塘。此外，按照出水的连续性和水量，可以把稳定塘分为连续出水塘和储存塘。

① 好氧塘（aerobic pond）　塘水在有氧状态下，主要利用好氧微生物、藻类和植物净化污水的稳定塘。

② 兼性塘（facultative pond）　塘水在上层有氧、下层无氧状态下，主要利用多类微生物和藻类净化污水的稳定塘。

③ 厌氧塘（anaerobic pond）　塘水在无氧状态下，主要利用厌氧微生物净化污水的稳定塘。

④ 曝气塘（aerated pond）　主要依靠机械曝气装置充氧的稳定塘。塘水中全部生物污泥为悬浮状且全塘水溶解氧充足的塘为好氧曝气塘；塘水中部分生物污泥为悬浮状且部分塘水溶解氧充足的塘为兼性曝气塘。

⑤ 水生植物塘（macrohydrophyte pond）　种植水生维管束植物或高等水生植物，利用水生植物和好氧微生物共同作用净化污水的稳定塘。

⑥ 常规处理塘（conventional treatment pond）　作为二级处理设施的稳定塘系统。

⑦ 深度处理塘（advanced treatment pond）　亦称为熟化塘，通常作为塘系统中的最后一级，接纳兼性塘或曝气塘出水，或设置在常规二级处理设施之后，做进一步净化 BOD_5、病原菌和去除部分氮、磷之用。

几种常见稳定塘的设计参数见表 1-9-1。

稳定塘的塘体构造和设施一般比较简单，运行和维修管理的技术要求不高；承受冲击负荷的能力强，进水水质的时变化不会引起出水水质发生波动；稳定塘的细菌去除率较高，并且对于难以好氧生物降解的有机物质具有较高的去除能力；兼性塘、厌氧塘、普通好氧塘一般不需要曝气和人为混合，污水处理的运行能耗很低。但是由于稳定塘有机负荷低，水力停留时间长，按处理单位城市污水量计算，稳定塘的占地面积为常规二级污水处理厂总用地面积的 9～43 倍，而且出水 SS 含量较高，其处理效率对气温很敏感。有机负荷偏高、水力停留时间偏短的塘，低温时出水的 BOD_5 会偏高。

表 1-9-1 几种常见稳定塘的特点及设计参数

塘型	好氧塘	兼性塘	厌氧塘	曝气塘
原理	好氧塘是利用好氧细菌对进水有机物进行分解,生成的营养性无机物和二氧化碳为藻类所利用,藻类光合作用所产生的氧又为好氧细菌所利用,在这样天然的菌藻共生过程中,污水得到了净化	在兼性塘中,上层为好氧区,下层为厌氧区,介于好氧区和厌氧区之间的为兼性区,兼性塘污水的净化是由好氧、兼性、厌氧细菌共同完成的,好氧菌所需要的氧来自于藻类光合作用和大气复氧作用	厌氧塘有机负荷很高,塘中没有好氧区,是利用厌氧菌对污水进行净化,污水中有机物分解分为水解、产酸和产甲烷阶段	曝气塘是把表面曝气或鼓风曝气作为供氧的唯一氧源,在曝气条件下,塘中藻类生长和光合作用受到抑制,藻类向水中提供的氧甚少
适用范围	普通好氧塘常用于城市污水处理,高负荷好氧塘则只是停留在生产藻类的试验阶段	兼性塘可用于处理一级出水、二级出水或厌氧塘出水	厌氧塘通常用于高浓度有机废水的处理	曝气塘可以用于二级处理以及三级处理,在工业废水处理中也可用于预处理
BOD_5 负荷	40~120kg/(hm^2·d)	10~100kg/(hm^2·d)	150~1000kg/(hm^2·d)	10~300kg/(1000m^3·d)
水力停留时间/d	10~40	7~180	5~30	3~10
深度/m	1.0~1.5(一般取0.45)	1.2~2.5	3.0~5.0	2.0~6.0

二、稳定塘中的生物及生态系统

(一)稳定塘中的生物

活跃在稳定塘中并对污水净化起作用的生物主要是细菌、藻类、原生动物以及后生动物、水生植物、其他高等水生生物。

1. 细菌

细菌是稳定塘中数量最多、作用最大的一类微生物。稳定塘的细菌种类取决于稳定塘的构造特征及其所处理的废水,在稳定塘的不同区域、不同深度,往往存在不同的细菌种群。一般情况下,大多数为兼性异养菌,同时也有好氧菌、厌氧菌以及自养型细菌。以下就是在稳定塘中常见的一些细菌。

① 好氧菌或兼性好氧菌 主要在好氧塘或稳定塘的好氧区内活动,包括白色贝氏硫细菌（*Beggiatoa alba*）、浮游球衣菌（*Sphaerotilus natans*）、无色杆菌属（*Achromobacter*）、产碱杆菌属（*Alcaligenes*）、黄杆菌属（*Flavobacterium*）、假单胞菌属（*Pseudomonas*）和动胶菌属（*Zoogloea*）等,这些细菌都能在有氧的环境中分解有机物,使其转化为稳定的无机产物,同时细胞得以增殖。

② 产酸细菌 是一类兼性异养菌,在缺氧的条件下可将复杂的有机物分解为简单的有机酸和醇,包括乙酸、丙酸、丁酸等,以供产甲烷细菌利用,并得到甲烷、二氧化碳等稳定的产物。产酸细菌对温度及 pH 值都不是十分敏感,因此在兼性塘一定深度或厌氧塘中常见,对有机物的稳定起着不可忽视的作用。

③ 蓝细菌 蓝细菌与藻类相似,能利用二氧化碳作为碳源并经光合作用产生氧气,供好氧菌利用。

④ 紫硫细菌 紫硫细菌也是利用光能的光能营养细菌,它可以把硫化物氧化为硫或硫酸盐,它所需要的光波长度较蓝细菌长,因此在稳定塘中,蓝细菌都生长在距水面很近的好氧层,紫硫细菌则生长于较深的一薄层水中。紫硫细菌对于控制稳定塘的气味起着重要的作用。

⑤ 厌氧菌 在某些条件下，如厌氧塘、兼性塘的污水入口附近及污泥沉积区，当水中的溶解氧等于零时，厌氧菌就会在其中生长。例如，脱硫弧菌就是一种严格的厌氧菌，它能使硫酸盐还原而生成硫化氢，同时使有机基质分解稳定。产甲烷菌也会在稳定塘的沉积泥层中生长，并转化有机酸为甲烷及二氧化碳。

⑥ 硝化细菌 硝化细菌是严格的好氧菌，能将氨气氧化为亚硝酸盐，然后再氧化成硝酸盐。硝化细菌对能量的利用率很低，生长亦较缓慢，因此，只有在供氧充分、停留时间较长的条件下，才会有硝化细菌出现。

⑦ 病原菌 常见的有沙门菌、志贺菌等，但天然的水环境并不适宜病原菌的生长，在稳定塘中病原菌也会因沉淀、光照、饥饿以及其他条件的影响而衰亡，不大可能长期存活，更不可能不断繁殖。

2. 藻类

藻类在稳定塘中起着十分重要的作用。在处理污水的稳定塘中，藻类在光照充足的白天吸收二氧化碳放出氧气，供好氧异养菌呼吸之用。在夜晚，藻类进行内源呼吸，消耗氧气并释放出二氧化碳。这种细菌与藻类的共生关系，构成了稳定塘的重要生态特征，其结果是污水中溶解性有机物将大大减少，藻类细胞和惰性的生物残渣则将增加并随着出水排出。

藻类的生长速率比细菌慢，也受温度影响，主要是不能适应温度的突然降低，并不是绝对不能低温下生长。光是藻类生命活动的能源，但是藻类对光的利用率仅为 41% 左右，这大大限制了藻类的生长和繁殖。稳定塘中占优势的藻类主要取决于温度，也与营养物的性质和浓度、有毒物质的影响以及生物间的捕食效应等有关。

稳定塘中主要的藻类有以下 3 种。

① 蓝绿藻 蓝绿藻是单细胞或丝状的群体，其细胞中除含有叶绿素外，还含有蓝藻素，因此藻体呈蓝绿色。在湖泊中常见的蓝绿藻有铜色微囊藻、曲鱼腥藻等，在污水或潮湿的土地上常见的有灰颤藻和大颤藻。蓝绿藻在污水处理中起着一定的积极作用，它能代谢硫化氢，在缺少氮的环境中能固定大气中的氮。当蓝绿藻生长旺盛时，会使水的颜色变蓝或蓝绿，还会发出草腥气味或霉味。

② 绿藻 绿藻是单细胞或多细胞的绿色藻类，适宜在微碱性的环境中成长，是污水处理中最常见的藻类，其中包括小球藻属、栅藻属、眼虫藻属、衣藻属等，大部分绿藻在春夏之交和秋季生长得最旺盛。

③ 黄褐藻 黄褐藻为单细胞藻类，其过量生长是引起赤潮的原因。在处理污水的稳定塘中也有黄褐藻，但它们往往不能在与绿藻的竞争中取胜。

3. 原生动物及后生动物

原生动物是单细胞的低等动物，个体很小，在污水处理中常见的原生动物有三类：肉足类、鞭毛类和纤毛类，以纤毛类原生动物最为重要。对原生动物的种类和数量进行观察，可以指示污水处理装置的运行是否正常以及出水水质优劣，以便及时采取措施。原生动物在污水处理中还有改善出水水质的作用。

后生动物是多细胞动物，在污水处理中常见的后生动物主要是多细胞无脊椎动物，包括轮虫类、甲壳类动物及其他枝角类浮游动物和昆虫。轮虫以细菌、小的原生动物及有机颗粒等为食物，因此对污水有净化作用。轮虫是好氧的，只有在浮游细菌和有机物较少的环境中才能发现。常见的甲壳类动物有水蚤属和剑水蚤属，在稳定塘中有时可以发现数量极多的水蚤，此时稳定塘出水显得清澈透明。这除了因为甲壳类动物能吞食细菌、藻类及固体状有机物外，还能分泌黏液物质，具有促进细小悬浮物凝聚、沉淀的功能。

稳定塘中蚊虫的滋生值得注意，蚊虫不仅惹人生厌，更主要的是会传播脑炎、疟疾、黄热病等，对人类健康造成危害。

4. 水生植物

在稳定塘中种植大型的水生植物，主要是水生维管束植物，可以提高稳定塘对有机物及无机营养物的去除效果，收获的植物还有多种有益的用途。

以下是 3 种可以在稳定塘中应用的水生植物。

（1）浮水植物

这种植物自由地漂浮在水面上，能直接利用大气中的氧和二氧化碳，并从水中取得所需的营养盐类。

耐污和去污能力最强的浮水植物为凤眼莲，对于稳定塘中种植凤眼莲的作用，有很多报道，包括：

① 凤眼莲的生长使稳定塘中藻类的生长受到抑制，可以降低出水的悬浮物浓度；

② 凤眼莲的根系起着栅栏作用，阻止了悬浮物的水平运动；

③ 空气中的氧通过凤眼莲的叶和茎送到其根部，供稳定塘水中好氧菌的需要；

④ 大量细菌及原生动物黏附在其根部，形成了对各种微生物都十分适宜的生态环境等。

凤眼莲本身也能直接吸收污水中的 BOD、COD 和其他污染物。在生长着凤眼莲的稳定塘中，表层保持着好氧条件，底层则呈厌氧状态，对硝化作用和反硝化作用的进行提供了极有利的条件。

其余的浮水植物有水浮莲、水花生、浮萍、槐叶萍等，它们也都能起到改善水质的作用，但耐污能力较凤眼莲差。因此凤眼莲适宜于种植在有机污染负荷较高的前级稳定塘，其余浮萍植物适宜于负荷较低的稳定塘。

（2）沉水植物

沉水植物的分布及生长决定于光照情况，在光透射不及的地区不能生长，因此一般只能在塘深小于 2m 以及有机负荷较小的塘中种植沉水植物。

常见的沉水植物有马来眼子菜、叶状眼子菜等。当稳定塘内藻类浓度较高时，沉水植物也不能生长，沉水植物的作用与浮水植物相似，既能直接吸收去除水中溶解性有机物及营养物，也能为藻类、细菌和原生动物提供附着生长的表面，还具有光合作用的能力，可把氧引入水中，并去除二氧化碳。

（3）挺水植物

从 20 世纪 50 年代起就有人研究挺水植物净化污水的作用，其中最为突出的是在人工沼泽系统中利用水葱和芦苇。挺水植物在净化污水方面起的作用与上述两种植物相似，除了吸收营养物质以外，主要是为细菌等微生物提供了生长的介质。由于其茎较长，提供的表面比较大，叶生长于水面之上，也有利于利用阳光。水葱和芦苇不仅可作为工业原料，而且当它们处理含有害物质的污水时，其本身不对人体健康造成危害。

5. 其他水生生物

为了更有效地净化污水，并使稳定塘获得一定的经济利益，还可以有目的地在稳定塘中放养一些高等的水生动物，例如鱼、鸭、鹅等。稳定塘放养的鱼类应以草食鱼类为主，禁止肉食性鱼类进入。水禽也都是以水草为食，能建立良好的生态平衡，获得更高的经济效益。

（二）稳定塘的生态系统

1. 稳定塘生态系统的组成

在稳定塘生态系统中，藻类和其他水生植物是生产者，它们利用光、二氧化碳、无机物和水，通过光合作用合成有机物。原生动物、后生动物及其他较高级的水生动物则是消费者，它们以生产者或较低级的消费者为食物。细菌在稳定塘生态系统中仍然扮演着分解者的角色，它们能把复杂的动植物残体及各种有机物分解为简单的化合物，最终分解为无机物。

显然，在以处理污水为目的的稳定塘中，对有机污染物进行分解的细菌起着最关键的作用；藻类在光合作用过程中放出的氧，保证了好氧细菌的需要，是绝不可少的；其他水生植物和水生动物，都可以从不同的途径协助并加强污水净化的过程。

典型的稳定塘生态系统的组成见图1-9-1。当塘深很浅，有机负荷不高时，整个稳定塘处于好氧状态，塘底部不存在厌氧层；当塘深过大，有机负荷很高时，绝大部分稳定塘处于厌氧状态，塘表层并无好氧区；塘内高等水生植物、水生动物的种类和数量，也随设计和运行的不同考虑而变化。

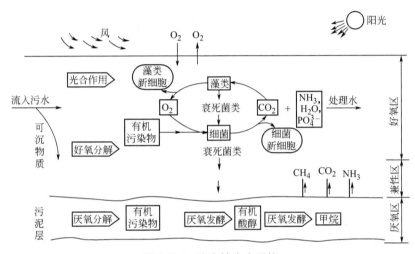

图 1-9-1　稳定塘生态系统

2. 稳定塘生态系统中不同种群的相互关系

如前所述，在稳定塘生态系统中的各种生物，扮演着它们各自不同的角色，同时，它们又是以某种方式相互依存、互相制约而又生活在一起的。其中最为典型的是菌藻共生关系和不同生物在食物链中的相互吞食关系。

（1）菌藻共生关系

细菌对有机物进行好氧代谢的反应可以表示为：

$$C_6H_{12}O_6 + 6O_2 \longrightarrow 6CO_2 + 6H_2O + 能量 \tag{1-9-1}$$

式中以 $C_6H_{12}O_6$（葡萄糖）作为有机物的代表，由式（1-9-1）可以看出，细菌对有机物进行好氧代谢的过程需要消耗 O_2，其产物为稳定的 CO_2 和 H_2O。

稳定塘中细菌所需的氧气正是由藻类提供的，藻类进行光合作用所需要的碳源，又是细菌对有机物进行好氧代谢的产物。藻类光合作用可以表示为：

$$NH_4^+ + 5CO_2 + \frac{5}{2}H_2O \xrightarrow{光} C_5H_9O_{2.5}N + 5O_2 \tag{1-9-2}$$

式中，$C_5H_9O_{2.5}N$ 是表示藻类细胞元素组成的经验式。

（2）在食物链中的相互吞食关系

在稳定塘中不断繁殖的细菌和藻类，将被浮游动物吞食，不断繁殖的浮游动物又会被鱼类所吞食。大型藻类和水生植物是食草鱼类和鸭、鹅的食物，幼小鱼类也会被大鱼所吞食，因此，在稳定塘中存在着许多食物链，这些食物链纵横交错构成了食物网。如果在各营养级之间保持适宜的数量比，就可以建立良好的生态平衡，不仅可使污水中的有机污染物得到不断的降解，而且其降解产物能被水生植物和水生动物所利用。

3. 稳定塘生态系统中物质的迁移转化

在稳定塘系统中，各种物质不断地发生着迁移及转化，使有害于环境的某些物质形态转化为无害的另一些形态，这也是稳定塘净化污水的功能。

（1）碳素的转化和循环

稳定塘的污水中，碳素主要以溶解性的有机碳形式存在，它在稳定塘中的转化及循环见图 1-9-2。

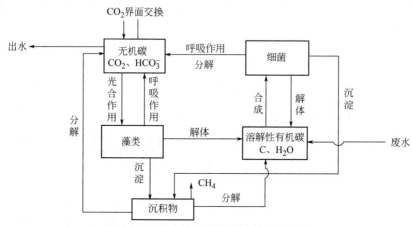

图 1-9-2　稳定塘内碳元素的转化和循环

由此可见，碳素转化的主要途径有：

① 细菌通过好氧呼吸作用使溶解性有机碳转化为 CO_2 等无机物，又通过合成作用使本身机体得到繁殖。

② 藻类在光合作用过程中吸收无机碳，并得到增殖，在无光照的条件下藻类的呼吸作用会释放 CO_2。

③ 菌、藻体会由于死亡而沉淀至塘底，或由于自溶、解体而产生溶解性有机碳。

④ 塘底的厌氧微生物对不溶性有机碳进行分解而产生溶解性有机碳和无机碳。

（2）氮素的转化和循环

稳定塘的污水中，氮元素主要以有机氮化合物及氨氮的形态存在，它们在稳定塘中的转化及循环见图 1-9-3。

由此可见，氮素转化的主要途径如下。

① 氨化作用　即有机氮化合物在微生物作用下分解为氨态氮，虽然氨氮已是无机物，但是仍不稳定，排入水体会因耗氧而影响水环境的状况，对鱼类也有毒害。

② 硝化作用　即由细菌在好氧条件下将氨氮转化为硝酸盐，这类细菌称硝化细菌，属于自养型，其世代期较长。硝化反应可以表示为：

$$2NH_3 + 4O_2 \longrightarrow 2HNO_3 + 2H_2O + 能量 \tag{1-9-3}$$

③ 反硝化作用　即在反硝化菌的作用下将硝酸盐还原成分子态氮，反硝化菌为异养厌氧菌。

$$2HNO_3 + CH_3COOH \longrightarrow N_2 + 2H_2O + 2HCO_3^- \tag{1-9-4}$$

通过硝化、反硝化作用，污水中有机氮素可转化为氮气逸出。但试验研究表明，在稳定塘中并不存在完成这两项反应的良好条件。

④ 吸收作用　即微生物及各种水生生物吸收 NH_4^+-N 或 NO_3^--N 作为营养物，合成其

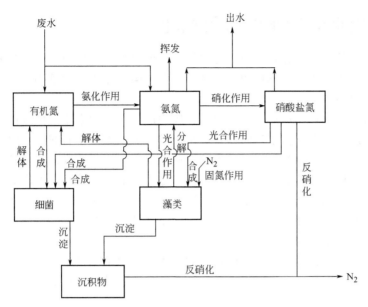

图 1-9-3 稳定塘内氮元素的转化和循环

本身的机体，这也是去除污水中氮素物质的一条途径。

⑤ 挥发作用 在 pH 值较高，水力停留时间较长，温度较高时，水中 NH_3 会挥发至大气，有时挥发量可达 21%。

⑥ 分解作用 藻类和细菌的死亡和解体会形成含有有机氮的沉淀物或溶解性的有机氮，继而有机氮的沉淀物会在厌氧菌作用下得到分解。

（3）磷素的转化及循环

稳定塘污水中，既含有机的磷化合物，也含可溶性的有机磷酸盐类，磷的转化循环见图 1-9-4。

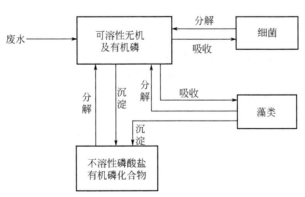

图 1-9-4 稳定塘内磷元素的转化和循环

稳定塘中磷元素的转化途径有：

① 有机磷在微生物作用下分解氧化，这是与有机碳的分解氧化同时进行的；

② 菌、藻及其他生物吸收无机磷化合物合成其新细胞，即转化为有机磷化合物；

③ 可溶性磷与不溶性磷之间的转化，例如硝化菌会产生硝酸促使沉积物中的磷转化为可溶性磷，水中的三价铁化合物可与可溶性磷酸结合成磷酸铁沉积。

一般当稳定塘的停留时间足够长时，稳定塘对磷的去除率为 50%～70%。

三、稳定塘对污水的净化机理

稳定塘对污水的净化过程，本质上是水体自净的过程，其中包括了十分复杂、多种多样的净化作用，如物理作用、化学作用、生物作用等，生物作用尤为重要。

（1）稀释作用

被处理的污水引入稳定塘后，由于水力、风力的作用和污染物的扩散作用，必将与塘内的水取得一定程度的混合。由于稳定塘一般采取较长的水力停留时间，塘内的水经过较长时间的净化处理，各种污染物的浓度一定远低于进水中的污染物浓度，甚至已接近出水中的污染物浓度。显然，稀释作用的大小取决于混合程度的高低，在设计上采取措施可以改善进水与塘水的混合情况，如采用多点布水的进水装置。但总的来说，由于稳定塘容积大，进水与塘水的混合总是有限的，在稳定塘进口附近的污染物浓度一般还是高于塘水中的平均浓度，更高于出口附近的污染物浓度。

稀释作用只是一个物理过程，在稳定塘对污水的净化中也只是一个初级的非本质的净化过程。但稀释作用往往对其余作用有辅助的效能，如通过稀释可降低有毒有害物质浓度，保护生物净化作用的正常进行。

（2）沉淀和絮凝沉淀作用

污水中挟带的悬浮物进入稳定塘后，会由于流速的突然降低而在重力作用下逐渐沉淀到塘底，使水中的悬浮物、BOD 和 COD 的浓度都得到降低，与常规污水处理流程所采用的沉淀池相比，稳定塘的停留时间要长几十倍甚至上百倍，因此在其中发生的沉淀作用对净化污水所起的效果是不容忽视的。

除自然沉淀外，也存在絮凝沉淀作用，即细小的悬浮物会在絮凝物质的作用下聚集成大颗粒，然后沉淀下来。稳定塘中的絮凝物质大多数是生物体的分泌物，因此，稳定塘中的絮凝沉淀作用主要是生物絮凝作用。

（3）好氧微生物的代谢作用

好氧的或兼性的异养型微生物是以有机物为其碳源和能源的，它们在好氧条件下进行的代谢过程，也就是有机物分解稳定过程，是稳定塘净化污水的关键性作用。

其过程是：一部分有机物被细菌氧化分解，成为无机物，如 CO_2、H_2O、NH_3 等，在氧化分解过程中消耗氧气并放出大量能量供微生物生命活动利用，这个过程称为分解代谢或异化作用；另一部分有机物则被细菌利用合成其新的机体，表现为细菌的繁殖增长，这个过程称为合成代谢或同化作用。细菌细胞体也在不断地进行内源呼吸，即自身氧化过程，其最终产物同样是 CO_2、H_2O 等无机物，并有约 20％的生物残渣。

稳定塘由于好氧菌的作用而得到很高的有机物去除率，一般 BOD 可去除 90％以上，COD 去除率可达 80％左右。

（4）厌氧微生物的代谢作用

在兼性塘的底部或是厌氧塘中，水中溶解氧接近零，厌氧微生物得以生长，将对有机污染物，特别是塘底的污泥进行厌氧发酵，使之得到稳定，这也是稳定塘净化作用不可缺少的一部分。

有机物厌氧发酵的过程可以分为 3 个阶段：

① 水解发酵　这一阶段由两类细菌参加，即先由各种水解细菌分泌水解酶，使固体有机物转变为可溶性有机物，大分子复杂有机物转变为小分子简单的有机物，使细胞能够吸收，然后再由产酸细菌将有机物转化为各种有机酸和醇类。

② 产氢产乙酸阶段　即由产氢产乙酸菌将各种有机酸和醇类分解形成乙酸和氢，还有 CO_2，以供产甲烷菌的利用。

③ 产甲烷阶段　由产甲烷菌利用 CO_2、氢、乙酸、甲醇、甲酸等生成甲烷。有研究表明，厌氧发酵过程中生成的甲烷，约70％来自乙酸的分解，30％则来自氢的氧化和二氧化碳的还原。

在兼性塘中，底部厌氧层中厌氧微生物的代谢产物，如 CH_4 和 CO_2，会通过兼性层扩散转移到顶部的好氧层中去，CH_4 的水溶性很差，会从水面逸出至大气。厌氧代谢中生成的有机酸，也可能扩散至好氧层由好氧微生物进一步氧化分解。好氧层中那些不容易分解的可沉物质则会沉入塘底。因此，好氧微生物、兼性微生物和厌氧微生物也是在协同作用的。

（5）浮游生物的作用

藻类的主要作用就是提供氧气，但同时藻类生长所需的营养直接从污水中获取，因此也起到了去除某些污染物，如去除氮、磷的作用。

原生动物、后生动物及浮游动物的主要作用是吞食游离细菌和细小颗粒，包括悬浮状污染物及污泥颗粒，因此可使水质澄清，它们还有分泌黏液促进生物絮凝的功能。

底栖生物摄取底泥中的藻类或细菌为食，可使底泥数量减少。

鱼类的作用是捕食微小的水生动物和污水中所含的腐败物，有助于水质净化。

（6）水生维管束植物的作用

稳定塘中水生维管束植物对污水的净化作用主要表现为：

① 水生植物的根系和茎部，为细菌和其他微生物提供了生长介质，使稳定塘内形成了相当数量的生物膜，去除 BOD 和 COD 的能力较没种植水生植物的稳定塘有显著的提高；

② 水生植物的生长需要吸收氮、磷等营养元素，使稳定去除氮、磷的能力也有提高；

③ 水生植物具有富集重金属的功能，主要是被其根部所富集，因此当污水中含重金属时，种植水生植物可使重金属去除率大大提高。

四、稳定塘的影响因素

稳定塘的运行效果受到很多因素的影响，其中有气候因素、水质因素以及设计、管理的因素。有些因素可以人为控制，有些因素是纯自然的，这也正是稳定塘区别于一般人工生物处理过程的基本特点之一。

（一）温度

温度对稳定塘的影响主要由温度对微生物生命活动的影响所致，这种影响决定了稳定塘的负荷能力、处理效果以及塘内占优势的细菌、藻类及其他水生生物的种群。

好氧菌能在 10～40℃ 的范围内生存，其最佳温度范围为 30～40℃，藻类能在 5～40℃ 之间存活，其最佳生长温度为 30～35℃。在温度为 5～30℃ 的正常范围内，微生物的代谢活动速率随温度的升高而加快，一般每升高 10℃ 代谢速率加快 1 倍。

一般冬季稳定塘中细菌和藻类的数量会大大减少，稳定塘的处理效果就会显著降低。因为太阳辐射是稳定塘的主要热源，一般稳定塘中会形成温度沿池深变化的现象。当没有搅拌混合设施时，塘表面的水温较高，而且随季节和阳光的强弱、白昼和黑夜有很大的变化，而塘底部的水温较稳定，但也较低，这将不利于池底厌氧菌的活动，厌氧菌理想的温度范围是 15～65℃。

进水温度是影响稳定塘水温的另一因素，一般进水温度都较稳定塘水温高，蒸发、风力以及与较冷的地下水的接触，则是使稳定塘水温降低的因素。

必须注意的是，温度的突然下降会引起藻类的死亡，并不是由于藻类不耐低温，因为有的藻类甚至可以在即将冰冻的低温水中生长，这种温度突变引起的藻类死亡机理尚不清楚。

（二）光照

光是藻类进行光合作用的能源，因此光照对稳定塘运行的影响很大。透过塘表面的光的强度和光谱的组成在很大程度上决定了光合作用的进行情况，因此决定了水中溶解氧浓度，也决定了塘内好氧菌的活动。

不同藻类的光饱和值不同，其范围为 $5380 \sim 53800 lm/m^2$，当光照在此值以下时，藻类光合作用的强度随光照的增强而增强。据报道，当光饱和值为 6400lm 时，藻类的最大产量为 $79g/(m^2 \cdot d)$，当光饱和值为 8600lm 时，藻类的最大产量为 $105g/(m^2 \cdot d)$。但由于稳定塘中光的利用率仅为 41%，藻类实际产量为 $33 \sim 43g/(m^2 \cdot d)$。

（三）混合

促使稳定塘混合的最重要的因素是风力，对于塘深较浅、水面很大的稳定塘，风力引起的波浪可使塘内污水速度达 10m/h，风力能使塘表面的水推向塘壁并转向塘底，使溶解氧充足的表面水转移到塘底，营养物也因此得到混合。利用人工搅拌设施可以促使塘水得到良好的混合，可以增加塘内的溶解氧，从而使稳定塘的处理能力提高，但同时人工搅拌装置将使稳定塘的基建和运行费用增加。由于稳定塘是一个水力停留时间十分长、容积十分大的污水处理构筑物，因此要使其中的水和生物都均匀地得到混合几乎是不可能的。不论采取什么样的措施，在稳定塘的不同区域还会出现不同的水质及不同的微生物种群。

（四）营养物质

微生物的生长和活动离不开营养物质，因此营养物质的种类和数量对稳定塘的运行效能具有重要的影响。微生物所必需的最基本的营养元素有：碳、氮、磷、硫和其他一些微量元素。细菌所需的碳素主要取自污水中的有机化合物，氮、磷、硫等则是无机营养物质。

① 氮　正常的细菌原生质要求约 11% 的氮，藻类原生质所含的氮约为 10%～11%，但当藻类老化时，其含氮量会降低至 6% 左右。生活污水所含的氮一般足够满足微生物的需要，当处理某些工业废水时，可能需要补充氮素营养。

② 磷　细菌原生质含磷约 2%，藻类原生质含磷 2%～3%。城市污水中往往含有相当多的磷，足以满足微生物的需要，促进水生物的生长。水中生物主要利用无机的正磷酸盐，当污水中氮、磷过量时，有可能引起藻类的过量繁殖。

③ 硫　硫是微生物所需的另一种重要营养物，但它通常大量存在于天然水体中。而且，因为它不是限制性营养物，一般认为可不必从废水中去除它。从生态学方面考虑，硫是特别重要的，因为硫化氢和硫酸等化合物是有毒的，对于硫化细菌来说，硫化物的氧化是其重要的能源。

④ 其他微量元素　微生物的生长和生命活动还需要很多不同的微量元素，铁和锰是最重要的两种，其他还有锡、钼、钴、锌和铜等。

（五）有毒物质

工业废水中所含的某些污染物，如酸碱物质、重金属、农药和其他有毒物质对微生物有毒害作用，因而有可能严重影响稳定塘的功能。

有毒物质对稳定塘中微生物的作用性质及严重程度取决于毒物性质、浓度、接触时间和生物的生理状况等因素。例如，强氧化剂可氧化细菌的细胞物质，使其正常代谢受到阻碍，甚至死亡。重金属如锰、锌、铜等，虽为微生物需要的微量元素，但浓度过高时就成了杀菌剂，会造成对细菌的抑制作用。因此，应对稳定塘进水中有毒物质的浓度加以限制。一般稳定塘对毒物不如活性污泥法敏感。

（六）蒸发量和降雨量

天然降雨可使稳定塘中污染物浓度得到稀释，可以促进塘水的混合，但同时也使污水在塘中的停留时间缩短。

蒸发的作用正好相反，由于蒸发，塘出水量小于进水量，水力停留时间将大于设计值，塘中污染物质，特别是无机盐类的浓度将由于蒸发而得到浓缩。

因此，在设计稳定塘时，应该综合考虑蒸发和降雨两方面的影响。

五、常见稳定塘工艺设计

（一）好氧塘设计

1. 原理和特征

好氧塘的水深一般在 0.5m 左右，阳光能够直透塘底，塘内藻类生长繁茂，光合作用旺盛，塘水中溶解氧非常充分，好氧微生物活跃，BOD 去除率高，在停留时间 2～6d 后可达 80% 以上。

好氧稳定塘净化反应中的一个主要特征是好氧微生物与植物性浮游生物、藻类共生。藻类利用透过的太阳光进行光合作用，合成新的藻类，并在水中放出游离氧。好氧微生物即利用这部分氧对有机物进行降解，而在这一活动中所产生的 CO_2 又被藻类在光合作用中所利用。这样在 CO_2 和 O_2 授受过程中，有机污染物得到降解。

好氧塘是各类稳定塘的基础，一般各种稳定塘的最终出水都要经过好氧塘。好氧塘的最大问题是出水中藻类含量高，藻类 SS 含量可高达几十至几百毫克每升，如对藻类处理不当，会造成二次污染。

2. 工艺设计

好氧塘内发生的反应比较复杂，影响有机物去除的因素也比较多，目前还没有建立起以严密理论为基础的设计方法，因此，仍按经验数据和经验公式进行好氧塘的设计。与其他废水处理构筑物的设计一样有两种方法。

（1）Oswald 公式设计法

① 阳光辐射值

$$S=(1+0.00328E)[S_{min}+P(S_{max}-S_{min})] \tag{1-9-5}$$

式中，S_{max} 为海平面可见光最大辐射值，$cal/(cm^2 \cdot d)$；S_{min} 为海平面可见光最小辐射值，$cal/(cm^2 \cdot d)$；P 为日照率，日照时数与该地可照时数之比；E 为地区海拔高度，m。

② 藻类单位塘表面积单位时间产氧量

$$Y=0.0028FS \tag{1-9-6}$$

式中，Y 为藻类产氧量，$g/(m^2 \cdot d)$；S 为设计日照辐射值，$cal/(cm^2 \cdot d)$；F 为氧转换系数，取值范围为 1.25～1.75，一般为 1.6。

③ 有机物氧化需氧量

$$u=Q(C_0-C_e) \tag{1-9-7}$$

式中，u 为有机物氧化需氧量，g/d；Q 为废水流量，m^3/d；C_0 为进水 BOD_5 浓度，

mg/L；C_e 为出水 BOD_5 浓度，mg/L。

④ 稳定塘面积

$$A = \frac{u}{Y} \tag{1-9-8}$$

式中，A 为所需稳定塘面积，m^2。

（2）有机负荷法

稳定塘面积

$$A = \frac{QC_0}{N_0} \tag{1-9-9}$$

式中，N_0 为 BOD_5 面积负荷，$kg/(hm^2 \cdot d)$。

采用有机负荷法设计时，BOD_5 负荷应根据试验或相近地区相似废水的好氧塘实际运行资料来确定。如无这些资料时，可参考表 1-9-2 和表 1-9-3 结合本地区的具体情况采用。

表 1-9-2 好氧塘的典型设计参数

参 数	高负荷好氧塘	普通好氧塘	熟化好氧塘
BOD_5 负荷/[$kg/(hm^2 \cdot d)$]	80～160	40～120	<5
水力停留时间/d	4～6	10～40	5～20
有效水深/m	0.30～0.45	0.5～1.5	0.5～1.5
pH 值	6.5～10.5	6.5～10.5	6.5～10.5
温度/℃	5～30	0～30	0～30
最佳温度/℃	20	20	20
BOD_5 去除率/%	80～95	80～95	60～80
藻类浓度/(mg/L)	100～260	40～100	5～10
出水悬浮固体/(mg/L)	150～300	80～140	10～30

表 1-9-3 串联在兼性塘后的好氧塘的设计参数

参 数	范 围	参 数	范 围
BOD_5 负荷/[$kg/(hm^2 \cdot d)$]	40～230	BOD_5 去除率/%	30～50
水力停留时间/d	4～12	出水 BOD_5/(mg/L)	15～30
水深/m	0.6～0.9	出水 SS/(mg/L)	40～60
pH 值	6.5～10.5	进水 BOD_5/(mg/L)	50～100
温度/℃	0～40		

（二）兼性塘设计

1. 原理和特征

兼性塘是最常见的一种废水稳定塘，其特点是塘深较深（1.2～2.5m），因此塘中存在不同的区域。上层阳光能透射到的区域，藻类得以繁殖，溶解氧含量充足，好氧细菌活跃，为好氧区；底层有污泥积累，溶解氧几乎为零，主要由厌氧菌对不溶性的有机物进行代谢，为厌氧区；中部则为兼性区，实际上是好氧区和厌氧区中间的过渡区，大量兼性菌存在其中，随环境条件的变化以不同的方式对有机物进行分解代谢。

兼性塘中三个不同区域不易截然分清，相互之间有密切联系。厌氧区中生成的 CH_4、CO_2 等气体将经过上部两区的水层逸出，且有可能被好氧层中的藻类所利用；生成的有机酸、醇等会转移至兼性区、好氧区，由好氧菌对其进一步分解。好氧区、兼性区中的细菌和藻类，也会因死亡而下沉至厌氧区，由厌氧菌对其分解。

兼性塘可以接受原废水或经预处理的废水，易于运行管理，其有机负荷不如好氧塘高，出水水质也不如好氧塘。但因其深度较深，可缩小占地面积，常作为好氧塘的前级处理塘。

2. 工艺设计

兼性塘主要设计参数包括停留时间、BOD_5 负荷、塘数、塘的长宽比、塘深等，具体情况详见表 1-9-4。

表 1-9-4 兼性塘主要设计参数

主要设计参数	一般规定	备 注
停留时间	12~18d,其中南方地区选用较低的数值,北方地区选用较高的数值	指平均理论停留时间,设计时应充分估计到实际水力停留时间在时间、空间上的不均匀性。冬季平均气温在 0℃ 以下时,水力停留时间以不少于塘面封冻期为宜
BOD_5 负荷	10~100kg BOD_5/$(hm^2 \cdot d)$,其中南方炎热地区选用高值,北方寒冷地区选用低值	为保证全年正常运行,一般根据最冷月份的平均温度作为控制条件来选择负荷
塘数	通常采用多塘系统,按并联式或串联形式布置,一般采用串联塘,最少是 3 个塘	
塘的长宽比	常采用方形或矩形,矩形塘的长宽比一般为 3:1	塘的四周应做成圆形以避免死角。不规则塘形不应采用,容易短路形成死水区
塘深	一般采用 1.2~2.5m	北方寒冷地区应适当增加塘深以利过冬。在满足表面负荷的前提下来考虑塘深以获得经济有效的处理塘系统

兼性塘设计方法分两种：面积负荷公式和 Wehner-Wiehelm 公式。

（1）面积负荷公式

① 塘面积

$$A = \frac{Q(C_0 - C_e)}{1000 N_0} \tag{1-9-10}$$

式中，A 为塘的面积，hm^2；Q 为设计废水量，m^3/d；C_0 为进水 BOD_5 浓度，mg/L；C_e 为出水 BOD_5 浓度，mg/L；N_0 为设计 BOD_5 负荷，$kg/(hm^2 \cdot d)$。

② 水力停留时间

$$t = \frac{V}{Q} \tag{1-9-11}$$

式中，V 为塘的有效容积，m^3；t 为水力停留时间，d。

（2）Wehner-Wiehelm 公式

① 扩散参数

$$D = \frac{H}{vl} = \frac{Ht}{l^2} \tag{1-9-12}$$

式中，D 为扩散系数，无量纲；H 为轴向扩散系数，m^2/s；v 为流体速率，m/d；t 为水力停留时间，d；l 为标准颗粒行进路线特征长度，m。

② 最低温度反应速率

$$K_T = 1.09^{T-20} K_{20} \tag{1-9-13}$$

式中，K_T 为运转时塘水最低温度时的反应速率；K_{20} 为塘水 20℃ 时的反应速率，$0.15d^{-1}$；T 为运转时塘水的最低温度，℃。

③ 常数 a

$$a = \sqrt{1 + 4KtD} \qquad (1\text{-}9\text{-}14)$$

式中，K 为一级反应系数，d^{-1}；t 为水力停留时间，d。

④ 出水 BOD 浓度与进水 BOD 浓度的比值

$$\frac{C_e}{C_0} = \frac{4ae^{D/2}}{(1+a)^2 e^{a/(2D)} - (1-a)^2 e^{-a/(2D)}} \qquad (1\text{-}9\text{-}15)$$

（三）厌氧塘设计

1. 原理和特征

厌氧塘处理废水的原理，与废水的厌氧生物处理相同。有机物的厌氧降解分为水解、产酸和产甲烷三个步骤。厌氧塘全塘大都处于厌氧状态，可生物降解的颗粒有机物先被胞外酶水解成为可溶性的有机物，溶解性有机物再通过产酸菌转化为乙酸，接着在产甲烷菌的作用下，将乙酸转变为甲烷和二氧化碳。虽然厌氧降解机理是有顺序的，但是，在整个系统中，这些过程则是同时进行的。厌氧塘除对废水进行厌氧处理以外，还能起到废水初次沉淀、污泥消化和污泥浓缩的作用。

影响厌氧塘处理效率的因素有气温、水温、进水水质、浮渣、营养比、污泥成分等。其中气温和水温是影响厌氧塘处理效率的主要因素。

厌氧塘一般作为预处理与好氧塘组成厌氧-好氧（兼氧）生物稳定塘系统，较好地应用于处理水量小、浓度高的有机废水。厌氧塘作为稳定塘的一种形式，通常设置于稳定塘系统的首端，以减少后续处理单元的有机负荷。厌氧塘可用于处理屠宰废水、禽蛋废水、制浆造纸废水、食品工业废水、制药废水、石油化工废水等，也可用于处理城市污水。城市污水由于有机物含量比较低，采用厌氧塘较少。在城市污水稳定塘系统首端设置厌氧塘，由于该塘在系统总面积中所占比例较小，为清除污泥带来方便。另外，厌氧塘的进水口接到塘的底部（图1-9-5），有利于利用塘内的厌氧污泥，提高处理率。厌氧塘的最大问题是无法回收甲烷，产生臭味，环境效果较差。

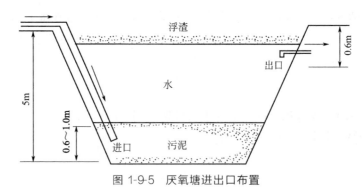

图 1-9-5　厌氧塘进出口布置

2. 工艺设计

（1）一般规定

修建厌氧塘，应注意下述环境事项：

① 厌氧塘内废水的污染度高，塘的深度大，容易污染地下水，对厌氧塘必须做防渗设计；

② 厌氧塘一般都有臭气散发出来，应离居住区 500m 以上；

③ 肉类加工等废水的厌氧塘水面上有浮渣，浮渣虽有利于废水处理，但有碍观瞻；

④ 浮渣面上有时滋生小虫，运行中应有除虫措施。

（2）预处理

厌氧塘之前应设置格栅。含砂量大的废水，塘前应设沉砂池。肉类加工废水以及油脂含量高的废水，塘前应设除油池。

（3）主要尺寸

① 长度和宽度　厌氧塘一般为长方形，长宽比为（2～2.5）:1。

② 深度　厌氧塘的有效深度（包括水深和泥深）为3～5m，当土壤和地下水条件许可时，可以采用6m。厌氧塘的深度虽比其他类型的稳定塘大，但过分加大塘深也没有好处。因为在水温分层期间，每增加30cm水深，水温将递减1℃。塘的底泥和水的温度过低，将会降低泥和水的厌氧降解速率。

城市污水厌氧塘底部储泥深度，设计值不应小于0.5m。污泥清除周期的长短取决于废水性质。

③ 塘底　塘应采用平底，略具坡度，以利排泥。

④ 塘堤坡度　堤的坡度按垂直:水平计，内坡为（1:1）～（1:3），外坡不应大于1:3，以便割草。

⑤ 塘高　塘的超高为0.6～1.0m，大塘应取上限值。

（4）进口和出口

厌氧塘进口位于接近塘底的深度处，高于塘底0.6～1.0m。这样的进口布置可以使进水与塘底厌氧污泥混合，从而提高BOD_5去除率，并且可以避免泥砂堵塞进口。塘底宽度小于9m时，可只用一个进口；大塘应采用多个进口。厌氧塘的出口为淹没式，淹没深度不应小于0.6m，并不得小于冰覆盖层或浮渣层厚度。为减少出水带走污泥，可采用多个出口。

（5）设计方法

厌氧塘的主要设计参数为有机负荷和水力停留时间。主要设计参数的选择与地理位置、气候条件，特别是与温度有很大关系。

① 设计原则　厌氧塘可按冬季平均气温作为控制设计的条件。厌氧塘的设计流量应取平均日流量。厌氧塘的格栅、沉砂池或沉淀池按设计的最大流量计算。

当无生活污水水质资料时，生活污水的BOD_5可按20～35g/(d·人) 计算，SS可按30～50g/(d·人) 计算。工业废水以及截留的合流废水，其BOD_5和SS含量均宜采用实测值。

厌氧塘进口中有害物质容许浓度应符合《室外排水设计标准》（GB 50014—2021）的规定。

② 设计公式　城市污水厌氧塘的设计，宜以相同条件下的厌氧塘运行参数为依据。当无适用的经验数据时，可用公式进行计算。由于厌氧塘表面积一般较小，深度较大，而且厌氧分解产生的气体起到搅拌作用，使废水和污泥得以混合，塘内各点水质接近于均匀，因此，其流态接近于完全混合型。设计厌氧塘时，可采用以下公式进行计算。

a. 反应速率常数。根据各地区运行数据得出：

$$K_T = 0.024234e^{0.1245T} \tag{1-9-16}$$

式中，K_T 为水温为 T 时的反应速率常数，d^{-1}。

适用条件：进水 BOD_5 80～400mg/L，表面有机负荷 300～2000kg $BOD_5/(hm^2 \cdot d)$，水力停留时间1～6d。

Phelps公式：

$$K_T = K_{20}\theta^{T-20} = 0.29229 \times 1.13258^{T-20} \tag{1-9-17}$$

式中，K_{20} 为水温为20℃时反应速率常数，d^{-1}；θ 为温度系数。

b. 水力停留时间。

$$t = \left(\frac{C_0}{C_e} - 1 \right) \Big/ K_T \tag{1-9-18}$$

式中，t 为水力停留时间，d；C_e 为厌氧塘出水 BOD 浓度，mg/L；C_0 为厌氧塘进水 BOD 浓度，mg/L。

（四）曝气塘设计

1. 原理和特征

曝气塘虽然属于稳定塘，但又不同于以天然净化过程为主的其他类型的稳定塘，它是人工强化的稳定塘，其净化功能、净化效果以及工作效率都高于一般的稳定塘，但运行费用要比其他类型的稳定塘高很多。

按悬浮物质在塘水中的状态，曝气塘可分为好氧曝气塘和兼性曝气塘两类。

① 好氧曝气塘 又称为完全混合的曝气塘，塘内曝气设备的功率水平足以使塘水中的全部固体物质都处于悬浮状态，并向塘水提供足够的溶解氧；

② 兼性曝气塘 又称部分混合的曝气塘，塘内曝气设备的功率水平仅能使部分固体物质处于悬浮状态，而另一部分固体物质则沉积在塘底，进行厌氧分解反应。

污水在曝气塘内的停留时间及占地面积均较小，多则 8～9d，少则 1～3d，由于污水在塘内停留时间较短，曝气塘所需要的容积和占地面积均较小，这是曝气塘的主要优点。但是，动力费用明显增加，实践证明，对于深度 3～5m 的曝气塘，采用表面曝气器，其比功率为 6kW/1000m³ 污水就可以使塘水中的全部固体物质处于均匀的悬浮状态。

2. 工艺设计

对于曝气塘，可以假设：a. 塘内污水流态为完全混合；b. 有机污染物在塘内的降解属于一级反应。

对于曝气塘可采用以下公式进行计算。

（1）反应速率

$$K_{CT} = K_{C35}(1.085)^{T-35} \tag{1-9-19}$$

式中，K_{CT} 为塘内水温最低时的反应速率常数，d^{-1}；K_{C35} 为塘内水温为 35℃时的反应速率常数，d^{-1}，取 $1.2d^{-1}$；T 为运转时塘水的最低温度，℃。

（2）水力停留时间

$$\frac{C_e}{C_0} = \left[\frac{1}{1 + K_c t_n} \right]^n \tag{1-9-20}$$

式中，C_e 为出水 BOD 浓度，mg/L；C_0 为进水 BOD 浓度，mg/L；K_c 为完全混合一级反应速度常数，d^{-1}；t_n 为在第 n 塘的水力停留时间，d；n 为串联塘系中的塘序数。

（3）塘深

$$[C_e]_{max} = \frac{700}{0.18d + 8} \tag{1-9-21}$$

式中，$[C_e]_{max}$ 为最大出水 BOD 浓度，mg/L；d 为塘深，m。

（4）塘容积

$$V_n = Q t_n \tag{1-9-22}$$

式中，V_n 为第 n 个塘的容积，m³；Q 为进入稳定塘的污水流量，m³/d。

（5）塘表面积

$$A_n = \frac{V_n}{d} \tag{1-9-23}$$

式中，A_n 为第 n 个塘的表面积，m^2。

（6）需氧量

$$R_r V = a'(C_0 - C_e)Q + b'X_V V \tag{1-9-24}$$

式中，R_r 为单位容积稳定塘污水的氧利用速度，$kg\ O_2/(m^3 \cdot d)$；V 为稳定塘的总体积，m^3；X_V 为塘水中挥发性生物污泥浓度，mg/L；a' 为用于有机物氧化降解的氧量与降解的有机物总量之比；b' 为单位时间内塘水中生物污泥自身氧化所需的总氧量，$kg\ O_2/(kg \cdot d)$。

（五）主要设计参数

稳定塘工艺设计参数应根据试验结果或按相似条件下稳定塘的运行经验确定；无上述资料时，可按表 1-9-5 中的参数选用。按所在地区年平均温度分为三个区域：Ⅰ区，年平均气温低于 8℃；Ⅱ区，年平均气温为 8～16℃；Ⅲ区；年平均气温高于 16℃。

表 1-9-5　污水稳定塘工艺设计参数

项目		BOD₅ 面积负荷/[g/(m²·d)]			有效水深/m	水力停留时间/d			处理效率/%
		Ⅰ区	Ⅱ区	Ⅲ区		Ⅰ区	Ⅱ区	Ⅲ区	
厌氧塘		4.0～8.0①	7.0～10.0①	10.0～15.0①	3.0～6.0	≥8	≥6	≥4	30～60
兼性塘		2.5～5.0	4.5～6.5	6.0～8.0	1.5～3.0	≥30	≥20	≥10	50～75
好氧塘	常规处理	1.0～2.0	1.5～2.5	2.0～3.0	0.5～1.5	≥30	≥20	≥10	60～85
	深度处理	0.3～0.6	0.5～0.8	0.7～1.0	0.5～1.5	≥30	≥20	≥10	30～50
曝气塘	兼性曝气	5.0～10.0	8.0～16.0	14.0～25.0	3.0～5.0	≥20	≥14	≥8	60～80
	好氧曝气	10～25	20～35	30～45	3.0～5.0	≥10	≥7	≥4	70～90
水生植物塘	常规处理	1.5～3.5	3.0～5.0	4.0～6.0	0.3～2.0（视植物而定）	≥30	≥20	≥15	40～75
	深度处理	1.0～2.5	1.5～3.5	2.5～4.5		≥20	≥15	≥10	30～60

① 为 BOD₅ 容积负荷，单位 g/(m³·d)。

（六）进出水系统

稳定塘宜利用自然地形高差进水和出水。多塘构成的系统应使污水在系统内自流，当污水需提升时，宜采用一次提升。厌氧塘进水口应设在高于塘底 0.6～1.0m 处，且在水面 0.3m 以下。当塘底宽度小于 6m 时，可只设置一个进水口；当塘底宽度大于或等于 6m 时应设置多个进水口。进水管管径不宜小于 150mm。厌氧塘出水口应采用淹没式，并应设置除渣挡板。除渣挡板底边应位于水面下 0.6m 处以下，在Ⅰ区应在冰层厚度以下。稳定塘的进水口与出水口处应设置单独的闸门，并宜采用对角线布置。多级稳定塘间应设置超越管道。塘与塘之间的过水方式宜采用溢流坝、堰、涵洞或管道。进水口宜采用扩散式或多点进水方式，出水口应有调整塘内水深的功能。在稳定塘系统总出水口处，应采用溢流形式过水，并应设置浮渣挡板。当塘出水口水位与下游排水设施有较大跌落差时，出水口处应设置消能设施。

（七）工程强化措施

好氧塘应建在光照充分、通风条件良好的地方。可采取设置充氧机械设备、种植水生植物和养鱼等强化措施。也可采取处理水回流形式，回流比宜小于或等于 40%。厌氧塘可采取设置生物膜载体填料、塘面覆盖或在塘底设置污泥消化坑等增强处理效果的措施。兼性塘内可采取设置生物膜载体填料、增加漂浮植物数量、后端机械曝气或跌水曝气等强化措施。也可采用塘中水的强化循环，循环率宜小于或等于5%。在稳定塘系统的总出水端可设置藻类过滤坝，过滤坝介质直径宜为15～25mm，过滤坝宽度不宜小于1.0m，应易于对表面过滤累积物的清理。水生植物塘可采用多种植物搭配和增加水生植物数量，养鱼、养蛙和放养水禽等强化措施。

（八）防渗与结构

废水稳定需要良好的止水，止水的主要目的是防止渗漏。渗漏对稳定塘的影响有以下两点：a. 渗漏会引起塘内水深的变化而影响处理能力；b. 渗漏会引起地下水的污染。因此，防渗良好的稳定塘的设计和建造是现代稳定塘的标志。

防渗措施有很多种，大体上分以下3大类：a. 合成防渗材料防渗，如塑料（或橡胶）；b. 土和水泥混合防渗材料防渗；c. 自然的和化学处理防渗方法防渗。

根据稳定塘设计和施工的方便以及防渗材料的经济性，推荐以下两种设计和施工方法。

1. 膨润土

膨润土是钠型蒙脱石黏土，具有高度膨胀性、不透水性，见水后呈低稳定性。膨润土作为防渗的工程做法及施工要求如下。

① 将膨润土用水调成悬浮液（膨润土浓度约为水质量的0.5%），洒在塘底的面层，膨润土沉淀下来形成薄层。本法所用膨润土量约为4.89kg/m^2。

② 先做一层15cm厚的砾石垫层，然后按①法使用膨润土，让膨润土填满空隙。

③ 将膨润土铺成2.5cm或5cm厚的底层，并铺上20～30cm的土壤、砾石面层以保护底层。面层用土壤和砾石混合物，比仅用土壤要好，因为前者更具有稳定性和抗侵蚀能力。

④ 膨润土按体积比1∶8左右与砂混合。将混合料在塘底铺成5～10cm厚，并铺盖保护层。此法的膨润土用量为14.68kg/m^2。

⑤ 施工断面必须超挖一部分（30cm或再多些）。

⑥ 边坡不应低于2∶1（水平∶垂直）。

⑦ 施工底面应去除大的石块和尖角。

⑧ 施工断面应用光滑的钢制压路机滚压。

⑨ 地基应用水喷洒以消除尘土。

与此类似的还有三七灰土（或二八灰土）防渗作法，也可参考以上的内容。

2. 薄膜防渗技术

在要求基本不透水的情况下，常采用塑料或橡胶衬里，用这些材料比较经济。材料选择和施工方法都要能抵抗多数化学物质的侵蚀，大张材料可简化铺装手续，并且基本上不透水。排放标准和环境要求日益严格，因此要保证无渗漏的要求。

在铺装工作中遇到的最难的设计问题是在已建成塘中铺加衬里。设计方法虽然基本上与新塘相同，但必须额外小心估计原有结构和预期结果。必须选择好材料，使之能够与原状相适应。举例说，覆盖柔性合成材料的严重裂缝混凝土衬里，必须做较好的止水和浇灌，要求即使再有移动也不致造成新衬里的损坏。原有柱、基脚等处的止水密封也是需要考虑的。

挖填稳定塘的铺砌衬里的设计要点如下：

① 衬里铺砌结构必须牢固；

② 衬里设计和检验应当由专业人员负责，这些人员对衬里铺砌具有基本知识，并且对土工技术有经验；

③ 薄的整块不透水衬里铺贴的底面，应是光滑平整的混凝土、土、压力喷浆或沥青混凝土面层；

④ 除了沥青镶板外，现场接缝均应垂直于坡脚；

⑤ 在坡的顶部可使用常规锚固，也可用非常规锚固；

⑥ 进口和出口必须适当止水；

⑦ 支承物所造成的衬里穿孔和裂缝，均应止水。

稳定塘构筑物的防渗方法应根据污水性质、地质情况、施工条件等因素，通过技术经济比较后确定。防渗部位应包括堤坝、塘底以及穿堤管、涵洞、闸门等设施。堤坝建设应采用不易透水材料，宜就地取材。当有黏性土可利用时，应采用均质堤坝或用不易透水材料作芯墙。也可用石堤或钢筋混凝土堤。穿堤管道、涵洞应在外部设防渗翼环。防渗翼环应突出管道或涵洞外皮 0.5m 以上，堤坝顶应高出防渗翼环外边 0.5m 以上。闸门与坝体结合处也应采取防渗措施。坝体结构应按永久性水工构筑物标准设计。土堤坝顶宽不宜小于 2.0m，石堤和混凝土堤顶宽不应小于 0.8m。当堤顶允许机动车行驶时，应按通行要求确定坝顶宽度。土堤坝迎水坡坡度宜为（4∶1）～（2∶1），宜采用块石或混凝土护坡；背水坡坡度宜为（3∶1）～（2∶1），宜采用草皮、块石或混凝土护坡。塘底应平整，并应带坡度，且应坡向出口。

六、运行管理

运行阶段应观察配水和集水的均匀性、植物和微生物的生长情况、设备运行状态和构筑物工况等，并应做好记录。稳定塘系统和表面流人工湿地应根据底泥积累情况进行定期或不定期清淤。厌氧塘和表面流人工湿地清淤周期不宜超过 3 年，兼性塘和水生植物塘清淤周期不宜超过 5 年，好氧塘清淤周期不宜超过 8 年。

七、设计实例

某县的河水实际是一天然排水沟，由于长期受工业及生活污水的污染，严重影响沿河村民的身体健康。该河旱季流量在 $2000\sim2800m^3/d$ 之间，是由上游十几家单位排放的废水，废水 BOD_5 据测定为 $50\sim100mg/L$，悬浮物 $58\sim73mg/L$，同时该河在雨季有排洪的功能。根据现场踏勘，稳定塘选址拟在该村村南 250m 处，紧靠河床的一片弃耕多年的耕地，面积约 $20000m^2$（约 30 亩），长 300m，宽 60m。将稳定塘建在此，可以使河水在进村前得到净化，并且该位置远离居民，建塘不会带来明显的环境问题。塘的设计既要考虑处理废水，又要考虑泄洪排洪，还要防止污染地下水，同时不因建立稳定塘给农民增加负担，且具有一定的经济效益。

解：设计水质：$BOD_5=100mg/L$；$COD=200mg/L$；$SS=100mg/L$。

经过稳定塘处理后的水质，在 3～12 月可达到：$BOD\leq20mg/L$、$COD\leq100mg/L$、$SS\leq20mg/L$。

设计工艺上的考虑。

① 排洪与处理相结合　本着因地制宜、综合利用、尽量减少基建投资和运行费用的原则进行工艺设计。采用筑坝将水头抬高 1m，自流进入稳定塘。为了防洪，在河道上砌坝，在降雨量小时，坝上设有分洪溢流道，而洪水较大时，则开闸放水。

② 多级串联　采用多种类型稳定塘串联系统。各塘设计水深 1.5m，实际水面 $13333m^2$

（20 亩），总池容为 19500m³，平均停留时间 8d，塘的平面如图 1-9-6 所示，采用多塘有以下考虑：a. 改善了水流特性，各塘进水口交替为水平和淹没流形式，塘的长宽比为 30：1，避免层流、异重流发生；b. 在第一、第四塘种植耐污的水葫芦，第二、第三塘为藻菌共生塘，这样由于第一、第四塘种植了水生植物，抑制了藻类的过度生长，避免了出水中藻类的 SS；c. 可以避免由于混合、内部回流和风的搅拌等引起生物群落次序的混乱，使适应一定水质条件的生物种类较为稳定而有效地发挥作用。

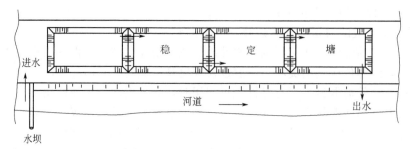

图 1-9-6　稳定塘平面布置

③ 预处理措施　由于上游河道较宽，流速很小，大部分 SS 在河道中沉淀，所以设计中不考虑预处理措施。由于第一部分废水水质较差，在这一部分应进行防渗处理，采用地基素土夯实，加 30cm 三七灰土。

④ 其他考虑　塘与塘之间、塘与河之间为了避免增加投资，全设为土堤，坡度均为 2：1，堤顶较宽（10m），可以绿化。为使河水水位升高，以利排洪，挡土坝上下游均做 10 ~20m 的护坡。从处理效果来看，完全可以达到排放标准，明显地改善了河水的水质，减轻了废水对该村村民的危害，同时使环境景观亦有改善，并且由于整个工程没有设置提升及有关机械设备，因此，不用人工管理。

第二节　土地处理系统

土地渗滤处理系统分为慢速渗滤系统、快速渗滤系统、地表漫流系统三种。

一、慢速渗滤处理系统

慢速渗滤处理系统（slow-rate land treatment system，简称 SR）是将废水投配到种有作物的土壤表面，废水在流经地表土壤-植物系统时得到充分净化的一种土地处理工艺类型。在慢速渗滤处理系统中，投配的废水一部分被作物吸收，一部分渗入地下，见图 1-9-7。设计时一般要使流出处理场地的水量为零；设计的水流途径取决于废水在土壤中的迁移，以及处理场地下水的流向。废水的投配方式可采用畦灌、沟灌及可升降的或可移动的喷灌系统，设计中可根据场地条件和工艺目标选择。

图 1-9-7　慢速渗滤系统示意

（一）系统特点

① 典型的慢速渗滤处理系统所投配的废水一般不产生径流排放。废水与降水共同满足植物需要，并与蒸散量、渗滤量大体平衡。渗滤水经土层进入地下水的过程是间歇性且极其缓慢的。

② 适宜慢速渗滤处理系统的场地，土层厚度应大于 0.60m，地下水位深应大于 1.2m，土壤渗透系数应大于 0.15cm/h。

③ 根据土壤、气候和废水特点选择适宜的植物。与其他类型土地处理系统相比较，植物是更重要的组成部分，它能充分利用水和营养物资源，可获得的生物量大。该系统中的植物以选择经济作物为主。

④ 处理系统中水和污染物的负荷较低，处理效率高，再生水质好，渗滤水缓慢补给地下水，不产生次生污染问题。

⑤ 受气候和植物的限制，在冬季、雨季和作物播种、收割期不能投配废水，废水需要贮存或采取其他辅助处理措施。

⑥ 以深度处理和利用水、营养物为主要目标的慢速渗滤系统，所要求的水质预处理程度相对其他类型土地处理要高。根据对作物、土壤、地下水影响的要求，预处理可采用一级处理、二级处理，并需要对其中工业废水的成分加以必要的控制。

（二）水质净化功能

1. BOD 的去除

在地表以下 0.5m 深处取渗滤水水样，其中 BOD 浓度约 1.0mg/L，去除率一般都在 98% 以上。

2. SS 的去除

在地表以下 0.5m 深处取渗滤水水样，其中 SS 浓度约 1.0mg/L，去除率达 99% 以上。

3. 氮的去除

废水中氮的去除包括氨氮挥发、植物吸收、反硝化脱氮和土壤有机质积累等多种途径。根据作物种类、土壤性质、废水的 C/N 值和气候条件不同，总氮的去除率为 60% 以上。棉花、玉米等作物对氮的吸收量为 75~200kg/(hm² · a)，土壤中脱氮作用占废水中氮投配量的 20% 左右。C/N 值接近 10 时，对形成土壤有机质和防止氮素的流失更为有利。为保护地下水水质，氮负荷常成为慢速渗滤处理系统中的设计限制因素。

4. 磷的去除

慢速渗滤处理系统中，土壤胶体的离子交换、吸附、固定等对废水中磷的去除起重要作用。土壤的 pH 值及黏土、铝、铁、钙等的化合物含量与磷的吸附容量有关。经长期积累，绝大部分磷也都积集在土壤表层 0~20cm 之内。植物对磷的吸收能力为 20~60kg/(hm² · a)。

5. 微量元素的去除

对镍、铬、铜、铅、锌、汞、镉等元素的吸附作用，发生在黏土矿物质、金属氧化物及有机物质的表面，具有细团粒结构和有机质含量较高的土壤，对微量元素的吸附容量更大。一般情况下，土壤 pH 值保持在 6.5 以上，微量元素多以难溶解化合物形式存在。只要投配废水的微量元素含量符合农业灌溉水质标准，在慢速渗滤田地表以下 1.5m 深处渗滤水中微量元素含量就不会超过饮用水标准。所以，微量元素一般不是慢速渗滤处理系统的设计限制参数。

应该指出的是，当处理高浓度有机废水时，有机物分解产物 CO_2 可以促使土壤中的 Mn^{2+} 溶出，其在渗滤水中含量可能超过饮用水标准（$0.1mg/L$）。

6. 微量有机物的去除

慢速渗滤处理系统对微量有机物有明显的去除作用。国内外的研究和工程实践结果表明，其中三氯甲烷、甲苯、硝基苯、亚甲基氯化物、1,1-二氯乙烷、三氯甲烷、四氯乙烯、四氯化碳、邻苯二甲酸二丁酯等出水检出率较进水降低 50％ 以上，浓度降低 75％ 以上。

7. 病原微生物的去除

废水中的病原菌（如赤痢菌、粪大肠菌、伤寒菌等）、病毒（肝炎病毒、脊髓灰质炎病毒、柯萨奇病毒等）在投配到土壤表面后，经过滤、吸附、干化、太阳紫外线辐射以及土壤微生物的吞食等作用而被去除。

在慢速渗滤处理系统中，废水中病原微生物的去除效果不是设计限制因素。但在设计时，对于喷洒布水所产生的气溶胶对环境的影响和废水中病原微生物对运行操作、管理人员的影响，应与常规废水处理工艺一样予以注意。

（三）设计程序

废水慢速渗滤处理系统工艺设计的主要内容是：
① 收集、分析和比较拟选处理场地有关资料，测定土壤饱和水力传导系数；
② 根据废水性质、环境标准和慢速渗滤处理的工艺性能，确定预处理程度和工艺；
③ 根据气候、土壤、废水性质选择作物；
④ 根据处理场地条件和废水性质，确定渗滤速度，计算水力负荷；
⑤ 复核废水中氮或其他污染物限制成分的水力负荷；
⑥ 计算所需要的土地面积；
⑦ 设计布水和排水系统；
⑧ 分析渗滤水对地下水的影响；
⑨ 水质、土壤、地下水监测；
⑩ 运行及管理。
废水慢速渗滤处理系统工艺设计程序如图 1-9-8 所示。

（四）处理系统设计

1. 水力负荷计算

（1）土壤渗透能力限制水力负荷计算

废水渗透率 P_w 通常按清水饱和传导率 K 的 4％～10％ 计，清水传导率在场地调查时进行现场实测，根据设计选择的干湿周期布水时间和土壤条件等得到废水日入渗速度 P'_w，逐日累计得到 P_w。

$$P'_w = K \times 24 \times (0.04\sim0.10) \qquad (1\text{-}9\text{-}25)$$

式中，P'_w 为废水日入渗速度，cm/d；K 为限制土层水传导率，cm/h；24 为每日小时数，24h/d；0.04～0.10 为设计废水渗滤率相对清水传导率取值系数。

投配废水水力负荷由下式表示：

$$L_w = ET - P_r + P_w \qquad (1\text{-}9\text{-}26)$$

式中，L_w 为投配废水的水力负荷，cm/a；ET 为蒸散量，cm/a；P_r 为降水量，cm/a；

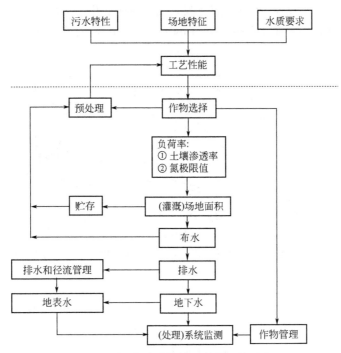

图 1-9-8 慢速渗滤处理系统设计程序

P_w 为废水渗滤率，cm/a。

土壤、作物的蒸发、蒸腾总量等参数可由有关方面资料或实测得到，降水量 P_r 通常由五年的月平均值逐月累加。

（2）渗滤水含氮限制水力负荷计算

氮的物质平衡可由下式表示：

$$L_N = U + f L_N + 0.1 C_p P_w \tag{1-9-27}$$

式中，L_N 为投配废水氮的负荷量，kg/(hm² · a)；U 为作物对氮的利用量，kg/(hm² · a)；f 为氮的损失系数（挥发、脱氮、土壤贮存），f 与废水性质和投配方式有关，投配水为一级处理出水时约为 0.8，二级处理出水为 0.1～0.2；C_p 为渗滤水中氮的浓度，mg/L。

以氮为设计限制因素的水力负荷可表示为：

$$L_{wN} = \frac{C_p(P_r - ET) + 10U}{(1-f)C_n - C_p} \tag{1-9-28}$$

式中，C_n 为投配废水氮浓度，mg/L。

（3）淋溶限制水力负荷计算

在干旱和半干旱地区，水资源不足，土地资源相对充足。为满足作物需水量，应采用大土地面积类型的慢速渗滤处理系统，以充分利用废水资源。系统采取低水力负荷设计，即根据淋溶限制进行水力负荷计算。

水力负荷 L_w 与降水、蒸散、灌溉系数和使盐分冲到根区以外所需要的淋溶系数之间的关系可由下式表示：

$$L_w = (ET - P_r)(1 + LR)\left(\frac{1}{E}\right) \tag{1-9-29}$$

式中，LR 为淋溶系数，取值范围为 0.05～0.30，取决于作物种类、降水量和废水中总溶解固体浓度 TDS；E 为灌溉系数，随灌溉方式不同而变化，一般为 $0.65\sim0.95$。

图 1-9-9 表示废水中总溶解固体（total dissolved solid，简称 TDS）、作物和 LR 值之间的关系。

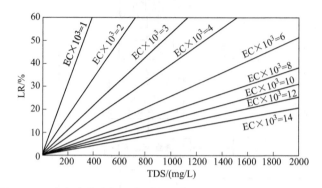

图 1-9-9　废水中总溶解固体（TDS）、作物和 LR 值之间的关系

2. 有机负荷计算

有机负荷一般情况下不是城市污水慢速渗滤土地处理系统的设计限制因素。对于食品加工和其他高浓度有机工业废水，BOD_5 负荷可到 $110\sim330kg/(hm^2 \cdot d)$。为保证好氧分解条件和有效控制气味等考虑，在 $7\sim9$ 月份降水集中的季节，应恰当安排干湿周期，及时采取锄、耕等必要的管理措施。

3. 土地面积计算

慢速渗滤系统所需要的土地面积，由慢速渗滤处理田和辅助面积两大部分组成。

① 慢速渗滤处理田是直接接收投配废水和承担主要净化任务的土地，其面积为：

$$A_{\mathrm{w}} = \frac{Q \times 365 + \Delta V_{\mathrm{s}}}{L_{\mathrm{w}} \times 100} \tag{1-9-30}$$

式中，A_{w} 为慢速渗滤处理田面积，hm^2；Q 为废水设计流量，m^3/d；ΔV_{s} 为在预处理单元和贮存塘中，由于降水、蒸发、渗漏引起的水量增减量，m^3/d；L_{w} 为设计水力负荷，cm/a；365 为设计年运行天数。

② 在雨季、冬季和作物收割时，慢速渗滤田要停止投配废水。因此，需要设计废水贮存塘。贮存水量计算如下。

计算处理废水量在处理田面积上的月理论分布水深 W：

$$W = \frac{Q \times 365 \times 100}{A_{\mathrm{w}} \times 10000 \times 12} \tag{1-9-31}$$

式中，W 为月理论分布水深，$cm/月$。

从 W 值中减去本月份设计水力负荷 L_{w}，可以得到该月份余亏值（$W-L_{\mathrm{w}}$），该值加上上月份的数值便是这个月的累积余亏值（即调节值）。

找到调节值的最大值，用该值乘以处理田面积后除以设计流量，得到每年需贮存的最大日数：

$$需贮存的最大日数 = \frac{最大调节值 \times A_{\mathrm{w}} \times 10000}{100 \times Q} \tag{1-9-32}$$

$$贮存塘有效容积(m^3) = 需贮存的最大日数(d) \times 日废水设计流量(m^3/d) \tag{1-9-33}$$

（五）工程实例

某半干旱地区，城市污水量 $Q=10000\mathrm{m^3/d}$，拟建设废水慢速渗滤处理系统对城市污水进行处理，预处理为一级处理，投配废水中氮浓度为 30mg/L，出水氮浓度要求 15mg/L。慢速渗滤处理系统种植多年生牧草，牧草对氮的利用量为 $250\mathrm{kg/(hm^2 \cdot a)}$，并测得场地的土壤饱和导水率为 0.5cm/h，场地蒸散量和降水量见表 1-9-6。

表 1-9-6 处理场地蒸散量与降水量 单位：cm/月

月份	ET	P_r	月份	ET	P_r
1	1.1	0.3	7	8.1	20.5
2	4.8	0.4	8	6.7	21.8
3	7.6	0.5	9	6.7	5.7
4	13.8	2.1	10	5.0	2.5
5	15.6	2.7	11	2.7	1.2
6	14.2	7.6	12	1.2	0.4

解：① 求废水日入渗速度。废水渗滤率相对清水传导率的取值系数取为 0.08，则

$$P'_w = K \times 24 \times 0.08 = 0.5 \times 24 \times 0.08 = 0.96 \ (\mathrm{cm/d})$$

② 求 $\mathrm{ET}-P_r$。根据表 1-9-6，计算 $\mathrm{ET}-P_r$，结果见表 1-9-7。

表 1-9-7 处理场地蒸散量与降水量比较 单位：cm/月

月份	ET	P_r	$\mathrm{ET}-P_r$	月份	ET	P_r	$\mathrm{ET}-P_r$
1	1.1	0.3	0.8	8	6.7	21.8	−15.1
2	4.8	0.4	4.4	9	6.7	5.7	1.0
3	7.6	0.5	7.1	10	5.0	2.5	2.5
4	13.8	2.1	11.7	11	2.7	1.2	1.5
5	15.6	2.7	12.9	12	1.2	0.4	0.8
6	14.2	7.6	6.6	全年	87.5cm/a	65.7cm/a	21.8cm/a
7	8.1	20.5	−12.4				

③ 根据气候和作物生长情况，确定逐月废水投配设计日数：12月份、1月份、2月份全月不投配废水，3月份16d不投配废水，7月份、10月份分两次收割牧草时各有5d不投配废水，11月份10d不投配废水，其他各月均正常投配运行。

根据 $P_w=$ 月运行天数 $\times P'_w$，逐月计算得：

$$3 月份 = 15\mathrm{d} \times 0.96\mathrm{cm/d} = 14.4\mathrm{cm/月}$$
$$4 月份 = 30\mathrm{d} \times 0.96\mathrm{cm/d} = 28.8\mathrm{cm/月}$$
$$\cdots\cdots$$
$$11 月份 = 20\mathrm{d} \times 0.96\mathrm{cm/d} = 19.2\mathrm{cm/月}$$

将各月累加得到：全年 $P_w = 14.4 + 28.8 + \cdots + 19.2 = 229.6$（cm/a）

根据式（1-9-26），逐月计算 L_w，累加后得到全年废水水力负荷为 272.9cm/a。水力负荷计算见表 1-9-8。

④ 求以氮为限制因素的水力负荷。取氮的损失系数 $f=0.25$，$P_r=65.7\mathrm{cm/a}$，$\mathrm{ET}=87.5\mathrm{cm/a}$，则以氮为限制因素的水力负荷 L_{wN} 为：

$$L_{wN} = \frac{C_p(P_r - \mathrm{ET}) + 10U}{(1-f)C_n - C_p} = \frac{15 \times (65.7 - 87.5) + 10 \times 250}{(1-0.25) \times 30 - 15} = 290 \ (\mathrm{cm/a})$$

表 1-9-8　水力负荷计算

月份	运行天数/d	P_w/(cm/月)	ET$-P_r$/(cm/月)	L_w/(cm/月)
1	—	—	0.8	—
2	—	—	4.4	—
3	15	14.4	7.1	21.5
4	30	28.8	11.7	40.5
5	31	29.8	12.9	42.7
6	30	28.8	6.6	35.4
7	26	25.0	-12.4	25.0
8	31	29.8	-15.1	29.8
9	30	28.8	1.0	29.8
10	26	25.0	2.5	27.5
11	20	19.2	1.5	20.7
12	—	—	0.8	—
全年	239	229.6cm/a	21.8cm/a	272.9cm/a

注：7月份、8月份处理系统会产生径流排水，由于降水多以暴雨形式发生，不会影响污水正常投配和运行。

⑤ 求慢速渗滤田面积。假设降水、蒸发、渗漏引起的水量增减量 $\Delta V_s=0$，则

$$A_w = \frac{Q \times 365 + \Delta V_s}{L_w \times 100} = \frac{10000 \times 365 + 0}{272.9 \times 100} = 133.7 \ (hm^2)$$

⑥ 求废水贮存塘月理论分布水深

$$W = \frac{Q \times 365 \times 100}{A_w \times 10000 \times 12} = \frac{10000 \times 365 \times 100}{133.7 \times 10000 \times 12} = 22.7 \ (cm/月)$$

⑦ 从 W 值中减去本月份设计水力负荷 L_w，可以得到该月份余亏值（$W-L_w$），该值加上月份的数值便是这个月的累积余亏值，列于表 1-9-9。

表 1-9-9　贮存水量计算表　　　　　　　　　　　　单位：cm/月

月份	理论分布值 W	废水负荷 L_w	$W-L_w$	调节值
10		27.5	-4.8	0
11		20.7	2.0	2.0
12		—	22.7	24.7
1		—	22.7	47.4
2		—	22.7	70.1
3	22.7	21.5	1.2	71.3
4		40.5	-17.8	53.5
5		42.7	-20.0	33.5
6		35.4	-12.7	20.8
7		25.0	-2.3	18.5
8		29.8	-7.1	11.4
9		29.8	-7.1	4.3
全年	272.4cm/a	272.9cm/a		

⑧ 计算最大贮存值。需要调节的最大值发生在 3 月份，则

$$每年需贮存的最大日数 = \frac{最大调节值 \times A_w \times 10000}{100 \times Q} = \frac{71.3 \times 133.7 \times 10000}{100 \times 10000} = 95.3 \ (d) \approx 96 \ (d)$$

⑨ 计算贮存塘有效容积。

$$贮存塘有效容积=需贮存的最大日数(d)×日废水设计流量(m^3/d)$$
$$=96×10000=96×10^4 m^3$$

二、快速渗滤处理系统

（一）系统特点

废水快速渗滤处理系统（rapid infiltration land treatment system，简称 RI）是将废水有控制地投配到具有良好渗滤性能的土壤表面，废水在向下渗滤过程中由于生物氧化、硝化、反硝化、沉淀、过滤、氧化还原等过程而得到净化的一种废水土地处理系统（图 1-9-10）。

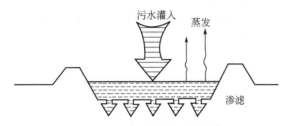

图 1-9-10　快速渗滤系统示意

1. 处理目的

回灌地下水；渗滤水回收再利用或向水体排放；渗滤水自然补给地下水。

2. 场地特点

场地应具有大于 1.5m 厚、渗透性能良好的粗质地土层；地下水埋深在 2.5m 以上；地面坡度小于 10％；距离人口密集区有一定距离的河滩地、沙荒地。

3. 预处理

① 一级处理　在土壤质地较粗时，可以采用一级处理或酸化（水解）作为预处理，这种废水的 C/N 值较高，有利于废水中氮的去除。为减少废水中悬浮固体堵塞土壤孔隙，保证较高的渗滤速度，一级处理是废水快速渗滤的最低限预处理。

② 二级处理　为提高渗滤速度、节省土地和提高系统出水水质，宜选择二级处理作为预处理。

（二）设计程序

① 确定快速渗滤池的渗滤速度；

② 根据处理场地的地质条件和排入地表水或补给地下水的水质要求，确定快速渗滤的水力路径；

③ 根据废水性质和处理标准确定处理要求；

④ 选择预处理方式；

⑤ 根据处理要求、渗滤速度，选择干湿周期和计算水力负荷；

⑥ 计算土地面积；

⑦ 核算地下水质的影响，确定地下排水要求；

⑧ 选择水力负荷周期，确定渗滤池的最小数目；

⑨ 计算废水投配速率，核定采用的干湿周期；

⑩ 布置渗滤池，设计渗滤池护坡、进出水和其他构筑物；

⑪ 设计监测井。

（三）工艺设计

快速渗滤系统工艺设计的主要参数有水力负荷速率、渗滤池面积、淹水期与干化期之比、废水投配速率、渗滤池组的数目、渗滤池深度等。

1. 水力负荷速率

水力负荷速率的确定要以现场和实验测定的土壤渗滤速率、透水系数、水力传导系数的结果为依据。如果场址的现场调查表明土壤的纵剖面中有限制性透水土层，即使该土层很薄，也应该以该土层的水力传导系数作为水力负荷速率设计的依据。对不同的测定方法，应采用不同的修正系数，水力负荷速率的设计修正系数见表1-9-10。RI系统的年水力负荷可为6～122m/a。

表 1-9-10　水力负荷速率的设计修正系数

测定方法	年水力负荷的修正系数
淹水池法	观测的有效渗滤速率的10%～15%
进气式渗透仪和圆筒渗透仪法	观测的有效渗滤速率的2%～4%
实验室的水力传导系数	测定的有效水力传导系数或限制性土层的水力传导系数的4%～10%

年水力负荷速率可由下式计算：

$$L_{wN} = 0.24\alpha N K_v \tag{1-9-34}$$

式中，L_{wN} 为废水年水力负荷速率，m/a；α 为水力负荷速率测定方法修正系数；N 为一年中设计的运行天数，d；K_v 为垂直水力传导系数，cm/h；0.24 为换算系数。

美国成功设计的快速渗滤系统的年水力负荷速率在10～70m/a之间，相应的有效水力传导系数 K_v 值为2～15cm/h。按此计算 L_{wN} 值为17.5～131.4m/a，一般常用的 L_{wN} 值为6～122m/a，可作设计参考。

2. 渗滤池面积

RI系统需要的废水投配面积由下式计算：

$$A = \frac{1.9Q}{LP} \tag{1-9-35}$$

式中，A 为渗滤池面积，hm²；Q 为设计的日流量，m³/d；L 为设计的年水力负荷速率，m/a；P 为每年运行的周数，周/a。

如果RI系统是全年运行的，上面公式可以简化为：

$$A = \frac{0.0365Q}{L} \tag{1-9-36}$$

3. 淹水期与干化期之比

RI的工艺设计中水力负荷周期具有重要意义。由于土壤和废水中可降解有机物以及气候因素对好氧反应存在影响，它们与干化期的长短有密切联系。对于一级预处理出水而言，该比值一般小于0.2。如果RI系统是为了寻求最大的氮去除率，该比值应在0.5～1.0之间。表1-9-11给出了美国土地处理手册推荐的RI系统的水力负荷周期。

表 1-9-11 推荐的 RI 系统水力负荷周期（美国废水土地处理手册）

目标	投配的废水	季节	淹水时间/d	干化时间/d
最大渗滤速率	一级处理出水	夏季 冬季	1～2 1～2	5～7 7～12
	二级处理出水	夏季 冬季	1～3 1～3	4～5 5～10
最大氮去除量	一级处理出水	夏季 冬季	1～2 1～2	10～14 12～16
	二级处理出水	夏季 冬季	7～9 9～12	10～15 12～16
最大硝化用	一级处理出水	夏季 冬季	1～2 1～2	7～12 7～12
	二级处理出水	夏季 冬季	1～3 1～3	4～5 5～10

4. 废水投配速率

废水投配速率是由年水力负荷和负荷周期确定的。当夏季和冬季采用不同的负荷周期时，投配速率的确定可能较复杂。投配速率确定之后，再计算输送废水到渗滤池的管（渠）道所要求的过水能力。

投配速率的计算如下：

① 淹水期和干化期相加得到负荷周期的总天数；

② 用每年的利用天数（除非设计中有贮存，一般用 365d）除以负荷周期天数，求得每年中负荷周期数；

③ 用年水力负荷速率除以每年的废水投配周期数目，得到投配周期的平均水力负荷速率；

④ 投配周期的平均水力负荷速率除以废水投配的天数，得到平均投配速率（m/d）。

利用下面公式可以计算渗滤池的投配流量（m^3/s）：

$$Q = 1.16 \times 10^{-5} AR \tag{1-9-37}$$

式中，A 为渗滤池的面积，m^2；R 为投配速率，m/d；1.16×10^{-5} 为换算系数。

5. 渗滤池组的数目

渗滤池的数目或渗滤池组的数目随地形和水力负荷周期而定。确定的渗滤池组数和每次布水的渗滤池数既影响布水系统水力分布，也影响确定的淹水期与干化期之比。采用一个最少的渗滤池数，也应保证在任何时候至少有一个渗滤池接纳废水。连续投配废水所需要的渗滤池的最少数目是负荷周期的函数，见表 1-9-12。

表 1-9-12 废水连续投配所需渗滤池的最少数目

淹水期/d	干化期/d	最少的渗滤池（或组）数	淹水期/d	干化期/d	最少的渗滤池（或组）数
1	5～7	6～8	1	10～14	11～15
2	5～7	4～5	2	10～14	6～8
1	7～12	8～13	1	12～16	13～17
2	7～12	5～7	2	12～16	7～9
1	4～5	5～6	7	10～15	3～4
2	4～5	3～4	8	10～15	3
3	4～5	3	9	10～15	3
1	5～10	6～11	7	12～16	3～4
2	5～10	4～6	8	12～16	3
3	5～10	4～6	9	12～16	3

6. 渗滤池深度

渗滤池的深度是由废水淹水期结束时渗滤池表面的滞水深度，即由设计的最大废水深度与设计的渗滤池超高之和确定的。

渗滤池表面滞水深度的设计方法，是假定在淹水期所投配的废水在干化期的初期就应渗入土壤，以确保干化期的绝大部分时间使土壤表层好氧条件恢复。这个过程根据有机物的组成及其浓度的大小需要 0.5～2d。在好氧恢复需要更长时间的条件下，延长干化期可能是需要的，同时可以在干化期当中进行渗滤池底的维护。在渗滤池极端堵塞的情况下，也许要对渗滤池表层的土壤先进行剥离，然后再回填一定厚度的土层。

在某些场合可能需要估算淹水期结束时，渗滤池中废水的深度和这些滞水全部渗入土壤中所需要的时间。依据渗滤池表层是否形成了堵塞层可应用不同的计算方法。如果表层未形成堵塞层，则可以应用 Stefan 公式进行计算：

$$H = H_0 - 2.22(1-a)^{0.35} \eta^{0.325} K_v t^{0.675} \tag{1-9-38}$$

式中，H 为时间为 t 时废水的深度，cm；H_0 为 t 为 0 时（淹水期结束时）废水的深度，cm；η 为土壤空隙率；a 为土壤的孔隙度；K_v 为垂直饱和水力传导系数，cm/h；t 为时间，h。

（四）处理系统设计

RI 系统的设计内容包括废水投配、渗滤池的尺寸和布置，以及地下排水系统等项目。在冬季气候严寒的地区，还要考虑严寒气候条件下的运行措施。

1. 废水的投配和渗滤池的布置

废水的投配通常是靠地面分布到渗滤池表面。这种布水方法是借助重力流动把废水均匀投配到整个渗滤池。具体设计方法可参考农业灌溉和更专门的文献资料。

对于中小规模的 RI 系统，每个渗滤池的大小在 0.2～2hm^2 之间为宜，而大型的处理系统则为 2～8hm^2。

在平坦的地区，渗滤池应当毗邻修建，而且其形态应当是正方形或矩形，以使土地占用量最少、渗滤池围堤总长最短。在可能产生地下水丘的地区，使用长而窄的渗滤池且使渗滤池的长度方向垂直于地下水主导流向，这种方式布置的渗滤池产生的地下水丘比建筑方形或圆形渗滤池产生的水丘要小。假如考虑到设计的渗滤能力比预计的慢，以及为了备用应付事故排放，渗滤池的深度应当比最大的设计废水深度至少深 30cm。渗滤池围堤的过坡比可取 (1∶1)～(1∶2)，土壤应夯实。对于有大风或暴雨的地区，对渗滤池围堤应考虑防止风蚀或雨水冲刷的工程措施，可以在围堤上种草、堆石或衬砌水泥板，以防对围堤的冲蚀。

对渗滤池表面要利用机械设备进行维护的 RI 系统，则要考虑进入渗滤池的通道（坡道），通常以原土就地夯实建造，坡度为 10%～20%，宽度为 3.0～7.0m。

2. 地下排水系统

为了保持 RI 场地的渗滤速率和工艺的处理效能，RI 系统要具有充分的排水能力。另一方面为了保护地下水或再生水，必须有一些工程排水措施，防止再生水与天然地下水混合。

对于地下水和含水层的隔水层都较浅的 RI 系统，可采用明沟或暗管来收集再生水。在这种地区，设置的地下排水管的深度小于 5m 时，采用地下排水管的排水方法比竖井排水方法经济有效。

地下排水管的布置有两种类型：

① 在两块平行的渗滤池中间设置排水管道，示意说明见图 1-9-11(a)；
② 由一系列的条块渗滤池和排水管道组成，示意说明见图 1-9-11(b)。

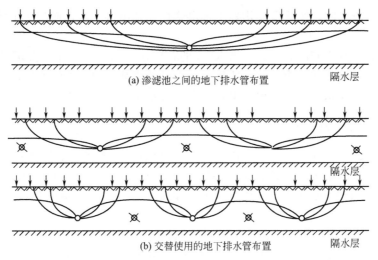

(a) 渗滤池之间的地下排水管布置　　隔水层

隔水层

(b) 交替使用的地下排水管布置　　隔水层

图 1-9-11　地下排水管布置

地下排水管道的间距计算公式如下：

$$S = \left[\frac{4KH}{L_w + P}(2d + H) \right]^{1/2} \tag{1-9-39}$$

式中，S 为排水管间距，m；K 为土壤的横向水力传导系数，m/d；H 为地下水位超出排水管的高度，m；L_w 为年废水负荷，以日废水负荷表示，m/d；P 为平均年降水量，以日降水量表示，m/d；d 为排水管到下面的隔水层的距离，m。

式（1-9-39）中的参数使用说明见图 1-9-12。当 L_w、P、K 和最大允许 H 值为已知时，可用该公式确定不同的 d 值和 S 值。

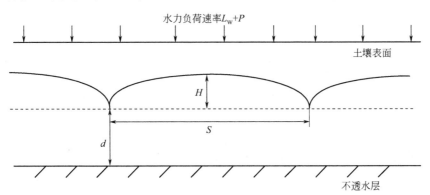

图 1-9-12　排水管设计中使用的参数

通常，排水管间距为 15m 或更大些，埋深在 2.5～5.0m 之间。在横向水力传导系数高的土壤中，排水管间距可达 150m。虽然比较小的排水管间距对控制地下水丘的高度更有效，然而，减小排水管间距，会使地下排水系统的投资费用增加。在设计排水系统时，应当选择 d、H 和 S 的最优组合。

一旦算出了排水管间距，就应确定排水管管径的大小。排水支管的管径一般为 15～20cm。连接各支管的主排水管的大小，由预计的排水量决定。水在排水管中要能自由流动。

校核排水系统的水力学性能后，确定所需要的排水管的水力坡度。

3. 垂直井排水

当地下水深较大时，则不宜使用地下排水管系统排出再生水，而应采用垂直井群的排水方法。

垂直井的布置有不同的方式，根据 RI 池的布置情况而变化。垂直井可以设置在两个渗滤池的中部，也可设置在单个渗滤池的侧面，也可围绕某个中心的渗滤区设置。垂直井的设计涉及相当的专业知识，可参阅地下水开采方面的专业技术规范或请教供水水文地质专家。

（五）注意事项

在冬季严寒的恶劣气候条件下，RI 系统的运行不存在不可克服的困难，可以成功地进行终年运转。北京昌平区的示范性 RI 系统的运行经验表明，在当地最低气温为－18.6℃，原废水水温 15～17℃ 的条件下，该系统可按设计的淹水-干化负荷周期（5d/15d）模式运行。

为了使冬季 RI 系统能正常运行，系统的管道、泵站、阀门和管件的保温措施是必不可少的。RI 系统的冬季运行首先要解决的问题是防止 RI 池上的冰层或土壤表层结冰而阻止废水入渗的现象发生。可能出现上述情况的两种条件如下：

① 由于渗滤池上生长的杂草冻结在冰层中，使得冰层不能浮动，同时当下一个废水投配期携带的热量又不能把该冰层融化时，此后一段时间该系统则不能进行正常地运行。

② 如果在淹水周期的后期，土壤排水过程太慢，则土壤孔隙中的含水可能冰冻，使得渗滤池表面不能入渗废水。如果这个冻土层不能融化，则该系统不能运行。

在冬季能够成功运行的 RI 系统具有以下几个特点：a. 场地土壤质地较粗；b. 土壤排水性能好；c. 系统投配的废水是浓度较低的生活污水或是废水温度较高的一级处理、二级处理的出水。

三、地表漫流处理系统

（一）系统特点

地表漫流处理系统（overflow land treatment system，OF）是将废水有控制地投配到土壤渗透性低、具有一定坡度、生长牧草的土地表面，废水在沿坡面以薄层流动过程中不断被净化，大部分出水以地表径流汇集排放的一种土地处理类型（图 1-9-13）。

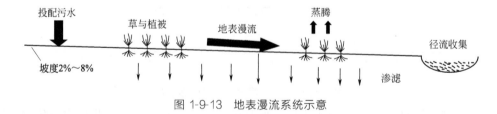

图 1-9-13　地表漫流系统示意

OF 系统的主要特点：

① 地表漫流处理系统适用于土壤渗透性较低的黏土、壤土，或在场地 0.3～0.6m 处有弱透水层的土地。

② 场地最佳自然坡度为 2%～8%，经人工建造形成均匀、和缓的坡面。

③ 对预处理要求较低，通常经一级处理或细筛处理即可。

④ 在废水浓度较稀的情况下，废水和污泥可合并处理，可以省去耗费较大的污泥处理系统。

⑤ 出水为地表汇集，或利用或排放。

⑥ 处理出水一般可达二级处理标准，由于地表土壤和淤泥层成分的溶出，出水不能达到渗滤型土地处理出水那样高的标准。

（二）设计程序

废水地表漫流处理系统的设计程序如图 1-9-14 所示。

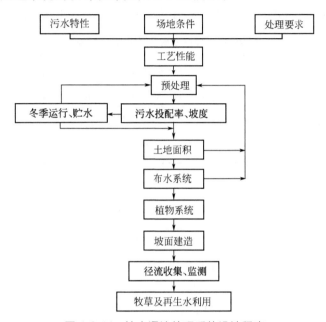

图 1-9-14　地表漫流处理系统设计程序

（三）工艺设计

1. 水力负荷率

水力负荷率是投配到单位土地面积上的废水量 ［m³/(hm² · d) 或 cm/d］，对于典型的城市污水，水力负荷率通常在 2～4cm/d 之间。

投配速率：投配到单位坡面宽度上的废水流量，常采用 0.03～0.25m³/(h · m)。

投配时间：5～24h/d。

投配频率：5～7d/周。

水力负荷 L_w 可用下式计算：

$$L_w = \frac{qP}{z} \tag{1-9-40}$$

式中，L_w 为水力负荷，m/d；q 为废水投配率，m³/(h · m)；P 为投配时间，h/d；z 为总坡面长度，m。

2. 坡面长度

OF 处理系统的工艺性能表明，坡面长度与处理效果相关，坡面长度越长，处理效果越好。坡面长度可以依据对 BOD_5 和 SS 的处理要求进行设计计算。BOD_5 和 SS 的处理效果是废水投配速率和坡面长度的函数，可按下式计算：

$$\frac{C_z - C}{C_0} = A\exp(-KZ) \tag{1-9-41}$$

式中，C_0 为投配废水中 BOD_5 或 SS 浓度，mg/L；C_z 为坡面距离 z 处径流水 BOD_5 或 SS 浓度，mg/L；C 为径流水可达到的最低 BOD_5 或 SS 浓度，mg/L；A 为经验速度常数；Z 为计算坡面长度，m；K 为总速度常数，$K = k/q^n$；k 为经验反应常数；q 为废水投配率，$m^3/(h \cdot m)$；n 为经验常数。

当上述公式应用于 BOD_5 或 SS 时，经验参数按表 1-9-13 计算和选取。

表 1-9-13　经验参数计算和取值范围表

适用条件		废水投配率 q	经验速度常数 A	总速度常数 K	经验反应常数 k	经验常数 n
应用于 BOD_5	过筛废水	$q=0.09\sim0.36m^3/(h\cdot m)$	$A=0.64(q+0.72)$	$K=0.147(0.8-q)$		
	一、二级处理	$q=0.09\sim0.36m^3/(h\cdot m)$	$A=2.13(q+0.143)$	$K=0.0525(1.73-q)$		
应用于 SS	过筛废水		$A=0.44$		$k=0.0375$	$n=1/2$
	一、二级处理		$A=0.94$		$k=0.031$	$n=1/2$

3. 土地面积

根据废水投配速率、坡面长度确定土地面积，可用下式计算：

$$F = \frac{QZ}{qt} \times 10^{-4} \tag{1-9-42}$$

式中，F 为 OF 田面积，hm^2；Q 为废水流量，m^3/d；Z 为计算坡面长度，m；q 为投配速率，$m^3/(m \cdot h)$；t 为投配时间，h/d。

表 1-9-14、表 1-9-15 为经常采用和推荐的 OF 系统设计参数。

表 1-9-14　漫流田的设计参数

预处理方式	水力负荷 /(cm/d)	投配速率 /[$m^3/(m \cdot h)$]	投配时间 /(h/d)	投配频率 /(d/周)	斜面长度 /m
格栅	0.9~3.0	0.07~0.12	8~12	5~7	36~45
初次沉淀	1.4~4.0	0.08~0.12	8~12	5~7	30~36
稳定塘	1.3~3.3	0.03~0.10	8~12	5~7	45
完全二级生物处理	2.8~6.7	0.10~0.20	8~12	5~7	30~36

表 1-9-15　建议的漫流系统废水投配率

预处理方式	严格要求,气候寒冷		中等要求,通常气温		要求不严格,气候温暖	
	$m^3/(m \cdot h)$	cm/d	$m^3/(m \cdot h)$	cm/d	$m^3/(m \cdot h)$	cm/d
格栅	0.07~0.1	2	0.16~0.25	3~5	0.25~0.37	5~7
稳定塘	0.08~0.1	2	0.16~0.33	3~6	0.33~0.40	6~8
二级处理	0.16~0.2	4	0.20~0.33	4~6	0.33~0.40	6~8

（四）处理系统设计

废水地表漫流处理系统可由预处理、布水、坡面处理田、作物、贮存、监测与管理、出水与牧草利用等部分组成。

1. 布水系统

布水系统的作用是将废水均匀地投配到处理坡面的上部。布水系统的设计应注意以下要点：

① 防止因布水不均匀产生短流、沟流；

② 当废水中含悬浮物较高时，应防止有机悬浮固体在坡面顶部过分积累；

③ 布水系统应便于管理，例如防止因结冰而影响运行。

地表漫流处理系统的布水方式可分为表面布水、低压布水和高压喷洒三种类型。

（1）表面布水系统

表面水可用穿孔管或平顶堰槽布水。在铝管、塑料管或钢管上开圆孔或狭缝，孔距为 0.3～1.2m，穿孔管布水的长度一般不超过 90m，超过 90m 时应设阀门控制流量，阀门宜采用闸阀，管道极限长度为 200m，一般在低压下运行（约为 2×10^4 Pa）。

平顶堰槽可用槽钢制作，单元长度为 10m，适合小规模处理系统采用。

（2）低压布水系统

低压布水装置的喷头设在距地面 30cm 高的固定立式配水管上，喷头工作压力一般为 （0.3～1.5）$\times 10^5$ Pa，废水与配水管以 105°角、呈扇面喷洒在配水管水平距离小于 3.0m 地表处。

（3）高压布水系统

布水压力为 （25～50）$\times 10^5$ Pa，喷洒直径为 20～40m。高压冲击式布水主要用于含悬浮固体高的食品加工工业废水。地表漫流处理有三种设置方式：

① 冲击式喷头工作时 360°旋转，喷头设在距坡顶距离大于喷洒半径的位置，坡面长度为计算坡长加喷洒直径（达 45～70m）；

② 喷头设在具有共同坡顶的两块坡面田的顶部；

③ 喷头旋转角度为 180°，所需求的处理坡面长度等于计算坡长加上喷洒半径（实际坡长可为 40～60m）。

2. 坡面田

可用 1∶1000、有 0.3m 等高线的地形图，按地面自然坡度的主方向布置坡面田。投配废水按重力流方式从坡顶沿坡面流到径流集水沟，再汇集到总排放口。坡面田布置设计时应注意使坡面建造的土方工程量最少。坡面田的布置应尽可能规则一致地排列。为了便于管理，排水口一个为好。如果因地形复杂，应以尽可能少的土方工程量和最低数目的排放口（监测站）方式布置坡面田。

坡面田的建筑需要十分认真和耐心，要避免 OF 系统运行中坡面出现积水、沟流和短流等问题的产生。

3. 作物

作物是地表漫流处理系统的重要组成部分，主要作用：

① 坡面上生长着浓密的作物，可以减缓废水沿地表流动的速度，增加废水在地表的停留时间，使悬浮物沉淀下来，还可以防止地表土壤受到冲刷和出现沟流；

② 植物的根部附近和落地残枝败叶上生育着大量活性很强的微生物，对废水中有机物净化起重要作用；

③ 作物能吸收氮、磷等营养物质，随着作物收获而将氮、磷等物质从土地处理系统中移去。

漫流处理系统中要求生长有多年生牧草，这些牧草有耐水、生长期长和适应当地气候条件的特点。

选择几种牧草混种具有明显的优点，它们通过自然选择而有几种草占优势，如苇状簕草、高羊毛草和黑麦草便是一种合理的组合。在有些地区种植达拉斯草、百慕大草和红尖草也是成功的。北方地区可种果园草和百慕大草。一年中，不同种类草的休眠时间互相错开，同时都会有一二种草生长良好，可保证漫流处理系统可以正常运行。

各种作物对营养物质的利用率是相对固定的。不同植物对营养物质的利用率如表 1-9-16 所列。

表 1-9-16　牧草对营养物质的利用率　　　　单位：kg/(hm² · a)

牧草名称	氮(以 N 计)	磷(以 P 计)	钾(以 K 计)	牧草名称	氮(以 N 计)	磷(以 P 计)	钾(以 K 计)
紫苜蓿	224～672	22～34	174～224	苇状簕草	336～448	39～45	314
雀麦草	129～224	39～56	246	黑麦草	179～280	56～84	269～325
海淀百慕大草	392～672	34～45	224	甜三叶草	174	20	101
肯塔基草	196～269	45	196	高羊毛草	146～325	30	302
匍匐冰草	235～280	28～45	274	果园草	246～347	20～50	224～314

4. 径流水收集

径流水量可由漫流田平衡计算确定。

$$R = P_r - ET - P_w + L_w \qquad (1-9-43)$$

式中，R 为径流水量，cm/d；P_r 为降水量，cm/d；ET 为蒸散量，cm/d；P_w 为渗滤水量，cm/d；L_w 为废水负荷，cm/d。

经漫流系统坡面田处理后的废水径流和暴雨径流，经出水收集系统汇集并输送到最终排放口。

（五）工程实例

已知：某过筛工业废水，BOD_5 为 650mg/L，经一级处理后 BOD_5 为 300mg/L，二级处理后为 30mg/L，排放标准为 10mg/L，废水投配率为 0.186m³/(h · m)，废水中含 SS 较高，需要高压喷洒布水，投配时间为 10h/d，投配频率为 6d/周。计算每一给定预处理情况下，地表漫流所需要的废水平均流动距离，进行比较，选择预处理工艺。

解：①过筛处理出水　取 $C = 5$mg/L，则：

$$\frac{C_z - C}{C_0} = \frac{10 - 5}{650} = 0.0077$$

取 $q = 0.186$m³/(h · m)，则：

$$A = 0.64(q + 0.72) = 0.64 \times (0.186 + 0.72) = 0.58$$
$$K = 0.147(0.8 - q) = 0.147 \times (0.8 - 0.186) = 0.09$$

$$Z = \frac{\ln\left(\dfrac{0.0077}{0.58}\right)}{-0.09} = 48 \text{（m）}$$

② 一级处理出水

$$\frac{C_z - C}{C_0} = \frac{10 - 5}{300} = 0.0167$$

$$A = 2.13(q + 0.143) = 2.13 \times (0.186 + 0.143) = 0.70$$

$$K = 0.0525(1.73 - q) = 0.0525 \times (1.73 - 0.186) = 0.081$$

$$Z = \frac{\ln\left(\frac{0.0167}{0.70}\right)}{-0.081} = 46 \text{ (m)}$$

③ 二级处理出水

$$\frac{C_z - C}{C_0} = \frac{10 - 5}{30} = 0.167$$

$$A = 2.13(q + 0.143) = 2.13 \times (0.186 + 0.143) = 0.70$$

$$K = 0.0525(1.73 - q) = 0.0525 \times (1.73 - 0.186) = 0.081$$

$$Z = \frac{\ln\left(\frac{0.167}{0.7}\right)}{-0.081} = 18 \text{ (m)}$$

④ 第一、第二种预处理出水进行地表漫流处理，所需要的坡长相近，故没有必要进行一级处理，采用过筛处理即可。就第一和第三种预处理出水漫流相比较，坡长相差 30m，但如果土地处理的环境条件允许，采用筛滤作为预处理的地表漫流系统更经济。

⑤ 废水平均流动距离为 48m 时，因高压喷头设置在距离坡顶 1/3 的位置，总坡面长度 73.5m，水力负荷为：

$$L_w = \frac{qP}{Z} \times 100 = \frac{0.186 \times 10}{73.5} \times 100 = 2.5 \text{ (cm/d)}$$

四、工程应用案例

（一）概况

东北某糖业有限公司年可加工甜菜 117×10^4 t，产品糖 13.6567×10^4 t，生产周期为每年 130d，清洗甜菜排水 250m³/h，共 78×10^4 t/a。该项目规模为 5×10^5 m³/a，排出的清洗水以及厂区收集的雨水进入储存池储存。

（二）土地处理及利用条件

该项目的生产排水具有典型的甜菜洗涤水特征，即具有很强的季节性，水温低，水量大，含有糖类有机物、少量营养物，不含有毒物质。

首先，甜菜清洗废水中含有淀粉、蛋白质、磷、钾等农作物生长所必需的物质，且一般浓度都较高，能满足土地系统中的植物的生长需要。其次，由于产品为食品，在生产加工的工艺环节都会有各种严格的卫生质量标准进行控制，因此最终的排水中不含有有毒、有害物质，不会对土地系统中的植物产生毒害作用。最后，如果要单独处理这些制糖生产的伴生物质，不仅耗费能源，浪费资源，而且势必增加环境负荷。

美国在循环经济农业中废水资源化利用方面有着先进的技术、设备优势和很高的管理水平。其通过利用食品加工废水进行科学灌溉，实现农业食品加工生产中废水资源化，这一符合循环经济理念的思路值得很好的借鉴。

该项目位于东北地区，这里已经实现了现代化的大规模农业生产：作物的种植、产品加工、销售形成了产业链条，相互间具有互利的合作关系，与美国现代化农业生产的条件相类似。并且，我国与美国的气候条件相似，均为温带大陆气候，该项目中所选的作物种植种类也相同，因此项目实施中，对于水、肥的投配管理技术的可参考性较高。

（三）工艺参数计算

1. 限制因素分析

（1）淋溶限制水力负荷（LR）

$$LR = \frac{水力负荷(P_w)}{蒸散(ET) - 降水(P_r)} > 玉米、大豆允许淋溶率$$

（2）有机物（COD）限制负荷

根据《城市污水土地处理利用设计手册》，有机负荷（COD）限制负荷为 3.40kg/亩（年平均）；根据美国相关标准，有机负荷（COD）限值负荷为 3.87kg/亩（年平均）。

（3）氮限制负荷

根据《城市污水土地处理利用设计手册》，氮限制负荷为 0.052kg/亩；根据美国相关标准，氮限制负荷为 0.063kg/亩。

2. 水力负荷计算及限制因素校核

（1）有机物负荷（L_C）

已知可利用土地面积 5500 亩，该项目排水实际检测有机物含量为 3.09kg/m³，则单位土地有机物负荷 L_C 为：

$$L_C = \frac{5 \times 10^5 \text{m}^3/\text{a} \times 3.09\text{kg/m}^3}{5500 \text{ 亩} \times 130\text{d/a}} = 2.16\text{kg/(亩 · d)}$$

（2）氮负荷（L_N）

该项目排水实际检测氮含量为 0.035kg/m³，则单位土地氮负荷 L_N 为：

$$L_N = \frac{5 \times 10^5 \text{m}^3/\text{a} \times 0.035\text{kg/m}^3}{5500 \text{ 亩} \times 130\text{d/a}} = 0.024\text{kg/(亩 · d)}$$

（3）校核对照（表 1-9-17）

表 1-9-17 限制因素对照表

限制因素	淋溶限制 L_r	有机物限制 L_C		氮限制 L_N	
标准	国内	国内	美国	国内	美国
限值	38%	3.40kg/(亩 · d)	3.87kg/(亩 · d)	0.052kg/(亩 · d)	0.063kg/(亩 · d)
设计计算	40%	2.16kg/(亩 · d)		0.024kg/(亩 · d)	
校核结论	符合	符合		符合	

（四）工艺流程

通过对该项目排水特点的分析，最终采用以格栅＋除砂池＋初次沉淀池＋储存塘＋土地处理＋种植为主的工艺流程，见图 1-9-15。

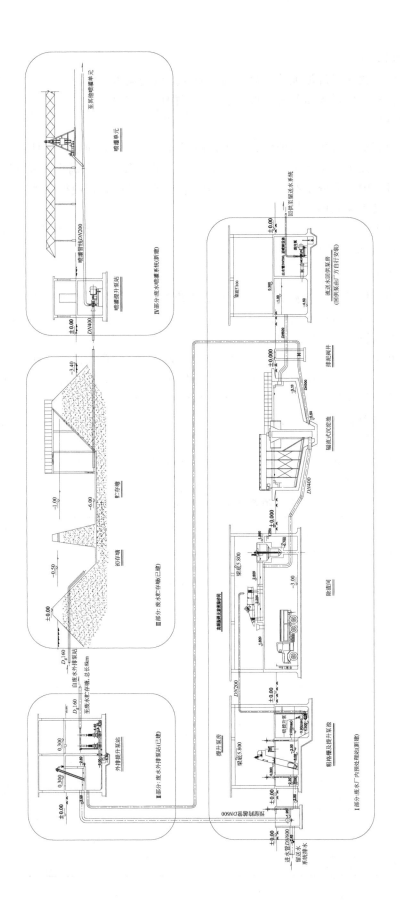

图 1-9-15 某糖业公司废水处理工艺流程

1. 废水的预处理系统

采用格栅、沉砂池、辐流式沉淀池等处理设施,对甜菜清洗废水中的泥砂、甜菜皮屑等固体悬浮物进行分离去除,使得水质符合后续贮、运和投配的工艺要求。

2. 贮存/稳定系统

采用储存塘作为甜菜清洗有机排水的储存系统,除了解决冬储夏用问题,还具有水质改善的功能,表现为:一方面可以保持水质不发生厌氧腐化,最大限度地保持营养物的含量,另一方面可以在储存过程中使大分子有机物在微生物的作用下少量降解,使得在灌溉后,在土壤环境中更易被土壤微生物和植物根系利用和吸收。

新建储存塘占地面积 $15.18 \times 10^4 \mathrm{m}^2$,水面面积 $11.2 \times 10^4 \mathrm{m}^2$,平均有效水深4.5m,保护高度1.5m,有效容积 $50.4 \times 10^4 \mathrm{m}^2$。

3. 输送和投配系统

经贮存后,在作物生长季节,按照作物生长所需的营养物质的量来定时、定量进行投配。首先经提升泵站加压后,通过管路输送到各实验田的喷灌机,再由喷灌机自带的增压泵二次增压,均匀、受控地投放于试验田内。

输配水系统由提升泵站、输水干管、配水支管系统以及中心控制系统构成。其中的关键部分是中心控制系统,它集成了土壤墒情在线监测、数据与控制信号的远程传输以及中心的智能自动控制,能够使操作人员在中心控制室内随时查看整个系统的状态,并对系统运行控制参数进行修改。在它的控制下,输配水系统内的提升水泵、配水阀门均可自动进行运作,保证均匀、受控地输送至各个土地处理单元。

投配系统是农田灌溉的关键设备,由10组(一期3组)自走式指针喷灌机构成,采用美国维蒙特工业公司的专利技术产品,设备技术指标见表1-9-18。

表 1-9-18 喷灌设备及技术指标

技术指标		规格	数量
结构部分	中心支座	8⅝″	1个
	柔性接头	8″×6⅝″	1个
	跨体	外径6⅝″;8跨,长度54.86m,喷头间距1.9m	8个
	悬臂	长度25.08m	1个
	驱支塔架	设备通过高度2.77m	8个
	轮胎型号	14.9×24″×12″	16个
	电机减速机	高速电机68r/min,1.2hp 低速电机34r/min,0.5hp	5台 3台
控制系统	电控箱	标准电控箱	1个
	运行指示灯	配备	
	压力运行控制开关	配备	
喷洒系统	喷头	全压调(6PSI)VALLEY喷头	1套
	喷头离地面高度/m	1.7	
	弯管及配重	1磅配重	1套
供水系统	喷灌机所需流量(参考)/(t/h)	200	
	喷灌机入口压力/kg	2.3	
	日灌溉量/(mm/d)	7.09	
	设备行走一周最短时间/h	11.8	

技术指标		规格	数量
供水系统	100%速度时灌溉量/mm	3	
	设备功率/kW	7.4	

注：1″=2.54cm；1hp=735W。

4. 土地处理系统

根据工艺设计限制因素分析，确定土地处理系统的水力负荷为1cm/d，占地面积5500亩，以使整个农田灌溉系统吸收并利用所有投放在系统中的资源和养料（如氨氮）。正常运行情况下，整座系统将无尾水排出，实现水资源和营养物资源的全部闭路循环，同时充分利用了废水中的氮、磷等营养元素，节约了化肥的使用，兼具经济效益、环境效益和社会效益。

本项目的土壤-植物系统是由多个净化田单元组成，根据布水设备的规格，净化田单元为直径400～700m的圆形地块，内部种植甜菜、小麦、玉米、马铃薯等经济作物。地块的坡度可根据自然地形或防洪涝的要求设计，最大不能超过15°。作物的垄沟沿地面坡度方向延伸，作为天然降雨的布水和排泄设施。土地处理系统（净化田）技术指标见表1-9-19。

表1-9-19　土地处理系统（净化植田）技术指标

序号	喷灌机	规格/mm	喷灌区面积/亩	有效种植面积/亩	流量/(m³/h)	中心距泵站距离/m
1	P1	φ450	238.6	510.9	100	1417
2	P2	φ450	238.6	462.2	100	1510
3	P3	φ500	294.5	442.3	100	1507
4	P5	φ550	356.4	610.4	100	3112
5	P6	φ450	238.6	478.5	100	2591
6	P7	φ500	294.5	486.9	100	2105
7	P8	φ550	356.4	526.5	100	2181
8	P9	φ400	188.5	318.2	100	2626
9	P11	φ650	497.7	705.7	100	2920
10	P12	φ600	424.1	634.7	100	2888

5. 污泥处理系统

沉淀池污泥经污泥浓缩后进入污泥干化厂，自然脱水和过滤后进行堆肥或外运。

（五）结论

该项目总投资2400万元，吨水运行成本为0.41元，与传统的甜菜冲洗废水的处理工艺相比，总投资可节省43%，运行成本也减少了67.5%。而且经过长期对作物的生长、地下水、地表水和土壤的影响进行了监测，发现作物生长良好，发育并没有出现异常，对地下水、地表水和土壤的各项指标进行检测，未发现对其产生污染。本项目采用的甜菜冲洗废水资源化利用技术，不仅实现了循环经济和节能减排的目标，也开辟了我国农业食品加工排水资源化利用的一条新途径，对我国类似废水的资源化利用有很好的借鉴作用。

第三节　人工湿地

一、类型和特点

（一）定义

湿地（wetland）是指地下水位终年接近地表面、土壤处于饱和状态并生长着植物的地方。人工湿地（constructed wetland）指用人工筑成水池或沟槽，底面铺设防渗漏隔水层，充填一定深度的基质层，种植水生植物，利用基质、植物、微生物的物理、化学、生物三重协同作用使污水得到净化。废水人工湿地处理系统是将废水有控制地投配到经人工构造的湿地，主要利用土壤、植物和微生物等作用处理废水的一种自然处理系统（图1-9-16）。

（二）类型

根据水流形态，废水人工湿地分为表面流人工湿地和潜流人工湿地，其中潜流人工湿地还分为水平潜流人工湿地和垂直潜流人工湿地。

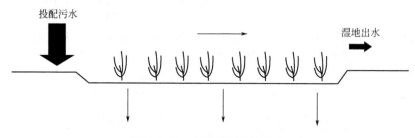

图 1-9-16 湿地处理系统示意

1. 表面流人工湿地

表面流人工湿地（surface flow constructed wetland）是指水面在表层填料以上，污水从池体进水端水平流向出水端，主要通过植物根茎和表层填料上微生物、植物吸收和填料吸附的共同作用去除污染物的人工湿地，如图1-9-17所示。

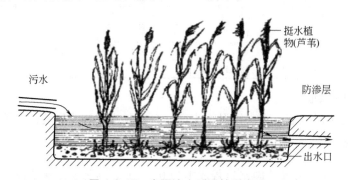

图 1-9-17 表面流人工湿地示意图

2. 潜流人工湿地

潜流人工湿地（subsurface flow constructed wetland）是指水面在表层填料以下，污水从池体进水端水平或垂直流向出水端，主要通过植物根系和填料表面的微生物、填料阻截和吸附、植物吸收的共同作用去除污染物的人工湿地。其中，污水垂直流过或水平流过填料的人工湿地，分别称为垂直潜流人工湿地（vertical subsurface flow constructed wetland）和水平潜流人工湿地（horizontal subsurface flow constructed wetland），如图1-9-18和图1-9-19所示。

另外，有两种由基本人工湿地形式衍生出的湿地形式：复合型人工湿地（integrated constructed wetland）是由表面流和潜流人工湿地在一个人工湿地的主体内复合而成的人工湿地；组合型人工湿地（combined constructed wetland）是由两个或两个以上基本人工湿地处理单元，通过并联或串联组合而成的人工湿地。

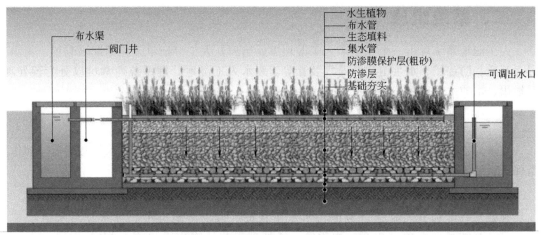

图 1-9-18　垂直潜流人工湿地示意图

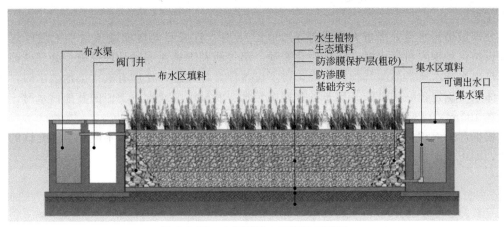

图 1-9-19　水平潜流人工湿地示意图

（三）特点

废水人工湿地处理与传统废水处理工艺相比有以下优点：

① 需要的构筑物和设备较少，不需人工曝气供氧，基建投资和运行费用较低，一般只需常规处理的 1/2～1/5；

② 湿地处理系统不设二沉池，处理系统的产泥量较少；

③ 处理工艺有效可靠，不仅能去除常规污染物，而且对营养物质等具有明显的处理效果；

④ 易于维护管理；

⑤ 对水力负荷和污染物负荷的波动具有较强的耐受力；

⑥ 可间接地产生其他效益，如绿化、收割芦苇、野生生物保护等。

人工湿地处理的上述优点对废水处理系统而言是非常重要的，正因为如此，受到科技界和工程界的重视并得到了迅速发展。

与常规废水处理系统相比，它存在以下缺点：a. 占地面积较大；b. 需要经过 2～3 个植物生长季节，形成稳定的植物和微生物系统后才能达到设计处理要求。随着研究的不断深入和设计实践经验的不断丰富，将会更有效地发挥其优点，充分认识其限制因素，使废水湿地处理系统更加完善。

二、系统组成

人工湿地系统可由一个或多个人工湿地单元组成，人工湿地单元包括配水装置、集水装置、基质、防渗层、水生植物及通气装置等。废水人工湿地处理系统通常可以分为预处理、湿地田、水质水量监控三个组成部分。

（一）预处理

废水人工湿地预处理一般包括沉砂池、提升泵、配水井、沉淀池或水解酸化池，其作用是保证后续工艺的正常运行。

1. 工艺设计

预处理程度和方式应综合考虑污水水质特征、人工湿地类型、进水及出水要求等因素，可选择格栅、沉砂、初沉、均质等一级处理工艺，物化强化法、AB法前段、水解酸化、浮动生物床等一级强化处理工艺，以及SBR、氧化沟、A/O、生物接触氧化等二级处理工艺。

处理城镇污水且处理量大于或等于 $500m^3/d$ 时，宜按照同规模城镇污水处理厂建设预处理设施；处理农村污水时，宜采用化粪池、沼气池和厌氧池等预处理设施；处理城镇污水处理厂出水或水质类似的其他污水时，可不设置预处理设施；处理有机污染地表水时，应根据具体水质确定预处理设施。用于处理城镇污水、农村污水或水质类似的其他污水时，当处理量在 $100m^3/d$ 以上时，预处理设施不宜少于2组。

根据湿地面积，可确定允许的湿地进水浓度。由处理系统的进水水质和湿地允许的进水水质，即可确定湿地处理单元之前所需要的预处理程度：

$$E_p = \frac{C_{s,0} - C_{w,0}}{C_{s,0}} \tag{1-9-44}$$

式中，E_p 为所需要的预处理程度；$C_{s,0}$ 为处理系统的进水浓度，mg/L；$C_{w,0}$ 为湿地的进水浓度，mg/L。

2. 水质指标

预处理系统出水主要水质指标，应根据后续的污水自然处理工艺类型按表1-9-20的规定选用。

表 1-9-20 预处理系统出水主要水质指标

项目	工艺类型				
	稳定塘			人工湿地	
	厌氧塘	兼性塘、曝气塘	好氧塘、水生植物塘	表面流湿地	潜流湿地
COD_{Cr}/(mg/L)	≤900	≤500	≤150	≤120	≤200
BOD_5/(mg/L)	≤400	≤200	≤60	≤50	≤80
SS/(mg/L)	≤200	≤150	≤100	≤100	≤70
NH_4^+-N/(mg/L)	≤75	≤35	≤20	≤15	≤25
TN/(mg/L)	≤90	≤50	≤30	≤25	≤40
TP/(mg/L)	≤8.0	≤6.0	≤4.0	≤3.5	≤5.0
pH 值	6～9				

当污水 BOD/COD 值＜0.3 时，宜采用水解酸化工艺。当 SS 含量＞100mg/L 时，宜设沉淀池。污水含油量＞50mg/L，宜设除油设备。污水 DO＜1.0mg/L 时，宜设曝气装置。

（二）湿地田

湿地田一般由一些具有缓坡的长方形单元地块组合而成。湿地包括床基层、水层、植物、动物、微生物五个基本组分。

（三）水质水量监控

水质监测包括 BOD、COD、SS、pH 值、水温等项目。水量调控应根据运行要求确定。

三、污染物的去除和影响因素

1. 污染物的去除

在废水人工湿地处理系统中，通过物理沉淀、过滤、化学沉淀、吸附、微生物降解和植物吸收等过程，可以去除废水中的有机物、悬浮物、氮、磷、金属、油脂和病原体等多种污染物质。

悬浮状有机物在缓流条件下通过沉淀和过滤作用很快被去除，溶解状有机物（含胶体状有机物）主要通过附着生长物和悬浮生长微生物的利用而降解去除。废水中的 SS 主要是靠沉淀作用及植物性碎屑和生物的截留作用得以去除的。沉积物中的可降解有机物能够在厌氧条件下逐步分解，但速度很慢。

在废水人工湿地处理系统中，有机氮经生化分解转化为氨氮，氨氮则主要通过硝化-反硝化作用及植物吸收得到去除。在好氧区氨氮被硝化菌氧化成为硝酸盐和亚硝酸盐，在缺氧区硝酸盐和亚硝酸盐又被反硝化菌还原成氮气而最终脱除。磷在湿地中通过吸附、络合、化学沉淀、植物吸收和物理沉淀得到去除。新生沉积层和增生床层对磷的贮存起主要作用。

金属元素在湿地中的去除机理有化学沉淀、吸附、络合、过滤、物理沉积、植物吸收和微生物吸附作用。在湿地中，油脂中挥发性组分经蒸发而散失，其余部分被微生物分解破坏。细菌可因沉淀、紫外线照射、化学反应、自然死亡和浮游生物的捕食而被去除。病毒可被土壤和有机碎片吸附或失活。

人工湿地系统污染物去除效率可参照表 1-9-21 中的数据取值。

表 1-9-21　人工湿地系统污染物去除效率　　　　　　　　单位：%

人工湿地类型	BOD_5	COD_{Cr}	SS	NH_4^+-N	TP
表面流人工湿地	40～70	50～60	50～60	20～50	35～70
水平潜流人工湿地	45～85	55～75	50～80	40～70	70～80
垂直潜流人工湿地	50～90	60～80	50～80	50～75	60～80

2. 影响因素

影响处理效果的因素主要有水文学因素、氧源、植物、土壤性质和水温等。

（1）水文学因素

湿地系统中的水流可分为地上和地下两部分。地上植物和腐殖层的水力传导能力和地下土壤的水力传导能力相差很大，水流的基本规律也不同。

水流阻力通过水深影响接触时间。水流阻力增大，会延长废水停留时间。

湿地中的蒸散作用包括水和土壤的蒸发作用和植物体的蒸腾作用两部分，蒸散量是蒸发水量和蒸腾水量的总和。经植物传输的水分大部分由植物表面蒸腾到大气中，自身新陈代谢仅消耗约 1% 的水。

湿地表面积很大，蒸散作用是影响处理效果的一个重要因素。蒸散的速度取决于大气摄取水和土壤、植物系统提供水的能力。湿地系统中有足够的提供量，蒸散速度由太阳辐射、气温、相对湿度和风速等因素决定。

蒸发失水影响处理效果。蒸发量大，降水量小时，出水量减少，出水浓度相对增大。

（2）氧源

湿地中有机物好氧分解所消耗的氧气主要来自大气复氧和湿地植物供氧。

大气复氧的动力来自氧分压差。湿地中稠密的绿色植物在光合作用过程中向周围大气放出氧气，会增加湿地水面的局部氧分压，从而增加大气复氧量。

植物在水中和地下的根茎和根毛可以向周围释放多余的少量氧气，其多少因植物种类不同而不同，并可决定根系在湿地床基层中生长的深度。只有在需氧量很低的地方，植物才能长出大量的细小的根毛，从而有可能放出较多的氧气。虽然根毛只能向周围释放微量的氧气，但由于数量很多，根毛释放的氧气总量很大。

（3）植物

湿地处理系统以生长水生植物为主要特征，水生植物对废水处理的主要作用是为微生物生长提供了界面。维管束植物能够向根茎周围充氧。地表流湿地中的水生植物还能均匀水流、衰减风速、抑制底泥卷起、避免光照、防止藻类生长。某些挺水植物的茎秆还是冬季冰层形成过程的支撑物。此外，湿地植物还为野生生物提供了栖息地，并具有美化废水处理系统的作用。

（4）土壤性质

土壤床基层是湿地处理系统的重要组成部分，土壤的特性直接影响某些污染物质的去除效果，而地下流湿地能否保持潜流也取决于土壤的渗透性能。

对于土壤的物理性能，一般要求土壤质地为黏土至壤土，渗透性为慢至中等。土壤渗透率以 $0.025 \sim 0.35 cm/h$ 为宜。

不同植物对土壤化学性质有不同的要求。其中芦苇需要的土壤条件是 $pH = 6.5 \sim 8.0$，Cl^- 浓度小于 1%，CO_3^{2-} 浓度小于 2%，K/Ca 临界值宜大于 29。

（5）水温

废水人工湿地处理系统的有机物去除过程主要是生化反应。水温对废水生化反应速率影响很大。在微生物可承受的范围内，水温越高，生化反应效率越大。

湿地冬季运行时，由于水温低，处理效率将大大降低。地表流湿地在冰冻期间，由于冰层阻碍使大气复氧量减少，处理效果会进一步下降。

四、工艺选择

人工湿地的设计进水 SS 值不宜超过 $100 mg/L$。

去除污水中含碳有机物时，宜根据进水水质特征、出水水质要求和实际用地条件，选择表面流、水平潜流或垂直潜流人工湿地工艺。去除氨氮时，宜采用下行垂直流人工湿地工艺。去除总氮时，宜采用下列工艺流程：

（1）下行-上行垂直流人工湿地（图 1-9-20）

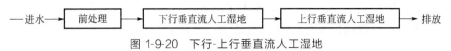

图 1-9-20　下行-上行垂直流人工湿地

（2）下行垂直流-水平潜流人工湿地（图 1-9-21）

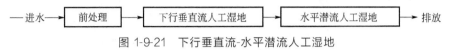

图 1-9-21　下行垂直流-水平潜流人工湿地

（3）水平潜流-下行垂直流人工湿地（图 1-9-22）

图 1-9-22　水平潜流-下行垂直流人工湿地

人工湿地的选择见表 1-9-22。

表 1-9-22　人工湿地的选择

类型	使用条件	注意事项
表面流人工湿地	宜在有较大面积可利用,且处理水中悬浮物较多的情况下采用	宜采取控制蚊蝇滋生和漂浮物积存的措施
潜流人工湿地	宜在建设场地面积有限,且对处理效率和效果有较高要求的情况下采用	应控制进水中的悬浮物浓度
复合型人工湿地/组合型人工湿地	宜在处理水中污染物浓度大、处理水质量要求高的情况下采用	可根据各类人工湿地处理单元的特性进行复合或组合

五、工艺设计

人工湿地工艺设计应包括表面积、水力停留时间、深度、形状和尺寸、进出水系统、填料布设、植物配置等内容。

人工湿地的表面积设计可按 BOD_5、NH_4^+-N、TN 和 TP 等主要污染物的面积负荷和表面水力负荷进行计算，并应取其计算结果中的最大值，同时应满足水力停留时间的要求。

（一）湿地面积设计计算

（1）污染物面积负荷

$$N_A = \frac{Q(S_0 - S_1)}{A} \tag{1-9-45}$$

式中，N_A 为污染物面积负荷，$g/(m^2 \cdot d)$，以 BOD_5、NH_4^+-N、TN、TP 计；Q 为人工湿地污水处理设计流量，m^3/d；S_0 为进水污染物浓度，g/m^3；S_1 为出水污染物浓度，g/m^3；A 为人工湿地的表面积，m^2。

（2）表面水力负荷

$$q = \frac{Q}{A} \tag{1-9-46}$$

式中，q 为表面水力负荷，$m^3/(m^2 \cdot d)$。

具体地又分为表面流人工湿地和潜流人工湿地。

① 表面流人工湿地面积计算典型公式见表 1-9-23。

表 1-9-23 表面流人工湿地面积设计计算公式

项目	设计计算公式	符号说明
处理效率	$E = \dfrac{C_0 - C_c}{C_0} = 1 - \dfrac{C_c}{C_0}$ $\dfrac{C_c}{C_0} = a \exp\left[-\dfrac{0.7 K_T (A_V)^{1.75} LWHn}{Q} \right]$	E——BOD 去除率 C_0——进水 BOD 浓度，mg/L C_c——出水 BOD 浓度，mg/L a——在湿地前部废水中 BOD 不可沉淀去除的份额 K_T——水温 T 时的反应速率常数，d^{-1}
水力停留时间	$t = \dfrac{\ln C_0 - \ln C_c + \ln a}{0.7 K_T (A_V)^{1.75} n}$	A_V——活性生物的比表面积，m^2/m^3 L、W——湿地长度、宽度，m H——湿地水深，m n——系统孔隙度（水层中水的体积比）
湿地生化反应速率常数	$K_T = K_{20} \times 1.1^{(T-20)}$	Q——废水日均流量，m^3/d t——湿地床中的水力停留时间，d
占地面积	$A = \dfrac{Qt}{H} = \dfrac{Q(\ln C_0 - \ln C_c + \ln a)}{0.7 K_T (A_V)^{1.75} Hn}$	K_{20}——水温 20℃时的湿地生化反应速率常数，d^{-1}； T——水温，℃

表面流人工湿地结构如图 1-9-23 所示。进水区的主要目的为均匀配水，要求在人工湿地横向和垂直高度上尽可能配水均匀，以充分利用人工湿地。处理区为人工湿地的主体部分，水质净化作用主要在此区域完成，该区域通过植物的拦截过滤吸收作用以及附着在植物表面的微生物生化作用对污染物进行处理。出水区的主要目的为均匀出水，要求在人工湿地横向和垂直高度上尽可能集水均匀。

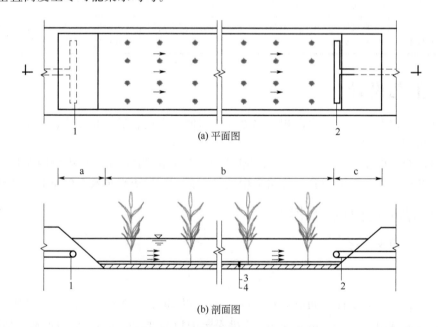

(a) 平面图

(b) 剖面图

图 1-9-23 表面流人工湿地示意图

1—配水管；2—出水管；3—覆盖层；4—防渗层

a—进水区；b—处理区；c—出水区

② 潜流人工湿地面积计算典型公式见表 1-9-24。

表 1-9-24 表面流人工湿地面积设计计算公式

项目	设计计算公式	符号说明
处理效率	$E = \dfrac{C_0 - C_c}{C_0} = 1 - \dfrac{C_c}{C_0}$ $\dfrac{C_c}{C_0} = \exp\left[-\dfrac{K_T LWHn}{Q}\right]$	E——BOD 去除率; C_0——进水 BOD 浓度,mg/L; C_c——出水 BOD 浓度,mg/L; K_T——水温 T 时的反应速率常数,d^{-1}
水力停留时间	$t = \dfrac{\ln C_0 - \ln C_c}{K_T}$	L、W——湿地长度、宽度,m; H——含水层深度,m; n——床基层孔隙度;
湿地生化反应速率常数	$K_T = K_0 \times 37.31 \times n^{4.172} \times 1.1^{(T-20)}$	Q——废水日均流量,m^3/d; t——湿地床中的水力停留时间,d; K_0——最佳生化反应速率常数,d^{-1};
床体饱水层横截面积	$A_c = \dfrac{Q}{K_S S}$	T——水温,℃; S——水流的水力梯度(或床底坡度);
占地面积	$A = \dfrac{Qt}{Hn} = \dfrac{Q(\ln C_0 - \ln C_c)}{K_T Hn}$	K_S——床基层的水力传导率,m^3/(m^2·d)

　　水平潜流人工湿地结构如图 1-9-24 所示。水平潜流人工湿地在结构组成上较表面流人工湿地复杂。在纵向上,进水区、处理区和出水区的功能基本同表面流人工湿地。由于水平潜流人工湿地过水方式为平流穿过填料层,处理区的主要净化机理为填料的吸附作用以及吸附在填料表面的微生物的生化作用,处理能力也得到了极大的强化。在垂直高度上,水平潜流人工湿地与表面流人工湿地差异较大,表面流人工湿地主要利用植物的茎秆,而水平潜流人工湿地主要利用植物的根系,因此水平潜流人工湿地在植物的种植介质上要求更为复杂,在垂直高度上分为覆盖层、填料层和防渗层。覆盖层的主要作用是提供植物的初始生长介质,利于植物的生长发育;填料层主要用于污水净化处理,同时也承担植物生长介质的功能;防渗层可根据具体要求和情况选用,其作用是阻隔污水在处理过程中与外界发生交换作用,防止污染扩散并保证人工湿地床体运行水位。

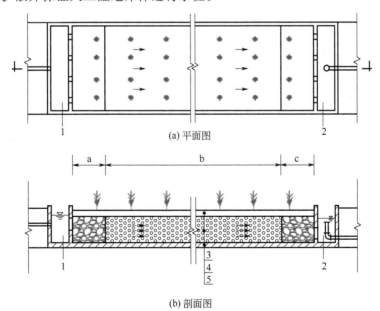

(a) 平面图

(b) 剖面图

图 1-9-24 水平潜流人工湿地示意图

1—配水渠;2—出水渠;3—覆盖层;4—填料层;5—防渗层

a—进水区;b—处理区;c—出水区

　　垂直潜流人工湿地结构如图 1-9-25 所示。由于水流方向的不一致，垂直潜流人工湿地与表面流、水平潜流人工湿地结构差异较大。覆盖层主要作用是提供植物生长介质和防止表层布水时对填料层的冲刷作用。填料层为污水的处理区域，主要通过植物的吸收作用、微生物的生化作用和填料的吸附、过滤和接触沉淀作用对污水进行净化处理。排水层主要承担集水井排出的功能。由于排水层的粒径较填料层大，为防止填料层的填料进入排水层引起堵塞，在填料层和排水层之间设置过渡层，过渡层需严格注意粒径级配。

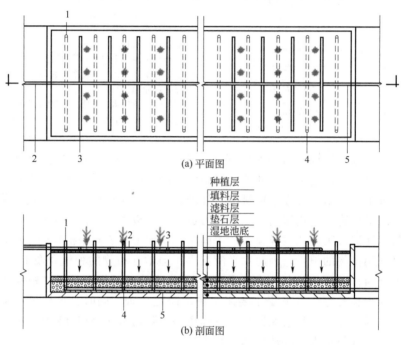

图 1-9-25　垂直潜流人工湿地示意图

1—集水支管；2—配水主管；3—配水支管；4—集水支管；5—集水主管

　　【例 1-9-1】　某城市污水，水量为 10000m³/d，原水 BOD₅＝200mg/L，要求二级出水 BOD₅≤20mg/L，采用地表流人工芦苇湿地处理系统，夏季水温 10℃，冬季水温 5℃，试计算湿地处理系统主要设计参数。

　　解：依据试验结果或经验数据可确定一些基本参数，假定：水中不可沉淀去除的 BOD_5 份额 $a=0.52$；水温为 20℃时的生化反应速率常数 $K_{20}=0.0057d^{-1}$；活性生物比表面积 $A_V=18.85m^2/m^3$；湿地床水深 $H=10cm$（冬季 $H=30cm$）；系统孔隙度 $n=0.75$。

　　① 已知 K_{20}，求温度 T 时的生化反应速率常数 K_T：

　　由 $K_T=K_{20}\times1.1^{(T-20)}$，得

　　夏季：$K_{10}=K_{20}\times1.1^{(10-20)}=0.0057\times1.1^{-10}=0.0022$（$d^{-1}$）

　　冬季：$K_5=K_{20}\times1.1^{(5-20)}=0.0057\times1.1^{-15}=0.0014$（$d^{-1}$）

　　② 求水力停留时间 t：

　　水温为 20℃时

$$t=\frac{\ln200-\ln20+\ln0.52}{0.7\times0.0057\times18.85^{1.75}\times0.75}=3.23(d)$$

　　夏季（水温为 10℃）

$$t = \frac{\ln 200 - \ln 20 + \ln 0.52}{0.7 \times 0.0022 \times 18.85^{1.75} \times 0.75} = 8.37 \ (\text{d})$$

冬季（水温为 5℃）

$$t = \frac{\ln 200 - \ln 20 + \ln 0.52}{0.7 \times 0.0014 \times 18.85^{1.75} \times 0.75} = 13.15 (\text{d})$$

③ 求占地面积 A：

水温为 20℃（水深为 10cm）时

$$A = \frac{10000 \times 3.23}{0.10} = 32.3 \ (\text{hm}^2)$$

夏季（水温为 10℃、水深为 20cm）时

$$A = \frac{10000 \times 8.37}{0.20} = 41.9 \ (\text{hm}^2)$$

冬季（水温为 5℃、水深为 30cm）时

$$A = \frac{10000 \times 13.15}{0.30} = 43.8 \ (\text{hm}^2)$$

要求终年运行，冬季为限制条件，故需选用面积为 43.8hm²。

【例 1-9-2】　某城市污水，水量为 5000m³/d，原水 $BOD_5 = 200\text{mg/L}$，要求二级出水 $BOD_5 \leqslant 20\text{mg/L}$，采用地下流人工芦苇湿地处理系统，夏季水温 15℃，冬季水温 6℃，试计算湿地处理系统主要设计参数。

解：依据试验结果或经验数据可确定一些基本参数，假定：用芦苇时芦根茎可渗入介质 0.6m，床深选用 0.6m；水力梯度根据场地地形而定，多数设计为 1%。活性生物比表面积 $A_V = 18.85\text{m}^2/\text{m}^3$；10% 粗砂为介质，孔隙度 n 取 0.39，水力传导系数 $K_S = 480\text{m}^3/(\text{m}^2 \cdot \text{d})$；20℃时的生化反应速率常数 $K_{20} = 1.35\text{d}^{-1}$，则 $K_S S = 480 \times 1\% = 4.8 < 8.6$。

① 已知 K_{20}，求温度 T 时的生化反应速率常数 K_T：

经公式 $K_T = K_{20} \times 1.1^{(T-20)}$ 变换可得：

夏季：$K_{15} = K_{20} \times 1.1^{(15-20)} = 1.35 \times 1.1^{-5} = 0.84 \ (\text{d}^{-1})$

冬季：$K_6 = K_{20} \times 1.1^{(6-20)} = 1.35 \times 1.1^{-14} = 0.36 \ (\text{d}^{-1})$

② 求床体饱水层横截面 A_C

$$A_C = \frac{Q}{K_S S} = \frac{5000}{480 \times 1\%} = 1042 \ (\text{m}^2)$$

③ 取湿地宽度 W

$$W = \frac{A_C}{H} = \frac{1042}{0.6} = 1737 \ (\text{m})$$

④ 求占地面积 A

夏季（水温为 15℃）时

$$A = \frac{Q(\ln C_0 - \ln C_e)}{K_T H n} = \frac{5000 \times (\ln 200 - \ln 20)}{0.84 \times 0.6 \times 0.39} = 58572 \ (\text{m}^2)$$

冬季（水温为 6℃）时

$$A = \frac{Q(\ln C_0 - \ln C_e)}{K_T H n} = \frac{5000 \times (\ln 200 - \ln 20)}{0.36 \times 0.6 \times 0.39} = 136668 \ (\text{m}^2)$$

要求终年运行，冬季为限制条件，故需选用面积为 136668m²。

⑤ 求湿地长度 L

$$L=\frac{A}{W}=\frac{136668}{1737}=79 （m）$$

⑥ 求停留时间 t

$$t=\frac{V}{Q}=\frac{LWHn}{Q}=\frac{79\times1737\times0.6\times0.39}{5000}=6.4 （d）$$

⑦ 将湿地分为若干小单元，小单元长 79m，取宽为 20m（长宽比约为 4），则需要分成 87 个小单元，根据场地具体情况布置湿地田。冬季所有小单元需同时运行，其他季节可短期放干，进行田间修正。若一个单元完全放干进入休眠期，其速度是很慢的，所以其他季节也应使所有单元处于运行状态。

（二）湿地床体设计

1. 长宽比

长宽比是指每个独立设置布水、出水的湿地处理单元的长度与宽度之比。长宽比取决于处理工艺、管理等方面的要求。

① 从处理工艺角度分析，需使流经湿地地表的水流维持一定流速。水力停留时间和水深一定时，流速与湿地田长度成正比。流速大时，地表面和植物对水流的阻力增大，比小流速时更易使水流保持均匀，并可提高水表面复氧量。增大长宽比，可提高流速，使水流更易均匀，复氧效果更好，从而可以提高处理效果。

② 从工程建设的角度看，长宽比过大会增加土方量和建设费用；而长宽比过小时，需要在大面积土地上保持坡面一致，施工难度增大。

③ 从植物管理和田间维护的角度看，较大的长宽比较为有利。

所以，湿地处理田设计时，一般都将整个面积土地分割成一系列的单元，单元间由埂垄分开，每个单元单独设置布水和出水设施，单元内坡度严格地保持均匀一致。在实际工程应用中，各单元的长宽比可达 10∶1，单元宽度多为 10～20m。

人工湿地处理单元的长宽比应符合：表面流人工湿地的长度不宜过大，宜小于 50m。人工湿地长宽比过小时，易形成短流，因此表面流人工湿地的长宽比宜控制在 （3∶1）～（5∶1）。基于减弱水流冲刷作用以及减小短流和整水的可能性，水平潜流人工湿地同表面流人工湿地一样需要注意选择合适的长度和长宽比。水平潜流人工湿地宜为 （3∶1）～（10∶1）；垂直潜流人工湿地宜为 （1∶1）～（3∶1）。

2. 水深

表面流人工湿地的设计水深应是能保证好氧条件的最大水深，这样可实现较长的接触反应时间和较好的处理效果。水深一般为 5～20cm。

运行中，湿地水深应根据废水处理要求、植物生长要求和管理要求具体调节。冬季运行时，为维持一定水深，可适当提高湿地灌水深度。

潜流人工湿地的床深须由所选用的植物种类来确定。

人工湿地的总深度应为水深或填料高度加超高。表面流人工湿地主体植物应采用大型挺水植物，过大的水深不利于挺水植物的生长，因此表面流人工湿地的水深宜为 0.3m～0.6m，超高应大于风浪爬高，且宜大于 0.5m。潜流人工湿地的超高宜取 0.3m。

3. 坡度

在理论上，表面流人工湿地地面坡度应与水流的水力坡度一致。地面坡度大于水力坡度时，湿地前部水浅，不能实现设计停留时间和处理效果。水力坡度由流速、地表粗糙度和植株密度等因素有关。

潜流人工湿地的床底坡度可与水力坡度一致，其大小受介质的水力学特性限制。

多数土壤系统设计坡度在1%或更大，若地形允许也可达8%。一个平坦床层的水力梯度通过增加进、出水之间的高度进行控制，水力梯度对控制流动速度是很关键的。

人工湿地处理系统的建设场地自然坡度宜小于2%。由于表面流人工湿地沿程水头损失较小，故表面流人工湿地的水力坡度一般较水平潜流人工湿地小，一般建议不大于0.5%，坡度过大会导致额外的工程投资，且末端易壅水；坡度过小时，易造成前端壅水。

表面流与垂直流人工湿地的底面坡度、水力坡度宜小于0.5%。水平潜流人工湿地的底面坡度、水力坡度宜为0.5%~1%。

（三）主要设计参数

人工湿地主要设计参数应通过试验或按相似条件下人工湿地的运行经验确定；当无上述资料时，可按表1-9-25~表1-9-27中的参数选用。下列表中，按所在地区年平均温度分为三个区域：Ⅰ区年平均气温低于8℃；Ⅱ区年平均气温为8~16℃；Ⅲ区年平均气温高于16℃。

表1-9-25　表面流人工湿地主要设计参数

项目		设计参数					
		Ⅰ区		Ⅱ区		Ⅲ区	
		常规处理	深度处理	常规处理	深度处理	常规处理	深度处理
BOD₅	表面负荷/[g/(m²·d)]	1.5~3.5	1.0~2.0	2.5~4.5	1.5~3.0	3.5~5.5	2.0~4.0
	去除效率/%	40~70	30~50	40~70	30~50	40~70	30~50
NH_4^+-N	表面负荷/[g/(m²·d)]	1.0~2.0	0.5~1.0	1.5~2.5	0.8~1.5	2.0~3.5	1.2~2.5
	去除效率/%	20~50	15~40	20~50	15~40	20~50	15~40
TN	表面负荷/[g/(m²·d)]	1.0~2.5	0.5~1.5	1.5~3.0	1.0~2.0	2.0~3.5	1.5~2.5
	去除效率/%	20~45	15~35	20~45	15~35	20~45	15~35
TP	表面负荷/[g/(m²·d)]	0.08~0.20	0.05~0.10	0.10~0.25	0.08~0.15	0.15~0.30	0.10~0.20
	去除效率/%	35~60	20~50	35~60	20~50	35~60	20~50
水力负荷/[m³/(m²·d)]		≤0.05	≤0.10	≤0.08	≤0.15	≤0.10	≤0.20
水力停留时间/d		≥8.0	≥5.0	≥6.0	≥4.0	≥4.0	≥3.0

表1-9-26　水平潜流人工湿地主要设计参数

项目		设计参数					
		Ⅰ区		Ⅱ区		Ⅲ区	
		常规处理	深度处理	常规处理	深度处理	常规处理	深度处理
BOD₅	表面负荷/[g/(m²·d)]	4~6	3~5	5~8	4~6	6~10	5~8
	去除效率/%	45~80	35~65	45~80	35~65	45~80	35~65
NH_4^+-N	表面负荷/[g/(m²·d)]	1.5~3.0	1.0~2.0	2.5~4.0	1.5~3.0	3.0~5.0	2.0~4.0
	去除效率/%	35~60	25~50	35~60	25~50	35~60	25~50
TN	表面负荷/[g/(m²·d)]	2.0~4.5	1.5~3.5	2.5~5.5	2.0~4.0	3.0~6.5	2.5~4.5
	去除效率/%	35~60	25~50	35~60	25~50	35~60	25~50
TP	表面负荷/[g/(m²·d)]	0.20~0.35	0.10~0.25	0.25~0.40	0.15~0.30	0.30~0.50	0.20~0.40
	去除效率/%	40~70	30~60	40~70	30~60	40~70	30~60
水力负荷/[m³/(m²·d)]		≤0.15	≤0.30	≤0.25	≤0.40	≤0.35	≤0.50
水力停留时间/d		≥3.0	≥3.0	≥2.0	≥2.0	≥1.0	≥1.0

表 1-9-27　垂直潜流人工湿地主要设计参数

项目		设计参数					
		Ⅰ区		Ⅱ区		Ⅲ区	
		常规处理	深度处理	常规处理	深度处理	常规处理	深度处理
BOD_5	表面负荷/[g/(m²·d)]	5～7	4～6	6～8	5～7	7～10	6～8
	去除效率/%	50～85	40～70	50～85	40～70	50～85	40～70
NH_4^+-N	表面负荷/[g/(m²·d)]	2.0～3.5	1.5～3.5	3.0～4.5	2.0～3.5	3.5～5.5	2.5～4.0
	去除效率/%	35～65	25～50	35～65	25～50	35～65	25～50
TN	表面负荷/[g/(m²·d)]	2.5～5.0	2.0～4.0	3.0～6.0	2.5～4.0	3.5～7.0	3.0～5.0
	去除效率/%	35～65	25～50	35～65	25～50	35～65	25～50
TP	表面负荷/[g/(m²·d)]	0.20～0.40	0.10～0.30	0.25～0.45	0.20～0.35	0.35～0.50	0.25～0.40
	去除效率/%	40～70	30～60	40～70	30～60	40～70	30～60
水力负荷/[m³/(m²·d)]		≤0.2	≤0.4	≤0.4	≤0.5	≤0.6	≤0.8
水力停留时间/d		≥3.0	≥3.0	≥2.0	≥2.0	≥1.0	≥1.0

　　湿地处理系统初步设计经验参数见表 1-9-28。潜流系统一般设计参数取值说明见表 1-9-29。表面流系统一般设计参数取值说明见表 1-9-30。

表 1-9-28　湿地处理系统初步设计经验参数

参数	一般规定
停留时间	7～10d
水力负荷	0.02～0.2m³/(m²·d),对于一级处理采用较小水力负荷
布水深度	<10cm(夏季),>30cm(冬季)
有机负荷	15～120kg BOD/(hm²·d),对于一级处理采用较小有机负荷
几何形状	长方形,长宽比>10:1
进水设置	建议采用各种水流扩散装置
蚊子控制	除边远地区外均需考虑
植物	香蒲、芦苇等

表 1-9-29　潜流系统一般设计参数取值说明

参数	一般规定
生化反应速率常数 K_0	典型城市污水的 $K_0=1.839d^{-1}$,高 COD 工业废水的 $K_0=0.198d^{-1}$
床基层孔隙度 n 床基层水力传导率 K_S 20℃生化反应速率常数 K_{20}	砾石系统中 K_T 是细砂的 1/4～1/3,因此需要大得多的表面积,从经济上考虑,砾石床在大系统中应用受到限制,而适用于较小的系统。若磷不是主要限制组分,最好选择孔隙度在 40% 左右的粗至中等砂粒
含水层深度 H	床的深度必须由所选用的植被种类来确定
水流水力梯度 K_S	$K_S≤8.6m/d$,以免破坏介质根茎结构

表 1-9-30　表面流系统一般设计参数取值及说明

参数	一般规定
活性生物比表面积 A_V	中等密度的挺水植物为 15.7m²/m³,若进出水 BOD 浓度比值 C_e/C_0 对 A_V 估算敏感时,估算 A_V 要慎重。C_e/C_0 对温度变化敏感,实际运行中常增加湿地水深,延长停留时间,来补偿 C_e/C_0 比值
K_{20}	$0.0057d^{-1}$
有机负荷	18～110kg BOD_5/(hm²·d)时 BOD 去除率可达 90%
水力负荷	150～500m³/(hm²·d)

（四）进出水系统

湿地的布水出水系统，要保证各湿地单元流量的均匀性和湿地内部水流的均匀性。而水流均匀是保证处理效果的重要因素。

湿地一般应采用线型布水和集水，使进水能均匀进入湿地，并均匀出水。布水集水系统可采用明渠、管道等。

人工湿地处理单元的进出水系统设计，应保证配水和集水的均匀性和可调性。表面流人工湿地应设置防止水量冲击的溢流或分流设施；潜流人工湿地应设置防止进水端壅水、发生表面流的溢流或分流设施。

表面流人工湿地配水方式可采用穿孔管、穿孔墙或三角堰，如图1-9-26～图1-9-28所示，集水方式如图1-9-29所示。人工湿地内部可采用导流措施。

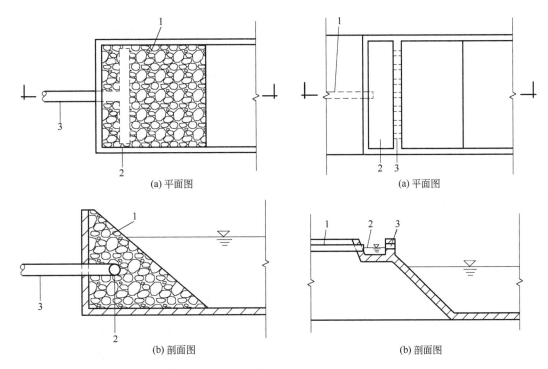

（a）平面图	（a）平面图
（b）剖面图	（b）剖面图

图1-9-26 表面流人工湿地穿孔管配水方式   图1-9-27 表面流人工湿地穿孔墙配水方式
1—砾石区；2—穿孔管；3—进水管   1—进水管；2—配水渠；3—穿孔墙

表面流人工湿地的进水、出水系统，可采用一个或几个进出口的过水形式进行配水和集水。进水口和出水口的水流平均速度宜小于0.2m/s。水平潜流人工湿地宜采用多点配水方式，可采用穿孔管或穿孔墙，如图1-9-30和图1-9-31所示，集水方式如图1-9-32和图1-9-33所示。

潜流人工湿地宜采用穿孔管、配（集）水管、配（集）水堰和穿孔花墙等可使进出水均匀的配（集）水形式。进水系统应便于清理，出水系统应设水位调整装置。

人工湿地处理单元构筑物应设置放空阀或易于放空的设施。在寒冷地区应用人工湿地时，对进水管道系统、出水管道系统和放空管道系统等应采取防冻措施。人工湿地进水、出水有较大跌落时，应设置消能、防冲刷设施；人工湿地出水直接进入地表水体如有倒灌的可能时，应设置防倒灌设施。

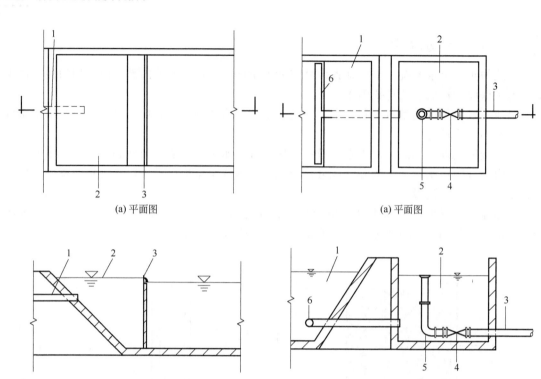

(a) 平面图　　　　　　　　　　　　　　　　(a) 平面图

(b) 剖面图　　　　　　　　　　　　　　　　(b) 剖面图

图 1-9-28　表面流人工湿地三角堰配水方式　　　图 1-9-29　表面流人工湿地穿孔管集水方式

1—进水管；2—配水渠；3—三角堰　　　　1—出水区；2—出水渠；3—出水管；4—阀门（可不设）；

5—可旋转弯头；6—穿孔管

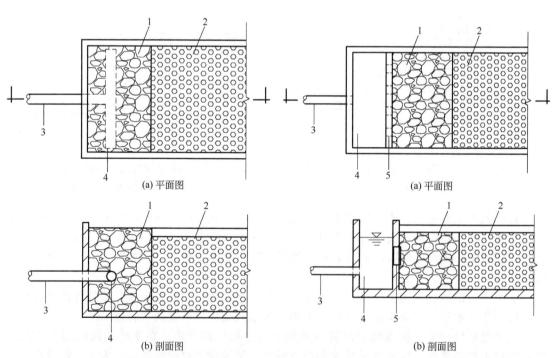

(a) 平面图　　　　　　　　　　　　　　　　(a) 平面图

(b) 剖面图　　　　　　　　　　　　　　　　(b) 剖面图

图 1-9-30　水平潜流人工湿地穿孔管配水方式　　　图 1-9-31　水平潜流人工湿地穿孔墙配水方式

1—进水区；2—处理区；3—进水管；4—穿孔管　　　1—进水区；2—处理区；3—进水管；4—配水渠；5—穿孔墙

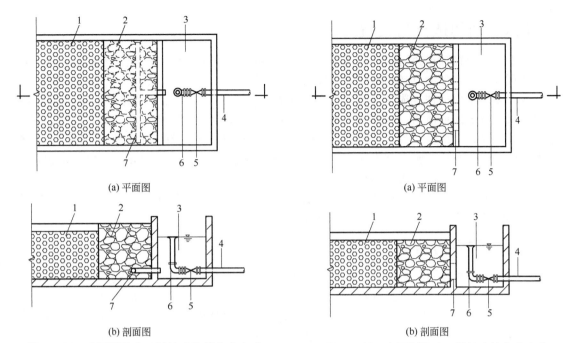

(a) 平面图   (a) 平面图

(b) 剖面图   (b) 剖面图

图 1-9-32　水平潜流人工湿地穿孔管集水方式   图 1-9-33　水平潜流人工湿地穿墙集水方式

1—处理区；2—出水区；3—出水渠；4—出水管；   1—处理区；2—出水区；3—出水渠；4—出水管；

5—阀门（可不设）；6—可旋转弯头；7—穿孔管   5—阀门（可不设）；6—可旋转弯头；7—穿墙

（五）填料选择与设置

人工湿地填料应能为植物和微生物提供良好的生长环境，具有较强的机械强度，较大的孔隙率、比表面积和表面粗糙度，以及良好的生物和化学稳定性。人工湿地填料可采用石灰石、火山岩、沸石、页岩、陶粒、炉渣和无烟煤等材料加工制作，宜就近取材。

潜流人工湿地的填料层可采用单一材质或几种材质组合，填料粒径可采用单一规格或多种规格搭配。填料层上应铺设 0.1～0.2m 厚适宜植物生长的土壤或砂石覆盖层。由上部布水时，宜在布水范围铺设防冲刷覆盖层。

水平潜流人工湿地的填料铺设区域分为进水区、主体区和出水区。进水区长度宜为 1.0～1.5m，出水区长度宜为 0.8～1.0m。垂直潜流人工湿地按水流方向，填料依次为主体填料层、过渡层和排水层。潜流人工湿地应采取防止填料堵塞的措施。在保证净化效果的前提下，宜采用直径相对较大的填料，进水端的设计形式应便于清淤。在潜流人工湿地主体填料的后端，可布设具有吸磷功能的填料，其填充量和级配应通过试验确定，吸磷填料区应便于清理或置换。人工湿地填料层的填料直径、填料深度和装填后的孔隙率，可按试验结果或按相似条件下实际工程运行结果进行设计，也可按表 1-9-31 中的参数选用。

表 1-9-31　潜流人工湿地填料层主要设计参数

项目	设计参数					
	水平潜流人工湿地			垂直潜流人工湿地		
	进水区	主体区	出水区	主体层	过渡层	排水层
填料粒径/mm	25～15	4～8	10～15	2～5	5～10	10～15
填料深度/m	0.6～1.2	0.6～1.2	0.6～1.2	0.8～1.2	0.2～0.3	0.2～0.3
填料装填后孔隙率/%	50～40	40～30	30～35	30～35	35～45	45～55

（六）植物选择与设置

人工湿地植物宜选择耐污和去污能力强、根系发达、输氧能力强、耐寒和抗病虫害、收割与管理容易、经济价值高和景观效果好的本土植物。

人工湿地常用植物宜选择芦苇、香蒲、菖蒲、风车草、美人蕉、水葱、水芹、灯心草、菱白、黑麦草等挺水植物。表面流人工湿地也可选择凤眼莲、浮萍等漂浮植物，睡莲、萍蓬草等浮叶植物，金鱼藻、茨藻、黑藻、伊乐藻等沉水植物，种植密度不应小于 3 株/m^2。潜流人工湿地植物的种植密度宜为 9～25 株/m^2。植物株距宜取 0.2～0.5m，可根据植物种苗类型和单束种苗支数进行适当调整。

人工湿地在 Ⅰ 区和 Ⅱ 区应用时，宜选择当地适合生长的耐寒植物，可采用收割植物覆盖、设置保植大棚、形成空气保温层等方式进行保温。

（七）防渗与结构

人工湿地构筑物应具有防止污水渗漏功能，不得污染地下水。防渗措施应根据污水性质和地质情况，并结合施工、经济和工期等多方面因素来确定。当人工湿地建设场地的土壤渗透系数小于 10^{-8}m/s 且厚度大于 0.5m，或处理城镇污水处理厂出水和受有机物污染的地表水时，可不做专项的防渗处理。人工湿地处理工程基本构筑物应包括堤坝、沟渠、配水井和隔墙等，可采用带土、毛石等与自然环境协调性好的天然材料建造，也可采用混凝土、砖等材料。

六、运行管理

废水湿地处理的运行管理主要包括设备管理、设施管理、田间管理和水质水量监控四个方面。其中设备运转、设施维护与其他废水处理厂的运行管理基本相同。田间管理则主要是湿地植物的管理。湿地处理田植物选择多为芦苇，以下着重说明芦苇的管理。

1. 芦苇管理

选择适合当地生长的优良品种，保留两个完整根节为一段，间隔 2m 栽植。种植季节通常选择在清明前后（气温在 10℃ 以上）。种植后浇水保持湿度，待发芽长高后不断提高水深，以不淹没芽顶为限。为促使根系发育和主根扎深，应周期性停水晒田。

芦苇对高含盐土壤有较强的耐受力。对于土壤含盐量较低处移植的芦苇，湿地床土壤含盐量高会影响芦苇发育。当种植地点土壤含盐量较高时，应先行放水洗盐（应注意防止冲刷引起沟流，尤其是土壤平整后降雨和自然沉降时间较短时更应注意）。

在废水湿地中，废水中含有丰富的营养素。芦苇有生长期的特点。芦苇的全生育期可达 190～230d，要经历出芽、生长、孕穗、开花、种子成熟和茎秆成熟等阶段。芦苇每年收割一次，收割可将成熟的芦苇连同吸收的营养物和其他成分从湿地田中移出，促使芦苇生根和维持下年度生长和吸收、净化废水中污染物的作用。收割前应停止进水使地面干燥，还要及时清理落下的残枝败叶，并平整土地，铲除凸起部分，填平沟道。收割时应保持留下的芦苇茬有 20～30cm 高，便于冬季运行时支持冰面，也有利于春季发芽生长。

2. 四季运行管理

北方地区春季干旱少雨，蒸发量大，芦苇处于发芽和幼苗期，应及时调控进水，防止水量过大淹没苇芽或水量过小形成盐分浓缩伤害苗期发育。

夏季气温高，湿地田前部积累的污泥因分解快和供氧不足产生恶臭。如进水有机物浓度较高，可采取出水回流提高流速，冲刷前部积泥，增大前部水深，减轻恶臭问题。

夏、秋季发生暴雨时，注意调节进水量和保持湿地中水流流速在最大设计流速范围内，防止因过度冲刷破坏处理田土层。

北方冬季气温低，会影响处理效果。宜在初冻时加大水深，当表面结冰后，芦苇茬支撑冰面，废水在冰下流动。多数情况下，由于废水温度较高，湿地并不结冰或只有湿地后部结冰，应根据监测结果对运行加以调控。

七、工程实例

（一）污水处理厂——尾水湿地工程

1. 工程概况

某污水处理厂建设规模 $20000m^3/d$，主体工艺采用"预处理＋水解酸化池＋MSBR＋MBR＋V 型滤池"处理工艺，目前出水水质达到浙江省《城镇污水处理厂主要水污染物排放标准》（DB33/ 2169—2018）表 1 排放标准限值。污水处理厂尾水湿地生态净化项目的设计规模为 $20000m^3/d$。湿地进水水质为 DB33/ 2169—2018 表 2 中污染物排放限值。

现有污水处理站各项水质指标大多数时间优于 DB33/ 2169—2018 中的污染物排放限值，为保证人工湿地处理的稳定性，人工湿地进水指标按最高值设计，设计进水水质如表 1-9-32 所示。

表 1-9-32　湿地生态净化工艺设计进水水质指标

指标项目	COD_{Cr}	SS	NH_4^+-N	TN	TP
设计进水指标/(mg/L)	≤30	≤10	≤1.5	≤10	≤0.3

2. 设计目标

污水处理厂尾水排放进入新建人工湿地系统，对水体水质做进一步处理提升后排入河流。根据《人工湿地污水处理工程技术规范》（HJ 2005—2010）中污染物的去除效率和湿地进水水质，根据现有湿地进水水质，最终确定湿地生态净化系统的出水水质如表 1-9-33 所示。

表 1-9-33　湿地生态净化工艺设计出水水质指标

指标项目	COD_{Cr}	SS	NH_4^+-N	TN	TP
设计进水指标/(mg/L)	30	10	1.5	10	0.3
设计出水指标/(mg/L)	20	5	1	—	0.2
去除率/%	33	50	33	—	33

3. 工艺流程选择

结合本项目工程特点，确定污水处理厂尾水人工湿地工程的工艺方案路线为"表面流人工湿地＋一级稳定塘＋二级稳定塘＋水平潜流人工湿地＋三级稳定塘"，经湿地生态系统对水体再次净化后排至河流。本工程湿地生态净化系统工艺流程如图 1-9-34 所示。

4. 工艺设计及参数

污水厂出水经水泵提升输送至尾水处理区，污水处理厂出水经配水渠进入表面流人工湿地，通过水生植物和微生物的作用以及化学、生物过程，吸收、固定、转化土壤和水中的营养物质，降解水体中的污染物，经过表面流人工湿地净化后的水体排入一级生态稳定塘和二级生态稳定塘内，生态稳定塘内部设浅水区、过渡区和深水区，形成好氧区和兼氧区，并种

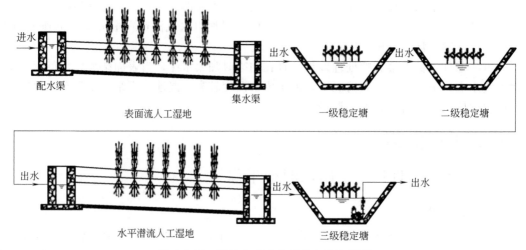

图 1-9-34 湿地生态净化系统工艺流程图

植挺水、浮水和沉水植物,通过生态稳定塘水生植物的拦截、吸收和水生动物、微生物的好氧厌氧等协同作用,去除水体中的部分悬浮物、有机物和氮磷,二级生态稳定塘出水再次流入水平潜流人工湿地内,再次净化后排入三级稳定塘,三级稳定塘出水由泵提升排入河流。

表面流人工湿地结构如图 1-9-23 所示。进水区的主要目的是均匀配水,要求在人工湿地横向和垂直高度上尽可能配水均匀,以充分利用人工湿地。

水平潜流人工湿地结构如图 1-9-24 所示。水平潜流人工湿地在结构组成上要较表面流人工湿地复杂。在纵向上进水区、处理区和出水区的功能与表面流人工湿地基本相同。

根据《人工湿地污水处理工程技术规范》(HJ 2005—2010)和《人工湿地污水处理技术规程》(DG/TJ 08-2100—2012),表面流人工湿地水力坡度宜为 0.1%～0.5%,潜流人工湿地水力坡度宜为 0.5%～1%。尾水人工湿地底部采用素土压实垫层。填料的填充率为 65%,潜流湿地的有效容积为 12500m³,湿地填料量约为 8200m³。选择的植物分别有芦苇、香蒲、黄菖蒲、水葱、千屈菜等。污水经过人工湿地处理之后,水头损失在 2m 左右,高程上不能满足接外排的条件,因此需要通过设置提升泵站进行提升。

5. 工艺评析

污水处理厂尾水湿地项目建设规模为 20000m³/d,处理工艺采用"表面流人工湿地+一级稳定塘+二级稳定塘+水平潜流人工湿地+三级稳定塘"工艺,经湿地系统对水体水质提升后排至河流。经湿地系统净化后的水体水质可达到:$COD_{Cr} \leqslant 20mg/L$、$SS \leqslant 5mg/L$、$NH_4^+$-$N \leqslant 1mg/L$,$TP \leqslant 0.2mg/L$。

(二)城市景观水体水质生态修复技术示范研究

1. 工程概况

北京市某人工湖景观水体示范项目中,1 号、2 号和 3 号三个人工湖总容量为 5500m³。以人工湖还清为主要处理目标,解决的主要是人工湖富营养化问题,根据富营养化问题的成因,在设计中以控制水体磷含量作为主要工程目标。

2. 设计进水、出水指标

项目建成之前,每年需要人工换水 6 次,总换水量为 33000m³/a。示范工程建成后要求人工换水次数减少为 2 次/a，节省新鲜水 22000m³/a。

A 系统湿地进水量为 302400m³/a，进磷量为 22.78kg/a，湿地进水的总磷设计浓度为 0.075mg/L。按湖水水质保持要求，湿地出水的总磷设计浓度取 0.050mg/L。A 系统湿地的设计流量为 35m³/h，设计进水水质和出水水质控制指标见表 1-9-34。

表 1-9-34 A 系统人工湿地的设计出水水质控制指标

项目	设计进水水质/(mg/L)	出水水质要求/(mg/L)	去除率/%
总磷(以 P 计)	0.075	0.050	33.3

B 系统湿地进水量为 302400m³/a，进磷量为 19.75kg/a，湿地进水的总磷设计浓度为 0.065mg/L。按湖水水质保持要求，湿地出水的总磷设计浓度取 0.050mg/L。B 系统湿地的设计流量为 35m³/h，设计进水水质和出水水质控制指标见表 1-9-35。

表 1-9-35 B 系统人工湿地的设计出水水质控制指标

项目	设计进水水质/(mg/L)	出水水质要求/(mg/L)	去除率/%
总磷(以 P 计)	0.065	0.050	23.1

3. 工艺流程选择

采用人工湿地生态技术措施，因地制宜地建设 A、B 两套人工湿地处理系统。A 系统的湿地面积为 1449m²，B 系统的湿地面积为 700m²。

本工程的工艺流程见图 1-9-35 和图 1-9-36。

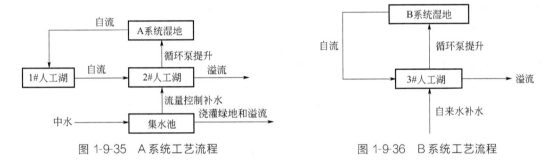

图 1-9-35 A 系统工艺流程　　　　　图 1-9-36 B 系统工艺流程

4. 工艺设计与参数

（1）A 系统

A 系统的循环流量取 35m³/h，每年运行 360d，总循环流量为 302400m³/a。人工湿地处理流量 840m³/d，进水总磷为 0.075mg/L、出水总磷为 0.050mg/L。总磷去除负荷取 0.015g/(m³ 填料·d)，填料体积需要 1400m³。人工湿地基质填料采用石灰石，粒径 3～5mm，孔隙度为 0.35，有效床深取 1.0m，则湿地面积需要 1400m²。

A 系统有三个单元：集水池、地下机房和人工湿地。A 系统湿地分三小块并联，每小块长 23m，宽 21m，总面积 1449m²，水力负荷 0.58m³/(m²·d)。湿地床深 1.5m，其中黏土防渗层 0.2m、填料层 1.0m、覆土 0.3m，湿地内种植芦苇，如图 1-9-37 所示。

（2）B 系统

人工湿地处理流量 840m³/d，进水总磷为 0.065mg/L、出水总磷为 0.050mg/L。总磷去除负荷取 0.018g/(m³ 填料·d)，填料体积需要 700m³。人工湿地基质填料采用石灰石，粒径 3～5mm，孔隙度为 0.35，有效床深取 1.0m，则湿地面积需要 700m²。

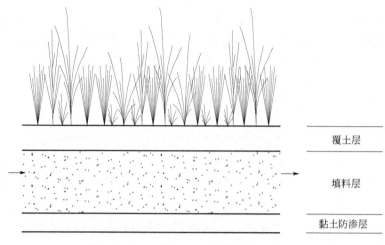

图 1-9-37　示范工程湿地床体结构示意图

　　B 系统有两个单元：循环泵和人工湿地。B 系统湿地长 35m，宽 20m，总面积 700m^2，水力负荷 1.20m^3/(m^2·d)。湿地床深 1.5m，其中黏土防渗层 0.2m，填料层 1.0m，覆土 0.3m，湿地内种植芦苇。B 系统湿地床体结构与 A 系统湿地相同。

5. 工艺评析

　　根据人工湖补水来源不同，分为两个独立系统，A 系统用于对 1 号人工湖和 2 号人工湖的湖水进行循环净化；B 系统用于对 3 号人工湖的湖水进行循环净化。两个系统独立运行可避免交叉污染，又能保证各自的使用功能不受影响。

　　该示范工程自 2005 年 6 月运行以来，在人工湖补水量削减 2/3 的情况下，在全年各种气候条件下都很好地保持了人工湖水质，TP 去除率平均可达 35.2%，TN 去除率平均可达 10.6%，水体表观清澈，透明度提高率在 26.9% 左右，再未发生过“水华”现象。人工湖的补水次数从 6 次/a 减少为 2 次/a，节水 2.2×10^{4}t/a。水资源费和电费合计按 1.00 元/t 计算，则示范工程的节水效益是 2.20 万元/a。

参 考 文 献

[1]　张威震，高洋，陈彩红，等. 沉水植物稳定塘的研究及应用 [J]. 环境与发展，2019，31 (2)：67-68.
[2]　陈雄斌. 浅谈稳定塘污水处理新型工艺 [J]. 江西建材，2016 (1)：63，66.
[3]　张宝军，王国平，袁永军，等. 水处理工程技术 [M]. 重庆：重庆大学出版社，2015.
[4]　刘永明，赵连成，郭燕妮. 环境工程与污水处理技术 [M]. Viser Technology Pte. Ltd.，2023.
[5]　薛罡，陈红，李响，等. 水污染控制工程设计算例集 [M]. 南京：南京大学出版社，2018.
[6]　王波. 人工快速渗滤污水处理技术 [C] //中国环境保护产业协会水污染治理委员会，环境保护部对外合作中心.
　　　“十三五”水污染治理实用技术. “十三五”水污染治理实用技术，2017：108-113.
[7]　林俊杰，刘丹，黄美英. 环境生态学理论及其污染防治技术研究 [M]. 咸阳：西北农林科技大学出版社，2019.
[8]　CJJ/T 54—2017. 污水自然处理工程技术规程.
[9]　梅艺锋，李楠. 人工湿地工艺研究现状及影响因素分析 [J]. 节能与环保，2023 (06)：41-44.
[10]　HJ 2005—2010. 人工湿地污水处理工程技术规范.
[11]　DG/TJ 08-2100—2012. 人工湿地污水处理技术规程.

第十章
生物脱氮除磷

第一节　生物脱氮

一、原理和功能

（一）生物脱氮原理

生物脱氮可分为氨化、硝化、反硝化三个步骤。生物脱氮是在微生物的作用下，将有机氮和 NH_4^+-N 转化为 N_2 和 NO_x 气体的过程。废水中存在着有机氮、NH_4^+-N、NO_x^--N 等形式的氮，而其中以 NH_4^+-N 和有机氮为主要形式。在生物处理过程中，有机氮被异养微生物氧化分解，即通过氨化作用转化为 NH_4^+-N，而后经硝化过程转化变为 NO_x^--N，最后通过反硝化作用使 NO_x^--N 转化成 N_2，而逸入大气。

由于氨化反应速度很快，在一般废水处理设施中均能完成，故生物脱氮的关键在于硝化和反硝化。

1. 氨化作用

氨化作用是指将有机氮化合物转化为 NH_4^+-N 的过程，也称为矿化作用。参与氨化作用的细菌称为氨化细菌。在自然界中，它们的种类很多，主要有好氧性的荧光假单胞菌和灵杆菌、兼性的变形杆菌和厌氧的腐败梭菌等。在好氧条件下，主要有两种降解方式，一种是氧化酶催化下的氧化脱氨。例如氨基酸生成酮酸和氨：

$$CH_2CH(NH_2)COOH \longrightarrow CH_3C(NH)COOH \longrightarrow CH_3COCOOH + NH_3 \quad (1\text{-}10\text{-}1)$$

丙氨酸　　　　　　　　丙氨基丙酸　　　　　　　　丙酮酸

另一种是某些好氧菌，在水解酶的催化作用下能发生水解脱氨反应。例如尿素能被许多细菌水解产生氨，分解尿素的细菌有尿八联球菌和尿素芽孢杆菌等，它们是好氧菌，其反应式如下：

$$(NH_2)_2CO + H_2O \longrightarrow 2NH_3 + CO_2 \quad (1\text{-}10\text{-}2)$$

厌氧或缺氧的条件下，厌氧微生物和兼性厌氧微生物对有机氮化合物进行还原脱氨、水解脱氨和脱水脱氨三种途径的氨化反应。

$$RCH(NH_2)COOH + 2H^+ \longrightarrow RCH_2COOH + NH_3 \quad (1\text{-}10\text{-}3)$$

$$CH_3CH(NH_2)COOH + H_2O \longrightarrow CH_3CH(OH)COOH + NH_3 \quad (1\text{-}10\text{-}4)$$

$$CH_2(OH)CH(NH_2)COOH \longrightarrow CH_3COCOOH + NH_3 \quad (1\text{-}10\text{-}5)$$

2. 硝化作用

硝化作用是指将 NH_4^+-N 氧化为 NO_x^--N 的生物化学反应，这个过程由亚硝酸菌和硝酸菌共同完成，包括亚硝化反应和硝化反应两个步骤。该反应历程为：

亚硝化反应 $\qquad$ $NH_3 + \dfrac{3}{2}O_2 \longrightarrow NO_2^- + H^+ + H_2O + 273.5kJ$ $\qquad$ (1-10-6)

硝化反应 $\qquad$ $NO_2^- + \dfrac{1}{2}O_2 \longrightarrow NO_3^- + 73.19kJ$ $\qquad$ (1-10-7)

总反应式 $\qquad$ $NH_3 + 2O_2 \longrightarrow NO_3^- + H_2O + H^+ + 346.69kJ$ $\qquad$ (1-10-8)

亚硝酸菌有亚硝酸单胞菌属、亚硝酸螺杆菌属和亚硝酸球菌属。硝酸菌有硝酸杆菌属、硝酸球菌属。亚硝酸菌和硝酸菌统称为硝化菌。发生硝化反应时细菌分别从氧化 NH_4^+-N 和 NO_2^--N 的过程中获得能量，碳源来自无机碳化合物，如 CO_3^{2-}、HCO_3^-、CO_2 等。假定细胞的组成为 $C_5H_7NO_2$，则硝化菌合成的化学计量关系可表示为：

亚硝化反应 $\qquad$ $15CO_2 + 13NH_3 \longrightarrow 10NO_2^- + 3C_5H_7NO_2 + 10H^+ + 4H_2O$ $\qquad$ (1-10-9)

硝化反应 $\qquad$ $5CO_2 + NH_3 + 10NO_2^- + 2H_2O \longrightarrow 10NO_3^- + C_5H_7NO_2$ $\qquad$ (1-10-10)

在综合考虑了氧化合成后，实际应用中的硝化反应总方程式为：

$$NH_3 + 1.86O_2 + 0.98HCO_3^- \longrightarrow$$
$$0.02C_5H_7NO_2 + 1.04H_2O + 0.98NO_3^- + 0.88H_2CO_3 \qquad (1\text{-}10\text{-}11)$$

由上式可以看出硝化过程的三个重要特征：

① NH_4^+-N 的生物氧化需要大量的氧，大约每去除 1g 的 NH_4^+-N 需要 4.2g O_2；

② 硝化过程细胞产率非常低，难以维持较高物质浓度，特别是在低温的冬季；

③ 硝化过程中产生大量的质子（H^+），为了使反应能顺利进行，需要大量的碱中和，理论上大约为每氧化 1g 的 NH_4^+-N（以 N 计）需要碱度 7.14g（以 $CaCO_3$ 计）。

3. 反硝化作用

反硝化作用是指在厌氧或缺氧（DO<0.5mg/L）条件下，NO_x^--N 及其他氮氧化物作为电子受体被还原为氮气或氮的其他气态氧化物的生物学反应，这个过程由反硝化菌完成。反应历程为：

$$NO_3^- \longrightarrow NO_2^- \longrightarrow NO \longrightarrow N_2O \longrightarrow N_2 \qquad (1\text{-}10\text{-}12)$$

$$NO_3^- + 5[H](\text{有机电子供体}) \longrightarrow \frac{1}{2}N_2 + 2H_2O + OH^- \qquad (1\text{-}10\text{-}13)$$

$$NO_2^- + 3[H](\text{有机电子供体}) \longrightarrow \frac{1}{2}N_2 + H_2O + OH^- \qquad (1\text{-}10\text{-}14)$$

[H] 是可以提供电子，且能还原 NO_x^--N 为氮气的物质，包括有机物、硫化物等。进行这类反应的细菌主要有变形杆菌属、微球菌属、假单胞菌属、芽孢杆菌属、产碱杆菌属、黄杆菌属等兼性细菌，它们在自然界中广泛存在。有分子氧存在时，O_2 作为最终电子受体，氧化有机物，进行呼吸；无分子氧存在时，利用 NO_x^--N 进行呼吸。研究表明，这种分子氧和 NO_x^--N 之间的转换很容易进行，即使频繁交换也不会抑制反硝化的进行。

4. 同化作用

在生物脱氮过程中，废水中的一部分氮（NH_4^+-N 或有机氮）被同化为异养生物细胞的组成部分。微生物细胞采用 $C_{60}H_{87}O_{23}N_{12}P$ 来表示，按细胞的干重量计算，微生物细胞中氮含量约为 12.5%。虽然微生物的内源呼吸和溶胞作用会使一部分细胞的氮又以 NH_4^+-N 形式回到废水中，但仍存在于微生物细胞及内源呼吸残留物中的氮可以在二沉池中得以从废水中去除。

5. 厌氧氨氧化作用

厌氧氨氧化在厌氧条件下以氨为电子供体，亚硝酸盐为电子受体反应生成氮气。厌氧氨氧化新型脱氮技术反应过程如下：

$$NH_4^+ + 1.32NO_2^- + 0.066HCO_3^- + 0.13H^+ \longrightarrow$$

$$1.02N_2 + 0.26NO_3^- + 0.066CH_2O_{0.5}N_{0.15} + 2.03H_2O \tag{1-10-15}$$

厌氧氨氧化菌具有独特的生理生态学、细胞结构和厌氧氧化 NH_4^+ 能力。厌氧氨氧化菌是一类专性厌氧的无机自养细菌，属于革兰阴性光损性球状细菌，细胞单生或成对出芽繁殖。在电子显微镜下，一般为不规则的圆形和椭圆形，其直径不到 $1\mu m$。厌氧氨氧化菌属于分支很深的浮霉菌门（Planctomycetales）。到目前为止，厌氧氨氧化菌被划分为 5 个属，*Brocadia*、*Kuenenia*、*Jettenia*、*Anammoxoglobus* 和 *Scalindua*，前三个属常见于淡水生态系统和生物反应器，而最后一个属是唯一的海洋厌氧氨氧化菌属。厌氧氨氧化菌属之间分支很远，但却共有相同的厌氧氨氧化代谢规则和细胞结构。

厌氧氨氧化菌均包含一种具有致密性且低渗透膜的细胞器结构——厌氧氨氧化体（anammoxosome），anammoxosome 占据厌氧氨氧化菌细胞的大部分空间，是厌氧氨氧化代谢反应的核心部位，另外，anammoxosome 还可在菌体进行低代谢反应时维持膜内外适宜的基质浓度梯度。前人还在厌氧氨氧化菌内发现了独特的阶梯烷膜脂结构（ladderane），已作为标志性物质应用于厌氧氨氧化菌的检测。由于厌氧氨氧化菌的独特结构，使其有能力生存于多种环境，甚至是低基质环境。

厌氧氨氧化是自养的微生物过程，不需投加有机物以维持反硝化，且污泥产率低，改善硝化反应产酸、反硝化反应产碱均需中和的情况，适用于高氨废水和低碳氮比废水的处理。

（二）生物脱氮工艺

生物脱氮工艺种类繁多、形式多样。依据不同的分类原则，可以归类为不同的种类、类型。就传统的硝化、反硝化过程而言，按照硝化微生物生长环境的不同，可以分为单泥脱氮和多泥脱氮两大类，前者是指硝化和反硝化微生物混合在一起生长，共用同一生存环境，其工艺特点是整个工艺流程中用一个沉淀池来完成混合污泥的泥水分离。多泥脱氮系统则是硝化和反硝化微生物在不同的空间（反应器）中相对稳定生长，其工艺流程中含有一个以上的泥水分离设施——沉淀或生物膜反应器。这两类工艺各具特点，通常认为单泥系统较多泥系统更为简单，投资和运行费用低，因而得到了广泛发展和应用。多泥脱氮系统则具有较强的抗冲击和耐毒性（或抑制）的能力，且可以实现很高的脱氮效率。就现有废水厂升级改造而言，多泥工艺具有较好的适用性，特别是有充裕池容的废水处理厂更易于改造为多泥脱氮系统。当然单泥工艺也可以与多泥工艺相结合，例如对于某些排放要求很高的地区废水厂，在单泥脱氮系统之外设置一个独立的甲醇反硝化单元。在冬季单泥系统不能满足达标要求时，则让其完全运行在硝化阶段，保证硝化反应彻底完成，启用甲醇反硝化单元，使全厂总氮达标，其他季节则只运行单泥脱氮系统。表 1-10-1 列举了各种脱氮工艺的特征比较情况。

近二十年来，随着脱氮微生物及工艺的研究深入，涌现出了一些新型的脱氮工艺形式。以硝化微生物分离培养为代表的"亚硝化-厌氧氨氧化"工艺也逐步进入工程化应用阶段。还有其他一些新型生物脱氮工艺如单级自养脱氮、好氧反硝化、同步硝化反硝化等，正在研究和探索性应用之中。

生物脱氮与生物除磷往往密不可分，很多工艺是针对同时脱氮除磷的需求而开发的，是脱氮除磷的通用工艺，本节主要阐述以传统生物脱氮微生物为基础的生物脱氮工艺，重点介绍单泥生物脱氮系统。

表 1-10-1 生物脱氮工艺特征比较

序号	生物脱氮类型		微生物生长状态	特征微生物混合状态	曝气/无氧状态	进水方式	厌氧、好氧、缺氧分区情况	二沉池数量	代表工艺
1	单泥系统	多池脱氮工艺	悬浮生长	BOD氧化异养菌、氨氧化自养菌、硝酸盐反硝化异养菌三类菌混合在一起组成活性污泥，共同生活在各处理单元内	连续	连续	各区独立，分界明显	1个	A²/O
		周期性曝气工艺	悬浮生长		周期性	连续	各区不独立，无明显分界且位置不固定		CNR
		氧化沟工艺	悬浮生长		连续/间歇	连续	各区相对独立，无分界		Orbel
		SBR工艺	悬浮生长		间歇	间歇/连续	不独立，无分界		CASS
		固定膜和活性污泥组合工艺	复合型生长						活性污泥分级硝化工艺
2	多泥系统	移动床生物膜反应器工艺	附着生长	BOD氧化菌、硝酸盐反硝化异养菌各自生活在独立的反应器内，不因内回流、污泥回流而相混合	连续/间歇	连续	各自区域独立且各自带有沉淀池（膜法除外）	2个或以上	下向流反硝化滤池 上向流硝化滤池
		膜分离反应器	复合型生长						
3	生物强化	亚硝化强化工艺	一般为复合型	硝化细菌或亚硝化细菌高效专用培养反应器，其剩余污泥排入主流混合污泥系统	连续/间歇	连续	硝化微生物强化，培养完全独立与主流、工艺不联系	2个或以上	SHARON
		硝化强化工艺							AT3,R-DN

1. 单泥系统

单泥脱氮依据流态、"缺氧-好氧"的级数以及曝气方式的不同，分成多种工艺形式。这些工艺的共同特点是硝化反应在一个好氧区（反应器）中完成，生成硝酸盐后再与有机物作用完成反硝化过程。有机碳可以是外碳源（废水中自带的有机物或人工投加的有机物）也可以是内碳源（微生物细胞中的有机物）。由于硝化作用是与 BOD 氧化在好氧区同时完成的，因此传统活性污泥法中的基本工艺参数，如食微比（F/M）、水力停留时间（HRT）、氧利用率（OUR）和污泥龄（θ_c）等，同样适用于脱氮系统的设计，采用这些参数可以确定曝气量和池容。

（1）单泥脱氮工艺类型

① 多池脱氮工艺　多池脱氮工艺以悬浮生长活性污泥系统为主，沿废水处理主流程，在不同的反应池中曝气量不同，从而形成厌氧、缺氧、好氧等不同含氧量的空间区域，使硝化、反硝化等生化过程得以完成。多池脱氮按缺氧区的个数可以分为单一缺氧区工艺和多缺氧区工艺。

单一缺氧区工艺只有一个缺氧反硝化区，是最简单的生物脱氮工艺。出现的工艺形式有 MLE（modified ludzack-ettinger）、A^2/O、VIP（virginia initiative plant）、UCT（university of capetown）几种。

多缺氧区工艺有至少两个缺氧反硝化区，通常为两个缺氧区。反硝化碳源包括外碳源和内碳源。内碳源必须是应用在外碳源之后，用于反硝化未回流至外碳源反硝化部分的混合液中的硝态氮。外碳源反硝化有三种实现方式：一是回流硝化混合液至上一级的缺氧区；二是将进水依次分配至各缺氧区；三是使用甲醇补充混合液反硝化所需的不足碳源。典型双缺氧区代表工艺有 Bardenpho 和 MUCT。

② 周期性曝气工艺（多相工艺）　周期性曝气工艺是传统活性污泥工艺的变种，通过改变曝气量在活性污泥池中交替性地创造出缺氧、好氧区域。控制曝气的强度和频率使好氧状态时的 DO<2mg/L。如果有多个"缺氧-好氧"串联在一起，可以采用多点进水和外加碳源的方法为反硝化提供充足的碳源，典型工艺形式有 CNR（cyclical nitrigen removal，CNR）和 Schneiber 工艺。

③ SBR 脱氮工艺　SBR 是最古老的废水处理工艺形式。在一个时间周期内，间歇性的曝气可以在同一反应器内形成厌氧、缺氧、好氧等反应状态，实现硝化和反硝化。

④ 全自氧脱氮工艺　全自氧脱氮工艺英文简称为 CANON，利用全自氧脱氮工艺进行污水处理时，主要是通过控制溶解氧实现亚硝化和厌氧氨氧化，并且在这个污水处理过程中，是由自养菌将水体中的氨元素以及氮元素转化为氮气的。在进行污水处理时，整个处理过程都是在微好氧的环境下进行的，通过亚硝化菌化学反应生成亚硝态氮，亚硝态氮再与剩下的氨氮厌氧氨氧化反应生成氮气。由于亚硝态氮菌和厌氧氨氧化菌都属于自养型细菌的范畴，因此，在进行全自氧脱氮工艺污水处理时，不需要添加外源有机物，只需在无机自养环境下进行即可。

⑤ 亚硝化厌氧氨氧化工艺　亚硝化厌氧氨氧化工艺英文简称 SHARON-ANAMMOX，是如今污水处理中最常用的一种厌氧氨氧化工艺，在进行污水处理时，它主要分为两个阶段，这两个阶段在不同的容器中进行反应。一是亚硝化阶段，可以将污水中 50% 左右的氨元素与氮元素转化为亚硝态氮，二是厌氧氨氧化阶段，将污水中剩余的氮元素以及转化产生的亚硝态氮进行厌氧氨氧化反应，转变为氮气，从而实现脱氨的目的。亚硝化厌氧氨氧化工艺具有以下优点：

a. 通过亚硝化厌氧氨氧化工艺，会生成亚硝态氮，这种物质属于碱性物质，而厌氧水中已产生一些重碳酸盐，这样就实现了酸碱中合，有助于实现水体平衡；

b. 在进行亚硝化厌氧氨氧化污水处理时，在不同的容器中进行反应，反应容器环境的不同，为功能菌提供了更为适合自身的生长环境，这样可以减少进水物质对厌氧氨氧化菌的抑制作用。

（2）工艺介绍

① 单一缺氧区单泥脱氮工艺

a. 工艺流程。单一缺氧区单泥脱氮工艺根据工艺流程分类如下。

（a）MLE工艺。Barnard在Ludzard-Ettinger工艺基础上提出的改进型工艺，工艺流程见图1-10-1。该工艺增加了好氧混合液向缺氧区内回流。这一改进使更多的硝态氮可以返回至缺氧区反硝化脱氮。工艺过程易于控制，反硝化速率增大，工艺性能大幅度提高，总氮去除率达88%。

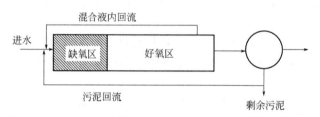

图 1-10-1 MLE 工艺

（b）A²/O工艺。A²/O工艺（厌氧-缺氧-好氧）工艺是基于A/O（厌氧-好氧）除磷工艺基础上开发的，在增加一个缺氧区后，同时实现了硝化-反硝化。仅就脱氮而言，厌氧区并不是必需的，但可以看作是脱氮流程前面的厌氧选择器。它可以起到抑制丝状菌生长，促进菌胶团形成改善污泥沉降性能的作用。工艺流程见图1-10-2。

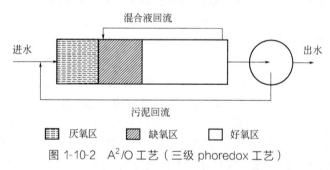

图 1-10-2 A²/O 工艺（三级 phoredox 工艺）

（c）UCT工艺。UCT工艺是为克服MLE和A²/O工艺的缺陷而开发的。为了在脱氮工艺中同时实现生物除磷，硝酸盐的存在限制了贮磷菌的释磷。通过改变污泥回流和混合液回流去向，达到了这一目的。工艺流程见图1-10-3。

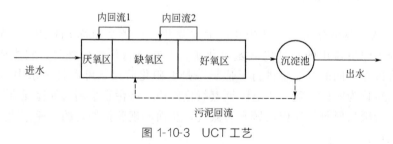

图 1-10-3 UCT 工艺

（d）VIP工艺。在UCT工艺基础上，为满足低浓度废水脱氮除磷的需求，开发了VIP工艺。VIP工艺与OCT工艺的区别在于：用多个完全混合的小反应单元取代UCT中的单一的厌氧反应器；另外VIP工艺的污泥龄较UCT短，污泥中活性成分提高，反应池容相对减少。工艺流程见图1-10-4。

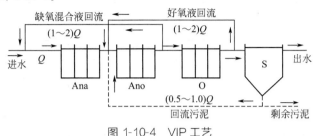

图 1-10-4 VIP工艺

Ana—厌氧；Ano—缺氧；O—好氧；S—沉淀

b. 设计参数。单泥单一缺氧区脱氮工艺设计主要涉及各反应区池容和回流比两个方面。池容包括完成TKN、完成硝化所需的池容和反硝化所需的池容。常用的设计参数见表1-10-2。表1-10-3和表1-10-4为《室外排水设计规范》（GB 50014—2021）规定取值。

表 1-10-2 单泥单一缺氧区前置反硝化脱氮工艺设计参数

设计参数		A^2/O	VIP/UCT	单一缺氧区
污泥浓度/（mg/L）		3000～5000	1500～3000	1500～4000
水力停留时间/h	厌氧	0.5～1	1～2	0.5～2
	缺氧	0.5～1	1～2	0.5～2
	好氧	3.5～6	2.5～4	2.5～6
污泥龄/d		5～10	5～10	5～10
食微比（F/M）/（g BOD/g MLVSS）		0.15～0.25	0.1～0.2	0.1～0.3
污泥回流/%		20～50	50～100	50～100
内回流	硝化液循环	100～200	200～400	100～400
	缺氧循环		50～200	
混合/（hp/Mgal）	厌氧	50	70	40～70
	缺氧	50	70	40～70

注：1hp＝735.49875W；1gal＝3.785L。

表 1-10-3 缺氧/好氧（A_NO法）生物脱氮的主要设计参数

项目		单位	参数值
BOD$_5$污泥负荷L_s		kg BOD$_5$/（kg MLSS·d）	0.05～0.10
总氮负荷率		kgTN/（kgMLSS·d）	≤0.05
污泥浓度（MLSS）X		g/L	2.5～4.5
污泥龄θ_c		d	11～23
污泥产率Y		kg VSS/kg BOD$_5$	0.3～0.6
需氧量（O_2）		kg O$_2$/kg BOD$_5$	1.1～2.0
水力停留时间（HRT）		h	9～22
			其中缺氧段2～10
污泥回流比R		%	50～100
混合液回流比R_i		%	100～400
总处理效率η	BOD$_5$	%	90～95
	TN	%	60～85

表 1-10-4　厌氧/缺氧/好氧法（AAO 法，又称 A²O 法）生物脱氮除磷的主要设计参数

项目	单位	参数值
BOD₅ 污泥负荷 L_s	kg BOD₅/(kg MLSS·d)	0.05～0.10
污泥浓度（MLSS）X	g/L	2.5～4.5
污泥龄 θ_c	d	10～22
污泥产率 Y	kg VSS/kg BOD₅	0.3～0.6
需氧量（O₂）	kg O₂/kg BOD₅	1.1～1.8
水力停留时间（HRT）	h	10～23
		其中厌氧段 1～2
		缺氧段 2～10
污泥回流比 R	%	20～100
混合液回流比 R_i	%	≥200
总处理效率 η	BOD₅ ／%	85～95
	TP ／%	60～85
	TN ／%	60～85

　　c. 工艺性能。单一缺氧区脱氮工艺通常可以满足 TN<10mg/L 的出水要求。要进一步降低总氮水平，需要再补充一级缺氧反硝化区或独立的反硝化单元。表 1-10-5 列出了美国几个示范废水处理厂应用该类工艺的运行结果。

表 1-10-5　单泥单一缺氧区脱氮工艺运行性能

参数	A²O Largo,FL	VIP Pilot Norfolk,VA	MLE Landis,NJ
流量 Q/(m³/d)	39360	151400	19300
进水 BOD 浓度/(mg/L)	204	115	414
进水 TN 浓度/(mg/L)	23.5	24.4	34.7
BOD/TKN 值	8.7	4.7	11.9
出水 TN 浓度/(mg/L)	2.2	2.4	1.4
进水 NH₄⁺-N 浓度/(mg/L)	—	—	—
出水 NH₄⁺-N 浓度/(mg/L)	—	1.0	—
出水 NO₃⁻-N 浓度/(mg/L)	5.7	5.3	4.4
出水 TN 浓度/(mg/L)	7.9	7.7	4.4
脱氮效率/%	66	68	83

　　② 双缺氧区单泥脱氮工艺　双缺氧区单泥脱氮工艺根据工艺流程分类如下。

　　a. 工艺流程。

　　（a）Bardenpho 工艺。单一缺氧区脱氮不能稳定地实现 TN<8mg/L，而在不需要外加碳源的情况下，采用双缺氧区脱氮则可稳定地实现 TN<6mg/L 的目标。由 Barnard 提出的 Bardenpho 工艺采用了后置回流反硝化缺氧区。Bardenpho 工艺分四级工艺和五级工艺两种，前者仅用于脱氮，后者则用于脱氮除磷。分别见图 1-10-5 和图 1-10-6。

　　（b）MUCT 工艺。在 UCT 工艺基础上，增加一个缺氧区和一个内回流后，就变成了改进型 UCT，称为 MUCT。MUCT 可以独立地调控污泥回流和硝酸盐回流，同时可以减少 NO₃⁻-N 对厌氧区的影响。虽然 MUCT 采用了两个缺氧区，但第二个缺氧区并不是内源反硝化区，这一点与 Bardenpho 工艺不同。MUCT 中的第二缺氧区用于反硝化一级缺氧区的

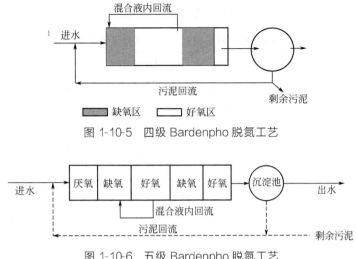

图 1-10-5　四级 Bardenpho 脱氮工艺

图 1-10-6　五级 Bardenpho 脱氮工艺

残余硝态氮和好氧区回流来的硝态氮，而第一个缺氧区仅用于反硝化回流污泥中的硝态氮。工艺流程见图 1-10-7。

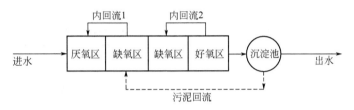

图 1-10-7　MUCT 工艺流程

（c）多点进水多级缺氧工艺。图 1-10-8 描述的是一种将三级好氧-缺氧串联和多点进水提供碳源相结合的新型组合工艺。"好氧-缺氧"单元的串联使用，相当于构成了一个内循环，从而减少了工艺运行费用，但相对而言，由于池容需求增大，导致基建投资增加。

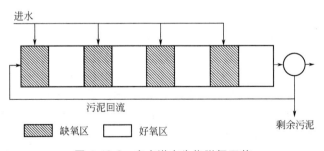

图 1-10-8　多点进水生物脱氮工艺

b. 设计参数。两级缺氧脱氮工艺的设计与单级缺氧脱氮工艺相似，主要不同在于是否要考虑除磷因素。较长的污泥龄 θ_c，可以维持较好的脱氮效果，但不利于除磷。四级 Bardenpho 工艺采用了较长的 θ_c。五级 Bardenpho 工艺中的前三级与 A^2/O 和 VIP 相似，但后二级则较单一缺氧区工艺呈现出两个重要的作用：一是进一步强化了反硝化，使出水 TN 浓度变低，另外减少了进入二沉池中硝酸盐的量，从而有利于降低回流污泥对厌氧区除磷的副作用。五级 Bardenpho 可以比 A^2/O、VIP 等具有更高的内回流比，以进一步提高整个工艺的脱氮除磷性能。表 1-10-6 列出了常用的设计参数取值。

表 1-10-6 双缺氧区脱氮工艺的典型设计参数取值

参数		四级 Bardenpho	MUCT
食微比(F/M)/(g BOD/g MLVSS)		0.1～0.2	0.1～0.2
污泥龄/d		10～40	10～30
污泥浓度 MLSS/(mg/L)		2000～5000	2000～4000
水力停留时间 HRT/h	厌氧区	—	1～2
	第一缺氧区	2～5	2～4
	好氧区	4～12	4～12
	第二缺氧区	2～5	2～4
	复氧区	0.5～1	—
污泥回流/%		100	100
内回流/%		400～600	100～600

c. 工艺性能。Bardenpho 工艺可以实现出水 TN<3mg/L，其中 90％的氮的去除由后置内源反硝化完成。表 1-10-7 列举了在美国应用该工艺的运行性能。MUCT 工艺的效率较 Bardenpho 工艺低一些。

表 1-10-7 Bardenpho 工艺在美国的应用运行结果

废水厂	流量 /(m³/d)	进水 BOD 浓度 /(mg/L)	进水 TKN 浓度 /(mg/L)	出水 TN 浓度 /(mg/L)	脱氮效率 /%
Tarpon Springs，FL	10068	—	—	4.4	—
Palmetto，FL	4656	160	36.6	2.9	92
Ft. Myers-Central，FL	23429	135	23.3	2.7	88
Ft. Myers-South，FL	18622	144	25.4	5.1	80
Payson，AZ	2574	196	32.8	3.2	90
Environmental Disposal Corp.，NJ	818	190	17.2	2.8	84
Eastern Service Area，Orange County，FL	12112	175	30.6	1.9	94
Kelowna. BC，Canada	12491	188	24.2	1.8	91
Hills Development，Pluckemin，NJ	908	169	18.3	2.7	85

③ 周期性曝气脱氮工艺（多相工艺） 通过周期性的开关曝气，在普通活性污泥法中就可以形成交替的缺氧、好氧区。这种间歇性曝气的活性污泥法称之为周期性脱氮工艺（CNR）。CNR 最适合于提高了氮排放限值要求的废水厂升级使用。改造过程也仅限于增加隔板和用于控制曝气的时间控制器。有时也可能需要增加内回流或多点进水设备。总之采用 CNR 进行废水厂升级较为节省费用。

Schreiber 工艺是一种创新的 CNR 工艺形式，它由一个浸没式旋转的曝气器在圆形反应器中转动，来形成缺氧和好氧区，完成生物脱氮。

a. 工艺流程

（a）CNR 工艺。图 1-10-9 是美国一废水厂采用的 CNR 工艺流程。

（b）Schreiber 工艺。Schreiber 工艺流程见图 1-10-10。

b. 设计参数。CNR 工艺设计同样采用曝气量、污泥龄、固体负荷、BOD/TKN 等参数。主要涉及参数见表 1-10-8。

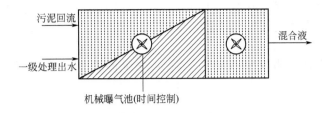

图例 ▨ 缺氧区 ▦ 好氧区

图 1-10-9 美国一废水厂采用的 CNR 工艺流程

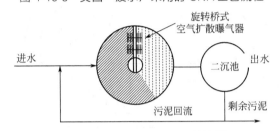

图 1-10-10 Schreiber 工艺流程

表 1-10-8 周期性曝气工艺设计参数

参数	CNR(Owego)	Schreiber
食微比(F/M)/(g BOD/g MLVSS)	0.06~0.13	0.05
曝气/min	15~45	
中断/min	15~30	
污泥龄/d	13~32	25
COD/TKN 值	10	
好氧 DO/(mg/L)	1~1.5	0.5~1.5
缺氧 DO/(mg/L)	<0.3	
污泥浓度 MLSS/(mg/L)	2600~4000	2000~7000

c. 工艺性能。CNR 工艺可以稳定地达到 TN<8mg/L 目标，总氮去除率大于 80%。表 1-10-9 列出了一些常用 CNR 和 Schreiber 工艺的废水厂的运行性能情况。

表 1-10-9 CNR 和 Schreiber 工艺运行情况

工艺 工厂位置	CNR			Schreiber	
	Barnstable,MA	Owego,NY	BluePlains Wash.,DC	Clayton County,GA	Jackson,TN
流量 Q/(m³/d)	5450	1820	—	8970	31260
水力停留时间 HRT/h	9	13~16	10.1	—	—
污泥龄/d	15	20~24	22.2	—	47.7
进水 TKN 浓度/(mg/L)	—	39.9	21.3	24.5	16.9
出水 TKN 浓度/(mg/L)	—	3.6	2.2	1.4	3.0
进水 NH_4^+-N 浓度/(mg/L)	22.3	26.2	—	16	13.3
出水 NH_4^+-N 浓度/(mg/L)	3.2	1.4	1.0	0.5	1.2
出水 NO_3^--N 浓度/(mg/L)	3.0	4.8	3.0	2.4	3.3
脱氮效率/%	77	80	76	84.5	63
COD/TKN 值	7.8	10.5	9.3		
食微比(F/M)/(g BOD/g MLVSS)	0.08(冬季) 0.24(夏季)	0.089	0.089		

④ 氧化沟脱氮工艺 20 世纪 50 年代由荷兰人 Pasveer 发明的 Pasveer 氧化沟，至今已发展成为一种主流的中大型废水处理工艺。针对 Pasveer 氧化沟占地面积大的缺陷，通过改

进曝气装置和沟型设计，逐步形成了以 Orbel 氧化沟、Carrousel 氧化沟、Kruger 氧化沟几种代表的种类。目前在欧美氧化沟应用相当广泛。

a. 工艺流程。

（a）Orbel 氧化沟。由美国 Envirex 公司注册的专利型氧化沟——Orbel 氧化沟，见图 1-10-11。

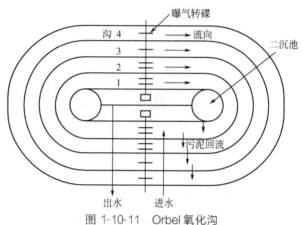

图 1-10-11　Orbel 氧化沟

（b）Carrousel 氧化沟。由美国 Emico 公司注册的专利型氧化沟——Carrousel 氧化沟，见图 1-10-12。

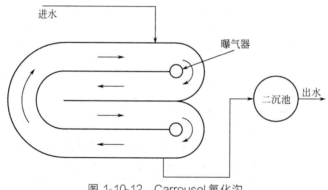

图 1-10-12　Carrousel 氧化沟

（c）Sim-Pre 氧化沟。由 Envirex 公司开发的用于硝化-反硝化脱氮的专利氧化沟 Sim-Pre 工艺原理见图 1-10-13。

（d）Kruger 氧化沟。Kruger 氧化沟是由 Kruger 公司和丹麦大学合资公司开发的一种双沟型工艺，用于生物脱氮。它集大容积沟型、可变性强、简单的时间控制（曝气和搅拌）等特点于一身。专利注册的用于脱氮的工艺为 BioDenitro 工艺，用于脱氮除磷的工艺为 BioDenipho。BioDenitro 工艺有两种形式，分别为 DE 型（见图 1-10-14）和 T 型（见图 1-10-15）。

b. 设计参数。不同种类氧化沟由于差异较大，因此没有统一的设计方法，专利型氧化沟的设计方法没有公开，属于技术秘密。氧化沟一般运行在延时曝气阶段，水力停留时间和污泥龄长，污泥浓度高。在确定沟的尺寸时，必须满足沟渠最小流速为 0.3～0.6m/s 或每个环流时间为 10～45min。沟的形式可以变化多样，但仍要依据污泥浓度、F/M、污泥回流比、温度、出水水质限值等条件进行计算。其中 F/M 是最重要的设计参数。表 1-10-10 列举了一些氧化沟的运行参数。表 1-10-11 给出了 Orbel 氧化沟的几个关键设计参数。

c. 工艺性能。表 1-10-12 列出了一些氧化沟的实际运行性能情况。从表中可以看出，脱氮效率为 65%～97%。

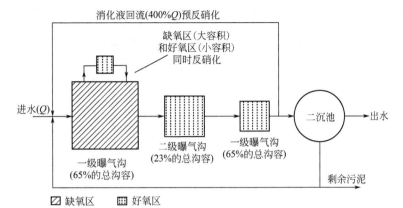

图 1-10-13 Sim-Pre 氧化沟

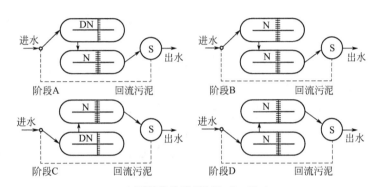

A和C阶段(主反应阶段): 60～90min
B和D阶段(间歇运行阶段): 15～30min
━ 混合；▦ 曝气

图 1-10-14 Kruger 公司的 BioDenitro 工艺——DE 型
N—硝化；DN—反硝化（缺氧）；S—沉淀

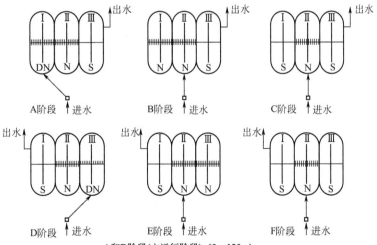

A和D阶段(主运行阶段): 60～120min
B、C、E、F阶段(间歇运行阶段): 30～60min
━ 电机停止；━ 混合；▦ 曝气

图 1-10-15 Kruger 公司的 BioDenitro 工艺——T 型
N—硝化；DN—反硝化（缺氧）；S—沉淀

表 1-10-10 不同类型氧化沟的运行参数

工艺	氧化沟	Orbel氧化沟		Orbel氧化沟(延时曝气)	Orbel氧化沟(多点进水)	氧化沟	DE型氧化沟	T型氧化沟
工厂位置	Vienna-Blumenthal, Austria	Modder-fontein, S. Africa	S. Wit-bank, S. Africa	Huntsville, Texas	Huntsville, Texas	Carrol-wood, Florida	Frederiks-sund, Denmark	Odense, Denmark
流量 Q/(m³/d)	41290	2385	167	98	114	13250	6000	15000
污泥浓度 MLSS/(mg/L)	5800	3030	8830	8000	8800	3060	3000~5500	3000
食微比(F/M)/(g BOD/(g MLVSS))	0.17	0.093	0.03	0.027	0.015	—	0.08	—
污泥回流/%	190	115		110	95	—	30~80	—
污泥龄/d	7	15	31	>50	>50	44	15~30	15~30
水力停留时间 HRT/h	7	11	—	33	28	17	14	22
容积负荷 [g BOD/(m³·d)]	985	416	194~226	120	90	150	707	282

表 1-10-11 Orbel氧化沟设计参数

流量 Q/(m³/d)	BOD负荷/(g/m³)	污泥浓度 MLSS/(mg/L)	污泥龄 θ_c/d	水力停留时间 HRT/h	水深/m
<760	200	4000~5000	31~38	24	1.2~2.4
760~1889	240	4000~5000	26~32	20	1.5~2.4
1890~3784	240~288	4000~5000	20~32	16.6~20	1.8~3.0
3785~7569	288	4000~5000	21~27	16.6	2.4~3.7
>7570	320	5000~6000	24~29	15	2.4~3.7

表 1-10-12 各种氧化沟的脱氮性能

工艺	氧化沟	Orbel氧化沟		Orbel延时曝气	氧化沟		T型氧化沟	DE型氧化沟
工厂位置	Vienna-Blumenthal, Austria	South Wiitbank, South Africa	Modder-fontein, S. Africa	Huntsville, Texas	Carrol-wood, Florida	Frankfort, KY	Faaborg, Denmark	Frederiks-sund, Denmark
流量 Q/(m³/d)	41256	227	2271	2271	13248	14383	15000	8327
进水 BOD(COD)/(mg/L)	245	319	200	168	(250)	(205)		300
出水 BOD(COD)/(mg/L)	12	3	5	6	(20)	(23)	6	9
进水 TNK/(mg/L)	30	52.3	34	19.4	25	16.8		36
出水 TNK/(mg/L)	3.1	8.4	10	0.7	0.6	1.1		
进水 BOD(COD)/TKN值		6.1	5.9	8.7	(10.0)	(12.2)		8.3
进水 NH₄⁺-N/(mg/L)	17.9	39.2	21	17.8				
出水 NH₄⁺-N/(mg/L)	3.6	6.7	7.3	0.6	0.3		4.8	0.5
出水 NO$_x$-N/(mg/L)	0.9	0.7	2.2	1.1	0.04	2.5	4.3	1.5
出水 TN/(mg/L)	4	9.1	12.2	1.8	0.64	3.6	9.1	3.5
脱氮效率/%	87	86	65	91	97	79	80	90

⑤ SBR　SBR是一种"进水—排水"变容积的废水处理工艺。它是传统活性污泥法的原型。随着研究进展，传统的活性污泥工艺由"进水—排水"间歇式运行发展至"连续运行"的广为熟知的传统活性污泥工艺。在工业技术取得进展后，新型曝气设备、逻辑控制器、滗水器等的应用，使SBR克服了原来的缺陷获得了新生。最早应用于小型废水处理的SBR工艺也开始应用于大型废水处理上。

在基本型SBR工艺基础上，发展了很多专利型SBR工艺，这类工艺处理效率更高，操作运行更简单，并且均能保证出水TN<5mg/L。代表工艺有Aqua SBR、Omniflo SBR、Flaidyne SBR和CASS（cyclic activated sludge system）SBR、ICEAS（intermittent cycle extended aeration system）SBR五种。这里只介绍常用的CASS和ICEAS两种。

a. 工艺流程。

（a）典型的SBR工艺流程。典型的SBR工艺流程见图1-10-16。该工艺在进水、间歇曝气、反应、沉淀、排水等阶段均可以实现反硝化脱氮。

（b）CASS工艺。CASS工艺是周期性活性污泥法的简称，由Transenviro公司注册所有。其工艺流程见图1-10-17。其主要特征是带有一个专利型的选择器。

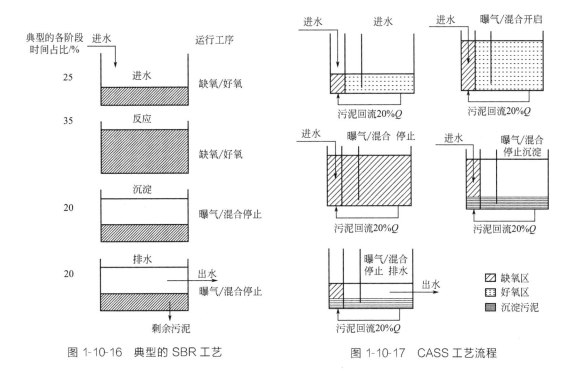

图1-10-16　典型的SBR工艺　　　　　　　　图1-10-17　CASS工艺流程

（c）ICEAS工艺。ICEAS是间歇循环延时曝气系统，其工艺流程见图1-10-18。其典型特征可以满足连续进水的要求。一个完整的ICEAS工作周期包括曝气、沉淀、排水三个阶段。ICEAS采用一个专利型的缺氧选择区来完成脱氮过程，并且促进菌胶团生长，抑制丝状菌。该选择器与CASS中的选择器类似。

b. 设计参数。SBR的设计已有标准化的方法，工艺参数见表1-10-13。确定SBR工作周期以及周期内各阶段的时间分配和需氧量是最关键的要素。通常典型的间歇进水SBR，一个周期的工作时间为4h，其中进水、曝气、缺氧反应阶段占2h，沉淀阶段占1h，排水和闲置阶段为1h。工作周期时间可以在2～24h之间变化。图1-10-19给出了不同处理目标要求下的合理分配各阶段时间的建议。

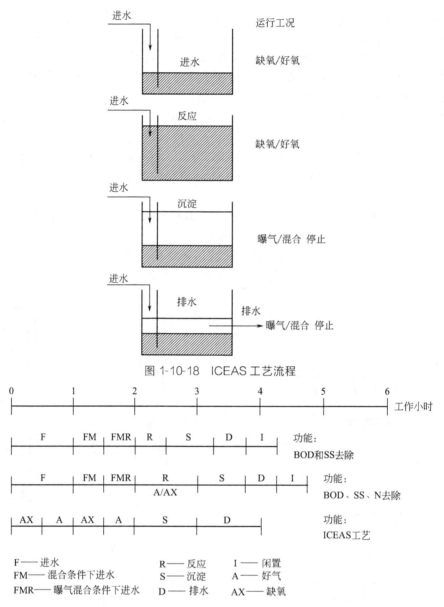

图 1-10-18 ICEAS 工艺流程

F——进水　　　　　　　R——反应　　I——闲置
FM——混合条件下进水　　S——沉淀　　A——好气
FMR——曝气混合条件下进水　　D——排水　　AX——缺氧

图 1-10-19 SBR 系统的操作运行方案

在计算需氧量时，应考虑完全硝化和 BOD 去除所需的氧量。在选择曝气设备时，要注意每个周期中的实际曝气时间，不能按平均供氧量选型。

c. SBR 运行性能。SBR 工艺的脱氮能力远高于传统的活性污泥工艺。表 1-10-14 列举了一些应用 SBR 工艺的废水厂的运行结果。从表中可以看出，出水 TN<6mg/L，TN 去除率达 75%～95%，最低出水 TN 为 1mg/L。

表 1-10-13 SBR 废水厂设计参数

参数		SBR	ICEAS
BOD 负荷/[g/(m³·d)]		80～240	
循环时间/h	进水	1～3	
	沉淀	0.7～1	
	排水	0.5～1.5	

参数	SBR	ICEAS
污泥浓度 MLSS/(mg/L)	2300～5000	
挥发性污泥浓度 MLVSS/(mg/L)	1500～3500	
水力停留时间 HRT/h	15～40	36～50
污泥龄/d	20～40	—
食微比(F/M)/[g BOD/(g MLVSS·d)]	0.05～0.20	0.04～0.06

表 1-10-14　SBR 废水厂运行性能

废水厂	流量 Q/(m³/d)	进水 BOD (COD)/(mg/L)	进水 TNK /(mg/L)	出水 TNK /(mg/L)	出水 NO_x^--N /(mg/L)	出水 TN[①] /(mg/L)	脱氮效率 /%
Nonproprietary Culver,IN	—	170	—	—	—	1.0	88
Cass Deep River,CT	189	100	54.5	3.6	1.0	4.6	92
Cass Dundee,MI	—	123	28.9	2.2	4.9	2.7	75
Nonproprietary Grundy Center,IA	1249	210	—	—	2.8	3.6*	90
Aqua SBR GrundyCenter,IA	3028	140	28.0	4.4	0.5	4.9	83
Aqua SBR Rock Falls,IN	530	109	39.8	1.8	1.0	2.8	93
Aqua SBR OakHili,MI	416	220	—	—	3.5	4.1	84
Jet Tech Oak Pt.,MI	227	142	—	—	2.8	3.4	82
Jet Tech Cow Creek,OK	9841	119	24.0	2.7	1.9	4.6	81
Jet Tech Del City,OK	13248	115	(28.3)	(5.4)	3.5	5.4	81
ICEAS Buckingham,PA	492	349	—	—	0.9	1.5	95
ICEAS Burkeville,VA	530	296	35.7	3.6	1.0	4.6	87
ICEAS Shiga Kogan	757	484	(36.9)	(5.4)	—	5.4	85

① TN 按出水中的 NH_4^+-N 和 NO_3^--N 之和计算。

注：括号内数字以总氮（TN）计。

⑥ 厌氧氨氧化工艺

a. 工艺流程。

（a）CANON 工艺。CANON 工艺是指在同一构筑物内，通过控制溶解氧实现亚硝化和厌氧氨氧化，全程由自养菌完成由氨氮至氮气的转化过程。在微好氧环境下，亚硝化细菌将氨氮部分氧化成亚硝态氮，消耗氧创造厌氧氨氧化过程所需的厌氧环境；产生的亚硝态氮与部分剩余的氨氮发生厌氧氨氧化反应生成氮气，过程见图 1-10-20。由于亚硝酸细菌和厌氧氨氧化细菌都是自养型细菌，因此 CANON 反应无需添加外源有机物，全程都是在无机自养环境下进行。CANON 工艺易受到硝酸菌干扰，与厌氧氨氧化菌竞争底物，因此控制硝酸菌的生长是保证 CANON 工艺稳定运行的条件，一般通过控制氧气或者亚硝酸盐来实现。

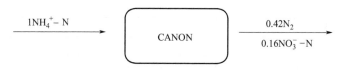

图 1-10-20　CANON 工艺流程

（b）Sharon-Anammox 工艺。Sharon-Anammox 工艺是现在应用最为广泛的厌氧氨氧化工艺，它主要分为两步：第一步 Sharon 段，50%～60% 的氨氮被氧化成亚硝态氮；第二步 Anammox 段，剩余的氨氮与新生成的亚硝态氮进行厌氧氨氧化反应生成氮气，并生成部分硝态氮，两段反应分别在不同的反应器中完成，过程见图 1-10-21。Sharon 和 Anammox 工艺联用，仅需将 50% 的氨氮转化为亚硝态氮，后续无需外加亚硝态氮，且大多数厌氧出水含有以重碳酸盐存在的碱度，可以补偿亚硝化所造成的碱度消耗，实现工艺碱度自平衡。同时，工艺一般把亚硝化和厌氧氨氧化菌分置在两个不同反应器内，或者在一个反应器在不同时期设置不同条件，让两类菌分别产生作用，实现了分相处理，为功能菌的生长提供了良好的环境，并且减少了进水中有害物质对厌氧氨氧化菌的抑制效应。Sharon-Anammox 联合工艺操作简单、处理负荷高，在亚硝化段需氧量低，pH 值要求范围宽，厌氧氨氧化段氧化还原电位低，厌氧环境好。相比亚硝化-反硝化工艺，曝气量大大降低，造成亚硝化段所需溶氧量低，低溶解氧的环境下，亚硝酸盐氧化菌（nitrite oxidizing bacteria，NOB）对氧的亲和力低，适合富集氨氧化菌（ammonia oxidizing bacteria，AOB）的生长，为亚硝化反应提供了适宜的环境；而且该联合工艺还大大降低了 NO 和 N_2O 等温室气体的排放。

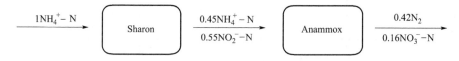

图 1-10-21　Sharon-Anammox 工艺流程

b. 设计参数。要保证 Sharon-Anammox 工艺的顺利进行，首先要保证 Sharon 段的出水能稳定达到后续 Anammox 段的要求，出水亚硝态氮和氨氮的比例约 1～1.3。Sharon 段适合在摇动床反应器中进行，无污泥持留，水力停留时间为 1d，适宜水温为 30～40℃，pH 为 6.6～7.0。Sharon 反应主要以 AOB 为主导，一般为革兰阴性菌，严格好氧，无机化能自养，倍增时间跨度较大，在 8h 到几天之间。Anammox 菌属化能自养的专性厌氧菌，生长缓慢，倍增时间长（约 11d），适宜生长温度为 20～43℃，最佳生长温度为 40℃，pH 值范围为 6.7～8.3（最佳为 8.0）。Sharon 段和 Anammox 段的功能菌群的生理特征和生存环境存在显著差异，而该工艺把两种功能菌设置在不同环境中，为发挥各自的优势提供了良好的保障。

c. 工艺性能。

（a）CANON 工艺。CANON 工艺主要的控制因素是亚硝态氮质量浓度、氧气浓度、pH 值和反应温度等。采用 SBR 反应器，通过控制曝气量为 7.9mL/min，水力停留时间为 1d，反应温度为 30℃，pH 值控制在 7.8，一个运行周期包括进水 11.5h、沉淀 0.25h、出水 0.25h，结果表明 85% 的氨氮转化成氮气，15% 氨氮转化成硝态氮，氧化亚氮的生成量可以忽略（0.1%）；亚硝酸细菌和 Anammox 菌分别占 45% 和 40%。

采用气升式生物膜反应器（BAS），反应器对氮素的去除为 1.5kg/（m³·d）（以 N 的质量计），反应器中以 Anammox 菌为主，可能是以富集的厌氧氨氧化污泥驯化的缘故。在 SBBR 反应器中，通过控制游离氨（FA）质量浓度启动 CANON 工艺，耗时 80d，稳定阶段发现无机物质量浓度对 CANON 工艺的效率具有重要影响，当进水氮负荷为 200mg/（L·d）

（以 N 的质量计）时，最佳的无机物质量浓度为 250mg/L（以 C 的质量计）。

CANON 工艺适合应用于处理经前处理过的猪场废水，当进水氨氮为 300mg/L，氮素去除负荷 0.46kg/（m³·d）（以 N 的质量计），去除率为 75%，反应器中 *Nitrosomonas* 是硝化菌主要种属，*Candidatus* "*Brocadia fulgida*" 和 *Candidatus* "*Brocadiaanammoxidans*" 是 Anammox 菌的主要种群。

（b）Sharon-Anammox 工艺。采用固定床生物膜反应器实现 Sharon 和 Anammox 串联，当温度为（30±1）℃，垃圾渗滤液氨氮负荷为 0.27~1.2kg/（m³·d），DO=0.8~2.3mg/L，Sharon 段能稳定实现出水亚硝态氮和氨氮比例为 1.0~1.3，适宜后续 Anammox 处理，Anammox 段温度控制为（30±1）℃，进水氨氮负荷为 0.06~0.11kg/（m³·d），该段有 60% 的氨氮和 64% 的亚硝态氮被去除，整个工艺对氨氮、总氮和 COD 的去除率分别达 97%、87% 和 89%。采用经 UASB 和 MBR 处理后的垃圾渗滤液，经 Sharon-Anammox 工艺处理，整个过程 90% 以上的 COD 和总凯氏氮（TNK）得到去除。在垃圾渗滤液处理中，一般在 Anammox 段均会发生厌氧氨氧化和反硝化协同作用，城镇垃圾渗滤液 Sharon-Anammox 工艺处理过程中，（85.1±5.6）% 的氨氮通过厌氧氨氧化去除，而（14.9±5.6）% 的氨氮通过异氧反硝化途径得以去除。

采用 Sharon-Anammox 处理猪场废水中的氨氮，Sharon 段进水氨氮负荷为 0.97kg/（m³·d）（以 NH_4^+-N 质量计）时，其中 0.73kg/（m³·d）（以 NH_4^+-N 的质量计）被转化成亚硝态氮，而在 Anammox 段，当进水氮负荷为 1.36kg/（m³·d）（以 N 的质量计）时，有 0.72kg/（m³·d）（以 N 的质量计）被转化为氮气，氨氮和亚硝态氮去除量比值为 1:2.13。但猪场废水中高浓度的有机物将会抑制厌氧氨氧化反应，采用厌氧氨氧化反应器处理猪场养殖废水厌氧消化液，发现 237mg/L COD 将完全抑制 Anammox 菌的活性，但在处理亚硝化出水过程中，发现完全抑制质量浓度为 290mg/L。当 Sharon 段出水 TOC 质量浓度达到 200mg/L 时，对后续 Anammox 作用没有显著影响，当氮负荷为 2.2kg/（m³·d）（以 N 质量计）时，氮去除负荷高达 2.0kg/（m³·d）（以 N 质量计）。在 Anammox 处理养殖废水试验中，当进水 COD 质量浓度高达 600mg/L 时，Anammox 菌依然能表现出较高的活性，占据主导地位。不管怎样，猪场养殖废水高质量浓度的有机物将对厌氧氨氧化产生不利影响，因此合理调节进水中有机物质量浓度是关键，也是限制性步骤，目前一般在 Sharon-Anammox 工艺前端设置高负荷厌氧反应器，以降低进水中 COD 质量浓度。

除了垃圾渗滤液和猪场养殖废水之外，Sharon-Anammox 工艺成功应用于味精加工业废水、污泥脱水液和厌氧消化液等低碳氮比废水的处理，均获得了较好的效果。采用 Anammox 处理混合味精废水经生物除碳和 Sharon 处理的出水，反应器总氮容积去除负荷可达 457mg/（L·d），高于传统硝化-反硝化工艺，可成为传统硝化-反硝化工艺的替代技术，Anammox 菌对亚硝态氮的耐受范围为 96.5~129mg/L。以污泥脱水液为研究对象，采用缺氧滤床＋好氧悬浮填料生物膜连续流工艺，在 15~29℃、DO 6~9mg/L 条件下实现脱水液亚硝化，当进水氨氮平均浓度为 315.8mg/L，平均进水氨氮负荷为 0.43kg/（m³·d），进水碱度/氨氮为 5.25 时，出水亚硝态氮/氨氮为 1.25 左右，适合后续 Anammox 处理；稳定后 Anammox 反应器对氨氮和亚硝态氮的容积去除负荷分别为 0.526kg/（m³·d）和 0.536kg/（m³·d），氮去除率达到 83.8%，从而实现全程自养生物脱氮，达到高效生物脱氮目的。

国内实际工程中厌氧氨氧化设计和实施主要是荷兰帕克公司，亦是基于 Delft 理工大学技术支持，在建或初步建成的以厌氧氨氧化为主体的污水处理工程有 6 个，如山东安琪酵母股份（滨州）有限公司，主要用于处理发酵废水，设计进水氨氮为 300~800mg/L，厌氧氨氧化反应器 500m³，运行稳定后去除负荷 2kg NH_4^+-N/（kg VSS·d）；内蒙古通辽梅花生物科技有限公司，设计味精生产进水氨氮浓度 600mg/L，厌氧氨氧化反应器 6700m³，主要以控制溶解氧实现氨氮部分转化，通过厌氧氨氧化作用脱除氮素；山东祥瑞药业有限公司，厌氧氨氧化反应器 4300m³，用于处理玉米淀粉和味精生产废水，设计氨氮负荷 1.42kg/(m³·d)。这些厌氧氨氧化工程的成功实施，必将极大地加快以厌氧氨氧化为主体的污水处理工艺在我国污水处理中的应用。目前，厌氧氨氧化工程化应用主要还是集中在工业生产废水的处理，而针对城市生活污水处理厂总氮提标、生活垃圾填埋场垃圾渗滤液深度处理、猪场废水成为农业面源污染重要来源等问题和挑战，以厌氧氨氧化为主体的污水处理工艺的应用将具有重要前景。

厌氧氨氧化和 CANON 工艺的应用效果对比见表 1-10-15。

表 1-10-15　厌氧氨氧化和 CANON 工艺的应用效果

工艺	位置	反应器类型	容积/m³	最大去除负荷/(kg·m⁻³·d⁻¹)	主体微生物
厌氧氨氧化工艺	荷兰	颗粒污泥	70	10	*Brocadia*
	荷兰	颗粒污泥	100	1	*Kuenenia*
	德国	移动床	67	1	n. d.
	日本	颗粒污泥	58	3	n. d.
	中国	厌氧生物膜	245	0.6	*Brocadia / Kuenenia*
	荷兰	颗粒污泥	5	4	*Kuenenia*
	瑞典	移动床	2	0.1	*Brocadia*
	瑞士	SBR	2.5	2	n. d.
CANON 工艺	荷兰	气升式反应床	600	1.2	*Brocadia*
	奥地利	SBR	500	0.7	*Brocadia*
	德国	MBR	660	0.4	*Brocadia / Kuenenia*
	瑞士	SBR	400	0.6	n. d.
	英国	生物转盘	240	1.7	*Scalindua*
	德国	移动床	102	1	n. d.
	德国	生物转盘	80	0.6	n. d.
	瑞士	生物转盘	33	0.4	n. d.
	瑞典	移动床	4	0.5	*Brocadia*

注：n. d. 表示未检出。

2. 多泥系统

（1）固定膜和活性污泥组合工艺

IFAS（integrated fixed film activated sludge）工艺是在活性污泥系统中投加附着生长生物膜的载体以提高处理系统中的生物量。与悬浮生长系统相比，IFAS 处理效率更高，沉降性能更好。载体的形式多种多样，如环状、塑料填料、移动床载体、纤维栅网、无纺布等。

（2）移动床生物膜反应器工艺

MBBR（mobile bed bio-film reaction）与 IFAS 相似，它采用表面积巨大的塑料填料，浸没安装在好氧区和缺氧区。填料多采用细小的圆球形，以获得较大的表面积。MBBR 与 IFAS 的不同之处在于，MBBR 没有污泥回流系统，而 IFAS 有污泥回流。

（3）MBR

MBR 是在缺氧好氧反应器之后，采用膜分离手段代替传统沉淀池完成泥水分离的工艺形式。膜分离组件可以安装在生物处理系统内，也可以独立于生物反应池而单独安在分离池内。通常采用低压膜分离组件（超滤、微滤）。处理出水可以正压或其他抽吸方式从膜组件中排出。几乎所有的膜组件均采用空气错流清洗方式防止膜表面污染，阻止微生物附着生长。

分离膜材现有有机膜和无机膜（如陶瓷）两种。通常以单元组件形式提供给用户，有丝膜和板膜两大类。

MBR 工艺由于污泥浓度高，因此占地少，池容小。MBR 出水悬浮物浓度低于 1mg/L，因此较传统泥水分离形式的工艺，可以进一步提高氮磷的去除效率。

3. 生物强化

对于去除 BOD 和硝化的单级活性污泥系统而言，在系统内保持足够数量的硝化细菌是关键。通常根据进水条件（BOD、NH_4^+-N、TKN）、环境条件（水温、流量特性）来选择恰当的 SRT，就可以满足 BOD 去除和硝化的目的。对于大多数活性污泥系统而言，只要 SRT 足够长，且 DO≥2mg/L，硝化作用可以迅速完成。但是对于池容不够的处理系统而言，实现硝化则存在一定的困难。针对这种情况，目前开发了一系列新的技术，生物强化就是其中的代表之一。例如生物强化分体外生物强化和在线生物强化两种。体外生物强化是用外源方式对现有活性污泥系统接种硝化微生物，在线生物强化是通过提高污泥的硝化活性或提高硝化微生物数量的形式来提高现有系统的硝化能力。

体外生物强化分商品硝化微生物接种和侧流培养硝化微生物接种两种形式。商品硝化微生物接种应用的不多，而侧流在线培养法则较为常用。SHARON 和 In-Nitri 是两种侧流培养的代表性专利技术，见图 1-10-22 和图 1-10-23。这两种工艺均以厌氧污泥滤液或硝化污泥上清液为基质，在高温条件下，完成侧流硝化过程，培养大量硝化微生物作为接种微生物被送至主流曝气池，以提高主流曝气池的硝化能力。

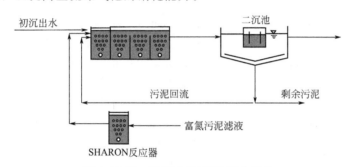

图 1-10-22 SHARON 侧流强化工艺

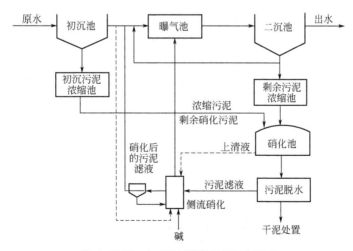

图 1-10-23 In-Nitri 侧流硝化强化工艺

新型在线强化技术通过促进硝化细菌生长而改善全系统的硝化能力。目前经过深入研究并取得成功的主要工艺技术有以下几种。

（1）再生/曝气生物强化（bio-augmentation regeneration，BAR）或再生-反硝化（regeneration-denitrification，R-DN）

BAR 工艺是一种美国研发的生物强化工艺，与捷克开发的 R-DN 工艺相当，见图 1-10-24。它将好氧硝化污泥富氮滤液回流至好氧池的前端。侧流被完全硝化并在好氧池接种大量硝化微生物，使之在较短的 SRT 下具有硝化能力。该工艺在美国和捷克均有成功的应用。AT3 工艺与 BAR 工艺相似，不同之处在于 AT3 将回流一小部分污泥至好氧区，以便将硝化过程控制在亚硝酸盐阶段。

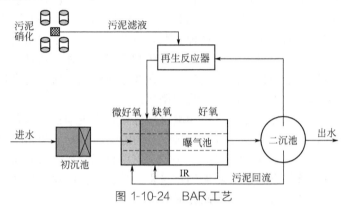

图 1-10-24　BAR 工艺

（2）批处理增强生物强化（bio-augmentatioin batch enhanced/aeration tank3，BABE/AT3）

BABE 是一种适合于侧流富集硝化细菌、主流强化硝化能力的新工艺。其技术的基本思路为，以侧流方式用消化液中的氨氮刺激硝化细菌生长并使之回流至主流工艺，以强化主流工艺的硝化能力。BABE 技术一个关键特性是要让一部分来自于主流工艺二沉池的回流污泥进入 BABE 反应器（见图 1-10-25），使硝化细菌以絮凝体形式处于悬浮增长状态。消化液中带有余温的高浓度氨氮在 BABE 反应器中能够增强活性污泥的硝化能力，被富集的硝化细菌接种到主流工艺后硝化能力会提高，氮的去除效率也会随之提高。在 BABE 反应器内，氨氮被顺序氧化为亚硝酸盐氮和硝酸盐氮，同时也因此产生酸度。为了迅速转换氨氮，必须中和一部分酸度。对此，虽然可以通过投加苛性钠的方式达到目的，但建议最好应用反硝化方式来增加碱度，如施加外部碳源（如甲醇）或利用已存在于活性污泥内的内部碳源（如PHA）来实现。利用内部碳源实现反硝化是 BABE 技术的一个主要特点，这样可以节省相当多的甲醇或苛性钠投加量，甚至有可能完全省去。甲醇或苛性钠的节省量取决于氮负荷、硝化液碱度、进入 BABE 反应器的污泥类型和数量以及 BABE 反应器出水硝酸盐氮浓度要求等情况。

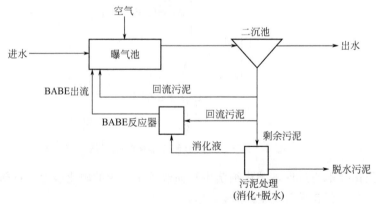

图 1-10-25　BABE 反应器工艺流程

4. 工艺选择要点

针对一股特定的废水，选择最经济、高效的脱氮工艺，必须考虑如下几个要素：出水限值要求、水质特点、现场条件、现有处理设施和费用。

本节主要讨论单泥脱氮工艺的选择，但有时也会涉及一些多泥脱氮工艺。通常情况下，将BOD去除和脱氮合并在一个单泥处理系统内完成，是最为经济有效的工艺。但有时候受限于出水水质要求、水质特点或一些物理条件的限制，需要补充一个独立的反硝化脱氮单元。

（1）出水限值要求

选择工艺类型的最主要的依据是满足出水水质要求。通常首先要依据出水氮的形态及其限值来选择工艺，其次再考虑除磷要求。依据排水中氮的限值及形态不同，大致可分为三类工艺：除氨工艺（硝化）、脱氮工艺（硝化、反硝化）和脱氮除磷工艺。

① 硝化　当只对出水中氨态氮有限值要求时，可以选择只有好氧系统的单泥工艺或多泥工艺。然而即使没有总氨排放要求，采用带反硝化的工艺仍然是首选。因为反硝化可以节约50%的硝化过程中的耗碱量和25%的供氧量。对于低碱度的废水而言，更是如此。采用带反硝化的工艺另一个好处是对生物除磷有利，它可以降低硝态氮对贮磷菌释磷的影响。同时有利于防止二沉池中污泥因硝态氮大量存在而出现剧烈反硝化，导致污泥上浮而流失的现象。

② 反硝化　当排水限值对TN有要求时，必须选择具有硝化-反硝化功能的工艺。单泥脱氮工艺均能实现硝化，因此选择反硝化是关键。从技术复杂程度上看，从简单到复杂的工艺流程排列是：交替好氧/缺氧单泥工艺、厌氧/缺氧/好氧单泥工艺、两级或多级缺氧/好氧单泥工艺、多泥工艺。要优先采用工艺简单且符合要求的工艺流程。

③ 出水总氮限值　每种工艺的处理能力和运行性能受众多因素影响，没有一个统一的标准化的指标用来对比和评判。但一般情况，可以用出水总氮水平来对各工艺作出一个大致的分析比较。本节从出水TN最大允许限值角度来论述工艺选择的策略。

a. TN为8～12mg/L。总体上讲，针对典型的城镇污水而言，任何一种单泥脱氮系统均可以满足出水平均值TN为8～12mg/L的要求。

MLE工艺适合于对现有处理设施的改造，只需要安装隔板和搅拌器，回流装置。

UCT、A^2/O和VIP工艺也可以用于TN为8～12mg/L的场合。这些工艺同时具有除磷功能，因此应结合废水水质特点，选择满足除磷要求的工艺形式。例如UCT和VIP适合于除磷要求高且TBOD/TP值低（＜20）的废水。A^2/O和VIP工艺属于高负荷系统，污泥龄和水力停留时间相对较短，适合于容积有限的现有废水厂的改造。

氧化沟和SBR工艺也能满足TN为8～12mg/L的要求。氧化沟和SBR工艺不能像其他单泥工艺一样，可以较准确地预测出水水质，它需要现场调试以优化运行条件，从而达到处理目标。SBR工艺特别适合于相对规模小且流量变化大的废水脱氮。

CNR工艺可以实现TN＜10mg/L的目标，恰当的优化运行条件可以稳定地达到TN＜8mg/L的水平。CNR工艺特别适合于只有季节性总氮排放限值要求的废水厂改造。当总氮限值并非是季节性限值时，可以设置一个独立的反硝化系统用于满足冬季的脱氮要求。

b. TN为6～8mg/L。通常情况下，出水TN为8mg/L是单一缺氧区工艺（如A^2/O、UCT、VIP）的限值水平。但在采取强化措施后，也可以达到TN为6.8mg/L的水平。出水TN浓度越低，要求内回流比就越大。这些工艺往往要求运行在较大回流比条件下（100%～400%），并且其他参数取值也必须保守一些。必要时设置外加甲醇的第二级缺氧反硝化单元，去除残余的硝酸盐。

两级缺氧工艺可以满足TN为6～8mg/L的要求。当然该工艺还可以获得更好的出水水质。例如 Bardenpho 工艺可以实现 TN<3mg/L 的目标。若采用 Bardenpho 工艺，不设置后过滤，就能满足出水 TN 为 6～8mg/L 的要求。

良好运行的氧化沟工艺可以实现 TN<6mg/L 的目标。Fruger 公司宣称其 BioDenitro 工艺可以稳定地达到 TN<6mg/L 的水平，最低可达到 TN<3mg/L 的水准。

c. TN 为 3～6mg/L。两级缺氧脱氮工艺可以用于实现 TN 为 3～6mg/L 的目标。Bardenpho 工艺是典型的可以满足 TN 为 3～6mg/L 要求的单泥工艺。MUCT 本质上与单一缺氧区工艺相似，因此不宜选择 MUCT 工艺用于满足 TN 为 3～6mg/L 的目标。MUCT 工艺是在平衡脱氮和除磷两种需求条件下的折中工艺。

多泥或独立的脱氮系统适合于 TN 为 3～6mg/L 要求下使用。下向流的独立反硝化滤池是一个很好的选择，特别是同时要求 TSS<10mg/L 时，更是如此。当不希望对出水进行过滤时，可以采用上向流的固定床反硝化反应器来完成深度反硝化，并节省甲醇用量，降低运行费用。

④ 除磷　在多数情况下，除了对出水氮素有要求外，往往还对磷有排放限值要求。通过生物除磷，也可以使出水中磷降低至很低的水平。

单泥单一缺氧区工艺如 A^2/O、VIP、UCT 工艺在氮排放不是很严格时，基本上可以满足出水 TP<1mg/L 水平。当出水 TP 要求稳定地达到<1mg/L 时，就要在生物处理之后辅以化学除磷。当总氮排放要求严格且要同时除磷时，应考虑两级缺氧区工艺，如选用五级 Bardenpho 工艺，出水 TP 可以<3mg/L。

对于 TP<0.5mg/L 限值要求时，往往要对出水进行化学除磷后再过滤才能满足要求。

从生物脱氮和生物除磷机理上讲，这两个过程对污泥龄的要求是矛盾的。通常是在满足出水氮排放限值要求的情况下，选择一个最小的 θ_c。

对于同时脱氮除磷而言，TBOD/TP 值是个关键性的选择依据。如果 TBOD/TP 值>20，此时回流携带的硝酸盐在厌氧区可能不会造成危害，此时可选用 A^2/O 或改进型 Bardenpho 工艺。它们因没有额外的内回流而节省了运行费用。当 TBOD/TP 值<20 时，宜选用 VIP 或 UCT 工艺。同样 BOD/TKN 值也是一个重要的选择依据。BOD/TKN 值小时，意味着碳源不足，容易造成回流液中硝酸盐进入厌氧区而影响除磷效果。

⑤ 出水固体含量　设计和运行良好的单泥脱氮系统的二沉池出水 TSS 可以稳定地<15mg/L。对于要求 TSS<10mg/L 时，必须对出水进行过滤。

当考虑采用出水过滤工艺时，可以考虑独立的硝化-反硝化系统。如果只是要求出水中 TN 浓度较低，并不意味着需对出水进行过滤，因为出水悬浮物中的氮对总氮贡献很小，如 30mg/L 的 TSS 中只贡献 2mg/L 的 TN。但当要求 TN<1mg/L 时，则必须对出水进行过滤。

（2）废水水质特征

BOD/TKN 值和 SBOD/BOD 值对单泥脱氮工艺影响较大。前者表示了是否有足够的碳源供反硝化脱氮利用，后者则对反硝化速率的快慢有重要作用。

废水温度对各工艺性能有重要影响，体现在影响污泥龄和反硝化速率两个方面。

废水 pH 值也是很重要的参数，硝化反应适宜的 pH 值为 6.5～8.5，反硝化适宜的 pH 值为 7.0～8.0。硝化过程消耗碱度有降低 pH 值的倾向，而反硝化则可弥补 1/2 的硝化碱度消耗，可升高 pH 值。当残余碱度小于 50mg/L($CaCO_3$) 时，必须补充碱度。

流量和负荷的变化影响工艺性能。当流量和负荷变化大时，要考虑设置调节池以均衡水质水量波动。

废水中工业废水占比也对工艺性能有影响。特别是有毒有害的物质存在时，单泥脱氮系统较多泥脱氮系统更易受影响。氨氮浓度很高时，较多的 NH_4^+-N 会对硝化细菌造成毒害。

当废水中含有较多化粪池出水时，因含有较多不易处理的 TKN，要求处理工艺运行在较长的污泥龄之下才能获得 TKN 的部分氧化。

（3）场地限制

在用地较为紧张的情况下，升级现有废水厂宜采用单泥脱氮工艺。对于现场没有新增用地条件的情况下，采用异地升级时，可以采用多泥脱氮工艺，将现有废水厂专用于 BOD 去除，而将出水输送至异地专门脱氮。用地紧张时，再考虑采用高速率工艺如 VIP 工艺等。SBR 工艺也是恰当的选择。

另外采用方形沉淀池共墙结构微气泡深层曝气池等方式可以节省用地，投加外碳源甲醇提高反硝化速率也可以减少占地面积。

（4）费用

① 基建投资　现有废水厂升级或新建生物脱氮系统所需的基建投资差异非常大，没有一个统一的标准。它受众多因素影响，很难确定一个有实际意义的参考标准。

大多数情况下，单泥脱氮系统因不需要一个以上的二沉池使之较多泥系统投资少一些。现有的文献数据显示，多泥系统投资较单泥系统高 15%～20%。

② 操作运行费用　单泥系统的运行费较多泥系统有一定的优势。例如"硝化-反硝化"在同一污泥系统内完成时，可以节省供氧量、碱耗和碳源，节省的费用足以弥补内回流所消耗的电力费用。另外单泥系统的产泥率较低，从而也节省了污泥处理费用。

对于同时有脱氮除磷要求的废水处理厂，采用生物除磷与化学除磷相结合的方法较仅用化学除磷法更为节省运行费。

二、设计计算

（一）基本假设

本部分介绍德国排水技术协会（ATV）制定的城镇污水设计规范 A131 中关于生物脱氮（硝化和反硝化）的曝气池设计方法。

A131 的应用条件：a. 进水的 COD/BOD 值≈2，TKN/BOD 值≤0.25；b. 出水达到废水规范的规定。

对于具有硝化和反硝化功能的废水处理过程其反硝化部分的大小主要取决于：a. 希望达到的脱氮效果；b. 曝气池进水中硝酸盐氮 NO_3^--N 和 BOD 的比值；c. 曝气池进水中易降解 BOD 占的比例；d. 泥龄；e. 曝气池中的悬浮固体浓度；f. 废水温度。

图 1-10-26 为前置反硝化系统流程。

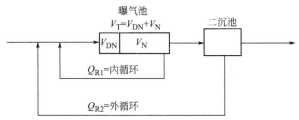

图 1-10-26　前置反硝化系统流程

总回流量 $Q_R = Q_{R1} + Q_{R2}$

V_T—曝气池总体积；V_{DN}—反硝化区体积；V_N—硝化区体积（包括去除 BOD 和硝化）

（二）计算方法

1. N_{DN}/BOD 值和 V_{DN}/V_T 值

N_{DN} 表示需经反硝化去除的氮量，它与进水的 BOD 之比决定了反硝化区体积 V_{DN} 占总体积 V_T 的大小。

由氮平衡计算 N_{DN}/BOD 值：

$$N_{DN} = TKN_i - N_{oe} - N_{me} - N_s \qquad (1\text{-}10\text{-}16)$$

式中，TKN_i 为进水总凯氏氮，mg/L；N_{oe} 为出水中有机氮量，一般取 $1 \sim 2$mg/L；N_{me} 为出水中无机氮之和，包括氨氮、硝酸盐氮和亚硝酸盐氮，是排放控制值，按德国标准控制在 18mg/L 以下，则设计时取 $0.67 \times 18 = 12$（mg/L）；N_s 为剩余污泥排出的氮量，等于进水 BOD 的 0.05 倍，mg/L。

由此可计算 N_{DN}/BOD 值，然后从表 1-10-16 查得 V_{DN}/V_T 值。

表 1-10-16　晴天和一般情况下反硝化设计 V_{DN}/V_T 值的参考值

反硝化	前　　置	同　　步
V_{DN}/V_T 值	反硝化能力，以 $kgN_{DN}/kgBOD$ 计，（$T=10℃$）	
0.2	0.7	0.05
0.3	0.1	0.08
0.4	0.12	0.11
0.5	0.14	0.14

2. 泥龄

泥龄 θ_c 是活性污泥在曝气池中的平均停留时间，即

$$\theta_c = \frac{曝气池中的活性污泥量}{每天从曝气池系统排出的剩余污泥量} \qquad (1\text{-}10\text{-}17)$$

$$\theta_c = \frac{SV_T}{Q_S S_R + QS_E} \qquad (1\text{-}10\text{-}18)$$

式中，θ_c 为泥龄，d；S 为曝气池中的活性污泥浓度，即 MLSS，kg/m^3；V_T 为曝气池总体积，m^3；Q_S 为每天排出的剩余污泥体积，m^3/d；S_R 为剩余污泥浓度，kg/m^3；Q 为设计废水流量，m^3/d；S_E 为二沉池出水的悬浮固体浓度，kg/m^3。

根据要求达到的处理程度和废水处理厂的规模，从表 1-10-17 选取应保证的最小泥龄。

表 1-10-17　处理程度及处理厂规模和最小泥龄的关系

处理程度		废水厂处理规模	
		≤2 万人口当量	≥10 万人口当量
无硝化的废水处理		5	4
有硝化的废水处理（设计温度 10℃）		10	8
硝化/反硝化的废水处理（设计温度 10℃）V_{DN}/V_T 值	0.2	12	10
	0.3	13	11
	0.4	15	13
	0.5	18	16

注：12℃时达到稳定硝化需按 10℃设计。

3. 剩余污泥量

污泥比产率

$$Y = Y_{BOD} + Y_P \tag{1-10-19}$$

式中，Y 为污泥产率，kg 干固体/kg BOD；Y_{BOD} 为剩余污泥产率，kg 干固体/kg BOD；Y_P 为同步沉淀的化学污泥产率（当未投加化学混凝剂除磷时无此项），kg 干固体/kg BOD。

剩余污泥产率 Y_{BOD} 与泥龄、进水 SS 和 BOD 的比例、温度等有关，为 $0.52 \sim 1.22$ kg 干固体/kg BOD，可从表 1-10-18 中选取。

表 1-10-18 Y_{BOD} 与泥龄、进水 SS 和 BOD 的比例之关系

进水 SS_i/BOD_i 值	泥龄/d					
	4	6	8	10	15	25
0.4	0.74	0.70	0.67	0.64	0.59	0.52
0.6	0.86	0.82	0.79	0.76	0.71	0.64
0.8	0.98	0.94	0.91	0.88	0.83	0.76
1.0	1.10	1.06	1.03	1.00	0.95	0.88
1.2	1.22	1.18	1.15	1.12	1.07	1.00

4. 曝气池体积

首先计算曝气池的污泥负荷 N_S，即

$$N_S = \frac{1}{\theta_c Y} \tag{1-10-20}$$

式中，N_S 为曝气池的污泥负荷，kg BOD/(kg 干固体·d)。

再根据表 1-10-19 选定曝气池中的活性污泥浓度 S。

表 1-10-19 曝气池中活性污泥浓度的推荐值

处 理 程 度	活性污泥浓度 S/(kg/m³)	
	有初沉池	无初沉池
无硝化	$2.5 \sim 3.5$	$3.5 \sim 4.5$
硝化和反硝化	$3.5 \sim 4.5$	$3.5 \sim 4.5$
带污泥稳定	—	$4.0 \sim 5.0$
除磷(加混凝剂同步沉淀)	$3.5 \sim 4.5$	$4.0 \sim 5.0$

应特别注意，必须校验二沉池能否使曝气池中的活性污泥浓度达到所选取的 S 值。曝气池的体积为：

$$V_T = \frac{(BOD)_i Q}{N_S S} \tag{1-10-21}$$

式中，$(BOD)_i$ 为进水 BOD 浓度。

$$V_T = V_{DN} + V_N \tag{1-10-22}$$

5. 回流比

内循环回流比 $R_1 = Q_{R1}/Q$，外循环回流比 $R_2 = Q_{R2}/Q$，总回流比 $R = R_1 + R_2$。

在前置反硝化工艺中，硝酸盐氮通过内循环和外循环回流进入反硝化区。只要回流的硝酸盐氮不超过表 1-10-16 中的反硝化能力，则可能达到的最大反硝化程度取决于回流比 R。

因此，可根据反硝化率 E_{DN} 计算所需的最小回流比。

$$E_{DN} = \frac{N_{DN}}{N_{DN} + N_{ne}} \quad\quad (1\text{-}10\text{-}23)$$

所需的最小回流比为：

$$R = \frac{1}{1 - E_{DN}} - 1 \quad\quad (1\text{-}10\text{-}24)$$

式中，E_{DN} 为反硝化率；N_{ne} 为出水硝酸盐氮，mg/L。

一般在前置反硝化工艺中，回流比取 2.0。若希望进一步提高反硝化率，可继续提高回流比。但必须注意，最大回流比为 4.0，且回流比较高时存在着将过多的溶解氧带入反硝化区的危险。为了减少循环回流中的溶解氧，可在曝气池末端设置隔离区域，减少该区中的曝气量。前置反硝化工艺中的反硝化区应采用隔墙与好氧硝化区分开，并在反硝化区中设置搅拌装置。回流量还可根据连续监测反硝化区 N_{ne} 值进行调节。

6. 供氧量

生物脱氮工艺中，分解碳化合物（BOD）的需氧率 O_{VC} 和氧化氮化合物的需氧率 O_{VN} 必须分开计算。然后根据饱和溶解氧等因素的影响，由这两部分之和计算供氧率（氧负荷）O_B。

分解碳化合物的需氧率 O_{VC} 可从表 1-10-20 查得。

表 1-10-20　分解碳化合物的需氧率 O_{VC}　　　单位：kg O_2/kg BOD

温度/℃	泥龄/d					
	24	6	8	10	15	25
10	0.83	0.95	1.05	1.15	1.32	1.55
12	0.87	1.00	1.10	1.20	1.38	1.60
15	0.94	1.08	1.20	1.30	1.46	1.60
18	1.00	1.17	1.30	1.40	1.54	1.60
20	1.05	1.22	1.35	1.45	1.60	1.60

氧化氮化合物的需氧率 O_{VN} 可按下式计算：

$$O_{VN} = \frac{4.6 N_{ne} + 1.7 N_{DN}}{BOD} \quad\quad (1\text{-}10\text{-}25)$$

选择曝气区的溶解氧浓度 C_x，根据峰值系数 f_C 和 f_N 计算最大小时供氧率（氧负荷）O_B：

$$O_B = \frac{C_s (O_{VC} f_C + O_{VN} f_N)}{C_s - C_x} \quad\quad (1\text{-}10\text{-}26)$$

式中，C_s 为废水中饱和溶解氧浓度，mg/L；C_x 为曝气池中溶解氧浓度，mg/L；f_C 为碳负荷峰值系数，即最大小时需氧率与平均小时需氧率之比；f_N 为氮负荷峰值系数。

推荐的 C_x 值为：在无硝化的装置中取 2mg/L；进行硝化的装置中取 2mg/L；进行硝化同步反硝化的装置中取 0.5mg/L。

如果无法测得峰值系数，可从表 1-10-21 中查取。由于在废水处理厂最大氮负荷与最大碳负荷并不同时出现，因此选用最大碳负荷和平均氮负荷或最大氮负荷和平均碳负荷进行计算。

表 1-10-21　峰值系数

各类负荷值系数	泥龄/d					
	4	6	8	10	15	25
f_C	1.3	1.25	1.2	1.2	1.15	1.1
f_N（≤2万人口当量）	—	—	—	2.5	2.0	1.5
f_N（≥10万人口当量）	—	—	2.0	1.80	1.5	—

注：假定 24h 中出现 2h 峰值。

　　根据供氧率（氧负荷）O_B 和曝气设备的氧利用率计算设计供氧量。如果曝气设备的氧利用率是在清水中测定的，则计算结果必须除以供氧系数 α（0.5～1.0）。

　　应特别注意的问题还有，夏季在不具备反硝化功能的废水处理厂进行废水硝化时，O_{VC} 值必须增加 1/3。另外，最大小时需氧率是根据峰值系数 f_C 和 f_N 以及日需氧率的 1/24 计算的，因此若采用间歇反硝化，供氧量应依据曝气间歇时间相应提高。

　　在前置反硝化工艺中，可将供氧和搅拌分开。反硝化区的搅拌强度取决于池容，通常为 3～8W/m^3。同时，在反硝化区安装曝气装置有利于加强运行灵活性。

　　对前置反硝化系统的测试表明，曝气区起始段的耗氧量为平均耗氧量的 2 倍，故应合理布置曝气装置，保证整个曝气区内的溶解氧都不低于 2mg/L。对于推流式曝气池，应分别在沿池长 25% 和 75% 处测量池中的溶解氧。供氧量也可根据连续监测曝气池出水中的 NH_4^+-N 值进行调整。

（三）基本参数计算

1. 计算方法简介

　　污泥负荷法是一种经验计算法，它的最基本参数 N_S（曝气池污泥负荷）和 N_V（曝气池容积负荷）是根据曝气的类别按照以往的经验设定，由于水质千差万别和处理要求不同，这两个基本参数的设定只能给出一个较大的范围，例如我国的规范对普通曝气推荐的数值为：

$$N_S＝0.2～0.4kg\ BOD/(kg\ MLSS·d) \tag{1-10-27}$$

$$N_V＝0.4～0.9kg\ BOD/(m^3\ 池容·d) \tag{1-10-28}$$

　　污泥负荷法最根本的问题是没有考虑到废水水质的差异。对于生活污水来说，SS 和 BOD 浓度大致有数，MLSS 与 MLVSS 的比值也大致差不多，但结合各地的实际情况来看，城镇污水一般包含 50% 甚至更多的工业废水，因而废水水质差别很大，有的 SS、BOD 值高达 300～400mg/L，有的则低到不足 100mg/L，有的废水 SS/BOD 值高达 2 以上，有的 SS 值比 BOD 值还低。污泥负荷是以 MLSS 为基础的，其中有多大比例的有机物反映不出来，对于相同规模、相同工艺、相同进水 BOD 浓度的两个厂，按污泥负荷法计算曝气池容积是相同的，但当 SS/BOD 值差异很大时，MLVSS 也相差很大，实际的生物环境就大不相同，处理效果也就明显不同了。

　　泥龄反映了微生物在曝气池中的平均停留时间，泥龄的长短与废水处理效果有两方面的关系：一方面是泥龄越长，微生物在曝气池中停留时间越长，微生物降解有机污染物的时间越长，对有机污染物降解越彻底，处理效果越好；另一方面是泥龄长短对微生物种群有选择性，因为不同种群的微生物有不同的世代周期，如果泥龄小于某种微生物的世代周期，这种微生物还来不及繁殖就排出池外，不可能在池中生存，为了培养繁殖所需要的某种微生物，选定的泥龄必须大于该种微生物的世代周期。最明显的例子是硝化菌，它是产生硝化作用的微生物，它的世代周期较长，并要求好氧环境，所以在废水进行硝化时须有较长的好氧泥龄。当废水反硝化时，是反硝化菌在工作，反硝化菌需要缺氧环境，为了进行反硝化，就必须有缺氧段（区段或时段），随着反硝化氮量的增大，需要的反硝化菌越多，也就是缺氧段和缺氧泥龄要加长。上述关系的量化已体现在表 1-10-21 中。

采用泥龄法作为设计依据的优缺点如下：

① 泥龄法是经验和理论相结合的设计计算方法，泥龄 θ_c 和污泥产率系数 Y 值的确定都有充分的理论依据，又有经验的积累，因而更加准确可靠。

② 泥龄法很直观，根据泥龄大小对所选工艺能否实现硝化、反硝化和污泥稳定一目了然。

③ 泥龄法的计算中只使用 MLSS 值，不使用 MLVSS 值，污泥中无机物所占比重的不同在参数 Y 值中体现，因而不会引起两者的混淆。

④ 泥龄法中最基本的参数——泥龄 θ_c 和污泥产率系数 Y 都有变化幅度很小的推荐值和计算值，操作起来比选定污泥负荷值更方便容易。

⑤ 泥龄法不像数学模型法那样需要确定很多参数，使操作大大简化。

⑥ 计算污泥产率系数 Y 值的方程式是根据德国的废水水质和实验得出的，结合我国情况在应用时需乘以一个修正系数。

为了使泥龄计算法实用化，建议采用德国目前使用的 ATV 标准中的计算公式，并对式中的关键参数取值结合我国具体情况适当修改。实践证明，按该公式计算概念清晰，特别便于操作，计算结果都能满足我国规范的要求，不失为一种简单、可信而又十分有效的设计计算方法。

采用泥龄法设计计算活性污泥工艺时，只需确定泥龄 θ_c、剩余污泥量 W（或污泥产率系数 Y）和曝气池混合液悬浮固体平均浓度 S（MLSS）即可求出曝气池容积 V。与污泥负荷法相比，它用泥龄 θ_c 取代 N_S 或 N_V 作为设计计算的最基本参数，与数学模型法相比，它只需测定一个污泥产率系数 Y，而不需测定多个参数数据。

在污泥负荷法中，污泥负荷是最基本的设计参数，泥龄是导出参数；而在泥龄法中，泥龄是最基本的设计参数，污泥负荷是导出参数，两者呈近似反比关系：

$$\theta_c N_S = \frac{S_i}{Y(S_i - S_e)} \tag{1-10-29}$$

$$V = \frac{24Q\theta_c Y(S_i - S_e)}{1000 N_S} \tag{1-10-30}$$

式中，Y 为污泥产率系数，kg MLSS/kg BOD；S_i 为进水 BOD 浓度，mg/L；S_e 为出水 BOD 浓度，mg/L。

Q、L_j、L_{ch} 值是设计初始条件，是反映原水水量、水质和处理要求的，在设计计算前已经确定。

$$\theta_c = \frac{VS}{W} \tag{1-10-31}$$

式中，W 为剩余污泥量，kg MLSS/d；S 为曝气池中的活性污泥浓度，即 MLSS，kg/m³。

$$W = \frac{24QY(S_j - S_{ch})}{1000} \tag{1-10-32}$$

2. 污泥龄计算方法

无硝化废水处理厂的最小泥龄选择 4~5d，是针对生活污水的水质并使处理出水达到

BOD＝3mg/L 和 SS＝30mg/L 确定的，这是多年实践经验的积累，就像污泥负荷的取值一样。

有硝化的废水处理厂，泥龄必须大于硝化菌的世代周期，设计通常采用一个安全系数，以确保硝化作用的进行，其计算式为：

$$\theta_c = F \frac{1}{\mu_0} \qquad (1\text{-}10\text{-}33)$$

式中，θ_c 为满足硝化要求的设计泥龄，d；F 为安全系数，取值范围 2.0～3.0，通常取 2.3；$1/\mu_0$ 为硝化菌世代周期，d；μ_0 为硝化菌比生长速率，d^{-1}。

$$\mu_0 = 0.47 \times 1.103^{(T-15)} \qquad (1\text{-}10\text{-}34)$$

式中，T 为设计废水温度，℃，北方地区通常取 10℃，南方地区可取 11～12℃。

$$\mu_0 = 0.47 \times 1.103^{(10-15)} = 0.288(d^{-1})$$

$$\theta_c = 2.3 \times \frac{1}{0.288} = 7.99 \ (d)$$

计算所得数值与表 1-10-17 中的数值相符。

表 1-10-17 是德国标准，但它的理论依据和经验积累具有普遍意义，并不随水质变化而改变，在我国也可以应用。

3. 污泥产率系数的确定

采用泥龄法进行活性污泥工艺设计计算时，准确确定污泥产率系数 Y 是十分重要的，从式（1-10-30）中看出，曝气池容积与 Y 值成正比，Y 值直接影响曝气池容积的大小。

式（1-10-32）给出了 Y 值和剩余污泥量 W 的关系，剩余污泥量是每天从生物处理系统中排出的污泥量，它包括两部分：一部分随出水排除，一部分排至污泥处理系统，其计算式为：

$$W = \frac{24QN_{ch}}{1000} + Q_s S_s \qquad (1\text{-}10\text{-}35)$$

式中，N_{ch} 为出水悬浮固体浓度，mg/L；Q_s 为排至污泥处理系统的剩余污泥量，m^3/d；S_s 为排至污泥处理系统的剩余污泥浓度，kg/m^3。

剩余污泥量最好是实测求得。从式（1-10-35）可以看出，对于正常运行的废水处理厂，Q、N_{ch}、Q_s 及 S_s 值都不难测定，这样就能求出 W 和 Y 值。在新设计废水处理厂时，只有参照其他类似废水处理厂的数值。由于废水水质不同，处理程度及环境条件不同，各地得出的 Y 值不可能一样，特别是很多城镇污水处理厂由于资金短缺等原因，运行往往不正常，剩余污泥量 W 的数值也测不准确，这势必影响设计的精确性和可靠性。

从理论上分析，污泥产率系数与原水水质、处理程度和废水温度等因素有关。首先，污泥产率系数本来的含义是一定量 BOD 降解后产生的 SS。由于是有机物降解产物，这里的 SS 应该是 VSS，即挥发性悬浮固体，但废水中还有相当数量的无机悬浮固体和难降解有机悬浮固体，它们并未被微生物降解，而是原封不动地沉积到污泥中，结果产生的 SS 将大于真正由 BOD 降解产生的 VSS，因此在确定污泥产率系数时，必须考虑原水中无机悬浮固体和难降解有机悬浮固体的含量。其次，随着处理程度的提高，污泥泥龄的增长，有机物降解越彻底，微生物的衰减也越多，这导致剩余污泥量的减少。至于水温，是影响生化过程的重要因素，水温增高，生化过程加快，将使剩余污泥量减少。对于各种因素的影响，可根据理论分析通过实验建立数学方程式，其计算结果如经受住实践的检验，就可用于实际工程。德国已经提出了这样的方程式，按这个方程式计算出的 Y 值已正式写进 ATV 标准中。

$$Y = 0.6\left(\frac{N_i}{S_i} + 1\right) - \frac{0.072 \times 0.6\theta_c F_T}{1 + 0.08\theta_c F_T} \qquad (1\text{-}10\text{-}36)$$

$$F_T = 1.072^{(T-15)} \qquad (1\text{-}10\text{-}37)$$

式中，N_i 为进水悬浮固体浓度，mg/L；F_T 为温度修正系数；S_i 为进水 BOD 浓度，mg/L；T 为设计水温，与前面的计算取相同数值。

可以看出，N_i/S_i 值反映了废水中无机悬浮固体和难降解悬浮固体所占比重的大小，如果它们占的比重增大，剩余污泥量自然要增加，Y 值也就增大了。θ_c 值影响污泥的衰减，θ_c 值增长，污泥衰减得多，Y 值相应减少。温度的影响体现在 F_T 值上，水温增高，F_T 值增大，Y 值减小，也就是剩余污泥量减少。

这个方程式对我国具有参考价值。由于我国的生活习惯与西方国家差异很大，废水中有机物比重低，有机物中脂肪比例低，碳水化合物比例高，因而产泥量也不会完全相同。根据国内已公布的数据，我国活性污泥工艺废水处理厂的剩余污泥产量比西方国家要少，因此，式(1-10-36)中须乘上一个修正系数 K。

$$Y = K\left[0.6\left(\frac{N_i}{S_i} + 1\right) - \frac{0.072 \times 0.6\theta_c F_T}{1 + 0.08\theta_c F_T}\right] \qquad (1\text{-}10\text{-}38)$$

一般取 $K = 0.8 \sim 0.9$。

在目前缺乏我国自己的 Y 值计算式的情况下，采用式(1-10-38)计算 Y 值是可行的。

4. MLSS 的确定

根据以上分析，在选定 MLSS 时要照顾到如下各个方面：

① 泥龄长、污泥负荷低，选较高值；泥龄短、污泥负荷高，选较低值；同步污泥好氧稳定时，选高值。

② 有初沉池时选较低值，无初沉池时选较高值。

③ SVI 值低时选较高值，高时选较低值。

④ 废水浓度高时选较高值，低时选较低值。

⑤ 合建反应池（如 SBR）不存在污泥回流问题，选较高值或高值。

⑥ 核算搅拌功率是否满足要求，如不满足时要进行适当调整。

德国 ATV 标准对 MLSS 值规定了选用范围有硝化和无硝化时其 MLSS 值是一样的，这不完全符合我国具体情况。我国城镇污水污染物浓度通常较低，在无硝化（泥龄短）时如果 MLSS 值过高，有可能停留时间过短，不利于生化处理，故将无硝化时的 MLSS 值降低 0.5kg/m^3，推荐的 MLSS 值列于表 1-10-22。

表 1-10-22　推荐曝气池 MLSS 取值范围

单位：kg/m^3

处　理　目　标	MLSS	
	有初沉池	无初沉池
无硝化	2.0~3.0	3.0~4.0
有硝化（和反硝化）	2.5~3.5	3.5~4.5
污泥稳定		4.5

第二节　生物除磷

一、原理和功能

（一）生物除磷工艺流程简介

在常规二级生物处理系统中（图 1-10-27），磷作为活性污泥微生物正常生长所需的元素也成为生物污泥的组分，从而达到磷的去除。活性污泥含磷量一般为干重的 $1.5\%\sim2.3\%$，通过剩余污泥的排放仅能获得 $10\%\sim30\%$ 的除磷效果。磷去除效果主要取决于进水 BOD/TP 比值、泥龄、污泥处理方法及处理液回流量等因素。假设初沉池出水的 BOD 浓度为 140mg/L，溶解磷浓度为 8mg/L，剩余污泥产率为 0.6g MLVSS/g BOD，生物处理过程将有 $1.2\sim1.7$mg/L 的磷的去除，去除率为 $15\%\sim21\%$。

在废水生物除磷工艺中，通过厌氧段和好氧段的交替操作，利用贮磷菌的超量磷吸收现象，使细胞含磷量相当高的细菌群体贮磷菌能在处理系统的基质竞争中取得优势，剩余污泥的含磷量可达到 $3\%\sim7\%$，进入剩余污泥的总磷量增大，处理出水的磷浓度明显降低。

生物除磷的各部分处理过程如下。

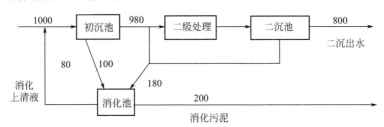

图 1-10-27　常规二级生物处理的除磷情况（单位：kg/d）

1. 厌氧区

发酵作用：在没有溶解氧和硝态氧存在的厌氧状态下，兼性细菌将溶解性 BOD 转化为低分子发酵产物挥发性脂肪酸（volatile fatty acids，简称 VFAs）。

生物贮磷菌（或称除磷菌）获得 VFAs：这些细菌吸收厌氧区产生的或来自原废水的 VFAs，并将其运送到细胞内，同化成胞内碳能源贮存物聚羟基丁酸/聚羟基戊酸（poly-hydroxybutyrate/polyhydroxyvalerate，简称 PHB/PHV），所需的能量来源于聚磷的水解以及细胞内糖的酵解，并导致磷酸盐向体外释放。

2. 好氧区

磷的吸收：细菌以聚磷的形式存贮超出生长需求的磷量，通过 PHB/PHV 的氧化代谢产生能量，用于磷的吸收和聚磷的合成，能量以聚磷酸高能键的形式富集存贮，磷酸盐从液相去除；合成新的贮磷菌细胞，产生富磷污泥。在某些条件下，贮磷菌合成和存贮细胞内糖。

3. 除磷系统

剩余污泥排放：通过剩余污泥排放，将磷从系统中除去。

好氧吸收磷的前提条件是混合液必须经过磷的厌氧释放，在有效释放过程中，磷的厌氧释放可使微生物的好氧吸磷能力大大提高。好氧吸磷速度的不同是由厌氧放磷速度不同引起的。厌氧段放磷速度大，磷释放量大，合成的 PHB 就多，那么在好氧段时由于分解 PHB

而合成的聚磷酸盐速度就较大，所以表现出来的好氧吸磷速度也就大；磷吸收对磷释放也有影响，磷吸收完成得越彻底，聚磷量越大，相应厌氧状态下磷的有效释放也越有保证。

磷的有效释放与溶解性可快速生物降解 COD（soluble, readily biodegradable COD，简称 Sbs）直接相关，Sbs 量大小对磷的去除有决定性的影响。大分子有机物需酸化成小分子有机酸（如醋酸）才能诱发磷的释放，因此酸化过程是总过程的速率的限制步骤。

（二）生物除磷典型工艺

生物除磷工艺形式多种多样，一般均含有依次排列的"厌氧—缺氧—好氧"除磷单元。不同的工艺在除磷单元的数量、回流性质和回流点、运行方式等方面会有所不同。每种工艺均是从标准的活性污泥法为达到某一特定目的演变而来。主要除磷工艺形式有以下几种：pho-redex（A/O）工艺；三级 pho-redex（A²/O）工艺；改进型 Bardenpho 工艺；UCT 和MUCT 工艺；JHB(Johanneshburg)、MJHB(Modified Johanneshberg) 和 Westbank 工艺；氧化沟工艺；SBR 工艺；化学和生物复合除磷工艺。以上工艺中除 pho-redex 工艺外，其余均具备同时脱氮除磷能力。

这些工艺的性能取决于实际条件，如温度、水力和有机负荷、回流比、回流类型等。这里描述的几种除磷工艺可以使出水 TP 达到 $0.5 \sim 1.0 mg/L$ 水平。生物除磷可以与其他方法相结合，使出水浓度达到相当低的水平（如 $<0.2 mg/L$）。化学除磷与生物除磷相结合的工艺是其代表工艺。将 TP 降至 $0.2 mg/L$ 以下时，悬浮物的去除成了限制性因素。极低的出水 TP 浓度往往要求 $TSS<5 mg/L$。第三级过滤、膜生物反应器、高效分离工艺等方法可实现出水 $TSS<5 mg/L$ 的目标。

1. pho-redex（A/O）和三级 pho-redox（A²/O）工艺

pho-redex(A/O)（图 1-10-28）是在传统活性污泥法曝气池之前增加了一个厌氧区。从沉淀池回流的污泥返回到厌氧区。该工艺 SRT 较短，不发生硝化。由于回流污泥中无硝态氮，工艺过程稳定并易于操作。当温度超过 25℃ 时，难于完全避免硝化作用，对操作运行带来一定影响。三级 pho-redex（A²/O）工艺（图 1-10-29）是在 A/O 工艺中的厌氧区之后增加了一个缺氧区，使之具备了脱氮能力。通过增加内回流（好氧区至缺氧区）来提高脱氮效率。A²/O 工艺的缺点是回流污泥中含有硝态氮，除磷效果不是十分稳定。

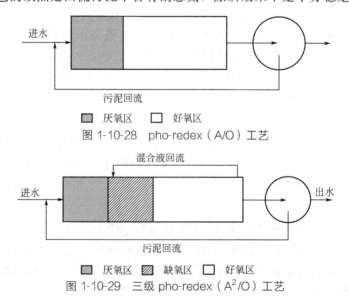

图 1-10-28 pho-redex（A/O）工艺

图 1-10-29 三级 pho-redex（A²/O）工艺

2. 改进型 Bardenpho 工艺

四级 Bardenpho 工艺可以将总氮降至很低的水平。在四级 Bardenpho 之前再加一级厌氧区，就可以实现除磷功能，从而构成了五级 Bardenpho 工艺（图 1-10-30）。来自好氧区的富含硝酸盐的混合液回流到第一缺氧区，实现反硝化；污泥回流至厌氧区。由于回流污泥中的硝酸盐为 1～3mg/L，因此它对厌氧区除磷的影响远小于三级 Bardenpho 工艺。

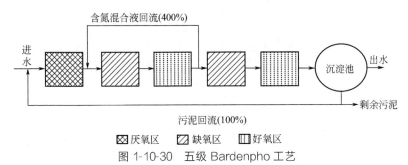

图 1-10-30　五级 Bardenpho 工艺

3. UCT 和 MUCT

UCT 工艺（图 1-10-31）是为防止回流污泥携带的硝酸盐进入厌氧区而设计的。它包括厌氧、缺氧、好氧三个阶段。回流污泥回流至缺氧区而不是 A/O 中的厌氧区，好氧混合液回流至缺氧区提供硝酸盐用于反硝化脱氮。反硝化后的混合液回流至缺氧区，有时缺氧区很难保证脱氮效果，从而不能为除磷提供低硝态氮保护。为此将缺氧区分成两个部分，一部分用于接受回流污泥，另一部分用于反硝化好氧回流混合液。回流污泥中的硝酸盐经过第一缺氧区反硝化后再回流至厌氧区，从而实现了低硝态氮回流，这一改进型工艺称为 MUCT 工艺（图 1-10-31）。另一个改进型工艺是 VIP 工艺，它将厌氧区域和缺氧区分隔成两个以上的小区间，以增加头部区域反应速率，为第二厌氧区和缺氧区创造厌氧和缺氧条件，有利于脱氮除磷的深度完成。

4. JHB、 MJHB 和 Westbank 工艺

JHB 工艺与三级 pho-redox 工艺相似，但它在厌氧区之间增加了一个预缺氧区，以保护厌氧区免受回流污泥中的硝酸盐干扰。在该预缺氧区发生内碳源反硝化，降低了回流污泥中硝态氮浓度。改进型 JHB 工艺（图 1-10-32）则增加从厌氧区至预缺氧区的回流，为预缺氧区提供足够的微生物和 BOD，使反硝化反应更易于进行。

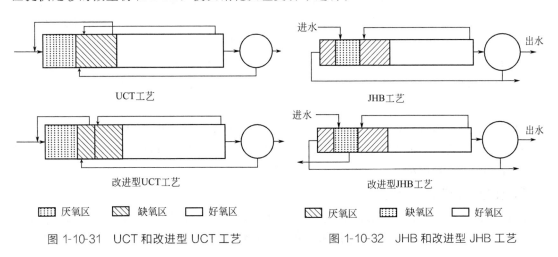

图 1-10-31　UCT 和改进型 UCT 工艺　　　　图 1-10-32　JHB 和改进型 JHB 工艺

Westbank 工艺（图 1-10-33）与 JHB 工艺相似，但分别在缺氧区、厌氧区和好氧区增加了进水点。部分初沉池出水进入头部缺氧区，促进缺氧区的反硝化进行。余下部分则进入厌氧区，供贮磷菌利用。在雨季时，过量部分的进水直接进入主缺氧区（第二缺氧区）。从厌氧发酵获得的 VFAs 送至厌氧区为贮磷菌提供充足易利用的碳源。

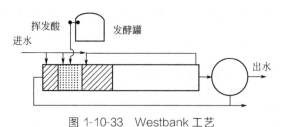

图 1-10-33 Westbank 工艺

5. OWASA 工艺（orange water and sewer authority）

OWASA 工艺是滴滤池和生物脱氮工艺的结合。进水中有机物在经过生物滤池充分净化后，其低 BOD 出水送至生物除磷工艺中的好氧区。初沉污泥消化过程中产生的高浓度的 VFAs 和回流污泥一起，被送至厌氧区。污泥混合液随后依次从厌氧区流至缺氧区和好氧区。在生物除磷（供贮磷菌厌氧释磷利用）的同时发生硝化反硝化。工艺过程见图 1-10-34。

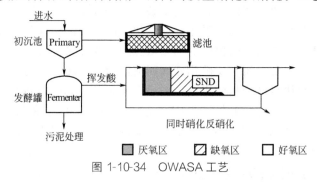

图 1-10-34 OWASA 工艺

6. 氧化沟

有很多类型的氧化沟具有除磷功能。它们通常在氧化沟之前带有一个厌氧区，而在氧化沟内有缺氧区和好氧区，同时完成硝化和反硝化。氧化沟类型很多，如 Carrousel 氧化沟、Pasveer 氧化沟和 Orbel 氧化沟。Orbal 氧化沟在三个同心沟的外沟形成厌氧区，并且二沉池回流污泥回流至厌氧区。Orbel 氧化沟也可以附加一个前置的厌氧区，与氧化沟一起完成生物除磷。Pasveer 和 Carrousel 氧化沟同样可以用这样的方式完成除磷。氧化沟除磷的工艺原理与 pho-redox 相似，只是在好氧区发生了同时硝化反硝化作用。另外 Carrousel 和 Pasveer 氧化沟可以作为三级 Pho-redox 或五级 Bardenpho 工艺用的好氧单元使用。

7. SBR 工艺

SBR 工艺可以通过设置曝气和进水、排水程序，使反应器内混合液依次经过厌氧、缺氧、好氧几个阶段，从而实现生物除磷和脱氮。SBR 通常不设初沉池。当进水 BOD/TP 比值较为合适时，SBR 出水 TP 可实现＜1.0mg/L 的目标。

8. 化学-生物复合除磷工艺

Phostrip 工艺一般用于非硝化的废水厂除磷。其工艺流程见图 1-10-35。Phostrip 工艺系 Levin 于 1965 年开发，包含了生物除磷和化学除磷两种方法。该工艺的主线（水线）基本上是常规活性污泥工艺，由曝气池和二沉池组成。除磷线通过释磷池接纳侧流的部分回流污泥，进入释磷池的侧流污泥流量一般为进水流量的 10%～30%。释磷池维持厌氧状态，促进回流污泥微生物释放溶解磷。由于厌氧池设在污泥回流线上，而不是设在主线上，Phostrip 工艺还被称为侧流工艺。在释磷池中，磷的释放来自除磷菌吸收发酵产物的过程，来自细菌的死亡分解。释磷池的平均固体停留时间为 8～12h。通过向释磷池连续投加淘洗水，溶解磷从回流污泥中"洗出"。释磷后的回流污泥与其他回流污泥一起回流到活性污泥法处理系统。另一方面，淘洗水一般流入反应澄清池，通过投加石灰沉淀淘洗水中的磷。上清液回流到二级处理系统，产生的污泥采用合适的方法处理处置。作为替代反应澄清池的方案，释磷池的富磷上清液有时可直接投加石灰，然后直接送到初沉池与初沉污泥一起沉淀。

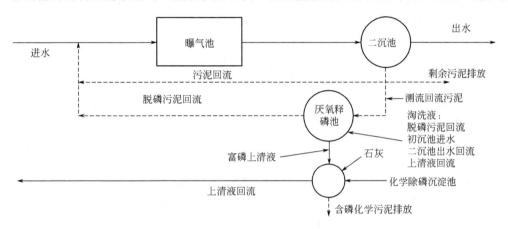

图 1-10-35　Phostrip 工艺

除了磷的释放和沉淀之外，Phostrip 工艺还可通过剩余污泥排放将磷除去。Phostrip 工艺的剩余污泥含磷量大于常规活性污泥法，与常规活性污泥法相比，通过剩余污泥排放，Phostrip 工艺的除磷量可提高 50%～100%。

与其他生物除磷工艺相比，Phostrip 工艺的主要优点是工艺性能基本上不受进水水质的影响。在大多数情况下，Phostrip 工艺均能达到出水 TP 为 1mg/L 的处理效果。与化学除磷工艺相比，Phostrip 工艺的投药量小，这是因为需要加药处理的流量明显小于主流化学除磷工艺，仅为进水流量的 10%左右。前已述及石灰法化学除磷所需的石灰量与除磷量无关，而是与能形成羟基钙石的 pH 有关。

BCFS（biological chemical phosphorus and nitrogen removal）工艺是生物化学联合脱氮除磷工艺。主流程与 UCT 工艺相似。其工艺流程见图 1-10-36。

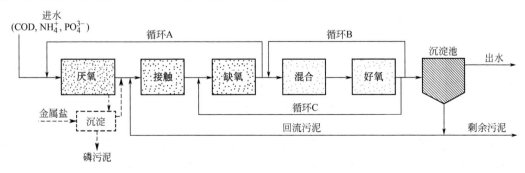

图 1-10-36　BCFS 工艺流程

（三）工艺方案选择

1. 工艺方案类型

生物除磷技术是 20 世纪 70 年代开发并在 80 年代取得重大进展的废水处理新技术，具有多种商业性工艺流程，主要包括 Phostrip 工艺、改良 Bardenpho 工艺、A/O 工艺、A/A/O、UCT 工艺、改良 UCT 工艺、VIP 工艺、SBR 工艺及其他改良活性污泥工艺。

改良 Bardenpho、A/A/O、UCT、改良 UCT、VIP、SBR 等工艺用于同时除磷脱氮。A/O 工艺主要用于除磷。在已建成的推流式活性污泥法处理厂，通过改变曝气池前端的曝气混合状态，使回流污泥和回流污泥混合液在进入好氧状态之前处于厌氧状态，可取得生物除磷效果。通过调整运行方式，形成必要的厌氧、好氧交替过程，可使 SBR 工艺和氧化沟工艺具有除磷功能。

除了 Phostrip 工艺外，其他生物除磷工艺的污泥产生量均不大于常规活性污泥工艺的污泥产生量。但生物除磷过程产生的污泥要妥善处理，以避免磷的溶解并返回到废水处理系统中。除了 Phostrip 工艺外，生物除磷工艺的除磷率大小主要取决于进水的 BOD/TP 值，尤其是 VFAs/TP 值。在合适的 BOD/P 值范围内，所有生物除磷工艺均能取得出水 TP 为 1~2mg/L 的处理效果。一般要求最低 BOD/P 值大于 20 或溶解性 BOD 与溶解性磷比值为 (12:1)~(15:1)。

为了获得较低的出水磷浓度，必须保证澄清效果，使出水 SS 低于 20mg/L 或设置过滤设施。不同生物除磷工艺的优缺点简示于表 1-10-23。根据国内外实践经验，对于特定的废水最好开展水质测定和现场性工艺试验，这样做的目的是较准确合理地确定工艺性能和设计参数。

表 1-10-23 生物除磷工艺的优缺点

优 点	缺 点
①生物除磷工艺的污泥量与常规生物处理的系统相近 ②可以在现有推流式活性污泥法处理系统中直接实施，设备的增加和更改量很小 ③如果污泥处理过程中磷不会溶解并返回处理厂的话，可以利用已有的污泥处理设备，进行处理工艺改造 ④除了 Phostrip 工艺和出水精处理外，不需要药剂和投加设备，或需要量极小 ⑤可以同时实现氨氮或总氮的去除，部分工艺甚至不增加运行费用 ⑥对部分工艺，可以有效地控制丝状菌的生长	①除了 Phostrip 工艺，其他工艺的除磷性能均受废水 BOD/TP 比值，尤其是 VFAs/TP 比值的影响 ②二沉池的性能良好才能获得出水 TP 1mg/L 的处理效果 ③不大适合固定膜处理系统的改造 ④在污泥处理过程中有可能出现磷的释放并返回到废水处理系统中，因此污泥处理回流液的含磷量必须加以控制 ⑤可能需要设置备用加药系统，以防生物除磷系统发生故障或失效

2. 工艺方案选择要点

（1）目标明确、基础资料翔实

在选择工艺方案之前必须根据水环境评价、水质规划等方面的材料，明确废水处理的水质目标或排放标准。以确定或确认废水处理厂的具体出水水质要求和排放方式、排放总量或出水浓度（日平均或月平均），并找出所有能够满足排放要求的工艺方案，然后进行逐步筛选。

必须强调的是供选工艺方案不能仅局限于已有的几种商业性工艺，应根据除磷的基本原理，通过各种工艺要素（电子供体和电子受体的供给方式和分布、池型流态及设备选择）的灵活组合，找出切合实际、合理可行的工艺方案和总体流程。筛选过程的每一步骤都应确定工艺方案的工程性评价所需的资料，对所选工艺方案的优缺点作简要的描述和比较，筛选的可靠性和合理性很大程度上取决于相关资料的数量、可靠性和详细程度。

（2）全面考虑、综合比较

在工程方案选择过程中还需要考虑除磷工艺的各个方面，包括工艺性能、设备器材性能、单元构筑物、处理系统的运行操作和维护等。需要着重考虑的因素包括所要求的除磷能力、相关水质指标间的兼容性、处理规模、污泥处理处置问题、近期及远期排放要求、总体费用、对运行管理的影响等。另一方面，工程方案的选择要有一定的灵活性，除了仔细研究各种可能工艺的性能及其他相关资料外，可尽量考虑参观相关废水处理厂、设备制造厂商和访问运行管理人员，这样做往往能获得更准确、更新的实用资料和经验，有助于准确决策。

（3）除磷方案的选择和确定方法

选择废水除磷工艺方案的方法有多种，其中最常用的是逐步淘汰筛选法。首先列出所有可获得的工艺方案，然后根据几套选择准则和选择条件逐步淘汰不适用的工艺方案。选择过程分成 4 步。

第 1 步：确定废水除磷系统是否新建，是仅除磷还是同时除磷脱氮。一般情况下，对于新厂建设，应考虑所有可能方案；对已建成的废水厂可以适当排除某些工艺方案。

第 2 步：根据除磷工艺的除磷能力找出能满足除磷要求的各种工艺方案。对要求同时除磷脱氮的废水处理厂，能否满足脱氮要求也要同时考虑。在研究除磷脱氮处理厂的工艺方案时，还要考虑通过单独脱氮和单独除磷满足除磷脱氮要求的可能性，例如化学除磷、折点加氯、单独硝化等。另外，BOD、SS 和 COD 等水质要求以及其他因地而异的特定要求也可能导致某些除磷工艺的入选或排除。列出各种工艺的除磷和脱氮性能，在决定某种工艺的入选或排除之前，有必要仔细研究其磷和氮的去除和转化特性。

第 3 步：从已选出的能满足除磷或除磷脱氮要求的工艺中，根据各种工艺的除磷和脱氮性能，以及确定的适用性原则筛除不适用的工艺。能满足或基本满足出水水质要求的工艺均进入第 4 步。

第 4 步：对所有可以采用的备选方案作技术经济分析。包括投资和运行费用。同时还要考虑非经济因素的影响，包括占地、可靠性、环境影响评价和所需的操作水平。通过综合经济效益分析即可选出满足处理要求的经济可行的工艺方案。

（4）影响工艺选择的因素

生物除磷工艺的合理选择需要考虑多方面的影响因素。主要有以下几个方面。

① 废水处理的功能要求

a. 仅除磷（没有脱氮要求）。如果既不要求除氨氮也不要求除总氮，就没有必要采用具有脱氮功能的生物除磷工艺。对这种情况，宜选用 A/O 工艺或 Phostrip 工艺。Phostrip 工艺可达到 1mg/L 的出水磷浓度，A/O 工艺则不能保证始终达到这样的除磷效果。Phostrip 工艺增加了释磷池出流投加石灰沉淀磷酸盐步骤，污泥产率增大，其运行费用要大于 A/O 工艺。这两类工艺一般来说不能获得明显的脱氮效果。有硝化要求时，由于回流污泥中所占的硝态氮对生物除磷有十分不利的影响，这两类工艺不建议使用。

仅除磷的生物除磷工艺基本上采用中高负荷，泥龄在 3～7d，厌氧/好氧交替状态的实现可以因地适宜采用多种方式，池型和设备选择也是如此，没有必要受已有流程的限制。

b. 除磷脱氮工艺。许多废水处理厂都有同时除磷和脱氮的要求，实际上，将除磷和脱氮结合到标准活性污泥法二级处理系统中并不是一件难事。而且正是这些因素促进了几种除磷与脱氮相结合的处理工艺的开发。所有的除磷脱氮型工艺都包含厌氧、缺氧和好氧三种基本状态的交替，这些工艺之间的主要差异是这三种状态的组合方式和数量分布的时空变化，以及回流的数量、方式和位置不同，所有这些除磷脱氮工艺都属于主流工艺。

影响生物除磷工艺选择的关键因素是工艺过程的硝化和脱氮要求，如果没有硝化和脱氮要求，一般可选用厌氧、好氧或 Phostrip 型处理工艺。在这两类工艺之间作出选择需要做详细的技术经济分析，包括投资和运行费用、操作性能、可实施性等，往往因地而异。

如果仅要求硝化或部分反硝化（出水 TN 6～12mg/L）。可采用泥龄取值不太大（5～15d）包含一个缺氧区的除磷脱氮工艺（包括 A^2/O、UCT、VIP 等处理工艺或类似工艺）。具体采用哪一种及其实施方式则要根据进水 BOD/TP 比值和除磷要求确定。前面已经讨论到，A^2/O 工艺回流污泥进入厌氧区，硝化在好氧区完成，因此，回流污泥的硝态氮浓度可能相当高，并消耗掉厌氧区的快速生物酶解基质，聚磷菌的竞争优势得不到有效发挥，其结果相当于降低进水 BOD/TP 比值。如果进水 BOD/TP 比值本来就低（小于2），除磷率将下降。UCT 和 VIP 类工艺的污泥回流到缺氧区，经过反硝化后再回流到厌氧区。如果运行管理得当，缺氧区至厌氧区的回流液硝态氮浓度可维持在0左右，其结果是除磷效果有可能不受进水 BOD/TP 比值的影响。

如果脱氮要求很高时（出水 TN<3mg/L），宜采用长泥龄（15～25d）的五段 Bardenpho 工艺或类似工艺，由缺氧、好氧、缺氧、好氧串联组成的 Bardenpho 工艺可保持出水氮浓度低于 3mg/L，与 A^2/O 工艺一样，该工艺的除磷效果也受进水 BOD/TP 比值的影响。

废水的快速生物降解有机物浓度较低时，可采用初沉污泥发酵方法增加 VFAs 的供给，以改善除磷性能。

根据进入厌氧区的硝态氮量的不同，在 A^2/O、UCT 和 VIP 等工艺之间作出选择的最重要因素是进水 BOD/TP 值。如果比值大于20，污泥回流液所携带的硝态氮可能不会影响除磷效果。由于不需增设一套回流系统，A^2/O 工艺或 A/A/O 改良工艺更具吸引力。如果进入生物除磷系统的进水 BOD/TP 比值低于20，就有必要考虑采用 UCT 和 VIP 类工艺。

在实际工艺和构筑物设计中要有足够的灵活性，考虑和实现多种工艺运行方式。在某些情况下，比如进水水质特性明显波动，考虑的第一要素可能不是费用，而是运行的稳定性，此时运行方式的灵活调节是设计考虑的首要因素。

② 废水水质特性 影响生物除磷的关键性水质参数是进入生物除磷系统的进水 BOD/TP 比值和快速生物降解有机物含量。试验研究表明，进水 BOD/TP 比值低于20时，如果采用主流生物除磷工艺，出水 TP 很难达到1～2mg/L。与此相反，理论上说 Phostrip 工艺的除磷性能不受废水水质的影响，因此 Phostrip 更适合于低浓度废水除磷，如果有脱氮要求不宜采用 Phostrip 工艺。氨浓度比较高，BOD 浓度又比较低，进一步降低主流除磷工艺出水磷浓度的途径包括投加化学药剂和降低出水 SS 浓度，出水 SS 的进一步去除可采用过滤法和降低沉淀池的表面负荷。

废水的快速生物降解有机物含量，尤其是 VFAs 含量，对生物除磷系统的处理效果的影响非常明显。快速生物降解有机物含量越高，除磷效果越好。快速生物降解有机物浓度的测定方法已经开发出来，废水可生物降解性的初步判断有时可由经验丰富的专业人员作出。由于发酵作用有可能在废水收集管网中发生，腐化废水的快速生物降解有机物含量要高于相对新鲜的废水。

VFAs 是贮磷菌能直接利用的基质。将初沉污泥酸化成 VFAs，并将 VFAs 投加到厌氧区，可为生物除磷系统中的贮磷菌提供更多的基质，从而提高主流生物除磷工艺的性能。VFAs 可以投加到所有主流生物除磷系统的厌氧区。

二、设计计算

（一）侧流除磷工艺（Phostrip）设计

1. 总体考虑

Phostrip 型废水处理厂的主流部分是标准活性污泥法，其设计方法和要点与其他活性污泥工艺设施的设计相似。Phosrip 工艺不影响活性污泥系统的泥龄或污泥负荷选择。

Phostrip 工艺本身的设计要点包括：释磷池设计；反应澄清池设计；石灰投加量；淘洗水来源。

（1）释磷池设计

释磷池容积根据分流到释磷池的回流污泥量、所需的固体停留时间以及进流和底流（外排）的污泥浓度确定。从污泥回流系统分流的回流污泥流量一般为废水处理厂进水流量的 20%～30%；固体停留时间常规取值为 5～20h；底流（外排）污泥流量为废水处理厂进水量的 10%～20%，相当于浓缩了 30%～50%；侧壁水深 3.1m；淘洗水流量为释磷池进水流量的 50%～100%；释放的磷量按 0.005～0.02kg P/kg MLVSS 计算。

释磷池的设计标准主要是表面积，根据固体负荷和设定的固体通量确定。深度按最低容积需求和表面积求算，同时考虑增加 50% 的深度，调节释磷池的污泥贮存量。释磷池的固体停留时间也要加以考虑，释磷池的典型深度为 5.5～6.0m。

（2）反应澄清池设计

反应澄清池的设计依据为释磷池产生的上清液流量以及设定的溢流率（表面负荷）允许值，具体设计方法与初沉池或二沉池的设计相同。释磷池的上清液来自污泥浓缩所释放的水和淘洗水。淘洗水量一般按释磷池进水流量的 50%～100% 考虑。反应澄清池的典型溢流率设计值为 $2.0m^3/(m^2 \cdot h)$。

（3）石灰投加量

反应澄清池的石灰投加量取决于上清液的特性，关键在于将上清液的 pH 值提高到 9～9.5，多数废水的投加量为 100～300mg/L。

（4）淘洗水来源

初沉出水、二沉出水以及反应澄清池石灰沉淀上清液均可用作淘洗水。释磷池运行效率的高低与淘洗水的水质有很大关系。一般来说，淘洗水中不能有硝酸盐存在，并尽可能不含溶解氧。硝酸盐和溶解氧的存在会导致释磷池出现有机物的降解，从而影响基质的发酵、除磷菌对这些有机物的同化和磷的释放。BOD 的存在有助于释磷池的除磷，因此淘洗水的 BOD 浓度宜高不宜低。

反应澄清池出水不含硝酸盐和溶解氧，含磷量低，常被用作淘洗水。初沉出水含有较高浓度的快速降解有机物，作为淘洗水使用可促进磷的释放。二沉出水的淘洗性能较差，只有在活性污泥处理工艺不发生硝化的条件下方可采用。

2. Phostrip 工艺设计方法

Phostrip 工艺设计所考虑的主要方面是释磷池和固体接触池（反应澄清池）的大小以及石灰投配率。固体接触池的尺寸随释磷池上清液出流率而变。这将取决于回流至释磷池的污泥流量、污泥浓缩的程度以及淘洗水为外来时的淘洗水流量，石灰投加流量取决于释磷池上清液特性和释磷池上清液流量影响，上清液性质影响磷沉淀所需的 pH 提高。

释磷池的主要设计步骤如下：

① 确定或选择通过释磷池的回流污泥量；

② 选择释磷池底流污泥浓度；

③ 选择释磷池污泥固体停留时间；

④ 根据上述数据计算释磷池所需的污泥体积；

⑤ 采用固体通量分析或选择适当的污泥固体负荷，计算释磷池面积需求；

⑥ 根据第④和第⑤步的数据确定释磷池的潭泥深度；

⑦ 选定上清液深度以求释磷池侧边总水深，上清液推荐深度为 1.5m，释磷池深度可以增加以提供更大的污泥贮量和操作灵活性。

进入释磷池的回流污泥量通常依据试验或已有的生产性运行结果确定。除磷效率与 3 个主要操作参数相关：通过释磷池的回流污泥量、释磷池污泥固体停留时间以及释磷池上清液流量。上述关系可用下式表示：

$$1.85-\lg(100-100E)/2.11=Q_{SL}D^{1/2}R_{SU} \tag{1-10-39}$$

式中，E 为除磷率；Q_{SL} 为通过释磷池的回流污泥量，干固体/系统进水流量；D 为污泥固体停留时间，h；R_{SU} 为释磷池上清液流量百分比（按进水流量）。

上述关系说明除磷效果受释磷池污泥固体负荷及释磷池污泥固体停留时间的影响。用以下的例子来说明设计程序。

【例 1-10-1】　废水和处理设施设计条件

进水流量 10000m³/d；初沉出水 BOD120mg/L；初沉出水 TP8mg/L；活性污泥回流量按进水流量的 80%；回流活性污泥浓度 6g/L；污泥固体停留时间 10h；底流污泥浓度 9g/L；释磷池的回流污泥量按进水流量的 25%。

解：设计步骤如下。

① 进入释磷池的回流污泥量：

$$0.25\times10000=2500 \ (m^3/d)$$

通过释磷池的回流污泥量：

$$(0.25\div0.8)\times100\%=31\% \ (根据回流污泥总量)$$

② 释磷池底流污泥浓度：9g/L。

③ 释磷池污泥固体停留时间：10h。

④ 释磷池每日产生的污泥体积（即释磷池底流流量）：

$$2500\times(6\div9)=1667 \ (m^3/d)$$

释磷池净污泥体积

$$1667\div0.8\times10\div24=868 \ (m^3)$$

释磷池净污泥体积的估算是根据释磷池底流污泥流量（或浓度）和设定的密度修正系数（取 0.8）；设定修正系数的目的是考虑释磷池的运行变化有可能出现低浓度的浓缩污泥。

⑤ 释磷池固体负荷：

$$6\times2500=15000 \ (kg/d)$$

假设底流污泥浓度 9g/L 时的容许固体通量为 50kg/(m²·d)，

所需释磷池面积＝15000÷50＝300 （m²）

溢流率＝2500÷300÷24＝0.35 [m³/(m²·h)]

⑥ 释磷池污泥深度：

$$868\div300=2.9 \ (m)$$

⑦ 释磷池最低深度：

$$1.5+2.9=4.4 \ (m)$$

总释磷池深度取 5.5m 以增加贮量调节能力。

⑧ 一级出水淘洗液的进料流量为释磷池进流量 50％时上清液流量：
$$2500 \times 0.50 + 2500(1 - 6 \div 9) = 2083 \ (\text{m}^3/\text{d})$$

⑨ 用于石灰沉淀的固体接触设施。设定溢流率＝$49\text{m}^3/(\text{m}^2 \cdot \text{d})$，则
$$\text{面积} = 2083 \div 49 = 42.5 \ (\text{m}^2)$$
$$\text{直径} = 7.4\text{m}$$

石灰投加剂量 200mg/L，投加量为：
$$2083 \times 200 \times 0.001 = 417 \ (\text{kg/d})$$

⑩ 核查除磷率。设挥发性固体含量为 70％，释磷池磷释放为 0.01g P/g MLVSS，磷释放量为：
$$15000 \times 0.70 \times 0.01 = 105 \ (\text{kg/d})$$

通过释磷池上清液处理去除的磷为：
$$105 \times 2083 \div (2500 + 2500 \times 0.5) = 58.3 \ (\text{kg/d})$$

进入活性污泥系统的进水 TP 量为：
$$10000 \times 8 \times 0.001 = 80 \ (\text{kg/d})$$

设出水 TP 为 0.5mg/L，剩余污泥所含的总磷量为：
$$80 - 58.3 - 0.5 \times 10000 \times 0.001 = 16.7 \ (\text{kg/d})$$

一级处理后生物系统的净产泥量取 0.558g MLSS/g BOD，则去除的 BOD：
$$120 - 10 = 110 \ (\text{mg/L})$$

净产泥量＝$110 \times 0.55 \times 10000 \times 0.001 = 605 \ (\text{kg/d})$

剩余污泥中的磷＝$16.7 \div 605 \times 100\% = 2.8\%$

其污泥含磷量较主流生物除磷系统为低。

3. Phostrip 工艺的专用设备

Phostrip 系统需要设备的 3 个主要区域是释磷池、石灰投加系统、化学反应澄清池，以及相应的输送管道和泵，包括回流污泥至释磷池、释磷池淘洗水供给、释磷池的污泥送至曝气池、释磷池出流输往化学处理装置以及把石灰投加到化学处理段。

释磷池的构造类似于典型的污泥浓缩池，只不过在污泥贮量控制和淘洗方面作了一些改进。该池包括中心进泥井、浮泥（渣）挡板、溢流堰、机械刮（吸）泥机和污泥层液位指示器，此外还有污泥浓度探头（选件）。

石灰投加系统包括贮灰槽、熟化以及泥浆投加和控制系统。石灰与释磷池上清液的混合可采用静态管道搅拌器或在快速混合池中安装机械搅拌器，快速混合池的停留时间约 1min。

Phosrrip 工艺的化学处理装置就是固体接触装置（反应澄清池）。用较大的锥形侧板在圆形池中央形成混合区以促进絮凝。在石灰处理方面，先前形成的沉淀物作为新沉淀物和絮体生长的种子。在沉淀过程中，从混合区下落的较重的污泥絮体沉降在澄清池内侧板下面及周围，然后用机械刮泥板把沉降的污泥刮到位于澄清池中央的污泥排放点。

4. Phostrip 构筑物

根据前面所述，Phostrip 工艺的主要构筑物包括：将回流污泥送入释磷池的设施、释磷池、反应澄清池、完成释磷的污泥送到曝气池、石灰投加系统。大多数活性污泥处理系统都是从二沉池排出污泥，然后将其连续泵送到曝气池的前端。因此，既可通过流量控制阀从回流污泥的泵送管线将回流污泥分流到释磷池，也可另设泵送系统从共用污泥井回流污泥。从二沉池抽取回流污泥会影响二沉池的运行和性能，从回流污泥管线分流污泥比较理想，有利

于二沉池的运行控制。另设泵送系统增大了二沉池回流污泥外排的控制难度。采用分流方案时有必要安装流量计控制和监测回流量。释磷池的进泥管应设在水面以下，避免空气进入释磷池影响磷的厌氧释放。

释磷池和反应澄清池的尺寸确定方法在前面讨论过。释磷污泥从释磷池排出并泵送到污泥回流管线进入曝气池。这一过程需要低扬程泵送系统来完成。释磷污泥的特性与二沉池回流污泥相似，可采用相同的设备，例如不堵塞型离心泵。所采用的泵要有变速功能，并安装在线流量测量仪表控制澄清池的固体停留时间。如果设计的释磷池与主工艺的水线之间有足够的水头，释磷污泥也可通过重力流回流到主工艺，采用泵送还是采用重力流应在详细设计阶段考虑。

如果采用初沉或二沉出水作为淘洗水，就有必要设计淘洗水的泵送系统。淘洗水流量一般为进泥量的一半，不需严格控制。淘洗水的流量和化学性质决定反应澄清池的大小以及需要投加的石灰量。建议采用定速泵送系统。从而简化反应澄清池和石灰投加系统的设计和运行。

如果采用反应澄清池的出水作为淘洗水，也有必要设置泵送系统，并仔细考虑流量平衡。一般情况下，反应澄清池的出水量将超过泵送的淘洗水回流量，有必要在淘洗水泵送系统中设置溢流装置和辅助泵处理剩余的出水，与其他类型的淘洗水一样，可考虑采用定速泵系统。

石灰投加系统的维护问题较多，最主要的问题是结垢，有可能严重影响输运管线。系统的设计应便于清理，最好设计备用装置或至少设置备用输送管线。可用于替代反应澄清池处理释磷池上清液的另一种处理方案是，上清液和石灰在快速混合池中完全混合之后排到初沉池，产生的污泥与初沉污泥一起排出，由于石灰污泥不能单独处理处置，这种污泥对初沉污泥处理处置的影响要加以考虑。

（二）主流除磷工艺设计

1. 一般考虑

主流生物除磷工艺包括 A/O、A^2/O、UCT、Bardenpho、VIP 等。尽管工艺构筑物的布置和回流系统的设置多种多样，但这些生物除磷工艺的设计还是有许多相似之处。与除磷相关的设计要点包括厌氧区的设计、污泥处理方法、工艺出水能否满足磷的排放要求和泥龄的合理选择。

（1）厌氧区设计

厌氧区是生物除磷工艺最重要的组成部分，是所有生物除磷系统的必备构筑物。设计厌氧区的目的是为除磷菌同化和贮存进水溶解性有机物提供充足的停留时间和环境条件。厌氧区安装搅拌器，需要时也可同时安装曝气装置。

厌氧区的容积一般按 0.9～2.0h 的水力停留时间确定，如果进水快速生物降解有机物浓度高，厌氧区的水力停留时间可选择低限值。

（2）污泥处理

主流生物除磷工艺的作用机理是将溶解磷转化到活性污泥生物细胞中，然后通过剩余污泥排放从系统中除去。污泥在最终处置之前通常需要浓缩和稳定化。在污泥处理过程中如果产生厌氧状态，剩余污泥中的磷就会重新释放出来，从而增加污泥处理回流液的含磷量，相应增大了进水磷负荷。重力浓缩易造成厌氧状态，不宜采用，可采用不产生厌氧状态的浓缩技术，例如气浮浓缩、机械（离心）浓缩、带式重力浓缩。受条件限制只能选用重力浓缩时，工艺流程中需要增设化学沉淀设施去除浓缩上清液所含的磷。

有一些废水生物除磷处理厂的剩余污泥采用气浮浓缩，避免了磷的厌氧释放。污泥好氧消化过程中细菌细胞的分解代谢可引起磷的释放。污泥厌氧消化也有可能引起磷的大量释放，但由于消化过程中部分溶解磷可转化成磷酸铵镁沉淀物，污泥厌氧消化对出水水质的影响因厂而异。美国 Michigan 州 Pontiac 废水厂的一项 A/O 工艺研究结果为，厌氧消化上清液所含的磷对出水水质没有造成什么影响。在 YorkRiver 废水处理厂进行的类似研究其结果与此相反，污泥厌氧消化处理回流液的含磷量相当高。只要污泥厌氧消化外排的厂内废水不返回到水线，厌氧消化就可以作为可行的除磷废水厂污泥稳定化工艺。总的来说，在生产性运行的生物除磷废水厂中，未发现污泥厌氧消化上清液的不利影响。有一些废水处理厂没有设置污泥好氧消化或厌氧消化，直接用干化床、堆肥或焚烧法处理处置，也就不存在污泥处理回流液问题。

（3）处理系统的除磷能力

在水质环境条件合适、运行管理得当的情况下，本节所介绍的所有除磷工艺均能显著降低出水磷浓度。但有时候，磷的地方排放标准很高，往往要求出水 TP 在 1mg/L，甚至 0.3mg/L 以下，这种情况下需要增加化学除磷或过滤处理去除出水中残留的磷才有可能满足排放要求。

生物除磷系统的除磷量设计可按污泥净产率和设定的污泥含磷量确定。污泥产率大小主要取决于温度、泥龄、是否有一级处理。如果有硝化反硝化，反硝化所消耗的 BOD 也要考虑在内。如果计算结果表明出水磷浓度达不到排放标准，那就很可能需要增设化学处理或过滤处理设施。

（4）泥龄的选择

决定设计泥龄值选择的主要因素是处理系统的脱氮要求。脱氮要求越高，所需泥龄越大。理论与实践均已证明，处理系统的泥龄与单位 BOD 的除磷量之间存在密切关系。泥龄越大，越不利于生物除磷，尤其是进水 BOD/TP 值低于 20 的情况。

2. 主流生物除磷工艺设计方法

主流生物除磷有各种不同的工艺组合和池型构造。好氧区依据处理对象的不同而设计，有不同的内回流和硝酸盐去除方案可供选择，但有一些通用的设计事项适用于所有的主流生物除磷系统。这些事项包括厌氧区的设计，好氧区需有足够的停留时间和 DO，必要时还要设计反硝化反应器以及污泥处理系统。设计中需要考虑的另一方面是，除磷系统所能达到的出水磷浓度，是否需要添加化学药剂或设置出水过滤来满足所要求的处理程度。由于处理性能对废水的水质水量特性非常敏感，在多数情况下，在确定最终设计之前，有必要先开展现场性小试或中试研究。

厌氧区停留时间的确定可根据中试研究或以往经验，常见取值范围是 0.9～2.0h。从理论上讲，厌氧区分格有助于降低溶解性有机物发酵所需的停留时间。是否采用分格方式，要综合考虑所增加的搅拌器和分隔墙的费用。

好氧区的 DO 通常选择 2.0mg/L 以上。磷吸收需要足够的好氧时间，但只要能始终满足处理系统的除磷目标，好氧区的尺寸应尽量小一些。

（1）产泥量

废水生物除磷系统的产泥量与其他活性污泥处理系统的产泥量报道值没有什么明显差别。但混合液悬浮固体的贮磷行为会使净产泥率稍有增加。为了计算所增加的产泥率，需要估算与磷的贮存相关的化学成分含量，可大致根据磷释放过程溶液的组分变化来估算（表1-10-24）。

表 1-10-24　磷贮存物的大致组成

组分	分子量	含量/(mol/mol P)	含量/(g/g P)	组分	分子量	含量/(mol/mol P)	含量/(g/g P)
Mg	24.3	0.28	0.22	O	16	4	2.06
K	39.1	0.20	0.25	P	31	1	1.00
Ca	40	0.09	0.12	总量			3.65

【例 1-10-2】　用以下实例来说明泥量的增加，设：污泥净产率＝0.70kg MLSS/kg BOD；常规剩余污泥的含磷量＝2%；生物除磷系统的污泥含磷量提高至 4%。

解：去除单位 BOD 所去除常规磷量：

$$0.02 \times 0.70 = 0.014(\text{kg P/kg BOD})$$

生物除磷过程增加的除磷量（P_B）：

$$(0.014 + P_B)/(0.7 + 3.65P_B) = 0.04$$

$$P_B = 0.0164\text{kg/kg BOD 去除}$$

生物除磷法产泥率为：

$$0.70 + 3.65 \times 0.0164 = 0.76(\text{kg MLSS/kg BOD})$$

生物除磷法产泥率与常规工艺产泥率之比：

$$0.76/0.70 = 1.086$$

产泥量增加了 8.6%。如果剩余污泥的含磷量增至 5%，估计产泥量净增 13%。因此生物除磷系统的剩余污泥量有所增加，但污泥的浓缩和脱水特性很好，对污泥的处理一般不会产生不利影响。改良 Bardenpho 和 A/O 系统混合液的 SVI 值一般低于 100mL/g。

（2）除磷效率

在没有进行小试或中试的情况下，需要对生物除磷效率进行估算，以确定是否需要添加化学药剂或过滤才能满足出水要求。在设计过程中是否选择过滤，很大程度上取决于二沉池的效率。如果只有出水 SS 浓度低于 10～12mg/L 时，才能使出水 TP 浓度低于 1mg/L 的话，则通常需要设置过滤设施。

生物除磷系统所去除的总磷量随净产泥量、污泥的含磷量以及去除的 BOD 量而变，可用下式表示：

$$Y_n F_P = D_P/D_{BOD_5} \tag{1-10-40}$$

式中，Y_n 为污泥净产率，kg MLSS/kg BOD；F_P 为污泥含磷量，kg P/kg MLSS；D_P/D_{BOD_5} 为去除的 TP/去除的 BOD，kg TP/kg BOD。

净产泥率大小取决于处理系统的泥龄和进水水质。采用一级处理的系统，其剩余污泥净产泥率相应降低，这是因为进水所含的大部分惰性固体都在初沉池中被去除。污泥的含磷量变化较大，主要与进水水质和运行条件有关。可根据其他处理厂的数据选择合适的 F_P 值，BOD/TP 去除比值同泥龄的关系通过污泥产率的变化体现。具有一级处理的系统，混合液悬浮固体中含有的惰性物质较少，其 Y_n 较低，但 F_P 较高。

【例 1-10-3】　泥龄对污泥净产率和除磷效果的影响

设：$F_P = 0.05\text{g P/g MLSS}$　　　　　出水 SS＝12mg/L

　　进水 BOD/TP＝21　　　　　　出水 BOD＝5mg/L

　　进水 BOD＝160mg/L　　　　　没有一级处理

　　进水 TP＝7.5mg/L　　　　　　$T = 20℃$

解：计算得出泥龄对各项参数的影响，见表 1-10-25。

表 1-10-25 泥龄对各项参数的影响

泥龄设计值/d	5	10	20
Y_n/(g/g)	0.92	0.81	0.70
D_P/D_{BOD_5}	0.046	0.041	0.035
BOD 去除/(mg/L)	155	155	155
磷去除 D_P/(mg/L)	7.1	6.4	5.4
出水溶解性磷$(7.5-D_P)$/(mg/L)	0.4	1.1	2.1
出水颗粒性磷/(mg/L)	0.6	0.6	0.6
出水 TP/(mg/L)	1.0	1.7	2.7
TP 去除率/%	87	77	64

上述例子说明了泥龄对估算的 TP 去除效率的影响。如果要求出水 TP 浓度达到 1.0mg/L。则 5d 泥龄可满足要求而不需另加化学药剂或过滤。泥龄较长的系统则需要添加化学药剂以减少出水溶解磷浓度。示例中所依据的进水 BOD/TP 值较低，但在生活污水的数值范围以内。

硝态氮的影响可以通过反硝化过程的 BOD 消耗量加以计算。

设进入厌氧区的有效 NO_3^--N 浓度＝5mg/L（回流污泥和进水相混合之后）。

用于反硝化的 BOD 为：

$$4mg\ BOD/mg\ NO_3^-\text{-}N \times 5mg/L = 20mg/L$$

泥龄＝5d 时可用于生物除磷的残余 BOD 为：

$$BOD = 160 - 20 = 140\ (mg/L)$$

去除的 $BOD = 140 - 5 = 135\ (mg/L)$

去除的 $D_P = 0.046 \times 135 = 6.2\ (mg/L)$

出水溶解磷 $S_P = 7.5 - 6.2 = 1.3\ (mg/L)$（没有硝态氮时溶解磷为 0.4mg/L）。

因此，本例所用的进水 BOD/TP 比值低，则硝化反应和回流污泥中存在的硝酸盐能显著地影响出水中溶解性磷浓度和总磷浓度。

（3）硝化及硝态氮的去除

在生物除磷系统中，硝酸盐的去除问题非常重要。生物除磷脱氮系统所采用的两种反硝化运行模式为前反硝化区和后反硝化。当发生硝化反应时，改良 Bardenpho 和 A/O 工艺中的硝化混合液回流至前反硝化区（第一缺氧区），回流比一般是进水流量的 100%～400%。进入该区的基质驱动兼性微生物利用硝酸盐作为最终电子受体，进行反硝化反应。改良 Bazdenpho 工艺除了前反硝化区外还有第二缺氧池（即后反硝化区）。在第二缺氧区进水基质已经耗尽，反硝化速率由混合液的内源呼吸速率确定。

在具有反硝化的生物除磷系统设计中，设计的目标首先是确定进入前反硝化区和后反硝化区的 NO_3^--N 量，然后根据所需要的反硝化能力确定缺氧区的容积。设计的关键之处是各类缺氧区内的混合液反硝化速率。有关硝化和反硝化系统的设计计算前面的章节已经有详细的论述。在此仅简要讨论 A^2/O 工艺的设计计算依据。

① 泥龄 θ_c　泥龄的选择直接影响处理系统的硝化能力、反硝化能力、磷去除能力和有机固体的稳定化程度。活性污泥系统中，好氧状态下硝化菌得以存留和增殖的必要条件是：

$$\theta_c > 1/(\mu_{AM} - b_A) \tag{1-10-41}$$

式中，μ_{AM} 为给定条件下硝化菌的最大比增殖速率，d^{-1}，20℃时取值 $0.2\sim0.65d^{-1}$；

θ_c 为温度修正系数为 1.12；b_A 为硝化菌比死亡速率，20℃时取值 0.04d^{-1}，温度修正系数为 1.03。在环境和水质参数值确定的条件下，维持系统发生硝化的唯一办法是调整 θ_c。一般情况下泥龄越大硝化效果和稳定性越好，但除磷效果则可能降低。

② 非曝气污泥量比值（f_{MN}）　生物除磷脱氮系统的反应池包含曝气区和非曝气区两部分。反硝化菌的增殖和死亡在两种状态下均发生，硝化菌的死亡也是如此，但硝化菌仅能在曝气区增殖，因此非曝气污泥量比值（非曝气污泥量/总泥量）对系统的硝化特性有重大影响，为了尽可能经济地达到效果好、性能稳定的生物脱氮效果，必须选择合适的非曝气污泥量比值。一般来说，活性污泥生物除磷脱氮系统内各反应区的污泥浓度基本上一致，可视为相同，这就意味着非曝气污泥量比值等同于非曝气反应区池容与反应区总池容的比值。通过硝化菌的物料平衡可推导出确定 f_{MN} 的计算式：

$$f_{MN} = 1 - S_f(1/\theta_c + b_A)/\mu_{AM} \tag{1-10-42}$$

式中，S_f 为硝化安全系数，取值 1.5～2.5。

为了获得尽可能大的反硝化量，数值应尽可能取大些，但 f_{MN} 值越大，所需的泥龄和工艺总容积也越大。另一方面，试验观测表明 f_{MN} 大于 0.5 时活性污泥沉降性能有可能明显恶化，设计中应尽量避免，综合考虑各种影响因素，f_{MN} 取值 0.45 左右较好，f_{MN} 包括反硝化污泥量比值 f_{MNX} 和厌氧区污泥量比值 f_{MNA}，f_{MNA} 的取值一般为 0.1～0.15。

③ 剩余污泥除氮量　试验观测表明，20℃时泥龄 3～70d 的生物处理系统中，挥发性组分的含氮量均在 0.1mg N/mg MLVSS 左右，因此生物脱氮系统内通过剩余污泥所去除的氮（N_A）可由下式计算：

$$N_A = 0.1X_{T(V)} \tag{1-10-43}$$

式中，$X_{T(V)}$ 为每日排放剩余污泥量，kg/d。

必须注意的是，污泥厌氧消化上清液回流到废水处理系统时，需要在进水总氮量中加上这一部分或在 N_A 中扣减。

④ 处理系统的硝化能力（N_C）及其稳定性　硝化能力为处理系统硝化 TKN 的能力，即通过硝化去除的 TKN 量。根据：

$$N_n = N_{ti} - N_A - N_{te} \tag{1-10-44}$$

式中，N_n 为可硝化的 TKN 量，mg/L 或 kg/d；N_{ti} 为进水 TKN 量，mg/L 或 kg/d；N_{te} 为出水 TKN 量，mg/L 或 kg/d。

当泥龄和非曝气污泥量比值取值合理时，$N_C \geqslant N_n$，硝化可以接近 100% 完成。由于氨氮属溶解性物质且进水 TKN 浓度波动较大，可硝化的 TKN 量实际上是 $N_n \pm \Delta N_n$，因此 S_f 值是控制出水 TKN 的关键系数，S_f 值足够大，则 N_C 能保证 $N_n + \Delta N_n$ 时也能实现完全硝化。

⑤ 处理系统的反硝化能力（D_P）　在稳态条件下，反硝化能力指硝酸盐充足时处理系统通过反硝化作用所能去除的最大硝酸盐量，可用下式求算：

$$D_P = \alpha f_{bs} BOD_5 + K_{DN2} f_{MNX} Y_H BOD_5 \theta_c(1 + \theta_c b_H) \tag{1-10-45}$$

式中，f_{bs} 为 BOD 中溶解性快速降解部分所占比例；α 为快速 BOD 去除硝态氮能力，约 0.2mg N/mg BOD 或 0.117mg N/mg COD；Y_H 为异养菌产泥系数，g 细胞 BOD/g BOD 去除；b_H 为异养菌衰减系数，d^{-1}；f_{MNX} 为反硝化区污泥量比值；K_{DN2} 为活性微生物第二反硝化速率，20℃取值 0.1mg N/(mg MLVSS·d)，温度修正系数 1.04。

可看出，影响反硝化能力的重要因素是碳氮比、泥龄和溶解性快速生物降解有机物量。BOD 值越大，D_P 值也越大，硝酸盐的去除量越大；泥龄越长，单位 BOD 去除硝酸盐的能力也越大。根据受电子能力估算，单位 BOD 的最大反硝化能力为 0.35mg N/mg BOD（即最低 $\Delta BOD_5/\Delta N$ 比值为 2.86），由于生物脱氮系统中仅 50% 左右的污泥可处于缺氧状态，因此生物脱氮系统去除单位 BOD 所能去除的硝态氮量约为 0.18mg N/mg BOD，也就是说可用于反硝化的 BOD 量与需要反硝化的硝态氮量比应大于 5.7 才能较好地达到反硝化目的。根据式(1-10-45) 求算，当泥龄大于 25d 时反硝化能力变化很小，因此生物脱氮系统的泥龄宜取 15～25d，结合除磷时最好不超过 20d。

在确定进水水质特性和环境影响因素取值的情况下，通过不同泥龄和 f_{MNX} 取值，通过试算法求算出满足硝化和反硝化所需的泥龄、f_{MNX} 及满足除磷要求的 f_{MNA}，相应的反应池容积就能计算出来。具体计算方法参见相关章节。

3. 所需要的专用设备

主流生物除磷系统所需的设备较少，也较简单。不管哪一种类型的厌氧区和缺氧区设计，都需要设置搅拌器使混合液悬浮固体处于悬浮状态。所需的典型搅拌能量输入的设计取值是 $10W/m^3$。为了尽量减少因搅拌作用导致的空气夹带，搅拌能量输入取值也可能低于此值。采用防涡流挡板，污泥至缺氧或厌氧区的内回流采用低水头高容量水泵也有助于避免空气的夹带。

4. 构筑物设计

在确定了工艺参数、完成了工艺设计之后，可进行生物除磷系统具体构筑物的设计。

主流生物除磷工艺的构筑物设计与生物脱氮系统的构筑物设计基本相同，所增加的厌氧区在构筑物设计方面也与缺氧区相同，两者都是设置搅拌器不设置曝气系统，混合所需的能量输入与缺氧池相同，因此主流生物除磷系统的设计可参照前面的有关章节。但必须特别注意的是厌氧区进水口和回流进水口的设计，应保持淹没状态，避免空气带入。

厌氧区设计的另一要点是池容（水力停留时间），是单池还是多池串联。由于过程动力学属一级反应，采用串联池型构造有利于磷的厌氧释放和好氧吸收，第一段 BOD 浓度较高，对应的反应速率也较大。但多池串联的建设费用高于单池。

5. 工艺改进

限制生物除磷系统性能的主要因素是系统内贮磷菌所能获得的 VFAs 量与系统要求的生物除磷量之比值。进水 BOD/TP 值较低的废水不可能在发酵区产生足够的 VFAs。有的处理厂必须添加化学药剂才能使出水 TP 浓度降低到排放要求。提高生物除磷系统除磷性能的另一种手段是增加除磷菌所需的 VFAs 供应量。

主流生物除磷系统产生的 VFAs 主要来自进入发酵区的溶解性快速降解 BOD 的说法已经得到普遍认可。在大多数废水中，快速降解 BOD 仅占进水 BOD 的 20%～40%。VFAs 是生物除磷的重要基质，在高负荷状态下使初沉污泥生化过程仅处于产酸发酵阶段，然后把发酵后的污泥输入到改良 Bardenpho 系统的厌氧区，除磷效果很好，但污泥的投加也增加了曝气所需的能量。

Oldham 和 Stevens（1985）提出的数据说明了在改良 Bardenpho 设施中使用初沉污泥发酵产物的好处。初沉污泥直接进入重力浓缩池，在那里有足够的时间促使产酸发酵。浓缩污泥通过 2.5mm 的滤网。含有微细固体物的筛滤液进入处理厂的厌氧区。将发酵产物交替加入到两组反应池或其中的一组，以便比较加与不加发酵产物的性能差别。当加入到两组反应池内时，出水溶解磷浓度一般低于 0.5mg/L。在交替投加发酵产物的运行阶段，接受发酵器液体的反应池在厌氧区立即显示出较大的磷释放，出水溶解磷浓度从 3.0mg/L 左右降到 0.5mg/L。不接受发酵器液体的那一组，其出水溶解磷浓度一般为

2～3mg/L。

在上述试验期间，浓缩池液体的 VFAs 浓度为 110～140mg/L。因为发酵器液体的流量只有进水流量的 8%～10%。进水中增加的 VFAs 浓度是 9～100mg/L。后来又加大了浓缩池的污泥深度以延长污泥固体停留时间，增加 VFAs 产量。结果发酵器液体的 VFAs 浓度增加至 200～3000mg/L，除磷效率却急剧下降，浓缩池液体的 pH 值也降低。Barnard 提出的解释是，除磷菌不能利用低 pH 值条件下产生的发酵产物。Rabimonitg 和 Oldham 进行的 UCT 中试研究，也是把初沉污泥发酵中沉降的上清液输入到中试装置。污泥在两段式完全混合反应器中发酵，然后在沉淀池中进行固液分离，污泥回流到污泥发酵器的第一段。沉降的液体含有 150～185mg/L 的 VFAs。在加入发酵液之后，两组试验装置的除磷率分别增加了 100% 和 47%。发酵器的 VFAs 平均产量为 0.09mg/mg COD。

在活性初沉池污泥发酵的设计方案中，浓缩后的发酵污泥有多种用途。首先它能使新沉降的固体与发酵菌相混合。浓缩池中产生的酸也在初沉池内淘洗，然后投入活性污泥过程。这样，一级处理可以用来减少二级处理的负荷。另一个好处是发酵池中固体物的 pH 值能够得到较好的缓冲，因而能生产理想 VFAs 产量。浓缩池（深池）的目的与活性初沉池一样。深池用来进行沉降和浓缩。Rabinowitg（1985）提出了一种类似于初沉池的设计，但浓缩池的泵送速率要加以控制，以保持所需要的停留时间进行发酵。

6. 已有处理厂的更新改造

Phostrip 工艺侧流除磷的特点是易适应于对现有设施的改造。增加单独的池容量和管道以便释放一部分回流污泥中的磷，把释磷污泥回流到活性污泥系统，以及用石灰处理释磷池中的上清液。改造设计的特点与新设施的设计差不多。淘洗液来源和有机负荷是活性污泥系统的重要设计依据。淘洗液中的硝酸盐含量高，则要求释磷池污龄也长，而可能对释磷池的性能产生消极影响。活性污泥系统的泥龄越长，产生的活性污泥越少，也会影响释磷池的停留时间和性能，因此该工艺不适用于延时曝气的系统。

另一方面，必须考虑到由于石灰处理释磷池上清液而增加的污泥量。

关于主流工艺改造的选择方案可以是改变操作的活性污泥系统，A/O 系统或改良 Bardenpho 系统。所有这三类系统，都必须在活性污泥设施的前端设置厌氧发酵区。更改的设计包括确定厌氧区和缺氧区的容积。新增的容积可以在原有装置的池容量中获得或者可以另外增加。如果是另外增加，则选择最经济的翻改方案时，水力和结构设施将是重要考虑因素。

可以通过以下途径获得更新改造所需的额外池容：

① 已建处理厂的进水负荷低于设计负荷，预计增加的负荷低于原来所要求的；

② 由于生物除磷系统所产生的 SVI 值低，可以使生物除磷系统的 MLSS 运行浓度明显高于现有的处理系统；

③ 处理系统的运行泥龄可以低于原有的设计泥龄，而不影响出水水质，已证实泥龄较低可提高生物除磷工艺的性能。

在没有硝化反应的情况下，除磷改造后所需增加的池容停留时间仅为 45min。这么小的容量往往可以从现有系统中获得，尤其在 A/O 系统能够提高处理系统的污泥浓缩性能的情况下。

所有主流过程的更改设计，都必须考虑剩余活性污泥的处理以及磷可能释放和循环至活性污泥系统的问题。需要进一步研究厌氧消化池中释放出的磷的出路。好氧消化会导致磷释放，磷释放与污泥量减少成正比。排出污泥用于土地处理是较好的选择方案。这还可以利用排放污泥中高营养物含量。

已有处理系统更改的选择取决于处理目的、废水水质和经济条件。无论何种情况，生物除磷的更改设计应该与化学除磷的处理方案比较。与生物方法相比，化学方法由于添加化学药品和增加污泥处理，其运行成本较高。生物除磷系统产生的污泥只比常规活性污泥系统稍多一些。生物除磷方案可能用于设施改造的初始投资费用较高，但从长期来看，由于运行成本低而节约费用。

更新改造的经济比较有更多因素，要就这些比较作出总的经济分析是困难的。有些处理厂把现有系统改为 A/O 工艺是非常简单的，而且所增加的投资费用也极少。进水 BOD/P 比值高时有利于选择主流生物除磷过程，与此相反则应选择化学处理方案、Phoship 法或者具有初沉污泥发酵的主流生物除磷过程。

处理要求也会影响更新改造工艺过程的选择和设计。如果除了要求去除 BOD 和磷外还要求较高的脱氮率，则主要选择改良 Bardenpho 工艺。如果要求较低的脱氮率以及去除BOD，则设或不设缺氧区的 A/O、UCT、改良活性污泥系统以及 Phostrip 工艺均可采用。如果仅去除 BOD 则除了改良 Bardenpho、UCT 和 A^2/O 以外，上述过程都可考虑。

活性污泥系统的运行改进用于更新改造被认为有较大的风险，因为它通常没有 UCT、A/O 和改良 Bardenpho 工艺所具有的厌氧、好氧区。然而，如果废水水质比较理想，有较大的厌氧区，则这种系统的出水磷浓度可以同那些分区系统相当。推流系统在操作上作一些改进也可以达到好的除磷目的，即使厌氧发酵区采用的是粗孔曝气。

许多处理系统很容易经过改进形成厌氧区。仅需要有选择地关闭曝气器，减少对曝气池前端曝气器的供气量，且在曝气池的前端增加搅拌器，或把活性污泥经初沉池回流与原废水厌氧接触。如果用后一种情况，则整个初沉污泥都会进入活性污泥曝气池，这种运行上的改进，必须基于对原有处理系统氧传递和有机物处理能力的仔细评估。

如果合适的话，活性污泥系统的运行改进也可以与化学除磷处理工艺一起使用，以减少化学处理成本。这种选择方案的好处是在作出最终设计决策时可以先在原有处理系统内进行试验。

（三）城市污水脱氮除磷设计

1. 一般规定

仅需脱氮时，可采用缺氧/好氧法（A/O 法）或低负荷序批式活性污泥法（SBR 法）；仅需除磷时，可采用厌氧/好氧法（A/O 法）或高负荷序批式活性污泥法（SBR 法）；需同时脱氮除磷时，可采用厌氧/缺氧/好氧法（A/A/O 法）或序批式活性污泥法（SBR 法）。

在进入生物脱氮除磷系统前应设预处理工序，包括除砂、去除漂浮物及浮渣。

脱氮时，废水中的 BOD$_5$ 与 TKN 含量之比宜大于 4。脱磷时，废水中的 BOD$_5$ 与 TP 含量之比宜大于 17。需同时脱氮除磷时，宜同时满足上述要求。

设计时应充分考虑冬季低水温对脱氮除磷的影响。

好氧池剩余碱度宜大于 70mg/L（以 CaCO$_3$ 计）。当进水碱度不满足上述要求时，可增加缺氧池容积或布置成多段缺氧/好氧形式，或增加原废水的碱度。

好氧池供氧设计时，池内溶解氧宜按 1.5～2.5mg/L 计算。

采用生物除磷工艺处理废水时，剩余活性污泥宜采用机械浓缩。

对生物除磷工艺的剩余活性污泥采用厌氧消化时，输送厌氧消化污泥或污泥脱水滤液的管道应有除垢措施。对含磷量高的液体，宜先除磷再进入集水池。

2. A/O 和 A^2/O

① 反应池容积可按平均日废水量进行设计。

② 厌氧池容积：

$$V_{a1} = \frac{t_{a1}Q}{24} \tag{1-10-46}$$

式中，V_{a1} 为厌氧池容积，m^3；t_{a1} 为厌氧池停留时间，h，宜采用 $1\sim2h$；Q 为进水流量，m^3/d。

③ 厌氧池应采用机械搅拌，缺氧池宜采用机械搅拌，混合功率宜采用 $5\sim8W/m^3$ 应选用安装角度可调的搅拌器。

④ 缺氧池容积：

$$V_{a2} = \frac{0.001Q(N_{ki}-N_{ke})-0.12W_m}{k_{de(T)}X} \tag{1-10-47}$$

$$W_m = \frac{Q(S_i-S_e)}{1000}f\left(Y - \frac{0.9b_hY_hf_T}{\dfrac{1}{\theta_d}+b_hf_T}\right) \tag{1-10-48}$$

$$k_{de(T)} = k_{de(20)}1.8^{T-20} \tag{1-10-49}$$

式中，V_{a2} 为缺氧池容积，m^3；X 为反应池混合液浓度，$kg\ MLSS/m^3$；N_{ki} 为反应池进水总凯氏氮浓度，mg/L；N_{ke} 为反应池出水总凯氏氮浓度，mg/L；W_m 为排出系统的微生物量，kg/d；S_i、S_e 分别为反应池进水、出水五日生化需氧量（BOD_5）浓度，mg/L；b_h 为异养菌内源衰减系数，d^{-1}，取 $0.08d^{-1}$；θ_d 为反应池设计泥龄值，d；Y_h 为异氧菌产率系数，$kg\ MLSS/kg\ BOD_5$，取 $0.6kg\ MLSS/kg\ BOD_5$；f 为污泥产率修正系数，通过试验确定，无条件试验时取 $0.8\sim0.9$；f_T 为温度修正系数，取 $1.072^{(T-15)}$；T 为温度，℃；k_{de} 为反硝化速率，$kg\ NO_3^--N/(kg\ MLSS\cdot d)$，通过试验确定；如无试验条件，20℃时 k_{de} 值可采用 $0.03\sim0.06kg\ NO_3^--N/(kg\ MLSS\cdot d)$，并进行温度校正；$k_{de(T)}$、$k_{de(20)}$ 分别为 T℃和20℃时的反硝化速率。

⑤ 好氧池容积可按下列规定计算。

硝化菌比生长率可按下式：

$$\mu = 0.47\frac{N_a}{K_N+N_a}e^{0.098(T-15)} \tag{1-10-50}$$

式中，μ 为硝化菌比生长率，d^{-1}；N_a 为反应池中氨氮浓度，mg/L；K_N 为硝化作用中氮的半速率常数，mg/L。

反应池中活性污泥好氧泥龄最小值可按下式计算：

$$\theta_m = \frac{1}{\mu} \tag{1-10-51}$$

式中，θ_m 为好氧泥龄最小值，d。

反应池设计泥龄可按下式计算：

$$\theta_d = F\theta_m \tag{1-10-52}$$

式中，F 为安全系数，取 $1.5\sim3.0$。

污泥净产率系数可按下式计算：

$$Y = f\left[Y_h - \frac{0.9b_hY_hf_t}{\dfrac{1}{\theta_d}+b_hf_t} + \Psi\frac{X_i}{S_i}\right] \tag{1-10-53}$$

式中，Y 为污泥净产率系数；Ψ 为反应池进水悬浮固体中不可水解/降解的悬浮固体比例，通过测定求得，无测定条件时，取 0.6；X_i 为反应池进水中悬浮固体浓度，mg/L。

好氧池容积可按下式计算：

$$V_0 = \frac{Q(S_i - S_e)\theta_d Y}{N_{te} - N_{ke}} - Q_r \tag{1-10-54}$$

式中，Q_r 为回流污泥量，m^3/d；V_0 为好氧池容积，m^3。

⑥ 混合液回流量：

$$Q_r^m = \frac{1000 V_{a2} k_{de(T)} X}{N_{te} - N_{ke}} - Q_r \tag{1-10-55}$$

式中，Q_r^m 为混合液回流量，m^3/d；N_{ke} 为反应池出水总凯氏氮浓度，mg/L；N_{te} 为反应池出水总氮浓度，mg/L。

⑦ 在确定泥龄时，应综合考虑脱氮除磷的要求。当以脱氮为主要目的时，可适当延长泥龄；当以除磷为主要目的时，可适当缩短泥龄；需同时脱氮除磷时，应综合考虑泥龄的影响。

⑧ 好氧池的需氧量可根据去除的 BOD_5 量和氮量等计算确定。实际供氧量应考虑进水水量和进水水质的波动以及反应池混合液温度等因素的影响。好氧池的需氧量可按下式计算：

$$O_2 = 0.001aQ(S_i - S_e) + b[0.001Q(N_{ki} - N_{ke}) - 0.12W_m] - cW_m - $$
$$0.62b \times 0.001Q(N_{ti} - N_{ke} - N_{oe}) - 0.12W_m \tag{1-10-56}$$

式中，O_2 为好氧池的需氧量，$kg\ O_2/d$；N_{ti} 为反应池进水总氮浓度，mg/L；N_{oe} 为反应池出水硝态氮浓度，mg/L；a 为碳的氧当量，当含碳物质以 BOD_5 计时，取 1.47；b 为常数，氧化每千克氨氮所需氧量，$kg\ O_2/kg\ NH_4^+\text{-}N$，取 4.57；$c$ 为常数，细菌细胞的氧当量，取 1.42。

⑨ 剩余污泥量可按下式计算：

$$Y = \frac{Q(S_i - S_e)}{1000} f \left[Y_h - \frac{0.9b_h Y_h f_t}{\frac{1}{\theta_d} + b_h f_t} + \Psi \frac{X_i}{S_i} \right] \tag{1-10-57}$$

⑩ 二次沉淀池的表面水力负荷宜小于 $1m^3/(m^2 \cdot h)$。

⑪ 回流污泥设备宜采用不易带入空气的设备。

3. SBR 法

① 设计废水量，对于 SBR 反应池宜采用平均日废水量；对于反应池前后的水泵、管道等输水设施宜采用最大日最大时废水量。

② SBR 反应池的数量宜为两个及以上。

③ SBR 反应池容积。

$$V = \frac{24QS_i}{1000 X N_S t_R} \tag{1-10-58}$$

式中，Q 为每个周期进水量，m^3；N_S 为污泥负荷，$kg\ BOD_5/(kg\ MLSS \cdot d)$；$t_R$ 为每个周期反应时间，h。

④ 污泥负荷，以脱氮为主要目标时宜采用 $0.03 \sim 0.12kg\ BOD_5/(kg\ MLSS \cdot d)$；以除磷为主要目标时宜采用 $0.08 \sim 0.4kg\ BOD_5/(kg\ MLSS \cdot d)$；同时脱氮除磷时宜采用 $0.08 \sim 0.12kg\ BOD_5/(kg\ MLSS \cdot d)$。

⑤ SBR 工艺各工序的时间。

进水时间为：

$$t_F = \frac{t}{n} \tag{1-10-59}$$

式中，t_F 为每池每周期所需的进水时间，h；t 为一个运行周期所需的时间，h；n 为反应池个数。

反应时间 t 可按下式计算：

$$t = \frac{24 S_i m}{1000 N_S X} \tag{1-10-60}$$

式中，m 为充水比，高负荷运行时宜取 $0.25 \sim 0.5$，低负荷运行时宜取 $0.15 \sim 0.3$。

反应时间 t，包括好氧反应时间 t_o 和非好氧反应时间 t_a。

非好氧反应时间 t_a 可按下式计算：

$$t_a = 24 \frac{0.001 Q (N_{ti} - N_{te})}{V X k_{de(T)}} \tag{1-10-61}$$

沉淀时间 t_S 宜采用 $0.5 \sim 1h$。排水时间 t_D 宜采用 $1.0 \sim 1.5h$。

一个周期所需时间可按下式计算：

$$t = t_R + t_S + t_D + t_b \tag{1-10-62}$$

式中，t_b 为闲置时间，h。

⑥ 每天的周期数宜取正整数。

⑦ SBR 工艺的需氧量参考相关章节。

⑧ 厌氧、缺氧工序宜采用水下搅拌器搅拌。

⑨ 连续进水时，反应池的进、出水处应设置导流装置。

⑩ 应选用不易堵塞的曝气装置。

⑪ 反应池可采用矩形池或圆形池，水深宜取 $4 \sim 6m$。矩形池的长宽比，间隙进水时宜采用 $(1 \sim 2):1$；连续进水时宜采用 $(2.5 \sim 4):1$。

⑫ 反应池应设置固定式事故排水装置，可设在滗水结束时的水位处。

⑬ 应采用有防止浮渣流出设施的滗水器；反应池应有清除浮渣的装置。

参 考 文 献

[1] 张雪飞. 污水处理生物脱氮除磷工艺的分析 [J]. 清洗世界，2023，39（03）：93-95.

[2] 李凯，李雪莹，韩松，等. 全程自养生物脱氮工艺机理及影响因素分析 [J]. 科学技术与工程，2023，23（6）：2252-2259.

[3] 牛晓倩，周胜虎，邓禹. 脱氮微生物及脱氮工艺研究进展 [J]. 生物工程学报，2021，37（10）：3505-3519.

[4] 唐建国. 德国现行《一段活性污泥法设计计算规程》技术要点解析 [J]. 给水排水，2022，58（10）：56-63.

[5] 陈建伟. 高效短程硝化和厌氧氨氧化工艺研究 [D]. 杭州：浙江大学，2011.

[6] 唐崇俭. 厌氧氨氧化工艺特性与控制技术的研究 [D]. 杭州：浙江大学，2011.

[7] 贾振宁. IFAS-MBR 工艺在处理农污上的应用 [J]. 净水技术，2021，40（S1）：104-106，195.

[8] 段佳佳，陈佳. 污水生物除磷脱氮工艺运行效能分析 [J]. 能源与环保，2023，45（03）：188-193.

[9] 薛罡，陈红，李响，等. 水污染控制工程设计计算例集 [M]. 南京：南京大学出版社，2018.

[10] Oldham W K，Stevens G M. Initial operating experiences of a nutrient removal process（Modified Bardenpho）at Kelowna，British Columbia [J]. Canadian Journal of Civil Engineering，2011，11（3）：474-479.

[11] Salehi S，Cheng K A，Heitz A，et al. Re-visiting the Phostrip process to recover phosphorus from municipal wastewater [J]. Chemical engineering journal，2018，343390-398.

第十一章
化学除磷与磷回收

第一节 废水中的磷和磷酸盐化学

一、水体中磷的来源和形态

（一）水体中磷的来源

排放到湖泊中的磷大多来源于生活污水、工厂和畜牧业废水、山林耕地肥料流失以及降雨降雪之中。与前几项相比，降雨和降雪中的磷含量较低。有调查表明，降雨中磷浓度平均值低于 0.04mg/L，降雪中低于 0.02mg/L。以生活污水为例，每人每天磷排放量为 1.4～3.2g，各种洗涤剂的贡献约占其中的 70%。此外，炊事与漱洗水以及粪尿中磷也有相当的含量。工厂磷排放主要来源于肥料、医药、金属表面处理、纤维染色、发酵和食品工业。在水体的磷流入量中，生活污水占 43.4% 为最大，其他依次为 29.4%、20.5% 与 6.7%，见图 1-11-1。

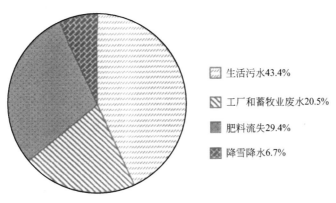

图例：
- 生活污水43.4%
- 工厂和蓄牧业废水20.5%
- 肥料流失29.4%
- 降雪降水6.7%

图 1-11-1 水域的磷流入量百分比

（二）废水中磷的形态

废水中的磷以正磷酸盐、聚磷酸盐和有机磷的形式存在，由于废水来源不同，总磷及各种形式的磷含量差别较大。典型的生活污水中总磷含量在 3～15mg/L（以磷计）。在新鲜的原生活污水中，磷酸盐的分配大致如下：正磷酸盐 5mg P/L，三聚磷酸盐 3mg P/L，焦磷酸盐 1mg P/L 以及有机磷＜1mg P/L。聚磷酸盐是溶解性盐类，不能与金属离子结合生成沉淀，它在酸性条件下可以水解为正磷酸盐，大多数生活污水的 pH 值范围在 6.5～8.0，温度在 10～20℃，在此条件下水解过程非常缓慢；然而，在污水中细菌生物酶的作用下，可以大大加快水解转化过程。生活污水中的不少缩聚磷酸盐在污水到达处理厂之前已经转变为正磷酸盐。此外，在污水生化处理过程中，所有的聚磷酸盐都被转化为正磷酸盐，没有缩聚磷酸盐能残存下来。同时，在细菌的作用下，污水中的有机磷也能部分转化为正磷酸盐。

表 1-11-1 中列出了几种最普通的含磷化合物。在正磷酸盐阴离子中，P 原子在中心与位于四面角上的氧原子键合。缩合磷酸盐（聚磷酸盐和偏磷酸盐）由两个或两个以上的正磷酸盐基团缩合而成，并具有 P—O—P 特征键。而聚磷酸盐的分子是线性的，偏磷酸盐是环状的。

表 1-11-1 水系统中重要含磷化合物的种类

基团	典型的结构	重要的物种	计算的离解常数(25℃)
正磷酸盐	$^-O-\overset{O}{\underset{O^-}{\overset{\|}{\underset{\|}{P}}}}-O^-$	H_3PO_4、$H_2PO_4^-$、HPO_4^{2-}、PO_4^{3-}、HPO_4^{2-}	$pK_{a,1}=2.1$ $pK_{a,2}=7.2$ $pK_{a,3}=12.3$
聚磷酸盐	焦磷酸盐	$H_4P_2O_7$、$H_3P_2O_7^-$、$H_2P_2O_7^{2-}$、$HP_2O_7^{3-}$、$P_2O_7^{4-}$、$HP_2O_7^{3-}$	$pK_{a,1}=1.52$ $pK_{a,2}=2.4$ $pK_{a,3}=6.6$ $pK_{a,4}=9.3$
	三聚磷酸盐	$H_3P_3O_{10}^{2-}$、$H_2P_3O_{10}^{3-}$、$HP_3O_{10}^{4-}$、$P_3O_{10}^{5-}$、$HP_3O_{10}^{4-}$	$pK_{a,3}=2.3$ $pK_{a,4}=6.5$ $pK_{a,5}=9.2$
偏磷酸盐	三聚磷酸盐	$HP_3O_9^{2-}$、$P_3O_9^{3-}$	$pK_{a,3}=2.1$
有机磷酸盐	葡萄糖 6-磷酸盐	有很多型式,包括磷脂、糖磷酸盐、核苷酸、磷酰胺等	

图 1-11-2 表明，在 10℃时，pH 值为 4 的聚磷酸盐溶液水解 5% 的时间约为一年，pH 值为 7 时为几十年，pH 值为 10 时则超过 1 个世纪！

有机磷既有溶解性的，也有颗粒性的。它们可以分为可生物降解和不可生物降解两类。颗粒性的有机磷通常与污泥结合在一起，随排泥而去除。可生物降解的溶解性有机磷在生物处理过程中，可以被转化为正磷酸盐。不可生物降解的溶解性有机磷则穿过生物处理设施，随水流出。

二、磷酸盐化学

1. 磷酸平衡

在不同 pH 值条件下磷酸存在形式也不同，式(1-11-1)～式(1-11-4)反映了磷酸-磷酸盐体系电离情况。

$$H_3PO_4 \rightleftharpoons H_2PO_4^- + H^+, \quad K_{a1} = 10^{-2.1} \tag{1-11-1}$$

$$H_2PO_4^- \rightleftharpoons HPO_4^{2-} + H^+, \quad K_{a2} = 10^{-7.2} \tag{1-11-2}$$

$$HPO_4^{2-} \rightleftharpoons PO_4^{3-} + H^+, \quad K_{a3} = 10^{-12.8} \tag{1-11-3}$$

$$H^+ + OH^- \longrightarrow H_2O, \quad K_W = [H^+][OH^-] = 10^{-14} \tag{1-11-4}$$

图 1-11-3 描述了不同 pH 值条件下磷酸盐体系的构成。H_3PO_4、$H_2PO_4^-$、HPO_4^{2-}、PO_4^{3-} 的分布系数分别用 δ_0、δ_1、δ_2、δ_3 表示。表 1-11-2 列出了不同 pH 值，磷酸各种组分的占比。

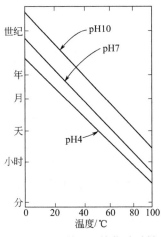

图 1-11-2 约 1%的焦磷酸钠
溶液水解 5%所需的时间

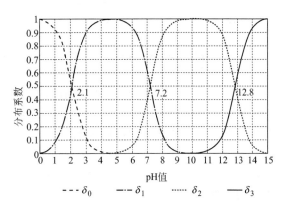

图 1-11-3 不同 pH 值条件下磷酸盐体系构成

表 1-11-2 磷酸在水中的派生形态与 pH 值的关系 单位:%

磷酸根形态 \ pH 值	5	6	7	8	8.5	9	10	11
$H_2PO_4^-$	97.99	83.67	33.90	4.88	1.60	0.51	0.05	—
HPO_4^{2-}	1.91	16.32	66.10	95.12	98.38	99.45	99.59	96.53
PO_4^{3-}	—	—	—	—	0.01	0.04	0.36	3.47

2. 磷酸盐化合物

表 1-11-3 给出了常见磷酸盐的溶解平衡常数和配合平衡常数。

表 1-11-3 常见磷酸盐在 25℃时有代表性的非均相平衡常数和配合平衡常数

项目		电离方程式	pK_{S0} 或 pK
非均相平衡 (pK_{S0})	磷酸氢钙	$CaHPO_{4(s)} \rightleftharpoons Ca^{2+} + HPO_4^{2-}$	+6.66
	磷酸二氢钙	$Ca(H_2PO_4)_{2(s)} \rightleftharpoons Ca^{2+} + 2H_2PO_4^-$	+1.14
	羟基磷灰石	$Ca_5(PO_4)_3OH_{(s)} \rightleftharpoons 5Ca^{2+} + 3PO_4^{3-} + OH^-$	+55.9
	β-磷酸三钙	$\beta\text{-}Ca_3(PO_4)_{2(s)} \rightleftharpoons 3Ca^{2+} + 2PO_4^{3-}$	+24.0
	碳酸铁	$FePO_{4(s)} \rightleftharpoons Fe^{3+} + PO_4^{3-}$	+21.9
	磷酸铝	$AlPO_{4(s)} \rightleftharpoons Al^{3+} + PO_4^{3-}$	+21.0

续表

项目		电离方程式	pK_{S0} 或 pK
配合平衡（pK）	与正磷酸盐的配合	$NaHPO_4^- \rightleftharpoons Na^+ + HPO_4^{2-}$	$+0.6$
		$MgHPO_4^0 \rightleftharpoons Mg^{2+} + HPO_4^{2-}$	$+2.5$
		$CaHPO_4^0 \rightleftharpoons Ca^{2+} + HPO_4^{2-}$	$+2.2$
		$MnHPO_4^0 \rightleftharpoons Mn^{2+} + HPO_4^{2-}$	$+2.6$
		$FeHPO_4^+ \rightleftharpoons Fe^{3+} + HPO_4^{2-}$	$+9.75$
		$CaH_2PO_4^+ \rightleftharpoons Ca^{2+} + HPO_4^{2-} + H^+$	-5.6
	与焦磷酸盐的配合	$CaP_2O_7^{2-} \rightleftharpoons Ca^{2+} + P_2O_7^{4-}$	$+5.6$
		$CaHP_2O_7^- \rightleftharpoons Ca^{2+} + HP_2O_7^{3-}$	$+2.0$
		$Fe(HP_2O_7)_2^{3-} \rightleftharpoons Fe^{3+} + 2HP_2O_7^{3-}$	$+22$
	与三聚磷酸盐的配合	$CaP_3O_{10}^{3-} \rightleftharpoons Ca^{2+} + P_3O_{10}^{5-}$	$+8.1$

三、废水中磷的去除工艺比较

去除磷的方法有两种，分别为借助药剂和不借助药剂。借助药剂的方法是将铝盐或铁盐等金属直接加入污水中或二级处理水中，令磷与金属盐发生反应而达到除磷的目的。混凝沉淀法是在过去通常使用的借助药剂的方法。近些年又开发了一种除磷的晶析法，即接触除磷法，此方法既能除去污水中的有机物又能除去污水中的磷化合物。与借助药剂的除磷方法相比，利用生物反应的方法除磷可以减少成本，被称为生物除磷法。因此，去除磷的方法又可以分为生物学处理法与物理化学处理法。药剂法对磷的去除率相对较高，但其缺点是由于应用了化学试剂增加了成本，并且会产生大量的污泥。因此如今的生物除磷法和生物化学同时除磷的方法已经代替了从前单一的混凝沉淀除磷法。

将除磷法的原理及特征归纳为表 1-11-4，其除磷的原理和性能叙述如下。

表 1-11-4　除磷法的原理及特征

处理方法	原理	特征	
		优点	缺点
厌氧好氧法	在厌氧状态下放出磷，在好氧状态下摄取磷	1. 可利用原有的设备设施 2. 无需添加药剂	1. 比物理化学法除磷的能力低 2. 活性污泥可蓄积的磷量有限 3. 需要管理污泥量
Phostrip 除磷法	组合了厌氧法、好氧法和化学除磷法的方法	1. 磷浓缩时添加少量石灰，可以经济的除磷 2. 除磷的能力较稳定	必须添加脱磷设备
生物化学同时除磷法	在曝气槽中添加混凝剂同时去除有机物和磷的化合物的方法	可利用原有的设备设施，除磷的能力较稳定	产生大量污泥，若原水磷浓度高就要提高混凝剂的添加量，有影响生物相的危险性
混凝沉淀法	向污水或二级处理水中添加混凝剂，将磷化合物沉淀除磷的方法	除磷的能力高	1. 需要增添新的设备 2. 产生的污泥量多 3. 药剂等成本费高
晶析除磷法	利用磷酸离子、钙离子及氢氧根离子的反应，生成羟基磷灰石的晶析实现去除磷的方法	1. 产生的污泥量少 2. 较混凝沉淀方法的成本低 3. 除磷的能力较稳定	1. 需要增添新的设备 2. 需要设脱碳酸槽、砂滤过滤等事先处理

第二节 化学沉淀法除磷

一、基本原理

（一）金属盐混凝沉淀除磷

磷不同于氮，不能形成氧化体或还原体向大气放逐，但具有以固体形态和溶解形态互相循环转化的性能。从污水中除磷的技术就是以磷的这种性能为基础而开发的。污水除磷技术有：使磷成为不溶性的固体沉淀物从污水中分离出去的化学除磷法和使磷以溶解态为微生物所摄取，与微生物成为一体，并随同微生物从污水中分离出去的生物除磷法。

本节对化学除磷方法加以阐述。属于化学除磷法的有混凝沉淀除磷技术与晶析法除磷技术，本节则以应用广泛的混凝沉淀除磷技术作为阐述重点。

1. 铝盐除磷

铝离子与正磷酸离子化合，形成难溶的磷酸铝，通过沉淀加以去除。

$$Al^{3+} + PO_4^{3-} \longrightarrow AlPO_4 \downarrow \tag{1-11-5}$$

当使用硫酸铝作为混凝剂时，其产生的反应是：

$$Al_2(SO_4)_3 + 2PO_4^{3-} \longrightarrow 2AlPO_4 \downarrow + 3SO_4^{2-} \tag{1-11-6}$$

此外，硫酸铝还和污水中的碱度产生如下的反应：

$$Al_2(SO_4)_3 + 6HCO_3^- \longrightarrow 2Al(OH)_3 \downarrow + 6CO_2 + 3SO_4^{2-} \tag{1-11-7}$$

这样，由于硫酸铝对碱度的中和，pH 值下降，游离出 CO_2，形成氢氧化铝絮凝体。胶体粒子为絮凝体吸附而去除，在这一过程中磷化合物也得到去除。

硫酸铝的投加量，按反应式(1-11-6)，根据污水中磷的浓度及对处理水中磷含量的要求以及污水的化学特性确定。

除硫酸铝外，除磷使用的铝盐还有聚氯化铝（PAC）和铝酸钠（$NaAlO_2$），聚氯化铝与磷产生的反应与硫酸铝相同，但 pH 值不下降。

铝酸钠是硬水的优良混凝剂，它与正磷酸离子的反应如下式所示：

$$2NaAlO_2 + 2PO_4^{3-} + 4H_2O \longrightarrow 2AlPO_4 \downarrow + 2NaOH + 6OH^- \tag{1-11-8}$$

由上式可知，在反应过程中放出 OH^-，因此 pH 值是上升的。

磷酸铝（$AlPO_4$）的溶解度与 pH 值有关，当 pH 值为 6 时溶解度最小为 0.01mg/L；pH 值为 5 时溶解度最小为 0.03mg/L；pH 值为 7 时溶解度最小为 0.3mg/L。

在化学法除磷技术中，以使用铝盐者居多，使用铝盐除磷，应注意下列各项：

① 混合液的 pH 值对除磷效果产生影响，但 pH 值如介于 5～7 之间则不会产生影响，无需调整；

② 投加铝盐，按式(1-11-7)进行反应，混合液碱度降低，pH 值亦降低，降低幅度不足以影响反应的进程，但应注意排放水体对 pH 值的要求；

③ 混凝沉淀污泥回流，因污泥中含有氢氧化铝，能够与 PO_4^{3-} 产生下列反应：

$$Al(OH)_3 + PO_4^{3-} \Longleftrightarrow AlPO_4 \downarrow + 3OH^- \tag{1-11-9}$$

因此能够提高磷的去除率和絮凝体的沉淀效果。

反应形成的絮凝体宜通过重力沉淀加以去除。沉淀池一般采用面积负荷进行计算，当处理水中悬浮物含量要求在 10mg/L 以下时，面积负荷则可取值在 $20m^3/(m^2 \cdot d)$ 以下；如果处理水中悬浮物含量要求在 20mg/L 以下时，面积负荷则可取值在 $50m^3/(m^2 \cdot d)$ 以下。

除铝盐外，还使用铁盐去除污水中的磷。

2. 铁盐除磷

铁离子有二价和三价之分，除磷反应最终生成物是 $FePO_4$ 和 $Fe(OH)_3$。

二价铁离子与磷的反应较三价铁离子的反应要复杂些。

为了比较彻底地从污水中去除铁和磷，就必须对二价铁离子和三价铁离子加以氧化，因此需要充足的氧。

二价铁混凝剂的有氯化亚铁、硫酸亚铁；三价铁混凝剂的则有氯化铁和硫酸铁。在铁的酸洗废水中含有氯化亚铁（铁含量为 9%）和硫酸亚铁（铁含量为 6%～9%）。这种废水可以作为混凝剂用于除磷。

当 pH 值为 5 时，$FePO_4$ 的溶解度最小，为 0.1mg/L。

化学除磷系统的总除磷率可达到 80%～90%。出水的 TP 排放要求为 1.0mg/L 时，采用按常规设计的澄清池进行化学除磷即可，投加金属盐并保证澄清出水 SS 小于 15mg/L 时，能满足 TP≤1.0mg/L 的出水要求（GB 8978—1996 规定的二级排放标准）。如要连续满足 TP≤0.5mg/L 的出水要求（GB 8978—1996 规定的一级排放标准），则有必要增加二级出水的过滤。

金属盐投加法化学除磷的优缺点汇总于表 1-11-5。

表 1-11-5 金属盐投加法化学除磷的优缺点

优　　点	缺　　点
1. 可靠,有相当完整的技术文献和经验 2. 可以利用钢铁厂酸洗废液作为铁盐的来源,药剂费用可以显著降低 3. 除磷过程简单易懂 4. 药剂的需求量基本上取决于废水的总磷浓度和出水标准 5. 在已有厂的改建方面投资不高,比较简单 6. 污泥处理方式与非除磷系统相同 7. 在初沉池投加药剂可以降低二级处理部分的有机负荷 25%～35% 8. 通过加药量的优化调节可以控制出水磷的浓度	1. 药剂费用明显高于生物除磷系统 2. 污泥产生量显著大于不投加药剂的处理系统,可能会导致已有的污泥处理系统超负荷,污泥的处理和处置费用相应增加 3. 所产生的污泥脱水性能不如常规水处理厂(不投加药剂)

（二）石灰混凝除磷

1. 石灰与磷的反应

向含磷污水投加石灰，由于形成氢氧根离子，污水的 pH 值上升。与此同时，污水中的磷与石灰中的钙产生反应。形成 $Ca_5(OH)(PO_4)_3$（羟基磷灰石），其反应如下：

$$5Ca^{2+} + 4OH^- + 3HPO_4^{2-} \longrightarrow Ca_5(OH)(PO_4)_3 + 3H_2O \qquad (1-11-10)$$

实践证明，处理水中的磷含量，随 pH 值上升而呈对数降低之势。

2. 除磷效果影响因素

对石灰混凝除磷效果的影响因素，有如下几项。

① pH 值　pH 值是影响除磷效果最大的因素，如欲使处理水中磷的含量在 1mg/L 以下时，二级处理水 pH 值应在 9.5 以上，原污水则应在 11 以上。

② 磷的形态　聚磷酸盐的去除率低于正磷酸盐。在聚磷酸盐中，去除易难程度的顺序是：焦磷酸盐＞三聚磷酸盐＞偏磷酸盐。

③ 原污水中钙的浓度　原污水中钙浓度对磷的去除效果有影响。当 pH 值为 10.5，流入水中的钙含量在 40mg/L 以上时，处理水中磷的含量将在 0.25mg/L 以下。

石灰法除磷实际上是水的软化过程，除磷所需的石灰投加量取决于废水的碱度，而不是含磷量。药剂投加点为初沉池或二沉出水（三级处理）。石灰法除磷分成一段法和两段法两种。一段法 pH 值在 10 以下，可获得出水 TP 1.0mg/L 的处理效果。两段法将 pH 值提高到 11.0～11.5，可获得出水 TP 低于 1.0mg/L 的处理效果，带过滤的两段法出水 TP 可低至 0.1mg/L，该法石灰用量较大，处理出水需要用二氧化碳中和。

石灰的投加包括 pH 控制及必要的贮存输送和混合设备，这些设备需要经常性的维护。通过石灰污泥的钙化可以重新回收利用，由于投资和运行费用高，石灰回收工艺仅适用于较大的处理厂。石灰法产泥量相当大，甚至比金属盐法还大，其应用受到限制，该法的优缺点简示于表 1-11-6。

表 1-11-6 石灰法除磷的优缺点

优　　点	缺　　点
1. 控制简单，通过 pH 值控制石灰投加量，所需投加量取决于废水的碱度，与磷的浓度无关 2. 采用两段法时可以取得非常高的磷去除率 3. 能有效地同时去除许多重金属，如铬、镍等 4. 在初沉池加可以降低生物处理段的处理负荷	1. 对高碱度的硬水，药剂费用高 2. 污泥产生量高于其他工艺 3. 石灰的储存、进料和处理设备的需求及维护费用高 4. 投资和运行费用都相当高 5. 对于二段法，需要二氧化碳中和操作

二、加药点和工艺流程

1. 金属盐除磷

化学除磷通常与废水生物处理流程合并在一起工作。除磷药剂直接投加在主流程的不同位置。有三种常用投加位置：沉淀池进水口、曝气池中或出口处、前二者同时投加。当排放标准极严格时，也采用完全独立于主流程的第三级化学沉淀，以深度去除磷。

上述三种化学除磷工艺见图 1-11-4。

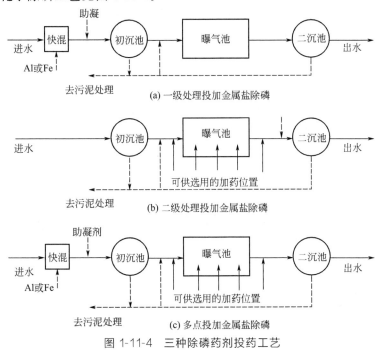

图 1-11-4 三种除磷药剂投药工艺

第一种在初沉池前端投药，可以获得较好的混合和絮凝效果，不仅能除磷，而且能促进 BOD、SS 的去除。但在该处只能去除正磷酸盐形式的磷，对有机磷和其他形式的磷无效。第二种和第三种在曝气池中和出口处以及多点位置投药，可以获得较高的除磷效果。

后沉淀是将沉淀、絮凝以及被絮凝物质的分离在一个与生物处理设施相分离的设施中进行，因而也就有二段法工艺的说法。一般将沉淀药剂投加到二次沉淀池后的一个混合池中，并在其后设置絮凝池和沉淀池或气浮池。后沉淀工艺简图如图 1-11-5 所示。对于要求不严的受纳水体，在后沉淀工艺中可采用石灰乳液药剂，但必须对出水 pH 值加以控制，如可采用沼气中的二氧化碳进行中和。

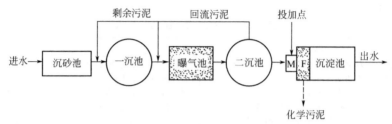

图 1-11-5　后沉淀工艺流程

M—混合池；F—絮凝池

采用气浮池可以比沉淀池更好地去除悬浮物和总磷，但因为需恒定供应空气而运转费用较高。

2. 石灰除磷

石灰混凝沉淀除磷处理工艺的流程，可分为 3 个阶段，即石灰混凝沉淀、再碳酸化和石灰污泥的处理与石灰再生。当需要除氨时，在混凝沉淀与再碳酸化之间，还应设脱氨气装置（参照图 1-11-6）。

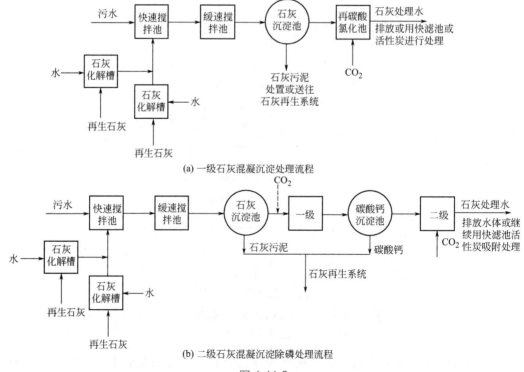

(a) 一级石灰混凝沉淀处理流程

(b) 二级石灰混凝沉淀除磷处理流程

图 1-11-6

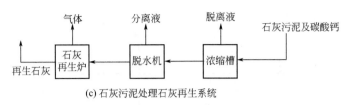

(c) 石灰污泥处理石灰再生系统

图 1-11-6 石灰混凝沉淀除磷处理系统

石灰混凝沉淀处理流程由快速搅拌池、慢速搅拌池和沉淀池 3 个单元组成。污水中的磷、悬浮物及有机物为由钙所形成的絮凝体所吸附，并通过絮凝体的沉淀而得以去除。如使污泥回流，能够提高除磷的效果。

再碳酸化是向 pH 值高的混凝沉淀上清液吹入 CO_2 气体，使 pH 值中和，产生下列反应：

$$Ca^{2+} + 2OH^- + CO_2 \uparrow \longrightarrow CaCO_3 + H_2O \qquad (1\text{-}11\text{-}11)$$

$$OH^- + CO_2 \uparrow \longrightarrow HCO_3^- \qquad (1\text{-}11\text{-}12)$$

再碳酸化有一级处理和二级处理两种方式。一级处理是使石灰混凝沉淀水的 pH 值直接达到中性附近，而二级处理是首先使 pH 值降到 9.5～10，在一级处理不进行回收，二级处理使 pH 值降到中性附近，再进行回收碳酸钙。

对在石灰沉淀池和二级处理方式的碳酸钙沉淀池产生的沉渣，进行浓缩脱水，用离心机作为脱水装置，回收纯度较高的 $CaCO_3$ 沉渣，对其用 800℃的高温加热，产生下列反应：

$$CaCO_3 \longrightarrow CaO + CO_2 \uparrow \qquad (1\text{-}11\text{-}13)$$

石灰混凝沉淀除磷工艺，以熟石灰 [$Ca(OH)_2$] 作为混凝剂效果优于生石灰（CaO），因此，由上式所得的生石灰应加水使其形成熟石灰，即

$$CaO + H_2O \longrightarrow Ca(OH)_2 \qquad (1\text{-}11\text{-}14)$$

石灰混凝沉淀除磷工艺比较复杂，产生的石灰污泥需要进一步处理，回收再生石灰，否则可能造成二次污染。

三、加药方法和加药量

1. 加药方法

① 金属盐投加　在污水生物处理工艺过程中，金属盐投加可以在一点或多点完成。通常情况下，多次投加可以取得更低的磷出水浓度，且用药量较小。对于两点投加而言，两个点的用量可以按 2：1（第一点：第二点）的比例分配，也可以视情况调整二者的比例。

② 聚合物投加　投加聚合物可以改善除磷沉淀物的分离效果，聚合物的投加与每个污水厂的现场情况密切相关，所选用药剂的品牌、性能、用量要通过烧杯实验进行评估，依据实验结果选用恰当的聚合物类型和用量。聚合物与金属盐一定要分开投加，这样可以提高二者的使用效率。

③ 药剂混合　金属盐和聚合物投加需要足够的混合，通常采用快速混合的方式完成这一过程。快速混合可以强化药剂与污水的充分接触，减少短流。用跌水、曝气、泵叶轮混合、静态管道混合器、浆式搅拌混合器等方式均可完成快速混合。在完成快速药剂混合后，要有一段时间的慢速搅拌过程，以促进新生成的细小颗粒聚合长大。

④ 加药和反应顺序　典型的加药和反应顺序见图 1-11-7。首先是一个短暂的快速混合

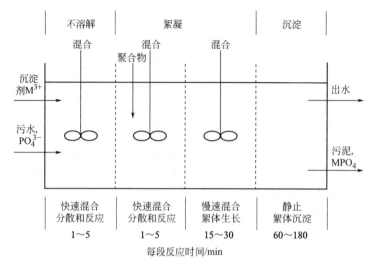

图 1-11-7 典型的加药和反应顺序

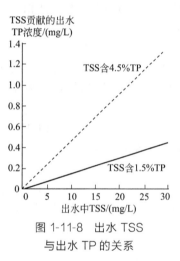

图 1-11-8 出水 TSS
与出水 TP 的关系

阶段，通过混合输入能量，使加入的金属离子与正磷酸盐相互接触，形成不溶性化合物，同时也防止了异重流、短流。然后再加入聚合物，同样采用快速混合方法，让聚合物与新生成的不溶性磷酸盐颗粒结合成较大的絮体。随后进入慢速混合阶段，此阶段絮体聚合长大，具备沉淀分离能力。最后进入沉降分离阶段。

⑤ 出水悬浮物控制 由于出水中磷浓度限值较低，因此控制出水中悬浮物显得尤为重要。金属盐加入到生物处理工艺中后，污泥的沉降性能发生了变化。随着污水中磷的去除，污水中磷转移至污泥中，污泥中磷含量增加。采用化学除磷或生化除磷，剩余污泥中磷的含量约为 4.5％（干重），而常规生物污泥中磷含量仅有 1.5％。图 1-11-8 所示，为控制出水中悬浮物浓度与出水磷浓度之间的关系。

2. 加药量和表面负荷

表 1-11-7 中给出了出水磷浓度限值与药剂用量之间的关系。

表 1-11-7 出水磷限值与药剂用量、沉淀分离表面水力负荷的关系

出水磷浓度限值 TP /(mg/L)	聚合物 /(mg/L)	M^{3+}/TP （物质的量比值）	二沉池表面水力负荷 /[m³/(m²·d)]	出水过滤
2	0.1～0.2	1.0～1.2	32	不需要
1	0.1～0.2	1.2～1.5	24	不需要
0.5	0.1～0.2	1.5～2.0	20	可能需要
0.2	0.5～1.0	3.5～6.0	20	需要

四、除磷效果

表 1-11-8 总结了采用不同种类药剂和加药点除磷工艺的实际运行效果。总体上看，采用第一种工艺可以去除 70％～90％的磷，采用第二种和第三种加药工艺可去除 80％～90％的磷。

表 1-11-8　金属盐除磷工艺运行效果

工艺类型	工厂类型及位置	设计流量 /(m³/d)	平均流量 /(m³/d)	化学药剂种类	药剂投加点	投药量(金属离子)/(mg/L)	金属离子/进水TP	进水总磷浓度 /(mg/L)	出水总磷浓度 /(mg/L)
推流式活性污泥	Waupaca，WI	4760	2200	铝盐	二沉池	24.6	3.25	7.56	0.86
	East Chicago，IN	75700	59800	铝盐	二沉池	7.7	3.99	1.93	0.38
	Mason，MI	5700	5000	聚合物	二沉池	1.0	1.4	6.5	0.88
				氯化亚铁	初沉池	9.1			
	Flushing，MI	4400	6000	聚合物	初沉池	0.05	1.56	3.4	0.48
				氯化亚铁	二级生物处理	5.3			
	Appleton，WI	62500	52200	聚合物	二级生物处理	0.15	1.6	10.5	0.8
				氯化亚铁	进水	16.8			
	Grand Ledge，MI	5700	3000	氯化亚铁	二级生物处理	5.6	1.24	4.5	0.7
	Bowing Green，OH	30300	20100	氯化亚铁	二沉池	5.2	0.62	8.4	0.75
				聚合物	二沉池				
	Kenosha，WI	10600	90500	硫酸亚铁	Pnm沉淀池	5.35	1.43	3.74	0.36
	Toledo，OH	386100	310400	硫酸亚铁	Pnm沉淀池	3.6	1.3	2.76	0.35
	Clintonville，WI	3800	2700	聚合物	Pnm沉淀池		1.47	3.6	0.75
				硫酸亚铁	二沉池	5.3			
完全混合	Thiensville，WI	900	3300	铝盐	二级生物处理	9.3	2.46	3.78	0.29
				聚合物	二级生物处理	0.82			
	Two Harbor，MN	4500	3400	铝盐	二沉池	9.6	1.6	6.0	0.25
	Escanaba，MI	8300	7600	氯化亚铁	初沉池	4.7	1.04	4.5	0.82
				聚合物	初沉池	0.35			
	Sheboygan，WI	69600	46600	氯化亚铁	二沉池	10.2	1.6	6.38	0.9
	Lima，OH	70000	15100	氯化亚铁	初沉池	13.2	3.38	3.9	0.5
				聚合物	初沉池	0.07			
	Niles，MI	22000	12100	氯化亚铁	二级生物处理	10.9	2.66	4.1	0.7

续表

工艺类型	工厂类型及位置	设计流量/(m³/d)	平均流量/(m³/d)	化学药剂种类	药剂投加点	投药量(金属离子)/(mg/L)	金属离子/进水 TP	进水总磷浓度/(mg/L)	出水总磷浓度/(mg/L)
完全混合	Crown Point,IN	13600	8700	氯化亚铁	二沉池	11.1	2.0	5.5	0.7
		5700		聚合物	二沉池	0.94			
	Cedarburg,WI	11400	7600	硫酸亚铁	二沉池	9.9	2.99	3.31	0.67
				聚合物	二沉池				
	Neenah,WI	5700	4000	铝盐	初沉池	7.7	2.2	3.5	0.7
	Neenah,WI	14800	16700	铝盐	二级生物处理	4.1	1.0	4.1	0.8
	Algona,WI	2800	3000	氯化亚铁	初沉池	33.0	10.0	3.3	0.23
				聚合物	二沉池	0.07			
接触稳定	Grafton,WI	8100	3600	氯化亚铁	初沉池	16.2	2.31	7.0	0.69
	Port Washington,WI	4700	5800	氯化亚铁	初沉池	8.5	1.44	5.9	1.0
	Port Clinton,OH	5700	6400	氯化亚铁	二级生物处理	10.2	1.96	5.2	0.5
	Oberlin,OH	5700	5700	氯化亚铁	初沉池	6.4	1.08	5.9	1.0
	North Olmstead,OH	34000	21200	铝酸钠	二级生物处理	8.3	2.86	2.9	0.7
纯氧曝气	FonduLac,WI	41600	26900	铝盐	二沉池	8.5	1.18	7.2	0.73
				聚合物	二沉池	0.75			
	Aurora,MN	1900	1700	铝盐	初沉池	16.9	5.83	2.9	0.76
	Upper Allen,PA	1800	1200	铝盐	二级生物处理	8.2	0.92	8.9	2.0
				聚合物	二级生物处理	0.37			
	Corunna,Ontario	3800	2000	铝盐	二沉池	5.0	0.65	7.74	0.36
延时曝气	Saukville,WI	7600	2400	氯化亚铁	初沉池	10.3	1.61	6.4	0.59
	Plymouth,WI	6200	5800	氯化亚铁	二级生物处理	7.7	1.15	6.7	0.77
	Trenton,OH	13200	9600	氯化亚铁	二级生物处理	2.56	0.42	6.1	0.65
	Seneca,MD	18900	15100	铝酸钠	进水	4.3	0.61	7.1	1.6
				聚合物	二沉池	2.4			

加药量随着水质和药剂种类的不同，有很大变化。表1-11-9中列举多个废水厂用药量的统计结果（出水TP<1.0mg/L）。

表1-11-9　Ontario废水厂除磷用药量统计

加药点	药剂	废水厂数量	平均投药量/(mg/L)	金属离子/进水TP(平均)
原水	铁盐	7	14.2	2.7
	铝盐	5	10.3	1.7
混合液	铁盐	20	9.5	1.5
	铝盐	15	7.5	1.6

五、设计计算

（一）药剂用量计算

1. 金属盐用量计算

在化学沉淀除磷时，根据生成$AlPO_4$或$FePO_4$计算，去除1mol（31g）P至少需要1mol（56g）Fe，即至少需要1.8（56/31）倍的Fe，或者0.9（27/31）倍的Al，也就是说去除1g P至少需要1.8g的Fe，或者0.9g的Al。

由于实际反应并不是100%有效进行的，加之OH^-会与金属离子竞争反应，生成相应的氢氧化物，所以实际化学沉淀药剂投加一般需要超量投加，以保证达到所需要的出水P浓度。德国在计算时，提出了投加系数β的概念，即

$$\beta = \frac{molFe \text{ 或 } molAl}{molP} \tag{1-11-15}$$

式中，molFe、molAl、molP分别为Fe、Al、P的摩尔数，mol。

投加系数β是受多种因素影响的，如投加地点、混合条件等，实际投加时建议通过投加试验确定，图1-11-9是投加系数和磷减少量的关系。在最佳条件下（适宜的投加、良好的混合和絮凝体的形成条件）$\beta=1$；在非最佳条件下$\beta=2\sim3$或更高。过量投加药剂不仅会使药剂费增加，而且因氢氧化物的大量形成也会使污泥量大大增加，且难脱水。

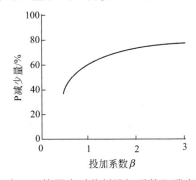

图1-11-9　在无干扰因素时药剂投加系数和磷去除量的关系

在实际计算中为了有效地去除磷（出水保持P含量≤1mg/L），β值为1.5，也就是说去除1kg磷，需要投加$1.5\times56/31=2.7$（kg）Fe或者$1.5\times27/31=1.3$（kg）Al。

2. 石灰用量计算

若用石灰作为化学沉淀药剂，则不能采用上述计算方法，因为其要求投加到废水pH值

大于 8.5，而且投加量受废水碱度（缓冲能力）的影响所以其投加量必须针对废水性质通过试验确定。

从严格意义上讲，投加系数 β 值的概念只适用于后沉淀，对于前沉淀和同步沉淀在计算时还应考虑：回流污泥中含有未反应的药剂；在初次沉淀池中和生物过程去除的磷。

（二）除磷工艺对出水的影响

1. 对出水金属离子含量的影响

在废水处理厂出水中金属和药剂的含量主要取决于对悬浮物的分离，当然药剂的投加量、β 值、pH 值、废水碱度及投加技术也都对其有影响。

在废水处理厂出水中的铁和铝一般是难溶解的磷酸盐和氢氧化物，并以悬浮状态存在。

在正常药剂投加量（如 $\beta=1.5$，同步沉淀）、pH 为中性并经过二次沉淀池的情况下，铝和铁的含量一般不会超过 1.0mg/L，对于絮凝滤池出水中铁或铝的含量一般小于 0.5mg/L。

2. 对出水中盐含量的影响

采用金属药剂进行磷沉淀必然会导致废水处理厂出水中的盐（Cl^- 或 SO_4^{2-} 含量）增加，其增加量可通过计算确定。

3. 对出水碱度的影响

废水处理厂进水的碱度与其所在流域饮用水的碱度和由铵产生的碱度相关。在磷酸盐沉淀时，只要铁离子或铝离子进入水溶液中就形成六水复合体，一般形式为 $Me(H_2O)_6^{3+}$，Me 为金属离子，这种复合体像酸一样可进一步水解，如式（1-11-16）所示。

$$Me(H_2O)_6^{3+} \longrightarrow 3H^+ + Me(OH)_3 + 3H_2O \tag{1-11-16}$$

该反应与溶液的 pH 值有关，同时也会降低水的碱度。由于氢氧化物以难溶的复合体形式沉淀出来，不会提高废水的碱度，所以对于金属氢氧化物的沉淀必须估算酸当量，对于金属磷酸盐的沉淀也是一样。同步沉淀中分离磷酸盐只能略微提高废水的碱度。

按照德国废水技术联合会的工作报告 A131，经过硝化/反硝化和化学除磷，废水的碱度变化可按下式计算：

$$SK_0 - SK_e = \Delta SK = 0.07(W_{NH_4^+-N_0} - W_{NH_4^+-N_c} + W_{NO_3^--N_c} - W_{NO_3^--N_0}) +$$
$$0.06W_{Fe^{3+}} + 0.04W_{Fe^{2+}} + 0.11W_{Al^{3+}} - (W_{P_0} - W_{P_c}) \tag{1-11-17}$$

式中，SK_0 为废水厂进水中的碱度，mmol/L；SK_e 为废水厂出水中的碱度，mmol/L；$W_{NH_4^+-N_0}$ 为废水厂进水中氨氮浓度，mg/L；$W_{NH_4^+-N_c}$ 为废水厂出水中氨氮浓度，mg/L；$W_{NO_3^--N_c}$ 为废水厂出水中的硝酸盐氮浓度，mg/L；$W_{NO_3^--N_0}$ 为废水厂进水中的硝酸盐氮浓度，mg/L；W_{P_0} 为废水厂进水中的磷浓度，mg/L；W_{P_c} 为废水厂出水中的磷浓度，mg/L；$W_{Fe^{3+}}$ 为投加的三价铁盐量，mg/L；$W_{Fe^{2+}}$ 为投加的二价铁盐量，mg/L；$W_{Al^{3+}}$ 为投加的铝盐量，mg/L。

4. 对剩余污泥产量的影响

正如前面所述的一样，废水中溶解性磷去除结果就是产生污泥，不同的工艺，污泥的排除位置也不相同。对于同步沉淀是以剩余污泥的形式排出，剩余污泥产量是污泥处理设计、运行的重要参数，带有同步沉淀化学除磷时，单位污泥产量是由去除 BOD_5 产生的剩余污泥和同步沉淀除磷的沉淀物所组成。对于同步沉淀，化学除磷产生污泥由沉淀药剂的类型、所投加金属离子与需沉淀磷的分子比来确定。在 $\beta=1.5$ 时，投加 1kg Fe 产生 2.5g 的干物质，或投加 1kg Al 产生 4kg 的干物质。

5. 对硝化反应的影响

在采用硫酸铁药剂进行同步沉淀时，对硝化反应有阻碍作用。在这种情况下推荐将污泥泥龄提高 10%。采用氯化铁盐药剂对硝化反应没有影响。表 1-11-10 是各种沉淀工艺对硝化反应的影响系数，这种影响系数是指在特定工艺条件下的污泥泥龄与常规工艺条件下（无磷的去除，且在同等硝化反应能力情况下）的污泥泥龄的比值。

表 1-11-10 各种工艺和药剂对硝化反应的影响系数

工艺名称	药剂	影响系数	工艺名称	药剂	影响系数
常规工艺		1.00	同步沉淀	$FeCl_3$	0.85~1.00
前沉淀	$FeCl_3$	0.75~0.9	同步沉淀	$FeSO_4$	1.1~1.35

因为在前沉淀的同时非溶解状的碳化合物也会被沉淀出来，由此不能为反硝化反应提供足够的碳化合物，所以前沉淀对氮的去除也会产生副作用。经常出现的问题是，通过一次沉淀已去除掉许多碳化合物，剩余碳源常不足以用于前置反硝化反应所需，再经前沉淀更加剧了这种矛盾。

第三节 结晶法除磷

一、基本原理

（一）结晶基本原理

沉淀按其物理性质不同，可粗略地分为两类：一类是晶形沉淀；另一类是无定形沉淀，又称为非晶形沉淀或胶状沉淀。晶形沉淀的结构基元（组成固体的原子或分子）在空间排列上长程有序，内部排列较规则，结构紧密，整个沉淀所占的体积较小，极易沉降于容器的底部。无定形沉淀的结构特点是长程无序而短程有序，它是由许多疏松聚集在一起的微小沉淀颗粒组成的，沉淀颗粒的排列杂乱无章，其中又包含有大量数目不定的水分子，所以是疏松的絮状沉淀，整个沉淀体积庞大，不像晶形沉淀那样能很好地沉降在容器的底部。晶形沉淀和无定形沉淀在一定条件下是可以相互转化的，同样的原子或分子在不同条件下可以形成不同的晶体或是无定形。在沉淀反应中能否得到晶形沉淀，与进行沉淀反应时构晶离子的浓度有关，也与沉淀本身的溶解度有关。

1. 晶核形成和晶种

有关晶形沉淀的形成，目前研究得比较多。一般认为在沉淀过程中，首先是构晶离子在过饱和溶液中形成晶核，然后进一步成长成为按一定晶格排列的晶形沉淀。晶核的形成有两种情况：一种是初级成核；另一种是二次成核，其中，初级成核又分为均相成核和异相成核，见图 1-11-10。所谓均相成核作用，是指构晶粒子在过饱和溶液中，通过离子的缔合作用，自发地形成晶核；所谓异相成核作用，是指溶液中混有固体颗粒，在沉淀过程中，这些微粒起着晶种的作用，诱导沉淀的形成；所谓二次成核，是指在亚稳态溶液中放入晶种促进成核，又称次级成核。在二次成核中，近年来认为其中起决定作用的机理是流体剪应力及接触成核。剪应力成核即指当饱和溶液以较大的流速流过正在成长的晶体表面时，在流体边界

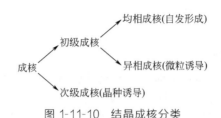

图 1-11-10　结晶成核分类

层存在的剪应力能将一些附着在晶体元上的粒子扫落，而成为新的晶核。接触成核是指当晶体与其他固体物接触时由于撞击所产生的晶体表面的碎粒成核。

　　由于在一般情况下，溶液中不可避免地混有不同数量的固体微粒，它们对沉淀的形成起着诱导作用，相当于起着晶种的作用，因此，在进行沉淀反应时，异相成核总是存在的。在某些情况下，溶液中可能只有异相成核作用。这时溶液中的晶核数目，取决于溶液中混入固体微粒的数目，而不再形成新的晶核。在这种情况下，由于"晶核"的数目基本稳定，所以随着构晶离子浓度的增大，晶体将成长得大一点，而不增加新的晶核。但是，当溶液的相对过饱和度较大时，构晶离子本身也可以形成晶核，这时，既有异相成核作用，又有均相成核作用，由于新的晶核的形成，使获得的沉淀数目多而颗粒小。不同的沉淀形成均相成核作用时所需的相对过饱和度不一样，溶液的相对过饱和度越大，越易引起均相成核作用。

2. 晶体生长

　　在沉淀过程中，形成晶核后，溶液中的构晶离子向晶核表面扩散，并沉积在晶核上，使晶核逐渐长大，到一定程度时，成为沉淀微粒，这种沉淀微粒有聚集为更大的聚集体的倾向。同时，构晶离子又具有一定的晶格排列而形成大晶粒的趋向，前者是聚集过程，后者是定向过程。聚集速度主要与物质的性质有关，相对过饱和度越大，聚集速度也越大。定向速度主要与物质的性质有关，极性较强的盐类，一般具有较大的定向速度。如果聚集的速度慢，定向速度快，则得到晶形沉淀；反之，则得到无定形沉淀。图 1-11-11 即为沉淀形成的大致过程示意。

图 1-11-11　沉淀形成示意

（二）结晶磷化合物

1. 羟基磷酸钙的沉淀结晶

（1）羟基磷酸钙的溶解度

　　羟基磷酸钙晶体在溶液中的生成主要分为晶核形成和晶体成长两个阶段。起初，由构晶离子结合形成晶胚——晶核出现，而后，晶体开始生长，直至反应达到热力学平衡。影响羟基磷酸钙结晶沉淀的因素主要有：溶液的 pH 值、过饱和程度、碱度、温度及其他杂质（如镁离子等）的存在等，当溶液中 Ca^{2+}、OH^- 和 PO_4^{3-} 等离子的浓度超过了羟基磷酸钙的溶度积常数（K_{sp}）就会有沉淀开始生成，K_{sp} 的表达式如下：

$$K_{sp}=[Ca^{2+}]^5[OH^-][PO_4^{3-}]^3 \tag{1-11-18}$$

羟基磷酸钙的溶度积常数与溶液 pH 值的关系表明，羟基磷酸钙的溶解度（以 mg/L 计）是随着溶液的 pH 值升高而降低的，溶解度的降低又会导致其在溶液中沉淀势的增加，利于沉淀结晶的形成。目前，人们已开发了大量基于数学模型的化学平衡关系，使羟基磷酸钙的沉淀过程的进行能被合理预测。

（2）羟基磷酸钙的沉淀

羟基磷酸钙晶体主要是通过"均相成核作用"形成的，同时，也可以利用合适的晶种来辅助结晶，即利用"异相成核作用"生成。因此，人们一直致力于研究各种反应条件下晶核形成所需的时间（诱导时间）来探索控制羟基磷酸钙沉淀形成。研究表明，羟基磷酸钙晶核生成的时间长短明显地受到溶液的过饱和程度（Ω）的影响，它们之间成反比关系，Ω 的表达式如下：

$$\Omega = \left(\frac{[Ca^{2+}]^5 [OH^-][PO_4^{3-}]^3}{K_{sp}} \right)^{1/3} \qquad (1\text{-}11\text{-}19)$$

当 Ω 值达到 2 时，羟基磷酸钙结晶过程出现了明显的由"异相成核"到"均相成核"的转变，而当 Ω 值超过 2 以后，晶形则不再有明显的变化。

温度和溶液的 pH 值也对羟基磷酸钙结晶的诱导时间有一定的影响，通常，提高温度和溶液的 pH 值能缩短晶核形成时间。实际中，当溶液的 pH 值低于 7.5 时羟基磷酸钙的结晶速度是非常缓慢的，要持续数天才能结晶完全。

2. 磷酸钙结晶

在含有钙和磷的溶液中，根据 pH 值和溶液组成，会形成很多磷酸钙相（见表 1-11-11）。结果磷酸盐的饱和度会依赖于与当时的溶液条件相近的相（见图 1-11-12）。先驱相可能是 DCPD、OCP、TCP 或 ACP，但是，最后沉淀相几乎都通过再结晶，转化为热力学上更稳定的 HAP。通常认为在 pH 值大于 7 且高过饱和度下，先驱相是物化性质不稳定的无定形物质，该无定形物质的特点是，在 X 射线衍射模型中没有峰值，ACP 的化学成分由沉淀条件决定。其他磷酸钙盐的沉淀条件简单叙述为：磷酸氢钙水合物（DCPD）在弱酸性的磷酸钙盐溶液中形成；当溶液 pH 值为 5～6 时，磷酸八钙（OCP）在 DCPD 水解的情况下形成。在碱性条件下 DCPD 会转化为 TCP 沉淀。HAP 通常很难直接在溶液中形成，由前驱物质转化为 HAP 的路径根据溶液环境的不同而变化。一般认为 pH>9 时，ACP 直接转化为 HAP；pH 值范围在 7～9 之间时，转变路径为 ACP→OCP→HAP，转变速率由 pH 值及溶液的温度等决定。当过饱和度非常高时，HAP 也很难单独存在，常常伴有一些前期物质 ACP 及 OCP 等。

表 1-11-11　各种磷酸钙的溶解性

简称	分子式	钙磷摩尔比	活度积常数
DCPD	$CaHPO_4 \cdot 2H_2O$	1.0	2.49×10^{-7}
DCPA	$CaHPO_4$（无水 DCPD）	1.0	1.26×10^{-7}
OCP	$Ca_4H(PO_4)_3 \cdot 2.5H_2O$	1.33	1.25×10^{-47}
TCP	$Ca_3(PO_4)_2$	1.5	1.20×10^{-29}
HAP	$Ca_5(PO_4)_3(OH)$	1.67	4.7×10^{-59}
ACP	$Ca_3(PO_4)_2 \cdot nH_2O$	未定义	无确定数值，比晶态磷盐酸更易于溶解

提高水溶液中磷酸钙过饱和度的方式有许多种，比如提高溶液中钙、磷浓度或升高 pH 值等。此外，提高溶液的温度也能升高过饱和度。虽然大部分物质的溶解度随温度的升高而降低，但磷酸钙的溶解度随温度的上升而提高。可是在实践过程中，对于大部分可能结成水垢的可溶性盐，它们的过饱和溶液可能在无限时间内都是稳定的，此时这些溶液处于亚稳定

状态，只需加入一个引发物，比如加入晶种，可能就会返回平衡状态。可是，在一定范围内偏离平衡有一个门槛，图中用超溶解度曲线表示，假如达到超溶解度曲线，经过诱导时间或无需经过诱导时间，沉淀都会自发发生。超溶解度曲线以上区域是易沉淀区。需注意的是，"超溶解度曲线"没有确切的值，它和若干项因素有关，比如外来悬浮颗粒的存在、搅拌、温度、pH 值等。

采用结晶法时，往水中投入晶种可以促进结晶沉淀反应。对于磷酸钙结晶，方解石、磁铁矿矿石（Fe_3O_4）、磷矿石、转炉炉渣和沙子等材料都可以充当晶种。

在过饱和溶液中，如过饱和度不高，开始时溶解性磷浓度变化较小，若过饱和溶液中加入晶种可使结晶过程消除诱导期而直接进入成核过程。成核作用时出现的无定形磷酸钙盐极不稳定，易溶解或直接沉淀，随着反应的继续进行，无定形磷酸钙盐将转化为热力学稳定的磷酸钙盐。这就是磷酸钙盐之间相的转变，由不稳定的晶体转化为热力学上稳定的磷酸钙盐，即转化为羟基磷灰石 HAP，如图 1-11-13 所示。

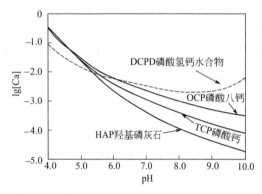

图 1-11-12 不同过饱和度下磷酸钙盐的沉淀形式

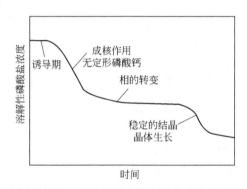

图 1-11-13 磷酸钙沉淀动力学的理想化图式

（三）磷酸铵镁的沉淀结晶

1. 磷酸铵镁的溶解度

磷酸铵镁（$MgNH_4PO_4 \cdot 6H_2O$，即 MAP）又叫鸟粪石，是一种难溶于水的白色晶体，正菱形晶体结构。0℃时溶解度仅为 0.023g/L。常温下，在水中的溶度积为 2.5×10^{-13}。其 P_2O_5 含量约为 58%，是一种极好的缓释肥，自然界中的储量极少。污水中形成的鸟粪石晶体见图 1-11-14。当溶液中含有 Mg^{2+}、NH_4^+ 以及 PO_4^{3-} 且离子浓度积大于溶度积常数时，会自发沉淀生成鸟粪石，反应式如式（1-11-20）。

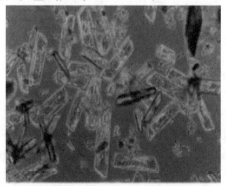

图 1-11-14 鸟粪石反应器内液体的照片（100 倍）

$$Mg^{2+} + NH_4^+ + PO_4^{3-} + 6H_2O \longrightarrow MgNH_4PO_4 \cdot 6H_2O \downarrow \qquad (1-11-20)$$

在 25℃时的 pK_s 为 13.26。MAP 在低 pH 值下易溶，在高 pH 值中难溶，提高 pH 值有利于 MAP 的生成，但在过高的 pH 值下会生成更难溶的固体 $Mg_3(PO_4)_2$ 或 $Mg(OH)_2$ 沉淀，应根据具体情况调节 pH 值。

2. 磷酸铵镁沉淀

磷酸铵镁的条件溶度积说明了溶液的 pH 影响溶解物种的情况。这些物种是铵离子（NH_4^+）和磷酸根离子（PO_4^{3-}）。因为 pH 的增高会使铵离子浓度减少，使磷酸根离子浓度增加，由此可推知，应该有一个使 $MgNH_4PO_4(s)$ 的溶解度为最小的 pH 值，即乘积 $[Mg^{2+}][NH_4^+][PO_4^{3-}]$ 为最小的 pH 值。这个点在哪里呢？

为了解决这个问题，可以列出沉淀物中每个物种随 pH 变化的反应方程式。于是：

$$NH_4^+ \rightleftharpoons NH_{3(aq)} + H^+ ; \lg K_a = -9.3 \qquad (1-11-21)$$

$$PO_4^{3-} + H^+ \rightleftharpoons HPO_4^{2-} ; \lg\left(\frac{1}{K_{a,3}}\right) = 12.3 \qquad (1-11-22)$$

$$HPO_4^{2-} + H^+ \rightleftharpoons H_2PO_4^- ; \lg\left(\frac{1}{K_{a,2}}\right) = 7.2 \qquad (1-11-23)$$

$$H_2PO_4^- + H^+ \rightleftharpoons H_3PO_4 ; \lg\left(\frac{1}{K_{a,1}}\right) = 2.1 \qquad (1-11-24)$$

$$Mg^{2+} + OH^- \rightleftharpoons MgOH^+ ; \lg\left(\frac{1}{K_{a,Mg}}\right) = 2.1 \qquad (1-11-25)$$

定义 Mg^{2+}、NH_4^+、PO_4^{3-} 的电离分散为 $\alpha_{Mg^{2+}} = [Mg^{2+}]/C_{T,Mg}$、$\alpha_{NH_4^+} = [NH_4^+]/C_{T,NH_3}$ 和 $\alpha_{PO_4^{3-}} = [PO_4^{3-}]/C_{T,PO_4}$，可以写成 $MgNH_4PO_4(s)$ 的溶解度为：

$$
\begin{aligned}
K_{so} &= \{Mg^{2+}\}\{NH_4^+\}\{PO_4^{3-}\} \\
&= \gamma_{Mg^{2+}}[Mg^{2+}]\gamma_{NH_4^+}[NH_4^+]\gamma_{PO_4^{3-}}[PO_4^{3-}] \\
&= \gamma_{Mg^{2+}}C_{T,Mg}\alpha_{Mg^{2+}}\gamma_{NH_4^+}C_{T,NH_3}\alpha_{NH_4^+}\gamma_{PO_4^{3-}}C_{T,PO_4}\alpha_{PO_4^{3-}}
\end{aligned}
\qquad (1-11-26)
$$

令 $P_s = C_{T,Mg}C_{T,NH_3}C_{T,PO_4}$，这样，$P_s$ 就成为 pH 的函数，其最小值将发生在当乘积 $\alpha_{Mg^{2+}}\alpha_{NH_4^+}\alpha_{PO_4^{3-}}$ 为最大的时候。在图 1-11-15 上绘制了 $\mu = 0$ 和 $\mu = 0.1$ 两种情况下，P_s 随 pH 变化的曲线。由图 1-11-15 可以看到，最小溶解度在 pH 值约为 10.7 处。

3. 过饱和度

$$\Omega = \left(\frac{[Mg^{2+}][NH_4^+][PO_4^{3-}]_{init}}{K_{sp}}\right)^{1/3} \qquad (1-11-27)$$

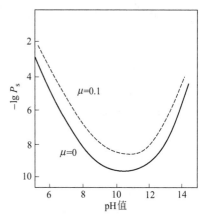

图 1-11-15　磷酸铵镁在 25℃时的条件溶度积

$$P_s = C_{T,Mg}C_{T,NH_3}C_{T,PO_4}$$

（四）结晶反应条件

MAP 和 HAP 在成晶离子的过饱和度满足要求的条件下，就可以生成结晶，构晶离子的浓度不仅与外源性输入有关，而且与反应 pH 值也密切相关。另外，搅拌方式、搅拌强度、反应时间、晶种等多方面的因素也对结晶过程有重要影响。目前还没有统一的模型来描述各种不同条件下 MAP、HAP 生成条件。经过多年的应用、研究，在城市污水的污泥富磷滤液、侧流富磷回流液、畜禽及人尿等多种废水除磷（回收磷）方面积累了一些应用经验，可以为结晶除磷工艺的应用和进一步发展提供借鉴。

1. MAP 结晶除磷反应条件

MAP 工艺适合于废水中同时含有磷和氨的情况下的脱氮除磷，有时也为了去除某一种污染物（如 N 或 P），采用补充另一种元素化合物的方法。通常镁以外源投加方式补充。

① Mg 的来源　大多数的研究和应用都采用 $MgCl_2$，但也有采用 $Mg(OH)_2$、$MgSO_4$、海水和盐卤水等镁源。$Mg(OH)_2$（或 MgO）不但可以提供 Mg^{2+}，还可以提高 pH 值，但溶解性差，用量大，反应效率低。$MgCl_2$ 的溶解性好，反应效率高，但在反应过程中又引入了过量的 Cl^-，对控制 TDS 不利。因地制宜地选用恰当的镁源，可以节省大部分运行费。MgO 和 $Mg(OH)_2$ 作为绿色碱类物质，在 MAP 结晶除磷工艺中有较好的应用前景。

② pH 值控制　pH 值是控制鸟粪石生成的最重要条件，不仅影响鸟粪石的质量，且影响鸟粪石的成分。根据化学平衡方程和实验验证，在 pH＝7.5～10 时，均可形成 MAP。pH＞10 则有 $Mg_3(PO_4)_2$ 的生成，pH＞11，进一步生成 $Mg(OH)_2$。在实际应用中，一般宜将 pH 控制在 8～10 之间。pH 通常采用投加 NaOH、$Mg(OH)_2$ 或吹脱 CO_2 法。

③ 镁氮磷物质量的比值　依据 $MgNH_4PO_4$ 的分子式，Mg、N、P 三种组分的物质的量比为 1∶1∶1，实际反应中，要达到除磷目的，Mg 和 N 的量要大于理论值。研究和实践表明，磷的去除率随氨离子浓度的增长而提高，残余一定量的氨离子对提高 MAP 的纯度有利。特别是在低浓度磷废水的除磷情况下，氨离子浓度过量程度需要更高。Mg 与 P 的比值也很重要，大多数情况下，Mg∶P 为 1.1～1.6 之间就可以取得较好的除磷效果。通常 MAP 除磷时，推荐的 Mg∶N∶P 比值为 (1.1～1.6)∶(1.5～3.0)∶1。另外，水中的钙等离子的存在，对 MAP 的生成有重要影响，因为 HAP 类不溶物的生成会干扰 MAP 的结晶。不同 P 浓度和不同类型的废水，宜通过实验室测试选定 3 种组分恰当的比值范围。

④ 反应时间　生成 MAP 是一个化学过程，可以在非常短的时间内完成。多数的研究证明，MAP 在短至几分钟内就可以完成，延长反应时间，并不能大幅度提高磷的去除率，但晶体都在逐步长大，一般认为反应时间为 1～8h，就可以满足 MAP 除磷的目的。需要注意的是，对于溶解性好的 Mg 源，反应时间可以短一些，对于采用溶解性差的 Mg 源，如 $Mg(OH)_2$，MgO 则需要长一些的反应时间，同时考虑到后期晶体分离的方便，较长的时间便于生成体积更大、沉降性能更好的晶体，对保障出水中较低的磷浓度有利。

⑤ 搅拌控制　搅拌方式与所采用的反应器类型有关，无论是气体搅拌还是机械搅拌，均以保证传质和晶体充分悬浮为目的。结晶反应体系处于流态化或是悬浮状况就可以满足 MAP 生成结晶要求。过量输入能量，过度搅拌，会破坏晶体。目前还没有具体的技术指标，实际应用中可参考机械搅拌和曝气搅拌的要求进行设计。

⑥ 排泥控制　在结晶反应器中不断生成 MAP，MAP 泥渣量逐步增多，需要定期外排。排泥控制可以依据结晶物中 P 的含量加以控制，也可以按反应器内泥渣的浓度要求进行调控。每次排泥后，在反应器内保留足够数量的剩余泥渣，对促进 MAP 的生成有利。

⑦ 晶种　首次启动反应器时，可以投加晶种，也可以不加。在运行成熟的反应器保留部分泥渣就可以起到晶种作用。

⑧ 除磷效率　在满足 pH 值和 Mg、N、P 比值要求情况下，一般均可以去除 80% 以上的磷，有时可以达到 90% 以上。具体数值视不同水质和浓度范围的差异变化较大。

2. HAP 结晶法除磷反应条件

羟基磷酸钙（HAP）结晶与 MAP 基本相似，都是生成结晶磷化合物，反应器的形式也基本相同，但参与反应的物质和反应条件、要求差别较大。一般认为 HAP 结晶法适合于处理只含磷不含氨氮或氨氮含量较少的废水除磷，由于 HAP 的溶度积较 MAP 小很多，因此 HAP 还适用于低磷水的除磷。HAP 结晶法主要控制因素是 pH 值和 Ca/P 值，其他因素如反应时间、晶种、混合搅拌等也对除磷效果产生重要影响。具体情况如下。

① pH 值控制　生成 HAP 适宜的 pH 值是 8～10。随着 pH 值升高，溶解性磷的去除也进一步提高，但此时磷的去除往往不是生成 HAP 结晶的结果，而是生产 $Ca(OH)_2$ 絮体吸附、$Ca_3(PO_4)_2$ 等无定形沉淀所致，这样会造成出水中 TP 的升高。一般将 pH 值控制在 8 附近，不仅可以很好地生成 HAP，而且其他副反应也较少。投加 NaOH 可以实现 HAP 反应过程的 pH 精确控制。

② Ca/P 值　理论上 Ca/P 值达到 1.67 就可以满足 HAP 的生成要求，但实际应用时，Ca/P 值对磷的去除率影响巨大。在磷的浓度较高时（>50mg/L），Ca/P 值只需达到 2 以上，一般除磷效率可达到 90% 以上，而在低磷条件下除磷，Ca/P 值往往要达到 3 以上。针对不同磷浓度和不同的水质，具体 Ca/P 值要通过试验来确定，目前还没有统一的模型可以计算。

③ 反应时间　与 MAP 反应相似，HAP 结晶过程也很迅速，通常所需要的反应时间较短，控制 HRT 为 1～6h，就可以满足结晶除磷的要求。

④ 钙源　依据 Ca/P 值的需要，如果废水中钙的量不够，则要外加钙源，一般投加 $CaCl_2$。投加 $CaCl_2$ 有利于提高反应速率。

⑤ 晶种　HAP 生成对晶种有一定的要求。在没有晶种条件下，反应开始运行时，会产生无定形磷酸盐沉淀，磷去除效果虽然好，但沉淀分离困难。在形成结晶后，上述情况才能改善，逐步转化为以生成 HAP 结晶为主的除磷反应。若投入恰当的晶种，则能迅速启动 HAP 结晶过程。常用的晶种有石英砂、磁铁矿石、方解石等。另外，雪硅钙石因其独特的结构特性，被认为是一种高效 HAP 结晶晶种。晶种尺寸一般为 0.2～1.5mm，不宜太小和太大。晶种投加量为 10～50g/L。

⑥ 搅拌混合　HAP 反应过程需要适宜的搅拌混合，与 MAP 相似。

二、结晶除磷反应器

（一）结晶除磷反应器的类型和工作原理

除磷结晶反应器的设计主要依据反应动力学和流速两个因素，既要使得溶液充分混合反应才能生成晶体，又要考虑生成的晶体处于混合状态而不影响晶体的成长，结晶可以分为反应和沉淀两大过程。根据不同的处理水量，以及采用不同的水力停留时间来确定反应器的尺寸大小。目前广为研究和应用的除磷结晶反应器分为搅拌式及流化床式两大类，实际应用时，一般按化工反应器的基本原则进行设计或选用商品型设备。

1. 搅拌式反应器

（1）机械搅拌式反应器

机械搅拌式反应器具有设计方便、实际操作简单等优点，反应器的设计形式有两种。

① 分体式搅拌器　反应区和沉淀区分开设计，设备有独立的沉淀池和污泥回流管线。

图 1-11-16 是 Stratful 等研究的磷回收反应器。他们将反应器的反应区和沉淀区分开设计。搅拌器中采用不锈钢叶片的叶轮进行搅拌，为了防止搅拌时液体在垂直方向形成漩涡，

影响液体的混合，在反应室内壁设计了四个挡板，挡板与内壁间留有 3mm 宽的缝隙，避免形成死角。挡板的宽度和叶轮的直径取决于反应室的直径 D，一般挡板的宽度为 $D/10$，叶轮的直径为 $(D/2 \sim D/3)$。

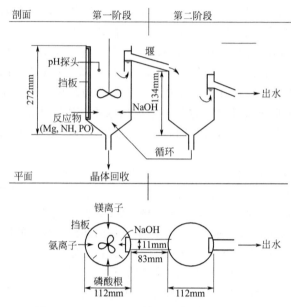

图 1-11-16　Stratful 等研究的 CSTR 反应器

　　② 合建式反应器　该反应器把反应区和沉淀区集中于同一个反应器中。这种方式具有结构紧凑，设备简化等优点，但也存在难于分别对反应与沉淀进行控制和调节，运行不灵活，出水水质难以保证等缺点。

　　图 1-11-17 是日本的 Yoshino 等采用的反应器。废水从中间进水，经过搅拌，反应后沉淀，圆筒外侧出水，结晶产物沉淀于反应器底部。

　　图 1-11-18 为国内解磊等采用的短桨搅拌 MAP 反应器。根据处理流程可分为反应区、沉淀区和排泥斗三个部分，该反应器操作简单、处理性能稳定高效。对模拟废水（500~3000mg/L）和不同种类的三种实际废水（制药厂废水、垃圾填埋场渗滤液、工厂 CO_2 冷凝液）进行处理，去除率均达到 90% 左右。

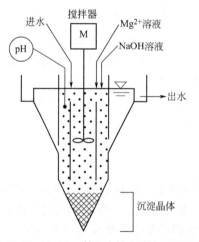

图 1-11-17　Yoshino 等研究的合建式搅拌反应器

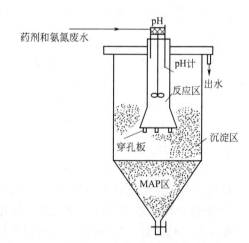

图 1-11-18　解磊等研究的内套合建式磷回收反应器

（2）空气搅拌式反应器

空气搅拌式反应器是通过曝气装置向反应器内输入空气来搅拌反应物并且脱除 CO_2 的一种磷回收装置。

图 1-11-19 是日本的 Suzuki 等开发的套管式曝气反应器，并分别进行了间歇试验、小型和中型试验，压缩空气通入内管的低端进行曝气，废水以及镁盐采用泵打入内管上端入口，进行充分搅拌反应后，鸟粪石沉淀于外管下端，上清液从外管上端周边出水。

图 1-11-20 是 Liu 等针对低磷废水而设计一种内循环式曝气反应器 IRSR。IRSR 由内柱（反应区）和同心外柱（沉淀区）构成。为了加强溶液混合而避免形成短流，在内柱的内侧按一定间隔装有三处副气管。实验结果显示，在低浓度 P（21.7mg/L）时，引用 $0.4 \sim 1.0g/L$ 的晶种，Mg/PO_4^{3-}-P 值＝$1.3 \sim 1.5$，THRT＞$1.14h$ 时，P 的回收率可以提高 19％，即此时回收率可达 78％；在无添加晶种的情况下运行高浓度 P 时得到相似的效果。

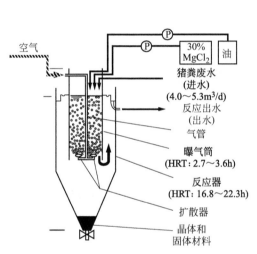

图 1-11-19 Suzuki 等研究的脱气式反应器

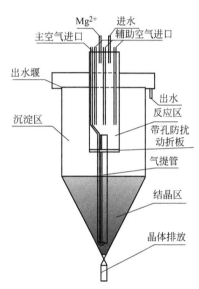

图 1-11-20 Liu 等研究的内循环式磷回收反应器

2. 流化床式反应器

流化床式反应器是借助流体（液体、气体）使反应器中的固体颗粒呈流态化，起到搅拌反应溶液的作用，又可以提供晶种（在固体颗粒表面产生晶体，同时进行固液分离），从而达到回收磷的一种反应设备。

（1）气体搅动式流化床

空气搅拌式反应器与气体搅动式流化床的区别在于回收结晶物的方式不同。空气搅拌式反应器中所产生的晶体通过自由沉降后聚集于反应器下部，采用阀门控制进行收集；流化床中颗粒的收集方式主要有 3 种：

① 停止曝气，让生成的晶体在静置的条件下沉降再收集；

② 采用产生的晶体回流作为晶种，直至结晶颗粒生长至足够大后沉降于下端，后用泵抽出；

③ 从流化区底部外排口进入分离器进行分离收集。

图 1-11-21 是澳大利亚的 Elisabeth 等采用的反应器。气体从反应器底部喷射进入反

应区，使得废水与试剂完全混合，生成的晶体颗粒呈悬浮状态，长到一定的规模时沉淀于底部并定期清理。应用表明：含磷的污泥脱水上清液从反应器的底部输入，$Mg(OH)_2$ 和 NaOH 从上部输入，压缩空气从反应器的底部输入，通过脱除 CO_2 来提高 pH 值，同时作为液体搅拌的动力，使得逐渐生成的 MAP 呈流化状态，并定期回收。投产运行结果表明 MAP 晶体能在较短时间形成（1～2h），废水中正磷酸盐的回收率接近 94%。

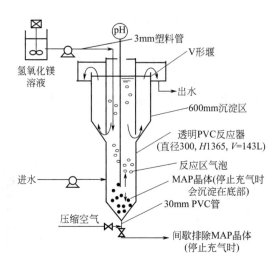

图 1-11-21 Elisabeth 等研究的空气搅拌式反应器

图 1-11-22、图 1-11-23 是另外两种形式的这类反应器。

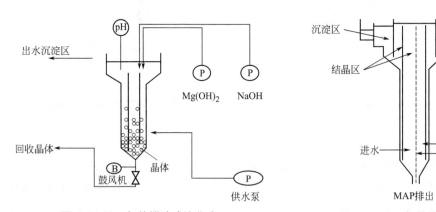

图 1-11-22 气体搅动式流化床　　　　图 1-11-23 气体搅动式流化床

图 1-11-24 是 Mamura 等采用两步流化装置研究污水处理厂消化上清液中磷的回收，由前部分所形成的 MAP 晶体作为晶种进入后面晶种流化反应器，然后定时地向流化床反应器提供晶种并回收。

（2）液体搅动式流化床

图 1-11-25 是 Britton 等设计的反应器。采用泵将废水、镁盐以及碱液打入反应器的下端，混合液随着反应器各个部分直径的变化而不断搅动混合反应，采用产生的晶体回流作为晶种，直至结晶颗粒生长至足够大沉降于下端后用泵抽出。通过一系列实验结果显示，磷的回收率可达 90%，以重量来计纯度高达 99%。

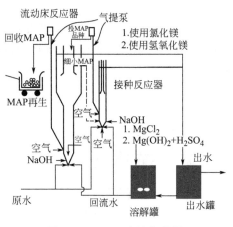

图 1-11-24 两步流化装置

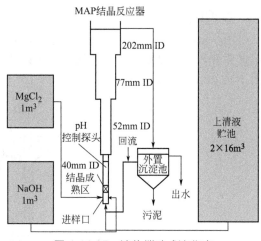

图 1-11-25 液体搅动式流化床
ID—直径

3. 反应器形式比较

机械搅拌器具有结构简单、操作简便等优点，但同时需要消耗大量能量的搅拌来促使反应完全；而且反应区与沉淀区合建式的搅拌器也存在难于分别对反应与沉淀进行控制和调节，运行不灵活，出水水质难于保证等缺点。流化床具有结构紧凑，设备简化，同时实现反应与固液分离等优点，然而流化床要保持晶体处于流化状态，以促进晶体快速增长，则同时耗能也相当大，不易形成大颗粒的晶体。为保证晶体能够有效快速地增长，一方面需要加大流化力度；另一方面可以通过在反应器内添置一些晶体附着装置。

（二）商品除磷结晶反应器

目前世界上有几家知名公司推出了自己的专利结晶反应器产品。代表性产品如荷兰DHV 公司的 Crystalator 结晶反应器和日本 UNITIKA LTD. 公司的 Phosnix 结晶反应器。

1. Crystalator

Crystalator 结晶反应器于 1980 年开始用于饮用水软化，1985 年应用于从废水中回收金属盐和磷，目前已经广泛应用于多种可形成结晶产物的金属和非金属化合物的去除与回收。Crystalator 的结构示意见图 1-11-26。图 1-11-27 为其工程应用。

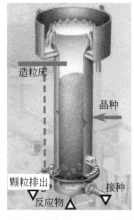

图 1-11-26 Crystalator 的结构示意

图 1-11-27 荷兰 Geesterambacht 污水厂的 Crystalator 反应器

2. Phosnix

Phosnix 结晶反应器已经成功在日本和意大利多家污水处理设施中应用，其结晶产物的质量非常高，可以直接用于化肥或作为磷化工中的磷原料。图 1-11-28 是 Phosnix 的原理图，图 1-11-29 是 Phosnix 用在日本 SaKai 工厂的实际装置。

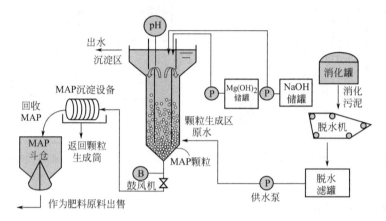

图 1-11-28　Phosnix 工作原理

图 1-11-29　Phosnix 在日本 SaKai 工厂的运行装置

第四节　磷的深度去除

一、化学除磷分离方法

化学除磷效率取决于悬浮固体的分离效率。通常在活性污泥工艺中加入金属盐，只能将出水中的磷降至 0.5～1.0mg/L。补充三级处理除磷则可以将 TP 降至 0.1mg/L 以下。

三级处理除磷有两种主要工艺，即沉淀分离和过滤分离。这两种工艺既可以单独使用，也可以联合使用。

（一）三级处理沉淀分离工艺

三级处理沉淀分离工艺包括传统沉淀工艺、两级石灰沉淀、固体接触工艺、高负荷分离工艺和高负荷泥渣接触分离工艺（BHRC）等形式。有多种专利形式的 BHRC 工艺，其所利用的接触泥渣各不相同，有回流污泥、微砂、磁粉等。

高负荷沉淀分离工艺的优势在于占地面积小，处理时间短，短时间内可以处理大量的污水。下面简单介绍一下几种专利形式的高负荷沉淀分离工艺。

1. DensaDeg 工艺

DensaDeg 工艺流程见图 1-11-30。DensaDeg 是一种高效物化处理分离工艺，它由泥渣沉淀和 Lamellar 沉淀组合而成。在混凝阶段，它通过投加混凝剂在快速混合条件下使固体颗粒脱稳，然后流入絮凝区，在此加入聚合物絮凝剂和泥渣（回流而来），在中心筒中药剂、泥渣与污水充分接触混合，此时泥渣作为"种子"，以利于絮体的形成，从而利用其巨大的表面积吸附悬浮物，并提高其沉降速度。该工艺的核心和能具有较小占地面积的原因就在于此。絮凝反应后的产物经过过滤后再流入分离单元。分离单元中采用了斜管协同沉淀技术，进一步缩小了占地面积。沉淀污泥在池底通过传统的刮泥机收集，并回流至絮凝区的中心筒。定期排放剩余污泥。中试数据的处理效率为 88%～95%。

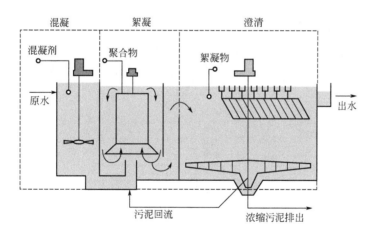

图 1-11-30　DensaDeg 工艺流程

2. Actiflo 工艺

Actiflo 工艺流程见图 1-11-31。Actiflo 工艺是一种高负荷物化处理分离工艺，它利用在微砂表面形成颗粒层，然后在 Lamellar 沉淀器中完成分离。该工艺由混凝（投加药剂，使颗粒脱稳）、射流回流（通过水力旋流回流微砂和污泥，并加入絮凝剂）、成熟（缓慢搅拌，促进微砂与悬浮物的结合）、斜管沉淀分离等过程组成，基本原理与 DensaDeg 工艺相似。该工艺在水力旋流器的中心管顶部排出剩余污泥。中试数据表明，其去除磷的效率为 92%～96%。

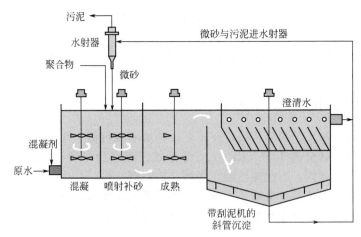

图 1-11-31　Actiflo 工艺流程

3. CoMag 工艺

CoMag 工艺流程见图 1-11-32。CoMag 工艺是利用磁性物质来完成泥渣絮凝、颗粒接触、高梯度磁分离三个过程。首先在进水中加入金属盐并调节 pH 值，废水与细小的磁性药剂混合，形成密实絮体，最后利用磁分离手段，完成泥渣与水分离，清洁水排放。从泥渣回收磁性药剂后回用于前级处理过程中。CoMag 工艺生产性试验数据表明，其最终磷出水浓度不超过 0.05mg/L。

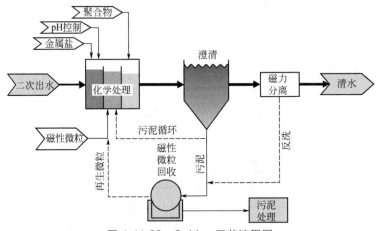

图 1-11-32　CoMag 工艺流程图

（二）三级处理过滤分离工艺

化学沉淀与过滤相结合，可以将污水中的磷浓度降至非常低的水平（<0.1mg/L），在去除磷的同时，其他污染物浓度也大幅度降低。目前污水三级处理中使用的主要过滤单元有传统的下向流过滤器、深床下向流过滤器、连续反冲洗上向流砂滤器、脉冲床过滤器、移动桥式过滤器、模糊过滤器、盘式过滤器、滤布过滤器、膜分离、Blue Pro 分离器、压滤过滤器几种。

从过滤技术的发展历史来看，颗粒滤料过滤器是一种应用最为广泛的过滤技术，一个完整的过滤循环（过滤及反洗）是在过滤器内按一定顺序完成的。但是，在最近 20 年来，开发了多种新型过滤技术，用于二级处理出水的过滤处理。目前在废水过滤处理中使用的深床过滤器，其主要类型列于表 1-11-12 中，并如图 1-11-33 所示。由表 1-11-12 可知，过滤器按

表 1-11-12　几种颗粒滤料过滤器比较

过滤器类型（常用名称）	过滤器操作方式	滤床			典型的液体流动方向	反洗操作方式	通过过滤器的流量	固体贮存部位	说明	设计分类
		滤床型式	滤料	典型床层深度/mm						
传统型	半连续	单介质（分层或不分层）	砂或无烟煤	760	下流	间歇	恒定/可改变	表面及上层滤床	水头损失增长速度快	特殊设计
传统型	半连续	双介质（分层）	砂和无烟煤	920	下流	间歇	恒定/可改变	内部	双介质设计用于延长过滤器运行时间	特殊设计
传统型	半连续	多介质（分层）	砂、无烟煤和石榴石	920	下流	间歇	恒定/可改变	内部	多介质设计用于延长过滤器运行时间	特殊设计
深床	半连续	单介质（分层或不分层）	砂或无烟煤	1830	下流	间歇	恒定/可改变	内部	深床用于贮存固体并延长过滤器运行时间	特殊设计
深床	半连续	单介质（分层）	砂或无烟煤	1830	上流	间歇	恒定	内部	深床用于贮存固体并延长过滤器运行时间	专利技术
深床	连续	单介质（不分层）	砂	1830	上流	连续	恒定	内部	砂床逆洗液体流动方向运动	专利技术
脉冲床	半连续	单介质（不分层）	砂	280	下流	间歇	恒定	表面及上层滤床	利用空气脉冲擦洗表面黏泥，延长运行时间	专利技术
纤维球过滤器	半连续	单介质（不分层）	合成纤维	610①	上流	间歇	恒定	内部		专利技术
移动桥	连续	单介质（分层）	砂	610	下流	半连续	恒定	表面及上层滤床	依次反洗过滤器各个隔间	专利技术
移动桥	连续	双介质（分层）	砂和无烟煤	410	下流	半连续	恒定	表面及上层滤床	依次反洗过滤器多个隔间	专利技术

① 压缩后深度。

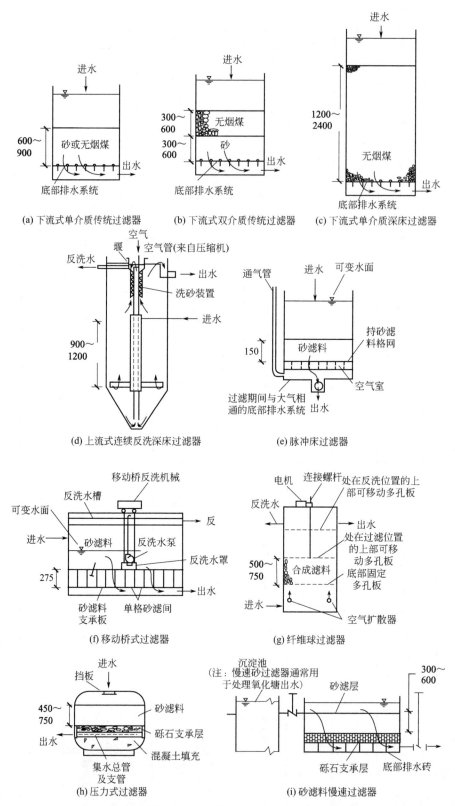

图 1-11-33 颗粒滤料过滤器主要形式定义简图（单位：mm）

其操作方式可分为半连续式和连续式两类，必须定期进行离线反洗操作的过滤器为半连续式过滤器；过滤和反洗操作在过滤器内同时进行的过滤器称为连续式过滤器。在这两类过滤器中，根据滤床的深度（浅层床、传统床及深层床）、滤料种类（单介质、双介质和多介质）、滤料装填（是否分层）、操作方式（下流式或上流式）、固体截留的方法（表面或内部）等特点的不同，又有多种不同形式的过滤器。对于单介质和双介质半连续过滤器，根据推动力（重力或压力）的不同又可作进一步分类。在表 1-11-12 中所列出的过滤器之间，还必须区分它们是属于专利技术产品，还是需要特殊进行设计。

在废水过滤处理中，最常用的深床过滤器有 5 种形式：a. 下流式传统型过滤器；b. 下流式深床过滤器；c. 上流式连续反洗深床过滤器；d. 脉冲床过滤器；e. 移动桥式过滤器。本节将简要讨论这几种过滤技术的特点，另外还将讨论一种以合成材料作为滤料的新型过滤器及具有除磷功能的两级过滤系统。本节不准备讨论那些通常只限于在小系统中使用的间歇式或循环式砂及织物滤料过滤器。关于这类过滤器的资料可查阅 X Zhang 等（2011）、Bali M 等（2012）和 Zhao Z 等（2014）撰写的有关文献。应当注意，下面讨论的过滤器多为专利技术并由制造商以成套设备供货，因此，下面介绍的很多设计方面的问题只适用于特殊设计的过滤器。

1. 过滤技术简介

（1）下流式传统型过滤器

在下流式传统深床过滤器中，一般可使用单介质、双介质及多介质滤料。在单介质过滤器中，一般以砂或无烟煤为滤料［参阅图 1-11-33（a）］。双介质滤料，通常由砂和无烟煤组成，底层为砂，顶层为无烟煤［参图 1-11-33（b）］，其他滤料组合有：a. 活性炭和石英砂；b. 树脂和石英砂；c. 树脂和无烟煤。多介质过滤器通常由三种不同滤料组成，底层为石榴石和钛铁矿石，中层为砂，顶层为无烟煤。其他多介质滤料组合一般包括：a. 活性炭、无烟煤和石英砂；b. 重质树脂球、无烟煤和砂；c. 活性炭、砂和石榴石。

随着双介质、多介质及单介质深床过滤器技术的不断发展，可允许液体中悬浮固体深入滤床内部，这样一来则可利用滤床内更多的含污能力。固体进入滤床的部位越深，因为水头损失增长速率降低，过滤器的运行时间则越长。比较认为，单介质浅层滤床内，大部分固体的去除发生在滤床顶层几毫米处。前已述及，下流式传统过滤器的操作方式（参阅图 1-11-34），单介质、双介质和多介质过滤器滤床常用的反洗方法一般为水反洗加水表面清洗，水反洗加空气擦洗。但无论采用哪一种反洗方法，滤料在过滤器内均处于流化状态。

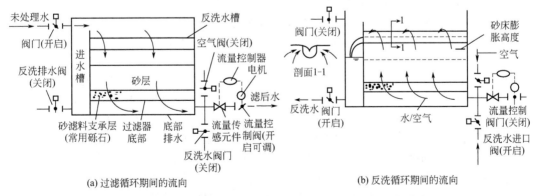

图 1-11-34 传统颗粒滤料快速过滤器的一般特点及操作模式

（a）过滤循环期间的流向　　（b）反洗循环期间的流向

（2）下流式深床过滤器

下流式深床过滤器［参阅图 1-11-33（c）］类似于下流式传统过滤器，滤料（通常为无烟煤）粒径大于传统过滤器滤料的粒径。由于滤床深度、滤料（砂或无烟煤）粒径均较大，所以滤床内可贮存更多固体，从而延长了过滤器的运行时间。用于下流式深床过滤器的滤料，最大粒径取决于反洗过滤器的能力。在一般情况下，深床过滤器反洗期间滤料并非完全处于流化状态。为了达到有效清洗的目的，一般采用空气擦洗结合水清洗进行过滤器反洗。

（3）上流式连续反洗深床砂滤器

如图 1-11-33(d) 和图 1-11-35 所示，在上流式连续反洗深床过滤器中，废水由底部进入过滤器，通过多根竖管向上流动，再经配水装置均匀分布在砂床内，然后向上流动通过向下运动的砂床。从砂床流出的净滤过水经溢流堰排出过滤器，与此同时，砂粒与被截留固体一起向下运动被抽吸至过滤器中心的空气提升管入口处。由空气提升管底部引入少量压缩空气形成相对密度小于 1 的上升液流将砂粒、固体物及水经该提升管向上提升。

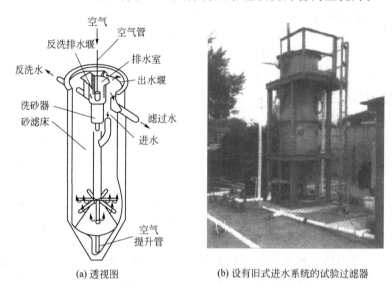

(a) 透视图　　　　　　　　(b) 设有旧式进水系统的试验过滤器

图 1-11-35　上流式连续反洗深床过滤器

注：进水装置随过滤器的不同配置，可适当改变（Parkson 公司）。

在向上湍动过程中，杂质从砂粒表面被清洗下来。到达空气提升管顶端时，含有污物的浆液进入中央排污室，干净的滤过水利用设在排泥堰上部的出水堰向上流动，而砂粒则通过清洗器段逆流向下运动，上升液体携带着固体物排出过滤器。由于砂粒沉降速度大于被去除的固体，因此不会被带出过滤器。当砂粒向下运动通过清洗装置时得到进一步清洗，清洗干净的砂粒重新分布在砂床顶部，从而形成连续不断的滤过水和排泥水流。

（4）脉冲床过滤器

如图 1-11-33(e) 和图 1-11-36 所示，脉冲床过滤器一般为拥有专利技术的下流式重力过滤器，滤料采用不分层细砂。与其他固体物主要贮存于砂床表面的浅床过滤器相反，此类浅层床是用于固体物贮存的。脉冲床过滤器的特异之处在于利用空气脉冲冲撞砂床表面，促使悬浮固体穿透进入砂床内部。空气脉冲工艺是指强制聚集于底部排水系统内的一部分空气通过浅层滤床向上流动撕破砂床表面的固体层，使砂床表面不断更新。当固体层受到扰动时，一部分截留物质会悬浮起来进入砂床上面的混合液中，但大部分固体物被截留在滤床内。间歇式空气脉冲使砂床表面翻动折叠，将固体物掩埋于滤料内，并使滤床表面获得再生。利用间歇式空气脉冲，可使过滤器连续操作，直至达到规定的最终水头损失值后，采用传统的反洗操作方式去除砂床内的固体。应当注意，在正常操作期间，脉冲床过滤器的底部排水系统不同于传统型过滤器，并不淹没。

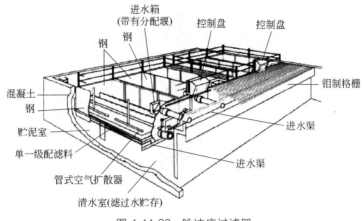

图 1-11-36　脉冲床过滤器

（5）移动桥式过滤器

移动桥式过滤器［见图 1-11-33（f）和图 1-11-37］是一种采用颗粒滤料、低水头、连续运行、自动反洗、下流式深床过滤器。这种过滤器拥有专利技术权。在水平方向上划分为若干个独立运行的过滤间，每一隔间的滤料层厚度均为 280mm。废水经二级处理后利用重力流过滤床并经底部多孔聚乙烯排水板进入清水箱。每一过滤间均通过一高位移动桥组件单独进行反洗，在一个隔间反洗时，其他隔间均处于运行之中。反洗水用泵直接从清水箱抽取通过滤层贮存于反洗水槽。在反洗循环过程中，废水仍通过未反洗的各个隔间继续进行过滤。这种反洗方法的机理是借助表面清洗泵的作用打碎滤床表面的泥层和滤料内部的"泥球"。由于反洗是根据需要进行操作的，故将这种反洗循环方式称为半连续反洗（见表 1-11-12）。

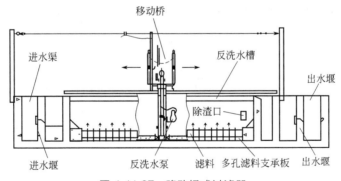

图 1-11-37　移动桥式过滤器

（6）合成滤料过滤器（模糊过滤器）

合成滤料过滤器在日本首先开发成功，目前已用于废水的过滤处理。合成滤料是由 polyvaniladene 材料制成的，孔隙率很高，直径约为 30mm。根据置换试验结果估算，未压实的准球形滤料本身孔隙率高达 88%～90%，以其制作的滤床孔隙率约为 94%。合成滤料过滤器具有以下特点：a. 可通过滤料压缩改变滤床的孔隙率；b. 可利用机械作用增大滤床的尺寸以便过滤器反洗［见图 1-11-33（g）和图 1-11-38］。这种滤料也代表着对传统滤料的一种超越，在传统滤料（如砂和无烟煤过滤器）中，废水与滤料成相反方向流动。合成滤料由于具有很高的孔隙率，在中间试验装置过滤研究中，滤速高达 400～1200L/(m²·min)。

在这种过滤模式中，二次沉淀池出水从底部进入过滤器内，向上流动通过两块多孔板之

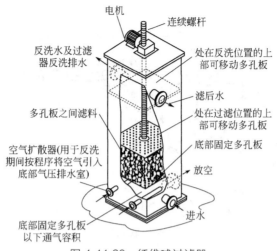

图 1-11-38 纤维球过滤器

间的滤料，并从过滤器顶部排出。过滤器反洗时，利用机械装置将上部多孔板提起。虽然过滤器仍在继续进水，但可由下部多孔板以下部位过滤器左右两侧引入空气，使滤料产生滚动运动。由废水通过滤槽产生的剪力和滤料本身的摩擦作用使滤料得到清洁。含有被去除固体物的废水进入后续处理设施。为了使完成反洗循环的过滤器退回运行操作，应将提升的多孔板置于初始位置，再经短暂正洗后，打开滤过水出水阀，恢复滤过水的正常排放。

（7）盘式过滤器

转盘过滤器（DF）是由用于支撑滤网的两块垂直安装于中央给水管上的平行圆盘形成的一个个滤盘串联起来组成的废水过滤设备。用于 DF 的二维滤网既可为聚酯材料，亦可为 316 型不锈钢。DF 的典型设计资料可查阅表 1-11-13。

表 1-11-13 转盘过滤器用于二次沉淀池出水表面过滤的典型设计资料

项 目	典型值	说 明
滤网孔径/μm	20~35	二维不锈钢或聚酯滤网,孔径为 10~60μm
水力负荷/[$m^3/(m^2 \cdot min)$]	0.25~0.83	取决于必须去除的悬浮固体的特性
通过滤网的水头损失/mm	75~150	由筒体浸没表面积决定
筒体浸没度/%(高度) /%(面积)	70~75 60~70	水头损失超过 200mm 时,应设旁路
筒体直径/m	0.75~1.50	随滤网的设计条件变化。最常用的尺寸为 3m(10ft),孔直径较小时需加反洗
筒体转速/(m/min)	水头损失为 50mm 时应为 4.5 水头损失为 150mm 时应为 30~40	应限制最大转速
反洗用水量/%(处理水量)	350kPa 时为 2100kPa 时为 5	

① 转盘过滤器（DF）操作模式 如图 1-11-39(a) 所示，就操作方式而言，滤前水通过中央给水渠进入转盘过滤器内，向外侧流动通过滤网。在正常操作条件下，DF 的表面积 60%~70%浸没于水中，并根据水头损失的不同，以 1~8.5r/min 转速不断旋转。DF 可采用间歇或连续反洗两种模式操作。当以连续反洗模式操作时，DF 的滤盘在生产滤过水的同时进行反洗。图 1-11-39(b) 中示出了转盘过滤器每转一周完成的不同工作阶段。在转动开始时，给水进入中央进水管并通过此管分配到各滤盘内，尽管转盘过滤器浸于水中，但水和小于滤网孔眼的颗粒则通过滤网进入出水收集槽内，大于滤网孔径的颗粒被截留在滤盘内。

② 转盘过滤器的反洗 当滤盘继续转动超过出水水位时，滤盘内剩余的给水继续通过

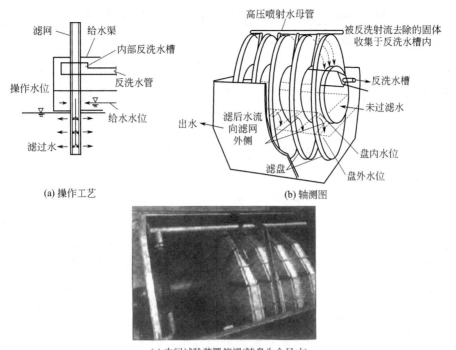

(a) 操作工艺   (b) 轴测图

(c) 中间试验装置俯视(转盘为全尺寸)

图 1-11-39 转盘表面过滤器

滤网过滤，一直到盘内无剩余给水为止，而载有截留固体的滤盘继续转动通过反洗水喷枪处时，滤网上截留的颗粒就被冲离滤网表面，反洗水与固体的混合物存入反洗水槽内，通过反洗喷嘴后，清洗干净的滤盘又重新开始过滤。当 DF 以间歇反洗模式操作时，反洗水喷枪只有在通过过滤后的水头损失达到预先设定值时才执行清洗动作。

（8）滤布滤池

滤布转盘过滤器如图 1-11-40 所示，滤布转盘过滤器（CMDF）也是由多个垂直安装于水箱内的圆盘组成的。CMDF 过滤器可采用两种滤布：聚酯编织针毡滤布；合成纤维绒滤布。针毡滤布具有无规则的三维结构，有利于颗粒去除，这种滤布除正常反洗外，还必须定期用高压水冲洗。纤维绒滤布一般不要求高压水冲洗，可只通过反洗达到完全清洗。CMDF过滤器的典型设计资料可查阅表 1-11-14。

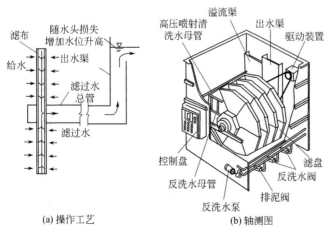

(a) 操作工艺   (b) 轴测图

(c) 中间试验装置俯视(转盘为全尺寸)

图 1-11-40 滤布转盘过滤器

表 1-11-14 二次沉淀池出水采用滤布转盘过滤器表面过滤工艺的典型设计资料

项 目	典型值	说 明
公称孔径/μm	10	采用三维聚酯编织针毡布作为滤料
水力负荷/[m³/(m²·min)]	0.1~0.27	取决于必须去除的悬浮固体的特性
通过滤盘的水头损失/mm	50~300	依据滤布表面及内部积累的固体量确定
滤盘浸没度/%(高度) /%(面积)	100 100	
滤盘直径/m	0.90 或 1.80	两个尺寸均可采用
滤盘转速/(r/min)	在正常操作时滤盘静止,在反洗时为 1	
反洗及排泥水消耗量/%(总水量)	在水力负荷为 0.1m³/m²·min 时为 4.5 在水力负荷为 0.27m³/m²·min 时为 7.2	是水力负荷及给水水质的函数

CMDF 过滤器的操作方式如图 1-11-40(a) 所示,在 CMDF 过滤器操作中,水进入给水箱并通过滤布进入中央集水管,CMDF 滤后水将集于中央管道或滤后集水管中,然后通过出水渠内的溢流堰最终排出过滤器。随着固体物在滤布表面及内部的不断积累,流动阻力或水头损失随之增加。当通过滤带的水头损失增加并达到预先设定水位时,转盘则需进行反洗。反洗循环完成后,再经过短暂排污,该过滤器即可重新开始正常过滤运行。

① CMDF 的反洗 反洗开始后,转盘保持在浸没状态,并以 1r/min 的速度转动。设于 CMDF 两侧的真空吸入装置将滤后水从其集管内抽出,使之通过滤布进入真空装置内,而转盘不停止旋转,通过这种逆向流动可去除截留于滤布表面及内部的颗粒。CMDF 正常反洗循环时间一般持续 1min。

如运行时间太长,颗粒就会积累在滤布上,通过一次正常反洗不可能被去除。颗粒的积累会导致过滤器水头损失增加和反洗吸入压力增大,过滤时间缩短。当反洗吸入压力达到 124kPa 或超过预定的时间间隔时,可自动启动高压水枪进行冲洗。在高压水枪冲洗之前,应先关闭水箱入口阀门,停止进水。为了去除滤布外层的固体可进行一次标准反洗操作。打开过滤器排泥阀,待水位慢慢降低至转盘中间部位以下,然后启动高压水枪冲洗。在高压水枪冲洗过程中,转盘以 1r/min 缓慢转动,同时用滤后水以高压从滤布外侧喷射冲洗滤布,这样就可将堵塞在滤布内部的颗粒冲洗干净。在高压水喷射冲洗结束后,打开 CMDF 进水阀使废水流入过滤器,滤盘继续转动,并使过滤器排泥阀保持在开启状态,直至由滤布表面冲至滤后水一侧的固体从滤后水干管和出水管线内完全排除后再关闭排泥阀。两次高压喷射清洗时间间隔一般是给水水质的函数。

② 性能特征 为了评估 CMDF 过滤器的操作性能,在直径为 0.9m (3ft,参阅表 1-11-14) 的中试转盘装置上进行了活性污泥工艺对二次沉淀池出水的过滤试验。废水中 TSS 和浊度分别为 3.9~30mg/L 和 2~30NTU。根据图 1-11-41(a) 所示长期试验结果可以看出,在 92% 的时间内,CMDF 过滤器出水中 TSS 和浊度均小于 1。CMDF 过滤器的性能与同一种二次沉淀池出水过滤试验的所有深床过滤器试验结果的比较示于图 1-11-41(b)。如图所示,在试验装置进水浊度值 30NTU 以下时,CMDF 过滤器的出水浊度保持稳定。DF 过滤器未进行过类似试验。滤布表面观察发现,过滤器上截留的物质也像一个过滤器(自过滤作用)。反洗水消耗量介于 4%~10%。

分析图 1-11-41 (b) 中所示数据时,最重要的一点是:活性污泥法是采用延时曝气处理工艺进行操作的 (SRT>15d)。SRT 值极短(即 1~2d)的活性污泥工艺出水如采用滤布过滤器过滤,由于拟滤除的剩余固体的特性存在明显差别,故必须进行中间试验研究。

(9) 二级过滤

图 1-11-42 所示为一拥有专利技术的二级过滤工艺流程,该工艺用于去除废水中浊度、

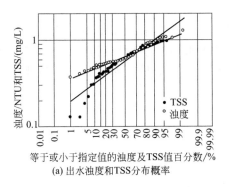
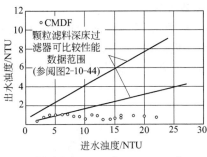

(a) 出水浊度和TSS分布概率

(b) 过滤速度为176L/(m²·min)[4.4gal/(ft²·min)]
时,出水浊度与进水浊度的关系曲线

图 1-11-41 滤布转盘过滤器用于二次沉淀池出水过滤的性能数据

磷及总悬浮固体。该工艺是由两个上流式连续反洗深床过滤器串联组成,可生产高质量出水。在第一级过滤器中,采用粒径较大的砂滤料以增加接触时间,减少堵塞;在第二级过滤器中,采用粒径较小的砂滤料以去除第一级过滤器出水中残留的固体颗粒。含有粒径较小的颗粒物和残留混凝剂的二级过滤器的反洗水返回一级过滤器以改善该过滤器内絮体的形成条件,并提高进水与废物的比例。根据大型处理装置的经验,发现排放率一般小于5%,在二级过滤器出水中磷含量≤0.02mg/L。

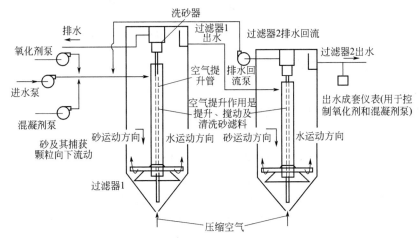

图 1-11-42 用于去除浊度、磷及总悬浮固体的二级过滤工艺流程

(10) 膜过滤器

膜过滤器是用一定压头驱动污水通过透性膜的过滤装置,根据膜孔尺寸不同,决定了不同的颗粒截留程度。从过滤精度和深度上看,从低到高的顺序为微滤、超滤、纳滤和反渗透。具体内容参见相关章节。

(11) Blue Pro 工艺

Blue Pro 工艺是一种连续反洗的除磷过滤器。过滤器中的滤料是一种带有氢氧化铁涂层的特殊砂类,该滤料可以通过吸附作用除磷。在过滤时要投加铁盐以促进絮凝反应且补充原有砂上脱落的涂层。污水由下往上通过过滤器,同时砂层则向下移动。设备在底部的中心筒通过气提作用,将砂提升至顶部。同时由压缩空气造成的扰动使砂粒表层富集的铁和磷的聚合物脱落然后排出过滤器外,清洁砂则从顶部进入下一次循环。这种过滤器也可以用于实现生物反硝化作用。

Blue Pro 工艺的除磷效果和工程实例见后文"三、深度除磷技术示范"中的相关内容。

（12）压滤过滤器

图 1-11-43 所示压力过滤器也可采用与重力过滤器同样的方式进行操作，并用于规模较小的污水处理厂；压力过滤器唯一的差别是废水通过泵加压后进入一个密闭的容器内执行过滤操作。在一般情况下，压力过滤器允许较高的最终水头损失，过滤周期长，反洗水量少。

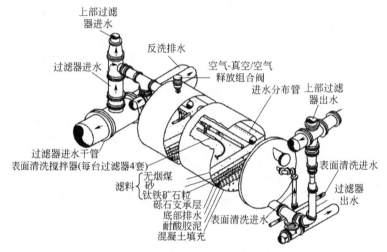

图 1-11-43 用于废水过滤的介质压力过滤器（设有表面清洗）

2. 不同颗粒滤料过滤器比较

见表 1-11-12。

3. 不同类型过滤技术的工艺性能

（1）浊度的去除

利用七种不同类型过滤器对同一活性污泥工艺（SRT＞10d）的出水，在不投加化学药品的条件下进行了长期过滤试验。试验结果示于图 1-11-44。图中也示出了其他大型废水回收装置的长期运行数据。由图 1-11-44 所示数据的分析可得出以下主要结论：

① 当过滤器进水水质较好（浊度低于 5～7NTU）时，所有试验过滤器及大型废水回收装置的出水平均浊度均不高于 2NTU；

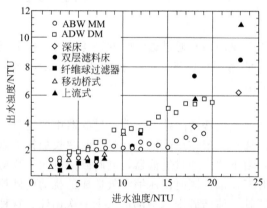

图 1-11-44 同一活性污泥处理厂的出水采用七种不同类型深层过滤器进行过滤试验的性能数据

注：除纤维球过滤器的滤速为 800L/（m² · min）外，其余过滤器的滤速均为 160L/（m² · min）。

② 当进水浊度高于 5～7NTU 时，为使出水浊度不高于 2NTU，所有过滤器均需投加化学药品。

（2）总悬浮固体的去除

应用浊度与悬浮固体之间的关系式，进水浊度为 5～7NTU 时，相应的总悬浮固体浓度为 10～17mg/L，出水浊度为 2NTU 时；相应的总悬浮固体浓度为 2.8～3.2mg/L。

二次沉淀池出水

$$TSS(mg/L) = (2.0～2.4)NTU \tag{1-11-28}$$

过滤器出水

$$TSS(mg/L) = (1.3～1.5)NTU \tag{1-11-29}$$

在美国洛杉矶 Donald C. Tillman 废水回收厂，总悬浮固体的长期运行数据示于图 1-11-45。由图 1-11-45 可以看出，总悬浮固体与浊度的比值约为 1.33。

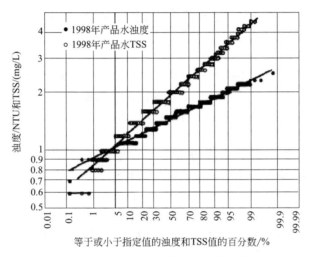

图 1-11-45　产品水浊度与 TSS 分布概率

（3）去除的颗粒粒径

图 1-11-46 所示为二次沉淀池出水过滤中去除颗粒粒径的典型数据。如图所示，滤速达到 240L/(m^2·min) 之前去除颗粒的粒径基本上与滤速无关。很明显，大多数深床过滤器

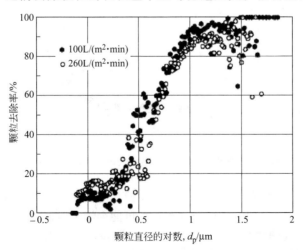

图 1-11-46　深床过滤器用于活性污泥厂出水过滤时对不同粒径颗粒的去除率

均会通过一部分粒径为 $20\mu m$ 的颗粒。对于废水消毒而言，粒径介于 $10\sim20\mu m$ 的颗粒是非常重要的。因为这些颗粒的尺寸足以将微生物隐蔽起来。

（4）与处理设施设计及操作有关的问题

对于新建废水处理厂，应特别重视二次沉淀设施的设计，因为只有沉淀设施的设计合理才能生产出总悬浮固体（TSS）质量浓度较低（一般为 5mg/L）的出水。过滤系统的选择一般取决于废水处理厂建设的具体条件，如可利用的空间、要求的过滤周期（季节性操作还是常年操作）、施工时间及费用控制等。对于现有废水处理厂，如二级处理出水中悬浮固体浓度变化较大，必须增加过滤设施进行改造时，应考虑采用即使在高负荷条件下也可以实现连续运行功能的过滤器。已经用于这种目的的过滤器有脉冲床过滤器、下流式及上流式粗滤料深床过滤器。

4. 过滤器进水的重要特性

在二级处理出水过滤处理中，进水最重要的特性为悬浮固体浓度、颗粒粒径及分布和絮体强度。

（1）悬浮固体浓度

活性污泥及生物滤池处理装置的出水中 TSS 质量浓度一般介于 $6\sim30mg/L$ 之间，通常人们关注的主要参数是 TSS 浓度，而浊度一般作为监测过滤工艺的一种手段。在 TSS 浓度为 $6\sim30mg/L$ 时，相应的浊度值可能介于 $3\sim15NTU$。

（2）颗粒粒径及分布

图 1-11-47 所示为两座活性污泥处理厂出水中颗粒粒径及其分布情况的典型数据。如图所示，颗粒分为两个明显的粒径范围，小颗粒的粒径（当量圆直径）介于 $0.8\sim1.2\mu m$ 区间，大颗粒的粒径介于 $5\sim100\mu m$ 区间。此外，在二次沉淀池出水中几乎很难发现粒径＞$500\mu m$ 的颗粒，这些颗粒其质量很轻且无确定形体，很难沉降。小颗粒的质量分率为颗粒总质量的 $40\%\sim60\%$，但是由于生物处理工艺的操作条件和二次沉淀设施内颗粒絮凝程度的不同，这一比例是经常变化的。

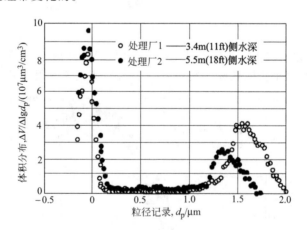

图 1-11-47 澄清池侧水深度不同的两个污泥处理厂，出水中颗粒大小的体积分布

对于颗粒粒径的观测结果表明，粒径的分布曲线呈明显的双峰特征。这一观测结果具有非常重要的操作意义，因为颗粒粒径的分布特点可能会影响过滤工艺中颗粒的去除机理。例如，假定粒径为 $1\mu m$ 的颗粒与粒径 $10\sim100\mu m$ 的颗粒，去除机理是不完全相同的，这一观点应当是合理的。同样，在给水处理厂观测表明颗粒粒径也有双峰曲线分布的特征。

（3）絮体强度

絮体强度也是一个非常重要的特征参数，絮体强度一般随工艺类型和操作模式而变化。例如，生物处理废水经化学沉淀后，其中残留絮体的强度可能远弱于化学沉淀之前的絮体强度。此外，生物絮体强度一般与平均细胞停留时间有关，当平均细胞停留时间延长时，生物絮体的强度也随之增加。絮体强度的增加，一部分原因是随着平均细胞停留时间的延长，细胞外聚合物的产生量增加所致。观测表明，当平均细胞停留时间很长（15d 或更长）时，由于絮体的蜕变，其强度反而会减弱。

5. 过滤技术的选择

在选择一种过滤技术时，必须重点考虑以下问题：a. 过滤器类型，专利技术或特殊设计；b. 滤速；c. 过滤驱动力；d. 单元过滤器数量及尺寸；e. 反洗用水量。

（1）过滤器类型

由表 1-11-12 可以看出，目前流行的过滤器技术分为两类，一类属于专利技术产品，另一类需进行特殊设计。选用拥有专利技术的过滤器时，制造商一般根据基础设计准则及性能规定，负责成套提供过滤器单元及控制系统。需特殊设计的过滤器，设计者在系统组件开发设计中承担着不同供货商的工作，然后由承包商和供货商根据工程设计的要求提供设备和材料。

（2）滤速

因为滤速直接影响所需过滤器的实际尺寸，所以滤速是一个非常重要的参数。对于一个给定用途的过滤器，滤速主要决定于絮体的强度和滤料颗粒的粒径。例如，如果絮体强度低，滤速高时，絮体颗粒会受剪切，从而会使大量絮体被水流带出过滤器。观测表明，二次沉淀池出水采用滤速为 $80\sim320L/(m^2\cdot min)[2\sim8gal/(ft^2\cdot min)]$ 过滤时，出水水质不受滤速影响。

（3）过滤驱动力

既可利用重力亦可通过外加压力来克服滤床对水流产生的摩擦阻力。前面讨论过的重力过滤器通常用于大型废水处理厂二级出水的过滤。图 1-11-43 所示压力过滤器也可采用与重力过滤器同样的方式进行操作，并用于规模较小的污水处理厂；压力过滤器唯一的差别是废水通过泵加压后进入一个密闭的容器内执行过滤操作。在一般情况下，压力过滤器允许较高的最终水头损失，过滤周期长，反洗水量少。

（4）单元过滤器数量及尺寸

在设计一深床过滤系统时，首先应决定单元过滤器需要的数量及尺寸。要求的表面积取决于过滤系统和处理厂的高峰流量。高峰滤速允许值通常是以规定的出水水质为依据确定的，对于一种给定型式的过滤器，其操作范围是以以往的经验数据、中型试验研究的结果、制造厂的推荐数据或强制型标准为依据而确定的。单元过滤器的数量一般应保持某一最小值，以便降低管道和施工费用，但应足以保证：a. 合理的反洗流量，使其不致过大；b. 当一个单元过滤器退出服务进行反洗时，其他单元过滤器的瞬时负荷不会太高，以防将过滤器内截留的固体物带入出水中。在采用连续反洗时，反洗引起的瞬时负荷则不会给过滤器带来运行问题。为了满足其他要求，一般情况下，至少采用两台过滤器。每个单元过滤器的尺寸应与可供利用的设备包括底部排水系统、反洗水槽和表面清洗器的尺寸相一致。特殊设计的重力式过滤器的长宽比一般为（1∶1）～（4∶1），对于每一个深床过滤器（或每一过滤间）的表面积，实用中的极限值约为 $100m^2$，尽管已有更大的单元过滤器建成。一组上流式连续反洗深床过滤器的布置如图 1-11-48 所示。对于拥有专利技术的压力过滤器，一般采用由制造商提供的标准尺寸。压力过滤器的尺寸还受制造方法、运输条件的限制，立式压力过滤器最大直径约为 3.7m，卧式压力过滤器的最大直径和长度分别约为 3.7m 和 12m。

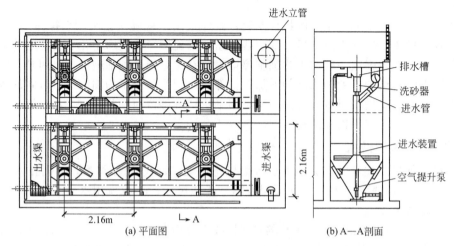

图 1-11-48 一组六台上流式连续反洗深床过滤器布置图

（5）反洗用水量

如表 1-11-12 所示，深床过滤器可采用半连续反洗和连续反洗两种模式操作。采用半连续模式反洗时，过滤器应处于过滤操作当中，当出水水质恶化或水头损失过大时，该过滤器应停止过滤操作，反洗去除过滤器内积累的固体物。采用半连续模式操作的过滤器，必须采取措施提供清洗过滤器需要的反洗水。通常，反洗水是通过泵由滤过水箱供水或由高位水池利用重力供水。对于连续操作的过滤器，如上流式过滤器 ［参阅图 1-11-33（d）和图 1-11-35］和移动桥式过滤器 ［参阅图 1-11-33（f）和图 1-11-37］，过滤和清洗（反洗）是同时进行的，在移动桥式过滤器中，反洗操作按实际需要既可连续进行亦可间断进行。应当注意，过滤器采用连续操作方式运行时，不设定控制浊度和最终水头值。

6. 滤床特性

在进行过滤器设计时，必须考虑的主要变量示于表 1-11-15 中，在应用过滤工艺去除废水中残留悬浮固体时，已发现进水中颗粒的性质、滤床的配置、滤料的粒径及滤速均为最重要的工艺变量。

表 1-11-15　粒状滤料过滤器设计中的主要工艺变量

变　量		意　义
1. 出水水质要求		通常有固定的法规要求
2. 废水进水水质	a. 悬浮固体浓度 b. 絮体或颗粒粒径及其分布 c. 絮体强度 d. 絮体或颗粒电荷 e. 液体性质	影响给定滤床配置的去除性能,设计者可控制表中列出的进水水质以达到某一限制范围
3. 滤料特性	a. 有效粒径,d_{10} b. 均匀系数,UC c. 类型,颗粒形状,密度和组成	影响颗粒去除率及水头损失增长速度
4. 滤床特性	a. 床层深度 b. 分层数 c. 不同滤料的混掺程度 d. 空隙率	空隙率一般影响过滤器内可贮存的固体量;床层深度影响起始水头损失、运行时间;混掺程度会影响滤床的性能

续表

变　量	意　义
5. 过滤流量	用于变量 2、3 及 4 中计算清水水头损失
6. 化学药品剂量	
7. 允许水头损失	设计变量
8. 反洗水量	影响过滤器配管管径和管廊尺寸

（1）滤床配置

目前，用于废水过滤的非专利技术滤床，其主要配置型式可按照滤料的层数划分为：单介质、双介质及多介质。在下流式传统过滤器，反洗后，每种滤料的颗粒粒径一般均从小到大分布。单介质及双介质过滤器的典型设计数据列于表 1-11-16 和表 1-11-17 中。

表 1-11-16　单一滤料深床过滤器的典型设计数据

滤料特征			设计值	
			范围	典型值
浅层床（分层）	无烟煤	厚度/mm	300~500	400
		有效粒径/mm	0.8~1.5	1.3
		均匀系数	1.3~1.8	≤1.5
		滤速/[L/(m² · min)]	80~240	120
	砂	厚度/mm	300~360	330
		有效粒径/mm	0.45~0.65	0.45
		均匀系数	1.2~1.6	≤1.5
		滤速/[L/(m² · min)]	80~240	120
传统床（分层）	无烟煤	厚度/mm	600~900	750
		有效粒径/mm	0.8~2.0	1.3
		均匀系数	1.3~1.8	≤1.5
		滤速/[L/(m² · min)]	80~400	160
	砂	厚度/mm	500~750	600
		有效粒径/mm	0.4~0.8	0.65
		均匀系数	1.2~1.6	≤1.5
		滤速/[L/(m² · min)]	80~240	160
深床（不分层）	无烟煤	厚度/mm	900~2100	1500
		有效粒径/mm	2~4	2.7
		均匀系数	1.3~1.8	≤1.5
		滤速/[L/(m² · min)]	80~400	200
	砂	厚度/mm	900~1800	1200
		有效粒径/mm	2~3	2.5
		均匀系数	1.2~1.6	≤1.5
		滤速/[L/(m² · min)]	80~400	200
	纤维球过滤器	厚度/mm	600~1080	800
		有效粒径/mm	25~30	28
		均匀系数	1.1~1.2	1.1
		滤速/[L/(m² · min)]	600~1000	800

表 1-11-17 两种或多种滤料深床过滤器典型设计数据

滤料特征			设计值	
			范围	典型值
双介质滤料	无烟煤 ($\rho=1.60$)	厚度/mm	360~900	720
		有效粒径/mm	0.8~2.0	1.3
		均匀系数	1.3~1.6	≤1.5
	砂 ($\rho=2.65$)	厚度/mm	180~360	360
		有效粒径/mm	0.4~0.8	0.65
		均匀系数	1.2~1.6	≤1.5
	滤速/[L/(m²·min)]		80~400	200
多介质滤料	无烟煤(顶层为双层滤料过滤器、$\rho=1.60$)	厚度/mm	240~600	480
		有效粒径/mm	1.3~2.0	1.6
		均匀系数	1.3~1.6	≤1.5
	无烟煤(二层为双层滤料过滤器,$\rho=1.60$)	厚度/mm	120~480	240
		有效粒径/mm	1.0~1.6	1.1
		均匀系数	1.5~1.8	1.5
	无烟煤(顶层为三层滤料过滤器,$\rho=1.60$)	厚度/mm	240~600	480
		有效粒径/mm	1.0~2.0	1.4
		均匀系数	1.4~1.8	≤1.5
	砂($\rho=2.65$)	厚度/mm	240~480	300
		有效粒径/mm	0.4~0.8	0.5
		均匀系数	1.3~1.8	≤1.5
	石榴石($\rho=4.2$)	厚度/mm	50~150	100
		有效粒径/mm	0.2~0.6	0.35
		均匀系数	1.5~1.8	≤1.5
	滤速/[L/(m²·min)]		80~400	200

注:根据 Hereit 和 Polasek(2014)整理。为了限制混掺程度选择无烟煤、砂及石榴石粒径时,应用式(1-11-30),
需用密度ρ的其他值。

(2)滤料的选择

过滤器型式选定后,则应规定滤料的特性,如采用多层滤料时应分别加以规定。通常,在该过程中包括:选择颗粒粒径并规定为有效粒径 d_{10},均匀系数 UC、90%粒径、相对密度、溶解度、硬度、滤床中不同滤料的厚度。砂和无烟煤滤料颗粒粒径的典型分布曲线示于图 1-11-49。由粒径分析曲线中读取 90%的颗粒粒径规定为 d_{90},该粒径常用于确定深床过滤器的反洗水流量。在深床过滤器中使用的滤料其典型物理性质汇总于表 1-11-18 中,滤料粒径列于表 1-11-16 和表 1-11-17 中。

表 1-11-18 深床过滤器所以滤料的典型性质

滤料	相对密度	孔隙度/α	圆球度[①]
无烟煤	1.4~1.75	0.56~0.60	0.40~0.60
砂	2.55~2.65	0.40~0.46	0.75~0.85
石榴石	3.8~4.3	0.42~0.55	0.60~0.80
钛铁矿石	4.5	0.40~0.55	
纤维球过滤器滤料		0.87~0.89	

① 圆球度定义为相同体积球体的表面积与滤料颗粒表面积之比。

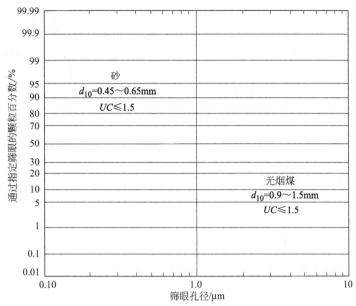

图 1-11-49　用于双介质深床过滤器的砂和无烟煤典型颗粒粒径的分布范围

注：对于砂，质量为 10% 的粒径时相应的颗粒数量为 50%。

在双介质和多介质滤床中滤层之间的混掺程度取决于不同滤料的密度和粒径之差。为了避免过度混掺，组成双介质和多介质过滤器的不同滤料必须具有基本上相同的沉降速度。可用下列关系式确定实际的滤料粒径。

$$\frac{d_1}{d_2} = \left(\frac{\rho_2 - \rho_w}{\rho_1 - \rho_w}\right)^{0.667} \qquad (1\text{-}11\text{-}30)$$

式中，d_1，d_2 为滤料的有效粒径；ρ_1，ρ_2 为滤料的密度；ρ_w 为水的密度。

7. 过滤器常用仪表及控制系统

对于废水过滤系统，主要的控制管理设施包括过滤器运行控制系统和监测仪表系统。废水过滤器的控制系统类似净水处理系统，但对于重力式废水过滤器并不要求完全自动控制。尽管从适用的角度并不需要完全自动运行，但由可编程逻辑控制器（PLCs）执行的全自动控制系统已经成为一种流行的主要控制模式。

过滤器的流量可根据该过滤器上游水位或每个过滤器内水位进行控制。利用水位与流量控制器连锁或与限制或调节过滤器流量的控制阀连锁。需要监测的过滤器水力参数一般包括：a. 滤后水流量；b. 通过每一过滤器的水头损失；c. 表面清洗及反洗水流量；d. 利用空气/水反洗时还应监测空气的流量。需要监测的滤后水水质参数有 BOD、TSS、磷及氮等。在投加化学药品的过滤系统中还应监测浊度，并应用出水浊度仪的信号与出水流量控制化学药品投加系统的运行。

对于传统重力过滤器的反洗循环程序，最好采用半自动控制模式，即以手动方式启动，然后进入自动反洗操作程序，执行反洗循环的各个步骤。在设计反洗系统时，必须考虑处理厂可能出现的废水最高温度的影响。为便于操作人员在现场进行操作和反洗，还应提供现场控制装置。

8. 二级出水加药过滤

根据二次沉淀池出水水质的变化情况，可利用投加化学药品的方法改善出水过滤器的性能。为了达到特殊的处理目标，例如去除特殊污染物磷、金属离子和腐败物质等，也采用投加化学药品的处理方法。在本章第二节中已讲述了有关化学除磷的内容。为了控制水体的富营养化问题，美国有很多地区的污水处理厂采用接触过滤工艺，在废水排入对磷敏感的水体之前去除其中的磷。已经证明，上述二级过滤工艺（参阅图 1-11-42）用于除磷是一种非常有效的方法，滤后水中磷含量可达到 0.2mg/L。二次沉淀池出水过滤常用的化学药品为：有机聚合物、硫酸铝、三氯化铁等。有机聚合物的应用方法及废水化学性质对硫酸铝的影响拟在下一节讨论。

9. 有机聚合物应用方法

在废水过滤处理中常用的有机聚合物为长链有机物分子，分子量为 $10^4 \sim 10^6$。有机聚合物分子带有电荷，可分为阳离子型（带正电荷）、阴离子型（带负电荷）或非离子型（不带电荷）三类。将聚合物加入二次沉淀池出水中后，可通过其架桥作用促使絮体形成较大的颗粒。由于废水的化学性质对聚合物絮凝性能具有明显的影响，因此在选定某种聚合物作为助滤剂时，应通过实验进行筛选。聚合物筛选试验的一般程序为：加入初始剂量（通常为 1.0mg/L）观测其过滤效果，根据观测结果，每次增加 0.5mg/L 或减少 0.25mg/L（同时观测过滤效果），获得可操作的剂量范围。操作剂量范围确定后，可继续进行试验以确定最佳投加剂量。

最近的发展趋势是应用低分子量聚合物取代硫酸铝。其投加剂量（$\geqslant 10$mg/L）远大于较高分子量聚合物（$0.25 \sim 1.25$mg/L）。当聚合物与硫酸盐混合投加时，为了达到某一聚合物的最佳效果，其关键在于起始混合阶段。一般推荐值为：混合时间小于 1s，G 值 $>3500\text{s}^{-1}$。应当注意，除非采用多台混合设备，否则在实际使用中很难达到混合时间小于 1s 的要求，处理厂的实际混合时间总是大于 1s。

10. 废水化学性质对硫酸铝使用效果的影响

与投加聚合物的情况类似，二次沉淀池出水的化学性质对助滤剂硫酸铝的使用效果有明显的影响。例如，硫酸铝的使用效果依赖于废水 pH 值（图 1-11-50）。虽然图 1-11-50 是根据净

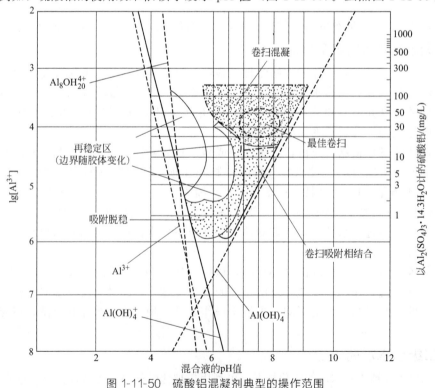

图 1-11-50　硫酸铝混凝剂典型的操作范围

注：Al^{3+} 的浓度单位为 mol/L。

水处理经验绘制的，但大多数二级出水过滤结果证明，此图的变化很小。如图 1-11-50 所示，在以硫酸铝剂量和二级出水加硫酸铝后 pH 值的函数关系作图确定的操作范围内，出现了与传统沉淀过滤工艺中颗粒去除有关的某些不同现象。例如，通过对絮体的扫描发现颗粒最佳去除效果发生在 pH 7～8，硫酸铝剂量 20～60mg/L 的条件下。一般而言，由于很多废水出水的 pH 值较高（即 7.3～8.5），在硫酸铝为 5～10mg/L 的低剂量条件下是没有处理效果的。在操作中，为了降低硫酸铝的投加量，一般需控制废水的 pH 值。

二、深度除磷水质分级

污水处理最终出水中磷的浓度可以分为 5 个等级，见表 1-11-19。通常常规脱氮除磷技术能满足等级 1 和等级 2 的要求，如现行的《城市污水处理厂水污染物浓度》（一级 A、一级 B）和《污水综合排放标准》（一级标准）。在环境更为敏感或要求更为严格的地区，则要求达到等级 3 和等级 4 的要求，如《北京市水污染物排放标准》和部分受限流域的特别排放限值标准等。清洁自然水体中的磷的浓度则远在等级 5 浓度值之下。

表 1-11-19 污水处理厂出水磷浓度限值

序号	项目	磷浓度限值/(mg/L)	磷去除率/%	相当的标准
1	城市污水进水	6～8	—	—
2	常规二级处理	5	30	GB 18918—2002 三级标准
3	等级 1 要求	1.0	86	GB 18918—2002 二级标准
4	等级 2 要求	0.5	93	① GB 18918—2002 一级 A，一级 B ② GB 8978—1996 一级 ③ DB11/ 307—2013 一级 B
5	等级 3 要求	0.2	97	
6	等级 4 要求	0.1	98.5	DB11/307—2013 一级 A
7	等级 5 要求	0.05	99.3	
8	清洁自然水体	<0.02	99.7	

磷从污水中去除的最终途径是将各种形态的磷转化为不溶性的磷酸盐或富磷微生物，通过沉淀、过滤等分离方法，去除这些不溶性的含磷化合物。如前所述，化学除磷效果最终要依赖于不溶物的分离程度，表 1-11-20 列举了各种不同的分离方式可以获得的最终磷浓度水平。

表 1-11-20 不溶性磷化合物去除工艺出水的磷浓度

序号	工艺名称	可达到的磷水平值/(mg/L)
1	常规二级沉淀分离	0.5～1.0
2	过滤(二级处理后)	<0.2
3	过滤(高效沉淀单元后)	<0.1
4	双级过滤	<0.1
5	Ballasted Clarification	<0.1
6	气浮(DAF)	<0.1
7	膜分离	<0.05
8	组合分离	<0.05

三、深度除磷技术示范

要实现超低磷浓度的出水，必须要增加新的处理设施，特别是要将磷浓度控制在0.1mg/L 以下时，投资和运行费用都会增加很多，为了验证实现超低磷排放技术的可行性和经济性，美国 EPA 于 2007 年完成了对安装有超低磷去除设施的多个污水厂的技术验证和总结，完全可以实现超低磷浓度的排放。有部分污水厂也在进行同时将出水总氮控制在 3mg/L 的技术验证。表 1-11-21 和表 1-11-22 列举了 EPA 第 10 区完成的技术验证结果。

通过上述多家污水厂及多种深度除磷工艺运行结果的分析评价，可以得出如下结论。

1. 深度过滤技术（三级处理）的必要性

① 采用投加药剂的深度过滤技术，可以将生物处理出水中的磷降至非常低的水平。表1-11-21 中所列示范厂均采用了这一类技术。要将磷浓度降至超低水平（如等级 4：TP<0.1mg/L），化学加药过程必不可少。通过采用铝盐或铁盐混凝剂和聚合物絮凝剂就可以满足要求。

② 过滤技术在饮用水处理中应用普遍且相对成熟，近来受敏感水体营养物严格限制要求的驱动，过滤技术在污水处理中的应用进展很快。目前常用的技术形式有：移动砂床过滤、复合滤料重力过滤、动态砂过滤等形式的过滤技术，要依据出水水质要求、设备的可靠性、投资、运行和维护费、占地面积、未来扩展能力等多方面进行评估选用。

③ 两级过滤工艺在各种形式的过滤技术中，可以获得最低的磷出水浓度。两级过滤可以采用两个单级过滤单元串联实现，也可以用第三级沉淀与单级过滤串联方式实现。Watton 和 Stamford 污水厂的实际运行结果表明，他们采用 Parkson 公司两级动态砂过滤器获得的最低出水磷浓度小于 0.01mg/L。

2. 三级处理除磷对其他污染物的去除

采用三级处理过滤除磷工艺后，污水中的其他污染物也降低至非常低的水平，如 BOD、SS 通常低于 2mg/L，粪大肠菌低于 10CFU/100mL，浊度也极低，因此可以用紫外消毒代替加氯消毒。

3. 强化脱氮除磷生物处理对深度除磷效果的影响

表 1-11-21 中的数据表明了部分污水厂采用了强化生物去除营养物工艺（EBNR）。当生活污水平均磷进水浓度为 6~8mg/L，采用常规二级处理工艺时，出水中的磷为 3~4mg/L，而采用 EBNR 工艺后，出水中磷则降至 0.3mg/L 以下。因此采用 EBNR 技术后，大大减轻了三级处理的除磷负荷，由此带来了三级深度除磷效率大幅度提高，化学药剂费用大幅降低。Fairfax 县污水厂的经验表明，自采用 EBNR 工艺后，三级处理的药剂费用降低了一半。另外，EBNR 工艺对大幅度降低城市污水处理厂最终出水中的药物残留水平较传统二级处理具有明显的优势。

4. 污泥厌氧稳定工艺对深度除磷效果的影响

表 1-11-22 中列举的示范厂中有四家采用了厌氧污泥稳定工艺。一般而言，采用厌氧处理剩余污泥，会导致固定在污泥中的磷重新释放出来，通过上清液或滤液返回到污水处理系统中，导致磷负荷增加。有研究表明，铝盐除磷沉淀物在厌氧处理过程中不溶解，而铁盐在铁离子浓度低时，则会发生溶解。控制污泥厌氧处理过程中磷释放程度主要取决于铝盐和铁盐用量的经济性。

表1-11-21 磷深度处理技术示范工程运行情况

序号	污水厂名称,地点	处理量 m³/d	处理量 mg/d	除磷工艺简述	排放限值	出水磷平均值 /(mg/L)	月均值范围 /(mg/L)	药剂用量 金属盐 /(mg/L)	药剂用量 PAM⁺ /(mg/L)
1	Sand Creek WWRP Aurora, CO	18925	5	BNR,过滤	—	0.1~0.2	—	0	0
2	Breckenridge S. D., Iowa Hill WWRP,CO	5677.5	1.5	BNR、化学添加、三级沉淀和过滤	0.5mg/L(日最大值)102kg/a(年负荷)	0.055	0.017~0.13	135	0.5~1.0
3	Breckenridge S. D.、Farmers Korner WWTP,CO	11355	3	BNR、化学添加、三级沉淀和过滤	0.5mg/L(日最大值)102kg/a(年负荷)	0.007	0.002~0.036	135	0.5~1.0
4	Summit CountySnake River WWTP,CO	9841	2.6	BNR、化学添加、三级沉淀和过滤	0.5mg/L(日最大值)154kg/a(年负荷)	0.015	<0.01~0.04	70(50~80)	0.1
5	Pinery WWRF Parker,CO	7570	2	BNR、化学添加、两级过滤	0.05mg/L(日最大值)138kg/a(年负荷)	0.029	0.021~0.074	95	—
6	Clean Water Services, Rock Creek WWTP,OR	147615	39	化学添加、过滤	0.1mg/L(月平均限值)	0.07	0.04~0.09	Al/P=(5:1)~(7:1)	—
7	Clean Water Services,Durham WWTP,OR	90840	24	BNR、化学添加、过滤	0.11mg/L(月平均限值)	0.07	0.05~0.1	—	—
8	Stamford WWTP Stamford, NY	1892.5	0.5	化学添加、两级过滤	0.2mg/L	<0.011	<0.005~<0.06	—	—
9	Walton WWTP Walton,NY	5866.75	1.55	化学添加、两级过滤	0.2mg/L	<0.01	<0.005~<0.06	—	—
10	Milford WWTP Milford,MA	18168	4.8	多点化学添加、过滤	0.2mg/L	0.07	0.04~0.16	—	—
11	Alexandria SanitationAuthority AWWTP,Alexandria,VA	204390	54	BNR、多点化学添加、三级沉淀和过滤	0.18mg/L	0.065	0.04~0.1	—	—
12	Upper OccoquanSewerage Authority WWTP,VA	158970	42	化学(高石灰)和三级过滤	0.10mg/L	<0.088	0.023~<0.282	—	—
13	Fairfax County, Noman Cole WWTP,VA	253595	67	BNR、化学添加、三级澄清和过滤	0.18mg/L	<0.061	<0.02~<0.13	—	—
14	BluePro Treatment Pilot results at Hayden WWTP,ID	—	—	两级 Centra-Flo 过滤器中的铁包覆砂	0.013mg/L	0.013	—	—	—
15	CoMag Treatment Pilot results at Concord WWTP,MA	—	—	化学添加、镇流器沉淀、磁抛光	0.04mg/L	0.04	—	—	—

表 1-11-22 示范工程工艺流程

序号	污水厂名称,地点	工艺流程
1	Sand Creek WWRP Aurora,CO	原污水→初沉→BNR→三级处理过滤(Parkson Dynasand)→紫外消毒
2	Breckenridge S.D.,Iowa Hill WWRP,CO	原污水→格栅→沉砂→活性污泥生物处理→BAF(IDI,BioFor)→药剂投加(铝盐)→混合沉淀(Densadeg)→过滤(Parkson Dynasand)→消毒
3	Breckenridge S.D.,Farmers Korner WWTP,CO	原污水→格栅→沉砂→BNR→药剂投加→三级沉淀(斜管沉淀)→过滤→消毒
4	Summit CountySnake River WWTP,CO	原污水→格栅→曝气池→二沉→化学絮凝→沉淀→过滤→消毒
5	Pinery WWRF Parker,CO	原污水→格栅→沉砂→EBNR(五级Bardenpho)→二沉→药剂投加→过滤(Memcor)→UV消毒
6	Clean Water Services,Rock Creek WWTP,OR	
7	Clean Water Services,Durham WWTP,OR	
8	Stamford WWTP Stamford,NY	
9	Walton WWTP Walton,NY	
10	Milford WWTP Milford,MA	
11	Alexandria Sanitation Authority AWWTP,Alexandria,VA	
12	Upper Occoquan Sewerage Authority WWTP,VA	
13	Fairfax County,Noman Cole WWTP,VA	
14	BluePro Treatment Pilot results at Hayden WWTP,ID	原污水→格栅→沉砂→氧化沟→二沉池→Blue Pro工艺→消毒→排放
15	CoMag Treatment Pilot results at Concord WWTP,MA	原污水→格栅→沉淀→生物滤池→二沉池→CoMag→排放

第五节　磷回收

一、磷回收背景

磷是一种无法再生的资源，其最稳定的是磷酸盐形态。根据天然丰度进行排序，在所有的元素中磷处在第七位。磷主要以磷酸盐岩石、鸟粪石以及动物的化石等天然磷酸盐矿石的形态存在于自然界中，经过人工开采或天然侵蚀后磷被释放出来，然后再经过人工的加工过程和生物的转化过程，转变为可溶性的和颗粒性的磷酸盐。这些被生物利用的磷资源在生物死亡后经过分解作用又最终回到环境中，并随着河流湖泊的流动汇入海洋。沉积在深海处的磷只有当海陆发生变迁或海底变成陆地的时候才有可能再次发生磷释放，并且仅有鸟粪和捕捞海鱼的行为才可以将磷再次带到陆地，除此之外则没有可以将磷再次带回到陆地上的有效途径，这主要是因为可溶性磷不具挥发性。综合以上因素，陆地上损失的磷越来越多。磷在自然界的循环过程见图1-11-51。

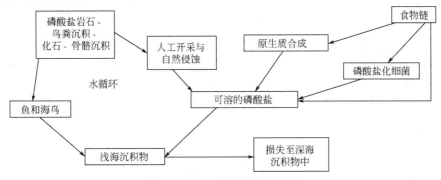

图 1-11-51　自然界的磷循环

目前，世界上磷矿的开采量大约是每年四千万吨，根据现在的速度继续开采，则具有工业价值的磷矿石只能维持一个世纪左右。中国的磷矿储量位居世界第二，但含有较多的杂质，品位高的磷矿仅占很小的一部分。截止到 2007 年，我国的磷矿储量大约为176 亿吨，而这之中的富磷矿（即矿石中 P_2O_5 的含量超过矿石质量的 30%）仅占总储量的 8% 左右，根据我国现今的磷消费量（包括出口量）以及消费增长速度，富磷矿还可以使用 15～20 年的时间，总的磷矿资源还可维持约六十年。我国从 2001 年开始提高对磷矿石的重视程度，将磷矿石列为"2010 年后不能满足国民经济发展需求的 20 种矿种"之一。

二、磷回收方式

从污水中回收磷的方式目前主要有以下两种。

① 生成含磷结晶物，作为初级磷产品使用　在污水处理工艺过程中，融合多种化学结晶过程，生产以羟基磷酸钙（HAP）和磷酸铵镁（MAP）为代表的结晶产物。HAP 是与天然磷矿石最为接近的回收品，当 HAP 中 P 的含量达到 30%（以 P_2O_5 计）以上时，可以替代优质磷矿石供磷工业使用。MAP 是一种高效缓释肥，当重金属含量合理时，可以直接做磷肥使用。

② 生产含磷污泥，二次提取含磷化合物　在污水处理过程中，将污水中的磷尽可能多

地转移至剩余污泥中，如投加化学药剂生成磷酸盐沉淀或培养聚磷菌摄取污水中的磷，这些富磷污泥最终以剩余污泥形式排放至专门的污泥处置系统，通过浓缩、分解、化学沉淀、分离等单元将磷以磷酸盐的形式回收出来，同时完成污泥的脱水、干燥处置过程。

三、磷回收地点

污水厂中的某些工艺单元如厌氧区、污泥浓缩池、污泥消化池、脱水机房等处的液流中富含磷酸根。在欧洲，污泥脱水滤液中的总磷达 $250\sim300\text{mg/L}$，其中有 84% 是正磷酸盐，16% 是各种聚磷酸盐；在意大利，即使在法律已经禁止在清洁剂中添加含磷成分，厌氧消化池上清液中 PO_4^{3-}-P 仍达到 $40\sim80\text{mg/L}$。

随着工厂的运行，磷酸盐结晶体日积月累，不断在管道的转弯处、阀门以及泥水界面等水流动力较差的地方积累下来，最终形成大块板结的结晶块，从而会缩短污泥管使用寿命（一般消化池运行 5 年左右就必须更换），并损害污泥泵、减少消化池有效容积、增加日常维护工作量。从污水厂运行的角度出发，在厌氧释磷区中回收磷也有利于减轻后续工序的磷负荷，从而能提高污水厂出水水质，而从污泥处理系统中回收磷不仅可避免 MAP 沉积造成的管道堵塞问题，还可减少由于污泥处理单元排出并回至污水处理流程起端的废液中的含磷量，从而减少污水厂的总磷负荷，特别对于使用污泥焚烧工艺的污水厂，焚烧后灰分的量也能有一定幅度降低。污水处理厂进行磷回收可选择的回收点应为溶解性磷富集处，如主流工艺（即污水处理流程）中的厌氧段末端上清液，或者侧流工艺（即污泥处理流程）中的厌氧消化池上清液和污泥脱水滤液等（图1-11-52），对于使用污泥焚烧工艺的污水厂，焚烧后每 100g 灰分中 P 含量达 $30\sim60\text{g}$，亦可用酸和碱将灰分溶解后回收 P。

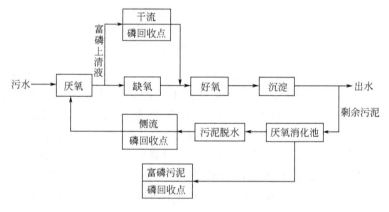

图 1-11-52　污水处理厂 P 回收点示意图

除污水处理厂外，由于尿液中富含正磷酸盐，畜牧厂污水中正磷酸盐含量可达 150mg/L 左右，因此也可在大型畜牧厂进行磷回收。

四、磷回收技术与工艺

1. 磷回收技术

从 20 世纪 90 年代起，国外就开始研究从污水处理厂回收磷的技术，迄今为止，相关的技术达到 20 余种，主要包括：从污水、污泥以及污泥焚烧灰中回收磷三种途径。为控制水体富营养化，国内外对氮、磷的排放限制标准越来越严格。我国 1996 年颁布实施的国家《污水综合排放标准》（GB 8978—1996）与 1988 年的《污水综合排放标准》（GB 8978—1988）相比，磷酸盐一级排放标准从 1.0mg/L 变为 0.5mg/L，而且扩大到所有排放单位。为达到排放标准，污水处理厂必须采用除磷脱氮工艺，将污水中溶解性的磷（磷酸盐）转移到不溶性悬浮物（污泥）中，然后通过固液分离将磷从污水中除去。由此形成富磷污泥，为实现污泥磷回收创造了条件。

从污泥或污泥焚烧灰中回收磷一般包括以下步骤：

① 在水处理中使用生物或化学方法使溶解态的磷转移到固态污泥中；

② 通过生物、化学或加热等方法使污泥中的磷进入浓缩液中；

③ 使用化学沉淀或离子交换使浓缩液中的磷转化成可回收的产品。

按途径的不同，具体的磷回收技术见表 1-11-23～表 1-11-25。

表 1-11-23　从污水中回收磷技术

项目	技术原理	最终产品
PHOSTRIP	向除磷回流污泥厌氧释放的上清液投加钙盐并沉淀分离	CaP
PRISA	对剩余污泥浓缩池的上清液进行磷酸铵镁沉淀并分离	MAP
CRYSTALATOR	流化床反应器，以砂为载体形成磷酸铵镁结晶体颗粒并沉淀分离	CaP、MAP
PHOSNIX	流化床，以砂为载体形成磷酸铵镁结晶体颗粒并沉淀分离	MAP
OSTARA	流化床，以砂为载体形成磷酸铵镁结晶体颗粒并沉淀分离	CaP、MAP
PROPHOS	投加 CSH(水化硅酸钙)的搅拌器吸附反应器，序批式运行（每 200～400h 更换 CSH）	CaP
RECYPHOS	在小污水处理厂出水端设置固定床反应器，每 3～4 个月更换滤料，并对滤料集中再生	FeP
PHOSIEDI	离子交换，从滞留物中沉淀回收磷	CaP

表 1-11-24　从消化污泥中回收磷技术

项目	技术原理	最终产品
BERLIN	消化污泥中投加镁盐，吹脱 CO_2 提高 pH 值，沉淀分离 MAP	MAP
AIRPREX	BERLIN 授权的一种改进工艺	MAP
FIXPHOS	在消化池进流端投加 CSH(水化硅酸钙)，经 10d 的混合消化，在 CSH 上形成 CaP 结晶，然后沉淀分离	CSH 上富集 CaP
SEABORNE	消化污泥在 pH 值为 1.5 下溶解，经重金属分离(硫化沉淀，投加 NaOH 调高 pH 值)后投加镁盐，然后沉淀分离	MAP
LOPROX/PHOX	将消化污泥进行低压湿式氧化(pH 值为 1.5)，然后进行膜分离	磷酸
AQUA RECI	在 374℃，$220×10^5$Pa 下处理污泥，形成磷沉淀物并分离	FeP、AlP 或 CaP
CAMBI	在 150～170℃、$(4～6)×10^5$Pa 下处理 20min，改善消化污泥的脱水性能后形成沉淀并分离	FeP、AlP 或 CaP
KREPRO	在 140℃、$4×10^5$Pa 下酸化水解 1h，然后进行铁盐沉淀	FeP

表 1-11-25 从污泥焚烧灰中回收磷技术

项目	技术原理	最终产品
SEPHOS	先在 pH 值为 1 的条件下溶解,调高 pH 值以去除重金属,然后进行 AIP 沉淀,并进一步在 NaOH 中溶解后获取 CaP 沉淀	CaP
PASCH	先在 pH 值为 1 的条件下经盐酸溶解、溶剂萃取,最终获得磷酸盐沉淀物	MAP
BIOLEACHING	特种菌种从污泥灰中溶解磷,并在生物菌种内富集,通过厌氧溶解进行 MAP 沉淀	MAP
BIOCON	先在 pH 值为 1 的条件用硫酸萃取,然后经离子交换去除重金属,最终获得磷酸	磷酸
MEPHREC	污泥及焚烧制成煤球状,经鼓风炉焚烧,含 CaP 的焚烧灰满足肥料要求	CaP
ASHDEC	焚烧灰在窑内加热,重金属通过烟气去除	肥料产品
THERMPHOS	污泥经造粒后与磷矿石一起在焚烧炉内焚烧	CaP

2. 磷回收工艺

目前,在全球范围内,主要通过沉淀、湿式化学萃取及沉淀和热处理等工艺回收磷。在三种主要处理工艺中,化学沉淀法利用化学药剂对污水或污泥中溶解的磷进行吸附沉淀,重金属则保留在污泥中,磷的回收率能达到进水含磷量的 40%。而湿式化学萃取及沉淀则是先通过强酸、高温高压将污泥进行溶滤,同时由于重金属也被溶解其中,因此需要利用不同的化学试剂将磷和重金属分离并各自沉淀,工艺复杂且对设备防腐要求高,但其磷回收率可高达 80%。而污泥焚烧灰分磷回收技术通常需要利用热冶炼处理去除重金属,磷回收率可达到 90% 以上。

(1) 污泥水解回收磷的工艺 (KREPRO process)

KREPRO (kemwater recycling process) 工艺采用加热加压和酸化使消化过的或未经消化的污泥中的磷酸盐、金属盐和大部分有机物溶出。处理后的剩余污泥含有 45%~50% 的固体,其燃烧值和木材相当,非常适合焚烧。溶出的磷与沉淀剂铁离子反应生成可回用的 $FePO_4$。

KREPRO 工艺由七个主要步骤组成:浓缩、酸化、加热水解、生物质燃料分离、磷酸盐沉淀、磷酸盐分离、沉淀剂和碳源循环。污泥被浓缩至含 5%~7% 溶解性固体 (DS),然后用硫酸酸化 (pH=1~3),凝聚物、重金属和磷酸盐在该过程中会部分溶解。悬浮的有机物也会溶解一小部分。酸化过的污泥在压力容器中水解,保持压强小于或等于 4bar (1bar=10^5Pa),于 140℃ 加热 30~40min,大约 40% 的悬浮有机物水解成易于生物降解的液体,无机成分也被液化。未溶解的有机物质主要是纤维,已十分容易被离心机脱水至 50% 的含水率,与常规脱水后的消化污泥相比,体积减少了 80%,这部分产物的燃烧值与木材相当,可作为燃料。重金属随有机污泥一起被分离,或在随后的步骤中被分离。从有机污泥中分离出的上清液,其中的磷被铁盐沉淀为磷酸铁。沉淀的磷酸盐经离心机分离,产生含 35% 干物质的污泥,且重金属和有毒有机物含量非常低,可直接用作农肥。分离磷酸盐后产生的液体中含有沉淀剂、溶解性的有机物和氮,可回流至生化处理部分进一步去除其中的营养物。KREPRO 工艺可以以磷酸铁的形式回收污泥中约 75% 的磷,且 90% 的沉淀剂可以再次使用。瑞典 Helsingborg 污水处理厂安装有最大处理量为 500kg DS/h 的 KREPRO 工艺,该工艺流程如图 1-11-53 所示。从表 1-11-26 可看出,KREPRO 工艺回收的磷与常规的消化污泥相比,无论重金属含量还是有毒有机物含量,均至少低于前者一个数量级。

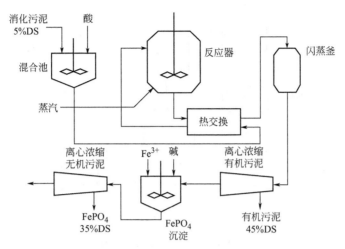

图 1-11-53　KREPRO 工艺流程

表 1-11-26　消化污泥和 KREPRO 磷酸盐中每公斤磷含有重金属和有机物的量

单位：mg/kg P

类别	Cu	Cd	Hg	Cr	Zn	Ni	Pb	F	PCB (52)	PCB (101)	壬基苯酚	甲苯
常规消化污泥	20000	80	50	1500	23000	1200	2000	20	2.8	0.4	1770	28
KREPRO 磷酸盐	100	3	1	220	1000	300	180	<1	0.024	<0.015	12	<5

（2）改进的 KREPRO 工艺（Cambi-KREPRO process）

Cambi-KREPRO 工艺流程如图 1-11-54 所示，脱水后的污泥在温度为 150℃、pH 值为 1～2 的条件下水解，残余污泥含有大量有机物，可用于焚烧。大部分重金属留在有机污泥中，小部分重金属在分离步骤中以硫化物沉淀的形式被除去。溶解态的 Fe^{2+} 随后被氧化成 Fe^{3+} 用以生成 $FePO_4$ 沉淀，其中一部分 Fe^{3+} 作为混凝剂被回收。溶解态的有机物可作为上清液反硝化时的碳源。第一座 Cambi-KREPRO 系统 1996 年在挪威的 Habar 建立并投入运行。

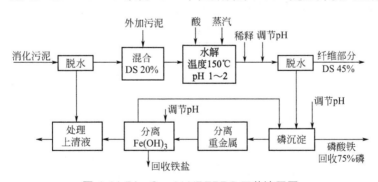

图 1-11-54　Cambi-KREPRO 工艺流程图

（3）从污泥焚烧灰中回收磷的工艺（BioCon process）

BioCon 工艺是丹麦的 Bio-Con 公司开发的一种可以回收磷、能量和沉淀剂的污泥焚烧工艺，包括三个步骤：干燥、焚烧和回收，其工艺流程见图 1-11-55。在干燥过程中，脱水污泥被干燥至含水率为 10％，然后进入焚烧炉进行焚烧。焚烧产生的烟气经过净化后排放，焚烧产生的热量一部分回用于干燥过程，多余的用于社区供热。焚烧产生的灰和炉渣经过粉

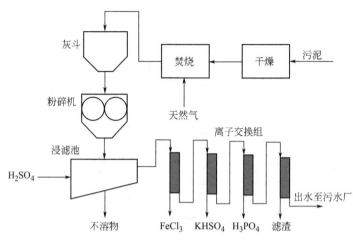

图 1-11-55 BioCon 工艺流程

磨后用硫酸溶滤，使磷酸盐和大部分金属盐（硫酸钙和硫酸铅除外）溶解在溶液中，再用离子交换来分离溶液中的物质。第一个阳离子交换柱经硫酸再生后可回收铁盐。在第二个阴离子交换柱中硫酸盐以 $KHSO_4$ 的形式被回收。第三个离子交换柱经过盐酸再生后可回收磷酸，回收的磷酸是磷酸盐工业的优良原料。该工艺可以回收 80% 的磷和 70% 的化学沉淀剂。

在第四个交换柱中，重金属被富集到滤渣中去，以便集中处理。瑞典城市 Falun 已经建立了 BioCon 系统，这是瑞典第一个可以回收磷的焚化场，经计算，Falun 的该系统大约需要消耗化学药剂 500kg/t DS，需要使用的化学药剂有硫酸、盐酸、氢氧化钠和氯化钾。与 Cambi-KREPRO 工艺相比，BioCon 工艺回收磷的效率更高，但是会排放大量需处理的空气污染物，而两者的费用相差不大。两个工艺共同的缺点是磷从污泥中浸出的同时，大部分无机物也会浸出，加入沉淀剂从污泥中分离和回收磷产品导致较高的化学药剂消耗量。

3. 磷回收实际工程案例

目前，在全球范围内，从有限的实际工程应用技术来看，主要集中于从污水、消化污泥（污泥上清液）和污泥焚烧灰分中，通过沉淀、湿式化学萃取及沉淀和热处理等工艺回收磷，主要的磷回收技术及工程应用如表 1-11-27 所示。

表 1-11-27 磷回收技术及工程实例

项目	处理工艺及原理	工程应用案例
消化污泥	AirPrex：消化污泥投加镁盐，吹脱 CO_2 提高 pH 值，沉淀分离 MAP	德国柏林 Wassmannsdorf 污水厂（2000m³ 消化污泥/d，2500kg MAP/d） 德国 MG-Neuwerk 污水厂（1500m³ 消化污泥/d，1500kg MAP/d） 荷兰 Amsterdam-West 污水厂（2500m³ 消化污泥/d，4000～5000kg MAP/d） 荷兰 Wieden-Echten 污水厂（400m³ 消化污泥/d）
污水	NuReSys：第一个反应器内对污水曝气并投加 NaOH 药剂，调整 pH 值；在第二个反应器内投加 $MgCl_2$，沉淀分离 MAP	奶牛厂废水处理项目（120m³/h） 比利时土豆加工厂废水处理项目（60m³/h）
污泥脱水上清液/污泥消化液	PEARL：污泥上清液/消化液经过一个上流式流化床反应器，通过投加 $MgCl_2$ 和 NaOH 调节反应器 pH 值，并沉淀分离 MAP	加拿大 Gold Bar 污水厂（70 万人口当量，Edmonton, Alberta） 美国 Durham 污水厂（20 万人口当量，Clean Water Services） 美国 Nansemond 污水厂（30 万人口当量，HRSD） 美国 York 污水厂（20 万人口当量，纽约市）

续表

项目	处理工艺及原理	工程应用案例
污泥焚烧灰分	BIOCON：先在 pH 值为 1 的条件用硫酸萃取，然后经离子交换去除重金属，最终获得磷酸	瑞典 Falun 磷回收焚化厂

参 考 文 献

[1] 田林锋，姜文娟，罗桂林，等. 宁夏典农河磷污染特征探究 [J/OL]. 环境化学：1-11 [2023-07-12].

[2] 于滨养. 湖泊底泥氮磷污染治理技术综述 [C] //中国水利学会. 2022 中国水利学术大会论文集（第七分册）. 郑州：黄河水利出版社，2022：568-575.

[3] 薛彦茵. 废水氮磷生物处理新技术研究 [J]. 广东化工，2022，49（16）：115-116＋129.

[4] 韩小蒙，马艳，周新宇. 水厂铝盐污泥为除磷填料的雨水径流污染控制技术 [J]. 净水技术，2021，40（01）：23-27.

[5] 潘涛，田刚，等. 废水处理工程技术手册. 北京：化学工业出版社，2010.

[6] Erica Q, Arthur P, Alessandro S, et al. A generalized partially stirred reactor model for turbulent closure [J]. Proceedings of the Combustion Institute，2023，39（4）.

[7] Hereit F, Polasek P. methodology for evaluating and monitoring of waterworks per-formance effciency-part 2：test of filterability [J]. 化学工程与科学期刊（英文），2014，4（4）：13.

[8] 张宝军，王国平，袁永军，等. 水处理工程技术 [M]. 重庆：重庆大学出版社，2015.

[9] 罗强，张君，李晔，等. 复合混凝剂去除湖泊水中磷的研究 [J]. 武汉理工大学学报，2020，42（07）：50-54.

[10] 孙大琦，陆斌，王彪，等. 磷酸铵镁平衡条件溶度积相关影响因素的实验探究 [J]. 水处理技术，2015，41（03）：37-40＋44.

[11] 操宇芬，刘博宇，姚斌. 不同处理工艺在城市污水处理厂强化除磷中的应用效果研究 [J]. 环境与生活，2023（06）：87-89.

[12] Emerging Technologies for Wastewater Treatment and In-Plant Wet Weather Management，EPA 832-R-06-006，FEBRUARY 2008.

[13] 刘咏，张爱平，雷弢，等. 水污染控制工程课程设计案例与指导 [M]. 成都：四川大学出版社，2016.

[14] Advanced Wastewater Treatment to Achieve Low Concentration of Phosphorus，EPA 910-R-07-002，April 2007.

[15] 贾永志，吕锡武. 污水处理领域磷回收技术及其应用 [J]. 水资源保护，2007，023（005）：59-62.

[16] 李春光. 污水处理厂磷回收技术研究进展 [J]. 中国给水排水，2014，30（24）：4.

[17] 柴春燕，冯玉杰. 污水能源资源回收利用全球工程应用进展 [J]. 中国给水排水，2016，32（24）：6.

第十二章
污泥处理与处置

第一节　概述

一、污泥水分组成

要实现污泥的减量化、稳定化、无害化和综合利用，达到节能减排和发展循环经济的处置目标，只有把污泥含水率降至50％以下，资源化综合利用才有可能。然而污泥的特性又决定了污泥脱水处理的难度。这是因为污泥中所含水分大致分为间隙水、毛细结合水、表面吸附水、内部水四类（图1-12-1）。第一种称为"自由水"，后三种称为"束缚水"。这四种水除了间隙水可以以物理方式压滤以外，其他三种水表面具有强大的负电子包裹着，不能以物理压滤析出。颗粒间的间隙水，约占污泥水分的70％；污泥颗粒间的毛细结合水，约占20％；表面吸附水及颗粒内部水约占10％，污泥脱水的对象是颗粒间的间隙水。

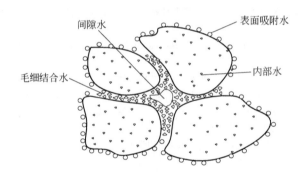

图1-12-1　水分在污泥中的存在形式

污泥脱水的难易，除与水分在污泥中的存在形式有关外，还与污泥颗粒的大小、污泥比阻和有机物含量有关，污泥颗粒越细、有机物含量越高、污泥比阻越大，其脱水的难度就越大。

二、污泥的性质

污泥按性质可以分为以有机物为主的污泥和以无机物为主的沉渣，按来源可以分为初沉污泥、剩余污泥、消化污泥和化学污泥等。

（一）污泥的特性

一般废水处理厂产生的污泥为含水量在75％～99％不等的固体或流体状物质。其中的固体成分主要为机残片、细菌菌体、无机颗粒、胶体及絮凝所用药剂，是一种以有机成分为主、组分复杂的混合物，其中包含有潜在利用价值的有机质、氮、磷、钾和各种微量元素。城市污水处理厂不同种类的污泥营养物质含量及燃烧值见表1-12-1和表1-12-2。

表 1-12-1　城市污水处理厂不同种类的污泥营养物质含量范围　　　单位：%

污泥类型	总氮（TN）	磷（P$_2$O$_5$）	钾（K）	腐殖质
初沉污泥	2.0～3.4	1.0～3.0	0.1～0.3	33
生物滤池污泥	2.8～3.1	1.0～2.0	0.11～0.8	47
活性污泥	3.5～7.2	3.3～5.0	0.2～0.4	41

表 1-12-2　城市污水处理厂污泥燃烧热值

污泥种类		燃烧热值/(kJ/kg 污泥干重)	污泥种类		燃烧热值/(kJ/kg 污泥干重)
初沉污泥	生污泥	15000～18000	初沉污泥与活性污泥混合	新鲜	17000
	经消化	7200		经消化	7400
初沉污泥与生物膜污泥混合	生污泥	14000	生污泥		14900～15200
	经消化	6700～8100	剩余污泥		13300～24000

1. 物理特性

污泥是由水中悬浮固体经不同方式胶结凝聚而成，其结构松散，形状不规则，比表面积与孔隙率极高（孔隙率常大于 99%），含水量高，脱水性差。外观上具有类似绒毛的分支与网状结构。

2. 化学特性

生物污泥以微生物为主体，同时包括混入生活污水的泥砂、纤维、动植物残体等固体颗粒以及可能吸附的有机物、金属、病菌、虫卵等。污泥中也含有植物生长发育所需的氮、磷、钾及维持植物正常生长发育的多种微量元素和能改良土壤结构的有机质。

（二）污泥的性质参数

1. 污泥含水率

污泥含水率有两种表示方法，即湿基含水率（简称含水率）与干基含水率。

（1）湿基含水率

污泥所含水分的重量与污泥总重量（水分重量与所含干固体总量之和）之比的百分率称湿基含水率。用 P_w 表示：

$$P_w = \frac{污泥所含水分重量}{污泥总重量} \times 100\% \qquad (1\text{-}12\text{-}1)$$

式(1-12-1)中当污泥所含水分发生变化时，分母随之变化。所以在采用该公式计算，当同一种污泥所含水分变化时，不能用加、减法进行运算。

（2）干基含水率

污泥所含水分重量与所含干固体重量之比的百分率称干基含水率，用 d 表示：

$$d = \frac{污泥所含水分重量}{污泥所含干固体重量} \times 100\% \qquad (1\text{-}12\text{-}2)$$

式(1-12-2)可知，由于污泥所含干固体重量是不变的，所以对于同一种污泥，在处理的过程中水分发生变化时，分母是不变的，故可以用加、减进行运算。例如污泥干燥设备的设计，干燥过程，水分不断变化，但干固体重量是不变的。根据定义可推导出湿基含水率与干基含水率之间的关系式：

$$d \times 污泥所含干固体重量 = P_w \times 污泥总重量$$

$$d = \frac{P_w \times 污泥总重量}{干固体重量} = P_w \times \left(\frac{水分重量 + 干固体重量}{干固体重量} \right) = P_w \times (d+1)$$

$$d = \frac{P_w}{1 - P_w} \tag{1-12-3}$$

式中，d 为干基含水率；P_w 为湿基含水率。

2. 污泥含固率

与污泥含水率相应的是污泥含固率，用 P_s 表示：

$$P_s = \frac{污泥所含干固体重量}{污泥总重量} \times 100\% \tag{1-12-4}$$

污泥的重量等于其中所含水分重量和干物质重量之和，即

$$P_w + P_s = 100\% \tag{1-12-5}$$

污泥含水率、污泥含固率、体积、重量之间的关系可用下式表达：

$$\frac{1 - P_{w2}}{1 - P_{w1}} = \frac{P_{s2}}{P_{s1}} = \frac{W_1}{W_2} = \frac{V_1}{V_2} \tag{1-12-6}$$

式中，P_{s1}、W_1、V_1 分别表示含水率为 P_{w1} 时的污泥含固率、重量与体积；P_{s2}、W_2、V_2 分别表示含水率为 P_{w2} 时的污泥含固率、重量与体积。

根据式(1-12-6) 可计算出当污泥的含水率发生变化后的浓度、重量与体积。从而可简化设计过程，可避免实测。

当污泥含水率低于 65%，由于污泥体积中可能存在气泡，则式(1-12-6) 只存在以下关系：

$$\frac{1 - P_{w2}}{1 - P_{w1}} = \frac{P_{s2}}{P_{s1}} = \frac{W_1}{W_2} \tag{1-12-7}$$

3. 挥发性固体与灰分

污泥中所含的固体分有机物与无机物两类。将污泥在 105℃ 的烘箱内烘干至恒重即称为干固体重量。再将此干固体置于马弗炉内，控温 600℃ 灼烧至恒重，使有机物被烧掉，失去的重量即为挥发性固体（或称为灼烧减重），残留的重量即为灰分（无机物或称灼烧残渣）。

4. 湿污泥比重

湿污泥重量（即污泥总重量）与同体积水的重量之比称为湿污泥相对密度（简称污泥相对密度）。据此定义可列出湿污泥相对密度的计算式：

$$\gamma = \frac{湿污泥重量}{同体积水的重量} = \frac{P_w + (1 - P_w)}{P_w + \frac{1 - P_w}{\gamma_s}} = \frac{\gamma_s}{P_w \gamma_s + (1 - P_w)} \tag{1-12-8}$$

式中，γ 为湿污泥相对密度；P_w 为污泥含水率；γ_s 为干污泥相对密度。

5. 干污泥相对密度（或称干固体相对密度）

干污泥包含有机物与无机物。它们所占比例不同，则干污泥相对密度也不同。干污泥相对密度的计算式：

$$\frac{1}{\gamma_s} = \frac{P_v}{\gamma_v} + \frac{1 - P_v}{\gamma_f} \tag{1-12-9}$$

$$\gamma_s = \frac{\gamma_f \gamma_v}{\gamma_v + P_v(\gamma_f - \gamma_v)} \tag{1-12-10}$$

式中，γ_s 为干污泥相对密度；P_v 为污泥中挥发性固体（即有机物）所占比例；γ_v 为污泥中挥发性固体（即有机物）的相对密度；γ_f 表示灰分（即无机物）的相对密度。

由于有机物（即挥发性固体）的相对密度 γ_v 接近于 1，灰分相对密度可取平均值 2.5，代入上式可简化为：

$$\gamma_s = \frac{2.5}{1+1.5P_v} \tag{1-12-11}$$

将式(1-12-11) 代入式(1-12-8)，可得湿污泥相对密度的计算式：

$$\gamma = \frac{2.5}{2.5P_w + (1-P_w)(1+1.5P_v)} \tag{1-12-12}$$

6. 污泥的燃烧值

废水污泥尤其是剩余污泥、油泥等，含有大量可燃烧的成分，具有一定的发热值。设计如果已知有机组分各元素的含量，可根据下面的公式计算污泥的低位发热值 Q_{dw} （kJ/kg）：

$$Q_{dw} = 337.4C + 603.3(H-O/8) + 19.13S - 25.08P_w \tag{1-12-13}$$

式中，C、H、O、S、P_w 分别为污泥中碳、氢、氧、硫的质量百分比和污泥的含水率。

一般而言，常用的方法就是测定 COD 值，它可以间接表征有机物的含量，与污泥发热值存在着必然联系。根据资料显示，燃烧时每去除 1g COD 所放出的热量平均为 14kJ，利用这一平均值计算污泥的高位发热值所产生的最大相对误差约为 10%，在工程计算时是允许的。有机污泥的低位发热量 Q_{dw} （kJ/kg）可利用下式进行估算：

$$Q_{dw} = 14COD - 25.08P_w \tag{1-12-14}$$

式中，COD 为有机污泥的 COD 值，g/kg。

此外，污泥燃烧热值常用的计算公式有两个：

$$Q = 2.3a\left(\frac{P_v}{1-G} - b\right)(1-G) \tag{1-12-15}$$

式中，Q 为污泥的燃烧热值，kJ/kg（污泥干重）；P_v 表示污泥中挥发性固体（即有机物）所占比例；G 为机械脱水时，所加无机混凝剂量质量比（以占污泥干固体重量百分数计），当用有机高分子混凝剂时，$G=0$；通常 $G = 3\% \sim 5\%$（三氯化铁）或 $20\% \sim 30\%$（消石灰）；a，b 分别为经验系数，与污泥性质有关，新鲜初沉污泥和消化污泥 $a=131$，$b=10$，新鲜活性污泥 $a=107$，$b=5$。

另外一个经验计算公式如下：

$$LHV = (1-P_w)V_S \cdot HV - 2.5P_w \tag{1-12-16}$$

式中，LHV 为污泥的低位热值，MJ/kg；P_w 为污泥的含水率；V_S 为污泥的干基挥发分含量；HV 为污泥的挥发分热值，MJ/kg。

根据经验，污泥自持燃烧的 LHV 限值为 3.5MJ/kg，一般废水处理厂污泥（混合生污泥）的挥发分含量为 70%，挥发分热值为 23MJ/kg，从而认为污泥自持燃烧最高含水率限值为 67.7%。

（三）污泥产生量

1. 各工艺段污泥产量

（1）预处理工艺的污泥产量
包括初沉池、水解池、AB 法 A 段和化学强化一级处理工艺等。

$$\Delta X_1 = aQ(S_{pi} - S_{po}) \tag{1-12-17}$$

式中，ΔX_1 为预处理污泥产生量，kg/d；S_{pi}、S_{po} 分别为进出水悬浮物浓度，kg/m^3；Q 为设计废水流量，m^3/d；a 为系数，无量纲，初沉池 $a = 0.8 \sim 1.0$，排泥间隔较长时，取下限。AB 法 A 段 $a = 1.0 \sim 1.2$；水解工艺 $a = 0.5 \sim 0.8$；化学强化一级处理和深度处理工艺根据投药量 $a = 1.5 \sim 2.0$。

（2）活性污泥法剩余污泥产生量

① 带预处理系统的活性污泥法及其变形工艺剩余污泥产生量

$$\Delta X_2 = \frac{aQS_r - bS_V V}{f} \tag{1-12-18}$$

式中，ΔX_2 为剩余活性污泥量，kg/d；f 为 MLVSS/MLSS 之比值，对于生活污水，一般在 $0.5 \sim 0.75$；S_r 为有机物浓度降解量，即曝气池进水、出水 BOD$_5$ 浓度之差，kg BOD$_5$/m^3；V 为曝气池容积，m^3；S_V 为混合液挥发性污泥浓度，kg/m^3；a 为污泥产生率系数，kg MLVSS/kg BOD$_5$，一般可取 $0.5 \sim 0.65$；b 为污泥自身氧化率，d^{-1}，一般可取 $0.05 \sim 0.1$。

② 不带预处理系统的活性污泥法及其变型工艺剩余污泥产生量

$$\Delta X_3 = YQ(S_i - S_o) - K_d V S_v + fQ(S_{pi} - S_{po}) \tag{1-12-19}$$

式中，ΔX_3 为剩余活性污泥量，kg/d；Y 污泥产率系数，kg MLVSS/kg BOD$_5$，20℃时为 $0.3 \sim 0.6$ kg MLVSS/kg BOD$_5$；S_i 为生物反应池进水 BOD$_5$ 浓度，kg/m^3；S_o 为生物反应池出水 BOD$_5$ 浓度，kg/m^3；S_{pi}，S_{po} 分别为进出水悬浮物浓度，kg/m^3；K_d 为衰减系数，d^{-1}，一般可取 $0.05 \sim 0.1$d^{-1}；V 为生物反应池容积，m^3；S_v 为生物反应池内混合液挥发性悬浮固体平均浓度，kg MLVSS/m^3；f 为悬浮物的污泥转化率，g MLSS/g SS，宜根据试验资料确定，无试验资料时可取 $0.5 \sim 0.7$ g MLSS/g SS，带预处理系统的取下限，不带预处理系统的取上限。

2. 污泥总产量

（1）带有预处理的好氧生物处理工艺

一般指带有初沉池、水解池、AB 法 A 段等预处理工艺的二级废水处理系统，会产生两部分污泥。带深度处理工艺时，其总污泥产生量计算公式如下：

$$W_1 = \Delta X_1 + \Delta X_2 \tag{1-12-20}$$

式中，W_1 为污泥总产生量，kg/d；ΔX_1 为预处理污泥产生量，kg/d；ΔX_2 为剩余活性污泥量，kg/d。

（2）不带预处理的好氧生物处理工艺

一般指具有污泥稳定功能的延时曝气活性污泥工艺（包括部分氧化沟工艺、SBR 工艺），污泥龄较长，污泥负荷较低。该工艺只产生剩余活性污泥，其总污泥产生量计算公式如下：

$$W_3 = \Delta X_3 \tag{1-12-21}$$

式中，W_3 为污泥总产生量，kg/d；ΔX_3 为剩余活性污泥量，kg/d。

（3）消化工艺

一般指城镇污水处理厂就地采用消化工艺对污泥进行减量稳定化处理，处理后污泥量计算公式如下：

$$W_2 = W_1(1-\eta)\left(\frac{f_1}{f_2}\right) \qquad (1\text{-}12\text{-}22)$$

式中，W_2 为消化后污泥总量，kg/d；W_1 为原污泥总量，kg/d；η 为污泥挥发性有机固体降解率，$\eta = \dfrac{qk}{0.35Wf_1} \times 100\%$；$q$ 为实际沼气产生量，m³/h；k 为沼气中甲烷含量百分比，%；W 为厌氧消化池进泥量，kg 干污泥/h；f_1 为原污泥中挥发性有机物含量百分比；f_2 为消化污泥中挥发性有机物含量百分比。

3. 初次沉淀池污泥计量

排泥量计算公式：

$$V_1 = S\sum_{i=1}^{n}(h_{f,i} - h_{a,i} - Q_i t_i) \qquad (1\text{-}12\text{-}23)$$

式中，V_1 为初沉池排泥量，m³/d；n 为排泥次数，d⁻¹，$n = 24/T$，T 为排泥周期，h；S 为初沉池截面积，m²；$h_{f,i}$ 为集泥池中初沉污泥排泥前泥位，m；$h_{a,i}$ 为集泥池中初沉污泥排泥后泥位，m；Q_i 为初沉池排泥期间，集泥池（浓缩池）提升泵流量，m³/h；t_i 为初沉池排泥时间，h。

三、一般污泥处理技术组合

污泥处理处置系统应包含污泥稳定化、减量化、无害化处理处置过程，在此基础上宜实现资源化。

城镇污水处理厂的污泥处理处置系统可由预处理、浓缩、脱水、厌氧消化、好氧发酵、热干化、碳化、焚烧等工艺单元组成，可按图 1-12-2 进行工艺单元组合。

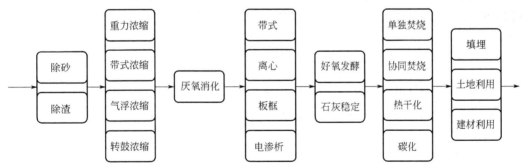

图 1-12-2 污泥处理处置技术组合

（1）适用于大规模（20t 干污泥/d 及以上）、有机物含量高的污泥处理主要工艺

① 污泥浓缩→常规消化或高级厌氧消化→污泥脱水→土地利用；

② 污泥浓缩→污泥脱水→好氧发酵→土地利用；

③ 污泥浓缩→常规消化或高级厌氧消化→污泥脱水→污泥热干化→（协同）焚烧→填埋或建材利用。

（2）适用于大规模（20t 干污泥/d 及以上）、有机物含量低污泥处理主要工艺

① 污泥浓缩→高级厌氧消化或生物质协同厌氧消化→污泥脱水→土地利用；

② 污泥浓缩→污泥脱水→好氧发酵→土地利用；

③ 污泥浓缩→高级厌氧消化或生物质协同厌氧消化→污泥脱水→污泥热干化→（协同）焚烧→填埋或建材利用。

（3）适用于小规模污泥处理主要工艺

① 污泥浓缩→污泥脱水→好氧发酵→土地利用；

② 污泥浓缩→污泥脱水→石灰稳定→填埋或建材利用。

第二节　污泥浓缩

初沉污泥和混合污泥宜采用重力浓缩和机械浓缩，剩余污泥宜采用气浮浓缩或机械浓缩。污泥机械浓缩系统应由药剂制备设备、加药泵、药剂混合器、污泥输送泵、浓缩机（或浓缩池）等构成。进入污泥浓缩工艺段的污泥含水率不宜大于 99.5%，尽量避免含水率发生较大波动。

絮凝剂溶药可采用自来水和符合水质要求的再生水。溶药水温宜为 25～30℃，药剂溶解时间 70～80min，如温度过低应延长溶药时间。采用自来水溶药配制的药剂放置时间宜小于 1d，采用再生水溶药配制的药剂放置时间宜小于 8h。干粉阳离子聚丙烯酰胺溶药浓度范围宜为 0.05%～0.5%，乳液阳离子聚丙烯酰胺的溶药浓度范围宜为 0.5%～1%。泥药混合罐的混合时间宜为 2～3min；泥药在管道中的混合时间宜为 20～60s。

脱水机类型可结合污泥泥质选择。经调理后毛细水时间改善好的，宜采用离心机。比阻改善好的宜采用带式机、板框压滤机。

一、重力浓缩

（一）重力浓缩原理

在对污泥进行其他方法处理之前，必须对污泥进行浓缩，降低污泥中的含水率。在重力的作用下，污泥颗粒可以自然沉降，这种固液分离的方式不需要外加能量，是一种最节能的污泥浓缩方法。

重力沉降可以分成 4 种形态：自由沉降、干涉沉降、集合沉降、压缩沉降。

（二）影响污泥浓缩效果的因素

影响污泥浓缩效果的因素很多，而最明显和直接的就是悬浮液的浓度、温度、搅拌强度以及设备的结构等。

1. 悬浮液的浓度

悬浮液的浓度在很大程度上影响污泥的沉降速度，粒子的沉降速度随着悬浮液中固体浓度的增大而减小。

2. 温度

温度的高低影响悬浮液的黏稠度，温度越高，污泥的黏稠度越低。

3. 搅拌强度

搅拌对污泥沉降浓缩全过程的影响是复杂的。搅拌强度太大，往往会破坏其凝聚状态，降低沉降速度。合适的搅拌强度有利于促进凝聚，增大沉降速度。凝聚状态的变化，也可以改变压缩脱水的机制。

4. 设备的结构

直径过小，沉降受池壁的影响，往往容易形成架桥现象，即在颗粒沉降的过程中，会在池壁形成拱形的交叉，妨碍固体物下沉，使界面沉速减慢。如果设备倾斜时，沉降速度也与正常沉降速度不同。因此，为了取得合理的设计参数，进行浓缩试验是非常有必要的。

（三）重力浓缩池类型

重力浓缩池按运行方式可以分为间歇式和连续式两种，前者主要适用于小型处理厂或工业企业的废水处理厂；后者适用于大、中型废水处理厂。

连续式浓缩池结构类似辐射式沉淀池，一般采用圆形竖流或辐流沉淀池形式，直径一般为5～20m，其结构为圆形或矩形钢筋混凝土结构。当浓缩池较小时，可采用竖流式浓缩池，一般不设刮泥机。污泥室的截锥体斜壁与水平面所形成的角度一般为45°～50°。辐流式浓缩池的池底坡度，当采用吸泥机时，可采用0.03。当不采用刮泥机时，可采用0.01。规模比较大的浓缩池需要设置带有搅拌器的刮泥机，用以收集浓缩污泥。而刮刀上面的栅条在池中缓慢地搅拌，造成空穴，使得附着在污泥上的水易于分离。所以连续式浓缩池可分为有刮泥机与污泥搅拌装置、不带刮泥机以及多层浓缩池三种。有刮泥机与污泥搅拌的连续式浓缩池见图1-12-3。

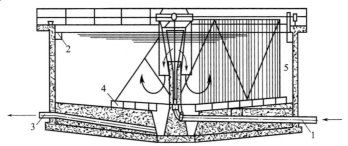

图 1-12-3 有刮泥机与污泥搅拌的连续式浓缩池

1—中心进泥管；2—上清液溢流堰；3—排泥管；4—刮泥机；5—搅动栅

有时为了提高浓缩效果和缩短浓缩时间，可在刮泥机上安装搅拌杆，为了不使污泥受到较大的扰动，刮泥机与搅拌杆的旋转速度应很慢，旋转周速度一般为2～20cm/s。图1-12-4为有刮泥机及搅拌杆的连续式浓缩池。

为了节约土地，有时可以采用多层辐射式浓缩池，见图1-12-5。如果处理高浓度悬浮液或凝聚性能差的悬浮液可以采用凝聚浓缩池，见图1-12-6。如果不采用刮泥机可以采用多斗式浓缩池，依靠重力排泥，泥斗的锥角应保持在55°以上，采用此种方式可以取得较好的浓缩效果，见图1-12-7。

在设计时，间歇式污泥浓缩池与连续式的不同在于它们的排泥方式。在间歇式重力浓缩池中，污泥是间歇排入浓缩池的。因此在投入污泥前必须先排除浓缩池中的上清液，腾出池

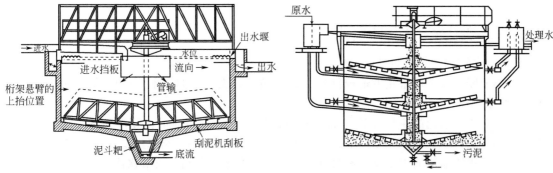

图 1-12-4 有刮泥机及搅拌杆的连续式浓缩池　　　　图 1-12-5 多层辐射式浓缩池

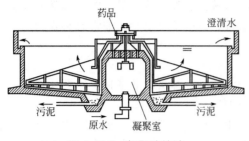

图 1-12-6　凝聚浓缩池

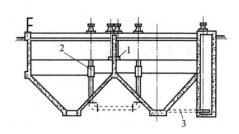

图 1-12-7　多斗连续式浓缩池

1—进口；2—可升降的上清液排出管；3—排泥管

容，可以在浓缩池的不同高度上设计上清液排出管。间歇式污泥浓缩池有带中心筒和不带中心筒两种，见图 1-12-8、图 1-12-9。

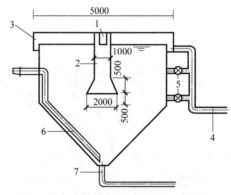

图 1-12-8　带中心筒的间歇式浓缩池（单位：mm）

1—污泥入流槽；2—中心筒；3—出流堰；4—上清液排出管；5—阀门；6—吸泥管；7—排泥管

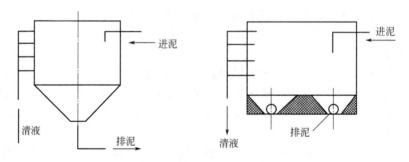

图 1-12-9　不带中心筒的间歇式浓缩池

（四）重力浓缩设计要点

在对污泥浓缩池进行设计时，应注意以下设计要点。

① 小型废水处理厂采用方形或圆形间歇浓缩池；大、中型废水处理厂采用竖流式和辐流式连续浓缩池。

② 间歇式浓缩池的主要设计参数是水力停留时间，停留时间由试验确定。时间过短，浓缩效果差；过长会造成污泥厌氧发酵。无试验数据时，可按 12～24h 设计。

③ 连续式浓缩池的主要设计参数有：固体通量和水力负荷，有效水深为 4m，竖流式有效水深按沉淀部分的上升流速不大于 0.1mm/s 进行复核。池容积按浓缩 10～16h 核算。当

采用定期排泥时，两次排泥间隔可取 8h。

④ 浓缩池的上清液应回送初沉池或调节池重新处理。

（五）重力浓缩设计计算

1. 浓缩池表面积

（1）按固体通量计算浓缩池表面 A_s'

固体通量即单位时间内，通过单位面积的固体重量，单位为 $kg/(m^2 \cdot d)$，各种污泥浓缩前后的固体通量见表 1-12-3。

表 1-12-3　污泥重力浓缩池固体负荷及浓缩前后的污泥浓度

污泥类型		污泥含固量/%		固体通量 /[kg/(m²·h)]
		浓缩前	浓缩后	
1. 处理单元污泥	初沉污泥	2～7	5～10	3.92～5.88
	生物滤池污泥	1～4	3～6	1.47～1.96
	生物转盘污泥	1～3.5	2～5	1.47～1.96
	剩余活性污泥			
	（1）普通和纯氧曝气	0.5～1.5	2～3	0.49～1.47
	（2）延时曝气	0.2～1.0	2～3	0.98～1.47
	消化后的初沉污泥	8	12	4.9
2. 热处理污泥	初沉污泥	3～6	12～15	7.84～10.29
	初沉污泥＋剩余活性污泥	3～6	8～15	5.88～8.82
	剩余活性污泥	3～6	6～10	4.41～5.88
3. 其他污泥	初沉污泥＋剩余活性污泥	0.5～1.5	4～6	0.98～2.94
	初沉污泥＋生物滤池污泥	2.5～4.0	4～7	1.47～3.43
	初沉污泥＋生物转盘污泥	2～6	5～9	2.45～3.92
	剩余活性污泥＋生物滤池污泥	2～6	5～8	1.96～3.4
4. 厌氧消化污泥	初沉污泥＋剩余活性污泥	4	8	2.94

$$A_s' = \frac{Qw}{q_s} \tag{1-12-24}$$

式中，Q 为污泥量，m^3/d；w 为污泥含固量，kg/m^3；q_s 为选定的固体通量，$kg/(m^2 \cdot d)$。

（2）按水力负荷计算浓缩池表面积 A_W'

$$A_W' = \frac{Q}{q_W} \tag{1-12-25}$$

式中，q_W 为水力负荷，$m^3/(m^2 \cdot d)$。

选定固体通量，计算浓缩池表面 A_s'，与用水力负荷计算的浓缩池表面积 A_W' 进行比较，取其最大值为污泥浓缩池表面积设计值。

2. 浓缩池有效池容和停留时间

根据确定的池面积 A 来计算浓缩池的有效容积 V'，根据 V' 复核污泥在池中的停留时间 t'。

① 计算有效池容 V'

$$V' = Ah_2 \tag{1-12-26}$$

式中，h_2 为有效水深，m。

② 复核停留时间 t'

$$t' = \frac{V'}{Q} \times 24 \tag{1-12-27}$$

若 $t' > 10 \sim 16\mathrm{h}$，则修订固体通量，重新计算上述各值。从而确定污泥浓缩池的表面积、有效池容和停留时间。

二、气浮浓缩

（一）气浮浓缩的原理

气浮法是固液分离或液液分离的一种技术，是利用固体与水的密度差而产生的浮力，使固体上浮，达到固液分离的目的。气浮法主要用于从废水中去除相对密度小于 1 的悬浮物、油脂和脂肪，并用于污泥的浓缩。气浮浓缩与重力浓缩相反，是依靠水在罐内溶入过量的空气后，突然减压释放出大量微小气泡并迅速上升，捕捉污泥颗粒浮到上面，而与水分离的方法。

一般而言，固体与水的密度差越大，气浮浓缩的效果越好。对密度 $<1\mathrm{g/cm^3}$ 的固体可以直接进行上浮分离，但是对于 $>1\mathrm{g/cm^3}$ 的固体则不好实现固液的分离，所以必须改变固体密度。利用空气改变固体密度（$<1\mathrm{g/cm^3}$），产生上浮的原动力，实现固液分离并浓缩的方法称为气浮浓缩。气浮浓缩的典型工艺流程如图 1-12-10 所示。

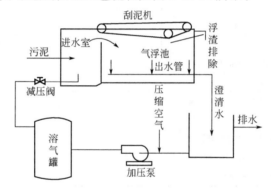

图 1-12-10　气浮浓缩的典型工艺流程（有回流）

气浮浓缩比较适合剩余活性污泥、好氧消化污泥、接触稳定污泥、不经初次沉淀的延时曝气污泥等污泥的浓缩。而初沉污泥、厌氧消化污泥和腐败污泥由于密度较大，沉降性能好，采用重力浓缩比气浮浓缩更经济。

（二）气浮浓缩池设计要点

① 处理能力小于 $100\mathrm{m^3/h}$ 时，多采用矩形钢筋混凝土池，$L:B$（长宽比）$=(3\sim4):1$，$B \geqslant 0.3\mathrm{m}$ 时，有效水深为 $3 \sim 4\mathrm{m}$，水平流速一般为 $4 \sim 10\mathrm{mm/s}$。处理能力为 $100 \sim 1000\mathrm{m^3/h}$ 时，多采用辐流钢筋混凝土池。单池处理能力不应大于 $1000\mathrm{m^3/h}$。

② 有效控制进泥量，进泥浓度一般不应超过 $5\mathrm{g/L}$，即含水率为 99.5%。

③ 气浮浓缩池所需面积：按水力负荷设计，当不投加化学混凝剂时，设计水力负荷为 $1 \sim 3.6\mathrm{m^3/(m^2 \cdot h)}$，一般采用水力负荷为 $1.8\mathrm{m^3/(m^2 \cdot h)}$，固体负荷为 $1.8 \sim 5.0\mathrm{kg/(m^2 \cdot h)}$。当活性污泥容积指数 SVI（污泥容积指数是指曝气池中的混合液静置 30min 后，每克干污泥形成的沉淀污泥所占的容积，单位为 mL/g）为 $100\mathrm{mL/g}$ 左右时，固体负荷采用 $5.0\mathrm{kg/(m^2 \cdot h)}$，气浮后污泥的含水率一般在 $95\% \sim 97\%$。活性污泥要取得较好的气浮

效果，污泥池内停留时间应不小于 20min。

④ 投加混凝剂量为污泥干重的 2%～3%，混凝反应时间一般不小于 5～10min，助凝剂的投加点一般在回流与进泥的混合点处。池容按 2h 进行校核。

⑤ 利用出水堰板调节浮渣厚度，一般控制在 0.15～0.3m。刮渣机运行速度一般采用 0.5m/min。

（三）气浮浓缩的设计计算

气浮浓缩池的设计主要包括气浮浓缩池所需气浮面积、深度、空气量、溶气罐压力等。

1. 溶气比的确定

气浮时有效空气重量与污泥中固体物重量之比称为溶气比或气固比，用 $\dfrac{A_a}{S}$ 表示。

无回流时，用全部污泥加压

$$\frac{A_a}{S} = \frac{S_a(fP-1)}{C_0} \tag{1-12-28}$$

有回流时，用回流水加压

$$\frac{A_a}{S} = \frac{S_a R(fP-1)}{C_0} \tag{1-12-29}$$

式中，$\dfrac{A_a}{S}$ 为溶气比，即气浮时需要的空气重量，mg/mg，可由试验确定，$S = Q_0 C_0$，一般为 $0.005\sim0.04$mg/mg，常取 $0.03\sim0.04$mg/mg；Q_0 为污泥入流量，L/h；A_a 为所需空气量，mg/h；S_a 为 1atm（101.325kPa）下水中空气饱和溶解度，mg/L；P 为溶气罐的压力，MPa，一般在 $0.2\sim0.4$MPa，在进行计算时应以 $2\sim4$kgf/cm^2（1kgf=9.8N）代入；R 为回流比，等于加压溶气水流量与入流污泥流量的体积比，一般取 $1.0\sim3.0$；f 为回流加压水的空气饱和度，一般为 $50\%\sim80\%$；C_0 为入流污泥初始固体浓度，mg/L。

2. 气浮浓缩池表面水力负荷

气浮浓缩池的表面水力负荷 q 可参考表 1-12-4 选用。

表 1-12-4　气浮浓缩池水力负荷、固体负荷

污泥种类	入流污泥含固量 /%	表面水力负荷 /[kg/(m²·h)]		表面固体浓度 /%	气浮污泥固体 /%
		有回流	无回流		
活性污泥混合液	<0.5			1.04～3.12	
剩余活性污泥	<0.5			2.08～4.17	
纯氧曝气剩余活性污泥	<0.5	1.0～3.6	0.5～1.8	2.50～6.25	3～6
初沉污泥与剩余活性污泥的混合污泥	1～3			4.17～8.34	
初次沉淀污泥	2～4			<10.8	

3. 回流比 R 的确定

如果有回流，在溶气比确定以后可以根据（1-12-29）计算确定。

4. 气浮浓缩池的表面积

无回流时

$$A = \frac{Q_0}{q} \qquad\qquad (1\text{-}12\text{-}30)$$

有回流时

$$A = \frac{Q_0(R+1)}{q} \qquad\qquad (1\text{-}12\text{-}31)$$

式中，A 为气浮浓缩池表面积，m^2；q 为气浮浓缩池的表面水力负荷，见表 1-12-4，$m^3/(m^2 \cdot d)$ 或 $m^3/(m^2 \cdot h)$；Q_0 为入流污泥量，m^3/d 或 m^3/h。

表面积 A 求出后，需要校核固体负荷，看能否满足要求。如不能满足，则应采用固体负荷求得的面积。

三、离心浓缩

（一）离心浓缩工艺原理及过程

离心浓缩的动力是离心力。对于不易重力浓缩的活性污泥，离心机可借其强大的离心力，使之浓缩。活性污泥的含固率在 0.5% 左右时，经离心浓缩，可增至 6%。

离心浓缩过程封闭在离心机内进行，因而一般不会产生恶臭。对于富磷污泥，用离心浓缩可避免磷的二次释放，提高废水处理系统总的除磷率。脱水离心机和浓缩离心机的原理和形式基本一样。

（二）离心浓缩设计

设计离心浓缩时需考虑的问题如下。

① 无格栅和除砂或除砂不充分时，离心机进料前需设置粉碎机，避免堵塞；贮泥池内通常设置搅拌机，使污泥尽量保持一致性。

② 离心机停机时，对离心机进行冲洗；定期采用温水对离心机上的油脂进行冲洗。

③ 如果浓缩的固体来自厌氧消化池，则考虑形成鸟粪石的问题。

污泥采用离心浓缩具体设计参数见表 1-12-5。

表 1-12-5　污泥离心浓缩运行参数

污泥类型	入流污泥含固量/%	排泥含固量/%	高分子聚合物投加量/(g/kg 干污泥)	固体物质回收率/%	类型
剩余活性污泥	0.5～1.5	8～10	0；0.5～1.5	85～90；90～95	
厌氧消化污泥	1～3	8～10	0；0.5～1.5	85～90；90～95	
普通生物滤池污泥	2～3	8～9；9～10	0；0.75～1.5	90～95；95～97	轴筒式
混合污泥	2～3	7～9	0.75～1.5	94～97	
剩余活性污泥	0.75～1.0	5.0～5.5	0	90	转盘式

第三节　污泥脱水

一、自然干化

（一）自然干化原理

污泥经过自然或人工脱水后，含水率一般为 60%～80%，主要为污泥中的毛细水、吸附水和内部水。主要应用自然热能（太阳能）的干化过程称为自然干化，使用人工能源当热能的则称为污泥干燥，以示区别于自然干化。

自然干化是将污泥摊置到由级配砂石铺垫的干化场上，通过蒸发、渗透和清液溢流等方式，实现脱水。由于自然干化主要利用太阳能，蒸发水分，所以投资低、成本低、干化效果好，但占地面积大，容易滋生蚊蝇、散发臭气。

（二）自然干化的影响因素

干化场的脱水方式包括渗透、蒸发与撤除三种，前两种为主要的方式。污泥干化场是利用天然条件对污泥进行脱水和干化处理的构筑物，最常用的是带滤床的天然干化场。在人工滤层干化床上，污泥的自然干化主要经历自由水的重力脱除和泥饼蒸发风干两个阶段。污泥自然干化主要影响因素如下。

1. 气候

地区的气候条件包括降雨量、气温、蒸发量、相对湿度、风速和年冰冻期等，这些都会影响干化的脱水效果。气候条件在很大程度上影响污泥的自然干化。在日照时间长、气温高、风速高、蒸发量大、降雨量小的地区，干化时间很短，适于采用干化床处理。

2. 污泥的性质

在相同的条件下，污泥的性质不同自然干化的程度也不同。含无机颗粒多的污泥容易干化，含油脂的污泥不易干化。污泥固体浓度高时，渗透和蒸发周期短。污泥的性质在很大程度上影响着干化场的负荷与占地面积。

污泥性质常用比阻 r、压缩性系数 s 等参数予以描述。污泥比阻 r 越小，污泥越容易经重力脱除水分；压缩性系数 s 越大，则污泥颗粒穿透与堵塞滤床的程度和可能性越小。

污泥性质同样影响到干化场合理的施（进）泥厚度。干化场的施泥厚度是设计和运行管理的关键性参数。在污泥比阻较高时，因自由水渗透困难，进泥厚度不宜太高。而进泥厚度太小时，干化泥饼太薄，清运困难。因此比阻大于 $12 \times 10^{13} \, \text{m/kg}$ 时，污泥直接用干化场处理困难。具体见表 1-12-6。

表 1-12-6 施泥厚度的选择

压缩系数 s	<0.7	>0.7			
比阻 $r/(\text{m/kg})$	$<1 \times 10^{12}$	$<1 \times 10^{12}$	$1 \times 10^{12} \sim 3 \times 10^{12}$	$3 \times 10^{12} \sim 10^{13}$	$>10^{13}$
进泥厚度 D/m	≥0.95	0.46~0.95	≤0.46	≤0.31	

注：滤液 SS 过高不能直接排放。

施泥厚度不但影响干化床的运行负荷以及风干泥饼的含固率，还决定了每年的运行费用。消化污泥相对于其他污泥比较容易脱水，而初次沉淀污泥或经浓缩后的活性污泥，由于比阻较大，水分不易从稠密的污泥层中渗透出去，往往会形成沉淀，分离出上清液，在这种情况下，可以依靠蒸发和撤除进行脱水。

（三）自然干化类型及构造

1. 类型

自然干化可分为晒砂场和干化场（床）两种。前者用于沉砂池沉渣的脱水；后者用于初次沉淀污泥、腐殖污泥、消化污泥、化学污泥及混合污泥等的脱水。晒砂场一般做成矩形，混凝土底板，四周有围堤或围墙。底板上设有排水管及一层厚 800mm，粒径 $50 \sim 60$mm 的砾石滤水层。沉砂经重力或提升排到晒砂场后，很容易晒干。渗出的水由排水管集中回流到沉砂池前与原废水合并处理。晒砂场面积根据每次排入晒砂场的沉砂厚度为100~200mm进行计算。

污泥自然干化场是将污泥放在人工砂滤层上，利用太阳的热能和风的作用进行自然干化，同时一部分水通过砂滤层过滤而去除（图1-12-11）。这个方法依靠渗透、蒸发与撇除等方式脱除水分，利用自然的力量进行。干化场是污泥自然干化的主要构筑物。按滤水层的构造，干化场可分为自然滤层干化场（无人工排水滤层干化场）和人工滤层干化场两种。前者适合于自然土质渗透性能好，地下水位较低，渗透下去的废水不会污染地下水的地区，如我国的西北和西南地区。后者干化场的底板是人工不透水层，上铺滤水层，渗透下去的废水排入埋设在人工不透水层上的排水管，并送到处理厂重复处理。人工滤层干化场按有无顶盖分为敞开式干化场和覆盖式干化场（分固定盖式或活动盖式）两种。

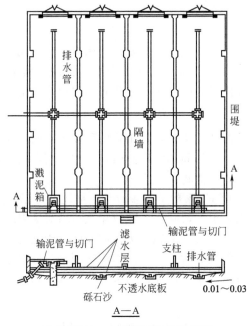

图 1-12-11　人工滤层干化场示意

2. 干化场的构造

人工滤层干化场铺有3层总厚度为30~50cm的砂砾或炉渣作为人工滤层，下部为粗粒层，上部最少应有10cm厚的细粒层，滤层表面成0.5%~1%的坡度，以利污泥流动，底部的中心部分则设置集水管及时排除渗滤水。

人工滤层干化场由不透水底板、排水系统、滤水层、布泥系统、隔墙、围堤以及泥饼的铲除与运输系统组成。

3. 干化场的设计

污泥干化场细部尺寸规定：围堤高度采用0.5~1.0m，顶宽采用0.5~0.7m；干化场块数不少于3块；宜用排出上层污泥水的设施。

干化场的设计应当综合考虑污泥类型、进泥的固体浓度、污泥的施用厚度、蒸发速率、采用的出泥方式及污泥的最终处置方式等因素，以确定对当地而言最优的设计负荷和操作方式。在干化场的设计中，主要是决定所需面积、分块数及冬季冰冻期的使用百分数。

干化场的面积根据干化场负荷计算。负荷的表示方法国内外有所不同。国内采用干化场面积污泥负荷计算，即每年每单位面积干化场处理的污泥量 $[m^3/(m^2 \cdot a)$ 或 m（厚度）/ a]。对于生活污泥，可采用服务区每人所需要的干化场面积确定干化场的总面积。

干化场面积可按下式计算：

$$A_s = k \frac{W}{h} \tag{1-12-32}$$

式中，A_s 为所需干化场面积，m^2；W 为每年的总污泥量，m^3/a；k 为放大系数，一般取 1.1～1.3；h 为一年内排放在干化场上的污泥总厚度，m，其值与污泥性质、气候等因素有关。对于年平均气温为 10℃，年平均降雨量为 500mm 的地区，h 值可按表 1-12-7 所列数值选用。

表 1-12-7　干化场上的年污泥层厚度

污泥的种类	干化床上的污泥层厚度 h/m
初沉污泥和生物滤池后二沉池污泥	1.5
初沉污泥和活性污泥的混合污泥	1.5
消化污泥	5.0

同时可以参考国外的设计并进行校核，美国和英国在设计干化场时是按每人所需要的干化场面积来确定，按固体物负荷确定时：敞开式干化场为 48.6～122kg/($m^2 \cdot a$)；覆盖式干化场 58.5～195kg/($m^2 \cdot a$)。

为了使每次排入干化场的污泥有足够的干化时间，并能均匀地分布在干化场上以及铲除泥饼的方便，干化场的分块数量最好大致等于干化天数，如干化天数为 8d，则分为 8 块，每次排泥用一块。每块干化场的宽度与铲泥饼的机械和方法有关，一般用 6～10m。

二、真空过滤

（一）影响因素

包括污泥性质、污泥贮存时间、真空度、过滤介质性能、转鼓浸深及转速等。

1. 污泥性质的影响

污泥的性质（固体颗粒的大小和形状、化学成分、固体浓度、固体颗粒的压缩性、滤液和悬浮液的黏性等）在很大程度上对过滤性能有较大的影响。

2. 污泥贮存时间的影响

污泥的贮存时间越长，脱水性能越差，所以污泥在真空过滤前的预处理时间和存放时间应该尽量短。贮存时间和脱水性能的关系可以通过比阻或毛细吸水时间的变化来反映，如表 1-12-8。

表 1-12-8　贮存时间与毛细吸水时间的关系

调　节	贮存时间/h	毛细吸水时间/s
氯化铁	0	37
	0.5	46
	21	133
聚合物	0	81
	0.5	173
	21	354

经氯化铁或聚合物调节后的污泥在贮存 21h 后，毛细吸水时间有大幅度的增加。

3. 真空度的影响

真空度是真空过滤的推动力。一般而言，真空度越高，过滤速度越高，同时滤饼厚度越大，含水率越低。真空度也不是越大越好，真空度过高容易造成过滤介质被堵塞与损坏，增加动力消耗和运行费用。

4. 过滤介质性能的影响

滤布的孔目大小决定污泥的颗粒大小和性质。网眼太小，容易堵塞，阻力大，固体回收率高，但是产率低，费用高；网眼太大，则效果差。因此需认真选择过滤介质。

5. 转鼓浸深及转速的影响

转鼓浸深及转速在很大程度上影响污泥的脱水效果。转鼓浸得浅，转鼓与污泥槽内的污泥接触时间短，滤饼较薄，含水率也较低；转鼓浸得深，过滤产率高，但滤饼含水率也高。转鼓的转速同样也影响污泥的过滤产率和滤饼的含水率，转速快，则周期短，滤饼含水率高，过滤产率也高；转速慢，滤饼含水率与产率低。

（二）真空过滤设计

在设计时根据原污泥量、过滤产率来决定所需过滤面积与过滤机台数，所需过滤机面积：

$$A = \frac{Waf}{L} \tag{1-12-33}$$

式中，A 为过滤机面积，m^2；W 为原污泥干固体重量，$W = Q_0 C_0$，kg/h；Q_0 为原污泥体积，m^3/h；C_0 为原污泥干固体浓度，kg/m^3；a 为安全系数，考虑污泥不均匀分布及滤布阻塞，常用 $a = 1.15$；f 为助凝剂与混凝剂的投加量，以占污泥干固体重量百分数表示；L 为过滤产率，通过试验或相关公式计算。

三、压滤

压滤机按构造可分为带式压滤机和板框压滤机两大类。

（一）带式压滤机

1. 带式压滤机构造

带式压滤机有很多形式，但一般都分成重力脱水区、楔形脱水区、低压脱水区和高压脱水区四个工作区。也有人把带式压滤机分成三个工作区，即低压脱水区和高压脱水区统称为压榨区。

2. 压榨脱水的影响因素

影响带式压滤机的因素主要有污泥的预处理、压榨压力、滤布的移动速度、压榨时间。

3. 相关设计

滤带的速度 v 与物料在带式压滤机内的停留时间成反比。在对带式压滤机进行生产能力的计算时，可以采用反推法，即先算出设备的每小时湿泥饼产量，再折算成进料量（也可折算成干泥产量）。

下面的三个公式为其生产能力的理论计算方法。

（1）滤饼的产量

$$W_2 = KbBmvr \tag{1-12-34}$$

式中，W_2 为滤饼的产量，t/h；K 为滤带的有效宽度系数，一般其值取 0.85；b 为单位换算系数，为 60；B 为滤带的宽度，m；m 为滤饼的厚度，m，一般取 6～10mm（0.006～0.01m）；v 为滤带的速度，m/min；一般取 3～6m/min；r 为湿泥饼密度，t/m³，一般取 1.03t/m³。

（2）污泥的处理量

$$W_1 = \frac{1-P_2}{1-P_1} \times W_2 \tag{1-12-35}$$

式中，W_1 为进泥量，t/h；P_1 为进泥的含水率；P_2 为滤饼的含水率。

（3）所需带式压滤机的数量

$$n = Q/W_1 \tag{1-12-36}$$

式中，Q 为污泥总量，t/h；W_1 为单台带式压滤机的处理能力，t/h。

带式压滤机的基本参数见表 1-12-9。

表 1-12-9　带式压滤机基本参数

处理能力（干污泥）/（kg/h）	滤带宽度/mm	滤带速度/（m/min）	滤饼含水率/%	滤饼含固量/（mg/L）
75～100	500			
150～200	1000			
225～300	1500	1.5～7.5	≤80	≤3000
300～400	2000			
375～500	2500			
450～600	3000			

注：进泥含水率≤98%。

（二）板框压滤机

1. 板框压滤机构造

板框压滤机的构造简单，过滤推动力大，适用于各种污泥，但是不能连续运行。板框压滤机可以分为人工板框压滤机和自动板框压滤机两种。人工板框压滤机由于效率低等原因已经逐步淘汰，多数采用自动板框压滤机。自动板框压滤机有垂直与水平两种。

板框压滤机对物料的适应性强，比较适合于中小型污泥脱水处理的场合。

2. 压滤脱水设计与计算

压滤脱水的设计，主要根据污泥量、脱水泥饼浓度、压滤机工作制度、压滤压力等计算过滤产率、所需压滤机面积及台数。

过滤面积 A：板框压滤机容量大小即过滤面积 A，可以用下式来计算。

$$A = 1000(1-w)\frac{Q}{V} \tag{1-12-37}$$

式中，A 为过滤面积，m²；w 为污泥的含水率；Q 为污泥量，kg/h；V 为过滤速度，kg/（m²·h）。

上式中计算过滤速度的时间包括了滤板、滤框关闭—污泥压入—过滤脱水—滤板、滤框开启—泥饼剥离—滤布洗净整个操作周期。板框压滤机的过滤速度一般为 2～4kg/（m²·h），过滤周期 1.5～4h。

压滤脱水与生产运行参数一般通过小型试验得出。实验室得出的滤饼厚度 d'、过滤面

积 A'、压滤时间 t_f'、滤液体积 V'、过滤压力 P' 与生产用压滤机相应的数值 d、A、t_f、V、P 存在下列关系：

$$V=V'\left(\frac{d}{d'}\right), \quad t_f=t_f'\left(\frac{d}{d'}\right)^2 \tag{1-12-38}$$

由于生产用压滤机的过滤压力为 P，所以过滤时间还需进行修正，经压力修正后的过滤时间用 t_{f_2} 表示：

$$t_{f_2}=t_f\left(\frac{P'}{P}\right)^{(1-S)}=t_f'\left(\frac{d}{d'}\right)^2\left(\frac{P'}{P}\right)^{(1-S)} \tag{1-12-39}$$

式中，t_{f_2} 为经压力修正后的压滤时间，min 或 h；S 为污泥的压缩系数，一般用 0.7。

四、离心脱水

（一）离心脱水机的构造

离心脱水机主要由转鼓和带空心转轴的螺旋输送器组成。按分离因数 δ，离心机可以分为高速离心机（$\delta>3000$）、中速离心机（$\delta=1500\sim3000$）、低速离心机（$\delta=1000\sim1500$）；按几何形状不同可分为转筒式离心机（包括圆锥形、圆筒形、锥筒形三种）、盘式离心机、板式离心机等。

污泥脱水常用的是低速锥筒式离心机，构造示意见图 1-12-12。

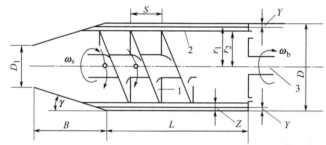

图 1-12-12　锥筒式离心机构造示意

L—转筒长度；B—锥长；Z—水池深度；S—螺矩；γ—锥角；ω_b—转筒旋转角速度；
ω_s—螺旋输送器旋转角速度；Y—泥饼厚度；D—转筒直径；r_2—水池表面半径；
r_1—转筒半径；D_1—锥口直径；1—螺旋推料器；2—转鼓；3—轴承

离心脱水机的种类很多，最常用的是卧式倾析离心机（又称卧式圆筒形倾析离心机）和碟片式离心机（又称分离板形离心机）。

卧式倾析离心机能连续供给，连续脱水，分离液和泥饼连续排出。碟片式离心机比较适合两种液体的分离或含微细固体颗粒、一般离心机难以分离或需要进行三相分离的场合。

（二）设计要点

离心脱水机一般采用有机高分子混凝剂。当污泥有机物含量高时，选用离子度低的阳离子有机高分子混凝剂；反之，选用离子度高的阴离子有机高分子混凝剂。混凝剂的投加量可通过试验确定。

当为混合生污泥时，挥发性固体≤75%，其有机高分子混凝剂投加量为污泥干重的 0.1%～0.5%，脱水后的污泥含水率可达 75%～80%；当为混合消化污泥时，挥发性固体≤60%，其有机高分子混凝剂投加量为污泥干重的 0.25%～0.55%，脱水后的污泥含水率可达 75%～85%。

须注意有机高分子混凝剂的投药点，当为阳离子型时，直接加入转鼓的液槽中；当为阴离子型时，可在进料管或提升的泥浆泵前。为便于实际操作，可在设计时多设几处投药点。

离心机的生产率、最佳工艺参数和操作参数，可根据进泥量及污泥性质，按设备说明书中的资料采用。

（三）设计计算

就目前而言，污泥离心脱水的设计主要有三种方法，即经验设计法、实验室离心试验法和按比例模拟试验法等。经验设计法主要根据现有的生产性运行经验与参数来计算。

离心机的离心力计算：污泥颗粒受到的作用力 F 为

$$F = m\omega^2 r = \frac{G}{g}\omega^2 r = \frac{\omega^2 r}{g}G \tag{1-12-40}$$

式中，F 为物体受到的离心力，N；m 为物体质量，kg；ω 为旋转角速度，s^{-1}；g 为重力加速度，9.8m/s^2；G 为重力，N；r 为旋转半径，m。

如果令 n 为污泥颗粒每分钟的转数，则：

$$\omega = \frac{2\pi n}{60} \tag{1-12-41}$$

把式（1-12-41）代入式（1-12-40）可以得到：

$$F = mr\left(\frac{2\pi n}{60}\right)^2 \tag{1-12-42}$$

离心分离操作是在离心力场中进行的，一般用分离因数表示其效果。所谓分离因数 δ 即离心力与重力之比。由上式（1-12-42）两边分别除以重力可得：

$$\delta = \frac{F}{G} \approx \frac{n^2 r}{900} \tag{1-12-43}$$

五、污泥深度脱水技术

（一）传统脱水技术

前面介绍了几种常规的污泥脱水技术，在此介绍几种深度脱水技术，常见的污泥深度脱水技术有热力干化、污泥调理、高压机械脱水等。目前，市面上很多污泥深度脱水方式，例如调理压榨干化技术、一体化污泥深度脱水技术、热力和机械压力一体化污泥脱水技术、固体粉末改性＋板框压滤机压滤技术等，虽然名称各不相同，但实质都是化学调质＋高压压滤处理的组合。

1. 热力干化脱水

热力脱水一般采用蒸汽、烟气或其他热源，它不是一般意义的烘干。常用设备为桨叶机、套筒机或流化床等，也有以造粒或喷雾形式提高热效率的。热力脱水必须依赖热源制热或余热利用，但由于存在使用蒸汽不经济，利用锅炉烟道气影响系统稳定，建设独立热源代价大，利用余热须改动原有工艺设施等因素，造成处理成本高（国内污泥热干化项目一般设备投资 20 万～50 万元/100t 湿污泥，运行成本 200～300 元/t 湿污泥以上），尾气量大，冷却水量大，易造成二次污染，目前市上虽有应用，但应用范围十分有限。

2. 热力和机械压力一体化污泥脱水技术

它是采用一种低温热源把污泥加热至 150～180℃，然后以螺旋压榨予以脱水，如日本推出的"FKC"机。这种设备仍然需要依赖一个热源，而且这种特殊螺旋压榨机构造复杂、价格昂贵，更换部件的代价很大；同时，它的生产效率较低。因此，业内采用不多。

3. 化学调质

一般污泥采用加高分子聚合物的机械脱水，只能脱到含水率80%左右。若要再深度脱水，就需要采用调质（conditioning）。调质有多种方法，有热物理法，如热水解、水热干化、湿性氧化等；有物理法，如超声波、微波等。目前，采用最多的是化学法，通过添加某些无机化学盐类，可以起到改变污泥分子电荷极性、增加颗粒孔隙、改善压滤特性等效果。

最常用的无机化学药剂是氯化铁（三氯化铁）和生石灰（氧化钙），也可以采用硫酸铁。首先添加氯化铁，水合后形成正电荷，以中和污泥颗粒的负电荷，使之絮凝；氯化铁也与污泥中的两价碳酸盐形成氢氧化铁，作为絮凝剂。氧化钙一般配合氯化铁的使用，主要目的是调节pH值、除臭和消毒，此外可增强颗粒结构，提供孔隙，减少其压缩性。

铁盐添加量一般为20~63kg/t干基污泥，而生石灰添加量则为75~277kg/t干基污泥。但是，添加铁盐和生石灰将会造成污泥增量，一般可估算为每增加1kg药剂，增加1kg污泥干固体，并减低焚烧热值。

4. 高压压滤脱水

美国早在1920年就有了第一台用于市政污泥脱水的板框机。板框机的运行压力为两种，低压在0.69MPa，高压为1.55~1.73MPa。进料时间一般为20~30min，压滤保持时间为1~4h。

目前，国内污泥深度脱水常采用的机械设备是高压隔膜压滤机，它将可变滤室隔膜压榨技术应用于城市污泥的高效脱水，利用单边隔膜过滤板、滤布组成的可变滤室过滤单元，在油缸压紧滤板的条件下，用进料泵压力进行固液分离，从两端将污泥料浆送入由滤板和隔膜板组成的各个密封滤室内，利用泵提供的过滤动力使滤液通过过滤介质排出，直至物料充满滤室，完成初步的液固两相分离；在入料过滤阶段结束后，采用隔膜压榨技术对滤饼进行压榨，用压缩气体（或高压水）推动隔膜板的隔膜鼓起，对滤饼产生单方向的压缩，破坏颗粒间形成的"拱桥"结构，使滤饼进一步压密，将残留在颗粒间隙的滤液挤出；在隔膜压榨的过程中，采用单边嵌入式隔膜滤板的结构技术，特殊的膜片结构和材质配方，在压缩气体（或高压水）的作用下，将膜片充分鼓起在弹性受力的范围之内，根据污泥的特性，延续鼓膜25~30min，将残留在污泥颗粒间隙的滤液有效地挤出，达到深度脱水干化的效果。

高压隔膜式压滤机的优势在于能直接一步到位将含97%水分的污泥直接脱水至含50%水分以内，满足后续处理处置要求，且在低浓度阶段脱水效率很高，能耗较低。但在高浓度阶段脱水效率低下，造成脱水时间长，产量低。

图1-12-13是典型的污泥高压压滤脱水的工艺流程。

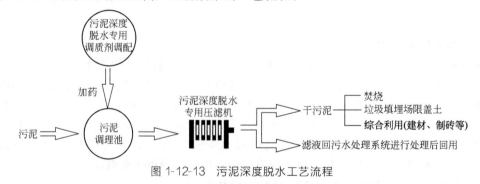

图1-12-13 污泥深度脱水工艺流程

5. 污泥表面活化破壁改性+特种压滤机技术

该技术的关键就是采用化学和物理的综合方法对污泥进行改性，使污泥颗粒表面的吸附水和毛细孔道中的束缚水成为自由水，再通过特种机器压滤的方法排出。所加药剂为高效疏水性有机和无机混合型药剂，脱水污泥经加药后，泥中的胶团结构因加药发生化学反应，将胶团中吸附水转化为易于脱去的间隙水，提高了污泥的脱水性能。在特种压滤机的高压作用下，仅需 $30 \sim 45 min$ 即可得到含水率 50% 以下的泥饼，为一般压滤脱水时间的 $1/5 \sim 1/3$。该特种压滤机的滤板采用钢制结构，可承受较高的脱水挤压压力，滤板压力为 $1.0 \sim 5.0 MPa$，并采用间隔、递增式施压工艺，大大降低了泥饼形成时滤液流出的介质阻力，提高了特种压滤机的脱水效率。

（二）污泥脱水新技术

1. 高压和滚压式污泥脱水机

污泥脱水新设备主要有高压脱水机和滚压式脱水机。

高压脱水机的工作原理是将湿污泥（含水率 87% 左右）投入由高压和低压系统组成的机械挤压系统中，经过多级连续挤压，脱水污泥含水率降至 $30\% \sim 50\%$。该类型脱水机单位能耗约为 $125 kW \cdot h/t\ DS$。

滚压式脱水机的工作原理是将湿污泥（含水率 $85\% \sim 99.5\%$）投入圆形污泥通道，通道前端为浓缩区，后端为脱水区。浓缩污泥在脱水区经深度挤压后由出口闸门排出，滤液由通道两侧栅格的出水孔排出，并由脱水机下的污水槽收集。脱水后污泥含水率降至 $60\% \sim 75.5\%$。

2. 水热预处理+机械脱水

水热预处理+机械脱水指利用过热饱和高温水蒸气对污泥进行预处理后进行机械脱水，水蒸气使污泥中生物体的细胞壁破碎，释放结合水，并降低污泥黏滞性。脱水后污泥含水率降至 50% 左右。

第四节 污泥消化

一、好氧消化

（一）好氧消化原理

好氧消化法是在延时曝气活性污泥法的基础上发展起来的，所以类似活性污泥法，污泥量不大时一般可采用好氧消化。通过好氧消化，微生物机体的可生物降解部分（约占 MLVSS 的 80%）可被氧化去除，消化程度高，剩余消化污泥量少。

好氧消化一般都在曝气池中进行，曝气时间长达 $10 \sim 20d$ 左右，依靠有机物的好氧代谢和微生物的内源代谢稳定污泥中的有机组成。氧化率根据负荷不同可以达 $40\% \sim 70\%$。通过处理可以产生 CO_2 和 H_2O 以及 NO_3^-、SO_4^{2-}、PO_4^{3-} 等。好氧消化包含有完全的生物链和复杂的生物群，反应速率快，一般只需 $15 \sim 20d$ 即可减少挥发物 $40\% \sim 50\%$。

好氧消化主要有两个阶段组成：一是生物能降解物质的直接氧化；二是微生物的内源呼吸阶段。这两个阶段可以由下式表示：

$$\text{有机物质} + NH_4^+ + O_2 \longrightarrow \text{细胞质} + CO_2 + H_2O$$

$$\text{细胞质} + O_2 \longrightarrow \text{消化污泥} + CO_2 + H_2O + NO_3^-$$

通常人们采用 $C_5H_7NO_2$ 来表示微生物的内源呼吸。污泥好氧消化处于内源呼吸阶段时，细胞质反应方程式如下：

$$C_5H_7NO_2 + 7O_2 \longrightarrow 5CO_2 + 3H_2O + H^+ + NO_3^-$$
$${}_{113}{}_{224}$$

氧化 1kg 细胞质需氧约等于 2kg（224/113）。在好氧消化中，氨氮被氧化为 NO_3^-，pH 值将降低，为了维持微生物的正常活动，必须要有足够的碱度来调节，一般控制 pH 在 7 左右。同时池内溶解氧不得低于 2mg/L，并使污泥保持悬浮状态，因此必须要有足够的搅拌强度，污泥的含水率必须在 95％ 左右，这样有利于搅拌。

（二）好氧消化的影响因素

影响好氧消化的因素主要有：特定污泥品种（类型）和特性、污泥的氧化速率、污泥泥龄、温度、pH 值、污泥负荷、需氧量。

1. 温度

污泥好氧消化受温度影响较大。温度不同，污泥中占优势的好氧菌群就不同，反应速率也不同。污泥好氧消化池中的有机物容积负荷越高，污泥消化反应速率也越高。操作温度是影响污泥好氧消化处理效果的重要因素，细菌依生长温度可以分三大类：低温（cryophilic zone）＜10℃；中温（mesophilic zone）10～42℃；高温（thermophilic zone）＞42℃。一般而言，好氧消化大多操作在中温范围内。

反应常数 k_d 影响污泥的好氧过程，污泥龄和温度对反应常数 k_d 又具有较大的影响。一般而言，反应常数 k_d 与活性污泥系统中产生的污泥性质无关，而与污泥龄 θ_c 有关，Godman 等经过研究提出一个比较保守的关系式

$$k_{d(20)} = 0.48\theta_c^{-0.415} \tag{1-12-44}$$

根据（1-12-44）式可以看出：污泥龄越长，k_d 受其影响越小。因此对于寒冷地区的好氧消化，由于污泥龄较长，为了计算方便，可以忽略污泥龄的影响。

关于 k_d 和温度 T 的关系，Eekenelder 等建议采用下列关系式：

$$k_{d(T)} = k_{d(20)}\theta^{(T-20)} \tag{1-12-45}$$

式中，θ 为温度系数，取 1.02～1.11。

当温度超过 20℃ 时，式（1-12-45）不再适用。因此，要想获得 k_d 与 T 精确关系，需进行试验研究。

总的来说，当温度低于 20℃ 时 k_d 对温度较敏感，当温度高于 20℃ 时情况比较复杂，但敏感程度有所下降，所以在实际使用当中，当温度高于 20℃ 时有时可忽略温度的影响。

2. pH 值

pH 值对延时曝气法的污泥影响较大，而对高负荷的传统活性污泥法的污泥影响较小，调整 pH 值到适当的范围，有利于污泥的好氧消化。由于污泥好氧消化时间较长，一般为 20d 左右，这样就为世代时间较长的硝化细菌提供了生长条件，所以在好氧消化池内同时并存着两种反应：

好氧消化 $C_5H_7NO_2 + O_2 \longrightarrow CO_2 + NH_4^+ + H_2O + 能量$

硝化作用 $NH_4^+ + O_2 + HCO_3^- \longrightarrow NO_3^- + H_2O + H_2CO_3$

在上述两个反应过程中，含氮有机物的氨化作用会引起 pH 值上升，而硝化作用又会导致 pH 值下降。

3. 其他

污泥的搅拌对污泥消化池效率影响较大，选用合适的搅拌设备可以提高好氧微生物的降解能力，提高氧的利用率，大大缩短了有机物稳定需要的时间。此外，污泥中的有毒有害物

质也会影响污泥好氧消化的效率。

（三）污泥好氧消化的工艺类型

污泥好氧消化主要的工艺类型有传统污泥好氧消化工艺（conventional-aerobic digestion，简称 CAD）、缺氧/好氧消化工艺（anoxic-aerobic digestion，简称 AAD）、自动升温好氧消化工艺（autoheated thermophilic aerobic digestion，简称 ATAD）。

1. CAD 工艺

CAD 工艺主要是通过曝气使微生物在内源呼吸期进行自身氧化，从而使污泥减量。传统好氧消化池的构造及设备与传统活性污泥法的相似，但污泥停留时间很长，其常用的工艺流程见图 1-12-14。

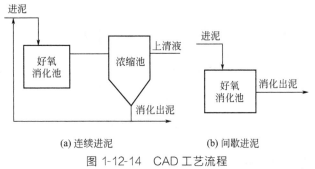

(a) 连续进泥　　　　　　　(b) 间歇进泥

图 1-12-14　CAD 工艺流程

运行经验表明，CAD 消化池内的污泥停留时间和污泥浓度与污泥来源有关。在温度为 20℃时，如果消化池进泥为剩余污泥，则污泥浓度为 $(1.25\sim1.75)\times10^4$ mg/L，SRT 为 12～15d；如果进泥为初沉污泥和剩余污泥的混合泥，则污泥浓度为 $(1.5\sim2.5)\times10^4$ mg/L，SRT 为 18～22d；如果仅是初沉污泥，则污泥浓度为 $(3\sim4)\times10^4$ mg/L，需要较长的停留时间。

2. AAD 工艺

该工艺是针对 CAD 需投加化学药剂（如石灰等）来调节 pH 值这一缺点而提出的，主要是在 CAD 工艺的前端加一段缺氧区。另外，在 AAD 工艺中 NO_3^- 替代 O_2 作为最终电子受体，使得耗氧量比 CAD 工艺节省了 18%（仅为 1.63kg O_2/kg MLVSS）。AAD 工艺常见流程见图 1-12-15。

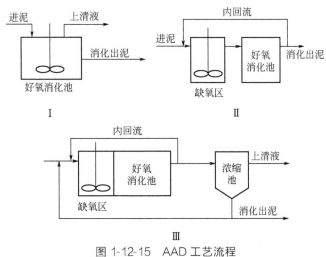

图 1-12-15　AAD 工艺流程

图 1-12-15 中工艺Ⅰ采用间歇进泥，通过间歇曝气产生好氧和缺氧期，并在缺氧期进行搅拌而使污泥处于悬浮状态以促使污泥发生充分的反硝化。工艺Ⅱ、工艺Ⅲ为连续进泥且需要进行硝化液回流，工艺Ⅲ的污泥经浓缩后部分回流至缺氧消化池。

3. ATAD工艺

ATAD工艺是自动升温好氧消化或高温好氧消化工艺，主要利用活性污泥微生物自身氧化分解释放出的热量（14.63kJ/g COD）来提高好氧消化反应器的温度。ATAD消化池一般由两个或多个反应器串联而成（见图 1-12-16），反应器内加搅拌设备并设排气孔，其操作比较灵活，可根据进泥负荷采取序批式或半连续流的进泥方式，反应器内的溶解氧浓度一般应控制在 1.0mg/L 左右。消化和升温主要发生（60%）在第一个反应器内，其温度为 35～55℃，pH≥7.2；第二个反应器温度为 50～65℃，pH≈8.0。

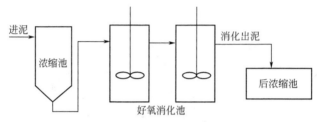

图 1-12-16　ATAD 工艺流程

（四）好氧消化设计

好氧消化池的基本池形可分为圆柱形池和分格式矩形池两种。矩形池有效水深 3～5m，长与水深比取 1～2，超高（防泡）0.9～1.2m。

在对污泥好氧消化设备设计时，应考虑槽体数量、形状、曝气及混合设备以及管线配置和仪控的要求等。槽体的设计数量应在 2 个以上（清理、维修或批式操作），形状可以选矩形或圆形。底部的斜率应在 1/12～1/4 之间，有效水深取 3～7.5m，液面以上池的高度应控制在 0.45～1.2m 之间。在设计时还应考虑到曝气设备和混合设备问题，曝气及混合设备的形式有散气曝气、表面曝气、沉水曝气、喷射曝气等。

好氧消化池的构造与完全混合式活性污泥法曝气池相似，见图 1-12-17。

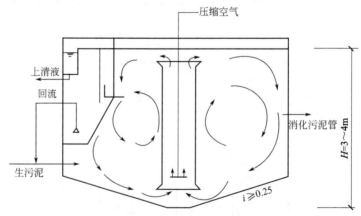

图 1-12-17　好氧消化池的工艺

好氧消化池主要构造包括好氧消化室（进行污泥消化），泥液分离室（污泥沉淀回流并把上清液排除），消化污泥排除管和曝气系统（由压缩空气管、中心导流筒组成，提供氧气并起搅拌的作用）。

消化池底坡度不小于 0.25，水深决定于鼓风机的风压，一般小于 3～4m。由于在污泥的好氧消化过程中，微生物处于内源吸收阶段，所以反应速度与生物量遵循一级反应式。目前最常用的模型是 Adams 等建议采用的模型。在该模型中，假定消化期间下降的仅是污泥的挥发性悬浮固体的含量，不发生固体性的或者非挥发性固体的破坏。

$$\frac{\mathrm{d}(S_0-S)}{\mathrm{d}t}=k_\mathrm{d}S \tag{1-12-46}$$

式中，S_0 为进水中 MLVSS 浓度，$\mathrm{kg/m^3}$；S 为在时间 t 时的 MLVSS 浓度，$\mathrm{kg/m^3}$；k_d 为反应常数。

好氧消化池采用连续搅拌，污泥池内完全混合，所以单位时间内进入池内的挥发性固体减去单位时间内出池的挥发性固体等于池内挥发性固体的去除量（稳态），即

$$\frac{QS_0-QS}{V}=\frac{\mathrm{d}(S_0-S)}{\mathrm{d}t}=k_\mathrm{d}S \tag{1-12-47}$$

式中，Q 为污泥流量，$\mathrm{m^3/h}$；V 为消化池容积，$\mathrm{m^3}$。

上式变形后可以得到消化时间的公式：

$$t=(S_0-S)/k_\mathrm{d}S \tag{1-12-48}$$

$$t=V/Q \tag{1-12-49}$$

如果 MLVSS 中存在不可生物降解成分 S_n，则

$$t=\frac{S_0-S}{k_\mathrm{d}(S-S_\mathrm{n})} \tag{1-12-50}$$

此外，还可以采用好氧消化活性微生物体和总悬浮固体来设计。所谓活性微生物就是总悬浮固体中具有活性的那部分，既包括挥发性固体成分，又包括非挥发性固体成分。所以根据物料平衡可以得出下列关系式：

$$k_\mathrm{d}'tDaS_0'=aS_0'-DaS_0' \tag{1-12-51}$$

式中，k_d' 为活性生物体可降解部分的衰减速率；D 为出水中可降解的活性微生物占进水中可降解的活性微生物比例；a 为总悬浮固体中可降解微生物分数；S_0' 为进水的总悬浮固体浓度，$\mathrm{kg/m^3}$。

通过整理上式可得下列公式

$$k_\mathrm{d}'t=(1-D)/D \tag{1-12-52}$$

根据物料平衡可以推出

$$D=\frac{S_0'-S_\mathrm{e}'}{aS_0'} \tag{1-12-53}$$

式中，S_e' 为出水的总悬浮固体浓度，$\mathrm{kg/m^3}$。

$$t=\frac{aS_0'-S_0'+S_\mathrm{e}'}{k_\mathrm{d}'DaS_0'} \tag{1-12-54}$$

从方程（1-12-54）可以看出，微生物体的生理状态不但影响消化时间的计算，而且也影响消化池的体积的计算。由于生物细胞大约有 77% 是可以降解的，所以上式修正为：

$$t=\frac{aS_0'-S_0'+S_\mathrm{e}'}{0.77k_\mathrm{d}'D\lambda S_0'} \tag{1-12-55}$$

式中，λ 为悬浮固体的活性分数。

上述公式仅仅是相对剩余污泥而言的，当污泥是一级污泥和剩余污泥的混合体时，公式修正为

$$t = \frac{aS_0' - S_0' + Y_T S_a + S_e'}{0.11 k_d' D \gamma S_0} \tag{1-12-56}$$

式中，Y_T 为一级污泥所含有机物的实际产率系数；$S_a = Q_P S_0 / (Q_A + Q_P)$ 为消化池投配中的一级污泥的最终 BOD，kg/m^3；S_0 为一级污泥的最终 BOD，kg/m^3；Q_P 为一级污泥流量，m^3/h；Q_A 为剩余污泥流量，m^3/h。

上式是在假定一级污泥的存在并不导致新微生物的合成，而是通过提供外部食源减缓了细胞物质的破坏速率的基础上推导得到的。

在实际设计中，人们一般都使用式(1-12-52)来计算，在实际应用中误差不大。好氧消化池常用设计参数见表 1-12-10。

表 1-12-10　好氧消化池设计参数

序号	设计参数	数值
1	污泥停留时间/d 　　活性污泥 　　初沉污泥、初沉污泥与活性污泥混合	 10～15 15～20
2	有机负荷/[kg MLVSS/($m^3 \cdot d$)]	0.38～2.24
3	空气需氧量(鼓风曝气)/[m^3/($m^3 \cdot min$)] 　　活性污泥 　　初沉污泥、初沉污泥与活性污泥混合	 0.02～0.04 >0.06
4	机械曝气所需功率/[kW/($m^3 \cdot$ 池)]	0.02～0.04
5	最低溶解氧/(mg/L)	2
6	温度/℃	>15
7	挥发性固体去除率/%	50 左右

好氧消化所需空气量见表 1-12-11。

表 1-12-11　好氧消化空气需氧量

序号	项　　目	空气需氧量(鼓风曝气) /[m^3/($m^3 \cdot min$)]
1	满足细胞物质自身氧化需氧量 　　活性污泥 　　初次沉淀污泥与活性污泥混合时	 0.015～0.02 0.025～0.03
2	满足搅拌混合需氧量 　　活性污泥 　　初次沉淀污泥与活性污泥混合时	 0.02～0.04 ≥0.06

一般而言，在工程设计中，为满足搅拌混合所需空气量，污泥碳化需氧量计算：

$$C_5H_7NO_2 + 5O_2 \longrightarrow 5CO_2 + 2H_2O + NH_3$$

每去除 1g 挥发性固体需氧气量 1.42g。

$$Q_c = 1.42 Q_s R M_s / 10^6 \tag{1-12-57}$$

式中，Q_c 为碳化需氧量，kg/d；Q_s 为污泥进流量，L/d；R 为挥发性固体的去除比例；M_s 为污泥中挥发性固体浓度，mg/L。

污泥消化总需氧量计算：

$$C_5H_7NO_2 + 7O_2 \longrightarrow 5CO_2 + 3H_2O + NO_3^- + H^+$$

每去除 1g 挥发性固体需氧气量 1.98g。

$$Q_T = 1.98 Q_s R M_s / 10^6 \qquad (1\text{-}12\text{-}58)$$

式中，Q_T 为总需氧量，kg/d。

二、厌氧消化

（一）厌氧消化原理

有机物在厌氧条件下消化降解的过程一般可分为两个阶段，即酸性发酵阶段和碱性发酵阶段。在酸性发酵阶段，含碳有机物被水解成单糖，蛋白质被水解成肽和氨基酸，脂肪水解成甘油和脂肪酸。水解的最终产物包括丁酸、丙酸、乙酸、甲酸等有机酸以及醇、氨、CO_2、硫化物、氢和能量，同时为下阶段的碱性发酵做准备。在碱性发酵阶段，甲烷细菌进一步分解前一阶段的代谢产物，形成沼气，其主要成分是甲烷和二氧化碳。

1979 年，伯力特（Bryant）等根据微生物的生理种群，提出了厌氧消化三阶段理论，是当前较为公认的理论模式。三阶段消化突出了产氢产乙酸细菌的作用，并把其独立地划分为一个阶段。

（二）厌氧消化的影响因素

1. 温度

温度是影响消化的主要因素，温度适宜时，细菌活力高，有机物分解完全，产气量大。甲烷菌对温度的适应性可以分为两类，即中温甲烷菌（适应温度区为 30～37℃）、高温甲烷菌（适应温度区为 50～56℃）。利用中温甲烷菌进行厌氧消化处理的系统叫中温消化系统，利用高温甲烷菌进行消化处理的系统叫高温消化系统。中温或高温厌氧消化允许的温度变化范围为 ±(1.5～2.0)℃。当有 ±3℃ 的变化时，就会抑制消化速率，有 ±5℃ 的急剧变化时，就会突然停止产气，使有机酸大量积累而破坏厌氧消化。所以一个好的设计应避免使消化池内温度变化大于 0.5℃/d，温度变化必须控制在 1℃/d 以下。

消化温度与消化时间及产气量的关系见表 1-12-12。

表 1-12-12　不同消化温度与时间的产气量

消化温度/℃	10	15	20	25	30
通常采用的消化时间/d	90	60	45	30	27
有机物的产气量/(mL/g)	450	530	610	710	760

2. 污泥投配率

污泥投配率是指每日加入消化池的新鲜污泥体积与消化池体积的比率（%）。投配率是消化池设计的重要参数，投配率过高，消化池内脂肪酸可能积累，导致 pH 值下降，有机物的分解程度减少，甲烷细菌生长受到抑制，污泥消化不完全，产气量下降，但所需消化池的容积小；投配率减小，污泥中有机物分解程度高，产气量增加，但所需要的消化池容积大，基建费用增加。

根据运行经验，中温消化的生污泥投配率以 5%～8% 为好，相应的消化时间为 12.5～20d。设计时生污泥投配率可在 5%～12% 之间选用，要求产气量多，采用下限；如以处理污泥为主采用上限。

3. pH 值

消化池中 pH 值的降低（如消化池负荷过高，导致产酸量增加）抑制甲烷的形成。在消化系统中，应保持碱度在 2000mg/L 以上，使其有足够的缓冲能力，可以有效地防止 pH 值的下降，如考虑提供外加化学物质（如石灰、碳酸氢钠或碳酸钠）来中和不正常消化中过量的酸。在消化系统管理时，应经常测定碱度。同时还可以合理设计搅拌、加热和进料系统，对于减少 pH 值对消化的影响也是很重要的。

水解和发酵菌及产氢产乙酸菌对 pH 值适应范围大致为 5～6.5，而甲烷菌对 pH 值的适应范围为 6.6～7.5。在消化池系统中，如果水解发酵阶段与产酸阶段的反应速率超过甲烷阶段，则 pH 值会降低，影响甲烷菌的生活环境。

4. 碳氮比

碳氮比太高，含氮量不足，消化液缓冲能力低，pH 值容易降低。碳氮比太低，含氮量过多，pH 值可能上升到 8.0 以上，脂肪酸的铵盐会积累，使有机物分解受到抑制。

污泥厌氧消化中细菌生长所需营养由污泥提供，一般而言 C/N 值大约为（10～20）∶1 为宜。

5. 搅拌和混合

充分均匀的搅拌是污泥消化池稳定运行的关键因素之一。厌氧消化的搅拌不仅能使投入的生污泥与熟污泥均匀接触，加速热传导，把生化反应产生的甲烷和硫化氢等阻碍厌氧菌活性的气体赶出来，也起到粉碎污泥块和消化池液面上的浮渣层的作用。搅拌对产气量的影响见表 1-12-13。

表 1-12-13　搅拌对产气量的影响

投配率/%		2	3	4	5	6	7	8	9	10	11
产气量 /(m³/m³)	搅拌	29.7	20.3	17.4	14.8	14.0	12.1	10.7	9.9	8.5	7.9
	不搅拌	18.6	13.9	11.6	10.2	9.2	8.7	8.2	7.8	7.3	7.0

（三）厌氧消化技术

1. 工艺流程及产污环节

污泥经过浓缩池浓缩后，利用泵提升进入热交换器，然后进入厌氧消化池，在微生物作用下污泥中的有机物得到降解。厌氧消化过程产生的沼气经脱水、脱硫后可作为燃料利用。消化稳定后的污泥经脱水形成泥饼外运处置。污泥厌氧消化工艺流程及产污环节见图 1-12-18。

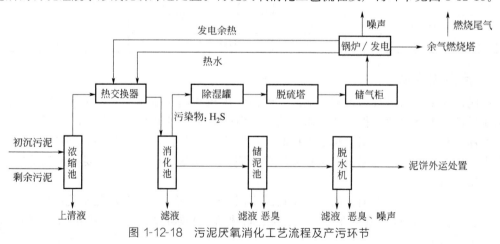

图 1-12-18　污泥厌氧消化工艺流程及产污环节

2. 污泥厌氧消化工艺类型

（1）高温厌氧消化

经过浓缩、均质后的污泥（含水率 94%～97%）进入高温（53℃±2℃）厌氧消化池进行厌氧消化，有机物降解率可达 40%～50%，对寄生虫（卵）的杀灭率可达 99%，消化时间为 10～15d。高温厌氧消化池投配率以 7%～10% 为宜。

该工艺的特点是微生物生长活跃，有机物分解速度快，产气率高，停留时间短，但需要维持消化池的高温运行，能量消耗较大，系统稳定性较差。

（2）中温厌氧消化

经过浓缩、均质后的污泥（含水率 94%～97%）进入中温（35℃±2℃）厌氧消化池进行厌氧消化。中温厌氧消化分为一级中温厌氧消化（停留时间约 20d）和二级中温厌氧消化（停留时间约 10d）。中温厌氧消化池投配率以 5%～8% 为宜。

该工艺的特点是消化速率较慢，产气率低，但维持中温厌氧的能耗较少，沼气产能能够维持在较高水平。

3. 污泥厌氧消化前处理新技术

污泥厌氧消化前经过前处理，能够减少污泥消化的停留时间，提高产气量。污泥水热干化技术和超声波处理技术是污泥厌氧消化前处理技术中研究较成熟的两种技术。

污泥水热干化技术是指在一定温度和压力下使污泥中的微生物细胞破碎，释放胞内大分子有机物，同时水解大分子有机物，进而破坏污泥胶体结构，从而改善污泥的脱水性能和厌氧消化性能。

超声波处理技术是指利用极短时间内超声空化作用形成的局部高温、高压条件，伴随强烈的冲击波和微射流，轰击微生物细胞，使污泥中微生物细胞壁破裂，进而减少消化的停留时间，提高产气量。

（四）厌氧消化设计

1. 池型及构造

污泥消化池基本池型主要有圆柱形和蛋形等。圆柱形由中部柱体（径高比为 1）和上下锥体组成，下部坡度为 1.0～1.7，顶部为 0.6～1.0；蛋形是传统型的改进型。

厌氧消化池的构造采用水密、气密、抗腐蚀良好的钢筋混凝土结构，主要包括污泥的投配、排泥及溢流系统，沼气的排除、收集与贮气设备，搅拌设备及加温设备等。其结构示意如图 1-12-19 所示。

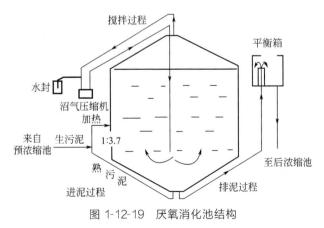

图 1-12-19　厌氧消化池结构

2. 消化池容积和数量

一般设两座消化池。小型池容 2500m³/座，中型池容 5000m³/座左右，大型池容大于

$5000m^3$/座。消化池设计包括确定运行温度与负荷、计算有效池容、确定池子构造、计算产气量及贮气罐容积、热力计算、消化污泥的处置和污泥的应用。

消化池的容积有三种计算方法，即按污泥投配率计算，按消化时间计算及按消化池有机负荷计算。

（1）按污泥投配率计算

表 1-12-14 是处理城市污泥时的负荷及其他参数。

表 1-12-14 城市污泥厌氧消化设计参数

参 数	传统消化池	高速消化池
挥发固体负荷/[kg/(m^3·d)]	0.6～1.2	1.6～3.2
污泥固体停留时间/d	30～60	10～20
污泥固体投配率/%	2～4	5～10

$$V = \frac{V'}{P} \tag{1-12-59}$$

式中，V 为消化池的计算容积，m^3；V' 为每日投入消化池的新鲜污泥体积，m^3；P 为污泥投配率，中温消化用 5%～8%，高温消化可用 10%～16%（含水率低用下限，含水率高用上限）。

（2）按消化时间计算

$$V = Qt \tag{1-12-60}$$

$$V_0 = V/n \tag{1-12-61}$$

式中，Q 为投入到一级或二级池的污泥量，m^3/d；t 为一级或二级池的停留时间，d；V_0 为每座消化池的有效容积，m^3；n 为消化池的个数。

采用此公式计算时，消化池应设有上清液的排出设施。所排的熟污泥含水率较低，一般为 92% 左右，加上有机物的气化与液化，因此排出的熟污泥约为新鲜污泥的 1/4。对于二级处理厂，消化池容积应相应增加，生物滤池按上述方法计算的消化池容积应增加 30%。

（3）按消化池有机物负荷计算

消化池单位池容每日分解有机物的数量称为消化池的有机物负荷，以 N_m 表示。

$$V = \frac{S_v}{N_m} \tag{1-12-62}$$

式中，V 为消化池的计算容积，m^3；S_v 为污泥中有机物重量，kg/d；N_m 为污泥的有机物负荷，kg/(m^3·d)，对于中温消化池一般 $N_m = 1.8 \sim 2.4$kg/(m^3·d)。

污泥中有机物重量计算如下。

① 生活污水的初次沉淀污泥：

$$S_v = \frac{Nag}{1000} \tag{1-12-63}$$

式中，N 为设计人口数；g 为每人每天排出的干物质重量，g/(d·人)；a 为污泥干物质中有机物含量。

② 城市污水（生活污水和工业废水的混合）可按人口当量来计算：

$$S_v = \frac{ag}{1000} \times \frac{Q}{q} \tag{1-12-64}$$

式中，Q 为污水量，L/d；q 为当量系数，L/(d·人)，取 60～150。

3. 消化池总高度

$$H = h_1 + h_2 + h_3 + h_4 \tag{1-12-65}$$

式中，H 为消化池总高度，m；h_1 为消化池池顶圆锥部分高度，m；h_2 为消化池圆柱高度，m；h_3 为消化池池底圆锥部分高度，m；h_4 为集气罩安全保护高度，m。

$$h_1 = \left(\frac{D}{2} - \frac{d_1}{2}\right)\tan\alpha \tag{1-12-66}$$

式中，D 为消化池直径，m；d_1 为集气罩的直径，m；α 为消化池池顶倾角，(°)。

$$V_1 = \frac{1}{3}\pi h_1(R^2 + Rr_1 + r_1^2) \tag{1-12-67}$$

式中，V_1 为消化池池顶圆锥部分体积，m³；R 为消化池半径，m；r_1 为集气罩的半径，m。

$$h_3 = \left(\frac{D}{2} - \frac{d_2}{2}\right)\tan\alpha_1 \tag{1-12-68}$$

式中，d_2 为池底直径，m；α_1 为消化池池底倾角，(°)。

$$V_3 = \frac{1}{3}\pi h_3(R^2 + Rr_2 + r_2^2) \tag{1-12-69}$$

式中，V_3 为消化池池底圆锥部分体积，m³；r_2 为池底半径，m。

$$V_2 = V_0 - V_3 - V_1 \tag{1-12-70}$$

式中，V_0 为消化池单池容积，m³；V_2 为消化池圆柱部分体积，m³。

$$h_2 = \frac{4V_2}{\pi D^2} \tag{1-12-71}$$

4. 加温设备及计算

为了维持消化池的消化温度（中温或高温），使消化能有效地进行，必须对消化池进行加热。加热的方法有两种：一种是池内加热；另一种是池外间接加热。由于池内加热存在诸多的缺点，目前已很少使用，一般多采用池外加热。

池外间接加热所需总耗热量为：

$$Q_{\max} = Q_1 + Q_2 + Q_3 \tag{1-12-72}$$

式中，Q_1 为生污泥的温度提高到消化温度的耗热量，kJ/h；Q_2 为池内向外界散发的热量，即池体耗热量，kJ/h；Q_3 为管道、热交换器等耗热量，kJ/h。

$$Q_1 = \frac{V'}{24}(T_D - T_S) \times 4186.8 \tag{1-12-73}$$

式中，V' 为每日投入消化池的生污泥量，m³/d；T_D 为消化温度，℃；T_S 为生污泥原温度，℃。

当 T_S 用全年平均废水温度时，计算所得 Q_1 为全年平均耗热量；当 T_S 用日平均最低废水温度时，计算所得 Q_1 为最大耗热量。

$$Q_2 = \sum A_1 K_1(T_D - T_A) \times 1.2 \tag{1-12-74}$$

式中，A_1 为池盖、池壁及池底散热面积，m²；T_A 为池外介质（空气或土壤）的温度，℃，当池外介质为大气时，计算全年平均耗热量，须按全年平均气温计算；K_1 为池盖、池壁、池底的传热系数，kJ/(m²·h·℃)。

$$Q_3 = \sum A_2 K_2(T_m - T_A) \times 1.2 \tag{1-12-75}$$

式中，A_2 为管道、热交换器的表面积，m²；T_m 为锅炉出口和入口的热水温度平均值，或锅炉出口和池子入口蒸汽温度的平均值，℃；K_2 为管道、热交换器的传热系数，kJ/(m²·h·℃)。

计算所需总耗热量，Q_1、Q_2、Q_3 一般都取最大值。

5. 沼气的收集与贮存设备

由于产气量和用气量常常不平衡，所以必须设贮气罐进行调节，贮气罐按压力可分为低压浮盖式和高压球形罐两种。

贮气罐的容积一般按平均日产气量 25%～40%设计，即 6～10h 的平均产气量来计算，管内按 7～15m/s 计。消化池顶部的集气罩应有足够的容积，因沼气中含有 H_2S 和水分，具有腐蚀性，所以要作防腐处理。

沼气管的管径按日产气量选定，按高峰产气量校核，高峰产气量约为平均值的 1.5～3.0 倍，若采用沼气循环搅拌，则计算管径时应加循环气量，最小管径 100mm。平均气速 5m/s，最大气速 7～8m/s。

在沼气管道的适当位置应设水封罐，以便调整和稳定压力，排除冷凝水，在消化池、贮气柜、压缩机、锅炉房等构筑物间起隔绝作用。水封管的面积一般为进气管面积的 4 倍，水封高度为 1.5 倍沼气压头。

沼气的产量按分解的挥发性有机物计，一般为 750～1100L/kg，或当投入的污泥含水率为 96%时，沼气产量为污泥体积的 8～12 倍。

沼气管道气压损失按下式计算：

$$P' = \frac{9.8Q_g^2 \gamma L}{C^2 d^5} \tag{1-12-76}$$

式中，P' 为沼气管道的气压损失，Pa；L 为管道的长度，m；d 为管径，cm；γ 为在温度为 0℃，压力为 0.1MPa 下气体的密度，kg/m³，可取 0.85～1.25kg/m³；Q_g 为相当于气体容重 $\gamma = 0.6$kg/m³ 时的气体流量，m³/h；C 为摩擦系数，与管材及管径有关，可按表 1-12-15 选用。

$$Q_g = Q_1 \sqrt{\frac{\gamma_1}{\gamma}} \tag{1-12-77}$$

式中，Q_1 为气体流量，m³/h；γ_1 为气体容重，kg/m³。

表 1-12-15 不同管径的 C 值

管径 d/cm	1.3	1.9	2.5	3.2	3.8	5.0	6.3	7.5	10.0	12.5	15.0	20.0
C	0.45	0.46	0.47	0.48	0.49	0.52	0.55	0.57	0.59	0.63	0.70	0.71

沼气柜容积可按 6～8h 的平均产气量计算，大型废水处理厂取小值，小型废水处理厂取大值。单级湿式贮气柜圆柱部分总高度 H(m) 按下式计算：

$$H = \frac{V}{0.785D_1^2} \tag{1-12-78}$$

式中，V 为沼气柜容积，m³；D_1 为沼气柜平均直径，m。

贮气柜中的压力按下式计算：

$$P = \frac{0.124W}{D_1^2}\left[\frac{0.1636g_1(H-h_1)}{D_1^2 H} + h_1(1.293-\gamma_1)\right] \tag{1-12-79}$$

式中，P 为沼气柜中的压力，MPa；W 为浮盖重量，kg；g_1 为浮盖伸入水中的柱体部分重量，kg；h_1 为气柜中气体柱高，m；γ_1 为气体容重，kg/m^3。

（五）消耗及污染物排放

1. 厌氧消化能源消耗

污泥厌氧消化的能耗主要用于维持厌氧反应温度及维持污泥泵、污水泵（进出料系统）、搅拌设备和沼气压缩机等设备运转。能耗水平取决于厌氧消化搅拌方式，搅拌强度通常为 $3\sim5W/m^3$。

污泥厌氧消化的电耗占城镇污水处理厂全厂用电的 $15\%\sim25\%$；污泥加热的热耗占全厂热耗的 80% 以上。如污泥消化产生的沼气全部用于发电，可解决整个城镇污水处理厂内 $20\%\sim30\%$ 的用电量。

2. 厌氧消化污染物排放

（1）沼气利用排放的尾气

沼气中甲烷含量为 $60\%\sim65\%$，二氧化碳（CO_2）含量为 $30\%\sim35\%$，硫化氢（H_2S）含量为 $0\%\sim0.3\%$。

沼气燃烧或发电会产生尾气，尾气中主要污染物为氮氧化物（NO_x）、二氧化硫（SO_2）和一氧化碳（CO）。

（2）消化液

消化液中化学需氧量（COD_{Cr}）浓度为 $300\sim1500mg/L$；悬浮物（SS）浓度为 $200\sim1000mg/L$；氨氮（$NH_4^+\text{-}N$）浓度为 $100\sim2000mg/L$；总磷（TP）浓度为 $10\sim200mg/L$。

第五节　污泥热干化

污泥热干化可采用直接加热或间接加热，宜采用间接加热。热干化的热源应优先考虑利用其他设施的余热，降低一次能源使用量。若采用蒸汽作为热源，应考虑冷凝水输送及排气通畅。采用自来水或再生水冷却时，应采用间接冷却，并设置冷却塔或冷却池循环使用。热干化设计和运行时应充分考虑热源及进泥性质波动等因素。

（1）污泥热干化系统的蒸发量可按下式计算：

$$E=D\left(\frac{1}{d_i}-\frac{1}{d_0}\right) \tag{1-12-80}$$

式中，E 为蒸发量，即单位时间内蒸发的水的质量，$kg\ H_2O/h$；D 为污泥干重，kg/h；d_i 为进入干化系统的污泥含固率；d_0 为排出干化系统的污泥含固率。

（2）污泥间接干化系统的比蒸发速率可按下式计算：

$$SER=E/S \tag{1-12-81}$$

式中，SER 为比蒸发速率，即单位时间单位传热面积上蒸发的水量，$kg\ H_2O/(m^2 \cdot h)$；E 为系统的总蒸发量，即单位时间干化系统蒸发的水量，$kg\ H_2O/h$；S 为间接干化系统的传热面积，m^2。

比蒸发速率 SER 宜为 $7\sim20kg\ H_2O/(m^2 \cdot h)$。热干化出泥应避开污泥的黏滞区。

一、直接加热干化

直接热干化工艺的设计宜采用转筒式。热源可采用高温烟气，进入转筒内的热气流温度在 700~800℃。

直接热干化工艺的运行应符合以下规定：正常运行条件下氧含量应小于 6%；进入干化系统的污泥含水率为 80%，排出干化系统的污泥含水率为 30% 时，污泥在干化系统内的停留时间为 60~120min；采用干化污泥返混方式，混合污泥的含固率为 50%~60% 时，污泥在干化系统内的停留时间为 10~25min。污泥投加量宜占整个圆筒体积的 10%~20%；为了保证排出干化系统的污泥含水率在合适的范围内，需要对干化温度、停留时间、干化进泥量进行调节。

二、间接加热干化

间接热干化可采用圆盘式、桨叶式、薄层式、流化床式、低温真空板框式等。如热交换介质为蒸汽时，蒸汽冷凝液宜回收利用。

（1）圆盘、桨叶或薄层式间接热干化的设计和运行

热交换介质为饱和蒸汽时，压力应在 0.2~1.3MPa（表压），温度不应超过 195℃；热交换介质为导热油时，热油的闪点温度必须大于运行温度；圆盘式干化设备及桨叶式干化设备的转速宜不大于 15r/min，薄层干化的转速宜不大于 400r/min；干污泥出泥含固率在 75% 及以下时，干化过程中氧含量可不做要求，如干污泥出泥含固率高于 75% 时，干化过程中氧含量应小于 2%。

（2）流化床式间接加热干化的设计和运行

流化床加热蒸汽温度宜控制在 180~220℃。且保持流化床内部温度均匀。当流化床上下层的温差小于 3℃ 时，可通过调节风机风量疏通流化床。流化床的入口和出口的流体温度应低于 100℃。流化床内氧含量应小于 5%。干化污泥应冷却至 50℃ 以下。流化床启动时易堵塞，可投加干化后的污泥充填筛板和布风板间的导热管间隙后再启动。

（3）低温真空板框式干化的设计和运行

进泥含水率宜为 95%~97%。过滤（进料）压力宜为 0.9~1.0MPa，过滤（进料）时间宜为 0.5~1.0h。压滤（隔膜压榨）压力宜为 0.6~1.2MPa，压滤（隔膜压榨）时间宜为 1.5~2.0h。空气压缩系统（吹气穿流）压力宜为 1.0~1.2MPa。热源温度宜为 75~85℃。真空干化阶段真空度宜为 -0.095~-0.085MPa，真空干化时间宜根据污泥泥饼含水率要求确定，通常为 1.0~2.0h。出泥含水率为 60%~10%，可按运行需要通过控制批次运行时间进行调节。单批次处理时间宜为 3.0~5.0h。絮凝剂（聚丙烯酰胺）投加比例宜为 0.5~2.0kg/t DS。

第六节　石灰稳定

一、原理与作用

通过向脱水污泥中投加一定比例的碱性物质并均匀掺混，使其与脱水污泥中的水分发生反应，产生大量热量，以达到杀灭病原菌、降低恶臭和钝化重金属的目的。多种碱性物质可以用来提高脱水泥饼的 pH 值，并放出大量热量，其中包括生石灰、熟石灰、粉煤灰和水泥

窑粉尘等，通常选用生石灰。

石灰稳定可产生以下作用。

① 灭菌和抑制腐化　温度的提高和 pH 值的升高可以起到灭菌和抑制污泥腐化的作用，尤其在 pH≥12 的情况下效果更为明显，从而可以保证在利用或处置过程中的卫生安全性。

② 脱水　根据石灰投加比例（占湿污泥的比例）的不同（5%～30%），可使含水率80%的污泥在设备出口的含水率达到 48.2%～74.0%。通过后续反应和一定时间的堆置，含水率可进一步降低。

③ 钝化重金属离子　投加一定量的氧化钙使污泥呈碱性，可以结合污泥中的部分重金属离子，钝化重金属。

④ 改性、颗粒化　可改善储存和运输条件，避免二次飞灰、渗滤液泄漏。

一般情况下，石灰稳定污泥主要用于酸性土壤的改良剂、路基基材以及填埋场的覆盖土等，当采用后续水泥窑注入法生产水泥时，可替代水泥烧制的原材料。

二、石灰稳定工艺与系统组成

1. 工艺流程

工艺流程见图 1-12-20。

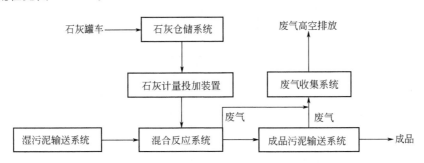

图 1-12-20　石灰稳定工艺系统流程

2. 系统组成

① 输送系统（包括湿泥及成品污泥输送）　一般可选择螺旋输送机或带式输送机，应采用全封闭结构，以防止污泥散发的臭气排放到大气中，影响操作环境，危害操作人员的健康。

② 石灰仓储与计量给料系统　石灰料仓用来暂时储存罐车运送来的石灰粉料，设有破拱装置、仓顶布袋除尘器、料位器等。计量给料系统应确保在混合反应器开启后，石灰能持续、定量输送至混合反应器内，主要由进料斗、进料料位监测和出料装置、计量投加装置等组成。

③ 干化混合反应系统　作为石灰干化稳定工艺的核心设备，其运行表现直接影响整个项目效果。目前一般选择传统卧式混合搅拌反应器，主要由混合圆筒、工作轴、搅拌元件、在线监测组成。

④ 废气收集及处理系统　污泥石灰稳定工艺中，废气主要特点是高温、高湿、高粉尘浓度、低有毒气体浓度。它的主要成分为水蒸气、石灰粉尘、氨气，温度为 30～50℃。针对该类废气，一般选择湿式喷淋塔或增加净化单元。

三、设计要点

① 石灰稳定要维持较高的 pH 值水平并达到足够长的时间，以控制微生物的活性，从而阻止或充分抑制微生物反应而产生的臭气和生物传播媒介，并保证污泥在发生腐败和恶臭之前能够储存 3d 以上，进而进行再利用和最终处置。石灰稳定过程中反应时间持续 2h 后，pH 值应升高到 12 以上；在不过量投加生石灰的情况下，混合物的 pH 值应维持在 11.5 以上，持续时间应大于 24h。

② 根据污泥含水率、石灰活性及最终处置方式差异，石灰掺混比例可在 30％以内调整，一般投加石灰干重应占污泥干重的 15％～30％，石灰污泥体积增加量应控制在 5％～12％。生石灰与泥饼混合体积见表 1-12-16。

表 1-12-16　生石灰与泥饼混合体积计算表

生石灰含量	项目	重量	密度	体积
15％	干污泥	1000kg	720.0kg/m³	1.389m³
	水分	3950kg	1000.0kg/m³	3.950m³
	熟石灰	200kg	560.0kg/m³	0.357m³
	总量	5150kg	—	5.696m³
	固体百分比	23.30％	—	5.7％
30％	干污泥	1000kg	720.0kg/m³	1.389m³
	水分	3900kg	1000.0kg/m³	3.900m³
	熟石灰	400kg	560.0kg/m³	0.714m³
	总量	5300kg	—	6.003m³
	固体百分比	26.42％	—	11.4％
60％	干污泥	1000kg	720.0kg/m³	1.389m³
	水分	3810kg	1000.0kg/m³	3.810m³
	熟石灰	790kg	560.0kg/m³	1.411m³
	总量	5600kg	—	6.610m³
	固体百分比	31.96％	—	42.36％

③ 石灰-污泥在快速混合后反应仍将不同程度地持续数小时至数天，设计中应优化工艺条件有利于污泥的后续反应及水蒸气的蒸发，可以通过设计混合物料堆置设施（一般为 5～10d 混合物料的堆置空间）为其进一步的反应提供有利条件，但要考虑粉尘及有毒有害气体的控制。

第七节　污泥最终处置和利用

污泥处置主要包括土地利用、污泥农用、填埋、焚烧以及综合利用（建材利用）等。表 1-12-17 为城镇污水处理厂污泥处置的分类情况。

表 1-12-17　城镇污水处理厂污泥处置分类

分　类	范　围	备　注
污泥土地利用及农用	园林绿化	城镇绿地系统或郊区林地建造和养护等的基质材料或肥料原料
	土地改良	盐碱地、沙化地和废弃矿场的土壤改良材料

续表

分　类	范　围	备　注
污泥土地利用及农用	农用①	农用肥料或农田土壤改良材料
污泥填埋	单独填埋	在专门填埋污泥的填埋场进行填埋处置
	混合填埋	在城市生活垃圾填埋场进行混合填埋(含填埋场覆盖材料利用)
污泥焚烧	单独焚烧	在专门污泥焚烧炉焚烧
	与垃圾混合焚烧	与生活垃圾一同焚烧
	污泥燃烧利用	在工业焚烧炉或火电厂焚烧炉中作燃料利用
综合利用	制水泥	制水泥的部分原料或添加料
	制砖	制砖的部分材料
	制轻质骨料	制轻质骨料(陶粒等)的部分原料

① 农用包括进食物链利用和不进食物链利用两种。

一、污泥土地利用及农用

（一）原理及使用原则

经无害化和稳定化处理后的污泥及污泥产品，以有机肥、基质、腐殖土、营养土等形式可用于农业、林业、园林绿化和土壤改良等方面，使污泥中的有机质及氮磷等营养资源得以充分利用，同时污泥也可得以有效处置。

污泥必须经过厌氧消化、好氧发酵等稳定化及无害化处理后，才能进行土地利用。未经稳定化处理的污泥进行农用时，可造成烧苗现象。污泥经稳定化及无害化处理后，有机污染物得到部分降解，重金属活性得到钝化，通过无害化过程产生的热量将污泥中大肠杆菌、病原菌和虫卵等灭杀，杂草种子灭活，降低了污泥在进行土地利用时的卫生和环境风险，并提高了植保安全性。

（二）一般规定及要求

① 污泥土地利用是指将经处理后的污泥或污泥产品用于农用以外的土地作为肥料或土壤改良材料，主要用于园林、绿地、林业、土壤修复及改良等。污泥农用是指经处理后的污泥或污泥产品作为肥料或土壤改良材料应用于农业生产作物和果蔬，主要包括谷物、水果、蔬菜、植物油作物、草料以及国家规定的其他农业作物。

② 污泥进行土地利用及农用时，须注意对水源地的保护，禁止在饮用水水源保护一级区、二级区以任何形式施用污泥。

③ 在地下水位较高（≤3m）和渗透性较好的场地上不宜施用污泥；施用的场地应该是渗透性低或适中，土壤厚度不小于0.6m，壤土为中性或偏碱性（pH＞6.5），施用场地排水通畅。

④ 污泥施用场地坡度宜小于3%；场地坡度为3%～6%时，为可接受坡度；场地坡度为6%以上时，为限制性坡度，在限制性以上坡度不允许施用污泥。对于坡度低于6%的施用场地，应采取一定防护措施，防止雨水冲刷、径流对地表水体及附近环境的污染。

（三）土地利用

污泥土地利用前，须经消化或好氧稳定化处理和无害化处理，卫生指标应满足粪大肠菌菌群值＞0.01；污泥pH值为6.0～8.5，含水率≤45%。施用污泥的臭度须＜2级（六级臭度），种子发芽指数≥70%。一般氮含量每年每公顷用量不超过250kg（以N计），磷含量每年每公顷用量不超过 125kg（以 P_2O_5 计）。

污泥土地利用场所应有专用的贮存设备或设施。贮存设备或设施应采取防止渗漏、溢流以及阻止降水进入的措施。

1. 城市园林绿化

主要将处理后的污泥用于行道树、灌木、花卉、草坪等栽培过程中的肥料、基质和营养土。污泥城市园林绿化施用时间可根据当地气候条件、植物类型进行施用，施用一般在绿化种植前，须避开降水期集中和夏季炎热气温条件下施用。作为园林绿化的草坪或花卉种植介质土的污泥，每平方米均匀撒干污泥 6～12kg；作为小灌木栽培介质土，每平方米均匀撒干污泥 12～24kg；作为乔木栽培介质土，每平方米均匀撒干污泥 10～80kg。

2. 苗圃

污泥作为苗圃基地介质土的形式主要有林圃、花圃以及草坪基地等。经过稳定的污泥在不影响盆栽苗圃生产的情况下，应尽可能全部采用污泥堆肥产品作为苗圃基地种植介质土。

3. 林地利用

污泥林用施用时段可选择在树木砍伐后、树苗期、成树期。在林地施用污泥可采用灌溉（喷灌和自流灌溉）、翻土作垄和犁沟等形式。雨季和冰冻期禁止污泥施用，在洪灾、冰冻或冰雪覆盖的情况下禁止施用污泥。污泥林用时，一般氮含量每年每公顷用量不超过 300kg（以 N 计），磷含量每年每公顷用量不超过 100kg（以 P_2O_5 计）。

4. 土壤修复及改良

堆肥处理后的污泥用于严重扰动土地的改良。包括各种采矿业开采场（采煤场、金属矿、黏土和砂子的采掘场等）、矸石场、露天矿坑和城市垃圾填埋场等，粉煤灰堆积场以及森林采伐地、森林火灾毁坏地、滑坡和其他天然灾害需要恢复植被的土地等。

施用污泥修复和改良后的土壤须采取覆盖、深翻或用客土法等措施，避免污泥过度积累而影响土壤的修改和改良。

（四）污泥农用

施用污泥，经稳定化处理后有机物降解率须＜40%，卫生指标应满足肠道病毒数量＜1MPN/4g TS、寄生虫卵＜1 个/4g TS、蛔虫卵死亡率大于 95%。无法达到稳定化的污泥不允许进行污泥农田利用。污泥 pH 值为 6.5～8.0，比较疏松，满足二级臭味标准，有机质含量须＞400g/kg 污泥，种子发芽指数≥75%。

以有机肥料形式用于农业用途（包括农田、果园和牧草地等）的污泥，其氮磷钾（N＋P_2O_5＋K_2O）含量应不低于 20g/kg，有机质含量不低于 200g/kg。以基质形式用于农业用途（包括草坪基质、容器育苗基质、苗木基质等）的污泥，其氮磷钾总量不低于 40g/kg，有机质含量不低于 240g/kg。

但是，污泥农用过程中也须限制营养物的施用量，一般氮含量每年每公顷用量不超过 250kg（以 N 计），磷含量每年每公顷用量不超过 100kg（以 P_2O_5 计）。

污泥连续施用量不超过 6t/($hm^2 \cdot a$)（以干污泥计），连续施用年限不宜超过 5 年，污泥一次性最大施用量不宜超过 30t/hm^2。

农用污泥中重金属污染物质量标准限值必须符合国家现有的有关法律标准规定。污泥施用须根据土壤背景值、土壤环境质量标准等因素考虑控制一次性最大污泥施用量（S_g）、安全污泥施用量（S_a）和控制性安全污泥施用量（S_k）：

$$S_g = (W_k - B)T_s/C \tag{1-12-82}$$

$$S_a = W_k(1-K)T_s/C \tag{1-12-83}$$

$$S_k = (KW_k - BK_j)T_s/C \tag{1-12-84}$$

其中，W_k 为给定的土壤环境质量标准，mg/kg；B 为该土壤重金属的背景含量，mg/kg；K 为该土壤重金属的年残留率，%；T_s 为耕层土壤干重，t/(亩·a)；C 为污泥限制性重金属含量，mg/kg；下脚 j 为给定的年限；K_j 为给定年限的重金属残留率，%。

污泥产物农用时，根据其污染物的浓度将其分为 A 级和 B 级污泥产物，其污染物浓度限值应该满足表 1-12-18 的要求。其中，污泥产物级别为 A 级的污泥允许使用的农用地类型为耕地、园地、牧草地；污泥产物级别为 B 级的污泥允许使用的农用地类型为园地、牧草地以及不种植食用农作物的耕地。

表 1-12-18　污泥产物的污染物浓度限值

序号	控制项目	污染物限值	
		A 级污泥产物	B 级污泥产物
1	总镉(以干基计)/(mg/kg)	＜3	＜15
2	总汞(以干基计)/(mg/kg)	＜3	＜15
3	总铅(以干基计)/(mg/kg)	＜300	＜1000
4	总铬(以干基计)/(mg/kg)	＜500	＜1000
5	总砷(以干基计)/(mg/kg)	＜30	＜75
6	总镍(以干基计)/(mg/kg)	＜100	＜200
7	总锌(以干基计)/(mg/kg)	＜1200	＜3000
8	总铜(以干基计)/(mg/kg)	＜500	＜1500
9	矿物油(以干基计)/(mg/kg)	＜500	＜3000
10	苯并[a]芘(以干基计)/(mg/kg)	＜2	＜3
11	多环芳烃(PAHs)(以干基计)/(mg/kg)	＜5	＜6

《农用污泥污染物控制标准》(GB 4284—2018) 中规定，污泥产物的理化指标需要满足表 1-12-19。

表 1-12-19　污泥产物的理化指标

序号	项目	限值
1	含水率/%	≤60
2	pH	5.5～8.5
3	粒径/mm	≤10
4	有机质(以干基计)/%	≥20

二、污泥填埋

污泥填埋有单独填埋、与垃圾合并填埋两种方式。目前，国内主要是与垃圾混合填埋。另外，污泥经处理后还可作为垃圾填埋场覆盖土。

(一)污泥混合填埋

① 污泥与垃圾混合填埋，填埋场建设须符合卫生填埋场的标准，卫生填埋场建设标准可参考相关标准。

② 污泥与生活垃圾混合填埋，污泥必须进行稳定化、卫生化处理，并满足垃圾填埋场填埋土力学要求；且污泥与生活垃圾的重量比，即混合比例应≤8%。

③ 污泥混合填埋时，混合填埋场的设计须充分考虑垃圾与污泥混合后造成的渗滤液增加量，在填埋场地设计方面须充分考虑这一部分设计容量。混合填埋时污泥和垃圾须设有效的混合装置先进行充分混合，混合后的垃圾含水率不影响污泥填埋操作，一般含水率宜小于40%~50%。

④ 污泥混合填埋时，其卫生学指标大肠菌菌群值须大于0.01，蠕虫卵死亡率须大于95%。

⑤ 将污泥作为垃圾填埋场日覆盖土必须首先对污泥进行改性，通过在污泥中掺入一定比例的泥土或矿化垃圾均匀混合，且含水率须小于40%，渗透系数大于10^{-4}cm/s，并堆置4d以上来提高污泥的承载能力，消除其膨润持水性，黏土覆盖层厚度应为20~30cm。

⑥ 填埋场封场应充分考虑堆体的稳定性与可操作性、地表水径流、排水防渗、覆盖层渗透性和填埋气体对覆盖层的顶托力等因素，使最终覆盖层安全长效，填埋场封场坡度宜为5%。

（二）专用填埋

① 填埋的污泥含水率须小于60%，有机质含量须小于50%，污泥的横向剪切强度大于25kPa，纵向抗剪强度不小于80~100kN/m^2。满足不了抗剪强度等要求时，可投加石灰或其他措施进行后续处理，使其满足相关要求。

② 污泥专用填埋场必须防止对地下水的污染。不具备自然防渗条件的填埋场必须进行人工防渗。黏土类衬里（自然防渗）的填埋场，天然黏土类衬里的渗透系数小于1.0×10^{-7}cm/s，场底及四壁衬里厚度大于2m；改良土衬里的防渗性能应达到黏土类防渗性能。纵横坡度宜在2%以上，以利于渗滤液的导流。

③ 污泥填埋场达到设计使用寿命后封场，封场工作应在填埋污泥上覆盖黏土或其他人工合成材料，黏土渗透系数应小于1.0×10^{-7}cm/s，厚度为20~30cm，其上再覆盖20~30cm的自然土作为保护层，并均匀压实。

④ 填埋场须设气体导排设施，导排管应按地形分别设竖向、横向或横竖相连的排气道。在填埋深度较大时宜设置多层导流排气系统。有条件回收利用填埋气体的填埋场，应设置填埋气体集中收集设施。

三、污泥焚烧

（一）工艺原理

污泥焚烧是指在一定温度和有氧条件下，污泥分别经蒸发、热解、气化和燃烧等阶段，其有机组分发生氧化（燃烧）反应生成CO_2和H_2O等气相物质，无机组分形成炉灰/渣等固相惰性物质的过程。

（二）工艺流程及产污环节

污泥焚烧系统主要由污泥接收、贮存及给料系统，热干化系统，焚烧系统（包括辅助燃料添加系统），热能回收和利用系统，烟气净化系统、灰/渣收集和处理系统，自动监测和控制系统及其他公共系统等组成。污泥干化焚烧工艺流程及产污环节见图1-12-21。

污泥焚烧过程排放的主要污染物有恶臭气体、烟气、灰渣、飞灰和废水。

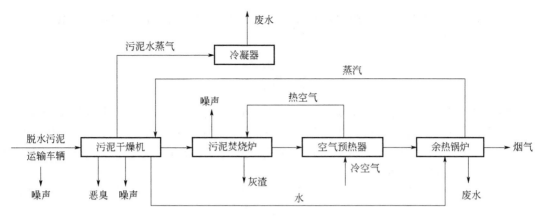

图 1-12-21 污泥干化焚烧工艺流程及产污环节

（三） 污泥焚烧技术

1. 前处理技术

污泥焚烧前处理技术通常指脱水或热干化等工艺，以提高污泥热值，降低运输和贮存成本，减少燃料和其他物料的消耗。

热干化工艺有半干化（含固率达到 60％～80％）和全干化（含固率达到 80％～90％）两种。热干化工艺一般仅用于处理脱水污泥，主要技术性能指标（以单机升水蒸发量计）为：热能消耗 2940～4200kJ/kg H_2O；电能消耗 0.04～0.90kW/kg H_2O。

污泥含固率在 35％～45％时，热值为 4.8～6.5MJ/kg，可自持燃烧，通常后面直接接焚烧工艺。用作土壤改良剂、肥料，或作为水泥窑、发电厂和焚烧炉燃料时，须将污泥含固率提高至 80％～95％。

2. 单独焚烧

单独焚烧是指在专用污泥焚烧炉内单独处置污泥。

流化床焚烧炉是目前单独焚烧技术中应用最多的焚烧装置，主要有鼓泡式和循环式两种，其中尤以鼓泡流化床焚烧炉应用较多。

污泥单独焚烧时，在焚烧炉启动阶段，可通过安装启动燃烧器或向焚烧炉膛内添加辅助燃料等方式将炉膛温度预热至 850℃以上，然后向焚烧炉炉膛内供给污泥。

① 污泥焚烧厂应为进厂污泥设置专门的贮存装置或设施，数量不应少于 2 座，容积不宜大于 3d 额定污泥焚烧量。

② 贮存装置或设施应进行防臭设计，脱水污泥还应设置可靠的渗滤液收集设施，并进行防腐防渗处理。贮存区空气应统一收集并进行除臭处理或抽作焚烧助燃空气。干化污泥贮存装置应采取微负压设计，并配备相应的防火防爆设施。

③ 焚烧炉内应处于负压燃烧状态，烟气在焚烧炉燃烧室内温度大于 850℃的停留时间应≥2s，焚烧灰渣和底灰中的 TOC 含量应＜3％，或灰渣热灼减率应＜5％；必要情况下，可考虑设置二燃室。

④ 每台污泥焚烧炉应安装一台辅助燃烧器。启动和停车期间或燃烧温度降至 850℃以下时，不应向辅助燃烧器供给可能导致更高排放的燃料；辅助燃料应根据当地燃料来源确定，优先选用废水污泥厌氧消化气、废油等。辅助燃料添加量一般不超过污泥与辅助燃料总干重的 10％。危险废弃物不能用作辅助燃料。

⑤ 燃煤火力发电厂燃煤锅炉混烧污泥或水泥生产厂水泥窑炉掺烧污泥时，各种大气污染物排放限值核算：

$$\frac{V_S C_S + V_P C_P}{V_S + V_P} = C \tag{1-12-85}$$

式中，V_S 为污泥燃烧产生的烟气体积；C_S 为污泥单独焚烧时各种大气污染物排放限值；V_P 为燃煤或水泥生料燃烧产生的烟气体积，包括辅助燃料燃烧产生的烟气体积；C_P 为 GB 13223 或 GB 4915 规定的燃煤火电厂或水泥厂大气污染物排放限值；C 为污泥混合焚烧厂各种大气污染物排放限值。

⑥ 焚烧灰渣和除尘设备收集的飞灰应分别收集、贮存和运输，其中灰渣的贮存和运输须在封闭状况下操作，飞灰应收集在密闭容器中，其他尾气处理装置排放的固体残留物应按 GB 5085.3 的要求鉴别其毒性，如属于危险废物，则按危险废物处理，如不属于危险废物，可按一般固体废物处置。

⑦ 焚烧灰渣中 TOC 含量应<3％或热灼减率应<5％。可按一般固体废物处理，利用焚烧灰渣进行制水泥或制砖等综合利用时，应符合相关规定。

3. 混合焚烧技术

（1）污泥与生活垃圾混烧

在生活垃圾焚烧厂的机械炉排炉、流化床炉、回转窑等焚烧设备中，污泥可以以直接进料或混合进料的方式与生活垃圾混合焚烧。

污泥与生活垃圾直接混合焚烧时会增加烟气和飞灰产生量，降低灰渣燃烬率，增加烟气净化系统的投资和运行成本，降低生活垃圾发电厂的发电效率和垃圾处理能力。

① 应为污泥的混合和投加配备专门的设备。干化污泥（含固率 90％以上）与垃圾混合的质量比不宜大于 1∶3，脱水污泥（含固率 25％）与生活垃圾直接混烧比例不宜大于 1∶4。其他含固率的干化污泥和脱水污泥应分别按公式(1-12-86)和式(1-12-87)进行折算，折算结果不应超过上述要求。

$$\frac{W_2}{W_1} = \frac{0.3}{P_2} \tag{1-12-86}$$

$$\frac{W_3}{W_1} = \frac{1}{16 P_3} \tag{1-12-87}$$

式中，W_1，W_2，W_3 分别为垃圾质量、干化污泥质量和脱水污泥质量，kg；P_2，P_3 分别为干化污泥和脱水污泥含固率。

② 垃圾焚烧炉进料口处的混合物料月平均低位热值均不应小于 5MJ/kg。

③ 最终排入大气的烟气中污染物最高排放浓度符合相关规定。

（2）污泥的水泥窑协同处置

经水泥窑产生的高温烟气干化后的污泥进入水泥窑煅烧可替代部分黏土作为水泥原料，达到协同处置污泥的目的。干化后的污泥可在窑尾烟室（块状燃料）或上升烟道、预分解炉、分解炉喂料管（适用于块状燃料）等处喂料。

利用水泥窑系统处置污泥时须控制污泥中硫、氯和碱等有害元素含量，折合入窑生料其硫碱元素的物质的量比 S/R 应控制为 0.6～1.0，氯元素应控制为 0.03％～0.04％。

利用水泥窑焚烧污泥的直接运行成本为 60～100 元/t（80％湿污泥）。

① 直接将干化污泥送入水泥窑炉混合焚烧时，应设置专门的存储、混合、破碎、筛分装置。干化污泥可直接与生料粉混合后进料，也可通过设置在燃烧器、分解炉、窑头、窑尾

的进料喷嘴进料。入窑干化污泥的粒径宜与入窑生料粉和煤粉的粒径相近。

② 直接将脱水污泥与水泥生料混合后进料时，应设置专门的物料混合设施。入窑混合物料的含水率应控制在＜35％，流动度＞75mm。

③ 掺烧污泥的比率和质量应满足水泥生产质量要求，含氯量较高的污泥不宜采用水泥窑炉进行处置。污泥在窑炉的停留时间宜＞30min，污泥焚烧残留物质量应小于水泥产量的5％。

④ 最终排入大气的烟气中污染物最高排放浓度符合相应规定。

4. 污泥的燃煤电厂协同处置

可利用燃煤电厂的循环流化床锅炉、煤粉锅炉和链条炉等焚烧炉将污泥与煤混合焚烧。为提高污泥处置的经济性，优先考虑利用电厂余热干化污泥后进行混烧。

直接掺烧污泥会降低焚烧炉内温度和焚烧灰的软化点，增加飞灰产生量，增加除尘和烟气净化负荷，降低系统热效率3％～4％，并引起低温腐蚀等问题。

利用火电厂焚烧污泥的单位运行成本为100～120元/t（80％湿污泥），系统改造成本约为15万元/t（80％湿污泥）。

① 脱水污泥直接进入燃煤锅炉混合焚烧时，应设置专门的进料装置，进料装置宜采用喷嘴。循环流化床锅炉的脱水污泥进料喷嘴宜设置在稀相区底部，并应设置吹扫系统定期清理喷嘴。吹扫系统可利用燃煤电厂饱和蒸汽。

② 混烧污泥的燃煤火力发电厂应有不少于两座75蒸吨/h以上的燃煤锅炉。直接掺烧脱水污泥（含固率20％）的量不宜超过燃煤量的10％，掺烧其他含固率的脱水污泥时，应按公式(1-12-88)进行计算，计算实际混烧污泥量不应超过计算值。

$$\frac{W_4}{W_5} = \frac{1}{50P_4} \tag{1-12-88}$$

式中，W_4、W_5 分别为脱水污泥质量和燃煤质量，kg；P_4 为脱水污泥含固率。

③ 直接掺烧脱水污泥时，应采用防腐耐磨材料对吹扫系统、管道系统、除尘系统等进行处理。

④ 循环流化床燃煤锅炉直接掺烧脱水污泥时，应确保烟气在进料喷嘴以上850℃的温度条件下停留时间大于2s。必要时，可通过加大二次风量或增加二燃室的方式保持烟气温度和停留时间。二次风可引自脱水污泥贮存区。

⑤ 大气污染物最高允许排放浓度符合相应规定。

（四）污泥焚烧新技术

喷雾干燥＋回转式焚烧炉技术是利用喷雾干燥塔的雾化喷嘴将经预处理的脱水污泥雾化，干燥热源主要为焚烧产生的高温烟气，干化后的污泥被直接送入回转式焚烧炉焚烧。尾气采用旋风除尘器＋喷淋塔＋生物除臭填料喷淋塔处理。处理含水率为80％的脱水污泥，平均燃煤消耗量为30～50kg/t（煤热值21000kJ/kg），电耗为50～60kW·h/t；单位投资成本为10万～20万元/t，单位直接运行成本为80～100元/t。

四、堆肥

堆肥是指在一定条件下通过微生物的生化作用，将废弃物中的有机物分解、腐熟并转化为稳定腐殖土的过程。堆肥产品不含病原菌，不含杂草种子，而且无臭无蝇，可以安全处理和保存，是一种良好的土壤改良剂和有机肥料。

根据处理过程中起作用的微生物对氧气的要求不同，堆肥一般分为好氧堆肥和厌氧堆肥两种。好氧堆肥是在有氧情况下有机物料的分解过程，其代谢产物主要是二氧化碳、水和热，此过程速度快、堆肥温度高（一般为 50～60℃）。厌氧堆肥是在无氧条件下有机物料的分解，厌氧分解最后的产物是甲烷、二氧化碳和许多低分子量的中间产物，如有机酸等，该过程堆肥速度较慢，堆肥时间是好氧堆肥法的 3～4 倍甚至更多。厌氧堆肥与好氧堆肥相比较，单位质量的有机质降解产生的能量较少，而且厌氧堆肥通常容易产生臭气，由于这些原因，几乎所有的堆肥工程系统都采用好氧堆肥。

此外，根据物料的状态，可分为静态堆肥和动态堆肥；根据堆肥过程的机械化程度，可分为露天堆肥和快速堆肥；根据堆肥技术的复杂程度，又可分为条垛式、强制通风静态垛式和反应器系统。条垛式的垛断面可以是梯形、三角形或不规则的四边形。

（一）好氧发酵

1. 好氧发酵原理

污泥好氧发酵是指在有氧条件下，污泥中的有机物在好氧发酵微生物的作用下降解，同时好氧反应释放的热量形成高温（>55℃）杀死病原微生物，从而实现污泥减量化、稳定化和无害化的过程。

高温好氧发酵后的污泥含水率应低于 40%。

好氧条件下进行堆肥，微生物的作用过程可分为三个阶段。

① 发热阶段（主发酵前期，1～3d）　堆肥初期，主要由中温好氧的细菌和真菌，利用堆肥中最容易分解的可溶性物质（如淀粉、糖类等）迅速增殖，释放出热量，使堆肥温度不断升高。

② 高温阶段（主发酵、一次发酵，3～8d）　堆肥温度上升到 50℃ 以上称为高温阶段。由于淀粉、糖类等易分解物质被迅速氧化分解，同时消耗了大量的氧，造成了堆肥中局部出现厌氧环境，这样，好热性的微生物如纤维素分解氧化菌逐渐代替了中温微生物的活动，这时，堆肥中残留的或新形成的可溶性有机物继续被分解转化，一些复杂的有机物和纤维素、半纤维素等也开始得到强烈的分解。

由于各种好热性微生物的最适温度互不相同，因此，随着堆肥内温度的上升，好热性微生物也随之发生变化：在 50℃ 左右，主要是嗜热性真菌、褐色嗜热性真菌、普通小单胞菌等；温度升到 60℃ 时，真菌几乎完全停止活动，仅有嗜热性放线菌与细菌在继续活动，缓慢地分解有机物；温度升到 70℃ 时，大多数嗜热性微生物已不适宜生存，相继大量死亡或进入休眠状态。

高温阶段对堆肥而言十分重要，主要表现在两个方面。

a. 高温对快速腐熟起着重要作用，在此阶段中，堆肥内开始了腐殖质的形成过程，并开始出现能溶于弱碱的黑色物质。

b. 高温有利于杀死病原性微生物。

病原性微生物的失活取决于温度和接触时间。据研究，60～70℃维持 3d，可使脊髓灰质炎病毒、病原细菌和蛔虫卵失活。根据我国长期的经验，一般认为，堆肥 50～60℃，持续 6～7d，可达到较好的杀灭虫卵和病原菌的效果。

③ 降温和腐熟保肥阶段（后发酵，二次发酵，20～30d）　经过高温阶段的主发酵，大部分易于分解或较易分解的有机物已得到分解，剩下的是木质素等较难分解的有机物以及新形成的腐殖质。这时，微生物活动减弱，产热量随之减少，温度逐渐降低，中温性微生物又逐渐成为优势种，残余物质进一步分解，腐殖质继续不断积累，堆肥进入腐熟阶段。腐熟阶段的主要问题是保存腐殖质和氮素等植物养料，充分的腐熟能大大提高堆肥的肥效与质量。

一般来说，堆肥中微生物相随温度变化而变化，因堆制材料不同而有较大差异。表1-12-20显示了以城市污水厂剩余污泥为材料的堆肥中微生物相的变化情况。

表 1-12-20 污泥堆肥中微生物相的变化   单位：10^5 个/g 干土

菌 类	堆 制 天 数			旱田 (26d)	水田 (21d)
	0d	30d	60d		
好氧菌	801	192	113	233	292
厌氧菌	136	1.8	0.97	14.6	21.4
放线菌	10.2	5.5	3.7	47	27
真菌类	8.4	16.5	0.36	2.5	0.80
氨化细菌	34	240	44	—	—
氨氧化细菌	<43	14	0.37	—	—
亚硝酸氧化细菌	0.08	>0.003	0.003	0.7	0.0016
脱氮菌	1300	9900	200	1.44	2.86
好氧菌/放线菌	78.5	34.9	30	4.9	11.0

由表1-12-19可以看出，堆肥前污泥中占优势的微生物为细菌、真菌，而放线菌较少。在细菌的组成中，一个显著特征是厌氧菌和脱氮菌相当多，这与污泥中富含易分解有机物、水分多、常呈厌氧状态有关。经过一个月的堆肥后，细菌数量减少，好氧菌只是略有减少，而厌氧菌比原料污泥中减少了大约1%，氨化细菌和脱氮菌有明显的增加。这说明污泥中的大量蛋白质变成了氨，经硝化后，又接着发生脱氮作用。此外，表1-12-19还表明，好氧菌数量与放线菌数量之比，可作为衡量系统内生物相稳定与否的一个指标。旱田、水田中好氧菌数与放线菌数之比分别为5和10，与这两个值相近的值，可认为生物相达到了相当的稳定程度。堆置60d后好氧菌数与放线菌数之比为30，说明再经过数十天，生物相就可达到一定的稳定状态。

对于好氧堆肥过程，生化反应的计量方程式一般采用下列通式：

$$C_s H_t N_u O_v \cdot a H_2O + b O_2 \longrightarrow C_w H_x N_y O_z \cdot c H_2O + d H_2O(气) +$$
$$e H_2O(液) + f CO_2 + g NH_3 + 热量$$

式中堆肥产品 $C_w H_x N_y O_z \cdot c H_2O$ 与堆肥原料 $C_s H_t N_u O_v \cdot a H_2O$ 之比为 0.3~0.5（这是氧化分解减量化的结果）。通常可取如下数值范围：$w=5\sim10$，$x=7\sim17$，$y=1$，$z=2\sim8$。

2. 好氧发酵的影响因素

好氧发酵反应通常自然发生，在复杂的堆肥原料中，多种微生物在适宜的条件下对有机物进行生物降解。影响堆肥生物降解过程的因素很多。

（1）通风作用

在机械堆肥生产系统里，要求至少有30%的氧渗入到堆料各部分，以满足微生物氧化分解有机物的需要。在反应过程的不同阶段，通风的作用也不同。微生物发酵初期通风是提供氧气；发酵中期起供氧、散热冷却作用，散热冷却通过装置向外排风时带走水分来实现，进而控制堆体达到适宜温度；发酵后期通风的目的在于降低堆肥的含水率。

堆肥所需要的通风量主要取决于堆肥原料有机物的含量、挥发度（%）、可降解系数等，在实际计算供氧所需风量时，可用下式计算：

$$Q_f = \frac{1.344 RO_{2max} V}{ab} \tag{1-12-89}$$

式中，Q_f 为供氧所需的风量，m^3/min；RO_{2max} 为发酵物料的最大耗氧速率，$mol\ O_2/(cm^3$ 堆料·h)；a 为标准状况下，空气中氧的体积分数；b 为供氧效率；V 为堆料的体积，cm^3。

（2）含水率

微生物需要从周围环境中不断吸收水分以维持其生长代谢活动，微生物体内水及流动状态水是进行生化反应的介质，污泥中的有机营养成分也只有溶解于水中才能被微生物细胞吸收，所以水分是否适量直接影响堆肥的发酵速度和腐熟程度。从理论上讲在含水率为 100% 时微生物有最大生物活性，但是实际上为了保证向堆体供氧以及由于其他条件的限制，需要把堆体的含水率控制在一定范围内。一般来说，有机物含量<50%时，最适宜的含水率为 45%～50%；有机物含量达到 60%时，最适宜含水率可达到 60%。当含水率<10%时，微生物的繁殖就会停止。

临界水分是好氧堆肥过程中保证供氧顺利进行的最大堆体含水率，既要考虑微生物活性的需要，又要考虑保持物料孔隙率与透气性的需要，一般为 65%。

（3）温度

温度是影响微生物活性和堆肥工艺过程的重要因素。堆肥过程中有机物降解率的变化情况，可以反映各温度阶段微生物对有机物分解能力的大小和微生物的代谢活力。堆肥中微生物进行分解代谢释放出的热量是堆肥温度上升的热源，堆肥的温度变化一般会经历升温阶段、高温阶段及降温阶段。有机物的降解作用主要发生在升温阶段和高温阶段。

温度变化会对微生物繁殖造成影响。在堆肥初期微生物以低、中温菌为主，同时存在耐高温的菌群。当温度达到 55℃ 以上时，高温菌种的数量在总菌种数量上占绝对优势。温度的上升使微生物的生命活动旺盛，繁殖速度加快，此时有机质分解速度较快，又可以将虫卵、病原菌、寄生虫、孢子等杀灭，使堆肥达到无害化要求。

（4）有机物含量

有机物含量也是堆肥过程中的一个影响因素。当有机物含量低时，没有足够的营养物质维持微生物的生长，微生物活性不足，堆肥反应放出的能量不足以维持堆肥所需要的温度，将影响无害化处理，并且产生的堆肥成品由于肥效低而影响其使用价值。如果有机质含量过高，则给通风供氧带来困难，有可能产生厌氧状态，一般来说，堆料适合的有机物含量为 20%～80%。

（5）颗粒度

堆肥所需的氧气是通过堆肥原料颗粒空隙供给的，空隙率及空隙的大小取决于颗粒大小及结构强度。物料颗粒的适宜平均粒度为 12～60mm，最佳粒径随物料物理特性而变化。

（6）碳氮比

在堆肥过程中，大量的碳为微生物代谢过程提供能源，并被氧化为 CO_2 而排出，另一部分碳则构成了细胞膜。氮主要用于原生质的合成作用而留在微生物体内，碳氮比是影响微生物对营养需求的一个重要因素，因此微生物分解有机物的速度也随碳氮比的变化而变。微生物自身的碳氮比约为 4～30，当碳氮比为 10 时，有机物被微生物分解的速度最大。据报道，当原料的碳氮比为 20、30～50 和 70 时，堆肥所需时间分别为 9～12d、10～19d 及 21d 左右。发酵后的碳氮比一般会减少 10%～20%，堆肥成品的碳氮比不易过高，否则会直接或间接影响农作物的生长发育。一般认为堆肥原料的最佳碳氮比为 26～35。

（7）pH 值

堆肥过程中，pH 值随着时间和温度的变化而变化，因而 pH 值也是表征堆肥分解过程的重要指标。pH 值并不影响堆肥过程中有机质的降解，但是 pH 值对微生物的生长有重要的作用，pH 值过高或过低都会影响微生物的生长，进而影响堆肥的效率。一般认为 pH 值在 7.5～8.5 时，可获得最大堆肥效率。

3. 工艺流程及产污环节

污泥好氧发酵通常包括前处理、好氧发酵、后处理和贮存等过程。前处理包括破碎、混合、含水率和碳氮比的调整；好氧发酵阶段通常采用一次发酵方式；后处理主要包括破碎和筛分，有时需要干燥和造粒。污泥好氧发酵工艺流程及产污环节见图 1-12-22。污泥好氧发酵过程中产生的主要污染物是恶臭气体、粉尘及滤液。

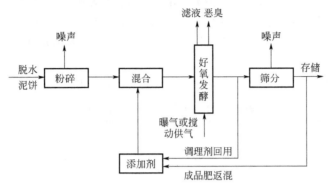

图 1-12-22　污泥好氧发酵工艺流程及产污环节

4. 污泥好氧发酵工艺类型

（1）条垛式好氧发酵

条垛式好氧发酵通常采用露天强制通风的发酵方式，经前处理工段处理后的混合物料被堆置在经防渗处理后的地面上，形成梯形断面的长条形条垛。条垛式好氧发酵分为静态和间歇动态两种工艺。

静态好氧发酵是指在污泥混合物料所堆放的地面上铺设供风管道系统，通过强制通风或抽气的方式为好氧发酵过程提供所需氧气。

间歇动态好氧发酵是指采用轮式或履带式等翻（抛）堆设备，定期翻堆，使混合物料与空气充分接触，保持好氧发酵过程所需氧气。

目前通常采用静态强制通风与定期翻堆相结合的条垛式好氧发酵工艺。

静堆式条垛好氧发酵的断面一般采用梯形，应根据污泥性质和通风方式通过试验确定具体尺寸。一般高大的条垛有利于获得较高的温度，并产生较少的臭味。静堆式条垛示意见图1-12-23。

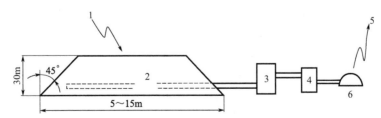

图 1-12-23　静堆式条垛示意

1—空气；2—垛；3—收集渗滤液和浓缩液；4—风机；5—脱臭气体；6—生物滤床

静堆式条垛好氧发酵工艺过程为：首先按比例混合好湿污泥和木屑，然后在风管上铺上15～30cm 厚的木屑或干化污泥用于布气，再在上面堆置混合好的污泥，最后在污泥堆上覆盖干化污泥。快速堆肥时间必须大于 10d，一般为 14～21d，在条件允许的情况下，可适当延长。然后进行筛分回收木屑，筛分后的污泥作进一步的熟化处理，持续时间应为 30～60d，当通风干化的污泥含固率小于 50％时，应重新分堆进一步干化，持续时间要大于 7d，以利于筛分回收木屑。

静堆式条垛好氧发酵一般由木屑支撑层、混合污泥层、熟污泥覆盖层组成，通过污泥堆的气体阻力损失可以采用下式计算：

$$D = kV^n H^j \times 3.28^{n+j} \tag{1-12-90}$$

式中，D 为好氧发酵中气体阻力损失，m；k 为好氧发酵中气体阻力损失系数，取值范围为 1.2～8.0；V 为好氧发酵中气体的速度，m/s；n 为好氧发酵中气体速度阻力系数，取值范围为 1.0～2.0；H 为好氧发酵高度，m；j 为好氧发酵高度阻力系数，取值范围为 1.0～2.0。

不同的基质，k、j、n 值不同，可参照表 1-12-21 中的范围取值。

表 1-12-21　不同基质的 k、j、n 值

基　　质		k	j	n
木屑：生污泥 （体积比）	2：1	1.245	1.05	1.61
	3：2	1.529	1.30	1.63
	1：1	2.482	1.47	1.47
	1：2	7.799	1.41	1.48
新木屑		0.539	1.08	1.74
使用后的木屑		3.504	1.54	1.39
筛分后的熟污泥		1.421	1.66	1.47

静堆式条垛好氧发酵的通风量应按式(1-12-91)～式(1-12-93)计算，此时计算出的全过程通风量为平均需气量，但是由于受到有机物氧化速率、供气系统的开关控制方式的影响，在好氧发酵过程中会形成一个峰值需气量，因此，一般取计算出的需气量的 3～5 倍作为设计依据。

① 有机物氧化需气量

$$Q_1 = \frac{aq_1 + bq_2}{F} \tag{1-12-91}$$

式中，Q_1 为标准状态下好氧发酵过程中有机物氧化需气量，m^3/d；a 为城镇污泥中生物可降解有机物的需氧量，取值范围为 1.0～4.0kg O_2/kg 干污泥，典型值为 2.0kg O_2/kg 干污泥；b 为调理剂中生物可降解有机物的需氧量，取值范围为 0.5～3.0kg O_2/kg 调理剂，典型值为 1.2kg O_2/kg 调理剂；q_1 为处理城镇污泥中的生物可降解量，kg 干污泥/d；q_2 为添加调理剂中的生物可降解量，kg 调理剂/d；F 为标准状态（0.1MPa，20℃）下的空气含氧量，kg O_2/m^3，取 0.28kg O_2/m^3。

② 除湿需气量

$$Q_2 = \frac{\dfrac{1-S_s}{S_s} - \dfrac{1-v_s}{1-v_p} \times \dfrac{1-S_p}{S_p}}{\rho(\omega_o - \omega_i)} \times q_1 + \frac{\dfrac{1-S_T}{S_s} - \dfrac{1-v_T}{1-v_p} \times \dfrac{1-S_p}{S_p}}{\rho(\omega_o - \omega_i)} \times q_2 \tag{1-12-92}$$

式中，Q_2 为标准状态下好氧发酵过程中除湿需气量，m^3/d；ω_o 为出口空气饱和湿度，kg H_2O/kg 干空气；ω_i 为进口空气饱和湿度，kg H_2O/kg 干空气；S_s 为生污泥固体含量，取值范围为 0.15～0.30kg 干污泥/kg 生污泥；S_T 为调理剂固体含量，取值范围为 0.30～0.50kg 干污泥/kg 调理剂；v_s 为生污泥中挥发性固体含量，取值范围为 0.6～0.8g 挥发性

固体/g 干污泥；S_p 为好氧发酵产品中固体含量，取值范围为 0.55～0.75kg 干污泥/kg 堆肥污泥；v_T 为调理剂中挥发性固体含量，取值范围为 0.6～0.8g 挥发性固体/g 调理剂干物质；v_p 为好氧发酵产品中挥发性固体含量，取值范围为 0.3～0.5g 挥发性固体/g 干污泥；ρ 为标准状态下空气密度，取 1.18kg/m^3。

③ 除热需气量

$$Q_3 = \frac{(aq_1 + bq_2)C}{(\omega_o - \omega_i)c_H + \omega_o c_V(T_o - T_i) + c_g(T_o - T_i)} \times \frac{1}{\rho} \quad (1\text{-}12\text{-}93)$$

式中，Q_3 为标准状态下去除好氧发酵过程中产生热量的需气量，m^3/d；C 为常数，单位耗氧产热量，取 13.63kJ/kg O_2；c_H 为常数，温度 T_i 时水的汽化热，kJ/kg；c_V 为常数，101.33kPa 水蒸气的定压比热容，取 1.84kJ/(kg·℃)；c_g 为常数，101.33kPa 干空气的定压比热容，取 1.01kJ/(kg·℃)；T_o 为出口温度，℃；T_i 为进口温度，℃。

静堆式条垛好氧发酵的通风设施，常采用布气板或穿孔管进行环形布气，上部铺 15～30cm 厚的膨松剂，当采用穿孔管布气时，支管间距应为 0.8～2.5m。风机的运行方式可采用向堆内鼓风和从堆内吸风两种方式，当从堆内吸风时，应在风机前设置渗滤液和浓缩液的收集设施。

（2）翻堆式条垛堆肥

翻堆式条垛堆肥的断面一般也采用梯形，其尺寸取决于污泥的性质和所使用的翻垛设备，一般堆成约 1～2m 高、底部 3～5m 宽的长堆，上部宽度一般为 0.5～1.5m，条垛间距一般为 0.5～1.5m，条垛间距一般为 0.5～3m，设计比容为 5000～5700m^3/hm^2。翻堆式条垛示意见图 1-12-24。

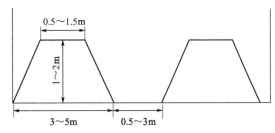

图 1-12-24　翻堆式条垛示意

翻堆式条垛堆肥的快速堆肥维持在 21～28d，以完成初步的干化、好氧呼吸以及初步的巴氏杀菌；每周翻垛 3～4 次，以维持垛内温度在 45～65℃。快速堆肥完成后，2～3 条的小垛形成一条大垛进行熟化，在垛内形成灭活病原菌所需要的温度，进一步脱水干化，以及使污泥混合均匀；熟化阶段通常大于 21d，每周翻垛 1～3 次，以维持垛内温度在 55℃以上。

当翻堆式条垛堆肥设置鼓风或吸风设施时，同样可以采用式(1-12-91)～式(1-12-93)进行计算。

（3）发酵槽（池）式好氧发酵

发酵槽（池）式好氧发酵是指在厂房中设置若干发酵槽，槽底设供风管道和排水管道，槽壁顶部设轨道，供翻堆机械移转，定期翻堆。发酵槽（池）式好氧发酵的典型工艺为阳光棚发酵槽。

阳光棚发酵槽是指利用阳光棚的透光和保温性能，提高发酵槽内温度。发酵槽底部安装通风管道系统，通过强制通风来保证好氧发酵过程所需氧气。

（4）仓内堆肥

仓内堆肥可采用机械水平翻垛的矩形槽、机械圆周翻垛的圆形槽，"达诺"转筒等形式。

仓内堆肥的停留时间可根据堆肥仓的形式进行调整，一般为 8～15d，堆肥完成后，熟化时间应为 1～3 月。

5. 消耗及污染物排放

（1）好氧发酵消耗

条垛式好氧发酵能耗为 1～7kW·h/m³ 发酵产品。发酵槽（池）式好氧发酵能耗为 5～15kW·h/m³ 发酵产品。

（2）好氧发酵污染物排放

① 大气污染物　污泥好氧发酵微生物对有机质进行分解时产生恶臭气体，主要包括氨、硫化氢、醇醚类以及烷烃类气体。污泥好氧发酵在翻堆和通风过程中会产生粉尘。

② 水污染物　污泥好氧发酵过程产生的滤液中化学需氧量（COD_{Cr}）浓度为 2000～6000mg/L，五日生化需氧量（BOD_5）浓度为 60～4500mg/L。条垛式污泥好氧发酵采用露天方式时需考虑场地雨水。

（二）厌氧堆肥

厌氧堆肥的实质是厌氧微生物在无氧状态下通过对有机固体物质进行液化、酸性发酵（产乙酸）、碱性发酵（产甲烷）三个阶段后使有机物质转化并稳定化的过程。液化阶段起作用的微生物包括纤维素分解菌、脂肪分解菌、蛋白质水解菌。在此阶段，在微生物的作用下将不溶性物质转化为可溶性大分子物质。酸性发酵阶段是将上阶段产生的可溶性大分子作为电子供体，在醋酸分解菌和产氢细菌的作用下产生乙酸和氢气的过程。在分解初期，有机酸大量积累，pH 值逐渐下降。碱性发酵阶段是甲烷菌分解脂肪酸和醇等，生成甲烷和 CO_2。随着甲烷菌的繁殖，有机酸迅速分解，pH 值迅速上升。

目前，厌氧堆肥的研究和应用还很少。影响厌氧堆肥的因素包括堆体的理化参数，如堆肥原料、有机质含量、pH 值、碳氮比、通气量、水分含量等；同时还受到环境温度变化的影响。当环境温度发生变化或者环境温度过低时，堆体的温度也会发生变化，尤其是当堆体体积较少时，环境温度的改变对其的影响就会更大。一般认为在堆肥的启动阶段，堆料中有较多易降解有机物存在，微生物集中进行有机质的降解，从而使产热量大于散热量，在相对稳定的环境条件下，5.8℃以上的环境温度下，污泥堆肥完全可以达到高温。充足的水分使堆肥物质粒子间充满水，从而造成一个小范围的厌氧状态，提高了厌氧菌的活性，一般认为含水率为 80% 左右时比较合适。

（三）设计要点

① 堆肥可采用条垛堆肥和仓内堆肥，条垛堆肥又可采用静堆式或翻堆式；根据污泥流态，仓内堆肥可采用垂直流动式、水平流动式或单箱静堆式。

② 堆肥分为快速堆肥和熟化两个阶段。堆肥在快速堆肥阶段，具有很高的氧利用速率和产生较高的温度，熟化阶段的氧利用速率较低，温度逐渐下降。条垛堆肥作为仓内堆肥的后续工艺用于污泥熟化，从而完成整个堆肥过程。

③ 混合污泥初始含水率一般为 55%～65%，因为这时堆肥很容易渗水并且有足够的空隙允许适量的空气进入堆肥过程中，可通过添加蓬松剂和返混干污泥调节含水率。条垛的含水率会随着水分的蒸发而减小，为了保持堆肥微生物的活性，在整个堆肥过程中，含水率不得低于 45%，必要时应在堆肥过程中加水。

返混干污泥和膨松剂添加量可用下式计算：

$$X_R = (1-f_2)f_1 X_C \tag{1-12-94}$$
$$X_B = f_1 X_C - X_R \tag{1-12-95}$$

式中，X_R 为返混干污泥的湿重，kg/d；X_B 为添加膨松剂的湿重，kg/d；f_1 为膨松剂和返混干污泥的湿重与进泥泥饼的湿重比例，取值范围为 $0.75 \sim 1.25$；f_2 为膨松剂添加量占膨松剂和返混干污泥总添加量的比例，取值范围为 $0.20 \sim 0.40$；X_C 为进泥泥饼的湿重，kg/d。

④ 堆肥过程中，堆内温度应维持在 $55 \sim 65℃$ 达到 3d 以上，以保障污泥产品性能满足病原菌的标准要求。

⑤ 堆肥初始碳氮比应为 $(20:1) \sim (40:1)$，过低的碳氮比会导致因氨的挥发而引起的氮流失，并且会产生强烈的氨气味。可通过添加调理剂调节营养平衡，理想的调理剂应是干燥、堆密度小、相对容易生物降解的物质，常采用锯木屑、稻草、麦秆、玉米秆、泥炭、稻壳、棉籽饼、厩肥、园林修剪物等。

⑥ 堆肥添加膨松剂用于提供结构性的支撑并增加空隙率以适合通气，通常膨松剂为 $2 \sim 5cm$ 长的木屑，以及废旧轮胎、花生壳、修剪下来的树枝等均可作为膨松剂使用。当采用有机物作为膨松剂时，同时可以提高污泥的热值。

⑦ 堆肥过程中，堆体中空气含氧量宜控制在 $5\% \sim 15\%$，过高的含氧量需要更高的空气流量，从而导致堆内温度下降，不利于堆肥。含氧量过低容易出现厌氧区。

⑧ 堆肥必须设置臭味控制设施，常采用生物滤床等方式，滤料可采用筛分后的熟化污泥等材料。

⑨ 污泥堆肥过程中会产生大量的渗滤液，渗滤液中的 COD、BOD、氨氮等污染物浓度较高，如果直接进入水体，会造成地下水和地表水的污染，因此污泥堆肥工程的地面周边及车行道必须进行防渗处理，设置渗滤液收集系统，防止污染物地下水和地表水。

⑩ 堆肥后的污泥可作为土壤调理剂、覆盖土、有机基质等使用。

五、综合利用

（一）一般要求

① 污泥综合利用主要采用脱水污泥或污泥焚烧灰制砖、陶粒、水泥、人工轻质填料、混凝土的填料、活性炭、生化纤维板等。

② 对污泥直接进行综合利用时，污泥含水率需小于 80%，臭度小于 2 级（六级臭度）。综合利用对污泥须进行除臭、去除重金属等无害化处理后方可利用。

③ 污泥和污泥焚烧灰中的重金属、放射性污染物、有机污染物等超过《危险废物鉴别标准　浸出毒性鉴别》（GB 5085.3）和《建筑材料放射性核素限量》（GB 6566）中的有关规定时禁止进行污泥综合利用。

（二）制砖及水泥

① 用污泥制砖时，脱水污泥一般可掺入煤渣、石灰、粉煤灰、黏土和水泥进行调配。掺入的物质须和水、污泥混合搅拌均匀，制坯成型进行焙烧。污泥与黏土等物质的配比一般不应超过 $1:10$。

② 用焚烧灰制砖时，须加入适量的黏土与硅砂，使其成分达到制砖黏土的成分标准，适宜配比为黏土:焚烧灰:硅砂 $= 50:100:(15 \sim 20)$（质量比）。砖坯的烧结温度以 $1080 \sim 1100℃$ 为宜。

③ 污泥或污泥焚烧灰制砖时，产品质量必须符合《烧结普通砖》（GB 5101）的规定。

④ 将脱水污泥或污泥焚烧灰制水泥时，脱水污泥混入水泥原料中的最大体积比应不大于 10%，污泥焚烧灰混入水泥原料中的最大质量比应小于 4%。

⑤ 污泥在替代混凝土中砂的利用时，必须符合《硅酸盐建筑制品用砂》（JC/T 622）的规定。污泥在水泥制作利用时，产品质量必须符合《通用硅酸盐水泥》（GB 175）的规定。

（三）制陶粒

① 污泥制陶粒分为干化-烧结和湿法造粒-烧结两种工艺。干化-烧结工艺制陶粒时，宜首先将污泥干化至含水率 10% 以下，设置专门的破碎装置破碎物料，适宜的物料配比为干污泥 50%、粉煤灰 30%～40%、黏土 10%～20%，混合原料在 350℃时预热 30min，烧结温度宜为 1100～1150℃，烧结时间为 15min 左右。

② 湿法造粒-烧结工艺制陶粒时，宜首先将污泥干化至含水率 60% 以下，并添加一定量的辅料和添加剂，辅料宜选粉煤灰和黏土，两者不宜超过 40%，添加剂宜选沸石粉，其不宜超过 10%，混合物料含水率应降至 30% 以下，混合物料在 300℃的温度时预热 30min，烧结温度宜为 1100～1150℃，烧结时间为 15min 左右。

③ 干化系统须有臭气收集和处理装置，应对污泥在燃烧和烧结过程中排放的废气进行处理，使其达到国家和地方的相关规定。

④ 污泥陶粒产品的吸水率和抗压强度应满足《轻集料及其试验方法　第 1 部分：轻集料》（GB/T 17431.1—2010）的要求，堆积密度和筒压强度等技术指标应满足 GB/T 17431.1 的要求。禁止使用不符合相关应用领域产品标准的产品。

⑤ 应按《固体废物浸出毒性浸出方法　水平振荡法》（HJ 557—2010）规定对陶粒产品进行重金属浸出实验，确保符合相关应用领域的环保要求，禁止使用会对环境造成二次污染的产品。

第八节　污泥处理处置污染防治最佳可行技术

一、概述

此处选择污泥中温厌氧消化和污泥好氧发酵为污泥处理污染防治最佳可行技术，污泥土地利用和污泥干化焚烧为污泥处置污染防治最佳可行技术。污泥处理处置前采用浓缩、脱水等预处理方式。

对于实际污水处理规模大于 $5×10^4 m^3/d$ 的城镇二级污水处理厂，其产生的污泥宜通过中温厌氧消化进行减量化、稳定化处理，同时进行沼气综合利用。

对于园林和绿地等土地资源丰富的中小型城市的中小型城镇污水处理厂，可考虑采用污泥好氧发酵技术处理污泥，并采用土地利用方式消纳污泥。厂址远离环境敏感点和敏感区域时，宜选用条垛式好氧发酵工艺；厂址附近有环境敏感点和敏感区域时，可选用封闭发酵槽式（池）好氧发酵工艺。

对于大中型城市且经济发达的地区、大型城镇污水处理厂或部分污泥中有毒有害物质含量较高的城镇污水处理厂，可采用污泥干化焚烧组合工艺处置污泥。应充分利用焚烧污泥产生的热量和附近稳定经济的热源干化污泥。污泥干化焚烧厂的选址应采取就近原则，避免远距离输送。

污泥干化技术应和焚烧以及余热利用相结合，不鼓励对污泥进行单独热干化。

二、污泥预处理污染防治最佳可行技术

（一）最佳可行工艺流程

污泥预处理污染防治最佳可行技术系统包括收集系统、浓缩系统、消化系统、脱水系统、存储与输送系统、计量系统及相关辅助设施等。污泥预处理污染防治最佳可行技术工艺流程见图 1-12-25。

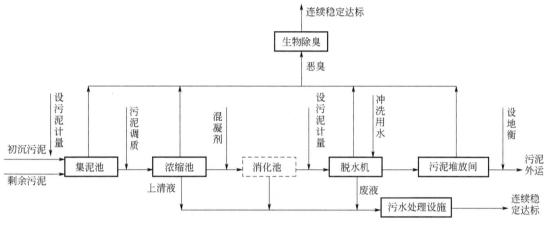

图 1-12-25　污泥预处理污染防治最佳可行技术工艺流程

（二）最佳可行工艺参数

污泥预处理构筑物个数采用至少两个系列设计。

初沉污泥采用重力浓缩时，污泥固体负荷为 $80\sim120kg/(m^2 \cdot d)$，停留时间宜为 $6\sim8h$。混合污泥采用重力浓缩时，污泥固体负荷为 $50\sim75kg/(m^2 \cdot d)$，停留时间宜为 $10\sim12h$。进入脱水机前的污泥通常含水率大于 96%，经脱水后的污泥含水率要求小于 80%。

（三）污染物削减及污染防治措施

城镇污水处理厂污泥预处理阶段的集泥池和浓缩池等构筑物采取加盖密闭并保持微负压，产生的恶臭气体可集中收集后进行生物除臭。脱水机房、泵房和堆放间等建筑物应采用微负压设计，建筑物顶部应设多个吸风口，经由风机和风管收集至集中处理设施进行处理后，使其连续稳定达标运行。污泥浓缩的上清液及污泥脱水和设备清洗过程产生的废水集中收集，单独处理后回流至污水处理厂。离心脱水设备产生的噪声采取消声、隔声、减振等措施进行防治。

（四）技术经济适用性

机械脱水适用于大、中型城镇污水处理厂。间歇式重力浓缩适用于小型城镇污水处理厂；连续式重力浓缩适用于大、中型城镇污水处理厂。有脱氮除磷要求的城镇污水处理厂宜采用机械浓缩。对采用生物除磷污水处理工艺产生的污泥，宜采用浓缩脱水一体机等设备进行处理。

（五）最佳环境管理实践

城镇污水处理厂附近有环境敏感点或敏感区域时，关键构筑物和建筑物保持微负压设计。污泥经预处理后及时密闭运输或连接后续处理。

三、污泥厌氧消化污染防治最佳可行技术

（一）最佳可行工艺流程

污泥中温厌氧消化污染防治最佳可行技术包括污泥预处理系统、污泥中温厌氧消化系统、沼气综合利用及净化系统、污染物控制系统。污泥浓缩后进入污泥厌氧消化系统，厌氧消化系统包括厌氧消化池、进出料和搅拌系统、加温系统、沼气收集净化和利用系统。

污泥中温厌氧消化污染防治最佳可行技术工艺流程见图1-12-26。

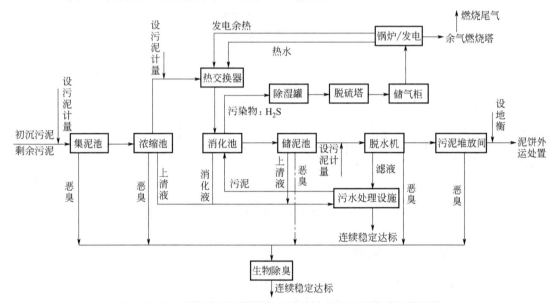

图 1-12-26　污泥中温厌氧消化污染防治最佳可行技术工艺流程

（二）最佳可行工艺参数

污泥中温厌氧消化污染防治最佳可行技术的工艺参数见表1-12-22。

表 1-12-22　污泥中温厌氧消化污染防治最佳可行技术的工艺参数

项目		工艺参数
中温厌氧消化	运行温度	最佳温度为35℃±2℃
	一级消化时间	15～20d
	二级消化时间	10d
	pH值	7～7.5
	消化池投配率	以5%～8%为宜
	产气率	不小于0.40～0.50m³/kg VS
	搅拌	采用机械搅拌或沼气搅拌。当池内各处污泥温度的变化范围不超过1℃时，即认为搅拌均匀
沼气综合利用	脱硫要求	采用干法脱硫时，沼气以0.4～0.6m/min的速度通过脱硫剂，接触时间通常为2～3min；采用湿法脱硫时，采用2%～3%的碳酸钠溶液从脱硫塔顶喷淋，沼气与吸收剂逆流接触，然后从顶部排出
	硫化氢排放	采用脱硫工艺后H_2S小于20mg/m³
	热电效率	沼气发电机组电效率应大于33%，热回收效率应大于35%，大型机组总效率应大于80%

（三）污染物削减及污染防治措施

经中温厌氧消化后的污泥有机物降解率不小于40％，蠕虫卵死亡率大于95％。沼气利用前采用脱水、脱硫等措施进行净化。厌氧消化产生的消化液单独收集，集中处理，可采用脱氮工艺、化学除磷及鸟粪石结晶等方法处理。沼气发电机组设备产生的噪声采用消声、隔声、减振等措施进行防治。室外设备须加装隔声罩。

（四）技术经济适用性

城镇二级污水处理厂可采取中温厌氧消化进行减量化、稳定化处理，同时进行沼气综合利用。通常情况下，污泥厌氧消化系统的工程投资占城镇污水处理厂总投资的20％～30％。厌氧消化直接运行成本为0.05～0.10元/t污水（不包括固定资产折旧）。考虑沼气发电回收电量后，采用厌氧消化可降低城镇污水处理厂20％～30％的电耗。

（五）最佳环境管理实践

消化、脱水后的污泥进行临时堆放或存储时，采取防渗和防臭等措施。集泥池、浓缩池、污泥脱水机房和污泥堆放间等建（构）筑物在环境敏感点或敏感区域采取微负压设计。

沼气利用时制定安全管理制度。在消化池、储气柜、脱硫间周边划定重点防火区，并配备消防安全设施；非工作人员未经许可不得进入厌氧消化管理区内；在可能的泄漏点设置甲烷浓度超标及氧亏报警装置。

在沼气贮气柜的运行维护中保证压力安全阀处于正常工作状态；保证冬季气柜内水封不结冰，必要时在气柜迎风面设移动式风障，防止大风对气柜浮盖升降造成影响。

四、污泥好氧发酵污染防治最佳可行技术

（一）最佳可行工艺流程

污泥好氧发酵污染防治最佳可行技术包括前处理、好氧发酵、后处理及臭气污染控制。其最佳可行技术工艺流程见图1-12-27。

（二）最佳可行工艺参数

好氧发酵前，污泥混合物料含水率调到55％～65％，碳氮比（C/N值）为（25～35）：1，有机质含量通常不小于50％，pH值为6～8。

采用条垛式好氧发酵时，无通风典型动态发酵周期约20d；加设通风系统后发酵周期约15d，温度55℃以上持续5～7d。

采用发酵槽（池）式好氧发酵时，阳光棚发酵槽每隔1～2d翻堆一次，温度55℃以上持续5～7d，发酵周期约20d。

好氧发酵堆体上部铺设5～10cm的覆盖物料吸附恶臭气体。

发酵时，静态好氧发酵强制通风，每1m³物料通风量0.05～0.2m³/min，非连续通风；间歇动态好氧发酵可参考静态工艺并依生产试验的结果确定通风量，保证好氧发酵在最适宜条件下进行。

（三）污染物削减及污染防治措施

经好氧发酵处理后的污泥含水率小于40％，有机物降解率大于40％，蠕虫卵死亡率大

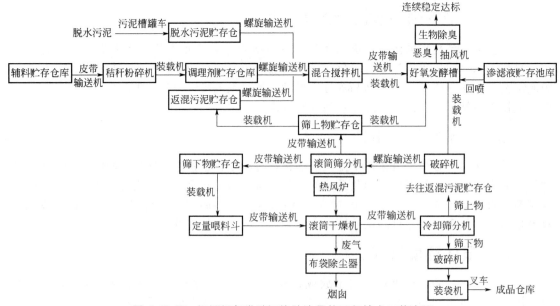

图 1-12-27　污泥好氧发酵污染防治最佳可行技术工艺流程

于 95％，粪大肠菌群菌值大于 0.01，种子发芽指数不小于 70％。

污泥好氧发酵过程中产生的恶臭气体宜集中收集后进行生物除臭。

粉尘集中收集后采用除尘器进行处理。

污泥好氧发酵场产生的滤液以及露天发酵场的雨水集中收集，部分回喷至混合物料堆体，补充发酵过程中的水分要求，其余回流到城镇污水处理厂或自建的处理装置。

对于污泥好氧发酵设备产生的噪声采取消声、隔振、减噪等措施进行防治。

（四）技术经济适用性

在园林和绿地资源丰富的中小城市的中小型城镇污水处理厂，宜选用高温好氧发酵方式集中建设污泥发酵场处理污泥。

厂址远离环境敏感点和敏感区域时，可采用条垛式好氧发酵工艺；厂址附近有环境敏感点或敏感区域时，宜采用封闭发酵槽（池）式好氧发酵工艺。

中、小规模的条垛宜使用斗式装载机或推土机；大规模的条垛宜使用垮式翻堆机或侧式翻堆机。

设计完整的污泥好氧发酵系统的投资为 30 万～50 万元/t（80％含水率），经营成本约为 80～150 元/t 脱水污泥。

（五）最佳环境管理实践

设置完善的污泥产品监测系统，严格控制污泥堆肥产品质量。仅允许符合国家相关标准要求的污泥好氧发酵产品出厂、销售或施用。

定期对污泥堆体温度、氧气浓度、含水率、挥发性有机物含量及腐熟度等进行监测。污泥好氧发酵车间可在线监测硫化氢、氨气浓度。

单独建设发酵场或在城镇污水处理厂内建设的污泥发酵场不能满足卫生防护距离时，采用完全封闭的发酵工艺，厂房采用微负压设计。

五、污泥土地利用污染防治最佳可行技术

（一）最佳可行工艺流程

污泥土地利用污染防治最佳可行技术主要是将经稳定化和无害化处理后的污泥或污泥产品进行园林绿化、林地利用或土壤修复及改良等综合利用。

污泥土地利用污染防治最佳可行技术工艺流程见图 1-12-28。

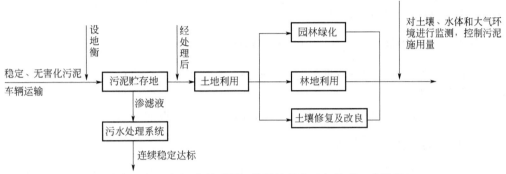

图 1-12-28 污泥土地利用污染防治最佳可行技术工艺流程

（二）最佳可行工艺参数

采用土地利用方式处置的污泥应满足表 1-12-23 中的要求。

表 1-12-23 污泥土地利用污染防治最佳可行技术施用污泥的指标要求

项 目		相关参数要求
无害化指标	臭度	<2 级（六级臭度）
	粪大肠菌群菌值	0.01
	蛔虫卵死亡率	≥95%
	种子发芽指数	≥70%
	pH 值	5.5～8.5
	含水率	≤45%
稳定化指标	有机物降解率	≥40%
	其他	样品在 20℃继续消化 30d，挥发份组分的减量须少于 15%；或比好氧呼吸速率小于 1.5mg O_2/(h·g)污泥（干重）
污泥污染物限值（最高容许含量）/(mg/kg)	镉及其化合物（以 Cd 计）	20
	汞及其化合物（以 Hg 计）	15
	铅及其化合物（以 Pb 计）	1000
	铬及其化合物（以 Cr 计）	1000
	砷及其化合物（以 As 计）	75
	硼及其化合物（以 B 计）	150
	矿物油	3000
	苯并[a]芘	3
	铜及其化合物（以 Cu 计）	500
	锌及其化合物（以 Zn 计）	1000
	镍及其化合物（以 Ni 计）	200

污泥施用避开降水期和夏季炎热高温气候，施用前将污泥或污泥与土壤的混合物堆置大于 5d。

污泥用作园林绿化草坪或花卉种植介质土时，单位施用量为 6～12kg DS/m²；用作小灌木栽培介质土时，单位施用量为 12～24kg DS/m²；用作乔木栽培介质土时，单位施用量为 10～80kg DS/m²。

施用场地的坡度宜大于 6%，并采取防止雨水冲刷、径流等措施。

污泥林地利用时，在施用污泥期间及施用后 3 个月内，限制人以及与人接触密切的动物进入林地；施用污泥时，氮含量每年每公顷用量不超过 250kg（以 N 计），磷含量每年每公顷用量不超过 100kg（以 P_2O_5 计）。

（三）污染物削减及污染防治措施

污泥堆放、贮存设施和场所进行防渗、防溢流和加盖等措施防止滤液及臭气污染；渗滤液集中收集和处理。

有效控制污泥的施用频率和施用量，同时加强对施用场地的监测。

（四）技术经济适用性

在土地资源丰富的地区可考虑污泥土地利用的方式消纳污泥，处置前应进行稳定化和无害化处理。

污泥土地利用的成本与效益情况因污泥用途而异。利用污泥替代有机肥、常规基质和客土修复材料时，可节省相应的开支。

（五）最佳环境管理实践

采用密闭车辆运输污泥，设置专用污泥堆存、存储设施和场所。

污泥土地利用前，应进行场地环境影响评价和风险评价；委托有资质的监测单位对施用场地的土壤、地下水和大气环境中各项污染物指标背景值进行监测，并定期对施用前的污泥、施用污泥后的土壤和土壤上种植的各种植物等进行取样监测和分析，且保存监测和分析记录 5 年以上。

加强对污泥土地利用的有效管理，确保有效的径流控制，阻止污泥流入地表水域。禁止在敏感水体附近的草坪、森林、沙地、湿地或开垦地施用污泥。

加强对污泥质量和施用污泥后场地的监测，监测项目主要包括重金属（铬、铜、铅、汞、锌等）、总氮、硝态氮、病原菌、蚊蝇密度和细菌总数等。大面积施用污泥前需进行稳定程度测试和重金属含量分析，不合格产品不能直接施用。

污泥林地利用可选择在树木砍伐后的林地、处于树苗期的林地或成树期的林地施用。施用方式可采用穴施、翻土作垄和犁沟等形式。雨季和冰冻期禁止施用污泥。

六、污泥焚烧污染防治最佳可行技术

（一）最佳可行工艺流程

污泥焚烧污染防治最佳可行技术主要包括污泥接收、贮存及给料系统，干化系统，焚烧系统，余热回收及热源补充系统，烟气处理系统，臭气收集及处理系统，给排水系统，压缩空气系统，通风和空调系统，电气系统和自控系统等。

污泥干化焚烧污染防治最佳可行技术工艺流程见图 1-12-29。

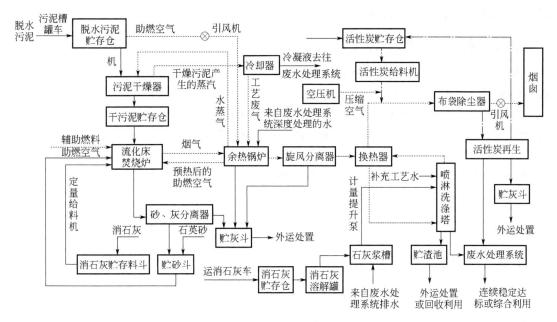

图 1-12-29 污泥干化焚烧污染防治最佳可行技术工艺流程

（二）最佳可行工艺参数

污泥焚烧高温烟气在 850℃ 以上的停留时间大于 2s，灰渣热灼减率不大于 5％ 或总有机碳（TOC）不大于 3％。

循环流化床焚烧炉流化速度通常为 3.6～9m/s，鼓泡流化床焚烧炉流化速度通常为 0.6～2m/s。

污泥与生活垃圾混合焚烧时，污泥与生活垃圾的质量之比不超过 1：4；利用水泥窑炉混烧的污泥汞含量小于 3mg/kg DS，最大进料比例不超过混合物料总量的 5％。

采用半干法烟气净化处理工艺时，烟气停留时间 10～15s，碱性吸附剂过量系数 1.5～2.5，脱酸效率＞98％。为防止布袋除尘器发生露点腐蚀，入口气体温度应为 130～140℃。

（三）污染物削减及污染防治措施

预除尘＋半干法是最佳烟气净化组合系统之一。预除尘可选用旋风除尘器，半干法可选用喷雾洗涤器与袋式除尘器的组合。添加碱性吸附剂后的脱酸效率可达 90％ 以上，可去除 0.05～20μm 的粉尘，除尘效率可达 99％ 以上。在布袋除尘器后采用选择性非催化还原法（SNCR），可达到 30％～70％ 的脱硝效率。

在标准状态下，干烟气含氧量以 6％ 计，烟尘排放浓度不大于 30mg/m³，二氧化硫不大于 350mg/m³，氮氧化物不大于 450mg/m³。

为避免二噁英的生成及其前驱物的合成，应通过优化炉膛设计、优化过量空气系数、优化一次风和二次风的供给和分配、优化燃烧区域内烟气停留时间、温度、湍流度和氧浓度等设计和运行控制方式；避免或加快（＜1s）在 250～400℃ 的温度范围内去除粉尘。在除尘器之前的烟气流中喷射含碳物质、活性炭或焦炭等吸附剂，可降低二噁英排放。

污泥焚烧系统产生的废水集中收集处理。

污泥焚烧过程产生的灰渣以及烟气净化产生的飞灰分别收集和储存。灰渣集中收集处置，飞灰经鉴别属于危险废物的，按危险废物进行处置。

（四）技术经济适用性

在大中型城市且经济发达的地区、大型城镇污水处理厂或部分污泥中有毒有害物质含量较高的城镇污水处理厂，可采用污泥干化焚烧技术处置污泥。

污泥焚烧以流化床焚烧炉应用最为普遍。流化床焚烧炉通常适合污泥大规模集中处置。鼓泡流化床适用于焚烧热值较低的污泥，循环式流化床适用于焚烧热值较高的污泥。

若干化和焚烧系统均采用国产设备，干化焚烧项目的投资成本为 30 万～35 万元/t 脱水污泥（含水率以 80％计）；若全部采用进口设备，干化焚烧项目的投资成本为 40 万～50 万元/t 脱水污泥（含水率以 80％计）。

污泥干化焚烧的直接运行成本为 100～150 元/t 脱水污泥（含水率以 80％计，不包括固定资产折旧）。

（五）最佳环境管理实践

污泥干化焚烧厂的选址遵循就近原则，优先考虑充分利用污泥焚烧产生的热量和附近稳定的热源对污泥进行干化后再焚烧处置。

建立入厂污泥质量控制系统，并定期对污泥中砷、镉、铬、铅和镍等重金属进行监测。

安装自动辅助燃烧器，使焚烧炉启动和运行期间燃烧室保持 850℃ 以上的燃烧温度。连续在线监测和调控炉膛温度、氧气含量、压力、烟气出口温度和水蒸气含量等工艺运行参数。

安装大气污染物连续在线监测装置，监测粉尘、氯化氢、二氧化硫、一氧化碳、烃类和氮氧化物，定期监测重金属和二噁英，每年至少 2～4 次。

脱水污泥贮存区（包括贮存罐和贮存仓）加盖并保持微负压。空气中甲烷含量不应超过 1.25％，并宜将贮存区空气抽做焚烧炉一次风。焚烧炉不运行期间，应避免污泥贮存过量。干化污泥贮存时，其温度不宜高于 40℃，贮存罐须保持良好通风，并设置除臭系统。

制定应急预案，防止事故的发生。污泥焚烧厂安装消防、防爆、自动监测和报警系统，确保焚烧设备安全、稳定、连续达标运行。

第九节　污泥的应急处置与风险管理

一、应急处置

由于污泥来源于各种污水或废水，所以污泥中不可避免地含有各种有毒有害物质，且因为污泥含较易分解或腐化的成分，通常会散发出难闻的气味。同时，目前污泥处理处置设施的规划建设普遍滞后于污水处理设施。因此，在污泥处理处置设施建成投入使用前，应采取适当的应急处置措施，严禁将污泥随意弃置。

（一）应急方式

目前常用的污泥应急处置措施为简易存置。简易存置方式可分为两种。

① 在汛期降雨频繁，且场地开放、无围挡的条件下，将污泥直接堆置成有序的条垛，

采取石灰和塑料薄膜双重覆盖的措施，最大限度地降低臭味散失和苍蝇滋生。

② 在旱季降雨较少，且场地封闭、有围墙的条件下，将污泥先自然摊晒 5～7d，降低含水率后再堆成条垛存置。摊晒过程中严密覆盖石灰，堆成条垛后严密覆盖沙土，以减小臭味散失。

污泥应急处置的场地应选择在远离人群集聚区、农业种植区和环境敏感区域。当场地面积紧张、降雨频繁时，宜采用第①种操作方式；当场地面积宽敞，降雨较少时，宜采用第②种操作方式。

简易存置后的污泥，经检测后如符合相关的泥质标准，如《城镇污水处理厂污泥处置 混合填埋用泥质》（GB/T 23485）、《城镇污水处理厂污泥处置 土地改良用泥质》（GB/T 24600）等，则可采用混合填埋、土地改良等方式进行最终处置，避免长期堆放。经检测后如无法满足相关的泥质标准，则应在污泥处理处置设施建成投产后，再将存置污泥回运，进行规范处置。

（二）简易存置方式①的操作及管理

1. 操作模式

① 在临时场地中规划好用于卸泥的区域，利用挖掘机依次挖出多条平行浅沟，沟深约 0.5m、宽 3～5m；

② 将挖出来的土方均匀堆置在浅沟两侧，压实后形成等高的挡墙；

③ 引导运泥车将污泥依次卸入指定的浅沟内，形成条垛；

④ 在条垛表面均匀覆盖生石灰，厚度 1～2cm，覆盖必须彻底，不许有污泥外露；

⑤ 使用塑料薄膜将整个条垛严密覆盖，并将四边压紧，防止臭味外泄和苍蝇接触；

⑥ 定期在薄膜表面喷洒灭蝇药剂，进一步控制苍蝇滋生。

2. 管理控制要点

① 浅沟之间至少留出 0.5m 的间隔，以便后续操作；

② 压实后的挡墙务必确保强度，防止堆置的污泥挤塌外溢；

③ 在进行撒灰覆膜操作时应注意铺撒全面、覆盖严密、勿留死角；

④ 每日进行场地巡查，发现薄膜损坏及时修补，避免污泥外露；

⑤ 每日监测场地苍蝇密度，发现显著增加时立刻停止进泥，并在全场范围内进行集中、连续地喷药，直至苍蝇密度恢复正常后再开始进泥；

⑥ 在揭膜将污泥取出时，需选择风量较大，气压较高的天气进行。揭膜人应站在上风口往下风口顺序揭膜，防止有毒气体瞬间释放致使操作人员中毒；

⑦ 堆置后的污泥装车外运时，须严格控制操作面积，做到随揭膜随装车，装车完毕立刻重新严密覆盖，避免污泥外露。

（三）简易存置方式②的操作及管理

1. 操作模式

① 在场地中事先规划好用于卸泥的区域，一般为长方形；

② 引导污泥运输车将污泥均匀、有序地卸入指定的区域内，利用机械设备将污泥均匀摊开至 5～10cm 厚；

③ 在污泥表面均匀覆盖生石灰，厚度约 1～2mm，覆盖必须彻底，不许有污泥外露；

④ 自然晾晒 5～7d，污泥含水率降至 60％左右后，利用机械设备集中收拢，在指定位

置堆成条垛；

⑤ 条垛表面严密覆盖沙土，厚度 3～5cm；

⑥ 定期对操作场地喷洒灭蝇药剂。

2. 管理控制要点

① 污泥卸入场地后需立刻摊开，避免长期堆放产生臭味；

② 晾晒至含水率满足要求后，需立即堆成条垛，提高场地利用率；

③ 将污泥收拢堆垛的过程中，要严格控制操作面积，减少臭味释放；

④ 每日监测场地苍蝇密度，发现显著增加时立刻停止进泥，并在全场范围内进行集中、连续地喷药，直至苍蝇密度恢复正常后再开始进泥；

⑤ 存置后的污泥装车外运时，须严格控制作业面积，逐个条垛依次操作。

二、安全风险分析与管理

（一）安全风险因素分析

污泥处理处置过程中，除机械伤害、触电事故等常见安全风险外，还存在一些特殊的安全风险。

① 污泥中含有较丰富的有机质，在汇集、管道输送过程中，由于有机质的腐败，其中部分硫转化成硫化氢，在某些场合如通风不良，硫化氢积聚，造成空气中硫化氢浓度过高，危害作业（巡检）人员的健康。

② 湿污泥在储存过程中发生厌氧消化，生成甲烷等易燃气体，如不及时排除，在湿污泥储存仓中积累，有燃烧爆炸的危险。

③ 干污泥在长期储存过程中，被空气中的氧缓慢氧化导致温度升高，温度升高反过来又促使氧化加快，当温度升到自燃温度（约 180℃）之后就会引起干污泥自燃。

（二）安全风险管理措施

（1）通风和防暑

为防范生产场合有害气体和高温，需采取以下通风和防暑降温措施：

① 在生产厂房采取自然通风或机械通风等通风换气措施，中央控制室和值班室等设置空调系统。

② 污泥焚烧炉炉壁和管道系统必须具有良好的耐温隔热功能，外表温度低于 60℃。

（2）防爆

脱水污泥储存设施和干污泥料仓均有一定量的尾气排出，当两条线的排出尾气汇入排出总管后，应避免尾气直接排放，污染环境。在工艺设计中，在可能有燃爆性气体的室内设自然通风及机械通风设施，使燃爆性气体的浓度低于其爆炸下限。

污泥消化池顶部、沼气净化房、沼气柜等构筑物内的电气和仪表、照明灯具应选用隔爆型。电缆采用铠装电缆支架明敷或桥架敷设，绝缘线穿钢管敷设。

（3）防火

在正常生产情况下，污泥处理处置设施一般不易发生火灾，只有在操作失误、违反规程、管理不当及其他非常生产情况或意外事故状态下，才可能由各种因素导致火灾发生。因此，为了防止火灾的发生，或减少火灾发生造成的损失，根据"预防为主，消防结合"的方针，在设计上应根据《建筑设计防火规范》（GB 50016）采取防范措施。

三、环境风险分析与管理

（一）环境风险因素分析

污泥处理处置工程可使污泥予以妥善处置，但对工程周围环境也会产生一定的影响。

① 重金属和有机污染物 工业废水含量高的城镇污水处理厂污泥可能含有较多的重金属离子或有毒有害化学物质，如可吸附性有机卤素（AOX）、阴离子合成洗涤剂（LAS）、多环芳烃（PAHs）、多氯联苯（PCBs）、多溴联苯醚（PBDEs）等。

② 病原微生物和寄生虫卵 未经处理的污泥中含有较多的病原微生物和寄生虫卵。在污泥的应用中，它们可通过各种途径传播，污染土壤、空气、水源，并通过皮肤接触、呼吸和食物链危及人畜健康，也能在一定程度上加速植物病害的传播。

③ 臭气 污泥处理处置很多环节都会有较强的臭气产生。污水处理厂内产生臭气的主要设施有污泥调蓄池、污泥浓缩脱水机房、污泥液调节池、污泥干化设施等。污泥填埋、污泥土地利用等厂外处置环节也会有臭气产生。在污泥运输和储存过程中，也不可避免会有臭味散发到大气中，势必会影响周围地区。

（二）环境风险管理措施

① 污泥重金属和有机污染物的控制 应加强污泥中重金属等有毒有害物质的源头控制和源头减量。监督工业废水按规定在企业内进行预处理，去除重金属和其他有毒有害物质，达到《污水排入城镇下水道水质标准》（GB/T 31962—2015）的要求。污泥土地利用尤其应密切注意污泥中的重金属含量，要根据农用土壤背景值，严格确定污泥的施用量和施用期限。

② 病原微生物和寄生虫卵的控制 首先，应加强污泥的稳定化处理，使得污泥中的大肠菌群数等指标满足《城镇污水厂污染物排放标准》（GB 18918）等标准的要求，其次，为了保护公众的健康以及减少疾病传播的潜在危险，需建立一系列的操作规范和制度，如在污泥与公众可能接触的场合需设置警示标志等。

③ 臭味对环境的影响及缓解措施 一般来说污泥散发的臭味在下风向 100m 内，对人的感觉影响明显。在 300m 以外，则臭味已嗅闻不到。因此，必须满足 300m 的隔距，才能有居住区。另外，为改善厂区工人的操作条件，污泥接受仓在车辆卸泥完成后应及时封闭，防止臭气逸出。

参 考 文 献

[1] 胡小兵，刘孔辉，赵鑫. 纯氧曝气活性污泥浓度与沉降性能研究 [J]. 环境科技，2014（1）：24-27.

[2] 叶德勇. 纯氧曝气系统中活性污泥特性研究 [J]. 百科论坛电子杂志，2021（2）：597.

[3] 城镇污水处理厂污泥处理技术标准（征求意见稿）.

[4] 贾常青. 废水处理污泥浓缩系统的自动化改造 [J]. 聚氯乙烯，2019，47（08）：43-44.

[5] 于海涛. 改进型重力浓缩池在给水厂排泥水处理中的应用 [J]. 广东化工，2017，44（10）：155-156.

[6] 微藻电解絮凝气浮浓缩工艺条件的优化 [C]. //第十二届全国水产青年学术年会论文集. 2012：182-182.

[7] 谢敏，吴鑫，王霄，等. 农村剩余污泥脱水优化 [J]. 环境工程，2021，39（6）：15-20.

[8] CJ/T 508—2016. 污泥脱水用带式压滤机 [S].

[9] 城镇污水处理厂污泥处理处置污染防治最佳可行技术指南（试行）.

[10] 吴莉娜，王春艳，闫志斌，等. 厌氧氨氧化工艺在污泥消化液中的应用研究 [J]. 应用化工，2022，51（4）：1109-1115.

［11］ 孟晓山，汤子健，陈琳，等. 厌氧消化系统酸化预警及调控技术研究进展［J］. 化工进展，2023，42（3）：1595-1605.

［12］ GB 4284—2018. 农用污泥污染物控制标准［S］.

［13］ 张宝军，王国平，袁永军，等. 水处理工程技术［M］. 重庆：重庆大学出版社，2015.

［14］ 刘咏，张爱平，雷弢，等. 水污染控制工程课程设计案例与指导［M］. 成都：四川大学出版社，2016.

［15］ 潘涛，田刚，等. 废水处理工程技术手册［M］. 北京：化学工业出版社，2010.

［16］ 薛罡，陈红，李响，等. 水污染控制工程设计算例集［M］. 南京：南京大学出版社，2018.

第十三章
臭气处理

第一节　臭气来源及污染控制

一、臭气来源

恶臭气体是指大气、水、土壤、废弃物等物质中的异味物质，通过空气介质作用于人的嗅觉器官，并有害人体健康的一类公害气态污染物质。臭气不仅给人带来嗅觉上的不适，长期生活于恶臭污染的环境中，还会引起厌食、失眠、记忆力下降、心情烦躁等功能性疾病。恶臭气体的来源包括污水和垃圾处理、化工生产、畜禽养殖等，其中以污水处理系统的恶臭污染问题尤为突出。由于城市建设不断加快导致城市用地日益紧张，已建或新建的城市污水处理厂周围往往都有人口密集的居民生活区或公共活动区；由于多数污水厂没有除臭措施或除臭设施不完善，导致污水厂恶臭污染引起的环境投诉事件时有发生。

在城市排水设施中恶臭物质主要分布于污水收集和污水处理系统内，这些设施包括城市排水管道和窨井、城市污水处理厂及排水泵站。大部分嗅阈值很低的气体都是从这些设施中散发出来的，这些系统经常会有以硫化氢、氨气、甲硫醇等气体为主的腐蚀与恶臭问题。

（一）臭气源的产生及分布

1. 污水收集系统

（1）排水管道和窨井

在长距离管道输送中污水极易产生厌氧生物降解现象，对人体有直接危害的恶臭污染物主要是硫化氢。因氧气转移到污水中的过程受到限制，而使存在于污水中的好氧微生物难以得到呼吸所需的溶解氧，此时利用硫酸根作为氧源进行呼吸的硫酸盐还原菌等厌氧细菌得以大量繁殖，该过程的副产物就是硫化氢。硫化氢是有一定强度的毒性物质，而且是典型的臭气源。硫化氢在硫细菌的作用下，在排水管道内易被氧化成硫酸，并对管道或窨井产生极大的侵蚀。由于硫化氢在污水中的溶解度较低，绝大部分会逸出到周围环境中。该过程中也会产生其他典型的致臭化合物，如硫醇和胺等。

此外，污水管路中还含有大量潜在的溶解的硫化氢分子。监测数据表明，大部分硫化氢于跌落窨井中产生。窨井被杂物堵塞时管内的水流速度会降低，为各种有害气体的形成创造了条件，高位透气井在井内漂浮杂物严重淤积的情况下，会失去及时向空中排除管道内有害气体的功能，并加大管道内有毒有害气体的浓度。

（2）排水泵站

不同的雨污水排水泵站在污水输送中会散发出不同的恶臭。如以收集高浓度粪便污水为主的泵站易散发较高浓度的氨；以收集制革废水等工业废水为主的泵站易散发较高浓度的硫化氢；有的排水泵站还会散发出一些硫化氢和氨等混合的气体。

泵站集水井是恶臭易散发的区域，由于污水成分复杂，微生物在排水管道中缺氧条件下易生成恶臭物质，并在泵站运行期间形成水流湍动而使原来产生和溶解于污水中的恶臭物质变成臭气从集水井开口部位逸出。

垃圾堆放处也是臭气散发的重要区域。固定的格栅除污机每天要从集水井中清捞出大量的栅渣，如果不及时清运，则会散发出大量臭气。另外，泵机设备在检修拆装时也会瞬间逸出高浓度的有害气体。

2. 污水处理系统

在大多数情况下，臭气集中于污水处理设施和污泥处理设施中。1988 年 Frechen 曾对德国 100 座污水处理厂的臭气源进行调查，结果见图 1-13-1（对确定处理流程中每个处理设施产生臭气的百分比进行比较）。

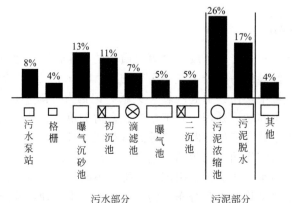

图 1-13-1 德国 100 个污水处理厂臭气污染源的调查情况

对城市污水处理厂主要处理构筑物恶臭散发率测定的数据见表 1-13-1。通过对我国现有部分污水处理厂的调研（见表 1-13-2），也不难发现在污水处理过程中，各工艺节点散发的臭气强度是不同的，但臭气发生源均主要集中于格栅、初沉池、曝气池、储泥池、污泥浓缩池以及污泥脱水机房。调查数据表明，城市污水厂的污泥处理区（污泥浓缩池、污泥脱水机房等）与污水进水区（进水泵站、格栅、曝气沉砂池等）产生的恶臭气体无论在臭气量上，还是在排放强度上均高于其他处理单元。

表 1-13-1 城市污水处理厂主要处理构筑物恶臭散发率 单位：mg/min

序号	处理构筑物	最低值	平均值	最高值
1	进水	357	1400	5577
2	格栅	828	5200	32669
3	曝气沉砂池	403	3200	24902
4	来自沉砂池的砂砾	585	1100	2019
5	初沉池：水面	401	2300	12903
6	初沉池：进水堰	1258	7700	47386
7	中间沉淀池（水面）	1158	4600	17962
8	调节池	4740	10000	22693
9	雨水池	110	450	1826
10	厌氧池（生物除磷）	522	1500	4305
11	预酸化池	37506	48000	61429
12	缺氧池（反硝化）	301	730	1774

续表

序号	处理构筑物	最低值	平均值	最高值
13	好氧池（硝化）	121	510	2113
14	二沉池（水面）	330	2300	12903
15	滤池	148	500	1680
16	一级污泥浓缩池	897	6700	50566
17	二级污泥浓缩池	521	1500	4538
18	污泥脱水间	529	2500	11516

注：恶臭散发率为官能法测得的臭气浓度（mg/m³）和臭气排放量（m³/min）的乘积，单位为 mg/min。

表 1-13-2 部分城市污水处理厂臭气检测

企 业	处理规模/(10⁴m³/d)	处理工艺	污染源臭气浓度（无量纲）				
			曝气池	氧化沟入口	污泥脱水机房	沉淀池	浓缩池
高碑店污水处理厂	100	普通曝气法			173		43
福州祥坂污水处理厂	42	普通曝气法	124		685		397
邯郸市东郊污水处理厂	10	三沟式氧化沟		760		1200	1100

恶臭的排放形式与污水处理厂的设计有关，可以是无组织排放，也可以是有组织排放。一般情况下，城市污水处理厂的恶臭多以无组织面源形式排放。

（1）污水处理设施

① 预处理 污水从收集系统进入处理设施中，可能含有高浓度的硫化氢，因此预处理过程经常是处理设施中主要的恶臭源。如进水池内的回转式机械格栅的搅动，会导致硫化氢的释放；曝气沉砂池粗砂的去除过程是利用空气的分散作用，将较轻的有机物与较重的砂粒物质进行分离，大量的恶臭气体也会由此过程逸出水面。

② 初级处理 污水处理设施中约有90%的恶臭来自初沉池。进水堰与水池表面的落差使跌落的污水中大部分的硫化氢被释放出来。在沉淀过程中，污水在静止的条件下停留在水池内数小时，使悬浮颗粒在水池中被收集和去除。在缺氧的环境下，污水停留在初沉池中极易产生硫化氢。夏季高温时硫化氢的产生量最大。在池中停留时间长以获得较浓污泥，也促进了硫化氢的进一步形成。同时初沉池在定期排泥时又会瞬间产生高浓度的有害气体。

③ 生化系统 曝气池在曝气量不足或停留时间不够的情况下将发生厌氧过程，产生臭气。若污水处理过程中采用厌氧处理工艺，则恶臭气体的发生是不可避免的。在污泥由二沉池回流到生化处理装置或预处理单元时，pH值的变化和水流湍动都会引起恶臭气体的释放。

（2）污泥处理设施

① 污泥浓缩 国内污水厂中污泥浓缩系统一般由污泥配泥井和重力浓缩池组成。在重力浓缩池中，一旦污泥处于较长的停留时间和缺氧环境就会导致硫醇盐的产生。当生物污泥外敷一层初沉污泥时，则对微生物数量较小且在缺氧环境中过剩的物质，提供了形成恶臭的条件。当配泥井在向各浓缩池进泥时，浓缩池在排泥及撇除上清液时，污泥回流若采用先入调节池再用泵提升时都会产生大量高浓度的有害气体。

② 污泥脱水机房 使用带式污水脱水机易产生恶臭。在污泥压缩去除水分的物理过程中极易迫使恶臭物质逸出来，虽然污泥脱水机房的顶部或四周通常装有排风装置，但对于室内高浓度的臭气无济于事，臭气向四周扩散仍很明显。

③ 污泥临时堆置或储存 重力浓缩或机械脱水后的污泥经由传输装置送入污泥堆棚堆置时会产生高浓度恶臭。混合生物污泥以及初沉污泥在稳定之前进行的短期贮存也会产生硫

化氢而带来恶臭问题。污泥长时间贮存更是一个潜在的恶臭源。目前国内城市污水厂中污泥临时堆棚大部分呈半敞开式，若污泥没有出路，就只能堆置数天，恶臭会更加严重。污泥主要采用人工清运，工作条件较差。

（二）臭气的成分

从物质组成分析，城市污水处理厂逸出的臭气可以分为5类：第1类是含硫化合物，如硫化氢、硫醇类、硫醚类和噻吩类等；第2类是含氮化合物，如氨、胺、酰胺类以及吲哚类等；第3类是烃类化合物，如烷烃、烯烃、炔烃以及芳香烃等；第4类是含氧有机物，如醇、醛、酮、酚以及有机酸等；第5类是卤素及其衍生物，如氯化烃等。这些物质在污水处理设施中广泛存在。

城市污水处理厂各污水处理设施中可能产生的臭气物质成分及其臭味的描述见表1-13-3。

表 1-13-3　城市污水处理厂中产生的臭气物质

物质名称	分子式	分子量	臭气描述	臭味阈值/10^{-6}
乙醛	CH_3CHO	44	果实味	0.067
乙酸	CH_3COOH	60	酸味	1.0
烯丙基硫醇	CH_2CHCH_2SH	74	大蒜味	0.0001
氨	NH_3	17	刺激的气味	47
戊基硫醇	$CH_3(CH_2)_4SH$	104	腐烂的气味	0.0003
苯甲基硫醇	$C_6H_5CH_2SH$	124	讨厌的气味	0.0002
丁胺	$CH_3(CH_2)_3NH_2$	73	氨味	0.080
2-丁烯硫醇	$CH_3CHCHCH_2SH$	88	臭鼬味	0.00003
二丁基胺	$(C_4H_9)_2NH$	129	鱼腥味	0.016
二异丙基胺	$(C_3H_7)_2NH$	101	鱼腥味	0.13
二甲胺	$(CH_3)_2NH$	45	腐烂的、鱼腥味	0.34
二硫二甲烷	$(CH_3)_2S_2$	94	腐败的蔬菜味	0.0001
二甲基硫	$(CH_3)_2S$	62	腐败的卷心菜味	0.001
硫化二苯	$(C_6H_5)_2S$	186	令人不愉快的味道	0.0001
乙胺	$C_2H_5NH_2$	45	类似氨味	0.27
乙硫醇	C_2H_5SH	62	腐败的卷心菜味	0.0003
硫化氢	H_2S	34	臭鸡蛋的味道	0.0005
吲哚	$C_6H_4(CH)_2NH$	117	令人作呕的气味	0.0001
甲胺	CH_3NH_2	31	腐肉的、鱼腥味	4.7
甲硫醇	CH_3SH	48	臭鸡蛋的味道	0.0005
苯硫醇	C_6H_5SH	110	大蒜味	0.0003
丙硫醇	C_3H_7SH	76	令人不愉快的气味	0.0005
嘧啶	C_5H_5N	79	辛辣的气味	0.66
粪臭素	C_9H_9N	131	令人作呕的气味	0.001
硫甲酚	$CH_3C_6H_4SH$	124	臭鼬味	0.0001
苯硫酚	C_6H_5SH	110	类似大蒜的味道	0.00006
三甲胺	$(CH_3)_3N$	59	刺激的味道、鱼腥味	0.0004

污水收集、处理设施中的主要臭气产生源、产生原因及其相对污染程度详见表1-13-4。从表中可以看出，污水前处理部分（污水提升泵站、格栅、沉砂池）以及生物反应中的厌氧

调节池和污泥处理部分（污泥浓缩池、储泥池、脱水机房等）是除臭的重点；曝气池的负荷低，一般可不考虑除臭措施。

表 1-13-4　污水处理中的臭气源

位置		臭气源/原因	臭气强度
污水处理设施	进水头部	由于紊流作用在水流渠道和配水设施中释放臭气	高
	污水泵站	集水井中污泥、沉淀物和浮渣的腐化	高
	格栅	栅渣的腐烂	高
	预曝气	污水中臭气释放	高
	沉砂池	沉砂中的有机成分腐烂	高
	厌氧调节池	池表面浮渣堆积造成腐烂	高
	回流液	污泥处理的上清液、压滤液	高
	曝气池	混合流/回流污泥、高有机负荷、混合效果差、DO 不足、污泥沉积	低/中
	二沉池	浮泥，浮渣	低/中
污泥处理设施	浓缩池	浮泥，堰和槽/浮渣和污泥腐化，温度高，水流紊动	高/中
	好氧消化池	反应器内不完全混合，运行不正常	低/中
	厌氧消化池	硫化氢气体，污泥中硫醇盐含量高	中/高
	储泥池	混合差，形成浮泥层	中/高
	机械脱水	泥饼/易腐烂物质，化学药剂，氨气释放	中/高
	污泥外运	污泥在储存和运输过程中释放臭气	高
	堆肥	堆肥污泥/充氧和通风不足，厌氧状态	高
	焚烧	排气/燃烧温度低，不足以氧化所有有机物	低

二、臭气污染控制标准及评价方法

（一）恶臭污染物排放标准

我国为控制恶臭污染物对大气的污染，保护和改善环境，参照大气环境质量标准制定了《恶臭污染物排放标准》（现已编制征求意见稿，现有污染源仍执行 GB 14554—93 版相关规定）。该标准规定了固定污染源恶臭污染物排放限值、监测和监控要求，以及标准的实施与监督等相关规定。该标准适用于全国所有向大气排放恶臭气体的单位及垃圾堆放场的排放管理以及建设项目的环境影响评价、设计、竣工验收及其建成后的排放管理。

修订后的标准取消了原标准中一类区、二类区、三类区的划分，执行统一的排放标准。恶臭污染物厂界标准值修订后更名为周界恶臭污染物浓度限值，是对无组织排放源的限值，见表 1-13-5。

表 1-13-5　恶臭污染物厂界标准值

控制项目	单位	浓度限值	
		修订后	GB 14554—93 二级新建改建
氨	mg/m^3	0.2	1.5
三甲胺	mg/m^3	0.05	0.08
硫化氢	mg/m^3	0.02	0.06
甲硫醇	mg/m^3	0.002	0.007
甲硫醚	mg/m^3	0.02	0.07

续表

控制项目	单位	浓度限值	
		修订后	GB 14554—93 二级新建改建
二甲二硫	mg/m³	0.05	0.06
二硫化碳	mg/m³	0.5	3.0
苯乙烯	mg/m³	1.0	3.0
臭气浓度	无量纲	20	20

排污单位排放（包括泄漏和无组织排放）的恶臭污染物，在排污单位边界上规定监测点（无其他干扰因素）的一次最大监测值（包括臭气浓度）都必须低于或等于恶臭污染物周界标准值。排污单位经烟、气排气筒（高度在 15m 以上）排放的恶臭污染物的排放量和臭气浓度都必须低于或等于恶臭污染物排放标准。表 1-13-6 列出了部分 GB 14554 恶臭污染物排放标准值（修订后更名为恶臭污染物排放限值）。

表 1-13-6　部分 GB 14554 恶臭污染物排放标准值（排气筒高度 15m）

控制项目	允许排放量/(kg/h)		控制项目	允许排放量/(kg/h)	
	修订后	GB 14554—93		修订后	GB 14554—93
硫化氢	0.06	0.33	氨	0.60	4.9
甲硫醇	0.006	0.04	三甲胺	0.15	0.54
甲硫醚	0.06	0.33	苯乙烯	3.0	6.5
二甲二硫	0.15	0.43	臭气浓度	1000	2000(无量纲)
二硫化碳	1.5	1.5			

恶臭污染物排放浓度可按下式计算：

$$C = \frac{g}{V_{nd}} \times 10^6 \qquad (1\text{-}13\text{-}1)$$

式中，C 为恶臭污染物的浓度，mg/m³（干燥的标准状态）；g 为采样所得的恶臭污染物的质量，g；V_{nd} 为采样体积，L（干燥的标准状态）。

恶臭污染物排放量可按下式计算：

$$G = CQ_{snd} \times 10^{-6} \qquad (1\text{-}13\text{-}2)$$

式中，G 为恶臭污染物的排放量，kg/h；Q_{snd} 为烟囱或排气筒的气体流量，m³/h（干燥的标准状态）。

（二）臭气的评价方法

1. 仪器测定法

主要用于测定单一的恶臭物质，单一恶臭物质主要包括小分子的有机酸、酮、酯、醛类、胺类，以及硫化氢、甲苯、苯乙烯等。分析测定主要采用 GC/MS、HPLC、离子色谱、分光光度法等精密分析仪器，所以一般分析费用较高，分析时间也比较长。我国恶臭污染物排放标准中规定的 9 种恶臭物质的测定方法见表 1-13-7。

表 1-13-7　单一恶臭物质的测定方法

序号	控制项目	测定方法	标准序号
1	氨	次氯酸钠-水杨酸分光光度法	HJ 534
		纳氏试剂分光光度法	HJ 533

续表

序号	控制项目	测定方法	标准序号
2	三甲胺	气相色谱法	GB/T 14676
3	硫化氢	气相色谱法	GB/T 14678
4	甲硫醇、甲硫醚、二甲二硫	气相色谱法	GB/T 14678
		罐采样/气相色谱-质谱法	HJ 759
5	二硫化碳	二乙胺分光光度法	GB/T 14680
		罐采样/气相色谱-质谱法	HJ 759
6	苯乙烯	固相吸附-热脱附-气相色谱-质谱法	HJ 734
		固体吸附/热脱附-气相色谱法	HJ 583
		活性炭吸附/二硫化碳解吸-气相色谱法	HJ 584
		吸附管采样-热脱附/气相色谱-质谱法	HJ 644
		罐采样/气相色谱-质谱法	HJ 759
7	臭气浓度	三点比较式臭袋法	GB/T 14675

2. 嗅觉测定法

恶臭物质往往是由许多物质组成的复杂复合体，如污水处理系统的恶臭就包括氨、硫化氢、甲硫醇等几十种恶臭气体。这就给恶臭的测定和评价带来困难。传统的仪器测定虽然能够测定单一恶臭气体的浓度，但却不能反映恶臭气体对人体的综合影响。为此人们引进了嗅觉测定法。即通过人的嗅觉器官对恶臭气体的反应来进行恶臭的评价和测定工作。

（1）六阶段臭气强度法

最初参照调香师的嗅觉感知，用0～5六阶段臭气强度法表示。具体见表1-13-8，其中2.5～3.5为环境标准值。简单的测定方法是以6人为一组，按表中表示的方法，以10s的间隔连续测定5min所得的结果。这种方法对测定人的要求比较高，以0.5为一个判定单位误差也比较大。但臭气强度能和一定的恶臭物质浓度相对应，二者存在正相关关系。比如1×10⁻⁶和5×10⁻⁶浓度的对应的臭气强度分别为2.5和3.5。

1×10^{-6} 和 5×10^{-6} 浓度的对应的臭气强度分别为 2.5 和 3.5。

表1-13-8　臭气强度的分级

臭气强度	分级内容	臭气强度	分级内容
0	无臭	3	可轻松认知值（一般标准）
1	可感知阈值	3.5	可轻松认知值（一般标准）
2	可认知阈值	4	较强气味
2.5	可轻松认知值（一般标准）	5	强烈气味

臭气的强度与臭气的质量浓度之间的相对关系可由下式表示：

$$Y = k \lg(22.4X/M_r) + \alpha \tag{1-13-3}$$

式中，Y 为臭气强度（平均值）；X 为恶臭的质量浓度，mg/m^3；k、α 为常数，见表1-13-9；M_r 为恶臭污染物的分子量。

表1-13-9　不同恶臭污染的 k、α 值

项目	含氧有机物				硫化物				氮化物	
	乙醛	丙醛	乙酸	丙酸	硫化氢	甲硫醇	甲硫醚	二甲二硫	氨	三甲胺
k	1.01	1.01	1.77	1.46	0.95	1.25	0.784	0.985	1.67	0.901
α	3.85	3.86	4.45	5.03	4.14	5.99	4.06	4.51	2.38	4.56

日本的《恶臭防治法》中列出了8种恶臭污染物质量浓度与强度的关系，见表1-13-10。

表 1-13-10　恶臭污染物质量浓度与臭气强度对照表

臭气强度/级	污染物质量浓度/(mg/m³)							
	氨	甲硫醇	硫化氢	甲硫醚	二甲硫醚	三甲胺	乙醛	苯乙烯
1	0.0758	0.0002	0.0008	0.0003	0.0013	0.0003	0.0039	0.1393
2	0.455	0.0015	0.0091	0.0055	0.0126	0.0026	0.0196	0.9286
2.5	0.758	0.0043	0.0304	0.0277	0.0420	0.0132	0.0982	1.8572
3	1.516	0.0086	0.0911	0.1107	0.1259	0.0527	0.1964	3.7144
3.5	3.79	0.0214	0.3036	0.5536	0.4196	0.1844	0.982	9.286
4	7.58	0.0643	1.0626	2.2144	1.2588	0.5268	1.964	18.572
5	30.32	0.4286	12.144	5.536	12.588	7.902	19.64	92.86

（2）三点比较式臭袋法

在六阶段臭气强度法基础上改进的方法称为三点比较式臭袋法，又称臭气浓度法，所谓臭气浓度指恶臭气体（包括异味）用无臭空气进行稀释，稀释到刚好无臭时，所需的稀释倍数。具体方法是将 3 个无臭塑料袋之一装入恶臭气体后，让 6 人一组的臭气鉴定员鉴别，逐渐稀释恶臭气体，直到不能辨别为止。去掉最敏感和最迟钝的两个人，以其他人的平均值作为最后的测定结果。臭气鉴定员只要是年满 18 岁、嗅觉没有问题的人，经检查合格均可申请做臭气鉴定。这种方法的特点为不是直接判断臭气强度的大小，而是通过判定臭气的有无，再通过计算，间接判定臭气的强弱，现在此方法已经作为国家标准发布（GB/T 14675）。

3. 嗅觉感受器测定法

近年来发展比较快的是嗅觉感受器测定法，其原理是模仿人的嗅觉器官，制成可测定不同恶臭气体的感受器。感受器的种类包括有机色素膜感受器、有机半导体感受器、金属酸化物半导体感受物、光化学反应感受器、合成脂质膜水晶震动子感受器等。比如合成脂质膜水晶震动子感受器的原理是利用人工合成的双分子膜接触到恶臭物质后产生重量变化，将这种变化转变成周波数的形式加以检测，最低检出可达 10^{-9} ng 水平。

臭气强度法、三点比较式臭袋法、仪器测定法、感受器测定法 4 种方法各有特点，其间的比较见表 1-13-11。

表 1-13-11　不同恶臭测定方法之间的比较

测定方法	测定原理	测定对象	主要问题	特点
三点比较式臭袋法	人的嗅觉	主要为复合臭气	容易产生嗅觉疲劳，不能进行大量测定	判定臭气的有无不需特殊装置
臭气强度法	人的嗅觉	单一臭气或复合臭气	容易产生嗅觉疲劳，不能进行大量测定	直接判定臭气强度的大小，不需特殊装置
仪器测定方法	化学分析	主要为单一臭气	测定费用高，测定时间较长	用 GC/MS、离子色谱、分光光度法等进行精密分析
感受器测定法	电阻，共振周波数等的变化	单一臭气或复合臭气	存在其他气体的干涉问题	可进行快速连续测定

4. 臭气的评价指标

恶臭的评价要素一般包括恶臭的强度、广泛性、性质等几个方面。其中臭气浓度作为恶臭广泛性的代表，是比较常用的一个恶臭环境影响评价指标。恶臭作为气体形式的一种，其环境影响预测可按与大气相同的方法进行。但由于现在单质恶臭气体的分离和定量存在一定的困难，各成分间相加、相乘、拮抗作用等原理尚未清楚了解，所以一般用臭气排出强度OER 进行预测：

$$OER = QC \qquad (1\text{-}13\text{-}4)$$

式中，OER 为臭气排出强度；Q 为标准状态下单位时间内气体排出量 m^3/min；C 为臭气浓度。

当恶臭的发生源为复数时，各个发生源的总和为总臭气排出强度（TOER）。当恶臭发生源的高度较低，用大气扩散模型预测比较困难时，可通过类似设施的调查，计算出臭气排出强度，并根据稀释比来推定建设项目的臭气浓度。这种方法是一种比较粗的预测方法。

另外，不同的臭气会给人以不同的嗅觉感觉，对不同的臭气的这种性质的描述还没有统一的规范。其原因：一是臭气的种类太多，如比较常见的单质恶臭气体就有几十种，复合恶臭气体就更多；二是即使对同一种恶臭气体，不同的人对其性质也会有不同的描述。

（三）臭气检测仪器

各环保部门一直采用三点比较式臭袋法，依靠人工官能法测量恶臭气体强度，但是由于工作量大，效率低，又不能及时准确地监测出恶臭气体强度。目前国内外科研人员已开发出基于电子鼻技术的多种类型的臭气检测仪器。电子鼻是模仿人的嗅觉系统，利用气体传感器阵列的响应图案来识别气味的电子系统，其在环境恶臭污染和环境有机气体分析方面已经有了广泛的应用。目前常用的臭气检测仪表主要有：便携式恶臭检测仪、恶臭实时在线监测系统以及配套的辅助仪器等。

1. 便携式恶臭检测仪

便携式恶臭检测仪主要是由取样操作器即气路流量控制系统、气体传感器阵列和信号处理系统三种功能器件组成。原理就是模拟人的嗅觉器官对气味进行感知、分析和判断。通过控制器将气味分子采集回来，并流经气体传感器，气味分子被气体传感器阵列吸附，产生信号；生成的信号被送到信号处理子系统进行处理和加工并最终由模式识别子系统对信号处理的结果作出判断。通常情况下，气体采集流量控制系统和气体传感器阵列被看成是电子鼻的硬件部分，而信号处理子系统和模式识别子系统被看成是电子鼻的软件部分。

（1）便携式恶臭检测仪的组成

① 取样操作器　即气路流量控制系统，是依靠 AIRSENSE 多年的气体流量控制经验开发的专利技术，主要部件是自动进样泵和流量控制器。它保证了在各种复杂的情况下电子鼻内部气流的稳定，使电子鼻实现了在实验室、在线控制、环境监测等各种复杂状况下正常的使用，起着类似于人的鼻子的作用。

② 气体传感器阵列　采用 10 个不同的金属氧化物传感器作为传感器阵列，这是电子鼻硬件的核心部分。AIRSENSE 公司是世界上最大的传感器生产厂家之一，经过多年的实践总结，最终确定使用十个不同的金属氧化物传感器作为传感器阵列效果是最理想的。

③ 信号处理系统　通常具有 K-NN（欧氏距离、马氏距离）、DFA 判别函数分析、PCA主成分分析、LDA 线性判别分析、PLS 偏最小二乘法等流行算法。

（2）性能与参数

便携式恶臭检测仪又可分为手持式与便携式。

① 手持式恶臭检测仪——SLC-OH010 见图 1-13-2。

检测原理：多路逐点采样吸附和脱落的同时进行检测（1 种传感器）。

检测对象：气体形态的各种污染物质以及复合恶臭物质（硫化氢、氨、胺类等）。

准确度：$\pm 5\% RSD$ 以内。

检测周期：选择分析 1～5min。

应用领域：对恶臭排放设施的即刻现场管制，应用现场官能法，掌握室内空气质量污染程度，对涉恶设施的恶臭进行管理评价以及对汽车内部、下水管道等封闭空间内的恶臭进行评价。

② 便携式恶臭检测仪——SLC-OP020 见图 1-13-3。

检测原理：多路逐点采样吸附和脱落的同时进行检测（最多 5 种传感器）。

检测对象：气体形态的各种污染物质以及复合恶臭物质（硫化氢、氨、胺类等）。

图 1-13-2 手持式恶臭检测仪（SLC-OH010）　　图 1-13-3 便携式恶臭检测仪（SLC-OP020）

准确度：±3%RSD 以内。其他指标同 SLC-OH010。

③ 便携式恶臭检测仪——Airsense PEN3 见图 1-13-4。

图 1-13-4 便携式恶臭检测仪（Airsense PEN3）

检测原理：采用 10 个不同的金属氧化物传感器作为电子鼻的传感器阵列进行检测。

检测对象：气体形态的各种污染物质以及复合恶臭物质，常态进样、空气作为背景气。

检测周期：依据使用情况从 4s 到几分钟，通常是 1min（20s 检测，40s 恢复时间）。

传感器技术：加热传感器，工作温度 200～500℃，传感器反应时间通常小于 1s。

准确度：±3%RSD。

2. 恶臭在线监测系统

恶臭在线监测系统主要由无人恶臭捕食器、恶臭监测仪以及气象装备等构成。该系统的特点是可以实现 24h 连续在线监测，内置多种传感器，配备气象五参数，可以掌握恶臭分布的空间和规律，并可以利用传感器阵列系统对恶臭的复合性进行评价。恶臭在线检测监测系统组成见图 1-13-5。

恶臭传感器监测(恶臭防治设施)—有无线传输—伺服器系统—管理者(环境专家)—基于Web的恶臭实时监测管理系统(显示恶臭防治设施的运行和管理)

图 1-13-5　恶臭在线检测监测系统示意

恶臭实时在线监测系统——Network type SLC-ON030（见图 1-13-6）的性能参数如下。

检测原理：多路逐点采样系统吸附和脱落的同时进行检测（最多 9 种传感器）。

检测对象：环境空气中的恶臭。

内置传感器：金属氧化物传感器（MOS）、电化学传感器（ECS）、光调子传感器（PID）以及气象五参数传感器。

传感器量程：H_2S——低量程（$0.05 \sim 2.0$）$\times 10^{-6}$，高量程（$1 \sim 80$）$\times 10^{-6}$

　　　　　　NH_3——（$0.5 \sim 80$）$\times 10^{-6}$，TVOC——（$0.5 \sim 80$）$\times 10^{-6}$

　　　　　　OU——N $1 \sim 10000$，S $1 \sim 70000$

准确度：$\pm 3\% RSD$。

检测周期：$1 \sim 5min$（可选择），连续自动监测。

应用领域：掌握恶臭地区的恶臭源问题，实时对环境基础设施及蓄水设施等主要恶臭排放源进行在线自动检测，与 AWS 气象资料组连接自动在线监测及掌握恶臭分布的空间，管理污染防治设施的效率及对充填物质更换时间的管理等。

图 1-13-6　恶臭实时在线监测系统（SLC-ON030）

三、臭气治理系统的基本设计程序及原则

（一）臭气来源调查与分析

除臭构筑物和除臭设施应根据污水污泥处理过程中可能产生的臭气情况确定，一般污水厂的进水格栅、进水泵房、调节池、沉砂池、初沉池、配水井、厌（缺）氧池、污泥泵房、浓缩池、储泥池、脱水机房、污泥堆棚、污泥消化池、污泥堆场，污泥处理处置车间等构筑物宜考虑除臭，对臭气要求较高的场合，曝气池可考虑除臭，二沉池及二沉池出水后的深度处理可按不产生臭气考虑。格栅、螺旋输送机、脱水机、皮带输送机等与污水、污泥敞开接触的设备应考虑除臭，水泵等封闭污水、污泥设备可按不产生臭气考虑。

污水厂臭气污染物浓度可采用硫化氢、氨气等常规污染因子和臭气浓度表示，应根据实测资料确定，无实测资料时可采用经验数据或按表 1-13-12 取值。

日本下水道事业团"脱臭设备设计指针"，按处理设施对各构筑物原臭气浓度数值归纳见表 1-13-13。

表 1-13-12　污水厂臭气污染物参考浓度

处理区域	硫化氢/(mg/m³)	氨/(mg/m³)	臭气浓度(无纲量)
污水预处理区域	1～10	0.5～5	1000～5000
污泥处理区域	5～30	1～10	5000～100000

表 1-13-13　各构筑物原臭气浓度数值

浓度区域	构筑物设施	臭气浓度(无纲量)	硫化氢/10⁻⁶	甲硫醇/10⁻⁶	甲硫醚/10⁻⁶	二甲二硫/10⁻⁶	氨/10⁻⁶
低浓度区	格栅、沉砂池	980	0.52	0.014	0.011	0.003	0.28
	初沉池	980	0.59	0.065	0.037	0.005	0.35
	设定值	1000	0.6	0.07	0.04	0.005	0.4
高浓度区	污泥浓缩池	55000	23	0.71	0.12	0.052	0.45
	储泥池	31000	84	17	0.81	1.1	0.95
	污泥脱水机房	55000	21	1.6	0.36	0.04	2.0
	臭气捕集量加权平均值	65000	24	2.0	0.33	0.36	1.2
	设定值	70000	30	3.0	0.4	0.4	2.0

（二）臭气量的核算

除臭设施收集臭气风量按经常散发臭气的构筑物和设备的风量计算，臭气风量应按下列公式计算：

$$Q = Q_1 + Q_2 + Q_3 \tag{1-13-5}$$

$$Q_3 = K(Q_1 + Q_2) \tag{1-13-6}$$

式中，Q 为除臭设施收集的总臭气风量，m^3/h；Q_1 为污水处理中需除臭的构筑物收集的臭气风量，m^3/h；Q_2 为污水处理中需要除臭的设备收集的臭气风量，m^3/h；Q_3 为收集系统漏失风量，m^3/h；K 为漏失风量系数，可按 5%～10%取值。

污水处理构筑物的臭气风量根据构筑物的种类、散发臭气的水面面积、臭气空间体积等因素综合确定；设备臭气风量宜根据设备的种类、封闭程度、封闭空间体积等因素综合确定，可按下列要求确定。

① 进水泵吸水井、沉砂池臭气风量按单位水面面积臭气风量指标 $10m^3/(m^2 \cdot h)$ 计算，增加 1～2 次/h 的空间换气量。

② 初沉池、浓缩池等构筑物臭气风量按单位水面面积臭气风量指标 $3m^3/(m^2 \cdot h)$，增加 1～2 次/h 的空间换气量。

③ 曝气处理构筑物臭气风量按曝气量的 110%计算。

④ 封闭设备按封闭空气体积换气次数 6～8 次/h 计。

⑤ 半封口机罩按机罩开口处抽气流速为 0.6m/s 计算，或者按 0.5×机罩容积×7 次换气/h，并以两者中最小值为准。

⑥ 脱水机房：集气量可根据以下几种方式确定。

a. 带式压滤机（包括带检修走道的隔离室）按 7 次/h 换风量计算。

除臭风量 $Q(m^3/h) = 0.5 \times$ 隔离室容积 $R(m^3) \times 7$ 次/h(每一机室上最好设 4 个吸收口)

b. 离心脱水机、带式压滤机（仅在机械本体加机罩的场合）。

除臭风量 $Q(m^3/h) = 0.5 \times$ 隔离室容积 $R(m^3) \times 2$ 次/h(每一机罩上最好设 4 个吸收口)

c. 加压过滤机、真空过滤机。

设置机罩时，除臭风量 $Q(\mathrm{m}^3/\mathrm{h})=0.5\times$ 隔离室容积 $R(\mathrm{m}^3)\times 7$ 次/h（每一机罩上最好设 4 个吸收口）

设置集气罩时，除臭风量按 7 次/h，且 3 倍于集气罩投影面积的空间容积进行换气。

⑦ 除臭系统宜与通风换气系统分开，难以分开时，对于人员需要经常进入的处理构（建）筑物，抽气量宜按换气次数不少于 6 次/h 计算。当人短时进入且换气次数难以满足时，需要考虑人员进入时的自然通风或临时强制通风措施。

（三）臭气收集输送系统设计

1. 臭气源加盖

① 臭气源加盖时应便于污水处理设施的运行、维护和管理，并符合下列规定：

a. 正常运行时，加盖不应该对构筑物内部设备的观察采光造成影响；

b. 应设置检修通道，加盖不应妨碍构筑物和设备的操作和维护检修；

c. 应具有人员进入时的强制换风或自然通风的措施；

d. 应采取防止抽吸负压引起加盖损坏的措施；

e. 应采取防止雨雪在盖板上累积的措施；

f. 风量较大除臭空间盖上应设置均匀抽风和补风措施。

② 臭气源加盖方式应符合下列规定：

a. 臭气散发点加盖宜采用局部密闭盖；

b. 有振动且气流较大的设备宜采用整体密闭盖；

c. 臭气散发点无法密闭时，可采用半密闭盖，半密闭盖宜靠近臭气源布置，并应减少盖的开口面积，盖内吸气方向宜与臭气流动方向一致；

d. 抽吸气流不宜经过盖内有人区域。

③ 构筑物加盖结构及方式宜根据构筑物尺寸、运行管理要求确定，有人员进出的设备和构筑物宜设置可开启式集气盖。污水处理构筑物的密封盖宜贴近水面，跨度较大导致加盖实施困难的构筑物可采用紧贴水面的漂浮盖。

④ 构筑物加盖应考虑下列附加荷载：

a. 施工时的临时附加荷载；

b. 风、雪荷载；

c. 抽吸负压产生的附加荷载。

⑤ 盖和支撑应采用耐腐蚀材料，室外盖应满足抗紫外线要求。

⑥ 盖上宜设置透明观察窗、观察孔、取样孔和人孔，窗、孔应开启方便且密封性良好。

⑦ 禁止踩踏的盖应设置栏杆或明显标志。

2. 臭气收集

① 臭气收集宜采用吸气式负压收集，臭气吸风口的设置应防止设备和构筑物内部气体短流和污水处理过程中的水或泡沫进入。

② 风管宜采用玻璃钢、UPVC、不锈钢等耐腐蚀材料制作。

③ 风管管径和截面尺寸应根据风量和风速确定。风管内的风速可按表 1-13-14 确定。

④ 风管应设置支架、吊架和紧固件等必要的附件，管道支架、间距应符合《通风管道技术规程》（JGJ/T 141）的有关规定。

⑤ 各并联收集风管的阻力宜保持平衡，各吸风口宜设置带开闭指示的阀门。

表 1-13-14　风管内的风速　　　　　　　　　　　　　　　　　单位：m/s

风管类别	钢板和非金属风管	砖和混凝土风道
干管	6～14	4～12
支管	2～8	2～6

⑥ 应统一布置所有管线，风管应设置不小于 0.005 的坡度，并应在最低点设置冷凝水排水口和凝结水排除设施。

⑦ 当架空管道经过人行通道时，净空不宜低于 2m。当架空管道经过道路时，不应影响设备和车辆通行，并应符合现行国家标准《建筑设计防火规范》（GB 50016）的有关规定，管道支架与道路边的间距不宜小于 1m。

⑧ 吸风口和风机进口处的风管宜根据需要设置取样口和风量测定孔，风量测定孔宜设置在风管直管段，直管段长度不宜小于 15 倍风管外径。

⑨ 风机和进出风管宜采用法兰连接并设置柔性连接管。

⑩ 风压计算应考虑除臭空间负压、臭气收集风管沿程损失和局部损失、臭气处理装置阻力、臭气排放管风压损失，并应预留安全余量。臭气处理装置吸风机的风压应按下列公式计算：

$$\Delta p = \Delta p_1 + h_{f1} + h_{f2} + h_{f3} + \Delta H \tag{1-13-7}$$

$$\Delta p_0 = (1 + K_P) \Delta p \frac{\rho_0}{\rho} \tag{1-13-8}$$

式中，Δp 为系统的总压力损失，Pa；Δp_1 为除臭空间的负压，Pa；h_{f1} 为臭气收集风管沿程压力损失和局部损失，Pa；h_{f2} 为臭气处理装置阻力，包括使用后增加的阻力，Pa；h_{f3} 为臭气排放管风压损失，Pa；ΔH 为安全余量，Pa，宜为 300～500Pa；Δp_0 为通风机全压，Pa；K_P 为考虑系统压损计算误差等所采用的安全系数，可取 0.10～0.15；ρ_0 为通风机性能表中给出的空气密度，kg/m³；ρ 为运行工况下系统总压力损失计算采用的空气密度，kg/m³。

⑪ 臭气处理装置吸风机的选择应符合下列要求：

a. 风机壳体和叶轮材质应选用玻璃钢等耐腐蚀材料。当采用玻璃钢时，风机外壳表面应采用抗紫外线胶壳面；

b. 轴和壳体贯通处应无气体泄漏，并宜采用机油润滑冷却式轴承座；

c. 叶轮动平衡精度不宜低于 G2.5 级，并应能 24h 连续运行；

d. 应设置防振垫或阻尼弹簧减振器，隔振效率应大于或等于 80%；

e. 风机宜配备隔声罩，且面板应采用防腐材质，隔声罩内应设置散热装置；

f. 风机宜采用变频器调节气量。

（四）臭气处理方法比选

臭气的处理方法主要包括物化法、化学法、生物法及其组合。在具体处理方法的选择上，应根据臭气源的特点、臭气量大小、排放标准、实际工程条件、经济因素以及操作维修条件等多方面因素进行综合比较分析。

首先根据臭气的气量以及浓度的大小在图 1-13-7 中选择能够满足要求的几种脱臭工艺。之后可对这些脱臭处理工艺的综合因素进行比选（见表 1-13-15），并对各脱臭处理工艺的投资、维护因素进行比较（见表 1-13-16），最终确定除臭处理工艺。

（五）臭气处理主体工艺设计

可参见后面各具体处理工艺的相关内容。

表 1-13-15　各类脱臭处理工艺系统综合因素比选

序号	工艺系列	工艺类型	应用	优点	缺点
1	物理法系列	活性炭吸附法	低至中度污染;小到中型设施	①可有效去除VOC; ②对低浓度的恶臭物质的去除经济、有效、可靠; ③维护简单; ④可用于湿式化学吸收后的精处理; ⑤运行方便,可间歇运行	①对于氨、硫化氢等去除率有限; ②不能用于大气量和高浓度的情况; ③活性炭的再生与转换价格昂贵,劳动强度大; ④再生后的活性炭吸附能力明显降低
2	物理法系列	焚烧法	重度污染;大型设施	①可分解高浓度的臭气; ②可分解各种类型的臭气; ③运行方便,可间歇运行	①仅适用于大气排放,气量适中的臭气; ②会向大气排放SO_2、CO_2等气体; ③应用方面需研究,有待完善
3	化学法系列	湿式化学吸收	中至重度污染;小至大型设施	①较高的去除效率和可靠的处理方法,去除效率可高达95%以上; ②可处理气量大、浓度高、温度高的恶臭污染物; ③占地面积小,土建投资小; ④运行稳定,停车后可迅速恢复到稳定的工作状态	①维护要求高; ②对操作人员素质要求较高; ③运行费用(能耗、药耗)高; ④去除混合的恶臭污染物,需多级的洗涤
4	化学法系列	臭氧氧化法	低至中度污染;小至大型设施	①简单易行; ②占地面积小; ③维护量小	①臭氧本身为二次污染物,经处理后仍有轻微恶臭味; ②适应工况变化能力差,因而工控过程困难; ③设备功耗高; ④对残余臭氧的分解处理的费用昂贵; ⑤残余的臭氧会腐蚀金属构件,其后续处理费用大
5	化学法系列	掩蔽剂法	低至中度污染;小至中型设施	①设备简单、维护量小; ②占地小; ③经济	①对臭气仅起掩盖作用,臭气去除率十分有限; ②因恶臭浓度不断变化,这种方法的效率最不可靠; ③掩蔽剂与恶臭成分反应是否会产生二次污染有得到科学证实
6	生物法系列	生物滤池	低至中度污染;小至大型设施	①简单、经济、高效,去除率达90%以上,部分气体去除率可达99%; ②低投资,运行维护费用低,维护量少; ③操作简单; ④不产生二次污染; ⑤抗冲击负荷能力强	①占地面积稍大

续表

序号	工艺系列	工艺类型	应用	优 点	缺 点
7	生物法系列	土壤法	低至中度污染；小至大型设施	①简单、经济、高效；②低投资，操作和维护费用低，运行、维护量少；③形式多样，可采用分散型（表层辅洒）和密集型（集装箱式）；④不产生二次污染；⑤采用生物土壤为除臭介质，有效使用寿命可达20年	①占地面积较大；②对湿度、pH、温度等要求较高；③土壤介质需要特定的培养驯化；④在国内处理效果有待进一步鉴定；⑤一般建议连续运行
8	组合法系列	以生物除臭为主体	低至中度污染；小至大型设施	①标准高，针对性和适应性强；②安全性高，运行稳定、显著；③技术优势明显；④高效可靠，处理率可高达95%~99%；⑤技术可行、经济合理；⑥基本不产生二次污染	①占地面积较大；②技术含量高，处理程序较为复杂
9	组合法系列	以物化除臭为主	低至中度污染；小至大型设施	①标准高，针对性和适应性强；②安全性高，运行稳定、效果显著；③技术优势明显；④高效可靠，处理率可高达95%~99%以上；⑤占地较小；⑥运行方便，可间歇运行	①仍存在二次污染的问题；②技术含量高，处理流程较复杂；③投资和运行费用一般稍大；④与以生物除臭为主体的组合法比较，应用性较差
10	化学法系列	天然植物液技术	低至中度污染；小至中型设施	①基建费用低，除臭效果好；②输液系统的动力设备简单，电耗省；③占地面积小，设备放置灵活；④根据臭气性质的变化，可随时调整天然植物液成分，除臭针对性强	①天然植物液需进口，运行费用难以降低；②敞口池除臭时，受气候因素的影响较大
11	化学法系列	离子法	低至中度污染；小至大型设施	①效果稳定，运行费用低；②对臭气性质变化的适应性强；③操作简单，设备使用期长；④运行灵活，可连续可间歇，不影响除臭效果；⑤设备占地面积小，基建投资较低	离子氧的氧化能力不如高能活性氧

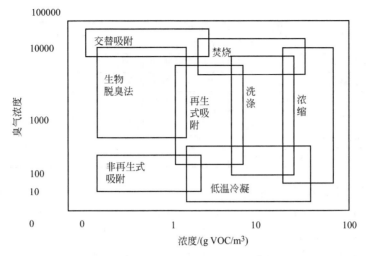

图 1-13-7　各种脱臭技术适用范围

表 1-13-16　常见污水恶臭处理方法经济性比较

方法比较	生物滤池	生物滴滤塔	生物滤床	植物提取液	活性炭吸附	高能离子	化学除臭	活性氧
设备投资	低	低	适中	低	低	较高	高	高
能耗	很小	很小	小	小	很大	很小	大	大
运行费用	较低	较低	适中	适中	很高	极低	很高	适中
处理恶臭浓度	中、低	中、低	中、低	中、低	低	低、高	高	中、低
系统噪声	高	高	高	无	低	低	很高	极低
占地面积	大	较大	大	小	少	小	大	无
二次污染	无	少	少	无	少	无	多	无
检修率	较高	较高	低	低	高	低	高	低
除臭效果	良好	优良	良好	良好	好	良好	一般	良好

四、臭气集送系统

（一）臭气收集系统

臭气收集系统是气体净化系统中用于收集污染气体的关键部件，它可将气态污染物导入净化系统，同时防止污染物向大气扩散造成污染。绝大多数收集装置呈罩子形状，又称集气罩。集气罩的性能对整个气体净化系统的技术、经济效果有很大的影响。设计完善的集气罩能在不影响生产工艺和生产操作的前提下用较小的排风量获得最佳的控制效果。在控制气体中污染物扩散效果相同的前提下，排风量越大整个净化系统也越庞大，投资与运行费用也相应增大。因此集气罩的设计是净化系统设计的重要环节。不同形式及材质的收集系统的综合比较及适用范围见表 1-13-17。

表 1-13-17　各种臭气收集系统综合比较

臭气收集系统方式	单位投资造价/(元/m²)	使用寿命/年	适用场合
不锈钢骨架＋阳光板	350~500	3~10	粗细格栅,脱水机,各类池体、水渠、卸泥间等
不锈钢骨架＋玻璃钢板	500~1300	10~15	粗细格栅,脱水机,各类池体、水渠、卸泥间等

续表

臭气收集系统方式	单位投资造价/(元/m²)	使用寿命/年	适用场合
不锈钢框架＋平板防爆玻璃	1000	10～15	粗、细格栅等
铝合金框架＋平板防爆玻璃	300～600	10～15	粗、细格栅等
模块式玻璃钢盖板	600～1200	5～10	各类池体、水渠
不锈钢骨架＋夹心彩钢板	500～900	5～15	粗、细格栅，各类池体等
普通碳钢骨架＋(反吊)氟碳纤膜	900	10～15	大跨度池体
铝合金罩盖	2000～2500	10～15	大跨度池体

1. 集气罩的分类及设计原则

按照气体在集气罩内的流动方式可将集气罩分为两大类：吸气式集气罩和吹吸式集气罩。利用吸气气流收集污染气体的集气罩称为吸气式集气罩，而吹吸式集气罩则是利用吹吸气流来控制气体中污染物扩散的装置。按集气罩与污染源的相对位置及密闭情况，还可将吸气式集气罩分为密闭罩、柜式排气罩（排气柜）、外部集气罩、接受式集气罩等。

密闭罩的主要特点是将污染物或设备围挡起来，使污染物的扩散范围只限制在已被围挡的一个很小的密闭空间内，一般只在转接的罩壁留有观察窗或不经常开的操作检修门。罩外空气只能通过缝隙或某些孔才能进入罩内，由于其开启的面积很小，所以用较小的排风量就可能防止有害物质逸出。密闭罩按污染源设备特点，可以做成固定式，也可以做成移动式。

柜式排气罩又称排气柜，其原理与密闭罩相似，但它有一个经常敞开的工作孔。产生有害气体的工艺操作或化学反应均应在柜内进行。为防止柜内有害物质逸出，工作孔的敞开面上应保持一定吸风速度。

外部集气罩用在因工艺或操作条件的限制，不能将污染源密闭起来的场合，它是利用罩口的抽吸作用产生的气流运动，将污染物吸入罩内。其特点是为了得到较大速度，往往需要很大的排风量。

某些过程本身会产生或诱导一定的气流，驱使有害物质随气流一起运动，在气流运动的方向上设置能收集和排放有害气体的集气罩，称为接受式集气罩。从外形上看，接受式集气罩同外部集气罩类似，但外部集气罩是靠罩口抽吸作用造成罩口附近所需的气流风速，以达到防止有害物质的扩散和逸出的目的。而接受式集气罩罩口气流运行主要是由于生产过程造成的，罩口排风量只要能将有害物质排走就可以了。

由于条件所限，当外部集气罩罩口必须远离污染源，且无生产过程形成的气流可以利用时，宜采用设有吹出气流装置的吹吸式集气罩。吹吸式集气罩的气流速度是靠吹出射流和吸入气体二者共同形成的。由于污染物或部分污染源离吸气罩口较远，单靠吸风就得不到必要的气流速度，在吹出射流的共同作用下，能得到距罩口较远处必要的气流流速。吹吸式集气罩的吸口排风量在相同条件下可以比外部集气罩的排风量少，此外，吹吸式集气罩具有抗外界干扰力能力强、不影响工艺操作等优点。

集气罩的设计主要包括结构形式设计及性能参数计算。集气罩设计的合理是指用较小的排风量就可以有效地控制污染物扩散。反之，用很大的排风量也不一定能达到预期的效果。因此，设计时应注意以下几点：

① 集气罩应尽可能包围或靠近污染源，使污染源的扩散限制在最小的范围内，尽可能减小吸气范围，防止横向气流的干扰，减少排风量；

② 集气罩的吸气气流方向应尽可能与污染物气流运动方向一致，以充分利用污染气流的初始动能；

③ 在保证控制污染的条件下，尽量减少集气罩的开口面积，使排风量最小；

④ 集气罩的吸气气流不允许通过人的呼吸区再进入罩内，设计时要充分考虑操作人员的位置和活动范围；

⑤ 集气罩的配置应与生产工艺协调一致，力求不影响工艺操作和设备检修；

⑥ 集气罩应力求结构简单、坚固耐用而造价低，并便于制作安装和拆卸维修；

⑦ 要尽可能避免或减弱干扰气流对吸气气流的影响。

集气罩的结构虽不十分复杂，但由于各种因素的相互制约，要同时满足上述要求并非易事。设计人应充分了解生产工艺、操作特点及现场情况。

2. 集气罩的性能

集气罩的排风量和压力损失是它的两个主要性能指标，下面分别介绍其确定方法。

（1）排风量的确定

排风量的确定分两种情况：一种是运行中的集气罩是否符合设计要求，可用现场测定的方法来确定；另一种是在工程设计中，为了达到设计目的，通过计算来确定集气罩的排风量。

① 排风量的测定方法　运行中的集气罩排风量 $Q(m^3/s)$ 可以通过实测罩口上方的平均吸气速度 $v_0(m/s)$ 和罩口面积 $A_0(m^2)$ 来确定。

$$Q = A_0 v_0 \tag{1-13-9}$$

也可以通过实测连续集气罩至风管中的平均速率 $v(m/s)$，气流动压 $p_s(Pa)$ 或静压 p_d（Pa），以及管道断面积 $A(m^2)$ 来确定。

$$Q = vA = A\sqrt{(2/\rho)p_d} \quad \text{或} \quad Q = \varphi A\sqrt{p_d \mid p_s \mid} \tag{1-13-10}$$

式中，ρ 为气体密度，kg/m^3；φ 为集气罩的流量系数，$\varphi = \sqrt{p_d / \mid p_s \mid}$，只与集气罩的结构形状有关，对于一定结构形状的集气罩，φ 为常数。

② 排风量的计算方法　在工程设计中，常用控制速度法和流量比法来计算集气罩的排风量。

a. 控制速度法。污染物从污染源散发出来以后都具有一定的扩散速度，该速度随污染物扩散而逐渐减小。把扩散速度减小为 0 的位置称为控制点。控制点处的污染物较容易被吸走，集气罩能吸走控制点处污染物的最小吸气速度称为控制速度，控制点距罩口的距离称为控制距离。控制速度法一般适用于污染物发生量较小的冷过程的外部集气罩设计。

在工程设计中，应首先根据工艺设备及操作要求，确定集气罩形状尺寸，由此可确定罩口面积 A_0；其次根据控制要求安排罩口与污染源相对位置，确定罩口几何中心与控制点的距离 x。当确定了控制速率 v_x 后，即可根据不同形式集气罩的气流衰减规律，求得罩口上的气流速度 v_0，这样便可根据 $Q = A_0 v_0$ 计算集气罩的排风量。

控制速度法与集气罩结构、安装位置及室内气流运动情况有关，一般要通过类比调查、现场测试确定，如果缺乏实测数据可参考有关设计手册。

b. 流量比法。其基本思路是，把集气罩的排风量 Q 看作是污染气体流量 Q_1 和从罩口周围吸入室内空气量 Q_2 之和，即：

$$Q = Q_1 + Q_2 = Q_1(1 + Q_2/Q_1) = Q_1(1 + K) \tag{1-13-11}$$

$K = Q_2/Q_1$ 称为流量比。显然，K 值越大，污染物越不易溢出罩外，但集气罩排风量 Q 也随之增大。考虑到设计的经济合理性，把能保证污染物不溢出罩外的最小 K 值称为临界流量比或极限流量比，用 K_v 表示。

$$K_v = (Q_2/Q_1)_{min} \tag{1-13-12}$$

以上所述，依据 K_v 值计算集气罩排风量的方法称为流量比法，而 K_v 值是决定集气罩控制效果的主要因素。研究结果表明：K_v 值与污染物发生量无关，只与污染源和集气罩的相对尺寸有关，K_v 值的计算公式需要经过实验研究求出，在工程设计中 K_v 值可参考有关设计手册。

考虑到室内横向气流的影响，在设计时应增加适当的安全系数 m，则上式可变为：

$$Q=Q_1(1+mK_v\Delta t) \tag{1-13-13}$$

考虑干扰气流影响的安全系数，可按表 1-13-18 确定。

表 1-13-18 流量比法的安全系数

横向干扰气流速度/(m/s)	安全系数	横向干扰气流速度/(m/s)	安全系数
0～0.15	5	0.30～0.45	10
0.15～0.30	8	0.45～0.60	15

应用流量比法计算应注意以下事项：临界流量比 K_v 的计算式都是在特定条件下通过实验求得的，应用时注意其适用范围。流量比法是以污染物发生量 Q_1 为基础进行计算的，Q_1 应根据实测的发散速度和发散面积计算确定。如果无法确切计算出污染气体的发生量，建议仍按照控制速度法计算。由表 1-13-18 可知，周围干扰气流对排风量的影响很大，应尽可能减弱周围横向气流的干扰。

（2）压力损失的确定

集气罩的压力损失 Δp 一般表示为压力损失系数 ξ 与直管中的动压 p_d 之乘积的形式，即：

$$\Delta p=\xi p_d=\xi\frac{\rho v^2}{2} \tag{1-13-14}$$

式中，ξ 为压力损失系数；p_d 为气流的动压，Pa；ρ 为气体的密度，kg/m^3；v 为气流速度，m/s。

由于集气罩罩口处于大气中，所以罩口的气体全压等于零，因此集气罩的压力损失可以写为：

$$\Delta p=0-p=-(p_d+p_s)=|p_s|-p_d \tag{1-13-15}$$

式中，p 为连接集气罩直管中的气体全压。只要测出连接直管中的动压 p_d 和静压 p_s，即可求得集气罩的流量系数 φ 值：

$$\varphi=\sqrt{\frac{p_d}{|p_s|}} \tag{1-13-16}$$

进而可以得出流量系数 φ 与压力损失系数 ξ 之间的关系：

$$\varphi=\frac{1}{\sqrt{1+\xi}} \tag{1-13-17}$$

由此可见，上述系数 φ、ξ 中，只要得到其中一个，便可求出另一个。而对于结构、形状一定的集气罩，φ、ξ 均为常数。

表 1-13-19 给出了几种集气罩的流量系数和压力损失系数。

表 1-13-19 几种集气罩的流量系数和压力损失系数

罩子名称	喇叭口	圆台或天圆地方	圆台或天圆地方	管道端头	有边管道端头
罩子形状					
流量系数 φ	0.98	0.90	0.82	0.72	0.82
压损系数 ξ	0.04	0.235	0.40	0.93	0.49

罩子名称	有弯头的管道端头	有弯头有边的管道端头	排风罩（例如加在化铅炉上面）	有格栅的下吸罩	砂轮罩
罩子形状					
流量系数 φ	0.62	0.74	0.9	0.82	0.80
压损系数 ξ	1.61	0.825	0.235	0.49	0.56

3. 外部集气罩的设计

外部集气罩安装在污染源附近，依靠罩口外吸入气流的运动而实现收集污染物的目的，适用于受工艺条件限制，无法对污染源进行密闭的场合。外部集气罩吸气方向与污染源流动方向往往不一致，且罩口与污染源有一定的距离，因此需要较大风量才能控制污染气流的扩散，而且易受室内横向气流的干扰，致使捕集效率降低。外部集气罩形式多样，按集气罩与污染源的相对位置可将其分为上部集气罩、下部集气罩、侧吸罩和槽边集气罩四类。

设计外部集气罩时应注意以下问题。

① 为了有效地控制、捕集粉尘和有害气体，在不妨碍生产操作的情况下，应尽可能使外部集气罩的罩口靠近污染源或扬尘点，以使整个污染源或所有的扬尘点都处于必要的风速范围内。

② 罩口外形尺寸应以有效控制污染源和不影响操作为原则，只要条件允许，罩口边缘应设计法兰边框，在同样的排风量条件下可提高排风效果。

③ 污染后的气体，应不再经过人员操作区，并防止干扰气流将其再次吹散，要使污染气流的流程最短，尽快地吸入罩口内。

④ 连接罩子的吸风管应尽量置于粉尘或污染气体散发中心。罩口大而罩身浅的罩子气流会集中驱向吸风管口正中。为均匀罩口气流，可采用条缝罩、管口前加挡板或改用多吸风管的方法。

⑤ 为保证罩口均匀吸气，集气罩的扩张角不应大于 60°。当污染源平面尺寸较大时可采用以下措施：将大的集气罩分割成若干小的集气罩；在罩内设分层板；在罩口加设挡板或气流分布板。

⑥ 充分了解工艺设备的结构及操作运行特点，使所设计的外部集气罩既不影响生产操作，又便于维护、检修及拆装设备。

下面以上部集气罩为例介绍设计的方法。

上部集气罩的形状多为伞状，通常被安装在污染物发生源的上方。污染源与罩口之间常常留有一定的距离，因此比较容易受到横向气流的影响。

上部集气罩用于常温设备或高温设备的上方，情况是不一样的，本书仅介绍常温设备的上部集气罩。常温设备排放出来的气体不具有浮力，因而不会自动流向集气罩内，因此上部集气罩仍然是依靠罩口的吸气作用来控制和收集有害气体的。

当四周无围挡物自由吸气时，罩口风速的分布与罩口的扩张角有关，扩张角越小风速分布越均匀。扩张角小于 60° 时，罩口中心风速与平均风速十分接近；扩张角大于 60° 时，罩口中心风速与平均风速之比值随扩张角的扩大而显著增大。因此，在一般情况下，为了加强排气效果，集气罩的扩张角应小于 60°。

当集气罩自由吸气时，吸气速度的逐渐衰减现象随着罩口边长比不同而不同。如果集气罩的扩张角和罩口面积一定，则边长比大的集气罩吸气速度衰减慢，边长比小的集气罩吸气速度衰减快。也就是说，罩口形状越狭长，吸气速度衰减越慢。

为了减少周围空气混入排风系统，以减少排风量，上部集气罩口应留一定的直边，直边的高度 $h=0.25\sqrt{A_0}$，A_0 为罩口面积。

为避免横向气流的干扰，要求罩口至污染源距离 H 尽可能小于或等于罩口边长的 0.3 倍，其排风量 Q 可按下式计算：

$$Q=kLHv_x \tag{1-13-18}$$

式中，L 为罩口敞开面的周长，m；H 为罩口至污染源的距离，m；v_x 为敞开断面处流速，在 0.25～2.5m/s 之间选取；k 为考虑沿集气罩高度速度分布不均匀的安全系数，通常取 1.4。

在工艺操作条件允许的情况下，应尽量减少敞开面，当两面敞开时，排风量 Q 的计算公式如下：

$$Q=(b+l)Hv_x \tag{1-13-19}$$

式中，b 为污染源设备的宽度，m；l 为污染源设备的长度，m。

4. 吹吸式集气罩的设计

吹吸式集气罩是依靠吹、吸气流的联合作用进行有害气体的控制和输送的，具有风量小、污染控制效果好、抗干扰能力强、不影响工艺操作等特点，近年来在国内外得到日益广泛的应用。

要使吹吸式集气罩在经济合理的前提下获得最佳的使用效果，必须依据吹吸气流的运行规律，使两股气流有效结合、协调一致地工作。由于吹吸复合气流的运动较为复杂，尽管国内外有很多学者对其进行了研究，但进行合理的设计计算至今仍是国内外研究的课题。现介绍两种目前常用的计算方法。

（1）速度控制法

本方法将吹吸气流对有害气体的控制能力简单地归结为取决于吹出气流的速度与作用在吹吸气流上的污染气流（或横向气流）的速度比。只要吸气前射流末端的平均速度保持一定数值（通常要求不少于 0.75～1m/s），就能保证对有害气体的控制。这种方法只考虑吹出气流的控制和输送作用，不考虑吸气口的作用，把它看作安全因素。根据这种方法，首先选定吹出射流最远的控制风速，然后利用有关公式计算吹气口和吸气口的流速和流量。对于工业槽，其设计要点如下。

① 对于有一定温度的工业槽，吸气口前必需的射流平均速度（即吹气射流的末端速度）v_1' 按经验数值确定，具体见表 1-13-20。

表 1-13-20　不同湿度下吸气口前的射流平均速度值

槽液温度/℃	吸气口前必需的射流平均速度 v_1'/(m/s)	槽液温度/℃	吸气口前必需的射流平均速度 v_1'/(m/s)
20	0.5B	60	0.85B
40	0.75B	70～95	1B

注：B 为吹、吸口间距离，m。

② 为了避免吹出气流溢出吸气口外，吸气口的排风量应大于吸气口前射流的流量，一般按射流末端流量的 1.1～1.25 倍计算。

③ 吹气口高度 h_1 一般为（0.01～0.15）B，为了防止吹气口发生堵塞，h_1 应大于 5～

7mm。吹气口出口流速 v_1 按液槽温度、槽宽的经验关系式计算，不宜超过 $10\sim12$m/s，以免液面波动。

④ 要求吸气口上的气流速度 $v_3\leqslant(2\sim3)v_1'$，v_1' 越大，吸气口高度 h_3 越小，污染气流容易溢入室内。但 v_3 也不能过大，以免影响操作。

⑤ 吹气气流实际上可看成扁平射流，故射流的初始速度 v_1 可按下式计算：

$$\frac{v_{\mathrm{m}}}{v_1}=\frac{1.2}{\sqrt{\dfrac{aB}{h_1}+0.41}} \tag{1-13-20}$$

式中，a 为气流紊动系数，可取 0.2；v_{m} 为污染气体的速度，m/s。

⑥ 吹气口的吹气流量（即射流的初始流量）Q_1 为：

$$Q_1=v_1h_1L \tag{1-13-21}$$

式中，L 为吹气罩口的长度，m。

⑦ 射流的末端流量 Q_1' 与初始流量的关系如下：

$$\frac{Q_1'}{Q_1}=1.2\sqrt{\frac{aB}{h_1}+0.41} \tag{1-13-22}$$

（2）流量比法

在吹吸罩的计算中，Q_1 为吹出的气流量，它控制污染气体发散量 Q_0 向外扩散，见图 1-13-8。吹气口排风量 Q_3 应包括周围吸入空气量 Q_2 和吹气量 Q_1。

从图 1-13-8 可知，吹气量 Q_1 应按下式计算：

$$Q_1=h_1Lv_1 \tag{1-13-23}$$

式中，h_1 为吹气罩口的宽度，m；L 为吹气罩口的长度，m；v_1 为吹气罩口的风速，m/s。

在污染气流与吹出气流的接触过程中，污染气体分子要通过扩散和边界层的局部涡流被卷入射流内部。因此要使污染物不进入室内工作区，必须把吹出气流全部排除。在吹吸式集气罩的运行过程中，随 Q_3 的逐渐减少，被污染的吹出气流将由全部排除逐渐过渡到从罩口

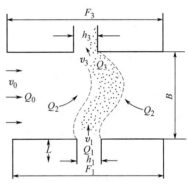

图 1-13-8 吹吸气流示意

泄漏。即将发生泄漏的 Q_2/Q_1 称为极限流量比，以 K_{v} 表示。实验研究表明，在污染气体不向外扩散的条件下，K_{v} 值越小越经济，K_{v} 值与罩的形状尺寸及污染（干扰）气流的大小有关，可用下式表示：

$$K_{\mathrm{v}}=f\left(\frac{B}{h_1}\cdot\frac{h_3}{h_1}\cdot\frac{F_3}{h_1}\cdot\frac{v_0}{v_1}\cdot\frac{F_1}{h_1}\right) \tag{1-13-24}$$

式中，h_1 为吹气口宽度，m；h_3 为吸气口宽度，m；B 为吹吸气口间距，m；F_1 为吹气口法兰边外缘宽度，m；F_3 为吸气口法兰边外缘宽度，m；v_0 为污染气流的速度，m/s；v_1 为吹气口出口气流的速度，m/s。

在以上因素中影响较大的为 $\dfrac{B}{h_1}$、$\dfrac{F_1}{h_1}$、$\dfrac{F_3}{h_1}$ 和 $\dfrac{v_0}{v_1}$。对于不同形式的工艺设备，吹吸式集气罩的 K_{v} 计算公式可查阅有关的通风设计手册。此外设计时应考虑安全系数 m，此时流量比为 $K_{\mathrm{D}}=mK_{\mathrm{v}}$，$m$ 可查相关的手册计算。用流量比法设计吹吸式集气罩的步骤如下。

① 根据污染源大小和现场的实际条件，确定 B，F_1，F_3，L 等的最佳尺寸，不设吹气口板时，$F_1/h_1=1$，并尽可能满足下列比例关系：$F_3/B\geqslant0.2$，$B/h_1\leqslant30$，$1\leqslant F_3/h_1\leqslant$

80，$0.5 \leqslant h_3/h_1 \leqslant 10$。

② 按下式求 B/h_1，并确定吹气口尺寸 h_1。

h_1 按最小排风量 Q_3 决定时，计算式为：

$$\frac{B}{h_1} = \frac{B}{F_3}[3.2 + \sqrt{130(B/F_3)^{-1.1} + 46}]^{0.91} \tag{1-13-25}$$

h_2 按最小排风量（$Q_1 + Q_2$）决定时，计算式为：

$$\frac{B}{h_1} = \frac{B}{F_3}[3.2 + \sqrt{270(B/F_3)^{-1.1} + 46}]^{0.91} \tag{1-13-26}$$

③ 污染气流风速 v_0 应按实测或工艺资料确定，一般可把 v_0 当作污染源的散放速度，可查表得出。v_1 在 $0 \leqslant v_0/v_1 \leqslant 3$ 的范围内确定，考虑到经济性，在设计二维集气罩时，可根据已求得的 B/h_1 和已知的 B/F_3，按下式求 v_0/v_1，从而求得 v_1：

$$\frac{v_0}{v_1} = \left(\frac{B}{h_1}\right)^{-1} \times 0.11\left(\frac{B}{F_3}\right)^{0.82}[3.2 + \sqrt{130(B/F_3)^{-1.1} + 46}]^{1.5} \tag{1-13-27}$$

④ 由 v_1、h_1 及 L 可按式 $Q_1 = v_1 h_1 L$ 求出吹风量。

⑤ 根据以上求得的数据，进行极限流量比值 K_v 及完全系数 m 的计算，最后求取最小排风量 Q_3：

$$Q_3 = Q_1(1 + K_D) = Q_1(1 + mK_v) \tag{1-13-28}$$

（二）臭气输送系统

在生物除臭工艺中，通过臭气输送系统把各种装置连接起来才能组合成完整的净化系统。因此输送系统的设计是净化系统设计中不可或缺的组成部分，合理地设计、施工和运用输送系统，不仅能充分发挥净化系统的能效，而且直接关系到设计和运转的经济合理性。输送系统的设计主要是管道系统的配置和设计两个方面。

1. 管道系统的配置原则

管道配置与净化装置配置密切相关，一般来说管道配置应遵循以下原则：

① 管道系统的配置应从总体布局考虑，对全部管线通盘考虑，统一规划，力求简单、紧凑、适用，而且安装、操作、维修方便，并尽可能缩短管线长度，减少占地空间，节省投资。

② 对于有多个污染源场合，可以分散布置多个独立系统。在划分系统时，要考虑输送气体的性质，如污染物混合后会引起燃烧、爆炸；不同温度、湿度的气体混合后会引起管道内结露等。

③ 管道布置应力求顺直，以减少阻力。一般圆形管道强度大、耗用材料少，但占用空间大。矩形管件占用空间小，易于布置。管道铺设应尽量明装，以方便检修。管道尽量集中成列，平行安装，并尽量靠墙或柱子铺设，其中管径大或有保温材料的管道应设于靠墙体的内侧。管道与墙、梁、柱、设备及管道之间要保持一定的距离，以满足安装施工、管理维修及热胀冷缩等因素的要求。

④ 管道应尽量避免遮挡室内采光和妨碍门窗的开闭；应尽量避免通过电动机、配电设备以及仪表盘等的上空；应不妨碍设备、管件、阀门和人孔的操作和检修；应不妨碍吊车的通过。

⑤ 水平管道的铺设应有一定的坡度，以便于防水、放气和防止积尘，一般坡度为 $0.002 \sim 0.005$。对于含固体量大或黏度大的气体，坡度可视情况适当增大，但一般不超过

0.01。坡度应考虑向风机方向倾斜，并在风管的最低点和风机底部装设水封泄液管。

⑥ 为方便维修、安装，以焊接为主要联结方式的管道中，应设置足够数量的法兰；以螺纹连接为主的管道，应设置足够数量的活接头；穿过墙壁或楼板的管段不得有焊缝。

⑦ 管道与阀件不宜直接支撑在设备上，须单独设置支架与吊架；保温管的支架应设管托；管道的焊缝应布置在施工方便和受力较小的位置上，焊缝不得位于支架处，它与支架的距离不应小于管径，至少要大于 200mm。

⑧ 管道上应设置必要的调节和测量装置，或者预留安装测量装置的接口。调节和测量装置应设在便于操作和观察的位置，并尽可能远离弯头、三通等部件，以减少局部涡流影响。

⑨ 输送剧毒物质的风管不允许是正压，此风管也不允许穿过其他房间。

2. 管网的布置方式

为了便于管理和运行调节，管网系统不宜过大。同一系统的吸气点不宜过多。同一系统内有多个分支管时，应将这些分支管分级控制。在进行管网配置时，主要考虑的应是各分支管之间的压力平衡，以保证各吸气点达到的设计风量，实现控制污染物扩散的目的。通常的管网布置有以下 3 种。

① 干管配置方式　干管配置方式又称集中式净化系统，与其他配置方式相比，其管网布置紧凑，占地小，投资少，施工方便，应用范围较广泛，但各支管间压力平衡计算烦琐，设计计算较为复杂。干管配置方式见图 1-13-9(a)。

② 个别配管方式　个别配管方式又称分散式净化系统。采用大截面积的集合管连接各分支管，集合管有水平和垂直两种。水平集合管上连接的风管由上面或侧面接入，垂直集合管上的风管从切线方向接入。集合管内的流速不宜超过 3～6m/s，以利各支管之间的压力平衡。这种配管方式适用于吸气点多的系统管网。个别配管方式见图 1-13-9(b)。

③ 环状配管方式　环状配管方式也称为对称性管网布置方式。对于多支管的复杂管网系统，它具有支管间压力易于平衡的优点，但会带来管路较长、系统阻力增加等问题。环状配管方式示意见图 1-13-9(c)。

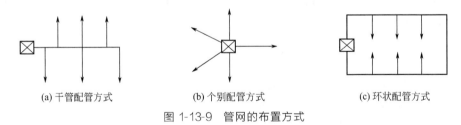

(a) 干管配管方式　　　　(b) 个别配管方式　　　　(c) 环状配管方式

图 1-13-9　管网的布置方式

3. 管道系统的设计计算

管道系统的设计计算是在管道系统配置的基础上，确定各管段的截面尺寸和压力损失，求出总流量和总压力损失，并以此选择适当的风机或泵，配备电动机。

一般情况下管道系统的设计步骤如下：

① 根据生产工艺确定吸风点及风量，选择净化装置，进行管道配置，选择管道材料等。

② 按净化装置及管道配置情况，绘制管道系统轴测图，对各管段进行编号，标注长度和流量。管段长度一般按两管件中心线之间的距离计算，不扣除管件本身的长度。

③ 选择合适的管内流体流速，使其技术经济合理。

④ 根据各管段内的流量和流速设计确定管段截面尺寸。

⑤ 计算管路压力损失，确定最大压损管路。

⑥ 对并联管路进行压损计算，两分支管段的压损差应满足要求，即除尘系统小于10%，其他通风系统可小于15%，否则进行管径调整或增高风压装置。

⑦ 计算系统总压损，求出总风量与总压损，从而选择风机与电动机。

（1）管道内流体流速的选择

管道内流体流速的选择涉及技术和经济两方面的问题。当流量确定后，若选择较低的流速，管道断面积较大，管径大，材料消耗多，基建投资高，但系统压力损失小，噪声小，动力消耗低，运转费用低。反之，若选择较高流速，则管径小，材料消耗少，基建投资小，但系统压力损失大，噪声大，动力消耗高，运转费用高。因此要使管道系统设计计算经济合理，必须选择适当的流速，使投资和运行费用的总和为最小。不同情况下的最低气流速度均有表可查。

（2）管道直径的确定

在已知流量和确定流速以后，管道直径可按下式计算：

$$D = \sqrt{\frac{4Q}{3600\pi v}} \qquad (1\text{-}13\text{-}29)$$

式中，D 为管道内径，m；Q 为流体体积流量，m^3/h；v 为管内的平均流速，m/s。

在管道设计中，实际风量应按工艺求得后的风量再加上漏风量。由实际风量按式（1-13-29）计算出管道直径，选取定型化、统一规格的基本管径，以便于加工和配备阀门、法兰。

（3）管道内流体的压力损失

根据流体力学原理，流体在流动过程中，由于阻力的作用产生压力损失。根据阻力产生的原因不同，可分为沿程阻力和局部阻力。沿程阻力是流体在直管中流动时，由于流体的黏性和流体质点之间或流体与管壁之间的相互位置产生摩擦而引起的压力损失，因此也称摩擦阻力。局部阻力是流体流经管道中某些管件或设备时，由于流速的方向和大小变化产生涡流而造成的阻力。

① 摩擦阻力的计算　根据流体力学原理，空气在任何横截面积形状不变的管道内流动时，摩擦阻力 Δp_m 可按下式计算：

$$\Delta p_m = \lambda \frac{l}{4R_s} \times \frac{v^2 \rho}{2} \qquad (1\text{-}13\text{-}30)$$

式中，λ 为摩擦阻力系数；v 为风管内气体的平均流速，m/s；ρ 为气体密度，kg/m^3；l 为风管长度，m；R_s 为风管的水力半径，m，$R_s = A/P$；A 为管道中充满流体部分的横截面积，m^2；P 为润湿周边，在通风系统中，即为风管的周长，m。

对于直径为 D 的圆形风管，摩擦阻力计算公式可以写成：

$$\Delta p_m = \frac{\lambda}{D} \times \frac{v^2 \rho}{2} l = R_m l \qquad (1\text{-}13\text{-}31)$$

式中，$R_m = \frac{\lambda}{D} \times \frac{v^2 \rho}{2}$ 称作圆形风管单位长度的摩擦阻力，又称比摩阻，Pa/m。

对于矩形管道，由它的两个边长 L、B 来表示一个速度当量直径，即速度当量直径 $d_u = 2LB/(L+B)$，它可代替上两式中的 D。速度当量直径是指，当一根圆形管道与一根矩形管道的气流速率 v、摩擦阻力系数 λ、比摩阻 R_m 均相等时，该圆形管道的直径就称为矩形管道的速度当量直径。

摩擦阻力系数 λ 的确定是计算摩擦阻力损失的关键，而 λ 与流体在管道中的流动状态

（雷诺数 Re）及管道管壁的绝对粗糙度 K 有关，该值的计算比较困难。因此在工程设计中，为了避免很大的计算工作量，常可以根据各种形式的线解图和计算表来确定比摩阻 R_m 的值。图 1-13-10 就是一种线解图，该图是在大气压力为 101.3kPa，温度 20℃，空气密度 $\rho =$ 1.24kg/m³，运动黏度系数 $\nu = 15.06 \times 10^{-6}$ m²/s，管壁的粗糙度 $K \approx 0$ 的条件下得出的。查该图时，只要知道气体流量、管道直径、气体流速、比摩阻及气体流动压这 5 个参数中的任意 2 个，便可从该图中查得另外 3 个参数。当实际计算条件与作图条件出入较大时，对查出的 R_m 值应加以修正。

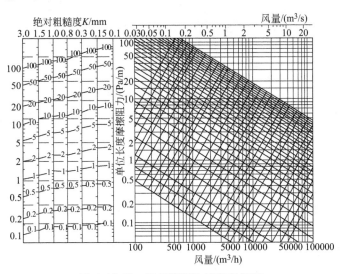

图 1-13-10　通风管道比摩阻线解图

② 粗糙度的修正　摩擦阻力随管道粗糙度的增大而增大，在净化系统中，使用各种材料制作风管，这些材料的粗糙度 K 各不相同，其数值列于表 1-13-21 中。

不同粗糙度对应的比摩阻 R_m 的值可直接从图 1-13-10 中查出。

表 1-13-21　各种材料通风管道的粗糙度

风道材料	绝对粗糙度 K/mm	风道材料	绝对粗糙度 K/mm
薄钢板或镀锌薄钢板	0.15~0.18	胶合板	1.0
塑料板	0.01~0.05	砖砌体	3.0~6.0
矿渣石膏板	1.0	混凝土	1.0~3.0
矿渣混凝土板	1.5	木板	0.2~1.0

③ 大气温度和大气压力的修正

$$R'_m = K_t K_0 R_m \qquad (1\text{-}13\text{-}32)$$

式中，R'_m 为修正后的比摩阻；K_t 为温度修正系数；K_0 为大气压力修正系数。

$$K_t = \left(\frac{273+20}{273+t_s}\right)^{0.875} \qquad (1\text{-}13\text{-}33)$$

式中，t_s 为管内气体的实际温度，℃。

$$K_B = \left(\frac{p}{101.3}\right)^{0.9} \qquad (1\text{-}13\text{-}34)$$

式中，p 为实际的大气压力，kPa。

若气体压力与图 1-13-11 的条件相近，而风管内输送的气体温度不是 20℃，则可从图 1-

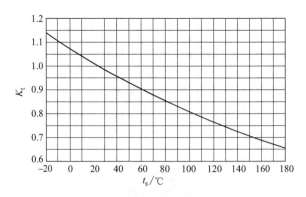

图 1-13-11　摩擦阻力温度修正系数

13-11 中查出 K_t 值，带入式中进行修正计算，此时 $K_B \approx 0$。

④ 局部阻力的计算　当气流流过断面变化的，流向变化的管件或流量变化的管件时都会产生局部阻力。计算公式如下：

$$\Delta p_i = \xi \frac{\rho v^2}{2} \tag{1-13-35}$$

式中，ξ 为局部阻力系数；ρ 为气体密度，kg/m^3；v 为管内气体流速，m/s。

局部阻力系数 ξ 是一个无量纲数，通常是由实验方法确定的，其数值大小与异形管件的结构、形状及流体的流动状态等因素有关。局部阻力系数可由有关的设计参数手册查出。

⑤ 管网总阻力的计算　管网的总阻力是不同直径直管段摩擦阻力之和，加上各局部阻力点局部阻力之和，再乘以附加阻力系数，即：

$$\Delta p = k_h (\sum \Delta p_m + \sum \Delta p_i) \tag{1-13-36}$$

式中，Δp 为管网总阻力；k_h 为流体阻力附加系数，可取 $k_h = 1.15 \sim 1.20$。

（4）风机的选择

根据风机的作用原理，可以分为离心式、轴流式和贯流式三种。常用的是离心式和轴流式风机。在工程应用中选择风机时应考虑到系统管网的漏风以及风机运行工况与标准工况不一致等情况，因此对计算确定的风量和风压，必须考虑到一定的附加系数和气体状态的修正。

① 风量计算　在确定管网抽风量的基础上，考虑到风管、设备的漏风，选用风机的风量应大于管网计算确定的风量。计算公式如下：

$$Q_0 = K_Q Q \tag{1-13-37}$$

式中，Q_0 为选择风机时的计算风量，m^3/h；Q 为管网计算确定的抽风量，m^3/h；K_Q 为风量附加安全系数，一般管道系统 $K_Q = 1 \sim 1.1$，除尘系统 $K_Q = 1.1 \sim 1.15$，且除尘漏风另加 $5\% \sim 10\%$。

② 风压计算　考虑到风机的性能波动和管网阻力计算的不精确，选用的风机风压应大于管网计算确定的风压：

$$\Delta p_0 = K_p \Delta p \tag{1-13-38}$$

式中，Δp_0 为选择风机时的计算风压，Pa；K_p 为风压附加安全系数，一般管道系统 $K_p = 1.1 \sim 1.15$，除尘系数 $K_p = 1.15 \sim 1.2$；Δp 为管网计算确定的风压，Pa。

③ 电机的选择　所需电机功率可按下式进行计算：

$$N_e = \frac{Q_0 \Delta p_0 K_d}{3600 \times 1000 \eta_1 \eta_2} \tag{1-13-39}$$

式中，N_e 为电机功率，kW；Q_0 为风机的总风量，m^3/h；Δp_0 为风机的风压，Pa；K_d 为电机备用系数，对于通风机，电机功率为 $2\sim5kW$ 时取 1.2；大于 5kW 时取 1.3，对于引风机取 1.3；η_1 为通风机全压效率，可从通风机样本中查到，一般为 $0.5\sim0.7$；η_2 为机械传动效率，对于直联传动 $\eta_2=1$，联轴器传动 $\eta_2=0.98$，三角皮带传动 $\eta_2=0.95$。

五、臭气污染控制

（一）臭气源的抑制

（1）在主要排水管网的上游进行预处理，避免排水管道形成缺氧条件

可以在下水道或跌水井的交汇点设置特制的充氧装置，如注入空气和纯氧，加氯、加过氧化氢等，以降低进入泵站和污水厂的臭气产生量，减少除臭设备的投资或运行费用。亦可在旁路管中投加化学药剂（抑制厌氧细菌的生长），如加过氧化氢、高锰酸钾、硝酸钠和氯等。

（2）将城市下水道和污水处理厂视为一个设计整体

应考虑城市下水道和污水处理厂的相互作用和影响，下水道设计中的坡度和流速不仅要考虑水力学输送中不淤不积的自清流速和坡降，还要考虑实际使用中其流速、坡降可能具备产生厌氧的条件或臭气冒逸的现象。确保整个排水管网的良好运行状态，减少下水道中厌氧细菌的繁殖，加强管道的疏通养护，保持水流通畅，避免油脂和污物在死角处积聚，严格按照设计要求和操作规范控制进水水质等。

（3）合理选用管材

污水在进入排水泵站和污水厂以前已经在管道内进行了生物转化和化学反应，目前国内广泛使用的混凝土管或铸铁管的管壁较粗糙，管道长期使用后，管道流速会减小，污水中有机物颗粒易在管道内沉淀淤积，一旦气温条件合适便会发生厌氧反应，产生硫化氢、氨等有害气体，经排水管道传输到排水泵站和污水厂的集水井和其他处理设施中，产生强烈的臭味。对此可采用管壁粗糙度较小的新型管材，如 HDPE 双壁波纹管等。

（4）透气井设置应尽量避开商住区

透气井内水位落差较大，既起到了消能的作用，也往往会产生气体外逸，在设计中应考虑将透气井设置在远离市区或居民密集区的绿化带内，并增加透气或排气设施。

（5）控制恶臭源的散发

通过对恶臭源的集气和排气系统的设计选择，利用较少的排气量达到较好的室内通风效果，可以控制后续脱臭装置的规模，节约恶臭治理的费用，并通过合理的气体排放系统减少对周围环境的影响。对恶臭源的有效收集是整个恶臭控制的重要环节，仅有先进的除臭设备而没有合理的收集系统不会获得真实的除臭效果。

对无需经常人工维护的设施，如对污水厂的沉砂池、初沉池和污泥浓缩池等臭气控制，可采用固定式的封闭措施，即用轻质材料将池子敞开的部位表面全部罩住，然后用集气管和通风机收集池内产生的臭气并集中除臭处理。

对需经常维护和保养的设施，如泵房的集水井和污水厂的脱水机房等，可采用局部活动式或简易式的臭气隔离措施，即用可移动的轻质材料罩住集水井的敞开部位，用可拆卸的轻质透明材料部分罩住集水井上的机械除污设备或污泥脱水设备。

（二）设置一定的卫生防护距离

一般来说，恶臭影响对环境的敏感程度，与污水处理厂所在地的环境情况有直接关系。

大部分城市污水处理厂的位置，是根据城市发展规划来确定的，通过设置一定宽度的卫生防护距离来隔离城市污水处理厂恶臭的影响，就目前我国社会经济发展水平看，是经济可行的途径。但由于恶臭的影响因素有多种，在确定卫生防护距离时，一般根据污水处理厂实际情况，比如规模、选择的技术工艺路线和当地所在区域的环境情况来确定。

具体依据《环境影响评价技术导则 大气环境》（HJ 2.2—2018）中的相关规定，采用其推荐模式中的大气环境防护距离模式来估算无组织源大气环境防护距离。表 1-13-22 为国内几家不同生产规模和工艺的城市污水处理厂边界臭气浓度计算表（计算时假定 NH_3 排放速率为 0.05kg/h，H_2S 排放速率为 0.002kg/h）。

表 1-13-22 城市污水处理厂区臭气浓度检测

企 业	上风向 1m	厂区	下风向 1m	下风向 50m	下风向 100m	符合标准	下风向 200m	符合标准	下风向 300m	符合标准
北京高碑店污水处理厂	10	173	154	35	20	2级	1.5	1级	—	1级
福州市祥坂污水处理厂	30	685	647	124	31	2级	11	2级	1	1级
邯郸市东郊污水处理厂	42	1200	1000	256	39	3级	19	2级	3	1级

根据《恶臭污染物排放标准》（GB 14554—93），高碑店污水处理厂下风向 100m 恶臭强度能达到 2 级标准，200m 处能达到 1 级标准。臭气浓度随扩散距离的增大而减少，100m 外臭气影响明显减弱，距恶臭源 300m 则已经基本无影响。一般的污水处理厂卫生防护距离都在 100～300m 之间。目前多数设计单位和环评单位在确定卫生防护距离时采用 300m 的距离，基本能够满足要求，但是对于 300m 卫生防护距离的确定，我国没有明确的法律规定。

（三）臭气的治理

目前我国多数污水处理厂主要的恶臭污染源均为敞开式管理，大部分污水处理厂还未对恶臭污染进行有效控制。恶臭气体如果未经处理直接排放，其源强就会远远超过排放标准的要求。人民生活水平的提高，对环境水平的要求也越来越高。对恶臭污染，仅仅依靠增设卫生防护距离是不够的。现行的恶臭处理法，从脱除原理上可以大致概括为物理法、化学法和生物处理法三种。

（1）物理脱臭法

物理法通常用作脱臭处理工艺的前处理，效果比较好的方法有大气稀释法和吸附法。其优点是管理方便，可回收所吸附的有用物质，吸附无选择性，负荷变化影响小；缺点是不能从根本上根除恶臭，只是转移，尚需对富集的恶臭物质进行后续处理，且吸附法易受臭气中水分的影响，费用高。

吸附法常用于低浓度臭气的处理或与其他脱臭设备配套使用的深度处理。其中，活性炭吸附除臭装置占地小，但活性炭饱和周期很短，必须勤换活性炭才能达到除臭目的。

（2）化学脱臭法

化学法主要包括湿法化学吸收法、燃烧处理法、天然植物液除臭法、活性氧化技术以及高能离子净化法等。其中燃烧法对于高浓度的臭气处理一般采用直接燃烧法，但其燃料费用高，燃烧后的气体会存有 NO 等化学成分，可能导致二次污染，因此燃烧处理法一般不适用于污水处理厂。

天然植物液除臭技术的基本原理是将一些特殊的天然植物提取液作为去除异味的工作液，配以先进的喷洒技术或喷雾技术，雾化分子均匀地分散在空气中，吸附空气中的异味分子，并发生分解、聚合、取代、置换等化学反应，促使异味分子改变原有的分子结构，使之失去臭味。反应的最后产物为无害的分子，如水、氧、氮等。在不同场合，不同的臭味源会产生不同的异味分子。因此，要选用有针对性的、不同的天然植物提取液达到除臭的目的。

活性氧化技术利用高频高压静电的特殊脉冲放电方式（活性氧发射管每秒发射上千亿个高能离子），产生高密度的高能活性氧（介于氧分子和臭氧之间的一种过渡态氧）进行除臭。高频高压静电的特殊脉冲放电在常温下进行，因此也被称为"低温燃烧"过程，产生 O_2、O_2^-、O_2^+、$\cdot OH$、$HO_2 \cdot$、$\cdot O$、O 等氧簇聚集体，具有极强的氧化能力。活性氧去除前述污染物的主要途径有两种：

① 在高能活性氧的瞬时高能量作用下，迅速与臭气分子碰撞，激活有机分子，打开某些有害气体分子化学键，使其直接分解成单质原子或无害分子；

② 利用高能活性氧激活空气中的氧分子产生二次活性氧，与有机物发生链式反应，并利用自身反应产生的能量维持氧化反应，进一步氧化有机物质，分解成无害产物，从而在极短时间内达到很高的除臭效率。

高能离子净化技术基于电场离子化原理，在电场作用下，离子发生器产生大量的 α 粒子，α 粒子与空气中的氧分子进行碰撞而形成正、负氧离子。正氧离子具有很强的氧化性，能在极短的时间内氧化、分解甲硫醇、氨、硫化氢等污染因子，最终生成二氧化碳和水等稳定无害的小分子。同时，氧离子能破坏空气中细菌的生长环境，降低室内细菌浓度，带电离子可以吸附大于自身重量几十倍的悬浮颗粒，靠自重沉降下来，从而清除空气中的悬浮胶体，达到净化空气的目的。

焚烧处理法一般不适用于污水处理厂。化学氧化法是湿法化学吸收法中的一种重要方法，常用氧化剂包括臭氧和活性氧等。化学法的优点是技术新，发展前景广阔，光电化学技术作用快速、高效，易于自动控制；缺点是高级氧化技术仍处于研发阶段，仅在室内空气净化等方面有实际应用。

（3）生物除臭法

生物除臭法是利用微生物分解恶臭物质使其无臭化、无害化的一种处理方法。它有较强的耐冲击负荷能力，可抵御不同的臭气浓度。

生物除臭法因其简单、投资省、运行费用低、维护管理方便、效果好等优势而发展较快；其缺点是占地面积相对较大，需要生物培养，系统启动费时。生物除臭法主要包括废气通入曝气池法、生物土壤法、生物洗涤法、生物过滤法和生物滴滤法等。当前应用较多的生物除臭法是生物土壤法和生物过滤法。

目前在市政污水提升泵站以及污水处理厂的除臭工艺应用方面，主要使用生物除臭（如生物滴滤床或生物填料床等）、离子体除臭和天然植物提取液喷淋除臭。国内部分污水厂除臭工程实例见表 1-13-23。比较不同除臭工艺的投资费用可以看出，生物过滤除臭法是比较经济、实用，能够进行推广的方法。选取何种方法对臭气进行处理还要根据污水处理系统的

表 1-13-23　部分城市污水处理除臭成功案例

污水厂	污水处理工艺	封闭空间及收集位置	处理工艺	处理能力
广州市大坦沙岛污水厂	A^2/O，倒置 A^2/O 工艺	二沉池以外其他所有的露天处理设施、进水泵房、格栅间、污泥脱水机房	生物法，等离子体除臭技术	污水提升泵站 2000～5000m³/h（等离子）；二期生化池 29000m³/h×2 组（土壤）；三期生化池 17500m³/h×4 组（滤池）、浓缩池 20000m³/h（滤池）

续表

污水厂	污水处理工艺	封闭空间及收集位置	处理工艺	处理能力
广州猎德污水处理厂	AB段吸附降解生物工艺、交替活性污泥工艺，改良 A^2/O 工艺	一期工程的 A 段曝气池和 B 段曝气池，二期工程的 UNITANK 池，一期、二期工程的污泥浓缩池、脱水机房，三期工程中除二沉池外的其他处理设施	洗涤-生物滤床联合除臭技术	浓缩池 23000m^3/h，脱水机房 40000m^3/h
深圳市滨河污水处理厂	A/O法、AB法（B段是T型氧化沟）	三期的 A 段曝气池、三期中粗格栅、三联体（泵房、细格栅、沉砂池），污泥区中 A 段浓缩池、后浓缩池及均质池	化学除臭法和生物除臭法	南区和北区设计风量均为 35000m^3/h
麦岛污水处理厂	曝气生物过滤法	预处理和脱水机房	生物除臭法	

运行维护、处理对象、臭气流量、臭气的性质特征及强度等因素来决定。对于污水处理量较大并且臭气成分稳定的污水处理厂，大多采用生物处理法或化学吸收法进行除臭处理，对于中小型以及逸出臭气成分差异比较大的污水处理厂，可采用活性炭吸附法。

第二节　吸附法除臭

一、原理和功能

（一）原理

在用多孔性固体物质处理流体混合物时，流体中的某一组分或某些组分可被吸引到固体表面并浓集其上，此现象称为吸附。吸附处理臭气时，吸附的对象是气态污染物，因此属于气固吸附。被吸附的气体组分称为吸附质，多孔固体物质称为吸附剂。

固体表面吸附了吸附质后，一部分被吸附的吸附质可从吸附剂表面脱离，此现象称为脱附。而当吸附剂进行一段时间的吸附后，由于表面吸附质的浓集，使其吸附能力明显下降而不能满足吸附净化的要求，此时需要采用一定的措施使吸附剂上已经吸附的吸附质脱附，以恢复吸附剂的吸附能力，这个过程称为吸附剂的再生。因此在实际吸附工程中，正是利用吸附剂的吸附—再生—再吸附的循环过程，达到除去废气中污染物质并回收废气中有用组分的目的。

由于多孔性固体吸附剂表面存在着剩余吸附力，故表面具有吸附力。根据吸附剂表面与被吸附物质之间作用力的不同，吸附可分为物理吸附和化学吸附。

臭气治理中所应用的吸附法与废水的吸附处理工艺原理相同，仅是吸附质的形态不同。有关吸附平衡、吸附等温方程等方面的内容可参见本书中废水吸附法工艺的章节。

（二）吸附剂

吸附剂的选用是吸附操作中必须解决的首要问题。一切固体物质的表面对于气体都具有物理吸附的作用。但合乎臭气处理要求的吸附剂应具有如下一些要求：a. 具有大的比表面积；b. 良好的选择性吸附作用；c. 吸附容量大；d. 良好的机械强度和均匀的颗粒尺寸；e. 有足够的热稳定性及化学稳定性；f. 良好的再生性能；g. 来源广泛、价格低廉。

脱臭处理中常用的吸附剂有以下几种。

1. 活性炭

活性炭是许多具有吸附性能的碳基物质的总称，活性炭的主要成分是碳。几乎所有含碳的物质如煤、木材、锯木、骨头、椰子壳、果核、核桃壳等，在低于 873K 温度下进行炭化，所得残炭再用水蒸气或过热空气进行活化处理（近来还有用氯化锌、氯化镁、氯化钙和硫醇代替蒸汽做活化剂）即可制得。其中最好的原料是椰子壳，其次是核桃壳和水果核等。活性炭作吸附剂的用途甚广，可用于混合气体中有机溶剂蒸气的回收；烃类气体的提浓分离；空气或其他气体的脱臭；废水、废气的净化处理。活性炭的缺点是它的可燃性，因而使用温度一般不能超过 873K。

2. 硅胶

硅胶是一种坚硬多孔的固体颗粒，其分子式为 $SiO_2 \cdot nH_2O$，其制备方法是将水玻璃（硅酸钠）溶液用酸处理，沉淀后得到硅酸凝胶，再经老化、水洗（去盐）、干燥而得。硅胶是工业上和实验室常用的吸附剂，主要用于气体或液体的干燥、烃类气体的回收、废气（SO_2、NO_x）净化。

3. 分子筛沸石

分子筛是一种人工合成的泡沸石，具有多孔骨架的硅铝酸盐结晶体，与天然泡沸石一样是水合铝硅酸盐的晶体，其化学通式：$Me_{x/n}[(Al_2O_3)_x(SiO_2)_y] \cdot mH_2O$，式中的 x/n 是价数 n 的金属原子数。分子筛在结构上有许多孔径均匀的孔道与排列整齐的孔穴，这些孔穴不但提供了很大的比表面积，而且它只允许直径比孔径小的分子进入，故称为分子筛。根据孔径大小不同和 SiO_2 与 Al_2O_3 分子比不同，分子筛可分为不同的型号：3A（钠 Y）、4A（钠 A）、5A（钙 A）、10X（钙 X）、13X（钠 X）、Y（钠 Y）、钠丝光沸石型等。

分子筛与其他吸附剂比较，其优点如下。

① 吸附选择性强　这是由于分子筛的孔径大小整齐均一，又是一种离子型吸附剂，因此它能根据分子的大小及极性的不同进行选择性吸附。

② 吸附能力强　即使气体的组成浓度很低，分子筛仍然具有较强的吸附能力。

③ 在较高的温度下仍然具有较强的吸附能力　在相同温度条件下，分子筛的吸附容量较其他吸附剂大。

正是由于上述优点，分子筛成为一种十分优良的吸附剂，广泛应用于基本有机化工和石油化工生产中，解决了许多精馏和吸收操作难以解决的分离问题。在臭气的净化中，分子筛可以从废气中选择性地除去 NO_x、H_2O、CO_2、CO、CS_2、H_2S、NH_3、烃类、CCl_4 等有害气态污染物。

现将以上几种吸附剂的主要特性汇总于表 1-13-24 中。

表 1-13-24　常见吸附剂的主要特性

吸附剂类别	活性炭	硅胶	沸石分子筛		
			4A	5A	X
堆积密度/(kg/m³)	200~600	800	800	800	800
比热容/[kJ/(kg·K)]	0.836~1.254	0.92	0.794	0.794	
操作温度上限/K	423	673	873	873	873
平均孔径/mm	1.5~2.5	2.2	0.4	0.5	1.3
再生温度/K	373~413	393~423	473~573	473~573	473~573
比表面积/(m²/g)	600~1600	210~360	600		

4. 影响气体吸附的因素

① 低温操作有利于物理吸附，适当升高温度有利于化学吸附。增大气相主体压力，即增大了吸附质分压，有利于吸附。气流速度对固定床应控制在 $0.2\sim0.6\mathrm{m/s}$。

② 吸附剂的性质如孔隙率、孔径、粒度等影响比表面积，从而影响吸附效果。

③ 吸附质的性质与浓度如临界直径、分子量、沸点、饱和性等影响吸附量。若用同种活性炭做吸附剂，对于结构相似的有机物，分子量和不饱和性越大，沸点越高，越易被吸附。

④ 吸附剂的活性是吸附剂吸附能力的标志，常以吸附剂上已吸附的吸附质的量与所用吸附剂量之比的百分数来表示。其物理意义是单位吸附剂所能吸附吸附质的量。

⑤ 吸附操作时，应保证吸附质与吸附剂有一定的接触时间，使吸附接近平衡，充分利用吸附剂的吸附能力。

⑥ 吸附器的性能影响吸附效果。

5. 吸附剂的再生

当吸附剂饱和后需要再生。再生方法有加热解吸再生、降压或真空解吸再生、溶剂萃取再生、置换再生、化学转化再生等。再生时解吸剂流动方向与吸附时废气流向相反，即采用逆流吹脱的方式。

① 加热解吸再生　该法通过升高吸附剂温度，使吸附物脱附，吸附剂得到再生。几乎所有吸附剂都可用热再生法恢复吸附能力。不同的吸附过程需要不同的温度，吸附作用越强，脱附时需加热的温度越高。

② 降压或真空解吸　吸附过程与气相的压力有关，压力高时，吸附进行得快；当压力降低时，脱附占优势。因此，通过降低操作压力可使吸附剂得到再生，例如：若吸附在较高压力下进行，把压力降低可使吸附的物质脱离吸附剂进行解吸；若吸附在常压下进行，可采用抽真空方法进行解吸。

③ 置换再生　该法是选择合适的气体（脱附剂），将吸附质置换与吹脱出来。这种再生方法需加一道工序，即脱除剂的再脱附，以使吸附剂恢复吸附能力。脱附剂与吸附质的被吸附性能越接近，则脱附剂用量越少。若脱附剂被吸附程度比吸附质强时，属置换再生，否则，吹脱与置换作用兼有。该方法适用于对温度敏感的物质。

④ 溶剂萃取　选择合适的溶剂，使吸附质在该溶剂中的溶解性能远大于吸附剂对吸附质的吸附作用，将吸附物溶解下来的方法。例如：活性炭吸附 SO_2 后，用水洗涤，再进行适当的干燥便可恢复吸附能力。

实际生产中，上述几种再生方法可以单独使用，也可几种方法同时使用。如活性炭吸附有机蒸气后，可用通入高温蒸汽再生，也可用加热和抽真空的方法再生。

（三）活性炭吸附法

活性炭是对污水处理系统臭气进行脱除操作中最常用的吸附剂。活性炭吸附法主要是利用活性炭能吸附臭气物质这一原理而开发的。利用活性炭吸附塔可以去除多种臭气物质，如乙醛、吲哚等可通过物理吸附作用去除，而硫化氢和硫醇等可通过在活性炭表面进行的氧化反应等化学作用去除。

活性炭吸附法的除臭效果与臭气物质的化学组成有关，该法对硫化氢等含硫化合物的去除效果比较好，对氨等含氮化合物的去除效果稍差。为了提高除臭效果，通常在吸附塔内填充各种不同性质的活性炭，分别吸附酸性、碱性以及中性臭气物质。臭气与各种活性炭依次接触后，排出吸附塔。

典型的活性炭吸附系统主要由输送管、鼓风机、气旋单元和吸附单元组成。

在活性炭吸附饱和前，其除臭率基本稳定，而受臭气负荷变化的冲击影响较小，因此活性炭吸附法范围较广。但活性炭作为吸附剂时，吸附容量是有限的，总吸附能力可以达到其自身质量的 5%～40%，超过这一容量，就必须更换活性炭，所以该法常用于低浓度臭气物质的去除和臭气的后处理过程。

活性炭吸附法也常与湿式洗涤法一起使用，湿式洗涤法可以去除恶臭中绝大多数的硫化氢和氨，活性炭则主要吸附恶臭中的烃类化合物，活性炭的预期寿命在 1 年以上。

（四）催化型活性炭吸附法

催化型活性炭是一种新型的吸附剂，能较好地吸附臭气中的有机物和 H_2S。其主要技术原理如下。

① 催化型活性炭未被化学剂浸渍，与化学浸渍炭相比，具有较大的目标化合物吸附空间，故吸附有机物气体的能力明显增大。

② 催化型活性炭是烟煤基带增强催化能力的粒状活性炭，促进氧化反应能力特别强，在吸附过程中，催化型活性炭将 H_2S 与氧都吸附在其表面上，发生氧化作用生成 90% 以上的 H_2SO_4 和少量的 H_2SO_3 和 S。

③ 催化型活性炭吸附臭气后，90% 以上的生成物——H_2SO_4 极易被吸附且易溶于水，基于这种特性，当催化型活性炭吸附饱和后，可通过水洗炭床，溶解生成物 H_2SO_4 并将其排出炭床而达到再生目的，使炭床恢复吸附能力。

催化型活性炭床的优点是可反复水洗再生，可反复用于吸附，寿命长，操作简单，节省人力，处理效率高，占地面积少；缺点是对高浓度的恶臭气体除臭效果较差。

二、设备和装置

臭气处理的吸附装置有固定床吸附器、移动床吸附器、回转床吸附器和流化床吸附器等多种，其特点对比见表 1-13-25。

表 1-13-25　常用吸附设备的主要特点

类　型	特　点
固定床吸附器	①结构简单、制造容易、价格低廉； ②适用于小型、分散、间歇性的污染源治理； ③吸附和解吸交替进行,间歇操作； ④应用广泛
移动床吸附器	①固体吸附剂在吸附床中不断移动,固体和气体都以恒定的速度流过吸附器； ②处理气量大,吸附剂可循环使用,适用于稳定、连续、量大的气体净化； ③吸附和脱附连续完成； ④动力和热量消耗较大,吸附剂磨损较为严重
流化床吸附器	①气体与固体接触相当充分,气速是固定床的 3～4 倍以上； ②生产能力大,适当治理连续性、大气量的污染源； ③由于吸附剂和容器的磨损严重,流化床吸附器的排出气中常带有吸附剂粉末,故其后必须加除尘设备,有时将除尘器直接装在流化床的扩大段内

（一）固定床吸附器

固定床吸附器由固定的吸附剂床层、气体进出管道和脱附介质分布管等部分组成，分卧式［图 1-13-12（a）］、立式［图 1-13-12（b）］两种。卧式固定床吸附器适合在废气流量大、浓度低的情况下使用。立式固定床主要适合在小气量、高浓度情况下使用。这两种吸附器装在净化系统中可进行吸附—脱附—干燥—冷却全过程，但只能间歇运转。如果需要连续运转，至少要设两个吸附器，交替吸附和再生。另一类固定床吸附器——格屉式吸附器，适合处理流量很大、浓度很低的臭气，见图 1-13-13。

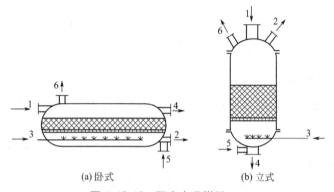
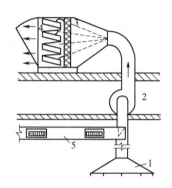

图 1-13-12 固定床吸附器
1—臭气入口；2—净化气出口；3—水蒸气入口；
4—脱附蒸汽出口；5—热空气入口；6—热湿空气出口

图 1-13-13 格屉式固定床吸附器
1—集气罩；2—风机；3—过滤器；4—吸附器；5—进气管道

（二）回转床吸附器

吸附床层做成环状，通过回转连续进行吸附和脱附再生（图 1-13-14）。回转床吸附器结构紧凑，使用方便，但各工作区之间的串气较难避免。

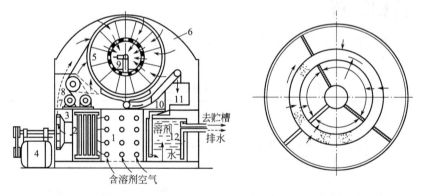

(a) 回转床吸附器图　　　　　　(b) 回转床吸附器横断面

图 1-13-14 回转床吸附器
1—过滤器；2—冷却器；3—风机；4—电动机；5—吸附转筒；6—外壳；7—转筒电机；
8—减速传动装置；9—水蒸气入口管；10—脱附气出口管；11—冷凝冷却器；12—分离器

（三）蜂窝转轮吸附器

利用纤维活性炭吸附、脱附速度快的特点，研制成功蜂窝转轮连续吸附床。这种吸附装置的吸附床层是用一层波纹纸和一层平纸卷制成的蜂窝转轮，吸附纸的成分及性能见表 1-13-26。

表 1-13-26 蜂窝轮中的吸附纸的成分及性能

吸附纸成分	50%～60%纤维状或粉末活性炭,其余为纸浆或无线纤维
吸附纸规格	厚 0.2～0.35mm,定量 45～150g/m³
蜂窝规格	宽 3～5mm,高 1.5～3mm,开孔率 60%～75%,堆积密度 60～160kg/m³,几何表面积约 2500m²/m³
吸附量	甲苯浓度 500mg/m³ 时,平衡吸附量 25%(20℃)
吸附速度	甲苯浓度 500mg/m³ 时,10min 内吸附量为 3%～5%(20℃)
脱附速度	120℃时在 2min 内完全脱除甲苯

转轮以 0.05～0.1r/min 的速度缓缓转动,臭气沿轴向通过。转轮的大部分供吸附用,一小部分断面供脱附再生用。吸附区内废气以 3m/s 的速度通过蜂窝通道;再生区内反向通入热空气脱附,脱附出的是较高浓度的气体。通过这样的装置使废气大大浓缩,浓缩后的臭气再进行催化燃烧,如图 1-13-15 所示。燃烧产生的热空气又去进行脱附。吸附区与脱附区断面之比就等于浓缩比,两者之比在 10∶1 以上。蜂轮的厚度一般为 345～450mm,其直径可用下式计算:

$$D = 54\sqrt{\frac{Q(n+1)}{nu_0}} \qquad (1\text{-}13\text{-}40)$$

式中,D 为蜂轮直径,m;Q 为处理风量,m³/h;n 为浓缩倍数;u_0 为空塔风速,m/h。

这种装置能连续运转,设备紧凑,能量节省。吸附浓缩装置很适合用于广泛存在的大气量、低浓度有机溶剂废气(涂料、印刷、橡胶或塑料制品等工艺过程)。

(四)流化床吸附器

废气以较高的速度通过床层,使吸附剂呈悬浮状态。流化床吸附器如图 1-13-16 所示,上部为吸附工作段,下部为再生工作段。臭气由吸附段下端进入,依次通过各吸附层,净化后由上端排出;吸附剂由上端进入,逐层下降,然后进入再生工作段;再生热气体由下端进入。逐层与上段下降的吸附剂接触,再由再生段上端流出。再生后的吸附剂用气力输送装置提升到顶部,重复使用。这种吸附装置能连续工作,处理能力大,设备紧凑,但构造复杂、能耗高、吸附剂磨损很大。

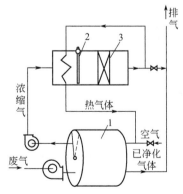

图 1-13-15 蜂窝转轮吸附器的流程
1—吸附转轮;2—电加热器;3—催化床层

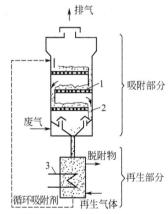

图 1-13-16 流化床吸附器
1—塔板;2—溢流器;3—加热器

(五)移动床吸附器

固体吸附剂在与含污染物的气体连续逆流运动中完成吸附过程,一般是吸附剂自上而下运动。移动床的优点是处理气量大，吸附剂可循环使用，缺点是动力和热量消耗大，吸附剂磨损大。移动床的结构见图 1-13-17。

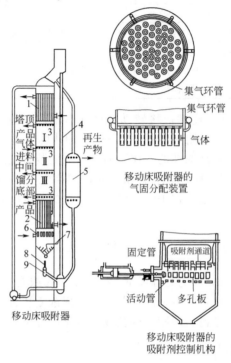

移动床吸附器的气固分配装置

移动床吸附器的吸附剂控制机构

图 1-13-17　移动床吸附器

1—冷却器；2—脱附塔；3—分配板；4—提升管；5—再生器；
6—吸附剂控制机械；7—固粒料面控制器；8—封闭装置；9—出料阀门

三、设计计算

（一）固定床吸附器的计算

吸附器的设计计算应包括确定吸附器的型式、吸附剂的种类、吸附剂的需要量、吸附床高度、吸附周期等，这些参数的选择应从吸附平衡、吸附传质速率及压降来考虑。

1. 设计依据

废气的流量、性质及污染物浓度，国家排放标准等。

2. 吸附器的确定

对吸附器的基本要求：a. 具有足够的过气断面和停留时间；b. 良好的气流分布；c. 预先除去入口气体中污染吸附剂的杂质；d. 能够有效地控制和调节吸附操作温度；e. 易于更换吸附剂。

3. 吸附剂的选择

参见前文内容。

4. 横截面积计算

与吸收塔一样，按被处理气体的流量和适当的空塔气速计算横截面积。一般取固定床吸附器空塔气速 0.1~0.3m/s。

5. 吸附区高度的计算

常用两种方法计算，即穿透曲线法和希洛夫近似法。

（1）穿透曲线法

假设条件为：a. 等温吸附，等温吸附线为线型；b. 低浓度污染物的吸附；c. 传质区高度比床层高度小。

在下面进行的计算中，考虑到吸附剂及不可吸附气体（载气）在吸附过程中不变化，所以气体中吸附质浓度和吸附剂上吸附质浓度用无溶质基来表示。气体中吸附质的无溶质基浓度用 Y（即 $m_{吸附质}/m_{载气}$）表示，吸附剂上吸附质的无溶质基浓度用 X 表示（即 $m_{吸附质}/m_{吸附剂}$）表示。

① 传质区高度的确定　图 1-13-18 为一吸附穿透曲线。下标"b"表示穿透点时的参数；下标"e"表示饱和时的参数，Y_0 为气体中吸附质初始质量分数，即 $m_{吸附质}/m_{载气}$；W 表示一段时间后流出物总量，单位：kg/m^2，则

$$W_a = W_e - W_b \tag{1-13-41}$$

在吸附区内，从穿透点到吸附剂基本失去吸附能力，吸附剂所吸附污染物的量为：

$$U = \int_{W_b}^{W_e} (Y_0 - Y)\mathrm{d}W \tag{1-13-42}$$

若吸附区内所有的吸附剂均达到饱和，所能吸附污染物的量为 $Y_0 W_a$。定义 f 为吸附区内吸附剂的吸附能力，可表示为：

$$f = \frac{U}{Y_0 W_a} \tag{1-13-43}$$

$(1-f)$ 为吸附区内吸附剂的饱和度。f 愈大，吸附饱和的程度愈低，传质区形成所需的时间愈短。设吸附床的高度为 Z，则传质区高度：

$$Z_a = \frac{W_a Z}{W_e - (1-f)W_a} \tag{1-13-44}$$

由上可见，由穿透曲线确定了 W_a、W_e 和 f，即可由上式确定传质高度。

② 穿透曲线的绘制　如图 1-13-19 所示对整个吸附床层作物料平衡，则

$$G_s(Y_0 - 0) = L_s(X_T - 0) \quad 或 \quad Y_0 = L_s X_T / G_s \tag{1-13-45}$$

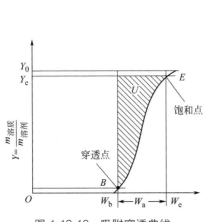

图 1-13-18　吸附穿透曲线

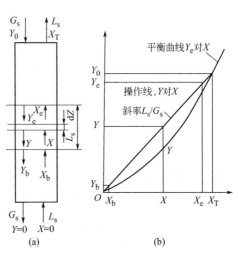

图 1-13-19　吸附区

该式便是图 1-13-18 中通过原点的操作线，其斜率为 L_s/G_s。因此，在床层的任一截面上，吸附质在气体中的浓度 Y 与吸附质在固体上的浓度 X 之间的关系显然为：

$$G_sY=L_sX \tag{1-13-46}$$

在床层内任取一微分高度 dZ，在单位时间单位面积的 dZ 高度内，流体相中吸附质的减少量等于固体相中吸附剂吸附的量，即：

$$G_s dY=K_Y\alpha_p(Y-Y^*)dZ \tag{1-13-47}$$

式中，K_Y 为流体相的总传质系数，$kg/(m^2 \cdot h)$；α_p 为单位容积吸附床层内吸附剂颗粒的表面积，m^2/m^3；Y^* 为与 X 成平衡的气相浓度，即 $m_{吸附质}/m_{载气}$，无量纲。

传质区内气相传质单位数为：

$$N_{OG}=\int_{Y_b}^{Y_c}\frac{dY}{Y-Y^*}=\frac{Z_a}{G_g/(K_y\alpha_p)}=\frac{Z_a}{H_{OG}} \tag{1-13-48}$$

式中，N_{OG} 为传质单元数；H_{OG} 为传质单元高度，m。

假定在 Z_a 范围内 H_{OG} 为一常数，则对于任何一个小于 Z_a 的 Z 值有：

$$\frac{Z}{Z_a}=\frac{W-W_b}{W_a}=\frac{\int_{Y_b}^{Y}\frac{dY}{Y-Y^*}}{\int_{Y_b}^{Y_c}\frac{dY}{Y-Y^*}} \tag{1-13-49}$$

根据上式通过图解积分法绘制穿透曲线。

（2）希洛夫（Wurof）方程法

假设条件为：a. 吸附速率无穷大，即吸附质进入吸附层即被吸附；b. 达到穿透时间时，吸附剂进入床层的吸附质量等于该时间内吸附床的吸附量。即吸附床的穿透时间 t 可用下式计算：

$$G_s tAY_0=ZA\rho_s X_T \tag{1-13-50}$$

$$t=\frac{X_T\rho_s}{G_sY_0}Z \tag{1-13-51}$$

式中，Z 为床层高度，m；G_s 为载气通过床层的流速，$kg/(m^2 \cdot s)$；Y_0 为气体中吸附质初始质量浓度，即 $m_{吸附质}/m_{载气}$，无量纲；ρ_s 为吸附剂堆积密度，kg/m^3；X_T 为与吸附质初始浓度达到平衡时的吸附剂静活性，无量纲。

由上式可知，在 t-Z 图上，吸附床的穿透时间与吸附床高度关系是通过原点的直线，如图 1-13-20 所示。但实际穿透时间 t 要小于吸附速率无穷大时的穿透时间，其差值为 t_0（实测的直线是离开原点而平行于直线 1 的直线），如图中所示直线 2。所以在实际设计中，将上式修正为：

$$t_b=K(Z-Z_0) \text{ 或 } t=t_b+t_0 \tag{1-13-52}$$

式中，Z_0 为吸附剂层中未被利用部分的长度，亦称为"死层"；$t_0=KZ_0$，$K=X_T\rho_s/(G_sY_0)$，K 为吸附层的保护作用系数。此即希洛夫方程。

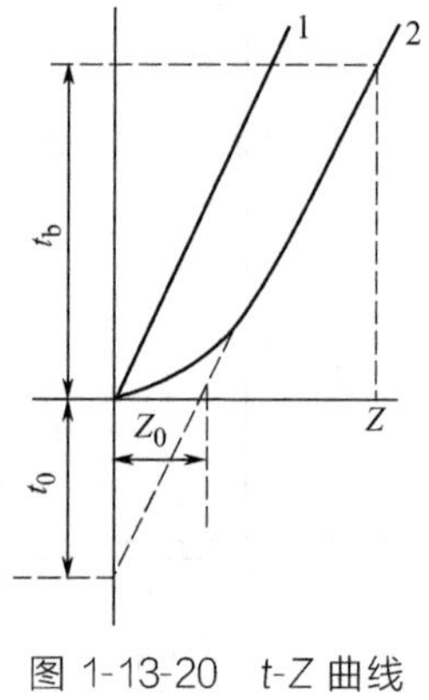

6. 吸附剂用量

吸附剂用量 M 用下式计算：

$$M=\frac{Y_0G_s}{X_T} \quad \text{或} \quad M=AZ\rho_s \tag{1-13-53}$$

图 1-13-20 t-Z 曲线

式中，A 为吸附床横截面积，m^2；其他符号意义同前。

7. 吸附周期

出现穿透的时间即为吸附周期 t，用下式计算：

$$t = W_a / G_s \tag{1-13-54}$$

8. 固定床压降

固定床压降用 Ergun 方程计算：

$$\frac{\Delta p}{Z} = 150 \frac{(1-\varepsilon)^2}{\varepsilon^3} \times \frac{\mu u}{d_p^2} + 1.75 \frac{(1-\varepsilon)}{\varepsilon^3} \times \frac{\rho u^2}{d_p} \tag{1-13-55}$$

式中，Δp 为通过床层的压降，Pa；Z 为床层高度，m；μ 为气体的动力黏度，Pa·s；ε 为颗粒层孔隙率，%；ρ 为气体密度，kg/m^3；u 为床层进口横截面积处气体平均流速，m/s；d_p 为吸附剂颗粒直径，m。

9. 吸附剂再生的计算

（1）干燥吸附剂热空气消耗量

用水蒸气解吸后的吸附剂层含有相当数量的水分，降低吸附剂的活性，需要用热空气对吸附层进行干燥。干燥吸附剂热空气的消耗量可利用湿空气状态图或计算法求得。下面介绍计算法。

连续式吸附装置进行稳定干燥过程，其空气消耗量按下式计算：

$$L = Wl = \frac{W}{x_2 - x_1} \tag{1-13-56}$$

式中，L 为干燥吸附剂时空气的消耗量，kg；l 为 1kg 水分消耗的干空气量，即干空气/H_2O，无量纲；x_1，x_2 分别为离开、进入吸附剂层时空气的含湿量，无量纲；W 为干燥时驱走的水分，kg。

在间歇式固定床吸附器中，干燥过程为不稳定过程，其空气参数随吸附层高度和干燥吸附剂时间而变。空气的单位消耗量简化计算式为：

$$l = \frac{1}{x_0 - x_1} \tag{1-13-57}$$

式中，$x_0 = (x_1 + x_2)/2$。

（2）加热空气所消耗的热量

$$Q = l(l_2 - l_1)W \tag{1-13-58}$$

式中，l_2 为由加热器进入吸附器的空气热含量，J/kg；l_1 为进入加热器的空气热含量，J/kg；Q 为加热空气所消耗的热量，J。

（二）移动床吸附器的计算

移动床吸附器的计算主要是决定吸附区的高度和吸附剂的用量。为简化计算，假设操作是等温的，并且仅考虑一种组分的吸附。移动吸附床的计算与固定吸附床计算类似。

图 1-13-21 是连续移动床吸附器中的变量示意。

对全床进行物料衡算：

$$G_s(Y_1 - Y_2) = L_s(X_1 - X_2) \tag{1-13-59}$$

对吸附器上进行物料衡算有相似方程：

$$G_s(Y - Y_2) = L_s(X - X_2) \tag{1-13-60}$$

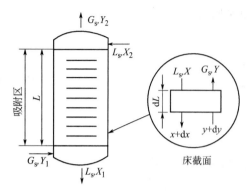

图 1-13-21 连续逆流移动床
吸附器中物料衡算

式中，Y 为污染物在气相中的浓度，kg 污染物/kg 惰性气体；G_s 为基于惰性气体（载气）的气相质量流量，kg 惰性气体/(s·m²)；X 为污染物在吸附相中的浓度，kg 污染物/kg 净吸附剂；L_s 为净吸附剂的质量流量，kg 吸附剂/(s·m²)。

当吸附污染物的量大时，热效应会变得显著。这种热效应的计算是复杂的，在推导中仅考虑污染物浓度非常低时的情况。至于吸收过程，操作线偏离平衡曲线的程度越大，吸附推动力也就越大。在微分截面 dL 上有：

$$L_s dX = G_s dY \tag{1-13-61}$$

根据吸附速率方程式得

$$G_s dY = K_Y \alpha_p (Y - Y^*) dL \tag{1-13-62}$$

式中，α_p 为单位容积的吸附剂床层内所有吸附剂颗粒的表面积，m²/m³；Y^* 为与吸附相中浓度 X 对应的气相组成。

通常表示为：

$$L = \int_{Y_2}^{Y_1} \left(\frac{G_s}{K_y \alpha_p}\right) \frac{dY}{Y - Y^*} \tag{1-13-63}$$

与吸收过程类似，定义传质单元高度：

$$H_{OG} = \frac{G_s}{k_y \alpha_p} \tag{1-13-64}$$

则传质单元数：

$$N_{OG} = \int_{Y_2}^{Y_1} \frac{dY}{Y - Y^*} \tag{1-13-65}$$

一般由图解积分法求传质单元数。当平衡线是直线时，可利用对数值技术估算：

$$N_{OG} = \frac{Y_1 - Y_2}{\Delta Y_{lm}} \tag{1-13-66}$$

$$\Delta Y_{lm} = \frac{(Y_1 - Y_2^*) - (Y_2 - Y_2^*)}{\ln\left(\frac{Y_1 - Y_1^*}{Y_2 - Y_2^*}\right)} \tag{1-13-67}$$

（三）活性炭吸附除臭系统的设计参数

① 活性炭吸附宜用于进气浓度较低的除臭处理。

② 应根据臭气浓度、处理要求、活性炭吸附容量确定吸附单元的空塔停留时间和活性炭质量。

③ 活性炭支撑板应满足活性炭吸附饱和后的机械强度要求。

④ 活性炭吸附除臭系统，应符合下列规定：

a. 应预先去除臭气中的颗粒物；

b. 应根据臭气排放要求和活性炭吸附容量等因素确定活性炭的再生次数和更换周期；

c. 臭气温度不宜高于 80℃；

d. 臭气湿度过高时，应增加除湿措施；

e. 活性炭料宜采用颗粒活性炭，颗粒粒径为 3～4mm，孔隙率宜为 0.5～0.65，比表面积不宜小于 900m^2/g；

f. 活性炭层的填充密度宜为 350～550kg/m^3；

g. 活性炭可采用分层并联布置方式。

第三节 化学洗涤法除臭

一、原理和功能

（一）原理

化学洗涤法，即湿法化学吸收法，是发展最成熟应用最普遍的恶臭脱除方法之一。其基本原理是：通过喷淋式或填料式吸收塔将恶臭气体捕捉到液体中，附着于颗粒物质上的臭气分子通过化学洗涤后从空气中被去除，恶臭气体和药液中的乳化试剂反应从溶液中去除，也可和强氧化剂反应生成溶于水的无臭物质吸附去除。化学洗涤法脱臭，不仅减少或消除了气态污染物向大气排放的重要途径，而且往往还能将污染物转化为有用产品。

污水处理系统产生的臭气中氨气易溶于酸性溶液中，而硫化氢、VFAs 易溶于碱性溶液中，其去除的反应原理如下：

在酸洗塔中，用低浓度的硫酸溶液吸收 NH_3 等。

$$2NH_3 + H_2SO_4 \longrightarrow (NH_4)_2SO_4$$

在碱洗塔中，用碱性氧化剂次氯酸钠和活性炭悬浮液有效除去恶臭的主要成分硫化氢和甲硫醇。

$$H_2S + 2NaOH \longrightarrow Na_2S + 2H_2O$$
$$H_2S + NaOH \longrightarrow NaHS + H_2O$$
$$CH_3SH + 6NaClO \longrightarrow SO_2 + CO_2 + 2H_2O + 6NaCl$$

上式中的 CO_2 和 H_2O 是无臭物质，SO_2 有臭味，但它的臭阈值浓度为 2.6mg/m^3，而甲硫醇的阈值浓度为 0.00196mg/m^3，SO_2 的阈值浓度要高得多，因而经次氯酸钠氧化后，臭味可大大降低。

化学洗涤法多采用塔式工艺，药液从塔顶喷下，臭气从下往上升，气液接触发生化学反应，从而达到脱臭目的。单级化学洗涤塔示意见图 1-13-22，酸碱两级化学洗涤塔示意见图 1-13-23。

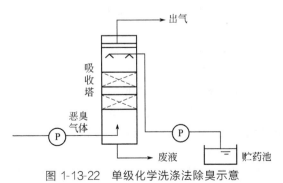

图 1-13-22 单级化学洗涤法除臭示意

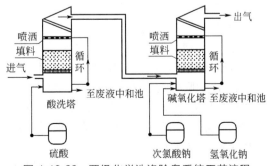

图 1-13-23 两级化学洗涤除臭系统工艺流程

影响化学洗涤法除臭效果的重要因素是恶臭气体的成分和吸收剂的选取以及接触过程中的传质速率。气-液传质接触一般采用两相顺流、逆流、错流、水平式气液接触方式。同时严格控制过程中的气液比以及气体通过的线速度，保证接触时间。这种方法具有反应速度快、反应温度低、安全高效、运行可靠、占地相对较小等优点。适用于排放量大、高浓度的臭气排放场合，如污泥稳定、干化处理和焚烧过程所产生的恶臭处理等。同时当恶臭气体的成分比较复杂时，通常需采用多级吸收系统。让恶臭气体渐次通过装有不同性能药液的接触塔，最后再经过除雾装置后，直接排放或与二次空气混合稀释后排放到大气中去。这样的两级或三级吸收系统，可以广泛地除去多种恶臭气体，并达到很高的去除效率，同时也可以通过调节加药量和溶液的循环流量来适应气流量和浓度的变化，因此化学洗涤法除臭具有较强的操作弹性。这种臭气脱除装置在市政设施如污水处理厂的污泥脱水过程中被广泛应用。

化学洗涤法也有它的缺点，如酸碱吸收法都需要对吸收后产生的废液进行处理，需要消耗大量的水、化学溶液、电力，排放气体中夹带残留的氯化物等。日本大多数污水处理厂以前普遍选择的除臭方法之一就是用酸、碱和次氯酸钠除臭的化学洗涤法。由于强酸或强碱使用时不够安全，化学物质再生的费用不断上升，近年来已较少采用。但是我们应当看到在未来相当一段时期内，其仍将是恶臭控制技术的主流，特别是针对老厂的改造和有土地局限性的新建厂的除恶臭更具优势。

（二）化学洗涤剂的选择

常用的化学洗涤剂（吸收液）可以是清水、化学试剂溶液（酸、碱）、强氧化剂溶液或是有机溶剂，鉴于污水污泥处理设施产生的臭气特点，吸收液的选择主要针对氨气和硫化氢以及有机硫化物，所以药剂一般选用强碱、次氯酸钠或硫酸。

1. 化学洗涤剂的要求

吸收剂的选择原则是：

① 基本要求是减少吸收剂用量，所以吸收剂应对混合气体中被吸收组分具有良好的选择性和较大的吸收能力；

② 吸收剂的蒸气压要低，以减少吸收剂损失，避免造成新的污染；

③ 沸点高、熔点低、黏度低，不易起泡；

④ 化学性能稳定，腐蚀性小、无毒性、难燃烧；

⑤ 价廉易得；

⑥ 易于解吸再生或综合利用；

⑦ 洗涤产生的富液易于综合处理。

2. 化学洗涤剂的选择

应根据恶臭气体的成分、浓度和排放标准来选择化学洗涤剂、化学氧化剂和助溶剂等。基本原则如下。

① 对于物理吸收，要求吸收剂对吸收质的溶解度大，可以按照化学性质相似相溶的规律去选择吸收剂，即在与吸收质结构相近的液体中筛选吸收剂。

② 化学吸收过程的推动力大，净化效果好，所以要选择能与待吸收的气体反应（特别是快速反应）的物质作吸收剂。中和反应是最常用的化学反应，因为许多重要的大气污染物是酸性气体，可以用碱或碱性盐溶液吸收；选择化学吸收剂，应注意反应产物的性质，要使产物无害，或易于回收利用。

水是一种常用的吸收剂，符合前面提到的大部分要求，是许多吸收过程的首选对象。例如用水洗涤除去废气中的 SO_2、NH_3 等。用水清除这一类气态污染物，主要是依据它们在水中溶解度较大的特性。这些气态污染物在水中的溶解度，一般是随气相分压的增加，吸收温度的降低而增大。因而理想的操作条件是加压和低温下吸收，降压和升温下解吸。用水作吸收剂的优点是价廉易得，吸收流程、设备和操作都比较简单；缺点是设备庞大，净化效率低，动力消耗大。

水既可直接作吸收剂，也可用水溶液作吸收剂。水对有些物质的溶解度较低，为了提高吸收效果，可加入增溶剂。例如氮氧化物在稀硝酸中的溶解度比在水中的溶解度大，所以可用稀硝酸吸收氮氧化物。许多有机物在水中不溶或微溶，不能直接用水作吸收剂，但可以利用能同时亲水和亲某种不溶于水的吸收质基团，使吸收质在水中乳化，破乳后又可与水分离，以便回收。所以在水中添加表面活性剂作为吸收剂是一种值得探索的途径。

碱金属钠、钾、铵或碱土金属钙、镁等的溶液，则是另一类常用吸收剂。由于这一类吸收剂能与被吸收的气态污染物如 SO_2、HCl、NO_2 等之间发生化学反应，因而使吸收能力大大地增加，表现在单位体积吸收剂能吸收净化大量的废气、净化效率高、液气比、吸收塔的生产能力强，使得技术经济更加合理。例如，用水和碱液清除臭气中的 H_2S，理论上可推算出：H_2S 在 $pH=9$ 的碱液中的溶解度为中性溶液（水、$pH=7$）的 50 倍；H_2S 在 $pH=10$ 的碱液中的溶解度为中性溶液（水、$pH=7$）的 500 倍。

可见酸性气体 H_2S 在碱性吸收剂中的溶解度比在水中大得多，且碱性愈强，H_2S 的溶解度也就愈大。这一规律对于其他酸性气体也是类似的。因而，在吸收净化酸性气态污染物时通常采用上述碱金属或碱土金属的溶液为吸收剂。

同样道理，吸收碱性气体常用酸性吸收液。

化学吸收的流程较长，设备较多，操作也较复杂，有的吸收剂不易得到或价格较贵。另外，吸收剂的吸收能力强有利于净化气态污染物，而吸收能力强的吸收剂不易再生，再生需消耗较大的能耗。因而在选择吸收剂时，要权衡多方面的因素。不同恶臭物质的洗涤剂见表 1-13-27。

表 1-13-27　不同恶臭物质的吸收液

气体	吸　收　液	气体	吸　收　液
氨	水或稀硫酸	甲硫醇	氢氧化钠或次氯酸钠混合液
胺类	水或乙醛水溶液	酚	水或碱液
硫化氢	氢氧化钠或次氯酸钠混合液	丙烯醛	亚硫酸钠溶液
NH	乙醛水溶液	甲醛	亚硫酸钠溶液
NO_2	氢氧化钠或氨水	氯磺酸	碳酸钠溶液
甲醇	水	氯	氢氧化钠

3. 化学洗涤剂的再生

化学洗涤剂使用到一定程度，需要更换，使用后的洗涤剂可直接回收利用，或处理后排放，多数情况，需要解吸再生。

（1）对于可逆化学反应

可采用以下方式进行解吸操作。

① 降压或负压下解吸　降低压强，吸收质在液体中的溶解度降低而析出，此法特别适合加压吸收工艺。

② 惰性气体或贫气解吸　惰性气体或贫气中吸收质（即污染物）分压很低，与溶有大量吸收质的液体接触，吸收质扩散入气相，这种方法解吸到的气体是含高浓度吸收质的混合气体，而不是吸收质单一组分的气体。

③ 通水蒸气解吸 吸收液与高温水蒸气接触被加热，吸收质解吸析出。

④ 加热解吸 吸收液在再沸器中被加热至沸腾，吸收质析出，部分吸收液气化，吸收剂蒸气进入解吸收塔，与吸收液（富液）接触，吸收质解吸析出。

（2）对于不可逆化学反应

可针对生成物的特点，采用化学反应吸附、离子交换、沉淀、电解等方法再生。

二、设备和装置

（一）化学洗涤设备的选择

常用的化学洗涤法设备有：填料塔、喷雾塔和文丘里洗涤塔等多种类型，需要根据臭气的量及性质选用适合的洗涤设备。

1. 选择化学洗涤设备时须遵循的原则

洗涤器应符合下列规定：

① 气体处理能力大，气液相之间接触充分，气液湍动程度高，净化效率高。

② 有较大的气液接触面积，液气比可调节，压力损失小。

③ 操作稳定，抗腐蚀和防堵塞。

④ 结构简单，易于加工，安装维修方便。

2. 常用的化学洗涤设备的应用比较

见表 1-13-28。

表 1-13-28 常用吸收设备的类型及特点

名称	示意结构	特性	优点	缺点
填料塔		①气体的空塔速率 0.3～1m/s；②气液比 1～10L/m³；③压力损失 490Pa/m；④喷淋密度 15～20m³/(m³·h)	①吸收液适当时效果比较可靠；②对气体变化的适应性强；③压力损失不算大，可用耐腐蚀材料制作；④结构简单，制作容易	①气流流速过大时发生液泛，以致不能操作；②吸收液中含有固体或吸收过程中产生沉淀时，操作发生困难；③填料数量多，重量大，检修不方便
喷淋塔		①气体的空塔速度 0.2～1.0m/s；②液气比 0.1～1L/m³；③压力损失 19.6～196Pa	①结构简单，造价低；②操作容易；③压力损失小；④适合于处理含尘较高和吸附过程有沉淀生成的臭气	①喷雾动力消耗大，喷头容易堵塞；②气液接触时间短，容易发生湍流，气液混合不均，液沫易被气流带走
板式塔		①空塔速率 0.3～1.0m/s；②液气比 1～10L/m³；③压力损失 980～1960Pa/板	①结构简单，空塔速度高；②气体处理量较大；③增加塔板数可提高净化效率或者处理浓度较高的气体	①安装要求严格，否则吸收效率低；②操作弹性小，气量急剧变化时不操作

名称	示意结构	特性	优点	缺点
湍球塔	净化气、除雾器、吸收剂、上栅板、喷嘴、小球、废气、下栅板、吸收液	①气速1~5m/s；②液气比1~10L/m³；③压力损失59~78Pa	①塔不易阻塞；②压力损失小	①气流速度小至球开始"湍动"的速度以下，即不能发挥应有的效能；②气速过高，超过终端速度变为输送状态效果降低
文丘里洗涤器	废气、喷杯、吸收剂、净化气、吸收液	①喉管气速30~100m/s；②液气比0.3~1.2L/m³；③压力损失1960~8820Pa	①设备结构简单，设备体积小，处理气量大；②气液接触好；③净化效率高；④具有同时除尘、吸收气体和降温的特性	①气体的压力损失大，操作费用高；②液沫夹带严重；③对于难溶气体和反应慢的气体吸收效率差
喷射吸收器	气体、液体吸收剂	液气比为10~100L/m³	①液体借高压由喷嘴喷出，分散成液滴与抽吸过来的气体接触；②气液接触效果良好，可省去气体送风机，适于有腐蚀性气体的处理	需要用大量流体吸收剂，液气比大，不适于大气量的处理

填料塔、喷淋塔的气相是连续相，而液相为分散相，特点是相界面积大；板式塔、湍球塔、鼓泡塔、搅拌鼓泡釜的液相是连续相，而气相为分散相，尤其是鼓泡塔及搅拌鼓泡釜中液相所占的容积比例很大，因而相界面积相对地要小些。

污水、污泥处理系统产生的臭气一般是一些低浓度的气态污染物，处理气量大，发生的化学反应应为极快反应或快反应类型，它们的液膜转化系统值较大，反应在液膜内发生，因而选用气相为连续相、湍动程度较高、相界面积大的化学洗涤装置较为适合，填料塔、喷淋塔、文丘里吸收器等能满足这些要求，特别是填料塔的气液接触时间、气液量的比值均可在较大幅度内调节，即操作的弹性大，且结构简单，因而在化学洗涤脱臭中得到了广泛的应用。

如果反应物浓度高，化学反应为快速反应或中速反应时，反应主要在液膜内以至液相主体中发生，此时采用板式塔较适合。当液膜转化系统值很小，吸收过程属于动力学控制，反应在整个液相中发生，因此需要反应器提供大量的液体，而不是大量的界面积，鼓泡塔液体容量大，很适合于这类动力学控制的气液相反应过程。由于鼓泡塔气速有一定的弹性，当采用较高的空塔气速时，强化了传热、传质，因此有些较快反应的气液相过程也可采用鼓泡塔。

（二）填料塔

填料塔的典型结构如图1-13-24所示。塔内装有支承板，板上堆放填料层，喷淋的液体

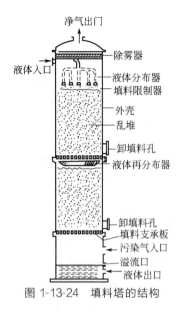

图 1-13-24 填料塔的结构

通过分布器洒向填料。填料在整个塔内既可堆成一个整体，也可将填料装成几层，每层的下边都设有单独的支承板。当填料分层堆放时，层与层之间常装有液体再分布装置。在吸收塔内，气体和液体的运动经常是逆流的，即吸收剂自塔顶向下喷淋，在填料表面分散成薄膜，经填料间的缝隙下流，亦可形成液滴落下；气体从塔底被送入，沿填料间空隙上升，填料层的润湿表面就成为气液接触的传质表面。填料种类很多，常用的有拉西环、鲍尔环、鞍形环、波纹填料等。

对填料的基本要求是：单位体积填料所具有的表面积大，气体通过填料时的阻力低。

液体流过填料层时，有向塔壁汇集的倾向，中心的填料不能充分加湿。因此当填料层的高度较大时，常将填料层分成若干段，以便所有的填料都能充分加湿。为避免操作时出现干填料状况，一般要求液体喷淋强度在 $10\text{m}^3/(\text{m}^2\cdot\text{h})$ 以上，并力求喷淋均匀。为了克服"塔壁效应"，塔径与填料尺寸比值应至少在 8 以上。若算出的填料层高度太大，则要分成若干段。每段高度一般应在 3～5m 以下，或按下列推荐的倍数来定。对拉西环，每段填料层高度为塔径 3 倍，对鲍尔环及鞍形填料为 5～10 倍。填料塔的空塔气速一般为 0.3～1.5m/s，压降通常为 0.15～0.6kPa/m 填料，液气比为 0.5～2.0kg/kg（溶解度很小的气体除外）。填料塔传质能力受操作变量的影响，参见表 1-13-29。

表 1-13-29 填料塔操作变量对传质能力影响的定性分析

项目	$k_L\alpha$	$k_G\alpha$
气体流量	在载点以下,无影响;在载点以上,增大	极显著地增大
液体流量	极显著地增大	很小或无影响
填料规格	一般随填料尺寸减少略微增大	随填料尺寸减小而增大
填料排列	一般无影响	一般无影响
填料床高度	无影响	略微增大
流体分布	采用某些填料时易产生影响	比对 $k_L\alpha$ 的影响小
温度	极显著地增大	很小或无影响

填料塔的优点是结构简单，便于用耐腐蚀材料制造，气液接触效果较好，压降较小。缺点是当臭气中含有悬浮颗粒时，填料容易堵塞，清理检修时填料损耗大。

迄今为止，最常用的湿式洗涤器是逆流循环式填充塔。洗涤液从塔顶部进入并喷淋到填料上，顺着填料自上而下滴流。恶臭气体从洗涤塔底部进入，通过孔隙空间向上运行。气相和液相之间的这种对流方式产生湍流，增大了表面接触面积。洗涤液与恶臭气体充分接触后降落至填充塔的下部，后又被收集再循环使用，一部分洗涤液继续"向下排放"，目的是防止其中的高浓度溶解固体和悬浮固体对填料造成堵塞。同时补充洗涤液以使回流液体保持一定的浓度。另一种常见的洗涤器是错流循环式填充塔，其工作原理与逆流循环式填充塔的工作原理相似，只是气流方向与液流方向垂直，这种形式在工业恶臭污染（如脂肪提取与加工业产生的恶臭）的去除上应用，而在污水处理的恶臭去除方面尚未得到广泛应用。

（三）湍球塔

湍球塔是填料塔的一种特殊情况，结构如图 1-13-25 所示，其填料为在塔内不断湍动的空心或实心小球，由塔内开孔率较大的筛板支承和限位。支承板的开孔率为 0.35～0.45；限位板取 0.8～0.9。气流通过筛板时，小球在其中湍动旋转，相互碰撞，吸收剂自上向下喷淋，润湿小球表面，进行吸收。由于气、液、固三相接触，小球表面的液膜不断更新，增加了气液相之间的接触和传质，提高了吸收效率。

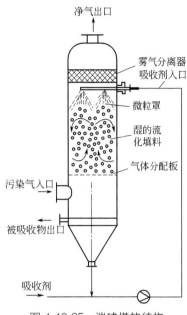

图 1-13-25　湍球塔的结构

小球应质轻、耐磨、耐腐蚀、耐高温。通常由聚乙烯、聚丙烯或发泡聚苯乙烯等材料制作，塔的直径大于 200mm 时，可以采用直径 25mm、30mm、38mm 的小球。填料的静止床层高度为 0.2～0.3m。

湍球塔的空塔速度一般为 2～6m/s。湍球塔被推荐用于处理含颗粒物的气体或液体以及可能发生结晶的过程。在这种设备中由于填料剧烈的湍动，不易被固体颗粒堵塞。一般情况下，每段塔的阻力为 0.4～1.2kPa。在相同的气流速度下，湍球塔的阻力要比填料塔小。湍球塔的优点是气流速度高，处理能力大，设备体积小，吸收效率高。它的缺点是：随小球的运动，有一定程度的返混；段数多时阻力较高；塑料小球不能承受高温，使用寿命短，需经常更换。

（四）喷淋（雾）塔

在喷淋塔内，液体是分散相，气体是连续相，适用于极快或快速反应的化学洗涤过程。喷淋塔的特点是结构简单，压降低（通常低于 250～500Pa，不包括除雾分离器及气体分布板），不易堵塞，气体处理能力较大（气体在塔内的速率为 1.5～6m/s，停留时间通常在 20～30s 之间），投资费用低。缺点是效率较低，占地面积大，气速大时，雾沫夹带较板式塔严重。如果吸收液循环使用或带有少量残渣时，喷嘴易堵，因而需加沉淀过滤装置过滤吸收液。

为保证吸收效率，应注意使气、液分布均匀，充分接触，喷淋塔通常采用多层喷淋。旋转喷淋塔可增加传质单元数，卧式喷淋塔则传质单元较少。喷淋塔的关键部分是喷嘴，可分为机械离心式喷嘴和冲击式喷嘴等几种。图 1-13-26 是几种常用的喷淋塔的示意。

20 世纪 80 年代以来，薄雾型洗涤器在恶臭（特别是硫化氢）去除方面也曾得到广泛使用。试剂、水和空气的混合物以液滴的形式喷入一个开放的容器，液滴的大小通常在 5mm 左右，用过的洗涤液在容器底部进行收集。在薄雾型洗涤器中，尽管已设计和安装了循环系统（尤其对氨的去除），但是通常用过的洗涤液就废弃而不再循环使用了。

（五）文丘里洗涤器

文丘里洗涤器见图 1-13-27，它可以避免逆流或错流喷淋塔气速太高导致雾沫夹带严重的弊端，气速可提高至 20～30m/s。不过此时液体全部被气体夹带，需设置专门的气液分离装置，其阻力降亦比普通喷淋塔大。

文丘里洗涤器的工作方式如下：液体经杯口（或文丘里上缘齿边）溢入杯内沿（或文丘

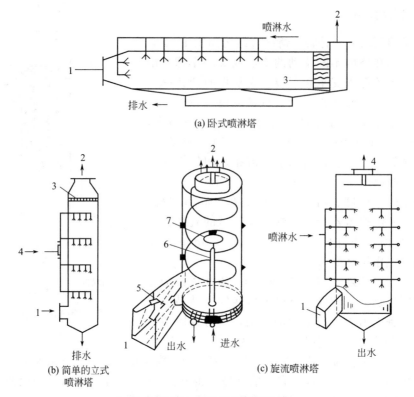

图 1-13-26 各种类型的喷淋塔

(a) 卧式喷淋塔

(b) 简单的立式喷淋塔

(c) 旋流喷淋塔

1—气体进口；2—气体出口；3—除雾器；4—喷淋水；5—调节器；6—多管喷嘴；7—挡水盘

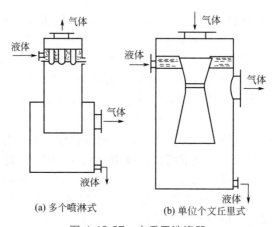

(a) 多个喷淋式

(b) 单位个文丘里式

图 1-13-27 文丘里洗涤器

里渐缩管），形成一层液膜或液流，同时高速气体进入其内，由于通道变小，速度进一步提高，气液高度混合、湍动，进行传质，并在喉管处高速喷出，成雾状后气液分离。没有扩大管的喷淋塔，阻力降比文丘里喷淋器大些。

（六）筛板塔

筛板塔的结构如图 1-13-28 所示。在截面为圆形的塔内，沿塔高度有多层薄板。筛板上孔径的大小是根据物料性质、机械加工条件及塔径大小等因素选定，一般塔径 $D \leqslant 0.6\text{m}$

时，采用筛孔 2~6mm；$D>0.6m$ 时，采用筛孔 7~12mm；对于含悬浮物的液体，也可采用 13~15mm 的大孔，开孔率一般为 6％~25％。气体从下而上经筛孔进入筛板上的液层，气液在筛板上交错流动，通过气体的鼓泡进行吸收。气液在每块塔板上接触一次，因此在这种设备中气液可进行逐级的多次接触。塔板上的液层厚度为 30mm 左右，靠圆形或弓形溢流管保持。

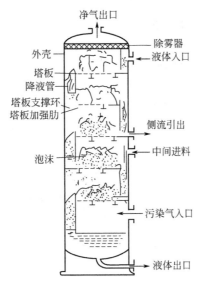

净气出口

除雾器
外壳 ————
液体入口
塔板
降液管
塔板支撑环
塔板加强肋
侧流引出
中间进料
泡沫
污染气入口
液体出口

图 1-13-28　筛板塔的结构

要使操作正常、稳定，气液量必须适当。在正常的气体负荷下，液体是不会从筛孔泄漏下来的，须经溢流管逐板下流。但若气体负荷过小，气体的压力不足以维持与溢流堰高度相应的液层，液体便会通过筛孔泄漏，使操作效率降低。若气体负荷过大，则气流通过筛板后猛烈地将液体推开，以连续迅速通过塔板液层，犹如气体短路，造成液气接触不良，形成严重的雾沫夹带现象，且使压降增长很快。

气体通过筛板塔的空塔速度一般为 1.0~2.5m/s，气体穿过筛孔的气速为 4.5~12.8m/s。液体流量按空塔截面计算为 1.5~3.8m³/(m² · h)。每块板的压降为 0.8~2.0kPa。

筛板塔与其他板式塔相比，具有处理能力大，压降小，在一定负荷范围内容易操作，塔板效率高及制作安装简单，金属耗量省，造价低等优点。主要缺点是必须维持恒定的操作条件，负荷范围比较窄。另外，小孔径筛孔容易堵塞。

板式塔种类很多，除筛板塔外，还有浮阀塔、喷射塔、旋流板塔等，它们各有特点，并在臭气净化中得到应用。

（七）配套设备

化学洗涤处理臭气的设施除了洗涤塔（器）的主体设备之外，还包括洗涤液循环系统、投药系统、电气控制系统、富液处理系统和除雾装置等辅助配套设备。

洗涤液循环系统一般由循环泵、不堵塞喷嘴、喷管、循环水箱、固液分离器、避震节、流量计等组成，应符合下列规定：

① 洗涤液输送管道应安装固液分离器，并保证系统布液均匀；

② 宜采用不易堵塞并拆装方便的螺旋喷嘴。

三、设计计算

（一）设计步骤

1. 设计计算依据

① 单位时间内所处理的气体流量；

② 气体的组成成分；

③ 被吸收组分的吸收率或净化后气体的浓度；

④ 使用的吸收液；

⑤ 工艺操作条件，如压力、温度等。

以上条件中后 3 项在多数情况下是设计者选定的，但是需要综合考虑经济效益、优化条件。

2. 选择吸收剂

常见气态污染物与适宜的吸收剂的组合见表 1-13-30。

表 1-13-30 吸收剂选择实例

污染物	适宜的吸收剂	污染物	适宜的吸收剂
氯化氢	水、氢氧化钠	氯气	氢氧化钠、亚硫酸钠
氟化氢	水、碳酸钠	氨	水、硫酸、硝酸
二氧化硫	氢氧化钠、亚硫酸铵、氢氧化钙	苯酚	氢氧化钠
硫化氢	二乙醇胺、氨水、碳酸钠	硫醇	次氯酸钠
有机酸	氢氧化钠		

3. 温度和压力

通常情况下，温度越低、压力越高，气体的溶解度越大。从这个观点来看，低温、高压对吸收有利。但有时在吸收塔前是高温低压的操作过程，单纯地为增大吸收能力采取降温和升压进行吸收，就需要考虑加压、冷却所需的费用以及其工艺上造成的经济效益问题。

4. 确定吸收剂用量

吸收剂用量取决于适宜的液气比，而液气比是由设备费和操作费两个因素决定的。根据生产经验，一般取最小液气比的 1.1～2 倍，即

$$L_S = (1.1\sim2)G_B\left(\frac{L_S}{G_B}\right)_{\min} \text{ 和 } L = (1.1\sim2)G\left(\frac{L}{G}\right)_{\min} \tag{1-13-68}$$

式中，L，G，L_s，G_B 分别为单位时间通过塔任意截面单位面积的吸收液、混合气体、吸收剂、惰性气体的物质的量，$kmol/(m^2 \cdot s)$。

最小吸收剂用量根据吸收操作线和平衡线求取。

5. 洗涤设备的确定

结合具体的工艺条件，合理地选择洗涤塔（器）类型。根据物料平衡、相平衡、传质速率方程式和反应动力学方程式确定吸收设备的主要尺寸。

6. 压力损失的计算

化学洗涤设备的压力损失由洗涤层压力降和塔内件压力降两部分组成。洗涤层的压力降可根据设计或操作参数由相关设计手册查出每米洗涤层（如填料层）的压降值，再将该比压

降乘以洗涤层总高度即得洗涤层的压力降。而塔内件压力降主要包括气体通过分布器的压力降、支承板的压力降、液体收集分布器以及液体初始分布器的压力降。各种塔内件的压力降与其结构密切相关，应根据具体条件进行计算。从设计角度看，气体分布器应具有一定的阻力，以实现气体均布，而其他塔内件的阻力越小越好。

7. 辅助配套设备选用

可参见有关的环保设备设计手册。

（二）填料塔设计计算

1. 填料的选择

填料可为气液两相提供良好的传质条件。选用的填料应满足以下基本要求：

① 具有较大的比表面积和良好的润湿性；
② 有较高的孔隙率（多在 0.45～0.95）；
③ 对气流的阻力较小；
④ 尺寸适当，通常不应大于塔径的 0.1～0.125；
⑤ 耐腐蚀、机械强度大、造价低、堆积密度小、稳定性好等。

几种填料的特性见表 1-13-31。

表 1-13-31 常用填料的特性

填料类别	名义尺寸/mm	实际尺寸(外径×高×厚)/mm	比表面积(A)/(m²/m²)	空隙率/(m³/m³)	堆积密度/(kg/m³)	填料因子(φ)/m⁻¹
陶瓷拉西环(乱堆)	15	15×15×2	330	0.70	690	1020
	25	25×25×2.5	190	0.78	505	450
	40	40×40×4.5	126	0.75	577	350
	50	50×50×4.5	93	0.81	457	205
陶瓷拉西环(整砌)	50	50×50×4.5	124	0.72	673	
	80	80×80×9.5	102	0.57	962	
	100	100×100×13	65	0.72	930	
钢拉西环(乱堆)	25	25×25×0.8	220	0.92	640	390
	35	35×35×1	150	0.93	570	260
	50	50×50×1	110	0.95	430	175
陶瓷鲍尔环(乱堆)	25	25×25×2.5	220	0.76	505	300
	50	50×50×4.5	110	0.81	457	130
钢鲍尔环(乱堆)	25	25×25×0.6	209	0.94	480	160
	38	38×38×0.8	130	0.95	379	92
	50	50×50×0.9	103	0.95	355	66
塑料鲍尔环(乱堆)	25		209	0.90	72.6	170
	38		130	0.91	67.7	105
	50		103	0.91	67.7	82
塑料阶梯环(乱堆)	25	25×12.5×1.4	223	0.90	97.8	172
	38	38.5×19×1.0	132.5	0.91	57.5	115
陶瓷弧鞍(乱堆)	25		252	0.69	725	360
	38		146	0.75	612	213
	50		106	0.72	645	148

续表

填料类别	名义尺寸 /mm	实际尺寸(外径× 高×厚)/mm	比表面积(A) /(m^2/m^2)	空隙率 /(m^3/m^3)	堆积密度 /(kg/m^3)	填料因子(ϕ) /m^{-1}
陶瓷矩鞍(乱堆)	25	3.3(厚度)	258	0.775	548	320
	38	5(厚度)	197	0.81	483	170
钢环矩鞍(乱堆)	25			0.967		135
	40			0.973		89
	50			0.978		59

2. 液泛气速与填料塔的压降

液泛气速是填料塔正常操作气速的上限。当空塔气速超过液泛气速时，填料塔持液量迅速增加，压降急剧上升，气体夹带液沫严重，填料塔的正常操作被破坏。

填料塔的压降影响动力消耗和正常操作费用。影响压降和液泛气速的因素很多，主要有填料的特性、气体和液体的流量及物理性质等。埃克特等指出的填料塔压降、液泛和各种因素之间的关系见图 1-13-29。

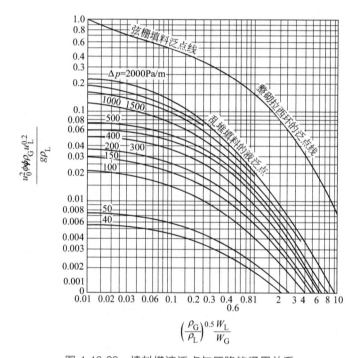

图 1-13-29　填料塔液泛点与压降的通用关系

W_L/W_G—液气比；ρ_G、ρ_L—气体、液体密度，kg/m^3；μ_L—液体黏度，$Pa \cdot s$；ϕ—填料因子，m^{-1}；
ψ—水的密度与液体的密度之比；u_0—空塔气速，m/s；g—重力加速度

图中最上方三条线分别为弦栅、整砌拉西环及各类型乱堆填料的液泛线，三条线左下方的线为等压降线。

3. 填料塔塔径的计算

填料塔直径 D 取决于处理气量 Q 和适宜的空塔气速 u_0，即

$$D = \sqrt{\frac{4Q}{\pi u_0}} \qquad (1\text{-}13\text{-}69)$$

根据生产经验，u_0 可由填料塔的液泛速率 u_1 确定，即 $u_0 = 0.66 \sim 0.80 u_1$，也可从有关手册中查得。u_0 小则塔径大，动力消耗少，但设备投资高。由上式计算出的塔径应按照《压力容器公称直径》（GB/T 9019—2015）圆整，直径在 1m 以下的，间隔为 50mm；直径在 1m 以上的，间隔为 100mm。

4. 最小吸收剂用量 L_{Smin} 的计算

设化学反应方程式为：
$$A + bB \longrightarrow C$$

物料衡算：
$$G_B(C_{C1} - C_{C2}) = \frac{L_S}{b}(C_{B1} - C_{B2}) + L_S(C_{A1} - C_{A2}) \tag{1-13-70}$$

式中，G_B 为 B 组分的摩尔流率，$kmol/(m^2 \cdot h)$；L_S 为吸收剂的摩尔流率，$kmol/(m^2 \cdot h)$；C_1、C_2 分别为气体入口与出口处溶液中各组分的摩尔浓度，$kmol/m^3$；下脚 A、B、C 分别表示 A 组分、B 组分、C 组分。

对于快速反应与瞬间反应，$L_S(C_{A1} - C_{A2})$ 可忽略不计，吸收剂最小用量相当于 $C_{B1} = 0$ 时的吸收剂用量：

$$L_{Smin} = \frac{G_B(C_{C2} - C_{C1})b}{C_{B2}} \tag{1-13-71}$$

5. 吸收塔塔高的计算

气液逆流接触型吸收塔内的浓度变化如图 1-13-30 所示。设在液相内进行的反应为：

$$A + bB \longrightarrow C(\gamma_A = \gamma_B/b = kC_A C_B, \text{不可逆二级反应})$$

其中，γ_A、γ_B 分别为物质 A、B 的反应速率，$kmol/(m^3 \cdot s)$；C_A、C_B 分别为 A、B 的反应浓度，$kmol/m^3$；k 为反应速率常数，$kmol/(m^3 \cdot s)$。

吸收塔任意截面作塔上部的物料平衡：

$$(G/p)(p_A - p_{A2}) = (L/\gamma\rho_L)(C_{B2} - C_B) \tag{1-13-72}$$

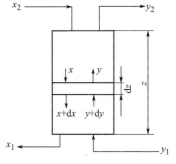

图 1-13-30　吸收塔内浓度变化

式中，p 为溶质组分在气体中的分压分数；p_A 为 A 组分的分压分数；p_{A2} 为 A 的平衡分压分数；G，L 为气、液相的流率（沿塔高不变），$kmol/(m^2 \cdot h)$；ρ_L 为吸收液的密度，$kmol/m^3$；C_{B2} 为 B 的液相平衡浓度，$kmol/m^3$；γ 为系数。

此式也就是塔的操作线方程。若将式中的 p_A、C_B 由 p_{A1}、C_{B1} 各值代入，则吸收塔的单位面积的吸收传质速率：

$$N_A = (G/p)(p_{A1} - p_{A2}) = (L/\gamma\rho_L)(C_{B2} - C_{B1}) \tag{1-13-73}$$

式中，N_A 为 A 组分的吸收传质速率。

对于塔微元段的吸收速率式

$$dN_A = k_G\alpha(p_A - p_{A1})dz = \beta k_L\alpha C_{A1}dz = (G/p)dp_A = -(L/\gamma\rho_L)dC_B \tag{1-13-74}$$

式中，L/ρ_L 为吸收液的体积流率，$m^3/(m^2 \cdot h)$；α 为单位体积填料层所提供的传质面积，m^2/m^3；β 为反应增强系数；$k_G\alpha$ 为气相体积传质系数，$kmol/(m^3 \cdot h \cdot kPa)$；$k_L\alpha$ 为液相体积传质系数，h^{-1}。

α 不仅和填料的种类、材质、尺寸、形状及充填方式有关，而且和填料表面的润湿状态有关，和气、液性质及流动状态有关，所以 α 值难以确定，通常它与传质系数的乘积作为一个完整的物理量一起测定，称为体积传质系数，单位 $kmol/(m^2 \cdot h)$。

塔高按下式计算：

$$z = \frac{G}{k_G \alpha p} \int_{P_{A2}}^{P_{A1}} \frac{\mathrm{d}p_A}{p_A - p_{Ai}}$$

$$z = \frac{L}{\gamma_L \alpha \rho_L} \int_{C_{B2}}^{C_{B1}} \frac{\mathrm{d}C_B}{\beta C_{Ai}} \tag{1-13-75}$$

（1）传质过程由气相控制时

$p_{Ai} = 0$，由上式得：

$$z = \frac{G}{k_G \alpha p} \ln \frac{p_{A1}}{p_{A2}} \tag{1-13-76}$$

（2）当气相阻力可以被忽略时

$p_{Ai} = p_A$，$C_{Ai} = C'_A = p_A/H$，C_{Ai} 由操作线和 C_B 求得，β 也可用 C_B 关联，通过对上式图解积分法计算塔高。

（3）汽液传质阻力均不能忽略时

$k_C(p_A - p_{Ai}) = k_L C_{Ai}$，需求出对应的 p_A 的 p_{Ai}，再根据上式积分式试算。

当气液两相传质阻力均存在时，化学反应级数可以按拟一级反应或近似地按瞬时反应用解析方法求解塔高，方法如下。

① 快速不可逆拟一级反应吸收，满足塔底 $3 < \gamma < 0.5\beta_\infty$（$\beta_\infty$ 为不可逆瞬间反应的吸收增强系数），$\beta = \gamma = \dfrac{\sqrt{k_2 C_B C_A}}{k_L}$ 时，塔高按下式求得：

$$z = \frac{G}{k_G \alpha p} \ln \frac{p_{A1}}{p_{A2}} + \frac{GH}{\sqrt{k_2 C_{B2} D_A}} \frac{1}{\alpha p_e} \ln \frac{(e+1)(e-b)}{(e-1)(e+b)} \tag{1-13-77}$$

$$q = (\gamma \rho_L / p)(G/L)(p_{A1}/p_{A2})$$

$$e = \sqrt{1 + q\frac{p_{A2}}{p_{A1}}}, \quad b = \sqrt{1 + q(p_{A2}/p_{A1}) - q} = \sqrt{C_{B1}/C_{B2}}$$

式中，k_2 为不可逆二级反应（拟一级反应）常数；H 为亨利系数，$\mathrm{mol}/(\mathrm{L \cdot Pa})$；$D_A$ 为物质 A 的分子扩散系数，$\mathrm{m^2/s}$；p_e 为平衡分压分数。

② 不可逆瞬间反应吸收，塔顶满足 $\gamma > 10\beta_\infty$ 时，因吸收塔内的液相组成 C_B 用下式算出的临界浓度 $(C_B)_C$ 的大小不同而有所不同。

$$(C_B)_C = \frac{[L/(SG)]C_{B2} + p_{A2}/\gamma}{k_L/(Hk_G) + L/(SG)} = \frac{[L/(SG)]C_{B1} + p_{A1}/\gamma}{k_L/(Hk_G) + L/(SG)} \tag{1-13-78}$$

$$\gamma = pS/(\gamma \rho_L)$$

$$S = \rho_L(H/p)(D_B/D_A)$$

式中，p 为溶质组分在气体中的分压，Pa；D_B 为物质 B 的分子扩散系数，$\mathrm{m^2/s}$。

a. 当 $C_{B1} \geqslant (C_B)_C$ 时，通常可认为在气液界面的化学反应已完成，因此，$p_{Ai} = 0$，这时，液相阻力不存在，可根据式(1-13-80)计算出塔高。

b. 当 $C_{B2} < (C_B)_C$ 时，化学反应的反应面位于液相内部，这时，气液两相传质阻力都存在，这时塔高按下式计算：

$$z = \left(\frac{1}{k_G} + \frac{H}{k_L}\right) \frac{G}{\alpha p} \frac{\ln\left[\left(1 - \frac{SG}{L}\right)\left(\frac{p_{A1} + \gamma C_{B2}}{p_{A2} + \gamma C_{B2}}\right) + SG/L\right]}{1 - SG/L} \tag{1-13-79}$$

c. 当 $C_{B2} > (C_B)_C > C_{B1}$ 时，全塔分为 $C_B > (C_B)_C$ 和 $C_B < (C_B)_C$ 两部分计算，前者条

件用式(1-13-78)，后者条件用式（1-13-81）分别计算塔高，然后相加求总高。

d. 如 $C_B=(C_B)_C$ 时，式中 p_A 用 $(p_A)_C$ 计算，而 $(p_A)_C$ 值按下式算出：

$$(p_A)_C=\frac{k_L}{Hk_G}\gamma(C_B)_C \tag{1-13-80}$$

6. 传质系数

若无准确可靠传质系数数据，则所有涉及传质速率问题的计算将失去应用价值。

对于气体吸收过程，影响传质速率的因素很多，迄今为止无统一的通用计算公式和方法，设计时多通过试验测定或用经验公式计算来获取，采用经验公式求总传质系数，然后用物理吸收的方法计算该气液相反应所需的吸收体积。这些经验公式一般是由中间实验或生产设备实测得到的数据而建立的。

（1）对于填料塔

当气体的质量流率 G 为 $320\sim4150kg/(m^2\cdot h)$；液体的质量流率 L 为 $4400\sim58500kg/(m^2\cdot h)$，填料用陶瓷拉西环时，其传质系数的经验公式为：

$$k_G\alpha=9.81\times10^{-4}G^{0.7}L^{0.25}$$
$$k_L\alpha=AG^{0.82} \tag{1-13-81}$$

式中，$k_G\alpha$ 为气相体积传质系数，$kmol/(m^3\cdot h\cdot kPa)$；$k_L\alpha$ 为液相体积传质系数，h^{-1}；G、L 分别为气体和液体质量流率，$kg/(m^2\cdot h)$；A 为常数，其值和温度有关，见表1-13-32。

表 1-13-32　常数 A 与温度的关系

温度/℃	10	15	20	25	30
A	0.0093	0.0102	0.0116	0.0128	0.0143

（2）水吸收氨

这是易溶气体的吸收，吸收的主要阻力在气膜。可用以下经验公式来求取传质系数：

$$k_G\alpha\approx K_G\alpha=0.0615W_G^{0.9}W_L^{0.39} \tag{1-13-82}$$

式中，$k_G\alpha$，$K_G\alpha$ 为气膜体积分传质系数和总传质系数，$kmol/(m^3\cdot h\cdot atm)$；$W_G$，$W_L$ 为气体、液体空塔质量流率，$kg/(m^2\cdot h)$。

该公式适用范围：用水吸收氨，磁环填料，直径为 12.5mm。

（3）用碱或乙醇胺等吸收 H_2S

用碱法中和，氧化析硫或用乙醇胺吸收 H_2S，在气体空塔速率为 $0.6\sim1.0m/s$，喷淋液气比为 $10L/m^3$ 时，可取吸收系数的平均值：$K_G=0.01kg/(m^2\cdot h\cdot mmHg)$。

第四节　生物除臭法

一、原理和功能

生物除臭法是指利用微生物降解恶臭物质，达到去除臭味的方法。其实质是：臭气成分首先同水接触并溶解于水中，进一步扩散至生物膜，进而被其中的微生物捕捉并吸收；进入微生物体内的臭气成分在其自身的代谢过程中作为能源和营养物质被分解，经生物化学反应最终转化为无害的化合物。

最初的生物除臭法采用的过滤介质为土壤，随后采用含微生物量较高的堆肥等为介质，近来又开始采用工程材料如活性炭、陶粒等为滤料进行脱臭研究。因此根据滤料的不同，生物脱臭法又可分为土壤过滤法、生物过滤法、生物滴滤法以及生物洗涤法等。

（一）土壤过滤法

土壤过滤法是以缓慢的速度（0.5～1.2cm/s）将臭气通入46～60cm深度的土壤后，臭气成分首先被土壤颗粒吸附或溶解于土壤水溶液中，然后在土壤微生物的作用下将其氧化分解转化达到消除臭气的目的。

1. 原理

土壤过滤装置（如图1-13-31所示）通常采用床型过滤器，由送风机将臭气送入土壤槽下部分的主通风道，风量一般为 $0.1\sim1.0m^3/(m^2\cdot min)$，然后由支通风道分散到土壤槽底部的各层，由支通风道出来的臭气通过较大石块的空隙依次进入砂层（或碎石层）和土壤层，并逐渐扩散开来被土壤颗粒吸附，最终被土壤中微生物分解转化。

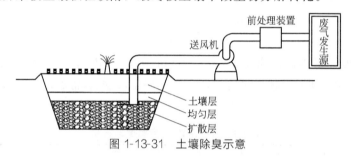

图 1-13-31　土壤除臭示意

分配层下部由粗、细石子和轻质陶粒骨料组成，上部由黄沙或细粒骨料组成，总厚度0.4～0.5m。土壤要求具有质地疏松、富含有机质、通气性和保水性能强等特点。土壤层可按黏土1.2%、有机沃土15.3%、细沙土53.9%和粗沙土29.6%的比例混配，厚度一般为0.5～1.0m。土壤层中也可加入适量的改良剂，如3%鸡粪和2%膨胀珍珠岩等，可提高臭气中某些组分的去除效果。

若将土壤滤床中的土壤层更换为污水厂的污泥、城市垃圾及动物粪便等有机质经好氧发酵得到的熟化堆肥，就产生了堆肥除臭法（见图1-13-32）。由于熟化堆肥中的好氧微生物繁殖速度高，因而整个设备紧凑，去除效果要比土壤过滤法好。而且堆肥除臭法的气固接触时间只需要30s，为土壤法的一半，占地面积可大大缩小。堆肥滤床长期运行也会发生酸化，

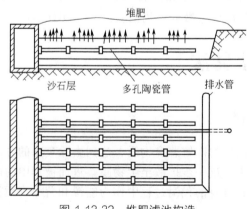

图 1-13-32　堆肥滤池构造

需及时调整 pH 值，同时还需要定期补充微生物生长所需的碳源，一般两年补给一次。

2. 影响因素

① 基质浓度　生物降解速率与基质浓度成正比，但超过一定浓度后，降解速率与浓度无关，基质浓度过高，超过土壤微生物每日能作用的量，除臭效果就会降低。

② 环境因子　温度、湿度、pH 值等环境因子应控制在适当的范围，过高或过低均会产生不利影响。一般温度为 5～30℃，相对湿度为 50%～70%、pH 值为 7～8。土壤除臭系统使用一年后就会发生酸化，需加入石灰石调整 pH 值。

③ 土壤厚度　土壤层越厚，其中的微生物量越多，除臭效果越好，但随着土壤层厚度的增加，系统的压降一般会大幅增加，从而影响整个系统的运行。土壤下部通气静止压力一般在 2000～3500Pa。

④ 通风速度　通风速度过高就会引起土壤颗粒发生震动而导致土壤压实，致使通气阻力增加并降低除臭效果，而且高的通风速度会减少气体在土壤滤床中的停留时间，对除臭产生不利影响。

3. 特点

土壤过滤法的优点是脱臭能力强、运行稳定、设备简单、运转费用低、维护管理方便，在土壤上还可以种植少量的花草进行绿化。缺点是占地面积大，开放式的场地在雨天会由于土壤通气性的恶化而降低处理效果。土壤过滤法适合于处理低中含量的臭气。

4. 填料的选择

土壤过滤法的填料应具有以下性质。

① 最佳的微生物生长环境，使营养物、湿度、pH 值和碳源的供应不受限制。

② 较大的比表面积，一般为 1～100cm^2/g。

③ 足够的结构强度，较低的个体密度，防止填料压实。一般要求 60% 的填料颗粒直径大于 4mm。填料的填充高度一般为 0.5～2.5m，常用 1m。

④ 填料的湿度（含水率）。填料的湿度太低会使微生物失活，并且填料会收缩破裂而产生气体短流；填料的湿度太高，则不仅会使气体通过滤床的压降增高，停留时间降低，而且由于空气/水界面的减少而引起供氧不足，形成厌氧区域从而产生臭味并使得降解速度降低。一般填料的湿度在 40%～60%（湿重）较为适宜。

⑤ 高孔隙率使气体有较长的停留时间。孔隙率对气体通过滤床的压降有重要影响。一般要求的孔隙率为：土壤 40%～50%，堆肥 50%～80%。

（二）生物过滤法

1. 原理

生物过滤法是将恶臭气体吹进增湿器进行润湿，去除颗粒物并增加湿度，然后进入生物滤池/滤塔，润湿的臭气通过填料层时，被附着在填料表面的微生物吸附、吸收，废气物质在细胞内各类酶的催化作用下，在生物细胞内新陈代谢分解成简单的、无害的代谢产物的方法。生物过滤系统如图 1-13-33 所示。

生物过滤除臭过程可以分为 3 个阶段。

① 气液扩散阶段　恶臭物质被除臭填料（附着有微生物膜）吸附，臭气中的化学物质，通过填料气/液界面由气相转移至液相。

② 液固扩散阶段　恶臭物质向微生物膜表面扩散，臭气中的异味分子由液相扩散到生

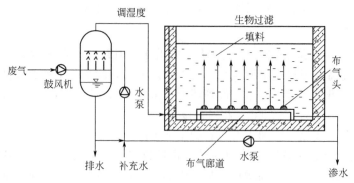

图 1-13-33　除臭生物滤池工艺流程

物填料的生物膜（固相）。

③ 生物氧化阶段　微生物将恶臭物质氧化分解，生物填料表面形成的生物膜中的微生物把异味气体分子氧化，同时生物膜会引起氮、磷等营养物质及氧气的扩散和吸收。

通过上述 3 个阶段，含硫的恶臭污染物被分解成 S、SO_3^{2-} 和 SO_4^{2-}，含氮的恶臭污染物被分解成 NH_4^+、NO_3^-，不含氮的恶臭污染物被分解成 CO_2 和 H_2O，从而达到除臭的目的。

目前用于生物过滤除臭的微生物主要包括产硫酸杆菌（*Thiobacillus*）、亚硝化单胞菌（*Nitrosomonas*）、硝化杆菌（*Nitrobacter*）、芽孢杆菌（*Bacillus*）等。微生物在好氧条件下以臭气中的物质为基质进行生物氧化分解，主要发生的反应为：

$$H_2S + 2O_2 \longrightarrow H_2SO_4$$
$$2NH_3 + 3O_2 \longrightarrow 2HNO_2 + 2H_2O$$
$$2HNO_2 + O_2 \longrightarrow 2HNO_3$$
$$2CH_3SH + 7O_2 \longrightarrow 2H_2SO_4 + 2CO_2 + 2H_2O$$
$$2(CH_3)_2S_2 + 13O_2 \longrightarrow 4H_2SO_4 + 4CO_2 + 2H_2O$$
$$2(CH_3)_3N + 13O_2 \longrightarrow 2HNO_3 + 6CO_2 + 8H_2O$$

生物滤池中的微生物是固定附着在填料上的，而且所用填料可以为微生物提供足够的养分，无需另外添加营养物质，填料的使用寿命视种类一般为 3～5 年。生物滤池的进气方式可采用升流式或下降式，前者容易造成深层填料干化，但可防止未经填料净化的颗粒性污染物排出。为防止气体中颗粒物造成滤池堵塞，臭气进入滤池前必须除尘。

2. 影响因素

（1）臭气中污染物的种类及含量

臭气中的污染物应为可被微生物利用和降解的有机或无机物质，而且不含有对微生物生长产生抑制作用的有毒物质。对于生物滤池，臭气中的污染物含量不宜过高，否则将会使微生物大量繁殖，从而导致填料的空隙率大大降低，影响除臭效果和使用寿命。

填料层的均衡润湿性制约着生物滤池的透气性和处理效果。若润湿效果不够，填料会变干并产生裂纹，严重影响臭气通过填料层的均匀性，导致除臭效果变差；但过分润湿会形成高气动阻力的无氧区，从而会减少臭气中污染物与填料层的接触时间，并生成带有臭味的挥发物。一般进气的湿度应大于 95％，以保证填料具有一定的持水率。

（2）温度和 pH 值

温度和 pH 值是影响微生物生长的关键因素。废气生物净化的中温是 20～37℃，高温是 50～65℃。含氯有机物、氨气、硫化氢的氧化分解会导致净化环境中的 pH 值下降，影响微生物的活性，可通过在生物滤池的填料上喷洒 pH 缓冲剂来稳定 pH 值。

（3）填料特性

填料特性也是影响生物过滤处理效果的关键因素。填料的选择不仅要考虑比表面积、机械强度、化学稳定性及价格等方面，还要考虑持水性的问题。研究表明，采用沸石填料对 H_2S 浓度和臭气流量有较好的缓冲和耐受能力，珍珠岩填料具有较强的持水能力，在降低喷淋量时仍具有较强的去除 H_2S 能力。采用富含纤维的物质（如草根炭、可可纤维等）、锯末等填料的生物滤池脱臭效果均有明显的提高。

3. 特点

生物过滤除臭法具有设备少，操作简单，不需要外加营养物，投资运行费用低，除臭效率高，对于醛、有机酸、硫化氢等污染物的去除率可达 99%，基本没有二次污染等优点。其缺点是反应条件控制较难，占地面积大，基质浓度高时，因生物量增长快而易堵塞填料，影响传质效果，填料的更新较麻烦。

一般生物过滤法适宜的进气有机物的质量浓度为 $1000mg/m^3$，不应高于 $3000\sim5000mg/m^3$；适宜处理的臭气量范围较广，一般为 $1000\sim150000m^3/h$。另外，废气中的化合物应是溶于水和可生物降解的，臭气中不含大量对微生物有毒的物质及大量的灰尘、油脂等。

（三）生物滴滤法

1. 原理

生物滴滤池是介于生物滤池和生物洗涤池之间的生物除臭装置，该装置与生物滤池的最大区别在于其填料上方喷淋循环液，在循环液中接种了经污染物驯化的微生物菌种。含有污染物的气体经过或不经过预处理，进入生物滴滤池。当润湿的臭气通过附有生物膜的填料层时，气体中的恶臭物质溶于水，被循环液和附着在填料表面的微生物吸附、吸收，达到净化气体的目的。净化后的气体经过排气口排出。典型的生物滴滤系统如图 1-13-34 所示。

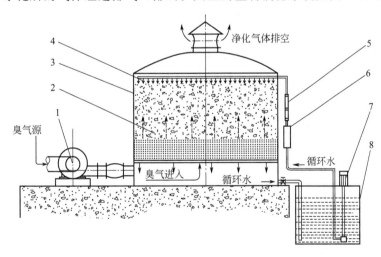

图 1-13-34　恶臭气体滤床处理工艺流程图

1—风机；2—生物填料；3—罐体；4—循环水喷淋；5—循环水流量计；
6—过滤器；7—循环水泵；8—循环水箱

生物滴滤池中的微生物既有固定附着在填料上的，也有悬浮在循环液中的，因此生物滴滤池兼有生物过滤和生物洗涤的双重作用。生物滴滤池不要求气体在进入装置前进行预湿处理，其吸收和液相的再生同时发生在一个反应装置内。一般情况下，气体很快会到达水饱和液，如果废气中含有灰尘或颗粒物，它们在经过载体时会被清除。

生物滴滤池填料层的厚度一般为 1.0～2.0m，可以为单级或多级。与生物滤池不同的是，生物滴滤池所用的填料为无机惰性填料，不能为微生物的生长提供养分，只作为微生物附着的载体，填料的表面系数（即单位柱体积接触面积）比较低，这就为气体通过提供了大量的空间，使气体通过填料柱时的压力损失小，同时也避免了由微生物生长和生物膜疏松引起的空间堵塞现象。

2. 影响因素

（1）填料

① 用于生物滴滤池的填料应有较好的表面性质和化学性质，以适合于微生物的生长；

② 有较大的比表面积，以尽可能大地提高生物量及单位体积的污染物降解量；

③ 具备一定的空隙率，以防止堵塞和压降升高引起短流；

④ 有较好的持水率，以保证生物滴滤池正常运行所需的液体环境；

⑤ 还需要一定的机械强度、较为稳定的化学性质以及不含对微生物的生长有抑制或毒性的成分。

不同的类型的填料的净化性能顺序为：海藻石＞轻质陶块＞陶粒＞不锈钢环＞煤渣＞塑料环。

（2）优势菌种的培养和驯化

生物滴滤池在除臭过程中一般存在针对恶臭气体中的污染物质的优势菌种，能否在较短时间内培养和驯化出优势菌种也是影响除臭效果的关键因素。

（3）温度

适宜微生物生长的温度在 25～35℃ 之间，随着温度的升高，气体的紊动程度越大，传质速度越高，有利于气体污染物从气相转入液相，但如果温度超过微生物所能承受的温度范围，其活性会大大降低，因此生物滴滤池内的温度要调节到适宜的温度范围内。

（4）湿度

在生物滴滤池运行过程中，对湿度的要求非常严格。当滴滤池中的水分过多时，填料空隙中会滞留过多的水分，使填料的透气性变差，运行阻力增加，导致气体在填料中的停留时间减少，严重影响净化效果。过多的水分还会使空气中氧气的穿透能力下降，影响填料层中微生物的新陈代谢，发生厌氧反应，产生恶臭。当滴滤池中的水分过少时，会导致填料层缺乏微生物生长代谢所必需的水分，微生物的生长环境受到影响，严重时会导致填料干裂。

（5）pH 值和营养物质的控制

生物滴滤池可以通过调节循环水的 pH 值达到控制 pH 值的目的。营养物质的控制也是影响处理效果的重要因素，当营养物质过多时，池内的微生物繁殖过快，可导致生物膜的大量脱落，严重时会发生堵塞，影响除臭效果；当营养物不足时，微生物新陈代谢受到影响，达不到最佳的除臭效果。因此，应根据恶臭气体中的有机物含量来调节营养物的配比和投加量，微量元素一般适量添加即可。

（6）操作方式

生物滴滤池可采用顺流式操作和逆流式操作两种操作方式。从理论上讲，逆流操作时的传质效果优于顺流操作。

3. 特点

生物滴滤池的优点是：设备少、操作简单、设计灵活、投资和运行成本低，pH 值和温度易于控制，液相和生物相均循环流动，生物膜附着在惰性材料上，压降低，填料不易堵塞，对污染物的去除效率高，能有效处理质量浓度达 $500g/m^3$ 的 H_2S 气体等。但其缺点也较明显：需要外加营养物，运行成本较生物滤池高，该法中臭气的溶解是限速步骤，必须让气体有足够长的停留时间，因此需要循环液不断流过滤床；若不能有效地控制循环液的用量及营养成分浓度，微生物过量累积会减少滤床的表面积和有效体积导致堵塞气流不畅，从而引起压降增大，降低去除效率。

（四）生物洗涤法

1. 原理

生物洗涤池（器）实际上是一个悬浮活性污泥处理系统，对恶臭的去除过程分为吸收和生物降解反应两个过程。生物洗涤池由传质洗涤器和生物降解反应器组成，它们的容积比为 1.5～2.0，出水需设二沉池。臭气首先进入洗涤器，与惰性填料上的微生物及由生化反应器回流的泥水混合物进行传质吸附、吸收，部分有机物在此被降解，液相中的大部分有机物进入生化反应器，通过悬浮污泥的代谢作用被降解掉，生化反应器的出水进入二沉池进行泥水分离，上清液排出，污泥回流。生物洗涤装置示意见图 1-13-35。

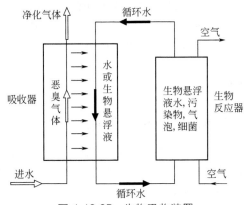

图 1-13-35　生物吸收装置

生物洗涤池的水相和生物相均循环流动，生物呈悬浮状态，洗涤器中有一定生物吸附和生物降解作用。在生物洗涤过程中，吸收过程是一个物理过程，主要决定于所选的吸收器中流体的流动状态。通常吸收过程是较快的，水的停留时间大约只需几秒钟。而水在生物反应器中的再生过程则较慢，水在生物反应器中的停留时间从几分钟至12h。由于吸收和再生所需要的时间不同，生物的再生就需要用专门的生物反应器。生物反应器可以是一个敞开的槽或封闭的容器。在生物反应器中，含有细菌、污染物和气泡的水叫生物悬浮液，生物生长所需的氧用分散气泡的方式输入，在空气通过生物反应器的过程中，其中的氧溶于水以维持生物生长，并且消化吸收二氧化碳和包含在生物悬浮液中的部分气态污染物，因此生化反应进行的速度主要取决于氧的输入速度。

2. 影响因素

影响生物洗涤处理恶臭气体的去除效率的因素主要有气液比、气液接触方式、恶臭物质的溶解性和可生物降解性、污泥浓度以及 pH 值等因素。

3. 特点

生物洗涤法的优点是：反应条件易控制、压降低、填料不易堵塞。缺点是：设备多，需外加营养物，成本较高，填料比表面积小，限制了微溶化合物的应用范围。

4. 生物洗涤法工艺

（1）洗涤式活性污泥脱臭法

该法的主要原理是将恶臭物质和含悬浮泥浆的混合液充分接触，使之从臭气中去除掉，洗涤液再送到反应器中，通过悬浮生长的微生物的代谢活动降解溶解的恶臭物质。这种方法可以处理大气量的臭气，同时操作条件易于控制，占地面积较小，压力损失也较小，实际应用中有较大的适用范围。但这种方法设备费用大，操作复杂而且需要投加营养物质，吸收塔内气液接触不如生物滴滤池充分，因而其脱臭效率通常仅有 85% 左右，同时活性污泥法抗冲击负荷能力差，并且难以处理水溶性差的恶臭物质。

（2）曝气式活性污泥脱臭法

将恶臭物质以曝气形式分散到含活性污泥的混合液体中，通过悬浮生长的微生物降解恶臭物质。这与废水的活性污泥法处理过程极为相似。当活性污泥经过驯化后，对任何不超过极限负荷量的臭气成分，其去除率均可高达 99.5% 以上。对于已建有污水处理设备的臭气处理来说，只需设置风机和配管，将臭气引入曝气池内即可进行脱臭，因此该法十分经济。该法不足之处在于曝气强度不宜过大，臭气的输送速度控制在 $20\,\text{m}^3/(\text{m}^2 \cdot \text{h})$ 以下为宜，同时采用这种方法为克服水深而造成的阻力需要消耗极大的动力，这些都使得该法的应用还有一定的局限性。目前见到的改善方法是向活性污泥中添加粉状活性炭，这可提高其抗冲击负荷的能力，并改善消泡现象和提高对恶臭物质的分解能力。

二、设备和装置

（一）间歇淋水充填塔生物脱臭装置

充填塔本体设置成数层，包括位于底部的排液层，在该排液层上部为臭气导入层，导入层与充填塔本体外的输入装置相连通；位于充填塔本体中部的是充填层，顶部设置淋水装置，在该淋水装置下部是气体净化层，并与外界相通。充填层中生物载体为多孔性填料，由无机矿物质或有机质构成，其径向尺寸在 3~50mm 之间。

在操作运行中还可将生物反应器并联、串联起来，如图 1-13-36 所示。按图 1-13-37 所示的脱臭的吸收与反应的两步机理以及考虑被吸收臭气的分解与控制步骤，则充填塔生物脱臭反应满足臭气去除率与气体在充填塔内的接触时间的对数成正比，亦即充填塔生物脱臭与通气速率、充填塔体积、臭气浓度、填料及其反应温度以及液相散水量等有关。

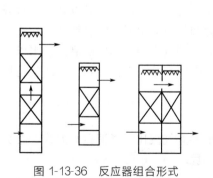

图 1-13-36　反应器组合形式

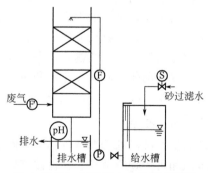

图 1-13-37　间隙淋水生物脱臭滤池

通气速率取决于填料性质和空隙率；较好的气体接触停留时间为 5~50s，而最佳的通气线速率控制在 0.05～0.5m/s 范围内。

在充填塔中，液相散水有三个目的：其一是为保护塔内的水分含量，提高臭气的吸收性；其二是提供微生物生存和增殖的条件；其三是为了将微生物分解的生成物和微生物尸体排出，维护处理系统的正常运行。液相散水分为连续散水或间隙散水两种。选择合理的散水条件主要考虑以下 3 点：a. 减少散水量以降低充填塔的压损；b. 增加水量提高臭气的吸收率；c. 保持合适的水量提供微生物良好的生存条件。

（二）组合式高效气体生物脱臭设备

组合式高效气体生物脱臭设备见图 1-13-38。设备内设有气体洗涤区、生物脱臭区、喷淋布液装置、除雾装置、循环水贮槽，在洗涤区内填满采用网状立体纤维材料制成的填料，借助填料提高气液两相的接触，保证对气体增湿。在生物脱臭区内填满复合填料，用于微生物的富集生长。喷淋布液装置设在洗涤区和脱臭区的上部，对处理的气体进行大面积均匀洒布，增加被处理气体的湿度以及为填料上的微生物生长提供良好的 pH 值环境条件，对恶臭气体处理时，恶臭气体首先被抽入设备的洗涤区去除灰尘并增加湿度，以保证后续生物处理所必需的湿度。经过洗涤区处理过的恶臭气体随后通过连续洗涤区和生物脱臭区的通道进入生物脱臭区进一步除臭。经过生物脱臭区处理的气体经过设在出口区的除雾装置脱水后外排。

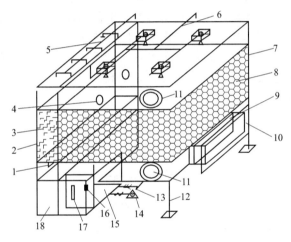

图 1-13-38　组合式高效气体生物脱臭设备

1—进气口；2—洗涤区；3—网状立体纤维材料填料；4—通道；5、6—洗涤喷淋装置；
7—生物脱臭区；8—复合填料；9—除雾装置；10—出口；11—检修孔；12—支撑；
13—控制阀；14—循环泵；15、18—贮液槽；16—pH 探头；17—液位开关

此脱臭设备的特点是：把对气体洗涤除尘增湿处理、生物反应脱臭处理、除雾脱水处理组合安装在一个设备中，该设备占地少，可整体移动，操作管理方便，简单易维护。采用网状立体纤维材料作为填料，材料具有一定吸附缓冲能力，填料的工作寿命长，处理效率高。

该设备具有较好的净化性能，可高效去除亲水性和憎水性恶臭气体成分，具有较强的负荷变化适应能力。

（三）生物法工业废气净化装置

生物法工业废气净化装置见图 1-13-39。在反应器的下部设置有曝气管及进水管，上部

设置有出水管。反应器内位于曝气管及进水管上部设置有载体网格，载体网格由单位载体网格构成，单位载体网格有序地设置在反应器内每层搁板上，而搁板放置在反应器内壁对应的支撑台上，单位载体网格主要由框架以及均布的生物载体构成。

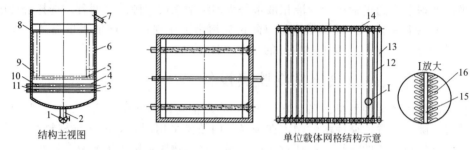

图 1-13-39　生物法工业废气净化装置

1—阀门；2—排放管；3—进水管；4—曝气管；5—支撑隔板；6—壳体；7—出水管；8—支撑台；
9—载体网格；10—进水孔；11—曝气孔；12—生物膜载体；13—框架；14—定位轴；15—固定层；16—附着层

　　生物载体是由固定层以及设置在固定层上的附着层组成的，附着层为蓬松密布的交织结构，其材质为纤维丝。该纤维丝采用有机、无机或有机无机混合的纤维均可。

　　由于本装置可通过进水管加入废气处理工程菌及营养液，利用曝气管加入空气，使废气处理工程菌均匀地吸附于生物载体上，利用营养液中营养成分快速繁殖，使通入液体中的除尘废气在空气中氧的作用下迅速发生生物化学反应，转化为溶于营养液并能被微生物吸收利用的物质，并且该装置采用了具有蓬松密布附着层、质地轻便、不易损耗的生物载体。故该装置不仅结构简单，便于安装，使用寿命长，效率高，具有宽松的运行条件，而且损耗小，处理成本低，处理效果好。

三、设计计算

（一）反应器形式及工艺流程的选择

　　根据恶臭气体的性质、浓度选择适宜的生物除臭反应器。

　　① 生物滤池填料可采用树叶、树皮、木屑、土壤、泥炭等，恶臭气体一般需预湿化，占地面积大；

　　② 生物滴滤池填料则为各种多孔、比表面积大的惰性物质，由于富集的微生物量多，占地面积小；

　　③ 生物洗涤器是恶臭物质吸收到液相后再由微生物降解。

　　一般生物滤池适宜低浓度的臭气脱臭处理，对于恶臭物质浓度较高的臭气宜采用生物滴滤池或生物洗涤工艺。

（二）生物过滤及滴滤池主要设计参数及设计原则

　　① 生物滤池用于恶臭气体处理时，进气浓度一般不超过 $5g/m^3$。生物滤池的高度一般为 0.5～1.5m，过高会增加气体流动阻力，太低则易产生沟流现象。

　　② 生物过滤和生物滴滤工艺，空塔停留时间不宜小于 15s，空塔气速不宜大于 200～500m/h，单层填料层高度不宜超过 3m。在寒冷地区宜适当增加生物处理装置的空塔停留时间。

③ 填料对生物滤池和生物滴滤池的运行操作起决定性作用，填料选择成为滤池设计中的决定因素。填料应具有比表面积大、过滤阻力小、持水能力强、堆积密度小、机械强度高、化学性质稳定和价廉易得等特性。生物滤池填料的使用寿命不宜低于 3～5 年，生物滴滤池填料的使用寿命不宜低于 8～10 年。

④ 生物滤池填料在设计空塔气速下的初始压力损失不宜超过 1000Pa。

⑤ 生物滴滤和生物过滤除臭喷洒、洗涤喷淋补充水宜采用污水厂出水，喷淋水不宜含有余氯等对微生物有害的物质，喷淋前宜设置过滤器。

⑥ 生物滤池和生物滴滤池应设置检修口、排料口。

⑦ 生物滤池和生物滴滤池应设有配气空间或导流设施。

⑧ 生物滴滤池填料支撑层应具有足够的强度。

⑨ 当进气中含有灰尘等颗粒物质时，生物滤池和生物滴滤池前宜设置水洗涤等预处理设施。

⑩ 为防止形成短流，恶臭气体需均匀供给。气体由装置配置的导气管，经气体扩散层进入滤料层。

⑪ 生物过滤系统用于脱臭时的主要设计参数见表 1-13-33。

表 1-13-33　生物过滤系统的主要设计参数

参　　　数	设计及运行范围	参　　　数	设计及运行范围
空床停留时间/s	15～200	去除率/%	95～99
水力负荷/[m³/(m²·h)]	50～200	洒水量/[m³/(m²·h)]	0.1～0.6
有机负荷/[g/(m²·h)]	10～150	进气浓度/[g/(m²·h)]	<5
风管流速/(m/s)	≤12	压力损失/Pa	70～120
填料高度/m	0.5～1.5	臭气湿度/%	≥90
温度/℃	10～35	pH 值	6～9

（三）生物滤池及滴滤池容积的计算

生物反应器容积计算主要根据气体的空塔停留时间来确定。一般填料层高度不应超过 2.0m，为了减少占地面积可采用多层结构。计算如下。

1. 空塔流速的确定

$$v = nH/t \tag{1-13-83}$$

式中，v 为待处理气体的空塔流速，m/s；n 为生物器的填料层个数；t 为气体空塔停留时间，s；H 为反应器中填料层高度，m。

2. 反应器面积 S 的确定

$$S = Q/v \tag{1-13-84}$$

式中，Q 为气体体积流量，m³/s。

3. 填料层的有效体积和高度

$$V = QT \tag{1-13-85}$$

$$H = vT \tag{1-13-86}$$

式中，V 为填料层有效体积，m³；T 为空塔停留时间，s；H 为填料层高度，m；v 为空塔气速，m/s。

（四）土壤过滤脱臭法设计

1. 土壤和参数

设计土壤脱臭选择的土壤指标应是腐殖土为好，亚黏土等红土需掺入鸡粪、垃圾和污泥肥料进行改良后使用，矿质土和黏土不宜。土壤水分 40%～70% 为宜，过于干燥的土壤需装设水喷淋器。种植草坪土壤表面保持倾斜，作为防降暴雨的措施。

常用的土壤过滤脱臭设计参数：

① 臭气通过土壤的速度 2～17mm/s，设计一般选为 5mm/s；

② 有效土壤厚度为 50cm；

③ 臭气与土壤接触时间为 100s。

2. 工程范例

（1）日本某土壤脱臭床

臭气风量为 $600m^3/min$，臭气与土壤接触时间为 2.7min，需土壤面积为 $1580m^2$。

（2）我国某处污泥脱水机房土壤脱臭床

脱水机房容积 $V=450m^3$；设换气周期为每小时 3 次，则换臭气量为 $22.5m^3/min$。脱臭负荷取 $2.7m^3$ 臭气/（m^2 土·min），则所需土壤面积为 $8.3m^2$。

该土壤脱臭过滤床的结构设计（自土壤表层向下）结果见表 1-13-34。

表 1-13-34　土壤脱臭过滤床的结构组成

层数	结　构	参　数	层数	结　构	参　数
1	土壤植被	2% 坡度	5	砾石层	中设臭气输入穿孔管
2	三维土工网垫	有效厚度＞50cm	6	土工膜	1 层
3	腐殖土	$300g/m^2$	7	基土	原土层
4	土工布	1 层			

第五节　天然植物液除臭

一、原理和功能

20 世纪 70 年代初，国外就开始了从纯天然植物液中提取汁液消除恶臭的研究工作，并成功地从多种可食用的天然植物中得到可以消除不同异味的、多种型号的植物提取液。自 1975 年加拿大 HLS&ECOLO 公司取得专利核心技术——以 350 多种天然植物提取液配制成工作液来消除空气中的异味，在全球已经有超过四十个国家和地区在使用天然植物提取液异味控制技术来消除各类环境异味，尤其是由有机物散发的恶臭。其重要特点是能够迅速消除臭味而不是暂时的掩盖臭气气味。

（一）原理

经过天然植物提取液除臭设备雾化，天然植物提取液形成雾状，在空间扩散液滴的粒径 ≤0.04mm。液滴具有很大的比表面积，具有很大的表面能。平均每摩尔约为几十千卡。这个数量级的能量已经是许多元素中键能的 1/3～1/2。溶液的表面不仅能有效地吸附空气中的臭气分子，同时也能使被吸附的臭气分子的立体构型发生改变，削弱了异味分子中的化合键，使得臭味分子的不稳定性增加，容易与其他分子进行化学反应，与植物液中的酸性缓冲液发生反应，最后生成无味、无毒的物质。如硫化氢在植物液的作用下反应生成硫酸根离子和水；氨在植物液的作用下，生成氮气和水。

天然植物提取液中所含的有效分子大多含有多个共轭双键体系，具有较强的提供电子对的能力，这样又增加了臭气分子的反应活性。吸附在天然植物提取液表面的臭气分子与空气中的氧气接触，此时的臭气分子因上述两种原因使得它的反应活性增大，改变了与氧气反应的机理，从而可以在常温下与氧气反应。

天然植物提取液与臭气分子的反应可以做如下表述。

（1）酸碱中和反应

除臭剂中含有生物碱，它可以与硫化氢、氨等臭气分子反应，这其中包括了有机化学中的路易斯酸碱反应（能吸收电子云的分子或原子团称为路易斯酸，相反称为路易斯碱）。其机理主要有以下几个方面：a. 单宁和类黄酮分子中的酚羟基与臭气分子中的氨基结合；b. 类黄酮分子中的基团与臭气分子中的巯基、亚氨基发生中和反应；c. 氨基酸与臭气分子的巯基、亚氨基发生中和反应等。

将气态氨转化为铵盐：

$$R-COOH+NH_3 \longrightarrow R-COONH_4$$

醇（如乙醇、甲醇）与有机酸的缩合反应：

$$R-COOH+R'-OH \longrightarrow R-COOR'+H_2O$$

（2）催化氧化反应

如硫化氢在一般情况下，不能与空气中的氧进行反应。但在除臭剂的催化作用下，可与空气中的氧发生反应。

硫化氢发生的化学反应：

$$R-NH_2+H_2S \longrightarrow R-NH_3^++HS^-$$

$$2R-NH_2+HS^-+2O_2+H_2O \longrightarrow 2R-NH_3^++SO_4^{2-}+OH^-$$

$$R-NH_3^++OH^- \longrightarrow R-NH_2+H_2O$$

硫醇发生的化学反应：

$$R-SH \xrightarrow{O_2} R-SS-R（慢）$$

$$R-SH \xrightarrow[（除臭剂）]{O_2} R-SS-R（快）$$

（3）氧化还原反应

$$HCHO+O_2 \xrightarrow{R-NH_2} CO_2+H_2O$$

$$4NH_3+3O_2 \xrightarrow{R-NH_2} 2N_2+6H_2O$$

（4）酯化反应

植物液中的单宁类物质可以同异味分子发生酯化或酯交换反应，从而去除异味或生成具有芳香的物质。

理论上植物提取液可以消除任何臭气，它是利用范德华力、耦合力、化学反应力以及吸引力来发挥作用的。植物提取液除臭有以下两个阶段：植物提取液靠范德华力与臭气分子结合，臭气分子因为和植物提取液发生化学反应而被消除。

（二）天然植物提取液的组成

天然植物提取液产品是从树、草和花等纯天然植物中提炼的含有气味的有机物，对人体无毒无害，不会引起皮肤或呼吸系统过敏等各种不良反应，是可靠的、符合国际健康标准的环保产品。可去除臭味的部分植物提取液见表 1-13-35。

表 1-13-35 除臭用天然植物提取液的主要成分

植 物	提取液形式	成分的主要组成
姜	汁	姜酮、姜醇、姜烯、龙脑、芳樟醇
葱	汁	蒜辣素、二烯丙基硫醚
蒜	汁	大蒜辣素、大蒜新素、大蒜苷
芫菜	汁	芳樟醇、水芹烯、葵醛、龙脑、蒎烯
芹菜	汁	β-月桂酸烯、蒎烯、石竹烯
辣椒	油	辣椒碱、辣椒素
花椒	油	异茴香醚
胡椒	油	胡椒碱、胡椒辣酯碱
大茴香	油	大茴香脑、大茴香醛、芳樟醇
玫瑰	油	香茅醇、橙花醇、丁香柚酚、苯乙醇
薄荷	油、汁	薄荷脑、薄荷酮、乙酸薄荷酯、丙酸乙酯、α-蒎烯
茉莉	油、汁	苯甲醇、芳樟醇、安息酸、乙酸叶酯、苯甲酸叶酯
橙橘柑	油	葵醛、辛醛、柠檬醛、芳樟醇、橙花醛
柚子	油	柠檬醛、香叶醇、芳樟醇、葵醛
柠檬	油	柠檬醛、辛醛、壬醛、十二醛、蒎烯、芳樟醛
九里香	汁	水芹烯、蒎烯、松油醇
月桂	油	桉叶素、芳樟醇、松油醇、月桂烯
水仙	汁	丁香酚、苯甲醛、苯甲酸甲酯、茉莉酮、香叶醇
冬青	油	水杨酸甲酯
松针	油	月桂烯、水芹烯、莰烯、蒎烯、葵醛、十二醛
檀木	油	α-檀香醇、β-檀香醇、β-檀香烯、α-檀香烯

这些有味的有机化合物含有大量的复杂化合物，它们都是绝大多数植物油的主要成分，可以分为四大类。

① 萜烯类 这类天然存在的化合物是植物油中最重要的成分。它们都有相同的经验式 $C_{10}H_{16}$，例如蒎烷、薄荷烷等。

② 直链化合物 组成这一部分的化合物有醛、醇和酮。它们存在于一系列由水果中提取的可挥发的植物油中，如葵醇、月桂醇等。

③ 苯的衍生物 这些化合物与从苯，特别是从丙苯衍生出来的化合物有相同的分子式，如乙酸酯等。

④ 其他化合物 这些化合物包括香草醛、月桂酸以及甲酸香叶酯等。

（三）特点

天然植物提取液除臭技术不仅投资低、操作方便，而且适用性广，占地少，不用改变或添加构筑物及附加更多新设施。采用专用的臭味控制系统不需要耗用大量的电能，使用安全简单，方便人工操作，仅需要定期补充工作液，整个系统维护和营运费用低廉。

（四）工艺类型

由于臭气来源各不相同，对植物提取液的选型、用量和处理方式要求也各不相同。影响处理效果的主要因素有臭气浓度、空气流动的速度、臭气的溶解性、臭气的分子量、臭气分子密度以及臭气结构组成等。根据各种不同情况采用具有针对性的系统工艺才能达到各种不同的除臭要求。

1. 空间雾化法

植物提取液经过专用雾化控制系统，以微米级粒径雾化，雾化后使其均匀地分散在空气中，使之在臭气散发源周围空间形成雾化层，从源头散发的臭气经过雾化层时被吸附，并发生分解、聚合、取代、置换和加成等化学反应，促使臭味分子改变了原有的分子结构，使之失去臭味。该系统工艺不能有效控制恶臭气体从恶臭源外溢造成的周边环境污染，适用于中等规模和浓度的臭气源，其建设投资较少，运营成本较高。空间雾化工艺的流程可见图1-13-40。

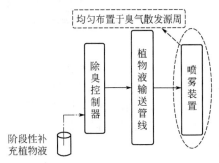

图 1-13-40 空间气相控制工艺

2. 收集蒸发法

植物提取液经过专用蒸发器蒸发成气态弥散在容器当中，引风机通过收集管道将恶臭气体抽引至容器中，与弥散在容器中的气态植物提取液混合反应后经排气口排放，从而将臭味消除。该工艺可以有效控制恶臭气体从恶臭源外溢造成的周边环境污染，适用于较低臭气浓度和较小臭气量的臭气源；建设投资中等，运营成本较低。集中收集除臭法工艺流程见图1-13-41。

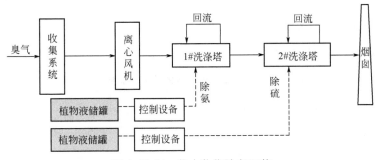

图 1-13-41 集中收集除臭工艺

3. 洗涤过滤法

储液槽内稀释的植物提取液经过循环泵扬送至洗涤容器内的喷淋器喷淋，喷淋液历经填料层回至储液槽再经循环泵循环。引风机通过收集管道将臭气抽引至洗涤容器中，恶臭气体经润湿板均匀润湿后与喷淋液逆向行进入填料层，气流经多向切割、分流并充分与填料表面的稀释的植物提取液接触、反应，此时的恶臭气体流速缓，在容器内的停留时间长，成半液相，表面有植物提取液的填料对其形成过滤作用，流出填料的恶臭气体被喷淋液洗涤后经排气口排出，从而将臭味消除。该工艺可以有效控制恶臭气体从恶臭源外溢造成的周边环境污染，处理效果显著，适用于较高臭气浓度和较大臭气量的臭气源；建设投资略高，运营成本较低。洗涤过滤法的工艺流程见图1-13-42。

二、设备和装置

加拿大 HLS & ECOLO 国际公司自1975年开始专业提供异味控制设备和 AirSolution

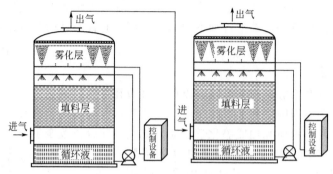

图 1-13-42　除臭洗涤塔图示

植物除味液，产品与服务在全球 40 多个国家得到广泛应用，在消除各种场合的不同异味、臭味方面，方法独特，成绩显赫。

　　植物液除臭技术的工作液采用 300 多种来自天然植物（树木、鲜花和草）的提取液，经特殊的微乳化技术专利复配而成。可根据臭气源特征的不同，有针对性地选择不同型号工作液进行配比。

　　工作液包括 AirSolution 和 Biostreme 两大系列。其中，AirSolution 工作液经专用的控制设备和雾化装置雾化成粒径小于 0.04mm 的液滴，通过吸附、吸收、分解、化合、催化氧化、轭合等一系列物理、化学反应机制，彻底消除空间气相中的臭味；而 Biostreme 系列工作液作为微生物营养剂，可与散发臭味的污染源相掺混，能有效加速有益菌的生长繁殖，促使有机物自然分解，并同时抑制该过程中的臭味产生，实现源头臭味控制的目的。

（一）气压雾化设备

　　气压雾化设备由雾化控制器以及喷箱组成，详细参数见表 1-13-36。

表 1-13-36　气压雾化设备及参数

序号	规格型号	尺寸	驱动范围	适用场所	控制方式
1	SCU-1～SCU-3	24.77cm×38.1cm×27.31cm	可带 1 个、2 个、3 个 SU-2 或 SU-4 喷箱	洗手间、洗衣间、储物间、储藏室、走廊、运动间	循环周期可设定 1～10min,间歇时段内雾化时间可设定为 1～20s
2	LCU-1～LCU-3	24.77cm×38.1cm×27.31cm	可带 2 个、4 个、6 个 SU-2 或 SU-4 喷箱	垃圾房和垃圾道、装载台、储藏室、空调/通风系统、工业设施、废气排放、其他异味领域	
3	HCU-1～HCU-3	24.77cm×38.1cm×27.31cm	HCU1-2×SU-22/4×SU2/4×SU4　HCU2-4×SU-22/8×SU2/8×SU4　HCU3-6×SU-22/12×SU2/12×SU4	洗手间、垃圾区域、装载台、储藏室、回收厂、工业设施、排气烟囱、其他异味领域	

（二）水力雾化设备

1. AirStreme AMS05 自动雾化系统

AirStreme AMS05 系列控制器由先进的电子器件和耐用的中压泵构成。定时程序设定：

根据一天内单次雾化次数，每天最多 10 次。每天的程序可以相同也可以订制。每次的开始次数可以调整。根据给定时间段内重复雾化间隔顺序，每天开/关顺序的调整最多 10 次。最小运行时间 15s；最小关闭时间 1min。装置见图 1-13-43。

2. EP-150 雾化系统

EP-150 系统（见图 1-13-44）配以特定的 AirSolution 除味剂，可以最有效地去除垃圾房、填埋场、堆肥场、废水和污水站、大型的工业项目、废气烟道、加工厂其他垃圾区域等中的异味。

图 1-13-43 AMS05 自动雾化系统

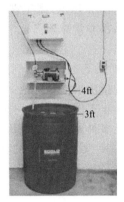

图 1-13-44 EP-150 雾化系统

3. Mist Pro 药剂稀释和投药系统

应用：市政废水处理场所、废水处理前端、澄清器、提升泵站、污泥脱水、废气处理、洗涤塔、活性炭或者生物滤池预处理、隔栅和沉砂池、罐或者管道内顶部气体、工业场所、空气及废气排放处理、罐排气处理、洗涤塔的活性炭或者生物滤池处理、排气干燥处理。

配合化学投药系统用于 QCID 通风异味控制系统、VPS 通风异味控制系统、Belt Press-Mate 异味控制系统。

系统概述：Mist Pro 是一个多功能多点式的化学投药系统（见图 1-13-45）。它的构造紧凑，全部的部件都集中在一个结实的铝镀层的支架上。可移动的铝镀层盖阻止上面来的水流。Mist Pro 优势明显，它可以自动按比例控制和虹吸稀释。7US gal（26.5L）的稀释液箱可按设定的比例自动保持液位，也就不需要成批次地进行液体混合。几乎无需维护，只

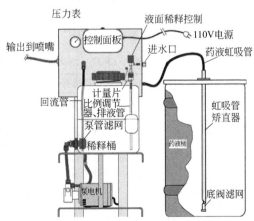

图 1-13-45 Mist Pro 化学投药系统示意

是每个星期检查一下系统和雾化喷嘴,每个月清理一次。该系统可带 1～90 个喷嘴。喷嘴和支架的安装可订制设计以满足不同的工作环境要求。合理安装喷嘴是确保异味控制的重要环节,支架使喷嘴方便工作并易于维护。Mist Pro 采用 NuTech 的 Chi-X 除味剂和 Phantom-4 异味反应剂,能进行多种异味控制并满足各种工作环境要求。

4. LMC 高压雾化异味控制系统

应用:市政设施中心废水站、填埋场、池塘、大型露天废弃场所、废水处理槽;工业场所中心池塘、氧化池、露天消化池、处理槽、废水处理设施。

系统概述:由 LMC 高压雾化系统(见图 1-13-46)产生的 $10\mu m$ 的雾化微粒对于除臭和降尘来说效果都非常显著。这个系统的部件全部集中在一个不锈钢的支架上,而泵安装在不锈钢的盒子里。这个主要的设计是防腐蚀的,支架下 55US gal(208.5L)的除味液桶占地也很小。LMC 的药剂稀释比例由设置好的计量泵来控制,计量泵直接把药剂打入进水管道中,不需要按批次来稀释药液。进水量由进水电磁阀控制。为防止损坏高压泵,当进水中断时,高压泵停止工作。LMC 可带 10～365 个喷嘴。高压连接件保证用户最大限度地安装雾化喷嘴以满足多种需求。与采用大流量喷嘴及更大间距安装的系统相比,采用合理间距安装的 1.3US gal/h(4.93L/h)的雾化喷嘴的系统更能减少药液消耗。LMC 系统采用 NuTech 及 Phantom-4 除味剂,能进行多种异味控制并满足各种工作环境需求。

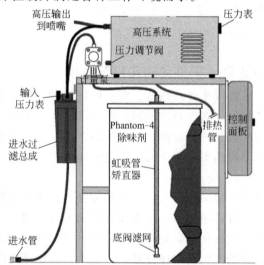

图 1-13-46 LMC 高压雾化异味控制系统

以上几种水力雾化设备及参数汇总于表 1-13-37。

表 1-13-37 水力雾化设备及参数

序号	型号	尺寸	操作说明	电气规格	规格
1	AirStreme AMS05 自动雾化系统	高度:39.4cm 宽度:31.8cm 深度:19.1cm	最佳运行压力:1378kPa 最大释压:1722.5kPa 最高吸程:201cm 最高环境温度:50℃ 最低环境温度:5℃	电压/频率:115V 或 220V 60Hz 电流:6.3A 额定功率:1/3hp	AMS05-35(泵流量 35USgal/h(132.7L/h),3～20 个喷嘴) AMS05-60(泵流量 60USgal/h(227.4L/h),15～50 个喷嘴)
2	EP-150 雾化系统	深度:26.04cm 宽度:37.47cm 高度:26.04cm 重量:20.41kg		115V/60Hz,6.0A 或者 200～240V/50Hz,3.4～3.6A	最大负载:150 个喷嘴

序号	型号	尺寸	操作说明	电气规格	规　格
3	Mist Pro 药剂稀释和投药系统	高度:127cm 宽度:48.3cm 深度:40.6cm 运输重量:36.3kg 工作重量:52.1kg	工作压力:413.4～1033.5kPa 水:15.2L/min,310.1kPa	隔膜片:120V,60Hz,5A 叶片:120V,60Hz,10A	隔膜泵 3.79～30.3L/h(1～8USgal/h)系统 SS叶片泵,全封闭风冷式TEFC电机:15～120USgal/h(56.8～454.2L/h) 耗电:0.50～1.03kW·h/h
4	LMC高压雾化异味控制系统	高度:152.4cm 宽度:91.4cm 深度:61cm 运输重量:104kg 工作重量:109kg	工作压力:5512kPa 高压泵:活塞56.9～1800L/h; 电动机功率0.5～5hp 药剂计量泵:膜片3.79～30.3L/h	功率 0.5hp:120V,60Hz,10A 1.5～2hp:220V,60Hz,10～15A 3～5hp:460V,60Hz,6～12A	0.5hp的耗电:1.03kW·h/h 1.5～2hp:1.89～2.84kW·h/h 3～5hp:4.10～8.21kW·h/h 药剂成本0.07美元/(喷嘴·h)

（三）喷洒系统

1. Belt Press-Mate 带式压滤伴侣异味控制系统

应用：市政废水处理场所中的带式压滤处理、带式浓缩处理；工业场所中的带式压滤处理、浓缩处理。

系统概述：带式压滤伴侣（Belt Press-Mate）（见图 1-13-47）用于污泥脱水过程除臭，系统投资省，安装和操作都简便，运行费用只有每小时两美元。多点式布液器把除味液以液滴的形式重力均布在污泥上。该多点式布液器按照滤带的尺寸制造，高度可调，以便适应不同的喷洒模式。当化学药剂接触了有机污泥时，滤带上的异味、滤液的异味以及污泥脱水后的异味立即减轻。处理后，污泥可以从非处理区运出而且异味不会扩散。

图 1-13-47　Belt Press-Mate 带式压滤伴侣异味控制系统

NuTech 的 Mist Pro 投药系统提供 Chi-X 除味剂，可进行多点喷洒。该系统最适合应用于一个或者两个带式压滤。如果安装多个，则在通风处使用一套 NuTech 的 VPS 或者 QCID 通风异味控制系统会更有效。

典型的带式压滤伴侣系统带三个喷嘴的排列方式见图 1-13-48。

2. Windrow-Mate 堆肥条垄伴侣异味控制系统

应用：市政废水场所、堆肥处理、污泥干燥处理。

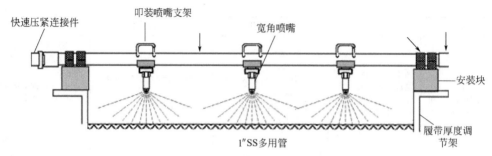

快速压紧连接件 叩装喷嘴支架 宽角喷嘴

安装块

1"SS多用管

履带厚度调节架

图 1-13-48 带式压滤伴侣系统喷嘴的排列示意

图 1-13-49 Windrow-Mate 堆肥条垄伴侣异味控制系统

系统概述：堆肥条垄伴侣（Windrow-Mate）（见图1-13-49）可减轻堆肥翻转过程产生的异味。系统设计为直接安装在堆肥条垄的翻转器上。高压雾化系统通常布置在堆肥场的周边来减轻人们对堆肥场异味的抱怨。减轻异味源的强度，也就是堆肥翻转时的异味强度，将会大大减轻周边雾化系统的压力并降低除味液的消耗量。系统由两部分组成，一个是预先组装好的药液供应系统，再一个就是多点布液系统。安装时，只需要布设空气管道和药液管道至多点布液器的喷头。多喷头布液器带有定位好的 4～8 个雾化喷头，喷头由空压机带动，每个喷头的喷液量为 1～2.5US gal/h（3.79～9.48L/h）。空压机客户自备。

NuTech 的 DeAmine 除味剂被准稀释后装在 65US gal（246L）的系统储存罐里。其化学药剂的运行成本可与 50 个高压喷嘴处理同样的设施的费用相当，而且除味效果类似。

以上两种喷洒系统设备的参数汇总于表 1-13-38。

表 1-13-38 喷洒系统设备及参数

序号	型号	尺寸	规格	运行成本
1	Belt Press-Mate 带式压滤伴侣异味控制系统	1m 带宽：3 个宽角喷嘴 1.5m 带宽：4 个宽角喷嘴 2m 带宽：5 个宽角喷嘴	过滤区域：1 个宽角喷嘴 运输重量：13.6～18.2kg 工作重量：13.6～18.2kg 喷嘴流速：10.6L/h 工作压力：60～70psi 供水：15.2L/min，310kPa	药剂：0.35～0.4 美元/（喷嘴·h）
2	Windrow-Mate 堆肥条垄伴侣异味控制系统	长度：91.4cm 宽度：61cm 深度：109.2cm	存储罐容量：246.4L 运输重量：65.8kg 工作重量：309kg 工作压力：275.6kPa 到喷嘴	化学药剂消耗：0.60～1.00 美元/（喷嘴·h）

注：1psi＝0.006895MPa。

（四）洗涤塔

1. VPS-005 通风异味控制系统

应用：市政废水处理场所中湿井、废水处理前端、污泥脱水区、污泥存储区、隔栅和沉砂池；工业场所中的废物储存区、加工区。

配合投药系统：Mist Pro 投药和稀释系统。

系统概述：VPS-005 通风异味控制系统（见图 1-13-50）提供最大至 500cfm（ft^3/min）的通风和异味控制。它投资省，运行费用低。系统由一个装在底盘上的反应器、风机以及控制板组成。对 25000ft^3 的湿井、池子或者房间来说，在静压是 1in 水柱（约为 250Pa）的情况下每小时换气 12 次。VPS 系统安装在底座上后，只需要与废气管连接，与控制面板通电。投药系统可安装在任意方便的位置，与饮用水供水系统连接，投药管与喷洒 VPS 系统的喷嘴支架连接。系统尺寸很小，适合有限空间使用。VPS-005 系统维护量小且容易：每周系统检查、喷嘴检查，每月清洗。该系统设计使用 NuTech 的 Chi-X 或者 DeAmine 气态除味反应剂，适用于持续散发各种有机异味的场合，对消除 H_2S 味道的效力限于 $1×10^{-6}$（百万分之一），如果 H_2S 超过 $1×10^{-6}$，则需要特别考虑对 H_2S 的处理。

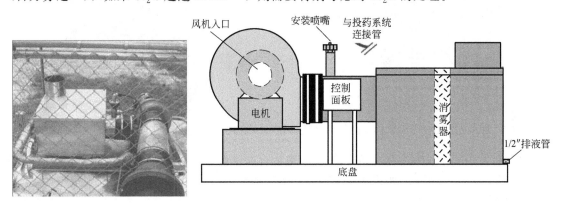

图 1-13-50　VPS-005 通风异味控制系统

2. VPS-015 通风异味控制系统

VPS-015 是特别为三种空气排放源的有效收集、通风以及有机异味的处理来设计的。该系统是用于要求异味空气收集处理的理想系统。它有一个圆形的静压损失为 1in 水柱（约为 250Pa）的废气鼓风机。VPS-015 由不锈钢制成，反应室容量范围为 500～1500ft^3，接触时间为 0.7～2.1s。

VPS-015 系统（见图 1-13-51）装配有完全底盘，安装后，只需要与异味空气连接、与电力和控制面板连接，以及与可饮用水连接。系统结构紧凑，用于空间低矮和狭窄的地方非常理想。操作管理简单，只需要每周对系统和喷嘴进行一次检查，每月进行一次清理。该系统设计使用 NuTech 的 Chi-X 或者 DeAmine 气态除味反应剂。适用于持续散发各种氧化有机异味的场合。对硫化氢味道的效力限于 $1×10^{-6}$（百万分之一）。如果 H_2S 超过 $1×10^{-6}$，则需要特别考虑对 H_2S 的处理。

用于工业场所中废物存储区、加工区、工业排风系统、废水处理设施。

3. QCID 通风异味控制系统

应用：市政废水处理场所中的废水处理前端、抽水站湿井、污泥脱水区域、污泥存储区域、隔栅和沉砂池；工业场所中固体废物接收区、固体废物加工区、工业排气系统。

配合给药系统：Mist Pro 给药和稀释系统、950 系列给药和稀释系统。

系统概述：QCID 系统（见图 1-13-52）对点源污染来说提供了通风和异味控制双重作用。QCID 是英文管道快速混合的缩写，它的混合时间为 0.3s。对于同等处理能力的异味控制系统来说，它占地面积最小，所以当用地受限制时，这种系统最适合。系统设计采用 NuTech 的 Chi-X 或者 DeAmine 异味去除剂，目的是在相对平稳的负荷情况下去除可氧化的有机异味。两级或可调速电机用于满足不同季节的通风要求。材料为不锈钢，容量是 $1000\sim$ $8000 \mathrm{ft}^3/\mathrm{min}$，静压小于 3.5in（8.9cm）。可以根据客户要求订制以满足不同的进出口要求。系统安装在地板上，但也可根据场地情况调整。安装费平均占总投资的 $10\%\sim20\%$。

图 1-13-51　VPS-015 通风异味控制系统

图 1-13-52　QCID 通风异味控制系统

使用 QCID，NuTech 保证在排气烟窗里的异味消除可小于 200 臭气单元。对硫化氢的作用效果低于 1×10^{-6}。如果需要将 H_2S 标准降低到 1×10^{-6}，则应考虑使用专门处理 H_2S 的设备。

4. Cross Flow 平流式湿式洗涤塔系统

应用：市政废水处理场所中的合流排水系统的污水溢流、中转站、有氧加工区、污泥脱水处理区、污泥储存站、隔栅和沉砂设备；工业场所中的固体废物接收区、固体废物加工区、鱼肉加工、动物炼油加工、食物加工。

配合给药系统：2000 系列药剂注入系统、化学氧化剂供给系统。

系统概述：平流式是在大风量、低浓度下最经济有效的洗涤塔（见图 1-13-53）。系统的速度是 2300ft/min（701m/min）。内有独特的获专利的波浪形除雾器。处理单位体积的异味空气所需要的尺寸小、投资少。只有 1.4in（3.56cm）的压力降，这种洗涤塔比活性炭系统、生物滤池或传统洗涤塔更省电。该洗涤塔没有包装，不锈钢制造，由三部分组成：空气进气管隔板、喷洒室和雾化器部分。还有两个可走进去的隔间，用于检查和维护上述三部分。多孔喷洒管上有 100 个或者更多的聚丙烯喷嘴，远程的再循环系统提供了大量药液，使其形成水墙来清洗空气。此单元质量轻，通常安装在顶部，可减少对空气管道的投资。排气烟道装在屋顶上方 $7.6\sim9.14\mathrm{m}$ 处，有利于气流的散发和稀释。

图 1-13-53　Cross Flow 平流式湿式洗涤塔系统

NuTech 的 DeAmine 或者 Chi-X 异味消除剂与该洗涤塔进行短时间接触即可有效清除有机异味。第三方检测证实，该洗涤塔系统具有极强的异味消除能力。

以上几种洗涤塔设备及参数汇总于表 1-13-39。

表 1-13-39　洗涤塔设备及参数

序号	型号	尺寸	规　格	运行成本
1	Belt Press-Mate 带式压滤伴侣异味控制系统	长度:137.2cm 宽度:63.5cm 深度:76.2cm	静压损失:0.635cm 运输重量:104.4kg 工作重量:113.5kg 喷嘴流速:235.95L/s 供水:15.2L/min,310kPa	药剂消耗:0.5~1.0 美元/(ft³·min) 风扇耗电:1.03~1.13kW·h/h
2	VPS-015 通风异味控制系统	长度:198.12cm 宽度:111.8cm 高度:137.2cm	静压损失:0.635cm 运输重量:363.2kg 工作重量:386kg 喷嘴流速:707.85L/s 供水:15.2L/min,310kPa	药剂消耗:0.5~1.0 美元/(ft³·min) 耗电:1.82kW·h/h
3	QCID 通风异味控制系统	高度:157.5cm	静压损失:1.02~1.52cm 室内速率:4.064~4.572m/s 运输重量:227~635.6kg 工作重量:236~654kg 风扇功率:0.5~5hp 应用:471.9~3775.2L/s	药剂消耗:0.5~1.0 美元/(ft³·min) 风扇耗电 0.5hp:1.03kW·h/h 1.5~2hp:1.89~2.84kW·h/h 3~5hp:4.10~8.21kW·h/h
4	Cross Flow 平流式湿式洗涤塔系统	高度:1.83~2.44m 宽度:1.524~3.353m 长度:7.01~7.925m	静压损失:3.56cm 重量:2270~4994kg 速率:11.684m/s 再循环泵工作压力:103.35kPa 电机功率:40~150hp 再循环泵功率:10~40hp 供水 17.1~36L/min,310.1kPa 应用:17932.2~70785L/s	气态药剂消耗:0.025~0.5 美元/(ft³·min) 耗电:50~158kW·h/h

注：1ft=0.3048m；1hp=0.746kW。

（五）投加系统

1. NuTech 200 系列滴加式异味控制系统

应用：市政废水处理场所中的重力泄水管入口、小型潜水泵站、小型压力管道排放、小型废水处理厂的前端处理、远程公厕地窖；工业场所中的水罐、远程公厕地窖、废水排泄处理。

系统概述：200 系列滴加系统无需动力来投加化学药剂。特别设计用于 NuTech 的 XP-200 除味剂或 DeAmine，这种系统可用于安装在小型污水处理厂前部的人孔，或是小型泵站的湿墙上。在人孔中投加 XP-200 可以在 1/3mi（0.54km）的范围内起到降低异味的作用。

药物的投加由一个不锈钢的针阀控制，易于按现场要求控制。通常的要求是每分钟 20~40 滴。5US gal（18.9L）的容器可以使用 2~3 周。药液通过可延伸的补液管快速来补充，省去了拆除系统的麻烦。这个系统也可用于其他药品，但产品性质如潜在的腐蚀性和黏度能影响 200 系列的性能。Nu Tech200 系列滴加式异味控制系统如图 1-13-54 所示。

2. NuTech 400 系列间歇式投加系统

应用：市政废水处理场所中的湿井和压力管道，工

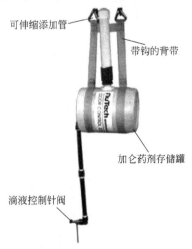

可伸缩添加管

带钩的背带

加仑药剂存储罐

滴液控制针阀

图 1-13-54　NuTech 200 系列滴加式异味控制系统

业场所中的湿井和压力管道，对水池进行间歇式投加药剂。

系统概述：400 间歇式投加系列是按照专利要求设计制造的，在空的湿井或池子重新装载之前，按照定量投加药液。这个系统能更准确地投药，且在高流量、无需异味控制的时候不必投加。通过处理湿井的异味，压力管道的异味问题也得到了处理。在湿井清空以后，定量隔膜泵快速地把需要的药液投加到湿井中。最大处理能力取决于湿井的尺寸和充满时间。典型的 400 系列的应用最大流量为 200000US gal/d（7.57×10^5 L/d）。污水中，这种系统的主要应用是控制 SO_2。通常投加的药液是硝酸盐、铁盐和 pH 调节剂。在低流量的情况下，小于 10000US gal/d（3785.4L/d）。NuTech 提供的 Pond-X2 是含有金属离子混合物的除味剂，可同时与 H_2S 和相关的有机异味进行反应。Pond-X2 产品无危害，是开发商启动泵站新项目时的首选。系统可移植，方便地从一个启动项目移到下一个。

3. NuTech 2000 系列药剂投加系统

市政废水处理场所中用于以下场合的湿式或者平流式洗涤塔：堆肥处理、石灰稳定处理、中转站、大量有机异味。

工业场所中用于以下场合的湿式或者平流式洗涤塔：血液干燥加工、鱼类加工、食物加工、堆肥处理、石灰稳定处理。

配合给药系统可用于：平流式湿洗涤塔系统、塔式洗涤塔、流动层洗涤塔。

系统概述：2000 系列有两种样式，pH 药液投加或者是 pH/ORP 控制系统。这两种都有监控作用和化学投加作用，并使湿式洗涤塔循环运转。后面盘上安装控制盘和 pH/ORP

控制器。两个化学泵，还有一个带有 pH/ORP 探测器和药液注射止回阀的多点化学注射器。这个单元可以装在墙上或直接改装在洗涤塔的循环管路上。程序设置好后将按照程序运行。无论是作为系统泵入增加碱度还是泵出增加酸度，pH 单元可编程控制。当洗涤塔进气管里的杂质是胺类和/或氨时，2000 系列通常用作酸添加剂。大多数应用时，有机异味里的酸物质没有被除去，2000 系列就直接将 NuTech 的 DeAmine 除味剂投加入洗涤塔以便除去这些有机异味。在动物油脂加工、血液干燥以及垃圾处理应用中，专业机构对 DeAmine 进行了测试，表明该产品可有效降低异味的浓度和强度，减少投诉，此外测试还证实，使用 DeAmine 产品可降低洗涤塔内 VOC（挥发性有机化合物）的散发。NuTech 2000 系列药剂投加系统如图 1-13-55 所示。

图 1-13-55　NuTech 2000
系列药剂投加系统

以上几种投加系统设备及参数详见表 1-13-40。

表 1-13-40　投加系统设备及参数

序号	型号	尺寸	规格	运行成本
1	200 系列滴加式异味控制系统	悬挂部分 长度：60″/152.4cm 宽度：16″/41cm 深度：12″/30.5cm	运输重量：6.81kg 工作重量：23.6kg	药剂消耗：0.19~0.29 美元/h
2	400 系列间歇式投加系统	高度：101.6cm 宽度：50.8cm 深度：30.5cm	运输重量：21.8kg 工作重量：21.8kg 工作压力：689~1033.5kPa 隔膜泵：3.79~30.32L/h	
3	2000 系列药剂投加系统	高度：101.6cm 宽度：122cm 深度：30.5cm	运输重量：22.7kg 工作重量：26.3kg 给进泵工作压力：413.4~1033.5kPa 多孔循环管压力：34.5kPa 双隔膜泵：3.8~30.3L/h	耗电：1.03kW·h/h

三、设计计算

（一）天然植物提取液除臭法设计的一般原则

① 植物提取液现场空间雾化处理适用于空间难以封闭场合的臭气控制或改善操作环境。

② 植物提取液应满足无毒、无燃烧、无刺激性等要求，宜根据处理臭气的成分选择相应的产品。

③ 植物提取液除臭控制设备应根据臭气浓度、成分、环境条件等现场实际工况采用喷嘴连续或间歇雾化，并可根据季节变动适时改变运行频率。

④ 植物提取液输送管应采用耐腐蚀、耐压、耐老化管材，室外安装时宜考虑防冻保湿措施。

⑤ 植物提取液从液管进入雾化喷嘴之前应设置过滤装置，雾化控制设备提供的压力应与雾化喷嘴规格和工作压力相匹配。

⑥ 植物提取液也可结合洗涤塔进行处理，植物提取液洗涤除臭系统组成包括洗涤塔（包括除雾器）、循环系统、给排水系统、加液系统及控制系统。洗涤塔宜采用填料塔型式。

（二）工程实例

某污水处理厂内采用天然植物提取液法进行除臭处理。根据工程技术条件和天然植物提取液法的特点，将专用雾化装置安装在臭气发生源周围，让雾化的除臭剂分解空间内的异味分子，使臭味物质在扩散之前予以消除，从而消除异味，改善环境质量。根据臭气源特性，配置专门的除臭剂，根据臭气的浓度，随时调节控制器的操作参数，达到最佳除臭效果。本工程将污水厂内的臭源分为四个区域，每个区域自成体系。总臭源控制面积 $2500m^2$。

① 粗格栅和进水泵房　在进水泵房内安装一套 LCU-3 装置和 3 个雾化装置，交错相向喷洒。

② 细格栅和沉砂池　在进水泵房内安装一套 EP-60 装置，在沉砂池安装 19 个雾化装置，交错相向喷洒。

③ 四座初沉池和厌氧池　设置 4 套 EP-60 装置，在 4 座初沉池区域安装 88 个雾化装置。

④ 污泥处理区　包括 1 座贮泥池、1 座脱水机房、1 座污泥堆棚。3 处合用一套 EP-60 装置，设置在脱水机房内，共安装 34 个雾化装置。

LCU-3 及 EP-60 控制装置占地均不超过 $1m^2$，利用各个构筑物的角落即可布置控制系统；输送药剂的胶管采用 UPVC 管作为外套管，沿着池壁、墙角布置；雾化装置采用不锈钢管布置在空中；所有支撑结构（包括不锈钢立管），使用不锈钢膨胀螺栓与池壁、墙壁固定，整个工程安装简单，充分利用了污水处理厂的现有条件，除臭设备安装到位后，对原有设施没有任何影响。

整个工程设备包括管材及安装调试，总投资 200.5 万元，其中主控制器投资约 152.8 万元，雾化装置 11.2 万元。除臭设备间歇运行，运转时间可根据不同的区域设置，一般臭味浓度高的区域，作业时间稍长，反之则短，作业时间一般可取 2.5～5s/min。根据类似工程经验，本工程按 2.5s/min 估算运行费，144 个雾化装置需要除臭剂 18.5L/h，运行费用约为 9773 元/d，每年的运行费用约为 356.7 万元。

第六节 离子法除臭

一、原理和功能

空气通过离子发生装置时，氧分子受到具有一定能量的电子的碰撞，而形成分别带有正电或负电的正负氧离子，这些正负氧离子具有较强的活动性，它们在与恶臭气体分子相接触后，能打开恶臭气体分子的化学键，经过一系列的反应后最终生成水和氧化物。正负氧离子能有效地破坏空气中细菌的生存环境，降低室内细菌浓度。

离子净化系统借助通风管路系统向散发恶臭气体的空间送入可控浓度的正负离子空气，用离子空气"罩住"污染源表面（如污水池等）或使离子空气充满被污染的空间，使离子在极短的时间内与气体污染物分子发生反应，有效地扼制气体污染物的扩散，降低室内气体污染物的浓度。

在外排的情况下，将臭气收集至外排系统中进行处理后就地达标排放。

（一）原理

利用等离子体中的大量活性粒子对于有毒、有害、难降解环境污染进行直接的分解去除。该法是目前较新的恶臭处理方法，国内外对恶臭处理的研究集中在非平衡等离子体或低温度等离子体。

1. 非平衡等离子体除臭

通过前沿陡峭、脉宽窄（纳秒级）的高压脉冲电晕放电，在常温常压下获得非平衡等离子体，产生大量高能电子和·O、·OH等活性粒子，这些高能活性粒子具有极强的离子能量，可将含硫化合物和其他烃类、醇类氧化成二氧化碳和水，对恶臭中的有机物分子进行中和分解，使污染物最终转化为无害物质。有机物被等离子体降解的机理，主要包括以下过程：

① 在高能电子作用下，强氧化性自由基·O、·OH、HO_2·的产生；

② 有机物分子受到高能电子碰撞被激发，化学键断裂形成小碎片基团和原子；

③ ·O、·OH、·H与激发原子、有机物分子、破碎的基团、其他自由基团等发生一系列反应，有机物分子最终被氧化降解为CO、CO_2、H_2O。

从除臭机理上分析，主要发生以下反应：

$$H_2S + O_2/O_2^-/O_2^+ \longrightarrow SO_3 + H_2O$$
$$NH_3 + O_2/O_2^-/O_2^+ \longrightarrow NO_x + H_2O$$
$$VOCs + O_2/O_2^-/O_2^+ \longrightarrow CO_2 + H_2O$$

2. 低温等离子体除臭

低温等离子体是继固态、液态、气态之后的物质第四态，当外加电压达到气体的放电电压时，气体被击穿，产生包括电子、各种离子、原子和自由基在内的混合体。放电过程中虽然电子温度很高，但重粒子温度很低，整个体系呈现低温状态，所以称为低温等离子体。低温等离子体是相对于高温等离子体而言，属于常温运行。

低温等离子体除臭机理是通过高压放电，获得低温等离子体，即产生大量的高能电子，高能电子与气体分子（原子）发生非弹性碰撞，将能量转化为基态分子（原子）的内能，发生激发、离解、电离等一系列反应，使气体处于活化状态。当电子能量较低时，产生的活性自由基活化后的污染物分子经过等离子定向链化学反应后被脱除；当电子的能量大于恶臭气体分子的化学键键能时，分子发生断裂而分解，同时高能电子激励产生·O、·OH、·N等自由基。由于·O和·OH具有强的氧化性，最终可将恶臭气体转化为SO_2、NO_x、CO_2、H_2O。

（二）特点

1. 优点

① 在改善工作环境的同时，保证外排气体达标。

② 采用送风工艺的情况下是主动方式消除污染，采用送风方式在污染源表面形成离子层消除污染；不是靠稀释，而是靠分解氧化反应。

③ 对管道及设备无腐蚀性，对仪器仪表有保护作用。

④ 节能、运行费用极低。

⑤ 初投资少、无土建费用、安装灵活。

⑥ 系统噪声低。

⑦ 独立系统，管理、维护简便，可实现无人操作。

⑧ 可根据实际情况开、停设备。尤其适用小型污水处理厂，因污水处理厂运行初期臭气量较少，可间歇使用除臭设备。

⑨ 占地面积小，如采用外排工艺，其占地与传统的生物除臭相同或仅占传统生物除臭的 $1/10\sim1/5$。

2. 缺点

目前，等离子体技术治理恶臭气体主要存在的问题有：

① 气体流量较大时，转化率不高；

② 能耗高；

③ 可能造成二次污染（如 SO_2、NO_x、CO）；

④ 等离子体去除恶臭气体的作用机理有待深入地研究。

由于这些问题的存在，使等离子体技术治理恶臭气体在工业上的应用受到限制。

（三）离子法除臭工艺的组成

离子法除臭工艺主要由四部分组成：新风过滤系统、氧离子送风系统、废气收集系统及末端废气处理系统。其主体设备由两部分组成，即氧离子发生器和废气集中处理箱。

1. 新风过滤系统

新风过滤系统由若干中效袋式过滤器（F5级，过滤效率为45％）、过滤装置及防雨设施组成。离子法所用原料为普通的新鲜空气，为了保障后续工艺（离子发生器）的正常运行，需对空气中大颗粒的灰尘、杂质进行有效拦截。这样不仅增加了离子发生器的使用寿命，还可以达到更佳的除臭效果。

2. 氧离子送风系统

由送风机、氧离子发生器及送风管路组成。氧离子发生器具有体积小、质量轻的特点。将其安装在送风管路中，氧离子发生器将送风机送入的新鲜空气中的氧气电离成正负氧离子，并通过送风管道将这些具有高活性的正负氧离子送入需要除臭的区域或者废气集中处理箱内与废气中的污染因子反应，从而达到治理臭气的目的。

3. 废气收集系统

由废气收集管路（排风管道）、隔离罩或盖板及排风机组成。为防止废气污染物的溢出，可选用隔离罩或盖板将敞露区域封闭起来，再利用排风机及废水收集管（排风管路）将废气抽出排放至后续工艺——末端废气处理系统中，从而使其处于负压状态，有效地控制住废气污染物，防止其进一步污染周围空气。

4. 末端废气处理系统

由废气集中处理箱及排气装置组成。废气集中处理箱为一个设计良好的混合反应箱，它能使同时进入其内部的两部分气体（高活性的正负氧离子空气和废气）进行迅速的、密集的掺混反应，将废气中的污染物氧化分解为无害的小分子物质。最后经由排气装置（排气筒、防雨百叶风口等）达标排放。

（四）工艺流程

1. 典型的离子除臭工艺流程

见图 1-13-56。

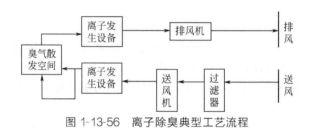

图 1-13-56　离子除臭典型工艺流程

2. 高能离子除臭系统工艺流程

采用高能离子排风除臭方式（见图 1-13-57），对泵房的臭气进行处理。即将格栅井、格栅罩内及泵房内的臭气收集进入高能离子除臭外排系统中进行处理后达标排放。同时为了补充新风，在格栅罩部分加装送风百叶进行补风。

图 1-13-57　高能离子除臭系统工艺

3. 离子除臭法工艺要求

① 等离子体法处理恶臭气体的可燃成分浓度应低于爆炸下限。
② 等离子体反应区采用耐腐蚀和耐氧化材料。
③ 等离子体电源能稳定运行 50000h 以上。
④ 等离子体出口尾气应考虑臭氧消除装置。
⑤ 反应区气体流速宜为 3～5m/s。

二、设备和装置

（一）双介质阻挡放电等离子体装置

双介质阻挡放电（double dielectric barrier discharge，DDBD）等离子体工业废气处理技术是派力迪公司与复旦大学共同研发的一种新的环境污染治理技术，其所产生的等离子体的密度是其他技术的 1500 倍。它利用所产生的高能电子、自由基等活性粒子激活、电离、裂解工业废气中的各种组分，使之发生分解、氧化等一系列复杂的化学反应，再经过多级净化，从而消除各种污染源排放的异味污染物。

1. 装置的结构形式

DDBD 等离子体双介质阻挡放电示意见图 1-13-58(a)，双介质阻挡放电的电极结构示意见图 1-13-58(b)，等离子放电管见图 1-13-58(c)。

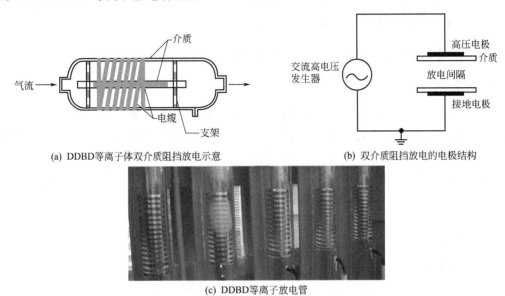

(a) DDBD等离子体双介质阻挡放电示意　　　　　(b) 双介质阻挡放电的电极结构

(c) DDBD等离子放电管

图 1-13-58　DDBD 等离子双介质阻挡放电装置

2. 技术特点

① DDBD 双介质阻挡放电产生的电子能量高，等离子体密度大。

② DDBD 技术反应速度快，气体通过反应区的速度达到 3～15m/s。

③ 气体通过部分均采用陶瓷、石英、不锈钢等防腐蚀材料，电器与废气不直接接触，根本上解决了低温等离子体技术设备腐蚀问题。

④ 操作简单，自动化程度高。

⑤ 运行成本较低，是常用的蓄势式燃烧炉 RTO 运行费用的 1/5～1/8，运行费用仅为 0.003～0.009 元/m³ 废气。

⑥ 应用范围广，基本不受气温和污染物成分的影响，对恶臭异味的臭气浓度有良好的分解作用，恶臭的去除率达到 80%～98%，处理后的臭气浓度达到国家标准。

3. 工艺流程

完整的 DDBD 等离子体除臭系统主要由集气系统、连接管道系统、净化设备、风机排气、电气控制等构成，见图 1-13-59。

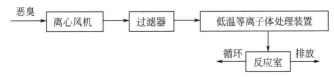

图 1-13-59　等离子体臭气净化流程

4. 适应范围

DDBD 等离子体除臭系统的处理对象广泛，绝大部分异味分子均能被分解，其主要适用范围如下：

① 含硫化合物　硫化氢、硫醇类、二甲基硫、硫醚类及含硫的杂环化合物等。

② 含氮化合物　氨、胺类、腈类、硝基化合物以及含氮杂环化合物等。

③ 苯系物及脂类　苯乙烯、苯、甲苯等。

④ 含卤素化合物　氟利昂、氯仿、二氯甲烷等。

（二）　Bentax 高能离子脱臭系统

1. 技术简介

Bentax 高能离子脱臭系统是瑞典的高新技术，它能有效地清除臭气污染物。其核心装置是 BENTAX 离子空气净化系统。其工作原理是置于室内的离子发生装置发射出高能正、负离子，它可以与室内空气当中的硫化氢、氨、有机挥发性气体分子接触，使之分解；离子发生装置发射离子与空气中的尘埃粒子及固体颗粒碰撞，使颗粒荷电产生聚合作用，形成较大颗粒靠自身重力沉降下来，达到净化目的；发射离子还可以与室内静电、异味等相互发生作用，同时有效地破坏空气中细菌生长的环境，降低室内细菌浓度，并使其完全消除。

2. 系统组成

Bentax 高能离子除臭系统主要由离子发生装置、高能离子送风输送装置、控制装置等几部分组成。

① 离子发生装置　由 Bentax 离子管、离子发射基座、电路及控制模块组成。

② 高能离子风输送装置　由空气过滤器、变频送风机、送风管和阀门等组成，空气过滤器清除空气中的微小灰尘颗粒，洁净的空气进入离子发生装置形成高浓度的离子风，通过送风系统将离子风扩散到需要处理的空间，污染源在离子风的包覆下在界面上直接反应，从而无法逃逸出来污染大气，氧离子有效氧化分解污染气体中的臭气分子，从而提高区域空气质量，改善工作环境。

③ 控制装置　由可编程控制器（PLC）、变频器、传感器、断路器等组成。控制装置根据除臭空间特定臭气分子的变化情况，控制离子发生装置产生的离子浓度、送风量以及状态显示，并接受远程自控系统控制。

3. 系统特点

① Bentax 高能离子除臭系统能有效抑制细菌病毒活动、消除异味并具有消除静电、减少空气中可吸入颗粒物功能；对 H_2S、NH_3 等气体处理效果均能达到 90% 以上，在所有指定空间范围内的除臭可达到国家规定的标准。

② 作为一种成熟的离子除臭技术，离子浓度可控，运行过程不产生臭氧，更不会带来二次污染，整个系统具有良好的保温性能及气密性，其漏风率小于 5%。

③ 在额定风量下能够连续工作，主机寿命 10 年以上，离子管寿命 20000h 以上，运行噪声低于 60dB。

④ 能耗较低，处理 $1000m^3/h$ 臭气的装机功率在 1.0kW 以下。

第七节　其他除臭方法

一、燃烧除臭法

燃烧除臭法是利用高温氧化，将恶臭气体氧化为无臭无害的二氧化碳和水等物质的方法，可以分为直接高温燃烧法和催化低温燃烧法。燃烧除臭法具有能源利用率高、起燃温度低、处理效率高、设备体积小等特点；此类方法目前在石油化工、制药等企业的污水处理站除臭、除挥发性有机物中应用较多。

（一）直接燃烧法

它是把臭气中可燃的有害组分当作燃料直接烧掉，因此这种方法只适用于净化可燃、有害、组成浓度较高的臭气，或者是用于净化有害组分燃烧时热值较高的臭气。这一类臭气在某些工业废水的处理系统中有可能产生。图 1-13-60 为直火式脱臭燃烧炉示意。

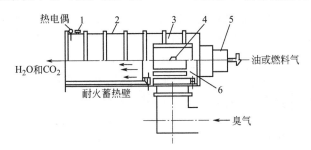

图 1-13-60　直火式脱臭焚烧炉

1—气体取样口；2—滞留室；3—送风燃烧器；4—窥视孔；5—燃烧器；6—有槽圆筒

臭气用热交换机换热后导入脱臭炉，脱臭炉内的温度通常设定在 650～800℃，接触时间为 0.3～0.5s。炉内温度应尽量均匀。温度分布不均将造成臭气脱除效率低下。脱臭炉排放的尾气进入预热交换机进行废热回收，交换回收废热后向大气排放。对于高浓度臭气处理用直接燃烧法是有效的，但是燃烧费用高，燃烧后的气体中含有 NO_x 等气体成分，有二次污染的可能。

（二）蓄热燃烧法（RTO）

蓄热燃烧是在高温下将有机污染物氧化生成二氧化碳和水，从而净化废气，并回收分解时所释出的热量。RTO 设备采用多个燃烧室交替进行的结构形式，并采用陶瓷填料回收热能，热回收率大于 90%。若处理低浓度废气，可选装浓缩装置进行预处理，以降低燃烧消耗。图 1-13-61 为蓄热燃烧脱臭装置的示意图。

被处理的臭气由换向阀切换进入蓄热室 1 后，在经过蓄热室（陶瓷球或蜂窝体等）时被加热到接近炉膛温度（一般比炉膛温度低 50～100℃），高温热臭气进入炉膛后，抽引周围炉内的气体形成一股含氧量大大低于 21% 的稀薄贫氧高温气流，同时往稀薄高温空气附近注入燃料（燃油或燃气），这样燃料在贫氧（2%～20%）状态下实现燃烧；与此同时炉膛内经燃烧净化后的烟气进入另一个蓄热室（见图 1-13-61 中蓄热室 2），通过蓄热体时将显热传递给蓄热体，然后以 150～200℃ 的低温烟气经过换向阀排出。

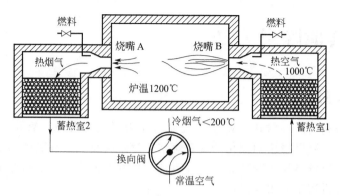

图 1-13-61　蓄热燃烧脱臭装置示意图

蓄热燃烧法具有净化效率高、高效余热回收、节能、炉内温度分布均匀、烧损低、运行稳定、安全性好等特点。

（三）催化燃烧法

催化燃烧实际上为完全的催化氧化，即在催化剂作用下，使废气中的有害可燃组分完全氧化为二氧化碳和水。因为使用催化剂，故可以比直接燃烧法更低温地运行，燃料的使用量也大幅度减少，仅为高温燃烧的 1/3 左右，而且臭气的氧化分解时间较高温燃烧快十多倍。脱臭效率的提高使得装置小型化。图 1-13-62 为催化燃烧脱臭装置的示意。

被处理的臭气通过前处理装置除去有害金属、酸性气体和粉尘等后，通过热交换机预热输送到脱臭炉内处理。通常炉温设定在 250～350℃，接触时间为 0.3～0.5s。催化燃烧所用的

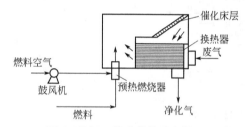

图 1-13-62　催化燃烧脱臭装置

催化剂一般用铂、镍或非贵重金属铜、锰、铁、钴、锌的氧化物，也有的用稀土化合物，对于苯类、醚类、酯类的恶臭气体，净化率可达 99% 以上。催化燃烧法具有净化效率高、操作温度较低、能耗较少、对可燃组分浓度和热值限制少、无火焰燃烧、安全性好等特点，是一种重要的恶臭脱除方法。

催化燃烧法虽然能彻底将废气中的有害物质转化为无害物质，达到脱臭的目的，但整个工艺过程中对于高分子化合物的分解率不是很高，还会产生脱硫废物及废催化剂等固体废物，同时存在设备投资大，运行管理较严格，监控难度大和实际操作经验不足等问题。另外催化剂的造价比较高，且在燃烧过程中容易使催化剂中毒，对于臭气的预处理要求较高。

二、臭氧处理法

臭氧处理法在污水处理厂恶臭去除方面应用得比较成功。臭氧是一种必须现场生成的强氧化剂。臭氧处理系统主要包括排气扇、臭氧扩散器、臭氧接触室、输送管网、臭氧生成系统和自动控制系统等。用来分解恶臭物质的臭氧剂量取决于污染物的种类和浓度。一般而言，臭氧剂量在 $(1～25)×10^{-6}$ 之间。在条件适宜时，臭氧与硫化氢的反应速度极快，只需 1s，但须与待处理气体迅速混合均匀才可。然而，当污水处理厂产生的废气中污染物浓度很高时，臭氧不能完全氧化这些污染物。另外，未使用的残余臭氧本身又是一种空气污染

物，需进行尾气处理。

三、稀释扩散法

稀释扩散法是将恶臭气体通过烟囱高空扩散，或者以无臭的空气将其稀释，以保证在烟囱下风向和臭气发生源附近工作和生活的人们不受恶臭的袭扰，不妨碍人们的正常生活。通过烟囱排放臭气，必须根据当地的气象条件，正确设计烟囱的高度，其目的是保证有人工作和生活的地方，恶臭物质的浓度不超过它的阈值浓度。该方法主要适用于浓度比较低的工业有组织排放源的恶臭处理，费用低，运行简单，但它仅仅是污染物质的转移，并没有实现恶臭物质的转化或降解。因此通常情况下，不推荐使用稀释法处理臭气。

四、高级氧化除臭法

（一）特种光量子除臭法

特种光量子技术通过特制的激发光源产生不同能量的光量子，利用恶臭物质对该光量子的强烈吸收，在大量携能光量子的轰击下使恶臭物质分子解离或激发，同时空气中的氧气和水分及外加的臭氧在该光量子的作用下可产生大量的新生态氢、活性氧和羟基自由基等活性基团，一部分恶臭物质也能与这些具有较高能量的活性基团发生反应，通过以上反应使恶臭气体最终转化为 CO_2 和 H_2O 等无害物质，从而达到去除恶臭气体的目的。因其激发光源产生的光量子的平均能量在 $1 \sim 7eV$，适当控制反应条件可以使一般情况下难以实现的反应发生或使速度很慢的化学反应变得十分快速，大大提高了反应器的作用效率。与其他除臭技术相比，该装置具有体积小、操作方便及兼具广谱杀菌等特点。该技术的缺点是处理效果不稳定，而且化学分解机理不明确，产物复杂，存在潜在的二次污染，因此在选用时应当慎重。

（二）活性氧除臭法

活性氧除臭技术指在常温常压下高压脉冲放电将空气中的氧分子电离成臭氧、原子氧、羟基自由基等活性氧，活性氧中的离子氧有极强的氧化能力，可将氨、硫化氢、硫醇等污染物以及具有恶臭异味的其他有机物迅速氧化。这一技术主要是通过两个途径实现的：一是在高能电子的瞬时高能量作用下，打开某些有害气体分子的化学键，使其直接分解成单质原子或无害分子；二是在大量高能电子、离子、激发态粒子和氧自由基、羟基自由基（自由基带有不成对电子而具有很强的活性）等作用下，氧化分解成无害产物。

从除臭机理上分析，主要发生以下反应：

$$H_2S + O_2 、 O_2^- 、 O_2^+ \longrightarrow SO_3 + H_2O$$

$$NH_3 + O_2 、 O_2^- 、 O_2^+ \longrightarrow NO_x + H_2O$$

$$VOCs + O_2 、 O_2^- 、 O_2^+ \longrightarrow SO_3 + CO_2 + H_2O$$

从上述反应来看，恶臭组分经过处理后，转变为 SO_3、NO_x、CO_2、H_2O 等小分子，由于产物的浓度极低，均能被周边的大气所接受，因此无二次污染。

活性氧除臭系统一般由离心风机、过滤器、活性氧发生装置、高压脉冲控制器等组成，典型的工艺流程见图 1-13-63。处理系统中气体流速一般为 $0.7m/s$，臭气在反应区的停留时间为 $2s$，对硫化氢的去除率在 90% 以上。

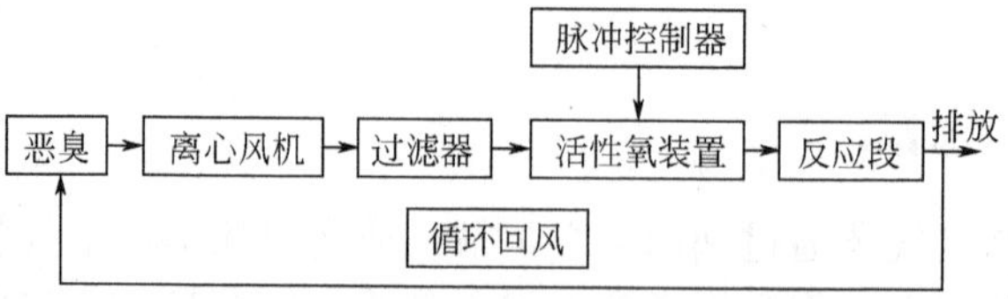

图 1-13-63　活性氧设备净化流程

参 考 文 献

[1]　王裕创. 城市污水处理厂臭气治理技术概述 [J]. 资源节约与环保，2020，(06)：81.

[2]　Frechen F B. Odour emissions and odour control at wastewater treatment plants in West Germany. Wat. Sci. Tech.，1988，20：261～266.

[3]　吴海宁. 关于城市污水处理厂臭气问题分析与控制的思考 [J]. 资源节约与环保，2015，(08)：138.

[4]　沈培明，陈正夫，张东平，等. 恶臭的评价与分析 [M]. 北京：化学工业出版社，2005.

[5]　司马勤，曹晶，姚行平，等. 大坦沙污水处理厂二期生物反应池加盖除臭工程设计. 中国给水排水，2007，23 (14)：52～55.

[6]　NANJING UNIVERSITY；Patent Issued for Coupling Bioreactor and Method for Purifying Malodorous Gases and Wastewater (USPTO 9561976) [J]. Journal of Engineering，2017.

[7]　吴忠标. 实用环境工程手册——大气污染控制工程. 北京：化学工业出版社，2001.

[8]　王光亮，王本武，于扩庆. 固定床造气炉除尘系统环保改造运行分析 [J]. 山东化工，2023，52 (05)：182-184.

[9]　刘强，韩陈晓，贾文玲，等. 化学洗涤法在废纸造纸异味治理中的应用分析 [J]. 中华纸业，2022，43 (20)：49-51.

[10]　石磊. 恶臭污染测试与控制技术. 北京：化学工业出版社，2004.

[11]　杨泽茹. 生物滤池法处理城市污水厂恶臭气体的运行实践及改进 [D]. 包头：内蒙古科技大学，2019.

[12]　彭明江，邱诚. 污水处理厂植物液除臭技术工程实验研究 [J]. 成都工业学院学报，2017，20 (02)：21-24.

[13]　郭有才，乔启成. 水污染控制工程设计 [M]. 北京：科学出版社，2012.

[14]　杜海春. 城市污水处理厂及泵站除臭技术研究 [J]. 低碳世界，2017 (23)：12-13.

[15]　高明辉，曹治城，周光明，等. 常见除臭技术分析 [J]. 现代盐化工，2017，44 (06)：20-21.